EUROPA-FACHBUCHREIHE
für Chemieberufe

Technische Mathematik für Chemieberufe

Grundlagen

Eckhard Ignatowitz, Henrik Althaus, Holger Rapp

7. Auflage

VERLAG EUROPA-LEHRMITTEL · Nourney, Vollmer GmbH & Co. KG
Düsselberger Straße 23 · 42781 Haan-Gruiten

Europa-Nr. 71314

Autoren:
Dr. Henrik Althaus, OStR | Stade
Dr. Eckhard Ignatowitz, StR a. D. | Waldbronn
Dipl.-Ing., Dipl.-Wirt.-Ing. Holger Rapp | Waldbronn

Autoren bis zur 5. Auflage
Gew.-Lehrer Gerhard Fastert, OStR † | Stade
Dr. Klaus Brink, a. D. OStR † | Leverkusen

Leitung des Arbeitskreises und Lektorat:
Dr. Eckhard Ignatowitz

Bildentwürfe: Die Autoren

Bildbearbeitung:
Zeichenbüro des Verlags Europa-Lehrmittel, Ostfildern

7. Auflage 2022
Druck 5 4 3
Alle Drucke derselben Auflage sind parallel einsetzbar, da sie bis auf die Korrektur von Druckfehlern identisch sind.

ISBN 978-3-8085-8400-2

Zu Fragen der Produktsicherheit wenden Sie sich bitte an produktsicherheit@europa-lehrmittel.de.

Satz: Satz+Layout Werkstatt Kluth GmbH, 50374 Erftstadt
Umschlaggestaltung: braunwerbeagentur, Radevormwald
Umschlagbild: ©Michael-stock.adobe.com
Druck: Plump Druck und Medien GmbH, 53619 Rheinbreitbach

Vorwort

Das Buch **TECHNISCHE MATHEMATIK FÜR CHEMIEBERUFE** ist ein Lehr-, Lern- und Übungsbuch für die schulische und betriebliche Ausbildung im Unterrichtsfach Technische Mathematik.

Es ist besonders für die Ausbildung in den Produktionsberufen der chemischen Industrie geeignet:

zum Chemikant und zur Produktionsfachkraft Chemie.

Darüber hinaus kann es für die Ausbildung zur Fachkraft für Wasserversorgungstechnik bzw. Abwassertechnik, für Papiermacher, für Textilreiniger und Färberei-Textilveredler sowie verschiedene Laborberufe verwendet werden.

Hilfreich kann es auch an Berufsfachschulen, Fachoberschulen, Meister-Fachschulen, Chemotechniker-Fachschulen und bei Weiterbildungskursen in der chemischen Industrie eingesetzt werden.

Zudem bietet es eine fachmathematische Einführung für ein Chemie- bzw. Chemie-Ingenieurstudium.

Das Buch vermittelt neben mathematischen Grundkenntnissen vor allem berufsbezogene fachmathematische Kenntnisse aus den Bereichen allgemeine Chemie und analytische Chemie, technikorientierte Sachgebiete aus der Chemie, Physik sowie Messtechnik.

Die Stoffauswahl basiert auf dem Rahmenlehrplan der Kultusministerkonferenz sowie den Lehrplänen der Bundesländer des Ausbildungsberufes Chemikant. Darüber hinaus wurden Ergänzungen für die anderen Berufe und Schularten aus dem Berufsfeld Chemie aufgenommen.

Die Kapitel des Buches lauten:

1 Mathematische Grundlagen, praktisches Rechnen
2 Auswertung von Messwerten und Prozessdaten
3 Ausgewählte physikalische Berechnungen
4 Stöchiometrische Berechnungen
5 Rechnen mit Gehaltsgrößen von Mischungen
6 Berechnungen zum Verlauf chemischer Reaktionen
7 Analytische Bestimmungen
8 Berechnungen zur Elektrizitätslehre
9 Berechnungen zur Wärmelehre
10 Bestimmung von Produkteigenschaften
11 Qualitätssicherung

Die Lerninhalte sind nach einem einheitlichen methodischen Grundkonzept dargeboten:

Nach einer kurzen Einführung in die theoretischen Sachverhalte werden die zur Berechnung erforderlichen Größengleichungen abgeleitet oder gegeben und die Einheiten der physikalischen Größen erläutert.

Darauf folgt die ausführliche Darstellung des Rechengangs an ein oder zwei typischen Aufgabenbeispielen. Zum eigenständigen Üben steht eine umfangreiche Sammlung von Aufgaben zum gerade dargebotenen Lerninhalt zur Verfügung.

Am Ende jedes Großkapitels folgt eine Zusammenstellung von gemischten Aufgaben, die zur Leistungskontrolle oder zur Prüfungsvorbereitung verwendet werden können.

Beim chemischen Rechnen wird als Lösungsmethode überwiegend das Rechnen mit Größengleichungen eingesetzt. Aber auch das Schlussrechnen wird eingeführt und in dafür typischen Aufgabenbeispielen durchgerechnet.

Das Buch ist durchgängig auf die Verwendung von Taschenrechner und PC konzipiert. Dabei werden das Runden und das Rechnen mit den signifikanten Ziffern eingeführt und im ganzen Buch konsequent berücksichtigt. Auch die Prozessdatenauswertung und die grafische Darstellung mit dem Tabellenkalkulationsprogramm Excel wird an berufstypischen Beispielen geübt.

Das Buch hat ein ausführliches Sachwortverzeichnis mit der englischen Übersetzung der Fachausdrücke. Es kann als **Sachwort-Lexikon** genutzt werden.

In der vorliegenden **7. Auflage** des Buches wurden eine Reihe von Verbesserungen durchgeführt:

- Das Layout wurde nochmals verbessert, um die schnelle Erfassung der Inhalte zu erleichtern.
- Im ganzen Buch wurden die Aufgaben noch stärker an den berufsspezifischen Inhalten ausgerichtet.
- Satzfehler wurden korrigiert.

Zum Buch **TECHNISCHE MATHEMATIK FÜR CHEMIEBERUFE** gibt es ein **Lösungsbuch,** EUROPA-Nr. 71411, in dem für alle Aufgaben ein Lösungsvorschlag mit Ergebnis durchgerechnet ist.

Die Autoren und der Verlag freuen sich über kritisch-konstruktive Hinweise und Verbesserungsvorschläge zum Buch. Bitte richten Sie Ihre Zuschrift per e-mail an: Lektorat@europa-lehrmittel.de

Die Autoren

Sommer 2022

Inhaltsverzeichnis

1 Mathematische Grundlagen, praktisches Rechnen

Basis des Rechnens in der Chemie sind die grundlegenden mathematischen Rechnungsarten sowie deren praktische Anwendung mit dem Taschenrechner oder dem Computer.

1.1 Zahlenarten

Beim Rechnen unterscheidet man die **bestimmten Zahlen** sowie die **allgemeinen Zahlen.**
Während die bestimmten Zahlen einen festen Wert haben, wie z.B. 3, 9, 5, $^1/_2$ usw., stehen die allgemeinen Zahlen, wie z.B. *x*, *y*, *z*, als Platzhalter für beliebige Zahlen.

Bestimmte Zahlen

Die bestimmten Zahlen kann man weiter in verschiedene Zahlenarten untergliedern.

Zahlenarten der bestimmten rationalen Zahlen	Beispiele
Natürliche Zahlen: Sie sind die zum Zählen benutzten Zahlen. Es sind **positive ganze Zahlen** sowie Null (0). Sie werden normalerweise ohne Pluszeichen (+) geschrieben.	0 , 1 , 2 , 3 , 4 , ..., 10 , 11 , 12 , ..., 37 , ..., 59 , 60 , 61 , ..., 107 , ...
Die **negativen ganzen Zahlen** erhält man durch Subtrahieren einer größeren natürlichen Zahl von einer kleineren natürlichen Zahl. Beispiel: 5 – 7 = –2 ; 15 – 29 = –14	–1 , –2 , –3 , ..., –18 , –19 , ...
Die **ganzen Zahlen** umfassen die natürlichen Zahlen (positive ganze Zahlen) und die negativen ganzen Zahlen.	0, 1, 2, 3, 4, ..., 71, 72, 73, ... –1 , –2 , –3 , –4 , ..., –21 , –22 , ...
Gebrochene Zahlen, auch **Bruchzahlen** genannt, sind Quotienten aus zwei ganzen Zahlen. Quotient ist der Name für einen Bruch, d.h. eine nicht ausgeführte Divisionsaufgabe ganzer Zahlen. Bruchzahlen können positiv und negativ sein.	$\frac{1}{2}, \frac{1}{3}, \frac{2}{3}, \frac{5}{3}, 1\frac{1}{6}, \frac{7}{9}, \ldots$ $-\frac{1}{2}, -\frac{1}{3}, -\frac{5}{3}, -2\frac{1}{3}, -\frac{7}{9}, \ldots$
Dezimalzahlen sind Zahlen mit einem Komma. Es können positive und negative Dezimalzahlen sein.	1,748 , 0,250 , –8,32 , –2,0 , –0,5 , –7,8316 , 4,57 , 7,8

Die bislang genannten Zahlen bezeichnet man insgesamt als **rationale Zahlen.** Außerdem gibt es die Gruppe der **irrationalen Zahlen.** Es sind bestimmte Zahlen.

Zahlenarten der bestimmten irrationalen Zahlen	Beispiele
Wurzelzahlen	$\sqrt{2}$ = 1,4142136...; $\sqrt{3}$ = 1,7320508...
Transzendente Zahlen	π = 3,1415927...; e = 2,7182818...
Die irrationalen Zahlen sind nicht periodische Dezimalzahlen mit unendlich vielen Stellen.	

Zahlenstrahl

Die bestimmten Zahlen lassen sich außer durch Ziffern (siehe Beispiele oben) auch zeichnerisch auf einem Zahlenstrahl als Strecke darstellen **(Bild 1).** Vom Nullpunkt aus nach rechts liegen die positiven Zahlen, nach links die negativen Zahlen.

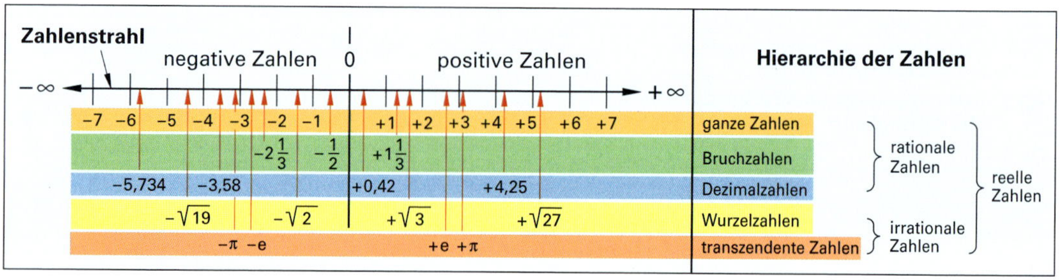

Bild 1: Zahlenarten und ihre Lage auf dem Zahlenstrahl, Hierarchie der Zahlen

Allgemeine Zahlen

Die allgemeinen Zahlen, auch Variable genannt, stehen als Platzhalter für eine beliebige Zahl.

In der Mathematik werden für die allgemeinen Zahlen die kleinen Buchstaben des Alphabets verwendet.

Beispiele
$a, b, c, \ldots \quad u, v, w, \ldots, \quad x, y, z$

In der technischen Mathematik benutzt man kleine oder große Buchstaben zur Benennung einer Variablen. Sie sind meist der Anfangsbuchstabe des deutschen oder englischen Namens der Variablen, wie z.B. l für Länge oder V für das Volumen.

$l, b, t, v, \ldots, \quad A, V, U, T, \ldots$
l Länge, b Breite, t Zeit (time), h Höhe, A Fläche (aerea), V Volumen, U Umfang, T thermodynamische Temperatur, …

Aufgaben zu Zahlenarten

1. Zu welcher Zahlenart gehören folgende Zahlen: $0{,}7$, -18, $\sqrt{3}$, $1/7$, 0, -387, $-\pi$, $-0{,}32$?
2. Wo liegen auf dem Zahlenstrahl die Zahlen: $-3\frac{1}{3}$, $0{,}85$, e, $-0{,}25$, $\sqrt{9}$, $\frac{2}{4}$, $-3{,}50$? Zeichnen Sie die Zahlen in den Zahlenstrahl ein.

1.2 Größen, Einheiten, Zeichen, Formeln

In chemischen Berechnungen wird meist mit Größen und Einheiten gerechnet, die mit mathematischen Zeichen in Formeln verknüpft sind.

Größen, Einheiten

Mit einer Größe (engl. physical quantity) werden chemische oder physikalische Eigenschaften beschrieben. Zu ihrer Kurzschreibweise benutzt man ein Größenzeichen, z.B. l für die Länge.
Der Wert einer Größe besteht aus einem Zahlenwert und einem Einheitenzeichen, z.B. 5,8 kg.
Das Einheitenzeichen ist eine Kurzform des Einheitennamens, z.B. kg für Kilogramm.

Beispiel: Die Länge einer 3,40 Meter langen Rohrleitung beträgt: $l = 3{,}40$ m.

Es gibt 7 **Basisgrößen,** auf die sich alle Größen zurückführen lassen **(Tabelle 1)**.

Tabelle 1: Basisgrößen und ihre Einheiten (nach SI)

Physikalische Größen	Größenzeichen	Einheitenname	Einheitenzeichen
Länge	l	Meter	m
Masse	m	Kilogramm	kg
Stoffmenge	n	Mol	mol
Zeit	t	Sekunde	s
Thermodynamische Temperatur	T	Kelvin	K
Stromstärke	I	Ampere	A
Lichtstärke	I_v	Candela	cd

Mathematische Zeichen

Die mathematischen Zeichen (engl. mathematical symbols) dienen zur Kurzbezeichnung einer mathematischen Operation **(Tabelle 2)**.

Beispiel: Sollen zwei Zahlen multipliziert werden, so setzt man zwischen die Zahlen einen Multiplikationspunkt, z.B. $3 \cdot 5$.

Für Flächenformate und räumliche Abmessungen ist auch das Multiplikationskreuz × zugelassen.

Beispiel: 3 m × 5 m

Tabelle 2: Mathematische Zeichen (DIN 1302)

Zeichen	Bedeutung	Zeichen	Bedeutung
$+, -$	plus, minus	$<, >$	kleiner, größer
$:, —, /$	geteilt durch, pro	$\leq$ $\geq$	kleiner gleich, größer gleich
$\cdot, \times$	mal	Δ	Differenz
$=, \neq$	ist gleich, ist ungleich	…	und so weiter
$\approx$	beträgt rund	∞	unendlich
$\equiv$	identisch gleich	$\pm$	plus/minus
$\sim$	proportional	$\lvert a \rvert$	Betrag von a
$\hat{=}$	entspricht	$\sqrt{\ }$	Wurzel

Formeln, Größengleichungen

Die gesetzmäßigen Zusammenhänge zwischen Größen werden durch Größengleichungen (engl. equations) oder Formeln (engl. formula) ausgedrückt.
Mithilfe von Größengleichungen lassen sich durch Umstellen und Auflösen die gesuchten Größen berechnen (Seite 28).

Beispiel für Größengleichungen:

Fläche $A = l \cdot b$ Gewichtskraft $F_G = m \cdot g$
Volumen $V = l \cdot b \cdot h$ Geschwindigkeit $v = \frac{s}{t}$

1.3 Grundrechnungsarten

1.3.1 Addieren und Subtrahieren

Diese beiden Rechnungsarten werden wegen ihrer aus Strichen bestehenden mathematischen Zeichen (+, –) auch als Strichrechnungen bezeichnet.

Beim **Addieren** (Zusammenzählen, engl. to add) werden die einzelnen Summanden zusammengezählt. Das Ergebnis heißt Summenwert oder kurz Summe.

Beim **Subtrahieren** (Abziehen, engl. to subtract) zieht man von einer Zahl eine andere Zahl ab. Das Ergebnis ist der Differenzwert, einfach auch Differenz genannt.

Addieren

Summe Summenwert

$a + b = c$

Summanden

Subtrahieren

Differenz Differenzwert

$d - e = f$

Minuend Subtrahend

Rechenregeln und Klammern beim Addieren und Subtrahieren	
Rechenregeln	**Beispiele**
Nur gleichartige allgemeine Zahlen bzw. Größen können addiert bzw. subtrahiert werden.	$8\ m^2 + 72\ cm^2 + 7{,}5\ m^2 - 23\ cm^2$ $= 15{,}5\ m^2 + 49\ cm^2$
Die einzelnen Glieder in einer Strichrechnung können vertauscht werden (Kommutativgesetz).	$5 - 16 + 7 = -16 + 7 + 5 = -4;$ $11x - 3x + 9x = 11x + 9x - 3x = 17x$
Einzelne Glieder können zu Teilsummen bzw. Teildifferenzen zusammengefasst werden (Assoziativgesetz).	$2 + 5 - 2 - 1 = 7 - 3 = 4$ $8u - 3v + 3u + 8v = 11u + 5v$
Klammern beim Addieren und Subtrahieren	
Klammern, () oder [], fassen Teilsummen bzw. Teildifferenzen zusammen. Das Vorzeichen der Glieder in der Klammer kann sich durch das Setzen oder Weglassen von Klammern ändern.	
Steht ein + Zeichen vor einer Klammer, so kann man sie weglassen, ohne dass sich die Vorzeichen der Glieder in der Klammer ändern.	$25 + (5 - 3) = 25 + 5 - 3 = 27;$ $7a + (3a - 9a) = 7a + 3a - 9a = 1a = a$
Steht ein – Zeichen vor einer Klammer, so muss man beim Weglassen der Klammer das Vorzeichen aller Glieder in der Klammer umkehren. Setzt man eine Klammer, vor der ein – Zeichen steht, so muss man ebenfalls das Vorzeichen aller Glieder, die in der Klammer stehen, umkehren.	$16 - (3 - 2 + 8 - 5) = 16 - 3 + 2 - 8 + 5 = 12$ $5x - (2x + 9a - 7b) = 5x - 2x - 9a + 7b$

Aufgaben zum Addieren und Subtrahieren

1. Ermitteln Sie das Ergebnis:
   $59{,}30\,a - 27{,}53\,a + 7{,}83\,b - 21{,}04\,b$
2. Klammern Sie aus:
   $8{,}3\,x - 7{,}8\,a + 2{,}5\,x - 9{,}2\,a$
3. Lassen Sie die Klammer weg und berechnen Sie das Ergebnis:
   $25\,a - (36\,b - 19\,a - 11\,b - 12\,a)$
4. Ermitteln Sie die Maße l_1, l_2, l_{ges} der Rohrleitung in **Bild 1**. Die Maße in der Zeichnung sind in mm angegeben.

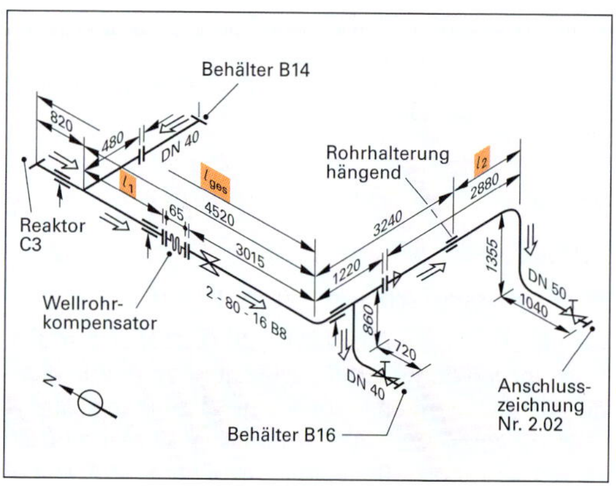

Bild 1: Maße in einer Rohrleitungszeichnung

1.3.2 Multiplizieren

Beim **Multiplizieren** (umgangssprachlich Malnehmen, engl. to multiply) werden die Faktoren miteinander malgenommen und ergeben den Produktwert, kurz auch Produkt genannt.

Das mathematische Zeichen für Multiplizieren ist · oder ×.

Bei allgemeinen Zahlen kann das Multiplikationszeichen weggelassen werden, z. B. $a\,b$ anstatt $a \cdot b$.

Die Ziffer 1 wird meist nicht mitgeschrieben. **Beispiel:** $1a = a$

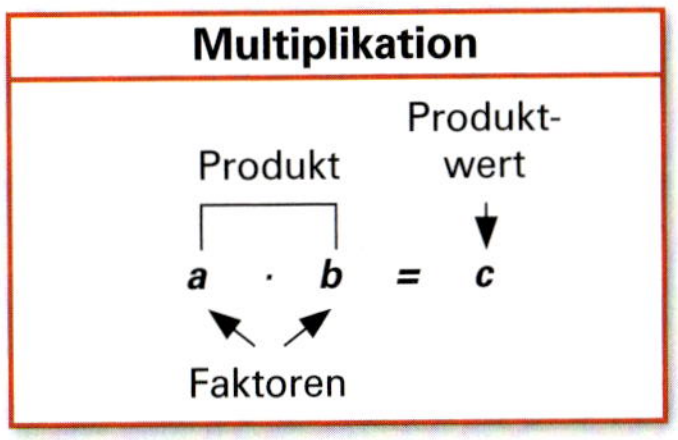

Rechenregeln beim Multiplizieren	Formeln	Beispiele
Ist ein Faktor 0, so ist das ganze Produkt 0.	$a \cdot b \cdot c \cdot 0 = 0$	$387 \cdot 229 \cdot 712 \cdot 0 = 0$
Die Faktoren können vertauscht werden.	$a \cdot b \cdot c = c \cdot b \cdot a$	$15 \cdot 28 \cdot 77 = 77 \cdot 28 \cdot 15$
Teilprodukte lassen sich zusammenfassen.	$a \cdot a \cdot b = a^2 \cdot b$	$5\,\text{m} \cdot 3\,\text{m} \cdot 2\,\text{m} = 30\,\text{m}^3$
Vorzeichen beim Multiplizieren		
Die Multiplikation von 2 Faktoren mit gleichen Vorzeichen ergibt ein positives Produkt.	$(+a) \cdot (+b) = a \cdot b = ab$ $(-a) \cdot (-b) = a \cdot b = ab$	$2 \cdot 3 = 6;\quad (-7) \cdot (-3) = 21$ $(+a) \cdot (+b) = a \cdot b = ab$ $(-a) \cdot (-b) = a \cdot b = ab$
Die Multiplikation von 2 Faktoren mit unterschiedlichen Vorzeichen ergibt ein negatives Produkt.	$(+a) \cdot (-b) = -a \cdot b$ $(-a) \cdot (+b) = -a \cdot b$	$5 \cdot (-2) = -10;\quad (-6) \cdot 3 = -18$ $a \cdot (-b) = -ab;\quad (-4) \cdot \text{m} = -4\,\text{m}$
Multiplizieren von Klammerausdrücken		
Ein Klammerausdruck wird mit einem Faktor multipliziert, indem man jedes Glied der Klammer mit dem Faktor multipliziert.	$a \cdot (b - c) = ab - ac$	$9 \cdot (7-3) = 9 \cdot 7 - 9 \cdot 3$ $= 63 - 27 = 36$ $5 \cdot (3+2) = 5 \cdot 3 + 5 \cdot 2 = 25$
Zwei Klammerausdrücke werden multipliziert, indem jedes Glied der einen Klammer mit jedem Glied der anderen Klammer multipliziert wird.	$(a+b) \cdot (c-d)$ $= ac - ad + bc - bd$	$(12-7) \cdot (3+5)$ $= 12 \cdot 3 + 12 \cdot 5 - 7 \cdot 3 - 7 \cdot 5$ $= 36 + 60 - 21 - 35 = 40$
Bei Klammerausdrücken mit bestimmten Zahlen wird zuerst der Zahlenwert der Klammer ermittelt und dann das Produkt berechnet.		$9 \cdot (7-3) = 9 \cdot 4 = 36;$ $(12-7) \cdot (3+5) = 5 \cdot 8 = 40;$
Ausklammern (Faktorisieren)		
Haben mehrere Glieder einer Summe einen gemeinsamen Faktor, so kann er ausgeklammert werden. Bei allgemeinen Zahlen wird dadurch die Summe in ein Produkt umgewandelt.	$ax + bx + cx$ $= x \cdot (a+b+c)$	$19 \cdot 7 - 19 \cdot 5 = 19 \cdot (7-5)$ $= 19 \cdot 2 = 38$ $3\pi x + 3\pi y = 3\pi(x+y)$ $L_0 + L_0\alpha \cdot \Delta\vartheta = L_0\,(1 + \alpha \cdot \Delta\vartheta)$

Aufgaben zum Multiplizieren

1. Berechnen Sie die folgenden Ausdrücke
   a) $(+3) \cdot (-15)$ b) $(+9) \cdot (+7)$
   c) $(-7) \cdot (-12)$ d) $(+5) \cdot 0$
   e) $(0) \cdot (-16)$ f) $(-3a) \cdot (+8b) \cdot (+2c)$
   g) $(+9x) \cdot (-4y)$ h) $(+13\text{m}) \cdot (+4\text{m}) \cdot (+2\text{m})$

2. Führen Sie die Multiplikationen aus:
   a) $3(3a - 2b)$ b) $9(7u + 8v)$
   c) $(-5) \cdot (-4x - 7y)$ d) $(+16) \cdot (0) \cdot (4 + 32)$
   e) $(6c - 3d) \cdot (+2a)$ f) $-x(y - z)$
   g) $4uv(9\text{r} - 5\text{s})$ h) $-(4ab + 7xy) \cdot (-12)$
   i) $W = p \cdot (V_2 - V_1)$ j) $m_\text{M} = \varrho_\text{M} \cdot \left(\frac{m_1}{\varrho_1} + \frac{m_2}{\varrho_2}\right)$

3. Multiplizieren Sie die Ausdrücke:
   a) $(7s + 5r) \cdot (3l - 6k)$
   b) $5(3u - 4v) \cdot 8 \cdot (2w - 9x)$
   c) $(-4) \cdot (9w + 3x) \cdot (-3) \cdot (8y - 5z)$
   d) $11a(-3b + 2x) \cdot (4c - 5y)$

4. Welche Zahl liefert der Ausdruck, wenn für $x = 3$ und $y = 4$ gesetzt wird?
   $7(5 - 2x) \cdot (-4) \cdot (-3 + 6y)$

5. Klammern Sie aus:
   a) $2ab + 2ac + 2ad$ b) $\pi n r_1 + \pi n r_2$
   c) $k \cdot A \cdot \vartheta_2 - k \cdot A \cdot \vartheta_1$ d) $\pi r_1^2 + \pi h^2$

1.3.3 Dividieren

Das Dividieren (umgangssprachlich Teilen; engl. to devide) ist die Umkehrung des Multiplizierens.

Das mathematische Zeichen für Dividieren ist der Doppelpunkt : oder der Bruchstrich — bzw. der Schrägstrich /.

Der Doppelpunkt : und der Bruchstrich — sind gleichbedeutend.

Zähler und Nenner dürfen **nicht** vertauscht werden.

Ist der Nenner null, so hat der Quotient keinen bestimmten Wert, er kann nicht bestimmt werden.

Division

Quotient: $a : b$; Zähler: a

$$a : b = \frac{a}{b} = c$$

Dividend: a; Divisor: b; Nenner: b; Wert des Quotienten: c

Rechenregeln beim Dividieren	Formeln	Beispiele
Vorzeichen beim Dividieren Gleiche Vorzeichen bei Zähler und Nenner ergeben einen positiven Quotienten. Ungleiche Vorzeichen von Zähler und Nenner ergeben einen negativen Quotienten.	$\frac{+a}{+b} = \frac{a}{b}$; $\frac{-a}{-b} = \frac{a}{b}$; $\frac{-a}{+b} = -\frac{a}{b}$; $\frac{+a}{-b} = -\frac{a}{b}$	$(+2) : (+3) = \frac{2}{3}$; $\frac{-5}{-6} = \frac{5}{6}$ $\frac{-4}{+7} = -\frac{4}{7}$; $\frac{+3}{-5} = -\frac{3}{5}$
Dividieren von Klammerausdrücken Ein Klammerausdruck wird dividiert, indem jedes Glied in der Klammer mit dem Nenner geteilt wird. Der Bruchstrich fasst die Ausdrücke auf und unter dem Bruchstrich zusammen, als ob sie von einer Klammer umschlossen wären.	$(a - b) : x = a : x - b : x$ $\frac{a-b}{x} = \frac{a}{x} - \frac{b}{x}$ $\frac{a+b}{c} \cdot d = \frac{a \cdot d}{c} + \frac{b \cdot d}{c}$	$\frac{36xyz - 24xuv}{6x}$ $= \frac{36xyz}{6x} - \frac{24xuv}{6x}$ $= 6yz - 4uv$
Kürzen, Erweitern Beim **Kürzen** werden Zähler und Nenner durch die gleiche Zahl geteilt. Es können nur **Faktoren** gekürzt werden oder es müssen alle Summanden gekürzt werden. Beim **Erweitern** werden Zähler und Nenner mit der gleichen Zahl (Erweiterungszahl) multipliziert.	$\frac{4ab}{6ac} = \frac{\cancel{4} \cdot \cancel{a} \cdot b \cdot 2}{\cancel{6} \cdot \cancel{a} \cdot c \cdot 3} = \frac{2b}{3c}$ $\frac{a(b+c)}{a} = b + c$ $\frac{ab + ac}{a} = b + c$ $b + c = \frac{(b+c)a}{a}$	$\frac{-48xy}{36y} = \frac{-4 \cdot \cancel{12} \cdot x\cancel{y}}{3 \cdot \cancel{12} \cdot \cancel{y}}$ $= -\frac{4}{3}x$ $\frac{9x - 2y}{5z}$ erweitern mit (−3) ⇒ $\frac{(9x - 2y)(-3)}{5z \cdot (-3)} = \frac{-27x + 6y}{-15z}$

Aufgaben zum Dividieren

Berechnen Sie folgende Ausdrücke:

1. a) $63 : (-7)$ b) $(-64) : (-4)$ c) $(-91) : 13$ d) $\frac{105}{15}$ e) $\frac{-96}{8}$ f) $\frac{-132}{-11}$

2. a) $\frac{(-7) \cdot (18)}{12}$ b) $\frac{(11) \cdot (-14)}{(-7)}$ c) $\frac{(-9) \cdot (-18)}{(-36)}$

3. a) $(156 - 72) : 14$ b) $(391 - 144) : (121 - 102)$

4. Kürzen Sie soweit wie möglich:
   a) $\frac{-12uv}{3v}$ b) $\frac{6a - 3b}{3}$ c) $\frac{81xyz}{-9yz}$ d) $\frac{-187rs + 153rs + 34rs}{-17s}$ e) $\frac{21 \cdot (-9) \cdot 4x}{(-35) \cdot (-2)}$
   f) $\frac{-(x-5)}{(5-x)}$ g) $\frac{-(7x - y) \cdot 3 + 2b)}{-2b - 3}$

5. Erweitern Sie:
   a) $\frac{7a}{5b}$ mit (−3) b) $\frac{3x}{-8y}$ mit (−1)

1.4 Berechnen zusammengesetzter Ausdrücke

Bei der Berechnung von Ausdrücken, die sowohl Additionen und Substraktionen (Strichrechnungen + –) als auch Multiplikationen und Divisionen (Punktrechnungen · :) enthalten, werden die Rechenoperationen in einer bestimmten Reihenfolge durchgeführt:

1. Enthält der zu verrechnende Ausdruck nur Punktrechnungen und Strichrechnungen, so gilt:

Punkt vor Strich, d.h., Punktrechnungen müssen vor den Strichrechnungen ausgeführt werden.

Beispiele: $5 \cdot 7 + 65 : 13 = 35 + 5 = 40$; $\frac{21}{7} - \frac{48}{6} + (-3) \cdot (-9) = 3 - 8 + 27 = 22$

$\frac{122 - 66}{8} \cdot 14 = \frac{56}{8} \cdot 14 = 98$; $125 : (+5) - (-80) : (-4) = +25 - 20 = \mathbf{5}$

2. Enthält ein Ausdruck neben Punktrechnungen und Strichrechnungen noch Klammern, so gilt:

Zuerst die Klammerausdrücke berechnen, dann die Punktrechnungen und anschließend die Strichrechnungen ausführen.

Beispiele: $3 \cdot (23 - 17) + 12 = 3 \cdot 6 + 12 = 18 + 12 = 30$

$5a \cdot (11b - 8b) - 2b \cdot (3a + 4a) = 5a \cdot 3b - 2b \cdot 7a = 15ab - 14ab = ab$

$\frac{7 \cdot (23{,}2 - 23{,}3)}{(2{,}4 + 4{,}6) \cdot (-0{,}5)} = \frac{\not{7} \cdot 0{,}1}{\not{7} \cdot 0{,}5} = \frac{0{,}1}{0{,}5} = \frac{1}{5} = \mathbf{0{,}2}$

3. Enthält der Ausdruck ineinander verschachtelte Klammerausdrücke, so gilt:

Zuerst die innerste Klammer, dann die nächstäußere Klammer usw. zusammenfassen.

Beispiel: $4ac + [(3a + 7a) \cdot 5c + 5ac] = 4ac + [10a \cdot 5c + 5ac] = 4ac + 50ac + 5ac = \mathbf{59}ac$

4. Enthält ein Ausdruck verschachtelte Klammern sowie Punktrechnungen und Strichrechnungen, so gilt:

Es wird in der Reihenfolge – Klammerausdrücke – Punktrechnungen – Strichrechnungen – ausgerechnet. Innerhalb der Klammerausdrücke gilt ebenfalls: Punktrechnungen vor Strichrechnungen.

Aufgaben zum Berechnen zusammengesetzter Ausdrücke

1. a) $-4 \cdot (0{,}2 - 3{,}2) + (14{,}5 - 8{,}5) \cdot (-0{,}1)$ b) $12x \cdot (-3y) + (0{,}75x - 0{,}50x) \cdot (+80)$

2. a) $\frac{(-2{,}5) \cdot (86 - 82)}{(1{,}3 - 0{,}8) \cdot (42 - 38)}$ b) $\frac{222}{37} - \frac{0{,}125 \cdot (-85 + 117)}{(0{,}4) \cdot (-8) \cdot (2{,}5)}$ c) $24{,}7 \cdot \frac{(1 - 0{,}392)}{(1 - 0{,}065)}$

3. a) $(23{,}8 - 21{,}3) \cdot \frac{2{,}14 + 0{,}86}{4{,}52 - 4 \cdot 0{,}38}$ b) $\frac{18{,}06 - 17{,}56}{0{,}25} + \frac{27}{3{,}2 + 5{,}8} - \frac{(0{,}2 + 2{,}8) \cdot (5{,}4 - 3{,}4)}{2{,}4 \cdot 2{,}5}$

4. a) $2x - [5y - (3x - 4y) + 7x] - y$ b) $4{,}5a \cdot [(2b - c) - c] - 8a\,(c - b)$

c) $[-0{,}2a - (1{,}7b - 1{,}9a)] : \left[\frac{5{,}5a}{10} - 0{,}85b + 0{,}3a\right]$

5. a) $2 \cdot [-2xy - (20a - 12xy)] + 5\,(2a - x - y)$ b) $(0{,}3a \cdot (5xy - (92x - 87y) - (84y - 82x))$

c) $(-9{,}5x + [(1{,}5x - 4y) \cdot (0{,}5 + 6{,}5)] + 29y) \cdot \frac{1}{x + y}$

1.5 Bruchrechnen

Ein Bruch (engl. fraction) ist eine Divisionsaufgabe, die mit einem Bruchstrich geschrieben ist. Als Bruchrechnen bezeichnet man das Rechnen mit Brüchen.

Ein Bruch besteht aus dem Zähler und dem Nenner.

Jeden Bruch kann man in eine Dezimalzahl umrechnen, z. B.: $\frac{1}{2} = 0{,}5$; $\frac{1}{3} = 0{,}333\ldots$

Mit Brüchen wird bevorzugt bei der Umwandlung von Formeln gerechnet.

Benennungen bei Brüchen

Zähler ⟶ a
Nenner ⟶ b

$$\frac{a}{b} = c$$

Bruch ($\frac{a}{b}$), Wert des Bruchs (c)

Es gibt verschiedene **Brucharten:**

Brucharten	Beispiele	Merkmale
Echte Brüche	$\frac{1}{3}; \frac{5}{7}; \frac{2}{5}$	Zähler < Nenner
Unechte Brüche	$\frac{5}{3}; \frac{7}{3}; \frac{3}{2}$	Zähler ≥ Nenner Wert des Bruchs ≥ 1
Gemischte Zahlen	$1\frac{1}{2}; 3\frac{2}{3}$	Ganze Zahl und Bruch

Brucharten	Beispiele	Merkmale
Gleichnamige Brüche	$\frac{1}{7}; \frac{3}{7}; \frac{5}{7}$	Brüche mit gleichen Nennern
Ungleichnamige Brüche	$\frac{1}{3}; \frac{1}{5}; \frac{1}{6}$	Brüche mit ungleichen Nennern
Scheinbrüche	$\frac{3}{1}; \frac{6}{2}; \frac{10}{5}$	Der Wert des Bruchs ist eine ganze Zahl

Die Regeln des Kürzens und Erweiterns von Brüchen wurden bereits beim Dividieren genannt (Seite 12).

- Das Kürzen dient meist zur Vereinfachung der weiteren Rechnung oder des Ergebnisses.
- Durch Erweitern wird der Bruch so umgeformt, wie es für die weitere Rechnung vorteilhaft ist.

Beispiele zum Kürzen: $\frac{7}{21} = \frac{\cancel{7}\,1}{\cancel{21}\,3} = \frac{1}{3}$; $\frac{8ab}{14a} = \frac{\cancel{8}\,\cancel{a}b\,4}{\cancel{14}\,\cancel{a}\,7} = \frac{4b}{7}$; $\frac{32a + 4ab}{6a} = \frac{\cancel{4}\cancel{a}(8+b)\cdot 2}{\cancel{6}\,\cancel{a}\cdot 3} = \frac{2(8+b)}{3}$

Beispiel zum Erweitern: $\frac{2a - 3b}{2}$ erweitern auf den Nenner $10a \Rightarrow$ $\frac{(2a \cdot 3b)\cdot 5a}{2 \cdot 5a} = \frac{5a(2a - 3b)}{10a}$

1.5.1 Addieren und Subtrahieren von Brüchen

Gleichnamige Brüche werden addiert bzw. subtrahiert, indem man die Zähler zusammenfasst und den gemeinsamen Nenner beibehält.

Addieren und Subtrahieren

$$\frac{a}{x} + \frac{b}{x} - \frac{c}{x} = \frac{a + b - c}{x}$$

Beispiele: $\frac{1}{3} + \frac{5}{3} = \frac{6}{3}$; $\frac{3x}{5b} + \frac{7x}{5b} - \frac{4x}{5b} = \frac{3x + 7x - 4x}{5b} = \frac{6x}{5b}$

Brüche mit ungleichen Nennern (ungleichnamige Brüche) müssen vor dem Addieren bzw. Subtrahieren in Brüche mit gleichen Nennern (gleichnamige Brüche) umgewandelt werden und können erst dann zusammengefasst werden. Den gemeinsamen Nenner mehrerer Brüche nennt man **Hauptnenner.** Es ist das kleinste gemeinsame Vielfache, kurz das **kgV,** der einzelnen Nenner.

Schema zur Ermittlung der Summe ungleichnamiger Brüche: Beispiel: $\frac{3}{8} - \frac{5}{6} - \frac{7}{10}$

1. Zerlegung in Primzahlfaktoren

   Nenner Primzahlfaktoren

   8 = 2 · 2 · 2
   6 = 2 · 3
   10 = 2 · 5
   kgV = 2 · 2 · 2 · 3 · 5 = **120**

2. Hauptnenner (kgV) bestimmen
   Das kgV ist das Produkt der größten Anzahl jeder vorkommenden Primzahl: 2·2·2·3·5 = 120. (Primzahlen sind die kleinsten Faktoren, in die eine Zahl zerlegt werden kann.)

3. Erweiterungsfaktor der einzelnen Brüche bestimmen

   120 : 8 = 15
   120 : 6 = 20
   120 : 10 = 12

4. Gleichnamigmachen der einzelnen Brüche durch Erweitern

   $\frac{3 \cdot 15}{8 \cdot 15} + \frac{5 \cdot 20}{6 \cdot 20} - \frac{7 \cdot 12}{10 \cdot 12} =$

5. Addieren bzw. Subtrahieren der jetzt gleichnamigen Brüche

   $\frac{45}{120} + \frac{100}{120} - \frac{84}{120} = \frac{61}{120}$

Zusammenfassen mehrerer Brüche mit bestimmten und allgemeinen Zahlen

Beispiel: $\frac{3x}{2a} - \frac{2x}{9ab} + \frac{5x}{18b}$

1. Hauptnenner bestimmen:

$2a = 2 \cdot a$
$9ab = 3 \cdot 3 \cdot a \cdot b$
$18b = 2 \cdot 3 \cdot 3 \cdot b$
$\text{kgV} = 2 \cdot 3 \cdot 3 \cdot a \cdot b = 18ab$

2. Erweiterungsfaktoren bestimmen:

$18ab : 2a = 9b$
$18ab : 9ab = 2$
$18ab : 18b = a$

3. Erweitern und zusammenfassen:

$$\frac{3x \cdot 9b}{2a \cdot 9b} - \frac{2x \cdot 2}{9ab \cdot 2} + \frac{5x \cdot a}{18b \cdot a} = \frac{27bx}{18ab}$$

$$- \frac{4x}{18ab} + \frac{5ax}{18ab} = \frac{x(27b - 4 + 5a)}{18ab}$$

$$= \frac{x(5a + 27b - 4)}{18ab}$$

Aufgaben: Fassen Sie die folgenden Brüche zusammen

1. a) $\frac{2}{3} + \frac{1}{4} + \frac{5}{24}$ b) $\frac{14}{25} + \frac{23}{15} - \frac{1}{3} + \frac{2}{5}$
2. a) $\frac{7x}{4a} + \frac{5x}{12b}$ b) $\frac{5u}{3bc} + \frac{7u}{12c} - \frac{5u}{18b}$

1.5.2 Multiplizieren und Dividieren von Brüchen

Rechenregeln	Formeln	Beispiele
Multiplizieren **Brüche** werden multipliziert, indem jeweils die Zähler miteinander und die Nenner miteinander multipliziert werden. **Gemischte Zahlen** werden miteinander multipliziert, indem sie zuerst in unechte Brüche umgewandelt und diese dann miteinander multipliziert werden.	$\frac{a}{b} \cdot \frac{c}{d} \cdot f = \frac{a \cdot c \cdot f}{b \cdot d}$	$\frac{2}{5} \cdot \frac{2}{3} = \frac{4}{15}$; $\frac{3y}{x} \cdot \frac{4x}{y} = \frac{3\cancel{y} \cdot 4\cancel{x}}{\cancel{x} \cdot \cancel{y}} = 12$ $3\frac{1}{2} \cdot 5\frac{1}{3} = \frac{7}{2} \cdot \frac{16}{3} = \frac{112}{6} = \frac{56}{3}$
Dividieren Ein Bruch wird durch einen 2. Bruch dividiert, indem der 1. Bruch mit dem Kehrwert des 2. Bruchs multipliziert wird. **Ganze Zahlen** können als Bruch mit dem Nenner 1 geschrieben werden.	$\frac{a}{b} : \frac{c}{d} = \frac{a}{b} \cdot \frac{d}{c} = \frac{ad}{bc}$ $a = \frac{a}{1}$	$\frac{3}{8} : \frac{5}{4} = \frac{3}{8} \cdot \frac{4}{5} = \frac{12}{40} = \frac{3}{10}$; $\frac{1}{3} : 5 = \frac{1}{3} : \frac{5}{1} = \frac{1}{3} \cdot \frac{1}{5} = \frac{1}{15}$; $7 : \frac{7}{4} = \frac{7}{1} \cdot \frac{4}{7} = \frac{7 \cdot 4}{1 \cdot 7} = 4$

Aufgaben zum Bruchrechnen

1. Fassen Sie zusammen
   a) $\frac{8}{49} + \frac{6}{56} - \frac{3}{8}$ b) $3\frac{6}{25} - 18\frac{7}{10} + 24\frac{3}{5}$ c) $\frac{8x + 4y}{4a + 6b} + \frac{9x}{9b + 6a} - \frac{5}{3}$
2. Multiplizieren Sie
   a) $\frac{7}{6} \cdot \frac{3}{14}$ b) $\frac{11}{8} \cdot \frac{4}{22}$ c) $5 \cdot \frac{2}{3} \cdot \frac{3}{5}$ d) $1\frac{5}{6} \cdot 3\frac{6}{15}$ e) $\frac{9ab}{5y} \cdot \frac{15x}{12a}$
3. Dividieren Sie
   a) $\frac{1}{2} : \frac{1}{3}$ b) $\frac{7}{2} : \frac{16}{7}$ c) $\frac{9}{5} : \frac{12}{15}$ d) $3xy : \frac{1}{2}z$ e) $\frac{2x}{9y} : \frac{4x}{3y}$ f) $\frac{26ab}{33u} : \frac{13a}{22v}$
4. Berechnen Sie bzw. fassen Sie soweit wie möglich zusammen
   a) $14 \cdot \left(\frac{7}{12} + \frac{5}{8}\right)$ b) $42 \cdot \frac{7}{6} + \frac{9}{22}$ c) $\frac{8x + 8y}{3r - 3s} : \frac{4x + 4y}{9r - 9s}$ d) $\left(\frac{11}{15} - \frac{6}{10}\right) \cdot 8$ e) $\frac{5a - 3b}{6n} + \frac{5a - 3b}{3m}$
   f) $5\frac{1}{2} - \left(\frac{6}{5} - \frac{2}{10}\right) \cdot \left[5 : \left(\frac{21}{3} - \frac{10}{2}\right)\right]$ g) $4\frac{2}{3} \cdot 3\frac{8}{5}$ h) $\left(12 : 2\frac{2}{3}\right) : \frac{7}{9}$ i) $\left(\frac{u + v}{l + k} + \frac{3(u + v)}{2(k + l)} - \frac{5(u - v)}{3(k + l)}\right) \cdot \frac{1}{2}$

1.6 Rechnen mit Potenzen

Definition des Potenzbegriffs

Besteht ein Produkt aus mehreren gleichen Faktoren, so kann es abgekürzt als Potenz (engl. power) geschrieben werden.
Der Exponent (Hochzahl) gibt an, wie viel Mal die Basis (Grundzahl) mit sich selbst multipliziert wird.

Potenz

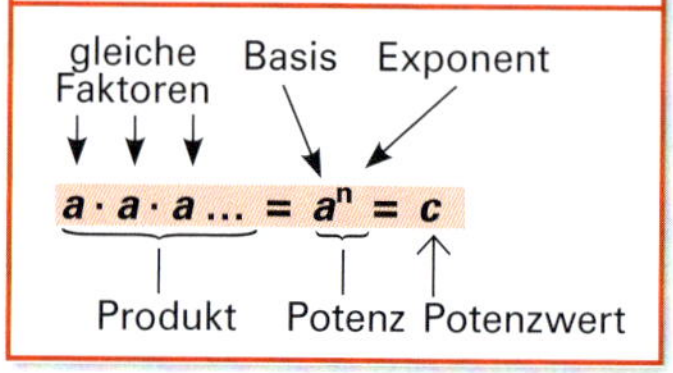

Beispiele: $2 \cdot 2 \cdot 2 \cdot 2 \cdot 2 = 2^5$ (gesprochen: 2 hoch 5)
$3^4 = 3 \cdot 3 \cdot 3 \cdot 3 = 81$

Die Potenzwerte von Potenzzahlen werden mit dem **Taschenrechner** berechnet. Dazu haben die Taschenrechner eine Potenziertaste, z. B. [y^x] oder [$\wedge$]

Beispiel: Es ist zu berechnen: $3{,}25^3$

Eingabe	3,25	[y^x] 3	[=]
Anzeige	3,25	$3{,}25^3$	34,328125

Das Vorzeichen beim Potenzieren

Beispiele: $(+2)^2 = (+2) \cdot (+2) = +4$; $(+2)^3 = (+2) \cdot (+2) \cdot (+2) = +8$; $(-2)^4 = (-2) \cdot (-2) \cdot (-2) \cdot (-2) = +16$
$(-2)^2 = (-2) \cdot (-2) = +4$; $(-2)^3 = (-2) \cdot (-2) \cdot (-2) = -8$ usw.

Merke:
- Ist die Basis positiv, so ist der Potenzwert immer positiv.
- Ist die Basis negativ und der Exponent eine gerade Zahl, so ist der Potenzwert positiv.
- Ist die Basis negativ und der Exponent eine ungerade Zahl, so ist der Potenzwert negativ.

Potenzen mit negativem Exponenten

Eine Potenz mit negativem Exponenten (z. B. a^{-n}) kann auch als Kehrwert der gleichen Potenz mit positivem Exponenten geschrieben werden.
Umgekehrt kann eine Potenz mit positivem Exponenten im Zähler eines Bruchs als Potenz mit negativem Exponenten im Nenner des Bruchs gesetzt werden.

Beispiele: $5^{-3} = \frac{1}{5^3} = \frac{1}{125} = 0{,}008$; $\frac{3^{-4}}{4^{-2}} = \frac{4^2}{3^4} = \frac{16}{81} = 0{,}1975$; $\frac{1}{\text{min}} = \text{min}^{-1}$

Potenzformeln

$$a^{-n} = \frac{1}{a^n}$$

$$\frac{a^x}{b^y} = \frac{b^{-y}}{a^{-x}}$$

$$1^n = 1$$

$$a^0 = 1$$

Sonderfälle bei Potenzen

Potenzen mit Basis 1. **Beispiel:** $1^2 = 1 \cdot 1 = 1$; $1^3 = 1 \cdot 1 \cdot 1 = 1$
Merke: Jede Potenz mit der Basis 1 hat immer den Potenzwert 1.

Potenzen mit dem Exponent 0. **Beispiel:** $\frac{2^3}{2^3} = 2^{3-3} = 2^0 = 1$, da $\frac{2^3}{2^3} = \frac{8}{8} = 1$

Merke: Jede Potenz mit dem Exponent 0 hat den Wert 1.

Potenzen mit der Basis 10 (Zehnerpotenzen)

Sehr große und sehr kleine Zahlen können als Vielfaches der Potenzen der Basis 10 (Zehnerpotenzen) geschrieben werden.
Große positive Zahlen werden als Zehnerpotenzen mit positivem Exponenten ausgedrückt.

Beispiele: $100\,000\,000 = 1{,}0 \cdot 10^8 = 10^8$; $7\,200\,000 = 7{,}2 \cdot 1\,000\,000 = 7{,}2 \cdot 10^6$

Sehr kleine Zahlen werden als Zehnerpotenzen mit negativem Exponenten geschrieben.

Beispiele: $0{,}0085 = 85 \cdot 10^{-4}$; $0{,}0002938 = 2938 \cdot 10^{-7} = 2{,}938 \cdot 10^{-4}$

Aufgaben

1. Schreiben Sie in Potenzform:
   a) $2\text{L} \cdot 4\text{L} \cdot 8\text{L}$ b) $2a \cdot 3b \cdot 2a \cdot 3b$
   c) $1{,}5\text{ cm} \cdot 2{,}3\text{ cm} \cdot 1{,}4\text{ cm}$
2. Berechnen Sie den Potenzwert:
   a) $21^{2,5}$ b) $(-6{,}3)^3$
   c) $\left(\frac{1}{2}\right)^{-7}$ d) $2{,}4^{3,5}$
3. Schreiben Sie als Zehnerpotenz:
   a) 5000000 b) 0,0023
   c) 96485 d) 0,000082

Rechenregeln beim Potenzieren	Formeln	Beispiele
Addieren und Subtrahieren von Potenzen Potenzen können addiert oder subtrahiert werden, wenn sie sowohl dieselbe Basis als auch denselben Exponenten haben. Potenzausdrücke zuerst ordnen und dann die gleichnamigen Glieder zusammenfassen.	$x \cdot a^n + y \cdot a^n = (x+y) \cdot a^n$	$9 \cdot 3^4 - 6 \cdot 3^4 + 2 \cdot 3^3$ $= (9-6) \cdot 3^4 + 2 \cdot 3^3$ $= 3 \cdot 3^4 + 2 \cdot 3^3$ $4{,}2\ \text{cm}^2 + 5{,}8\ \text{cm}^2$ $= (4{,}2 + 5{,}8) \cdot \text{cm}^2 = 10{,}0\ \text{cm}^2$
Multiplizieren von Potenzen **Potenzen mit gleicher Basis** werden multipliziert, indem die Basis beibehalten und mit der Summe der Exponenten potenziert wird. **Potenzen mit gleichen Exponenten** werden multipliziert, indem ihre Basen multipliziert und der Exponent beibehalten wird.	$a^n \cdot a^m = a^{n+m}$ $a^n \cdot b^n = (a \cdot b)^n$	$2^2 \cdot 2^3 = 2 \cdot 2 \cdot 2 \cdot 2 \cdot 2 = 2^5$ oder $2^2 \cdot 2^3 = 2^{(2+3)} = 2^5$ $10^{-3} \cdot 10^6 = 10^{(-3+6)} = 10^3$ $\text{m}^3 \cdot \text{m}^{-2} = \text{m}^{(3-2)} = \text{m}^1 = \text{m}$ $5^3 \cdot 2^3 = (5 \cdot 2)^3 = 10^3 = 1000$ $4{,}0^3 \cdot \text{cm}^3 = (4{,}0 \cdot \text{cm})^3 = 64\ \text{cm}^3$
Dividieren von Potenzen **Potenzen mit gleicher Basis** werden dividiert, indem die gemeinsame Basis mit der Differenz der Exponenten potenziert wird. **Potenzen mit gleichen Exponenten** werden dividiert, indem aus den Basen ein Bruch gebildet wird, der mit dem gemeinsamen Exponent potenziert wird.	$\frac{a^n}{a^m} = a^{n-m}$ $\frac{a^n}{b^n} = \left(\frac{a}{b}\right)^n$	$\frac{2^6}{2^2} = 2^{6-2} = 2^4$ $\frac{\text{m}^5}{\text{m}^2} = \text{m}^{5-2} = \text{m}^3$ $\frac{12^3}{10^3} = \left(\frac{12}{10}\right)^3 = \left(\frac{6}{5}\right)^3 = 1{,}728$
Potenzieren von Potenzen Potenzen werden potenziert, indem man die Exponenten multipliziert.	$(a^m)^n = a^{m \cdot n}$	$(3^2)^3 = 3^{2 \cdot 3} = 3^6 = 729$ $(r^2)^x = r^{2 \cdot x} = r^{2x}$
Potenzieren von Summen aus Zahlen Eine Summe oder eine Differenz aus Zahlen wird zuerst ausgerechnet und dann potenziert.		$(2+5)^2 = 7^2 = 49$ $(9-3)^3 = 6^3 = 216$

Aufgaben zum Rechnen mit Potenzen

1. Addieren und Subtrahieren von Potenzen
   a) $4r^3 + 12r^2 - 2r^3 + 3r^3 + 3r^2$ b) $12\ \text{m}^2 + 7\ \text{m}^3 - 7\ \text{m}^2 + 5\ \text{m}^3$ c) $6{,}2x^4 + 3{,}4y^2 + 7{,}5x^4 - 3{,}4y^2$
   d) $2{,}8\pi r^2 h + \frac{4}{5}\pi r^3 - 1{,}75\pi r^3 + 2{,}2hr^2\pi$ e) $-14{,}3 \cdot 7^3 + 6{,}9 \cdot 11^4 + 1715 \cdot 7^{-3} + 1{,}1 \cdot 11^4 + 8{,}7 \cdot 7^3$

2. Multiplizieren von Potenzen
   a) $10^7 \cdot 10^2 \cdot 10^{-5}$ b) $0{,}4a^4 \cdot 0{,}5a^5$ c) $2{,}5 \cdot 10^5 \cdot 2{,}5 \cdot 10^{-2}$ d) $(r^3 - 2{,}5r^2) \cdot 2r^2$
   e) $d^{0{,}5x} \cdot d^{7x+3}$ f) $x^{a-n} \cdot x^{a+n}$ g) $(r+s)^2 \cdot (r+s)^3$ h) $(x+y)^a \cdot (x+y)^b$

3. Dividieren von Potenzen
   a) $\frac{10^3}{10^2}$ b) $\frac{10^3 \cdot 10^2}{10 \cdot 10^3}$ c) $\frac{225^3}{15^3}$ d) $\frac{780x^5}{39y^5}$ e) $\frac{2r^3}{3a^2} \cdot \frac{12a^2}{16r^3}$ f) $\frac{n^3}{x^4} : \frac{n^3 \cdot x^4}{a}$

4. Potenzieren von Potenzen
   a) $(5^3)^2$ b) $(10^3)^{-2}$ c) $(4^2 \cdot axy^2)^3$ d) $5 \cdot (u^2 v^3)^5$ e) $(1^7)^2 \cdot (3^0)^3$ f) $(7^2)^3 \cdot \left(\frac{1}{7}\right)^3$

5. Potenzieren von Summen a) $(3+7)^3$ b) $(22-17)^5$ c) $(23-14)^5$ d) $(5+9)^4$

1.7 Rechnen mit Wurzeln

Definition des Wurzelbegriffs

Das Wurzelziehen, auch Radizieren genannt, ist die Umkehrung des Potenzierens.

Durch Wurzelziehen (engl. extraction) soll ermittelt werden, welche Zahl (x) z.B. ins Quadrat (Exponent 2) erhoben werden muss, um den Potenzwert (25) zu erhalten. Als Operatorzeichen für das Wurzelziehen verwendet man das Wurzelzeichen $\sqrt[2]{\ }$, kurz Wurzel genannt.

Beispiel: Potenzieren
$5^2 = 5 \cdot 5 = 25$

Beispiel: Wurzelziehen
$x^2 = 25; \quad x = ?$
Schreibweise mit Wurzelzeichen:
$\sqrt[2]{25} = ?$
Lösung: $\sqrt[2]{25} = 5$, da $5^2 = 25$

Beispiele: $\sqrt[2]{16} = ?$; *Lösung:* $\sqrt[2]{16} = 4$, da $4^2 = \mathbf{16}$
$\sqrt[2]{9} = ?$; *Lösung:* $\sqrt[2]{9} = 3$, da $3^2 = \mathbf{9}$

Ein Wurzelausdruck besteht aus dem Wurzelzeichen mit Wurzelexponent und der darunter stehenden Basis. Das Ergebnis ist der Wurzelwert (siehe rechts).

Einschränkung auf bestimmte Zahlen: Um Probleme beim Rechnen zu vermeiden, sollten die Basis a und der Wurzelwert c positive Zahlen und der Wurzelexponent n eine natürliche Zahl sein.

Wurzelausdruck

Wurzelexponent → n; Wurzelzeichen → $\sqrt{\ }$

$$\sqrt[n]{a} = c$$

Basis → a; Wurzelwert → c

a, c sind positive Zahlen
n ist eine natürliche Zahl (1, 2, 3, …)

Verschiedene Wurzelexponenten

Da es bei Potenzen verschiedene Exponenten gibt (2, 3, 4, …), gibt es auch Wurzeln mit verschiedenen Wurzelexponenten (2, 3, 4, …).

Die einfachste Wurzel hat den Wurzelexponenten 2. Sie heißt Quadratwurzel oder einfach Wurzel. Beim Schreiben wird der Wurzelexponent 2 im Wurzelzeichen meist weggelassen: $\sqrt{\ }$

Die Wurzel mit dem Wurzelexponenten 3 heißt Kubikwurzel oder 3. Wurzel.

Ab dem Wurzelexponent 4 wird der Wurzelname nur noch mit dem Wurzelexponent gebildet, also 4. Wurzel ($\sqrt[4]{\ }$), 5. Wurzel ($\sqrt[5]{\ }$) usw.

Außer beim Wurzelexponenten 2 muss der Wurzelexponent immer geschrieben werden.

Beispiel: Quadratwurzel
$\sqrt[2]{36} = \sqrt{36} = 6$
(sprich: Wurzel aus 36 ist 6)

Beispiel: Kubikwurzel
$\sqrt[3]{64} = 4$ (da $4^3 = 64$)
(sprich: Kubikwurzel oder 3. Wurzel aus 64 ist 4

Beispiel: 4. Wurzel
$\sqrt[4]{16} = 2$ (da $2^4 = 16$)

Wurzeln in Potenzschreibweise

Ein Wurzelausdruck kann auch in Potenzschreibweise geschrieben werden. Dem Wurzeloperator entspricht ein Potenzbruch.

Der Zähler des Potenzbruchs ist der Exponent der Basis und sein Nenner ist der Wurzelexponent.

Da das Wurzelzeichen die Umkehrung des Potenzierens ist, heben sich Radizieren und Potenzieren mit demselben Exponenten auf.

In umgekehrter Reihenfolge gilt das bei negativen Zahlen nicht immer!

Wurzel als Potenzausdruck

$$\sqrt[n]{a} = \sqrt[n]{a^1} = a^{\frac{1}{n}}$$

Beispiel: $\sqrt[3]{27} = \sqrt[3]{3^3} = 3^{\frac{3}{3}} = 3^1 = 3$

Aufheben des Wurzelziehens

$$\left(\sqrt[n]{a}\right)^n = a$$

Beispiel: $\left(\sqrt[3]{64}\right)^3 = 64$

Berechnen von Wurzelzahlen

Der Wurzelwert von Wurzelzahlen wird mit dem Taschenrechner berechnet.

Zur Berechnung von Quadratwurzeln haben die Taschenrechner eine Quadratwurzeltaste, z.B. [$\sqrt{\ }$] oder [$\sqrt{x}$].

Wurzeln mit höheren Wurzelexponenten werden mit den entsprechenden Rechnertasten berechnet, z.B. [$\sqrt[x]{\ }$], [$\sqrt[x]{y}$] oder [INV] [y^x].

Beispiele: Es sind zu berechnen:
a) $\sqrt{529}$; b) $\sqrt[4]{39{,}0625}$

a) Eingabe	[$\sqrt{x}$]	529	[=]	
Anzeige	$\sqrt{\ }$	$\sqrt{529}$	23,00000	
b) Eingabe	4	[$\sqrt{x}$]	39,0625	[=]
Anzeige	4	$\sqrt[4]{\ }$	$\sqrt[4]{39.0625}$	2.500016

Rechenregeln beim Wurzelziehen	Formeln	Beispiele
Addieren und Subtrahieren von Wurzeln Es können nur Wurzeln mit gleichen Wurzelexponenten und gleicher Basis (sogenannte gleichnamige Wurzeln) addiert oder subtrahiert werden. Man klammert die gleichnamige Wurzel aus und addiert bzw. subtrahiert die Beizahlen (Koeffizienten).	$x \cdot \sqrt[n]{a} + y \cdot \sqrt[n]{a}$ $= (x + y) \cdot \sqrt[n]{a}$	$5 \cdot \sqrt[3]{125} + 12 \cdot \sqrt[3]{125} - 14 \cdot \sqrt[3]{125}$ $= (5 + 12 \ldots 14) \cdot \sqrt[3]{125}$ $3 \cdot \sqrt[3]{125} = 3 \cdot 5 = 15$
Radizieren von Produkten Ein Produkt wird radiziert, indem • entweder der Produktwert radiziert wird oder • jeder einzelne Faktor des Produkts radiziert wird.	$\sqrt[n]{a \cdot b \cdot c} = \sqrt[n]{a} \cdot \sqrt[n]{b} \cdot \sqrt[n]{c}$	$\sqrt{36 \cdot 81} = \sqrt{2916} = 54$ oder $\sqrt{36 \cdot 81} = \sqrt{36} \cdot \sqrt{81}$ $= 6 \cdot 9 = 54$
Radizieren von Quotienten (Brüchen) Ein Quotient wird radiziert, indem • entweder der Quotientenwert radiziert wird oder • Zähler und Nenner getrennt radiziert werden.	$\sqrt[n]{\frac{a}{b}} = \frac{\sqrt[n]{a}}{\sqrt[n]{b}}$	$\sqrt{\frac{64}{16}} = \sqrt{4} = 2$ oder $\sqrt{\frac{64}{16}} = \frac{\sqrt{64}}{\sqrt{16}} = \frac{8}{4} = 2$
Radizieren von Potenzen Eine Potenz wird radiziert, indem man • die Wurzel aus der Basis zieht und den Wurzelwert mit dem Exponenten der Basis potenziert oder • die Wurzel in Potenzschreibweise umwandelt.	$\sqrt[n]{a^x} = (\sqrt[n]{a})^x$ $\sqrt[n]{a^x} = a^{\frac{x}{n}}$	$\sqrt{9^4} = (\sqrt{9})^4 = 3^4 = 81$ $\sqrt{9^4} = \sqrt[2]{9^4} = 9^{\frac{4}{2}} = 81$
Radizieren von Summen und Differenzen Eine Summe oder eine Differenz kann nur radiziert werden, wenn vorher der Summenwert zahlenmäßig ausgerechnet oder zu einem Produkt zusammengefasst wurde.	$\sqrt[n]{a + b} = \sqrt[n]{(a + b)}$	$\sqrt[3]{81 + 44} = \sqrt[3]{125} = 5$ $\sqrt{289 - 145} = \sqrt{144} = 12$ $\sqrt{39x^2 y^2 + 25x^2 y^2}$ $= \sqrt{64x^2 y^2} = 8xy$

Aufgaben zum Rechnen mit Wurzeln

1. Berechnen Sie den Wurzelwert

   a) $\sqrt{45796}$ b) $\sqrt{0{,}0065324}$ c) $\sqrt{1432{,}6225}$ d) $\sqrt[3]{39{,}785}$ e) $\sqrt[4]{42{,}424}$ f) $\sqrt{\pi}$

2. Berechnen Sie, nachdem Sie möglichst weit zusammengefasst haben

   a) $2{,}8 \cdot \sqrt{3} + 1{,}9 \cdot \sqrt{5} - 2{,}1 \cdot \sqrt{5} - 1{,}6 \cdot \sqrt{3}$ b) $\frac{1}{5} \cdot \sqrt[3]{216} + \frac{2}{3} \cdot \sqrt[3]{125} - \frac{1}{2} \cdot \sqrt[3]{64}$ c) $\sqrt{10} \cdot \sqrt{22{,}5}$

   d) $(7 + \sqrt[4]{3}) \cdot (7 - \sqrt[4]{3})$ e) $\sqrt{\frac{1}{9}}$ f) $\frac{5}{\sqrt[3]{343}}$ g) $\frac{7x \cdot \sqrt[3]{108}}{\sqrt[3]{4}}$ h) $\sqrt[3]{27^4}$ i) $125^{\frac{2}{3}}$

3. Berechnen Sie

   a) $\sqrt{1444 \cdot 729}$ b) $\sqrt[3]{125 \cdot 343 \cdot 27}$ c) $\sqrt{64^2}$ d) $3 \cdot \sqrt{\frac{1}{9}}$ e) $\frac{\sqrt[3]{2560}}{\sqrt[3]{5}}$ f) $\sqrt[4]{81^6}$ g) $\sqrt[3]{\left(\frac{3}{7}\right)^6}$

   h) $4{,}3 \cdot \sqrt[3]{343} - 3{,}8 \cdot \sqrt[3]{343}$ i) $1\frac{1}{3}\sqrt{3} + 2\frac{2}{3}\sqrt{3} - 3\sqrt{3}$ j) $\sqrt{\left(\frac{3{,}9\text{ m} - 2{,}7\text{ m}}{3}\right)^2 + (0{,}3\text{ m})^2}$

1.8 Rechnen mit Logarithmen

1.8.1 Definition des Logarithmus

Soll in einem Potenzausdruck $a^n = c$ der unbekannte Exponent n bestimmt werden, so ist das dazu erforderliche Rechenverfahren das **Logarithmieren** (engl. logarithm).

> Der Logarithmus ist der Exponent n, mit dem die Basis a potenziert werden muss, um den Numerus c zu erhalten.

Logarithmus

Numerus ↓

$$n = \log_a c$$

Logarithmus ↑ ↑ Basis

Man schreibt: $n = \log_a c$. Man spricht: n ist gleich dem Logarithmus von c zur Basis a.
Es besteht folgender Zusammenhang zwischen der Potenzrechnung, der Wurzelrechnung und dem Logarithmieren:

Bei der **Potenzrechnung:**	Berechnet wird der Potenzwert c:	$c = a^n$	z.B.	$100 = 10^2$
Bei der **Wurzelrechnung:**	Berechnet wird die Basis a:	$a = \sqrt[n]{c}$	z.B.	$10 = \sqrt[2]{100}$
Beim **Logarithmieren:**	Berechnet wird der Exponent n:	$n = \log_a c$	z.B.	$2 = \log_{10} 100$

Beispiele für Logarithmen

$\log_2 8 = 3$	da $2^3 = 8$;	$\log_2 32 = 5$	da $2^5 = 32$
$\log_3 9 = 2$	da $3^2 = 9$;	$\log_3 27 = 3$	da $3^3 = 27$
$\log_5 25 = 2$	da $5^2 = 25$;	$\log_5 125 = 3$	da $5^3 = 125$
$\log_{10} 10 = 1$	da $10^1 = 10$;	$\log_{10} 100 = 2$	da $10^2 = 100$
$\log_{10} 1000 = 3$	da $10^3 = 1000$	$\log_{10} 10000 = 4$	da $10^4 = 10000$
$\log_{10} 0{,}1 = -1$	da $10^{-1} = \frac{1}{10^1} = 0{,}1$	$\log_{10} 0{,}01 = -2$	da $10^{-2} = \frac{1}{10^2} = 0{,}01$

Logarithmensysteme

Alle Logarithmen einer Basis bilden ein Logarithmensystem. Als Basis kann außer 0 und 1 jede positive Zahl verwendet werden.

In den Naturwissenschaften und der Technik sind zwei Logarithmensysteme in Gebrauch.

Das Logarithmensystem mit der Basis 10 ist rechnerisch am einfachsten zu handhaben und deshalb das in der Technik und den Naturwissenschaften übliche Logarithmensystem.

Logarithmen der Basis 10 werden **dekadische Logarithmen** oder **Brigg'sche Logarithmen** genannt. Man schreibt sie entweder $\log_{10}$ oder vereinfacht nur **log** oder **lg**.

Auf der Taschenrechnertastatur berechnet man dekadische Logarithmen mit der Taste [log] oder [LOG].

In den Naturwissenschaften, wie z.B. der Chemie oder Physik, wird außerdem ein Logarithmensystem mit der Basis e angewandt: $\log_e$. Es wird **natürlicher Logarithmus** genannt und abgekurzt **ln** geschrieben.

(e, die sogenannte Euler-Zahl, ist eine Zahl, die zur Beschreibung natürlicher Wachstumsvorgänge benutzt wird. Sie beträgt e = 2,7182818...; mit unendlich vielen Stellen.)

Auf dem Taschenrechner berechnet man natürliche Logarithmenwerte mit der Taste [lnx] oder [LN].

Die Logarithmen der beiden Systeme können mit einem Faktor ineinander umgerechnet werden (siehe rechts).

Umrechnen der Logarithmen

$$\lg x = 0{,}4342945 \cdot \ln x$$

$$\ln x = 2{,}3029851 \cdot \lg x$$

Beispiel: Es soll der natürliche Logarithmus (ln) der Zahl 126 mit einem Taschenrechner ermittelt werden, der nur eine [log]-Taste besitzt.

Lösung: Mit der [log]-Taste wird bestimmt: lg 126 = 2,1003705
Mit der Umrechnungsgleichung folgt:
ln 126 = 2,3025851 · lg 126 = 2,3025851 · 2,1003705 = **4,8362819**

1.8.2 Berechnen dekadischer Logarithmen

Die dekadischen Logarithmen der dekadischen Zahlen (1, 10, 100, 1000, ...) lassen sich leicht bestimmen, da diese Zahlen in ganzzahligen Zehnerpotenzen ausgedrückt werden können.

z.B.
$\lg 10 = 1$ da $10^1 = 10$
$\lg 100 = 2$ da $10^2 = 100$
$\lg 1 = 0$ da $10^0 = 1$
$\lg 0{,}1 = -1$ da $10^{-1} = \frac{1}{10} = 0{,}1$
$\lg 0{,}01 = -2$ da $10^{-2} = \frac{1}{100} = 0{,}01$

Trägt man die Zehnerpotenzen in einem Diagramm in gleichen Abständen auf der *x*-Achse auf, so liegen deren dekadische Logarithmen lg*N* auf einer Geraden **(Bild 1)**. Strebt der Numerus ⇒ 0, so strebt der Logarithmus ⇒ $-\infty$. Der dekadische Logarithmus negativer Numeri ist nicht definiert.

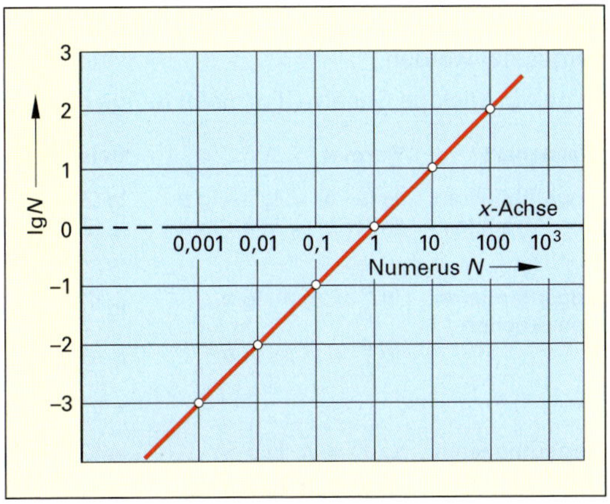

Bild 1: Numerus *N* und dekadischer Logarithmus lg *N*

In der Praxis werden die **dekadischen Logarithmen** mit dem **Taschenrechner** berechnet. Er besitzt dazu eine Logarithmentaste [log] oder [LOG]. Die Berechnung erfolgt gemäß der Bedienungsanleitung des Taschenrechners.

Beispiel: lg 250 = ?	Eingabe	[LOG]	250	[ )]	[=]	⇒ **log 250 = 2,397940009**
	Anzeige	LOG(	LOG(250	LOG(250)	2.397940009	

Aufgaben: Bestimmen Sie den dekadischen Logarithmus folgender Zahlen mit dem Taschenrechner
a) 2320 b) 0,873 c) 11,3 d) 0,990 e) 0,01 f) 0,5352 g) 120000

Aus einem Logarithmuswert kann auch der Numerus zurückberechnet werden. Dazu benutzt man die Taschenrechnertasten [2nd] [LOG] oder [INV] [LOG].

Beispiel: lg *x* = 2,5	Eingabe	[2nd] [10ˣ]	2,5	[ )]	[=]	⇒ ***x* = 316,22777**
***x* = ?**	Anzeige	10^(	10^(2,5	10^(2,5)	316.2277766	

Aufgaben: Bestimmen Sie den Numerus der dekadischen Logarithmenwerte a) 0,752 b) 10,25

1.8.3 Berechnen natürlicher Logarithmen

Die Berechnung von Zahlenwerten des natürlichen Logarithmus erfolgt auf dem **Taschenrechner** mit der Taste [lnx] bzw. [LN].

Beispiele:	ln 1 = 0;	ln 2 = 0,693;
	ln 5 = 1,609;	ln 10 = 2,303;
	ln 0,5 = −0,693	ln 0,1 = −2,303;
Sonderfälle:	ln e = 1;	ln 1 = 0

Aus dem Kurvenverlauf **(Bild 2)** erkennt man, dass bei Annäherung des Numerus *N* an Null (0) der natürliche Logarithmus von *N* gegen $-\infty$ strebt. Der natürliche Logarithmus negativer Numeri ist nicht definiert. Der Numerus eines natürlichen Logarithmuswerts wird mit den [2nd] [LN]-Tasten ermittelt.

Aufgabe: Bestimmen Sie den natürlichen Logarithmus der Zahlenwerte 20 ; 1000 ; 0,001 ; 580.

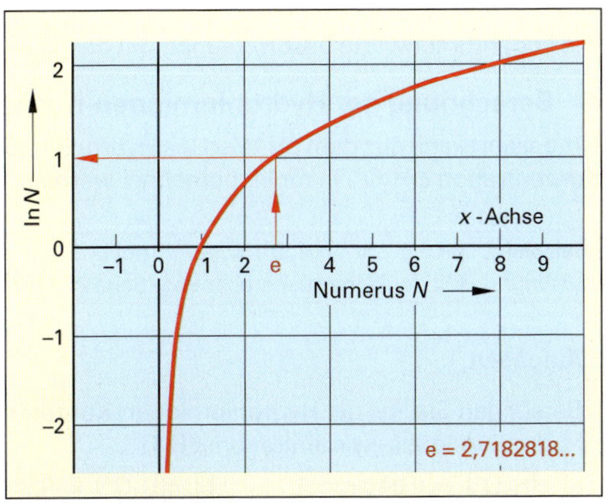

Bild 2: Natürlicher Logarithmus ln*N* über dem Numerus *N*

1.8.4 Logarithmengesetze

Die Gesetze (Formeln) zum Rechnen mit Logarithmenausdrücken können aus den Potenzgesetzen (Seite 17) hergeleitet werden.

Es gelten analoge Gesetze (Formeln) für die dekadischen und die natürlichen Logarithmen.

Rechenart	Formel	Beispiele
Logarithmieren von Produkten	$\lg(a \cdot b) = \lg a + \lg b$ $\ln(a \cdot b) = \ln a + \ln b$	$\lg(210 \cdot 38) = \lg 980 = 3{,}9020029$ oder $\lg(210 \cdot 38) = \lg 210 + \lg 38 = 2{,}3222193 + 1{,}5797836$ $= 3{,}9020029$
Logarithmieren von Brüchen	$\lg \frac{a}{b} = \lg a - \lg b$ $\ln \frac{a}{b} = \ln a - \ln b$	$\lg \frac{851}{23} = \lg 37 = 1{,}5682017$ oder $\lg \frac{851}{23} = \lg 851 - \lg 23 = 2{,}9299296 - 1{,}3617278$ $= 1{,}5682018$ (Abweichung bei der letzten Ziffer wegen Rundung)
Logarithmieren von Potenzen	$\lg a^n = n \cdot \lg a$ $\ln a^n = n \cdot \ln a$	$\lg 12^{3,5} = \lg 5985{,}9676 = 3{,}7771344$ oder $\lg 12^{3,5} = 3{,}5 \cdot \lg 12 = 3{,}5 \cdot 1{,}0791812 = 3{,}7771344$
Logarithmieren von Wurzeln	$\lg \sqrt[n]{a} = \frac{1}{n} \cdot \ln a$ $\ln \sqrt[n]{a} = \frac{1}{n} \cdot \ln a$	$\lg \sqrt[3]{778{,}688} = \lg 9{,}2 = 0{,}963787$ oder $\lg \sqrt[3]{778{,}688} = \frac{1}{3} \cdot \lg 778{,}688 = \frac{1}{3} \cdot 2{,}8913635 = 0{,}9637878$

Aufgaben

Bestätigen Sie die Logarithmengesetze, indem Sie folgende Ausdrücke nach den beiden Schreibweisen des entsprechenden Logarithmusgesetzes berechnen.

a) $\lg(147 \cdot 717 \cdot 873)$ b) $\lg \frac{4{,}38 \cdot 2{,}19}{871 \cdot 2{,}52}$ c) $\lg(0{,}97^7 \cdot 2{,}82^{3,5})$ d) $\ln \sqrt[5]{65{,}931}$

1.8.5 Logarithmieren bei der pH-Wert-Berechnung

Der pH-Wert ist definiert als der negative dekadische Logarithmus des Zahlenwertes der Hydroniumionen-Konzentration $c(H_3O^+)$ in mol/L (Seite 189).

$$\text{pH} = -\lg(c(H_3O^+))$$

pH-Wert-Berechnung aus der Hydroniumionen-Konzentration

Beispiele:
$c(H_3O^+) = 0{,}2$ mol/L $\Rightarrow \lg c(H_3O^+) = \lg 0{,}2 = -0{,}69897$ $\Rightarrow$ pH = 0,7
$c(H_3O^+) = 7{,}3 \cdot 10^{-3}$ mol/L $\Rightarrow \lg c(H_3O^+) = \lg(7{,}3 \cdot 10^{-3}) = -2{,}1367$ $\Rightarrow$ pH = 2,1
$c(H_3O^+) = 10^{-7}$ mol/L $\Rightarrow \lg c(H_3O^+) = \lg 10^{-7} = -7$ $\Rightarrow$ pH = 7
$c(H_3O^+) = 5{,}2 \cdot 10^{-12}$ mol/L $\Rightarrow \lg c(H_3O^+) = \lg(5{,}2 \cdot 10^{-12}) = \lg 5{,}2 + \lg 10^{-12}$
$= 0{,}7160033 + (-12) = -11{,}283997$ $\Rightarrow$ pH = 11,3

Die Logarithmenwerte bestimmt man mit der LOG-Taste auf dem Taschenrechner.

Berechnung der Hydroniumionen-Konzentration aus dem pH-Wert

Umgekehrt kann aus dem pH-Wert die Hydroniumionen-Konzentration $c(H_3O^+)$ in mol/L berechnet werden: $-\text{pH} = \lg c(H_3O^+) \Rightarrow$

$$c(H_3O^+) = 10^{-\text{pH}} \frac{\text{mol}}{\text{L}}$$

Beispiel: pH 5,6 $\Rightarrow c(H_3O^+) = 10^{-5,6}$ mol/L
Lösung: Mit der Numerusberechnung (Seite 21, Mitte) folgt: $c(H_3O^+) = 0{,}0000025$ mol/L = **$2{,}5 \cdot 10^{-6}$ mol/L**

Aufgaben

Berechnen Sie aus der Hydroniumionen-Konzentration $c(H_3O^+)$ den pH-Wert bzw. aus dem pH-Wert die Hydroniumionen-Konzentration $c(H_3O^+)$.

a) $c(H_3O^+) = 0{,}040$ mol/L b) $c(H_3O^+) = 8{,}5 \cdot 10^{-12}$mol/L c) $c(H_3O^+) = 6{,}83 \cdot 10^{-5}$mol/L
d) pH = 2,67 e) pH = 7,51 f) pH = 3,7 g) pH = 10,2 h) pH = 0,94

1.9 Lösen von Gleichungen

1.9.1 Lösen von Bestimmungsgleichungen

Bestimmungsgleichungen (engl. equation) sind Gleichungen mit einer gesuchten Größe (x, y, z usw.).

Beispiele für Bestimmungsgleichungen sind: $x+3=5$ oder $2y-8=-4$ oder $5z=10$

Zur Bestimmung der gesuchten Größe wird die Bestimmungsgleichung so umgestellt, dass die gesuchte Größe mit positivem Vorzeichen allein auf der linken Seite der Gleichung steht.

Je nach Gleichungsform kommen verschiedene Umformregeln zur Anwendung:

Gleichungen mit Summanden

Beispiele:

$$x+3=5 \qquad x=5-3 \qquad \mathbf{x=2}$$

$$-x-5=2 \qquad -x=2+5 \qquad -x=7 \quad |\cdot(-1) \qquad \mathbf{x=-7}$$

Gleichungen mit Faktoren und Divisoren

Beispiele:

$$5z=10 \qquad z=\frac{10}{5} \qquad \mathbf{z=2}$$

$$\frac{x}{3}=12 \qquad x=12\cdot 3 \qquad \mathbf{x=36}$$

Gemischte Gleichungen

Beispiele:

$$2y-8=-4 \qquad 2y=-4+8 \qquad 2y=+4 \qquad y=\frac{4}{2} \qquad \mathbf{y=2}$$

$$-\frac{x}{2}-7=5 \qquad -\frac{x}{2}=5+7 \qquad -\frac{x}{2}=12 \qquad -x=12\cdot 2 \qquad -x=24 \quad |\cdot(-1) \qquad \mathbf{x=-24}$$

Gleichungen mit Potenzen oder Wurzeln

Beispiele:

$$x^2=9 \quad |\sqrt{\ } \qquad x=\sqrt[2]{9} \qquad \mathbf{x=3}$$

$$\sqrt[3]{x}=4 \quad |^3 \qquad x=4^3 \qquad \mathbf{x=64}$$

$$2x^2+7=39 \qquad 2x^2=39-7 \qquad 2x^2=32 \qquad x^2=\frac{32}{2} \qquad x^2=16 \qquad x=\sqrt[2]{16} \qquad \mathbf{x_1=+4} \qquad \mathbf{x_2=-4}$$

$$\frac{x^3}{5}-35=-10 \qquad \frac{x^3}{5}=-10+35 \qquad \frac{x^3}{5}=25 \qquad x^3=25\cdot 5 \qquad x^3=125 \qquad x=\sqrt[3]{125} \qquad \mathbf{x=5}$$

Umformregeln

Wird ein Summand oder ein Subtrahend auf die andere Seite der Gleichung gebracht, so wird sein Vorzeichen umgekehrt.

Wird ein Faktor auf die andere Seite der Gleichung gebracht, so wird er dort in den Nenner gestellt. Er wird zum Divisor.
Wird ein Divisor auf die andere Seite der Gleichung gestellt, so wird er dort in den Zähler gestellt. Er wird zum Faktor.

Bei einer Bestimmungsgleichung mit Summanden bzw. Subtrahenden sowie Faktoren bzw. Divisoren wird zuerst der Summand oder Subtrahend auf die andere Seite der Gleichung gestellt. Dann wird der Faktor bzw. der Divisor auf die andere Gleichungsseite gebracht.

Eine potenzierte Variable wird freigestellt, indem die andere Seite der Gleichung entsprechend radiziert wird.
Eine unter der Wurzel stehende Variable wird freigestellt, indem die andere Seite der Gleichung entsprechend potenziert wird.

Bei einer Bestimmungsgleichung mit Summanden, Subtrahenden, Faktoren, Divisoren, Potenzen und Wurzeln werden zuerst der Summand bzw. Subtrahend und dann die Faktoren und Divisoren auf die andere Seite der Gleichung gebracht.
Abschließend wird die potenzierte bzw. unter der Wurzel stehende Variable durch die umgekehrte Rechenart freigestellt.

Bringt man eine Größe einer Bestimmungsgleichung von der einen Seite auf die andere Seite der Gleichung, so erhält sie dort den umgekehrten Rechenbefehl.

Beispiele:

a) $\frac{x-42}{5} = 20$
$x-42 = 20 \cdot 5$
$x = 100 + 42$
$x = 142$

b) $\frac{5}{2x} + 3 = \frac{4}{x}$
$\frac{5}{2x} - \frac{4}{x} = -3$
$\frac{5-8}{2x} = -3$
$\frac{-3}{2x} = -3$
$-3 = -3 \cdot 2x$
$-3 = -6x$
$\frac{-3}{-6} = x$
$\mathbf{x = 0{,}5}$

Aufgaben: Lösen Sie die folgenden Bestimmungsgleichungen nach der Variablen x auf:

1. $8{,}5x + 4{,}75 = 9$
2. $\frac{3x}{7} = 12$
3. $\frac{7}{x} = \frac{112}{8}$
4. $\frac{23-x}{12} = 2$
5. $\frac{x-2}{3} = \frac{x}{5}$
6. $\frac{15x}{6} + 2{,}2 = -7{,}8$
7. $4x^2 - 69 = 31$
8. $\sqrt{3x-2} = \sqrt{8x}$
9. $(x+5)^2 = 81$

1.9.2 Lösen von Größengleichungen

In der Chemie, der Physik und der Technik werden gesetzmäßige Zusammenhänge zwischen Größen mit **Größengleichungen,** einfach auch **Gleichungen** oder **Formeln** genannt, beschrieben.

Beispiel: Die Fläche A eines Rechtecks wird mit der Größengleichung $A = a \cdot b$ beschrieben.

Eine Größengleichung enthält mehrere Variablen. Sie kann nach jeder Variablen x aufgelöst werden. Dazu wird die Größengleichung so umgeformt, dass die gesuchte Variable auf der linken Seite der Gleichung allein und mit positivem Vorzeichen steht. Für die Umformung von Größengleichungen gelten die gleichen Regeln wie beim Lösen von Bestimmungsgleichungen (Seite 23).

Ist z.B. bei der Größengleichung $A = a \cdot b$ die Kantenlänge a gesucht, so formt man die Gleichung nach a um: $A = a \cdot b \quad \Rightarrow \quad a = \frac{A}{b}$

In die umgestellte Größengleichung werden die Größen mit Zahlenwert und Einheit eingesetzt und ausgerechnet, z.B. mit $A = 31{,}28\ \text{cm}^2$ und $b = 6{,}8\ \text{cm}$ folgt $\boldsymbol{a} = \frac{31{,}28\ \text{cm}^2}{6{,}8\ \text{cm}} = \mathbf{4{,}6\ cm}$

Beispiele:

a) Kreisfläche
$A = \frac{\pi \cdot d^2}{4}$
gesucht ist d
$\Rightarrow d^2 = \frac{A \cdot 4}{\pi}$
$d = \sqrt{\frac{4 \cdot A}{\pi}} = 2\sqrt{\frac{A}{\pi}}$

b) Wärmeenergie
$Q = c \cdot m \cdot \Delta\vartheta$
gesucht ist c
$\Rightarrow \frac{Q}{m \cdot \Delta\vartheta} = c$
$c = \frac{Q}{m \cdot \Delta\vartheta}$

c) Allgemeine Gasgleichung
$p \cdot V = \frac{m}{M} \cdot R \cdot T$
gesucht ist T
$\Rightarrow \frac{p \cdot V \cdot M}{R \cdot m} = T$
$T = \frac{p \cdot V \cdot M}{R \cdot m}$

d) Mischungsgleichung (für Lösungen)
$m_1 \cdot w_1 + m_2 \cdot w_2 = m_M \cdot w_M$
gesucht ist m_2
$\Rightarrow m_2 \cdot w_2 = m_M \cdot w_M - m_1 \cdot w_1$
$m_2 = \frac{m_M \cdot w_M - m_1 \cdot w_1}{w_2}$

e) Gesamtwiderstand zweier paralleler Widerstände
$\frac{1}{R_{ges}} = \frac{1}{R_1} + \frac{1}{R_2}$
gesucht ist R_1
$\Rightarrow \frac{1}{R_1} = \frac{1}{R_{ges}} - \frac{1}{R_2}$
$R_1 = \frac{1}{\frac{1}{R_{ges}} - \frac{1}{R_2}}$

f) Wärmedurchgangszahl
$k = \frac{1}{\frac{1}{\alpha_1} + \frac{s}{\lambda} + \frac{1}{\alpha_2}}$
gesucht ist α_1
$\Rightarrow \frac{1}{k} = \frac{1}{\alpha_1} + \frac{s}{\lambda} + \frac{1}{\alpha_2}$
$\frac{1}{\alpha_1} = \frac{1}{k} - \frac{s}{\lambda} - \frac{1}{\alpha_2}$
$\alpha_1 = \frac{1}{\frac{1}{k} - \frac{s}{\lambda} - \frac{1}{\alpha_2}}$

Aufgaben: Lösen Sie obige Gleichungen nach folgender Größe auf:

1. Beispiel b) nach $\Delta\vartheta$
2. Beispiel c) nach M
3. Beispiel e) nach R_2
4. Beispiel d) nach w_M
5. Beispiel f) nach α_2
6. Beispiel f) nach λ

1.10 Rechnen mit Winkeln und Winkelfunktionen

Winkelangaben

Ein Vollkreis umfasst 360° **(Bild 1).** 90° ist ein Viertel eines Kreises, 180° ein halber Kreis. 1° ist der 360ste Teil eines Vollkreises.
Die Einheit des Winkels (engl. angle) ist das Grad, Einheitenzeichen grad oder °. Bruchteile von 1 Grad (1°) sind die Winkelminute (′) und die Winkelsekunde (″).

1° = 60′
1′ = 60″

Beispiel einer Winkelangabe: $\alpha = 48°\,36'\,25''$

Häufig werden Winkel auch in Dezimalschreibweise angegeben, z.B. α = 48,6°. Beide Winkelangaben können ineinander umgerechnet werden.

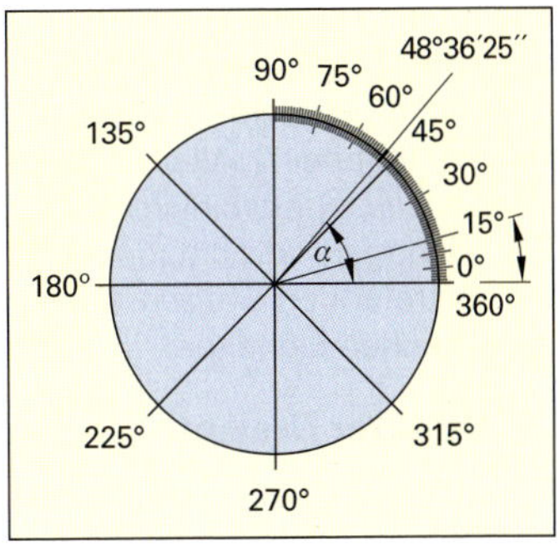

Bild 1: Winkel im Vollkreis

Beispiel 1: Wie lautet die Winkelangabe $\alpha = 48°\,36'$ in Dezimalschreibweise?
Lösung: $36' = 36\frac{1°}{60} = 0{,}6°; \Rightarrow \alpha = 48° + 0{,}6° = \mathbf{48{,}6°}$

Beispiel 2: Wie lautet die Winkelangabe $\alpha = 32{,}3525°$ in Grad, Winkelminuten und Winkelsekunden?
Lösung: $0{,}3525° = 0{,}3525 \cdot 60' = 21{,}15'; \; 0{,}15' = 0{,}15 \cdot 60'' = 9''; \Rightarrow \alpha = \mathbf{32°\,21'\,9''}$

Aufgaben

1. Berechnen Sie die Winkel in Dezimalschreibweise: a) 12° 16′ 2″ b) 27° 44′ 59″ c) 69° 48′
2. Drücken Sie die folgenden Winkelangaben in Grad, Minuten und Sekunden aus:
   a) 19,27° b) 38,18° c) 72,75° d) 28,68°

Winkelfunktionen

Die Definition der Winkelfunktionen erfolgt am rechtwinkligen Dreieck **(Bild 2).** Vom Winkel α aus betrachtet, bezeichnet man die Seiten des Dreiecks als Ankathete, Gegenkathete und Hypotenuse.
Als Winkelfunktionen bezeichnet man verschiedene Größenverhältnisse der Seiten des rechtwinkligen Dreiecks (siehe rechts unten): Sinus (sin), Cosinus (cos), Tangens (tan), Cotangens (cot).
Zu jedem Winkel α gehört ein Funktionswert der entsprechenden Winkelfunktion. Die Funktionswerte sind im Taschenrechner gespeichert und können mit den Funktionstasten abgerufen werden.

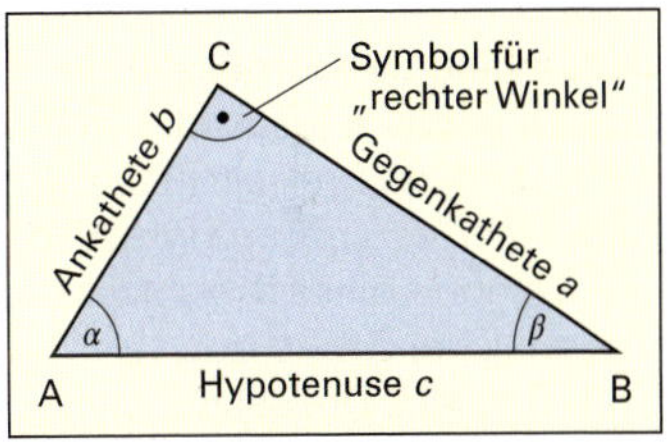

Bild 2: Rechtwinkliges Dreieck

Beispiel:	**sin 30,5° = ?**			
Eingabe	ON/C	30,5°	sin	*Lösung:*
Anzeige	*0*	*30,5*	*0,5075384*	**sin 30,5° = 0,5075384**

Aufgaben

1. Bestimmen Sie zu folgenden Winkeln die Winkelfunktionen sin, cos, tan sowie cot mit dem Taschenrechner und tragen Sie sie in eine Tabelle ein.

α	0°	30°	45°	60°	90°	17° 33′
sin α						
cos α						
tan α						
cot α						

2. Bestimmen Sie die Winkel folgender Funktionswerte:
   a) $\sin\alpha = 0{,}2215485$; b) $\tan\beta = 0{,}7954359$; c) $\cos\gamma = 0{,}378906$

Winkelfunktionen

$$\sin\alpha = \frac{\text{Gegenkathete}}{\text{Hypotenuse}}$$

$$\cos\alpha = \frac{\text{Ankathete}}{\text{Hypotenuse}}$$

$$\tan\alpha = \frac{\text{Gegenkathete}}{\text{Ankathete}}$$

$$\cot\alpha = \frac{\text{Ankathete}}{\text{Gegenkathete}}$$

$$\text{mit } \tan\alpha = \frac{1}{\cot\alpha}$$

1.11 Berechnungen mit dem Dreisatz

Zahlreiche Berechnungen aus der Labor- und Betriebspraxis können durch Dreisatzberechnung, auch Schlussrechnung genannt, einfach und anschaulich gelöst werden. Dies betrifft insbesondere die stöchiometrischen Berechnungen (Kapitel 4), das Rechnen mit Mischphasen (Kapitel 5) und analytische Berechnungen (Kapitel 7). Allerdings sollte auch bei diesen Berechnungen die Schlussrechnung das *Rechnen mit Größengleichungen* nicht prinzipiell ersetzen.

Der wichtigste Gesichtspunkt aller chemischen und physikalischen Berechnungen ist das Verständnis für die auftretenden Größen, die Abhängigkeiten zwischen den Größen sowie die Berücksichtigung der entsprechenden Einheiten.

Direkter Dreisatz

Der direkte Dreisatz (engl. direct rule of three) stellt die Beziehung zwischen zwei direkt proportionalen Größen her. Dies entspricht in einem Diagramm einer Ursprungsgeraden **(Bild 1).**
Das festgelegte Denkschema zur Berechnung wird an zwei Beispielen beschrieben.

Beispiel 1: Durch Verbrennen von 32,0 g Schwefel S entstehen 22,4 L Schwefeldioxidgas SO_2. Wie viel Liter SO_2 entstehen bei der Verbrennung von 150 g Schwefel?

Lösung:

1. Satz: aus 32,0 g S entstehen 22,4 L SO_2

2. Satz: aus 1 g S entstehen $\frac{22{,}4}{32{,}0}$ L SO_2

3. Satz: aus 150 g S entstehen $\frac{22{,}4 \cdot 150}{32{,}0}$ L = **105 L SO_2**

Es entstehen 105 L SO_2 oder: **$V(SO_2) = 105$ L**

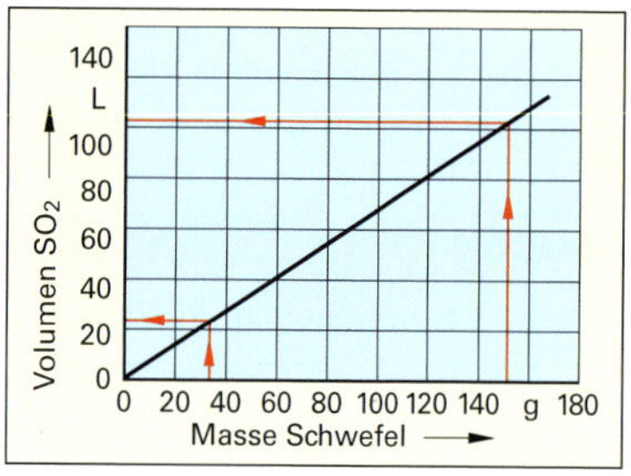

Bild 1: Abhängigkeit SO_2-Volumen zur verbrannten Schwefelmasse

Im Schema des Dreisatzes wird im 2. Satz auf die *Einheit* geschlossen, im 3. Satz auf die gesuchte *Mehrheit* der Einheit. Dabei müssen die zusammengehörenden Größen jeweils auf der gleichen Seite des Satzes untereinander angeordnet werden. Bei den Einheitenzeichen ist auf Gleichheit zu achten.

Beim *direkten Dreisatz* (Beispiel 1) führt das Vergrößern ↑ (Verkleinern ↓) der Ausgangsgröße 1 (Schwefel S) zu einer Vergrößerung ↑ (Verkleinerung ↓) der Ausgangsgröße 2 (Schwefeldioxidgas SO_2).

Das Ergebnis eines Dreisatzes muss mit dem entsprechenden Einheitenzeichen versehen sein, und es sollte die gesuchte Größe, z.B. das Volumen SO_2, oder das Größenzeichen, z.B. $V(SO_2)$, enthalten.

Im 3. Satz des Dreisatzes kann anstelle des Quotienten die gesuchte Größe als Variable (Platzhalter, z.B. *x*, *y* usw.) eingesetzt werden. Der Quotient wird anschließend ausgerechnet.

Beispiel 2: 100 g Wasser von 20°C lösen 36 g Natriumchlorid NaCl.
Wie viel Gramm NaCl können bei gleicher Temperatur in 150 g Wasser gelöst werden **(Bild 2)**?

Lösung:

1. Satz: 100 g Wasser lösen 36 g NaCl

2. Satz: 1 g Wasser löst $\frac{36}{100}$ g NaCl

3. Satz: 150 g Wasser lösen *x* NaCl

$$x = m(\text{NaCl}) = \frac{36 \cdot 150}{100}\ \text{g} = \mathbf{54\ g}$$

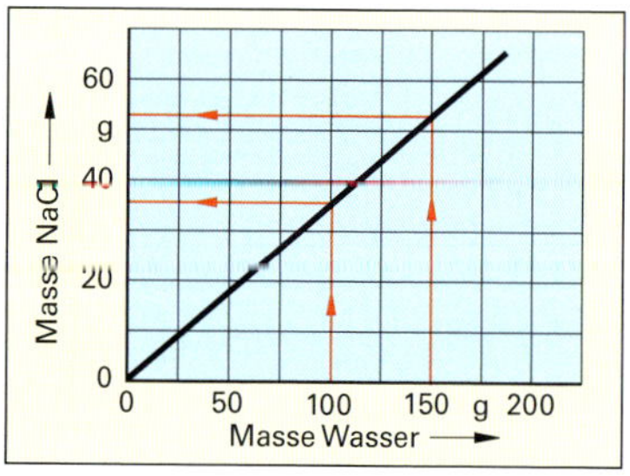

Bild 2: Abhängigkeit gelöste NaCl-Masse pro Masse Wasser

Aufgaben zu Berechnungen mit dem direkten Dreisatz

1. Beim Glühen von 100 g Calciumcarbonat $CaCO_3$ entstehen 44 g Kohlenstoffdioxid CO_2. Welche Masse an $CaCO_3$ muss geglüht werden, wenn 800 kg CO_2 hergestellt werden sollen?
2. 7,55 g Rohkohle werden nach der Trocknung mit 6,24 g ausgewogen. Wie viel Tonnen Feuchtigkeit enthält ein Kohletransport mit 785 t Rohkohle?
3. In 80 g Ammoniumnitrat NH_4NO_3 sind 28 g Stickstoff N chemisch gebunden. Berechnen Sie die Masse an Stickstoff in 2,5 t Ammoniumnitrat.

Indirekter Dreisatz

Beim indirekten Dreisatz (engl. indirect rule of three) sind die beiden verbundenen Größen umgekehrt proportional. Dies entspricht in einem Diagramm einer Hyperbel **(Bild 1)**.

Durch Vergrößern ↑ (Verkleinern ↓) der einen Größe verkleinert ↓ (vergrößert ↑) sich der Wert der zweiten Größe. Das Lösungsschema ist entsprechend wie beim direkten Dreisatz.

Beispiel 1: Zwei parallel geschaltete Kreiselpumpen füllen einen Säuretank in 6 Minuten. Welche Füllzeit ist erforderlich, wenn die Befüllung mit drei parallel arbeitenden Pumpen gleicher Förderleistung erfolgt?

Lösung:
1. Satz: 2 Pumpen benötigen zum Füllen 6 min
2. Satz: 1 Pumpe benötigt zum Füllen 6 min · 2
3. Satz: 3 Pumpen benötigen zum Füllen *x* min

$x = \frac{6 \cdot 2}{3}$ min = 4 min oder: ***t*(3 Pumpen) = 4 min**

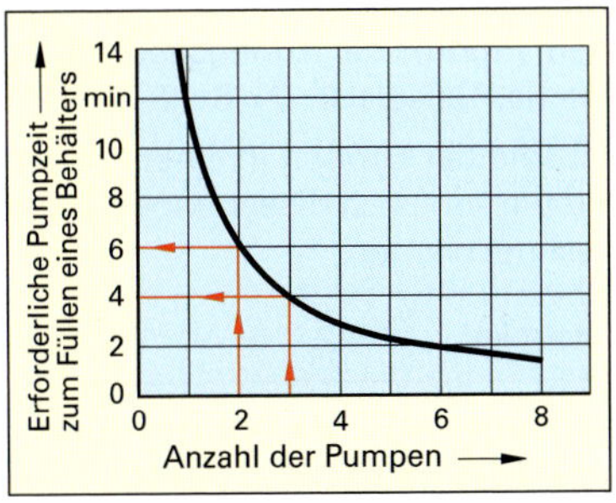

Bild 1: Abhängigkeit der Pumpzeit von der Anzahl eingesetzter Pumpen

Bei praktischen Berechnungen wird häufig auf den 2. Satz des Dreisatzes, den Schluss auf die *Einheit,* verzichtet. Man spricht vom *abgekürzten* Dreisatz oder auch von der **Schlussrechnung.**

Beispiel 2: Das Volumen einer Gasportion beträgt bei einem Druck von 2,5 bar 10 m³. Wie groß ist das Volumen bei 7,5 bar unter gleicher Temperatur?

Lösung: Vorüberlegung: Mit steigendem Druck wird das Volumen kleiner, deshalb *indirekter* Dreisatz.
1. Satz: bei 2,5 bar ist das Volumen 10 m^3 — Bei 1 bar ist das Volumen 2,5 · 10 m^3 (**nicht** formulierter Gedankengang)
2. Satz: bei 7,5 bar ist das Volumen *x*

$x = \frac{2{,}5\ \text{bar} \cdot 10\ \text{m}^3}{7{,}5\ \text{bar}} = 3{,}3333\ \text{m}^3 \approx \mathbf{3{,}3\ m^3}$ **Das Volumen *V* beträgt 3,3 m^3.**

Aufgaben zu Berechnungen mit dem indirekten Dreisatz

1. Ein Rührkessel hat ein Füllvolumen von 32,0 m^3 Reaktionsgut. Die monatliche Produktion erfordert 70 Chargen (Ansätze). Wie viele Chargen sind monatlich nötig, wenn der 32-m^3-Kessel durch einen neuen Kessel mit 40,0 m^3 Füllvolumen ersetzt wird?
2. Mit einer in einem Mischbehälter enthaltenen Lacklösung konnten 30 Gebinde von 40 L Inhalt vollständig gefüllt werden. Wie viele 60-L-Gebinde werden für die gleiche Portion benötigt?
3. Zur Neutralisation von 500 kg Kalilauge wurden 110 kg Salzsäure mit dem HCl-Massenanteil 36 % benötigt. Welche Masse an Salzsäure ist erforderlich, wenn sie nur den Massenanteil 30 % hat?

1.12 Berechnungen mit Proportionen

Das Verhältnis zweier Zahlen wird durch einen Bruch oder durch ein Divisionszeichen angegeben.

Beispiel: $\frac{2}{5}$ oder 2 : 5 (gesprochen: 2 zu 5)

Der Wert eines Verhältnisses ändert sich nicht, wenn seine Zähler und Nenner bzw. Dividend und Divisor mit derselben Zahl multipliziert oder durch dieselbe Zahl dividiert werden.

Beispiel: $\frac{2}{5} = \frac{2 \cdot 3}{5 \cdot 3} = \frac{6}{15} = \frac{2:10}{5:10} = \frac{0{,}2}{0{,}5}$; kann auch geschrieben werden: 2 : 5 = 6 : 15 = 0,2 : 0,5

Zwei Verhältnisse mit dem gleichen Wert können gleichgesetzt werden. Dies nennt man eine **Verhältnisgleichung** (engl. ratio equation) oder eine **Proportion** (engl. proportion).

Beispiel: 2 zu 5 verhält sich wie 6 zu 15. Als Proportion geschrieben: 2 : 5 = 6 : 15

Schreibt man eine Proportion mit allgemeinen Zahlen, so erhält man die allgemeine Proportion $a : b = c : d$. Darin werden a und d als *Außenglieder*, b und c als *Innenglieder* bezeichnet (siehe rechts).

Produktregel: Das Produkt der Innenglieder einer Proportion ist gleich dem Produkt der Außenglieder.
Für das Beispiel 2 : 5 = 6 : 15 gilt daher: 2 · 15 = 5 · 6 = 30

Ist eine der Größen in einer Proportion unbekannt (= x), so kann die Proportion nach dieser unbekannten Größe umgestellt und diese berechnet werden.

Proportion	Produktregel
Außenglieder ↓ ↓ $a : b = c : d$ ↑ ↑ Innenglieder	$a : b = c : d$ $\Rightarrow a \cdot d = b \cdot c$

Beispiel: $\frac{2}{5} = \frac{x}{15} \Rightarrow x = \frac{2 \cdot 15}{5} = 6$

Wie auch beim Dreisatz ist bei der Berechnung über Proportionen zu prüfen, ob die *vorhandene* oder die *resultierende* Größe in *direkter* oder *indirekter* proportionaler Abhängigkeit zueinander stehen.

Beispiel: Bei der vollständigen Verbrennung von 12,0 g Kohlenstoff C entstehen 44,0 g Kohlenstoffdioxid CO_2. Welche Masse an CO_2 entsteht bei der Verbrennung von 78,0 g Kohlenstoff?

Lösung: Die Massen des vorhandenen Stoffes (C) und des entstehenden Stoffes (CO_2) verhalten sich direkt proportional (direkte Proportion), d.h., bei der Zunahme des Ausgangsstoffes C wird auch der Endstoff CO_2 im gleichen Verhältnis zunehmen.

Es müssen sich also 12,0 g C zu 78,0 g C verhalten wie 44,0 g CO_2 zum gesuchten Wert x.

$$\frac{12{,}0\ \text{g}}{78{,}0\ \text{g}} = \frac{44{,}0\ \text{g}}{x} \Rightarrow \boldsymbol{x} = \frac{44{,}0\ \text{g} \cdot 78{,}0\ \text{g}}{12{,}0\ \text{g}} = \mathbf{286\ g}\ ; \quad \boldsymbol{m}(\mathbf{CO_2}) = \mathbf{286\ g}$$

Aufgaben zu Berechnungen mit Proportionen

1. In 286,1 g Soda $Na_2CO_3 \cdot 10\ H_2O$ sind 180 g H_2O als Kristallwasser gebunden. Welche Masse an Natriumcarbonat Na_2CO_3 bindet 500 kg Kristallwasser?
2. In 20,112 g Rohbauxit wurden bei einer Bestimmung des Glühverlustes 480 mg Feuchtigkeit ermittelt. Berechnen Sie die Masse an Feuchtigkeit in 75 t Rohbauxit.
3. Ein Tank wird über eine Zuleitung mit dem Rohrquerschnitt 75 cm^2 in 40 min befüllt.
   a) Welche Füllzeit ist mit einer Zuleitung von 90 cm^2 zu erwarten?
   b) Bei welchem Rohrquerschnitt wird eine Füllzeit von 50 min erzielt?

1.13 Berechnungen mit Anteilen

Mit Anteilen drückt man z.B. den Gehalt einer Komponente in einer Mischung aus. Mathematisch betrachtet sind Anteile Quotienten aus jeweils zwei gleichen physikalischen Größen.

Beispiel: Welchen Massenanteil w(NaCl) hat eine Lösung, die 18 g NaCl in 100 g Lösung enthält?

Lösung: $\boldsymbol{w}(\mathbf{NaCl}) = \frac{18\ \text{g}}{100\ \text{g}} = \mathbf{0{,}18}$

Der Massenanteil in der Lösung ist: 0,18.

Anteile (engl. fractions) können auf Massen, Volumina, Stoffmengen oder Teilchenzahlen von Stoffportionen angewendet werden (Seite 145).

Die Zahlenwerte der Anteile liegen zwischen 0 und 1. Die Summe aller Anteile einer Stoffportion ergibt 1.

Bei sehr kleinen Anteilwerten können die Zahlenwerte auch mit 10er-Potenz-Faktoren multipliziert oder mit einem Kurzzeichen versehen werden. Einige wichtige Kurzzeichen sind in der folgenden Übersicht aufgeführt. Eine vollständige Übersicht zeigt Tabelle 1, Seite 151.

Anteilsangabe	Bedeutung	Kurzzeichen	Faktor
Prozent	Hundertstel	%	10^{-2}
Promille	Tausendstel	‰	10^{-3}
Parts per million[1]	Millionstel	ppm	10^{-6}
Parts per billion[1]	Milliardstel	ppb	10^{-9}

Die Berechnung von Anteilen kann durch Schlussrechnung, Aufstellen einer Proportion oder durch Auflösen von Größengleichungen erfolgen. Dies wird an den folgenden Beispielen gezeigt.

[1] ppm für parts per million (englisch). In deutsch: 1 Teilchen pro 1 Million Teilchen.
ppb für parts per billion (englisch). In deutsch: 1 Teilchen pro 1 Milliarde Teilchen.

Beispiel 1: In einer Kaliumhydroxid-Probe wird ein Feuchtigkeits-Massenanteil von *w*(Feuchte) = 0,025 analysiert. Wie groß ist der Feuchtigkeits-Massenanteil in Prozent? Was bedeutet diese Angabe?

Lösung: **w(Feuchte)** = 0,025 = 0,025 · 100 % = **2,5 %.** Das bedeutet: 100 g Probe enthalten 2,5 g Feuchtigkeit.

Beispiel 2: Der Arbeitsplatzgrenzwert (AGW) von Chlor beträgt 0,0000005. Wie groß ist der AGW-Wert von Chlor in ppm? Hinweis: ppm heißt 1 Teilchen pro 1000000 Teilchen.

Lösung: $\textbf{AGW} = 0{,}0000005 = 0{,}0000005 \cdot \frac{1}{1000000} = \textbf{0,5 ppm.}$

Aufgaben zu Berechnungen mit Anteilen

1. Wandeln Sie die Dezimalangaben um:

   a) 0,234 in Prozent b) 0,029 in Promille c) 0,0000170 in ppm d) 0,001350 in Prozent

2. Rechnen Sie die genannten Anteile in Dezimalzahlen um:

   a) 2,5 % b) 1,75 ‰ c) 50 ppm d) 0,134 % e) 2500 ppm f) 0,91 ‰

3. 28,52 g Quarzsand werden geglüht. Nach dem Abkühlen verbleibt ein Rückstand von 26,03 g. Welcher Masseverlust in Prozent ist eingetreten?

4. In einem Kupferkies wurden 21,78 % taubes Gestein ermittelt. Wie viel Kupfererz ist in 500 t Rohmaterial enthalten?

5. Ein Kühlwasserbecken ist mit 250 m³ Kühlwasser gefüllt; dies entspricht 65 % des maximalen Füllvolumens. Welches Volumen kann das Becken noch aufnehmen?

Gemischte Aufgaben zu 1 Mathematische Grundlagen und praktisches Rechnen

Grundrechnungsarten, Bruchrechnen

1. Berechnen Sie:

   a) $(-3a) \cdot (5b) \cdot (-2c)$ b) $23{,}94\ \text{m} - (-16{,}35\ \text{m}) - 3{,}22\ \text{m}$ c) $(5r + 3s) \cdot (2r - 4s)$

2. Klammern Sie aus: a) $9x^2a - 6xa^2 - 15x^2a^2$ b) $\frac{\pi}{4} h D^2 - \frac{d h^2 \pi}{4}$

3. Berechnen Sie folgende Ausdrücke:

   a) $\frac{(-287)}{(-7)}$ b) $\frac{\frac{\pi}{4}(D-d)^2}{D - \frac{d}{2}}$ c) $\frac{\frac{1}{2}at^2}{\frac{2}{3}at}$ d) $\frac{m_1 \cdot c_1 \cdot \vartheta_1 + m_1 \cdot c_1 \cdot \vartheta_2}{m_1 \cdot c_1 + m_1 \cdot c_1}$

   e) $\frac{7{,}82\ \text{g} + 6{,}93\ \text{g} + 7{,}57\ \text{g} + 7{,}34\ \text{g} + 7{,}69\ \text{g}}{5}$ f) $\frac{(36{,}1981\ \text{g} - 24{,}2561\ \text{g}) \cdot 0{,}9982\ \text{g/cm}^3}{36{,}1981\ \text{g} - 24{,}2561\ \text{g} - 54{,}7525\ \text{g} + 44{,}2595\ \text{g}}$

4. Wandeln Sie in Dezimalzahlen um: a) $\frac{8}{10}$ b) $\frac{314159}{100000}$ c) $\frac{66}{125}$ d) $\frac{2\ \text{m}^2}{9\ \text{m}}$

5. Berechnen Sie: a) $\frac{5(u+v)}{(u+v):3a}$ b) $\frac{3-a}{7b} : \frac{a-3}{7b}$ c) $\left(-3\frac{1}{3}\right) : \left(8\frac{2}{5}\right)$

Rechnen mit dem Taschenrechner

6. Bestimmen Sie die Unbekannte:

   a) $\frac{1}{R_{\text{ges}}} = \frac{1}{25\ \Omega} + \frac{1}{50\ \Omega} + \frac{1}{10\ \Omega}$ b) $k = \frac{1}{\frac{1}{25000} + \frac{0{,}0021}{70} + \frac{1}{12500}}$

   c) $V_A = \pi \cdot (1{,}52\ \text{m})^2 \cdot \left(3{,}64\ \text{m} - \frac{1{,}52\ \text{m}}{3}\right)$ d) $\gamma_A = \frac{2{,}75 \cdot 0{,}05}{1 + 0{,}05\,(2{,}75 + 1)}$

7. Berechnen Sie die folgenden Aufgaben mit dem Taschenrechner mit möglichst günstiger Tastenfolge:

a) $\frac{27{,}35 - 84{,}28 \cdot 2{,}73}{53{,}13 \cdot 102{,}04}$ b) $\frac{7{,}22 \cdot 2{,}91 + 3{,}88 \cdot 0{,}13}{12{,}81 - 6{,}25 \cdot 0{,}98}$ c) $\pi \cdot 2{,}5\ \text{m} \cdot 6{,}2\ \text{m} + \frac{\pi \cdot (2{,}5\ \text{m})^2}{2}$

d) $\frac{1}{R_\text{ges}} = \frac{1}{23{,}4\ \Omega} + \frac{1}{18{,}3\ \Omega} + \frac{1}{6{,}9\ \Omega}$ e) $\frac{98 \cdot \pi}{12} + \frac{4{,}27}{0{,}85} - \frac{1}{2{,}3}$ f) $\frac{1}{\frac{1}{12400} + \frac{0{,}003}{55} + \frac{1}{6250}}$

Rechnen mit Potenzen und Wurzeln

8. Fassen Sie zusammen: a) $23 \cdot r^{2n+2} \cdot 2 \cdot r^{-(n+1)}$ b) $\frac{\pi \cdot h}{12} \cdot (D^5 + d^2 D^3 + D^4 \cdot d)$

c) $(7 \cdot x^n - 2x^n) : 6x^{n-2}$ d) $\frac{u^4 - u^2}{u^2 - u}$ e) $\pi\, h^2 \cdot r - \frac{\pi h^3}{3}$ f) $\frac{x^3}{y^5} \cdot \frac{x^2}{y^3} : \frac{x^4}{y^6}$

9. Berechnen Sie: a) $(-5{,}8)^3$ b) $4{,}5^{2{,}5}$ c) $\frac{8{,}9^3 \cdot 6{,}4^2}{0{,}82 \cdot 1{,}5^5}$ d) $3{,}2 \cdot 10^4 + 12{,}3 \cdot 10^3 + 0{,}45 \cdot 10^5$

10. Ermitteln Sie den Zahlenwert: a) $\sqrt{3{,}4225}$ b) $\sqrt[3]{143{,}87782}$ c) $\sqrt[7]{19487171}$

d) $s = \pm\sqrt{\frac{8{,}32^2 + 8{,}12^2 + 7{,}97^2 + 8{,}05^2 + 8{,}09^2}{4}}$ e) $V = 0{,}6 \cdot 2{,}3 \cdot \sqrt{2 \cdot 9{,}81 \cdot \left(5{,}7 + \frac{250000}{964 \cdot 9{,}81}\right)}$

11. Fassen Sie zusammen: a) $\sqrt{2{,}5} \cdot \sqrt{14{,}4}$ b) $5^{\frac{1}{2}} \cdot 5^{\frac{1}{3}}$ c) $\sqrt[4]{81 \cdot 10^4}$ d) $\left(\frac{1}{3}\right)^{\frac{1}{3}}$ e) $(ab^2)^{\frac{1}{2}}$

Rechnen mit Logarithmen

12. Bestimmen Sie den dekadischen Logarithmus der Zahlen:

a) 24 b) 7392 c) 100 d) 0,092 e) 10^5 f) 10^{-12} g) 22493 h) $5{,}2 \cdot 10^{-4}$

i) $7{,}83 \cdot 10^5$ j) 0,35 k) $8{,}92 \cdot 10^{-11}$ l) $4{,}76 \cdot 10^{-11}$ m) $h = 18400\ \text{m} \cdot \lg \frac{1013\ \text{mbar}}{899\ \text{mbar}}$

13. Ermitteln Sie den Numerus der Logarithmen:

a) $\lg x = 2{,}8395$ b) $\lg x = 0{,}053$ c) $\lg x = -1{,}842$ d) $\lg x = -9{,}257$

14. Berechnen Sie aus der Hydroniumionen-Konzentration $c(H_3O^+)$ den pH-Wert:

a) $c(H_3O^+) = 0{,}059$ mol/L b) $c(H_3O^+) = 7{,}21 \cdot 10^{-6}$ mol/L c) $c(H_3O^+) = 0{,}83 \cdot 10^{-7}$ mol/L

15. Berechnen Sie aus dem pH-Wert die Hydroniumionen-Konzentration $c(H_3O^+)$:

a) pH = 5,8 b) pH = 9,4 c) pH = 2,8 d) pH = 11,3

16. Bestimmen Sie:

a) $\ln \pi$ b) $\ln 10$ c) $\ln 2{,}7182818$ d) $\ln 22026{,}466$ e) $\vartheta_\text{m} = \frac{38{,}9\ °\text{C} - 26{,}5\ °\text{C}}{\ln \frac{38{,}9\ °\text{C}}{26{,}5\ °\text{C}}}$

17. Formen Sie die folgenden Ausdrücke mit den Logarithmengesetzen um:

a) $\lg (9 \cdot 2 \cdot 7)$ b) $\lg \frac{1}{5}$ c) $\lg x^3$ d) $\lg \sqrt{xy}$ e) $\lg \frac{1}{1 + x}$

Lösen von Gleichungen

18. Lösen Sie nach der Unbekannten auf:

a) $25 = 7t + 4$ b) $\frac{3}{4}x = 7{,}5 - 0{,}75x$ c) $3r - [2r - (2 - r)] = 5r - 7$ d) $7 = \frac{12 - x}{2a}$

19. Lösen Sie die Gleichungen nach der Unbekannten x auf:

a) $5x - 3x - 5 = 3$ b) $\frac{1}{x} = \frac{1}{r} + \frac{1}{s}$ c) $\frac{8u}{2x - v} = \frac{1}{2}$

20. Lösen Sie die folgenden Größengleichungen nach der geforderten Größe auf:

a) $e = \sqrt{l^2 + b^2}$; $l = ?, b = ?$ b) $V = \frac{\pi}{4} \cdot d(D^2 - d^2)$; $D = ?, d = ?, h = ?$

c) $s = \frac{1}{2}gt^2$; $t = ?$ d) $\frac{V_1}{T_1} = \frac{V_2}{T_2}$; $V_1 = ?, T_1 = ?, V_2 = ?, T_2 = ?$ e) $t = \frac{m}{\dot{A} \cdot V}$; $m = ?, V = ?$

f) $\frac{m_1}{m_2} = \frac{w_M - w_2}{w_1 - w_M}$; $w_M = ?, w_1 = ?, w_2 = ?$ g) $R_W = R_K \cdot (1 + \alpha \cdot \Delta\vartheta)$; $\Delta\vartheta = ?, \alpha = ?$

h) $\vartheta_m = \frac{m_1 \cdot c_1 \cdot \vartheta_1 + m_2 \cdot c_2 \cdot \vartheta_2}{m_1 \cdot c_1 + m_2 \cdot c_2}$; $m_1 = ?, \vartheta_1 = ?, c_1 = ?$ i) $d_i = 2 \cdot \sqrt{\frac{\dot{V}}{\pi \cdot v}}$; $V = ?, v = ?$

Rechnen mit dem Dreisatz, Proportionen, Anteilen

21. 16,0 g Methangas CH_4 haben ein Volumen von 22,4 L. Welches Volumen nehmen 125 kg Methangas bei gleichen Bedingungen ein?

22. Für eine Umsetzung werden 2,75 t reines Natriumchlorid NaCl benötigt. Das zur Verfügung stehende Rohsalz enthält pro Tonne 50 kg Nebenbestandteile. Von welcher Masse Rohsalz ist auszugehen?

23. Aus einem Abfüllbehälter werden 30 Gebinde zu je 50 L Inhalt gefüllt. Wie viele Gebinde zu je 40 L können mit dem gleichen Volumen vollständig gefüllt werden?

24. 25,00 mL einer Säureprobe verbrauchen bei der Titration 28,24 mL Natronlauge-Maßlösung. Welches Volumen der gleichen Lauge muss 32,50 mL Säure zugesetzt werden, um sie zu neutralisieren?

25. 100 g Wasser von 20 °C lösen 35,8 g Natriumchlorid. Welche Masse an NaCl kann von 750 g Wasser der gleichen Temperatur gelöst werden?

26. Beim Eindampfen von 5,00 kg einer Lacklösung verbleibt ein Rückstand von 2,75 kg Feststoff. Wie viel Rückstand ist nach dem Eindampfen von 75,0 kg derselben Lösung zu erwarten?

27. Ein Wärmetauscher mit 250 Kühlrohren hat pro Rohr eine Kühlfläche von 15 dm^2.

a) Wie groß ist die Gesamt-Kühlfläche des Wärmetauschers?

b) Um welchen Anteil in Prozent verringert sich die Kühlfläche, wenn 5 Kühlrohre nach Leckagen dichtgesetzt werden müssen?

28. In einer Elektrolysezelle werden 750 g Chlor elektrolytisch aus Kochsalz-Lösung erzeugt. 70,9 g gasförmiges Chlor nehmen ein Volumen von 22,4 L ein.

a) Welches Volumen hat die Chlorportion?

b) Um welchen Anteil in Prozent nimmt das Chlorvolumen nach Verflüssigung ab, wenn 1,571 g flüssiges Chlor ein Volumen von 1,00 cm^3 haben?

29. Elektrolytisch erzeugtes Chlorgas enthält einen Feuchte-Massenanteil von 5,0 ppm. Welche Masse an Wasserdampf ist in 20,0 t Chlorgas enthalten?

30. Der Arbeitsplatzgrenzwert für Schwefelwasserstoff H_2S beträgt 10 ppm. Welches Volumen an Schwefelwasserstoff ist in 120 m^3 Luft einer Abfüllhalle enthalten, wenn der AGW-Wert gerade erreicht ist?

2 Auswertung von Messwerten und Prozessdaten

Im chemischen Labor, im Chemietechnikum und in chemischen Produktionsbetrieben fallen viele Messwerte oder auch Reihen von Versuchs- und Prozessdaten an.

Die Erfassung der Messwerte und Prozessdaten sowie deren Auswertung ist ein wichtiger Teil der Arbeit beim Fahren einer Chemieanlage.

2.1 Messtechnik in der Chemieanlage

2.1.1 Grundbegriffe der Messtechnik

Durch das Messen wird der Wert einer Messgröße, auch **Messwert** genannt, ermittelt.

Beispiel: Mit einem Messzylinder misst man das Volumen einer Flüssigkeitsportion.
Der in **Bild 1** abgelesene Messwert beträgt z.B. 613 mL.

Der erhaltene Messwert ist das Vielfache der Volumeneinheit Milliliter (mL): $V = 613$ mL.

Ein Messwert kann grundsätzlich nicht den wahren Wert der Messgröße angeben. Messwerte sind immer nur eine Annäherung an den wahren Wert der Messgröße.

Wichtige messtechnische Grundbegriffe gemäß DIN 1319-1 sind: Die Messgröße, die Anzeige, der Skalenteilungswert, der Messwert, die Messunsicherheit und das Messergebnis. Sie werden in der folgenden **Tabelle** erläutert.

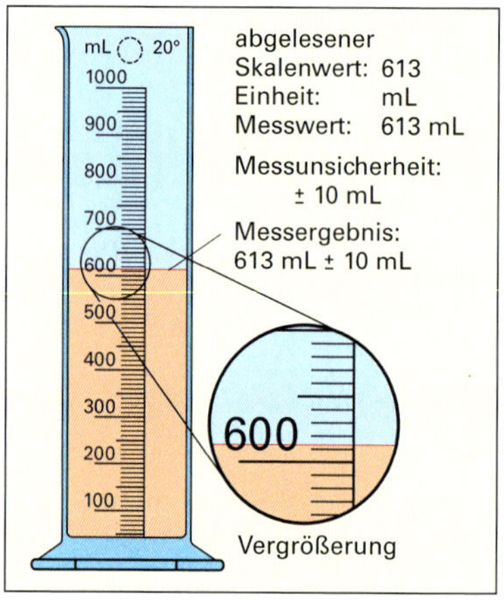

Bild 1: Bestimmung des Volumens mit dem Messzylinder

Übersicht: Messtechnische Grundbegriffe

Begriffe		Kurzzeichen	Beispiele	Definition, Erklärung
Messgröße (engl. measurand)		allgemein x, speziell m, V, p usw.	Masse m Volumen V Druck p 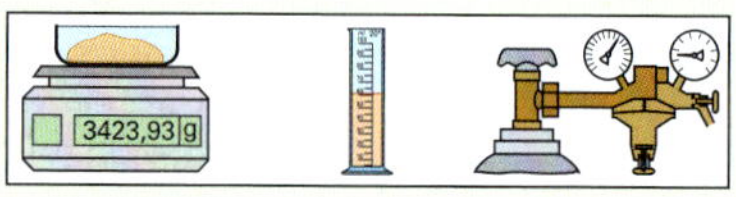	Die **Messgröße** ist die zu messende Größe, z.B. die Masse, das Volumen, der Druck, der Füllstand, die Temperatur, der Volumenstrom, usw.
Anzeige (engl. indication)		Az	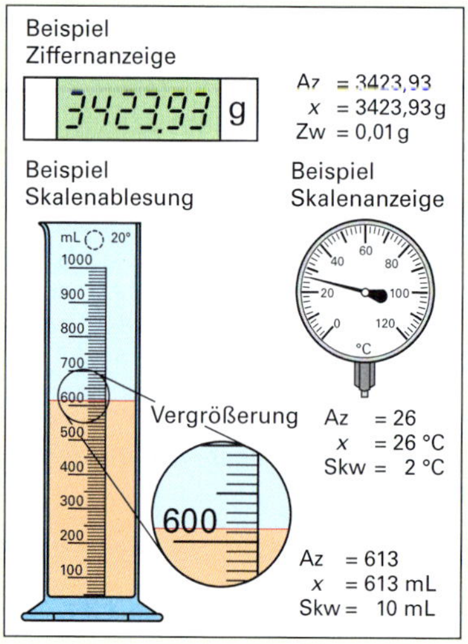	Die **Anzeige** ist der ablesbare Messwert.
Ziffernanzeige (engl. numeral indication)		Az		Digitale Anzeige mit Ziffern auf einem Display.
Skalenablesung (engl. scale reading)		Az		Ablesewert auf einer Strichskale.
Skalenanzeige (engl. scale indication)		Az		Analoge Anzeige mit einem Zeiger auf einer Strichskale.
Auflösung (engl. resolution)	**Ziffernschrittwert**	Zw		Der **Ziffernschrittwert** einer Ziffernanzeige ist der kleinste Wert der Anzeigenänderung. Der Ziffernschrittwert hat die Einheit der Messgröße.
	Skalenteilungswert	Skw		Der **Skalenteilungswert** ist der Wert der Messgröße, der eine Änderung der Anzeige um einen Skalenteil bewirkt. Der Skalenteilungswert hat die Einheit der Messgröße.

Übersicht: Messtechnische Grundbegriffe (Fortsetzung von Seite 32)

Begriffe	Kurzzeichen	Beispiele	Definition, Erklärung
Messwert (engl. measured value)	allgemein x speziell m, V, p usw.	Der abgelesene Wert: 6,0 bar 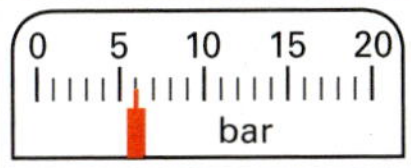 A_Z = 6,0 p = 6,0 bar Skw = 1 bar	Ermittelter Wert der zu messenden Größe. Er wird aus der Anzeige ermittelt und besteht aus Zahlenwert und Einheit. Jeder Messwert ist mit einer Messunsicherheit behaftet.
Messbereich (engl. specified measuring range)	Meb	Beispiele: Flüssigkeitsthermometer Messbereich: 0 °C bis 110 °C Messzylinder Messbereich: 50 mL bis 1000 mL 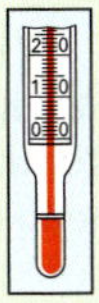	Der Messbereich ist der Bereich von Messwerten, die vom Messgerät mit der garantierten Genauigkeit angezeigt werden können.
Messunsicherheit (engl. uncertainty of measurement)	u	• Fehlergrenzen bei Messzylindern und Thermometern • Reproduzierbarkeit bei Waagen • Genauigkeitsklassen bei Manometern (Messgenauigkeit in % vom Messbereichsendwert)	Aus Messwerten gewonnener Genauigkeitskennwert eines Messgerätes. Er gibt den Wertebereich an, in dem sich der wahre Wert der Messgröße befindet.
Messergebnis (engl. result of measurement)	M	Aus mehreren Messwerten wird der arithmetische Mittelwert x gebildet.	Aus Messungen gewonnener Schätzwert für den wahren Wert einer Messgröße.
Vollständiges Messergebnis	y oder das Kurzzeichen der Messgröße	Vollständiges Messergebnis für die Messgröße x: für Einzelmessungen: $y = x \pm u$ für Wiederholmessungen: $y = \bar{x} \pm u$	Messergebnis mit quantitativer Angabe zur Genauigkeit. Das vollständige Messergebnis wird aus dem Messergebnis M (z. B. dem Mittelwert $\bar{x}$) und der Messunsicherheit u gebildet.

2.1.2 Unsicherheit von Messwerten

In Abhängigkeit vom Messverfahren, dem Messgerät und der messenden Person bei Skalenablesung weichen Messungen derselben Messgröße voneinander ab. Auch bei gleichen wiederholten Messungen unter denselben Bedingungen treten Abweichungen auf: Die Messwerte streuen.

Die Unsicherheit (Ungenauigkeit) der Messwerte wird einerseits durch die Bauart des Messgeräts und zusätzlich durch das Ablesen des Messgeräts verursacht.

Jedes Messgerät hat eine konstruktionsbedingte, gerätespezifische **Messgeräte-Unsicherheit** $\pm u_M$.

Sie ist durch das physikalische Messprinzip und die innere Konstruktion des Messgerätes bedingt.

Hinzu kommt eine gerätespezifische **Ablese-Unsicherheit** $\pm u_A$.

Die **Gesamtunsicherheit** u_{ges} eines Messwerts ergibt sich aus den Einzel-Unsicherheiten nach nebenstehender Gleichung.

Anstatt Messunsicherheit verwendet man auch den gleichbedeutenden Begriff **Messgenauigkeit**.

Gesamtunsicherheit eines Messwerts
$u_{ges} = \pm (u_M + u_A)$

Angaben zur Messgenauigkeit

Die Messgenauigkeit (engl. measurement accuracy) wird bei den verschiedenen Geräten unterschiedlich angegeben:

- Bei Glasgeräten wird die Messgenauigkeit mit **Fehlergrenzen** (error margin) angegeben.

Beispiel: Ein Messzylinder mit 250 mL Nennvolumen hat Fehlergrenzen von ± 2 mL.

- Bei Waagen wird die Messgenauigkeit durch die **Reproduzierbarkeit** (engl. repeatability) benannt.

Beispiel: Für eine Technikumswaage wird die Reproduzierbarkeit über den gesamten Wägebereich mit ≤ 0,1 g angegeben. Das Messergebnis lautet dann z. B. $m = 3472{,}5\ g \pm 0{,}1\ g$.

- Bei Manometern und Messgeräten mit elektrischem Signal gibt man die Messgenauigkeit durch eine **Genauigkeitsklasse** (engl. modulus of precision) an. Die Messgenauigkeit (Messunsicherheit) berechnet sich aus der Genauigkeitsklasse in Prozent (KI durch 100) multipliziert mit dem Messbereichsendwert ME.

Messunsicherheit bei Messgeräten mit Genauigkeitsklasse

$$u_M = \pm \frac{KI}{100} \cdot ME$$

Beispiel: Ein Widerstandsthermometer hat einen Messbereich von 0 °C bis 120 °C und die Genauigkeitsklasse KI 1,0. Wie groß ist die Messgeräte-Unsicherheit?
Lösung: Dies bedeutet eine Messgeräteunsicherheit $\boldsymbol{u_M} = \pm \frac{1{,}0}{100} \cdot 120\,°C = \pm \mathbf{1{,}20\,°C}$

Geschätzte Messgenauigkeit

Liegen für die Messgenauigkeit eines Messgerätes keine Angaben vor, z.B. keine Genauigkeitsklasse, Reproduzierbarkeit oder Fehlergrenze, so lässt sich aus der Messgeräteablesung die Messgenauigkeit schätzen.

Diese **Ablesegenauigkeit** (Ableseunsicherheit) ist von der Ableseart bzw. der Anzeigeart abhängig. Ein Messgerät hat entweder einen Skalenteilungswert Skw oder einen Ziffernschrittwert Zw. Damit lässt sich die Ablesegenauigkeit mit nebenstehenden Gleichungen ermitteln.

Ablesegenauigkeit bei Skalenablesung und Skalenanzeige

$$u_A = \pm \tfrac{1}{2} \cdot Skw$$

Ablesegenauigkeit bei Ziffernanzeige

$$u_A = \pm 1 \cdot Zw$$

Beispiele:
- Messzylinder mit Skw = 1 mL ⇒ $u_A \approx \pm \tfrac{1}{2}\,Skw \approx \pm \tfrac{1}{2} \cdot 1\,mL \approx \pm 0{,}5\,mL$;
- Technikumswaage: Zw = 1 g ⇒ $u_A \approx 1 \cdot Zw \approx \pm 1 \cdot 1\,g \approx \pm 1\,g$

Üblicherweise ist bei Messgeräten der Skalenteilungswert so gewählt, dass er der Messgenauigkeit des Messgerätes entspricht. Beim Messzylinder mit 1000 mL Nennvolumen **(Bild 1,** Seite 32**)** z.B. ist die Fehlergrenze ± 10 mL: Das entspricht dem Skalenteilungswert.

Beim Ablesen der Skala eines Messgerätes macht es nur begrenzt Sinn, zwischen den Skalenwerten einen Schätzwert abzulesen. Diese letzte Dezimalstelle des Messwertes ist unsicher.

Messwerte ohne angegebene Genauigkeit

Bei Messwerten, deren Genauigkeit (Unsicherheit) nicht bekannt ist, wird angenommen, dass die letzte Ziffer unsicher (ungenau) ist, während die vorletzte Ziffer des Zahlenwertes sicher (genau) ist. Die Unsicherheit beträgt ungefähr das Einfache des Stellenwertes der letzten Ziffer.

Beispiel: Die Volumenangabe V = 45 mL würde somit die Wertschranken 44 mL ≤ V ≤ 46 mL besitzen.

2.1.3 Messgenauigkeit im Labor und Chemiebetrieb

Im Chemielabor und Technikum sowie im Produktionsbetrieb kommen Messgeräte mit unterschiedlicher Messgenauigkeit (Messunsicherheit) zum Einsatz. Dies zeigen die folgenden Messgeräte.

Messzylinder

Messzylinder (engl. measuring glass) mit Strichteilung sind in DIN EN ISO 4788 genormt **(Bild 1).** Es gibt eine hohe Bauform (Bauform 1) und eine niedrige Bauform (Bauform 2). Ihre Messgenauigkeit wird mit einer Fehlergrenze angegeben, die vom Nennvolumen abhängt **(Tabelle).** Es gelten die Genauigkeitsklassen A und B, wobei es die niedrige Bauform nur in der Klasse B gibt. Bezugstemperatur ist 20 °C.

Tabelle: Messzylinder nach DIN EN ISO 4788 (Auswahl)

Nennvolumen	Skalenteilungswert	Fehlergrenzen	
		Klasse A	Klasse B
mL	mL	± mL	± mL
100	1	0,5	1
250	2	1	2
500	5	2,5	5
1000	10	5	10
2000	20	10	20

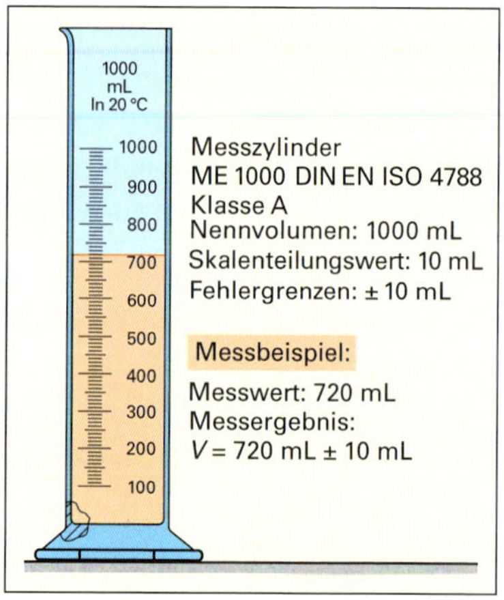

Bild 1: Messzylinder (niedrige Form, Klasse B) mit Messbeispiel

Büretten

Büretten (engl. burets) werden bei der Titration zum genauen Abmessen von kleinen Volumina verwendet. Es gibt sie in den Genauigkeitsklassen A, AS und B. Büretten der Klasse A und AS haben enge Fehlergrenzen; Büretten der Klasse B haben ungefähr die doppelten Fehlergrenzen der Klasse A **(Tabelle)**.

Büretten sind wie Pipetten auf Auslauf geeicht (Ex).

Tabelle: Büretten nach DIN EN ISO 385 (Auswahl)

Nennvolumen mL	Skalenteilungswert mL	Klasse A Fehlergrenzen mL	Klasse AS Fehlergrenzen mL	Klasse B Fehlergrenzen mL
10	0,05	± 0,02	± 0,02	± 0,05
25	0,05	± 0,03	± 0,03	± 0,05
50	0,10	± 0,05	± 0,05	± 0,10

Die Ablesung erfolgt am tiefsten Punkt des Miniskus mit dem oberen Rand des Teilstrichs; bei Büretten mit Schellbachstreifen an der Schellbachspitze **(Bild 1)**.

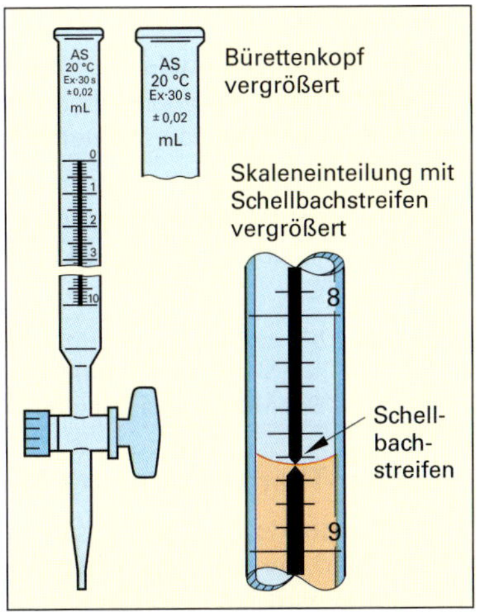

Bild 1: Bürette 10 mL, Klasse AS mit Schellbachstreifen

Beispiel: Messung mit einer 10 mL-Bürette der Genauigkeitsklasse AS
$V = 8{,}64$ mL ± 0,02 mL

Laborwaagen

Moderne Laborwaagen (engl. balance) sind oberschalige Tischwaagen mit digitaler Anzeige **(Bild 2)**.

Der Wägebereich beträgt 200 g bis 10 kg. Die Anzeige erfolgt z. B. auf 0,1 g, 0,01 g oder 0,001 g. Die Messgenauigkeit von digitalen Waagen wird durch die Reproduzierbarkeit angegeben.

Laborwaagen haben wahlweise eine Reproduzierbarkeit von ≤ ± 0,1 g, ≤ ± 0,01 g oder ≤ ± 0,001 g.

Bild 2: Laborwaage

Beispiel: Eine Laborwaage zeigt einen Messwert von 175,67 g. Bei einer gewährleisteten Reproduzierbarkeit von ≤ ± 0,01 g lautet das Wägeergebnis mit Genauigkeitsangabe:
$m = 175{,}67$ g ± 0,01 g.

Industriewaagen

Industriewaagen (engl. scale) haben einen Wägebereich von 20 kg bis 3 t. Sie bestehen aus einer Wägeplattform sowie einem Wägeterminal mit Rechner, Display und Drucker **(Bild 3)**. Die Software der Waage ermöglicht Tarawiegen, Rezeptieren und Dosieren sowie die statistische Wägekontrolle (Qualitätssicherung).

Die Reproduzierbarkeit beträgt z. B. ≤ 2 g bei einem maximalen Lastbereich von 300 kg.

Bild 3: Industriewaage

Beispiel: Angabe eines Wägeergebnisses: $m = 86{,}368$ kg ± 2 g

Förderbandwaage

Bei einer Förderbandwaage (engl. belt weigher) gleitet das Fördergut auf dem Förderband über eine Wägeplattform **(Bild 4)**. Dort wird die Masse gemessen. Ein Drehzahlmesser misst die Förderbandgeschwindigkeit. Daraus ermittelt ein Rechner den Massenstrom $\dot{m}$, der digital angezeigt wird. Die Reproduzierbarkeit beträgt z. B. ≤ 0,010 kg/min.

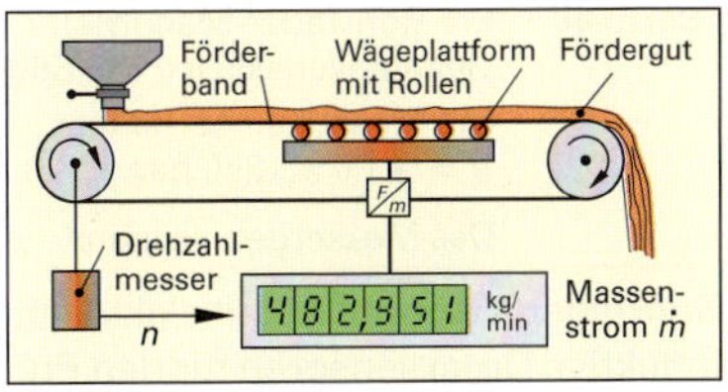

Bild 4: Förderbandwaage (schematisch)

Beispiel: Angabe eines Massestroms: $\dot{m} = 482{,}951$ kg/min ± 0,010 kg/min

Glasthermometer

Es gibt verschiedene Ausführungen von Glasthermometern, auch Laborthermometer genannt (engl. laboratory thermometer) **(Bild 1).** Ihre Fehlergrenzen richten sich nach der Thermometerart und dem Nennmessbereich.

Bei **Laborthermometern** mit einem Nennmessbereich von –200°C bis +50°C beträgt die Fehlergrenze ±2°C, bei einem Nennmessbereich von 0°C bis 210°C sind es ± 1°C und bei einem Nennmessbereich von 0°C bis >210°C ± 2°C.

Beispiel: Mit einem Laborthermometer mit einem Nennmessbereich 0°C bis 120°C wird eine Temperatur von $\vartheta = 83$°C gemessen.
Das Messergebnis lautet: $\boldsymbol{\vartheta}$ **= 83°C ± 1°C.**

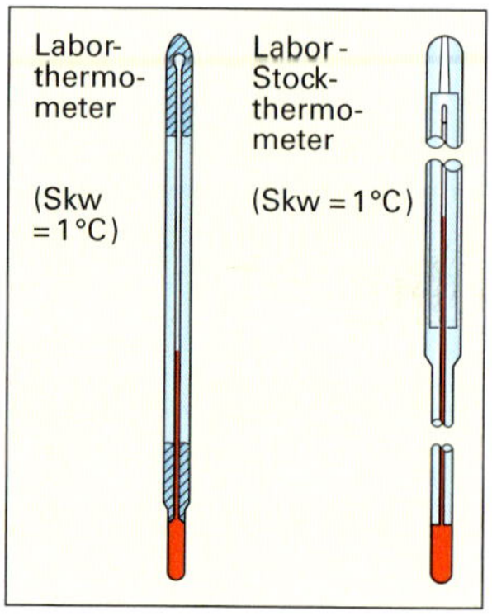

Bild 1: Glasthermometer

Labor-Thermometer mit Messfühler und Anzeigegerät

Viele Messgeräte in Labor und Chemiebetrieb bestehen aus einem Sensor (Messfühler), der ein elektrisches Signal erzeugt, und einem Anzeigegerät. Das Signal wird auf dem Display eines Handgerätes oder dem Monitor eines Computers als Messgröße angezeigt. So werden z.B. Temperaturen im Labor mit einem mobilen Messfühler gemessen **(Bild 2).**

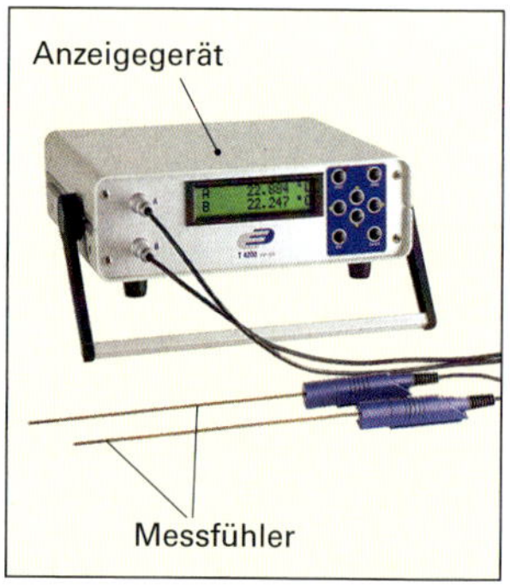

Bild 2: Digitales Labor-Temperaturmessgerät mit Messfühler und Anzeigegerät

Industrie-Temperatur-Messgeräte

In Chemieanlagen werden die Temperaturen in Apparaten, Öfen und Reaktionsbehältern mit Einbau-Messfühlern erfasst **(Bild 3).** Ihr Messsignal wird in einem Umformer in ein Einheitssignal umgeformt und in einer Messwarte als Temperaturgröße angezeigt.

Das Messprinzip bei den elektronischen Temperaturmessgeräten ist überwiegend das Widerstandsthermometer (Seite 259).

Für Feinmessgeräte mit elektrischem Signal sind die Genauigkeitsklassen 0,1; 0,2 sowie 0,5 und für elektrische Betriebsmessgeräte die Genauigkeitsklassen 1; 1,5; 2,5 und 5 festgelegt.

Die Ungenauigkeit eines Messgerätes mit elektrischem Signal und digitaler Anzeige setzt sich aus der Messgeräte-Ungenauigkeit des Sensors (in Prozent des Messwerts oder des Messbereichsendwerts) und der Anzeige-Ungenauigkeit (in Ziffernschrittwerten, Digit) zusammen.

Beispiel: Ein digitales Temperaturmessgerät **(Bild 2)** mit dem Anzeigeendwert 250°C hat die Genauigkeitsklasse 0,2. Die Ungenauigkeit ist ±0,2 % vom Messbereichsendwert ±1 Digit. Es zeigt eine Temperatur von 103,1 °C an. Der Ziffernschrittwert ist 0,1 °C.
Die Messwertungenauigkeit beträgt dann:
u = ± 0,2 % · 250°C ± 0,1 °C = ± 0,5°C ± 0,1 °C = **± 0,6°C**
Das Messergebnis lautet: $\boldsymbol{\vartheta}$ **= 103,1°C ± 0,6°C**

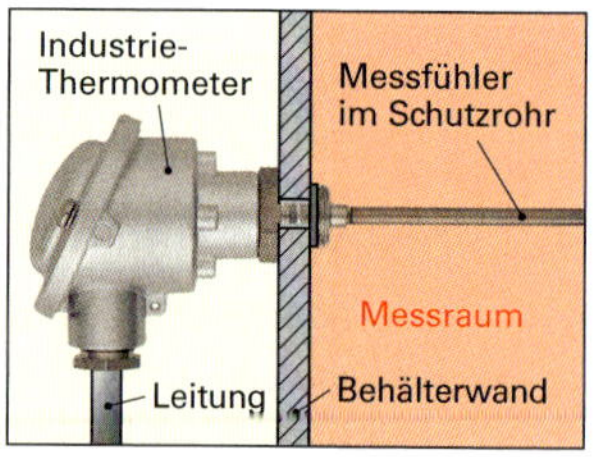

Bild 3: Industrie-Widerstands-Thermometer

Druckmessgeräte

Auch bei Rohrfeder-Manometern (engl. tube spring manometer) wird die Messgenauigkeit mit Genauigkeitsklassen angegeben **(Bild 4).**
Der Zahlenwert der Genauigkeitsklasse gibt die Messunsicherheit in Prozent vom Messbereichsendwert an.

Beispiel: Ein Rohrfeder-Manometer mit dem Messbereich 250 bar und der Genauigkeitsklasse 1,0 **(Bild 4)** zeigt einen Messwert von 70,0 bar.
Die Messunsicherheit ist:
$u = \pm 1{,}0\,\% \cdot 250\text{ bar} = \pm 1{,}0 \cdot \frac{1}{100} \cdot 250\text{ bar} = \pm 2{,}5\text{ bar}$
Das Messergebnis lautet: $\boldsymbol{p}$ **= 70,0 bar ± 2,5 bar**

Rohrfeder-Manometer mit elektrischem Signalabgriff oder kapazitive bzw. induktive Drucksensoren für den Produktionsbetrieb haben Genauigkeitsklassen von 1 , 1,5 , 2,5 und 5.

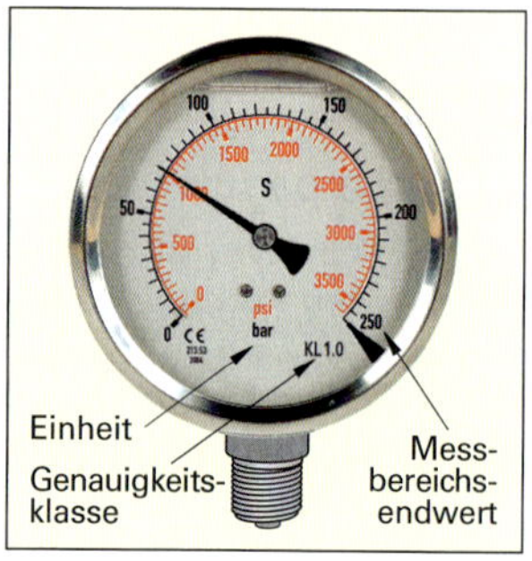

Bild 4: Rohrfeder-Manometer

Messsysteme in Industrieanlagen

Die Durchführung einer Messaufgabe erfolgt im Chemiebetrieb häufig mithilfe eines Messsystems **(Bild 1)**. Es besteht aus einer Kombination mehrerer Geräte und Vorrichtungen.

Das Messgerät ist z.B. eine Wägeplattform mit Wägesensor, dessen elektrische Signale in einem Umformer umgeformt und einem Prozessrechner zugeführt werden. Der Messwert wird an einem Anzeige- und Bedienterminal am Messort und auf dem Monitor des Leitstandcomputers angezeigt. Ein Drucker dokumentiert die Messwerte. Der Prozessrechner wertet die Messwerte zur Qualitätskontrolle aus.

Die Genauigkeit eines solchen Messsystems wird im Wesentlichen durch die Genauigkeit des Sensorsystems bestimmt. Sie wird z.B. als **Reproduzierbarkeit** angegeben.

Beispiel: Bei einem Wägesystem für die Messung der aus einem Silo in Kartons abgefüllten Masse **(Bild 1)** wird als Reproduzierbarkeit ≤ 0,10 kg angegeben. Ein Messwert von 40,12 kg muss dann mit ***m* = 40,12 kg ± 0,10 kg** angegeben werden.

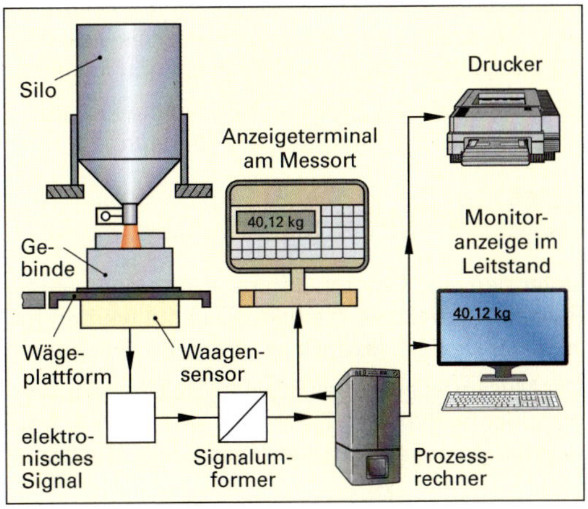

Bild 1: Messung, Auswertung, Anzeige und Dokumentation eines Industrie-Wägesystems

Aufgaben zu Grundbegriffe der Messtechnik, Messunsicherheit, Messgenauigkeit

1. Mit einem Messzylinder ME 100 werden 45,8 mL einer Flüssigkeit abgefüllt. Welche Fehlergrenze hat der Messwert?
2. Welche Fehlergrenze hat eine Bürette der Klasse AS mit 25 mL Nennvolumen?
3. Eine Analysenwaage mit einer Reproduzierbarkeit von ≤ ±0,0001 g zeigt einen Messwert von 2,7319 g. Wie lautet das Wägeergebnis mit Genauigkeitsangabe?
4. Ein Rohrfeder-Manometer **(Bild 2)** soll abgelesen werden.
   a) Geben Sie die Anzeige Az, den Messwert Mw und den Skalenteilungswert Skw in der Einheit bar sowie psi an.
   b) Welche Genauigkeitsklasse hat das Manometer und welche Unsicherheit hat der Messwert?
   c) Geben Sie das Messergebnis mit Genauigkeit an.
5. Ein analog anzeigendes elektrisches Temperaturmessgerät der Genauigkeitsklasse 1,5 hat den Messbereich 0°C bis 200°C. Ermittelt wurden die Messwerte 20°C, 120°C und 180°C.
   a) Mit welcher Unsicherheit *u* sind die Messwerte behaftet?
   b) Geben Sie die Messergebnisse mit Genauigkeit an.
6. Ein digital anzeigendes Druckmessgerät mit elektrischem Signal hat die Genauigkeitsklasse 1,0 ± 1 Digit und den Messbereich 0 bis 40 bar. Der Ziffernschrittwert (Digit) beträgt 0,1 bar.

   Mit welcher Unsicherheit wird ein Messwert von 8,4 bar angezeigt und wie lautet das vollständige Messergebnis?
7. Für den gezeigten Schwebekörper-Durchflussmesser **(Bild 3)** wird eine Messgenauigkeit von 2,5 % vom Messwert angegeben.
   a) Welcher Wert wird am Durchflussmesser abgelesen?
   b) Wie lautet das Messergebnis mit Angabe der Messgenauigkeit in m^3/h?

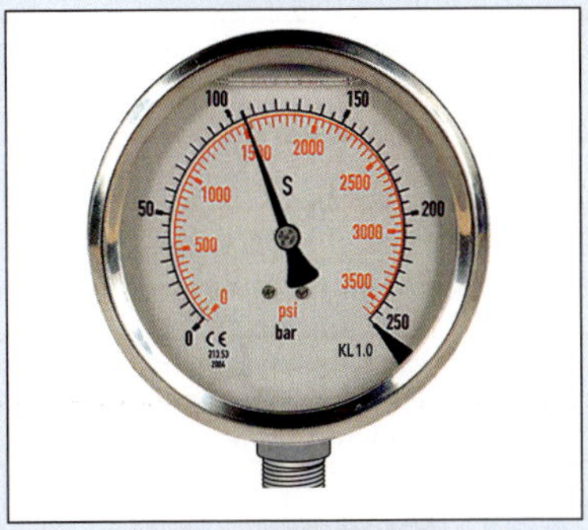

Bild 2: Anzeige eines Rohrfedermanometers (Aufgabe 4)

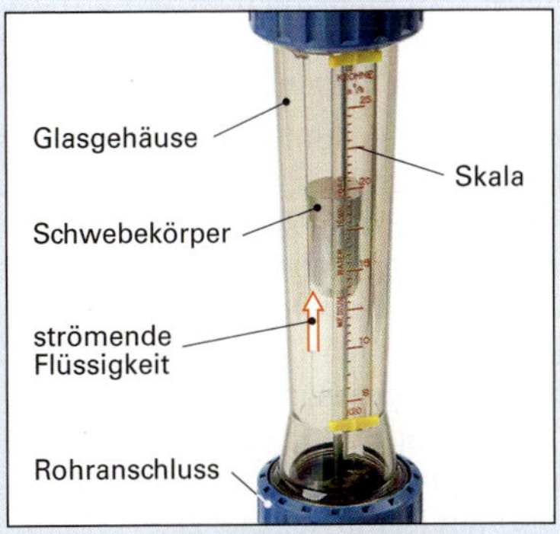

Bild 3: Schwebekörper-Durchflussmesser im Einsatz (Aufgabe 7)

2.2 Rechnen mit Messwerten

Messwerte sind grundsätzlich Werte mit einer bestimmten Unsicherheit, also einer eingeschränkten Genauigkeit. Sie ist durch das Messverfahren, mit dem der Messwert gewonnen wurde, bestimmt. Messwerte oder Ergebnisse von Berechnungen mit Messwerten sind deshalb nur so genau anzugeben, wie es die Genauigkeit des Messverfahrens erlaubt, mit dem die Messwerte erhalten wurden.

Beim Rechnen mit Messwerten sind die Kenntnis der **signifikanten Ziffern** und das **Runden** von Rechenergebnissen von entscheidender Bedeutung.

2.2.1 Signifikante Ziffern

Unter den signifikanten Ziffern (engl. significant figures) versteht man die Ziffern eines Messwertes oder Rechenergebnisses, die berücksichtigt werden müssen und nicht weggelassen werden dürfen. Man bezeichnet sie deshalb auch als *zu berücksichtigende Ziffern* oder als *geltende Ziffern.*

Der Messwert eines bestimmten Messgerätes wird mit einer bestimmten Ziffernzahl angezeigt oder kann mit einer bestimmten Ziffernzahl abgelesen werden. Diese Ziffern sind die signifikanten Ziffern des Messwertes. Die verschiedenen Messgeräte ergeben Messwerte mit unterschiedlich vielen signifikanten Ziffern.

Beispiele: **Laborwaage:** $m = 175{,}6$ g – vier signifikante Ziffern; **Industriewaage:** $m = 716{,}250$ kg – sechs signifikante Ziffern; **Bürette:** $V = 8{,}36$ mL – drei signifikante Ziffern

Besondere Aufmerksamkeit ist der Ziffer Null (0) in Dezimalzahlen zu schenken. Die Nullen am Ende einer Dezimalzahl gehören zu den signifikanten Ziffern. Die am Anfang einer Zahl stehenden Nullen sind keine signifikanten Ziffern.

Beispiele: Laborwaage:

- $m = 0{,}0750$ g: „0,0" – keine signifikanten Ziffern; „750" – drei signifikante Ziffern
- $m = 0{,}0075$ g: „0,00" – keine signifikanten Ziffern; „75" – zwei signifikante Ziffern
- $m = 0{,}007$ g: „0,00" – keine signifikanten Ziffern; „7" – eine signifikante Ziffer

Die Anzahl der signifikanten Ziffern eines Messwertes darf nicht durch Anhängen einer Null oder durch Weglassen einer Null am Ende verändert werden.

Beispiel: Der Messwert einer Laborwaage (mit 0,1-g-Anzeige), der z. B. mit 175,6 g angezeigt wird, darf nicht als $m = 175{,}60$ g geschrieben werden oder der Messwert einer Industriewaage (mit 0,001-kg-Anzeige), der z. B. mit 716,250 kg angezeigt wird, darf nicht als $m = 716{,}25$ kg angegeben werden.

2.2.2 Runden

Beim Runden (engl. to round) wird die Stellenzahl einer rechnerisch ermittelten, vielstelligen Dezimalzahl auf eine gewünschte Stellenzahl verringert.

Man unterscheidet aufrunden und abrunden. Liegt der Zahlenwert der Ziffer nach der Rundestelle zwischen 0 und 4, dann wird der Rundestellenwert beibehalten, d.h., es wird **abgerundet** (siehe Beispiel 1). Wenn der Zahlenwert der Ziffer nach der Rundestelle zwischen 5 und 9 beträgt, dann wird der Rundestellenwert um eins erhöht, also wird **aufgerundet** (siehe Beispiel 2).

Das gerundete Ergebnis wird durch ein Rundungszeichen ≈ gekennzeichnet.

Beispiel 1: Zu rundende Zahl: **24,2469**; auf **eine** Nachkommastelle

- Gewünschte Ziffernzahl: 3
- Rundestelle
- Diese Ziffer entscheidet über das Auf- oder Abrunden. Sie beträgt 4: Also wird der Rundestellenwert beibehalten.
- Diese Ziffern bleiben außer Betracht.

Die gerundete Zahl lautet: ≈ **24,2**

Beispiel 2: Zu rundende Zahl: **9,37481**; auf 4. Stelle von links

- Gewünschte Ziffernzahl: 4
- Rundestelle
- Diese Ziffer entscheidet über das Auf- oder Abrunden. Sie beträgt 8: Also wird der Rundestellenwert um eins erhöht.
- Diese Ziffer bleiben außer Betracht.

Die gerundete Zahl lautet: ≈ **9,375**

2.2.3 Rechnen mit Messwerten ohne angegebene Unsicherheit

Bei Messwerten ohne angegebene Unsicherheit bzw. Genauigkeit (engl. uncertainty) wird angenommen, dass die vorletzte Stelle des Zahlenwertes sicher (genau) ist, während die letzte Stelle als unsicher (ungenau) anzusehen ist.

Beim Rechnen mit Messwerten ohne angegebene Unsicherheit müssen einige Regeln beachtet werden.

Addieren und Subtrahieren

Beim **Addieren und Subtrahieren** von Messwerten mit unterschiedlicher Anzahl von **Nachkommastellen** (Dezimalstellen) wird das Ergebnis nur mit so vielen Nachkommastellen angegeben, wie der Messwert mit der geringsten Anzahl von Nachkommastellen besitzt.

Beispiel 1: Es werden 3 Stoffportionen gemischt, deren Massen auf unterschiedlichen Waagen bestimmt wurden:

$m_1 = 158{,}4$ kg, $m_2 = 16{,}38$ kg, $m_3 = 2{,}4072$ kg

Welches Ergebnis kann angegeben werden?

$$\begin{array}{rl} 158{,}4 & \text{kg} \\ 16{,}38 & \text{kg} \\ 2{,}4072 & \text{kg} \\ \hline 177{,}1872 & \text{kg} \end{array}$$

Lösung: Rein rechnerisch ergibt sich der Zahlenwert $m = 177{,}1872$ kg. Das Ergebnis darf jedoch nur mit **einer** Nachkommastelle angegeben werden. Aufgerundet lautet das Ergebnis $\boldsymbol{m \approx 177{,}2}$ **kg**

Beispiel 2: Es soll die molare Masse von Natriumhydroxid NaOH berechnet werden. Die molaren Massen der Elemente werden aus einem Tabellenbuch abgelesen:

$M(\text{Na}) = 22{,}989768$ g/mol

$M(\text{O}) = 15{,}9994$ g/mol

$M(\text{H}) = 1{,}00794$ g/mol

Welches Ergebnis kann angegeben werden?

Lösung: Rein rechnerisch ergibt sich:

$$\begin{array}{rl} 22{,}989768 & \text{g/mol} \\ 15{,}9994 & \text{g/mol} \\ 1{,}00794 & \text{g/mol} \\ \hline 40{,}068568 & \text{g/mol} \end{array}$$

Lösung: Der Wert mit der geringsten Anzahl von Nachkommastellen M(O) hat 4 Nachkommastellen.

Das Ergebnis darf deshalb nur gerundet mit 4 Nachkommastellen angegeben werden:
$\boldsymbol{M(\text{NaOH}) = 40{,}0686}$ **g/mol.**

Multiplizieren und Dividieren

Beim **Multiplizieren und Dividieren** von Messwerten mit unterschiedlicher **Ziffernzahl** ist das Ergebnis nur mit so vielen Ziffern anzugeben, wie der Messwert mit der kleinsten Anzahl signifikanter Ziffern besitzt.

Beispiel 1: Welche Masse hat 50,0 Liter Schwefelsäure, deren Dichte zu $\varrho = 1{,}203$ kg/L bestimmt wurde? Geben Sie die Masse mit der richtigen Anzahl an Ziffern an.

Lösung: $\varrho = m/V \Rightarrow m = V \cdot \varrho$. Rein rechnerisch ergibt sich $m = 50{,}0 \text{ L} \cdot 1{,}203 \text{ kg/L} = 60{,}15$ kg.

Das Volumen 50,0 L hat mit 3 signifikanten Ziffern gegenüber der Dichte mit 4 signifikanten Ziffern die geringere Genauigkeit. Das Ergebnis ist deshalb nur mit 3 signifikanten Ziffern anzugeben. Das Rechenergebnis wird in der 3. Ziffer aufgerundet und lautet $\boldsymbol{m \approx 60{,}2}$ **kg**

Beispiel 2: Das Volumen eines rechteckigen Behälters mit den Innenmaßen $a = 7{,}9$ cm, $b = 9{,}5$ cm, $c = 16{,}8$ cm ist zu berechnen. Welches Ergebnis kann unter Beachtung der Ziffernzahl angegeben werden?

Lösung: Mit $V = a \cdot b \cdot c = 7{,}9 \text{ cm} \cdot 9{,}5 \text{ cm} \cdot 16{,}8 \text{ cm}$ folgt mit dem Taschenrechner: $V = 1260{,}84 \text{ cm}^3$. Dieses Taschenrechner-Ergebnis täuscht eine Genauigkeit auf 6 Ziffern vor, die nicht existiert. Der Messwert mit der kleinsten Anzahl signifikanter Ziffern hat 2 Ziffern. Das Ergebnis darf also nur auf 2 signifikante Ziffern gerundet angegeben werden.

Man schreibt das Ergebnis deshalb als zweiziffrige Zahl mit Zehnerpotenz: $V \approx \mathbf{13 \cdot 10^2\ cm^3}$

Oder man wählt die Volumeneinheit so, dass ein zweiziffriges Ergebnis möglich ist. Dies gelingt im vorliegenden Fall durch eine Volumenangabe in der größeren Einheit Kubikdezimeter:

$V = 13 \cdot 10^2 \text{ cm}^3 = 1{,}3 \cdot 10^3 \text{ cm}^3 = \mathbf{1{,}3\ dm^3}$

Beispiel 3: Das Ergebnis der Schichtdickenbestimmung einer Lackschicht $d = 0{,}54786$ mm soll dreiziffrig wiedergegeben werden.

Lösung: Mit der 3. Stelle aufgerundet ergibt sich: $d = 0{,}54786 \text{ mm} \approx \mathbf{0{,}548\ mm} \approx \mathbf{548\ \mu m}$

Bei **Berechnungen mit Zwischenergebnissen** werden diese nicht auf die geringste Anzahl an Nachkommastellen bzw. signifikanter Ziffern gekürzt, sondern es wird bei den Zwischenergebnissen entweder mit der höheren Taschenrechnergenauigkeit oder mit zwei Zusatzziffern (Schutzziffern) gerechnet. Erst beim Endergebnis wird durch Runden auf die niedrigste Zahl signifikanter Ziffern bzw. Nachkommastellen gekürzt.

Kommen in einer Berechnung kleine ganzzahlige **Multiplikationsfaktoren** vor, so hat der Multiplikationsfaktor keinen Einfluss auf die Anzahl der signifikanten Ziffern des Ergebnisses.

Beispiel: Berechnen Sie das Gesamtvolumen von 4 Fässern mit 200 L Inhalt.
Lösung: $V_{ges} = 4 \cdot 200\ L = \mathbf{800\ L}$ Das Ergebnis hat wie das Ausgangsvolumen **drei** signifikante Ziffern.

Auch bei großen ganzzahligen Multiplikationsfaktoren behält man die Anzahl signifikanter Ziffern im Endergebnis bei.

Beispiel: Berechnen Sie das Gesamtvolumen von 54 Fässern mit 200 L Inhalt.
Lösung: $V_{ges} = 54 \cdot 200\ L = 10\,800\ L = \mathbf{10{,}8\ m^3}$
Das Ergebnis hat wie das Ausgangsvolumen drei signifikante Ziffern.

2.2.4 Rechnen mit Messwerten mit angegebener Unsicherheit

In Messergebnissen sollte die Unsicherheit des Messwertes angegeben sein.

Beispiel: Eine Flüssigkeitsportion in einem Reaktionskessel hat das Volumen $V = 360\ L \pm 25\ L$.

Beim **Addieren und Subtrahieren** summieren sich die Unsicherheiten.

Beispiel: In einen Reaktionskessel werden $V_1 = 3600$ L Flüssigkeit gepumpt. Die Messunsicherheit des Volumenmessgerätes beträgt $u_1 = \pm 25$ L. Anschließend werden über eine andere Leitung weitere 240 L Flüssigkeit zugepumpt. Die Messunsicherheit des Volumenmessgerätes dieser Leitung beträgt $u_2 = \pm 15$ L. Wie viel Liter Flüssigkeit befinden sich dann im Kessel und wie groß ist die Unsicherheit der Volumenangabe?
Lösung: Bei Additionen und Subtraktionen addieren sich die Unsicherheiten. Im vorliegenden Fall:
$V_{ges} = V_1 + V_2 + u_1 + u_2 = 3600\ L + 2400\ L \pm 25\ L \pm 15\ L = \mathbf{6000\ L \pm 40\ L}$

Das Beispiel zeigt, dass sich durch Addieren die Unsicherheiten der Messwerte nicht nur linear fortpflanzen, sondern dass die Unsicherheit des Rechenwertes größer wird.

Beim Multiplizieren, Potenzieren usw. pflanzen sich die Unsicherheiten der Messwerte nach komplizierten Gesetzmäßigkeiten fort. Auf deren Berechnung wird hier nicht eingegangen.

Aufgaben zu Rechnen mit Messwerten

1. Benennen Sie die Anzahl signifikanter Ziffern bei folgenden Messwerten:
   a) $V = 8{,}379\ m^3$ b) $m = 0{,}03694$ kg c) $M(H) = 1{,}00794$ g/mol d) $\vartheta = 0{,}640\ °C$
2. Runden Sie nachstehende Größenwerte auf zwei Stellen nach dem Komma:
   a) 0,2653 kg b) 6,7462 L c) 12,4454 g d) 12,99981 m^2 e) 4,4445 m f) 0,05495 g
3. Geben Sie das Rechenergebnis mit der richtigen Ziffernzahl an:
   a) 12,65 t + 0,350 t b) 244,0 mL + 0,75 mL c) 960,3 g + 12,146 g
   d) $m = 0{,}43\ mol \cdot 169{,}873\ g/mol$ e) $0{,}920 \cdot 6{,}80$ f) $\varphi = \frac{523\ mL}{748{,}3\ mL}$
4. Ein Fass ist bis zu seiner 200-L-Messmarke mit einem Lackbindemittel gefüllt. Seine Dichte wurde mit einem Aräometer zu $\varrho = 1{,}152\ g/cm^3$ bestimmt. Geben Sie die Masse des Lackbindemittels mit der richtigen Ziffernzahl an.
5. In ein Becherglas werden zuerst mit einer Bürette 12,53 mL Flüssigkeit und anschließend mit einer zweiten Bürette 7,29 mL pipettiert. Die erste Bürette hat eine Fehlergrenze von ± 0,03 mL, die zweite Bürette von ± 0,05 mL. Welches Gesamtvolumen befindet sich im Becherglas und welche Unsicherheit hat der Wert?

2.3 Auswertung von Messwertreihen

In der Regel werden bei der Ermittlung von Messwerten mehrere Messungen durchgeführt, um zufällige Abweichungen und Streuungen in der Messwertreihe auszugleichen. Daraus berechnet man verschiedene **Fehlerarten** und **statistische Kennwerte**, wie z.B. den relativen Fehler, den arithmetischen Mittelwert, den Medianwert usw.

2.3.1 Statistische Kennwerte

Arithmetischer Mittelwert

$$\bar{x} = \frac{x_1 + x_2 + \ldots + x_n}{n}$$

Der **arithmetische Mittelwert** $\bar{x}$, auch kurz Mittelwert (engl. mean) genannt, wird erhalten, indem die einzelnen Messwerte x_1, x_2, … x_n addiert und durch die Anzahl der Messwerte dividiert werden.

Beispiel 1: Bei einer Produktanalyse wurde die Titration als Fünffachbestimmung durchgeführt. Verbraucht wurden jeweils 24,35 mL, 24,30 mL, 24,34 mL, 24,40 mL und 24,45 mL Maßlösung. Welcher mittlere Verbrauch liegt vor?

Lösung: $\bar{x} = \frac{x_1 + x_2 + x_3 + x_4 + x_5}{n} = \frac{(24{,}35 + 24{,}30 + 24{,}34 + 24{,}40 + 24{,}45)\text{ mL}}{5} = 24{,}368\text{ mL} \approx \mathbf{24{,}37\text{ mL}}$

Beispiel 2: Berechnen Sie den Mittelwert der Volumina: 18,46 mL; 30,65 mL; 22,02 mL; 26,13 mL und 24,60 mL.

Lösung: $\bar{x} = \frac{x_1 + x_2 + x_3 + x_4 + x_5}{n} = \frac{(18{,}46 + 30{,}65 + 22{,}02 + 26{,}13 + 24{,}60)\text{ mL}}{5} = 24{,}372\text{ mL} \approx \mathbf{24{,}37\text{ mL}}$

Ein Vergleich beider Beispiellösungen zeigt, dass beide Messwertreihen denselben Mittelwert 24,37 mL aufweisen. Es bestehen jedoch sehr unterschiedliche Abweichungen der Einzelwerte vom Mittelwert.
Die Einzelwerte der Messreihe 1 liegen sehr dicht beieinander, während die Messwerte der Messreihe 2 sehr weit vom Mittelwert abweichen.
Der arithmetische Mittelwert $\bar{x}$ gibt einen rechnerischen Mittelwert aller Messwerte an. Er macht keine Angaben über die Abweichungen der einzelnen Messwerte voneinander und vom Mittelwert.

Medianwert $\tilde{x}$

$x_1, x_2, x_3, \mathbf{x_4}, x_5, x_6, x_7$

Der **Medianwert** $\tilde{x}$ engl. median) ist der Zentralwert der nach der Größe geordneten Messwerte einer Messwertreihe.

Beispiel 3: Geordnete Volumen-Messwerte von Beispiel 1: 24,30 mL, 24,34 mL, **24,35 mL**, 24,40 mL, 24,45 mL ⇒ Der Medianwert ist $\tilde{x}$ **= 24,35 mL**

$x_1, x_2, \mathbf{x_3}, \mathbf{x_4}, x_5, x_6; \tilde{x} = \frac{x_3 + x_4}{2}$

Bei gerader Anzahl der Messwerte ist der Medianwert der Mittelwert aus den beiden Zentralwerten.

Die **Spannweite *R*** (engl. range) ist die Differenz zwischen dem größten und dem kleinsten Messwert. Sie ist ein einfaches Maß für die **Streuung** der Messwerte.

Spannweite

$$R = x_{max} - x_{min}$$

Beispiel 4: Messreihe **aus Beispiel 3:** Spannweite ***R*** = 24,45 mL – 24,30 mL = **0,15 mL**

2.3.2 Absoluter und relativer Fehler

Der **absolute Fehler** (engl. absolute error) ist der Betrag der Differenz zwischen dem größten Messwert x_{max} und dem arithmetischen Mittelwert $\bar{x}$ der Messwertreihe. Er wird als ±-Wert angegeben. Bestimmungsgleichung siehe unten. Beim **relativen Fehler** (engl. relative error) wird der absolute Fehler ins Verhältnis zum arithmetischen Mittelwert $\bar{x}$ gesetzt. Er kann auch in Prozent angegeben werden und heißt dann **prozentualer Fehler** (engl. percentage error).

	Absoluter Fehler	**Relativer Fehler**
Bestimmungsgleichung	$\pm \lvert x_{max} - \bar{x} \rvert$	$\frac{\text{absoluter Fehler}}{\bar{x}} = \frac{\pm \lvert x_{max} - \bar{x} \rvert}{\bar{x}}$
Beispiel 1 (siehe oben)	± | 24,45 – 24,37 | mL = ± **0,08 mL**	$\pm \frac{0{,}08\text{ mL}}{24{,}37\text{ mL}}$ = **±0,0033 = ± 0,33 %**
Beispiel 2 (siehe oben)	± | 30,65 – 24,37 | mL = **±6,28 mL**	$\pm \frac{6{,}28\text{ mL}}{24{,}37\text{ mL}}$ = **±0,258 = ± 25,8 %**

Ein Vergleich der jeweiligen Fehler der Beispielrechnungen 1 und 2 zeigt, dass die Messreihen mit unterschiedlich großen Fehlern behaftet sind. Der größte, vom Mittelwert abweichende Messwert besitzt in der Messreihe 1 einen relativen Fehler von ±0,33 %, in der Messreihe 2 von 25,8 %.

Die verschiedenen Fehlerangaben (absoluter Fehler, relativer Fehler) machen bei Messreihen eine Aussage über die Abweichung des schlechtesten Messwerts vom Mittelwert. Sie geben jedoch keinen Hinweis über die Streuung der einzelnen Messwerte.

2.3.3 Standardabweichung

Quantitative Informationen zur Streuung von Einzelmesswerten einer Messreihe liefert die **Standardabweichung *s*** (engl. standard deviation). Sie wird auch Streuung oder mittlerer quadratischer Fehler genannt.

Die Berechnungsformel der Standardabweichung (siehe rechts) leitet sich aus der Wahrscheinlichkeitsrechnung, auch **Statistik** genannt, ab.

Standardabweichung

$$s = \pm\sqrt{\frac{f_1^2 + f_2^2 + \ldots + f_n^2}{n-1}}$$

In der Berechnungsformel sind f_1, f_2, ... f_n die Abweichungen der Einzelmesswerte vom Mittelwert, z.B. $f_1 = x_1 - \bar{x}$; $f_2 = x_2 - \bar{x}$ usw.; n ist die Anzahl der Einzelmesswerte.

Beispiel: Berechnung der Standardabweichungen der Messwertreihen aus Beispiel 1 und Beispiel 2 von Seite 41.

Tabelle 1: Standardabweichung von Beispiel 1

Messwerte x_i mL	arithmetischer Mittelwert $\bar{x}$ mL	Abweichung vom Mittelwert $(x_i - \bar{x}) = f_i$ mL	Quadrat der Abweichung $(x_i - \bar{x})^2 = f_i^2$ mL²
24,35	24,37	–0,02	0,0004
24,30		–0,07	0,0049
24,34		–0,03	0,0009
24,40		–0,03	0,0009
24,45		–0,08	0,0064
	$\bar{x}_1 = 24{,}37$ mL		$\Sigma f_i^2 = 0{,}0135$ mL²

$$s_1 = \pm\sqrt{\frac{f_1^2 + f_2^2 + f_3^2 + f_4^2 + f_5^2}{n-1}} = \sqrt{\frac{0{,}0135 \text{ mL}^2}{5-1}}$$

$s_1 = \pm 0{,}05809475$ mL $\approx$ **±0,06 mL**

Tabelle 2: Standardabweichung von Beispiel 2

Messwerte x_i mL	arithmetischer Mittelwert $\bar{x}$ mL	Abweichung vom Mittelwert $(x_i - \bar{x}) = f_i$ mL	Quadrat der Abweichung $(x_i - \bar{x})^2 = f_i^2$ mL²
18,46	24,37	–5,91	34,928
30,65		6,28	39,438
22,02		–2,35	5,523
26,13		1,76	3,098
24,60		0,23	0,053
	$\bar{x}_2 = 24{,}37$ mL		$\Sigma f_i^2 = 83{,}040$ mL²

$$s_2 = \pm\sqrt{\frac{f_1^2 + f_2^2 + f_3^2 + f_4^2 + f_5^2}{n-1}} = \sqrt{\frac{83{,}040 \text{ mL}^2}{5-1}}$$

$s_2 = \pm 4{,}5563$ mL $\approx$ **±4,56 mL**

Das Messergebnis von Messwertreihen wird häufig mit dem Mittelwert $\bar{x}$ und der Standardabweichung s angegeben.

Zu Beispiel 1: $y_1 = \bar{x}_1 + s_1 =$ **24,37 mL ± 0,06 mL**

Zu Beispiel 2: $y_2 = \bar{x}_2 \pm s_2 =$ **24,37 mL ± 4,56 mL**

Angabe von Messergebnissen mit Mittelwert und Standardabweichung

$$y = \bar{x} \pm s$$

Vergleich der Messergebnisse y_1 und y_2:

Die Messwerte von Beispiel 1 schwanken nur geringfügig um den Mittelwert. Dies kommt in dem kleinen Wert der Standardabweichung $s_1 = \pm 0{,}06$ mL zum Ausdruck.

Die Messwerte von Beispiel 2 streuen stark um den Mittelwert. Die Standardabweichung $s_2 = \pm 4{,}56$ mL beträgt etwa 19 % des Mittelwertes $\bar{x}_2 = 24{,}27$ mL.

Messreihen mit derart großer Standardabweichung sind für eine praktische Verwendung ungeeignet.

Da die Messreihen aus den Beispielen 1 und 2 (Seite 41) nur jeweils 5 Messwerte enthalten, beträgt der relative Fehler der Standardabweichung 10 %.

Die Messergebnisse mit Standardabweichung geben den Mittelwert der Messwerte an und machen eine Aussage über die Streuung der einzelnen Messwerte um den Mittelwert.

Relative Standardabweichung

Die Streuung einer Messreihe kann auch durch die **relative Standardabweichung s_r** gekennzeichnet werden. Die relative Standardabweichung s_r ist die auf den Mittelwert $\bar{x}$ bezogene Standardabweichung s. Sie wird auch **Variationskoeffizient** genannt und kann als Dezimalzahl oder in Prozent angegeben werden.

Relative Standardabweichung

$$s_r = \frac{s}{\bar{x}} = \frac{s}{\bar{x}} \cdot 100\,\%$$

Beispiel: Welche relative Standardabweichung haben die Messreihen aus Beispiel 1 und Beispiel 2 (Seite 42)?

Lösung:

$$s_{r1} = \frac{s_1}{\bar{x}_1} = \frac{\pm 0{,}06\text{ mL}}{24{,}37\text{ mL}} = \pm 0{,}00246 \approx \pm 0{,}0025 \approx \mathbf{\pm 0{,}25\,\%} \Rightarrow \text{Messergebnis: } y_1 = 24{,}37\text{ mL} \pm 0{,}25\,\%$$

$$s_{r2} = \frac{s_2}{\bar{x}_2} = \frac{\pm 4{,}56\text{ mL}}{24{,}37\text{ mL}} = \pm 0{,}1871 \approx \pm 0{,}187 \approx \mathbf{\pm 18{,}7\,\%} \Rightarrow \text{Messergebnis: } y_2 = 24{,}37\text{ mL} \pm 18{,}7\,\%$$

2.3.4 Gauß'sche Normalverteilung

Eine anschauliche Darstellung der Standardabweichung s erhält man durch grafisches Auftragen der Häufigkeit der Messwerte in einem Diagramm **(Bild 1)**. Das Diagramm hat als Abszisse die Messgröße x. In der Mitte der Abszisse liegt der arithmetische Mittelwert $\bar{x}$. Auf der Ordinate sind die Häufigkeiten der Messwerte in Prozent aufgetragen.

Die glockenförmige Kurve erhält man, indem man links und rechts vom Mittelwert $\bar{x}$ die Häufigkeit der um jeweils ein bestimmtes Intervall vom Mittelwert abweichenden Messwerte aufträgt.

Die Glockenkurve wird nach ihrem Erfinder **Gauß'sche Normalverteilungskurve**[1)] genannt (engl. normal distribution).

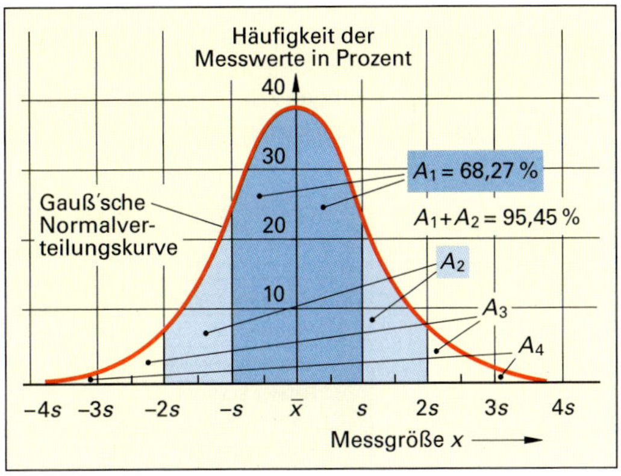

Bild 1: Gauß'sche Normalverteilungskurve und Standardabweichung

Der errechnete Wert der Standardabweichung $\pm s$ begrenzt unter der Kurve die Fläche A_1. Diese Fläche A_1 um den Mittelwert $\bar{x}$ nimmt 68,27 % der Gesamtfläche unter der Glockenkurve ein, d.h. 68,27 % der Messwerte liegen innerhalb dieser Fläche und damit innerhalb der einfachen Standardabweichung $\pm s$.

Innerhalb der zweifachen Standardabweichung $\pm 2\ s$ liegen 95,45 % der Messwerte, innerhalb der dreifachen Standardabweichung $\pm 3\ s$ liegen 99,73 % der Messwerte und innerhalb der vierfachen Standardabweichung $\pm 4\ s$ liegen 99,9946 % der Messwerte.

Beispiel: Das Messergebnis von Beispiel 1 auf Seite 42 lautet: $y_1 = \bar{x}_1 \pm s_1 = 24{,}37\text{ mL} \pm 0{,}06\text{ mL}$, die Standardabweichung s_1 beträgt ±0,06 mL. Wird die den Messwerten zugrunde liegende Titration unter denselben Bedingungen weitere Male durchgeführt, dann werden sich die Volumenwerte weiterer Titrationen mit 68,3%iger Wahrscheinlichkeit innerhalb der Wertgrenzen $y_1 = \bar{x}_1 \pm s_1 = 24{,}37\text{ mL} \pm 0{,}06\text{ mL}$ befinden, d.h. sie werden zwischen $\mathbf{y_1}$ = 24,37 mL + 0,06 mL = **24,43 mL** und $\mathbf{y_1}$ = 24,37 mL – 0,06 mL = **24,31 mL** schwanken.
Mit 95,45%iger Wahrscheinlichkeit werden sich die Volumenmesswerte innerhalb der Wertgrenzen $y_1 = \bar{x}_1 \pm 2\ s_1 = 24{,}37\text{ mL} \pm 2 \cdot 0{,}06\text{ mL}$ befinden, d.h. sie werden zwischen $\mathbf{y_1}$ = 24,37 mL + 2 · 0,06 mL = **24,49 mL** und $\mathbf{y_1}$ = 24,37 ml – 2 · 0,06 mL = **24,25 mL** schwanken.

2.3.5 Auswertung mit dem Taschenrechner und Computer

Da Mittelwerte, Standardabweichungen usw. zur Beurteilung von Messwerten häufig gebraucht werden und ihre Berechnung aufwendig ist, haben viele Taschenrechner entsprechende Funktionstasten: $\bar{x}$, s, Σx, Σx^2 usw. Mit ihr können die gesuchten statistischen Werte direkt abgerufen werden.

Beispiel: Der Mittelwert und die Standardabweichung sollen unter Zuhilfenahme eines Taschenrechners für folgende Messwerte einer Dichtebestimmung berechnet werden: 1,45 g/cm³, 1,48 g/cm³, 1,40 g/cm³, 1,46 g/cm³, 1,53 g/cm³, 1,44 g/cm³, 1,42 g/cm³, 1,39 g/cm³

1) Karl Friedrich Gauß, deutscher Mathematiker und Astronom, 1777 bis 1855

Lösung: Je nach Rechnerfabrikat müssen die statistischen Funktionen vor oder nach den Messwerten aufgerufen werden (siehe Bedienungsanleitung des Taschenrechners).

Eingabe	1,45 [Σ+]	1,48 [Σ+]	1,40 [Σ+]	usw.	[INV] [$\bar{x}$]	[INV] [s]
Anzeige	1.45 1	1.48 2	1.40 3	...	1.44625	0.045336047

Der arithmetische Mittelwert ist $\bar{x} \approx$ **1,45 g/cm³**, die Standardabweichung $s \approx$ **± 0,05 g/cm³**.
Das Messergebnis lautet: y **= 1,45 g/cm³ ± 0,05 g/cm³**
oder mit der relativen Standardabweichung s_r ausgedrückt: y **= 1,45 g/cm³ ± 3 %**

Auch mit einem **Tabellenkalkulationsprogramm** lassen sich die statistischen Kennwerte ermitteln. (Hinweise zur Datenauswertung mit Tabellenkalkulationsprogrammen in Kapitel 2.5, Seite 55.)

Die Ausführung der Berechnung wird anhand eines Beispiels gezeigt.

Beispiel: Für die Messreihe einer Dichtebestimmung ist mithilfe eines Tabellenkalkulationsprogramms der Mittelwert, die Standardabweichung und die relative Standardabweichung zu berechnen.

Dichte-Messwerte in g/cm³: 1,134; 1,137; 1,141; 1,129; 1,140; 1,131; 1,126; 1,133.

Lösung: Man erstellt eine geeignete Eingabemaske, in die die Messwerte eingetragen werden **(Bild 1)**. Für die Ermittlung der statistischen Kennwerte werden Zellen mit den statistischen Funktionen belegt (siehe Seite 58; Methode 2, 5. Schritt). Die Zellenbelegung lautet:

E4 ⇒ **=MITTELWERT(B3:13)** ; **E5** ⇒ **=STABW(B3:13)** ; **E6** ⇒ **=E5/E4** ; **E7** ⇒ **=E4** ; **G7** ⇒ **=E6**

	A	B	C	D	E	F	G	H	I
1		**Dichtewerte einer Prozesslauge**							
2									
3	Messwerte in g/cm³	1,134	1,137	1,141	1,129	1,140	1,131	1,126	1,133
4	Mittelwert $\bar{x}$				1,134 g/cm³				
5	Standardabweichung s				± 0,0052				
6	Relative Standardabweichung s_r				± 0,46%				
7	**Messergebnis**				**1,134 g/cm³**		**± 0,46%**		

Bild 1: Eingabemaske zur statistischen Auswertung einer Dichtebestimmung

Aufgaben zu 2.3 Auswertung von Messwertreihen

(Hinweis: Lösen Sie die folgenden Aufgaben a) mit einem Taschenrechner und seinen statistischen Funktionen, b) mit einem Tabellenkalkulationsprogramm.)

1. Zur Bestimmung der Viskosität einer Flüssigkeit mit dem Kugelfallviskosimeter nach Höppler (Bild 1, Seite 321) wurden folgende Fallzeiten der Kugel gestoppt:

   140,51 s; 141,84 s; 141,63 s; 140,66 s, 141,94 s; 140,91 s und 141,59 s.

   a) Berechnen Sie die mittlere Fallzeit, die Standardabweichung, die relative Standardabweichung.

   b) Geben Sie das vollständige Messergebnis an.

2. Berechnen Sie für die nachstehenden Messreihen den relativen Fehler, den Mittelwert, den Medianwert, die Spannweite, die Standardabweichung und den Variationskoeffizienten.

   Geben Sie jeweils das Messergebnis an.

   a) m in g: 2,6735; 2,6901; 2,7121; 2,6588; 2,6476; 2,6179; 2,7021

   b) U in mV: 176; 159; 182; 166; 163

   c) v in m/s: 0,98; 0,97; 1,03; 1,11; 1,05

   d) ϱ in g/cm³: 1,208; 1,192; 1,199; 1,212; 1,207; 1,202; 1,196

3. Bei einer Neutralisationstitration werden in 5 Bestimmungen folgende Volumina an Salzsäure-Maßlösung verbraucht: 38,36 mL; 38,52 mL; 38,47 mL; 38,42 mL; 38,39 mL.

   a) Berechnen Sie den arithmetischen Mittelwert des Verbrauchs, die Standardabweichung und die relative Standardabweichung.

   b) Geben Sie die Volumen-Messwertgrenzen an, in denen sich die Volumenverbräuche mit 95,45%iger Wahrscheinlichkeit bei weiteren Titrationen dieser Bestimmung befinden werden.

2.4 Darstellung von Messergebnissen

Messergebnisse werden bei der **Auswertung von Hand** zuerst meist in eine Wertetabelle eingetragen und dann in eine grafische Darstellung eingezeichnet. Gegebenenfalls werden die Zusammenhänge der Messgrößen nach einer Auswertung als Gleichung wiedergegeben.

2.4.1 Messwerte in Wertetabellen

Aufstellen einer Wertetabelle

Die einfachste Form, Zusammenhänge zwischen zwei oder mehr verschiedenen Größen darzustellen, ist mit der **Wertetabelle** (engl. value table) möglich **(Bild 1)**.

Eine Tabelle besteht aus Zeilen und Spalten. Sie enthält in der Kopfzeile den Titel und eine Zeile darunter die Größen und ihre Einheiten. In der 1. Spalte steht meist die Variable, z. B. die Zeit *t*. In der zweiten Spalte werden die Messwerte eingetragen und, in weiteren Spalten, aus den Messwerten errechnete Größen. Meist ist die Wertetabelle das direkte Protokoll einer Messreihe.

Durchflussvolumen und Volumenstrom in Abhängigkeit von der Zeit

Zeit t min	Durchflussvolumen V m^3	Volumenstrom $\dot{V}$ m^3/min
10	1,4	0,14
20	3,0	0,15
30	4,8	0,16
36	5,4	0,15
48	6,7	0,14

Bild 1: Beispiel einer Wertetabelle

Berechnung von Zwischenwerten

Aus einer Wertetabelle können nur gemessene Werte direkt abgelesen werden. Zwischenwerte lassen sich durch Berechnen ermitteln. Man nennt dies **rechnerische Interpolation** (engl. interpolation).

Beispiel 1: Welches Durchflussvolumen ist aus den Werten der obigen Tabelle nach 40 min zu erwarten?

Lösung: Das gesuchte Durchflussvolumen nach $t = 40$ min liegt zwischen den Messwerten für $t = 36$ min und $t = 48$ min. Über eine Differenzbildung zu den Wertepaaren von $t = 36$ min und $t = 48$ min wird die Zunahme des Durchflussvolumens pro Minute bestimmt:

Nach 48 min sind 6,7 m^3 durchgeflossen; nach 36 min sind 5,4 m^3 durchgeflossen

Differenz: $\Delta t = 12$ min; $\Delta V = 1{,}3\ m^3$ $\Rightarrow$ Durchflussvolumen pro Minute: $\frac{\Delta V}{\Delta t} = \frac{1{,}3\ m^3}{12\ min} = 0{,}108\ \frac{m^3}{min}$

$\Rightarrow$ in 4 min sind $0{,}108\ \frac{m^3}{min} \cdot 4\ min \approx 0{,}43\ m^3$ zusätzlich zugeflossen.

Das Durchflussvolumen bei $t = 40$ min beträgt dann: $V(t = 40\ min) = 5{,}4\ m^3 + 0{,}43\ m^3 \approx \mathbf{5{,}8\ m^3}$

Beispiel 2: 32,0%ige Schwefelsäure hat eine Dichte $\varrho = 1{,}235\ g/cm^3$, 35,0%ige Schwefelsäure eine Dichte von $\varrho = 1{,}260\ g/cm^3$. Welche Dichte hat eine 33,4%ige Schwefelsäure?

Lösung: 35,0 %ige Schwefelsäure hat die Dichte 1,260 g/cm^3; 32,0 %ige Schwefelsäure hat die Dichte 1,235 g/cm^3

$\Delta w_1(H_2SO_4) = 35{,}0\,\% - 32{,}0\,\% = 3{,}0\,\%$ $\quad \Delta\varrho = 1{,}260\ g/cm^3 - 1{,}235\ g/cm^3 = 0{,}025\ g/cm^3$

$\Rightarrow \frac{\Delta\varrho}{\Delta w(H_2SO_4)} = \frac{0{,}025\ g/cm^3}{3{,}0\,\%} = 0{,}833\ g/cm^3$

$\Delta w_2(H_2SO_{4)} = 33{,}4\,\% - 32{,}0\,\% = 1{,}4\,\% = 0{,}014$

32,0 %ige Säure hat die Dichte 1,235 g/cm^3

33,4 %ige Säure hat die Dichte $\varrho\mathbf{(33{,}4\,\%)} = 1{,}235\ g/cm^3 + 0{,}014 \cdot 0{,}833\ g/cm^3 \approx \mathbf{1{,}247\ g/cm^3}$

Aufgabe zu Messwerten in Wertetabellen

Beim Befüllen eines Reaktionskessels mit Nitrobenzol werden folgende Messwerte erhalten:

Volumen V in L	60	100	200	250	280	300	320	350	390
Zeit t in s	12,0	20,0	39,5	49,0	56,5	60,5	64,5	70,0	79,0
Volumenstrom $\dot{V}$ in L/s									

a) Berechnen Sie den jeweiligen Volumenstrom $\dot{V}$ und tragen Sie ihn in die Tabelle ein.

b) Welches Volumen ist nach 45 s eingeströmt?

c) Nach welcher Zeit sind 260 L eingelaufen?

2.4.2 Grafische Darstellung von Messwerten

Grafische Darstellungen, auch Schaubilder oder **Diagramme** genannt (engl. diagram), ermöglichen die anschauliche Wiedergabe von Messwerten.

Meist erfolgt eine grafische Darstellung im **rechtwinkligen Koordinatensystem.** Sie ist in DIN 461 festgelegt.

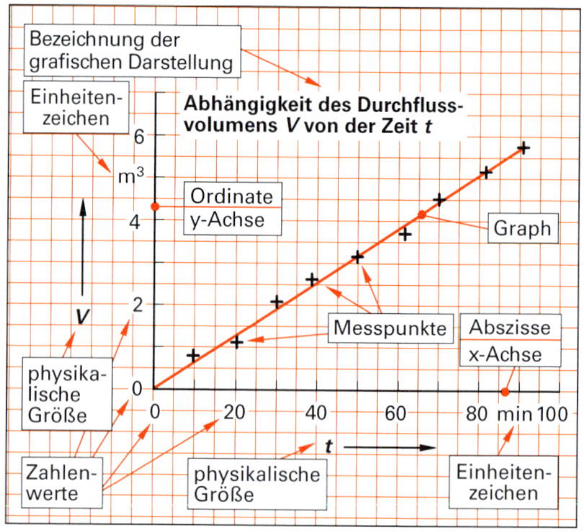

Bild 1: Normgerechte grafische Darstellung

Erstellen eines Diagramms

1. Ein Diagramm **(Bild 1)** enthält:
   - Eine **Abszisse**, auch waagrechte Achse oder x-Achse genannt, und eine **Ordinate**, auch senkrechte Achse oder y-Achse genannt.
   - Eine Beschriftung der Abszisse und Ordinate mit den physikalischen Größen, den Einheitenzeichen und einer Rasterung mit Zahlenwerten
   - Die Bezeichnung der Darstellung
   - Die Messpunkte
   - Den aus den Messpunkten abgeleiteten Kurvenzug, auch **Graph** genannt.

   Die Pfeilspitze unter oder am Ende der **Abszisse** und der **Ordinate** zeigt in Richtung der anwachsenden Werte **(Bild 2).**
2. Die unabhängig veränderliche Variable, z.B. die Zeit *t*, wird auf der Abszisse aufgetragen. Die abhängige Variable, z.B. das Volumen *V*, wird auf der Ordinate aufgetragen.
3. Zum Zeichnen der Diagramme bevorzugt Bleistift, Kugelschreiber oder Tuschefüller verwenden. Filzstifte sind weniger geeignet.
4. Durch die Wahl eines geeigneten Maßstabes kann eine blattfüllende grafische Darstellung im Hoch- oder Querformat erreicht werden.

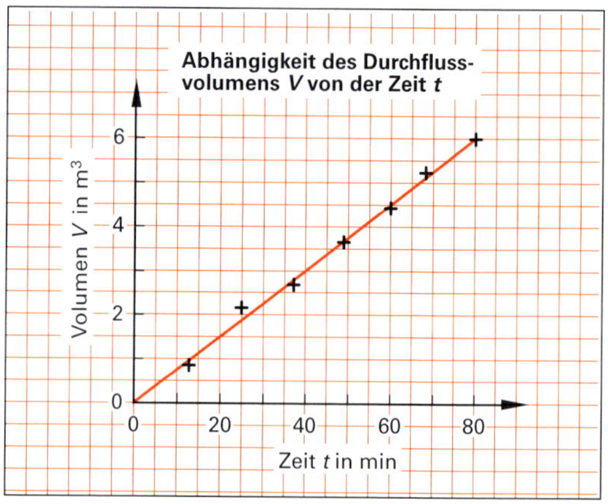

Bild 2: Ebenfalls mögliche Achsenbezeichnungen

> **Beispiel:** Für die grafische Darstellung der Wertepaare aus Bild 1 von Seite 45, sind für die Zeitachse 4 cm pro 10 min, für die Volumenachse 2 cm pro 1 m³ geeignet.

5. Für die Maßstabseinteilung der Achsen (auch Rasterung genannt) ist eine Einer-, Zweier-, Fünfer oder Zehner-Teilung zu verwenden **(Bild 3).** Ungeeignet ist eine Dreierteilung, da Zwischenwerte nicht oder nur ungenau abgelesen werden können.
6. Für die Achseneinteilung werden ca. 2 mm lange Striche verwendet. Pro Zentimeter genügt ein Strich. Zugehörige Zahlen werden mittig zum Strich geschrieben.
7. Das Einheitenzeichen der Größe wird meist zwischen die letzten beiden Ziffern der Achse geschrieben. Die Zahlen an der Achse selbst sind einheitenlos (Bild 1).

   Üblich ist auch das Anhängen des Einheitenzeichens an die Größe, z.B. Zeit *t* in min (Bild 2), Spannung *U* in V usw. Möglich ist auch die Achsenbezeichnung in Bruchform, bei der die Größe durch das Einheitenzeichen geteilt wird, z.B. *I*/A oder *t*/min usw.

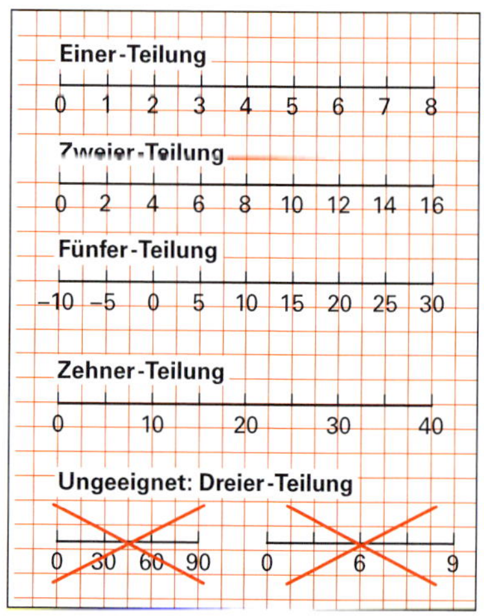

Bild 3: Geeignete Maßstabseinteilung der Achsen

8. Die aus den Messwerten erhaltenen *Messpunkte* werden durch kleine Kreuze in das Diagramm eingetragen. Weitere Zeichen sind z. B. kleine Quadrate, Dreiecke usw. **(Bild 1).** Sie kennzeichnen andere Messreihen im gleichen Diagramm.

   Auch unterschiedliche Farben und Linienarten, z. B. Strichlinien, sind möglich.

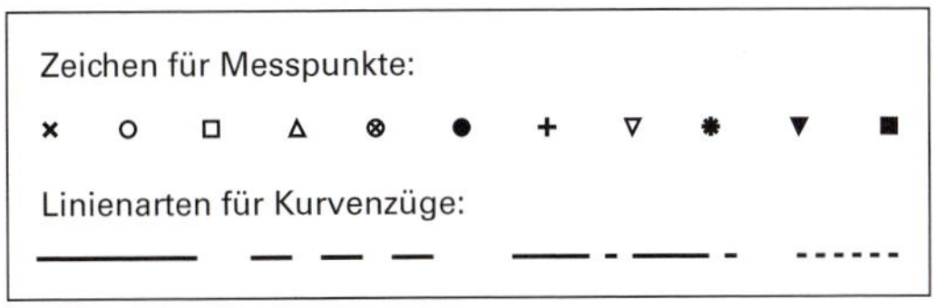

Bild 1: Zeichen und Linien für die Darstellung mehrerer Kurven in einem Diagramm

Zeichnen der Messwertkurven

Messpunkte, die linearen Gesetzmäßigkeiten gehorchen, werden durch eine **Ausgleichsgerade** (Regressionsgerade, engl. line of regression) verbunden **(Bild 2).** Als Ausgleichsgerade bezeichnet man diejenige Gerade, die durch möglichst viele der Messpunkte verläuft und bei der die Summe der Abstände der nicht auf der Geraden liegenden Messpunkte ein Minimum ist. Stark abseits liegende Punkte, sogenannte Ausreißer, bleiben unberücksichtigt. In der Praxis zeichnet man die Ausgleichsgerade nach Augenmaß und durch Probieren.

Messpunkte, die nichtlinearen Zusammenhängen gehorchen, werden mit einem Kurvenlineal zu einer **Ausgleichskurve** (Regressionskurve, engl. regression curve) verbunden **(Bild 3).** Der gezeichnete Kurvenzug soll möglichst viele Messpunkte umfassen oder ausgleichend zwischen den Messpunkten verlaufen. Er soll harmonisch aussehen und keine Knicke aufweisen.

Beispiel: Die Abhängigkeit des Volumens einer Gasportion vom Gasdruck wurde gemessen und die Werte in eine Wertetabelle aufgenommen.

***p* in bar**	1,00	0,82	1,10	1,20	1,50	2,00
***V* in m³**	670	600	502	396	346	255

***p* in bar**	2,50	3,00	4,00	5,00	5,25
***V* in m³**	220	163	127	102	95,0

Stellen Sie das Ergebnis in einem *p*-*V*–Diagramm dar.

Lösung: *p*-*V*–Diagramm in **Bild 3**

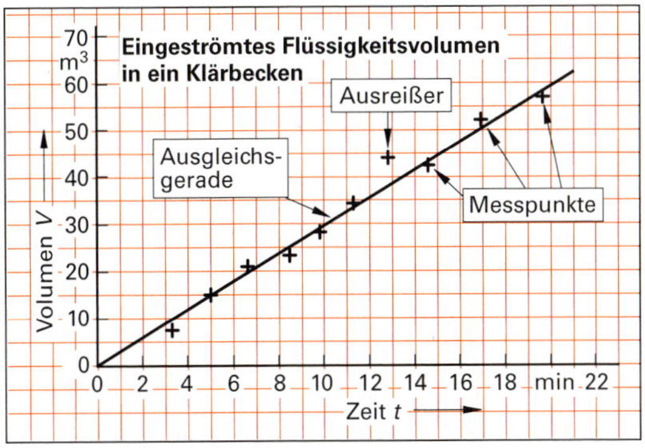

Bild 2: Ausgleichsgerade einer Messreihe

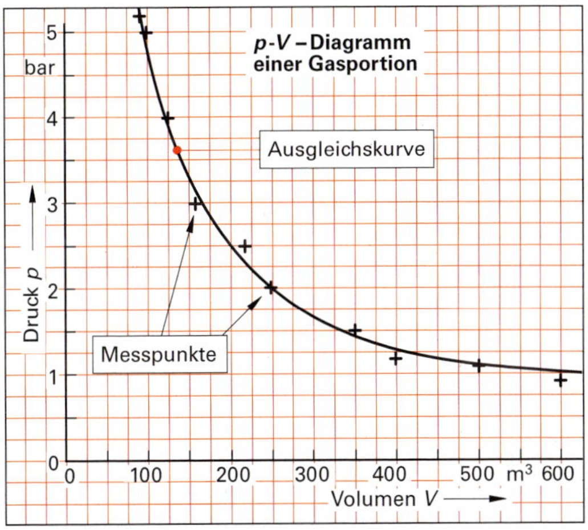

Bild 3: Ausgleichskurve einer Messreihe

Aufgaben zur grafischen Darstellung von Messwerten

1. Die Dichte von Wasser wurde bei verschiedenen Temperaturen gemessen und in eine Wertetabelle übertragen. Erstellen Sie das Dichte-Temperatur–Diagramm, tragen Sie dort die Messwerte ein und zeichnen Sie die Messwertkurve.

Temperatur in °C	0,00	1,00	2,00	3,00	3,50	4,00	4,50	5,00	6,00	7,00	8,00	9,00
Dichte in kg/m³	999,84	999,90	999,94	999,96	999,97	999,97	999,97	999,96	999,94	999,90	999,85	999,78

2. Bei einer chemischen Reaktion nimmt die Anfangskonzentration von 8,50 mol/L alle 12 Sekunden um 1,20 mol/L ab. Erstellen Sie die Wertetabelle und das Konzentrations-Zeit–Diagramm.
3. Nach dem Hooke'schen Gesetz $F = D \cdot \Delta s$ nimmt die Dehnung Δs einer Schraubenfeder proportional zur dehnenden Kraft F zu. Welche Dehnungen sind bei einer Schraubenfeder mit der Federkonstanten $D = 20$ N/mm zu erwarten, wenn die Zugkraft von 0 bis 210 N stetig ansteigt?

   Erstellen Sie eine Wertetabelle und ein Diagramm.

2.4.3 Arbeiten mit Diagrammen in der Chemietechnik

Werden Messwerte in ein Diagramm übertragen, so gibt eine damit gezeichnete Kurve (engl. graph) diese anschaulich wieder.

Grafische Interpolation

Aus einer gezeichneten Kurve lassen sich durch grafische Interpolation (engl. graphical interpolation) beliebige Zwischenwerte unmittelbar ablesen. Die Genauigkeit der abgelesenen Größe ist vom Zeichenmaßstab abhängig.

Beispiel 1: Bei einer Temperaturmessung in einem Reaktionsbehälter wurde mit einem Thermoelement eine Thermospannung von 8,3 mV gemessen. Zur Ermittlung der Temperatur aus der Thermospannung steht die in **Bild 1** gezeigte Kalibrierkurve des Thermoelements zur Verfügung. Welche Temperatur liegt im Reaktionsbehälter vor?

Lösung: Aus Bild 1: zu $U = 8{,}3$ mV $\Rightarrow$ $\boldsymbol{\vartheta = 153\,°C}$

Beispiel 2: Wie groß ist die Thermospannung U des Thermoelements bei einer Temperatur von 120 °C?

Lösung: Aus Bild 1: zu $\vartheta = 120$ °C $\Rightarrow$ $\boldsymbol{U = 6{,}5\ mV}$

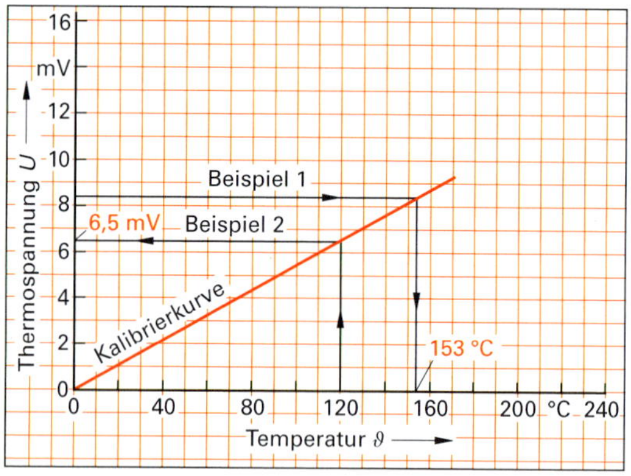

Bild 1: Interpolieren mit der Kalibrierkurve eines Thermoelements

Grafische Extrapolation

Soll ein Wert bestimmt werden, der außerhalb des durch die Messwerte festgelegten Graphen liegt, kann der gesuchte Wert durch grafisches Extrapolieren (engl. graphical extrapolation) erhalten werden. Die Extrapolation liefert jedoch nur dann brauchbare Ergebnisse, wenn davon ausgegangen werden kann, dass die Funktion über die Messwerte hinaus stetig verläuft. Bei der grafischen Extrapolation wird der Graph entsprechend dem vorherigen Kurvenverlauf verlängert (Strichlinie in **Bild 2**).

Beispiel 3: Die Thermospannung des Thermoelements aus Beispiel 1 beträgt bei einer Messung $U = 11{,}4$ mV. Welche Temperatur liegt vor?

Lösung: Die Kalibrierkurve wird verlängert **(Bild 2)** und der gesuchte Wert zu 11,4 mV abgelesen: Dies entspricht $\boldsymbol{\vartheta = 208\,°C}$.

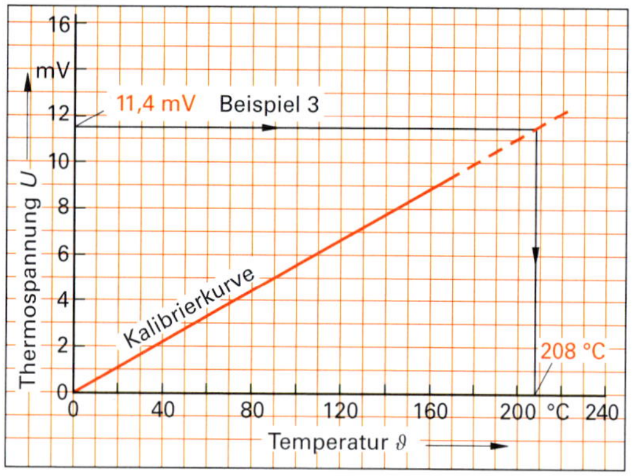

Bild 2: Extrapolieren mit der Kalibrierkurve eines Thermoelements

Nichtlineare Kalibrierkurven

Auch bei nichtlinearen Kalibrierkurven kann interpoliert und extrapoliert werden. Die Genauigkeit der ermittelten Zwischenwerte ist jedoch eingeschränkt.

Beispiel 4: Für die Durchflussmessung ($\dot{V}$) mit einer Messblende steht eine Kalibrierkurve zur Verfügung **(Bild 3)**. Sie gibt den Volumenstrom $\dot{V}$ in Abhängigkeit vom Wirkdruck Δp wieder. Wie groß ist der Volumenstrom $\dot{V}$, wenn der Wirkdruck Δp zu 220 hPa angezeigt wird?

Lösung: Die Kurve wird mit dem Kurvenlineal entsprechend der Kalibrierkurve verlängert **(Bild 3)** und der gesuchte Wert zu 220 hPa abgelesen: Man erhält: $\boldsymbol{\dot{V} = 7{,}4\ m^3/h}$.

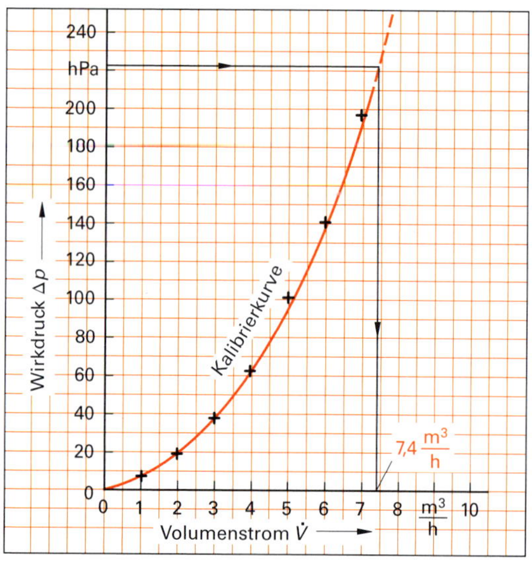

Bild 3: Extrapolieren mit der Kalibrierkurve einer Messblende

Aufgaben zu Arbeiten mit Diagrammen

1. Die Dichte von Natriumhydroxid-Lösungen ist vom Massenanteil an NaOH abhängig. Folgende Werte können aus einem Tabellenbuch entnommen werden:

w(NaOH) in %	26,02	28,80	30,20	32,10	35,01
Dichte ϱ in kg/m³	1285	1315	1330	1350	1380

   a) Zeichnen Sie ein w-ϱ-Diagramm.

   b) Ermitteln Sie grafisch die Dichten zu $w_1 = 27{,}0\,\%$; $w_2 = 30{,}80\,\%$; $w_3 = 35{,}50\,\%$.

   c) Ermitteln Sie grafisch die NaOH-Massenanteile zu $\varrho_1 = 1300\ \text{kg/m}^3$, $\varrho_2 = 1356\ \text{kg/m}^3$.

2. Der Widerstandsbeiwert λ von Rohrleitungen ist von der Reynoldszahl Re abhängig **(Bild 1)**. Zu berücksichtigen sind die Strömungsart (laminar, turbulent) und die Rohroberfläche (rau, glatt).
   Bestimmen Sie aus Bild 1:

   a) den Rohrwiderstandsbeiwert λ für die Reynoldszahl $Re = 1200$

   b) für ein glattes Rohr den Widerstandsbeiwert λ bei $Re = 80000$

   c) für ein raues Rohr den Widerstandsbeiwert λ bei $Re = 10000$.

3. Kreiselpumpen liefern bei konstanter Drehzahl mit zunehmender Förderhöhe H einen abnehmenden Förderstrom $\dot{V}$ **(Bild 2)**.

   a) Welcher Förderstrom $\dot{V}$ stellt sich bei einer Förderhöhe von 25 m, 35 m und 45 m ein?

   b) Welche Förderhöhe liegt bei einem Förderstrom von 86 m³/h vor?

4. Die Masse des Wasserdampfs, die von Luft maximal aufgenommen werden kann, ist von der Temperatur abhängig **(Bild 3)**.
   Welche Wassermasse kann die Luft pro Kubikmeter jeweils zusätzlich aufnehmen, wenn die Temperatur um je 10 °C erhöht wird und von −5 °C, +5 °C, 15 °C und 25 °C ausgegangen wird?

5. Die Reaktionsgeschwindigkeit r und die Konzentration c einer Reaktionskomponente wurden in einer Wertetabelle erfasst **(Tabelle)**.

   a) Zeichnen Sie ein r-c-Diagramm.

   b) Ermitteln Sie die Reaktionsgeschwindigkeit für die Konzentrationen $c_1 = 0{,}5$ mol/L und $c_2 = 1{,}5$ mol/L.

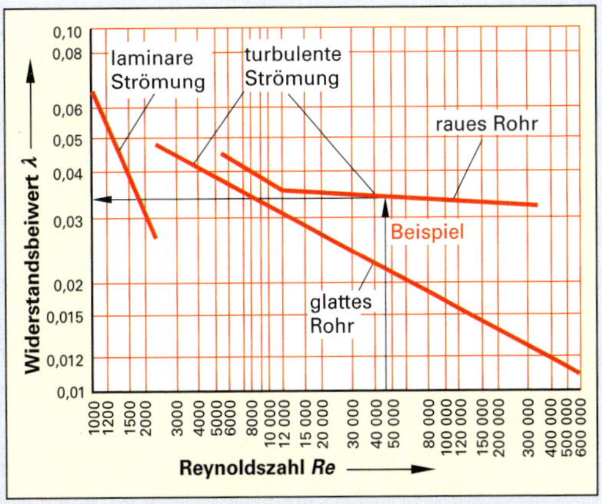

Bild 1: Rohrwiderstandsbeiwerte zur Druckverlustermittlung in Rohrleitungen (Aufgabe 2)

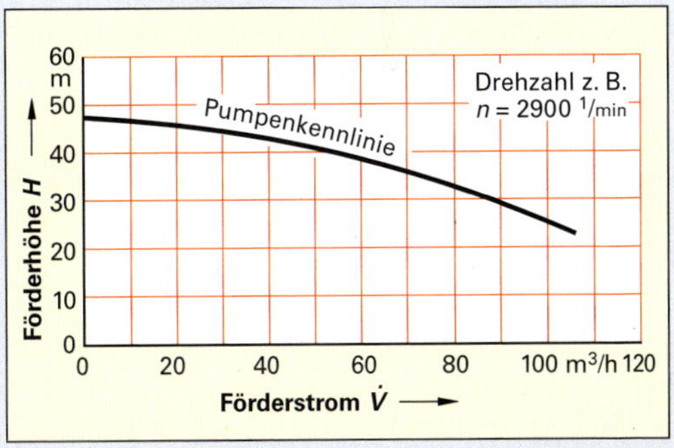

Bild 2: Kennlinie einer Kreiselradpumpe (Aufgabe 3)

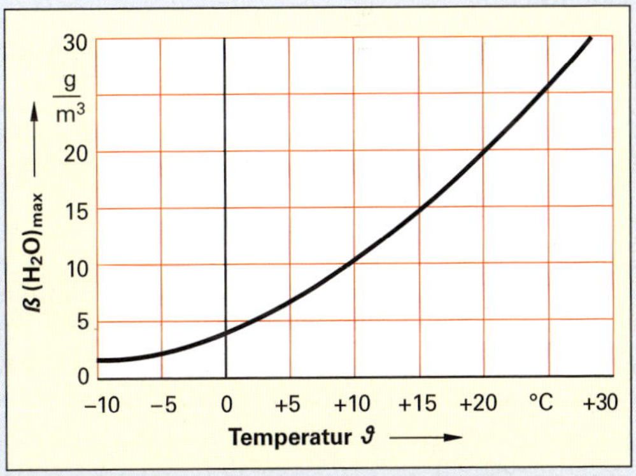

Bild 3: Sättigungs-Wasserdampfmasse in Luft (Aufg. 4)

Tabelle: Messwerte zu Aufgabe 5

r in mol/s	0	0,1	0,2	0,3	0,4	0,5	0,6
c in mol/L	0	0,2	0,4	0,6	0,8	1,0	1,2

6. Der Druckverlust in Rohrleitungen kann mit der Gleichung $\Delta p = \lambda \cdot \frac{l}{d_i} \cdot \frac{\varrho}{2} \cdot \overline{v}^2$ berechnet werden.
   In einer Rohrleitung mit dem Rohrinnendurchmesser $d_i = 800$ mm, der Rohrlänge $l = 140$ m und dem Rohrwiderstandsbeiwert $\lambda = 0{,}036$ strömt eine Flüssigkeit mit der Dichte $\varrho = 880\ \text{kg/m}^3$.

   a) Stellen Sie in einer Wertetabelle für den Bereich von $\overline{v} = 0$ m/s bis $\overline{v} = 2{,}4$ m/s in 0,2-m/s-Abständen den Druckverlust der Strömungsgeschwindigkeit gegenüber.

   b) Zeichnen Sie die Kurve $\Delta p = f(\overline{v})$ und extrapolieren Sie den Druckverlust für $\overline{v} = 2{,}5$ m/s.

2.4.4 Funktionsgraphen

Es gibt eine Vielzahl von Funktionsgraphen. Sie lassen sich grob in lineare Funktionsgraphen (Geraden) und nicht lineare Funktionsgraphen (Kurven) unterteilen.

Lineare Funktionsgraphen

Achsenparallele Geraden: Bleibt der Wert der Funktion bei veränderten Werten der Variablen gleich (konstant), so wird eine waagerechte Gerade, auch Konstante genannt, erhalten. Sie verläuft parallel zur *x*-Achse (Abszisse) **(Bild 1)**. Sie wird durch die Funktion $y = b$ beschrieben. Die achsenparallele Gerade schneidet die Ordinate z.B. im Punkt b_1.

Achsenparallele Gerade

$y = b$

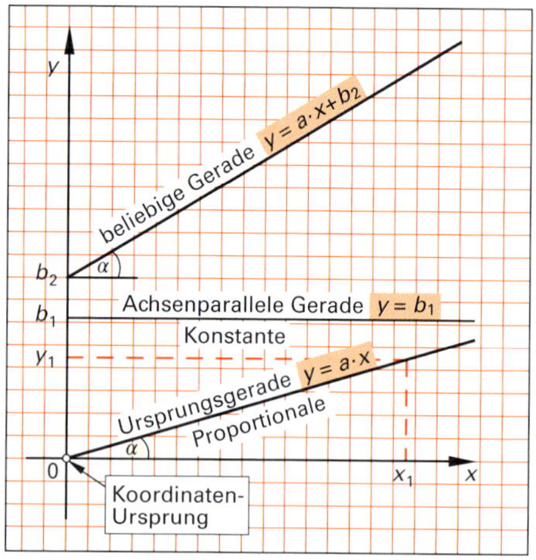

Bild 1: Geraden im Koordinatensystem

Ursprungsgeraden: Schneiden sich die beiden Achsen des Koordinatensystems jeweils bei Null, so heißt der Schnittpunkt „Ursprung". Geraden, die durch den Koordinatenursprung gehen, heißen Ursprungsgerade oder Proportionale (Bild 1).

Ursprungsgerade

$y = a \cdot x$

Sie entsprechen der Funktion $y = a \cdot x$

a ist der Proportionalitätsfaktor. Er gibt die Steigung der Geraden an. Für die Bestimmung der Steigung genügt bei der Ursprungsgeraden die Kenntnis eines *x*/*y*-Wertepaares aus der Messreihe oder aus dem Diagramm.

$$a = \frac{y_1}{x_1} = \frac{y_2}{x_2} = \ldots = \frac{y}{x} = \tan \alpha$$

Mit der Steigung *a* können weitere *y*-Werte zu vorgegebenen *x*-Werten oder umgekehrt berechnet werden.

Beispiel: (Bild 2) Eine Ursprungsgerade geht durch den Punkt P (0,7/3,5)
a) Zeichnen Sie die Ursprungsgerade in ein passend gewähltes Diagramm.
b) Welcher *y*-Wert gehört zu $x = 1{,}1$?

Lösung: a) Siehe Bild 2
b) Entweder aus dem Diagramm (Bild 2) ablesen (siehe rote Linien) oder rechnerisch ermitteln:

$$a = \frac{y}{x} = \frac{3{,}5}{0{,}7} = 5;\quad y = a \cdot x = 5 \cdot 1{,}1 = \mathbf{5{,}5}$$

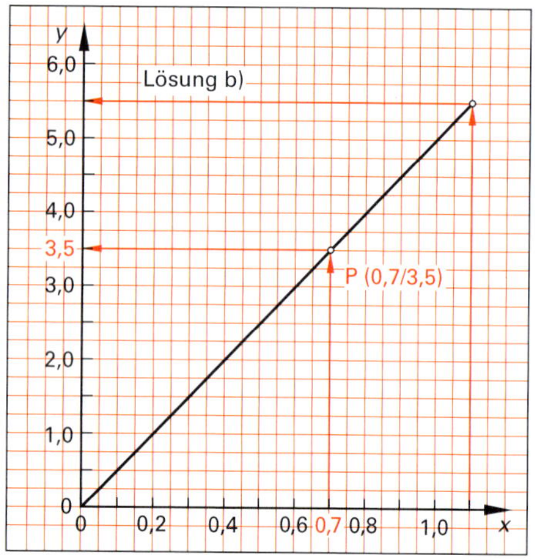

Bild 2: Lösung zu Beispiel 1

Beliebige Geraden: Eine beliebige Gerade wird durch die Funktion $y = a \cdot x + b$ beschrieben (Bild 1). Sie heißt **Normalform der Geradengleichung.** Hierbei ist *a* der Proportionalitätsfaktor und *b* der Ordinatenabschnitt. Die lineare Funktion setzt sich aus einer Konstanten und einer Proportionalen zusammen.

Normalform der Geradengleichung

$y = a \cdot x + b$

Jede Gerade ist durch zwei Punkte festgelegt. Die Beziehung zur Bestimmung der Geradengleichung mit den Punkten $P_1(x_1/y_1)$ und $P_2(x_2/y_2)$ lautet wie nebenstehend angegeben.

Man nennt sie **Zwei-Punkt-Form der Geradengleichung.**

Zwei-Punkt-Form der Geradengleichung

$$y = \frac{y_2 - y_1}{x_2 - x_1} \cdot (x - x_1) + y_1$$

Beispiel: Durch die Punkte $P_1(2/3)$ und $P_2(-2/1)$ soll eine Gerade gelegt werden. Wie lautet die Normalform der Geradengleichung?

Lösung:

$$y = \frac{y_2 - y_1}{x_2 - x_1} \cdot (x - x_1) + y_1 = \frac{1-3}{-2-2} \cdot (x-2) + 3 = \frac{1}{2} \cdot (x-2) + 3 = \frac{1}{2} \cdot x - 1 + 3 \Rightarrow \mathbf{y = \frac{1}{2} \cdot x + 2}$$

Beispiel: Die Kennlinie eines Regelventils ist durch den Volumenstrom 6 L/s bei einem Ventilhub von 2 mm und den Volumenstrom 42 L/s bei 14 mm Ventilhub festgelegt. Zwischen diesen Wertepaaren hat die Kennlinie einen linearen Verlauf.

a) Bestimmen Sie die Geradengleichung der Kennlinie.
b) Berechnen Sie in 2-mm-Schritten des Ventilhubs die Volumenströme.
c) Tragen Sie die berechneten Volumenströme in ein Diagramm ein und zeichnen Sie die Kennlinie.

Lösung:

a) $\dot{V}_1 = 6\text{ L/s};\ h_1 = 2\text{ mm};\ \dot{V}_2 = 42\text{ L/s};\ h_2 = 14\text{ mm}$

$$\dot{V} = \frac{\dot{V}_2 - \dot{V}_1}{h_2 - h_1} \cdot (h - h_1) + \dot{V}_1 = \frac{(42-6)\text{ L/s}}{(14-2)\text{ mm}} \cdot (h - 2\text{ mm}) + 6\text{ L/s}$$

$$= \frac{36}{12} \cdot \frac{\text{L}}{\text{s} \cdot \text{mm}} \cdot (h - 2\text{ mm}) + 6\text{ L/s} = 3 \cdot \frac{\text{L}}{\text{s} \cdot \text{mm}} \cdot h - 6\text{ L/s} + 6\text{ L/s}$$

$$\dot{V} = 3 \cdot \frac{\text{L}}{\text{s} \cdot \text{mm}} \cdot h = \mathbf{3 \cdot h \cdot \frac{L}{s \cdot mm}}$$

b)

***h* in mm**	2	4	6	8	10	12	14
$\dot{V}$ in L/s	6	12	18	24	30	36	42

c) Messpunkte und rote Kurve in **Bild 1**

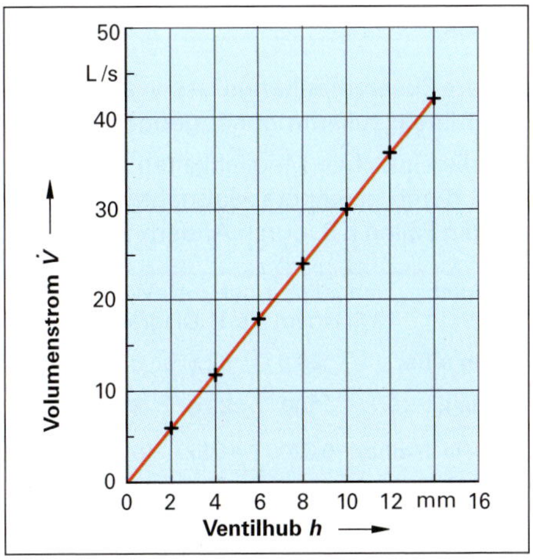

Bild 1: Kennlinie des Regelventils von nebenstehendem Beispiel

Nicht-lineare Funktionsgraphen

Häufig treten Funktionen auf, bei denen sich die beiden Größen nicht proportional zueinander verhalten. Für die Aufstellung dieser Funktionsgleichungen ist neben dem mathematischen Fachwissen viel Erfahrung erforderlich.

In **Bild 2** sind einige typische nicht-lineare Funktionsgraphen dargestellt.

Die Abhängigkeit der Reaktionsgeschwindigkeit von der Konzentration wird z.B. von einer **Parabel** beschrieben (Funktionstyp $y = x^2$).

Exponentialfunktionen (Funktionstyp $y = e^x$) und **Logarithmusfunktionen** (Funktionstyp $y = \lg x$) beschreiben z.B. die Zeitabhängigkeit der Konzentration bei Bioreaktionen.

Durch Ändern einer oder beider Koordinateneinteilungen ist es oft möglich, nicht-lineare Kurvenzüge in Geraden zu überführen (Seite 52). Damit vereinfacht sich die Deutung der Graphen.

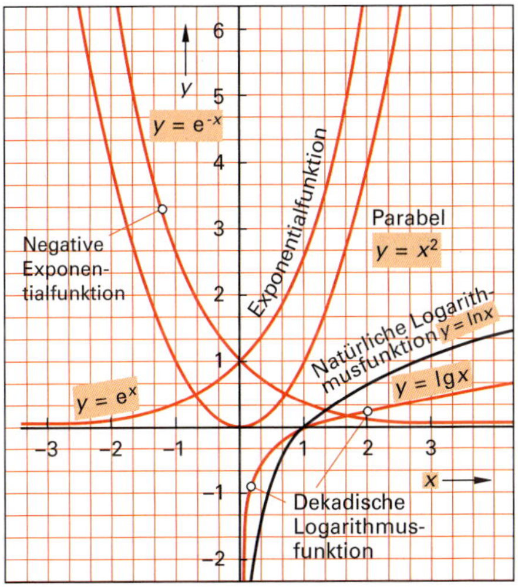

Bild 2: Nicht-lineare Funktionsgraphen

Aufgaben

1. Erstellen Sie ein Schaubild für den Zusammenhang zwischen der Zugkraft *F* und der Verlängerung Δs einer Stahlfeder. Die Federkonstante *D* beträgt 22,0 N/m, die Kraft *F* maximal 4,0 N (Hooke'sches Gesetz: $F = D \cdot \Delta s$).
2. Die Strömungsgeschwindigkeit *v* eines Fluids in einem Rohr ist bei konstantem Volumenstrom umgekehrt proportional zur Querschnittsfläche *A* des Rohres: $v = \dot{V}/A$. Stellen Sie für $\dot{V} = 10$ L/s die Abhängigkeit der Strömungsgeschwindigkeit von der Fläche und vom Durchmesser in einem Diagramm bis $v_{max} = 2{,}5$ m/s dar.
3. Bestimmen Sie für die Geraden im nebenstehenden Diagramm **(Bild 3)** jeweils die Steigung *a* und den Ordinatenabschnitt *b*. Geben Sie jeweils die Funktionsgleichungen an.

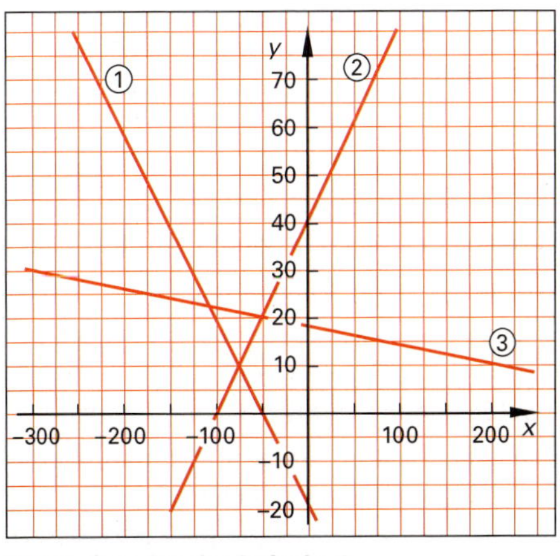

Bild 3: Geraden der Aufgabe 3

2.4.5 Linearisieren einer Kurve

Lineare Zusammenhänge lassen sich relativ einfach durch eine Funktionsgleichung beschreiben (Seite 50). Nicht-linear zusammenhängende Größen ergeben kompliziertere Funktionsgleichungen (Seite 51).

Um die einfachen Möglichkeiten der Erfassung von Zusammenhängen aus Geraden zu nutzen, versucht man, durch geeignete Maßnahmen nicht-lineare Kurvenzüge in Geraden zu überführen. Dies gelingt in einigen Fällen z.B. durch Ändern einer oder beider Koordinatengrößen.

Beispiel: Darstellung der *p-V*–Werte einer Gasportion eines idealen Gases a) in einem *p-V*–Diagramm und b) in einem 1/*p-V*–Diagramm. Bestimmen der Funktionsgleichung zwischen *V* und *p*.

***p* in mbar**	50,0	62,5	80,0	100	150	200	300	400	500	625	800	1000
***V* in L**	100	80,0	62,5	50,0	33,3	25,0	16,7	12,5	10,0	8,00	6,30	5,00
1/*p* in 1/mbar	0,0200	0,0160	0,0125	0,0100	0,00670	0,00500	0,00330	0,00250	0,00200	0,00160	0,0013	0,00100

Werden die *p*- und *V*-Wertepaare in ein *p-V*–Diagramm eingetragen und miteinander verbunden, wird ein nicht-linearer Kurvenzug erhalten **(Bild 1).** Für den Kurvenzug kann zunächst keine Funktionsgleichung aufgestellt werden.

Werden die *p*-Werte jedoch in 1/*p*-Werte umgerechnet und in einem 1/*p-V*–Diagramm aufgetragen **(Bild 2),** so wird ein linearer Zusammenhang erhalten. Die miteinander verbundenen Wertepaare ergeben eine Ursprungsgerade. Hieraus kann die **Proportionalität 1/*p* ~ *V*** abgeleitet werden.

Die Funktionsgleichung der Geraden kann mit einem Punkt (x_1/y_1) der Geraden und der Bestimmungsgleichung für Ursprungsgeraden bestimmt werden:

$$y = a \cdot x = \frac{y_1}{x_1} \cdot x$$

Setzt man für $y \rightarrow V$ und für $x \rightarrow 1/p$, so lautet die Ursprungsgerade im 1/*p-V*–Diagramm: $V = \frac{V_1}{1/p_1} \cdot \frac{1}{p}$

Mit dem Geradenpunkt:

$V_1 = 50{,}0$ L und $1/p_1 = 0{,}0100$ 1/mbar folgt durch Einsetzen:

$$V = \frac{50{,}0\ \text{L}}{0{,}0100\ 1/\text{mbar}} \cdot \frac{1}{p} = 5000\ \text{L} \cdot \text{mbar} \cdot \frac{1}{p}$$

Es ergibt sich die Geradengleichung:

$$\mathbf{V = 5000\ L \cdot mbar \cdot \frac{1}{p}}$$

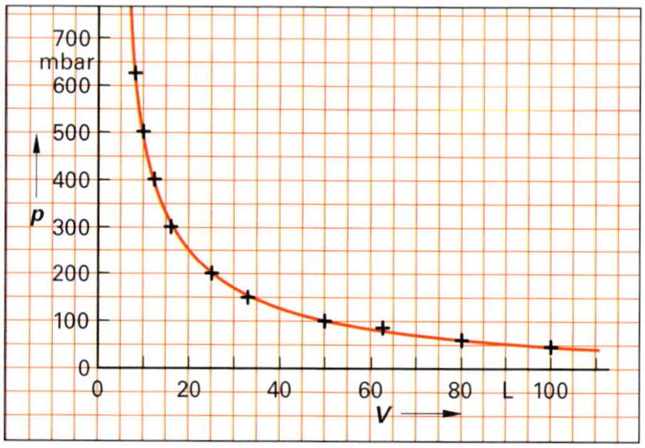

Bild 1: *p-V*–Diagramm einer Gasportion eines idelaen Gases (Beispiel von oben)

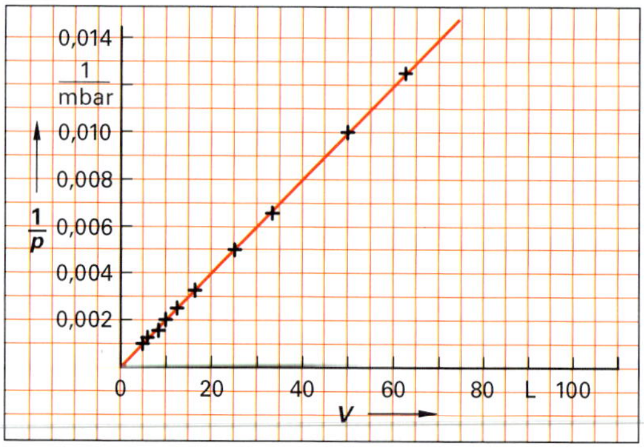

Bild 2: 1/*p-V*–Diagramm der Gasportion von Bild 1

Aufgabe

Aus einer Messreihe werden für das Volumen *V* und den Druck *p* die folgenden Wertepaare erhalten:

***p* in bar**	220	200	180	150	120	100	80	65	52	40	25	20	15	10	5
***V* in L**	1,0	1,1	1,2	1,47	1,83	2,2	2,75	3,38	4,23	5,5	8,8	11	14,7	22	44

a) Zeichnen Sie das *p-V*–Diagramm.

b) Linearisieren Sie den Graphen, indem die Wertetabelle durch 1/*p* –Werte ergänzt und ein 1/*p-V*–Diagramm gezeichnet wird.

c) Welche Volumina können für 7 bar, 30 bar und 1 bar grafisch extrapoliert werden?

2.4.6 Verwendung grafischer Papiere

Für die grafische Darstellung von Prozessdaten werden verschiedene grafische Papiere (engl. graphical papers) eingesetzt. Sie unterscheiden sich durch eine unterschiedliche Teilung (Rasterung) der Achsen.

Das **linear geteilte Papier,** auch **Millimeterpapier** genannt (engl. millimeter squared paper), hat sowohl eine linear geteilte Abszisse (*x*-Achse) als auch eine linear geteilte Ordinate (*y*-Achse) **(Bild 1).** Der Abstand der Linien im Gitternetz ist gleich und beträgt jeweils 1 Millimeter.

Auf linear geteiltem Papier werden die meisten funktionalen Zusammenhänge dargestellt, wie z. B. zeitliche Abläufe von Betriebsgrößen wie Temperatur, Druck, Durchflüsse usw.

Beim **einfach-logarithmischen Papier** (engl. logarithmic paper), auch Exponentialpapier genannt, ist eine Achse (z. B. die *x*-Achse) linear geteilt und die andere Achse (z. B. die *y*-Achse) logarithmisch geteilt **(Bild 2).** Einfach-logarithmisches Papier wird z. B. eingesetzt, wenn die Messwerte mehrere Zehnerpotenzen umfassen und dadurch auf einer linear geteilten Achse nur schwer untergebracht werden können.

Darüber hinaus werden auf einfach-logarithmischem Papier bevorzugt Vorgänge dargestellt, die eine logarithmische oder exponentielle Abhängigkeit der Größen aufweisen, wie z. B. der pH-Wert der H_3O^+-Ionen-Konzentration, pH = lg $c(H_3O^+)$ (Bild 2), oder die Zunahme der Masse *m* von Mikroorganismen in Bioreaktoren mit der Zeit *t*, $m = k \cdot e^t$. Man erhält für die Messwerte solcher Zusammenhänge auf einfach-logarithmischem Papier eine Gerade.

Beim **doppelt-logarithmischen Papier** (engl. double logarithmic paper), auch Potenzpapier genannt, sind beide Achsen logarithmisch geteilt **(Bild 3).**

Doppelt logarithmisches Papier wird eingesetzt, wenn zwei Größen einen potenziellen Zusammenhang haben, wie z. B. der Strömungswiderstandsbeiwert λ von der Reynoldszahl *Re* (Bild 1, Seite 49), die Pumpenförderhöhe *H* vom Förderstrom $\dot{V}$ oder bei bestimmten chemischen Reaktionen die Reaktionsgeschwindigkeit *r* von der Edukt-Konzentration *c*: $r = k \cdot c^2$ (Bild 3). Man erhält bei Auftragung der Messgrößen solcher Funktionen auf das doppelt-logarithmische Papier eine Gerade.

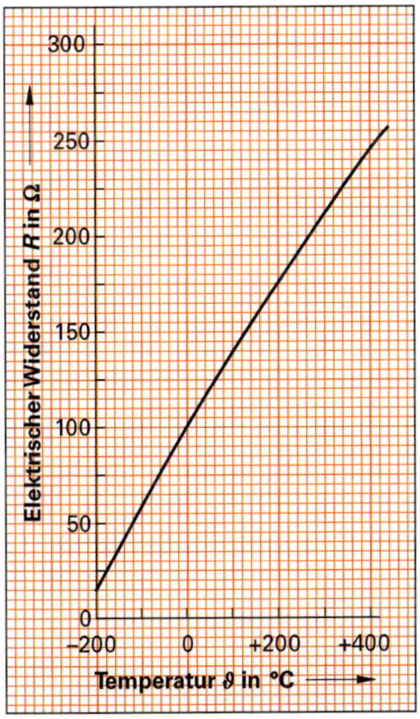

Bild 1: Elektrischer Widerstand von Platin über der Temperatur auf linear geteiltem Millimeterpapier

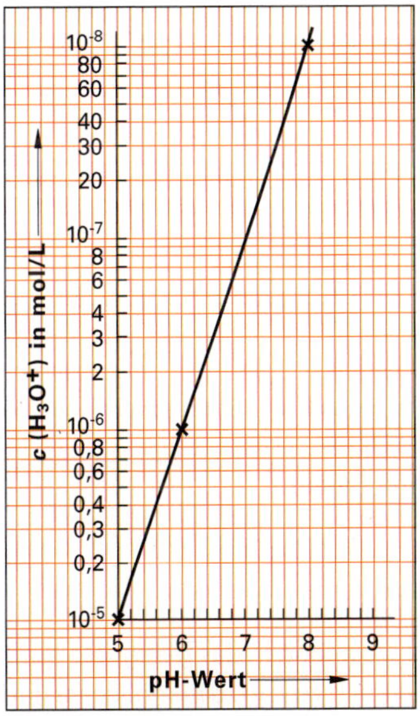

Bild 2: Abhängigkeit der $c(H_3O^+)$-Konzentration vom pH-Wert auf einfach-logarithmischem Papier

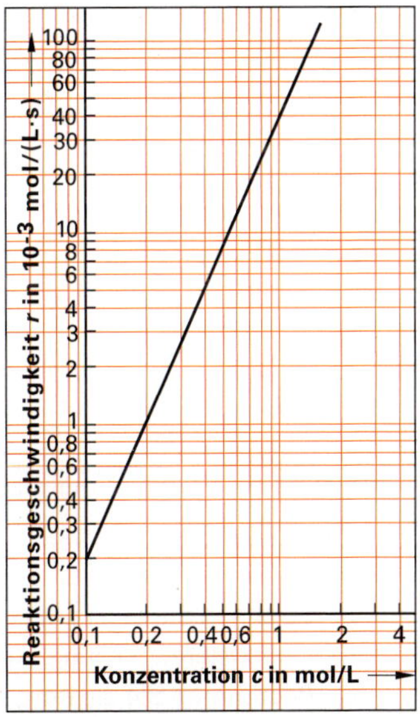

Bild 3: Reaktionsgeschwindigkeit *r* über der Konzentration *c* auf doppelt-logarithmischem Papier

Kopiervorlagen für grafische Papiere befinden sich auf den Seiten 346 bis 348.

Neben diesen dreien gibt es weitere grafische Papiere (Netze genannt) für spezielle Anwendungen, wie z. B. das RRSB-Netz zur Auswertung von Siebanalysen (Seite 350) oder für die Qualitätsregelkarten für die Qualitätssicherung.

Der funktionale Zusammenhang von Messwerten kann auch mit speziellen Auswerteprogrammen auf dem Computer oder Taschenrechner ermittelt werden (siehe Seite 55 ff.).

Das Ablesen und Eintragen von Werten bei grafischen Papieren mit logarithmisch geteilten Achsen erfordert etwas Übung.

Die Zahl 3 liegt hier etwa in der Mitte des Zehnerbereichs (47 %) einer linearen Einteilung und die Zahl 5 bei rund 70 % **(Bild 1).**

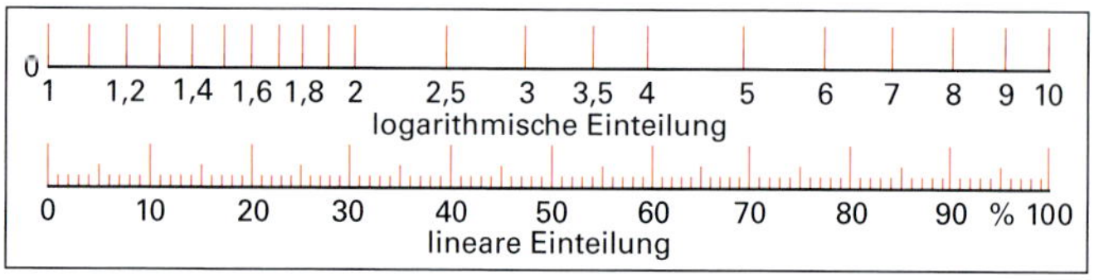

Bild 1: Gegenüberstellung einer logarithmischen und einer linearen Einteilung einer Achse

Beispiel 1: Beschriften Sie eine logarithmische Koordinateneinteilung, die beginnend bei 0,1 über 3 Zehnerpotenzen reicht.

Lösung: siehe **Bild 2**

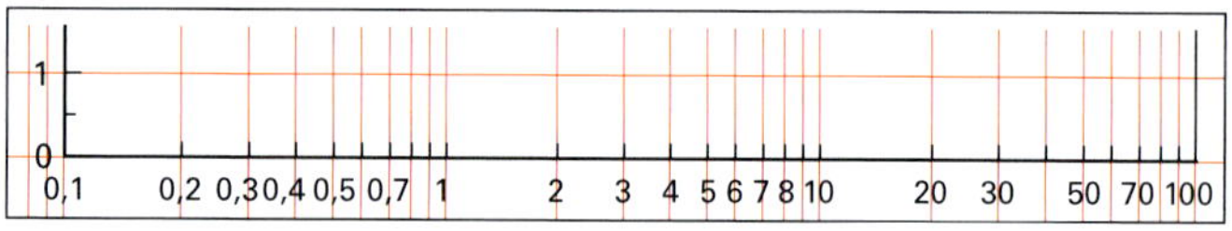

Bild 2: Lösung zu Beispiel 1

Beispiel 2: Die Reaktionsgeschwindigkeit für eine chemische Reaktion wurde zu $r = k \cdot c^2$ bestimmt. Die Konstante k für diese Reaktion beträgt $k = 0{,}85$ L/(mol · s), die Anfangskonzentration $c_0 = 2{,}0$ mol/L.

a) Ermitteln Sie charakteristische Funktionswerte zum Zeichnen eines Funktionsgrafen.

b) Zeichnen Sie den Funktionsgraphen in verschiedene grafische Papiere ein mit dem Ziel, eine Gerade zu erzielen.

c) Bestimmen Sie den Wert der Reaktionsgeschwindigkeit für $c = 2{,}5$ mol/L durch Extrapolieren.

Lösung: a) Mit dem Rechner werden die Funktionswerte zur Funktion $r = 0{,}85 \cdot c^2$ für $c \leq 2{,}0$ mol/L ausgerechnet.

b) Die Werte werden in die verschiedenen grafischen Papiere eingezeichnet **(Bild 3).** Der Funktionsgraph ist im linearen und einfach-logarithmischen Papier eine Kurve und im doppelt-logarithmischen Papier eine Gerade.

c) Die Gerade im doppelt-logarithmischen Papier wird verlängert und bei $c = 2{,}5$ mol/L die zugehörige Reaktionsgeschwindigkeit zu $r = 5{,}3$ mol/(L · s) abgelesen.

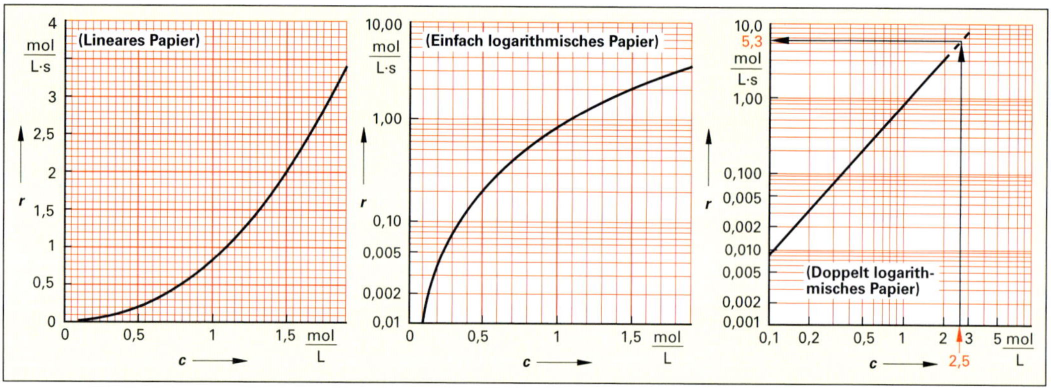

Bild 3: Lösung zu Beispiel 2 auf linerarem, einfach logarithmischem und doppelt-logarithmischen Papier

Aufgaben zur Verwendung grafischer Papiere

1. Eine chemische Reaktion verläuft nach der Gleichung $r = 0{,}040$ L/(mol · s) · c^2, die Anfangskonzentration ist $c_0 = 1{,}0$ mol/L.
   a) Zeichnen Sie den Funktionsgraphen.
   b) Linearisieren Sie ihn durch Einzeichnen in das geeignete grafische Papier.
   c) Bestimmen Sie die Konzentration c zu $r = 0{,}010$ mol/(L · s) und $r = 0{,}045$ mol/(L · s).

2. Ein Reaktionskessel mit 100 °C soll an der Umgebungsluft mit 0 °C abgekühlt werden. Für die Abkühlung gilt die Funktionsgleichung $\vartheta = 100 \cdot e^{-t/10}$. Hierin ist die Zeit t in Minuten einzusetzen.
   Nach welcher Zeit ist der Reaktionskessel a) auf 60 °C, b) auf 40 °C und c) auf 20 °C abgekühlt?

3. Für eine Gleichgewichtsreaktion A + B $\rightleftharpoons$ C wurde die Abhängigkeit des Umsatzes U der Edukte (Ausgangsstoffe) von der Zeit t untersucht. Die Zusammenhänge konnten durch die Gleichung $U = 0{,}8 \cdot (1 - e^{-10 \cdot t})$ beschrieben werden. (In der Gleichung ist t in h einzusetzen.)
   a) Stellen Sie die Abhängigkeit des Umsatzes U von der Zeit t grafisch dar.
   b) Wie viel Prozent der Edukte haben sich im Gleichgewichtszustand umgesetzt?
   c) Nach wie viel Minuten sind 50 % bzw. 75 % der Edukte umgesetzt?

2.5 Versuchs- und Prozessdatenauswertung mit dem Computer

In der Labor- und Produktionstechnik hat sich die Computertechnik zu einem unverzichtbaren Bestandteil bei der Erfassung, Speicherung und Verarbeitung von Versuchs- und Prozessdaten entwickelt.

In automatisierten Produktionsanlagen wird die Prozessdatenerfassung, ihre Auswertung und Dokumentation von computergestützten Prozessleitsystemen übernommen.

In nicht automatisierten Produktionsanlagen, in Technikumsanlagen und bei Laborversuchen bewältigt man diese Aufgaben meist mithilfe von handelsüblichen Personalcomputern oder Notebooks.

Analysen- und Messgeräte, wie z.B. Wägeeinrichtungen sowie Anlagenteile, sind häufig mit speziellen Auswertecomputern mit gerätespezifischer Auswertesoftware ausgestattet (Bild 2, 3, Seite 35).

Für Geräte und Anlagen, die keine Auswertecomputer mit einer gerätespezifischen Auswertesoftware besitzen, kann die Datenerfassung, Auswertung, Dokumentation und grafische Präsentation mit dem Tabellenkalkulationsprogramm der üblichen Standardsoftware eines PC erfolgen.

2.5.1 Das Tabellenkalkulationsprogramm Excel

Ein Tabellenkalkulationsprogramm (engl. spreadsheat) bietet umfangreiche Möglichkeiten zur Berechnung und Auswertung von Datenreihen. Die Daten lassen sich in Tabellen erfassen, rechnerisch verknüpfen, speichern und weiterverarbeiten. Darüber hinaus ermöglichen Tabellenkalkulationsprogramme auch die Aufbereitung der Daten zu Diagrammen und Präsentationsgrafiken.

Das am weitesten verbreitete Tabellenkalkulationsprogramm ist Microsoft© Excel. Mit diesem Programm sind die nachfolgenden Auswertungen durchgeführt.

Ein Tabellenkalkulationsprogramm erzeugt auf dem Bildschirm ein elektronisches Arbeitsblatt.

Die Excel-Programmoberfläche (Bild 1)

Das Tabellenkalkulationsprogramm Excel erzeugt auf dem Bildschirm ein **elektronisches Arbeitsblatt** mit darüber angeordneten Befehlsleisten.

Das Arbeitsblatt ist in Form eines Rechenblattes aufgebaut, das in **Spalten** und **Zeilen** geordnet ist **(Bild 1)**. Am oberen Rand des Arbeitsblattes ist die Einteilung der Spalten waagerecht mit fortlaufenden Buchstaben vorgegeben (A, B, C, ...). Am seitlichen linken Rand werden die Zeilen senkrecht in Ziffern gezählt (1, 2, 3, ...).

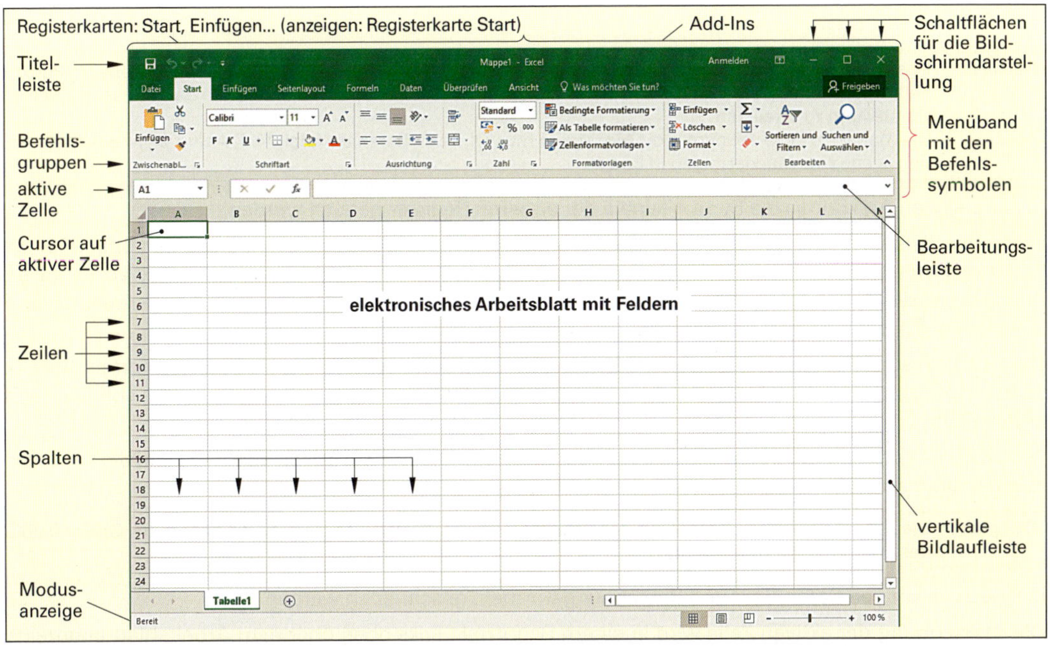

Bild 1: Monitorbild der Programmoberfläche des Tabellenkalkulationsprogramms Microsoft Excel

Am Kopf der Programmoberfläche befinden sich die Titelleiste, das Menüband mit den Registerkarten sowie die Befehls-Schaltflächen des jeweiligen Registers (Bild 1, Seite 55). Den Großteil der Programmoberfläche nimmt das **elektronische Arbeitsblatt** mit seinen Zeilen und Spalten ein.

In der **Titelleiste** stehen oben ganz links die drei Schnellbefehle: Speichern, Rückgängig machen, Wiederherstellen. Ganz rechts sieht man die Symbole für die Bildschirmdarstellung: Minimieren, Maximieren, Schließen.

Das **Menüband** besteht aus den in einer Zeile angeordneten Registerkarten: Datei, Start, Einfügen usw. und darunter einer Vielzahl von Symbolen für einzelne Befehle **(Bild 1).**

Klickt man eine Registerkarte durch linken Mausklick an, so wird sie farblich hervorgehoben (markiert) und es öffnet sich eine Seite oder eine Mehrfachzeile mit vielen Befehlssymbolen.

Bei Anklicken des ersten Registers Datei z.B. öffnet sich eine Liste mit Befehlen zur Dateienverwaltung: *Informationen, Neu, Öffnen, Speichern, Speichern unter, Drucken* usw. Hiermit können Excel-Dateien neu angelegt, geöffnet, gespeichert, gedruckt usw. werden.

Durch Anklicken des Registers Start werden direkt darunter in einer Mehrfachzeile eine Vielzahl von Befehlen zur Formatierung der Beschriftung der Zellen angeboten. Sie legen die Zwischenablage, die Schriftart, die Absätze, die Formatvorlagen usw. in den Zellen fest. Diese Formatierung ist ähnlich wie im Textverarbeitungsprogramm **Microsoft Word**.

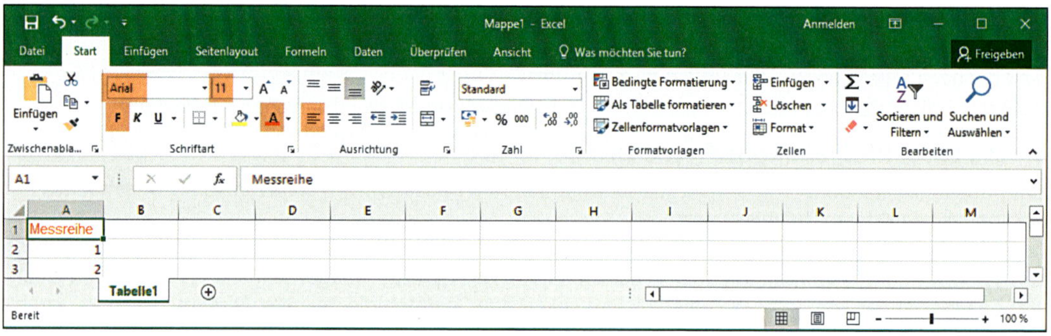

Bild 1: Excel-Programmoberfläche mit Register Start

Beispiel: Das in die erste Zelle geschriebene Wort **Messreihe** soll in der Schriftart Arial, Schriftgröße 11 Punkt, Fett, in der Schriftfarbe Rot und linksbündig geschrieben werden. Klicken Sie die Befehle an, um diese Darstellung zu erreichen.

Lösung: Die markierte Zelle mit dem Wort **Messreihe** muss mit den Befehlen Arial, 11, F, A und angeklickt werden (siehe rote Markierungen in **Bild 1**).

In der gleichen Art können die Symbolleisten der anderen Register genutzt werden.

Die Symbolleisten sind durch den Benutzer auch individuell gestaltbar. Es können aus den über 200 verfügbaren Symbolen des Programms aber auch neue Symbolleisten angelegt werden. Beide Vorgänge erfolgen durch die Option *Extras/Anpassen.* Die Symbolleisten sind über *Ansicht/Symbolleisten* ausblendbar oder frei im Bildschirmfenster platzierbar.

Das elektronische Arbeitsblatt ist durch waagerechte und senkrechte Linien in Zellen unterteilt (Bild 1). Durch Anklicken kann die Zelle markiert werden, in der geschrieben bzw. gearbeitet werden soll. Sie heißt **aktive Zelle.**

Jede Zelle ist durch die am oberen Rand des Arbeitsblattes angeordnete Buchstabenzeile und die am linken Rand verlaufende Ziffernspalte eindeutig bezeichnet.

Beispiel: Die Zelle in der linken oberen Ecke des Arbeitsblattes hat die Bezeichnung A1, die Zelle in der Spalte D und der Zeile 5 hat die Bezeichnung D5.

In jede Zelle können Daten, Text und Berechnungsformeln geschrieben werden.

Die Bezeichnung der aktiven Zelle wird in einem Schriftfeld links oben über dem Arbeitsblatt angezeigt. Das Schriftfeld rechts über dem Arbeitsblatt f_x dient zur Eingabe der Daten, der Texte und der Formeln.

2.5.2 Auswertung von Messreihen mit Excel

Eine wichtige Anwendung des Tabellenkalkulationsprogramms, kurz **TKP**, ist die Berechnung von Werten mit Berechnungsformeln. Dazu wird in die Bearbeitungsleiste bei f_x die Berechnungsformel in der spezifischen Schreibweise von Excel eingeschrieben (siehe Bild 2) und die Ergebnis-Zelladresse genannt **(Bild 1)**.

So berechnet z.B. die Funktionsanweisung SUMME(D10:D13) die Summe aller Werte, die im Zellbereich D10 bis D13 stehen. Es können auch mehrere einzelne Felder, die nicht in dem Bereich liegen, durch Aufzählen eingegeben werden, z.B. SUMME(D10;D12;D13).

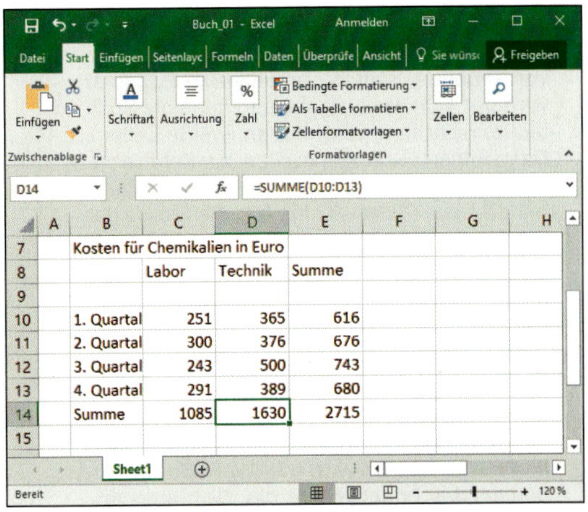

Bild 1: Berechnung von Werten mit Formeln

Diese Art, Berechnungen durchzuführen, hat den Vorteil, dass veränderte Zahlen nicht in die Formeln eingegeben werden müssen. Das TKP berechnet automatisch mit der Formel immer wieder das entsprechende Ergebnis, ohne dass der Anwender die Werte selbst in die Formel eingeben muss.

Sind mehrere Zellen mit der gleichen Formel zu bearbeiten, so kann man die einmal eingegebene Formel auf die anderen Zellen durch Markieren und Ziehen mit der Maus kopieren. Die Zellbezüge (z.B. C10:C13) ändern sich automatisch.

Die **Operatorzeichen** in der Schreibweise (Syntax) von Excel unterscheiden sich teilweise von den Operatorzeichen in der allgemeinen Mathematik **(Bild 2)**.

Andere Operatorzeichen als in der allgemeinen Mathematik gibt es für die Multiplikation, die Division und das Potenzieren.

Neu ist der Operator mit dem Zeichen : . Er bedeutet, dass die vorgenannte Operation für den danach genannten Zellbereich gilt.

Operator	Beispiel	Bedeutung
+	7+4	Addition
–	4–2	Subtraktion
*	5*6	Multiplikation
/	6/3	Division
^	5^2	Potenzieren
=	B5=B7	gleich
–	–(5*2)	Vorzeichen
%	10%	Prozent
:	B3:B7	Bereich von bis

Bild 2: Operatorzeichen von Excel

Zusätzlich bietet Excel **Sonderoperatoren** in Schriftform an:

SUMME bildet die Summe der Werte in den nachfolgend genannten Zellen (siehe Seite 58, Punkt 5).

MITTELWERT berechnet den Mittelwert der Werte in den genannten Zellen (siehe Seite 58, Punkt 5).

STANDARDABWEICHUNG berechnet aus den Werten der folgenden Zellen die Standardabweichung.

Beispiele: Die Formel =(A1+A2)*A5 bedeutet, dass die Summe der Zellen A1 und A2 mit der Zelle A5 multipliziert werden. Die Formel =SUMME(B2:B8) bedeutet, dass die Summen der Größen in den Zellen B2 bis B8 gebildet werden.

Die Ausführung von Berechnungen mit einem TKP wird an folgender Beispielaufgabe gezeigt.

Beispiel: Auswertung einer Dichtebestimmung mit der hydrostatischen Waage mit dem TKP Excel

Aufgabe:

In einer Versuchsreihe wurde die Dichte von Polymerstäben aus unterschiedlichen Produktionschargen mit einer hydrostatischen Waage (Seite 312) bestimmt. Nebenstehende Messwerte wurden erhalten **(Tabelle 1)**.

Die Messwerte sollen mit Excel erfasst und ausgewertet werden.

Mit der Auswertegleichung für die hydrostatische Waage sollen die einzelnen Dichten berechnet werden.

$$\varrho_K = \frac{m_K \cdot \varrho_{Fl}}{m_K - m_S}$$

Abschließend soll aus den Einzeldichten der Mittelwert der ermittelten Dichten berechnet werden.

Tabelle 1: Messwerte einer Versuchsreihe zur Dichtebestimmung von Polymerstäben

Messreihe	Masse m_K des Körpers in g	Scheinbare Masse m_S des eingetauchten Körpers in g
1	4,876	0,763
2	5,134	0,813
3	4,463	0,677
4	4,967	0,745
5	5,114	0,796
Dichte der Flüssigkeit ϱ_{Fl} = 0,9982 g/mL		

Lösung:

Das Excel-Programm wird durch Anklicken auf dem Computer gestartet.

1. Es wird eine **Eingabemaske** nach dem Schema von Tabelle 1, Seite 57, erstellt **(Bild 1)**. Zuerst wird der Titel der Aufgabe und dann die Spaltenüberschriften geschrieben (weiße Zellen). Dann folgen die Eingabezellen (zur Kennzeichnung blau unterlegt): Die Nummer der Messreihe 1 bis 5 (Zellen A3 bis A7), die Masse der Festkörper (B3 bis B7), die scheinbare Masse der in die Flüssigkeit eingetauchten Festkörper (C3 bis C7) und die Dichte der Auftriebsflüssigkeit (C8).

2. ***Ausgabefelder (Ergebnisfelder)*** für die errechneten Einzeldichten sind die Zellen D3 bis D7 (gelb unterlegt). Hier ist in jede Zelle jeweils die Berechnungsformel für die Dichte einzutragen. In Zelle D9 wird mit der Funktion *Mittelwert* das Endergebnis der Dichtebestimmung errechnet.

D3 | =(B3*$C$8)/(B3-C3)

	A	B	C	D
1	**Dichtebestimmung von Polymerstäben**			
2	Mess-reihe	Masse m_K des Körpers in g	Scheinbare Masse m_S des eingetauchten Körpers in g	Dichte in g/cm³
3	1	4,876	0,763	1,183
4	2	5,134	0,813	1,186
5	3	4,463	0,677	1,177
6	4	4,967	0,745	1,174
7	5	5,114	0,796	1,182
8	Dichte der Flüssigkeit ρ_{Fl} in g/mL		0,9982	
9	Mittelwert der Dichte der Probe in g/cm³:			1,181
10				

Bild 1: Excel-Auswertung des Beispiels

3. *Eingabe der* ***Berechnungsformel*** für die Einzeldichte in Zelle D3. Anstelle der Größenzeichen stehen in der Berechnungsformel die Zelladressen der jeweiligen Größe. Die Dichteformel $\varrho_K = m_K \cdot \varrho_{FL}/(m_K - m_S)$ in der Schreibweise von Excel lautet: =B3*C8/(B3–C3). Sie wird in die Zelle D3 eingegeben und erscheint auch im Feld für die Formel.

4. ***Übertragen der Berechnungsformel*** auf die übrigen Ergebnisfelder D4 bis D7.

   ⇒ Linker Mausklick auf die Zelle D3 mit der zu kopierenden Formel.

   ⇒ Nach Verschieben des Mauszeigers auf die rechte untere Zellenecke erscheint ein Kreuz (siehe Bild rechts). Nach linkem Mausklick auf dieses Kreuz und Ziehen mit gehaltener Maustaste nach unten wird die Formel in die darunter liegenden Zellen kopiert. Automatisch werden die berechneten Dichtewerte angezeigt. Diese Vorgehensweise wird auch auf die horizontal benachbarten Zellen D5, D6 und D7 angewendet.

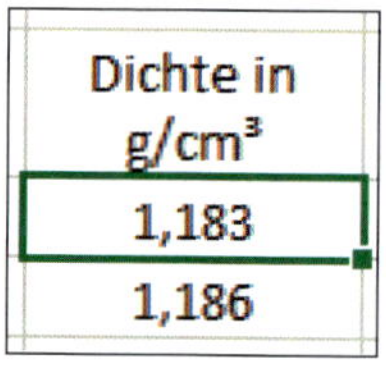

   Allerdings ändert Excel dabei auch die Adresse von Feld C8. Die Dichte der Auftriebsflüssigkeit ist aber für alle Berechnungen gleich und darf bei der Übertragung **nicht** verändert werden. Deshalb muss das Feld C8 in der Formel als **absoluter Bezug** formatiert werden. Dies geschieht durch Voranstellen des $-Zeichens vor das Zeilen- und Spaltenkennzeichen von C8. Die Formel in **Zelle D3** lautet dann: =B3*$C$8/(B3–C3)

5. **Berechnen des Mittelwerts** aus den Einzeldichten mit der Formel $\varrho = \frac{\varrho_1 + \varrho_2 + \varrho_3 + \varrho_4 + \varrho_5}{5}$ und Ausgabe des Ergebnisses in Zelle D9.

   Dazu wird in Zelle D9 die Formel für den Mittelwert in der Excel-Schreibweise mit den entsprechenden Zellen eingegeben. Sie lautet: =SUMME(D3:D7)/5.

   Durch Drücken der Enter-Taste wird das Ergebnis in Zelle D9 angezeigt (rote Zellen).

   Für die Mittelwertberechnung bietet Excel auch eine entsprechende Funktion unter den statistischen Berechnungen an: Nach Mausklick auf Zelle D3 und *Formeln/Funktion einfügen/MITTELWERT* wird ein Fenster eingeblendet, das zur Eingabe der Zelladressen für die Mittelwertberechnung auffordert: D3:D7.

   Nach Bestätigung mit *OK* ist der Formeleintrag abgeschlossen. Der Eintrag in D9 lautet: =MITTELWERT(D3:D7)

6. Abschließend ist die **Zahl der Dezimalstellen** in den Ergebnissen festzulegen: Nach Mausklick auf das Ergebnisfeld folgt: *Format/Zellen/Zahlen/Zahl/Dezimalstellen*: 3/*OK*.

   Alternativ: Ein linker Mausklick auf eines der nebenstehenden Symbole in der Formatsymbolleiste fügt in der aktiven Zelle eine Dezimalstelle hinzu (linkes Symbol) oder verringert um eine Dezimalstelle (rechtes Symbol).

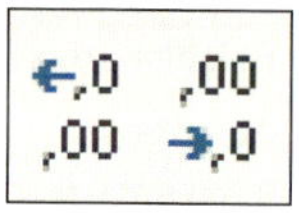

7. In der Tabelle sind weitere Formatierungen der Eintragungen möglich (Bild 1, Seite 57): Zentrieren der Spalteninhalte, fett gedruckte oder kursive Textteile. Die Tabelle kann mit Linien und Rahmen versehen und anschließend gespeichert oder ausgedruckt werden.

8. Zur Überprüfung, welche Berechnungsformel in der jeweiligen Zelle wirksam ist, wählt man im Register *Formel* im Bereich *Formeln überwachen* den Button *Formeln anzeigen*. Es erscheint das Arbeitsblatt (Bild 1) mit den Formeln in den Zellen.

Aufgaben zu Auswertung von Messreihen mit Excel

1. Erstellen Sie für die Wertetabelle Bild 1, Seite 45,
   a) die Excel-Eingabemaske mit Beschriftung des Tabellentitels sowie der Spaltenüberschriften.
   b) Tragen Sie die Messwerte der ersten beiden Spalten Zeit *t* und Volumen *V* in die Eingabefelder ein.
   c) Der Volumenstrom V_F wird mit der Formel $V_F = V/t$ berechnet. Richten Sie die Ausgabefelder zur Berechnung des Volumenstroms V_F mit der obliegen Formel in der Excel-Schreibweise ein.
   d) Berechnen Sie mit Excel den Mittelwert des Volumenstroms V_F während der Versuchszeit.
   e) Zeigen Sie die Berechnungsformeln der Zellen im Arbeitsblatt an.
2. Schreiben Sie folgende Formeln in der Excel-Schreibweise mit Zelladressen (Die Zelladressen stehen in einem Zellrahmen an den jeweiligen Größen).
   a) Das Gesamtvolumen

   $$V_{ges} = V_1 + V_2 + V_3 + V_4$$

   D8 D3 D4 D5 D6

   b) Den hydrostatischen Druck

   $$\varrho_h = \varrho_{Fl} \cdot g \cdot h$$

   B4 B1 B2 B3

   (p_{FL} und *g* sind konstant)

   c) Die Massenanteile von Bestandteilen in einer Verbindung

   B1 B2

   $$w(x) = \frac{a(x) \cdot M(x)}{M(\text{Verb})}$$

   B4 B3

   d) Den Mittelwert von Messwerten

   C3 C4 C5 C6 C7

   $$\bar{x} = \frac{x_1 + x_2 + x_3 + x_4 + x_5}{5}$$

   C9

3. Erstellen Sie mit dem Tabellenkalkulationsprogramm Excel für die Auswertung der Pyknometer-Dichtebestimmung einer Flüssigkeit (ausführliche Beschreibung Seite 309) eine Eingabemaske und werten Sie die Bestimmung mit den nachfolgenden Messwerten aus.

   Die Dichte von Wasser beträgt $\varrho_W(20°C) = 0{,}9982$ g/mL. Die erhaltenen Messwerte sind:

Wägedaten		**Messung 1**	**Messung 2**	**Messung 3**
Pyknometer leer in g	m_A	24,3978	24,3972	24,3975
Pyknometer mit Wasser von 20°C in g	m_{DW}	49,3875	49,3868	49,3866
Pyknometer mit Flüssigkeitsprobe bei 20°C in g	m_{DP}	54,6511	54,6533	54,6499

   Die Dichte der Flüssigkeitsprobe berechnet sich nach nebenstehender Größengleichung.

   $$\varrho(\text{Flü}) = \frac{m_{DP} - m_A}{m_{DW} - m_A} \cdot \varrho_W$$

   In der Auswertung sind die Dichten der Einzelbestimmungen und aus deren Mittelwert das Ergebnis der Dichtebestimmung auszugeben.

4. Bei der Bestimmung der Dichte eines wasserunlöslichen Granulats (ausführliche Beschreibung siehe Seite 310) wurden nachfolgende Wägedaten erhalten. Erstellen Sie mithilfe eines Tabellenkalkulationsprogramms eine Eingabemaske und werten Sie die Bestimmung aus. Die Auswertung ist so zu gestalten, dass die Bestimmung mit Flüssigkeiten unterschiedlicher Dichte möglich ist.

Wägedaten		**Messung 1**	**Messung 2**	**Messung 3**	**Messung 4**
Pyknometer leer in g	m_A	24,2561	24,7855	24,3377	24,4379
Pyknometer mit Probe in g	m_B	36,1981	36,4897	35,4562	36,0514
Pyknometer mit Flüssigkeit in g	m_C	44,2595	44,8593	44,4697	44,7218
Pyknometer mit Probe und Flüssigkeit in g	m_D	54,7525	55,1435	54,2387	54,8292
Dichte der Flüssigkeit in g/cm³	ϱ(Flü) =	0,9982			

   Die Berechnung der Dichte des Granulats erfolgt mit nebenstehender Größengleichung.

   $$\varrho(\text{Probe}) = \frac{m_B - m_A}{m_D - m_A - m_C + m_B} \cdot \varrho(\text{Flü})$$

   Es sind zu berechnen und anzugeben:
   a) Die Dichten der vier Messungen
   b) Der Mittelwert der Dichten
   c) Die Standardabweichung der Dichten
   d) Der Medianwert der Dichten
   e) Die Spannweite der Dichten

2.5.3 Diagramme zeichnen mit Excel

Tabellen mit Datenreihen über die zeitliche Entwicklung von Prozessgrößen (Trends) wie z.B. Volumenströme, Temperaturen, Dichten, Viskositäten u.a. geben *keinen* raschen Überblick. Abweichungen der Daten vom vorgegebenen Sollwert sind nicht unmittelbar erkennbar. Dieses leisten **Diagramme**.

Die Tabellenkalkulationsprogramme (TKP), wie z.B. das Programm ***Excel*** von Microsoft®, haben Programmteile, mit denen Diagramme und Präsentationsgrafiken erstellt werden können. Diese ermöglichen das schnelle Erkennen der Prozessentwicklung und eine vergleichende Betrachtung.

Datenbasis der Diagramme sind die im Tabellenkalkulationsprogramm erfassten Versuchs- und Prozessdaten in Tabellenform (Bild 1, Seite 58).

Die Daten können in verschiedenen Diagrammtypen dargestellt werden. Da die Software Microsoft Excel amerikanischen Ursprungs ist, weichen die Diagramme in der Darstellungsart von der Diagrammdarstellung nach DIN 462 (Seite 46) ab.

Übersicht der Diagramme

Zum Erstellen eines Diagramms mit Excel klickt man in der Menüleiste das Register *Einfügen* an (Bild 1, Seite 55). Im Menüband sind bei der Befehlsgruppe *Diagramme* die Symbole für verschiedene Diagrammtypen gezeigt **(Bild 1).**

Für eine **Übersicht der Diagramme** müssen zuerst die Daten des gewünschten Diagramms eingegeben werden. Die Übersicht der Diagrammtypen erhält man dann durch Anklicken des Pfeilsymbols in der rechten unteren Ecke.

Im erscheinenden Dialogfeld wird *alle Diagramme* angeklickt. Durch weiteres Anklicken des Diagrammtyps, z.B. *Säule,* öffnet sich eine Auflistung der unterschiedlichen Säulen-Darstellungen **(Bild 2a).** Durch Anklicken der gewünschten Säulen-Darstellung wird das ausgewählte Säulendiagramm mit den zuvor eingegebenen Daten in das Tabellenblatt eingeblendet.

Zur Ansicht der anderen Diagrammtypen klickt man auf *Linie* bzw. auf *Kreis.* Es erscheinen die gewünschten Diagrammarten **(Bilder 2b und 2c).**

Zudem kann man mit der Funktion *PivotChart* Daten grafisch zusammenfassen.

Säulendiagramm

Mit einem Säulendiagramm (engl. column diagram) werden eine oder mehrere Datenreihen in Form von Säulen dargestellt. **Bild 3** zeigt z.B. ein 3D-Säulen-Diagramm der Luftschadstoffe. Die Art und Ausgestaltung des Säulendiagramms kann in der Gesamtübersicht (Bild 2) gewählt werden.

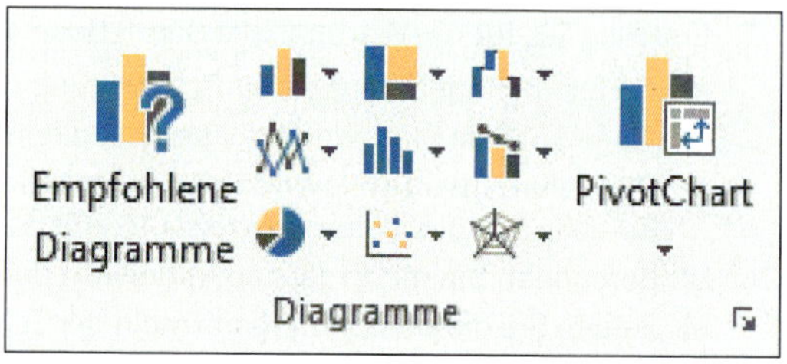

Bild 1: Befehlsgruppe Diagramme im Register *Einfügen*

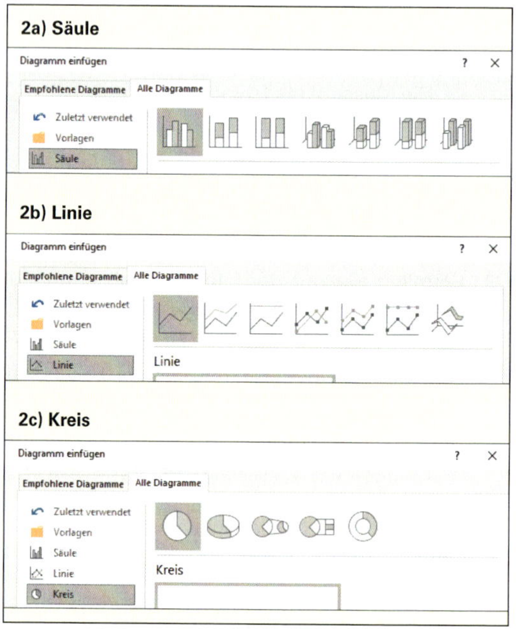

Bild 2: Übersicht der Diagrammtypen *Säule, Linie* und *Kreis*

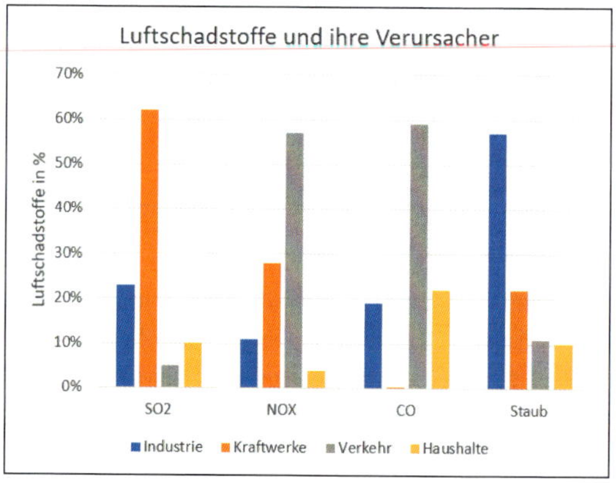

Bild 3: 3D-Säulen-Diagramm der wichtigsten Luftschadstoffe und ihre Verursacher (Stand 2016)

Die waagerechte Achse ist die Rubrikenachse, die senkrechte die Größenachse. Die Rubrikenachse ist häufig die Zeitachse und erlaubt einen direkten Vergleich einer oder mehrerer Größen im Verlauf der Zeit. Die Säulen können nebeneinander oder übereinander angeordnet sein.

Balkendiagramm

Balkendiagramme (engl. bar diagram) sind ähnlich wie Säulendiagramme aufgebaut mit dem Unterschied, dass die Rubrikenachse hier senkrecht und die Größenachse waagerecht angeordnet ist **(Bild 1)**.

Das Balkendiagramm ist weniger zur Veranschaulichung zeitlicher Entwicklungen geeignet. Es wird eingesetzt, wenn die Rubriken *qualitative* Merkmale darstellen, vor allem mit sehr langen Rubrikenbezeichnungen.

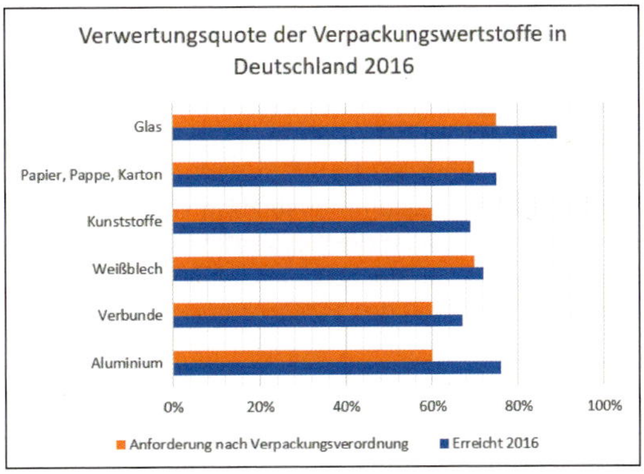

Bild 1: Balkendiagramm der Verwertung von Verpackungswertstoffen

Liniendiagramm

In einem Liniendiagramm (engl. line diagram) sind eine oder mehrere Größen in Abhängigkeit von der Zeit aufgetragen **(Bild 2)**. Trends lassen sich im Liniendiagramm gut erkennen.
Das Liniendiagramm sollte bevorzugt benutzt werden, wenn die waagerechte Achse für einen zeitlichen Verlauf einer oder mehrerer Messgrößen steht.

Abweichungen vom Standard werden bei Einblendung von Sollwerten rasch sichtbar.

Es kann der passende Typ des Liniendiagramms ausgewählt werden (Bild 2b, Seite 60).

Die Werte können im Liniendiagramm mit oder ohne Datenpunkte dargestellt werden.

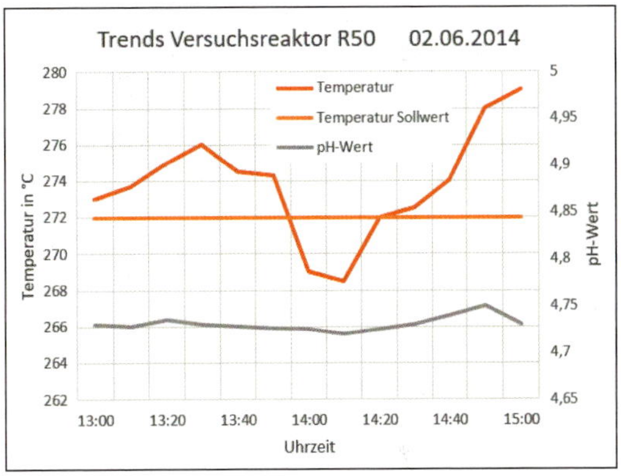

Bild 2: Liniendiagramm der Betriebsgrößen in einem Reaktor

x-y–Diagramm (Punktdiagramm)

Das *x-y*–Diagramm (engl. *x-y*–scatter) dient zur Darstellung der Abhängigkeit zwischen Datenreihen.

Es ist die typische Diagrammform zur Auswertung von analytischen Bestimmungen, bei der eine Beziehung zwischen der Messgröße und einer Gehaltsgröße eines Stoffes besteht. Typische Anwendungen sind die Fotometrie, die Refraktometrie und die Potentiometrie **(Bild 3)**.

Die Daten können auf unterschiedliche Weise dargestellt werden: Als reines Punkte-Diagramm sowie zusätzlich mit verbindender Kurve.

Im Diagramm kann die Messkurve mithilfe mathematischer Methoden analysiert werden. Bei der Potentiometrie **(Bild 3)** wird der Äquivalenzpunkt im Steigungsmaximum der Messkurve bzw. im Wendepunkt gefunden.

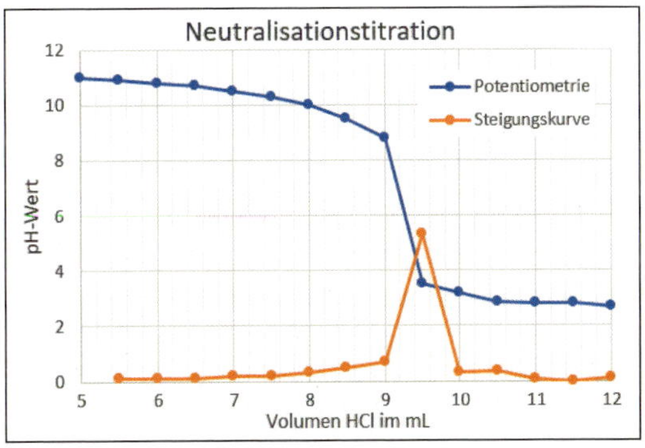

Bild 3: *x-y*–Diagramm einer Neutralisationstitration (Potentiometrie) mit pH-Kurve (blau) und Steigungskurve (rot)

Weiterhin können im *x-y*–Diagramm Messwertreihen durch Hinzufügen einer Ausgleichskurve bzw. Ausgleichsgerade analysiert werden: Die Regressionsanalyse bewertet die Streuung innerhalb der Messwerte (Bild 1, Seite 64) und ist ein wichtiges Instrument der Qualitätsüberwachung, z.B. bei der Validierung von Messgeräten.

Kreisdiagramm (Tortendiagramm)

Das Kreisdiagramm (engl. circle diagram) ist das Standarddiagramm für Daten, bei denen die Zusammensetzung eines Ganzen in Anteilen dargestellt werden soll. Eine häufige Anwendung ist z. B. die Darstellung der Zusammensetzung von Mischphasen **(Bild 1)**. Dabei ist die Gesamtfläche des Kreises immer 100 %, die Fläche der Kreissektoren ist ein Maß für den Anteil der Teilkomponente an der Gesamtgröße.

Es gibt mehrere Möglichkeiten der Darstellung von Kreisdiagrammen. Der gewünschte Typ kann aus einer Vorschau ausgewählt werden (Bild 2, Seite 60).

Wichtig ist beim Kreisdiagramm eine aussagekräftige Beschriftung.

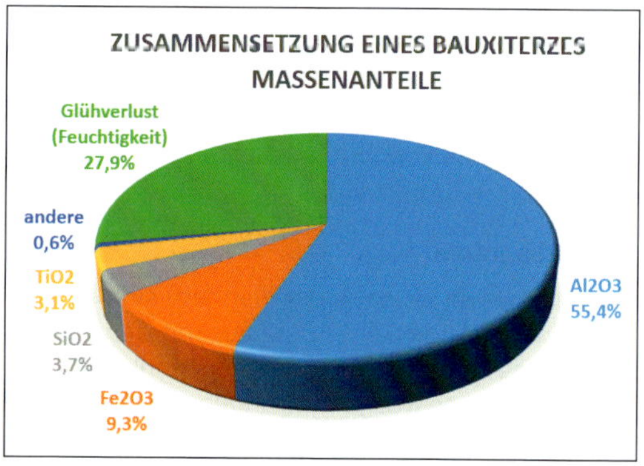

Bild 1: Dreidimensionales Kreisdiagramm einer Erz-Zusammensetzung

Netzdiagramm (Spinnennetz-Diagramm)

Bei einem Netzdiagramm (engl. radar diagram) wird, vom Mittelpunkt ausgehend, für jede Rubrik eine eigene Achse sternförmig gezeichnet **(Bild 2)**. Die Messwerte werden auf den Achsen aufgetragen und durch Linien miteinander verbunden. Auf diese Weise lassen sich mehrere Parameter in einem Diagramm darstellen und miteinander vergleichen oder in Beziehung setzen.

Gut vergleichen lassen sich periodisch wiederholende Vorgänge, wie z. B. der Sauerstoffgehalt eines Gewässers mit den Temperaturen im Laufe eines Jahres (Bild 2). Eine weitere Anwendung ist der Mischungsgrad im Verlauf eines Mischungsprozesses in einem Rührkessel.

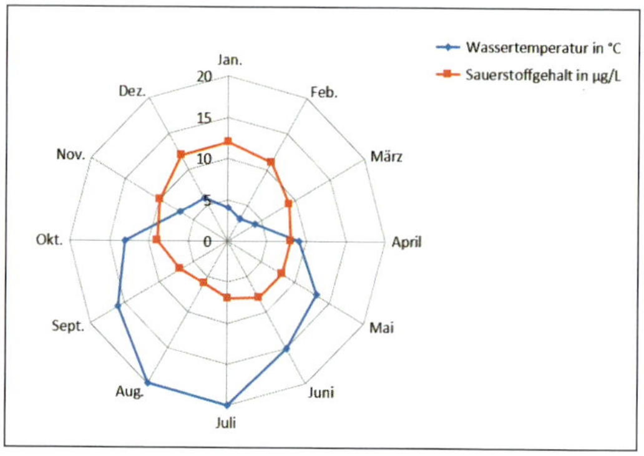

Bild 2: Netzdiagramm des Sauerstoffgehalts und der Wassertemperatur in einem Gewässer im Jahresverlauf

Erstellung von Diagrammen mit Excel

Die Erstellung eines Diagramms wird im Folgenden am Beispiel der Anteile der einzelnen Energieträger an der Primärenergieerzeugung in Deutschland aufgezeigt.

Beispiel: **Grafische Darstellung der Primärenergieerzeugung in Deutschland 2015**

Die Primärenergieerzeugung in Deutschland teilte sich im Jahr 2015 wie folgt auf die Energieträger auf:
Steinkohle: 188 PJ[1] Mineralöl: 103 PJ Erneuerbare Energien: 1681 PJ
Braunkohle: 1608 PJ Erdgas: 272 PJ Kernkraft 325 PJ Sonstige: 231 PJ
(Quelle: Umweltbundesamt, Arbeitsgemeinschaft Energiebilanzen)

Stellen Sie die Verteilung der Primärenergieträger in einem geeigneten Diagramm in PJ und % dar.

Lösung: Nach Start von Excel wird eine Eingabemaske erstellt (analog dem Beispiel auf Seite 57). Dort werden die Daten in die Eingabefelder eingetragen **(Bild 3)**.

	A	B	C	D	E	F	G	H
1	Primärenergieerzeugung in Deutschland 2015 in Petajoule PJ							
2	Energieträger	Steinkohle	Braunkohle	Mineralöl	Erdgas	Erneuerbare Energien	Kernkraft	Sonstige
3	Energie in PJ	188	1608	103	272	1631	328	231
4								

Bild 3: Datenblatt der Primärenergieerzeugung in Deutschland im Jahr 2015 mit Excel

[1] PJ ist das Einheitenzeiten der Einheit Petajoule (10^{15} J)

Die einzelnen Energieträger ergeben zusammen 100 %.

Als geeigneter Diagrammtyp für die Anteile der einzelnen Energieträger wird das **Kreisdiagramm** gewählt.

Zur Erstellung des Kreisdiagramms folgende Anleitung:

Zuerst wird das Datenfeld im Arbeitsblatt markiert. Dazu wird im Arbeitsblatt das Feld A2 angeklickt und mit gedrückter Maustaste bis zur Zelle H3 gezogen.

Dann wird der gewünschte Diagrammtyp ausgewählt. Dazu wählt man im Register *Einfügen* sowie dann im Menüfeld *Diagramme* durch Anklicken das Symbol für Kreisdiagramme an.

Im sich öffnenden Pulldown-Menü **(Bild 1)** werden die möglichen Kreisdiagrammtypen angezeigt. Durch Anklicken wird *3D-Kreis* ausgewählt.

Daraufhin wird im Arbeitsblatt das Kreisdiagramm auf Basis der zu Beginn markierten Daten angezeigt.

Das Kreisdiagramm wird dann noch formatiert. Zuerst wird die im Arbeitsblatt angezeigte Diagrammüberschrift markiert und durch Ziehen ins Diagramm als Überschrift eingefügt.

Nach Anklicken im *Diagrammfeld* wird die Beschriftung der Achsen des Diagramms gewählt. Dazu klickt man das *+-Zeichen* am rechten oberen Rand des Diagramms an. Es erscheint ein Feld *Diagrammelemente*. Nach Überstreichen des Feldes *Datenbeschriftung* mit gehaltener Maus erscheint ein Pfeilsymbol ▶, das angeklickt wird. Aus der gezeigten Auswahl wählt man *Am Ende außerhalb* durch Anklicken aus. Es erscheint die gewünschte Diagrammdarstellung.

Dort werden die Achsenbeschriftungen eingeschrieben **(Bild 2)**.

Dann liegt das Diagramm in der gewünschten Form vor.

Mit einem Befehl im Register *Datei* kann das Diagramm gespeichert, gedruckt usw. werden.

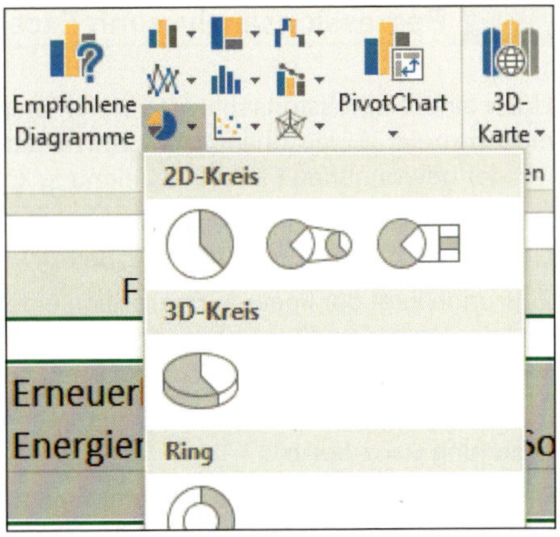

Bild 1: Auswahl-Menü für Kreisdiagramme

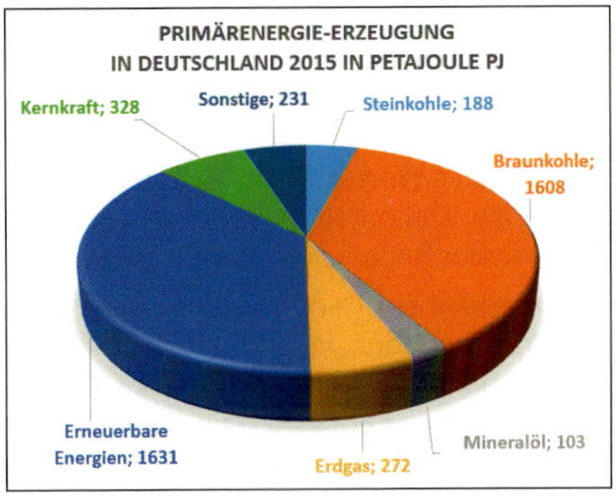

Bild 2: Excel-3D –Kreisdiagramm der Primärenergie-Erzeugung in Deutschland

Aufgaben zu Grafische Aufbereitung von Versuchs- und Prozessdaten in Diagrammen

1. **Tabelle 1** zeigt die Aufteilung der in Deutschland hergestellten Mineralöl-Produkte im Jahr 2015. Sie betragen insgesamt 102,0 Mio. Tonnen. Stellen Sie die Daten
   a) in einem Säulendiagramm dar b) in einem Kreisdiagramm dar

Tabelle 1: Produzierte Mineralöl-Produkte in Deutschland 2015 in Millionen Tonnen

Produkt	Diesel	Benzin	Leichtes Heizöl	Rohbenzin	Schweres Heizöl	Kerosin	Sonstiges
Produkte in Mio. t	36,8	18,2	16,1	16,3	4,5	8,5	1,6

2. In **Tabelle 2** ist die Veränderung der Anteile der Primärenergieträger in Deutschland 2016 gegenüber 1990 aufgeführt. Stellen Sie den Vergleich
   a) in einem geeigneten Doppel-Säulen-Diagramm dar
   b) in einem gewählten, gruppierten Balkendiagramm dar

Tabelle 2: Anteile der Primär-Energieträger in Deutschland 1990 und 2016

Energieträger	Mineralöl	Steinkohle	Braunkohle	Erdgas	Kernenergie	Erneuerbare Energien	Sonstige
1990, Anteile in %	35,0	15,5	21,5	15,5	11,2	0,7	0,6
2016, Anteile in %	2,5	4,2	36,4	6,2	7,4	38,2	5,3

2.5.4 Regressionsanalyse mit Excel

Unter einer Regressionsanalyse versteht man ein Auswerteverfahren, um aus einer Reihe von Messwerten eine formelmäßige Abhängigkeit (Korrelation) zwischen einer Messgröße und einer Variablen zu erstellen. Mit der gewonnenen Funktionsgleichung können beliebige Werte der Messgröße ermittelt werden.

Der einfachste Fall einer Regressionsanalyse ist die lineare Regression. Bei ihr wird aus Messpunkten eine Geradengleichung erstellt. In Bild 2, Seite 47, ist die händische Erstellung einer Regressionsgeraden erläutert.

Zugrunde liegt der linearen Regression eine theoretisch-physikalische, **lineare Korrelation** der Messgröße und der Variablen. Eine lineare Korrelation besteht z. B. zwischen dem Gehalt einer Lösung und der Dichte der Lösung oder dem Gehalt einer Lösung und dem Brechungsindex (Seite 241).

In einem Diagramm entspricht die lineare Abhängigkeit der Messwerte einer Geraden mit der Funktionsgleichung $y = a \cdot x + b$

Die Daten von Messwertreihen unterliegen zufälligen Abweichungen. Trägt man die Messwerte in ein Diagramm ein **(Bild 1)**, so liegen sie trotz der physikalisch-theoretischen linearen Abhängigkeit in der Regel nicht exakt auf einer Geraden.

Um aus den Messpunkten in einem Diagramm eine Gerade zu erhalten, setzt man die lineare Regression ein. Das Wort Regression bedeutet Ersatz oder Ausgleich. Die erhaltene Gerade wird **Ausgleichsgerade** oder Regressionsgerade genannt.

Zeichnerisch per Hand kann die Ausgleichsgerade gewonnen werden, indem man sie so zwischen die Messpunkte legt, dass die Summe der Abstände der Messpunkte links von der Geraden so groß ist wie die Summe der Abstände rechts von der Geraden. Durch Abmessen der Abstände von der Geraden kann dies überprüft werden.

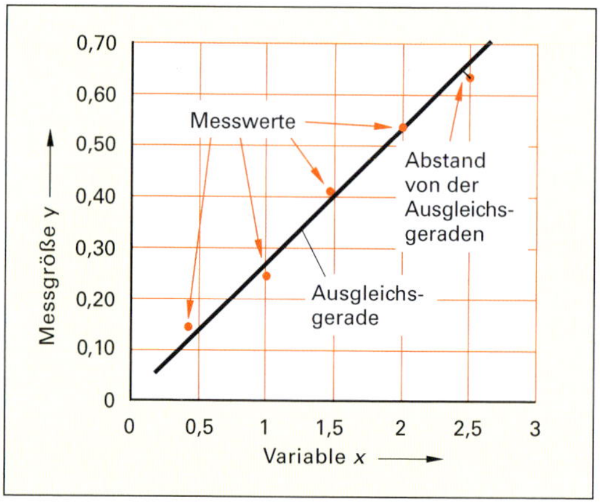

Bild 1: ***x-y*–Diagramm mit Messwertpunkten und händisch eingezeichneter Ausgleichsgeraden**

Das **Tabellenkalkulationsprogramm Excel** hat eine Funktion, mit der eine **Regressionsanalyse mit Mausklicken** durchgeführt werden kann. Hiermit können nicht nur lineare Regressionen (Ausgleichsgerade), sondern Regressionsanalysen beliebiger Funktionszusammenhänge (Ausgleichskurven, siehe Bild 3, Seite 47) durchgeführt werden.

Die Durchführung einer Regressionsanalyse mit Excel wird an folgendem Beispiel gezeigt.

Beispiel: Erstellung eines Kalibrier-Diagramms zur Bestimmung der Massenkonzentration β (KCl) von Kaliumchlorid-Lösungen in Abhängigkeit von der elektrischen Leitfähigkeit κ.

Aufgabe:

Die Massenkonzentration der nebenstehenden Kaliumchlorid-Lösungen **(Tabelle 1)** soll mithilfe von elektrischen Leitfähigkeits-Messungen bestimmt werden. Dazu soll eine Kalibrierkurve dienen.

Die Kalibrierkurve ist durch Leitfähigkeitsmessungen von Kalibrierlösungen zu erstellen **(Tabelle 2)**.

Tabelle 1: Probelösungen

Probe-Nr.	1	2	3	4	5
κ in μS/cm	178	291	454	342	621

1. Erstellen der Kalibrierkurve

Zunächst wird eine KCl-Lösung der Konzentration β (KCl) = 1000 mg/L im 1-L-Messkolben angesetzt. Durch Verdünnen wird daraus eine Konzentrationsreihe in 100 mL-Messkolben mit den in Tabelle 2 angegebenen Massenkonzentrationen β (KCl) erstellt. Nach dem Temperieren auf 20 °C bestimmt man die elektrische Leitfähigkeit κ der verdünnten Lösungen. Man erhält die in Tabelle 2 aufgetragenen Werte der Leitfähigkeit κ.

Tabelle 2: Leitfähigkeit von Kaliumchlorid-Kalibrierlösungen (bei 20 °C) zur Erstellung des Kalibrierdiagramms

β (KCl) in mg/L	100	200	300	400	500	600
κ in μS/cm	180	342	537	682	848	1014

Damit wird in Excel eine Eingabemaske erstellt (Bild 1, Seite 65, Zeilen 1 bis 2). In die grau unterlegten Eingabefelder (Zellen A3 bis A8) werden die Konzentrationen β der Kalibrierlösungen von Tabelle 2 sowie in die Zellen B3 bis B8 die gemessenen Leitfähigkeitswerte κ eingetragen.

Das Zellenfeld A2 bis B8 ist die Datenbasis. Es wird mit gedrückter Maustaste bei A2 und Ziehen bis B8 markiert.

Das gewünschte Diagramm für die Regressionsanalyse wird erzeugt durch Mausklick auf das Register *Einfügen* und Anklicken des Symbols. Es erscheint ein Scroll-Down-Menü verschiedener Diagrammarten. Es wird der Diagrammtyp *Punkt (XY)* angeklickt.

Daraufhin erscheint das Basis-Diagramm der Leitfähigkeit κ **(Bild 2)** gemäß den Daten von **Bild 1**, oberer Bildteil.

Zum Einfügen der Regressionsgeraden in das Diagramm wird rechts oben das +-Icon angeklickt. Aus den gezeigten *Diagrammelementen* wird *Trendlinie* ausgewählt. Durch Anklicken des ▶ - Symbols und *weitere Optionen* erscheint eine Auswahl von Trendlinienoptionen. Standardmäßig ist ein linearer Trend (eine lineare Ausgleichsgerade) eingestellt. Angeklickt wird: ☐ *Formel im Diagramm anzeigen.* → Im Diagramm wird die Ausgleichgerade (bei Excel heißt sie **Trendlinie**) und die Formel der Geraden angezeigt.

Durch einen weiteren Mausklick auf + sowie *Achsentitel* können die Achsen beschriftet werden **(Bild 2).**

2. Bestimmen der Massenkonzentration der Probelösungen
Hierzu wird im Excel-Arbeitsblatt (im unteren Teil von Bild 1) in Zeile 14 die Eingabemaske erstellt.

In den grau unterlegten Eingabezellen A15 bis A19 werden die Nummern der Probelösungen und in den Zellen B15 bis B19 die gemessenen Leitfähigkeiten κ von Tabelle 1, Seite 64, eingetragen.

Für die rechnerische Auswertung der Gehaltsbestimmung der Probelösungen werden die Funktionsdaten der Ausgleichsgeraden benötigt.

Zu diesem Zweck wird die Zelle C11 angeklickt. Der Aufruf der Funktion für die Steigung *a* wird mit folgenden Befehlen getätigt:
C11: *Einfügen / Funktion / Statistik / Steigung*

In dem sich öffnenden Fenster wird der Cursor ins Feld Y-Werte gestellt. Die Felder B3 bis B8 werden durch Anklicken und Ziehen mit gehaltener Maustaste markiert. Dann wird im Fenster der Cursor in das Feld X-Werte gestellt. Die Felder A3 bis A8 werden wie vorher beschrieben markiert. Durch Anklicken von OK wird in C11 die ermittelte Steigung angezeigt.

Nach Markieren des Feldes C12 wird, wie oben beschrieben, mit dem Befehl
C12: *Formeln / Mehrfunktionen / Statistik / Achsenabschnitt*
der Achsenabschnitt *b* ermittelt.

Damit sind für die Auswertungsfunktion der Ausgleichsgeraden: $y = a \cdot x + b$ die Komponenten *a* und *b* bekannt.

Durch Umformen der Gleichung nach $x \triangleq \beta(\text{KCl})$ erhält man:

$$x = \beta(\text{KCl}) = \frac{y - b}{a}$$

	A	B	C
1	Gehalt von Kaliumchlorid-Kalibrierlösungen		
2	β(KCl) im mg/L	Leitfähigkeit χ in µS/cm bei 20°C	
3	100	180	
4	200	342	
5	300	537	
6	400	682	
7	500	848	
8	600	1014	
9			
10	Regressionsdaten y = a*x + b		
11	Steigung	a =	1,6666
12	y-Abschnitt	b =	17,2
13			
14	Probelösung	Leitfähigkeit χ in µS/cm bei 20°C	β(KCl) im mg/L
15	Probe 1	178	96,4855
16	Probe 2	291	164,289
17	Probe 3	454	262,095
18	Probe 4	342	194,891
19	Probe 5	621	362,301

Bild 1: Excel-Auswertung zum Kalibrierdiagramm der KCl-Bestimmung

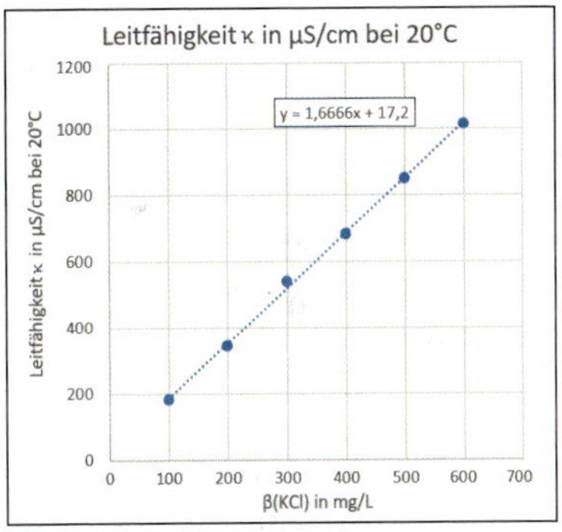

Bild 2: Kalibrierdiagramm des Beispiels mit Regressionsgeraden (Trendlinie)

Mit der Excel-Schreibweise ergibt sich z. B. für die Massenkonzentration von **Probe 1** folgender Eintrag in Zelle C15 **=((B15–$C$11/$C$13)**. Diese Formel aus Zelle C15 wird in die Zellen C16 bis C19 kopiert.

In den Zellen C15 bis C19 erscheinen nach Eingabe der gemessenen Proben-Leitfähigkeiten von Tabelle 1, Seite 64, die entsprechenden Massenkonzentrationen der Proben (rot in Bild 1).

Aufgabe zu Regressionsanalyse mit Excel

Zur Bestimmung der Konzentration $c(NaNO_3)$ von Proben wurden in einer Verdünnungsreihe 5 $NaNO_3$-Kalibrierlösungen hergestellt **(Tabelle 1).** Bei der anschließenden Leitfähigkeitsmessung wurden nach dem Temperieren folgende Messwerte erhalten **(Tabelle 2).**

Tabelle 1: Leitfähigkeit von Natriumnitrat-Kalibrierlösungen bei 20 °C

Konzentration in mmol/L	0,0	1,0	2,0	3,0	4,0	5,0
Leitfähigkeit in µS/cm	3,2	108	213	305	428	523

Tabelle 2: Probelösungen

Probe 1	Probe 2	Probe 3	Probe 4
256	298	487	178

Ermitteln Sie mithilfe der Messdaten und einer Regressionsanalyse nach dem Muster des obigen Beispiels die Stoffmengenkonzentrationen $c(NaNO_3)$ der vier Probelösungen.

Gemischte Aufgaben zu 2 Auswertung von Messwerten und Prozessdaten

1. In **Bild 1** ist das Ziffernblatt eines Rohrfedermanometers während des Messvorgangs abgebildet.
   a) Wie lautet der Skalenteilungswert und die Genauigkeitsklasse des Manometers?
   b) Geben Sie die Anzeige und den Messwert an.
   c) Mit welcher Unsicherheit ist der Messwert behaftet?

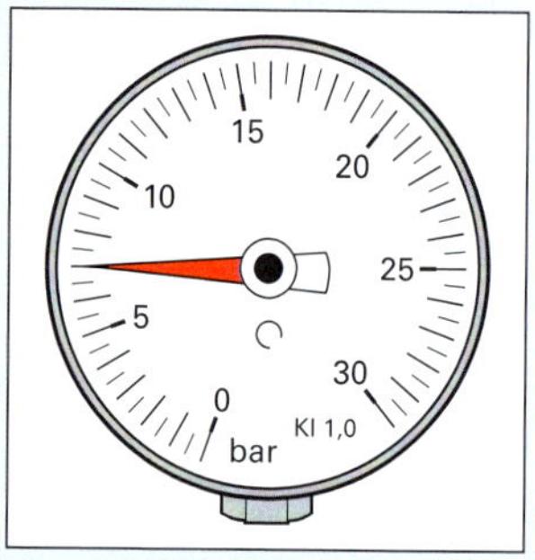

Bild 1: Ziffernblatt eines Rohrfedermanometers während der Messung (Aufgabe 1)

2. Ein Widerstandsthermometer hat einen Messbereich von 0 °C bis 250 °C. Gemessen wurde die Temperatur 142 °C mit einer Messunsicherheit von ± 1,5 °C.
   Zu welcher Genauigkeitsklasse gehört das Messgerät?
3. Der Messbereich eines digital anzeigenden Thermoelements von 0 °C bis 400 °C ist mit einer Unsicherheit von 1 % ± 2 Digit angegeben.
   Wie groß ist die Messunsicherheit des Messwertes, wenn eine Temperatur von 312 °C gemessen wurde und der Ziffernschrittwert 1 °C beträgt?
4. Eine Bürette der Klasse AS mit einem Nennvolumen von 10 mL hat die Fehlergrenzen ± 0,02 mL. Es werden bei einer Titration 5,39 mL Maßlösung verbraucht. Wie lautet die Volumenangabe mit Angabe der Messgenauigkeit?
5. Der Messbereich einer älteren Förderbandwaagenanzeige reicht bis 1500 kg/h, der Skalenteilungswert ist 10 kg. Für die Waage liegt keine Angabe zur Genauigkeitsklasse vor.
   a) Welche geschätzte Messunsicherheit haben die Messwerte?
   b) Wie lautet das Messergebnis bei einem Messwert von 1240 kg/h?
6. Ein Reaktionsbehälter hat drei Flanschanschlüsse, durch die mit 3 Pumpen Flüssigkeiten zugeführt werden können. Der Förderstrom der Pumpen ist $\dot{V}_1 = 1{,}24$ L/s, $\dot{V}_2 = 0{,}35$ L/s und $\dot{V}_3 = 0{,}90$ L/s.
   Die Pumpen 1 und 2 haben eine Fördergenauigkeit von ± 0,01 L/s, die Pumpe 3 eine Genauigkeit von 0,005 L/s.
   a) Welcher Förderstrom fließt pro Sekunde zu, wenn alle drei Zulaufarmaturen geöffnet sind?
   b) Mit welcher Unsicherheit ist der Förderstrom anzugeben?
7. Wandeln Sie die angegebenen Größenwerte in Größenwerte mit den neuen Einheitenzeichen um:
   a) 1230 cm in m b) 4685 dm^2 in m^2 c) 56 826 mg in g d) 0,862 L/s in m^3/h
   e) 0,765 g/mL in kg/m^3 f) 1,278300 km^2 in m^2 g) 7,845 kg/dm^3 in g/cm^3
   Geben Sie falls möglich die Ergebnisse gerundet auf zwei Stellen nach dem Komma an.
8. Runden Sie Rechenergebnisse folgender Aufgaben auf die richtige Ziffernzahl:
   a) 12,06 g/mL · 66 mL b) 1620 kg : 812 kg/m^3 c) 12,4 m · π d) 632 m^2 : π
   e) 960,4 t · 0,35 f) 1,013 bar · 22,41 L/273 °C g) 2,04 mol^2/L^2 : 0,0036 L/mol
9. Die Dichte einer Natronlauge wurde zu $\varrho = 1{,}188$ g/mL gemessen. Geben Sie die Masse von 212 mL der Lauge mit der richtigen Ziffernzahl an.
10. Aus der Messreihe mit den Einzelwerten: 468,2 kg; 465,9 kg; 468,2 kg; 468,8 kg; 469,0 kg soll berechnet werden:
    a) der arithmetische Mittelwert b) der Medianwert
    c) der absolute und der relative Fehler d) die Spannweite
    e) die Standardabweichung f) der Variationskoeffizient
11. 68,0 °Fahrenheit entsprechen einer Temperatur von 20,0 °Celsius, 310 °F einer Temperatur von 154 °C. Bestimmen Sie durch rechnerische Interpolation den Fahrenheit-Wert von 105 °C.

12. Berechnen Sie für die nachstehenden Messreihen den Mittelwert $\bar{x}$, den Medianwert $\tilde{x}$, die Spannweite R, die Standardabweichung s und den Variationskoeffizienten s_r:
   a) Impulse pro Minute: 1578, 1602, 1599, 1609, 1648, 1605, 1582, 1555, 1589
   b) Masse in mg: 468,2; 465,9; 469,2; 468,8; 469,0
   c) pH-Wert: 9,35; 9,32; 9,45; 9,26; 9,38; 9,89
   d) Volumenstrom in kg/h: 2240, 2270, 2195, 2200, 2265, 2295, 2225
   e) Spannung in mV: 86,0; 82,6; 85,8, 87,0; 86,4; 85,7; 86,1; 85,8; 85,9
   f) Volumen in mL: 25,6; 25,2, 25,7; 25,1; 24,2
13. Eine 17,58%ige Salpetersäure hat eine Dichte von ϱ = 1,100 g/mL, eine 29,25%ige Salpetersäure die Dichte ϱ = 1,175 g/mL. Welche Dichte hat eine 27,00%ige Salpetersäure, wenn eine Linearität der Abhängigkeit der Dichte vom Gehalt vorausgesetzt wird?
14. Eine konzentrierte Natriumnitratlösung enthält 7,60 mol/L $NaNO_3$. Die Dichte beträgt ϱ = 1,38 g/cm^3. Wie viel mol/L $NaNO_3$ enthält eine Lösung mit der Dichte 1,24 g/cm^3?
15. Ethin hat im Normzustand eine Dichte von 1170,9 g/m^3, Methan eine Dichte von 716,8 g/m^3. Welche Dichte hat ein Methan-Ethin-Gemisch mit einem Volumenanteil von 12,0 % Ethin?
16. Für ein Thermoelement soll im Bereich zwischen 0 °C und 1600 °C eine Kalibrierkurve erstellt werden. Bei 400 °C wurde eine Spannung von 3,2 mV, bei 1600 °C von 16,6 mV gemessen.

   Welche Thermospannung ist bei 0 °C vorhanden, Linearität vorausgesetzt?
17. a) Die Prozessdaten Volumen V und Zeit t der Aufgabe von Seite 45 unten sollen in ein Diagramm eingezeichnet werden.
   b) Extrapolieren Sie das Volumen zur Zeit t = 94 s aus dem erstellten Diagramm.
   c) Liegt eine gleichmäßige Volumenzugabe vor? Begründen Sie.
18. Bei der Rektifikation werden sogenannte Gleichgewichtsdiagramme benötigt. Die x- und y-Werte in diesen Diagrammen liegen zwischen 0 und 1.

   Mit vorgegebenen x-Werten lassen sich nach der Formel $y = \frac{\alpha \cdot x}{1 + x(\alpha - 1)}$ die y-Werte berechnen.

   a) Stellen Sie mit den nachfolgend genannten Werten für α drei Wertetabellen für y_1 (α = 2), y_2 (α = 5) und y_3 (α = 25) auf.
   b) Tragen Sie die x/y-Wertepaare in ein y-x–Diagramm ein und zeichnen Sie die Kurvenzüge. (Verwenden Sie als y-x–Diagramm die Kopiervorlage von Seite 400.)
19. Die Kalibrierkurve eines NiCr-Ni-Thermoelements ist in **Bild 1** abgebildet.
   a) Welche Messtemperatur kann bei einer Spannung von 6,2 mV und welche bei 15,0 mV abgelesen werden?
   b) Geben Sie die zu 220 °C und 380 °C gehörige Thermospannung an.
   c) Stellen Sie die Funktionsgleichung für die Kalibrierkurve auf.

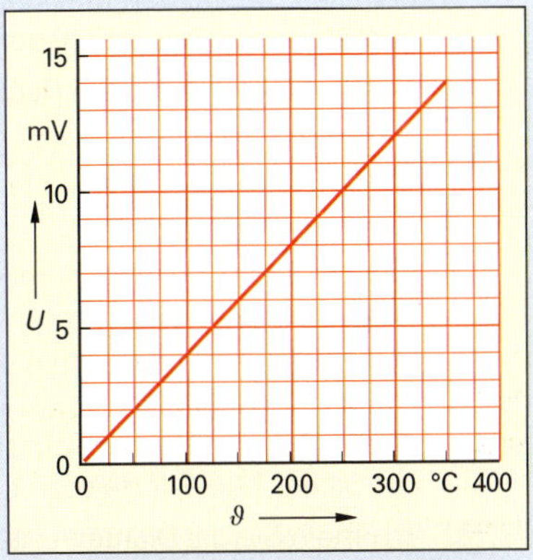

Bild 1: Kalibrierkurve eines NiCr-Ni-Thermoelements (Aufgabe 19)

20. Die Strömungsgeschwindigkeit in einer Rohrleitung folgt der Gleichung $v = \frac{4 \cdot \dot{V}}{\pi \cdot d^2}$. Hierin ist $\dot{V}$ der Volumenstrom in m^3/s und d der Rohrinnendurchmesser in Meter.
   a) Zeigen Sie in einem Diagramm, wie sich der Volumenstrom $\dot{V}$ mit dem Rohrdurchmesser d ändert. Die Strömungsgeschwindigkeit ist konstant v = 1,2 m/s.
   b) Zeigen Sie in einem zweiten Diagramm, wie sich die Strömungsgeschwindigkeit v mit dem Rohrdurchmesser d ändert, wenn der Volumenstrom konstant $\dot{V}$ = 6,00 L/s beträgt.

21. Beim Bayer-Verfahren zur Gewinnung von Aluminiumoxid aus Bauxit mithilfe von Natronlauge fallen als Abfall pro Tonne eingesetztem Bauxit zwei Tonnen Rotschlamm an. Bei der Analyse einer Rotschlamm-Probe wurden folgende Massenanteile ermittelt:

Bestandteil	Fe_2O_3	Al_2O_3	SiO_2	TiO_2	Na_2O	Glühverlust	CaO	Andere
***w*(X) in %**	34,3	18,7	13,2	11,6	9,8	7,8	3,5	1,1

a) Welche Diagrammarten sind für die Darstellung dieser Daten geeignet?

b) Stellen Sie die Zusammensetzung des Rotschlamms in zwei geeigneten Diagrammen dar.

22. Die Bruttostromerzeugung in Deutschland ergab 1998 mit 552 TWh (Mrd. kWh) einen Zuwachs von 0,4 % gegenüber dem Vorjahr. Zur Erzeugung trugen folgende Energiequellen bei:

Energiequelle	Kernenergie	Steinkohle	Braunkohle	Gas	Wasser	Wind	Andere
Energie in TWh	161,5	151,5	140,0	51,5	20,5	4,4	22,7

Stellen Sie die Verteilung der Energiequellen in einer geeigneten Diagrammform dar.

23. In der nachfolgenden Tabelle ist die Veränderung der Emissionen einiger wichtiger Schadstoffe in Deutschland aufgeführt.

Jahr	**1990**	**1992**	**1994**	**1996**	**1998**	**2000**	**2002**
SO_2 in kt	5321	3307	2472	1340	835	638	660
NO_x (als NO_2) in kt	2729	2323	2055	1897	1675	1584	1498

Stellen Sie die zeitliche Entwicklung der Emissionen in einer geeigneten Diagrammform dar.

24. Der Massenanteil *w*(Aceton) im Kopfprodukt Aceton/Wasser einer Rektifiziersäule soll durch Messung der **Brechzahl** n_D^{20} [1] (auch **Brechungsindex** genannt) bestimmt werden. Zur Erstellung der Kalibrierkurve wird zunächst die Brechzahl n_D^{20} von Lösungen bekannter Zusammensetzung Aceton/Wasser mit einem Abbé-Refraktometer (Seite 233) bestimmt. In **Tabelle 1** sind die Aceton-Massenanteile und die zugehörigen Messwerte der Brechzahl aufgeführt. **Tabelle 2** enthält die Brechzahlen von 5 zu bestimmenden Proben.

a) Erstellen Sie mit einem Tabellenkalkulationsprogramm eine Eingabemaske zur Auswertung der refraktometrischen Gehaltsbestimmung.

b) Führen Sie mit den Messwerten die rechnerische Regressionsanalyse durch.

c) Erstellen Sie mit den Messdaten ein *x*-*y*–Diagramm und ergänzen Sie die Ausgleichsgerade.

d) Ermitteln Sie mithilfe der Regressionsdaten die Aceton-Massenanteile der 5 Proben von Tabelle 2.

Tabelle 1: Brechzahlen von Aceton/Wasser-Kalibriermischungen (Aufgabe 24)

***w*(Aceton) in %**	**Brechzahl n_D^{20}**
95,0	1,35758
96,0	1,35779
97,0	1,35810
98,0	1,35831
99,0	1,35862
100,0	1,35884

Tabelle 2: Brechzahlen von Aceton/Wasser-Proben (Aufgabe 24)

Probe-Nr.	**Brechzahl n_D^{20}**
Probe 1	1,35762
Probe 2	1,35794
Probe 3	1,35851
Probe 4	1,35859
Probe 5	1,35861

25. In **Tabelle 3** sind die Dichtewerte von Wasser bei verschiedenen Temperaturen angegeben.

a) Führen Sie mit einem Tabellenkalkulationsprogramm eine Regressionsanalyse durch. Prüfen Sie, ob sich die Dichte von Wasser in diesem Bereich linear zur Temperatur verändert.

b) Finden Sie mithilfe des Programms eine Funktion, welche für diesen Temperaturbereich eine optimale Ausgleichskurve der Dichte-Messwerte ergibt.

c) Ermitteln Sie die Dichtewerte für 55 °C, 65 °C und 78 °C.

Tabelle 3: Messwerte zur Dichte von Wasser (Aufgabe 25)

Temperatur	**Dichte in g/cm³**
50 °C	0,98805
60 °C	0,98321
70 °C	0,97779
75 °C	0,97486
80 °C	0,97183
85 °C	0,96862

Hinweis: Weitere Aufgaben zur Nutzung eines Tabellenkalkulationsprogramms finden sich auf den Seiten 163, 211, 231, 234, 246, 316, 319, 320, 321.

[1] n_D^{20} bedeutet Brechungsindex bei 20 °C, gemessen mit einer Natriumdampflampe bei der Wellenlänge λ = 589,3 nm (D-Linie)

3 Ausgewählte physikalische Berechnungen

Physikalische Berechnungen haben in der Chemietechnik mehrere Funktionen. Sie dienen

- zur Bestimmung der Eigenschaften von Stoffen und Produkten,
- der Beschreibung von Vorgängen, Zuständen, Stoffströmen,
- zur Bestimmung der Abmessungen von Rohren, Apparaten.

In diesem Kapitel werden der Umgang und das Rechnen mit den im Chemiebetrieb wichtigen physikalischen Größen **(Bild 1)**, Einheiten und Größengleichungen vorgestellt.

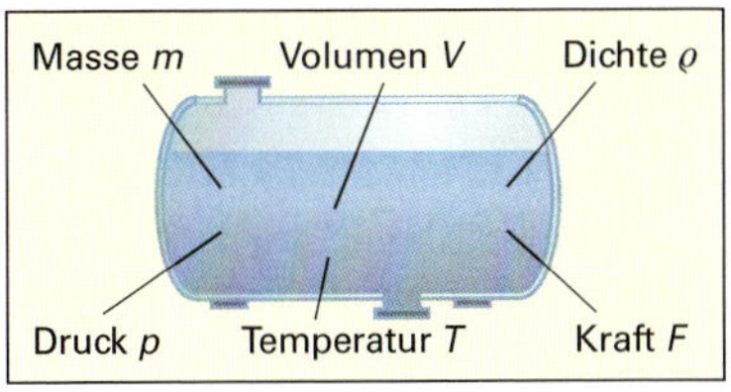

Bild 1: Physikalische Größen (Beispiele)

3.1 Größen, Zeichen, Einheiten, Umrechnungen

Physikalische Größen (physical quantities)

Eine physikalische Größe beschreibt die **Qualität** (Beschaffenheit) oder die **Quantität** (Menge) von Körpern, Vorgängen oder Zuständen (DIN 1313).

Es gibt **sieben Basisgrößen (Tabelle 1).** Sie sind im Jahre 1960 im **Internationalen Einheitensystem SI** festgelegt worden (**SI** von französisch: *Système International d'Unités*). Auf diese Basisgrößen lassen sich alle physikalischen Größen zurückführen.

Die ganz überwiegende Mehrzahl der physikalischen Größen bilden die aus den Basisgrößen **abgeleiteten Größen (Tabelle 2).** Sie sind aus den Basisgrößen durch Definitionsgleichungen festgelegt.

Der **Größenwert** einer physikalischen Größe ist das Produkt aus einem Zahlenwert und einem Einheitenzeichen.

Beispiel:	Größenwert	=	Zahlenwert	·	Einheitenzeichen
	l	**=**	**5,0**	·	**m**

Tabelle 1: Basisgrößen gemäß SI

Physikalische Größe	Formelzeichen	Einheitenname	Einheitenzeichen
Länge	l	Meter	m
Masse	m	Kilogramm	kg
Stoffmenge	n	Mol	mol
Zeit	t	Sekunde	s
Thermodynamische Temperatur	T	Kelvin	K
Stromstärke	I	Ampere	A
Lichtstärke	I_v	Candela	cd

Tabelle 2: Auswahl abgeleiteter Größen

Physikalische Größe	Definitionsgleichung	SI-Einheitenname	Einheitenzeichen
Fläche	$A = l^2$	Quadratmeter	m^2
Volumen	$V = l^3$	Kubikmeter	m^3
Druck	$p = \frac{F}{A}$	Newton durch Quadratmeter	N/m^2 oder Pa
Geschwindigkeit	$v = \frac{s}{t}$	Meter durch Sekunde	m/s

Formelzeichen (letter symbols)

Zur Kurzschreibweise physikalischer Größen benutzt man **Formelzeichen** (DIN 1304, Teil 1). Es sind lateinische oder griechische Groß- oder Kleinbuchstaben (Tabelle 1 und 2). Zur näheren Bezeichnung der physikalischen Größe werden sie z.B. mit einem Tiefzeichen (Index) wie bei V_{ges}, p_e, ϱ_{Cu} versehen.

Formelzeichen enthalten keinen Hinweis auf die Einheit.

Formelzeichen werden *kursiv* (Schrägschrift) gedruckt, wenn es sich um ein Symbol handelt, das aus einem Buchstaben besteht, z.B. I, F, ϱ, η. Besteht das Formelzeichen aus mehreren Buchstaben, so wird es gerade geschrieben z.B. pH, DN, PN, CSB.

Einheiten (units)

Eine Einheit ist eine festgelegte Bezugsgröße. Man unterscheidet:

- SI-Basiseinheiten (Tabelle 1). Sie sind in DIN 1301, Teil 1 aufgelistet und definiert.
- Abgeleitete SI-Einheiten (Tabelle 2). Sie werden durch eine Definitionsgleichung festgelegt und mit dem Zahlenfaktor 1 durch Multiplikation oder Division der Basiseinheiten abgeleitet.

Beispiele: Einheit Quadratmeter: $1\ m^2 = 1\ m \cdot 1\ m$, Einheit Kubikmeter: $1\ m^3 = 1\ m \cdot 1\ m \cdot 1\ m$.

Für einige abgeleitete SI-Einheiten hat man besondere Bezeichnungen eingeführt. Sie tragen den Namen berühmter Physiker.

Beispiele: Einheit Watt: $1\ \mathrm{W} = 1\ \frac{\mathrm{N \cdot m}}{\mathrm{s}}$, Einheit Newton: $1\ \mathrm{N} = 1\ \frac{\mathrm{kg \cdot m}}{\mathrm{s^2}}$, Einheit Pascal: $1\ \mathrm{Pa} = 1\ \frac{\mathrm{N}}{\mathrm{m^2}}$

- Einheiten, die nicht mit dem Zahlenfaktor 1 abgeleitet werden, zählen nicht zu den SI-Basiseinheiten.

Beispiele: $1\ \mathrm{min} = 60\ \mathrm{s}$, $1\ \mathrm{g} = 1 \cdot 10^{-3}\ \mathrm{kg}$, $1\ \mathrm{bar} = 1 \cdot 10^{5}\ \mathrm{Pa}$, $1\ \mathrm{d} = 24\ \mathrm{h}$, $1\ \mathrm{cm^2} = 1 \cdot 10^{-4}\ \mathrm{m^2}$, $1\ \mathrm{L} = 1 \cdot 10^{-3}\ \mathrm{m^3}$

- Unterschiedliche Einheiten können nicht addiert, subtrahiert und logarithmiert werden. Sie lassen sich nur multiplizieren und dividieren sowie gegebenenfalls potenzieren und radizieren.

Beispiele: $1\ \mathrm{N} \cdot 1\ \mathrm{m} = 1\ \mathrm{Nm}$, $1\ \frac{\mathrm{kg \cdot m^3}}{\mathrm{m^3}} = 1\ \mathrm{kg}$, $1\ \mathrm{m^2} \cdot 1\ \mathrm{m} = 1\ \mathrm{m^3}$, $\sqrt{1\ \frac{\mathrm{m^2}}{\mathrm{s^2}}} = 1\ \mathrm{m/s}$

Einheitenzeichen (symbols)

Einheitennamen werden durch senkrecht geschriebene Einheitenzeichen abgekürzt. Man schreibt sie mit Großbuchstaben, wenn der Einheitenname von einem Eigennamen stammt, wie z. B. Newton N, Kelvin K. Ansonsten werden mit Ausnahme des Liters (Einheitenzeichen L) als Einheitenzeichen Kleinbuchstaben verwendet wie z. B. bei Meter m, Kilogramm kg oder Sekunde s.

Einheitenzeichen dürfen nicht mit Indices versehen werden. Indices gehören an das Formelzeichen der physikalischen Größe z. B. $V_{ges} = 2{,}4\ \mathrm{L}$. Es unterscheiden sich also stets die physikalischen Größen und nicht die Einheiten.

Vorsätze (prefixes)

Ist der Zahlenwert einer physikalischen Größe sehr groß oder sehr klein, so sollte er mit vergrößernden oder verkleinernden Vorsatzzeichen oder in Potenzschreibweise geschrieben werden, um vorstellbare Zahlenwerte zu erhalten (DIN 1301, Teil 1 und 2). Zweckmäßigerweise wählt man das Vorsatzzeichen so, dass der Zahlenwert in der Größenordnung zwischen 0,1 und 1000 liegt. Dabei sind Vorsatzzeichen mit ganzzahliger Potenz von Tausend ($10^{\pm 3n}$, n = 1, 2, 3, …) zu bevorzugen.

Beispiele: $l = 5\,300\,000\ \mathrm{mm}$; besser: $l = 5{,}3 \cdot 10^{6}\ \mathrm{mm}$; oder: $l = 5300\ \mathrm{m}$; oder: $l = 5{,}3\ \mathrm{km}$.

Beim Umgang mit Vorsätzen sind folgende Regeln zu beachten. Vorsätze werden:

- nur in Verbindung mit Einheitennamen benutzt (also drei Kilogramm Soda und nicht drei Kilo Soda),
- nicht auf die Basiseinheit Kilogramm, sondern auf die Einheit Gramm angewendet (also Mikrogramm und nicht Mikrokilogramm),
- nicht aus mehreren Vorsätzen zusammengesetzt (also Nanometer und nicht Millimikrometer),
- nur auf Einheiten des Dezimalsystems angewandt (also z. B. nicht auf Stunden, Minuten, Grad usw.).

Vorsatzzeichen (prefix symbols)

Vorsätze werden durch entsprechende Vorsatzzeichen abgekürzt **(Tabelle 1).** Sie bilden mit dem Einheitenzeichen das Zeichen einer neuen Einheit. Demzufolge gilt ein Exponent am Einheitenzeichen auch für das Vorsatzzeichen.

Tabelle 1: Vorsätze und Vorsatzzeichen für dezimale Teile und Vielfache von Einheiten

Vorsatz	Vorsatzzeichen	Faktor	Potenzschreibweise	Beispiele		
Tera	T	1 000 000 000 000	10^{12}	1 Tt	= 1 Teratonne	= 10^{12} Tonnen
Giga	G	1 000 000 000	10^{9}	1 GW	= 1 Gigawatt	= 10^{9} Watt
Mega	M	1 000 000	10^{6}	1 MN	= 1 Meganewton	= 10^{6} Newton
Kilo	k	1000	10^{3}	1 kg	= 1 Kilogramm	= 10^{3} Gramm
Hekto	h	100	10^{2}	1 hL	= 1 Hektoliter	= 10^{2} Liter
Deka	da	10	10^{1}	1 dam	= 1 Dekameter	= 10^{1} Meter
Dezi	d	0,1	10^{-1}	1 dm	= 1 Dezimeter	= 10^{-1} Meter
Zenti	c	0,01	10^{-2}	1 cN	= 1 Zentinewton	= 10^{-2} Newton
Milli	m	0,001	10^{-3}	1 mmol	= 1 Millimol	= 10^{-3} Mol
Mikro	µ	0,000001	10^{-6}	1 µL	= 1 Mikroliter	= 10^{-6} Liter
Nano	n	0,000000001	10^{-9}	1 nm	= 1 Nanometer	= 10^{-9} Meter
Pico	p	0,000000000001	10^{-12}	1 pF	= 1 Picofarad	= 10^{-12} Farad

Umrechnung von Einheiten (conversion of units)

Beim Rechnen mit Größengleichungen müssen Einheiten häufig umgerechnet werden. Bei einer Maßumwandlung ändern sich stets der Zahlenwert und die Einheit, wobei der Größenwert der physikalischen Größe erhalten bleibt.

Bei der Umwandlung von Einheiten sind die folgenden Regeln zu beachten:

- Werden Messwerte mit größeren Einheiten in Messwerte mit kleineren Einheiten umgerechnet, so sind die Zahlenwerte durch Multiplizieren zu erweitern.

Beispiele: $0{,}735\ \text{m} = 0{,}735 \cdot 1000\ \text{mm} = 735\ \text{mm}$, $0{,}0000530\ \text{L} = 0{,}000\,053\,0 \cdot 10^6\ \mu\text{L} = 53{,}0\ \mu\text{L}$

- Werden Messwerte mit kleineren Einheiten in Messwerte mit größeren Einheiten umgerechnet, so sind die Zahlenwerte durch Dividieren zu kürzen.

Beispiele: $735\ \text{mm} = 735 \cdot \frac{1}{1000}\ \text{m} = 0{,}735\ \text{m}$, $12\,120\ \text{cm} = 12\,120 \cdot \frac{1}{100}\ \text{m} = 121{,}20\ \text{m}$

- Der Exponent am Einheitenzeichen gilt auch für das Vorsatzzeichen.

Beispiele: $1\ \text{cm}^3 = (10^{-2}\ \text{m})^3 = 10^{-6}\ \text{m}^3$, $1\ \text{mm}^2 = (10^{-3}\ \text{m})^2 = 10^{-6}\ \text{m}^2$, $\sqrt{1\ \text{cm}^2} = \sqrt{10^{-2}\ \text{m}^2} = 0{,}1\ \text{m}$

- Bei einem Einheitenwechsel bleibt die Anzahl der signifikanten Ziffern des Zahlenwertes unverändert.

Beispiele: $10\ \text{mm} = 1{,}0\ \text{cm}$, $1{,}3\ \text{g/L} = 1{,}3\ \text{kg/m}^3$, $150\ \text{m} = 0{,}150\ \text{km}$, $0{,}0210\ \text{g} = 21{,}0\ \text{mg}$.

Größengleichungen (equations between quantities)

In einer Größengleichung, z.B. $U = R \cdot I$, wird die mathematische Beziehung zwischen physikalischen Größen dargestellt. Diese Art der Größengleichung wird vereinfacht auch als **Formel** oder **Gleichung** bezeichnet. Durch Umstellen der Formel und Einsetzen der entsprechenden Größenwerte lässt sich der neue Größenwert einer physikalischen Größe berechnen.

Beispiele: Ohm'sches Gesetz: $U = R \cdot I$ mit $U = 12{,}0\ \text{V}$ und $I = 112\ \text{mA}$ folgt: $\boldsymbol{R} = \frac{U}{I} = \frac{12{,}0\ \text{V}}{112 \cdot 10^{-3}\ \text{A}} \approx \mathbf{107\ \Omega}$

Dichte: $\varrho = \frac{m}{V}$ mit $\varrho = 1{,}25\ \text{g/cm}^3$ und $V = 1710\ \text{L}$ folgt: $\boldsymbol{m} = \varrho \cdot V = 1{,}25\ \text{kg/L} \cdot 1710\ \text{L} \approx \mathbf{2{,}14\ t}$

Volumen eines Würfels: $V = l^3$ mit $V = 270\ \text{L}$ folgt: $\boldsymbol{l} = \sqrt[3]{V} = \sqrt[3]{0{,}270\ \text{m}^3} \approx \mathbf{0{,}646\ m}$

Angabe einer physikalischen Größe

Größenwerte einer physikalischen Größe werden meistens durch eine spezielle Art einer Größengleichung angegeben **(Bild 1)**. Sie enthält das Formelzeichen, den Zahlenwert und das Einheitenzeichen der physikalischen Größe. Dabei werden Zahlenwerte und Einheitenzeichen als selbstständige Faktoren behandelt.

Das Multiplikationszeichen zwischen dem Zahlenwert und dem Einheitenzeichen wird meist weggelassen.

Beim Rechnen mit Größengleichungen muss den Einheiten die gleiche Aufmerksamkeit geschenkt werden wie den Zahlenwerten. Falls sich bei einer Berechnung nicht die richtige Einheit der physikalischen Größe ergibt, ist der Rechengang falsch.

Verwendet man beim Rechnen mit Größengleichungen nur Einheiten des SI-Einheitensystems, so wird das Ergebnis auch eine Einheit des SI-Systems erhalten.

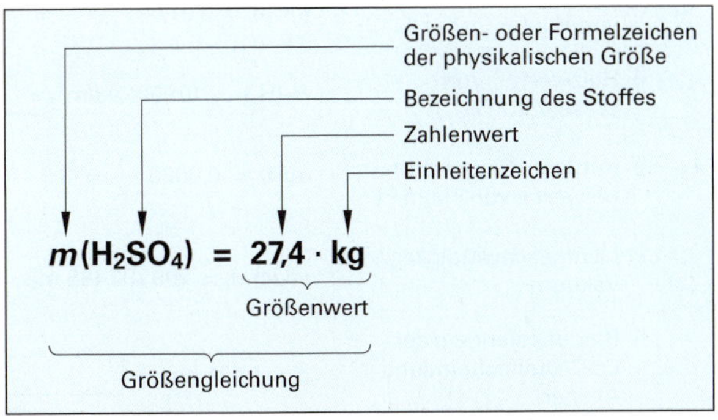

Bild 1: Angabe einer physikalischen Größe

Aufgaben zu Größen, Zeichen, Einheiten, Umrechnungen

1. Bei welchen der nachfolgenden Begriffe handelt es sich um physikalische Größen und bei welchen um Einheitennamen? Newton, Länge, Kubikmeter, Viskosität, Candela, Ampere, Energie, Kelvin, Watt, Bar, Beschleunigung. Geben Sie auch die Formel- bzw. Einheitenzeichen an.

2. Geben Sie die Formelzeichen der folgenden physikalischen Größen an : Massenanteil, Stoffmenge, Temperatur, Dichte, Masse, Volumen, Druck, Geschwindigkeit, elektrische Spannung, Volumenkonzentration.

3. Ordnen Sie die Vorsätze nach steigendem Wert und geben Sie ihre Vorsatzzeichen und ihre Potenzschreibweise an: Mega, Dezi, Mikro, Hekto, Deka, Nano, Milli.

4. Formulieren Sie die folgenden Aussagen in Form von Größengleichungen:
   a) Die Schichtdicke des Nitrolacks beträgt 45 Mikrometer.
   b) Ein Liter Aceton hat eine Masse von 791 Gramm.
   c) Die Thermospannung des Thermoelements wurde zu 3,5 Millivolt gemessen.
   d) In einer Sekunde legt die Kühlsole in der Rohrleitung 1,2 Meter zurück.
   e) 7,9 Gramm Stahl haben ein Volumen von einem Kubikzentimeter.
   f) Ein ein Meter langes Aluminiumprofil dehnt sich beim Erwärmen um ein Kelvin um 24 Mikrometer aus.

5. Ergänzen Sie in nachstehender **Tabelle** die gesuchten Zahlen in den Größengleichungen.

Stoffeigenschaft	**Größengleichung**
a) Längenausdehnungskonstante α von Blei Pb	$\alpha(\text{Pb}) = \frac{29}{1000000} \cdot \frac{1}{\text{K}} = 29 \cdot 10^{\square} \cdot \frac{1}{\text{K}} = \boxed{0,\qquad} \cdot \frac{1}{\text{K}}$
b) Teilchenzahl N_A in der Stoffmenge ein Mol	$N_A = 6023 \cdot 10^{20} = 6{,}023 \cdot 10^{\square} = 60{,}23 \cdot 10^{\square}$
c) Masse m des Wasserstoffatoms H	$m(\text{H}) = 0{,}000\,000\,000\,000\,000\,000\,000\,001\,674\ \text{g} = 1{,}674 \cdot 10^{\square}\ \text{g}$
d) Durchmesser d des Natriumatoms Na	$d(\text{Na}) = 18{,}6 \cdot 10^{-11}\ \text{m} = \square\ \text{pm} = \square\ \text{nm}$
e) Volumenausdehnungskonstante γ von Wasser	$\gamma(H_2O) = 0{,}0002 \cdot \frac{1}{\text{K}} = 2 \cdot 10^{\square} \cdot \frac{1}{\text{K}} = \frac{2}{10^{\square}} \cdot \frac{1}{\text{K}}$
f) Verdampfungswärme r von Wasser	$r(H_2O) = 2256 \cdot \frac{\text{J}}{\text{g}} = \square\ \frac{\text{kJ}}{\text{kg}} = \square\ \frac{\text{kJ}}{\text{g}}$
g) Dichte ϱ der Luft	$\varrho(\text{Luft}) = 1{,}3\ \text{g/L} = \square\ \text{kg/m}^3 = \square\ \text{mg/mL}$
h) spezifischer Widerstand ϱ von Kupfer Cu bei 20°C	$\varrho(\text{Cu}) = 0{,}017\ \frac{\Omega \cdot \text{mm}^2}{\text{m}} = \square\ \frac{\text{m}\Omega \cdot \text{mm}^2}{\text{m}} = \square \cdot 10^{-3}\ \frac{\text{m}\Omega \cdot \text{mm}^2}{\text{mm}}$
i) Heizwert H_u von Wasserstoff H_2	$H_u(H_2) = 10900 \cdot \text{kJ/m}^3 = \square\ \text{kJ/L} = \square\ \text{J/L}$
j) mittlerer Temperaturbeiwert α von Platin Pt	$\alpha(\text{Pt}) = 0{,}0039 \cdot \frac{1}{\text{K}} = 3{,}9 \cdot 10^{\square} \cdot \frac{1}{\text{K}} = \frac{39}{\square} \cdot \frac{1}{\text{K}}$
k) Lichtgeschwindigkeit v im Vakuum	$v(\text{Licht}) = 299\,792\,485\ \text{m/s} = \square\ \text{km/h}$
l) Bindungslänge d der C≡C-Dreifachbindung in Alkinen	$d = 0{,}121\ \text{nm} = \square\ \text{pm} = 1{,}21 \cdot 10^{\square}\ \text{m}$

6. Aus einem Messkolben, der mit genau einem Liter Kalilauge-Maßlösung gefüllt ist, werden nacheinander folgende Volumina entnommen: 12000 mm^3, $0{,}60 \cdot 10^2$ cm^3, 0,020 dm^3, $1{,}70 \cdot 10^{-4}$ m^3, 60 cm^3, $1{,}2 \cdot 10^4$ mm^3, $2{,}0 \cdot 10^{-2}$ dm^3, 0,000170 m^3. Wie viel Liter Kalilauge-Maßlösung verbleiben im Messkolben?

7. Zur Herstellung von Drahtwiderständen werden von einem 1,000 m langen Konstantandraht folgende Stücke abgeschnitten: 1,2 dm, 60 mm, 0,08 m, 5 cm. Wie lang ist das Reststück?

8. Aus einem 1,00 m^2 großen Filtertuch werden folgende Stücke herausgeschnitten: $3{,}0 \cdot 10^3$ cm^2, $2{,}0 \cdot 10^5$ mm^2, 10 dm^2, 0,070 m^2, 1500 cm^2. Wie groß ist der Filtertuchverbrauch in Prozent?

9. Welche Vorsatzzeichen können sinnvollerweise in den angegebenen Größenwerten verwendet werden?
a) 0,0041 V, b) 12580 A, c) $340 \cdot 10^6$ Hz, d) 0,0000067 L, e) $16{,}0 \cdot 10^{-6}$ m, f) 13400 N.

10. Ergänzen Sie bei den folgenden Größenwerten die vergrößernden bzw. verkleinernden Vorsätze und geben Sie den Exponenten in der Potenzschreibweise an.
a) l = 10000 m = 10 ?m = $10^?$ dm
b) n = 100 mol = 0,1 ?mol = $10^?$ mmol
c) m = 0,1 kg = 10 ?g = $10^?$ t
d) V = 10000 cm^3 = 0,1 ?L = $10^?$ m^3
e) m = 1,3 t = 1300 ?g = $1{,}3 \cdot 10^?$ mg
f) A = 100 m^2 = 0,0001 ?m^2 = $10^?$ cm^2

11. Ersetzen Sie in den folgenden Größengleichungen das Vorsatzzeichen durch die Potenzschreibweise.
a) l = 17,7 km
b) R = 1,20 MΩ
c) P = 30 GW
d) n = 1,72 mmol
e) V = 86 µL
f) d = 327 nm
g) C = 1,73 pF
h) V = 23 cm^3
i) A = 1,70 mm^2
j) V = 167 mm^3
k) A = 16,4 cm^2
l) V = 27,0 dm^3

12. Durch ungeschickte Wahl der Einheiten wurden die in der nachfolgenden **Tabelle** aufgelisteten Zahlenwerte im Taschenrechnerdisplay erhalten. Runden Sie die Zahlenwerte auf drei signifikante Ziffern und geben Sie die neuen Größenwerte durch geeignete Auswahl entsprechender Vorsatzzeichen so an, dass der neue Größenwert in der Größenordnung zwischen 0,1 und 1000 liegt, so wie es das Beispiel in der ersten Zeile zeigt.

Tabelle: Übungen zur Angabe von Größenwerten in Größengleichungen

Nr.	Physikalische Größe		Größenwert		
	Name	Größenzeichen	Zahlenwert	Einheitenzeichen	neuer Größenwert
a)	Durchmesser	d(Faser)	$0{,}00973479 \cdot 10^{-2}$	m	97,3 µm
b)	Höhe	h(Kolonne)	$154375123 \cdot 10^{-4}$	mm	
c)	Querschnittsfläche	A(Rohr)	0,000554127	m^2	
d)	Volumen	V(Tank)	$1500460{,}3 \cdot 10^3$	cm^3	
e)	elektr. Widerstand	R(Leiter)	736548769,2	Ω	
f)	Masse	$m(CaCO_3)$	56635786,45	mg	
g)	Kraft	F(Spiralfeder)	0,000148922	N	
h)	Überdruck	p_e(Behälter)	250786,458	mbar	
i)	Fläche	A(Lager)	9530017,347	cm^2	
j)	Volumen	V(Lösung)	$14014{,}6789 \cdot 10^{-5}$	m^3	
k)	Länge	l(Rohrleitung)	$1{,}98457683 \cdot 10^{-3}$	km	
l)	Zeit	t(Umlauf)	0,004888944	h	
m)	Stoffmenge	$n(H_2O)$	12768,37653	mol	
n)	elektr. Spannung	U(Netz)	$0{,}00023173 \cdot 10^3$	kV	
o)	Stromstärke	I(Leiter)	16227,37656	mA	

3.2 Berechnung von Längen, Flächen, Oberflächen und Volumina

3.2.1 Längenberechnung

Zur Messung der Länge (length) muss die zu messende Länge mit einer bekannten Länge verglichen werden. Vergleichslängen sind das Meter selbst bzw. Vielfache oder Teile des Meters.

Die Länge l ist eine Basisgröße. Ihre Basiseinheit ist das Meter, Einheitenzeichen m.

Das Meter ist nach DIN 1301 Teil 1 wie folgt definiert: Ein Meter ist die Länge der Strecke, die das Licht im Vakuum während der Dauer von 1/299792458 Sekunden durchläuft. Diese Definition ist zwar sehr genau, eignet sich aber nicht zum direkten Messen einer Länge.

In der betrieblichen Praxis verwendet man zum Messen verschiedene Maßstäbe (z.B. Bandmaßstab, Gliedermaßstab) oder Messschieber (umgangssprachlich: Schieblehre).

Durch Multiplikation oder Division der Basiseinheit werden dezimale Vielfache oder dezimale Teile des Meters abgeleitet. Aus dem Einheiten-Vorsatzzeichen, z.B. Kilo, k, oder Milli, m, geht das Vielfache oder der Teil der Basiseinheit hervor.

Rechnen mit Maßstäben

In technischen Zeichnungen sind Bauteile meist verkleinert dargestellt. Um die verkleinerte Zeichnung des Bauteils auf die gewünschte Größe zu bringen, muss sie vergrößert werden. Dazu muss der Maßstab (scale) der Zeichnung (drawing) bekannt sein. Der Maßstab M ist das Verhältnis von Zeichnungsgröße zu wirklicher Größe.

M = 1:10 bedeutet z.B., dass die Zeichnungsgröße 1 mm und die wirkliche Größe 10 · 1 mm = 10 mm = 1 cm beträgt.

$$\textbf{Maßstab} = \frac{\textbf{Zeichnungsgröße}}{\textbf{wirkliche Größe}}$$

Beispiel: M = 1 : 10 (M: Maßstab; 1: Zeichnungsgröße; 10: wirkliche Größe)

Je nach Zeichnungsart sind verschiedene Längenangaben üblich.

- In Rohrleitungs- und Anlagenzeichnungen wird die Zeichnungsgröße in Zentimeter, die wirkliche Größe in Meter angegeben.
- In Bauzeichnungen sind die Maßzahlen Meter-Angaben.
- In Zeichnungen von Maschinenteilen sind die Maßzahlen Millimeterangaben.

Beispiel: Die Höhe eines Drehkolbengebläses **(Bild 1)** zur Förderung von Prozessgas in einem Stahlwerk hat in einer Zeichnung mit dem Maßstab M = 1:10 eine Höhe von 326 mm. Wie hoch ist das Drehkolbengebläse in Wirklichkeit?

Lösung: $$\text{Maßstab} = \frac{\text{Zeichnungsgröße}}{\text{wirkliche Größe}} \Rightarrow$$

$$\textbf{wirkliche Größe} = \frac{\text{Zeichnungsgröße}}{\text{Maßstab}} = \frac{0{,}326\ \text{m}}{0{,}1} = \mathbf{3{,}26\ m}$$

Bild 1: Drehkolbengebläse

Aufgaben zu Längenberechnung

1. Eine Rohrleitung besteht aus einem Rohrabschnitt mit l = 325 cm, einem Kompensator mit l = 1,70 dm, einem Reduzierstück mit l = 200 mm sowie einem Schieber mit l = 0,25 m. Wie lang muss der zweite Rohrabschnitt sein, wenn die gesamte Länge der Rohrleitung 6,00 Meter betragen soll?

2. Ein Lagerraum für organische Grundchemikalien ist 10,0 m lang und 5,0 m breit. Wie groß ist die Zeichnungsgröße in einem Detailplan mit dem Maßstab M = 1:10, in einem Bauausführungsplan M = 1:25 und in einem Lageplan M = 1:500?

3.2.2 Umfangs- und Flächenberechnung

Die Flächengröße und der Umfang von geometrischen Flächen werden mit den Größengleichungen aus **Tabelle 1** berechnet.

Tabelle 1: Berechnungsformeln geometrischer Flächen				
Geradlinig begrenzte Flächen			**Kreisförmig begrenzte Flächen**	
Quadrat (square)	**Rechteck (rectangle)**	**Dreieck (triangle)**	**Kreis (circle)**	**Kreisring (circular ring)**
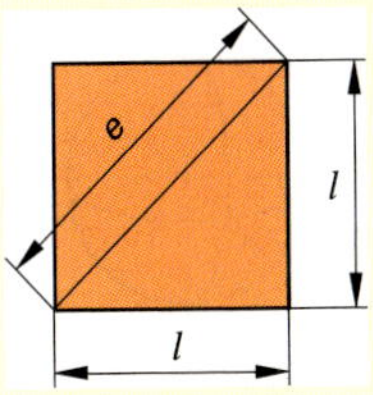	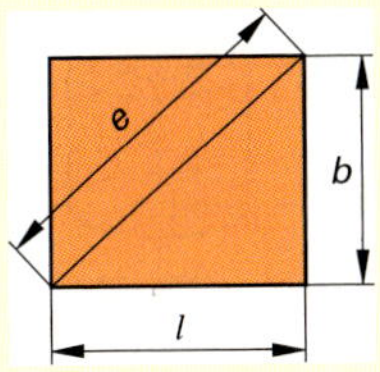	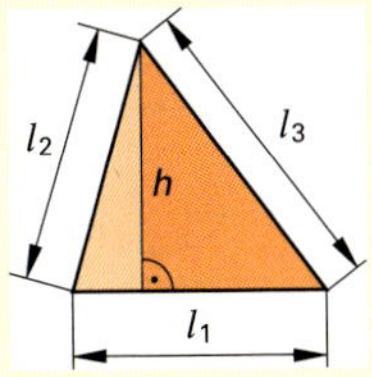	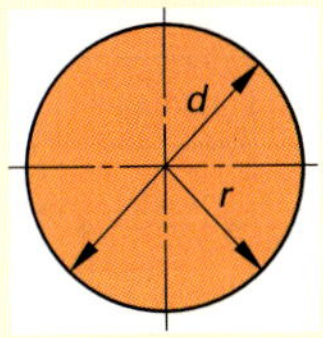	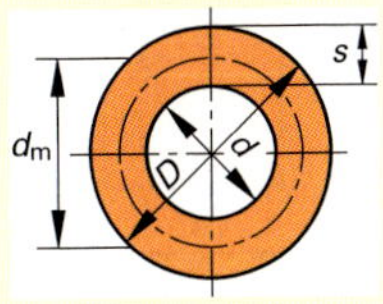
$A = l^2$ $e = \sqrt{2} \cdot l$ $U = 4 \cdot l$	$A = l \cdot b$ $e = \sqrt{l^2 + b^2}$ $U = 2 \cdot (l + b)$	$A = \frac{l_1 \cdot h}{2}$ $U = l_1 + l_2 + l_3$	$A = \frac{\pi \cdot d^2}{4}$ $A = \pi \cdot r^2$ $U = \pi \cdot d$	$A = \frac{\pi}{4} \cdot (D^2 - d^2)$ $d_m = \frac{D + d}{2}$ $s = \frac{D - d}{2}$
A Fläche *U* Umfang *l* Länge *s* Dicke	*e* Diagonale *b* Breite π Kreiszahl pi *h* Höhe	*d* Innendurchmesser *D* Außendurchmeser d_m mittlerer Durchmesser *r* Radius		

Beispiel: Wie groß sind Fläche und Umfang eines Granuliertellers zum Aufbaugranulieren von Superphosphat, wenn der Tellerdurchmesser 6,00 m beträgt?

Lösung: $A = \frac{\pi \cdot d^2}{4} = \frac{\pi \cdot (6{,}00\ \text{m})^2}{4} \approx \mathbf{28{,}3\ m^2}$; $U = \pi \cdot d = \pi \cdot 6{,}00\ \text{m} \approx \mathbf{18{,}8\ m}$

Aufgaben zu Umfangs- und Flächenberechnung

1. Der Boden einer Kastennutsche von 2,50 m Länge und einer Breite von 1,50 m soll mit einem Filtertuch ausgekleidet werden. Berechnen Sie die Fläche, den Umfang und die Länge der Diagonalen des Filtertuchs.
2. Wie groß sind die Innenfläche und der innere Umfang des Filters der in **Bild 1** gezeigten, geöffneten Drucknutsche?
3. Ein Trockenschrank enthält 15 Trockenbleche mit den Maßen $l = b = 800$ mm. Welche Gesamt-Trockenfläche hat der Trockenschrank?
4. Berechnen Sie die Dichtfläche einer Flachdichtung aus Polytetrafluorethylen PTFE, wenn ihr Außendurchmesser 50 mm und ihr Innendurchmesser 30 mm beträgt?
5. Welchen Rührkreisdurchmesser hat ein Ankerrührer, wenn der Rührer beim Rühren einen Kreis (Rührkreis) mit einem Umfang von 4,71 m umschreibt?
6. Durch ein Reduzierstück (Bild 2, Seite 86) verjüngt sich der Innendurchmesser einer Rohrleitung von $d_i = 22{,}3$ mm auf $d_i = 13{,}6$ mm. Um wie viel Prozent verringern sich der Innendurchmesser und die Querschnittsfläche?

Bild 1: Drucknutsche (Aufgabe 2)

3.2.3 Oberflächen- und Volumenberechnung

Zur Berechnung der Oberflächen und der Volumina von geometrischen Körpern dienen die in **Tabelle 1** zusammengestellten Größengleichungen.

Tabelle 1: Berechnungsformeln geometrischer Körper

Würfel (cube)	Quader (cuboid)	Zylinder (cylinder)	Hohlzylinder (hollow cylinder)	Kugel (ball)
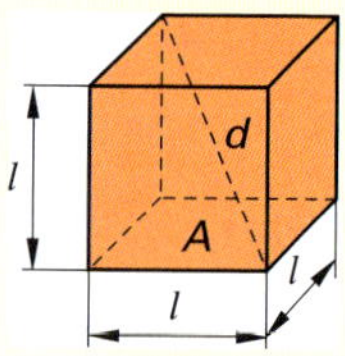	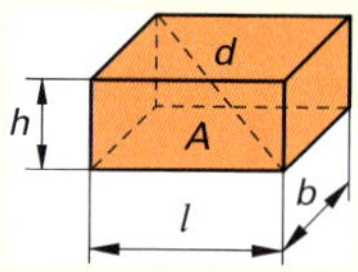	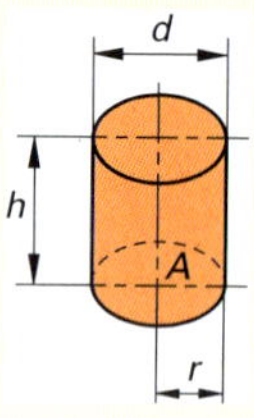	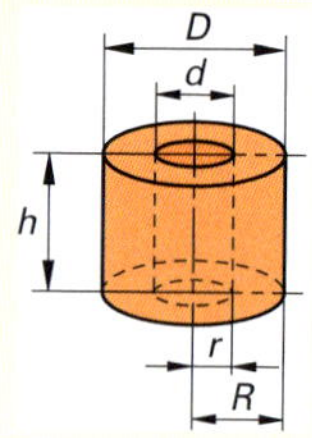	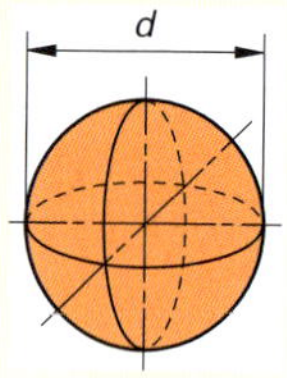
$V = A \cdot l$ $A_O = 6 \cdot l^2$	$V = l \cdot b \cdot h$ $A_O = 2\,(l \cdot b + l \cdot h + b \cdot h)$	$V = A \cdot h$ $V = \frac{\pi}{4} \cdot d^2 \cdot h$ $A_O = \pi \cdot d \cdot h + \frac{\pi \cdot d^2}{2}$	$V = \frac{\pi}{4} \cdot h \cdot (D^2 - d^2)$	$V = \frac{\pi \cdot d^3}{6}$ $V = \frac{4}{3} \cdot \pi \cdot r^3$ $A_O = \pi \cdot d^2$
V Volumen A Grundfläche	A_O Oberfläche l Länge	b Breite h Höhe	d, D Durchmesser r, R Radius	π Kreiszahl pi

Beispiel: Ein Rohrbündelwärmetauscher hat 354 Wärmeaustauschrohre mit einem Innendurchmesser von $d = 20{,}00$ mm und einer Länge von $l = 3000$ mm.

a) Wie groß ist die Kühlfläche in Quadratmeter?

b) Um wie viel Prozent vermindert sich die Kühlfläche, wenn sieben Wärmeaustauschrohre wegen Undichtigkeit zugeschweißt werden müssen?

Lösung: a) $\boldsymbol{A}(354) = n \cdot d \cdot \pi \cdot l = 354 \cdot 0{,}0200\ \text{m} \cdot \pi \cdot 3{,}000\ \text{m} \approx \mathbf{66{,}7\ m^2}$

b) 354 Wärmeaustauschrohre haben eine Kühlfläche von 100 %
7 Wärmeaustauschrohre haben eine Kühlfläche von x

$$\boldsymbol{x} = \frac{7 \cdot 100\ \%}{354} \approx \mathbf{2\ \%}$$

Aufgaben zu Oberflächen- und Volumenberechnung

1. Ein rechteckiger Industriekanister mit gerundeten Kanten hat die Außenmaße (190 × 145 × 251) mm. Sein Nennvolumen ist 1,9 L geringer als das aus den Außenmaßen berechnete Volumen. Wie groß ist das Nennvolumen des Kanisters?
2. Wie viel Kubikmeter Rohöl lagern in einem zylinderförmigen Schwimmdachtank mit einem Innendurchmesser von $d = 20{,}0$ m, wenn seine Füllhöhe 10,0 m beträgt?
3. Welches Volumen an Methan CH_4 ist in einem Hochdruck-Kugelgasbehälter mit einem Innendurchmesser von $d = 26{,}8$ m enthalten?
4. Welches Volumen an Polyvinylchlorid-Formmasse, $-(CH_2-CHCl)_n-$, ist zum Extrudieren von 2500 m Schlauchleitung mit dem Innendurchmesser $d_I = 40{,}0$ mm und dem Außendurchmesser $d_A = 50{,}0$ mm erforderlich?
5. Welche Trockenfläche hat ein Walzentrockner mit zwei glatten Trockenwalzen, wenn die wirksame Walzenbreite $b = 2000$ mm und der Walzendurchmesser $d = 850$ mm betragen?
6. Welche Oberfläche hat ein kugelförmiges Perlkatalysator-Partikel mit einem mittleren Durchmesser von 2,75 mm?
7. Ein Löschwasser-Rückhaltebecken einer chemischen Produktionsanlage hat die Innenmaße: $l = 12{,}50$ m, $b = 5{,}70$ m, $h = 2{,}70$ m.

   a) Welches Volumen an Löschwasser kann bei einem Störfall zurückgehalten werden, wenn das Becken maximal 20,0 cm bis unter den Beckenrand gefüllt werden darf?

   b) Wie groß ist die gesamte Innenfläche des Rückhaltebeckens?

Aufgaben zu Berechnung von Längen, Flächen, Oberflächen und Volumina

1. Im Klöpperboden des in **Bild 1** gezeigten Flüssigkeitstanks befinden sich 150 L Butadien CH_2=CH-CH=CH_2. Dann wird weiter Butadien bis zur Höhe 1730 mm in den Tank gepumpt. Bei welchem Gesamtvolumen an Butadien bricht der Grenzwertgeber den Füllvorgang ab?

2. Der Kugeltank einer Raffinerie hat einen Außendurchmesser von 35,0 m. Er soll mit einem witterungsbeständigen Korrosionsschutz beschichtet werden. Wie groß ist die zu beschichtende Fläche?

3. Ein Rundsilo ohne Auslaufkonus hat ein Nennvolumen von 70,0 m^3. Welche Schütthöhe an Kalksteinmehl kann im Silo erreicht werden, wenn der Silo-Innendurchmesser 3,57 m beträgt?

4. In **Bild 2** ist ein Rührwerksbehälter mit Mantelbeheizung nach DIN EN ISO 10628 abgebildet. Berechnen Sie die wirksame Wärmeaustauschfläche.

5. Welches Volumen an Ethylmethylketon CH_3-CO-CH_2CH_3 wird aus einer Rohrleitung mit einem Innendurchmesser von d = 207,3 mm entfernt, wenn die Rohrleitung auf einer Länge von l = 37,6 m gemolcht wird?

6. Wie groß ist das Volumen an Farbstoffsuspension, das sich im Filter des Nutschenfilters **(Bild 3)** befindet?

7. Ein Vakuum-Planzellenfilter zum Waschen von Quarzsand SiO_2 hat einen Tellerdurchmesser von D = 6000 mm und eine Kreisringbreite von s = 1000 mm. Wie groß ist die Filterfläche des Filters?

8. Berechnen Sie die Dichtfläche einer Grafitdichtung, wenn der Außendurchmesser D = 107,0 mm und der Kreisringdurchmesser s = 23,0 mm beträgt.

9. Ein Ablufttrockenschrank fasst fünf Horden (Einschiebebleche) mit den Außenmaßen 565 mm × 550 mm. Wie groß ist die Trockenfläche, wenn die Horden eine umlaufende Bördelung von 15 mm erhalten, wodurch sich die Trockenfläche verringert?

10. Zur Demonstration der Oberflächenvergrößerung beim Zerkleinern dient folgendes Gedankenexperiment: Ein Würfel mit der Kantenlänge 2,0 cm wird so zerkleinert, dass seine Kanten a) halbiert und b) geviertelt werden.

    Wie viele Würfel werden jeweils erhalten und wie groß ist die Gesamtoberfläche der entstandenen Würfel im Vergleich zum Ausgangswürfel?

    Stellen Sie Ihre Ergebnisse in einer Tabelle zusammen.

11. In den technischen Daten einer einfach wirkenden Kolbenpumpe finden Sie folgende Angaben: d(Kolben) = 20,0 mm, h(Kolbenhub) = 55,0 mm. Berechnen Sie das pro Minute geförderte Volumen V bei einer Frequenz von 150 Kolbenhüben pro Minute.

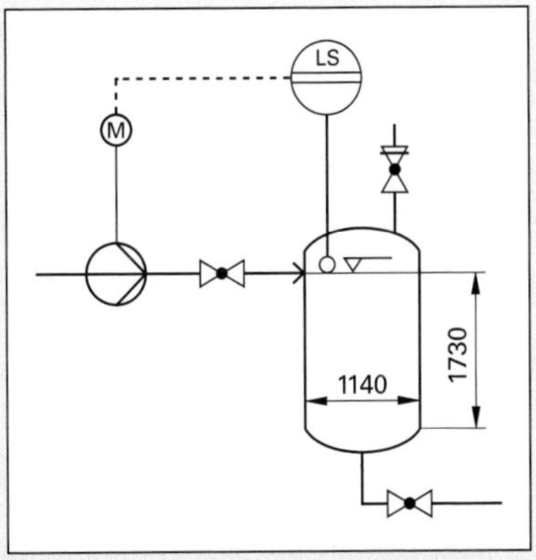

Bild 1: Flüssigkeitstank mit Füllstandsschaltung (Aufgabe 1)

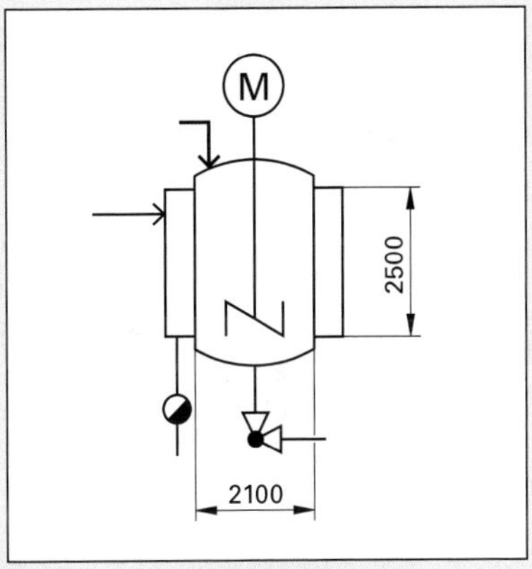

Bild 2: Rührwerksbehälter mit Mantelbeheizung (Aufgabe 4)

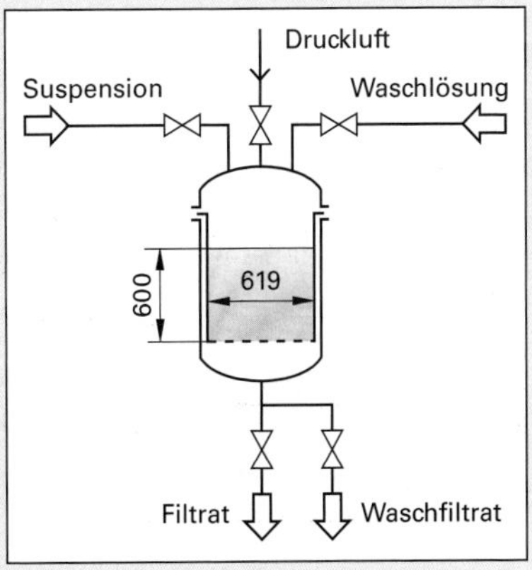

Bild 3: Nutschenfilter (Aufgabe 6)

3.3 Berechnung von Masse, Volumen und Dichte

Beim Umgang mit Stoffen, z. B. beim Herstellen von Lösungen oder bei chemischen Reaktionen, werden die Stoffportionen genau abgemessen. Dies ist erforderlich, um z. B. Lösungen mit bestimmten Konzentrationen zu erhalten oder um Stoffportionen für eine Reaktion zu bestimmen.

Die Menge einer Stoffportion bezeichnet man als **Quantität.** Die Quantität einer Stoffportion kann durch die Masse oder bei Flüssigkeiten und Gasen durch das Volumen beschrieben werden.

Masse (mass)

Die Masse m ist eine Basisgröße mit der Basiseinheit Kilogramm und dem Einheitenzeichen kg.

Ein Kilogramm ist definiert als die Masse des Internationalen **Kilogrammprototyps** (Urkilogramm). Es ist ein Platin-Iridium-Zylinder von 39,00 mm Höhe und 39,00 mm Durchmesser.

Die Masse einer Stoffportion wird durch Wägung bestimmt **(Bild 1)**. Befindet sich die Stoffportion in einer Verpackung, so bezeichnet man die gemessene Gesamtmasse als **Bruttomasse m_B**. Dies ist die Gesamtmasse des Gebindes einschließlich der Verpackung.

Die Masse der Verpackung wird als **Tara m_T** bezeichnet.

Die Masse der Stoffportion in der Verpackung nennt man **Nettomasse m_N**.

Für Bruttomasse, Nettomasse und Tara werden die üblichen Masseneinheiten verwendet, z. B. g oder kg. Die Tara kann auch in Prozent der Bruttomasse angegeben werden.

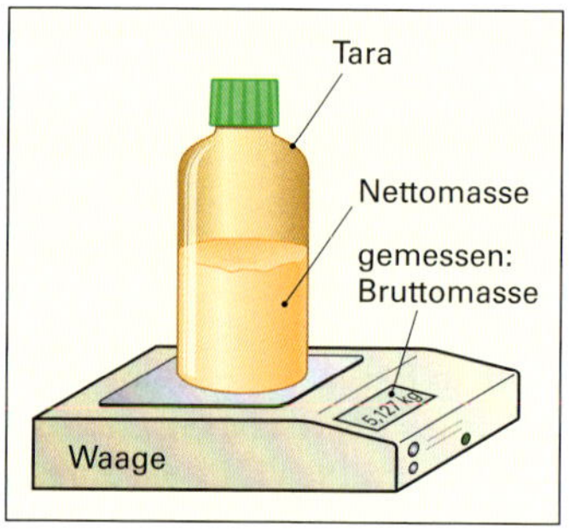

Bild 1: Massenangaben bei Gebinden

Bruttomasse

Bruttomasse = Nettomasse + Tara

$$m_B = m_N + m_T$$

Beispiel: Ein 10-L-Gebinde mit Aceton $CH_3{-}CO{-}CH_3$ hat eine Bruttomasse von 9,34 kg.

a) Wie viel Kilogramm Aceton sind in dem Gebinde enthalten, wenn die Verpackung 0,43 kg wiegt?

b) Wie groß ist die Tara in Prozent?

Lösung: a) $m_B = m_N + m_T$

$\Rightarrow$ $\boldsymbol{m_N}$**(Aceton)** $= m_B - m_T = 9{,}34\ \text{kg} - 0{,}43\ \text{kg} = \mathbf{8{,}91\ kg}$

b) 9,34 kg entsprechen einer Tara von 100 %

0,43 kg entsprechen einer Tara von x

$$\Rightarrow \boldsymbol{x} = \frac{0{,}43\ \text{kg} \cdot 100\ \%}{9{,}34\ \text{kg}} \approx \mathbf{4{,}60\ \%\ Tara}$$

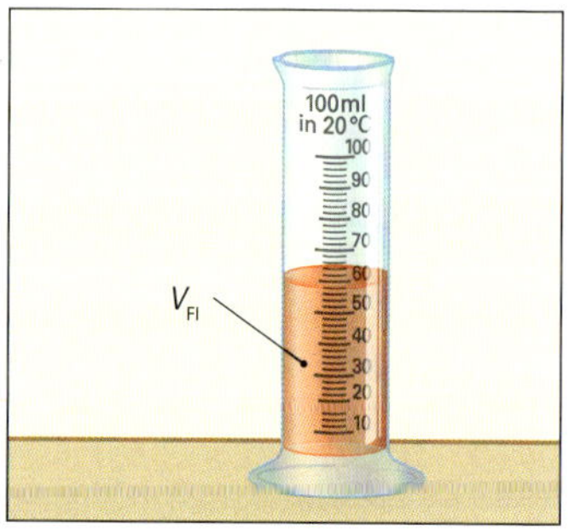

Bild 2: Messen des Flüssigkeitsvolumens mit dem Messzylinder

Volumen (volume)

Das Volumen V beschreibt den Rauminhalt eines Körpers oder eines Behälters. Es ist eine abgeleitete Größe mit der SI-Einheit Kubikmeter (Einheitenzeichen m^3). Die Bestimmung des Volumens V einer Stoffportion erfolgt auf verschiedene Weise:

- Bei geometrischen Körpern durch Berechnung (vgl. Seite 76).
- Bei unregelmäßig geformten Feststoffen durch geeignete Verdrängungsmethoden oder durch Berechnung aus Masse und Dichte.
- Bei Flüssigkeiten durch Volumenmessgeräte, z. B. Messzylinder **(Bild 2)**.
- Bei Gasen durch Gasvolumen-Messgeräte, wie z. B. das **Gassammelrohr**, auch **Gasmaus** genannt **(Bild 3)**.

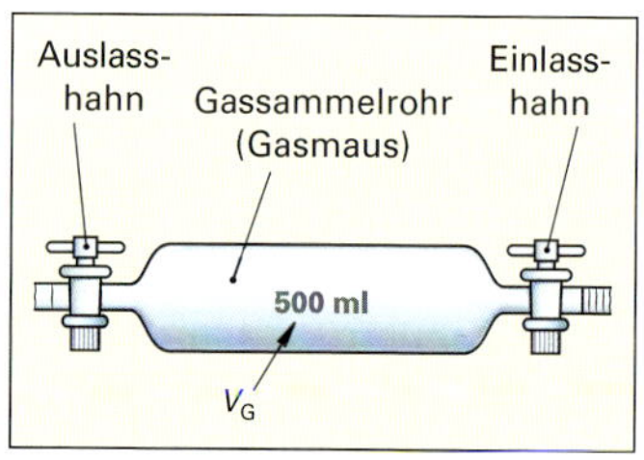

Bild 3: Messen des Gasvolumens mit der Gasmaus

Dichte (density)

Die Masse einer Stoffportion ist umso größer, je größer das Volumen der Stoffportion ist: $m \sim V$. Mit dem Proportionalitätsfaktor ϱ, der Dichte, erhält man die Größengleichung: $m = \varrho \cdot V$.

Umgestellt nach der Dichte ergibt sich die Definitionsgleichung der Dichte als Quotient aus Masse und Volumen (siehe rechts).

Der Stoff darf keine Hohlräume (Poren) besitzen. Diese Dichte bezeichnet man auch als **stoffspezifische Dichte.** Sie hat für einen Stoff einen bestimmten Wert **(Tabelle** unten) und wird in der Einheiten kg/m^3 oder g/cm^3 angegeben.

Der Größenwert der Dichte entspricht der Masse eines Würfels des Stoffs mit 1 cm^3 Volumen **(Bild 1).**

Stoffspezifische Dichte

$$\text{Dichte} = \frac{\text{Masse}}{\text{Volumen}}; \quad \varrho = \frac{m}{V}$$

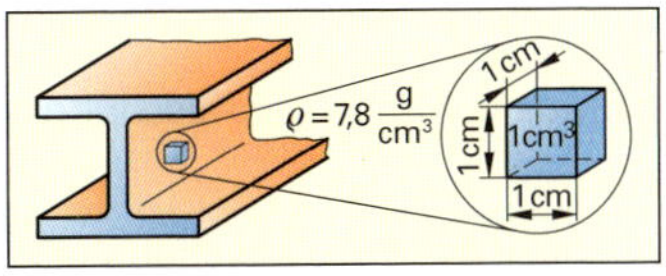

Bild 1: Dichte eines Stahlträgers

Beispiel: Die Masse von 500 mL Methanol in einem Messzylinder beträgt 396 g. Welche Dichte hat Methanol?

Lösung: $\varrho(\text{Methanol}) = \frac{m}{V} = \frac{396\ g}{500\ mL} = 0{,}792\ g/mL = \mathbf{0{,}792\ g/cm^3}$

Technische Dichten (industrial densities)

Ein Feststoffkörper oder ein Flüssigkeitsvolumen mit vollständiger Raumerfüllung besitzt keine Poren oder sonstige Hohlräume. Seine Dichte wird mit der stoffspezifischen Dichte ϱ beschrieben (siehe oben).

In der Realität besitzen Feststoffe z.B. durch kleine Lufteinschlüsse (Poren) in den Feststoffpartikeln, eine bestimmte Porosität **(Bild 2).** Schüttgüter besitzen zusätzlich zwischen den Feststoffpartikeln Hohlräume, die durch die Form und Schichtung der Partikel verursacht werden. Poren und Partikelzwischenräume bewirken eine nur teilweise Raumerfüllung und damit eine geringere wirkliche Dichte (technische Dichte) als die stoffspezifische Dichte.

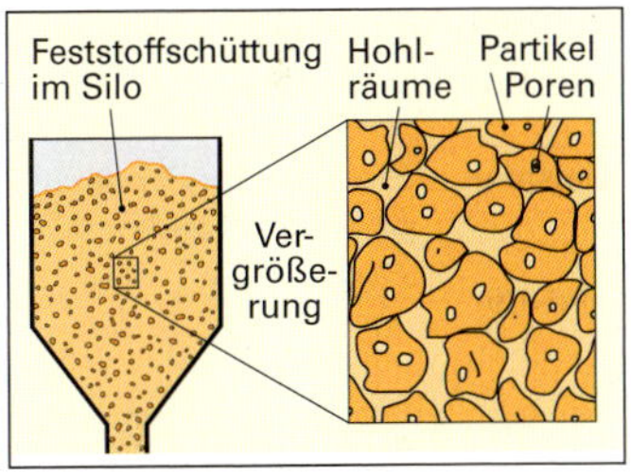

Bild 2: Innere Struktur einer Feststoffschüttung

Zur Berechnung der Masse oder des Volumens von Feststoffschüttungen verwendet man deshalb die **Schüttdichte** $\varrho_{\text{Schütt}}$.

Die Größengleichung zur Berechnung der Schüttdichte $\varrho_{\text{Schütt}}$ ist der Quotient aus der Masse des Schüttguts $m_{\text{Schütt}}$ und dem Volumen des Schüttguts $V_{\text{Schütt}}$.

Schüttdichte

$$\varrho_{\text{Schütt}} = \frac{m_{\text{Schütt}}}{V_{\text{Schütt}}}$$

Wird die Schüttung zusätzlich durch Vibration oder Rütteln verdichtet, so bezeichnet man die erhaltene Dichte als **Rütteldichte** $\varrho_{\text{Rütt}}$.

Rütteldichte

$$\varrho_{\text{Rütt}} = \frac{m_{\text{Rütt}}}{V_{\text{Rütt}}}$$

Die nebenstehende **Tabelle** zeigt die stoffspezifischen und technischen Dichten einiger Schüttgüter.

Beispiel: Eine Feststoffschüttung in einem Becherglas hat folgende Maße: $d = 49{,}2$ mm, $h = 38{,}0$ mm. Die Masse der Schüttung beträgt 113,705 g. Wie groß ist die Schüttdichte?

Lösung:

$$V_{\text{Schütt}} = \frac{\pi}{4} \cdot d^2 \cdot h = \frac{\pi \cdot (49{,}2\ mm)^2 \cdot 38{,}0\ mm}{4} \approx 72244\ mm^3 \approx 72{,}224\ cm^3$$

$$\varrho_{\text{Schütt}} = \frac{m_{\text{Schütt}}}{V_{\text{Schütt}}} \approx \frac{113{,}705\ g}{72{,}224\ cm^3} \approx \mathbf{1{,}574\ g/cm^3}$$

Tabelle: Technische Dichten von Schüttgütern

Schüttgut	Stoffspez. Dichte g/cm³	Schüttdichte g/cm³	Rütteldichte g/cm³
Quarzsand	2,7	1,5	1,7
Polystyrolgranulat	1,1	0,54	0,58
Aluminiumoxid	3,9	0,80	1,1
Zucker	1,6	0,88	0,99
Kalksteinmehl	2,9	1,1	1,3
Bauxit	2,5	1,05	1,35
Zement	3,1	1,24	1,80

Dichte von Stoffgemischen (densitiy of mixtures)

Das Mischen ist eine wichtige verfahrenstechnische Grundoperation. Beim Mischen werden feste, flüssige oder gasförmige Stoffe so miteinander vereinigt, dass Gemische mit möglichst vollständig verteilten Substanzen entstehen. Typische Stoffgemische sind z.B.: Gemenge, Suspensionen, Emulsionen, Lösungen, Schäume, Pasten, Aerosole.

Wird die beim Mischen wegen der unterschiedlichen Teilchengröße der Mischkomponenten auftretende Volumenkontraktion oder -dilatation (Volumenverringerung oder -vergrößerung) vernachlässigt, so setzt sich das Volumen des Gemisches V_M aus den Volumina der einzelnen Mischkomponenten V_1, V_2 und V_n zusammen. Der Index n steht für eine beliebige Mischkomponente.

Für das Volumen der Mischung gilt: $V_M = V_1 + V_2 + V_n$

Für die Masse der Mischung gilt analog: $m_M = m_1 + m_2 + m_n$

Durch Einsetzen von $V = m/\varrho$ bzw. $m = \varrho \cdot V$ ergeben sich die nebenstehenden Näherungsgleichungen, mit denen sich Dichten, Massen und Volumina von Stoffgemischen oder Mischkomponenten näherungsweise berechnen lassen.

Beziehungen zwischen Massen, Volumen und Dichten von Stoffgemischen

$$\varrho_1 \cdot V_1 + \varrho_2 \cdot V_2 = \varrho_M \cdot V_M$$

$$\frac{m_1}{\varrho_1} + \frac{m_2}{\varrho_2} = \frac{m_M}{\varrho_M}$$

Beispiel: Ein Buntlack Bl enthält 380 g Bindemittel $\varrho(\text{Bm}) = 1{,}13\ \text{g/cm}^3$, 260 g Pigment $\varrho(\text{Pi}) = 3{,}81\ \text{g/cm}^3$ und 360 g Lackbenzin $\varrho(\text{Lb}) = 0{,}771\ \text{g/cm}^3$. Welche mittlere Dichte hat der Buntlack?

Lösung:

$$\frac{m_{Bm}}{\varrho_{Bm}} + \frac{m_{Pi}}{\varrho_{Pi}} + \frac{m_{Lb}}{\varrho_{Lb}} = \frac{m_{Bl}}{\varrho_{Bl}} \Rightarrow \varrho_{Bl} = \frac{m_{Bl}}{\frac{m_{Bm}}{\varrho_{Bm}} + \frac{m_{Pi}}{\varrho_{Pi}} + \frac{m_{Lb}}{\varrho_{Lb}}} \quad \text{mit} \quad m_{Bl} = m_{Bm} + m_{Pi} + m_{Lb} \quad \text{folgt}$$

$$\varrho_{Bl} = \frac{m_{Bm} + m_{Pi} + m_{Lb}}{\frac{m_{Bm}}{\varrho_{Bm}} + \frac{m_{Pi}}{\varrho_{Pi}} + \frac{m_{Lb}}{\varrho_{Lb}}} = \frac{380\ \text{g} + 260\ \text{g} + 360\ \text{g}}{\frac{380\ \text{g}}{1{,}13\ \text{g/cm}^3} + \frac{260\ \text{g}}{3{,}81\ \text{g/cm}^3} + \frac{360\ \text{g}}{0{,}711\ \text{g/cm}^3}} \approx \frac{1000\ \text{g}}{(336{,}28 + 68{,}24 + 506{,}33)\ \text{cm}^3}$$

$$\varrho_{Bl} \approx \mathbf{1{,}098\ g/cm^3}$$

Aufgaben zur Berechnung von Masse, Volumen und Dichte

1. 10,0 m³ Kalksteinmehl haben eine Masse von 11,0 t. Berechnen Sie die Schüttdichte des Kalksteinmehls.
2. Ein Chloroform-Gebinde von 0,50 L hat eine Masse von 0,74 kg. Welche Dichte hat das Chloroform?
3. Wie viele 100-mg–Tabletten können aus 6,50 m³ Arzneimittelgranulat mit einer Schüttdichte von $\varrho_{Schütt} = 0{,}570\ \text{g/cm}^3$ gepresst werden?
4. Ein 200-L-Rollreifenfass **(Bild 1)** mit einer Tara von 16,38 kg ist zu 90% mit Methanol der Dichte $\varrho(CH_3OH) = 0{,}792\ \text{g/cm}^3$ gefüllt. Wie groß ist die Bruttomasse des Fasses?
5. Die Schüttdichte von Kristallsoda $Na_2CO_3 \cdot 10\ H_2O$ beträgt $\varrho(\text{Soda}) = 0{,}55\ \text{g/cm}^3$.
   a) Wie viele 25-kg-Säcke werden zum Absacken von 2,5 m³ Soda benötigt?
   b) Wie groß ist die Bruttomasse einer Lieferung, wenn zum Palettieren zwei Paletten mit einer Masse von je 25 kg und Säcke mit einer Tara von 250 g verwendet werden?
6. Welches Volumen füllen 300 kg Raschig-Ringe mit der Schüttdichte $\varrho_{Schütt} = 0{,}550\ \text{g/cm}^3$ in einer Füllkörperkolonne aus **(Bild 2)**?
7. Eine Charge von 2500 kg Chlorkautschuklack mit der Dichte $\varrho_{RUC} = 1{,}28\ \text{g/cm}^3$ sollen in Dosen mit einem Einfüllvolumen von 750 mL abgefüllt werden. Wie viele Gebinde sind dafür erforderlich?

Bild 1: Rollreifenfass (Aufgabe 4)

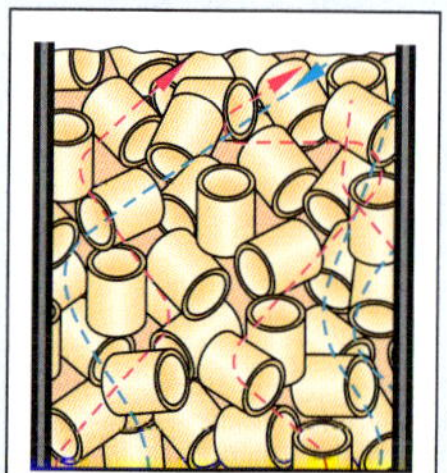

Bild 2: Raschig-Ringe–Schüttung (Aufgabe 6)

8. Eine Dosierpumpe für n-Butylamin (CH_3–$(CH_2)_3$–NH_2) mit der Dichte 0,739 g/cm³ wurde von einem Grenzwertgeber nach einer Durchflussmasse von 250 kg abgeschaltet. Berechnen Sie das geförderte Volumen.

9. Aus einem Polyethylengranulat mit einer Schüttdichte von 789 kg/m³ sollen 2500 PE-Flaschen mit einer Masse von je 84,5 g extrudiert werden. Wie groß ist das erforderliche Schüttvolumen an Granulat, wenn für den Ausgleich von Verlusten ein Zuschlag von 3,0 % berücksichtigt wird?

10. Eine Vorratsflasche mit Petrolether hat eine Bruttomasse von 1,64 kg bei einer Tara von 48,8 %. Wie viel Liter Petrolether (ϱ(Petrolether) = 0,84 g/cm³) sind in der Flasche enthalten?

11. Die Dichte von Chlorgas beträgt $\varrho(Cl_{2(g)})$ 3,21 g/L. Flüssiges Chlor hingegen hat eine Dichte von $\varrho(Cl_{2(l)})$ = 1,57 kg/L. Welches Volumen nehmen 100 m³ Chlorgas nach der Kondensation ein? Welche prozentuale Volumenverminderung wird durch die Kondensation erreicht?

12. Mit wie viel Liter Kondensat ($\varrho(H_2O_{(l)})$ = 1,00 g/cm³) wird eine wässrige Natriumcarbonat-Lösung $Na_2CO_{3(aq)}$ verdünnt, wenn sie mit 100 m³ Wasserdampf ($\varrho(H_2O_{(g)})$ = 0,60 g/L) direkt aufgeheizt wird? Wie groß ist die Volumenverminderung bei der Kondensation in Prozent?

13. Ergänzen Sie die fehlenden Zahlenwerte:

$$\varrho(\mathrm{Al}) = 2{,}70\,\frac{\mathrm{g}}{\mathrm{cm}^3} = \boxed{}\,\frac{\mathrm{kg}}{\mathrm{L}} = \boxed{}\,\frac{\mathrm{g}}{\mathrm{mL}} = \boxed{}\,\frac{\mathrm{kg}}{\mathrm{dm}^3} = \boxed{}\,\frac{\mathrm{t}}{\mathrm{m}^3}$$

14. Von den fünf in der Tabelle angegebenen Bauteilen bestehen zwei aus dem gleichen Material.
    a) Welche Bauteile sind das? b) Aus welchem Metall könnten die Bauteile bestehen?
    (Hinweis: Vergleichen Sie die berechneten Dichten mit Werten aus einem Tabellenbuch)

Bauteile	**I**	**II**	**III**	**IV**	**V**
Volumen	0,1800 L	62,73 L	2,50 mL	0,00120 m³	2,50 cm³
Masse	489,6 g	850 kg	48 250 mg	9,43 kg	6800 mg
Dichte					
Metall					

15. Zur Beprobung eines Polyurethanschaumstoffes wurde ein rechteckiger Probekörper mit den Maßen (130,0 × 84,5 × 48,0) mm ausgeschnitten und seine Masse zu 17,345 g bestimmt. Berechnen Sie die Dichte der untersuchten PU-Probe?

16. Eine 50,0-L-Stickstoff-Gasstahlflasche hat eine Bruttomasse von m_B = 75,9 kg bei einer Tara von m_T = 64,6 kg. Welche Dichte hat das in der Gasstahlflasche zusammengepresste Stickstoffgas?

17. In **Tabelle 1** sind die volumen- und massenbezogenen Rohstoffkosten sowie die Dichten von Fassadenfarben mit unterschiedlichen Rezepturen angegeben. Ergänzen Sie die fehlenden Werte.

Tabelle 1: Kosten und Dichten von Fassadenfarben

Rezeptur-Nr.:	1	2	3
Rohstoffkosten in €/L	1,50		1,43
Rohstoffkosten in €/kg		0,97	0,97
Dichte in g/cm³	1,49	1,51	

18. Ein Weißlack (ϱ = 1,25 g/cm³) hat folgende Zusammensetzung:
    380 g Bindemittel, ϱ = 1,13 g/cm³
    260 g Titandioxid TiO_2, ϱ = 4,10 g/cm³
    360 g Lösemittelgemisch.
    Berechnen Sie die mittlere Dichte des Lösemittelgemisches.

19. Ein Alkydharzlack soll nach folgender Richtrezeptur gefertigt werden:
    w(Bindemittel) = 37,5 %, ϱ = 1,15 g/cm³, w(Pigment) = 28,3 %, ϱ = 3,47 g/cm³,
    w(Lösemittel) = 32,2 %, ϱ = 0,75 g/cm³, w(Additive) = 2,0 %, ϱ = 0,85 g/cm³.
    Berechnen Sie die mittlere Dichte der Lackfarbe.

20. Welche Füllhöhe hat ein Schwimmdachtank mit einem Innendurchmesser von d = 24,00 m, in dem 4500 t Rohöl (ϱ = 0,810 g/cm³) gelagert werden?

3.4 Bewegungsvorgänge

Geradlinig gleichförmige Bewegung

In der Produktionstechnik müssen Stoffe bewegt werden, z.B. Stück- oder Schüttgüter auf einem Bandförderer oder Flüssigkeiten in einer Rohrleitung. Wird dabei in gleichen Zeitabschnitten Δt immer die gleiche Wegstrecke Δs zurückgelegt **(Bild 1)**, so ist die Geschwindigkeit v konstant, und es liegt eine gleichförmige Bewegung (monotonous motion) vor **(Bild 2)**.

Je größer die Geschwindigkeit ist,

- desto größer ist die in einem Zeitraum zurückgelegte Wegstrecke ($v \sim s$) und
- desto weniger Zeit wird zum Zurücklegen eines Streckenabschnitts benötigt ($v \sim 1/t$).

Somit gilt für die geradlinig gleichförmige Bewegung:

$$\text{Geschwindigkeit} = \frac{\text{Weg}}{\text{Zeit}}; \quad v = \frac{s}{t}$$

Übliche Einheitenzeichen für die Geschwindigkeit sind m/s und km/h. Zur Umrechnung gilt: 1 m/s = 3,6 km/h.

Beispiel: Die Verweilzeit eines Granulats in der 100 Meter langen Rohrleitung einer Saugluftförderanlage beträgt 5,0 Sekunden. Wie groß ist die mittlere Strömungsgeschwindigkeit $\overline{v}$ in der Rohrleitung in m/s und in km/h?

Lösung: $\overline{v} = \frac{s}{t} = \frac{100\ \text{m}}{5{,}0\ \text{s}} = 20\ \frac{\text{m}}{\text{s}} = \frac{20 \cdot 0{,}001\ \text{km}}{\frac{1}{3600}\ \text{h}} = 20 \cdot 3{,}6\ \frac{\text{km}}{\text{h}} = \mathbf{72\ \frac{km}{h}}$

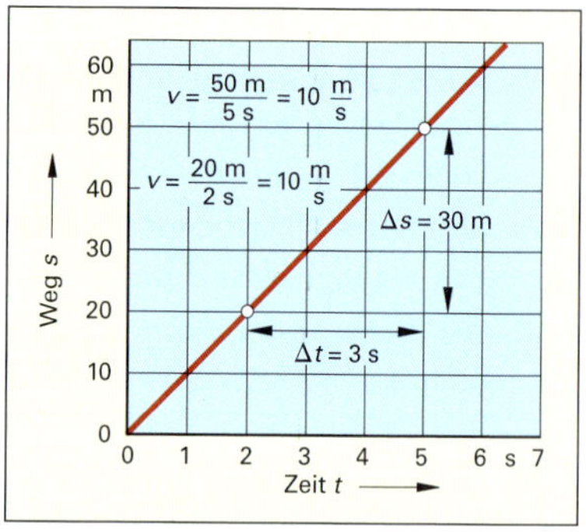

Bild 1: Weg-Zeit-Diagramm einer gleichförmigen Bewegung

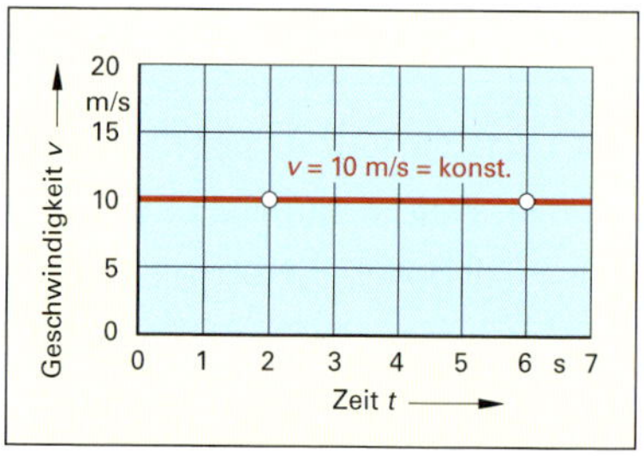

Bild 2: Geschwindigkeit-Zeit-Diagramm einer gleichförmigen Bewegung

Gleichförmige Kreisbewegung

Bei vielen Produktionsverfahren bewegen sich Körper auf kreisförmigen Bahnen. Dabei legt ein Punkt des Körpers auf der Kreisbahn den Kreisumfang U zurück.

Mit $U = \pi \cdot d$ beträgt seine Umfangsgeschwindigkeit:

$$v = \frac{s}{t} = \frac{U}{t} = \pi \cdot \frac{d}{t}$$

Bei n Umdrehungen berechnet sich die Umfangsgeschwindigkeit zu:

$$v = \frac{U \cdot n}{t} = \frac{\pi \cdot d \cdot n}{t}$$

Die Anzahl der Umdrehungen n pro Zeit t bezeichnet man als **Umdrehungsfrequenz f**. Sie hat das Einheitenzeichen s^{-1} oder min^{-1}.

Unter Berücksichtigung der Umdrehungsfrequenz beträgt die Umfangsgeschwindigkeit:

$$v = \pi \cdot d \cdot \frac{n}{t} = \pi \cdot d \cdot f$$

Umfangsgeschwindigkeit

$$v = \frac{\pi \cdot d \cdot n}{t} = \pi \cdot d \cdot f$$

Umdrehungsfrequenz

$$\text{Umdrehungsfrequenz} = \frac{\text{Umdrehungen}}{\text{Zeit}}$$

$$f = \frac{N}{t}$$

Beispiel: Bei einem Vakuum-Trommelzellen-Filter **(Bild 3)** zur Kuchenfiltration von Aluminiumhydroxid $Al(OH)_3$ wird der Filterkuchen durch Schaberabnahme mit einer Geschwindigkeit von 5,0 cm/s abgeschält. Der Trommeldurchmesser beträgt 4000 mm.

Wie groß ist die Umdrehungsfrequenz der Trommel?

Lösung: $\mathbf{v} = \pi \cdot d \cdot f \Rightarrow f = \frac{v}{\pi \cdot d}$

$$f = \frac{0{,}050\ \text{m/s}}{\pi \cdot 4{,}000\ \text{m}} = 0{,}003978\ \text{s}^{-1} \approx 0{,}0040 \cdot 60\ \text{min}^{-1} \approx \mathbf{0{,}24\ min^{-1}}$$

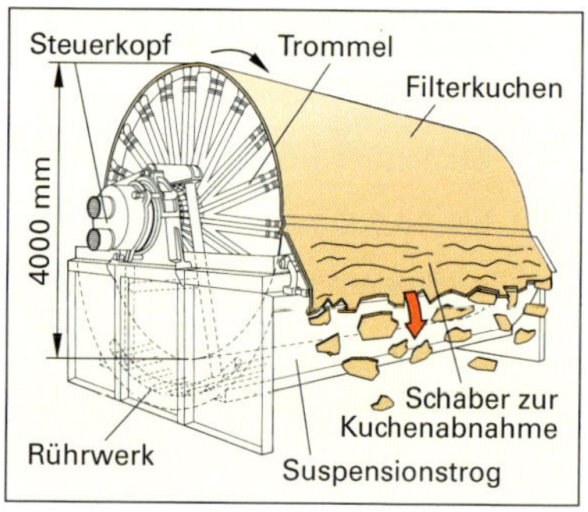

Bild 3: Vakuum-Trommelzellen-Filter

Geradlinig gleichmäßig beschleunigte Bewegung

Nimmt bei einer Bewegung die Geschwindigkeit in gleichen Zeitabschnitten um den gleichen Betrag zu **(Bild 1, Mitte)**, so ist die Beschleunigung *a* konstant **(Bild 1, unten)**. Es liegt eine gleichmäßig beschleunigte Bewegung vor.

Hierbei werden in gleichen Zeitabschnitten immer größere Wegstrecken zurückgelegt und für gleiche Wegstrecken wird immer weniger Zeit benötigt **(Bild 1, oben)**.

Die **Beschleunigung *a*** (acceleration) ist umso größer,

- je größer die Geschwindigkeitsänderung Δv ist, die in einem Zeitabschnitt erreicht wird: $a \sim \Delta v$
- je kleiner die Zeitspanne Δt ist, in der die Geschwindigkeitsänderung stattfindet: $a \sim 1/\Delta t$.

Daraus ergibt sich die Definitionsgleichung der Beschleunigung:

$$\text{Beschleunigung} = \frac{\text{Geschwindigkeitsänderung}}{\text{Zeitabschnitt}}\,; \quad a = \frac{\Delta v}{\Delta t}$$

Das Einheitenzeichen der Beschleunigung ist m/s^2. Bei einer Beschleunigung von beispielsweise $3\ m/s^2$ wird die Geschwindigkeit in einer Sekunde um drei Meter pro Sekunde größer.

Ist die Beschleunigung *a* konstant **(Bild 1, unten)**, so liegt eine gleichmäßig beschleunigte Bewegung vor.

Der **freie Fall** eines Körpers ist eine gleichmäßig beschleunigte Bewegung mit der Fallbeschleunigung $\boldsymbol{g = 9{,}81\ m/s^2 = 9{,}81\ N/kg}$.

Bei gleichmäßig beschleunigten Bewegungen aus der Ruhelage stehen zur Berechnung der zurückgelegten Wegstrecke mehrere Größengleichungen zur Verfügung. Mit der mittleren Geschwindigkeit v_m lassen sich eine Reihe von Gesetzmäßigkeiten der geradlinig beschleunigten Bewegung ableiten:

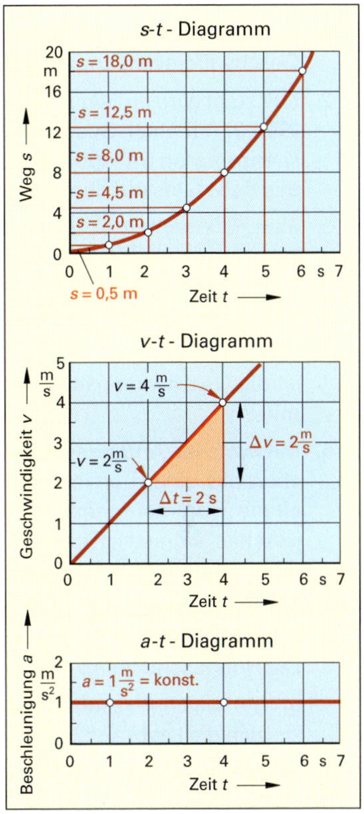

Bild 1: *s-t-*, *v-t-* und *a-t*–Diagramm der geradlinig beschleunigten Bewegung

$v_m = \frac{s}{t} \Rightarrow s = v_m \cdot t$ mit $v_m = \frac{v}{2}$ folgt:

wird in $s = \frac{v}{2} \cdot t$ für $v = a \cdot t$ eingesetzt, so ergibt sich:

wird in $s = \frac{v}{2} \cdot t$ für $t = \frac{v}{a}$ eingesetzt, so gilt:

$$s = \frac{v}{2} \cdot t \qquad s = \frac{1}{2} \cdot a \cdot t^2 \qquad s = \frac{1}{2} \cdot \frac{v^2}{a}$$

Zurückgelegter Weg *s* bei der geradlinig beschleunigten Bewegung

Findet eine gleichmäßig beschleunigte Bewegung bei vorhandener Anfangsgeschwindigkeit v_0 statt, so berechnet sich der zurückgelegte Gesamtweg *s* aus dem Weg der gleichförmigen Bewegung $s_1 = v_0 \cdot t$ und dem Weg der beschleunigten Bewegung $s_2 = \frac{a}{2} \cdot t^2$.

Zurückgelegter Weg *s* bei gleichmäßig beschleunigter Bewegung mit Anfangsgeschwindigkeit v_0

$$s = v_0 \cdot t + \frac{a}{2} \cdot t^2$$

Beispiel 1: Beim Durchfluss durch ein Reduzierstück (Bild 2, Seite 86) wird eine Kühlsole in 0,1 Sekunden von 0,3 m/s auf 0,9 m/s beschleunigt. Wie groß ist die Beschleunigung? Wie lang ist der konische Teil des Reduzierstücks?

Lösung: $\boldsymbol{a} = \frac{\Delta v}{\Delta t} = \frac{0{,}6\ m/s}{0{,}1\ s} = \boldsymbol{6\ m/s^2}$

$\boldsymbol{s} = v_0 \cdot t + \frac{a}{2} \cdot t^2 = 0{,}3\ m/s \cdot 0{,}1\ s + \frac{6\ m/s^2}{2} \cdot 0{,}1^2 \cdot s^2 = 0{,}03 + 0{,}03\ m = 0{,}06\ m = \boldsymbol{6\ cm}$

Beispiel 2: Bei der Rohrmontage fällt ein Schraubenschlüssel aus einer Höhe von fünf Metern von einer Rohrbrücke herab. Berechnen Sie die Fallzeit. (Für die Fallbeschleunigung *g* soll näherungsweise $g = 10\ m/s^2$ eingesetzt werden.)

Lösung: $s = \frac{1}{2} \cdot g \cdot t^2 \Rightarrow \boldsymbol{t} = \sqrt{\frac{2 \cdot s}{g}} = \sqrt{\frac{2 \cdot 5\ m}{10\ m/s^2}} = \sqrt{1\ s^2} \approx \boldsymbol{1\ s}$

Aufgaben zu Bewegungsvorgänge

1. Rechnen Sie die in der **Tabelle** zu Aufgabe 1 angegebenen Geschwindigkeitsangaben in die anderen Einheiten um.

Tabelle zu Aufgabe 1

km/h	m/min	m/s
18		
	720	
		2,4

2. Kalkstein wird auf einem 25,0 m langen Gurtbandförderer **(Bild 3)** mit einer Geschwindigkeit von 2,00 m/s in einen Drehrohrofen transportiert. Berechnen Sie die Verweilzeit des Kalksteins auf dem Gurtbandförderer.
3. Ein Laufkran (Bild 3, Seite 92) hat eine Hubgeschwindigkeit von 7,8 m/min. Wie viele Sekunden benötigt er, um eine Welle 3,8 m hochzuheben?
4. Der große Zeiger einer Uhr in einer Prozessleitwarte ist von der Drehachse bis zur Spitze 18,0 cm lang. Wie groß ist die Geschwindigkeit an der Spitze des Zeigers in mm/min?
5. Mit welcher Anfangsgeschwindigkeit wird der Filterkuchen aus einer horizontalen Schälzentrifuge **(Bild 1)** mit einem Trommel-Innendurchmesser von 800 mm herausgeschält, wenn die Filterkuchendicke 120 mm und die Umdrehungsfrequenz 1350 min^{-1} betragen?
6. Ein Laufkran bewegt ein Pumpengehäuse mit einer Geschwindigkeit von 20,0 m/min in waagerechter Richtung. Die Hubgeschwindigkeit beträgt 5,0 m/min.
   a) Mit welcher resultierenden Geschwindigkeit bewegt sich die Last?
   b) Welche Wegstrecke legt die Last in 10 s zurück?
7. Mit welcher Geschwindigkeit schlägt ein Eisenerzbrocken auf die 3,0 cm entfernte Prallplatte einer Hammermühle **(Bild 2)**, wenn die am Rotor angebrachten Hämmer das Erz in 0,10 ms auf eine Geschwindigkeit von 40 m/s beschleunigen?
8. Bei der Montage einer Kolonne zur Fraktionierung von Erdöl fällt eine Schraube vom Kolonnenkopf herab und schlägt nach drei Sekunden auf dem Erdboden auf.
   a) Welche Fallstrecke hat die Schraube in der dritten Sekunde zurückgelegt?
   b) Wie hoch ist die Kolonne bis zum Kolonnenkopf?
9. Im Laufrad einer Kreiselradpumpe (Bild 3, Seite 106) wird Isobutanol in 10 ms von 12,0 m/s auf 25,0 m/s beschleunigt. Berechnen Sie die Beschleunigung und die Beschleunigungsstrecke.
10. Welche Umlauffrequenz haben die Tragrollen (d = 50,0 mm) eines Gurtbandförderers **(Bild 3)**, wenn sich das Förderband mit einer Geschwindigkeit von 1,50 m/s bewegt?
11. Stückgüter werden über eine leicht geneigte 80 m lange Rollenbahn von einer Verpackungsanlage zum Versandlager transportiert (Bild 2, Seite 89). Die Beschleunigung aus der Ruhelage beträgt 0,10 m/s.
    a) Welche Endgeschwindigkeit erreichen die Stückgüter?
    b) Wie lange dauert der Transport der Stückgüter auf der Rollenbahn?

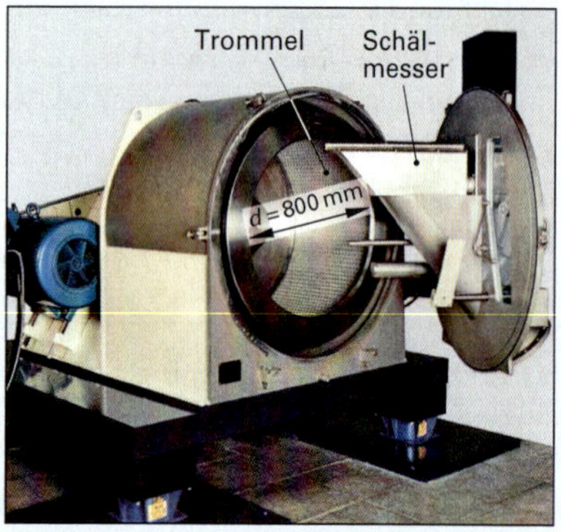

Bild 1: Horizontale Schälzentrifuge geöffnet (Aufgabe 5)

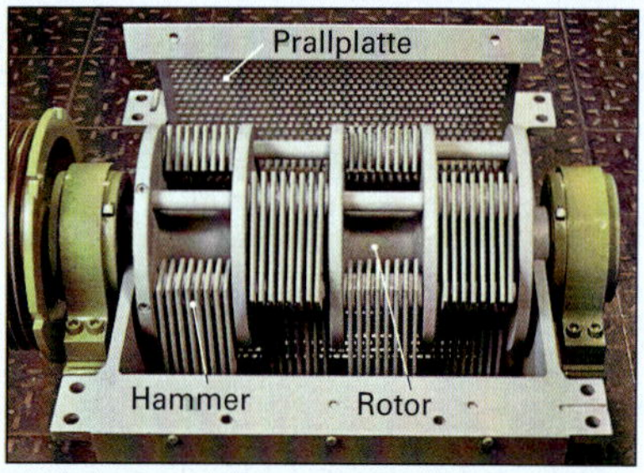

Bild 2: Hammermühle geöffnet, in Ruhelage (Aufgabe 7)

Bild 3: Gurtbandförderer (Aufgabe 2 und 10)

3.5 Strömende Medien in Rohrleitungen

Anlagen und Anlagenteile sind in der Chemieanlage durch Rohrleitungen miteinander verbunden **(Bild 1)**. Sie dienen zum kontinuierlichen Transport von Stoffströmen.

Diese werden durch folgende Strömungsgrößen beschrieben.

Bild 1: Rohrleitung

Volumenstrom, Massenstrom (volume flow, mass flow)

Das pro Zeit *t* durch eine Rohrleitung strömende Fluidvolumen *V* nennt man Volumenstrom $\dot{V}$. Der Massenstrom $\dot{m}$ ist die pro Zeit *t* durch eine Rohrleitung strömende Fluidmasse *m*.

Stoff- und Energieströme sind in der Technik generell mit einem Punkt oberhalb des Formelzeichens gekennzeichnet.

Beispiel: 542 kg Nitrobenzol $C_6H_5NO_2$ fließen in 36,0 s durch eine Produktleitung. Berechnen Sie den Massenstrom.

Lösung: $\dot{m} = \frac{m}{t} = \frac{542\ \text{kg}}{36{,}0\ \text{s}} = \frac{542\ \text{kg}}{36{,}0 \cdot 1/3600\ \text{h}} \approx 54{,}2 \cdot 10^3\ \text{kg/h} = \mathbf{54{,}2\ t/h}$

Volumenstrom

$$\text{Volumenstrom} = \frac{\text{Volumen}}{\text{Zeit}} = \dot{V} = \frac{V}{t}$$

Massenstrom

$$\text{Massenstrom} = \frac{\text{Masse}}{\text{Zeit}} = \dot{m} = \frac{m}{t}$$

Durchflussmasse, Durchflussvolumen (mass rate, volume rate)

Die Durchflussmasse *m* eines strömenden Mediums in einer Rohrleitung **(Bild 2)** steigt mit

- der Dichte ϱ des strömenden Mediums: $m \sim \varrho$,
- dem Querschnitt *A* der durchflossenen Rohrleitung: $m \sim A$,
- der Strömungsgeschwindigkeit *v* des Fluids: $m \sim v$,
- der Strömungszeit *t* des strömenden Mediums: $m \sim t$.

Somit beträgt die Durchflussmasse *m*: $m = \varrho \cdot A \cdot v \cdot t$

Durch Einsetzen von $m = \varrho \cdot V$ erhält man: $\varrho \cdot V = \varrho \cdot A \cdot v \cdot t$

Nach dem Kürzen der Dichte ϱ ergibt sich das Durchflussvolumen *V* zu: $V = A \cdot v \cdot t$.

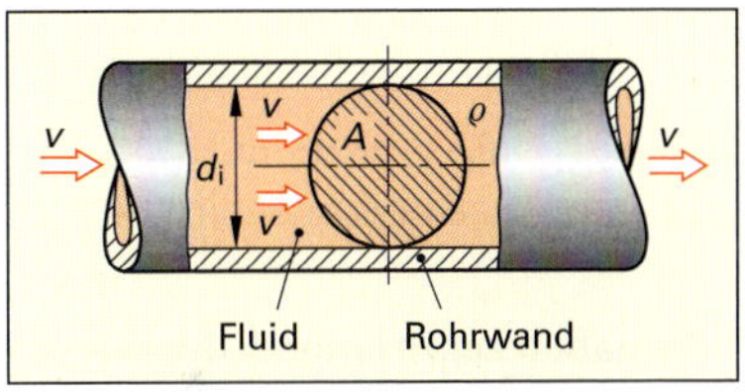

Bild 2: Fluidströmung durch eine Rohrleitung, Rohrmaße, Dichte, Geschwindigkeit

Beispiel: In einer Rohrleitung (DN 50, PN 6) mit einem Innendurchmesser von 54,5 mm fließt eine Alkydharz-Lösung der Dichte $\varrho = 0{,}958\ \text{g/cm}^3$ mit einer Strömungsgeschwindigkeit von 1,30 m/s. Wie groß ist die Durchflussmasse an Alkydharz-Lösung nach 60,0 s?

Lösung: $m = \varrho \cdot A \cdot v \cdot t$ mit $A = \frac{\pi}{4} \cdot d_i^2$ folgt: $m = \varrho \frac{\pi}{4} \cdot d_i^2 \cdot v \cdot t$

$\mathbf{m} = 958\ \text{kg/m}^3 \cdot \frac{\pi}{4} \cdot (54{,}5 \cdot 10^{-3}\ \text{m})^2 \cdot 1{,}30\ \text{m/s} \cdot 60{,}0\ \text{s}$

$= 174{,}31\ \text{kg} \approx \mathbf{174\ kg}$

Durchflussmasse

$$m = \varrho \cdot A \cdot v \cdot t$$

Durchflussvolumen

$$V = A \cdot v \cdot t$$

Mittlere Strömungsgeschwindigkeit in Rohrleitungen

Werden beide Seiten der Größengleichung zur Berechnung des Durchflussvolumens durch die Zeit *t* geteilt, so erhält man durch Kürzen: $V / t = \dot{V} = A \cdot \bar{v}$. Durch Umstellen nach der Größe $\bar{v}$ ergibt sich die nebenstehende Definition für die mittlere Strömungsgeschwindigkeit $\bar{v}$ (velocity of flow).

Mittlere Strömungsgeschwindigkeit

$$\bar{v} = \frac{\dot{V}}{A}$$

Beispiel: In einem Schlangenkühler fließen pro Minute 35 L Kühlwasser. Der Innendurchmesser des Kühlrohrs beträgt 5,45 mm. Wie groß ist die mittlere Strömungsgeschwindigkeit im Kühlrohr?

Lösung: $\bar{v} = \frac{\dot{V}}{A}$ mit $A = \frac{\pi}{4} \cdot d_i^2$ folgt: $\bar{\mathbf{v}} = \frac{4 \cdot \dot{V}}{\pi \cdot d_i^2} = \frac{4 \cdot 0{,}035\ \text{m}^3}{\pi \cdot 60{,}0\ \text{s} \cdot (54{,}5 \cdot 10^{-3}\ \text{m})^2} \approx \mathbf{0{,}250\ m/s}$

Strömung in Rohrleitungen mit geändertem Rohrquerschnitt

Strömt eine Flüssigkeit durch eine Rohrleitung, in der sich der Rohrquerschnitt verkleinert **(Bild 1)**, so steigt dort die Strömungsgeschwindigkeit an. Dies hat folgende Ursache: Da Flüssigkeiten nicht komprimierbar sind, ist der Volumenstrom $\dot{V}$ in jedem Rohrquerschnitt konstant: $\dot{V}_1 = \dot{V}_2 = \dot{V}_3$ = konstant. Mit $\dot{V}_1 = A_1 \cdot v_1$ und $\dot{V}_2 = A_2 \cdot v_2$ folgt nach dem Gleichsetzen der Volumenströme $\dot{V}_1 = \dot{V}_2$ die Gleichung: $A_1 \cdot v_1 = A_2 \cdot v_2$. Sie wird **Kontinuitätsgleichung** (continuity equation) genannt.

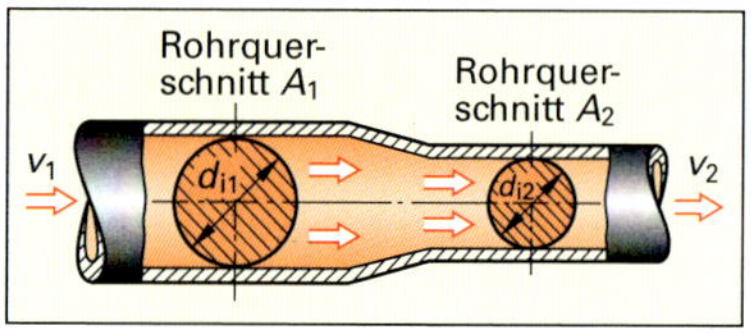

Bild 1: Strömung in einer Rohrleitung mit Rohrquerschnittsänderung

Beispiel: Eine Flüssigkeit fließt in einer Rohrleitung von einem großen Querschnitt in eine Rohrverengung **(Bild 1)** mit einer halb so großen Querschnittsfläche. Wie verändert sich die Strömungsgeschwindigkeit im engen Rohr?

Lösung: $A_2 = \frac{1}{2} \cdot A_1;\quad A_1 \cdot v_1 = A_2 \cdot v_2 \quad \Rightarrow \quad \mathbf{v_2} = \frac{A_1 \cdot 2}{A_1} \cdot v_1 = \mathbf{2 \cdot v_1}$

In Tabellenwerken werden nicht die Rohrquerschnittsflächen A, sondern die Nennweiten DN angegeben. Aus diesem Grund wird die Kontinuitätsgleichung häufig auch mit dem Rohrinnendurchmesser d_i formuliert. Nach dem Einsetzen von $A = \frac{\pi}{4} \cdot d_i^2$ und Kürzen von π/4 erhält man die nebenstehende Formel.

Kontinuitätsgleichung	
allgemein:	$A_1 \cdot v_1 = A_2 \cdot v_2$
für Rohre:	$d_{i1}^2 \cdot v_1 = d_{i2}^2 \cdot v_2$

Beispiel: In einem Reduzierstück (Bild 1) wird der Rohrinnendurchmesser von DN 40 (d_i = 43,1 mm) auf DN 25 (d_i = 28,5 mm) reduziert. Welche Strömungsgeschwindigkeit herrscht im Rohr mit der Nennweite DN 40, wenn sie in der Rohrleitung mit DN 25 1,50 m/s beträgt?

Lösung: $d_{i1}^2 \cdot v_1 = d_{i2}^2 \cdot v_2 \quad \Rightarrow \quad \mathbf{v_2} = \frac{d_{i1}^2}{d_{i2}^2} \cdot v_1 = \left(\frac{28{,}5\text{ mm}}{43{,}1\text{ mm}}\right)^2 \cdot 1{,}50\text{ m/s} = 0{,}6558\text{ m/s} \approx \mathbf{0{,}656\text{ m/s}}$

Aufgaben zu Strömende Medien in Rohrleitungen

1. Ein BigBag soll mit 3,500 t Kalkstickstoffdünger gefüllt werden. In der Wägestation wird ein Massenstrom von 480 kg/min angezeigt. Wie lange dauert der Füllvorgang?
2. Ein Lagerbehälter soll mit 3,500 m^3 1,2-Dichlorbenzol gefüllt werden. In der Prozessleitwarte wird am Einlaufstutzen ein Volumenstrom von 120 L/min angezeigt. Wie lange dauert der Füllvorgang?
3. In einen Vorratstank wird über einen Zeitraum von 30,0 min Ethylbenzol $CH_3{-}CH_2{-}C_6H_5$ mit einer Strömungsgeschwindigkeit von 1,42 m/s gepumpt. Der Innendurchmesser der Rohrleitung beträgt 54,5 mm. Welches Durchflussvolumen an Ethylbenzol strömt in den Tank?
4. Ein Polyethylengranulat mit der Schüttdichte $\varrho_{Schütt}$ = 789,4 kg/m^3 wird über eine Rohrleitung mit einem Innendurchmesser von d_i = 50 mm und der mittleren Strömungsgeschwindigkeit v = 0,20 m/s einer Absackanlage zugeführt. Welche Masse an Granulat kann pro Stunde abgefüllt werden?
5. Ein magnetisch-induktiver Durchflussmesser MID zeigt einen Volumenstrom an Natriumnitrat-Lösung $NaNO_{3(aq)}$ von $\dot{V}$ = 160 L/h. Berechnen Sie die mittlere Strömungsgeschwindigkeit der Lösung, wenn der Innendurchmesser der Rohrleitung 22,3 mm beträgt?
6. In einer horizontalen Produktleitung mit einem Innendurchmesser von 70,3 mm fließt eine Kühlsole mit der mittleren Strömungsgeschwindigkeit v = 0,70 m/s. Der Rohrinnendurchmesser verjüngt sich nach einem Reduzierstück auf 54,5 mm **(Bild 2)**. Wie ändert sich die Strömungsgeschwindigkeit?
7. Die Ein- und Auslaufstutzen eines T-Stücks **(Bild 3)** haben die gleiche Nennweite. Die Innendurchmesser betragen d_i = 41,3 mm. Berechnen Sie die in Bild 3 gesuchten Größen.

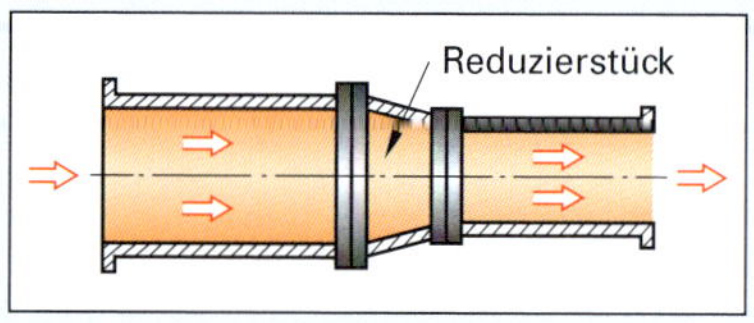

Bild 2: Rohrleitung (Aufgabe 6)

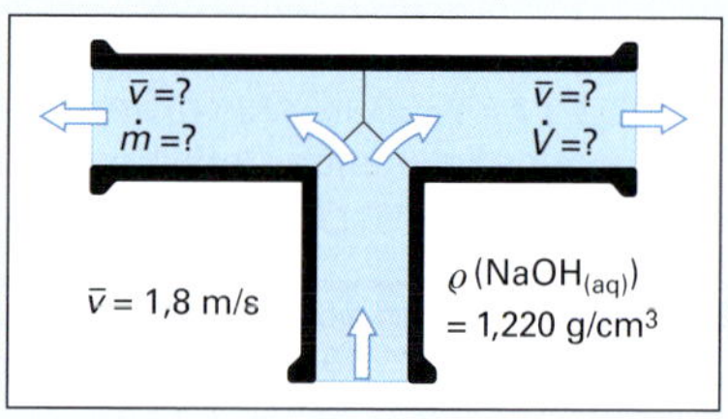

Bild 3: T-Stück (Aufgabe 7)

3.6 Kräfte

Eine Kraft ist eine physikalische Größe, die man an ihren Wirkungen erkennt. So kann eine Kraft z. B. ein Pumpenlaufrad in Bewegung versetzen oder z. B. eine Feder verformen.

Beschleunigungskraft (acceleratior force)

Um den Bewegungszustand eines Körpers zu ändern, ist eine Kraft F erforderlich **(Bild 1)**. Die aufzuwendende Kraft F zur Beschleunigung ist umso größer,

- je größer die Masse m des Körpers ist $\quad F \sim m$
- je größer die Geschwindigkeitszunahme $\Delta v/\Delta t$, d. h. die Beschleunigung a ist, die der Körper durch die Kraft erfährt: $\quad F \sim a$

Daraus folgt die **Grundgleichung der Mechanik:** $\quad \boldsymbol{F = m \cdot a}$

Die aus der Grundgleichung abgeleitete Einheit für die Kraft ist $[F] = \text{kg} \cdot \text{m/s}^2$. Sie wird Newton genannt, Kurzzeichen N.

Für die Beschleunigung a kann auch $a = \Delta v/\Delta t$ in die Gleichung eingesetzt werden (siehe rechts).

Beispiel: Welche horizontale Kraft muss auf einen Transportkarren mit der Masse 220 kg einwirken (Bild 1), damit er seine Geschwindigkeit innerhalb von 2,3 Sekunden um 3,5 m/s ändert?

Lösung: $\boldsymbol{F} = \frac{m \cdot \Delta v}{\Delta t} = \frac{220\ \text{kg} \cdot 3{,}5\ \text{m/s}}{2{,}3\ \text{s}} \approx 335\ \frac{\text{kg} \cdot \text{m}}{\text{s}^2} \approx \mathbf{335\ N}$

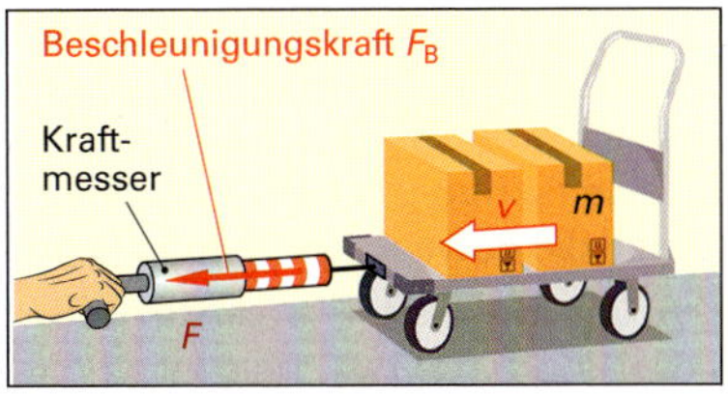

Bild 1: Beschleunigungskraft beim Anziehen eines Transportkarrens

Grundgleichung der Mechanik

Beschleunigungskraft = Masse · Beschleunigung

$$F = m \cdot a$$

$$F = m \cdot \frac{\Delta v}{\Delta t}$$

Gewichtskraft (weight-force)

Überall auf der Erde wirkt auf jeden Körper die Erdbeschleunigung $g = 9{,}81\ \text{m/s}^2$. Sie versucht alle Körper nach unten zu beschleunigen **(Bild 2)**.

Setzt man in die Grundgleichung der Mechanik $F = m \cdot a$ die Erdbeschleunigung $g = 9{,}81\ \text{m/s}^2 = 9{,}81\ \text{N/kg}$ ein, so erhält man die Gewichtskraft F_G eines Körpers (siehe Formel rechts).

Beispiel: Welche Kraft ist erforderlich, um einen Körper mit einer Masse von 24,8 kg am Herabfallen zu hindern?

Lösung: $\boldsymbol{F} = m \cdot g = 24{,}8\ \text{kg} \cdot 9{,}81\ \frac{\text{m}}{\text{s}^2} \approx 243{,}3\ \frac{\text{kg} \cdot \text{m}}{\text{s}^2} \approx \mathbf{243{,}3\ N}$

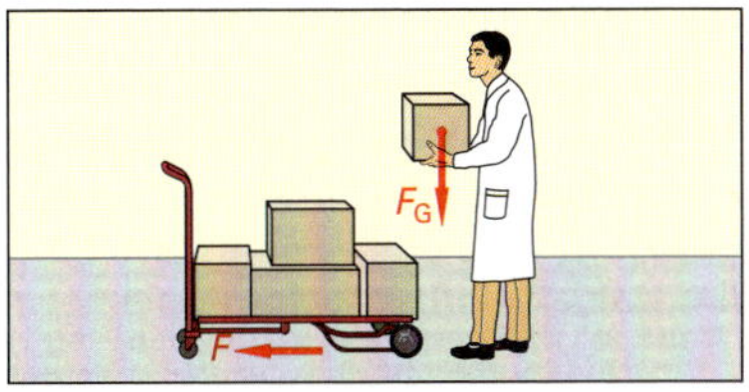

Bild 2: Gewichtskraft beim Heben

Gewichtskraft

Gewichtskraft = Masse · Erdbeschleunigung

$$F = m \cdot g$$

Formänderungskraft (force of deformation)

Die zur Verformung eines Körpers, z. B. einer Schraubenfeder, erforderliche Kraft ist umso größer, je größer der Widerstand der Schraubenfeder gegen ihre Formänderung ist ($F \sim D$) und je weiter die Feder gedehnt wird ($F \sim s$). Die Größengleichung für die Formänderungskraft heißt **Hooke'sches Gesetz**. Der Widerstand einer Feder gegen ihre Verformung wird auch als Federhärte bezeichnet und durch die **Federkonstante** D charakterisiert.

Beispiel: Zur Auslenkung der Rohrfeder in einem Rohrfedermanometer **(Bild 3)** um 3,0 mm ist eine Kraft von 1,5 N erforderlich. Wie groß ist die Federkonstante der Rohrfeder?

Lösung: $F = D \cdot s \Rightarrow \boldsymbol{D} = \frac{F}{s} = \frac{1{,}5\ \text{N}}{3{,}0\ \text{mm}} = \mathbf{0{,}50\ N/mm}$

Formänderungskraft
Hooke'sches Gesetz

Formänderungskraft = Federkonstante · Auslenkung

$$F = D \cdot s$$

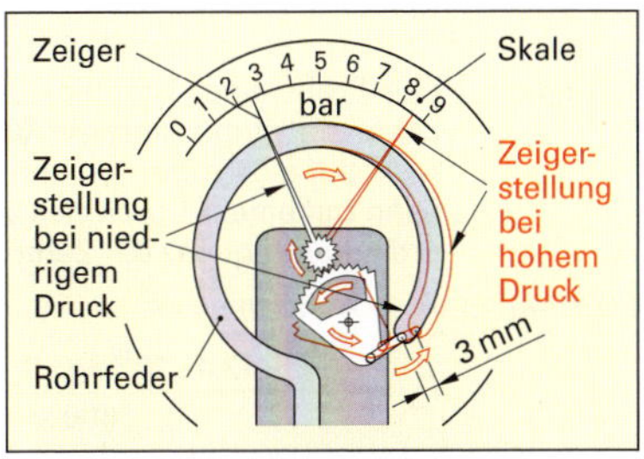

Bild 3: Verformung der Rohrfeder im Rohrfedermanometer

Reibungskraft (frictional force)

Ist ein Körper durch eine Zugkraft F_Z beschleunigt worden **(Bild 1)**, so bewegt er sich auf seiner Unterlage nicht immer weiter mit konstanter Geschwindigkeit fort. Die Erfahrung zeigt: Er wird allmählich abgebremst und kommt zum Stillstand. Ursache hierfür ist eine Reibungskraft F_R zwischen Körper und Unterlage. Sie ist gegen die Bewegungsrichtung gerichtet.

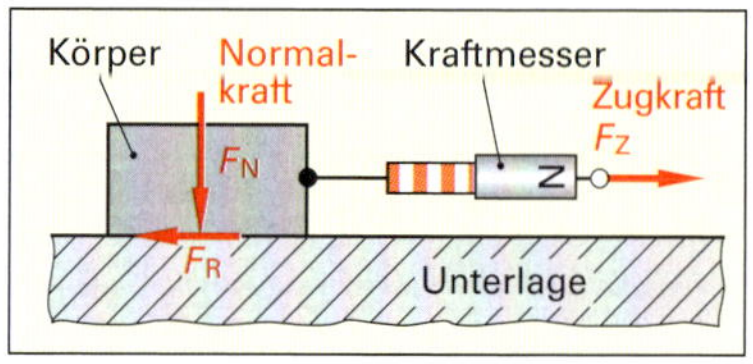

Bild 1: Experimentelle Bestimmung der Reibungskraft

Die Reibungskraft F_R ist umso größer,

- je größer die Normalkraft F_N des Körpers ist: $F_R \sim F_N$
  (Die Normalkraft F_N wirkt senkrecht auf die Unterlage)
- je größer die Reibungszahl μ zwischen Körper und Unterlage ist: $F_R \sim \mu$

Daraus ergibt sich eine Gleichung für die Reibungskraft F_R. Diese Beziehung wird auch **Reibungsgesetz** genannt (siehe rechts).

Reibungsgesetz

Reibungskraft = Reibungszahl · Normalkraft

$$F_R = \mu \cdot F_N$$

Die Größe der aufeinander reibenden Flächen hat **keinen** Einfluss auf die Reibungskraft; sehr wohl aber die Reibungszahl μ der Flächen.

Die Normalkraft F_N ist die senkrecht auf die Unterlage wirkende Anpresskraft des Körpers (Bild 1). Bei einem unbelasteten, waagerecht auf einer Unterlage gleitenden Körper ist die Normalkraft F_N gleich der Gewichtskraft F_G des Körpers.

Die Größe der Reibungszahl μ wird experimentell bestimmt und ist von der Reibungsart (Haften, Gleiten, Rollen) sowie von der Werkstoffpaarung und der Oberflächenbeschaffenheit (rau, glatt) abhängig.

Je nachdem, ob die Bauteile sich nicht gegeneinander bewegen (haften), aufeinander gleiten oder abrollen, unterscheidet man die Haftreibungszahl μ_H, die Gleitreibungszahl μ_G und die Rollreibungszahl μ_R.
Es gilt: $\mu_H > \mu_G > \mu_R$

Beispiel: Auf das Wälzlager der Welle eines Turboverdichters wirkt eine Normalkraft von 1500 N. Die Reibungszahl des Lagers beträgt $\mu_R = 0{,}003$. Wie groß ist die im Wälzlager wirkende Reibungskraft?

Lösung: $\mathbf{F_R} = \mu_R \cdot F_N = 0{,}003 \cdot 1500\ \text{N} = \mathbf{4{,}5\ N}$

Zentrifugalkraft (centrifugal force)

Das Zentrifugieren ist eine wichtige verfahrenstechnische Grundoperation. Dabei wird eine Suspension oder Emulsion durch Fliehkraftsedimentation getrennt. Da die Fliehkraftsedimentation mit wesentlich größeren Wirkkräften abläuft als die Schwerkraftsedimentation, kann durch Zentrifugieren eine disperse Phase mit geringem Dichteunterschied zum umgebenden Medium abgetrennt werden.

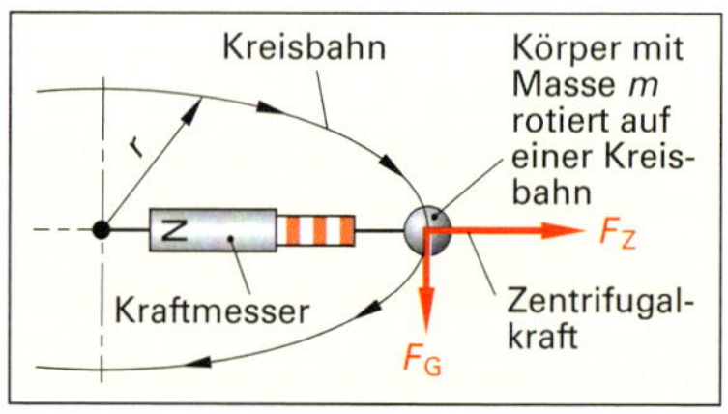

Bild 2: Messung der Zentrifugalkraft

Die bei einem rotierenden Körper aufgrund seiner Massenträgheit auftretende Kraft F_Z wird als Fliehkraft oder Zentrifugalkraft bezeichnet **(Bild 2)**.

Die Zentrifugalkraft F_Z nimmt mit dem Rotationsradius r, der Masse m und dem Quadrat der Umdrehungsfrequenz f des rotierenden Körpers zu. Mit dem Proportionalitätsfaktor $4 \cdot \pi^2$ berechnet man die Zentrifugalkraft nach der nebenstehenden Größengleichung.

Zentrifugalkraft

$$F_Z = 4 \cdot \pi^2 \cdot m \cdot r \cdot f^2$$

Beispiel: Eine Probe einer Titandioxid/Wasser-Emulsion wird in einer Laborzentrifuge getrennt **(Bild 3)**. Welche Zentrifugalkraft wirkt auf ein Proberöhrchen von 12,4 g, das auf einer Kreisbahn mit einem Durchmesser von 36,0 cm rotiert? Die Umdrehungsfrequenz der Zentrifuge beträgt 2700 min^{-1}.

Lösung: $F_Z = 4 \cdot \pi^2 \cdot m \cdot r \cdot f^2$

$$\mathbf{F_Z} = \frac{4 \cdot \pi^2 \cdot 12{,}4 \cdot 10^{-3}\ \text{kg} \cdot 0{,}180\ \text{m} \cdot 2700^2}{3600\ \text{s}^2}$$

$$\approx 34{,}5\ \frac{\text{kg} \cdot \text{m}}{\text{s}^2} \approx \mathbf{178{,}4\ N}$$

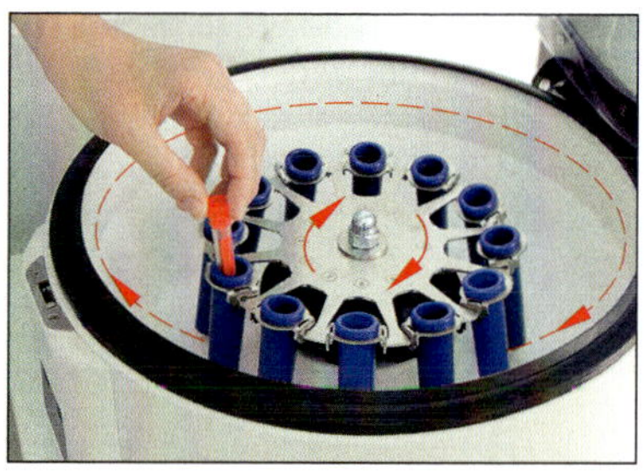

Bild 3: Zentrifugieren in einer Laborzentrifuge

Aufgaben zu Kräfte

1. An einem Kessel muss der Rührerantrieb ausgetauscht werden. Der Antrieb aus Elektromotor und Planetengetriebe hat die Masse 750 kg. Lässt sich die Demontage mit einer Hebeeinrichtung realisieren, die eine Tragkraft von 10 kN hat?

2. Berechnen Sie die Gewichtskraft eines mit Aceton gefüllten Fasses anhand folgender Angaben: Tara = 10,5 kg, d = 60,0 cm, h = 90,0 cm, ϱ(Aceton) = 0,791 g/cm^3.

3. Ein archimedischer Vollzylinder aus Edelstahl der Dichte ϱ = 7,9 g/cm^3 hat folgende Abmessungen: h = 70,0 mm, d = 40,0 mm. Wie groß ist die Gewichtskraft des Zylinders?

4. Welche Federkonstante muss die Schraubenfeder in einem Federkraftmesser **(Bild 1)** haben, wenn der Messbereich 10,0 N und die zur Verfügung stehende Skalenlänge 10,0 cm betragen?

5. Die Schraubenfeder in einem Federkraftmesser wird mit einem Probekörper der Masse m = 500 g belastet **(Bild 1)**. Wie groß ist die Auslenkung der Feder, wenn die Federkonstante D = 1,0 N/cm beträgt?

6. Welche Kraft ist erforderlich, um einen mit schwerem Heizöl beladenen Kesselwagen mit der Gesamtmasse von m_{ges} = 50 t auf einer waagerechten Schienenstrecke in gleichförmiger Bewegung zu halten? Die Fahrwiderstandszahl beträgt $\mu_F = 5{,}0 \cdot 10^{-3}$ N.

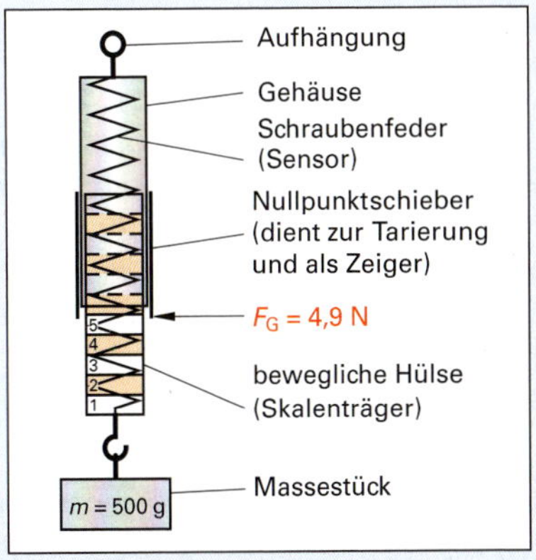

Bild 1: Federkraftmesser (im Schnitt)
(Aufgabe 4 und 5)

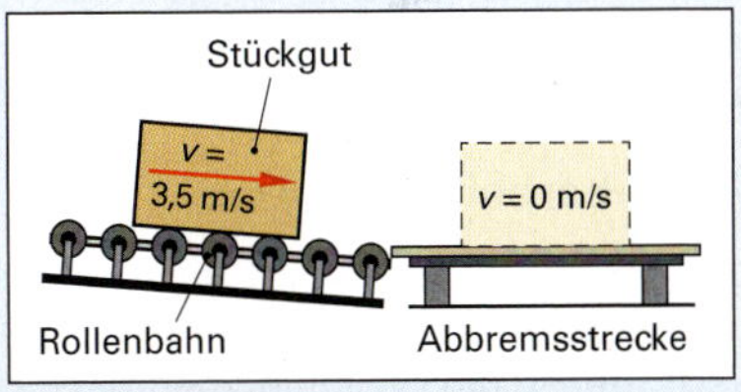

Bild 2: Abbremsen von Stückgut
(Aufgabe 9)

7. Zur experimentellen Bestimmung der Gleitreibungszahl wurde für einen Körper mit der Masse m = 3,1 kg eine Gleitreibungskraft von F_R = 2,9 N gemessen (Bild 1, Seite 88). Berechnen Sie die Gleitreibungszahl.

8. Welche Beschleunigungskraft muss man aufbringen, um einen Druckgasflaschen-Transportwagen mit einer Masse von 84 kg in 1,2 Sekunden auf eine Geschwindigkeit von 1,4 m/s zu beschleunigen?

9. Am Ende einer leicht geneigten Rollenbahn werden Stückgüter mit einer Masse von 8,7 kg aus einer Geschwindigkeit von 0,35 m/s in 0,75 s bis zur Ruhelage durch Reibung abgebremst **(Bild 2)**. Welche Reibungskraft ist für die Verzögerung erforderlich?

10. Auf ein mit Glycol OH–CH_2–CH_2–OH gefülltes Rollreifenfass mit einer Gesamtmasse von m = 260 kg wirkt eine Beschleunigungskraft von 130 N. Welche Beschleunigung erfährt das Fass?

11. In einer Vollmantelschneckenzentrifuge wird Klärschlamm entwässert **(Bild 3)**. Dabei wird der Klärschlamm in Rotation versetzt. Die Klärschlammpartikel werden aufgrund ihrer größeren Dichte an die Wandung gepresst; das Wasser mit der geringeren Dichte steht darüber und fließt ab. Der Schlammkuchen wird von einem Schälmesser abgeschält und aus der Zentrifuge ausgetragen.

    Welche Zentrifugalkraft wirkt auf ein Klärschlammpartikel mit einer Masse von 52 ng, wenn der Rotationsradius des Partikels 400 mm und die Umdrehungsfrequenz der Zentrifuge 2500 min^{-1} beträgt?

12. Wie ändert sich die Zentrifugalkraft in einer Tellerzentrifuge, wenn unter ansonsten konstanten Bedingungen die Umdrehungsfrequenz von 1200 min^{-1} auf 1800 min^{-1} erhöht wird?

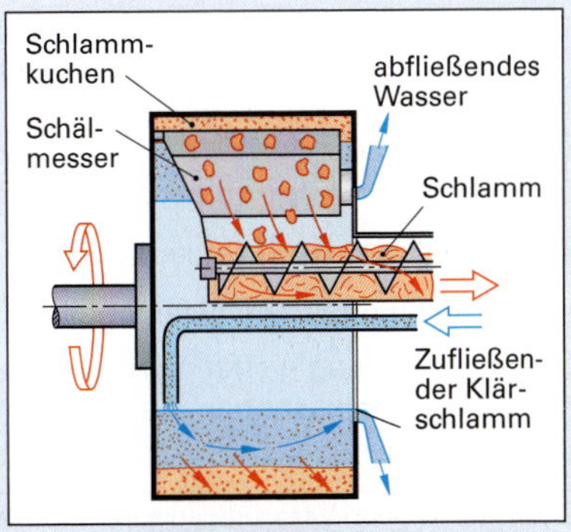

Bild 3: Klärschlammentwässerung einer Vollmantelschneckenzentrifuge
(Aufgabe 11)

3.7 Arbeit

Beim Arbeiten mit Gegenständen, wie z.B. beim Verschieben eines Wagens mit einer Kraft F um die Strecke s wird mechanische Arbeit W verrichtet **(Bild 1)**. Die Arbeit W steigt mit der aufgebrachten Kraft F ($W \sim F$) und mit dem in Kraftrichtung zurückgelegten Weg s ($W \sim s$). Daraus erhält man die Definitionsgleichung der mechanischen Arbeit $W = F \cdot s$.

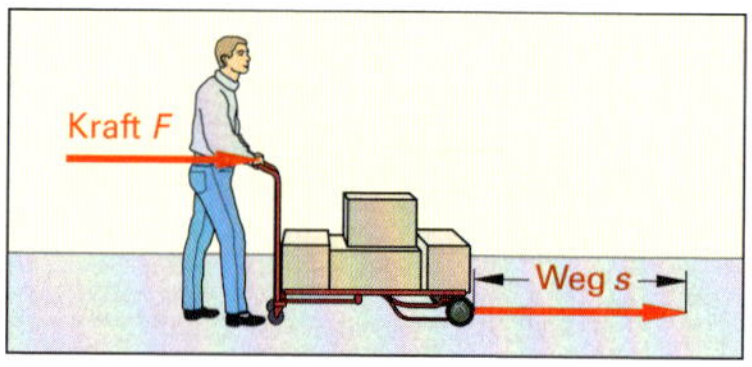

Bild 1: Verrichten von Arbeit

Die abgeleitete SI-Einheit der Arbeit ist $[W] = [F] \cdot [s] = 1\ \text{N} \cdot 1\ \text{m}$. $1\ \text{N} \cdot \text{m}$ wird 1 Joule genannt, Einheitenzeichen J, oder Wattsekunde, Einheitenzeichen Ws. $1\ \text{N} \cdot \text{m} = 1\ \text{J} = 1\ \text{Ws}$

Große Arbeitsbeträge gibt man in Kilowattstunden (kWh) an: $1\ \text{kWh} = 3{,}6 \cdot 10^6\ \text{J}$.

Mechanische Arbeit
Arbeit = Kraft · Weg
$W = F \cdot s$

Beispiel: Es wird eine Arbeit von einem Joule verrichtet, wenn der Angriffspunkt der Kraft von einem Newton in Kraftrichtung um einen Meter verschoben wird.

Im **Arbeitsdiagramm** (Kraft-Weg-Diagramm) stellt die Fläche, die von der Kraft und dem Weg gebildet wird, ein Maß für die verrichtete Arbeit dar **(Bild 2)**. Bei konstanter Kraft ergibt sich ein Rechteck mit der Fläche $W = F \cdot s$.

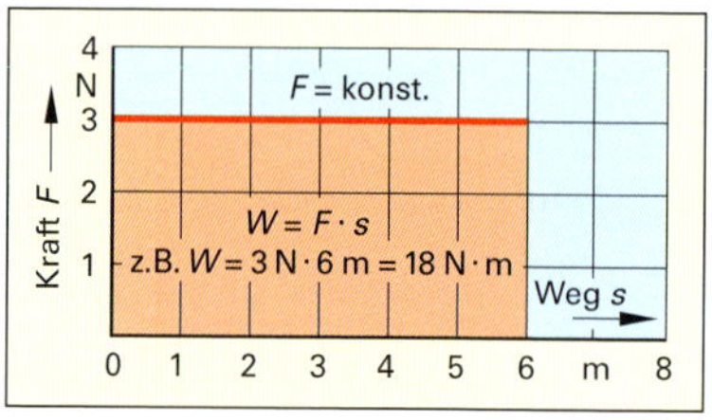

Bild 2: Arbeitsdiagramm

Hubarbeit (lifting work)

Zum Heben eines Körpers mit der Masse m muss die Gewichtskraft F_G während der Hebestrecke s (Höhe) aufgebracht werden. Setzt man in die Gleichung der mechanischen Arbeit $W = F \cdot s$ für die Kraft F die Gewichtskraft $F_G = m \cdot g$ und für die Strecke s die Höhe h, erhält man die Hubarbeit W_H zum Hochheben einer Last.

Hubarbeit
Hubarbeit = Gewichtskraft · Hubhöhe
$W_H = F_G \cdot h = m \cdot g \cdot h$

Beispiel: Wie groß ist die aufzuwendende Hubarbeit, wenn eine Last mit einer Masse von 100 kg einen Meter hochgehoben wird?

Lösung: $W_H = m \cdot g \cdot h = 100\ \text{kg} \cdot 9{,}81\ \text{N/kg} \cdot 1\ \text{m} \approx \mathbf{981\ N \cdot m}$

Beschleunigungsarbeit (accelerator work)

Um einen Gegenstand zu beschleunigen, muss Beschleunigungsarbeit W_B geleistet werden (Bild 1, Seite 87). Mit $F_B = m \cdot a$ und den Gesetzen der beschleunigten Bewegung $v = a \cdot t$ und $s = \frac{1}{2} \cdot \frac{v^2}{a}$ (Seite 83) erhält man die nebenstehende Gleichung für die Beschleunigungsarbeit.

Beschleunigungsarbeit
$W_B = \frac{1}{2} \cdot m \cdot v^2$

Beispiel: Welche Beschleunigungsarbeit wird in einer horizontalen Rohrleitung beim Anfahren einer Kanalradpumpe verrichtet, wenn 150 kg Klärschlamm in der Rohrleitung auf 1,6 m/s beschleunigt werden?

Lösung: $W_B = \frac{1}{2} \cdot m \cdot v^2 = \frac{1}{2} \cdot 150\ \text{kg} \cdot (1{,}6\ \text{m/s}^2)^2 = 192\ \frac{\text{kg} \cdot \text{m}^2}{\text{s}^2} = \frac{192\ \text{kg} \cdot \text{m} \cdot \text{m}}{\text{s}^2} = 192\ \text{N} \cdot \text{m} = 192\ \text{J} \approx \mathbf{0{,}192\ kJ}$

Reibungsarbeit (frictional work)

Auch zum Überwinden einer Reibung (Bild 1, Seite 88) muss Reibungsarbeit aufgebracht werden.

Zu einer Größengleichung zur Berechnung der Reibungsarbeit W_R gelangt man, wenn in die Gleichung $W = F \cdot s$ für die Kraft F die Reibungskraft $F_R = \mu \cdot F_N$ eingesetzt wird.

Reibungsarbeit
$W_R = \mu \cdot F_N \cdot s$

Beispiel: Beim Verschieben einer mobilen Kreiselpumpenanlage beträgt die Reibungszahl $\mu = 0{,}02$.
Welche Reibungsarbeit ist zu verrichten, wenn die Pumpenanlage ($m = 155$ kg) 12 m waagerecht verschoben werden soll?

Lösung: $W_R = \mu \cdot F_N \cdot s = \mu \cdot F_G \cdot s = \mu \cdot m \cdot g \cdot s = 0{,}02 \cdot 155\ \text{kg} \cdot 10\ \text{N/kg} \cdot 12\ \text{m} = \mathbf{372\ N \cdot m} \approx \mathbf{0{,}372\ kJ}$

Spannarbeit (clamping work)

Beim Spannen einer Schraubenfeder (Bild 1, Seite 89) wird Spannarbeit geleistet. Die Spannkraft wächst mit dem Weg linear an. Die erforderliche Spannarbeit W_{Sp} wird im Arbeitsdiagramm **(Bild 1)** durch die Dreiecksfläche unter der Ursprungsgeraden mit dem Flächeninhalt $W_{Sp} = \frac{1}{2} \cdot F \cdot s$ beschrieben.

Mit der Formänderungskraft $F = D \cdot s$ ergibt sich eine Größengleichung zur Berechnung der Spannarbeit. D ist die Federkonstante.

$$W_{Sp} = \frac{1}{2} \cdot F \cdot s = \frac{1}{2} \cdot D \cdot s \cdot s = \frac{1}{2} \cdot D \cdot s^2$$

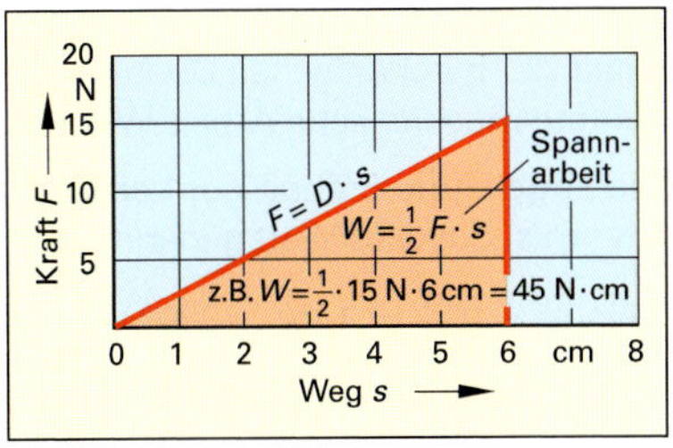

Bild 1: Spannarbeit im *F*/*s*-Diagramm

Beispiel: Welche Spannarbeit wird an der Schraubenfeder eines Federkraftmessers gemäß Bild 1, Seite 89, verrichtet, wenn die Feder beim Skalenendwert von 5,0 N um 100 mm ausgelenkt wird?

Lösung: $W_{Sp} = \frac{1}{2} \cdot D \cdot s^2 = \frac{1}{2} \cdot \frac{F}{s} \cdot s^2 = \frac{1}{2} \cdot F \cdot s$

$\boldsymbol{W_{Sp}} = 0{,}5 \cdot 5{,}0\ \text{N} \cdot 0{,}100\ \text{m} = 0{,}25\ \text{N} \cdot \text{m} = \mathbf{0{,}25\ J}$

Spannarbeit

$$W_{Sp} = \frac{1}{2} \cdot D \cdot s^2$$

Aufgaben zu Arbeit

1. Welche Masse an Abwasser kann eine Schneckentrogpumpe **(Bild 2)** über eine Höhendifferenz von 10,0 m im Einlaufhebewerk einer Kläranlage transportieren, wenn sie eine Hubarbeit von einer Kilowattstunde verrichtet?
2. Beim Beschicken eines Stetigförderers wird eine Beschleunigungsarbeit von 40,5 J pro Stückgut verrichtet, um es auf eine Geschwindigkeit von $v = 1{,}8$ m/s zu beschleunigen. Wie groß ist die Masse des Stückgutes?
3. Eine Dickstoffpumpe fördert 2,0 m³ Schlamm ($\varrho = 2{,}8$ g/cm³) mit einer Strömungsgeschwindigkeit von 1,0 m/s in einen Absetzkasten. Welche Beschleunigungsarbeit muss die Pumpe leisten?
4. Über einen Winkelhebel wird an einer Rückholfeder eine Spannarbeit von 25 J verrichtet. Wie stark wird die Feder ausgelenkt, wenn die Federkonstante $D = 10$ N/mm beträgt?
5. Welchen Messwert zeigt ein Federkraftmesser, wenn an der Schraubenfeder bei einer Auslenkung von 50 mm eine Spannarbeit von 25 mJ verrichtet wurde?
6. Zur Bestimmung der Gleitreibungszahl wurde ein Probekörper aus Holz 80,0 cm über eine kunststoffbeschichtete Tischplatte gezogen. Die mittlere Gleitreibungskraft konnte mit einem Federkraftmesser zu $F_R = 0{,}75$ N bestimmt werden. Wie groß war die verrichtete Reibungsarbeit?
7. Der Elektromotor eines Gurtbecherwerks **(Bild 3)** verrichtet eine Hubarbeit von 1,20 kWh. Welche Masse an Aluminiumoxid Al_2O_3 kann damit über eine Höhendifferenz von 6,0 m transportiert werden? Die Reibungsverluste verbrauchen 30 % der Hubarbeit.
8. Die Bremsen eines mit Harnstoff $NH_2{-}CO{-}NH_2$ beladenen Güterwaggons ($m = 45$ t) verrichten eine Reibungsarbeit von $W = 0{,}90$ MJ, um ihn auf einer waagerechten Strecke zum Stehen zu bringen. Wie lang ist die Bremsstrecke, wenn die Fahrwiderstandszahl $\mu_F = 5{,}0 \cdot 10^{-3}$ beträgt?

Bild 2: Schneckentrogpumpe im Bau
(Aufgabe 1)

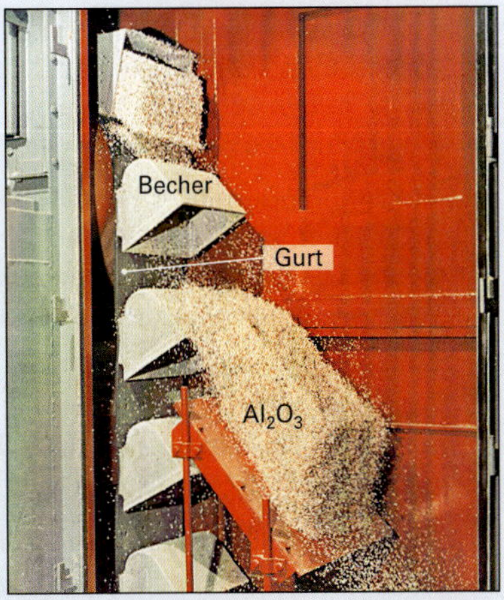

Bild 3: Gurtbecherwerk beim Auswurf
(Aufgabe 7)

3.8 Leistung

Unter der mechanischen Leistung P wird die pro Zeiteinheit t verrichtete mechanische Arbeit W verstanden (siehe rechts).

Mechanische Leistung

$$\text{Leistung} = \frac{\text{Arbeit}}{\text{Zeit}}; \quad P = \frac{W}{t}$$

Die abgeleitete Einheit der **Leistung** (power) ist $[P] = [W]/[t] = 1\ \text{N} \cdot \text{m/s}$. Sie wird Watt genannt, Einheitenzeichen W.

$$1\ \text{N} \cdot \frac{\text{m}}{\text{s}} = 1\frac{\text{J}}{\text{s}} = 1\ \text{W}; \quad 1000\ \text{W} = 1\ \text{kW},\ 10^6\ \text{W} = 1\ \text{MW}$$

Analog zu den verschiedenen Arten der Arbeit (Seite 90) gibt es die entsprechenden Leistungsarten.

Hubleistung

$$P_H = \frac{m \cdot g \cdot h}{t} = F_G \cdot v$$

Die **Hubleistung P_H** wird verrichtet, wenn eine Hubarbeit W_H pro Zeit t wirkt, wie z.B. beim Heben einer Last **(Bild 1)**.

Man erhält eine Berechnungsgleichung durch Einsetzen der Hubarbeit W_H in die Definitionsgleichung der Leistung:

$$P_H = \frac{W_H}{t} = \frac{F_G \cdot h}{t} = \frac{m \cdot g \cdot h}{t} = m \cdot g \cdot v = F_G \cdot v$$

Bild 1: Leistung beim Heben einer Last

Beispiel: Mit einem Gabelstapler wird ein Gebinde mit 40 kg in 2,0 Sekunden auf 2,20 m Höhe gehoben (Bild 1)
Die vom Gabelstapler zu erbringende Hubleistung beträgt

Lösung: $P_H = \frac{W_H}{t} = \frac{m \cdot g \cdot h}{t} = \frac{40\ \text{kg} \cdot 9{,}81\ \text{N} \cdot 2{,}2\ \text{m}}{2{,}0\ \text{s} \cdot \text{kg}} \approx 432\ \frac{\text{N} \cdot \text{m}}{\text{s}}$

$\approx$ **432 W**

Beschleunigungsleistung

$$P_B = \frac{m \cdot a \cdot h}{t} = F_B \cdot v$$

Die **Beschleunigungsleistung P_B** kann man analog ableiten:

$$P_B = \frac{W_B}{t} = \frac{F_B \cdot h}{t} = \frac{m \cdot a \cdot h}{t} = m \cdot a \cdot v = F_B \cdot v$$

Beispiel: Wie groß ist die Hubleistung einer Schneckentrogpumpe (Bild 2, Seite 91) im Einlaufhebewerk einer Kläranlage, die pro Minute 120 m³ Abwasser ($\varrho = 1{,}0$ kg/L) 10,0 m hoch pumpt ($g \approx 10$ N/kg)

Lösung: $P_H = \frac{m \cdot g \cdot h}{t}$ mit $m = \varrho \cdot V$ folgt $P_H = \frac{\varrho \cdot V \cdot g \cdot h}{t} = \frac{1{,}0 \cdot 10^3\ \text{kg} \cdot 120\ \text{m}^3 \cdot 10\ \text{N} \cdot 10{,}0\ \text{m}}{\text{m}^3 \cdot 60\ \text{s} \cdot \text{kg}}$

$P_H = 2{,}0 \cdot 10^5\ \frac{\text{N} \cdot \text{m}}{\text{s}} = 2{,}0 \cdot 10^5\ \frac{\text{J}}{\text{s}} = 2{,}0 \cdot 10^5\ \text{W} = \mathbf{0{,}20\ MW}$

Aufgaben zu Arbeit und Leistung

1. Eine Kreiselradpumpe (Bild 3, Seite 106) speist pro Stunde ein Volumen von $28 \cdot 10^3$ m³ Kühlwasser mit der Dichte $\varrho = 1{,}0$ kg/L in 18 m Höhe in einen Naturzug-Kühlturm ein? Wie groß ist die Hubleistung der Pumpe?
2. Eine Zahnradpumpe PL mit einer Förderleistung von 4,2 kW speist Thermoöl ($\varrho = 0{,}84$ g/cm³) mit einer Geschwindigkeit von $v = 1{,}0$ m/s in einen Wärmeaustauscher WT ein **(Bild 2)**. Wie groß ist das geförderte Volumen?
3. Zur Produktion von 2740 t Eisen pro Tag müssen einem 30 m hohen Hochofen 5480 t Eisenerz, 2750 t Kokskohle und 1360 t Kalkstein über einen Schrägaufzug zugeführt werden. Welche Hubleistung leistet der Schrägaufzug?
4. Ein fahrbarer Portalkran in einer Fertigungshalle hat eine Gesamtmasse von $m = 3{,}6$ t **(Bild 3)**. Welche Strecke s benötigt er, um in 3,0 s auf $a = 0{,}20$ m/s² zu beschleunigen, wenn seine Beschleunigungsleistung 1,2 kW beträgt?

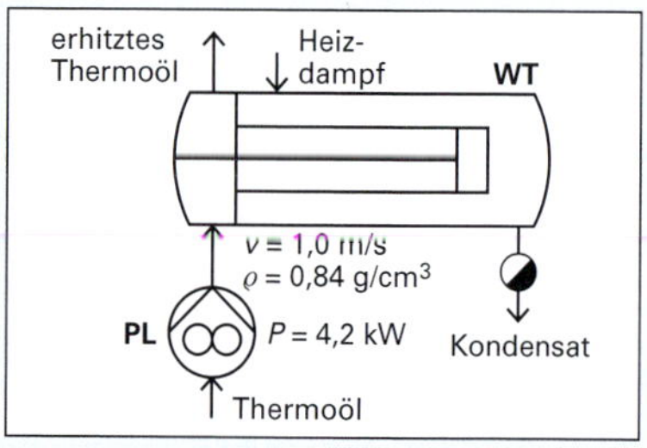

Bild 2: R&I-Fließbild einer Anlage (Aufgabe 3)

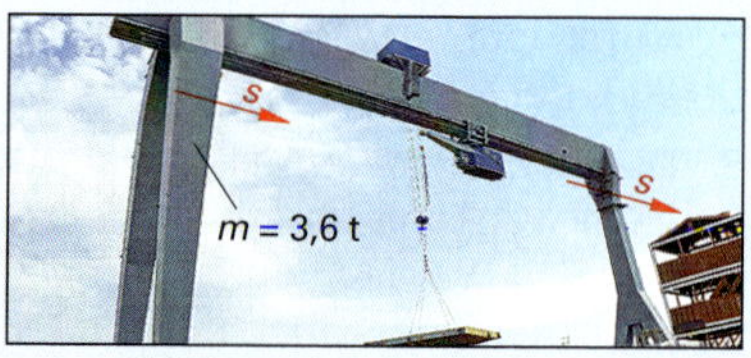

Bild 3: Portalkran (Aufgabe 5)

3.9 Energie

Die Begriffe Energie und Arbeit sind miteinander verknüpft. Als Energie bezeichnet man in der Physik das Arbeitsvermögen eines Körpers.

Im Gegensatz zur Arbeit, die einen Vorgang darstellt, beschreibt die Energie einen Zustand.

Für die Energie werden die gleichen Einheitenzeichen verwendet wie für die Arbeit, also J, Ws oder kWh.

Potenzielle Energie (potential energy)

Eine Last, die durch Hubarbeit gehoben wurde, besitzt gegenüber dem Zustand in der ursprünglichen Höhe potenzielle Energie (Lageenergie). Die potenzielle Energie W_{pot} ist so groß, wie die an der Last verrichtete Hubarbeit $W_H = m \cdot g \cdot h$.

Potenzielle Energie

$$W_{pot} = m \cdot g \cdot h$$

Beispiel: Um einen Behälter zur Montage um 10 Meter zu heben, verrichtet ein Kran eine Hubarbeit von 25 kJ **(Bild 1)**. Wie groß ist:

a) die Lageenergie des gehobenen Behälters gegenüber der Ausgangslage?
b) die Masse des Behälters?

Lösung: a) $W_H = W_{pot} = \mathbf{25\ kJ}$

b) $W_{pot} = m \cdot g \cdot h \quad \Rightarrow \quad m = \frac{W_{pot}}{g \cdot h} = \frac{25 \cdot 10^3\ \text{N} \cdot \text{m}}{10\ \text{N/kg} \cdot 10\ \text{m}} = 250\ \text{kg} \approx \mathbf{0{,}25\ t}$

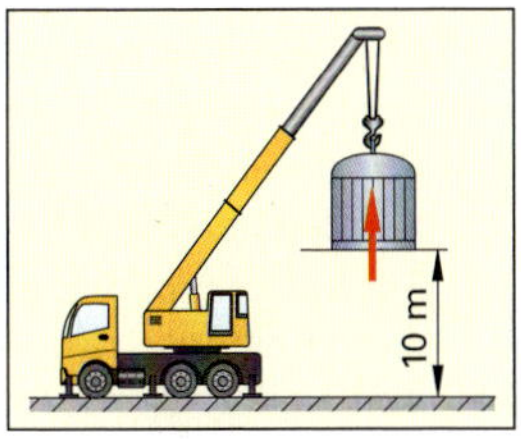

Bild 1: Anheben eines Behälters

Kinetische Energie (kinetic energy)

Ein Körper, der sich mit der Geschwindigkeit v bewegt, besitzt kinetische Energie (Bewegungsenergie).

Die kinetische Energie W_{kin} ist so groß wie die am Körper verrichtete Beschleunigungsarbeit $W_B = \frac{1}{2} \cdot m \cdot v^2$.

Kinetische Energie

$$W_{kin} = \frac{1}{2} \cdot m \cdot v^2$$

Beispiel: Welche kinetische Energie ist in einer Chrom-Nickel-Stahlkugel (d = 15,446 mm, ϱ = 8,0866 g/cm^3) eines Kugelfallviskosimeters gespeichert (Bild 1, Seite 321), wenn die Fallgeschwindigkeit 1,47 mm/s beträgt?

Lösung: $W_{kin} = \frac{1}{2} \cdot m \cdot v^2$; mit $m = \varrho \cdot V$ und $V = \frac{\pi}{6} \cdot d^3$ folgt: $W_{kin} = \frac{1}{2} \cdot \varrho \cdot \frac{\pi}{6} \cdot d^3 \cdot v^2 = \frac{\pi}{12} \cdot \varrho \cdot d^3 \cdot v^2$

$$\mathbf{W_{kin}} = \frac{\pi \cdot 8{,}0866\ \text{kg} \cdot 1{,}5446^3\ \text{cm}^3 \cdot (1{,}47 \cdot 10^{-3})^2\ \text{m}^2}{12 \cdot 10^3 \cdot \text{cm}^3 \cdot \text{s}^2} \approx 16{,}9 \cdot 10^{-9}\ \frac{\text{kg} \cdot \text{m}^2}{\text{s}^2} = 16{,}9 \cdot 10^{-9}\ \text{N} \cdot \text{m} = \mathbf{16{,}9\ pJ}$$

Spannenergie (clamping energy)

Beim Spannen einer Feder im elastischen Bereich (Bild 1, Seite 89) speichert die Feder die zum Spannen verrichtete Arbeit $W_{Sp} = \frac{1}{2} \cdot D \cdot s^2$ in Form von Spannenergie. Die Spannenergie W_{Sp} wird auch als potenzielle Energie der Feder bezeichnet und mit der gleichen Formel berechnet wie die Spannarbeit.

Spannenergie

$$W_{Sp} = \frac{1}{2} \cdot D \cdot s^2$$

Beispiel: Wie groß ist die Spannenergie einer Schraubenfeder (D = 1,0 N/mm) aus warmgewalztem Federstahl (60 SiCr 7) in einem Federkraftmesser (Bild 1, Seite 89), wenn die Zugfeder um 8,0 cm gespannt wird?

Lösung: $\mathbf{W_{Sp}} = \frac{1}{2} \cdot D \cdot s^2 = \frac{1}{2} \cdot 1{,}0\ \text{N/mm} \cdot (80\ \text{mm})^2 \approx 3{,}2 \cdot 10^3\ \text{N} \cdot \text{mm} = 3{,}2\ \text{N} \cdot \text{m} = \mathbf{3{,}2\ J}$

Wärmeenergie (heat energy)

Beim Abbremsen eines Körpers wird die in ihm gespeicherte kinetische Energie in der Bremse durch die Reibung an den Bremsbelägen in Wärmeenergie Q umgewandelt.

Die Wärmeenergie Q ist der Masse des erwärmten Körpers m und seiner Temperaturerhöhung $\Delta\vartheta$ proportional. Mit einem Proportionalitätsfaktor, der spezifischen Wärmekapazität c, erhält man eine Gleichung für die in einem Körper gespeicherte Wärmeenergie (siehe rechts).

Wärmeenergie

$$Q = c \cdot m \cdot \Delta\vartheta$$

Beispiel: Beim Abbremsen eines Kraftfahrzeugs erwärmen sich die Bremsen um 43,0 K. Die Masse der Bremsen ist: m_{Br} = 8,50 kg, c_{Br} = 0,460 kJ/(kg · K). Wie groß ist die gespeicherte Wärmeenergie?

Lösung: $\mathbf{Q} = c \cdot m \cdot \Delta\vartheta = 0{,}460\ \frac{\text{kJ}}{\text{kg} \cdot \text{K}} \cdot 8{,}50\ \text{kg} \cdot 43{,}0\ \text{K} = 168{,}13\ \text{kJ} \approx \mathbf{168\ kJ}$

Aufgaben zu 3.9 Energie

1. In einem Pumpspeicher-Kraftwerk wird pro Stunde in ein 300 m höher gelegenes Speicherbecken Wasser gepumpt. Berechnen Sie das hochzupumpende Wasservolumen, damit eine potenzielle Energie von 1,2 TJ zur Stromerzeugung zur Verfügung steht.
2. Eine Kreiselradpumpe speist 650 L Waschwasser in 24,0 m Höhe in eine Waschkolonne. Um welchen Betrag steigt dabei die potenzielle Energie der Waschflüssigkeit?
3. Ein Gurtbandförderer (Bild 3, Seite 84) transportiert pro Stunde 12,5 m^3 Kalkstein ($\varrho(CaCO_3)$ = 2,7 g/cm^3) in einen Drehrohrofen. Die dabei verrichtete Hubarbeit beträgt 2,7 MJ.
   a) Wie groß ist die Förderhöhe?
   b) Wie groß ist der Zuwachs an potenzieller Energie?
4. Ein mit Kerosin beladener Kesselwagen mit einer Gesamtmasse von 50 000 kg wird aus verschiedenen Geschwindigkeiten abgebremst. Welche Energie müssen die Bremsen aufnehmen, wenn er aus Geschwindigkeiten von 30 km/h, 60 km/h oder 90 km/h jeweils bis zum Stillstand abgebremst wird? Vergleichen Sie die berechneten Geschwindigkeiten mit den dazugehörenden Energien.
5. Ein mit Braunkohlenstaub beladener Eisenbahnwaggon mit einer Gesamtmasse von 40 t fährt mit einer Restgeschwindigkeit von 0,90 km/h gegen einen Prellbock mit Federn. Um welche Strecke werden die Pufferfedern mit einer Federkonstante von D = 10 kN/cm zusammengedrückt?
6. Bei der unsachgemäßen Demontage eines Sicherheitsventils wird eine Kugel mit einer Masse von 5,0 g durch eine um 2,0 cm vorgespannte Schraubenfeder (D = 4,0 kN/m) senkrecht in die Höhe geschleudert.
   a) Welche Energie wird auf die Kugel übertragen? b) Wie hoch steigt die Kugel?
7. Durch eine Druckkraft von 1,6 kN wird eine Druckfeder in einem Reduzierventil um 1,5 cm zusammengedrückt. Wie groß ist die Spannenergie der verformten Feder?
8. Die Bremsen des von 90 km/h abgebremsten Kesselwagens von Aufgabe 4 haben eine Masse von 920 kg mit einer spezifischen Wärmekapazität von 0,48 kJ/(kg · K). Um wie viel Grad erwärmen sich dabei die Bremsen?

3.10 Wirkungsgrad

Bei der Energieumwandlung entstehen Energieverluste. Das Verhältnis von abgegebener Energie oder abgegebenen Leistung (W_{ab}, P_{ab}) zur zugeführten Energie oder abgegebenen Leistung (W_{zu}, P_{zu}) bezeichnet man als **Wirkungsgrad η** (efficiency).

Er ist eine dimensionslose Dezimalzahl, die auch in Prozent angegeben werden kann. Der Wirkungsgrad ist stets kleiner als 1 bzw. kleiner als 100 %.

Sind mehrere Maschinen an der Energieumwandlung beteiligt, so errechnet sich der Gesamtwirkungsgrad η_{ges} durch Multiplikation der Wirkungsgrade der einzelnen Maschinen.

Wirkungsgrad

$$\eta = \frac{W_{ab}}{W_{zu}} = \frac{P_{ab}}{P_{zu}}$$

Gesamtwirkungsgrad

$$\eta_{ges} = \eta_1 \cdot \eta_2 \cdot \eta_3$$

Beispiel 1: Bei einer Kreiselrad-Pumpenanlage, die durch einen Elektromotor angetrieben wird, entstehen Verluste an verschiedenen Stellen **(Bild 1)**:

- Im E-Motor durch Ohm'sche Verluste, Ummagnetisierungs-, Lüfterantriebs- und Lagerreibungsverluste: η_E = 0,85;
- In der Kreiselradpumpe durch innere Reibung in der geförderten Flüssigkeit sowie durch Reibungsverluste in den Lagern und Dichtungen: η_P = 0,70.

Der Gesamtwirkungsgrad der Pumpenanlage beträgt dann:

$\eta_{ges} = \eta_E \cdot \eta_P = 0{,}85 \cdot 0{,}70 \approx \mathbf{0{,}60}$

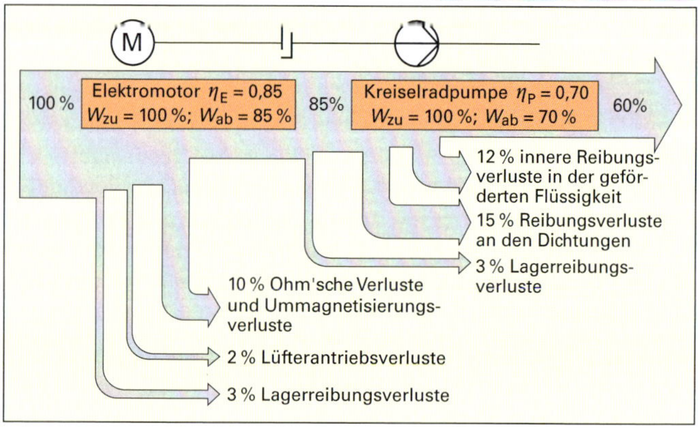

Bild 1: Energieverluste in einer Pumpenanlage (Beispiel 1)

Beispiel 2: Welche elektrische Leistung nimmt ein Rührwerksmotor bei einem Wirkungsgrad von 85 % auf, wenn er an das angekuppelte Planetengetriebe eine mechanische Leistung von 6,8 kW abgibt?

Lösung: $\eta = \frac{P_{ab}}{P_{zu}} \Rightarrow \mathbf{P_{zu}} = \frac{P_{ab}}{\eta} = \frac{6{,}8\ \text{kW}}{0{,}85} = \mathbf{8{,}0\ kW}$

Aufgaben zum Wirkungsgrad

1. **Bild 1** zeigt das Fließbild einer Zahnradpumpenanlage, die von einem Drehstrommotor mit Getriebe angetrieben wird. Wie groß ist der Wirkungsgrad des Getriebes, wenn der Gesamtwirkungsgrad der Pumpenanlage $\eta = 0{,}61$ beträgt? Durch die Scheibenkupplungen sollen keine Leistungsverluste auftreten?

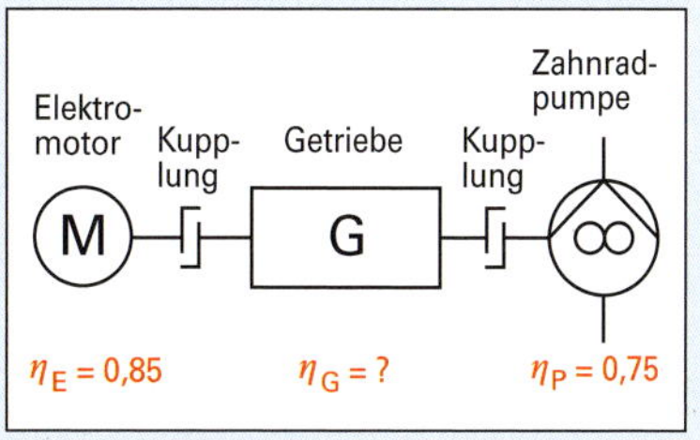

Bild 1: R&I-Fließbild einer Zahnradpumpenanlage (Aufgabe 1)

2. An einer Spindelpresse, die von einem Getriebemotor angetrieben wird, werden folgende Leistungsdaten ermittelt:
   Vom Motor aufgenommene Leistung: $P_{zu} = 10{,}5$ kW.
   Vom Motor an das Getriebe abgegebene Leistung: $P_{ab} = 8{,}4$ kW.
   Vom Getriebe an die Spindel abgegebene Leistung: $P_{ab} = 5{,}9$ kW.
   Von der Spindel an den Stempel abgegebene Leistung: $P_{ab} = 1{,}8$ kW.
   Berechnen Sie die Einzelwirkungsgrade der Maschinenteile sowie den Gesamtwirkungsgrad der Spindelpresse.
3. Eine Kreiselradpumpe (Bild 3, Seite 106) fördert pro Minute 2,5 m³ VE-Wasser in einen 3,0 m hoch gelegenen Verdampfer. Welchen Wirkungsgrad hat die Pumpe, wenn die vom Drehstrommotor abgegebene Leistung 1,6 kW beträgt?
4. Ein Gurtbandförderer (Bild 3, Seite 84) transportiert pro Stunde 100 t Bauxit über eine Höhe von 7,2 m in eine Mahlanlage. Berechnen Sie die Förderleistung und den Wirkungsgrad des Stetigförderers, wenn der Antriebsmotor eine Leistung von 8,0 kW abgibt.
5. Bei einer hydraulischen Presse **(Bild 2)** zur Herstellung von Presslingen bringt der Hydraulikkolben eine mittlere Kraft von 80 kN bei einer mittleren Kolbengeschwindigkeit von 3,0 m/min auf.
   Berechnen Sie:
   a) die abgegebene Leistung der Stempelpresse.

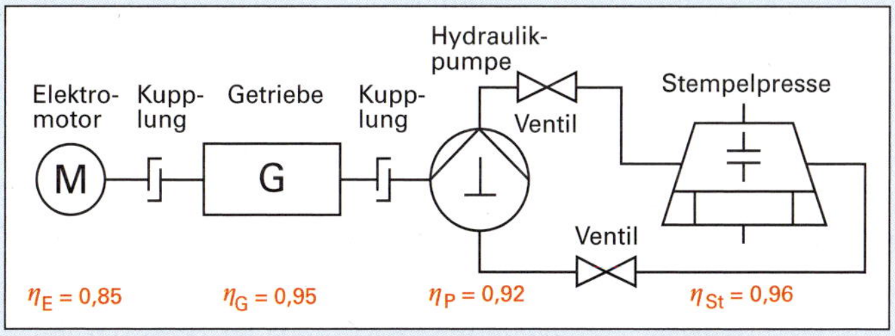

Bild 2: R&I-Fließbild einer hydraulischen Presse (Aufgabe 5)

   b) die aufgenommene Leistung von Motor, Getriebe, Hydraulikpumpe und Stempelpresse.
   c) der Gesamtwirkungsgrad der Anlage.
6. Eine Spaltrohrmotorpumpe nimmt eine elektrische Energie von 3,2 kWh aus dem Netz auf. Ihr Wirkungsgrad beträgt 70 %.
   a) Welche Hubarbeit kann die Pumpe verrichten?
   b) Wie viel Kubikmeter Kalilauge (ϱ(KOH) = 1,20 g/cm³) können damit über eine Höhendifferenz von 2,4 m gefördert werden?
7. Eine Kreiselpumpe (Bild 3, Seite 106) soll pro Stunde 150 m³ Waschfiltrat ($\varrho = 1{,}1$ g/cm³) fördern. Die Kreiselpumpe hat eine Leistungsaufnahme von 3,8 kW bei einem Wirkungsgrad von $\eta = 0{,}60$.
   Welche Förderhöhe kann theoretisch erreicht werden?
8. Das Zahnradgetriebe eines Backenbrechers nimmt eine mechanische Leistung von 1,16 kW auf und gibt 1,10 kW an einen Backenbrecher ab.
   a) Wie groß ist die Verlustleistung?
   b) Berechnen Sie den Wirkungsgrad des Zahnradgetriebes.

3.11 Druck und Druckarten

Zur Kompression eines Gases ist eine Kraft erforderlich. Drückt man z. B. auf den Kolben eines Kolbenprobers, so bewirkt die Kraft *F* einen Druck *p* in der Gasportion **(Bild 1)**.

Der erzeugte Druck *p* (pressure) ist umso größer, je größer die wirkende Kraft *F* ($p \sim F$) und je kleiner die wirksame Kolbenfläche *A* ist ($p \sim 1/A$). Somit lautet die Definitionsgleichung des Druckes $p = F/A$.

Da die Kraft die Einheit Newton (N) und die Fläche die Einheit Quadratmeter (m^2) hat, ergibt sich für den Druck das Einheitenzeichen N/m^2. Für größere Drücke wird das Hektopascal (hPa) oder das Bar (bar), für kleinere Drücke das Millibar (mbar) verwendet. Es gelten die nebenstehenden Umrechnungen.

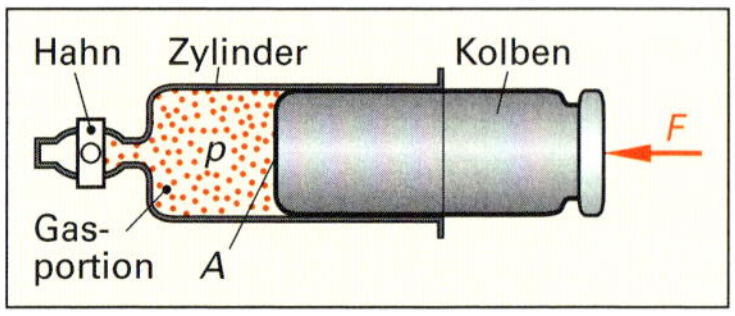

Bild 1: Druckerzeugung in einem Kolbenprober

Druckdefinition

$$\text{Druck} = \frac{\text{Kraft}}{\text{Fläche}}; \quad p = \frac{F}{A}$$

Umrechnung von Druckeinheiten

$1\ N/m^2 = 1$ Pa (Pascal)
$100\,000$ Pa $= 1$ bar $= 10\ N/cm^2$
1 hPa $= 100$ Pa $= 1$ mbar

Beispiel: Welcher Öldruck herrscht in einer hydraulischen Presse bei einer Presskraft von $F = 39$ kN, wenn der wirksame Stempeldurchmesser $d = 100$ mm beträgt?

Lösung: $p = \frac{F}{A}$, mit $A = \frac{\pi}{4} \cdot d^2$ folgt: $p = \frac{F \cdot 4}{\pi \cdot d^2}$

$$\boldsymbol{p} = \frac{39\ \text{kN} \cdot 4}{\pi \cdot (10{,}0\ \text{cm})^2} = 495\ \frac{\text{N}}{\text{cm}^2} \approx \mathbf{50\ bar}$$

Druckarten (modes of pressure)

Der **absolute Druck** $\boldsymbol{p_{abs}}$ ist der Druck gegenüber dem Druck null im luftleeren Raum (abs von lat. absolutus: losgelöst, unabhängig). Er kann jeden beliebigen Wert annehmen, der gleich oder größer als null ist **(Bild 2)**.

Der **Atmosphärendruck** $\boldsymbol{p_{amb}}$ (amb von lat. ambiens: umgebend) ist der zur Zeit der Messung am Messort herrschende Luftdruck. Er ist nicht konstant. Sein mittlerer Wert beträgt auf Meereshöhe 1013 mbar, sein Schwankungsbereich ist ca. 50 mbar **(Bild 2)**.

Die Differenz zwischen dem absoluten Druck p_{abs} und dem jeweils herrschenden Atmosphärendruck p_{amb} wird als **Überdruck** $\boldsymbol{p_e}$ bezeichnet (e von lat. excedens: überschreitend).

Der Überdruck p_e hat einen positiven Wert, wenn der Absolutdruck p_{abs} größer ist als der Atmosphärendruck p_{amb}. Er ist negativ, wenn der Absolutdruck p_{abs} kleiner ist als der Atmosphärendruck p_{amb}.

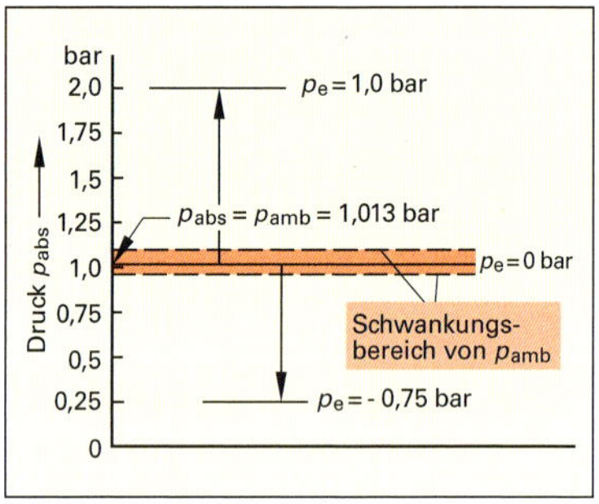

Bild 2: Druckarten

Überdruck

$$p_e = p_{abs} - p_{amb}$$

Beispiel: Wie groß sind in einem offenen Behälter der Überdruck p_e und der Absolutdruck p_{abs}, wenn der Umgebungsdruck $p_{amb} = 1008$ mbar beträgt?

Lösung: $\boldsymbol{p_e}$ **= 0 bar,** da offener Behälter; $\boldsymbol{p_{abs}} = p_e + p_{amb} = 0\ \text{bar} + 1008\ \text{mbar} = \mathbf{1008\ mbar}$

Aufgaben zu Druck und Druckarten

1. Der Überdruck in einer mit Wasserstoff gefüllten Gasstahlflasche beträgt $p_e = 150$ bar. Berechnen Sie den absoluten Druck bei einem Umgebungsdruck von $p_{amb} = 10\ N/cm^2$.
2. Wie groß ist der Druck im Saugrohr eines Turboverdichters, wenn der Luftdruck 1000 mbar und der absolute Druck 0,60 bar beträgt?
3. Wie groß ist der Druck in Pascal, wenn eine Kraft von 15 mN auf eine Fläche von $A = 5{,}0\ mm^2$ wirkt?
4. Mit welcher Kraft wird die Metallmembran in einem Plattenfedermanometer am Skalenendwert $p_e = 10{,}0$ bar belastet, wenn der wirksame Plattendurchmesser 100 mm beträgt?

3.12 Druck in Flüssigkeiten

In einer ruhenden Flüssigkeit in einem Behälter setzt sich der **Gesamtdruck p_{ges}** aus dem statischen Systemdruck p_{System} und dem hydrostatischen Druck p_h zusammen (siehe Formeln rechts).

Den **statischen Systemdruck p_{System}** berechnet man aus der Presskraft F, die auf die Pressfläche A wirkt **(Bild 1)**.

Der **hydrostatische Druck p_h** wird durch die Gewichtskraft der Flüssigkeit hervorgerufen, die über dem Messort steht.

Den hydrostatischen Druck berechnet man aus der Dichte ϱ, der Erdbeschleunigung g und der Füllhöhe der Flüssigkeit h. Der hydrostatische Druck p_h ist unabhängig vom Durchmesser des Behälters. Er wirkt in gleicher Größe in alle Raumrichtungen (Bild 1).

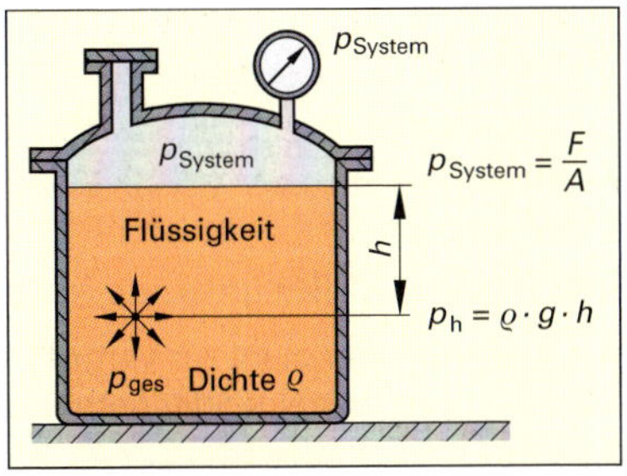

Bild 1: Druckarten in einer ruhenden Flüssigkeit in einem Behälter

Gesamtdruck

$$p_{ges} = p_{System} + p_h$$

Statischer Druck im System

$$p_{System} = \frac{F}{A}$$

Hydrostatischer Druck

$$p_h = \varrho \cdot g \cdot h$$

Beispiel: Ein Schwimmdachtank hat einen Innendurchmesser von 30,0 Meter. Er ist 10,0 Meter hoch mit Rohöl der Dichte ϱ = 870 kg/m³ gefüllt. Das Schwimmdach mit einer Masse von 10,0 Tonnen lastet auf der Ölfüllung (g = 9,81 N/kg).

a) Wie groß ist der statische Systemdruck, der durch das Schwimmdach hervorgerufen wird?

b) Wie groß ist der hydrostatische Druck am Tankboden?

c) Wie groß ist der Gesamtdruck am Tankboden?

Lösung: a) $p_{System} = \frac{F}{A}$; mit $F = m \cdot g$ und $A = \frac{\pi}{4} \cdot d^2$ folgt:

$$\mathbf{p_{System}} = \frac{m \cdot g \cdot 4}{\pi \cdot d^2} = \frac{10{,}0 \cdot 10^3\,\text{kg} \cdot 9{,}81\,\text{N} \cdot \text{kg} \cdot 4}{\pi \cdot 30{,}0^2 \cdot \text{m}^2 \cdot \text{kg}} \approx \mathbf{139\,N/m^2}$$

b) $$\mathbf{p_h} = \varrho \cdot g \cdot h = \frac{870\,\text{kg} \cdot 9{,}81\,\text{N} \cdot 10{,}0\,\text{m}}{\text{m}^3 \cdot \text{kg}} = 85347\,\text{N/m}^2 \approx \mathbf{0{,}853\,bar}$$

c) $$\mathbf{p_{ges}} = p_{System} + p_h \approx 139\,\text{N/m}^2 + 85347\,\text{N/m}^2 \approx 85486\,\text{N/m}^2 \approx \mathbf{0{,}855\,bar}$$

Hydraulische Presse (hydraulic press)

Eine hydraulische Presse dient zur Minderung oder Vergrößerung von Kräften. Der Druck in der Hydraulikflüssigkeit wirkt dabei in alle Richtungen gleichmäßig **(Bild 2)**. Da der statische Druck p_1 am Kraftkolben genauso groß ist wie der Druck p_2 am Lastkolben, gilt: $p_1 = p_2 = p =$ konst.

Mit $p_1 = \frac{F_1}{A_1}$ und $p_2 = \frac{F_2}{A_2}$ folgt: $\frac{F_1}{A_1} = \frac{F_2}{A_2}$ und damit: $F_2 = \frac{A_2}{A_1} \cdot F_1$

Die Kraftvergrößerung entspricht dem Verhältnis der Flächen $\frac{A_2}{A_1}$.

Das vom Kraftkolben verdrängte Volumen an Hydraulikflüssigkeit beträgt $V_1 = A_1 \cdot s_1$. Da Flüssigkeiten nicht komprimierbar sind, muss dieses Volumen auch im Lastkolben verdrängt werden: $V_1 = V_2 = A_2 \cdot s_2$.

Somit gilt: $A_1 \cdot s_1 = A_2 \cdot s_2$ und damit: $s_2 = \frac{A_1 \cdot s_1}{A_2}$

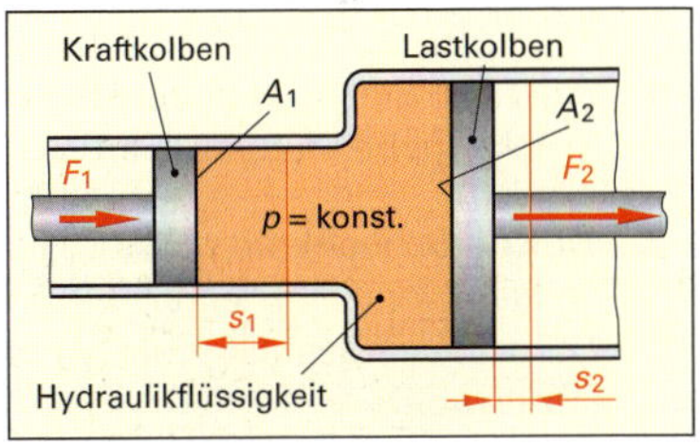

Bild 2: Prinzip der hydraulischen Presse

Hydraulische Presse

$$\frac{F_1}{A_1} = \frac{F_2}{A_2}; \quad A_1 \cdot s_1 = A_2 \cdot s_2$$

Beispiel: Eine hydraulische Hebe- und Kippvorrichtung für Fässer hat einen Kraftkolbendurchmesser von d_K = 2,00 cm. Die Fläche des Lastkolbens beträgt A_L = 30,0 cm². Ein Fass mit Decalin $C_{10}H_{18}$ (m_L = 250 kg) soll um h_L = 1,20 m angehoben werden. Berechnen Sie:

a) Die notwendige Kraft F_K am Kraftkolben.

b) Den Weg s_K am Kraftkolben.

c) Den Druck in der Hydraulikflüssigkeit.

Lösung: a) $\frac{F_1}{A_1} = \frac{F_2}{A_2} \Rightarrow \frac{F_K}{A_K} = \frac{F_L}{A_L} \Rightarrow F_K = \frac{F_L \cdot A_K}{A_L}$ mit $F_L = m_L \cdot g$ und $A_K = \frac{\pi}{4} \cdot d_K^2$ folgt:

$$\mathbf{F_K} = \frac{m_L \cdot g \cdot \pi \cdot d_K^2}{A_L \cdot 4} = \frac{250\,\text{kg} \cdot 9{,}81\,\text{N} \cdot \pi \cdot 4{,}00\,\text{cm}^2}{30{,}0\,\text{cm}^2 \cdot \text{kg} \cdot 4} = \frac{250 \cdot 9{,}81 \cdot \pi \cdot 4{,}00}{30{,}0 \cdot 4} \cdot \frac{\text{kg} \cdot \text{N} \cdot \text{cm}^2}{\text{cm}^2 \cdot \text{kg}} \approx \mathbf{257\,N}$$

b) $A_1 \cdot s_1 = A_2 \cdot s_2 \Rightarrow A_K \cdot s_K = A_L \cdot s_L \Rightarrow s_K = \frac{A_L \cdot s_L}{A_K}$, mit $A_K = \frac{\pi}{4} \cdot d_K^2$ folgt:

$$s_K = \frac{A_L \cdot s_L \cdot 4}{\pi \cdot d_K^2} = \frac{30{,}0\ \text{cm}^2 \cdot 120\ \text{cm} \cdot 4}{\pi \cdot 4{,}00\ \text{cm}^2} = 1146\ \text{cm} \approx \mathbf{11{,}5\ m}$$

c) $p = \frac{F_L}{A_L}$, mit $F_L = m_L \cdot g$ folgt: $\boldsymbol{p} = \frac{m_L \cdot g}{A_L} = \frac{250\ \text{kg} \cdot 9{,}81\ \text{N}}{30{,}0\ \text{cm}^2 \cdot \text{kg}} = 81{,}75\ \text{N/cm}^2 \approx \mathbf{8{,}81\ bar}$

Druckwandler (pressure converter)

Ein Druckwandler dient zur Vergrößerung oder Verminderung des Drucks in zwei voneinander getrennten Leitungssystemen.

Er wird z. B. zur Erhöhung des Drucks in hydraulischen Anlagen eingesetzt, ohne dass dafür separate Pumpen erforderlich sind.

Der Druckwandler besteht aus zwei Druckölzylindern, die durch einen doppelseitigen Kolben mit zwei unterschiedlichen Durchmessern verbunden sind **(Bild 1)**.

Im Gleichgewicht wirken auf die beiden Kolbenflächen A_1 und A_2 gleich große Kräfte $F_1 = F_2$.

Mit $F_1 = p_1 \cdot A_1$ und $F_2 = p_2 \cdot A_2$ folgt die Größengleichung für den Druckwandler: $p_1 \cdot A_1 = p_2 \cdot A_2$

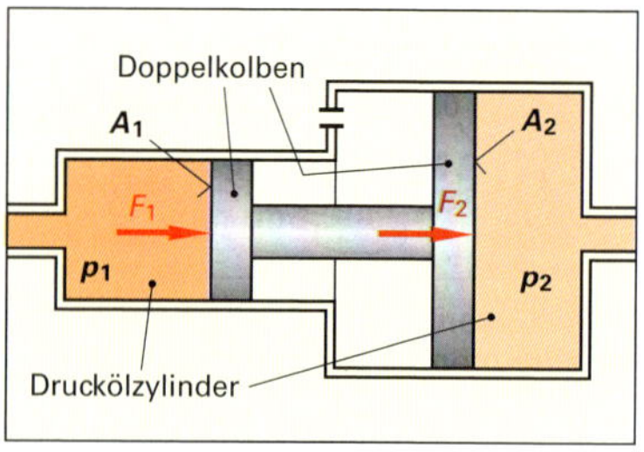

Bild 1: Druckwandler (schematisch)

Druckwandler
$p_1 \cdot A_1 = p_2 \cdot A_2$

Beispiel: Die beiden wirksamen Flächen des Kolbens eines Druckwandlers in einer Membranfilterpresse haben einen Durchmesser von $d_1 = 50{,}0$ mm und $d_2 = 20{,}0$ mm. Welcher Druck p_2 wird erzeugt, wenn im Niederdruckzylinder der Druck $p_1 = 2{,}00$ bar beträgt?

Lösung: $p_1 \cdot A_1 = p_2 \cdot A_2 \Rightarrow p_2 = p_1 \cdot \frac{A_1}{A_2}$; mit $A_1 = \frac{\pi}{4} \cdot d_1^2$ und $A_2 = \frac{\pi}{4} \cdot d_2^2$ folgt: $p_2 = p_1 \cdot \frac{\frac{\pi}{4} \cdot d_1^2}{\frac{\pi}{4} \cdot d_2^2}$

$$\boldsymbol{p_2} = p_1 \cdot \frac{d_1^2}{d_2^2} = 2{,}00\ \text{bar} \cdot \frac{(50{,}0\ \text{mm})^2}{(20{,}0\ \text{mm})^2} = 2{,}00\ \text{bar} \cdot \frac{2500\ \text{mm}^2}{400\ \text{mm}^2} \approx \mathbf{12{,}5\ bar}$$

Aufgaben zu Druck in Flüssigkeiten

1. Ergänzen Sie in der nebenstehenden **Tabelle 1** die fehlenden Druckangaben (gegebenenfalls in Potenzschreibweise).

2. Welche Schließkraft muss an einem federbelasteten Sicherheitseckventil mit einer wirksamen Ventilkegelfläche von 125 mm² eingestellt werden, wenn das Ventil bei 20,0 bar öffnen soll?

3. Ein zylindrischer Flüssigkeitstank hat einen Durchmesser von $d = 2{,}50$ m. Er enthält 10,0 m³ Aceton mit einer Dichte von $\varrho(CH_3COCH_3) = 0{,}791$ g/cm³. Wie groß ist der Bodendruck im Behälter in Bar, wenn in ihm ein Überdruck von $p_e = 0{,}233$ N/mm² herrscht?

4. In der Gasphase eines mit Dichlormethan gefüllten Behälters beträgt der Druck $p_e = 453$ mbar **(Bild 2)**. Zur Messung der Standhöhe durch Einperlen von Stickstoff ist ein Druck von $p_{eM} = 0{,}80$ bar erforderlich. Die Dichte des Dichlormethans beträgt $\varrho(CH_2Cl_2) = 1{,}325$ g/cm³. Wie viel Meter taucht das Einperlrohr in das Lösemittel ein?

5. Eine Flüssigkeit übt auf eine Kolbenfläche von 5,0 mm² eine Kraft von 15 mN aus. Welcher Druck in Pascal herrscht in der Flüssigkeit?

Tabelle 1 zu Aufgabe 1

N/m²	bar	Pa	mbar	N/cm²	hPa
					10^{-2}
				10,13	
			1		
		10^7			
	0,1				
10					

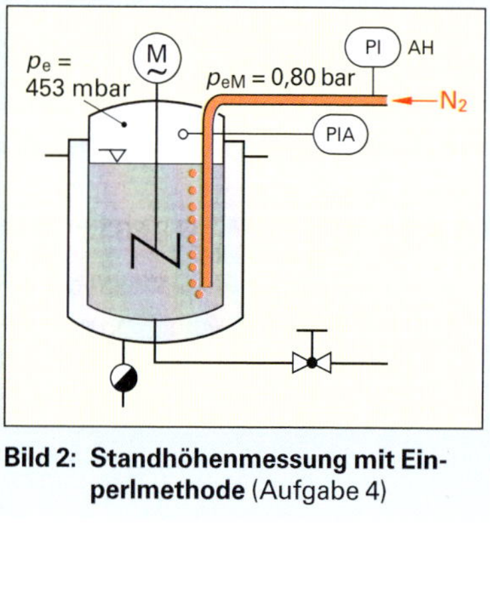

Bild 2: Standhöhenmessung mit Einperlmethode (Aufgabe 4)

6. Zur Demonstration des hydrostatischen Paradoxons dient der abgebildete Bodendruckapparat **(Bild 1).** Die Gefäßaufsätze können nacheinander in die Halterung gestellt werden.
   a) Welche Kraft wirkt auf die Membran, wenn der untere Rohrinnendurchmesser 26,0 mm und die Füllhöhe des Wassers in den Gefäßaufsätzen 24,0 cm beträgt?
   b) Wie groß ist der Bodendruck in Millibar?
   c) Warum ist der Bodendruck von der Form der Gefäßaufsätze unabhängig?
   d) Welches Wasservolumen befindet sich in Nr. 1?
7. In einem Schwerkraftabscheider **(Bild 2)** soll eine wässrige Phase (ϱ = 1,12 g/cm³) von einer organischen Phase (ϱ = 0,81 g/cm³) getrennt werden. Das Gemisch steht 3,8 m über dem Ablaufventil. Die Trenngrenze liegt 2,0 m unterhalb der Oberfläche. Wie groß ist der Bodendruck, der durch das Flüssigkeitsgemisch hervorgerufen wird?
8. Ein Druckwandler arbeitet im Niederdruckraum mit Druckwasser von 6,5 bar. Welcher Druck wird auf der Hochdruckseite erzeugt, wenn die Kolbendurchmesser d_1 = 60 mm, d_2 = 600 mm und die Reibungsverluste 10 % betragen?
9. Ein Druckminderer reduziert einen Druck von p_1 = 5,0 bar auf p_2 = 20 N/cm². Wie groß ist das bei einer Kolbenbewegung hochdruckseitig verdrängte Flüssigkeitsvolumen, wenn niederdruckseitig 10 cm³ verdrängt werden?
10. Das Verhältnis der Kolbendurchmesser an einer hydraulischen Presse beträgt $d_1 : d_2$ = 1 : 4. Welche Kraft muss am Kraftkolben wirken, wenn eine Presskraft von 160 kN erzeugt werden soll?
11. An einer hydraulischen Presse wird der Lastkolben (d = 20,0 cm) bei einem Kolbenhub von 10,0 cm herausgedrückt. Die Querschnittsfläche des Pumpenkolbens beträgt 20,0 cm². Um wie viel Millimeter wird der Lastkolben bewegt?

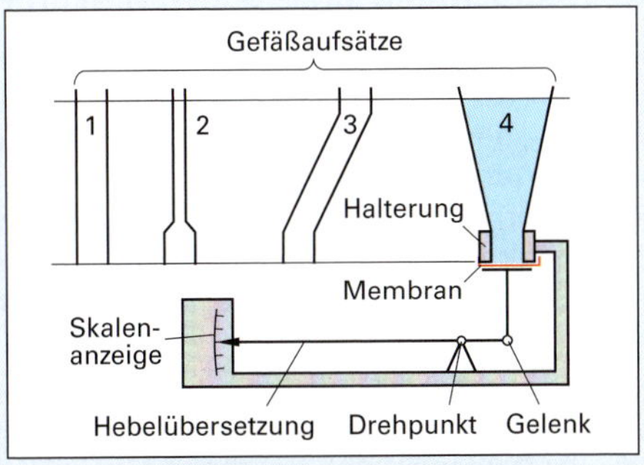

Bild 1: Bodendruckapparat (Aufgabe 6)

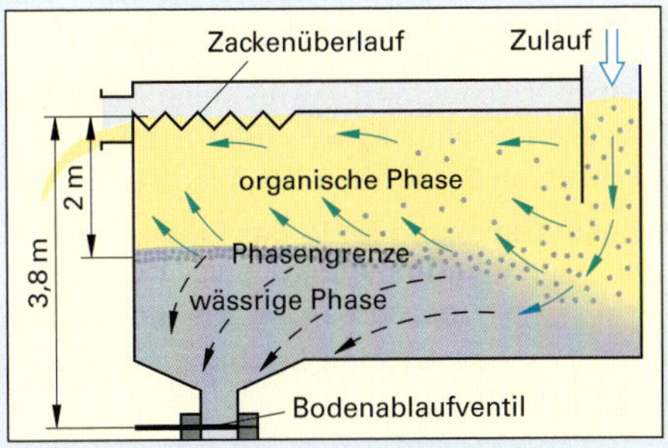

Bild 2: Schwerkraft-Abscheider für Emulsionen (Aufgabe 7)

3.13 Auftriebskraft

Mit einem Versuch **(Bild 2)** stellt man fest: Die Auftriebskraft F_A (lift force), die ein Körper mit der Gewichtskraft F_G in einer Flüssigkeit erfährt, ist so groß wie die Gewichtskraft F_{Fl} der von ihm verdrängten Flüssigkeit: $F_A = F_{Fl}$.
Mit $F_{Fl} = m_{Fl} \cdot g$ und $m_{Fl} = \varrho_{Fl} \cdot V$ folgt für die **Auftriebskraft** das nebenstehende **archimedische Gesetz.**
V ist das Volumen V_K des eingetauchten Körpers. Es ist mit dem Volumen V_{Fl} der verdrängten Flüssigkeit identisch.
Die Restgewichtskraft F_R ist die Differenz aus der Gewichtskraft F_G des Körpers und der Auftriebskraft: $F_R = F_G - F_A$.

Beispiel: In einem Höppler-Kugelfall-Viskosimeter (Bild 1, Seite 321) wird die dynamische Viskosität von Glycerin (Propantriol, ϱ = 1,220 g/cm³) bei 20,0 °C bestimmt. Welche Auftriebskraft erfährt die Edelstahlkugel (d = 11,10 mm) im Fallrohr (g = 9,81 N/kg)?

Lösung:

$$F_A = \varrho_{Fl} \cdot V \cdot g = \varrho_{Fl} \cdot \frac{\pi}{6} \cdot d^3 \cdot r^3 \cdot g$$

$$F_A = \frac{1220\,\text{kg} \cdot \pi \cdot (11{,}10 \cdot 10^{-3})^3\,\text{m}^3 \cdot 9{,}81\,\text{N}}{\text{m}^3 \cdot 6 \cdot \text{kg}} \approx \mathbf{8{,}57\,mN}$$

Archimedisches Gesetz der Auftriebskraft

$$F_A = \varrho_{Fl} \cdot V \cdot g$$

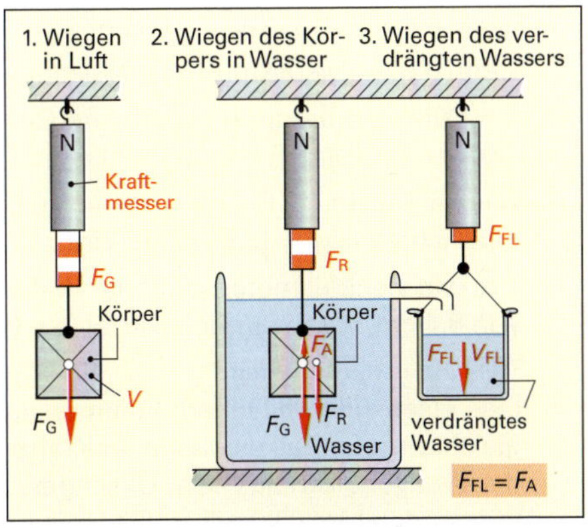

Bild 3: Versuch zur Bestimmung des Auftriebs

Eintauchtiefe eines Schwimmkörpers (depth of immersion)

Ein Schwimmkörper **(Bild 1)** taucht umso tiefer in eine Flüssigkeit ein, je größer die Dichte ϱ_K des Körpers ($h_E \sim \varrho_K$) und je kleiner die Dichte ϱ_{Fl} der Flüssigkeit ($h_E \sim 1/\varrho_{Fl}$) ist. Dies gilt auch für Hohlkörper aus Werkstoffen mit einer größeren Dichte als die Dichte der Flüssigkeit, in der sie schwimmen. Ursache hierfür ist der luftgefüllte Hohlraum im Körper. Er verdrängt ebenfalls Flüssigkeit und trägt somit zum Auftrieb bei, ohne die Gewichtskraft des Körpers zu vergrößern.

In der Messtechnik wird die Eintauchtiefe eines Aräometers (Bild 1, Seite 315) genutzt, um auf einer kalibrierten Strichskale die Dichte oder die Gehaltsgröße einer Flüssigkeit abzulesen.

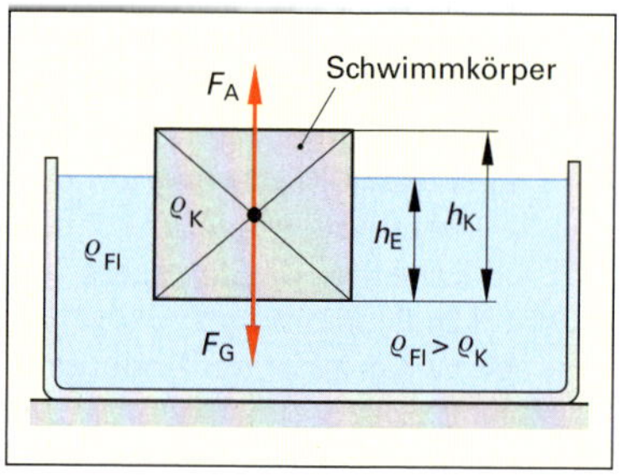

Bild 1: Kräfte am Schwimmkörper

Berechnung der Eintauchtiefe

Ein Körper schwimmt, wenn seine Gewichtskraft genau so groß ist wie die Auftriebskraft, die er in der Flüssigkeit erfährt: $F_G = F_A$ (Bild 1). Mit $F_A = V_E \cdot \varrho_{Fl} \cdot g$ und $F_G = m_K \cdot g = V_K \cdot \varrho_K \cdot g$ erhält man nach dem Gleichsetzen der Kraft und Kürzen der Erdbeschleunigung g: $V_E \cdot \varrho_{Fl} = V_K \cdot \varrho_K$.

In dieser Gleichung ist V_E das Eintauchvolumen und V_K das Volumen des gesamten Körpers. Mit $V_E = A \cdot h_E$ und $V_K = A \cdot h_K$ ergibt sich nach dem Einsetzen, Kürzen der Grundfläche A und nach Umstellen eine Größengleichung für die Eintauchtiefe h_E eines Schwimmkörpers.

Eintauchtiefe eines Körpers

$$h_E = h_K \cdot \frac{\varrho_K}{\varrho_{FL}}$$

Beispiel: Wie tief taucht ein Aräometer (Bild 1, Seite 315) mit einer Masse von 16,53 g, einem Volumen von 19,05 cm³ und einer Bauhöhe von 18,35 cm bei 20,0°C in Wasser der Dichte $\varrho = 0{,}9982\ \text{g/cm}^3$ ein?

Lösung: $h_E = h_K \cdot \frac{\varrho_K}{\varrho_{Fl}}$ mit $\varrho_K = \frac{m_K}{V_K}$ folgt: $\mathbf{h_E} = \frac{h_K \cdot m_K}{\varrho_{Fl} \cdot V_K} = \frac{18{,}35\ \text{cm} \cdot 16{,}53\ \text{g}}{0{,}9982\ \text{g/cm}^3 \cdot 19{,}05\ \text{cm}^3} \approx$ **15,95 cm**

Aufgaben zu Auftriebskraft

1. In einem Schwimmerkondensatableiter **(Bild 2)** wird der Kondensatorablauf von einer Schwimmerkugel aus Edelstahl gesteuert. Welche Auftriebskraft erfährt die Schwimmerkugel mit einem Durchmesser von 100 mm, wenn sie zur Hälfte in Kondensat der Dichte 0,996 g/cm³ eintaucht?
2. Welche Restgewichtskraft hat der Senkkörper an der Westphal'schen Waage (Bild 1, Seite 313) in Testbenzin der Dichte $\varrho = 0{,}770\ \text{g/cm}^3$, wenn seine Masse 15,01 g und sein Volumen 4,990 cm³ beträgt?
3. Wie groß ist das Eintauchvolumen eines Aräometers (Bild 1, Seite 302) in Schwefelsäure der Dichte $\varrho(H_2SO_4) = 1{,}140\ \text{g/cm}^3$, wenn die Auftriebskraft 165 mN beträgt?

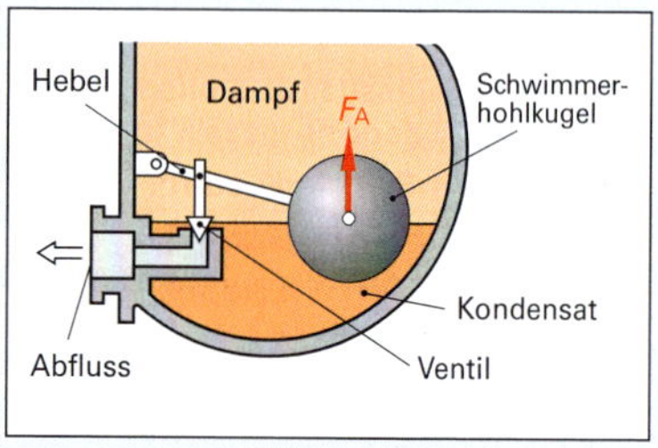

Bild 2: Schwimmerkugel in einem Kondensatableiter (Aufgabe 1)

4. Ein Rührkern hat an der Luft eine Gewichtskraft von 68,9 mN. Beim vollständigen Eintauchen in Wasser wird eine Restgewichtskraft von 52,6 mN gemessen. Wie groß ist die Dichte des Rührkerns?
5. Wie tief taucht ein Eisenwürfel mit 10,0 mm Kantenlänge und einer Masse von 7,86 g in Quecksilber der Dichte $\varrho(Hg) = 13{,}55\ \text{g/cm}^3$ ein?
6. Um wie viel Millimeter steigt der Wasserspiegel in einem Becherglas mit einem Innendurchmesser von 8,4 cm, wenn ein Holzwürfel ($\varrho = 0{,}76\ \text{g/cm}^3$) mit einer Kantenlänge von 3,4 cm hineingegeben wird?
7. Eine Eisenkugel mit einem Volumen von 1,00 cm³ und eine Aluminiumkugel befinden sich an einer gleicharmigen Balkenwaage im Kräftegleichgewicht. Zu welcher Seite und mit welcher Kraft wird der Waagebalken aus dem Gleichgewicht gebracht, wenn beide an den Armen des Waagebalkens hängenden Metallkugeln vollständig in Wasser eintauchen ($\varrho(Fe) = 7{,}86\ \text{g/cm}^3$, $\varrho(Al) = 2{,}70\ \text{g/cm}^3$)?

3.14 Druck in Gasen, Gasgesetze

Im Gegensatz zu Flüssigkeiten und Feststoffen sind Gase komprimierbar. Der Zustand einer Gasportion wird durch die Zustandsgrößen Druck p, Volumen V und thermodynamische Temperatur T beschrieben.

Beim Rechnen mit den **Gasgesetzen** ist generell die thermodynamische Temperatur T in Kelvin (K) zu verwenden. Temperaturen in Grad Celsius (ϑ) müssen mit der nebenstehenden Größengleichung in Kelvin (K) umgerechnet werden.

Umrechnung in thermodynamische Temperatur

$$T = \left(\frac{\vartheta}{°\mathrm{C}} + 273{,}15\right) K$$

Beispiel: Welche Temperatur in Kelvin entsprechen 102,8 °C?

Lösung: $T = \left(\frac{102{,}8\ °\mathrm{C}}{°\mathrm{C}} + 273{,}15\right) \mathrm{K} = \mathbf{375{,}95\ K}$

Zur Berechnung der Zustandsgrößen bei Gasportionen gibt es eine Reihe von Gasgesetzen (ideal gas laws). Bei konstanter Stoffmenge n einer Gasportion unterscheidet man die folgenden Zustandsänderungen.

Isotherme Zustandsänderung (T = konst.)

Wird bei gleichbleibender Temperatur das Volumen einer Gasportion verringert, so steht den Teilchen des Gases ein kleinerer Raum zur Verfügung. Sie prallen häufiger und heftiger gegen die Gefäßinnenwand. Der Druck steigt im gleichen Verhältnis der Volumenminderung: $p = 1/V$.
Das Produkt aus zusammengehörenden Druck- und Volumenwertepaaren $p \cdot V$ wird als Druckenergie W bezeichnet. Sie ist bei gleicher Temperatur gleich groß: $W = p \cdot V$ = konst. Dieser Zusammenhang wird als **Gesetz von Boyle-Mariotte** bezeichnet.

Boyle-Mariotte-Gesetz

$$p_1 \cdot V_1 = p_2 \cdot V_2 = \text{konst.}$$

Beispiel: Wird das Volumen einer Gasportion bei konstanter Temperatur T um die Hälfte verringert, so steigt der Druck auf das Doppelte **(Bild 1)**.

$p_1 \cdot V_1 = p_2 \cdot V_2$

Druck-Verdoppelung

2 bar · 10 L = 4 bar · 5 L

Volumen-Halbierung

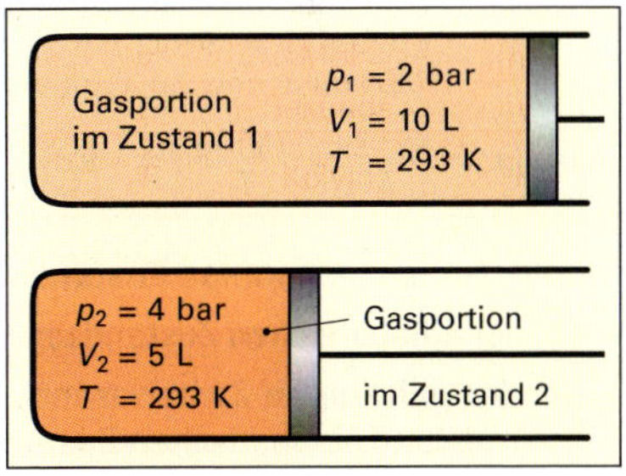

Bild 1: Beispiel zum Gesetz von Boyle-Mariotte

Isobare Zustandsänderung (p = konst.)

Hierbei wird der Druck in der Gasportion konstant gehalten.

Mit steigender Temperatur wird die Geschwindigkeit der Teilchen immer größer. Sie prallen mit höherer Energie gegen die Gefäßinnenwand. Die Teilchen erboxen sich ein größeres Volumen: $V \sim T$.

Der Quotient aus zusammengehörenden Volumen- und Temperaturwertepaaren ist immer gleich groß: V/T = konst. Dies ist das **Gesetz von Gay-Lussac** (siehe rechts).

Gay-Lussac-Gesetz

$$\frac{V_1}{T_1} = \frac{V_2}{T_2} = \text{konst.}$$

Beispiel: Wird die thermodynamische Temperatur T einer Gasportion bei konstantem Druck verdoppelt, so verdoppelt sich auch das Volumen **(Bild 2)**.

$$\frac{V_1}{T_1} = \frac{V_2}{T_2}$$

Volumen-Verdoppelung

$$\frac{10\ \mathrm{L}}{300\ \mathrm{K}} = \frac{20\ \mathrm{L}}{600\ \mathrm{K}}$$

Temperatur-Verdoppelung

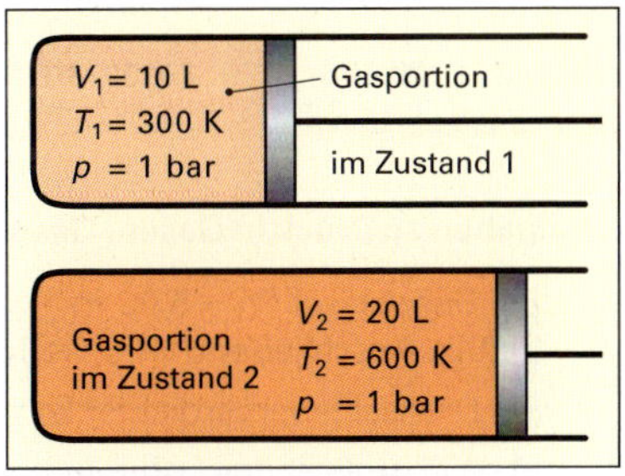

Bild 2: Beispiel zum Gesetz von Gay-Lussac

Isochore Zustandsänderung (V = konst.)

Hierbei ist die Gasportion in einem konstant großen Volumen eingeschlossen; den Teilchen steht mit steigender Temperatur nur ein konstantes Volumen zur Verfügung.
Die höhere Teilchengeschwindigkeit bewirkt beim Aufprall der Teilchen eine größere Kraft F auf die Gefäßinnenwand A ($p = F/A$). Dadurch steigt der Druck der Gasportion: $p \sim T$.

Amontons-Gesetz

$$\frac{p_1}{T_1} = \frac{p_2}{T_2} = \text{konst.}$$

Auch hier ist der Quotient aus zusammengehörenden Druck- und Temperaturwertepaaren immer gleich groß: p/T = konst. Dies ist das **Gesetz von Amontons** (siehe Seite 101 unten):

Beispiel: Wird die thermodynamische Temperatur T einer Gasportion bei konstantem Volumen verdoppelt, so verdoppelt sich auch der Druck **(Bild 1)**.

Druck-Verdoppelung

$$\frac{p_1}{T_1} = \frac{p_2}{T_2} \quad \Rightarrow \quad \frac{2\text{ bar}}{300\text{ K}} = \frac{4\text{ bar}}{600\text{ K}}$$

Temperatur-Verdoppelung

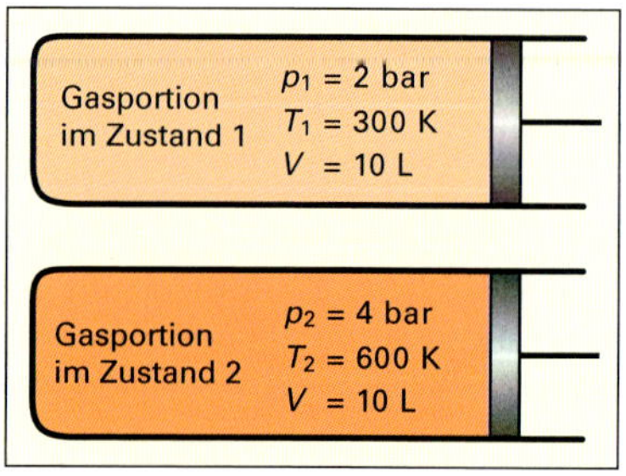

Bild 1: Beispiel zum Gesetz von Amontons

Allgemeine Zustandsänderung (general change of state)

Die drei bislang genannten Gasgesetze lassen sich zu einer **allgemeinen Zustandsgleichung der Gase** zusammenfassen.

Sie beschreibt jede Zustandsänderung einer beliebigen Gasportion eines idealen Gases.

Allgemeine Zustandsgleichung idealer Gase

$$\frac{p_1 \cdot V_1}{T_1} = \frac{p_2 \cdot V_2}{T_2} = \text{konst.}$$

Beispiel: Eine unter Sperrflüssigkeit stehende Ethen-Gasportion $H_2C{=}CH_2$ hat bei ϑ = 25,0°C folgende Zustandsgrößen: V = 76 mL, p = 1078 mbar. Welches Volumen hat die Ethen-Gasportion bei einem Druck von 1003 mbar und der Temperatur 20,0°C?

Lösung: $$\frac{p_1 \cdot V_1}{T_1} = \frac{p_2 \cdot V_2}{T_2} \Rightarrow \boldsymbol{V_2} = \frac{p_1 \cdot V_1 \cdot T_2}{p_2 \cdot T_1} = \frac{1078\text{ mbar} \cdot 76\text{ mL} \cdot 293{,}15\text{ K}}{1003\text{ mbar} \cdot 298{,}15\text{ K}} \approx \mathbf{80{,}31\ mL}$$

Neben den letztgenannten Zustandsänderungen unterscheidet man in der Technik zwei weitere:

- Bei der **adiabatischen** Zustandsänderung erfolgt kein Wärmeaustausch Q mit der Umgebung: Q = konst.
- Bei der **polytropen** Zustandsänderung erfolgt die Änderung des Gaszustandes im Gegensatz zur isothermen und adiabatischen Zustandsänderung unter realen Bedingungen mit Temperaturänderung und Wärmeaustausch.

Volumenänderungsarbeit (volumetric work)

Das Produkt aus Druck p und Volumenänderung ΔV wird als Volumenänderungsarbeit W bezeichnet. Es ist die Arbeit, die eine Gasportion verrichten muss, um z.B. gegenüber dem äußeren Luftdruck ein bestimmtes Volumen zu erreichen.

Volumenänderungsarbeit

$$W = p \cdot \Delta V$$

Beispiel: Welche Volumenänderungsarbeit wird verrichtet, wenn bei der katalytischen Zersetzung einer Wasserstoffperoxid-Lösung bei einem Druck von 1030,2 mbar 29,3 mL Sauerstoff entstehen?

Lösung: $$\boldsymbol{W} = p \cdot \Delta V = 1{,}0302 \cdot 10^5\text{ Pa} \cdot 29{,}3 \cdot 10^{-6}\text{ m}^3 = 3{,}0185\,\frac{\text{N} \cdot \text{m}^3}{\text{m}^2} \approx 3{,}02\text{ Nm} \approx \mathbf{3{,}02\ J}$$

Aufgaben zu Druck in Gasen, Gasgesetze

1. Ein Rührkessel (V_1 = 5,00 m³) wird zum Inertisieren mit Stickstoff bei 20,0°C und p_{amb} = 1,020 bar befüllt. Anschließend wird die Temperatur auf 80,0°C erhöht. Welcher Druck stellt sich im Kessel ein?
2. Ein Drehschieberverdichter komprimiert isotherm 25,0 m³ Luft von p_{abs} = 1,01 bar auf p_{abs} = 3,0 bar.
   a) Wie groß ist das Luftvolumen nach der Kompression?
   b) Welche Volumenänderungsarbeit wird vom Drehschieberverdichter verrichtet?
3. Wie viel Kubikmeter Sauerstoff können bei konstanter Temperatur aus einer Gasstahlflasche mit dem Nennvolumen 50,0 L entnommen werden? Der Gasdruck in der Flasche wurde zu p_{abs} = 150 bar gemessen. Der Umgebungsdruck beträgt 1,01 bar.
4. Zum Abpressen eines Rührkessels von 1000 L Inhalt wird eine 50-L-Gasstahlflasche angeschlossen, in der sich Stickstoff unter einem Druck von p_{abs} = 150 bar befindet. Welcher Druck wird im Rührkessel erreicht? Der Umgebungsdruck beträgt p_{amb} = 1,0 bar.

3.15 Sättigungsdampfdruck, Partialdruck

Sättigungsdampfdruck (saturation vapor pressure)

Beim Verdampfen oder Verdunsten gehen Flüssigkeitsmoleküle ständig von der flüssigen Phase in die Gasphase über und umgekehrt, bis sich ein dynamischer Gleichgewichtszustand einstellt **(Bild 1).** Dann steigen gleich viele Moleküle aus der Flüssigkeit auf, wie von der Dampfphase in die Flüssigkeit zurückgelangen.

Der Druck, der im Gleichgewicht in der Dampfphase herrscht, wird als **Sättigungsdampfdruck p_s** bezeichnet. Er ist neben der Stoffart von der Temperatur abhängig **(Bild 2).** Der Sättigungsdampfdruck von Wasser beträgt bei 100 °C: p_s = 1013 mbar (Normdruck).

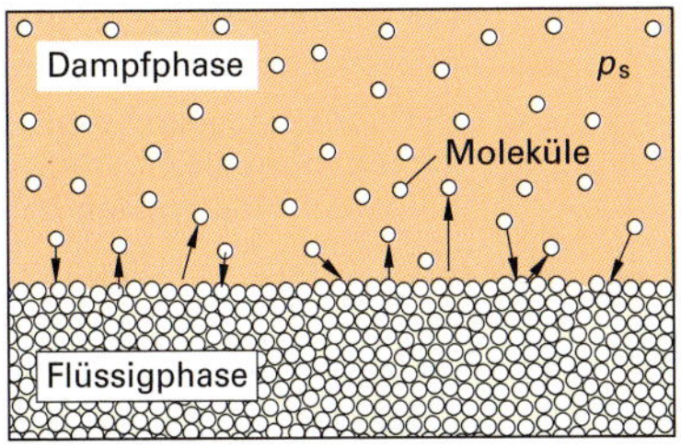

Bild 1: Schematische Darstellung von Flüssigkeit und Dampfphase im dynamischen Gleichgewicht (in einem geschlossenen Behälter)

Partialdruck (partial pressure)

In der betrieblichen Praxis kommen häufig Gasmischungen zum Einsatz, z. B. die zur Synthese eingesetzten Gasgemische $H_2 + Cl_2$, $CO + H_2$ oder $N_2 + 3\,H_2$.

Die Zusammensetzung eines Gasgemisches lässt sich durch den Stoffmengenanteil χ (χ: griechischer Großbuchstabe Chi) der einzelnen Komponenten beschreiben, z. B. χ(X) (Seite 150).

Die Zusammensetzung ist abhängig vom Teildruck, mit dem die einzelnen Komponenten des Gasgemisches zum Gesamtdruck p_{ges} beitragen. In einem Gasgemisch erzeugt jede Komponente einen Teildruck, auch Partialdruck genannt, z. B. p(X).

Der Partialdruck entspricht dem Dampfdruck, den das Gas erzeugen würde, wenn es allein in der Gasphase vorläge und allein das gesamte Volumen V_{ges} erfüllen würde, den das gesamte Gas einnimmt. Jedes Gas in der Mischung verhält sich so, als wären die anderen Komponenten nicht vorhanden.

Der Gesamtdruck p_{ges} eines Gasgemisches ist demzufolge gleich der Summe der Partialdrücke p(X), p(Y), ... der Komponenten (X), (Y), ... Dieser Zusammenhang wird als **Dalton'sches[1] Partialdruckgesetz** bezeichnet.

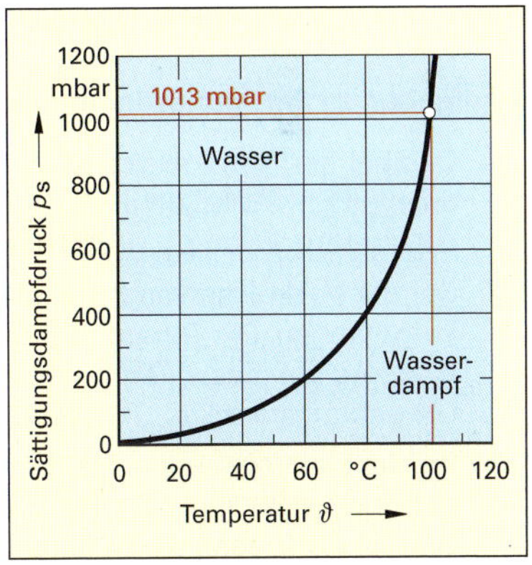

Bild 2: Sättigungsdampfdruckkurve von Wasser

Dalton'sches Partialdruckgesetz

$$p_{ges} = p(X) + p(Y) + \ldots$$

Beispiel: In der Atmosphäre hat Sauerstoff den Partialdruck $p(O_2) = 0{,}2$ bar und Stickstoff den Partialdruck $p(N_2) = 0{,}8$ bar. Wie groß ist der Gesamtdruck?

Lösung: $\boldsymbol{p_{ges}} = p_{amb} = p(O_2) + p(N_2) = 0{,}2\text{ bar} + 0{,}8\text{ bar} = \mathbf{1{,}0\text{ bar}}$

Stoffmengenanteil einer Gaskomponente

Der Stoffmengenanteil einer Gaskomponente χ(X) eines Gasgemisches berechnet sich mit den nebenstehenden Formeln.

Da gleich große Gas-Stoffmengen bei gleicher Temperatur gleich große Volumina und gleich große Drücke besitzen, verhält sich die Teil-Stoffmenge n (X) zur gesamten Stoffmenge n_{ges} der Gasmischung wie der Partialdruck p (X) zum Gesamtdruck p_{ges} oder wie das Partialvolumen V (X) zum Gesamtvolumen V_{ges}.

Ein Mol aller Gase hat bei Normbedingungen praktisch das gleiche Volumen. Aus diesem Grund ist der Stoffmengenanteil χ(X) einer Gaskomponente X gleich dem Volumenanteil φ(X) (φ: griechischer Buchstabe phi).

Stoffmengenanteil einer Gaskomponente in einem Gasgemisch

$$\chi(X) = \frac{n(X)}{n_{ges}}$$

$$\chi(X) = \frac{p(X)}{p_{ges}}$$

$$\chi(X) = \frac{V(X)}{V_{ges}} = \varphi(X)$$

---

[1] John Dalton (1766–1844), englischer Physiker

Beispiel: Bei der thermischen Zersetzung von Quecksilberoxid wurden 30,0 mL Sauerstoff über Wasser als Sperrflüssigkeit bei p_{amb} = 1030,2 mbar und ϑ = 20,5 °C aufgefangen **(Bild 1)**.

Die Sauerstoff-Gasportion steht mit dem Wasser im Gleichgewicht und enthält gasförmiges Wasser.

Der Sättigungsdampfdruck des Wassers beträgt bei dieser Temperatur $p_s(H_2O)$ = 24,2 mbar. Wie viel Milliliter trockener Sauerstoff sind im Standzylinder enthalten?

Lösung: $\chi(O_2) = \frac{p(O_2)}{p_{ges}} = \frac{V(O_2)}{V_{ges}} \Rightarrow V(O_2) = \frac{p(O_2) \cdot V_{ges}}{p_{ges}}$

Der Gesamtdruck in der Gasportion setzt sich aus dem Sauerstoffpartialdruck $p(O_2)$ und dem Wasserpartialdruck $p(H_2O)$ zusammen:

$p_{ges} = p(O_2) + p(H_2O) \Rightarrow p(O_2) = p_{ges} - p_{H_2O}$

Das trockene O_2-Volumen: $V(O_2) = \frac{(p_{ges} - p_{H_2O}) \cdot V_{ges}}{p_{ges}} = \frac{(1030{,}2\ \text{mbar} - 24{,}2\ \text{mbar}) \cdot 30{,}0\ \text{mL}}{1030{,}2\ \text{mbar}} \approx$ **29,3 mL**

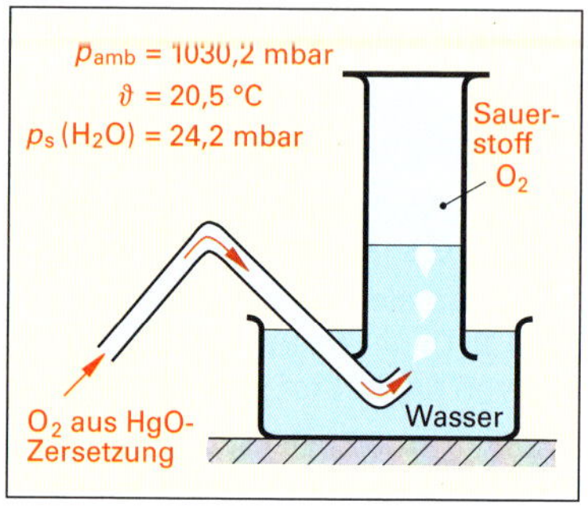

Bild 1: Auffangen einer Gasportion

Aufgaben zu Sättigungsdampfdruck, Partialdruck

1. Das bei der Ammoniaksynthese eingesetzte Gasgemisch aus H_2 und N_2 hat folgende Volumenanteile: $\varphi(H_2)$ = 75 %, $\varphi(N_2)$ = 25 %. Berechnen Sie die Partialdrücke der beiden Komponenten bei einem Gesamtdruck von p_{ges} = 325 bar.
2. Bei der Hydrolyse von Aluminiumcarbid wurden 530 mL Methan über Wasser als Sperrflüssigkeit aufgefangen. Die Temperatur des Wassers betrug $\vartheta(H_2O)$ = 20,0 °C. Der Sättigungsdampfdruck des Wassers bei dieser Temperatur ist p_s = 23,4 mbar. Der Druck in der Gasmischung war gleich dem Umgebungsdruck p_{amb} = 1005,3 mbar. Welche Masse an Methan wurde freigesetzt?
3. Bei der Elektrolyse einer Natriumchlorid-Sole in Membran-Elektrolysezellen entstehen bei einer Temperatur von 90 °C pro Stunde 2300 m^3 feuchter Wasserstoff. Wie groß ist das Volumen an trockenem Wasserstoff, wenn der Sättigungsdampfdruck des Wassers mit 700 mbar und der Druck im Elektrolyseur mit 1013 mbar angenommen wird?
4. Zur Aufrechterhaltung des Vakuums an einem Vakuum-Bandfilter fördert eine Wasserringpumpe pro Stunde 1130 m^3 Luft von ϑ(Luft) = 35 °C gegen einen Luftdruck von p_{amb} = 1040 mbar. Welcher Wasserverlust in Kilogramm ist saugseitig zu ergänzen, um den Wasserring in der Pumpe zu erhalten? Der Sättigungsdampfdruck des Wassers beträgt $p_s(H_2O, 35\ °C)$ = 56,2 mbar.

3.16 Luftfeuchtigkeit

In der Luft der Atmosphäre ist durch das Verdunsten von Wasser ein Wassergehalt vorhanden **(Bild 2)**. Er wird Luftfeuchte (humidity) genannt. Die Größe der Luftfeuchte ist von der Temperatur und vom Gleichgewichtszustand abhängig. Es gibt mehrere Kennwerte, um den Wassergehalt der Luft zu beschreiben.

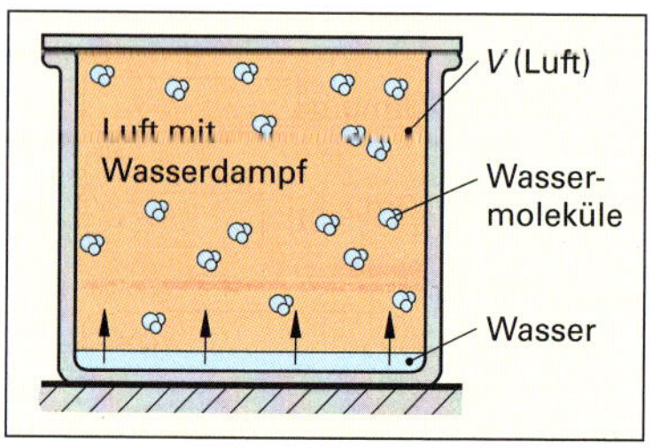

Bild 2: Entstehen der Luftfeuchtigkeit

Maximale Luftfeuchte (maximum humidity)

Maximale Luftfeuchte $\beta(H_2O)_{max}$ oder Sättigungs-Massenkonzentration heißt die Masse an Wasserdampf, die ein Kubikmeter Luft bei einer bestimmten Temperatur maximal aufnehmen kann (siehe rechts). Sie wird in Gramm durch Kubikmeter angegeben.

Bei gegebenem Sättigungsdampfdruck p_s lässt sich die maximale Luftfeuchte $\beta(H_2O)_{max}$ auch mithilfe der allgemeinen Gasgleichung (vgl. Seite 122) berechnen:

$$p \cdot V = \frac{m}{M} \cdot R \cdot T \Rightarrow \frac{m(H_2O)_{max}}{V(\text{Luft})} = \frac{p_s(H_2O) \cdot M(H_2O)}{R \cdot T} = \beta(H_2O)_{max}$$

Maximale Feuchte

$$\beta(H_2O)_{max} = \frac{m(H_2O)_{max}}{V(\text{Luft})}$$

$$\beta(H_2O)_{max} = \frac{p_s(H_2O) \cdot M(H_2O)}{R \cdot T}$$

Beispiel: Wie groß ist die maximale Luftfeuchte, wenn der Sättigungsdampfdruck des Wassers bei 20 °C $p_s(H_2O)$ = 23,4 mbar beträgt?
(Molare Masse des Wassers $M(H_2O)$ = 18,02 g/mol), R = 0,08314 bar · L/(K · mol)

Lösung: $\beta(H_2O)_{max} = \frac{p_s(H_2O) \cdot M(H_2O)}{R \cdot T} = \frac{0{,}0234 \text{ bar} \cdot 18{,}02 \text{ g} \cdot \text{mol} \cdot \text{K}}{0{,}08314 \text{ bar} \cdot \text{L} \cdot \text{mol} \cdot 293 \text{ K}} = 0{,}0173098 \text{ g/L} \approx \mathbf{17{,}3\ g/m^3}$

Absolute Luftfeuchte (absolute humidity)

Als absolute Luftfeuchte $\beta(H_2O)_{abs}$ bezeichnet man die Massenkonzentration an Wasserdampf, wenn Luft bei einer bestimmten Temperatur unvollständig mit Wasserdampf gesättigt ist.

Wird feuchte Luft abgekühlt, so kann sie immer weniger Wasserdampf halten. Beim Taupunkt überschreitet die absolute Luftfeuchte die maximale Luftfeuchte, und der überschüssige Wasserdampf wird in Form von Nebel oder Eiskristallen ausgeschieden.

Absolute Luftfeuchte

$$\beta(H_2O)_{abs} = \frac{m(H_2O)_{abs}}{V(\text{Luft})}$$

Relative Luftfeuchte (relative humidity)

Relative Luftfeuchte φ_r wird das Verhältnis der absoluten Luftfeuchte zur maximalen Luftfeuchte bei einer bestimmten Lufttemperatur genannt. Man erhält die relative Luftfeuchte φ_r auch aus dem Verhältnis von absoluter Masse ($m(H_2O)_{abs}$) zu maximaler Masse ($m(H_2O)_{max}$) an Wasserdampf in der Luftportion.

Falls die Sättigungsdampfdrücke des Wassers beim Taupunkt $p_s(H_2O)_T$ und bei Raumtemperatur $p_s(H_2O)_{RT}$ bekannt sind, errechnet sich die relative Luftfeuchte durch Division dieser Sättigungsdampfdrücke.

Die relative Luftfeuchte φ_r wird als Dezimalzahl oder in Prozent angegeben. Sie steigt bei Abkühlung einer Luftportion an, da die Sättigungsmenge kleiner wird.

Relative Luftfeuchte

$$\varphi_r = \frac{\beta(H_2O)_{abs}}{\beta(H_2O)_{max}}$$

$$\varphi_r = \frac{m(H_2O)_{abs}}{m(H_2O)_{max}}$$

$$\varphi_r = \frac{p_s(H_2O)_T}{p_s(H_2O)_{RT}}$$

Beispiel: Die relative Luftfeuchte in einem Betriebs-Labor mit einem Volumen von V(Luft) = 70,0 m³ beträgt bei ϑ = 22 °C φ_r = 45,0 %. Der Sättigungsdampfdruck des Wassers beträgt bei dieser Temperatur $p_s(H_2O)$ = 26,43 mbar. Wie viel Wasser befindet sich in der Raumluft des Labors?

Lösung: $\varphi_r = \frac{m(H_2O)_{abs}}{m(H_2O)_{max}} \Rightarrow m(H_2O)_{abs} = \varphi \cdot m(H_2O)_{max}$; mit $m(H_2O)_{max} = \beta(H_2O)_{max} \cdot V(\text{Luft})$ und

$\beta(H_2O)_{max} = \frac{p_s(H_2O) \cdot M(H_2O)}{R \cdot T}$ folgt: $m(H_2O)_{abs} = \varphi_r \cdot \frac{p_s(H_2O) \cdot M(H_2O)}{R \cdot T} \cdot V(\text{Luft})$

$$\mathbf{m(H_2O)_{abs}} = \frac{0{,}450 \cdot 0{,}02643 \text{ bar} \cdot 18{,}02 \text{ g} \cdot 70{,}0 \cdot 10^3 \text{ L} \cdot \text{mol} \cdot \text{K}}{0{,}08314 \text{ bar} \cdot \text{L} \cdot \text{mol} \cdot 295 \text{ K}} = 611{,}689 \text{ g} \approx \mathbf{612\ g}$$

Aufgaben zu Luftfeuchtigkeit

1. Wie groß ist die relative Luftfeuchte in einem Wirbelschichttrockner mit einer Innentemperatur von 80 °C, wenn der Taupunkt bei 70 °C liegt? Die Sättigungsdampfdrücke betragen: $p_s(H_2O, 70\,°C)$ = 311,6 mbar, $p_s(H_2O, 80\,°C)$ = 473,6 mbar.
2. Wie groß ist die maximale Luftfeuchte in einem Hochregallager bei 20 °C, wenn der Sättigungsdampfdruck bei dieser Temperatur $p_s(H_2O, 20\,°C)$ = 23,4 mbar beträgt?
3. Wie viel Gramm Wasser kondensieren bei der Inbetriebnahme eines Kälteschranks mit einem Volumen von 280 L, wenn die Innentemperatur von 20 °C bei einer relativen Luftfeuchte von 85 % auf 7 °C absinkt? $p_s(H_2O, 20\,°C)$ = 23,4 mbar, $p_s(H_2O, 7\,°C)$ = 10,0 mbar.
4. Wie groß ist die maximale Luftfeuchte in Gramm pro Kubikmeter in einem Exsikkator (Bild 1, Seite 203) über Calciumchlorid $CaCl_2$ als Trockenmittel bei 25 °C, wenn der Sättigungsdampfdruck des Wassers bei dieser Temperatur $p_s(H_2O)$ = 0,30 mbar beträgt?

Gemischte Aufgaben zu 3 Ausgewählte physikalische Berechnungen

1. Das Gehäuseoberteil eines Schraubenverdichters **(Bild 1)** aus einer Anlage zur Abluftreinigung soll zu Revisionszwecken mithilfe eines Brückenkrans abgehoben werden. Im technischen Datenblatt ist die Masse des Gehäuseoberteils mit 5,550 t angegeben. Für welche Kraft muss der Kran mindestens ausgelegt sein, wenn mit fünffacher Sicherheit gerechnet wird?
2. Wie groß muss der Kolbenhub einer Hubkolbenpumpe sein, wenn sie pro Kolbenhub 20 dm^3 Cyclohexan C_6H_{12} in eine Pulsationskolonne pumpen soll? Der Kolbendurchmesser beträgt 400 mm.
3. Aus einem Weich-PVC-Granulat mit der Dichte ϱ(PVC) = 1,40 g/cm^3 wird mit einem Extruder ein PVC-Schlauch gefertigt. Die Maße des Schlauchs sind: Länge 50,0 m, Innendurchmesser 16,0 mm, Wandstärke 2,50 mm. Welche Masse an Granulat wird hierzu benötigt?
4. Aus einem stehenden zylindrischen Tank mit den Innenmaßen h = 3,50 m und d = 1,50 m werden 500 L Natronlauge abgefüllt. Wie hoch ist der Flüssigkeitsstand nach der Entnahme, wenn der Tank vorher zu 70 % gefüllt war?
5. Ein Lamellenklärer **(Bild 2)** zur Klärung einer Zellstoffsuspension hat 100 Lamellen von 2500 mm Länge und 1000 mm Breite. Berechnen Sie die Absetzfläche.
6. Eine Suspension soll in einem Rundeindicker von 4,0 m Tiefe geklärt werden. Die Absetzgeschwindigkeit beträgt 0,50 m/h; die zu trennende Suspension wird 0,50 m unterhalb der Flüssigkeitsoberfläche in die Sedimentationsgrenze des Eindickers eingespeist. Wie groß ist die mittlere Absetzzeit der Feststoffpartikel?
7. Ein Kesselwagen hat eine Eigengewichtskraft von 100 kN. Er ist mit 55 m^3 Flüssigschwefel (ϱ = 1,785 g/cm^3) beladen. Zur waagerechten Verschiebung des Kesselwagens ist eine Kraft von 5,5 kN erforderlich. Wie groß ist die Rollreibungszahl des Kesselwagens?
8. Eine Membranpumpe verrichtet beim Fördern einer Kühlsole eine Hubarbeit von W_H = 1,5 kWh. Wie viel Kubikmeter Sole (ϱ = 1,2 g/cm^3) können damit in einen 3,0 m hoch gelegenen Behälter gepumpt werden?
9. Eine Kreiselradpumpe **(Bild 3)** nimmt eine elektrische Leistung von P= 500 W auf. Ihr Wirkungsgrad ist 69 %. Sie fördert 800 L Ethanol (ϱ = 0,80 g/cm^3) über eine Höhendifferenz von 8,7 m in eine Bandfilteranlage. Welche Zeit ist dafür erforderlich?
10. Welcher Druck p_e kann mit einer Wasserringpumpe bei einer Wassertemperatur von $\vartheta(H_2O)$ = 35,0 °C höchstens erreicht werden, wenn der Sättigungsdampfdruck des Wassers bei dieser Temperatur $p_s(H_2O)$ = 56,2 mbar und der Umgebungsdruck p_{amb} = 1020 mbar beträgt?
11. Welche Hubkraft muss ein Hubstapler (Bild 1, Seite 92) aufwenden, um eine Palette mit PVC-Granulat mit einer Masse von 250 kg in 4,0 s Beschleunigungszeit auf eine Hubgeschwindigkeit von 0,50 m/s zu bringen?

Bild 1: Schraubenverdichter (Aufgabe 1)

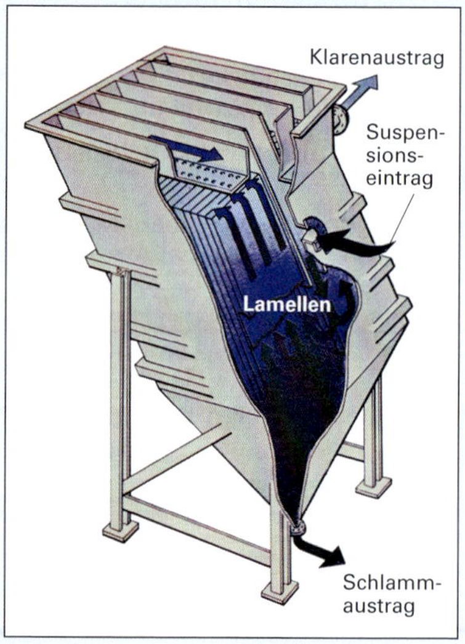

Bild 2: Lamellenklärer (Aufgabe 5)

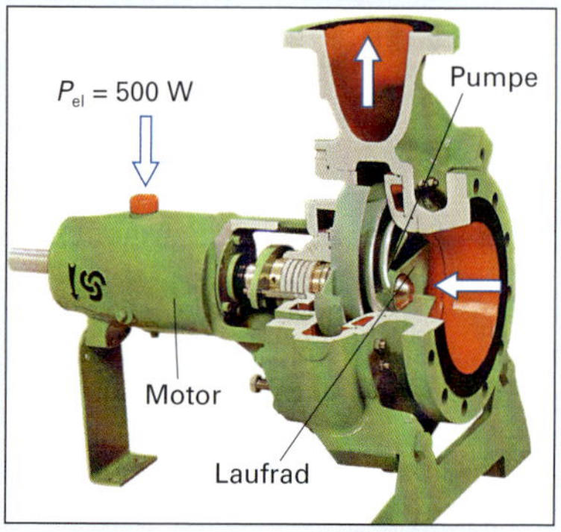

Bild 3: Kreiselradpumpe (Aufgabe 9)

12. Wie groß ist die Umfangsgeschwindigkeit der Brechwalze eines Walzenbrechers **(Bild 1)** zur Zerkleinerung von Steinsalz, wenn die Umdrehungsfrequenz 60 min^{-1} und der Walzendurchmesser 60 cm betragen?

13. In einem stehenden zylindrischen Tank mit Natronlauge (w(NaOH) = 20,1 %, $\varrho(NaOH_{(aq)})$ = 1,220 g/cm^3) wird mit einem Bodendruckmanometer ein hydrostatischer Druck von 350 mbar gemessen. Wie groß ist der Füllstand im Behälter, wenn der Drucksensor 350 mm über dem Klöpperboden angeflanscht ist?

14. Ein zylindrischer Tank wird zur Überprüfung der Dichtigkeit mit einem Überdruck von 7,5 bar abgepresst. Der Tank hat einen Innendurchmesser von 2,0 m und ist an beiden Seiten durch Klöpperböden verschlossen **(Bild 2)**. Mit welcher Kraft werden die je 0,50 cm breiten Schweißnähte belastet?

15. Ein zylindrischer Pressling aus Titanschwamm mit einem Durchmesser von 40,0 cm wird mit einer 75-MN-Presse hergestellt. Welcher Druck wird im Pressling erzeugt?

16. Eine Stahlkugel in einem federbelasteten Sicherheitseckventil **(Bild 3)** hat einen Durchmesser von 10,0 mm. Die Druckfeder ist 2,0 mm vorgespannt und hat eine Federkonstante von D = 78 N/mm. Bei welchem Druck öffnet das Ventil, wenn die Stahlkugel mit einem Drittel ihrer Oberfläche gegen das unter Druck stehende Medium abdichtet?

17. An einer Schraubenfeder (Bild 1, Seite 89) wurden durch Belastung mit unterschiedlichen Massen die in **Tabelle 1** wiedergegebenen Auslenkungen gemessen.
   a) Stellen Sie die Messwerte in einem Kraft-Auslenkungs-diagramm grafisch dar.
   b) Extrapolieren Sie die Auslenkung bei einer Gewichtskraft von 3,3 N.
   c) Interpolieren Sie die Masse bei einer Auslenkung von 4,8 cm.
   d) Bestimmen Sie aus der Steigung des Graphen die Federkonstante D.
   e) Tragen Sie den Graphen einer härteren und einer weicheren Feder qualitativ ins Diagramm ein.

18. Bei der katalytischen Zersetzung einer Wasserstoffperoxidlösung $H_2O_{2(aq)}$ mit Mangandioxid MnO_2 wurden 250 mL Sauerstoff bei ϑ = 20°C und p_{amb} = 1010 mbar über Wasser als Sperrflüssigkeit entwickelt. Welche Masse und welches Volumen hat der Sauerstoff im feuchten Gas? Der Sättigungsdampfdruck des Wassers beträgt $p_s(H_2O)$ = 23,4 mbar?

19. Ein Rührkessel mit einem maximalen Füllvolumen von 10,00 m^3 wird 3,00 m hoch mit voll entsalztem Wasser gefüllt **(Bild 4)**. Das Wasser wird mit Kreiselradpumpen entweder
   a) über ein Steigrohr von oben einströmen lassen oder
   b) durch ein am Boden einmündendes Rohr in den Kessel gedrückt.

   Welche Hubarbeit ist in den beiden genannten Fällen von den Kreiselradpumpen zu verrichten?

Bild 1: Walzenbrecher (Aufgabe 12)

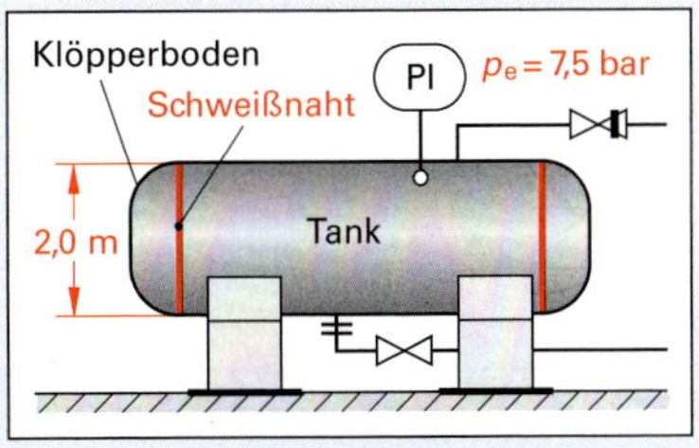

Bild 2: Zylindrischer Tank (Aufgabe 14)

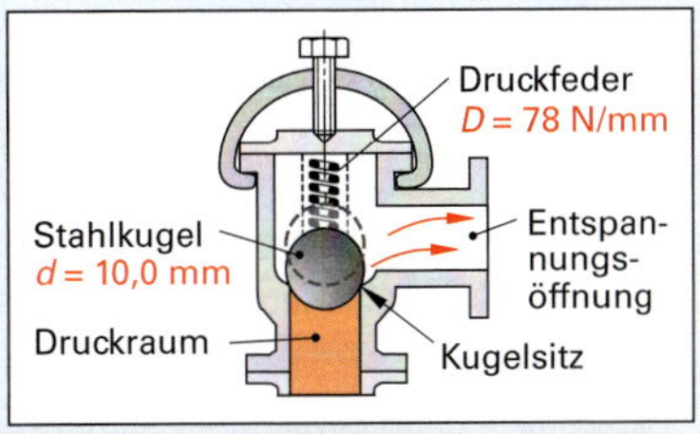

Bild 3: Sicherheitseckventil (Aufg. 16)

Tabelle 1: Aufgabe 17

Masse in Gramm	Auslenkung in Zentimeter
50	2,7
100	4,3
150	5,6
200	8,6
250	11,3

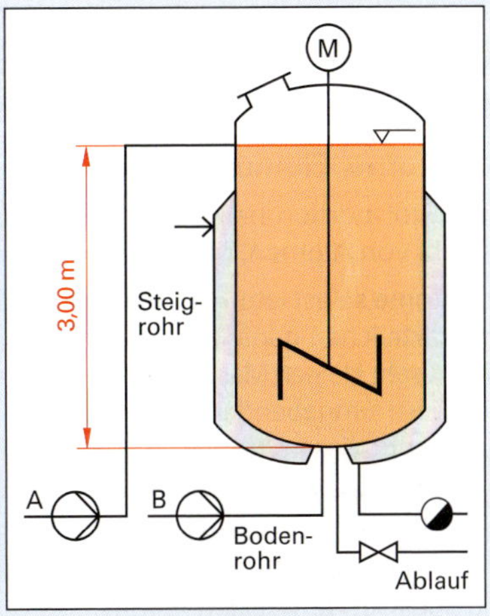

Bild 4: R&I-Fließbild einer Rührkesselanlage (Aufgabe 19)

4 Stöchiometrische Berechnungen

Stöchiometrische Berechnungen befassen sich mit den Stoffportionen von Elementen und chemischen Verbindungen in chemischen Reaktionen.

Eine **Stoffportion** bezeichnet einen abgemessenen Teil eines Stoffes.

Zur Kennzeichnung einer Stoffportion sind Angaben über ihre *Qualität* und über ihre *Quantität* notwendig. Zur qualitativen und quantitativen Beschreibung von Verbindungen verwendet man chemische Formeln. Sie beschreiben die Elemente einer Verbindung durch einfache Zahlenverhältnisse.

Eine Stoffportion kann beschrieben werden:

- **qualitativ** d.h., *woraus* die Stoffportion besteht ⇒ durch die Bezeichnung der Stoffart.
- **quantitativ** d.h., wie groß die Stoffportion ist ⇒ durch geeignete physikalische Größen wie die Masse *m*, das Volumen *V*, die Teilchenzahl *N* oder die Stoffmenge *n*.
  Man nennt diese Größen auch **Quantitäten einer Stoffportion.**

4.1 Grundgesetze der Chemie

Basis aller stöchiometrischen Berechnungen sind zwei **Grundgesetze der Chemie:**

1. Das **Gesetz von der Erhaltung der Masse:** Bei chemischen Reaktionen ist die Gesamtmasse der Ausgangsstoffe (Edukte) gleich der Gesamtmasse der Endstoffe (Produkte).

Beispiel: 5,6 g Eisen Fe reagieren mit 3,2 g Schwefel S zu 5,6 g + 3,2 g = 8,8 g Eisensulfid FeS.

2. Das **Gesetz der konstanten und multiplen Proportionen:** In chemischen Verbindungen liegen die gebundenen Elemente in festgelegten Massenverhältnissen vor; die Anzahl der gebundenen Atome ist dabei stets ganzzahlig.

Beispiel 1: Die Elemente Wasserstoff H und Chlor Cl verbinden sich zu Chlorwasserstoff stets im Massenverhältnis 1 g H : 35,4 g Cl.
Im Chlorwasserstoff-Molekül ist das Verbindungsverhältnis der Atome stets
1 Atom H : 1 Atom Cl ⇒ Formel der Verbindung: **HCl**

Beispiel 2: Die Elemente Aluminium Al und Sauerstoff O verbinden sich zu Aluminiumoxid stets im Massenverhältnis 53,96 g Al : 48,00 g O.
In der Verbindung Aluminiumoxid ist das Verbindungsverhältnis der Atome stets
2 Atome Al : 3 Atome O ⇒ Formel der Verbindung: $\mathbf{Al_2O_3}$

4.2 Aufbau der chemischen Elemente

Für stöchiometrische Berechnungen benötigt man Kenntnisse über den inneren Aufbau der Stoffe.

Atome, Elementarteilchen

Eine Stoffportion besteht aus einer unvorstellbar großen Anzahl von Atomen, Molekülen oder Formeleinheiten.

Die Atome selbst (atoms) bestehen aus Atombausteinen, **Elementarteilchen** genannt (fundamental particles). Sie sind in einem sehr kleinen Massezentrum (dem Atomkern) und einem den Kern umgebenden Raum (der Atomhülle) angeordnet. **Bild 1** zeigt diesen Aufbau am Beispiel eines Lithiumatoms.

Im **Atomkern** befinden sich die positiv geladene **Protonen** und ungeladene **Neutronen.** Sie werden Nukleonen genannt. Die **Atomhülle** wird von den **Elektronen** gebildet, die den Kern umkreisen (Bild 1).

In der nebenstehenden **Tabelle** sind wichtige Eigenschaften der Elementarteilchen genannt.

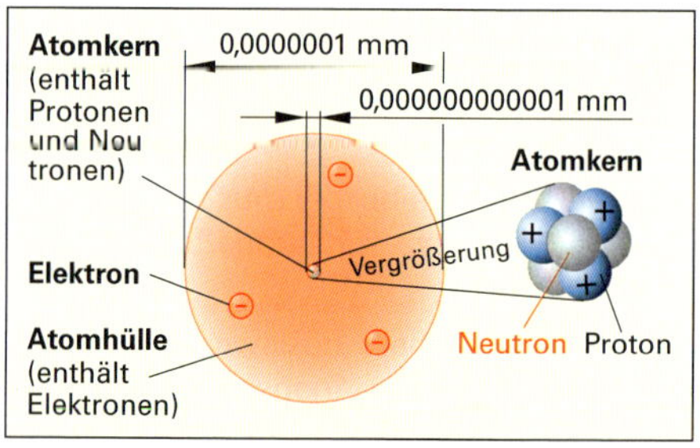

Bild 1: Aufbau eines Lithiumatoms

Tabelle: Eigenschaften von Elementarteilchen

Elementarteilchen	Symbol	elektr. Ladung	Masse in g
Proton	p	+1	$1{,}6725 \cdot 10^{-24}$
Neutron	n	0	$1{,}6792 \cdot 10^{-24}$
Elektron	e	–1	$0{,}000592 \cdot 10^{-24}$

Isotopenschreibweise eines Elements

Für die Beschreibung des Atomkerns eines Elements (Bild 1, Seite 108) benutzt man die Isotopenschreibweise (Beispiel rechts). Sie besteht aus dem Elementsymbol und zwei vorangestellten Ziffern.

Die ***Protonenzahl*** (z.B. $Z = 3$) steht als tiefgestellte Ziffer links unten vor dem Elementsymbol. Sie wird auch als **Kernladungszahl** oder **Ordnungszahl** bezeichnet und legt die Stellung des Elements im Periodensystem fest.

Beispiel: Isotopenschreibweise des Atomkerns eines Lithiumatoms (vergleiche Atomkern in Bild 1, Seite 108)

↓ Nukleonenzahl (Massenzahl)

$^{7}_{3}Li$ ← Elementsymbol

↑ Protonenzahl (Ordnungszahl)

Die **Nukleonenzahl** (z.B. $A = 7$) steht als hochgestellte Ziffer links oben vor dem Elementsymbol. Sie ergibt sich aus der Summe der Protonenzahl Z und der Neutronenzahl N zu $\boldsymbol{A = Z + N}$. Sie wird auch als **Massenzahl** bezeichnet.

Atome, die durch ihre Symbole exakt im Aufbau des Kerns beschrieben sind, wie z.B. $^{1}_{1}H$, $^{12}_{6}C$, $^{16}_{8}O$ und $^{235}_{92}U$, werden als **Nuklide** bezeichnet. Ist keine Ladung angegeben, so liegt ein neutrales **Atom** vor ⇒ Protonenzahl und Elektronenzahl stimmen überein.

Beispiel 1: Aus welchen und wie vielen Elementarteilchen ist das Nuklid $^{23}_{11}Na$ aufgebaut?

Lösung: Protonenzahl $\boldsymbol{Z = 11}$, Nukleonenzahl $\boldsymbol{N = 23}$;
Neutronenzahl = Nukleonenzahl – Protonenzahl ⇒ $N = A - Z = 23 - 11 =$ **12 Neutronen**
Da ein neutrales Atom vorliegt, ist die Protonenzahl = Elektronenzahl: **11 Elektronen**

Beispiel 2: Ein neutrales Nuklid mit 19 Protonen und 21 Neutronen ist in der Isotopenschreibweise darzustellen.

Lösung: Nukleonenzahl = Protonenzahl + Neutronenzahl ⇒ $A = Z + N = 19 + 21$ => **40**; ⇒ Elementsymbol: $\boldsymbol{^{40}_{19}K}$

Ionen

Bei unterschiedlicher Anzahl von Protonen und Elektronen liegen „geladene Atome" vor. Sie werden als **Ionen** bezeichnet. **Kationen** nennt man positiv geladene Ionen, sie entstehen aus Atomen durch Abgabe von Elektronen. Als **Anionen** werden negativ geladene Ionen bezeichnet; sie entstehen aus Atomen durch Aufnahme von Elektronen.

Beispiel 1: Aus einem Kupferatom Cu mit 34 Neutronen werden 2 Elektronen abgespalten. Wie sind dieser Vorgang und das entstehende Ion in der Isotopenschreibweise darzustellen?

Lösung: $^{63}_{29}Cu - 2\,e \longrightarrow \boldsymbol{^{63}_{29}Cu^{2+}}$

Beispiel 2: Aus welchen und wie vielen Elementarteilchen ist das Nuklid $^{56}_{26}Fe^{2+}$ aufgebaut?

Lösung: Protonenzahl $\boldsymbol{Z = 26}$, Nukleonenzahl $\boldsymbol{N = 56}$; Da ein zweifach positiv geladenes Kation vorliegt, ist die Elektronenzahl $Z - 2 = 26 - 2 =$ **24**
Neutronenzahl $N = A - Z = 56 - 26 =$ **30**

Isotope

Nur 20 der derzeit bekannten 118 Elemente sind **Reinelemente;** sie bestehen aus nur einer Nuklidart (Atomsorte). Beispiele für Reinelemente sind $^{23}_{11}Na$ Natrium, $^{19}_{9}F$ Fluor, $^{27}_{13}Al$ Aluminium und $^{127}_{53}I$ Iod.

Alle übrigen Elemente sind **Mischelemente,** d.h., Isotopengemische, wie z.B. Wasserstoff **(Tabelle unten).** Sie bestehen aus mehreren Nukliden mit gleicher Protonenzahl, aber unterschiedlicher Neutronenzahl. Sie unterscheiden sich in der Masse. Die chemischen Eigenschaften der Isotope eines Elements sind gleich.

Isotope nennt man die Nuklide des gleichen Elements. Sie haben die gleiche Protonenzahl, aber eine unterschiedliche Neutronenzahl.

Tabelle: Isotope des Elements Wasserstoff $_{1}H$

Isotop	$^{1}_{1}H$	$^{2}_{1}H$	$^{3}_{1}H$
Bezeichnung	leichter Wasserstoff	schwerer Wasserstoff oder Deuterium	überschwerer Wasserstoff oder Tritium (radioaktiv)
Elementarteilchen	1 Proton, 1 Elektron, 0 Neutronen	1 Proton, 1 Elektron, 1 Neutron	1 Proton, 1 Elektron, 2 Neutronen
Natürliche Häufigkeit im Wasserstoff	99,9844 %	0,0156 %	~ 10^{-16} %

Aufgaben zum Aufbau der chemischen Elemente

1. Kohlenstoff hat die stabilen Isotope ${}^{12}_{6}C$, ${}^{13}_{6}C$ und ${}^{14}_{6}C$. Aus welchen und wie vielen Elementarteilchen sind jeweils die drei Kohlenstoff-Isotope aufgebaut?
2. Eisen hat die Kernladungszahl $Z = 26$, seine natürlichen Isotope besitzen 28, 30, 31 und 32 Neutronen. Geben Sie die Isotope des Eisens in der Isotopenschreibweise an.
3. Geben Sie den Aufbau des Atomkerns der folgenden Atome an:
   a) ${}^{35}_{17}Cl$ b) ${}^{238}_{92}U$ c) ${}^{37}_{17}Cl$ d) ${}^{63}_{29}Cu$ e) ${}^{17}_{8}O$ f) ${}^{27}_{13}Al$
4. Welche der folgenden Nuklide sind Isotope eines Elements? Ersetzen Sie die Variable X durch das entsprechende Elementsymbol. (Verwenden Sie dazu ein Periodensystem der Elemente.)
   a) ${}^{40}_{20}X$ ${}^{40}_{18}X$ ${}^{40}_{19}X$ ${}^{36}_{18}X$ ${}^{36}_{16}X$ ${}^{42}_{20}X$ ${}^{41}_{19}X$ b) ${}^{50}_{23}X$ ${}^{50}_{24}X$ ${}^{112}_{50}X$ ${}^{115}_{50}X$ ${}^{50}_{22}X$ ${}^{51}_{23}X$ ${}^{52}_{24}X$
5. Von den folgenden Nukliden werden jeweils Elektronen abgespalten oder aufgenommen. Geben Sie die entstehenden Nuklide in der Isotopenschreibweise an:
   a) ${}^{23}_{11}Na - 1\,e \longrightarrow$ b) ${}^{64}_{30}Zn - 2\,e \longrightarrow$ c) ${}^{16}_{8}O^{2-} - 2\,e \longrightarrow$
   d) ${}^{32}_{16}S + 2\,e \longrightarrow$ e) ${}^{56}_{26}Fe^{2+} - 1\,e \longrightarrow$ f) ${}^{208}_{82}Pb^{4+} + 2\,e \longrightarrow$
6. Aus welchen und wie vielen Elementarteilchen sind die folgenden Ionen aufgebaut?
   a) ${}^{35}_{17}Cl^{1-}$ b) ${}^{17}_{8}O^{2-}$ c) ${}^{37}_{17}Cl^{1-}$ d) ${}^{63}_{29}Cu^{2+}$ e) ${}^{208}_{82}Pb^{4+}$ f) ${}^{27}_{13}Al^{3+}$

4.3 Symbole und Ziffern in chemischen Formeln

Die Bezeichnung der Atome chemischer Elemente erfolgt durch eine Kurzschreibweise mit festgelegten **Symbolen** (symbols) aus einem oder zwei Buchstaben. Im Anhang, Seite 345, sind die Symbole aller Elemente aufgetragen.

Chemische Verbindungen bestehen aus zwei oder mehr Teilchen, die infolge chemischer Reaktion neue Einheiten gebildet haben.

Die **chemische Formel** (formula) einer Verbindung setzt sich aus den Symbolen der beteiligten Elemente zusammen (siehe Beispiel rechts). Teilweise stehen an den Symbolen tiefgestellte Zahlen.

Die Anzahl der Formeleinheiten wird durch einen **Koeffizienten** (coefficient) angegeben, der als arabische Ziffer vor der chemischen Formel steht.

Der Koeffizient 1 wird in der Regel nicht geschrieben, wie z.B. bei Chlorwasserstoff HCl.

Der stöchiometrische **Index** (index) gibt die Anzahl der Atome oder Atomgruppen an, denen der Index nachgestellt ist. Indices werden durch Ziffern angegeben, die unten rechts am Atomsymbol stehen.

Bei Atomgruppen stehen sie rechts unten an einer Klammer, welche die Symbole einer Atomgruppe einschließt. Der Index gilt für alle Atome in der Klammer.

Beispiel: 2 Moleküle Schwefelsäure

Der **Koeffizient** gibt die Anzahl der Atome, Moleküle oder Formeleinheiten an.

$$2\,H_2SO_4$$

Der **Index** gibt die Anzahl der Atome in einem Molekül oder einer Formeleinheit an.

Bild 1: Bedeutung von Index und Koeffizient in chemischen Formeln

Beispiele:

4 Na	: 4 Atome **Natrium**	$2\,O_3$	: 2 Moleküle **Ozon** aus je 3 Atomen O
2 HCl	: 2 Moleküle **Chlorwasserstoff** aus je 1 Atom H und 1 Atom Cl	$CaCO_3$	: 1 Formeleinheit **Calciumcarbonat** aus formal 1 Atom Ca, 1 Atom C und 3 Atomen O
$Ca(OH)_2$	: Eine Formeleinheit **Calciumhydroxid** aus 1 Calcium-Ion und 2 Hydroxidgruppen mit je 1 Atom H und O.	$2\,(NH_4)_2SO_4$	: 2 Formeleinheiten **Ammoniumsulfat** aus formal zwei Ammoniumgruppen mit je 1 Atom N und 4 Atomen H sowie einer Sulfatgruppe aus 1 Atom S und 4 Atomen O.

Verbindungen mit Solvathülle

Einen Sonderfall stellen Verbindungen dar, die Kristallwassermoleküle (water of crystallization) oder ähnliche kleine Solvatmoleküle gebunden haben. Zwischen das Symbol der solvatfreien Verbindung und die Ziffer für die Anzahl der Solvatmoleküle wird ein Punkt auf halber Höhe der Schreibzeile gesetzt.

Beispiele: $Na_2SO_4 \cdot 10\,H_2O$: Natriumsulfat-Decahydrat (Natriumsulfat-10-hydrat)
$CaCl_2 \cdot 8\,NH_3$: Calciumchlorid-Octaamin (Calciumchlorid-8-amin)

Ladungszahl von Ionen

Die **Ladungszahl *z*** eines Ions (ionic valence) ist rechts oben am Elementsymbol als hochgestellte Ziffer mit dem Ladungssymbol + oder – anzugeben. Bei einfach geladenen Ionen entfällt die Angabe der Ziffer 1. Ionen, die aus einer Gruppe von Atomen bestehen, können zur Verdeutlichung durch eine runde oder eckige Klammer eingeschlossen werden. Das Zeichen für die Ionenladung steht dann rechts oben außerhalb der Klammer.

Beispiele: Na^+ Natrium-Ion, Fe^{3+} Eisen(III)-Ion, SO_4^{2-} Sulfat-Ion, $[MnO_4]^-$ Permanganat-Ion

Aufgaben zu Symbolen und Ziffern in chemischen Formeln

1. Welche Bedeutung haben die Ziffern, Symbole und Formeln in den folgenden Ausdrücken?
   $2\,Br_2$, $4\,Hg$, CH_4, $BaSO_4$, $2\,NH_4^+$, $2\,Zn$, $2\,FE^{2+}$, CO, $3\,Co$, $2\,AlCl_3$, NO_3^-, HCO_3^-, $NaOH$, $2\,HNO_3$, $2\,CN^-$, $3\,O_2$, $2\,N_2$, $2\,Ar$, $Na_2CO_3 \cdot 10\,H_2O$.
2. Durch welche Ziffern, Symbole oder Formeln werden die folgenden Teilchen beschrieben?
   a) zwei Moleküle Chlor
   a) eine Formeleinheit Kaliumhydroxid
   b) ein Molekül Kohlenstoffdioxid
   c) eine Formeleinheit Aluminiumoxid
   d) zwei Atome Zink
   e) drei Moleküle Kohlenstoffmonoxid
   f) eine Formeleinheit Aluminiumchlorid
   g) zwei Formeleinheiten Calciumoxid
   h) eine Formeleinheit Aluminiumhydroxid
   i) ein Molekül Schwefel(IV)-oxid
3. Beschreiben Sie die Zusammensetzung folgender Formeleinheiten bzw. Moleküle und Ionen:
   $KMnO_4$, P_4, $Na_2S_2O_3$, $Ba(OH)_2$, SiO_2, S_8, $Pb(NO_3)_2$, $Ca(HCO_3)_2$, $(NH_4)H_2PO_4$, HS^-, $CHCl_3$, PO_4^{3-}, $Al_2(SO_4)_3$, C_2H_5OH, HPO_4^{2-}, $FeSO_4 \cdot 7\,H_2O$, $[Cu(NH_3)_4]^{2+}$, H_2O_2.

4.4 Quantitäten von Stoffportionen

Für einen abgegrenzten Stoffbereich wurde die Bezeichnung **Stoffportion** (portion of substance) eingeführt. Sie kann aus einem oder mehreren Stoffen oder aus einem definierten Bestandteil eines Stoffes bestehen.

Die Quantität einer Stoffportion kann durch die Größen Masse *m*, Volumen *V*, Stoffmenge *n* oder Teilchenzahl *N* angegeben werden. Masse und Volumen einer Stoffportion sind durch die Dichte verknüpft: $m = \varrho \cdot V$. Man beschreibt die Quantität einer Stoffportion mit einer Größengleichung.

Beispiele für die Angabe von Stoffportionen:
- 2,0 kg Natriumchlorid bzw. eine Natriumchlorid-Portion mit $m(NaCl) = 2{,}0$ kg
- 0,5 kg Salzsäure der Stoffmengenkonzentration 0,1 mol/L bei 20 °C bzw. eine Salzsäure-Portion mit $m(HCl) = 0{,}5$ kg und $c(HCl, 20\,°C) = 0{,}1$ mol/L
- 2,053 m³ Chlorgas bei 20 °C und 1 bar bzw. eine Chlorgas-Portion mit $V(Cl_2, 20\,°C, 1\,bar) = 2{,}053\,m^3$

4.4.1 Stoffmenge

Mit der Basisgröße **Stoffmenge *n*** (amount of substance) wird die Quantität einer Stoffportion auf der Grundlage der Anzahl der darin enthaltenen Teilchen angegeben.

Die SI-Basiseinheit der Stoffmenge ist das **Mol,** das Einheitenzeichen ist **mol.**

Nach DIN 1301 ist definiert: 1 Mol ist die Stoffmenge einer Stoffportion, die aus ebenso vielen Stoffteilchen besteht, wie Atome in 12 g des Kohlenstoffnuklids ^{12}C enthalten sind. Dies sind $6{,}022 \cdot 10^{23}$ Teilchen. Die pro Mol eines Stoffes enthaltene Teilchenzahl $\boldsymbol{N_A = 6{,}022 \cdot 10^{23}\,mol^{-1}}$ wird **Avogadro-Konstante** genannt.

Bei Stoffmengen muss die Art der Teilchen der Stoffportion präzise genannt werden. Dies können Atome, Moleküle, Ionen, Elektronen, Protonen sowie andere Teilchen oder auch Atomgruppen sein.

Beispiele für Stoffmengenangaben:

Stoffportion 1:	$n(C)$	= 1 mol	enthält	$6{,}022 \cdot 10^{23}$ Kohlenstoffatome C
Stoffportion 2:	$n(H_2O)$	= 1 kmol	enthält	$10^3 \cdot 6{,}022 \cdot 10^{23} = 6{,}022 \cdot 10^{26}$ Wassermoleküle H_2O
Stoffportion 3:	$n(Ca^{2+})$	= 1 mmol	enthält	$10^{-3} \cdot 6{,}022 \cdot 10^{23} = 6{,}022 \cdot 10^{20}$ Calcium-Ionen Ca^{2+}
Stoffportion 4:	$n(NO_3^-)$	= 1 mol	enthält	$6{,}022 \cdot 10^{23}$ Nitrat-Ionen NO_3^-

Die in einer beliebigen Stoffmenge des Stoffes X enthaltene Anzahl Stoffteilchen $N(X)$ lässt sich mithilfe der Avogadro-Konstante berechnen: Teilchenzahl $N(X)$ = Stoffmenge $n(X)$ · Avogadro-Konstante N_A

Teilchenzahl

$$N(X) = n(X) \cdot N_A$$

Beispiel: Wie viele Moleküle sind in 2 mol Wasser H_2O enthalten?

Lösung: $N(H_2O) = n(H_2O) \cdot N_A = 2\,\text{mol} \cdot 6{,}022 \cdot 10^{23}\,\text{mol}^{-1} = 1{,}2044 \cdot 10^{24}$ Moleküle.
Das sind 1 204 400 000 000 000 000 000 000 Wassermoleküle.

4.4.2 Molare Masse

Die Stoffmenge n ist als Teilchenzahl definiert. Aus der darin enthaltenen, unvorstellbar großen Anzahl von Teilchen wird deutlich, dass Stoffmengen praktisch nicht durch Zählen ermittelt werden können, sondern durch Wiegen oder bei Gasen durch Volumenmessung bestimmt werden müssen.

Da jedes Teilchen eine stoffspezifische Masse besitzt, kann man eine Beziehung zwischen der Masse $m(X)$ eines Teilchens und der Stoffmenge $n(X)$ herstellen. Der Quotient aus beiden Größen wird als **molare Masse $M(X)$** bezeichnet (molar mass). Sie kann mit nebenstehender Gleichung berechnet werden.

Grundgleichung für stöchiometrische Berechnungen

$$\text{Molare Masse} = \frac{\text{Masse}}{\text{Stoffmenge}}$$

$$M(X) = \frac{m(X)}{n(X)}$$

Die molare Masse $M(X)$ ist die Masse von 1 mol des Stoffes X. Die SI-Einheit der molaren Masse ist kg/mol oder g/mol.

Zur experimentellen Bestimmung der molaren Masse einer Substanz gibt es mehrere Verfahren (Seite 124). Sehr genaue Werte werden durch die Massenspektroskopie erhalten. Allerdings ist die Genauigkeit für die einzelnen Elemente sehr unterschiedlich.

In der nebenstehenden **Tabelle** ist die molare Masse M häufig vorkommender Elemente aufgeführt. Im Anhang, Seite 345, sind die molaren Massen aller Elemente aufgetragen.

Tabelle: Molare Massen

Element	Symbol	$M(X)$ in g/mol
Wasserstoff	H	1,00794
Kohlenstoff	C	12,01115
Stickstoff	N	14,00674
Sauerstoff	O	15,9994
Natrium	Na	22,989768
Magnesium	Mg	24,3050
Aluminium	Al	26,981539
Schwefel	S	32,066
Chlor	Cl	35,4527
Kalium	K	39,0983
Calcium	Ca	40,078
Kupfer	Cu	63,546
Blei	Pb	207,2

Die molare Masse von Verbindungen oder Atomgruppen wird aus der Summe der molaren Massen der in der Verbindung enthaltenen Teilchen berechnet.

Für die praktischen Berechnungen ist eine Rechengenauigkeit mit auf zwei Dezimalstellen gerundeten Werten hinreichend genau.

Beispiel 1: Welche molare Masse hat Calciumcarbonat $CaCO_3$?

Lösung:

$M(CaCO_3)$	=	$M(Ca) + M(C) + 3 \cdot M(O)$	
$M(Ca)$	=	40,078	g/mol
$+ M(C)$	=	12,01115	g/mol
$+ 3 \cdot M(O)$	=	$3 \cdot 15{,}9994$	g/mol
$\mathbf{M(CaCO_3)}$	=	100,08735	g/mol ≈ **100,087 g/mol**

Die molare Masse von Ionen wird ebenso aus den molaren Massen der Atome berechnet.

Beispiel 2: Welche molare Masse hat das Sulfat-Ion SO_4^{2-}?

Lösung:

$M(SO_4^{2-})$	=	$M(S) + 4 \cdot M(O) + 2 \cdot M(e^-)$	
$M(S)$	=	32,066	g/mol
$+ 4 \cdot M(O)$	=	$4 \cdot 15{,}9994$	g/mol
$+ 2 \cdot M(e^-)$	=	$2 \cdot 0{,}0005486$	g/mol
$\mathbf{M(SO_4^{2-})}$	=	96,0646972	g/mol ≈ **96,065 g/mol**

Aus dem Vergleich der molaren Massen der Elemente und der Elektronen wird deutlich, dass die extrem geringe molare Elektronenmasse für praktische Berechnungen vernachlässigt werden kann.

Die molaren Massen gebräuchlicher chemischer Verbindungen sind in chemischen Tabellenbüchern aufgelistet.

Beispiel 1: Welche Masse hat die Stoffmenge 0,400 mol Calciumoxid CaO?

Lösung: mit $M(\text{CaO}) = 56{,}08$ g/mol (aus einem Tabellenbuch)

$$M(\text{CaO}) = \frac{m(\text{CaO})}{n(\text{CaO})} \Rightarrow \mathbf{m(CaO)} = M(\text{CaO}) \cdot n(\text{CaO}) = 56{,}08 \frac{\text{g}}{\text{mol}} \cdot 0{,}400 \text{ mol} = 22{,}432 \text{ g} \approx \mathbf{22{,}43 \text{ g}}$$

Beispiel 2: Welche Stoffmenge $n(H_2SO_4)$ entspricht 250,0 g reiner Schwefelsäure?

Lösung: mit $M(H_2SO_4) = 98{,}08$ g/mol (aus einem Tabellenbuch)

$$M(H_2SO_4) = \frac{m(H_2SO_4)}{n(H_2SO_4)} \Rightarrow \mathbf{n(H_2SO_4)} = \frac{m(H_2SO_4)}{M(H_2SO_4)} = \frac{250{,}0 \text{ g}}{98{,}08 \text{ g/mol}} = 2{,}5489 \text{ mol} \approx \mathbf{2{,}549 \text{ mol}}$$

4.4.3 Atomare Masseneinheit

Die absolute Masse *m* eines Teilchens des Stoffes X erhält man durch Division der molaren Masse $M(X)$ durch die darin enthaltene Teilchenzahl N_A.

Masse eines Teilchens (Atom, Molekül)

$$m(X) = \frac{M(X)}{N_A}$$

Beispiel: Welche Masse hat ein Wasserstoffatom?

Lösung: $$\mathbf{m(H)} = \frac{M(H)}{N_A} = \frac{1{,}00794 \text{ g/mol}}{6{,}022 \cdot 10^{23} \text{ 1/mol}} \approx \mathbf{1{,}674 \cdot 10^{-24} \text{ g}}$$

Die Masse $m(H) \approx 1{,}674 \cdot 10^{-24}$ g ist eine unvorstellbar kleine Masse.

Um nicht mit derart kleinen Zahlen rechnen zu müssen, wurde die **atomare Masseneinheit u** (atomic mass unit) eingeführt. Sie ist wie folgt definiert.

Die atomare Masseinheit 1 u ist der zwölfte Teil der Masse eins ^{12}C-Nuklids; $1 \text{ u} = \frac{1}{12} \cdot m(^{12}\text{C})$

Die absolute Masse für 1 u wird erhalten aus: $$\mathbf{1\ u} = \frac{M(X)}{12 \cdot N_A} = \frac{12{,}00 \text{ g/mol}}{12 \cdot 6{,}022 \cdot 10^{23} \text{ 1/mol}} = \mathbf{1{,}661 \cdot 10^{-24} \text{ g}}$$

Die Masse $m(X)$ eines Teilchens des Stoffes X in der atomaren Masseneinheit u hat den gleichen Zahlenwert wie die molare Masse $M(X)$ dieses Teilchens:

$m(H) = 1{,}00794$ u
$M(H) = 1{,}00794$ g/mol

Für das praktische Rechnen hat die atomare Masseneinheit u keine Bedeutung.

Aufgaben zu Quantitäten von Stoffportionen

1. Berechnen Sie die molaren Massen der Verbindungen unter Berücksichtigung der Rundungsregeln:
   a) $NiCl_2$ Nickelchlorid
   b) Al_2O_3 Aluminiumoxid
   c) $Ca(OH)_2$ Calciumhydroxid
   d) NO_3^- Nitrat-Ion
   e) $Al_2(SO_4)_3$ Aluminiumsulfat
   f) $Na_2CO_3 \cdot 10\ H_2O$ Natriumcarbonat-Decahydrat (Kristallsoda)
2. Berechnen Sie die Stoffmengen folgender Stoffportionen:
   a) 35 g Aluminium Al
   b) 2,55 mg Silber Ag
   c) 2,500 g Gold Au
   d) 50 mg Calcium-Ionen Ca^{2+}
   e) 2,20 t Chlorgas Cl_2
   f) 150 µg Kohlenstoff C
   g) 20,0 g Wasser H_2O
   h) 500 kg Benzol C_6H_6
   i) 5,20 kg Kaliumnitrat KNO_3
   j) 150 g Schwefelsäure H_2SO_4
   k) 2,50 mg Sulfat-Ionen SO_4^{2-}
   l) 200 kg Nitrobenzol $C_6H_5NO_2$
3. Berechnen Sie die Masse folgender Stoffportionen:
   a) 2,50 mol Natrium Na
   b) 1,30 mmol Ca^{2+}-Ionen
   c) 3,0 kmol Cyclohexan C_6H_{12}
   d) 5,20 mol Chlor Cl_2
   e) 5,5 kmol Kupfer Cu
   f) 2,0 mmol Nitrat-Ionen NO_3^-
   g) 5,5 mol Kaliumcarbonat K_2CO_3
   h) 0,25 mol Calciumhydroxid $Ca(OH)_2$
   i) 2,00 mol Salpetersäure HNO_3
   j) 2,5 mmol Kupfersulfat-Pentahydrat
   k) 2,00 kmol Trichlormethan $CHCl_3$
   l) 2,50 mol Glycerin $C_3H_8O_3$
4. Wie viele Atome sind in 1,0 kg Eisen enthalten?
5. Wie viele Moleküle enthalten 200 mg reine Schwefelsäure H_2SO_4?
6. Wie viele Wassermoleküle enthalten 2,0 Liter Wasser von 20°C (Dichte $\varrho = 0{,}9982$ g/cm^3)?

4.5 Zusammensetzung von Verbindungen und Elementen

In chemischen Verbindungen und natürlichen Isotopengemischen liegen die Bestandteile mit bestimmten Massenanteilen vor. In Verbindungen wird die stöchiometrische Zusammensetzung durch die Formel der Verbindung festgelegt.

4.5.1 Massenanteile von Bestandteilen in Verbindungen

Aus der molaren Masse einer chemischen Verbindung M (Verb) und den bekannten molaren Massen der beteiligten Elemente M(X) kann der Massenanteil w(X) eines Elements X oder einer Atomgruppe berechnet werden (siehe rechts).

Dabei steht der Faktor a(X) für die Anzahl der in der Verbindung vorhandenen Elementatome oder Atomgruppen.

Massenanteile von Bestandteilen in Verbindungen

$$w(\text{X}) = \frac{a(\text{X}) \cdot M(\text{X})}{M(\text{Verb})}$$

Der Massenanteil w(X) ist ein Quotient zweier gleicher Größen und hat deshalb keine Einheit. Er wird üblicherweise als Bruchteil von 1 (z.B. 0,75 g/g = 0,75) oder in Prozent (z.B. 75 g/100 g = 75 %) angegeben.

Beispiel 1: Welche Massenanteile w(Al) und w(O) haben die Elemente Al und O in Aluminiumoxid Al_2O_3?

Lösung: M(Al) = 26,98 g/mol, M(O) = 16,00 g/mol, $M(Al_2O_3)$ = 101,96 g/mol; (aus einem Tabellenbuch)

$$\mathbf{w(Al)} = \frac{a(\text{Al}) \cdot M(\text{Al})}{M(\text{Al}_2\text{O}_3)} = \frac{2 \cdot 26{,}98\ \text{g/mol}}{101{,}96\ \text{g/mol}} = 0{,}52922 \approx \mathbf{52{,}92\ \%}$$

$$\mathbf{w(O)} = \frac{a(\text{O}) \cdot M(\text{O})}{M(\text{Al}_2\text{O}_3)} = \frac{3 \cdot 16{,}00\ \text{g/mol}}{101{,}96\ \text{g/mol}} = 0{,}47077 \approx \mathbf{47{,}08\ \%}$$

Kontrolle: w(Al) + w(O) = 52,92 % + 47,08 % = 100 %

Beispiel 2: Welcher Massenanteil Kristallwasser $w(H_2O)$ ist in Eisensulfat-Heptahydrat $FeSO_4 \cdot 7\,H_2O$ gebunden?

Lösung: M(Fe) = 55,85 g/mol, M(O) = 16,00 g/mol, M(S) = 32,07 g/mol, $M(H_2O)$ = 18,02 g/mol, $a(H_2O)$ = 7, $M(FeSO_4 \cdot 7\,H_2O)$ = 278,02 g/mol; (aus einem Tabellenbuch)

$$\mathbf{w(H_2O)} = \frac{a(\text{H}_2\text{O}) \cdot M(\text{H}_2\text{O})}{M(\text{FeSO}_4 \cdot 7\text{H}_2\text{O})} = \frac{7 \cdot 18{,}02\ \text{g/mol}}{278{,}02\ \text{g/mol}} = 0{,}45371 \approx \mathbf{45{,}37\ \%}$$

Lösungsweg mit Schlussrechnung:

In 278,02 g $FeSO_4 \cdot 7\,H_2O$ sind 7 · 18,02 g H_2O chemisch gebunden.

In 100 g $FeSO_4 \cdot 7\,H_2O$ sind x H_2O chemisch gebunden.

$$\boldsymbol{x} = m(\text{H}_2\text{O}) = \frac{7 \cdot 18{,}02\ \text{g} \cdot 100\ \text{g}}{278{,}02\ \text{g}} = \mathbf{45{,}3708\ g}$$

45,3708 g von 100 g sind ≈ 45,37 % ⇒ $\mathbf{w(H_2O) = 45{,}37\ \%}$

4.5.2 Masse der Bestandteile in Portionen von Verbindungen

So wie man aus den molaren Massen einer Verbindung die Massenanteile w(X) der Elemente oder von Atomgruppen berechnen kann, so ist es auch möglich, die Massenzusammensetzung einer Portion einer Verbindung m(X) zu ermitteln.

Dazu multipliziert man den Massenanteil w(X) mit der Masse der Verbindung m(Verb) und erhält die nebenstehende Gleichung.

Masse der Bestandteile in Portionen von Verbindungen

$$m(\text{X}) = \frac{a(\text{X}) \cdot M(\text{X})}{M(\text{Verb})} \cdot m(\text{Verb})$$

Beispiel 1: Welche Masse an Stickstoff N ist in 1000 kg des Düngers Ammoniumnitrat NH_4NO_3 chemisch gebunden?

Lösung: M(N) = 14,01 g/mol, M(O) = 16,00 g/mol, M(H) = 1,008 g/mol, a(N) = 2, $M(NH_4NO_3)$ = 80,04 g/mol, $m(NH_4NO_3)$ = 1000 kg; (aus einem Tabellenbuch)

$$\mathbf{m(N)} = \frac{a(\text{N}) \cdot M(\text{N})}{M(\text{NH}_4\text{NO}_3)} \cdot m(\text{NH}_4\text{NO}_3) = \frac{2 \cdot 14{,}01\ \text{g/mol}}{80{,}04\ \text{g/mol}} \cdot 1000\ \text{kg} = 350{,}075\ \text{kg} \approx \mathbf{350{,}1\ kg}$$

Beispiel 2: Welche Masse an Natriumnitrat $NaNO_3$ ist erforderlich, um 1,50 t Nitrat NO_3^- zu erhalten?

Lösung: $M(NaNO_3) = 85{,}00$ g/mol, $M(NO_3^-) = 62{,}00$ g/mol, $a(NO_3^-) = 1$; (aus einem Tabellenbuch)

$$m(NO_3^-) = \frac{a(NO_3^-) \cdot M(NO_3^-)}{M(NaNO_3)} \cdot m(NaNO_3) \Rightarrow m(NaNO_3) = \frac{m(NO_3^-) \cdot M(NaNO_3)}{a(NO_3^-) \cdot M(NO_3^-)}$$

$$\mathbf{m(NO_3^-)} = \frac{1500\ \text{kg} \cdot 85{,}00\ \text{g/mol}}{62{,}00\ \text{g/mol} \cdot 1} = 2056{,}4516\ \text{kg} \approx \mathbf{2{,}06\ t}$$

Alternative Lösung mit Schlussrechnung:

62,00 g NO_3^- sind in 85,00 g $NaNO_3$ chemisch gebunden

1,50 t NO_3^- sind in x $NaNO_3$ chemisch gebunden

$$x = \mathbf{m(NaNO_3)} = \frac{85{,}00\ \text{g} \cdot 1{,}50\ \text{t}}{62{,}00\ \text{g}} \approx \mathbf{2{,}06\ t}$$

Beispiel 3: Wie viel Tonnen Kupferkieserz mit einem Massenanteil $w(CuFeS_2) = 5{,}00\ \%$ müssen zur Herstellung von 500 kg Kupfer verarbeitet werden?

Lösung: $M(CuFeS_2) = 183{,}54$ g/mol (aus einem Tabellenbuch), $a(Cu) = 1$;

1. Berechnung der Masse an $CuFeS_2$

$$m(Cu) = \frac{a(Cu) \cdot M(Cu)}{M(CuFeS_2)} \cdot m(CuFeS_2) \Rightarrow \mathbf{m(CuFeS_2)} = \frac{m(Cu) \cdot M(CuFeS_2)}{a(Cu) \cdot M(Cu)} = \frac{500\ \text{kg} \cdot 183{,}54\ \text{g/mol}}{1 \cdot 62{,}00\ \text{g/mol}} = \mathbf{1444\ kg}$$

2. Berechnung der Masse an Kupferkieserz

5,00 g $CuFeS_2$ sind in 100 g Kupferkies enthalten

1444 kg $CuFeS_2$ sind in x Kupferkies enthalten

$$\mathbf{m(Kupferkies)} = \frac{100\ \text{g} \cdot 1444\ \text{kg}}{5{,}00\ \text{g}} = 28880\ \text{kg} \approx \mathbf{28{,}9\ t}$$

4.5.3 Zusammensetzung von Isotopengemischen

Die Mehrzahl der in der Natur vorkommenden Elemente sind Gemische mehrerer Isotope des Elements (isotopic mixtures). Die in Tabellenbüchern angegebenen Atommassen dieser Elemente sind demnach durchschnittliche Atommassen, berechnet aus den Atommassen der Isotope und ihrem in der Natur vorkommenden Anteil.

Diese durchschnittlichen Atommassen können bei Kenntnis von Anteil und exakter Masse jedes Isotops mithilfe der **Mischungsgleichung** (mixture equation) errechnet werden (siehe rechts). Die Massenanteile sind als Teile von 1 oder in Prozent einzusetzen.

Durchschnittliche Atommasse eines Isotopengemischs aus *n* Isotopen
$m(X) = m_1 \cdot w_1 + m_2 \cdot w_2 + \ldots + m_n \cdot w_n$

Beispiel: Welche Atommasse und welche molare Masse hat das Element Stickstoff $_7N$?

Hinweis: Natürlich vorkommender Stickstoff besteht aus den Nukliden $^{14}_{7}N$ ($m = 14{,}003074$ u, $w = 99{,}634\ \%$) und $^{15}_{7}N$ ($m = 15{,}000109$ u, $w = 0{,}366\ \%$).

Lösung: $m(N) = m(^{14}_{7}N) \cdot w(^{14}_{7}N) + m(^{15}_{7}N) \cdot w(^{15}_{7}N)$

$\mathbf{m(N)} = 14{,}003074\ \text{u} \cdot 0{,}99634 + 15{,}000109\ \text{u} \cdot 0{,}00366 \approx \mathbf{14{,}0\ u}$; $\Rightarrow$ $\mathbf{M(N)} \approx \mathbf{14{,}0\ g/mol}$

Aufgaben zur Zusammensetzung von Verbindungen und Elementen

1. Berechnen Sie die Massenanteile der Elemente in den Verbindungen:
   a) Schwefelsäure H_2SO_4
   b) Bariumhydroxid $Ba(OH)_2$
   c) Aluminiumsulfat $Al_2(SO_4)_3$
   d) Ethanol C_2H_5OH
   e) Ammoniumdichromat $(NH_4)_2Cr_2O_7$
   f) Gips $CaSO_4 \cdot ½\ H_2O$
2. Welchen Massenanteil an Kristallwasser haben die Verbindungen?
   a) Natriumcarbonat-Decahydrat $Na_2CO_3 \cdot 10\ H_2O$
   b) Eisensulfat-Heptahydrat $FeSo_4 \cdot 7\ H_2O$
   c) Calciumsulfat-Dihydrat $CaSO_4 \cdot 2\ H_2O$
   d) Alaun $KAl(SO_4)_2 \cdot 12\ H_2O$

3. Welchen Nitrat-Massenanteil hat Calciumnitrat $Ca(NO_3)_2$?
4. Welche Masse an Carbonat-Ionen CO_3^{2-} ist in 2,50 t Kalkstein mit dem Massenanteil $w(CaCO_3)$ = 83,54 % enthalten?
5. Welche Masse an Chlor kann theoretisch aus 250 t Steinsalz mit dem Massenanteil $w(NaCl)$ = 97,5 % gewonnen werden?
6. Welche Masse an Chlor ist in 750 L Trichlormethan $CHCl_3$ (Chloroform) der Dichte 1,489 g/cm³ chemisch gebunden?
7. Die Analyse eines Bauxits ergab einen Massenanteil $w(AlO(OH))$ = 63,5 %.
   a) Welchen Massenanteil $w(Al)$ hat der Bauxit?
   b) Wie viel Aluminium kann aus 700 kt Bauxit gewonnen werden?
8. Wie viel technischer Harnstoff mit dem Massenanteil $w(CO(NH_2)_2)$ = 98,55 % muss verfügbar sein, wenn darin 1,25 kg chemisch gebundener Stickstoff N enthalten sein soll?
9. Wie groß ist der Stickstoff-Massenanteil $w(N)$ in einem technischen Ammoniumnitrat mit dem Massenanteil $w(NH_4NO_3)$ = 92,5 %?
10. Wie viel chemisch gebundenen Phosphor enthalten 775 t Calciumphosphat $Ca_3(PO_4)_2$?
11. Welche Masse an Schwefel ist in 500 L Schwefelsäure-Lösung der Dichte ϱ = 1,30 g/cm³ mit dem Massenanteil $w(H_2SO_4)$ = 40,0 % chemisch gebunden?
12. 5,00 t Mischdünger enthalten 3,25 t Calciumnitrat $Ca(NO_3)_2$, 750 kg Harnstoff $CO(NH_2)_2$ und 1,00 t Ammoniumnitrat NH_4NO_3. Welche Masse an Stickstoff N wird im Boden freigesetzt?

4.6 Empirische Formel, Molekülformel (Teilchenformel)

Um die chemische Zusammensetzung einer unbekannten Verbindung eindeutig zu bestimmen, sind mehrere experimentelle Schritte und Berechnungen mit den gewonnenen Daten erforderlich:

- Durch **qualitative Analyse** werden die in der Verbindung vorhandenen Elemente ermittelt.
- Durch **quantitative Analyse** (auch **Elementaranalyse** genannt) werden die Massen und daraus die Massenanteile der in der Verbindung gebundenen Elemente bestimmt (Seite 119).
- Durch geeignete Experimente (vgl. Seite 124) und anschließende Berechnung wird die **molare Masse** der Verbindung ermittelt.
- Durch **Strukturaufklärung** werden, insbesondere bei organischen Verbindungen, funktionelle Gruppen in der Substanz identifiziert.

Zur Beschreibung einer chemischen Verbindung benutzt man unterschiedliche chemische Formeln. Sie haben verschiedene Bezeichnungen.

Im Folgenden werden nach IUPAC[1] die Namen **empirische Formel** (früher Elementarformel) sowie die **Molekülformel** (Teilchenformel) verwendet. Bei organischen Stoffen nennt man sie auch **Summenformel,** da sie die einzelnen Elemente nur summarisch ohne funktionale Gruppen angibt.

Empirische Formel (empirical formula)

Die empirische Formel ist die einfachste Formel für eine chemische Verbindung. In ihr wird nur das Verhältnis der einzelnen Atome in kleinstmöglichen ganzen Zahlen zum Ausdruck gebracht. Dieses Atomverhältnis entspricht dem Verhältnis der Stoffmengen der Elemente in der Verbindung.

Die empirische Formel wird bevorzugt bei Verbindungen angewandt, die Teilchenverbände bilden, wie z. B. die anorganischen Stoffe.

Bei organischen Verbindungen gibt die empirische Formel nur das Verhältnis der einzelnen Atomarten an.

Beispiele für empirische Formeln:

Eisenoxid	Bleioxid	Natriumthiosulfat
Fe_2O_3	Pb_3O_4	$Na_2S_2O_3$

[1] IUPAC: International Union of Pure and Applied Chemistry ist die internationale Organisation zur Festlegung von Bezeichnungen, Nomenklaturen und Stoffwerten in der Chemie.

Molekülformel (Teilchenformel) (molecular formula)

Die Molekülformel (Teilchenformel) wird verwendet. wenn der Stoff aus einzelnen, diskreten Molekülen (Teilchen) besteht. Sie gibt die tatsächliche Anzahl der einzelnen Atome an, die in einem Molekül enthalten sind.

Beispiele für Molekülformeln (Teilchenformeln):
Chlorwasserstoffgas HCl Wasser H_2O Ethan C_2H_6 Ethanol C_2H_6O Benzol C_6H_6

4.6.1 Berechnung der empirischen Formel einer Verbindung

Basis der Berechnung sind die, durch eine quantitative Analyse ermittelten Massen oder die Massenanteile der Atomarten einer Verbindung.

1. Der Rechengang basiert bei gegebenen Massen auf der *Grundgleichung für stöchiometrische Berechnungen* $M(X) = m(X)/n(X)$ (Seite 112). Umgestellt ergibt sie die nebenstehende Gleichung.

$$n(X) = \frac{m(X)}{M(X)}$$

Beispiel 1: Durch Elementaranalyse einer Kohlenwasserstoff-Verbindung wurden die Massenanteile $w(C) = 74{,}87\ \%$ und $w(H) = 25{,}13\ \%$ bestimmt. Welche empirische Formel hat die Verbindung?

Lösung: Molare Massen: $M(C) = 12{,}011$ g/mol; $M(H) = 1{,}008$ g/mol; (aus einem Tabellenbuch)

Man geht von 100 g der Verbindung aus. Die Massenanteile in Prozent ergeben dann direkt die Massen der Elemente in Gramm: In 100 g Probe sind 74,87 g C und 25,13 g H enthalten.

$$n(C) = \frac{m(C)}{M(C)} = \frac{74{,}87\text{ g}}{12{,}011\text{ g/mol}} = 6{,}233\text{ mol}$$

$$n(H) = \frac{m(H)}{M(H)} = \frac{25{,}13\text{ g}}{1{,}008\text{ g/mol}} = 24{,}931\text{ mol}$$

Um das kleinstmögliche Verhältnis der Stoffmengen zu erhalten, wird durch die kleinste der berechneten Zahlen dividiert(= 6,233).

6,233 mol C : 6,233 = 1 mol C
24,931 mol H : 6,233 = 4 mol H
$\Rightarrow$ Die Verbindung hat die empirische Formel: **CH_4**

2. Bei gegebenen Massenanteilen einer Verbindung wird die empirische Formel mithilfe der nach $a(X)$ umgestellten Formel für die *Massenanteile von Bestandteilen einer Verbindung* (Seite 114) ermittelt. Man erhält die nebenstehende Gleichung.

$$a(X) = \frac{M(\text{Verb})}{M(X)} \cdot w(X)$$

Beispiel 2: Die Elementaranalyse einer Verbindung aus Fe und O ergibt folgende Massenanteile: $w(Fe) = 0{,}69852$; $w(O) = 0{,}30258$. Welche empirische Formel hat die Verbindung?

Lösung: Molare Massen: $M(Fe) = 55{,}845$ kg/kmol; $M(O) = 15{,}999$ kg/kmol; $M(Fe_2O_3) = 159{,}69$ kg/kmol

Die Anzahl der in der chemischen Verbindung vorhandenen Elementatome berechnet man mit obiger Formel für $a(X)$.

Für Fe: $$\mathbf{a(Fe)} = \frac{M(Fe_2O_3)}{M(Fe)} \cdot w(Fe) = \frac{159{,}69\text{ kg/mol}}{59{,}845\text{ kg/kmol}} \cdot 0{,}69852 = 1{,}9974 \approx \mathbf{2}$$

Für O: $$\mathbf{a(O)} = \frac{M(Fe_2O_3)}{M(O)} \cdot w(O) = \frac{159{,}69\text{ kg/kmol}}{15{,}999\text{ kg/kmol}} \cdot 0{,}30258 = 3{,}0201 \approx \mathbf{3}$$

$\Rightarrow$ Die empirische Formel der Verbindung lautet: **Fe_2O_3**.

Aufgaben zu 4.6.1 Berechnung der empirischen Formel einer Verbindung

1. Welche empirischen Formeln haben die Verbindungen mit folgenden Zusammensetzungen:
   a) $w(K) = 28{,}22\ \%$, $w(Cl) = 25{,}59\ \%$ und $w(O) = 46{,}19\ \%$
   b) $w(Na) = 32{,}86\ \%$, $w(Al) = 12{,}85\ \%$ und $w(F) = 54{,}29\ \%$
   c) $w(Fe) = 36{,}67\ \%$, $w(S) = 21{,}11\ \%$ und $w(O) = 42{,}13\ \%$
   d) $w(C) = 52{,}13\ \%$, $w(H) = 13{,}13\ \%$ und $w(O) = 34{,}74\ \%$
   e) $w(H_2O) = 50{,}01\ \%$, $w(S) = 12{,}69\ \%$, $w(O) = 19{,}04\ \%$ und $w(Na) = 18{,}25\ \%$
   f) $m(Cu) = 2{,}385$ g, $m(O) = 0{,}300$ g
   g) $m(Pb) = 1{,}7385$ g, $m(Cr) = 0{,}4363$ g, $m(O) = 0{,}5370$ g
   h) $w(K) = 7{,}83\ \%$, $w(Cr) = 10{,}41\ \%$, $w(SO_4^{2-}) = 38{,}47\ \%$ und $w(H_2O) = 43{,}29\ \%$ Kristallwasser

4.6.2 Berechnung der Molekülformel einer Verbindung

Um aus der empirischen Formel (dem kleinstmöglichen Stoffmengenverhältnis der beteiligten Atomarten) die Molekül- bzw. Teilchenformel zu berechnen, muss die **molare Masse** der untersuchten Substanz experimentell bestimmt werden.

Für Gase und leicht verdampfbare Flüssigkeiten kann die Bestimmung nach dem Prinzip von Avogadro entweder mit der Gasmaus oder mit einer Apparatur nach Victor Meyer durchgeführt werden (Seite 124).

Für feste Stoffe können Methoden herangezogen werden, welche auf der Erhöhung des Siedepunktes (Kryoskopie) oder der Senkung des Erstarrungspunktes (Ebullioskopie) eines reinen Lösemittels nach Lösen einer bestimmten Stoffportion der Probesubstanz beruhen (Seite 294).

Die Ermittlung der Molekülformel wird im Folgenden an konkreten Beispielen erläutert:

Beispiel 1: Bei der Verbindung in Beispiel 1 von Seite 117 wurde experimentell eine molare Masse von $M(\text{exp}) = 16{,}04$ g/mol bestimmt. Die empirische Formel lautete CH_4. Welche Molekülformel hat die Verbindung?

Lösung: Aus der empirischen Formel kann die molare Masse M(ber.) der Verbindung berechnet werden:

$$M(\text{ber.}) = 1 \cdot M(\text{C}) + 4 \cdot M(\text{H}) = 12{,}011 \text{ g/mol} + 4 \cdot 1{,}008 \text{ g/mol} = 16{,}04 \text{ g/mol}$$

Den **Erweiterungsfaktor** F berechnet man nach: $F = \frac{M(\text{exp})}{M(\text{ber.})}$; Man erhält: $F = \frac{16{,}04 \text{ g/mol}}{16{,}04 \text{ g/mol}} = 1$

⇒ Die Molekülformel der Verbindung lautet: $\mathbf{CH_4}$

Beispiel 2: Bei einer Verbindung wurde eine molare Masse von $M(\text{exp}) = 172{,}3$ g/mol bestimmt. Die empirische Formel wurde zu $C_5H_{10}O$ ermittelt. Welche Molekülformel hat die Verbindung?

Lösung: Aus der empirischen Formel kann die molare Masse M(ber.) der Verbindung berechnet werden:

$$M(\text{ber.}) = 5 \cdot M(\text{C}) + 10 \cdot M(\text{H}) + 1 \cdot M(\text{O}) = 5 \cdot 12{,}011 \text{ g/mol} + 10 \cdot 1{,}008 \text{ g/mol} + 15{,}999 \text{ g/mol} = 86{,}134 \text{ g/mol}$$

Den Erweiterungsfaktor berechnet man nach: $\boldsymbol{F} = \frac{M(\text{exp})}{M(\text{ber.})} = \frac{172{,}3 \text{ g/mol}}{86{,}314 \text{ g/mol}} = 2{,}0004 \approx \mathbf{2}$

Die empirische Formel $C_5H_{10}O$ muss mit dem Faktor 2 erweitert werden.
Die Molekülformel lautet $2 \cdot (C_5H_{10}O)$ ⇒ $\mathbf{C_{10}H_{20}O_2}$

Bei bekannten Massenanteilen der Elemente und der molaren Masse der unbekannten Verbindung kann das Stoffmengenverhältnis in der Molekülformel auch ohne den Umweg über die empirische Formel berechnet werden.

Beispiel: Durch Analyse einer Verbindung wurden die Massenanteile $w(\text{Na}) = 19{,}31$ %, $w(\text{S}) = 26{,}93$ % und $w(\text{O}) = 53{,}76$ % ermittelt. Die Bestimmung der molaren Masse der Verbindung ergab $M(\text{Verb}) = 238{,}1$ g/mol. Welche Molekülformel hat die Verbindung?

Lösung: Molare Massen $M(\text{Na}) = 22{,}99$ g/mol, $M(\text{S}) = 32{,}07$ g/mol, $M(\text{O}) = 16{,}00$ g/mol.

mit $w(\text{Na}) = 0{,}1931$, $w(\text{S}) = 0{,}2693$ und $w(\text{O}) = 0{,}5376$ ergibt sich die Anzahl der Elemente in der Verbindung:

$$a(\text{Na}) = \frac{w(\text{Na}) \cdot M(\text{Verb})}{M(\text{Na})} = \frac{0{,}1931 \cdot 238{,}1 \text{ g/mol}}{22{,}99 \text{ g/mol}} = 1{,}999 \approx 2$$

$$a(\text{S}) = \frac{w(\text{S}) \cdot M(\text{Verb})}{M(\text{S})} = \frac{0{,}2693 \cdot 238{,}1 \text{ g}}{\text{mol}/32{,}07 \text{ g/mol}} = 1{,}999 \approx 2$$

$$a(\text{O}) = \frac{w(\text{O}) \cdot M(\text{Verb})}{M(\text{O})} = \frac{0{,}5376 \cdot 238{,}1 \text{ g}}{\text{mol}/16{,}00 \text{ g/mol}} = 8{,}000 = 8$$

Die Molekülformel lautet: $\mathbf{Na_2S_2O_8}$

Aufgaben zu 4.6.2 Berechnung der Molekül- bzw. Teilchenformel

1. Welche Molekül- bzw. Teilchenformeln haben die Verbindungen mit folgender Zusammensetzung:
   a) $w(\text{Ca}) = 38{,}70$ %, $w(\text{P}) = 20{,}00$ % und $w(\text{O}) = 41{,}30$ % $M = 310{,}2$ g/mol
   b) $w(\text{C}) = 39{,}99$ %, $w(\text{H}) = 6{,}72$ % und $w(\text{O}) = 53{,}30$ % $M = 60{,}02$ g/mol
2. Die Elementaranalyse einer organischen Verbindung ergab aus 132,50 mg Probesubstanz 85,15 mg Kohlenstoff (C) und 9,53 mg Wasserstoff (H). Sauerstoff wurde nur qualitativ nachgewiesen. Die molare Masse wurde zu $M(\text{exp}) = 112{,}1$ g/mol bestimmt.
   a) Welche empirische Formel hat die Verbindung?
   b) Wie lautet die Molekülformel?

4.6.3 Ermittlung der Molekülformel mit der Elementaranalyse

Die **Elementaranalyse** (organic analysis) ist eine quantitative Bestimmung der Elemente in einer organischen Verbindung.

Aus der Analyse werden die Massen und daraus die Massenanteile der Elemente ermittelt.

Organische Verbindungen aus den Elementen Kohlenstoff C, Wasserstoff H und Sauerstoff O werden im Laborversuch in einem Verbrennungsrohr durch Kupfer(II)-oxid CuO oxidiert **(Bild 1)**.

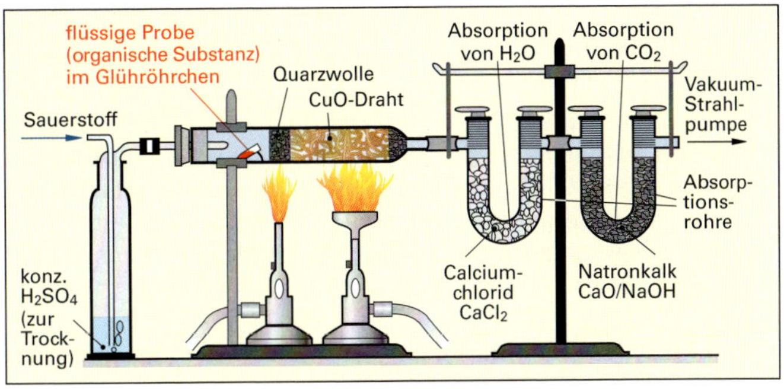

Bild 1: Elementaranalyse einer organischen Flüssigkeit

Aus dem Kohlenstoff C in der Verbindung entsteht Kohlenstoffdioxid CO_2 und aus dem Wasserstoff H entsteht Wasser H_2O.

Das Kohlenstoffdioxid wird an Natronkalk in einem U-Rohr gebunden. Der kondensierte Wasserdampf wird von Magnesiumperchlorat oder Calciumchlorid absorbiert.

Die Bestimmung der Massen an CO_2 und H_2O erfolgt durch Differenzwägung der Absorptionsrohre.

Daraus können mit den nebenstehenden Formeln die Massen an Kohlenstoff und Wasserstoff berechnet werden.

Die Masse an Sauerstoff erhält man aus der Differenz der Probenmasse sowie der Kohlenstoff- und Wasserstoffmasse.

Daraus berechnet man die Stoffmengen nach $n(X) = m(X) / M(X)$.

Das Verhältnis der einzelnen Stoffmengen in der Verbindung erhält man durch Division mit der kleinsten Stoffmenge.

Daraus wird die empirische Formel bestimmt. Mit dem Erweiterungsfaktor (Seite 118) erhält man die Molekülformel.

Masse an Kohlenstoff aus dem absorbierten CO_2

$$m(\mathrm{C}) = \frac{M(\mathrm{C}) \cdot m(\mathrm{CO_2})}{M(\mathrm{CO_2})}$$

Masse an Wasserstoff aus dem absorbierten H_2O

$$m(\mathrm{H}) = \frac{2 \cdot M(\mathrm{H}) \cdot m(\mathrm{H_2O})}{M(\mathrm{H_2O})}$$

Masse an Sauerstoff durch Massendifferenzberechnung

$$m(\mathrm{O}) = m(\mathrm{Probe}) - [m(\mathrm{C}) + m(\mathrm{H})]$$

Beispiel: In einer organischen Verbindung wurden die Elemente C, H und O nachgewiesen. Die molare Masse der Probe wurde zu 46,13 g/mol bestimmt. Die Elementaranalyse ergab folgende Wägeergebnisse.

Einwaage an Probesubstanz: 3,403 g
Einwaage Natronkalk-Absorptionsrohr: 44,372 g
Auswaage Natronkalk-Absorptionsrohr: 50,884 g
Einwaage $CaCl_2$-Absorptionsrohr: 56,278 g
Auswaage $CaCl_2$-Absorptionsrohr: 60,274 g

Lösung: $m(\mathrm{CO_2}) = 50{,}884\ \mathrm{g} - 44{,}372\ \mathrm{g} = 6{,}512\ \mathrm{g}$ $\quad m(\mathrm{H_2O}) = 60{,}274\ \mathrm{g} - 56{,}278\ \mathrm{g} = 3{,}996\ \mathrm{g}$

$$\mathbf{m(C)} = \frac{M(\mathrm{C}) \cdot m(\mathrm{CO_2})}{M(\mathrm{CO_2})} = \frac{12{,}011\ \mathrm{g/mol} \cdot 6{,}512\ \mathrm{g}}{44{,}010\ \mathrm{g/mol}} = \mathbf{1{,}777\ g} \quad \Rightarrow \quad n(\mathrm{C}) = \frac{1{,}777\ \mathrm{g}}{12{,}011\ \mathrm{g/mol}} = 0{,}1479\ \mathrm{mol}$$

$$\mathbf{m(H)} = \frac{2 \cdot M(\mathrm{H}) \cdot m(\mathrm{H_2O})}{M(\mathrm{H_2O})} = \frac{2 \cdot 1{,}008\ \mathrm{g/mol} \cdot 3{,}996\ \mathrm{g}}{18{,}015\ \mathrm{g/mol}} = \mathbf{0{,}4472\ g} \quad \Rightarrow \quad n(\mathrm{H}) = \frac{0{,}4472\ \mathrm{g}}{1{,}008\ \mathrm{g/mol}} = 0{,}4437\ \mathrm{mol}$$

$$\mathbf{m(O)} = \mathrm{m(Probe)} - [\mathrm{m(C)} + \mathrm{m(H)}] = 3{,}403\ \mathrm{g} - [1{,}777\ \mathrm{g} + 0{,}4472\ \mathrm{g}] \approx \mathbf{1{,}179\ g} \quad \Rightarrow \quad n(\mathrm{O}) = \frac{1{,}179\ \mathrm{g}}{16{,}00\ \mathrm{g/mol}} = 0{,}0737\ \mathrm{mol}$$

Berechnung der Stoffmengenverhältnisse

$$\mathrm{C}: \frac{n(\mathrm{C})}{n(\mathrm{O})} = \frac{0{,}1479\ \mathrm{mol}}{0{,}0737\ \mathrm{mol}} = 2{,}007 \approx 2$$

$$\mathrm{H}: \frac{n(\mathrm{H})}{n(\mathrm{O})} = \frac{0{,}4437\ \mathrm{mol}}{0{,}0737\ \mathrm{mol}} = 6{,}020 \approx 6$$

$$\mathrm{O}: \frac{n(\mathrm{O})}{n(\mathrm{O})} = \frac{0{,}0737\ \mathrm{mol}}{0{,}0737\ \mathrm{mol}} = 1$$

⇒ **Empirische Formel: C_2H_6O**

Ermittlung des Erweiterungsfaktors: $F = \frac{M(\mathrm{exp})}{M(\mathrm{ber})}$

$$M(\mathrm{ber}) = (2 \cdot 12{,}011 + 6 \cdot 1{,}008 + 16{,}00)\ \mathrm{g/mol} = 46{,}07\ \mathrm{g/mol}$$

$$F = \frac{46{,}13\ \mathrm{g/mol}}{46{,}07\ \mathrm{g/mol}} \approx 1$$

⇒ Die **Molekülformel** ist identisch mit der empirischen Formel und lautet ebenfalls **C_2H_6O**

Aufgaben zu 4.6.3 Ermittlung der Molekülformel mit der Elementaranalyse

1. Die Elementaranalyse einer organischen Verbindung ergab aus 132,5 mg Probesubstanz 312 mg Kohlenstoffdioxid CO_2 und 85,2 mg Wasser H_2O, Sauerstoff wurde nur qualitativ nachgewiesen. Die molare Masse wurde zu $M = 112{,}1$ g/mol bestimmt. Welche Molekülformel hat die Verbindung?
2. Die Elementaranalyse einer aus Kohlenstoff, Wasserstoff und Schwefel bestehenden Verbindung ergab aus 150 mg Probesubstanz 137,5 g Kohlenstoffdioxid, 112,5 mg Wasser und 306,2 mg Schwefelsäure H_2SO_4. Für die Bestimmung der molaren Masse wurden 150 mg Substanz vollständig verdampft und ergaben bei 18 °C und 990 mbar ein Volumen von 76,4 mL.
   Welche empirische Formel und welche Molekülformel hat die Verbindung?

Gemischte Aufgaben zu 4.6 Empirische Formel, Molekülformel

1. Die Analyse einer Substanz ergibt folgende Daten: $w(H) = 5{,}15$ %, $w(C) = 61{,}29$ %, $w(N) = 10{,}22$ % und $w(O) = 23{,}34$ %. Ermitteln Sie aus den Versuchsdaten die empirische Formel der Verbindung.
2. 100 mg einer Verbindung aus Kohlenstoff, Wasserstoff und Sauerstoff ergeben bei der Oxidation 238 mg Kohlenstoffdioxid und 122 mg Wasser. Bei der Bestimmung der molaren Masse entsteht aus 150 mg Substanz bei 935 mbar und 20 °C ein Volumen von 52,8 mL. Berechnen Sie die empirische Formel und die Molekülformel der untersuchten Substanz.
3. Eine organische Verbindung enthält die Elemente Kohlenstoff, Wasserstoff und Schwefel. 200 mg der Verbindung ergeben nach Oxidation bei 24 °C und 1032 mbar ein Volumen von 154 mL Kohlenstoffdioxid, 76,9 mL Schwefeldioxid sowie 174 mg Wasser. Bei der Bestimmung der molaren Masse nehmen 150,0 mg der Verbindung bei 18 °C und 990 mbar ein Volumen von 59 mL ein.
   Berechnen Sie die Molekülformel der Verbindung.

4.7 Berechnungen mit Gasportionen

Gase nehmen jeden ihnen zur Verfügung stehenden Raum ein. Die Stoffteilchen haben im Gasraum atomar betrachtet verhältnismäßig große Abstände **(Bild 1)**. Sie bewegen sich regellos und stoßen unaufhörlich aneinander und gegen die Gefäßinnenwand. Mit steigender Temperatur nimmt die Bewegung zu. Wenn das Gas sich in einem Gefäß befindet und deshalb das Volumen konstant bleibt, steigt der Druck, da die Gasteilchen häufiger und heftiger gegen die Gefäßinnenwand prallen.

Der erzeugte Druck ist von der Stoffart des Gases unabhängig, weil sich Gasteilchen mit geringer Masse, wie z. B. Wasserstoff H_2, sehr schnell und Gasteilchen mit größerer Masse, wie z. B. Chlor Cl_2, entsprechend langsamer bewegen. Da die kinetische Energie der Gasteilchen bei gleicher Temperatur gleich ist, „erboxen" sie sich folglich das gleiche Volumen.

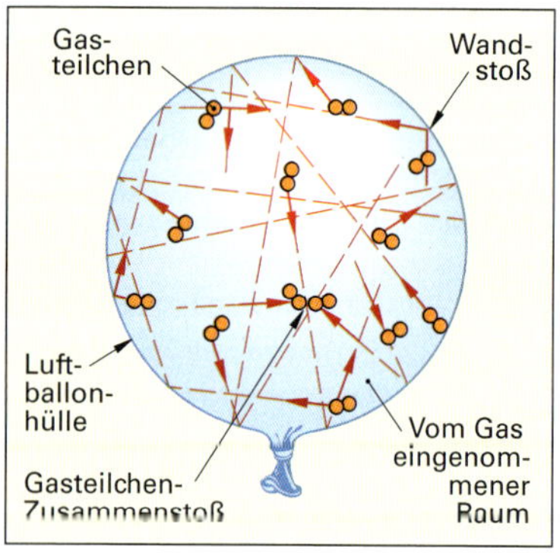

Bild 1: Ein Gas in einem Behältnis (schematisch im atomaren Größenbereich)

Diese Gesetzmäßigkeit ist auch als das **Gesetz von Avogadro** bekannt. Es besagt: Gleiche Gasvolumina enthalten bei gleicher Temperatur und gleichem Druck die gleiche Anzahl von Teilchen, unabhängig von der Stoffart des Gases.

4.7.1 Gase bei Normbedingungen

Das **molare Volumen** V_m (molar volume) ist das Volumen, das **ein Mol** eines Gases einnimmt. Es ist ein stoffmengenbezogenes Volumen mit dem Einheitenzeichen L/mol bzw. $L \cdot mol^{-1}$.

Dieses Volumen ist nach Avogadro unabhängig von der Stoffart. Es ist nur von den herrschenden Zuständen Druck p und Temperatur T abhängig.

Molares Normvolumen idealer Gase

Normbedingungen

$p_n \approx 1{,}013$ bar
$T_n \approx 273$ K
$\vartheta_n = 0$ °C
$V_{m,0} \approx 22{,}41$ L/mol

Die **Normbedingungen NB** (standard conditions), auch als Normzustand NZ bezeichnet, sind gekennzeichnet durch den **Normdruck** (normal pressure) p_n = 1,01325 bar, gerundet 1,013 bar, und die **Normtemperatur** (standard temperature) T_n = 273,15 K, gerundet 273 K (ϑ_n = 0 °C). Die Normbedingungen sind in DIN 1343 festgelegt.

Das Volumen einer Gasportion im Normzustand wird **Normvolumen** (standard volume) V_n genannt.

Molares Normvolumen

$$V_{m,n}(X) = \frac{V_n(X)}{n(X)}$$

Das stoffmengenbezogene (molare) Normvolumen $V_{m,n}$ einer Gasportion berechnet man als Quotient aus dem Volumen bei Normbedingungen V_n und der Stoffmenge n. Sein Einheitenzeichen ist L/mol bzw. mol · L^{-1}.

Das Größenzeichen des **molaren Normvolumens** für ideale Gase ist $\boldsymbol{V_{m,0}}$. Es beträgt $V_{m,0}$ = 22,41410 L/mol, gerundet 22,41 L/mol.

Ein Mol eines idealen Gases nimmt bei Normbedingungen ein Volumen von $\boldsymbol{V_{m,0}}$ **= 22,41 L** ein.

Das molare Normvolumen $V_{m,0}$ von 22,41 L/mol gilt exakt nur für ideale Gase. Die ein- und zweiatomigen Gase, wie z. B. die Edelgase, sowie Wasserstoff, Stickstoff, Sauerstoff, verhalten sich näherungsweise wie ideale Gase. Ferner gilt es annähernd auch für andere weitgehend unpolare Gase wie CH_4, CO, NO u. a. bei hohen Temperaturen und niedrigen Drücken **(Bild 1)**. Diese Erkenntnis wurde von dem Physiker **Avogadro** entwickelt und ist nach ihm benannt.

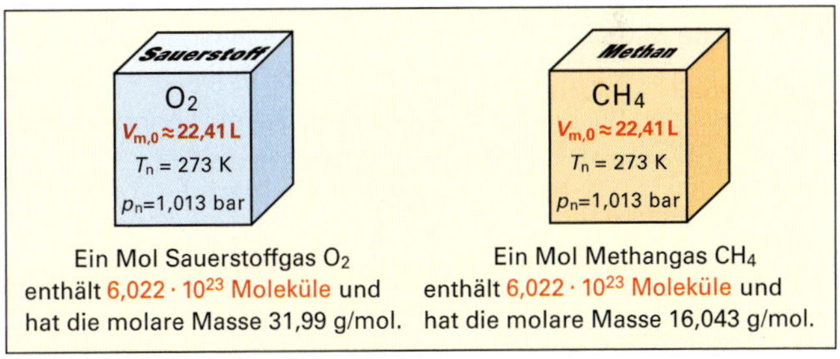

Bild 1: Molares Normvolumen und molare Masse idealer Gase

Beispiel: Welches Volumen nehmen 3,500 mol Wasserstoff H_2 bei Normbedingungen ein?

Lösung: $V_{m,0}(H_2) = \frac{V_n(H_2)}{n(H_2)} \Rightarrow \boldsymbol{V_n(H_2)} = V_{m,0} \cdot n(H_2) = 22{,}41 \text{ L/mol} \cdot 3{,}500 \text{ mol} = 78{,}435 \text{ L} \approx \mathbf{78{,}44\ L}$

Ideale und reale Gase (ideal and real gases)

Bei **idealen** Gasen wird von der Modellvorstellung ausgegangen, dass zwischen den Gasteilchen keine Anziehungskräfte wirken und dass die Gasteilchen kein Eigenvolumen besitzen. Für alle in der Natur vorkommenden Gase trifft diese Idealvorstellung nicht zu, sie sind demnach reale Gase. Das molare Volumen realer Gase weicht vom exakten Wert idealer Gase $V_{m,0}$ = 22,41410 L/mol mehr oder weniger stark ab. Die Werte betragen z. B. für Sauerstoff $V_{m,n}(O_2)$ = 22,394 L/mol und für Chlor $V_{m,n}(Cl_2)$ = 22,064 L/mol. In der Regel ist für praktische Berechnungen der gerundete Wert $V_{m,0}$ = 22,41 L/mol hinreichend genau.

Berechnung des Normvolumens einer Gasportion

Gase werden im Labor und Chemiebetrieb in Stahl-Druckgasflaschen vorgehalten **(Bild 2)**. Die Masse m(X) einer entnommenen Gasportion wird durch die Differenzwägung vor und nach der Gasentnahme bestimmt. Daraus wird mit nebenstehender Gleichung das Normvolumen der Gasportion berechnet.

Normvolumen einer Gasportion

$$V_n(X) = \frac{V_{m,n} \cdot m(X)}{M(X)}$$

Man erhält die Gleichung aus der Definition des molaren Volumens durch Einsetzen von $n(X) = m(X)/M(X)$ und anschließendes Umstellen nach $V_n(X)$.

Beispiel 1: Berechnen Sie das Volumen von 0,800 kg Sauerstoffgas bei Normbedingungen.

Lösung: $\boldsymbol{V_n(O_2)} = \frac{V_{m,0} \cdot m(O_2)}{M(O_2)} = \frac{22{,}41 \text{ L/mol} \cdot 800 \text{ g}}{31{,}99 \text{ g/mol}} = 560{,}425 \text{ L} \approx \mathbf{560\ L}$

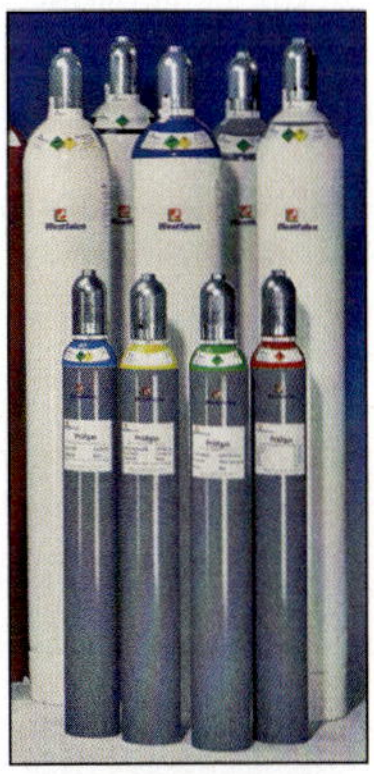

Bild 2: Gasflaschen

Beispiel 2: Welche Dichte hat Ethin (Acetylen) C_2H_2 bei Normbedingungen?

Lösung: $M(C_2H_2) = 26{,}38$ g/mol, $V_{m,0} = 22{,}41$ L/mol; aus $\varrho = \frac{m}{V}$ und $V_{m,0} = \frac{V_n \cdot m}{M}$ folgt durch Einsetzen:

$$\varrho(C_2H_2) = \frac{M(C_2H_2)}{V_{m,0}} = \frac{26{,}038 \text{ g/mol}}{22{,}41 \text{ L/mol}} = 1{,}1619 \text{ g/L} \approx \mathbf{1{,}162\ g/L}$$

Aufgaben zu Gasen bei Normbedingungen

1. Berechnen Sie das Volumen folgender Gasportionen bei Normbedingungen.
   a) 2,50 mol Ammoniak NH_3 b) 76,5 g Methan CH_4 c) 2,0 mmol Chlor Cl_2
   d) 250 mg Ammoniak NH_3 e) 5,5 kmol Schwefeldioxid SO_2 f) 12,5 kg Chlorwasserstoff HCl
2. Welche Stoffmengen und welche Massen haben folgende Gasportionen bei Normbedingungen?
   a) 800 L Stickstoff N_2 b) 250 m^3 Ethen C_2H_4 c) 2,80 m^3 Ethin C_2H_2
   d) 420 mL Hydrogensulfid H_2S e) 225 L Chlormethan CH_3Cl f) 1200 L Sauerstoff O_2
   g) $2{,}5 \cdot 10^3$ m^3 Helium He h) 50 L Argon Ar i) 250 mL Wasserstoff H_2
3. Eine Gasstahlflasche enthält 550 g Chlor im verflüssigten Zustand. Welches Volumen an Gas kann bei Normbedingungen entnommen werden, wenn das Flaschenvolumen 5,00 L beträgt?
4. Welche Masse an Wasserstoff verbleibt in einer 50-L-Stahlflasche, wenn sie bei Normbedingungen „entleert" wird? Wie viele Wasserstoff-Moleküle sind dann noch in der Flasche vorhanden?
5. Berechnen Sie die Dichten folgender Gasportionen bei Normbedingungen.
   a) Kohlenstoffmonoxid CO b) Propan C_3H_8 c) Chlorwasserstoff HCl d) Argon Ar

4.7.2 Gasportionen bei beliebigen Drücken und Temperaturen

Die Volumina von Gasportionen sind nur vergleichbar, wenn sie bei gleichem Druck und gleicher Temperatur vorliegen. Die üblichen Vergleichsbedingungen sind die Normbedigungen.

Liegen Gase nicht bei Normbedingungen vor, dann müssen sie auf diese umgerechnet werden. Die Umrechnung der Gaszustände kann mithilfe der **allgemeinen Zustandsgleichung idealer Gase** erfolgen (siehe rechts). Sie beschreibt quantitativ den Zusammenhang zwischen Volumen, Druck und Temperatur einer Gasportion bei verschiedenen Zuständen **(Bild 1)**.

In der Gleichung bezeichnet der Index 1 den Gaszustand 1, der Index 2 den Gaszustand 2. Mit dem Index n wird der Zustand des Gases bei **Normbedingungen** ($p_n = 1{,}01325$ bar, $T_n = 273{,}15$ K) gekennzeichnet.

Zustandsgleichung idealer Gase

$$\frac{p_1 \cdot V_1}{T_1} = \frac{p_2 \cdot V_2}{T_2} = \frac{p_n \cdot V_n}{T_n}$$

Da ein Mol jeder Gasart bei Normbedingungen praktisch das gleiche Volumen von $V_{m,0} = 22{,}41410$ L/mol hat, ergibt sich für Normbedingungen der folgende Quotient:

$$\frac{p_n \cdot V_n}{T_n} = \frac{1{,}01325 \text{ bar} \cdot 22{,}41410 \text{ L}}{273{,}15 \text{ K} \cdot \text{mol}} = \mathbf{0{,}08314\ \frac{bar\ L}{K \cdot mol}} = \boldsymbol{R}$$

Man erhält für alle idealen Gase diese konstante Größe. Sie wird als **allgemeine Gaskonstante *R*** (universal gas constant) bezeichnet.

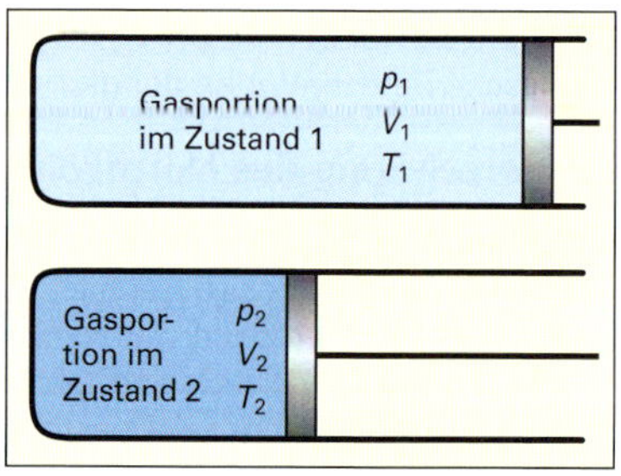

Bild 1: Zwei Zustände einer Gasportion

In die Zustandsgleichung eingesetzt, erhält man $\frac{p \cdot V}{T} = R$ und umgestellt: $p \cdot V = R \cdot T$. Es gilt für ein Mol Gas.

Für eine beliebige Stoffmenge n Gas gilt: $p \cdot V = n \cdot R \cdot T$. Setzt man für $n = m/M$, so erhält man die nebenstehende **allgemeine Gasgleichung** (ideal gas equation).

Allgemeine Gasgleichung

$$p \cdot V = \frac{m \cdot R \cdot T}{M}$$

Die allgemeine Gasgleichung ermöglicht Berechnungen der Massen, Volumina, molaren Massen und Dichten von Gasen für beliebige Zustandsgrößen. Sie wird auch zur Auswertung der Bestimmung der molaren Masse genutzt (Seite 124).

Beispiel: Welches Volumen nehmen 120 g Chlorgas bei 25 °C und 980 mbar ein?

Lösung: $p \cdot V(X) = \frac{m(X) \cdot R \cdot T}{M(X)} \Rightarrow \mathbf{V(Cl_2)} = \frac{m(Cl_2) \cdot R \cdot T}{M(Cl_2) \cdot p} = \frac{120\ g \cdot 83{,}14\ \frac{mbar \cdot L}{K \cdot mol} \cdot 298\ K}{70{,}91\ g/mol \cdot 980\ mbar} \approx \mathbf{42{,}8\ L}$

Aufgaben zu Gasen bei beliebigen Drücken und Temperaturen

1. Berechnen Sie die Volumina der Gasportionen.
   a) 2,13 kg Chlor Cl_2 bei 75 °C und 1,85 bar
   b) 25 mg Propen C_3H_6 bei 120 °C und 2,0 bar
   c) 1,65 t Ethan C_2H_6 bei 52 °C und 55 N/cm^2
   d) 250 kg Ammoniak NH_3 bei 450 °C und 250 bar

2. Berechnen Sie die Massen der Gasportionen.
   a) 50 m^3 Stickstoff N_2 bei 150 bar und 55 °C
   b) 250 m^3 Ethin C_2H_2 bei 200 bar und 285 °C
   c) 500 mL Ethen C_2H_4 bei 800 mbar und 15 °C
   d) 225 L n-Hexan C_6H_{14} bei 80 bar und 75 °C

3. Welche Masse Wasser wurde verdampft, wenn der Dampf bei 110 °C und 1020 mbar ein Volumen von 2,5 m^3 einnimmt?

4. Durch Luftverflüssigung und anschließende Trennung in einer Rektifiziersäule entstehen 500 kg Sauerstoff. Wie viele 50-L-Stahl-Druckgasflaschen **(Bild 1)** können bei 20 °C mit einem Nenndruck von 200 bar damit gefüllt werden?

Bild 1: Druckgasflaschen (Aufgabe 4)

5. 100 m^3 Stickstoff stehen bei –45 °C unter 3,0 bar Druck. Welches Volumen an flüssigem Stickstoff mit der Dichte ϱ = 0,812 g/cm^3 wird aus dieser Gasportion erhalten?

6. Ein zylindrischer Behälter von 2,5 m Durchmesser und 6,4 m Länge ist mit Propengas C_3H_6 von 32 °C unter einem Druck von 25 bar gefüllt **(Bild 2)**. Welche Masse an Propen enthält der Behälter?

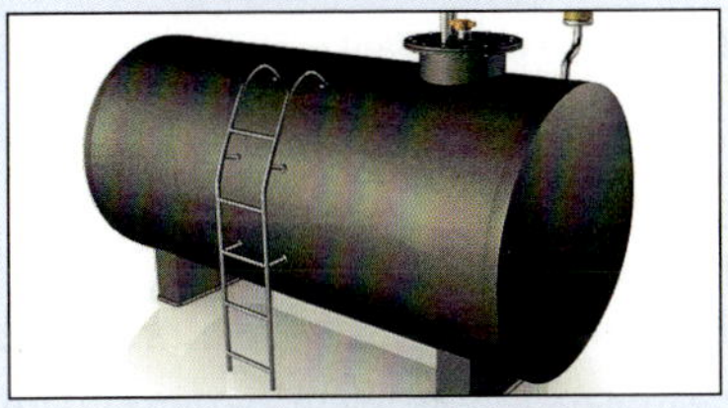
Bild 2: Propangas-Behälter (Aufgabe 6)

7. In einem Speicher-Behälter von 18,40 m Durchmesser wird Erdgas bei einem Druck von 14,35 bar und 16 °C gelagert **(Bild 3)**. Welchem Gasvolumen entspricht das bei 1,000 bar und 20 °C?

Bild 3: Erdgas-Behälter (Aufgabe 7)

8. Ein Schrauben-Kompressor saugt Luft bei einem Druck von 1,005 bar und 23 °C an **(Bild 4)**. Er kann pro Stunde 10000 m^3 Luft verdichten. Welches Volumen an verdichteter Luft gibt der Kompressor pro Stunde ab, wenn sie auf 50,0 bar verdichtet wird und sich dabei auf 47 °C erwärmt?

9. 1500 m^3 Chlorgas aus Membranzellen mit den Betriebszustandsgrößen 75 °C und 995 mbar werden verflüssigt.
   a) Welches Volumen an flüssigem Chlor der Dichte ϱ = 1,5705 g/cm^3 entsteht aus der Gasportion?
   b) Welche Volumenabnahme in Prozent tritt bei der Verflüssigung ein?

10. Synthesegas wird bei der Ammoniak-Synthese von 1,0 bar und 15 °C auf 350 bar komprimiert und dabei auf 450 °C erwärmt. Um wie viel Prozent ändert sich das Volumen gegenüber dem Ausgangsvolumen?

11. Einer 50-Liter-Stahl-Druckgasflasche mit Wasserstoff unter 180 bar werden bei 1025 mbar Umgebungsdruck bei konstanter Temperatur 2,25 m^3 Gas entnommen. Welchen Druck zeigt das Flaschenmanometer nach der Entnahme?

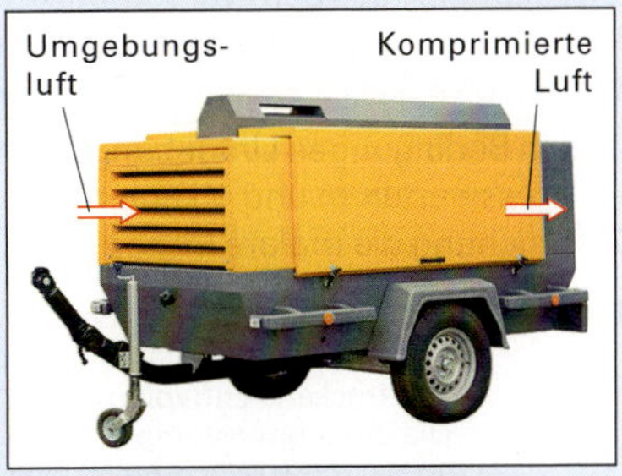

Bild 4: Luftkompression mit dem Schrauben-Kompressor (Aufgabe 8)

4.7.3 Bestimmung der molaren Masse aus der allgemeinen Gasgleichung

Die molare Masse ist eine wichtige physikalische Größe. Ihre Kenntnis ist z.B. bei der Bestimmung der Formel unbekannter Verbindungen oder der Berechnung der Masse von Gasportionen hilfreich.

Zur Bestimmung der molaren Masse stehen unterschiedliche Methoden zur Verfügung. Die klassischen Methoden beruhen bei Gasen oder leicht verdampfbaren Flüssigkeiten auf den Gesetzmäßigkeiten der idealen Gase (Seite 122).

Bestimmung der molaren Masse von Gasen

Das Gas, dessen molare Masse bestimmt werden soll, wird in ein evakuiertes Glasgefäß mit bekanntem Volumen gefüllt und der Gasdruck auf den Umgebungsdruck eingestellt. Man verwendet einen als **Gasproberohr** oder **Doppelhahnrohr** bzw. **Gasmaus** bezeichneten, zylinderförmigen, dickwandigen Glasbehälter **(Bild 1)**.

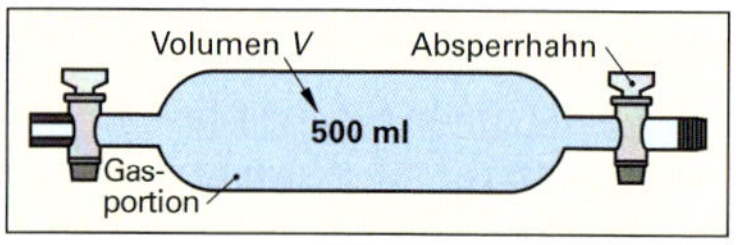

Bild 1: Gasmaus nach DIN 12473-1

Zuerst wiegt man die evakuierte Gasmaus (m_1), dann die mit dem Probegas gefüllte Gasmaus (m_2) und bestimmt aus der Differenz der Wägungen die Masse m der Gasportion.

Ist das Volumen V der Gasmaus bekannt und somit das Volumen der Gasportion, kann die molare Masse aus der umgestellten allgemeinen Gasgleichung berechnet werden (siehe rechts).

Molare Masse aus der allgemeinen Gasgleichung

$$M(\mathrm{X}) = \frac{m(\mathrm{X}) \cdot R \cdot T}{p \cdot V(\mathrm{X})}$$

Beispiel: Zur Bestimmung der molaren Masse von Propangas wird eine evakuierte Gasmaus von 500 mL Nennvolumen zu 48,726 g ausgewogen. Gefüllt mit dem Propangas unter 1,013 bar und 22,9°C (295,9 K) wiegt die Gasmaus 149,302 g. Wie groß ist die molare Masse von Propangas?

Lösung: $m(\text{Propan}) = m_1 - m_2 = 149{,}302\ \text{g} - 148{,}726\ \text{g} = 0{,}576\ \text{g}$

$$\boldsymbol{M}\textbf{(Propan)} = \frac{m(\text{Propan}) \cdot R \cdot T}{p \cdot V(\text{Propan})} = \frac{0{,}576\ \text{g} \cdot 0{,}08314\ \frac{\text{bar} \cdot \text{L}}{\text{K} \cdot \text{mol}} \cdot 295{,}9\ \text{K}}{1{,}013\ \text{bar} \cdot 0{,}500\ \text{L}} = 27{,}9768\ \text{g/mol} \approx \mathbf{27{,}98\ g/mol}$$

Bestimmung der molaren Masse leicht verdampfbarer Flüssigkeiten

Die molare Masse leicht verdampfbarer Flüssigkeiten kann in einer Apparatur nach **Victor Meyer** bestimmt werden **(Bild 2)**.

Die Substanzprobe ist in einer dünnwandigen Glasampulle eingeschmolzen. Sie wird von oben in die Apparatur eingebracht und von einem Glasstab gehalten.

Nach dem Temperieren des Verdampferkolbens auf eine Temperatur, die oberhalb der Verdampfungstemperatur der Probe liegt, wird der Glasstab teilweise herausgezogen. Dadurch fällt die Substanzampulle in den Verdampferkolben, wo sie zerbricht. Die Probe wird freigesetzt und verdampft.

Das entstehende Proben-Gasvolumen verdrängt ein gleich großes Luftvolumen V aus dem Verdampferkolben in den Auffangzylinder. Dort kann das auf Badtemperatur abgekühlte Volumen abgelesen werden. Das Gas ist wasserdampfgesättigt.

Mit den Bedingungen Umgebungsdruck p und Temperatur T sowie den Messwerten m und V kann mit der umgestellten allgemeinen Gasgleichung die molare Masse berechnet werden.

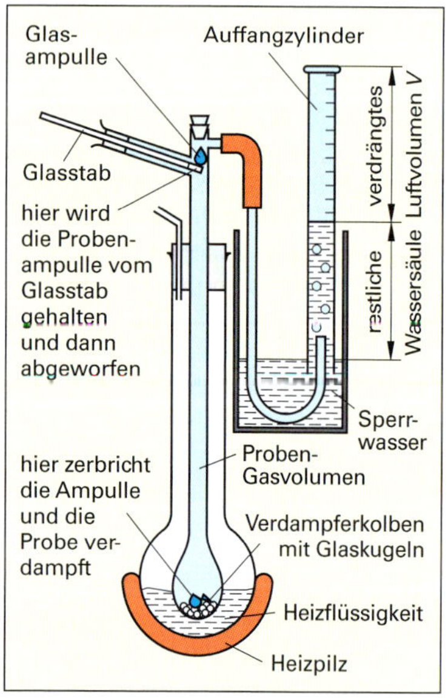

Bild 2: Apparatur zur Bestimmung der molaren Masse nach Victor Meyer

Beispiel: In einer Apparatur zur Bestimmung der molaren Masse nach Victor Meyer werden 0,1254 g einer Flüssigkeit verdampft. Das trockene Luftvolumen im Standzylinder beträgt 37,3 mL. Die Umgebungstemperatur ist 22,0 °C (295,0 K), der Luftdruck 1015,0 mbar. Wie groß ist die molare Masse der Flüssigkeit?

Lösung:

$$\boldsymbol{M}\textbf{(Probe)} = \frac{m(\text{Probe}) \cdot R \cdot T}{p \cdot V(\text{Probe})} = \frac{0{,}1254 \cdot 0{,}08314\ \frac{\text{bar} \cdot \text{L}}{\text{K} \cdot \text{mol}} \cdot 295{,}0\ \text{K}}{1{,}0150\ \text{bar} \cdot 0{,}0373\ \text{L}} \approx 81{,}23715\ \text{g/mol} \approx \mathbf{81{,}24\ g/mol}$$

Aufgaben zur Bestimmung der molaren Masse aus der allgemeinen Gasgleichung

1. Eine Gasmaus mit einem Volumen von 0,5281 L wiegt evakuiert 143,7820 g und mit Gas gefüllt 144,4813 g. Der Luftdruck beträgt 1012 mbar, die Umgebungstemperatur 21,0°C.
   a) Welche molare Masse hat das Gas? b) Um welches Gas könnte es sich handeln?
2. 0,4411 g eines Kohlenwasserstoffes nehmen im Gaszustand bei 980 mbar und 38°C ein Volumen von 264 mL ein. Wie groß ist die molare Masse der Probe?
3. 236 mg eines Gases nehmen bei 1127 mbar und 31,0°C ein Volumen von 304 mL ein. Welche molare Masse hat das Gas?
4. In einer Apparatur nach Victor Meyer wurden 0,283 g einer organischen Verbindung verdampft. Bei einer Temperatur von 18°C und einem Druck von 1025 hPa entstand ein Volumen von 95,4 mL. Welcher der folgenden Stoffe wurde untersucht: Pentan C_5H_{12}; Penten C_5H_{10}; Pentin C_5H_8?

4.7.4 Dichte einer Gasportion

Das Volumen der Gase ist stark druck- und temperaturabhängig. Da die Dichte ϱ der Quotient von Masse durch Volumen ist, hat eine Gasportion nach dem Komprimieren wegen des geringeren Volumens und einer größeren Zahl von Gasteilchen pro Volumeneinheit folglich eine höhere Dichte.

Dichte einer Gasportion bei Normbedingungen

Bei Normbedingungen hat ein Mol idealer Gase das Normvolumen $V_{m,0} = 22{,}41$ L/mol. Mit der molaren Masse M des Gases und dem molaren Normvolumen ergibt sich durch Einsetzen:

Dichte einer Gasportion bei Normbedingungen

$$\varrho(\text{X,NB}) = \frac{M(\text{X})}{V_{m,0}}$$

$$\varrho(\text{X,NB}) = \frac{m(\text{X})}{V(\text{X})} = \frac{M(\text{X})}{V_{m,0}} = \frac{M(\text{X})}{22{,}41\ \text{L/mol}}$$

Die Dichte von Gasen wird üblicherweise in der Einheit g/L oder kg/m³ angegeben. Für genaue Berechnungen ist anstelle des Normvolumens idealer Gase $V_{m,0} = 22{,}41$ L/mol das reale Normvolumen $V_{m,n}$ einzusetzen, das Tabellenwerken zu entnehmen ist.

Beispiel: Welche Dichte hat Ammoniak NH_3 bei Normbedingungen?

Lösung: Mit $M(NH_3) = 17{,}03$ g/mol und dem realen Normvolumen $V_{m,n} = 22{,}078$ L/mol folgt:

$$\varrho(\mathbf{NH_3, NB}) = \frac{M(NH_3)}{V_{m,n}} = \frac{17{,}03\ \text{g/mol}}{22{,}078\ \text{L/mol}} = 0{,}771356\ \text{g/L} \approx \mathbf{0{,}7714\ g/L}$$

Dichte einer Gasportion bei Betriebsbedingungen

Für beliebige Betriebstemperaturen und Betriebsdrücke kann der Bezug zwischen den Betriebszustandsgrößen und der Dichte einer Gasportion aus der allgemeinen Gasgleichung hergestellt werden:

Aus $p \cdot V = n \cdot R \cdot T$ folgt mit $n = m/M$ durch Einsetzen:

$$p \cdot V = \frac{m(\text{X})}{M(\text{X})} \cdot R \cdot T$$

Mit $\varrho = m/V$ ergibt sich durch Einsetzen und Umformen nach der Dichte die nebenstehende Größengleichung zur Berechnung der Dichte einer Gasportion bei beliebigen Betriebsbedingungen.

Dichte einer Gasportion bei beliebigen Betriebsbedingungen

$$\varrho(\text{X},T,p) = \frac{M(\text{X}) \cdot p}{R \cdot T}$$

Beispiel: Welche Dichte hat Kohlenstoffdioxid CO_2 bei 22,0°C und 985 mbar?

Lösung:

$$\varrho(\mathbf{CO_2, 22{,}0°C, 985\ bar}) = \frac{M(CO_2) \cdot p}{R \cdot T} = \frac{44{,}01\ \text{g/mol} \cdot 0{,}985\ \text{bar}}{0{,}08314\ \frac{\text{L} \cdot \text{bar}}{\text{K} \cdot \text{mol}} \cdot 295{,}15\ \text{K}} = 1{,}76659\ \text{g/L} \approx \mathbf{1{,}767\ g/L}$$

Aufgaben zur Dichte einer Gasportion

1. Berechnen Sie die Dichten folgender Gase bei Normbedingungen.
   a) Wasserstoff H_2 b) Methan CH_4, ($V_{m,n} = 22{,}381$ L/mol) c) Ethen C_2H_4 ($V_{m,n} = 22{,}258$ L/mol)
2. Welche Dichte haben folgende Gasportionen?
   a) Wasserstoff H_2 unter 200 bar und 25°C b) Schwefeldioxid SO_2 bei 180°C und 985 mbar

4.8 Rechnen mit Reaktionsgleichungen

4.8.1 Aufbau von Reaktionsgleichungen

Chemische Reaktionen werden symbolisch durch Reaktionsgleichungen beschrieben. Sie stellen das quantitative Reaktionsgeschehen kurz und übersichtlich, einheitlich und eindeutig in Form von Formeln und Symbolen dar **(Bild 1)**.

Die **Reaktionsgleichung** (reaction equation) ist keine Gleichung im mathematischen Sinn. Sie beschreibt vielmehr eine chemische Reaktion unter Angabe der Stoffart und der Zahlenverhältnisse der an der Reaktion beteiligten Reaktionspartner.

In Reaktionsgleichungen erscheinen auf beiden Seiten die gleichen Atome in gleicher Anzahl, aber in unterschiedlicher Gruppierung (**Bild 2,** oben).

Die Reaktionsgleichung enthält auf der linken Seite die Ausgangsstoffe (Edukte) und auf der rechten Seite die Endstoffe (Produkte). Sind mehrere Reaktionspartner beteiligt, werden sie durch ein Pluszeichen voneinander getrennt. Es hat in der Bedeutung „und" einen aufzählenden Charakter und ist nicht mit der Grundrechnungsart Addition zu verwechseln.

Der **Reaktionspfeil** gibt die Richtung der Reaktion an. Er bedeutet soviel wie: „reagiert/reagieren zu" oder „reagiert/reagieren unter Bildung von".

Es gibt verschiedene Arten von Reaktionspfeilen mit unterschiedlicher Bedeutung: Bei Gleichgewichtsreaktionen (vgl. Seite 184) verwendet man zwei entgegengesetzte Halbspitzen (Gleichgewichtspfeile), um den Reaktionsfortschritt anzugeben **(Bild 2)**. Es sind meist Reaktionen in wässriger Lösung oder in der Gasphase, die in Abhängigkeit von den Reaktionsbedingungen sowohl von links nach rechts als auch von rechts nach links verlaufen können. Bei Gleichgewichtsreaktionen liegen die Produkte und die nicht umgesetzten Edukte nebeneinander vor.

Sind Edukte und Produkte im Gleichgewichtszustand in etwa gleicher Konzentration vorhanden, ist die Länge der Pfeile für die Hin- und Rückreaktion gleich. Diese Darstellung wird auch dann verwendet, wenn die Lage des Gleichgewichts unbekannt ist.

$$\underbrace{A + B}_{\text{Edukte}} \xrightarrow[\text{Temperatur}]{\text{Druck}} \underbrace{C + D}_{\text{Produkte}}$$

Bild 1: Grundform einer chemischen Reaktionsgleichung

$N_2 + 3\,H_2 \xrightleftharpoons[400\,°C,\,300\,bar]{Fe} 2\,NH_3 \mid \Delta_r H = -92\,kJ$

Eisenkatalysierte Gleichgewichtsreaktion, die bei einer Temperatur von 400 °C und einem Druck von 300 bar abläuft. Pro Formelsatz, d.h., bezogen auf die Bildung von 2 mol NH_3, werden 92 kJ Wärmeenergie freigesetzt.

$NH_3 + H_2O \rightleftharpoons NH_4^+ + OH^-$

Das Gleichgewicht der Reaktion liegt auf der Seite der Edukte (links).

$HCl + H_2O \rightleftharpoons H_3O^+ + Cl^-$

Das Gleichgewicht der Reaktion liegt auf der Seite der Produkte (rechts).

$S + O_2 \longrightarrow SO_2 \mid \text{exotherm}, -\Delta_r H$

Die Verbrennung von Schwefel verläuft unter Abgabe von Wärmeenergie.

$NH_4NO_3 \longrightarrow N_2O + 2\,H_2O \mid \text{endotherm}, +\Delta_r H$

Ammoniumnitrat wird durch Zufuhr von Wärmeenergie thermisch zersetzt.

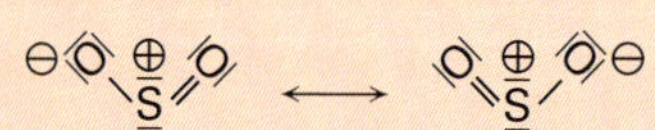

Mesomere Grenzstrukturen des Schwefeldioxids.

$CaCO_3 + 2\,NaCl \not\longrightarrow Na_2CO_3 + CaCl_2$

Es erfolgt keine Reaktion im Sinne der Reaktionsgleichung.

Bild 2: Bedeutung von Reaktionspfeilen in Reaktionsgleichungen

Unterschiedlich lange Reaktionspfeile kennzeichnen die Lage des Gleichgewichts, wobei die Reaktion in Richtung des längeren Pfeils verstärkt abläuft.

Über bzw. unter dem Reaktionspfeil können die zur Durchführung der Reaktion erforderlichen Reaktionsbedingungen (Druck, Temperatur, Lösemittel, Katalysator) angegeben werden.

Hinter der Reaktionsgleichung können, durch einen senkrechten Strich abgetrennt, Angaben zur Energieänderung erfolgen (Bild 2). Soll die Energieänderung nur qualitativ angegeben werden, so ist der Reaktionsgleichung die Aussage „exotherm" oder „endotherm" anzufügen.

Mesomere Grenzformeln werden durch einen Mesomeriepfeil $\longleftrightarrow$ miteinander verbunden (Bild 2, Seite 126).

Läuft eine Reaktion nicht im Sinne der Reaktionsgleichung ab, streicht man den Reaktionspfeil durch.

In der Chemie laufen chemische Reaktionen häufig in **wässriger Lösung** ab. Bei diesen Ionenreaktionen werden die Teilchen, die in Wasser als Ionen vorliegen, in Ionenform geschrieben **(Bild 1)**. Überwiegend undissoziierte Teilchen, z.B. schwer lösliche Salze, werden nicht in Ionenform geschrieben.

Beispiele:

Na_2CO_3 bedeutet eine Formeleinheit Natriumcarbonat (Soda), bestehend aus zwei Natrium-Ionen Na^+ und einem Carbonat-Ion CO_3^{2-}.

$CaCl_2$ bedeutet eine Formeleinheit Calciumchlorid, bestehend aus einem Calcium-Ion Ca^{2+} und zwei Chlorid-Ionen Cl^-.

$$Na_2CO_3 \xrightarrow{H_2O} 2Na^+ + CO_3^{2-}$$

$$H_2SO_4 + H_2O \longrightarrow H_3O^+ + HSO_4^-$$

$$Ba^{2+} + 2\,Cl^- + 2\,Na^+ + SO_4^{2-} \longrightarrow$$

$$\longrightarrow BaSO_4 + 2\,Na^+ + 2\,Cl^-$$

Bild 1: Reaktionsgleichungen mit Ionenschreibweise

Um den Aggregatzustand der reagierenden Stoffe in Reaktionsgleichungen eindeutig zu kennzeichnen, werden Kurzzeichen als Index in Klammern hinter die Formel gesetzt **(Bild 2)**. Als Abkürzung dienen die Anfangsbuchstaben der entsprechenden englischen Worte:

(s) fest (solid)

(l) flüssig (liquid)

(g) gasig (gaseous)

Soll in der Reaktionsgleichung zum Ausdruck kommen, dass die Ionen hydratisiert sind, so wird der Index (aq) (von lateinisch: aqua = Wasser) verwendet.

$$CaCl_{2(s)} \xrightarrow{H_2O} Ca^{2+}_{(aq)} + 2Cl^-_{(aq)}$$

$$NH_{3(g)} + HCl_{(g)} \longrightarrow NH_4Cl_{(s)}$$

$$Ba^{2+}_{(aq)} + SO^{2-}_{4(aq)} \longrightarrow BaSO4_{(s)}$$

$$2\,HgO_{(s)} \longrightarrow 2\,Hg_{(l)} + O_{2(g)}$$

$$HCl_{(g)} + H_2O_{(l)} \longrightarrow H_3O^+_{(aq)} + Cl^-_{(aq)}$$

Bild 2: Reaktionsgleichungen mit Angabe von Aggregatzuständen und Hydrationsvorgängen

Aufgaben zu Reaktionsgleichungen

1. Formulieren Sie zu den folgenden Reaktionen die Reaktionsgleichungen. Berücksichtigen Sie dabei die Aggregat- bzw. Lösungszustände und gegebenenfalls die Energieänderung der Reaktionen.
   a) Beim Versetzen einer Calciumchlorid-Lösung mit einer Schwefelsäure-Lösung fällt Calciumsulfat aus.
   b) Aluminiumspäne reagieren mit Brom unter starker Wärmeentwicklung im Stoffmengenverhältnis 2 : 3 unter Bildung von zwei Formeleinheiten Aluminiumbromid.
   c) Magnesium verbrennt an der Luft unter Bildung von Magnesiumoxid und Magnesiumnitrid.
   d) Das Carbonat-Ion steht in wässriger Lösung mit dem Hydrogencarbonat-Ion im Gleichgewicht.
   e) Beim Versetzen einer Bariumchlorid-Lösung mit einer Natriumsulfat-Lösung fällt Bariumsulfat aus.
   f) Zwei Formeleinheiten Kaliumhydroxid reagieren in wässriger Lösung mit einem Molekül Kohlenstoffdioxid unter Bildung von Kaliumcarbonat und Wasser.
   g) Beim Brennen von Kalkstein (Calciumcarbonat) entstehen gebrannter Kalk (Calciumoxid) und Kohlenstoffdioxid.
   h) Natronlauge wird von Salzsäure unter Bildung von Natriumchlorid und Wasser neutralisiert.
   i) Zwei Atome Natrium reagieren mit zwei Molekülen Wasser unter Bildung von zwei Formeleinheiten Natriumhydroxid und einem Molekül Wasserstoff.
   j) Beim Glühen von zwei Formeleinheiten Natriumhydrogencarbonat entstehen eine Formeleinheit Natriumcarbonat, ein Molekül Wasser und ein Molekül Kohlenstoffdioxid.

4.8.2 Aufstellen von Reaktionsgleichungen

Dem Aufstellen von Reaktionsgleichungen liegen die folgenden Regeln zugrunde:

- Das Prinzip von der Erhaltung der Elemente. Es besagt: Die auf der linken Seite der Reaktionsgleichung genannten Elemente müssen auch auf der rechten Seite erscheinen.
- Das Prinzip von der Erhaltung der Anzahl der Atome. Es lautet: Die Anzahl der Atome der einzelnen an der Reaktion beteiligten Stoffe muss auf der linken und rechten Seite der Reaktionsgleichung gleich groß sein.
- Das Prinzip von der Erhaltung der Ladung: Die Summe der Ladungen muss vor und nach der Reaktion gleich groß sein.
- Das Prinzip von der Erhaltung der Redox-Äquivalente: Die Zahl der abgegebenen und aufgenommenen Elektronen muss gleich sein.
- In Reaktionsgleichungen werden bevorzugt die kleinstmöglichen ganzzahligen Beträge stöchiometrischer Koeffizienten verwendet.

$$Fe + S \longrightarrow FeS$$

links: Fe und S — rechts: Fe und S

$$4\,NH_3 + 5\,O_2 \longrightarrow 4\,NO + 6\,H_2O$$

Atombilanz links: 4 N, 12 H, 10 O — Atombilanz rechts: 4 N, 12 H, 10 O

$$CO_3^{2-} + H_2O \rightleftharpoons HCO_3^- + HO^-$$

Ladungsbilanz links: zwei negative Ladungen — Ladungsbilanz rechts: zwei negative Ladungen

$$Cu^{2+} + Fe \longrightarrow Fe^{2+} + Cu$$

Das Kupfer-Ion nimmt zwei Elektronen vom Eisenatom auf.

$$2\,C_6H_6 + 15\,O_2 \longrightarrow 12\,CO_2 + 6\,H_2O$$

Kleinstmögliche ganzzahlige Koeffizienten

Das Aufstellen einer Reaktionsgleichung erfolgt in mehreren Einzelschritten:

2. Zum Aufstellen von Reaktionsgleichungen ist die Kenntnis der richtigen Symbole und Formeln der Ausgangsstoffe sowie der Reaktionsprodukte erforderlich. Aus diesem Grund wird im ersten Schritt eine Reaktionsgleichung ohne stöchiometrische Koeffizienten aufgestellt.
3. In einem zweiten Schritt muss die Reaktionsgleichung durch Einfügen der stöchiometrischen Koeffizienten rechnerisch ausgeglichen (bilanziert) werden. Der Koeffizient 1 wird nicht geschrieben.

   In den meisten Fällen, insbesondere bei einfachen Redox-Reaktionen und doppelten Umsetzungen, kann man die Koeffizienten durch einfache Überlegungen und unter Beachtung der oben angegebenen Regeln finden. Es hat sich als zweckmäßig erwiesen, beim Ausgleichen mit dem Element zu beginnen, das in den einzelnen Formeln und auf jeder Seite der Reaktionsgleichung nur einmal vertreten ist und in der geringsten Anzahl vorkommt. Es dient als Leitelement. Ausgehend vom Leitelement werden die anderen Elemente oder Atomgruppen nacheinander bilanziert.

   Zum Schluss wird in einer Probe die Anzahl der einzelnen Atomsorten auf der linken und rechten Seite der Reaktionsgleichung verglichen. Bei Reaktionen mit molekularen Gasen (O_2, N_2, Cl_2 usw.), bei denen die kleinste Einheit das Molekül ist, ist es mitunter sinnvoll, diese Moleküle in der noch nicht ausgeglichenen Reaktionsgleichung in atomarer Form zu schreiben. Durch Verdoppeln aller Koeffizienten am Ende der Bilanzierung erhält man die endgültige Reaktionsgleichung mit molekularen Gasen.

Die folgenden Beispiele zeigen den Gedankengang auf, der zum Auffinden der richtigen stöchiometrischen Koeffizienten verfolgt werden muss.

Beispiel 1: Formulierung der Reaktionsgleichung zur vollständigen Verbrennung von Methan.

Lösung: 1. Schritt: Methan CH_4 verbrennt mit Sauerstoff O_2 zu Kohlenstoffdioxid CO_2 und Wasser H_2O.

Unbilanzierte Reaktionsgleichung: „ $CH_4 + O_2 \longrightarrow CO_2 + H_2O$ “

2. Schritt: Als Leitelement für die Bilanzierung wird Kohlenstoff gewählt.

- Aus einem Molekül CH_4 entsteht ein Molekül CO_2. ⇒ Koeffizienten bei CH_4 und CO_2: **1**
- Kohlenstoff ist im Methan-Molekül mit 4 Wasserstoffatomen verbunden und verbrennt demzufolge zu zwei Wassermolekülen. ⇒ Koeffizient bei H_2O: **2**
- Da die Produkte insgesamt vier chemisch gebundene Sauerstoffatome enthalten, erfordert die Verbrennung zwei Moleküle Sauerstoff. ⇒ Koeffizient bei O_2: **2**

Ergebnis: $CH_4 + 2\,O_2 \longrightarrow CO_2 + 2\,H_2O$

3. Probe: Stoffbilanz links: 1 C, 4 H, 4 O, Stoffbilanz rechts: 1 C, 4 H, 4 O

Beispiel 2: Formulierung der Reaktionsgleichung zur Reaktion von Aluminiumhydroxid mit Salzsäure.

Lösung: 1. Schritt: Aluminiumhydroxid $Al(OH)_3$ reagiert mit Salzsäure HCl unter Bildung von Aluminiumchlorid $AlCl_3$ und Wasser H_2O. Die unbilanzierte Reaktionsgleichung lautet:

„ $Al(OH)_3 + HCl \longrightarrow AlCl_3 + H_2O$ "

2. Schritt: Als Leitelement für die Bilanzierung wird Aluminium gewählt.

- Zur Bildung einer Formeleinheit $AlCl_3$ sind 3 HCl-Moleküle erforderlich.
  $\Rightarrow$ Koeffizient bei HCl: **3**
- 3 Sauerstoffatome in den Hydroxid-Gruppen erfordern 3 Wassermoleküle.
  $\Rightarrow$ Koeffizient bei H_2O: **3** (Alternativ: 3 H-Atome im $Al(OH)_3$ und 3 H-Atome im HCl erfordern 3 H_2O-Moleküle. $\Rightarrow$ Koeffizient bei H_2O: **3**).

Ergebnis: $\mathbf{Al(OH)_3 + 3\,HCl \longrightarrow AlCl_3 + 3\,H_2O}$

3. Probe: Stoffbilanz links: 1 Al, 3 O, 6 H, 3 Cl; Stoffbilanz rechts: 1 Al, 3 O, 6 H, 3 Cl.

Beispiel 3: Pyrit FeS_2, Bestandteil eines sulfidischen Eisenerzes, reagiert beim Rösten unter Sauerstoffzufuhr O_2 zu Eisen(III)-oxid Fe_2O_3 und Schwefeldioxid SO_2. Die Reaktionsgleichung ist zu formulieren.

Lösung: 1. Schritt: Die unbilanzierte Reaktionsgleichung lautet: „ $FeS_2 + O \longrightarrow Fe_2O_3 + SO_2$ "

2. Schritt: Als Leitelement für die Bilanzierung wird Eisen gewählt.

- 2 Eisen-Ionen im Fe_2O_3 erfordern 2 FeS_2. $\Rightarrow$ Koeffizient bei FeS_2: **2**
- 4 Schwefel-Ionen aus 2 FeS_2 ergeben 4 SO_2. $\Rightarrow$ Koeffizient bei SO_2: **4**
- 3 O im Fe_2O_3 und 8 O aus 4 SO_2 erfordern 11 O. $\Rightarrow$ Koeffizient bei O_2: $\mathbf{5\frac{1}{2}}$
  Zwischenergebnis: $2\,FeS_2 + 5\frac{1}{2}\,O_2 \longrightarrow Fe_2O_3 + 4\,SO_2$.
- Durch Verdoppeln aller Koeffizienten ergibt sich eine ganze Zahl als Koeffizient für molekularen Sauerstoff.

Ergebnis: $\mathbf{4\,FeS_2 + 11\,O_2 \longrightarrow 2\,Fe_2O_3 + 8\,SO_2}$.

3. Probe: Stoffbilanz links: 4 Fe, 8 S, 22 O; Stoffbilanz rechts: 4 Fe, 8 S, 22 O.

Beispiel 4: Aluminium Al reagiert mit Oxonium-Ionen H_3O^+ unter Bildung von Aluminium-Ionen Al^{3+}, Wasser H_2O und Wasserstoff H_2. Es ist die Reaktionsgleichung mit Angabe der Aggregat- bzw. Hydratationszustände zu formulieren.

Lösung: 1. Schritt: Die unbilanzierte Reaktionsgleichung lautet: „ $Al + H_3O^+ \longrightarrow Al^{3+} + H_2O + H$ "

2. Schritt: Als Leitelement für die Bilanzierung wird Aluminium gewählt:

- Ein dreifach positiv geladenes Aluminium-Ion erfordert 3 einfach positiv geladene Hydronium-Ionen. $\Rightarrow$ Koeffizient bei H_3O^+: **3**
- Drei Oxonium-Ionen reagieren zu 3 Wassermolekülen und 3 Wasserstoffatomen. $\Rightarrow$ Koeffizienten bei H_2O und H: jeweils **3**
  Zwischenergebnis: $Al + 3\,H_3O^+ \longrightarrow Al^{3+} + 3\,H_2O + 3\,H$
- Durch Verdoppeln aller Koeffizienten ergibt sich die korrekte Reaktionsgleichung mit molekularem Wasserstoff.

Ergebnis: $\mathbf{2\,Al_{(s)} + 6\,H_3O^+_{(aq)} \longrightarrow 2\,Al^{3+}_{(aq)} + 6\,H_2O_{(l)} + 3\,H_{2(g)}}$.

3. Probe: Stoffbilanz links: 2 Al, 18 H, 6 O; Stoffbilanz rechts: 2 Al, 18 H, 6 O.
Ladungsbilanz links: 6^+ Ladungsbilanz rechts: $2 \cdot 3^+ = 6^+$

Beispiel 5: Formulierung der Reaktionsgleichung zur Reaktion von Calciumphosphat $Ca_3(PO_4)_2$ mit Schwefelsäure H_2SO_4.

Lösung: 1. Schritt: Die unbilanzierte Reaktionsgleichung lautet: „ $Ca_3(PO_4)_2 + H_2SO_4 \longrightarrow CaSO_4 + H_3PO_4$ "

2. Schritt: Als Leitelement für die Bilanzierung wird Calcium gewählt.

- 3 Calcium-Ionen im $Ca_3(PO_4)_2$ ergeben 3 Formeleinheiten $CaSO_4$. $\Rightarrow$ Koeffizient beim Calciumsulfat $CaSO_4$: **3**
- 2 Phosphat-Ionen im $Ca_3(PO_4)_2$ erfordern 2 Moleküle H_3PO_4. $\Rightarrow$ Koeffizient bei H_3PO_4: **2**
- 3 Sulfat-Ionen im $CaSO_4$ erfordern 3 Moleküle H_2SO_4. $\Rightarrow$ Koeffizient bei H_2SO_4: **3**

Ergebnis: $\mathbf{Ca_3(PO_4)_2 + 3\,H_2SO_4 \longrightarrow 3\,CaSO_4 + 2\,H_3PO_4}$.

3. Probe: Stoffbilanz links: 3 Ca, 2 P, 20 O, 6 H, 3 S; Stoffbilanz rechts: 3 Ca, 2 P, 20 O, 6 H, 3 S.

Aufgaben zum Aufstellen von Reaktionsgleichungen

1. Erstellen Sie die Reaktionsgleichungen zur Bildung folgender Verbindungen aus den Elementen:
   a) Schwefeldioxid SO_2 b) Phosphor(V)-oxid P_2O_5 c) Eisen(III)-oxid Fe_2O_3
   d) Aluminiumbromid $AlBr_3$ e) Ammoniak NH_3 f) Phosphortrichlorid PCl_3
   g) Calciumoxid CaO h) Wasser H_2O i) Calciumnitrid Ca_3N_2
   j) Kohlenstoffmonoxid CO k) Schwefelwasserstoff H_2S l) Hydrogenchlorid HCl
   m) Schwefelhexafluorid SF_6 n) Natriumperoxid Na_2O_2 o) Kaliumsulfid K_2S

2. Die Kohlenwasserstoffe:
   a) Propan C_3H_8, b) Butan C_4H_{10}, c) Oktan C_8H_{18}, d) Ethin C_2H_2,
   e) Benzol C_6H_6 sowie die Alkohole: f) Methanol CH_3OH und g) Ethanol C_2H_5OH
   verbrennen mit Sauerstoff O_2 zu Kohlenstoffdioxid CO_2 und Wasser H_2O.
   Formulieren Sie die Reaktionsgleichungen.

3. Die Basen:
   a) Kaliumhydroxid KOH, b) Calciumhydroxid $Ca(OH)_2$ und c) Aluminiumhydroxid $Al(OH)_3$
   werden jeweils mit Salpetersäure HNO_3, Schwefelsäure H_2SO_4 und Phosphorsäure H_3PO_4 neutralisiert. Formulieren Sie die Reaktionsgleichungen als Stoff- und Ionengleichungen.

4. Ergänzen Sie in den Reaktionsgleichungen die stöchiometrischen Koeffizienten:

a)	$Na_2CO_3 \cdot 10\,H_2O$	+ HCl	$\longrightarrow$	$NaCl$	+	H_2O	+	CO_2
b)	Fe_2O_3	+ H_2SO_4	$\longrightarrow$	$Fe_2(SO_4)_3$	+	H_2O		
c)	Ca_3N_2	+ H_2O	$\longrightarrow$	$Ca(OH)_2$	+	NH_3		
d)	$Ca_3(PO_4)_2$	+ SiO_2	$\longrightarrow$	$CaSiO_3$	+	P_2O_5		
e)	P_4	+ Br_2	$\longrightarrow$	PBr_3				
f)	CH_4	+ Cl_2	$\longrightarrow$	$CHCl_3$	+	HCl		
g)	Ca	+ H_2O	$\longrightarrow$	$Ca(OH)_2$	+	H_2		
h)	Mg	+ H_3O^+	$\longrightarrow$	Mg^{2+}	+	H_2	+	H_2O
i)	PCl_5	+ P_2O_5	$\longrightarrow$	$POCl_3$				
j)	$Ca_3(PO_4)_2$	+ H_3PO_4	$\longrightarrow$	$Ca(H_2PO_4)_2$				

5. Die Herstellung von Salpetersäure HNO_3 nach dem Ostwald-Verfahren verläuft in drei Schritten:
   a) Zuerst wird Ammoniak NH_3 mit Luftsauerstoff an Platinnetzen katalytisch zu Wasserdampf und Stickstoffmonoxid NO verbrannt.
   b) Das Stickstoffmonoxid setzt sich weiter mit Luftsauerstoff zu Stickstoffdioxid NO_2 um.
   c) Anschließende Absorption mit Wasser liefert Salpetersäure und Stickstoffmonoxid, was im Kreislauf wieder der Aufoxidation zugeführt wird.
   Formulieren Sie die Reaktionsgleichungen.

6. Formulieren Sie die Stoff- und Ionengleichungen zu den folgenden Nachweisreaktionen:
   a) Nachweis der Sulfat-Ionen im Kaliumsulfat K_2SO_4 durch eine Bariumchlorid-Lösung $BaCl_2$.
   b) Carbonat-Nachweis im Natriumcarbonat Na_2CO_3 durch eine Calciumhydroxid-Lösung $Ca(OH)_2$.
   c) Chlorid-Nachweis im Magnesiumchlorid $MgCl_2$ durch eine Silbernitrat-Lösung $AgNO_3$.

7. Phosphorsäure H_3PO_4 kann durch Nassaufschluss von Apatit $Ca_5(PO_4)_3F$ mit Salpetersäure HNO_3 nach dem Odda-Verfahren erhalten werden. Als Nebenprodukte entstehen Calciumnitrat $Ca(NO_3)_2$ und Fluorwasserstoff HF. Letzterer reagiert mit dem im Apatit enthaltenen Siliciumdioxid SiO_2 in einer Nebenreaktion zu Hexafluorokieselsäure H_2SiF_6 und Wasser. Formulieren Sie die Reaktionsgleichungen.

4.8.3 Oxidationszahlen

Bei einfachen Redox-Reaktionen zwischen Atomen und Ionen, z. B. $Fe + Cu^{2+} \longrightarrow Cu + Fe^{2+}$, ist anhand der Ionenladung der Elektronenübergang vom Eisenatom zum Kupfer-Ion leicht erkennbar.

Wenn aber an einer Redox-Reaktion Moleküle oder geladene Atomgruppen, wie z. B. SO_3^{2-}, MnO_4^-, beteiligt sind, lassen sich aus dem Reaktionsverlauf und aus der Reaktionsgleichung die Elektronenübergänge nur schwer erkennen.

Hilfreich ist dann die **Oxidationszahl** (oxidation number). Mithilfe der Oxidationszahl lassen sich Redox-Vorgänge und komplizierte Redox-Gleichungen leichter verfolgen bzw. formulieren (Seite 133).

> Die Oxidationszahl eines Elementes in einer chemischen Einheit (Formel) gibt nach IUPAC die Ladung an, die ein Atom des Elementes haben würde, wenn die Elektronen jeder Bindung an diesem Atom dem jeweils elektronegativeren Atom zugeordnet werden.

Ein Maß für die Fähigkeit eines Atoms, Bindungselektronen anzuziehen, ist die **Elektronegativität**. Die Elektronegativitätswerte der wichtigsten Hauptgruppenelemente sind in **Tabelle 1** wiedergegeben.

Die Oxidationszahlen werden, um sie besser von der Ionenladung unterscheiden zu können, in römischen Ziffern mit vorangestelltem Plus- oder Minuszeichen über das Elementsymbol in der Formel geschrieben.

Gibt man den Namen der Verbindung an, so ist die Oxidationszahl (ohne Plus- oder Minuszeichen) Bestandteil des Namens.

Tabelle 1: Elektronegativitätswerte nach Pauling

	I	II	III	IV	V	VI	VII
1	**H** 2,2						
2	**Li** 0,98	**Be** 1,57	**B** 2,04	**C** 2,55	**N** 3,04	**O** 3,44	**F** 3,98
3	**Na** 0,93	**Mg** 1,31	**Al** 1,61	**Si** 1,9	**P** 2,19	**S** 2,58	**Cl** 3,16
4	**K** 0,82	**Ca** 1	**Ga** 1,81	**Ge** 2,01	**As** 2,18	**Se** 2,55	**Br** 2,96
5	**Rb** 0,82	**Sr** 0,95	**In** 1,78	**Sn** 1,96	**Sb** 2,05	**Te** 2,1	**I** 2,66

Beispiele: $H\overset{+V}{N}O_3$ Stickstoff(V)-säure, $\overset{+V}{P}Cl_5$ Phosphor(V)-chlorid, $\overset{+II}{C}O$ Kohlenstoff(II)-oxid

Beim Zuordnen der Oxidationszahlen zu den Elementen sind die nachfolgenden **Regeln** zu beachten. Eine weiter oben stehende Regel hat dabei Vorrang gegenüber einer weiter unten stehenden.

1. Elemente haben immer die Oxidationszahl Null. Besteht ein Element aus Molekülen, so erhält jedes Atom die Oxidationszahl Null.
   $\overset{0}{Na}$, $\overset{0}{Ca}$, $\overset{0}{Si}$, $\overset{0}{N_2}$, $\overset{0}{P_4}$, $\overset{0}{S_8}$, $\overset{0}{F_2}$
2. Fluor hat immer die Oxidationszahl –I.
   $Na\overset{-I}{F}$, $C_2\overset{-I}{F_4}$, $H\overset{-I}{F}$, $O\overset{-I}{F_2}$, $NO_2\overset{-I}{F}$, $S\overset{-I}{F_6}$
3. Metalle sowie Bor und Silicium haben immer positive Oxidationszahlen. In den ersten drei Hauptgruppen des Periodensystems der Elemente stimmen die Oxidationszahlen mit der Hauptgruppennummer überein.
   $\overset{+I}{Cs}F$, $\overset{+II}{Mg}O$, $\overset{+III}{B_2}O_3$, $\overset{+IV}{Si}O_2$, $\overset{+III}{Fe_2}O_3$, $\overset{+IV}{Pb}O_2$
4. Wasserstoff hat die Oxidationszahl +I, außer, wenn er mit Metallen zu Metallhydriden verbunden ist. Dann beträgt die Oxidationszahl –I.
   $\overset{+I}{H_2}SO_3$, $\overset{+I}{H_2}S$, $N\overset{+I}{H_3}$, $C\overset{+I}{H_4}$, $Na\overset{-I}{H}$, $LiAl\overset{-I}{H_4}$, $Ca\overset{-I}{H_2}$
5. Sauerstoff hat in der Regel die Oxidationszahl –II, außer in Peroxiden, wo sie –I beträgt.
   $HN\overset{-II}{O_3}$, $C\overset{-II}{O_2}$, $Fe_2\overset{-II}{O_3}$, $Ba\overset{-I}{O_2}$, $H_2\overset{-I}{O_2}$, $Na_2\overset{-I}{O_2}$
6. Halogene haben in Halogeniden immer die Oxidationszahl –I.
   $Li\overset{-I}{F}$, $Al\overset{-I}{Br_3}$, $K\overset{-I}{I}$, $Ca\overset{-I}{Cl_2}$
7. Bei einatomigen Ionen ist die Oxidationszahl gleich der elektrischen Ladung der Ionen.
   $\overset{-II}{O^{-2}}$, $\overset{-I}{I^-}$, $\overset{+II}{Zn^{2+}}$, $\overset{+I}{Cu^+}$, $\overset{+III}{Al^{3+}}$, $\overset{+II}{Mg^{2+}}$, $\overset{+I}{K^+}$
8. Die Summe der Oxidationszahlen aller Atome in einer Stoffart entspricht der Ladung des Teilchens. Bei neutralen Teilchen ist sie gleich Null, bei Ionen gleich der Ionenladung.
   $\overset{+I}{H_2}\overset{-II}{S}$: $2 \cdot (+1) - 2 = 2 - 2 = 0$
   $\overset{+I}{H_2}\overset{+V}{P}\overset{-II}{O_4^-}$: $2 \cdot (+1) + 5 - 8 = 2 + 5 - 8 = -1$

Zur **Bestimmung der Oxidationszahl** (abgekürzt: OZ) in Molekülen oder Ionen mit kovalenten Bindungen wird jede Bindung vollständig dem elektronegativeren Atom zugeordnet.

In dem nebenstehenden Beispiel H_2SO_4 ergibt sich die Oxidationszahl des Schwefels aus der Summe der Oxidationszahlen des Wasserstoffs und des Sauerstoffs.

Wenn zwei Atome mit gleicher Elektronegativität miteinander verbunden sind, wie z.B. beim H_2O_2, dann wird das Elektronenpaar zur Berechnung der OZ zwischen den beiden Atomen geteilt. Dies gilt insbesondere in der organischen Chemie für C-C-Bindungen in Kohlenwasserstoffen und deren Derivate.

Im nebenstehenden Beispiel (Ethen) berechnet sich die OZ des Kohlenstoffs, indem man die Summe der Oxidationszahlen des Wasserstoffs durch zwei teilt. Die Oxidationszahl des Kohlenstoffs ist negativ, da er das elektronegativere Element ist.

Im Beispiel Ethanol haben die H-Atome die OZ +I, das O-Atom die OZ –II. Somit ergibt sich für das C-Atom der Methylgruppe die OZ –III und für das C-Atom der Methylengruppe die OZ –I.

Schwefelsäure

$\overset{+I}{H_2}\,\overset{+VI}{S}\,\overset{-II}{O_4}$

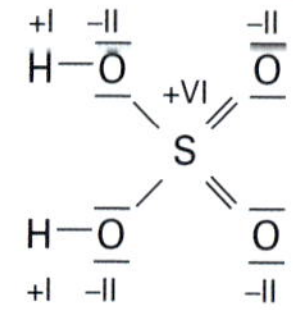

Wasserstoffperoxid

$\overset{+I}{H_2}\,\overset{-I}{O_2}$

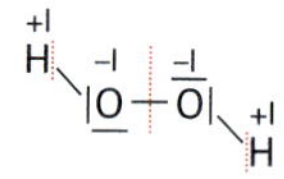

Ethen

$\overset{-II}{C_2}\,\overset{+I}{H_4}$

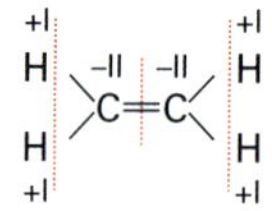

Ethanol

$\overset{-III}{C}\,\overset{+I}{H_3}\overset{-I}{C}\,\overset{+I}{H_2}\,\overset{-II}{O}\,\overset{+I}{H}$

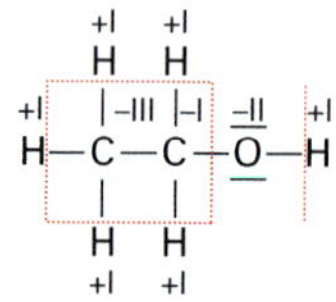

Aufgaben zu Oxidationszahlen

1. Ermitteln Sie die fehlenden Oxidationszahlen der Atome zu den in den Regeln 2 bis 6 angegebenen Beispielen von Seite 131.

2. Bestimmen Sie die Oxidationszahlen aller Atome außer Wasserstoff in den folgenden Molekülen:
   a) HNO_2 b) H_2PO_3 c) P_4O_{10} d) C_6H_6 e) $HClO_4$
   f) CO_2 g) HBr h) ClO_2 i) NF_3 j) NO_2Cl
   k) SO_3 l) N_2O_3 m) $POCl_3$ n) N_2O o) Br_2
   p) N_2O_5 q) SO_2Cl_2 r) C_2H_6 s) F_2 t) SCl_2

3. Ermitteln Sie die Oxidationszahlen aller Atome in den folgenden Salzen:
   a) Ca_3P_2 b) $Ca(HS)_2$ c) $Ca_3(PO_4)_2$ d) $Fe(NH_4)(SO_4)_2$ e) CaH_2
   f) $KMnO_4$ g) $K_2Cr_2O_7$ h) $Fe_2(SO_4)_3$ i) $Na_2S_2O_3$ j) $Ca(OCl)_2$
   k) $CaSiO_3$ l) Cr_2O_3 m) $Fe_3(PO_4)_2$ n) $Cu(NO_3)_2$ o) KNO_2
   p) KHS q) Mg_3N_2 r) NH_4Cl s) Na_2SO_3 t) Na_2CO_3

4. Bestimmen Sie mithilfe der Oxidationszahlen die Ionenladung folgender Ionen:
   a) H_2PO_4 b) ClO_4 c) HCO_3 d) S e) NH_4
   f) CN g) HPO_4 h) HS i) NO_3 j) H_3O
   k) CO_3 l) $Al(H_2O)_6$ m) PO_4 n) $Al(OH)_4$ o) NH_3OH
   p) O q) $Cu(NH_3)_4$ r) OH s) HSO_4 t) SO_4

5. Bestimmen Sie die Oxidationszahlen aller Atome außer Wasserstoff in den folgenden organischen Verbindungen. Geben Sie gegebenenfalls die Ionenladung an.
   a) C_6H_{12} b) $CH_3{-}CH_3$ c) $CH_3{-}\overline{N}H_2$ d) $CH_3{-}\overline{O}H$
   e) $CH_3{-}CH{=}CH_2$ f) $CH_3{-}CH_2{-}CH_3$ g) $CH_3{-}CH_2{-}NH_3$ h) CH_3Cl
   i) $HC{\equiv}CH$ j) $CH_3{-}\overline{\underline{O}}{-}CH_2{-}CH_3$ k) $(CH_3)_2C{=}\overline{O}$ l) $CH_3{-}CH_2{-}C(=\overline{O})\overline{\underline{O}}{-}H$
   m) $CH_3{-}CH_2{-}C(=\overline{O})H$ n) $CH_3{-}C(=\overline{O})|\overline{\underline{O}}|$ o) $CH_3{-}C(=\overline{O})\overline{\underline{O}}{-}H$ p) $CH_3{-}SO_2{-}Cl$

4.8.4 Aufstellen von Redox-Gleichungen

Redox-Reaktionen sind chemische Reaktionen mit Elektronenübertragung. Sie beinhalten eine **Reduktion** und eine **Oxidation,** woraus sich der Name **Redox-Reaktion** herleitet **(Bild 1).**

Bei der **Oxidation** werden von einem Stoff Elektronen abgegeben, er wird oxidiert. Da Elektronen negativ geladen sind, wird die Oxidationszahl dadurch größer. Der Stoff, der die Elektronen aufnimmt, wird als Oxidationsmittel bezeichnet,

Bei der **Reduktion** werden von einem Stoff Elektronen aufgenommen; er wird reduziert. Dabei wird die Oxidationszahl kleiner. Der Stoff, der die Elektronen abgibt, ist das Reduktionsmittel.

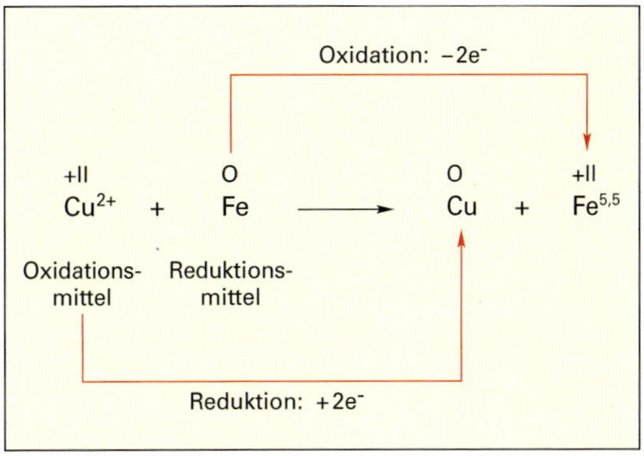

Bild 1: Redox-Reaktion

In Redox-Reaktionen können die gesuchten stöchiometrischen Koeffizienten oftmals leichter über die Elektronenbilanz als über die Stoffbilanz bestimmt werden. Dabei ist es mithilfe der Oxidationszahlen (Seite 131) möglich, auch schwierige Redox-Gleichungen aufzustellen.

An Beispielen wird gezeigt, wie man zweckmäßigerweise vorgeht.

Beispiel 1: Bei der Herstellung von Salpetersäure nach dem Ostwald-Verfahren verbrennt im ersten Verfahrensschritt Ammoniak NH_3 mit Luftsauerstoff O_2 am Platin-Rhodiumkatalysator zu Stickstoffmonoxid NO und Wasserdampf H_2O. Wie lautet die Reaktionsgleichung?

Lösung:

1. Zuerst wird die nicht stöchiometrische Reaktionsgleichung mit den Formeln der Edukte und Produkte formuliert.

   $NH_3 + O_2 \longrightarrow NO + H_2O$

2. Anschließend werden die Oxidationszahlen der in den Edukten und den Produkten enthaltenen Atome ermittelt.

   $\overset{-III\,+I}{NH_3} + \overset{0}{O_2} \longrightarrow \overset{+II\,-II}{NO} + \overset{+I\,-II}{H_2O}$

3. An Veränderungen der Oxidationszahlen wird überprüft, welches Element oxidiert (Oxidationszahl wird positiver) und welches Element reduziert wird (Oxidationszahl wird negativer).

   Oxidation: $-5\,e^-$

   $\overset{-III}{NH_3} + \overset{0}{O_2} \longrightarrow \overset{+II\,-II}{NO} + \overset{+I\,-II}{H_2O}$

   Reduktion: $+2\,e^-$ (NO); $+2\,e^- = +4\,e^-$ (H_2O)

4. Ausgleich der Elektronenbilanz durch Erweitern der Teilvorgänge mit dem kleinsten gemeinsamen Vielfachen (kgV). Das kgV beträgt hier: 5 · 4 = 20. Es werden 20 Elektronen übertragen. Demzufolge wird der Oxidationsvorgang mit dem Faktor 4, der Reduktionsvorgang mit dem Faktor 5 erweitert.

   Oxidation: $\overset{-III}{NH_3} \xrightarrow{-5\,e^-} \overset{+II}{NO} \quad | \cdot 4$

   Reduktion: $\overset{0}{O_2} \xrightarrow{+4\,e^-} 2\,\overset{-II}{O} \quad | \cdot 5$

   Erweiterungsfaktoren

   $\mathbf{4\,NH_3 + 5\,O_2 \longrightarrow NO + H_2O}$

5. Zum Schluss werden die restlichen Atome bilanziert (vgl. Seite 128)

   4 Stickstoffatome erfordern 4 NH_3 und ergeben 4 NO
   5 Moleküle O_2 ergeben auf der rechten Seite insgesamt 10 O
   4 NO enthalten 4 Atome O, Rest 10 – 4 = 6 O, ergeben 6 H_2O
   Letzter Lösungsschritt alternativ:
   4 NH_3 enthalten 12 Atome H, ergibt 12 : 2 = 6 Moleküle H_2O

6. Die Reaktionsgleichung lautet somit:

   $\mathbf{4\,NH_3 + 5\,O_2 \longrightarrow 4\,NO + 6\,H_2O}$

7. Am Ende wird die Anzahl der Atome auf der Edukt- und Produktseite überprüft.

   Stoffbilanz links: 4 N, 12 H, 10 O
   Stoffbilanz rechts: 4 N, 12 H, 10 O

Beispiel 2: Stickstoffdioxid NO_2 in Abgasen, z.B. aus Kohlekraftwerken, kann nach dem DeNOx-Verfahren in einem Festbettreaktor nach Zugabe von Ammoniak NH_3 katalytisch zu Stickstoff N_2 und Wasserdampf H_2O umgesetzt werden. Formulieren Sie die Reaktionsgleichung zu dieser Gasreaktion.

1. Nichtstöchiometrische Reaktionsgleichung: $NO_2 + NH_3 \longrightarrow N_2 + H_2O$

2. Eintragen der Oxidationszahlen: $\overset{+IV}{N}\overset{-II}{O_2} + \overset{-III}{N}\overset{+I}{H_3} \longrightarrow \overset{0}{N_2} + \overset{+I}{H_2}\overset{-II}{O}$

3. Überprüfen der Oxidationszahlen auf Veränderungen: $\overset{+IV}{NO_2} + \overset{-III}{NH_3} \longrightarrow \overset{0}{N_2} + H_2O$
   Oxidation: – 3 e⁻ ($NH_3 \rightarrow N_2$)
   Reduktion: + 4 e⁻ ($NO_2 \rightarrow N_2$)

4. Teilvorgänge mit Elektronenbilanz:
   Oxidation: $2\ \overset{-III}{NH_3} \xrightarrow{-6e^-} \overset{0}{N_2}$ | · 8 — 2 Moleküle NH_3 wegen der N_2-Bildung
   Reduktion: $2\ \overset{+IV}{NO_2} \xrightarrow{+8e^-} \overset{0}{N_2}$ | · 6 — 2 Moleküle NO_2 wegen der N_2-Bildung
   kgV = 6 · 8 = 48, Erweiterungsfaktoren Oxidation × 8, Reduktion × 6
   $6\ NO_2 + 8\ NH_3 \longrightarrow N_2 + H_2O$

5. Atombilanz:
   6 Moleküle NO_2 ergeben 3 Moleküle N_2
   8 Moleküle NH_3 ergeben 4 Moleküle N_2
   Insgesamt entstehen 4 + 3 = 7 Moleküle Stickstoff N_2
   8 Moleküle NH_3 enthalten 24 Atome H und ergeben somit 12 Moleküle H_2O

6. Reaktionsgleichung: **$6\ NO_2 + 8\ NH_3 \longrightarrow 7\ N_2 + 12\ H_2O$**

7. Probe:
   Stoffbilanz links: 14 N, 12 O, 24 H
   Stoffbilanz rechts: 14 N, 12 O, 24 H

Beispiel 3: Stickstoffmonoxid NO in Abgasen, z.B. beim Ostwald-Verfahren, kann nach dem EnviNOx-Verfahren in einem Festbettreaktor nach Zugabe von Ammoniak NH_3 zu Stickstoff N_2 und Wasserdampf H_2O katalytisch umgesetzt werden:

1. Nichtstöchiometrische Reaktionsgleichung: $NO + NH_3 + O_2 \longrightarrow N_2 + H_2O$

2. Eintragen der Oxidationszahlen: $\overset{+II}{N}\overset{-II}{O} + \overset{-III}{N}\overset{+I}{H_3} + \overset{0}{O_2} \longrightarrow \overset{0}{N_2} + \overset{+I}{H_2}\overset{-II}{O}$

3. Überprüfen der Oxidationszahlen auf Veränderungen: $\overset{+II}{NO} + \overset{-III}{NH_3} + \overset{0}{O_2} \longrightarrow \overset{0}{N_2} + H_2\overset{-II}{O}$
   Oxidation: – 3 e⁻ ($NH_3 \rightarrow N_2$)
   Reduktion: + 2 e⁻ ($NO \rightarrow N_2$)
   + 2 e⁻ = + 4 e⁻ ($O_2 \rightarrow H_2O$)

4. Teilvorgänge mit Elektronenbilanz:
   Oxidation: $\overset{-III}{NH_3} \xrightarrow{-3e^-} \overset{0}{N_2}$ | · 4 — Reduktion: $\overset{0}{O_2} \xrightarrow{+4e^-} 2\ \overset{-II}{O}$ | · 1
   kgV = 3 · 4 = 12 — Reduktion: $\overset{+II}{NO} \xrightarrow{+2e^-} \overset{0}{N_2}$ | · 4
   $4\ NO + 4\ NH_3 + 1\ O_2 \longrightarrow N_2 + H_2O$

5. Atombilanz:
   4 Moleküle NO und 4 Moleküle NH_3 ergeben 4 Moleküle N_2
   4 Moleküle NH_3 enthalten 12 Atome H und ergeben 12 : 2 = 6 Moleküle H_2O

6. Reaktionsgleichung: **$4\ NO + 4\ NH_3 + O_2 \longrightarrow 4\ N_2 + 6\ H_2O$**

7. Probe:
   Stoffbilanz links: 8 N, 6 O, 12 H
   Stoffbilanz rechts: 8 N, 6 O, 12 H

Aufgaben zum Aufstellen von Redox-Gleichungen

1. Formulieren Sie zu den folgenden Redox-Vorgängen die Reaktionsgleichungen:
   a) Kalium, Calcium und Aluminium reagieren jeweils mit den Halogenen Fluor, Chlor und Brom unter Bildung der entsprechenden Halogenide.
   b) Magnesium verbrennt jeweils mit den Oxidationsmitteln Sauerstoff, Stickstoff, Wasserdampf und Kohlenstoffdioxid.
   c) Kupfer reagiert mit heißer konzentrierter Schwefelsäure unter Bildung von Kupfer(II)-sulfat, Schwefeldioxid und Wasser.
   d) Bei der Elektrolyse von verdünnter Schwefelsäure werden an der Katode Wassermoleküle zu Wasserstoff reduziert und an der Anode Wassermoleküle zu Sauerstoff oxidiert.
   e) Aluminium reagiert mit verdünnter Natronlauge zu Natriumaluminat $Na[Al(OH)_4]$ und Wasserstoff.
   f) Methanal wird durch Kupfer(II)-oxid zu Methansäure oxidiert. Letztere bildet bei der erneuten Oxidation mit Kupfer(II)-oxid Kohlenstoffdioxid und Wasser.
   g) 2-Propanol wird mit Kupfer(II)-oxid zu Propanon oxidiert.
   h) Beim Verbrennen von Lithium, Natrium oder Kalium an der Luft werden jeweils Lithiumoxid, Natriumperoxid Na_2O_2 und Kaliumhyperoxid (Kaliumdioxid) KO_2 gebildet.
   i) Silber reagiert mit konzentrierter Salpetersäure unter Bildung von Silbernitrat, Stickstoff(IV)-oxid und Wasser.
   j) Beim Laden eines Bleiakkumulators bildet sich aus dem Blei(II)-sulfat an den Elektroden Blei und Blei(IV)-oxid, wobei die Konzentration an Schwefelsäure zunimmt.
   k) Bei der Reaktion einer heißen verdünnten Methansäure HCOOH mit einer schwefelsauren Kaliumpermanganat-Lösung ($KMnO_4$) werden unter CO_2-Entwicklung und Entfärbung Mn^{2+}-Ionen gebildet.
   l) Chrom(III)-oxid reagiert mit Kaliumnitrat und Soda Na_2CO_3 in der Schmelze unter Bildung von Natriumchromat Na_2CrO_4, Kaliumnitrit und Kohlenstoffdioxid.
   m) Eisen(II)-sulfat wird in schwefelsaurer Kaliumpermanganat-Lösung zu Eisen(III)-sulfat oxidiert, wobei die Permanganat-Lösung unter Bildung von Mangan(II)-sulfat entfärbt wird.
   n) Salpetrige Säure zerfällt in Salpetersäure, Stickstoff(II)-oxid und Wasser.
   o) Bei der thermischen Zersetzung von Hydroxylamin NH_2OH wird Distickstoffoxid, Ammoniak und Wasser gebildet.
   p) Ammonium- und Nitrit-Ionen reagieren zu Stickstoff und Wasser.
   q) Methanol lässt sich durch katalytische Hydrierung (Anlagerung von Wasserstoff) von Kohlenstoffmonoxid synthetisieren (Bild 1, Seite 147).

2. Ergänzen Sie in den Reaktionsgleichungen die Reaktionskoeffizienten. Bei welchen Reaktionen handelt es sich um Redox-Reaktionen?
   a) $OH^- + SO_3 \longrightarrow SO_4^{2-} + H_2O$
   b) $H_2S + H_2O_2 \longrightarrow H_2SO_4 + H_2O$
   c) $Al_4C_3 + H_2O \longrightarrow Al(OH)_3 + CH_4$
   d) $P_4 + H_2O \longrightarrow PH_3 + H_3PO_2$

3. Ergänzen Sie die Reaktionskoeffizienten in den folgenden Redox-Gleichungen:
   a) $KMnO_4 + H_2O_2 + H_2SO_4 \longrightarrow MnSO_4 + K_2SO_4 + H_2O + O_2$
   b) $Cr^{3+} + H_2O_2 + OH^- \longrightarrow CrO_4^{2-} + H_2O$
   c) $Cr_2O_7^{2-} + SO_3^{2-} + H_3O^+ \longrightarrow Cr^{3+} + SO_4^{2-} + H_2O$
   d) $BrO_3^- + Fe^{2+} + H_3O^+ \longrightarrow Br^- + Fe^{3+} + H_2O$
   e) $Ca_3(PO_4)_2 + C + SiO_2 \longrightarrow CaSiO_3 + CO + P_4$

Gemischte Aufgaben zum Rechnen mit Reaktionsgleichungen

1. Die Herstellung von Aluminium nach dem Bayer-Verfahren verläuft in vier Reaktionsschritten:
   a) Zuerst wird das im Bauxit als Hauptbestandteil enthaltene Aluminiumhydroxid $Al(OH)_3$ mit Natronlauge unter Druck und bei bis zu 270 °C herausgelöst (extrahiert). Hierbei entsteht Natriumaluminat $Na[(Al(OH)]_4$. Die ebenfalls im Bauxit enthaltenen Fremdoxide wie Fe_2O_3, SiO_2 und TiO_2 bleiben ungelöst und ergeben nach der Filtration den Rotschlamm.
   b) Durch Abkühlen und Impfen der Natriumaluminat-Lösung kristallisiert reines Aluminiumhydroxid aus.
   c) Das Aluminiumhydroxid wird filtriert und durch Calcinieren in einem Wirbelschichtofen bei 1100 °C zu Aluminiumoxid Al_2O_3 und Wasser umgesetzt.
   d) Zum Schluss wird das Aluminiumoxid mittels Schmelzfluss-Elektrolyse an Grafit-Elektroden zu elementarem Aluminium reduziert. Dabei entsteht Kohlenstoffmonoxid CO und Kohlenstoffdioxid CO_2.

   Formulieren Sie die Reaktionsgleichungen zu den einzelnen Teilschritten a) bis d).
2. Die Herstellung von Hydrazin nach dem Raschig-Verfahren verläuft in drei Teilschritten:
   a) Zuerst werden Natronlauge NaOH und Chlor Cl_2 zu Natriumhypochlorit NaOCl umgesetzt. Als Nebenprodukte entstehen Natriumchlorid NaCl und Wasser.
   b) In einem zweiten Reaktionsschritt reagiert Ammoniak NH_3 mit dem entstandenen Natriumhypochlorit zu Chloramin NH_2Cl unter Rückbildung von Natronlauge.
   c) Die alkalische Chloramin-Lösung wird anschließend mit Ammoniak unter Bildung von Hydrazin N_2H_4 und Chlorwasserstoff umgesetzt.

   Formulieren Sie die Reaktionsgleichungen zu den einzelnen Teilschritten.
3. Zur Laborsynthese von Chlorgas wird in einem Gasentwickler konzentrierte Salzsäure HCl auf festes Kaliumpermanganat getropft. Als Nebenprodukte werden Manganchlorid $MnCl_2$, Kaliumchlorid KCl und Wasser gebildet. Wie lautet die Reaktionsgleichung?
4. Bei der Soda-Herstellung nach dem Solvay-Verfahren laufen die nachfolgend aufgeführten Verfahrensschritte ab. Dazu sind die einzelnen Reaktionsgleichungen zu formulieren.
   a) In eine Natriumchlorid-Lösung wird zuerst Ammoniak NH_3 und anschließend Kohlenstoff(IV)-oxid CO_2 eingeleitet, wobei Natriumhydrogencarbonat $NaHCO_3$ und Ammoniumchlorid NH_4Cl entstehen.
   b) Das Natriumhydrogencarbonat wird abfiltriert und calciniert, wobei es sich bei 180 °C in Soda Na_2CO_3 umwandelt.
   c) Das Kohlenstoffdioxid aus der Calcinierung wird wieder in den Prozess zurückgeführt. Die Hauptmasse des zur Reaktion benötigten Kohlenstoffdioxids entsteht jedoch beim Brennen von Kalkstein $CaCO_3$ und der damit verbundenen Verbrennung von Kohle.
   d) Der beim Kalkbrennen entstandene Kalk CaO ergibt mit Wasser Kalkmilch $Ca(OH)_2$.
   e) Kalkmilch setzt aus der Ammoniumchlorid-Lösung wieder Ammoniak frei.
5. Stellen Sie die Reaktionsgleichung für den explosionsartigen Zerfall von Nitroglycerin $C_3H_5N_3O_9$ auf. Bei der Explosion entstehen als gasförmige Reaktionsprodukte: Sauerstoff O_2, Stickstoff N_2, Kohlenstoffdioxid CO_2 und Wasserdampf H_2O.
6. In einem Abgaskatalysator wird Stickstoff- und Kohlenstoffmonoxid zu Stickstoff und Kohlenstoffdioxid umgesetzt. Wie lautet die Reaktionsgleichung?
7. Zur Laborsynthese von Anilin $C_6H_5–NH_2$ wird Nitrobenzol $C_6H_5–NO_2$ mit Zink in verdünnter Salzsäure HCl umgesetzt. Stellen Sie die Reaktionsgleichung auf. Das Zink liegt nach der Reaktion als Chlorid $ZnCl_2$, das Anilin als Hydrochlorid $C_6H_5–NH_3Cl$ vor.
8. Wie lautet die allgemeine Reaktionsgleichung zur vollständigen Verbrennung eines Alkans mit der allgemeinen Molekülformel C_nH_{2n+2}?

4.9 Umsatzberechnung bei chemischen Reaktionen

4.9.1 Umsatzberechnung bei Einsatz reiner Stoffe

Die in einer Reaktionsgleichung verwendeten Symbole und Formeln haben neben einer qualitativen auch eine quantitative Bedeutung.

Beispiel 1: Aus der Reaktionsgleichung zur Synthese des Wassers aus den Elementen

$$2\ H_2 + O_2 \longrightarrow 2\ H_2O$$

lassen sich folgende Aussagen ableiten:

	Wasserstoff	und	Sauerstoff		reagieren zu		Wasser
2 Moleküle	Wasserstoff	und	1 Molekül	Sauerstoff	reagieren zu	2 Molekülen	Wasser
2 Mol	Wasserstoff	und	1 Mol	Sauerstoff	reagieren zu	2 Mol	Wasser
2 Liter	Wasserstoff	und	1 Liter	Sauerstoff	reagieren zu	2 Liter	Wasserdampf
4 Gramm	Wasserstoff	und	32 Gramm	Sauerstoff	reagieren zu	36 Gramm	Wasser

Die letzte Aussage ist auch als Gesetz von der Erhaltung der Masse bekannt (Seite 108). Es ist die Basis zur Berechnung des Stoffumsatzes (turnover).

Zunächst wird bei der Umsatzberechnung davon ausgegangen, dass die Reaktion mit vollständig reinen Stoffen durchgeführt wird sowie vollständig (quantitativ) und ohne Nebenreaktionen abläuft.

Die Umsatzberechnung erfolgt mit einer **Dreisatz-Schlussrechnung.**

Beispiel 2: Welche Masse an Phosphor(V)-oxid P_4O_{10} entsteht bei der Verbrennung von 20,0 g weißem Phosphor?

Lösung:

1. Aufstellen der Reaktionsgleichung, gegebene und gesuchte Größen unterstreichen: $\underline{P_4} + 5\,O_2 \longrightarrow \underline{P_4O_{10}}$
2. Umgesetzte Stoffmengen: $n(P_4) = 1\ \text{mol}$ $\quad n(P_4O_{10}) = 1\ \text{mol}$
3. Heraussuchen der molaren Massen: $M(P_4) = 123{,}90\ \text{g/mol},\quad M(P_4O_{10}) = 283{,}89\ \text{g/mol}$
4. Berechnung der umgesetzten Massen durch Schlussrechnung:

123,90 g P_4 reagieren zu 283,89 g P_4O_{10}

20,0 g P_4 reagieren zu x P_4O_{10}

$$\Rightarrow\ \boldsymbol{x = m(P_4O_{10})} = \frac{20{,}0\ \text{g} \cdot 283{,}89\ \text{g}}{123{,}90\ \text{g}} \approx \mathbf{45{,}8\ g}$$

Die Stoffumsätze bei chemischen Reaktionen lassen sich auch mit einer **Größengleichung** berechnen. Sie wird nachfolgend abgeleitet. Dazu erinnert man sich folgender Erkenntnisse:

- Das Verhältnis der Reaktionskoeffizienten ν der entprechenden Stoffe in der Reaktionsgleichung ist gleich dem Verhältnis der umgesetzten Stoffmengen n: $\nu_1/\nu_2 = n_1/n_2$.
- Ferner sind die Massenverhältnisse zweier sich zu einer Verbindung vereinigenden Stoffe konstant: $m(X_1)/m(X_2) = \text{konst.}$ (Gesetz der konstanten Proportionen, Seite 108).

  Mit der Grundgleichung für stöchiometrische Berechnungen von Seite 112 $m(X) = n(X) \cdot M(X)$ folgt die nebenstehende Gleichung für den Stoffumsatz.

Stoffumsatzgleichung

$$\frac{m(X_1)}{n(X_1) \cdot M(X_1)} = \frac{m(X_2)}{n(X_2) \cdot M(X_2)}$$

Mit der **Stoffumsatzgleichung** lässt sich z.B. die Masse $m(X_1)$ des Stoffes X_1 bei gegebener Masse $m(X_2)$ des Stoffes X_2 berechnen, wenn die molaren Massen $M(X_1)$ und $M(X_2)$ der Stoffe X_1 und X_2 bekannt sind. Das Stoffmengenverhältnis $n(X_1)/n(X_2)$ lässt sich direkt aus der Reaktionsgleichung ablesen. Es entspricht dem Verhältnis der Reaktionskoeffizienten.

Beispiel 3: Ermittlung des Stoffumsatzes der Reaktion von Beispiel 2 mit der Stoffumsatzgleichung.

Lösung:

$$\frac{m(P_4)}{n(P_4) \cdot M(P_4)} = \frac{m(P_4O_{10})}{n(P_4O_{10}) \cdot M(P_4O_{10})}$$

$$\Rightarrow\ \boldsymbol{m(P_4O_{10})} = \frac{m(P_4) \cdot n(P_4O_{10}) \cdot M(P_4O_{10})}{n(P_4) \cdot M(P_4)} = \frac{20{,}0\ \text{g} \cdot 1\ \text{mol} \cdot 283{,}89\ \text{g/mol}}{1\ \text{mol} \cdot 123{,}90\ \text{g/mol}} = 45{,}82567\ \text{g} \approx \mathbf{45{,}8\ g}$$

Aufgaben zur Umsatzberechnung bei Einsatz reiner Stoffe

1. Eisenpulver reagiert mit Schwefelblüte beim Erhitzen unter Bildung von Eisensulfid.
   $Fe + S \longrightarrow FeS$
   Welche Masse an Eisensulfid kann aus 5,0 g Eisenpulver hergestellt werden?

2. Quecksilberoxid zerfällt beim Erwärmen in Quecksilber und Sauerstoff: $2\,HgO \longrightarrow 2\,Hg + O_2$
   Wie viel Gramm Quecksilber entstehen bei der thermischen Zersetzung von 1,25 g Quecksilberoxid?

3. Welche Masse an Kupfer kann durch Reduktion von 1,376 g Kupfer(II)-oxid mit Wasserstoff nach der Reaktionsgleichung $CuO + H_2 \longrightarrow Cu + H_2O$ gewonnen werden?

4. Wie viel Tonnen Schwefelwasserstoff müssen verbrannt werden, um 100 t Schwefel herzustellen?
   Die Reaktionsgleichung lautet: $2\,H_2S + O_2 \longrightarrow 2\,H_2O + 2\,S$

5. Beim Solvey-Verfahren zur Soda-Herstellung wird Natriumhydrogencarbonat bei 200° C zu Soda $NaCO_3$ calciniert: $2\,NaHCO_3 \longrightarrow Na_2CO_3 + CO_2 + H_2O$
   Welche Masse an Soda $NaCO_3$ entsteht beim Calcinieren von 1000 kg Natriumhydrogencarbonat?

6. Gebrannter Kalk CaO wird mit Wasser angerührt (gelöscht): $CaO + H_2O \longrightarrow Ca(OH)_2$
   Wie viel Kilogramm Löschkalk $Ca(OH)_2$ entstehen aus 25 kg gebranntem Kalk?

7. Eine Ammoniak-Syntheseanlage produziert nach der Reaktionsgleichung $N_2 + 3\,H_2 \longrightarrow 2\,NH_3$ pro Stunde 60 t Ammoniak NH_3.
   Wie viel Tonnen Stickstoff und Wasserstoff werden dazu benötigt?

8. Bei der Reaktion von Natriumchlorid und Schwefelsäure entsteht Natriumsulfat (Glaubersalz): $2\,NaCl + H_2SO_4 \longrightarrow Na_2SO_4 + 2\,HCl$
   Welche Masse an Glaubersalz Na_2SO_4 entsteht bei der Reaktion von 150 kg Natriumchlorid mit Schwefelsäure?

9. Phosphor(V)-oxidchlorid wird in der chemischen Technik durch Oxidation von Phosphortrichlorid mit reinem Sauerstoff in praktisch quantitativer Ausbeute hergestellt. $2\,PCl_3 + O_2 \longrightarrow 2\,POCl_3$
   Welche Masse an Phosphortrichlorid wird täglich umgesetzt, wenn 40 t Phosphoroxidchlorid pro Tag zu produzieren sind?

10. Aluminium wird durch Schmelzflusselektrolyse von Aluminiumoxid hergestellt:
    $Al_2O_3 + 2\,C \longrightarrow 2\,Al + CO_2 + CO$. Den erforderlichen Kohlenstoff C liefern Elektroden.
    Wie groß ist der Elektrodenverbrauch pro Kilogramm Aluminium?

11. Kesselstein $CaCO_3$ bildet sich, wenn Calciumhydrogen-haltiges Wasser erhitzt wird: Die Reaktionsgleichung lautet: $Ca(HCO_3)_2 \longrightarrow CaCO_3 + CO_2 + H_2O$
    Wie viel Gramm Kesselstein $CaCO_3$ entstehen, wenn 1000 L Wasser mit einer temporären Härte von $c(Ca(HCO_3)_2) = 2{,}3$ mmol/L zum Sieden erhitzt wird?

12. Anilin $C_6H_5NH_2$ wird durch katalytische Gasphasenhydrierung von Nitrobenzol $C_6H_5NO_2$ in praktisch quantitativer Ausbeute hergestellt: $C_6H_5NO_2 + 3\,H_2 \longrightarrow C_6H_5NH_2 + 2\,H_2O$
    Wie viel Kubikmeter Nitrobenzol mit der Dichte $\varrho = 1{,}20$ g/cm^3 müssen umgesetzt werden, wenn pro Stunde 15,0 t Anilin produziert werden sollen?

13. Welche Masse an Benzolsulfonsäure entsteht bei der Sulfonierung von 100 t Benzol mit Oleum?
    $C_6H_6 + SO_3 \longrightarrow C_6H_5SO_3H$

14. Von 12,00 g Aluminium werden 25% mit Brom zu Aluminiumbromid oxidiert.
    $2\,Al + 3\,Br_2 \longrightarrow 2\,AlBr_3$. Wie groß ist die Massenzunahme in Gramm?

4.9.2 Umsatzberechnung bei Einsatz verunreinigter oder gelöster Stoffe

Chemische Reaktionen werden bevorzugt in Lösung oder in der Gasphase durchgeführt. Der Reaktionsablauf wird dadurch begünstigt, da die gelösten Teilchen wegen der größeren Beweglichkeit häufiger und heftiger zusammenstoßen und damit reagieren können.

In der chemischen Technik kommen häufig technische Ausgangsstoffe zum Einsatz, die mit anderen Substanzen verunreinigt sind. Dies muss bei der Umsatzberechnung durch eine vorausgehende Gehaltsberechnung (Seite 149) berücksichtigt werden.

An Beispielen wird der Rechengang bei der Umsatzberechnung aufgezeigt:

Beispiel 1: Welche Masse an Fluorwasserstoff entsteht bei der Reaktion von 20,0 g Flussspat mit einem Massenanteil an Calciumfluorid von $w(CaF_2) = 96{,}0\,\%$ mit Schwefelsäure?

Lösung:
1. Aufstellen der Reaktionsgleichung: $CaF_2 + H_2SO_4 \longrightarrow CaSO_4 + 2\,HF$
2. Umgesetzte Stoffmengen: $n(CaF_2) = 1\text{ mol}$; $n(HF) = 2\text{ mol}$
3. Angabe der molaren Massen: $M(CaF_2) = 78{,}08\text{ g/mol}$; $M(HF) = 20{,}01\text{ g/mol}$

Umsatzberechnung durch Schlussrechnung:

4. Berechnung der Masse an Calciumfluorid, CaF_2, im Flussspat:

100 g Flussspat enthalten 96,0 g CaF_2
20 g Flussspat enthalten x CaF_2

$$\Rightarrow\; x = m(CaF_2) = \frac{20{,}0\text{ g}\cdot 96{,}0\text{ g}}{100\text{ g}} = 19{,}2\text{ g}$$

5. Umsatzberechnung:

78,08 g CaF_2 reagieren zu $2 \cdot 20{,}01$ g HF
19,2 g CaF_2 reagieren zu y HF

$$\Rightarrow\; y = \boldsymbol{m(HF)} = \frac{19{,}2\text{ g}\cdot 2\cdot 20{,}01\text{ g}}{78{,}08\text{ g}} \approx \mathbf{9{,}84\text{ g}}$$

Umsatzberechnung mithilfe der Stoffumsatzgleichung:

$$\frac{m(CaF_2)}{n(CaF_2)\cdot M(CaF_2)} = \frac{m(HF)}{n(HF)\cdot M(HF)} \quad \text{mit} \quad m(CaF_2) = w(CaF_2)\cdot m(\text{Flussspat}) \quad \text{folgt:}$$

$$\frac{w(CaF_2)\cdot m(\text{Flussspat})}{n(CaF_2)\cdot M(CaF_2)} = \frac{m(HF)}{n(HF)\cdot M(HF)} \;\Rightarrow\; m(HF) = \frac{w(CaF_2)\cdot M(\text{Flussspat})\cdot n(HF)\cdot M(HF)}{n(CaF_2)\cdot M(CaF_2)}$$

$$\boldsymbol{m(HF)} = \frac{0{,}960\cdot 20{,}0\text{ g}\cdot 2\text{ mol}\cdot 20{,}01\text{ g/mol}}{1\text{ mol}\cdot 78{,}98\text{ g/mol}} \approx \mathbf{9{,}84\text{ g}}$$

Beispiel 2: Wie viel Gramm Salzsäure mit einem Massenanteil von $w(HCl) = 30{,}0\,\%$ sind erforderlich, um 2,50 g Calciumcarbonat aufzulösen?

Lösung:
1. Reaktionsgleichung: $CaCO_3 + 2\,HCl \longrightarrow CaCl_2 + CO_2 + H_2O$
2. Stoffmengenumsatz: $n(CaCO_3) = 1\text{ mol}$, $n(HCl) = 2\text{ mol}$
3. Molare Massen: $M(CaCO_3) = 100{,}09\text{ g/mol}$, $M(HCl) = 36{,}46\text{ g/mol}$

Umsatzberechnung durch Schlussrechnung:

4. Umsatzberechnung:

100,09 g $CaCO_3$ werden von $2\cdot 36{,}46$ g HCl gelöst
2,50 g $CaCO_3$ werden von x HCl gelöst

$$\Rightarrow\; x = m(HCl) = \frac{2{,}50\text{ g}\cdot 2\cdot 36{,}46\text{ g}}{100{,}09\text{ g}} = 1{,}82\text{ g}$$

5. Berechnung der erforderlichen Masse an Salzsäure:

30,0 g HCl sind in 100 g HCl-Lsg. gelöst
1,82 g HCl sind in y HCl-Lsg. gelöst

$$\Rightarrow\; y = \boldsymbol{m(\text{HCl-Lsg.})} = \frac{1{,}82\text{ g}\cdot 100\text{ g}}{30{,}0\text{ g}} \approx \mathbf{6{,}07\text{ g}}$$

Umsatzberechnung mithilfe der Stoffumsatzgleichung:

$$\frac{m(CaCO_3)}{n(CaCO_3)\cdot M(CaCO_3)} = \frac{m(HCl)}{n(HCl)\cdot M(HCl)} \quad \text{mit} \quad m(HCl) = w(HCl)\cdot m(\text{HCl-Lsg.}) \quad \text{folgt:}$$

$$\frac{m(CaCO_3)}{n(CaCO_3)\cdot M(CaCO_3)} = \frac{w(HCl)\cdot m(\text{HCl-Lsg.})}{n(HCl)\cdot M(HCl)} \;\Rightarrow\; m(\text{HCl-Lsg.}) = \frac{M(CaCO_3)\cdot n(HCl)\cdot M(HCl)}{w(HCl)\cdot n(CaCO_3)\cdot M(CaCO_3)}$$

$$\boldsymbol{m(\text{HCl-Lsg.})} = \frac{2{,}50\text{ g}\cdot 2\text{ mol}\cdot 36{,}46\text{ g/mol}}{0{,}300\cdot 1\text{ mol}\cdot 100{,}09\text{ g/mol}} \approx \mathbf{6{,}07\text{ g}}$$

Beispiel 3: Welche Masse an Wasser ist erforderlich, wenn aus 15,0 g Phosphor(V)-oxid eine Phosphorsäure mit einem Massenanteil von $w(H_3PO_4) = 30{,}0\,\%$ hergestellt werden soll?

Lösung:

1. Reaktionsgleichung: $P_4O_{10} + 6\,H_2O \longrightarrow 4\,H_3PO_4$
2. Stoffmengenumsatz: $n(P_4O_{10}) = 1$ mol. $n(H_3PO_4) = 4$ mol
3. Molare Massen: $M(P_4O_{10}) = 283{,}89$ g/mol, $M(H_3PO_4) = 98{,}00$ g/mol

Lösung durch Schlussrechnung:

4. Umsatzberechnung:

283,89 g P_4O_{10} reagieren zu $4 \cdot 98{,}00$ g H_3PO_4
15,0 g P_4O_{10} reagieren zu x H_3PO_4

$$\Rightarrow x = m(H_3PO_4) = \frac{15{,}0\text{ g} \cdot 4 \cdot 98{,}00\text{ g}}{283{,}89\text{ g}} = 20{,}71\text{ g}$$

5. Gehaltsberechnung:

30,0 g H_3PO_4 sind in 100 g H_3PO_4-Lsg gelöst
20,71 g H_3PO_4 sind in y H_3PO_4-Lsg gelöst

$$\Rightarrow y = m(H_3PO_4\text{-Lsg.}) = \frac{20{,}71\text{ g} \cdot 100{,}00\text{ g}}{30{,}0\text{ g}} = 69{,}03\text{ g}$$

6. Berechnung der Masse an Wasser in der Phosphorsäure-Lösung:

$$\mathbf{m(H_2O)} = m(H_3PO_4\text{-Lsg.}) - m(P_4O_{10}) = 69{,}03\text{ g} - 15{,}0\text{ g} = 54{,}03\text{ g} \approx \mathbf{54{,}0\text{ g}}$$

Lösung mithilfe der Stoffumsatzgleichung:

$$\frac{m(P_4O_{10})}{n(P_4O_{10}) \cdot M(P_4O_{10})} = \frac{m(H_3PO_4)}{n(H_3PO_4) \cdot M(H_3PO_4)} \quad \text{mit} \quad m(H_3PO_4) = w(H_3PO_4) \cdot m(H_3PO_4\text{-Lsg.}) \quad \text{folgt:}$$

$$\frac{m(P_4O_{10})}{n(P_4O_{10}) \cdot M(P_4O_{10})} = \frac{w(H_3PO_4) \cdot m(H_3PO_4\text{-Lsg.})}{n(H_3PO_4 \cdot M(H_3PO_4)}$$

$$\Rightarrow m(H_3PO_4\text{-Lsg.}) = \frac{m(P_4O_{10}) \cdot n(H_3PO_4) \cdot M(H_3PO_4)}{w(H_3PO_4) \cdot n(H_3PO_4) \cdot M(P_4O_{10})}$$

$$m(H_3PO_4\text{-Lsg.}) = \frac{15{,}0\text{ g} \cdot 4\text{ mol} \cdot 98{,}00\text{ g/mol}}{0{,}300 \cdot 1\text{ mol} \cdot 283{,}89\text{ g/mol}} \approx 69{,}04\text{ g}$$

$$\mathbf{m(H_2O)} = m(H_3PO_4\text{-Lsg.}) - m(P_4O_{10}) = 69{,}04\text{ g} - 15{,}0\text{ g} = 54{,}04\text{ g} \approx \mathbf{54{,}0\text{ g}}$$

Beispiel 4: Welcher Masseverlust ist beim Calcinieren von 1000 kg Natriumhydrogencarbonat $NaHCO_3$ mit einem Feuchtigkeitsmassenanteil von 1,75 % zu Soda Na_2CO_3 zu erwarten?

Lösung:

1. Reaktionsgleichung: $2\,NaHCO_{3(s)} \xrightarrow{180\,°C} Na_2CO_{3(s)} + CO_{2(g)} + H_2O_{(g)}$
2. Stoffmengenumsatz: $n(NaHCO_3) = 2$ mol, $n(Na_2CO_3) = 1$ mol
3. Molare Massen: $M(NaHCO_3) = 84{,}01$ g/mol, $M(Na_2CO_3) = 105{,}99$ g/mol
4. Gehaltsberechnung:

100 kg $NaHCO_3$ enthalten 1,75 kg H_2O
1000 kg $NaHCO_3$ enthalten x H_2O

$$\Rightarrow x = m(H_2O) = \frac{1000\text{ kg} \cdot 1{,}75\text{ kg}}{100\text{ kg}} = 17{,}5\text{ kg}$$

5. Umsatzberechnung:

Umgesetzt werden:

	1000 kg	feuchtes $NaHCO_3$
	– 17,5 kg	Wasser
	= 982,5 kg	trockenes $NaHCO_3$

$2 \cdot 84{,}01$ kg $NaHCO_3$ bilden 105,99 kg Na_2CO_3
982,5 kg $NaHCO_3$ bilden y Na_2CO_3

$$\Rightarrow y = m(Na_2CO_3) = \frac{982{,}5\text{ kg} \cdot 105{,}99\text{ kg}}{2 \cdot 84{,}01\text{ kg}} = 619{,}8\text{ kg}$$

6. Berechnung des Masseverlustes:

Vor dem Aufheizen	1000 kg	feuchtes $NaHCO_3$
nach dem Aufheizen	– 619,8 kg	trockenes Na_2CO_3
Masseverlust	= 380,2 kg	flüchtige Bestandteile

Der Masseverlust beträgt 380,2 kg. Das sind $\frac{380{,}2\text{ kg}}{1000\text{ kg}} = 38{,}02\,\%$ der Ausgangsmasse.

Aufgaben zur Umsatzberechnung bei Einsatz verunreinigter und gelöster Stoffe

1. Wie viel Gramm Methansäure mit einem Massenanteil von *w* (HCOOH) = 30 % werden zur Neutralisation von 30 g Natriumcarbonat benötigt?

   $Na_2CO_3 + 2\ HCOOH \longrightarrow 2\ NaHCOO + CO_2 + H_2O$

2. Welche Masse gebrannter Kalk (Calciumoxid, CaO) kann theoretisch aus 2,00 t Kalkstein mit dem Massenanteil *w*($CaCO_3$) = 84,5 % gewonnen werden?

   $CaCO_3 \xrightarrow{\vartheta} CaO + CO_2$

3. Wie viel Tonnen Schwefeldioxid SO_2 entstehen beim Abrösten von 250 t Eisenkies mit dem Massenanteil *w*(FeS_2) = 21,5 % in einem Etagen-Röstofen **(Bild 1)**?

   $4\ FeS_2 + 11\ O_2 \xrightarrow{\vartheta} 2\ Fe_2O_3 + 8\ SO_2$

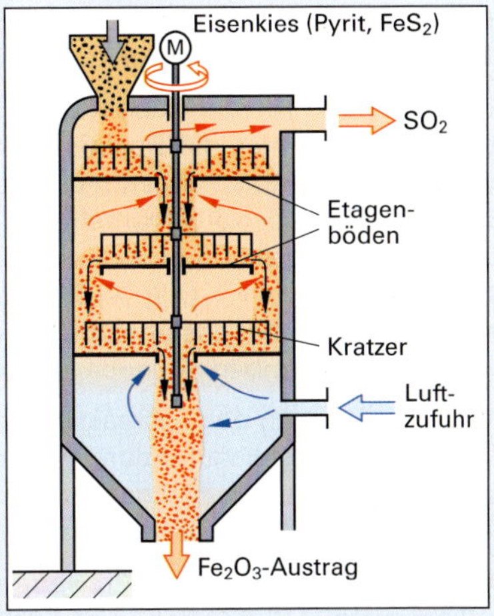

Bild 1: Etagen-Röstofen (Aufgabe 3)

4. Bei der Aluminiumgewinnung nach dem Bayer-Verfahren wird in einem Zwischenschritt Aluminiumhydroxid $Al(OH)_3$ durch Calcinieren bei 1100 °C zu Aluminiumoxid umgewandelt: $2\ Al(OH)_3 \xrightarrow{1100\ °C} Al_2O_3 + 3\ H_2O$

   Welche Masse an Aluminiumoxid kann theoretisch nach dem Glühen von 1000 kg Aluminiumhydroxid mit einem Feuchtigkeitsanteil von 2,55 % erhalten werden?

5. Zur Rauchgasentschwefelung in einem Kohlekraftwerk werden pro Stunde 170 t Kalkmilch mit einem Massenanteil von *w* ($Ca(OH)_2$) = 5,0 % benötigt **(Bild 2)**. Die Kalkmilch wird durch Einrühren von gebranntem Kalk CaO in Wasser erzeugt: $CaO + H_2O \longrightarrow Ca(OH)_2$

   Welche Masse gebrannter Kalk mit dem Massenanteil *w* (CaO) = 90 % muss dazu stündlich eingerührt werden?

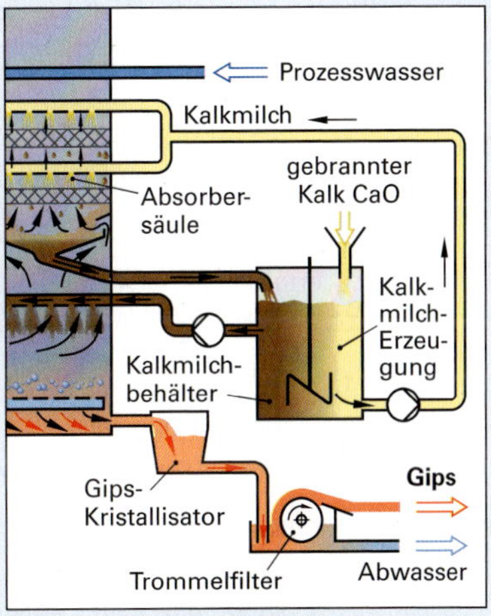

Bild 2: Kalkmilch-Erzeugung zur Rauchgasentschwefelung (Aufgabe 5)

6. Nach dem Ausbringen auf dem Feld löst sich der Calciumcyanamid $CaCN_2$-Anteil im Kalkstickstoffdünger durch Regen und die Bodenfeuchtigkeit nach der Reaktionsgleichung:

   $CaCN_2 + 3\ H_2O \longrightarrow CaCO_3 + 2\ NH_3$

   Der Massenanteil an Calciumcyanamid $CaCN_2$ in einem technischen Kalkstickstoffdünger beträgt 90,0 %. Welche Masse an Ammoniak wird aus 25,0 kg Kalkstickstoffdünger durch Reaktion mit Wasser im Erdboden freigesetzt?

7. Bei einer Alkali-Chlorid-Elektrolyse werden pro Elektrolysezelle stündlich 3,50 m^3 Reinsole (NaCl) zugeführt **(Bild 3)**.

   Die Massenkonzentration an Natriumchlorid in der Sole sinkt im Verlauf der Elektrolyse in der Anodenzelle von 280 g/L auf 235 g/L.

   Die Elektrolyse verläuft nach der summarischen Reaktionsgleichung:

   $2\ NaCl + 2\ H_2O \longrightarrow 2\ NaOH + H_2\uparrow + Cl_2\uparrow$

   Welche Masse an Chlor wird täglich aus 156 in Reihe geschalteten Elektrolysezellen produziert?

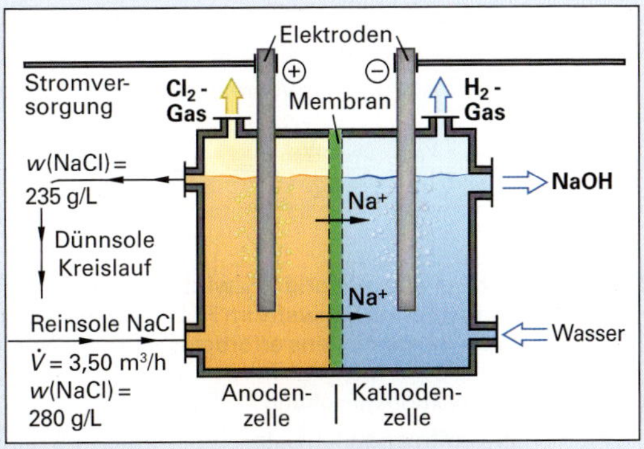

Bild 3: Alkalichlorid-Elektrolysezelle (Aufgabe 7)

4.9.3 Umsatzberechnung bei Gasreaktionen

Gasreaktionen sind chemische Reaktionen, die in der Gasphase ablaufen, oder Reaktionen, an denen Gase beteiligt sind.

Als Grundlage für die quantitative Erfassung des Stoffumsatzes dient auch hier die Reaktionsgleichung. Die Umrechnung der Massen m, Stoffmengen n und Volumina V erfolgt durch die Grundgleichung der Stöchiometrie $M(X) = m(X)/n(X)$ sowie durch die Definitionsgleichung für das stoffmengenbezogene (molare) Normvolumen $V_{m,n} = V_n(X)/n(X)$. Mit diesen beiden Grundgleichungen lässt sich die nebenstehende Stoffumsatzgleichung für Gasreaktionen bei Normbedingungen ableiten.

Wenn nur Gase an der Gasreaktion beteiligt sind, dann lässt sich die Stoffumsatzgleichung durch Kürzen des molaren Normvolumens $V_{m,n}$ weiter vereinfachen, da das molare Normvolumen von der Gasart unabhängig ist (vgl. Seite 121).

Das molare Normvolumen $V_{m,n}$ beträgt nach DIN 1343 bei Normbedingungen (T_n = 273,15 K, p_n = 1,013 bar) für ideale Gase $V_{m,0}$ = 22,41 L/mol.

Weicht der Gaszustand von den Normbedingungen ab, so muss dies mithilfe der Zustandsgleichung der Gase oder mittels der allgemeinen Gasgleichung berücksichtigt werden.

Stoffumsatzgleichung für Gasreaktionen bei Normbedingungen

$$\frac{m(X_1)}{n(X_1) \cdot M(X_1)} = \frac{V_n(X_2)}{n(X_2) \cdot V_{m,n}}$$

$$\frac{V_n(X_1)}{n(X_1)} = \frac{V_n(X_2)}{n(X_2)}$$

Zustandsgleichung der Gase

$$\frac{p_n \cdot V_n}{T_n} = \frac{p_1 \cdot V_1}{T_1}$$

Allgemeine Gasgleichung

$$p \cdot V = \frac{m \cdot R \cdot T}{M}$$

Beispiel 1: Phosgen $COCl_2$ wird durch kontinuierliche Chlorierung von Kohlenstoffmonoxid am Aktivkohle-Festbettkontakt bei 80 °C und einem Druck von p = 3,0 bar in der Gasphase in praktisch quantitativer Ausbeute hergestellt.

a) Welcher Volumenstrom an Kohlenstoffmonoxid im Normzustand ist zur Synthese von 5,0 t/h Phosgen erforderlich, wenn mit einem Überschuss von Kohlenstoffmonoxid von 5,0 % gearbeitet wird?

b) Wie groß ist das Volumen an Kohlenstoffmonoxid unter Reaktionsbedingungen?

Lösung:

1. Reaktionsgleichung: $CO_{(g)} + Cl_{2(g)} \longrightarrow COCl_{2(g)}$
2. Stoffmengenumsatz: $n(CO)$ = 1 mol, $n(COCl_2)$ = 1 mol
3. Molares Volumen/molare Masse: $V_{m,0}(CO)$ = 22,41 L/mol, $M(COCl_2)$ = 98,92 g/mol

Lösung durch Schlussrechnung:

4. Umsatzberechnung:

1 · 98,92	g/h	$COCl_2$ entstehen aus	1 · 22,41	L/h	CO
1 · 98,92	kg/h	$COCl_2$ entstehen aus	1 · 22,41	m^3/h	CO
1 · 98,92	t/h	$COCl_2$ entstehen aus	1 · 22,41 · 10^3	m^3/h	CO
5,0	t/h	$COCl_2$ entstehen aus	x		CO

$$x = \dot{V}_n(CO) = \frac{5{,}0\ \text{t/h} \cdot 22{,}41 \cdot 10^3\ \text{m}^3\text{/h}}{98{,}92\ \text{t/h}}$$

$\dot{V}_n(CO) = 1{,}133 \cdot 10^3\ \text{m}^3\text{/h}$

Unter Berücksichtigung eines Überschusses an Kohlenstoffmonoxid von 5,0 % beträgt der Volumenstrom an Kohlenstoffmonoxid: $\boldsymbol{\dot{V}_n(CO)} = 1{,}133 \cdot 10^3\ \text{m}^3\text{/h} \cdot 1{,}050 = 1{,}189 \cdot 10^3\ \text{m}^3\text{/h} \approx \boldsymbol{1{,}2 \cdot 10^3\ \textbf{m}^3\textbf{/h}}$.

5. Berechnung des Volumenstroms an Kohlenstoffmonoxid bei Reaktionsbedingungen:

$$\frac{p_n \cdot \dot{V}_n}{T_n} = \frac{p_{CO} \cdot \dot{V}_{CO}}{T_{CO}} \Rightarrow \dot{V}_{CO} = \frac{p_n \cdot \dot{V}_{n,CO} \cdot T_{CO}}{T_n \cdot p_{CO}} = \frac{1{,}13\ \text{bar} \cdot 1{,}189 \cdot 10^3\ \frac{\text{m}^3}{\text{h}} \cdot 353{,}15\ \text{K}}{273{,}15\ \text{K} \cdot 3{,}0\ \text{bar}} \approx \boldsymbol{0{,}52 \cdot 10^3\ \textbf{m}^3\textbf{/h}}$$

Beispiel 2: Schwefelhexafluorid SF_6 wird als Schutz- und Isoliergas verwendet. Es entsteht bei der Fluorierung von elementarem Schwefel im Fluorgasstrom in einer stark exothermen Reaktion. Welches Normvolumen an Fluor ist mindestens erforderlich, um ein Normvolumen von 100 L Schwefelhexafluorid herzustellen?

Lösung:

1. Reaktionsgleichung: $S_{(s)} + 3\ F_{2(g)} \longrightarrow SF_{6(g)}$ | $\Delta_r H$ = –1220 kJ/mol
2. Stoffmengenumsatz: $n(F_2)$ = 3 mol, $n(SF_6)$ = 1 mol
3. Molares Volumen: $V_{m,0}(F_2)$ = 22,41 L/mol, $V_{m,0}(SF_6)$ = 22,41 L/mol

Berechnung durch Schlussrechnung:

4. Umsatzberechnung:

22,41 L SF_6 erfordern 3 · 22,41 L F_2
100 L SF_6 erfordern x F_2

$$\Rightarrow x = \boldsymbol{V_n(F_2)} = \frac{100\ \text{L} \cdot 3 \cdot 22{,}41\ \text{L}}{22{,}41\ \text{L}} = \mathbf{300\ L}$$

Berechnung mithilfe der Stoffumsatzgleichung:

$$\frac{V_n(F_2)}{n(F_2)} = \frac{V_n(SF_6)}{n(SF_6)} \Rightarrow \boldsymbol{V_n(F_2)} = \frac{n(F_2) \cdot V_n(SF_6)}{n(SF_6)} = \frac{3\ \text{mol} \cdot 100\ \text{L}}{1\ \text{mol}} = \mathbf{300\ L}$$

Aufgaben zur Umsatzberechnung bei Gasreaktionen

1. Ein Membranzellen-Elektrolyseapparat (Bild 3, Seite 141) produziert pro Stunde umgerechnet auf Normbedingungen 700 m³ Chlorgas: $2\,NaCl + 2\,H_2O \xrightarrow{\text{elektrische Energie}} 2\,NaOH + H_2 + Cl_2$

   Welche Masse an Natriumchlorid ist dazu erforderlich?

2. In einer SO_2-Anlage mit einem Durchsatz an Schwefeldioxid von 400 t/d wird stündlich ein Normvolumen von $6{,}0 \cdot 10^3$ m³ Schwefeldioxid erzeugt: $S + O_2 \longrightarrow SO_2$

   Welche Masse an Schwefel wird dazu benötigt?

3. Welches Normvolumen an Wasserstoff muss pro Stunde mit einem Normvolumen von $24{,}5 \cdot 10^3$ m³ Kohlenstoffmonoxid bei der Oxo-Synthese von Methanol zur Reaktion gebracht werden?

   Reaktion: $CO + 2\,H_2 \longrightarrow H_3C\text{-}OH$

4. Die Synthese von Phosphortrichlorid erfolgt kontinuierlich durch Chlorierung von weißem Phosphor:

   $P_4 + 6\,Cl_2 \longrightarrow 4\,PCl_3$

   Welches Normvolumen an Chlorgas ist zur Herstellung von 100 t Phosphortrichlorid pro Tag erforderlich?

5. Eine Salpetersäureanlage synthetisiert täglich 2000 Tonnen Salpetersäure mit $w(HNO_3) = 70\,\%$.

   Gesamtreaktion: $NH_3 + 2\,O_2 \longrightarrow HNO_3 + H_2O$

   a) Welches Volumen an Ammoniak ist dazu im Normzustand erforderlich?

   b) Welches Volumen an Luft im Normzustand wird benötigt, wenn die Luft einen Volumenanteil an Sauerstoff $\varphi(O_2) = 20\,\%$ hat?

6. Bei der Verbrennung von schwefelhaltigem Heizöl mit einer Dichte von $\varrho = 0{,}83$ g/cm³ entstehen pro Kubikmeter Heizöl 5,0 Kubikmeter Schwefeldioxid: $S + O_2 \longrightarrow SO_2$

   Das Volumen der Gasportion wurde bei einer Temperatur von 213°C und einem Druck von 1052 bar gemessen. Wie groß ist der Massenanteil an Schwefel im Heizöl?

7. Eine Salzsäure-Elektrolyseanlage produziert aus 240 in Reihe geschalteten Diaphragma-Elektrolysezellen täglich umgerechnet auf Normbedingungen $25 \cdot 10^3$ m³ Chlorgas nach der Reaktionsgleichung: $2\,HCl \xrightarrow{\text{elektrische Energie}} H_2 + Cl_2$. Die Ausbeute ist quantitativ. Der Massenanteil an Hydrogenchlorid wird beim Elektrolysieren der Salzsäure von 22 % auf 18 % verringert.

   a) Wie viel Tonnen Salzsäure mit einem Massenanteil von $w(HCl) = 22\,\%$ müssen täglich durch die Elektrolysezellen geleitet werden?

   b) Welches Volumen flüssiges Chlor wird täglich produziert ($\varrho\,(Cl_2) = 1{,}57$ g/cm³)?

4.9.4 Umsatzberechnung unter Berücksichtigung der Ausbeute

Eine Vielzahl von chemischen Stoffen setzt sich nicht quantitativ (vollständig) zu den Reaktionsprodukten um, die aufgrund stöchiometrischer Berechnungen erwartet werden.

Die Ursachen für diese Umsatzverluste sind:

- unerwünschte Nebenreaktionen,
- unvermeidbare Verluste bei der Aufarbeitung der Reaktionsprodukte,
- unvollständiger Reaktionsablauf, z.B. bei Gleichgewichtsreaktionen,
- ein nichtstöchiometrisches Stoffmengenverhältnis der Ausgangsstoffe, z.B. durch Verunreinigungen.

Maßnahmen zur Vermeidung dieser Umsatzverluste sind:

1. Vermeidung von Nebenreaktionen durch Optimierung der Reaktionsbedingungen. Einsatz von selektiven Katalysatoren, die im Wesentlichen nur die Reaktionsgeschwindigkeit der Hauptreaktion beschleunigen.
2. Vollständige Aufarbeitung der Reaktionsprodukte durch geeignete verfahrenstechnische Grundoperationen.
3. Verschiebung des Gleichgewichts (vgl. Seite 187) auf die Seite der Produkte durch:
   - Variation von Druck und/oder Temperatur bei Gasreaktionen,
   - Entfernung von Produkten aus dem Reaktionsgeschehen,
   - Erhöhung der Eduktkonzentration.
4. Einsatz einer entsprechend größeren Stoffportion, falls der Reinstoffgehalt einer Lösung oder der Gehalt an Verunreinigungen in einem Rohstoff bekannt ist.

Ausbeute (yield)

Der Begriff Ausbeute wird im zweifachen Sinn verwandt. Allgemein bezeichnet man mit Ausbeute die bei einer chemischen Reaktion tatsächlich entstehende Masse $m_0(X)$ an Produkt X.

Im erweiterten Sinn ist die **Ausbeute** η der Wirkungsgrad einer chemischen Reaktion. Man berechnet die Ausbeute η als Quotient aus der tatsächlich entstandenen Produktmasse $m_0(X)$ und der theoretisch durch stöchiometrische Überlegungen berechneten Produktmasse $m_{calc}(X)$.

Ausbeute (Wirkungsgrad)

$$\eta(X) = \frac{m_0(X)}{m_{calc}(X)} = \frac{n_0(X)}{n_{calc}(X)} = \frac{V_0(X)}{V_{calc}(X)}$$

Die Ausbeute η wird als Dezimalzahl oder in Prozent angegeben. Bezugsgrößen können neben der Masse m auch die Stoffmenge n oder das Volumen V sein. Bei kontinuierlich ablaufenden Prozessen lassen sich die Ausbeuten auch auf Stoffströme ($\dot{m}$, $\dot{n}$, $\dot{V}$) beziehen.

Beispiel 1: Bei der Methanolsynthese (Bild 1, Seite 147) wird die Ausbeute bei einmaligem Durchgang des aus Kohlenstoffmonoxid und Wasserstoff bestehenden Synthesegases durch den Reaktor absichtlich beschränkt. Sonst werden unerwünschte Nebenreaktionen durch zu starken Temperaturanstieg begünstigt.

Wie groß ist die Ausbeute bei einmaligem Durchgang des Synthesegases durch den Reaktor, wenn dem Kreislauf pro Stunde 12,0 t Methanol durch Kondensation entzogen werden und die bei vollständigem Umsatz entstehende Methanolmasse pro Stunde 80,0 t beträgt?

Lösung: $\eta = \frac{m_0(CH_3OH)}{m_{calc}(CH_3OH)} = \frac{12{,}0\ t}{80{,}0\ t} = 0{,}150 = \mathbf{15{,}0\ \%}$

Beispiel 2: Monochlormethan wird durch Gasphasenchlorierung von Methan bei 400 °C bis 450 °C hergestellt, wobei auch höherchlorierte Chlormethane entstehen.

Welche Ausbeute an Monochlormethan wird erreicht, wenn pro Stunde aus 20,0 t Methan 23,0 t Monochlormethan hergestellt werden?

Lösung:

1. Aufstellen der Reaktionsgleichung: $\underline{CH_4} + Cl_2 \longrightarrow \underline{CH_3Cl} + HCl$
2. Umgesetzte Stoffmengen: $n(CH_4) = 1\ \text{mol}$ $\quad n(CH_3Cl) = 1\ \text{mol}$
3. Angabe der molaren Massen: $M(CH_4) = 16{,}043\ \text{g/mol}$ $\quad M(CH_3Cl) = 50{,}448\ \text{g/mol}$

Lösung durch Schlussrechnung:

4. Umsatzberechnung: 16,043 g CH_4 bilden 50,488 g CH_3Cl
   20,0 t CH_4 bilden x CH_3Cl
   $$x = m(CHCl_3) = \frac{20{,}0\ \text{t} \cdot 50{,}488\ \text{g}}{16{,}043\ \text{g}} = 62{,}94\ \text{t}$$
5. Ausbeuteberechnung: 62,94 g CH_3Cl sind 100 % Ausbeute
   23,0 t CH_3Cl sind y Ausbeute
   $$\mathbf{y = \eta(CH_3Cl)} = \frac{23{,}0\ \text{t} \cdot 100\ \%}{62{,}94\ \text{g}} \approx \mathbf{36{,}5\ \%}$$

Lösung mithilfe der Stoffumsatzgleichung:

$$\frac{m(CH_4)}{n(CH_4) \cdot M(CH_4)} = \frac{m(CH_3Cl)}{n(CH_3Cl) \cdot M(CH_3Cl)} \quad \text{mit} \quad n(CH_4) = n(CH_3Cl) \quad \text{und} \quad m_{calc}(CH_3Cl) = \frac{m_0(CH_3Cl)}{\eta(CH_3Cl)}$$

$$\text{folgt:} \quad \frac{m(CH_4)}{M(CH_4)} = \frac{m_0(CH_3Cl)}{\eta(CH_3Cl) \cdot M(CH_3Cl)} \quad \Rightarrow \quad \eta(CH_3Cl) = \frac{m_0(CH_3Cl) \cdot M(CH_4)}{m(CH_4) \cdot M(CH_3Cl)}$$

$$\boldsymbol{\eta}\mathbf{(CH_3Cl)} = \frac{23{,}0\ \text{t} \cdot 16{,}043\ \text{g/mol}}{20{,}0\ \text{t} \cdot 50{,}488\ \text{g/mol}} \approx 0{,}365 = \mathbf{36{,}5\ \%}$$

Beispiel 3: Welche Masse an Essigsäureethylester wird bei der Veresterung von Essigsäure mit 530 g Ethanol synthetisiert, wenn die Ausbeute 60 % beträgt?

Lösung:

1. Reaktionsgleichung: $CH_3{-}C{\lesssim}^{O}_{OH} + \underline{CH_3{-}CH_2{-}OH} \longrightarrow \underline{CH_3{-}C{\lesssim}^{O}_{O{-}CH_2{-}CH_3}} + H_2O$
2. Stoffmengenumsatz: $n(\text{Eth.}) = 1\ \text{mol}$, $\quad n(\text{Ester}) = 1\ \text{mol}$
3. Molare Masse: $M(\text{Eth.}) = 46{,}07\ \text{g/mol}$, $\quad M(\text{Ester}) = 88{,}11\ \text{g/mol}$
4. Berechnung der stöchiometrisch entstehenden Masse an Essigsäureethylester:
   $$\frac{m(\text{Eth.})}{n(\text{Eth.}) \cdot M(\text{Eth.})} = \frac{m(\text{Ester})}{n(\text{Ester}) \cdot M(\text{Ester})} \quad \text{mit} \quad n(\text{Eth.}) = n(\text{Ester}) \quad \text{folgt:}$$
   $$\frac{m(\text{Eth.})}{M(\text{Eth.})} = \frac{m(\text{Ester})}{M(\text{Ester})} \quad \Rightarrow \quad m(\text{Ester}) = \frac{m(\text{Eth.}) \cdot M(\text{Ester})}{M(\text{Eth.})} = \frac{530\ \text{g} \cdot 88{,}11\ \text{g/mol}}{46{,}07\ \text{g/mol}} \approx 1014\ \text{g}$$
5. Berechnung der Masse an Essigsäureethylester unter Berücksichtigung der Ausbeute:
   $$\eta(\text{Ester}) = \frac{m_0(\text{Ester})}{m_{calc}(\text{Ester})} \quad \Rightarrow \quad \mathbf{m_0(Ester)} = \eta(\text{Ester}) \cdot m_{calc}(\text{Ester}) = 0{,}60 \cdot 1014\ \text{g} = 608{,}4\ \text{g} \approx \mathbf{0{,}61\ kg}$$

Gesamtausbeute (total yield)

Zur Berechnung der Gesamtausbeute η_{ges} bei mehrstufigen Synthesen werden die Einzelausbeuten multipliziert. Die Gesamtausbeute einer chemischen Reaktion ist stets kleiner als die kleinste Einzelausbeute.

Gesamtausbeute
$\eta_{ges} = \eta_1 \cdot \eta_2 \cdot \eta_3 \cdot \ldots$

Beispiel: Wie groß ist die Gesamtausbeute beim Doppelkontaktverfahren zur Herstellung von Schwefelsäure, wenn bei der Schwefelverbrennung eine Ausbeute von 99,7 %, bei der Aufoxidation des Schwefeldioxids zu Schwefeltrioxid eine Ausbeute von 97,0 % und bei der anschließenden Absorption des Schwefeltrioxids in Oleum eine Ausbeute von 99,6 % erreicht wird?

Lösung: $\boldsymbol{\eta}_{\mathbf{ges}} = \eta_1 \cdot \eta_2 \cdot \eta_3 = 0{,}997 \cdot 0{,}970 \cdot 0{,}996 \approx 0{,}963 = \mathbf{96{,}3\ \%}$

Aufgaben zur Umsatzberechnung unter Berücksichtigung der Ausbeute

1. Beim Verbrennen von 20,0 t Schwefel entstehen 39,8 t Schwefeldioxid. Berechnen Sie die Ausbeute in Prozent.

   Reaktionsgleichung: $S + O_2 \longrightarrow SO_2$

2. Chrom wird durch Reduktion von Chrom(III)-oxid mit Aluminium hergestellt, wobei Aluminiumoxid entsteht. Wie viel Kilogramm Chrom werden pro Tonne Chrom(III)-oxid erhalten, wenn die Ausbeute 87,0 % beträgt?

   Reaktionsgleichung: $Cr_2O_3 + 2\,Al \longrightarrow Al_2O_3 + 2\,Cr$

3. Chlorbenzol wird mit 65 %iger Ausbeute zu para-Nitrochlorbenzol umgesetzt. Welche Masse an Chlorbenzol muss eingesetzt werden, wenn täglich 50 t para-Nitrochlorbenzol produziert werden sollen?

   Reaktionsgleichung: $C_6H_5Cl + HNO_3 \longrightarrow Cl{-}C_6H_4{-}NO_2 + H_2O$

4. Zur Herstellung von Styrol wird Ethylbenzol in Rohrbündelreaktoren katalytisch dehydriert. Wie viel Tonnen Ethylbenzol müssen eingesetzt werden, wenn pro Stunde 10 t Styrol hergestellt werden sollen? Die Ausbeute beträgt 90 %.

   Reaktionsgleichung: $C_6H_5{-}CH_2{-}CH_3 \longrightarrow C_6H_5{-}CH{=}CH_2 + H_2$

5. Weißer Phosphor wird elektrochemisch durch Reduktion mit Kohlenstoff hergestellt. Welche Masse an Apatit mit einem Massenanteil an Calciumfluorophosphat von $w(Ca_5(PO_4)_3F) = 82\,\%$ ist pro Tonne Elementarphosphor erforderlich, wenn die Ausbeute 92 % beträgt?

   Reaktionsgleichung: $2\,Ca_5(PO_4)_3F + 15\,C + 8\,SiO_2 \longrightarrow 6\,P + 15\,CO + 6\,CaSiO_3 + Ca_4Si_2O_7F_2$

6. Bei der Thermolyse von 0,6863 g Ammoniumhydrogencarbonat (Backpulver) werden nach dem Trocknen, umgerechnet auf Normbedingungen, 350 mL Gasgemisch erhalten. Berechnen Sie die Ausbeute.

   Reaktionsgleichung: $NH_4HCO_{3(s)} \xrightarrow{60°} NH_{3(g)} + CO_{2(g)} + H_2O_{(l)}$

7. Welche Masse an Kaliumnitrat muss thermisch zersetzt werden, wenn bei nur 96 %iger Ausbeute 0,50 L Sauerstoff unter Normbedingungen hergestellt werden sollen?

   Reaktionsgleichung: $2\,KNO_3 \xrightarrow{400°} 2\,KNO_2 + O_2$

8. Ein Gasgemisch aus 3,0 L Wasserstoff und 1,0 L Stickstoff im Normzustand wird in einem Autoklaven zur Reaktion gebracht. Die Ausbeute an Ammoniak beträgt 10 %. Wie groß ist das Volumen der Gasmischung nach der Reaktion, wenn wieder Normbedingungen vorliegen?

   Reaktionsgleichung: $N_{2(g)} + 3\,H_{2(g)} \longrightarrow 2\,NH_{3(g)}$

9. Bei der Reaktion von 1,2 g technischem Aluminiumcarbid ($w(Al_4C_3) = 94\,\%$) mit Wasser entstanden 490 mL Methan. Das Volumen der getrockneten Gasportion wurde bei 22 °C und 1020 mbar bestimmt. Wie groß ist die Ausbeute an Methan in Prozent?

   Reaktionsgleichung: $Al_4C_3 + 12\,H_2O \longrightarrow 4\,Al(OH)_3 + 3\,CH_4$

10. Die Synthese von Benzolsulfonamid wird nach dem untenstehenden Reaktionsschema durchgeführt. Wie groß ist die Gesamtausbeute der Synthese, wenn die einzelnen Reaktionsschritte folgende Wirkungsgrade haben: Sulfonierung $\eta = 95\,\%$, Chlorierung $\eta = 85\,\%$, Aminierung $\eta = 80\,\%$?

    Reaktionsgleichung: $C_6H_6 \xrightarrow[-\,H_2SO_4]{+\,SO_3} C_6H_5SO_3H \xrightarrow[-\,NH_4Cl]{+\,ClSO_3H} C_6H_5SO_2Cl \xrightarrow{+\,2\,NH_3} C_6H_5SO_2NH_2$

11. Die Gesamtausbeute eines Farbstoffzwischenprodukts beträgt 50 %. Zur Synthese sind drei Reaktionsschritte erforderlich. Im ersten und dritten Reaktionsschritt wurde eine Ausbeute von 70 % bzw. 75 % erzielt. Wie groß war die Ausbeute im zweiten Reaktionsschritt?

Gemischte Aufgaben zur Umsatzberechnung

1. Welches Volumen an Ammoniaklösung ($w(NH_3)$ = 27,3 %, $\varrho(NH_4OH)$ = 0,900 g/cm³) ist zur Ammonolyse von 21,5 g Chloressigsäureethylester erforderlich, wenn mit einem 3,3-fachen Überschuss an Ammoniak-Lösung gearbeitet wird?

   Reaktionsgleichung: $Cl{-}CH_2{-}C(=O){-}O{-}CH_2{-}CH_3 + NH_3 \longrightarrow Cl{-}CH_2{-}C(=O){-}NH_2 + CH_3{-}CH_2{-}OH$

2. Ein 750-MW-Kraftwerk hat einen Kohlebedarf von 245 t/h. Bei der Kohleverbrennung entstehen 11,0 m³ Rauchgase pro Kilogramm Kohle. Die Entfernung des Schwefeldioxids aus dem Rauchgas erfolgt durch Gegenstromabsorption in Absorptionskolonnen (Bild 2, Seite 141) mittels einer Kalksteinsuspension $CaCo_3$. Dabei wird Calciumsulfit $CaSo_3$ gebildet. Anschließend wird das Calciumsulfit mit Luftsauerstoff in wässriger Lösung zum Calciumsulfat $CaSo_4$ oxidiert.

   $CaCO_3 + SO_2 \longrightarrow CaSO_3 + CO_2$, $\quad 2\,CaSO_3 + O_2 \longrightarrow CaSO_4$

   a) Das Rauchgas soll von 3,10 g/m³ auf den zulässigen Grenzwert von 400 mg/m³ entschwefelt werden. Wie viel Tonnen Kalkstein mit einem Massenanteil von $w(CaCO_3)$ = 90,0 % sind dazu täglich erforderlich?

   b) Welche Masse an Gips ($CaSO_4 \cdot 2\,H_2O$) fällt täglich an?

3. Bei der Herstellung von Methanol **(Bild 1)** setzt sich das aus Kohlenstoff(II)-oxid und Wasserstoff bestehende Synthesegas praktisch quantitativ um.

   $CO + 2\,H_2 \longrightarrow CH_3OH$

   Welche Masse an Kohlenstoffmonoxid ist erforderlich, wenn pro Stunde 35,4 t Methanol synthetisiert werden sollen?

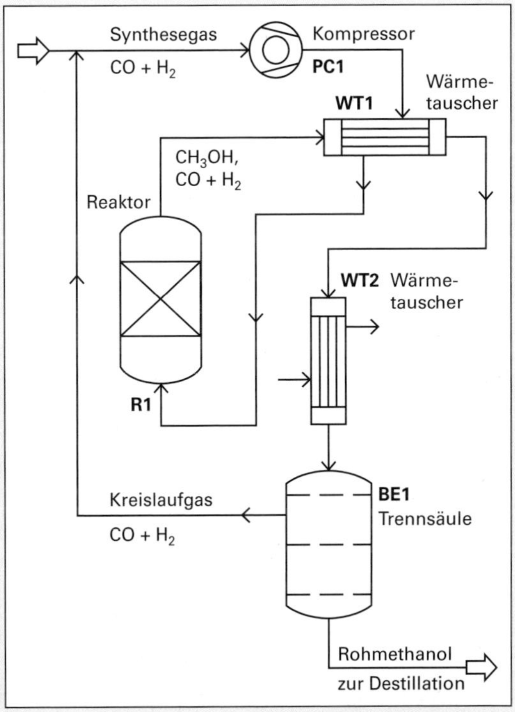

Bild 1: Verfahrensfließbild der Methanolsynthese (Aufgabe 3)

4. Formaldehyd HCHO wird katalytisch durch Oxidation von Methanol in der Gasphase hergestellt. Die Ausbeute beträgt 94,0 %.

   $2\,CH_3OH + O_2 \longrightarrow 2\,HCHO + 2\,H_2O$

   Welches Volumen an Methanol mit der Dichte $\varrho(CH_3OH)$ = 0,792 t/m³ muss pro Stunde oxidiert werden, um 50 t/h Formaldehydlösung mit dem Massenanteil $w(HCHO)$ = 0,37 herzustellen?

5. Eine Salpetersäurefabrik produziert am Tag 1500 t Salpetersäure mit dem Massenanteil $w(HNO_3)$ = 100 %.

   Die Gesamtreaktion verläuft praktisch quantitativ nach folgender Gesamtgleichung.

   $NH_3 + 2\,O_2 \longrightarrow HNO_3 + H_2O$

   a) Wie viel Tonnen Ammoniak sind dafür erforderlich?

   b) Bei der Oxidation dienen Platinnetze als Katalysatoren. Durch Verdampfung und mechanischen Abrieb werden pro Tonne Salpetersäure 200 mg Platin verbraucht, wovon 80,0 % durch Absorption zurückgewonnen werden. Berechnen Sie den Platinverlust in Euro, wenn ein Kilogramm Platin 10000,00 € kostet.

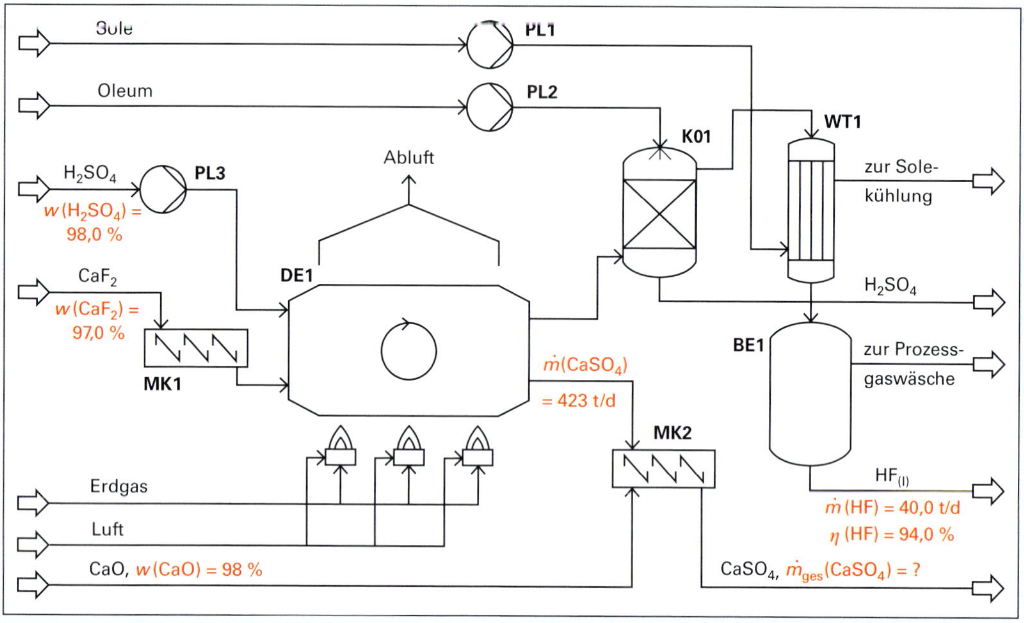

Bild 1: Vereinfachtes Verfahrensfließbild zur Produktion von Fluorwasserstoff HF (Aufgabe 6 und 7)

6. Fluorwasserstoff wird in Drehrohröfen aus Säurespat durch Reaktion mit Schwefelsäure in 94,0 %iger Ausbeute hergestellt **(Bild 1).**

   Reaktionsgleichung: $CaF_2 + H_2SO_4 \longrightarrow 2\,HF + CaSO_4$

   a) Wie viel Tonnen Säurespat mit einem Massenanteil an Calciumfluorid von $w(CaF_2)$ = 97,0 % sind erforderlich, wenn pro Drehrohrofen täglich 40,0 t Fluorwasserstoff hergestellt werden sollen?

   b) Welche Masse an Roherz mit $w(CaF_2)$ = 45,0 % muss täglich durch Flotation aufbereitet werden, um den Säurespat herzustellen?

   c) Wie viel Tonnen Schwefelsäure ($w(H_2SO_4)$ = 98,0 %) werden zum Aufschluss des Säurespats benötigt, wenn mit einem Schwefelsäureüberschuss von 5,00 % gearbeitet wird?

7. Bei der Flusssäureproduktion fallen täglich 432 Tonnen Anhydrit an. Er enthält verfahrenstechnisch bedingt einen Massenanteil an Schwefelsäure von $w(H_2SO_4)$ = 1,5 %. Um diese Restschwefelsäure zu neutralisieren, wird dem Anhydrit sofort nach Verlassen des Drehrohrofens in einer Mischstrecke Calciumoxid zudosiert (Bild 1). Es reagiert mit der Schwefelsäure:

   $CaO + H_2SO_4 \longrightarrow CaSO_4 + H_2O$

   a) Welche Masse gebrannter Kalk mit w(CaO) = 98 % wird täglich benötigt?

   b) Wie viel Tonnen Anhydrit werden insgesamt täglich produziert?

8. Bei der Reinigung eines schwefelwasserstoffhaltigen Abgases werden aus 50 m^3 Abgas im Normzustand 5,0 kg Schwefel gewonnen.

   Reaktionsgleichung: $2\,H_2S + O_2 \longrightarrow 2\,S + 2\,H_2O$

   Wie groß ist der Volumenanteil φ (H_2S) in Prozent, wenn die Schwefelausbeute 90 % beträgt?

9. Welches Volumen an Wasserstoff (ϑ = 19,8 °C, p_e = 85 mbar) ist in einem Gasometer vorzulegen, wenn 1,00 g Styrol selektiv zu Ethylbenzol hydriert werden und mit einem Wasserstoffüberschuss von 10,0 % gearbeitet werden soll?

   Reaktionsgleichung: $C_6H_5{-}CH{=}CH_2 + H_2 \xrightarrow{Ni} C_6H_5{-}CH_2{=}CH_3$

5 Rechnen mit Gehaltsgrößen von Mischungen

Mischungen (mixed phases) sind feste, flüssige oder gasförmige Stoffportionen aus mehreren Stoffen, die ineinander vermischt sind. Bei **homogenen** Mischungen, wie z.B. Lösungen, sind die verschiedenen Bestandteile optisch nicht sichtbar. In **heterogenen** Mischungen, wie z.B. Suspensionen, liegen die Bestandteile nebeneinander unterscheidbar vor.

In der Chemie spielen Gasgemische und flüssige Mischungen, vor allem die Lösungen, eine besonders wichtige Rolle. In den Chemieanlagen werden die chemischen Reaktionen wegen der hohen Teilchenbeweglichkeit bevorzugt in diesen beiden Phasen durchgeführt.

5.1 Gehaltsgrößen von Mischungen

Der Ausdruck **Gehalt** dient heute nur noch als Oberbegriff für die **qualitative** Beschreibung der Zusammensetzung einer Mischung. So sagt man beispielsweise: Der Säuregehalt wurde durch Abdampfen erhöht.

Die **Begriffe** zur **quantitativen** Beschreibung des Gehalts von Mischungen sind nach DIN 1310 festgelegt. Man unterscheidet:

Anteile **Konzentrationen** **Verhältnisse**

Dabei werden die in der Mischung enthaltenen Komponenten mithilfe der Größen **Masse *m*, Volumen *V*** und **Stoffmenge *n*** zueinander in Beziehung gesetzt.

Anteile	Konzentrationen	Verhältnisse
sind Quotienten aus der Masse *m* oder dem Volumen *V* oder der Stoffmenge *n* und der Summe der gleichen Größe aller Komponenten der Mischung	sind Quotienten aus der Masse *m* oder dem Volumen *V* oder der Stoffmenge *n* und dem Volumen der Mischung (z.B. einer Lösung)	sind Quotienten aus der Masse *m* oder dem Volumen *V* oder der Stoffmenge *n* und der gleichen Größe einer anderen Komponente der Mischung (z.B. des Lösemittels)

In der folgenden Übersicht sind die Definitionen der Gehaltsgrößen – *Anteile, Konzentrationen, Verhältnisse* – zusammengestellt **(Tabelle).**

Es werden folgende Abkürzungen verwendet: (X) = gelöster Stoff, (Lsg) = Mischung, (Lm) = Lösemittel.

Griechische Buchstaben: β = Beta, ζ = Zeta, φ = Phi, σ = Sigma, ψ = Psi, χ = Chi.

Tabelle: Definitionen der Gehaltsgrößen nach DIN 1310 (in Klammern ihre englischen Bezeichnungen)

Anteilsangaben	Konzentrationsangaben	Verhältnisangaben
Massenanteil *w* (mass fraction) $w(X) = \frac{m(X)}{m(Lsg)}$	**Massenkonzentration β** (mass concentration) $\beta(X) = \frac{m(X)}{V(Lsg)}$	**Massenverhältnis ζ** (mass ratio) $\xi(X) = \frac{m(X)}{m(Lm)}$
Volumenanteil φ (volume fraction) $\varphi(X) = \frac{V(X)}{V(X) + V(Lm)}$	**Volumenkonzentration σ** (volume concentration) $\sigma(X) = \frac{V(X)}{V(Lsg)}$	**Volumenverhältnis ψ** (proportion by volume) $\psi(X) = \frac{V(X)}{V(Lm)}$
Stoffmengenanteil χ (molar fraction) $\chi(X) = \frac{n(X)}{n(X) + n(Lm)}$	**Stoffmengenkonzentration *c*** (molar concentration) $c(X) = \frac{n(X)}{V(Lsg)}$	**Stoffmengenverhältnis *r*** (mole ratio of a solute substance) $r(X) = \frac{n(X)}{n(Lm)}$

Beispiel: Für eine wässrige Ethanol-Lösung aus 800 L Ethanol C_2H_5OH der Dichte 0,789 kg/L und 1000 L Wasser H_2O der Dichte 0,998 kg/L sollen die verschiedenen Gehaltsangaben berechnet werden.

Es wurden folgende Daten gemessen bzw. berechnet:

Bekannte Größen:

Masse *m*:

Volumen *V*:

Molare Masse *M*:

Stoffmenge *n*:

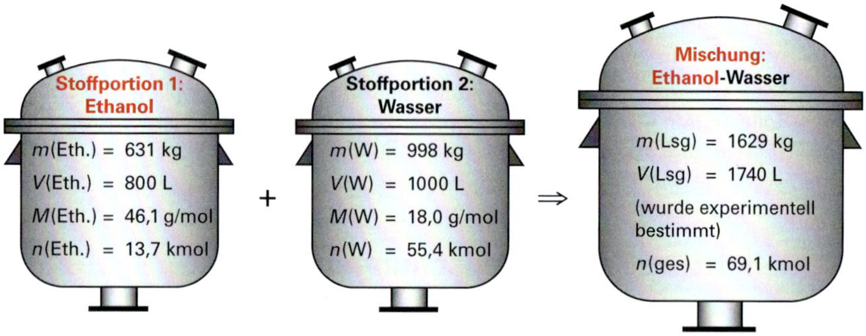

Mit diesen Werten werden in der nachfolgenden **Tabelle** die verschiedenen Anteile, Konzentrationen und Verhältnisse der Ethanol-Lösung berechnet.

Tabelle: Gehaltsberechnungen der Ethanol-Lösung von obigem Beispiel

Anteilsangaben	Konzentrationsangaben	Verhältnisangaben
Massenanteil *w*	**Massenkonzentration *β***	**Massenverhältnis *ξ***
$w(C_2H_5OH) = \frac{m(C_2H_5OH)}{m(Lsg)}$	$\beta(C_2H_5OH) = \frac{m(C_2H_5OH)}{V(Lsg)}$	$\xi(C_2H_5OH) = \frac{m(C_2H_5OH)}{m(H_2O)}$
$= \frac{631\text{ kg}}{1629\text{ kg}} \approx 0{,}387 = \mathbf{38{,}7\,\%}$	$= \frac{631\text{ kg}}{1740\text{ L}} \approx \mathbf{363\text{ g/L}}$	$= \frac{631\text{ kg}}{998\text{ kg}} \approx \mathbf{0{,}632}$
Volumenanteil *φ*	**Volumenkonzentration *σ***	**Volumenverhältnis *ψ***
$\varphi(C_2H_5OH) = \frac{V(C_2H_5OH)}{V(C_2H_5OH) + V(H_2O)}$	$\sigma(C_2H_5OH) = \frac{V(C_2H_5OH)}{V(Lsg)}$	$\psi(C_2H_5OH) = \frac{V(C_2H_5OH)}{V(H_2O)}$
$= \frac{800\text{ L}}{1800\text{ L}} \approx 0{,}444 = \mathbf{44{,}4\,\%}$	$= \frac{800\text{ L}}{1740\text{ L}} \approx 0{,}460 = \mathbf{46{,}0\,\%}$	$= \frac{800\text{ L}}{1000\text{ L}} \approx 0{,}800 = \mathbf{80{,}0\,\%}$
Stoffmengenanteil *χ*	**Stoffmengenkonzentration *c***	**Stoffmengenverhältnis *r***
$\chi(C_2H_5OH) = \frac{n(C_2H_5OH)}{n(C_2H_5OH) + n(H_2O)}$	$c(C_2H_5OH) = \frac{n(C_2H_5OH)}{V(Lsg)}$	$r(C_2H_5OH) = \frac{n(C_2H_5OH)}{n(H_2O)}$
$= \frac{13{,}7\text{ kmol}}{69{,}1\text{ kmol}} \approx 0{,}198 = \mathbf{19{,}8\,\%}$	$= \frac{13{,}7\text{ kmol}}{1740\text{ L}} \approx \mathbf{7{,}87\text{ mol/L}}$	$= \frac{13{,}7\text{ kmol}}{55{,}4\text{ kmol}} \approx 0{,}247 = \mathbf{24{,}7\,\%}$

Die nachfolgenden Berechnungen befassen sich mit den in der chemischen Laborpraxis und Produktion am häufigsten verwendeten Anteil- und Konzentrationsangaben:

- **Massenanteil *w***
- **Volumenanteil *φ***
- **Stoffmengenanteil *χ***
- **Massenkonzentration *β***
- **Volumenkonzentration *σ***
- **Stoffmengenkonzentration *c***

Neben den Gehaltsgrößen aus **Tabelle,** Seite 149, kommen in der Chemie zwei weitere Größen zur Anwendung:

- Die **Löslichkeit** $L^*(X, \vartheta) = \frac{m(X)}{m(Lm)}$ (siehe auch Seite 161). Die Löslichkeit L^* ist ein Massenverhältnis.
- Die **Molalität** $b(X) = \frac{n(X)}{m(Lm)}$ (siehe auch Seite 293)

Teilweise werden in der Praxis noch veraltete Bezeichnungen der Gehaltsgrößen verwendet (z.B. Massenprozent, Volumenprozent, Vol-%, Molverhältnis u.a.). In diesem Buch werden konsequent die in der DIN 1310 festgelegten Gehaltsgrößen verwendet.

5.1.1 Massenanteil *w*

Der **Massenanteil *w*(X)** (mass fraction) einer Komponente X ist der Quotient aus der Masse *m*(X) dieser Komponente und der Masse der Lösung *m*(Lsg).

Die Masse der Lösung *m*(Lsg) ist die Summe aus der Masse des Lösemittels *m*(Lm) und der Masse des gelösten Stoffes *m*(X).

Der Massenanteil *w*(X) wird meistens als Dezimalzahl oder in Prozent angegeben. Insbesondere für kleine und kleinste Massenanteile gibt es die in **Tabelle 1** genannten Angabemöglichkeiten.

Massenanteil

$$w(\mathrm{X}) = \frac{m(\mathrm{X})}{m(\mathrm{Lsg})}$$

$$\text{mit } m(\mathrm{Lsg}) = m(\mathrm{Lm}) + m(\mathrm{X})$$

Darüber hinaus besteht die Möglichkeit, den Massenanteil mit gleichen oder ungleichen Einheitenzeichen für die Zähler- und Nennergröße anzugeben (vgl. Tabelle 1, unten).

Beispiel 1: Eine Natronlauge wird aus einer Elektrolysezelle mit dem Massenanteil $w(\mathrm{NaOH}) = 0{,}351$ abgezogen. Wie groß ist der Massenanteil in Prozent? Was bedeutet diese Angabe?

Lösung: $\boldsymbol{w}(\mathbf{NaOH}) = 0{,}351 = 0{,}351 \cdot 100\,\% = \mathbf{35{,}1\,\%}$

Die Angabe bedeutet: In 100 g Natronlauge sind 35,1 g Natriumhydroxid NaOH gelöst.

Beispiel 2: In 2000 kg Wasser werden 500 kg NaCl gelöst **(Bild 1)**. Welchen Massenanteil *w*(NaCl) hat die entstehende Natriumchlorid-Lösung**?**

Lösung:

$$m(\mathrm{Lsg}) = m(\mathrm{Lm}) + m(\mathrm{NaCl})$$

$$m(\mathrm{Lsg}) = 2000\ \mathrm{kg} + 500\ \mathrm{kg} = 2500\ \mathrm{kg}$$

$$\boldsymbol{w}(\mathbf{NaCl}) = \frac{m(\mathrm{NaCl})}{m(\mathrm{Lsg})} = \frac{500\ \mathrm{kg}}{2500\ \mathrm{kg}}$$

$$= 0{,}2000 \approx \mathbf{20{,}0\,\%}$$

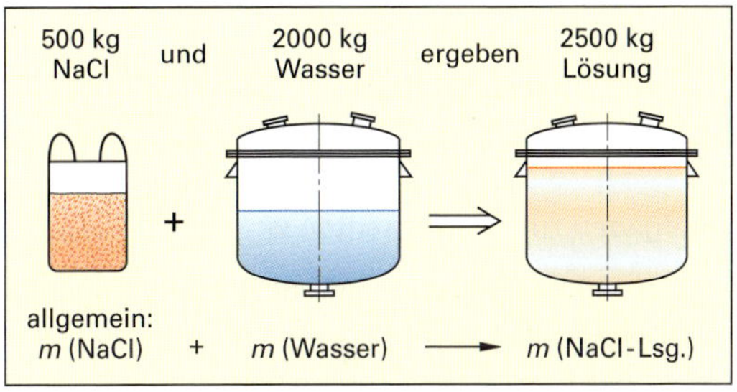

Bild 1: Größen zur Bestimmung des Massenanteils *w* einer Lösung

Insbesondere für kleine und kleinste Massenanteile gibt es spezielle Angabemöglichkeiten **(Tabelle)**.

Tabelle: Angabemöglichkeiten für Massenanteile

in % Prozent ⇒ Teile pro 100 Teile	in ‰ Promille ⇒ Teile pro 10^3 Teile	in ppm parts per million ⇒ Teile pro 10^6 Teile	in ppb* parts per billion ⇒ Teile pro 10^9 Teile	in ppt** parts per trillion ⇒ Teile pro 10^{12} Teile	in ppq*** parts per quadrillion ⇒ Teile pro 10^{15} Teile
Beispiel: Der Massenanteil *w* (Zucker) in Wasser (1 L ≙ 1 kg) beträgt nach Lösen **eines Zuckerwürfels** (*m* = 2,7 g) in:					
0,27 L ≙ 2 Tassen	2,7 L ≙ 2,7 Flaschen	2700 L ≙ Tankwagen	2,7 Mio. L ≙ eine Tankerladung	2,7 Milliarden L ≙ Stauseefüllung	2,7 Billionen L ≙ Starnberger See
		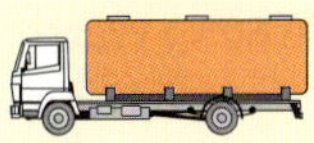	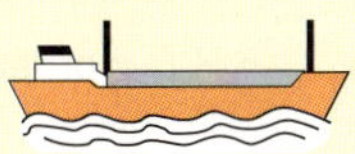		
w = 1 % = 1 g/100 g	*w* = 1 ‰ = 1 g/1000 g = 1 g/1 kg	*w* = 1 ppm = 1 mg/1 kg = 1 g/1000 kg	*w* = 1 ppb = 1 µg/1 kg = 1 mg/1000 kg	*w* = 1 ppt = 1 ng/1 kg = 1 µg/1000 kg	*w* = 1 ppq = 1 pg/1 kg = 1 µg/1000 t

* *parts per billion ppb:* b steht für *billion,* die amerikanische Bezeichnung für *Milliarde.*

** *parts per trillion ppt:* t steht für *trillion,* die amerikanische Bezeichnung für *Billion.*

*** *parts per quadrillion:* q steht für *quadrillion,* die amerikanische Bezeichnung für *Billiarde.*

Enthält der zu lösende Stoff gebundenes Wasser, so muss dieses Kristallwasser bei der Berechnung der zu lösenden Stoffportion herausgerechnet werden.

Beispiel 3: Wie viel Eisensulfat-Heptahydrat $FeSO_4 \cdot 7\,H_2O$ muss eingewogen werden, wenn 750 g Eisensulfat-Lösung mit einem Massenanteil $w(FeSO_4) = 12{,}5\,\%$ angesetzt werden sollen?

Lösung mit Schlussrechnung:

$M(FeSO_4) = 151{,}91$ g/mol, $M(FeSO_4 \cdot 7\,H_2O) = 278{,}02$ g/mol

Berechnung der in der Lösung enthaltenen Masse an Eisensulfat $FeSO_4$:

In 100 g Lösung sind 12,5 g Eisensulfat enthalten

In 705 g Lösung sind x Eisensulfat enthalten

$$\Rightarrow \quad x = m(FeSO_4) = \frac{12{,}5\text{ g} \cdot 750\text{ g}}{100\text{ g}} = 93{,}75\text{ g}$$

Berechnung der einzuwiegenden Masse an Eisensulfat-Heptahydrat mit den molaren Massen:

151,91 g $FeSO_4$ sind in 278,02 g $FeSO_4 \cdot 7\,H_2O$ enthalten

93,75 g $FeSO_4$ sind in y $FeSO_4 \cdot 7\,H_2O$ enthalten

$$\Rightarrow \quad y = \mathbf{m(FeSO_4 \cdot 7\,H_2O)} = \frac{93{,}75\text{ g} \cdot 278{,}02\text{ g}}{151{,}91\text{ g}} \approx \mathbf{172\text{ g}}$$

Lösung mit Größengleichung:

$$w(FeSO_4) = \frac{m(FeSO_4)}{m(\text{Lsg})} \quad \Rightarrow \quad m(FeSO_4) = w(FeSO_4) \cdot m(\text{Lsg}) = 0{,}125 \cdot 750\text{ g} = 93{,}75\text{ g}$$

$$\mathbf{m(FeSO_4 \cdot 7\,H_2O)} = \frac{m(FeSO_4) \cdot M(FeSO_4 \cdot 7\,H_2O)}{M(FeSO_4)} = \frac{93{,}75\text{ g} \cdot 278{,}02\text{ g/mol}}{151{,}91\text{ g/mol}} = 171{,}58\text{ g} \approx \mathbf{172\text{ g}}$$

Aufgaben zum Massenanteil *w*

1. In 250 kg Salzsäure sind 80,5 kg Hydrogenchlorid HCl gelöst. Wie groß ist der Massenanteil der Salzsäure?
2. In 550 kg Wasser werden 200 kg Natriumsulfat Na_2SO_4 gelöst. Welchen Massenanteil $w(Na_2SO_4)$ hat die Lösung in Prozent?
3. Aus 30 g Kaliumhydroxid soll eine Kalilauge mit dem Massenanteil $w(KOH) = 4{,}1\,\%$ angesetzt werden. Welche Masse an Lösung wird erhalten?
4. Welche Massen an Wasser und an Natriumchlorid werden zur Herstellung von 2,30 t einer NaCl-Sole mit dem Massenanteil $w(NaCl) = 26{,}1\,\%$ zur Elektrolyse in Membranzellen benötigt?
5. Für einen Reaktor soll aus 550 kg Calciumchlorid und Wasser eine Calciumchlorid-Lösung, Massenanteil $w(CaCl_2) = 30\,\%$, hergestellt werden. Welche Masse an Lösung wird erhalten?
6. Eine Ammoniak-Lösung der Dichte $\varrho = 0{,}940$ kg/dm³ enthält in 250 L Lösung 34,97 kg Ammoniak. Welchen Massenanteil $w(NH_3)$ hat die Lösung?
7. Welche Masse an Salpetersäure HNO_3 ist in 370 mL Salpetersäure-Lösung der Dichte 1,0427 g/cm³ mit dem Massenanteil $w(HNO_3) = 8{,}0\,\%$ enthalten?
8. Aus 250 g technischem Natriumsulfat mit $w(Na_2SO_4) = 97{,}6\,\%$ soll mit Wasser eine Lösung mit $w(Na_2SO_4) = 2{,}50\,\%$ hergestellt werden. Welche Masse an Wasser ist vorzulegen?
9. 5,5 kg Calciumchlorid-Hexahydrat $CaCl_2 \cdot 6\,H_2O$ werden in 80 kg Wasser gelöst. Berechnen Sie den Massenanteil $w(CaCl_2)$ in der Lösung.
10. In 250 kg Eisensulfat-Lösung sind 550 g Eisensulfat-Heptahydrat mit einem Massenanteil von $w(FeSO_4 \cdot 7\,H_2O) = 98{,}9\,\%$ gelöst. Wie groß ist der Massenanteil $w(FeSO_4)$ der Lösung?
11. Wie viel Soda (Natriumcarbonat-Decahydrat) $Na_2CO_3 \cdot 10\,H_2O$ ist einzuwiegen, wenn 50,0 kg Soda-Lösung mit einem Massenanteil $w(Na_2CO_3) = 2{,}50\,\%$ entstehen sollen?
12. Die NaCl-Sole zur Elektrolyse in Membranzellen darf maximal 2,0 ppb Calcium-Ionen enthalten. Welche Masse an Calcium-Ionen Ca^{2+} dürfen 2,50 t einer aufbereiteten Sole maximal enthalten?

5.1.2 Volumenanteil φ

Der **Volumenanteil φ(X)** (volume fraction) einer Komponente X ist der Quotient aus dem Volumen V(X) der Komponente und der Summe der Volumina an Lösemittel V(Lm) und der Komponente V(X).

Die Gleichung ist auf mehrere Mischungskomponenten erweiterbar.

Volumenanteil

$$\varphi(\mathrm{X}) = \frac{V(\mathrm{X})}{V(\mathrm{Lm}) + V(\mathrm{X})}$$

Der Volumenanteil φ(X) wird meistens als Dezimalzahl oder in Prozent angegeben. Analog zum Massenanteil w(X) gibt es die in Tabelle 1, Seite 151, genannten Angabemöglichkeiten mit gleichen oder ungleichen Einheitenzeichen für die Zähler- und Nennergröße.

Beim Mischen von Flüssigkeiten kommt es häufig zur Volumenkontraktion (Volumenverringerung) oder zur Volumendilatation (Volumenvergrößerung). Daher sollte der Volumenanteil φ(X) nur für Flüssigkeitsgemische verwendet werden, bei denen sich das Volumen beim Mischen nicht verändert. Eine geeignetere, volumenbezogene Gehaltsangabe für Flüssigkeitsgemische ist die Volumenkonzentration σ(X) (siehe Seite 158).

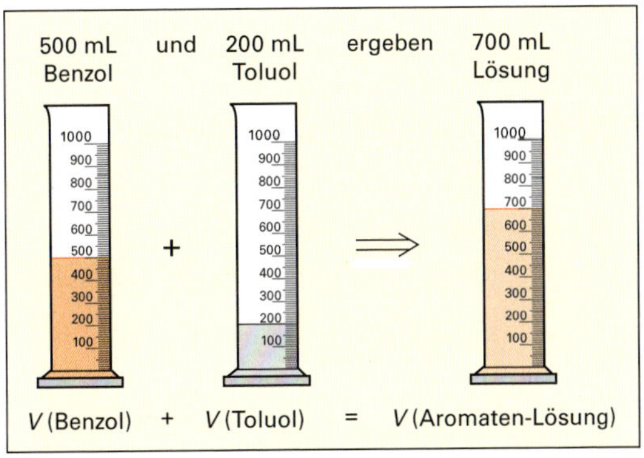

Bild 1: Größenangaben zum Beispiel 1

Beispiel 1: 500 mL Benzol werden mit 200 mL Toluol gemischt (**Bild 1**).
Welchen Volumenanteil an Benzol hat die entstehende Aromaten-Lösung?

Lösung: $\boldsymbol{\varphi}\textbf{(Benzol)} = \frac{V(\mathrm{Benzol})}{V(\mathrm{Benzol}) + V(\mathrm{Toluol})} = \frac{500\,\mathrm{mL}}{700\,\mathrm{mL}} = 0{,}71429 \approx \mathbf{71{,}4\,\%}$

Beispiel 2: Welche Masse an n-Hexan darf maximal verdunsten, bis in einem Arbeitsraum von 480 m^3 Raumvolumen der Arbeitsplatzgrenzwert (AGW) φ(Hexan) = 100 ppm bei 20 °C und 1013 mbar erreicht ist?
Das Luftvolumen V(Luft) = 460 m^3 ändert sich durch das Verdunsten von n-Hexan nicht, da der Druck der Raumluft konstant bleibt.

Lösung: $V_{m,n} = 22{,}41\,\frac{\mathrm{L}}{\mathrm{mol}}$; $M(C_6H_{14}) = 86{,}18\,\frac{\mathrm{g}}{\mathrm{mol}}$; $R = 0{,}08314\,\frac{\mathrm{L \cdot bar}}{\mathrm{K \cdot mol}}$; $\varphi(\mathrm{Hexan}) = 100\,\mathrm{ppm} = 100\,\frac{\mathrm{mL}}{\mathrm{m^3}}$

$$\varphi(\mathrm{Hexan}) = \frac{V(\mathrm{Hexan})}{V(\mathrm{Luft})} \Rightarrow V(\mathrm{Hexan}) = \varphi(\mathrm{Hexan}) \cdot V(\mathrm{Luft}) = 100\,\mathrm{mL/m^3} \cdot 480\,\mathrm{m^3} = 48{,}0\,\mathrm{L}$$

$$\boldsymbol{m}\textbf{(Hexan)} = \frac{V(\mathrm{X}) \cdot p \cdot M(\mathrm{X})}{R \cdot T} = \frac{48{,}0\,\mathrm{L} \cdot 1{,}013\,\mathrm{bar} \cdot 86{,}18\,\mathrm{g/mol}}{0{,}08314\,\frac{\mathrm{L \cdot bar}}{\mathrm{K \cdot mol}} \cdot 293\,\mathrm{K}} = 172{,}02\,\mathrm{g} \approx \mathbf{172\,g}$$

Aufgaben zum Volumenanteil φ

1. In 1000 L Luft sind 0,30 L Kohlenstoffdioxid CO_2. Welchen Volumenanteil $\varphi(CO_2)$ in ppm hat Luft?
2. Aus 500 m^3 eines Gasgemisches wurde das Kohlenstoffdioxid ausgewaschen. Nach der Gaswäsche verblieben noch 475 m^3 Restgas. Welchen Volumenanteil $\varphi(CO_2)$ hatte das Gasgemisch?
3. Welches Erdölvolumen mit einem Volumenanteil φ(Benzin) = 21,3 % muss eine Raffinerie stündlich durchsetzen, wenn in diesem Zeitraum 25,0 m^3 Benzin produziert werden sollen?
4. Der AGW-Wert für Xylol C_8H_{10} beträgt bei 20 °C und 1013 mbar 200 cm^3/m^3. Welche Masse Xylol darf in einem Raum von 80,0 m^3 höchstens verdunsten, damit die zulässige AGW-Grenze nicht überschritten wird? Der Dampf ist als ideales Gas anzusehen. $M(C_8H_{10})$ = 106,167 g/mol
5. Die Explosionsgrenzen für n-Butylacetat betragen bei 20 °C und 1,013 bar φ_{min} = 1,2 % und φ_{max} = 7,5 %. Welches Volumen an n-Butylacetat muss in einem Reaktionskessel mit 12,5 m^3 Luft/n-Butylacetat-Gemisch unterschritten sein und welches Volumen muss überschritten sein, damit **kein** zündfähiges Gemisch vorliegt?

5.1.3 Stoffmengenanteil χ

Der **Stoffmengenanteil** χ (molar fraction) einer Komponente X ist der Quotient aus der Stoffmenge n(X) der Komponente und der Summe der Stoffmenge des Lösemittels n(Lm) und der Komponente n(X).

Die Größengleichung zur Berechnung des Stoffmengenanteils kann auf mehrere Mischungskomponenten erweitert werden.

Stoffmengenanteil

$$\chi(\mathrm{X}) = \frac{n(\mathrm{X})}{n(\mathrm{Lm}) + n(\mathrm{X})}$$

Der Stoffmengenanteil χ kann wie beim Massen- und Volumenanteil mit gleichen Einheitenzeichen (mol/mol) oder ungleichen Einheitenzeichen (mmol/mol) für die Zähler- und Nennergröße angegeben werden. Die Angaben Prozent %, Promille ‰ sowie ppm, ppb, ppt und ppq sind auch möglich.

Beispiel 1: Ein Reaktionsgemisch enthält 780 kg Benzol C_6H_6 und 230 kg Toluol (Methylbenzol) C_7H_8 **(Bild 1)**. Wie groß sind die Stoffmengenanteile der beiden Komponenten?

Lösung: $M(C_6H_6) = 78{,}11$ g/mol, $M(C_7H_8) = 92{,}14$ g/mol

Mit $n(\mathrm{X}) = \frac{m(\mathrm{X})}{M(\mathrm{X})}$ folgt:

$$n(C_6H_6) = \frac{780\ \text{kg}}{78{,}11\ \text{g/mol}} = 9{,}986\ \text{kmol},$$

$$n(C_7H_8) = \frac{230\ \text{kg}}{92{,}14\ \text{g/mol}} = 2{,}496\ \text{kmol}$$

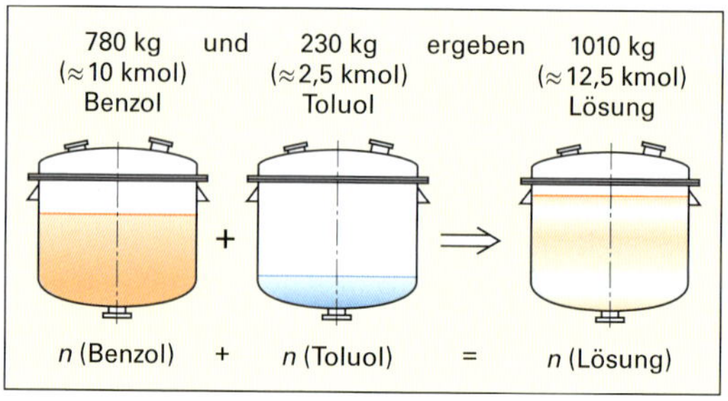

Bild 1: Größenangaben zu Beispiel 1

$$\boldsymbol{\chi(C_6H_6)} = \frac{n(C_6H_6)}{n(C_6H_6) + n(C_7H_8)} = \frac{9{,}986\ \text{kmol}}{9{,}986\ \text{kmol} + 2{,}496\ \text{kmol}} = \frac{9{,}986\ \text{kmol}}{12{,}482\ \text{kmol}} = 0{,}8000 \approx \mathbf{80{,}0\ \%}$$

$$\boldsymbol{\chi(C_7H_8)} = 100\ \% - \chi(C_6H_6) = 100\ \% - 80{,}0\ \% = \mathbf{20{,}0\ \%}$$

Beispiel 2: 800 L eines Gasgemisches bei Normbedingungen enthalten 550 L Propen C_3H_6, 150 L Chlorgas Cl_2 und 100 L Chlorwasserstoff HCl. Welche Stoffmengenanteile hat das Gasgemisch?

Lösung: Bei Normbedingungen beträgt das molare Volumen idealer Gase $V_{m,n} = 22{,}41$ L/mol

$$V_{m,n} = \frac{V(\mathrm{X})}{n(\mathrm{X})} \Rightarrow n(\mathrm{X}) = \frac{V(\mathrm{X})}{V_{m,n}}$$

$$n(C_3H_6) = \frac{550\ \text{L}}{22{,}41\ \text{L/mol}} \approx 24{,}543\ \text{mol}$$

$$n(Cl_2) = \frac{150\ \text{L}}{22{,}41\ \text{L/mol}} \approx 6{,}693\ \text{mol} \qquad n(\mathrm{HCl}) = \frac{100\ \text{L}}{22{,}41\ \text{L/mol}} \approx 4{,}462\ \text{mol}$$

$$\boldsymbol{\chi(C_3H_6)} = \frac{24{,}543\ \text{mol}}{24{,}543\ \text{mol} + 6{,}693\ \text{mol} + 4{,}462\ \text{mol}} = \frac{24{,}543\ \text{mol}}{35{,}698\ \text{mol}} = 0{,}68751 \approx \mathbf{68{,}8\ \%}$$

$$\boldsymbol{\chi(Cl_2)} = \frac{6{,}693\ \text{mol}}{35{,}698\ \text{mol}} = 0{,}187488 \approx \mathbf{18{,}7\ \%} \qquad \boldsymbol{\chi(\mathrm{HCl})} = \frac{4{,}462\ \text{mol}}{35{,}698\ \text{mol}} = 0{,}12499 \approx \mathbf{12{,}5\ \%}.$$

Kontrollrechnung: $\chi(C_3H_6) + \chi(Cl_2) + \chi(\mathrm{HCl}) = 68{,}8\ \% + 18{,}7\ \% + 12{,}5\ \% = 100\ \%$

Aufgaben zum Stoffmengenanteil χ

1. Ein Gasgemisch besteht im Normzustand aus 0,500 L Kohlenstoffmonoxid CO, 2,50 L Sauerstoff O_2 und 8,00 L Stickstoff N_2. Berechnen Sie die Stoffmengenanteile des Gasgemisches.
2. Ein Lösemittelgemisch enthält folgende Aromaten: 550 kg Benzol C_6H_6, 350 kg Toluol C_7H_8 und 80,0 kg m-Xylol C_8H_{10}. Welche Stoffmengenanteile hat das Lösemittelgemisch?
3. 12,5 g Essigsäure CH_3COOH werden in 100 g Wasser gelöst. Welchen Stoffmengenanteil χ (Säure) hat die Essigsäure-Lösung?
4. 250 mL Ethanol der Dichte 0,7895 g/cm³ und 300 mL Methanol der Dichte 0,7915 g/cm³ werden gemischt. Welche Stoffmengenanteile an Alkoholen hat die Mischung?

5.1.4 Umrechnen der verschiedenen Anteile

In der chemischen Praxis tritt häufig der Fall auf, dass der Gehalt einer Mischung, z.B. einer Lösung, nur in **einer** Anteil-Gehaltsgröße bekannt ist. Zur weiteren Berechnung benötigt man jedoch die Gehaltsgröße in einer **anderen** Anteil-Gehaltsgröße.

Beispiel: Von einem Flüssigkeitsgemisch sind die Massenanteile w der Gemischkomponenten bekannt. Für die Berechnung der Gemisch-Trennung durch Rektifikation werden die Stoffmengenanteile χ benötigt.

Zur Umrechnung ermittelt man für die Bezugs-Stoffportionen (z.B. 100 g, 1 L oder 1 mol) die benötigten Quantitäten (m, M, n, ϱ, V, ...) und berechnet daraus die Anteile mit den Definitionsgleichungen.

Eine **Umrechnungstabelle** mit den Umrechnungsformeln der wichtigsten Gehaltsgrößen befindet sich auf Seite 168.

Beispiel 1: Von einem Xylol/Toluol-Gemisch ist der Massenanteil des Xylols bekannt: $w(\text{Xylol}) = 0{,}140$. Es sollen die Stoffmengenanteile des Flüssigkeitsgemisches berechnet werden.

Lösung: $w(\text{Xylol}) = 0{,}140 = 14{,}0\,\% \Rightarrow w(\text{Toluol}) = 100\,\% - 14{,}0\,\% = 86{,}0\,\%$

$M(\text{Xylol}) = 106{,}2$ g/mol, $M(\text{Toluol}) = 92{,}14$ g/mol

100 g Gemisch enthalten 14,0 g Xylol und 86,0 g Toluol. Darin sind folgende Stoffmengen gelöst:

$$n(\text{Xylol}) = \frac{m(\text{Xylol})}{M(\text{Xylol})} = 0{,}1318\text{ mol}; \qquad n(\text{Toluol}) = \frac{m(\text{Toluol})}{M(\text{Toluol})} = \frac{86{,}0\text{ g}}{92{,}14\text{ g/mol}} = 0{,}9333\text{ mol}$$

Mit der Definitionsgleichung des Stoffmengenanteils $\chi(\text{X}) = \frac{n(\text{X})}{n(\text{X}) + n(\text{Lm})}$ folgt:

$$\boldsymbol{\chi}\textbf{(Xylol)} = \frac{n(\text{Xylol})}{n(\text{Xylol}) + n(\text{Toluol})} = \frac{0{,}1318\text{ mol}}{0{,}1318\text{ mol} + 0{,}9333\text{ mol}} = 0{,}1237 \approx \mathbf{12{,}4\,\%}$$

$$\boldsymbol{\chi}\textbf{(Toluol)} = \frac{n(\text{Toluol})}{n(\text{Xylol}) + n(\text{Toluol})} = \frac{0{,}9333\text{ mol}}{0{,}1318\text{ mol} + 0{,}9333\text{ mol}} = 0{,}8762 \approx \mathbf{87{,}6\,\%}.$$

Für die Umrechnung eines Massenanteils oder eines Stoffmengenanteils in einen Volumenanteil (oder umgekehrt) müssen die Dichten der gesuchten Gemisch-Komponenten bzw. die Dichte der Mischphase bekannt sein.

Beispiel 2: Ein Methan/Ethan-Gasgemisch hat einen Methan-Volumenanteil $\varphi(CH_4) = 95{,}6\,\%$. Wie groß ist der Massenanteil w(Methan)? Dichten bei Normbedingungen: $\varrho(CH_4) = 0{,}7168$ g/L, $\varrho(C_2H_6) = 1{,}2605$ g/L

Lösung: Molare Massen: $M(\text{Methan}) = 16{,}04$ g/mol, $M(\text{Ethan}) = 28{,}054$ g/mol

Vorüberlegung: 100 L Gasgemisch enthalten 95,6 L Methan und 100 L – 95,6 L = 4,4 L Ethan

$$\varrho = \frac{m}{V} \Rightarrow m(CH_4) = \varrho(CH_4) \cdot V(CH_4) = 0{,}7168\text{ g/L} \cdot 95{,}6\text{ L} = 68{,}311\text{ g}$$

$$m(C_2H_6) = \varrho(C_2H_6) \cdot V(C_2H_6) = 1{,}2605\text{ g/L} \cdot 4{,}4\text{ L} = 5{,}5462\text{ g}$$

$$\boldsymbol{w}\mathbf{(CH_4)} = \frac{m(CH_4)}{m(CH_4) + m(C_2H_6)} = \frac{68{,}311\text{ g}}{68{,}311\text{ g} + 5{,}5462\text{ g}} = 0{,}924906 \approx \mathbf{92{,}5\,\%}$$

Beispiel 3: In einem Ethanol/Glycerin-Gemisch beträgt der Volumenanteil $\varrho(\text{Ethanol}) = 48{,}4\,\%$. Wie groß ist der Stoffmengenanteil χ(Ethanol)? Dichtewerte: $\varrho(C_2H_5OH) = 0{,}789$ g/cm^3, $\varrho(C_3H_5(OH)_3) = 1{,}260$ g/cm^3

Lösung: Molare Massen: $M(\text{Ethanol}) = 46{,}07$ g/mol, $M(\text{Glycerin}) = 92{,}09$ g/mol

Vorüberlegung: 100 mL Gemisch enthalten 48,4 mL Ethanol und 100 mL – 48,4 mL = 51,6 mL Glycerin.

$$\varrho = \frac{m}{V} \Rightarrow m(\text{Eth.}) = \varrho(\text{Eth.}) \cdot V(\text{Eth.}); \qquad \text{mit } n(\text{Eth.}) = \frac{m(\text{Eth.})}{M(\text{Eth.})} \text{ folgt durch Einsetzen:}$$

$$n(\text{Eth.}) = \frac{\varrho(\text{Eth.}) \cdot V(\text{Eth.})}{m(\text{Eth.})} = \frac{0{,}789\text{ g/cm}^3 \cdot 48{,}4\text{ mL}}{46{,}07\text{ g/mol}} = 0{,}8310\text{ mol}$$

$$n(\text{Glyc.}) = \frac{\varrho(\text{Glyc.}) \cdot V(\text{Glyc.})}{m(\text{Glyc.})} = \frac{1{,}260\text{ g/cm}^3 \cdot 51{,}6\text{ mL}}{92{,}09\text{ g/mol}} = 0{,}7060\text{ mol}$$

$$\boldsymbol{\chi}\textbf{(Ethanol)} = \frac{n(\text{Eth.})}{n(\text{Eth.}) + n(\text{Glyc.})} = \frac{0{,}8310\text{ mol}}{0{,}8310\text{ mol} + 0{,}7060\text{ mol}} = 0{,}54066 \approx \mathbf{54{,}1\,\%}.$$

Aufgaben zu Umrechnungen der verschiedenen Anteile

1. Ein Gasgemisch enthält die Stoffmengenanteile $\chi(CO_2)$ = 70,0 % und $\chi(SO_2)$ = 30,0 %. Wie groß ist der Massenanteil $w(CO_2)$ im Gemisch?
2. In einer Waschkolonne fallen täglich 7,50 t Harnstoff-Lösung mit einem Massenanteil von $w(NH_2\text{-}CO\text{-}NH_2)$ = 6,50 % an. Welchen Stoffmengenanteil χ(Harnstoff) enthält die Lösung?
3. Das bei 109°C siedende Azeotrop der Salzsäure hat den Massenanteil $w(HCl)$ = 20,2 %. Wie groß ist der Stoffmengenanteil $\chi(HCl)$ des Azeotrops?
4. In einer Anlage zur Rückgewinnung von Methanol-dämpfen aus einem Abgas **(Bild 1)** fällt in der Absorptionskolonne K01 eine wässrige Methanol-Lösung mit dem Massenanteil $w(CH_3OH)$ = 7,5 % an. Die Lösung wird anschließend in einer Rektifikationskolonne getrennt, das regenerierte Waschwasser wieder in die Absorptionskolonne aufgegeben.

   Welchen Methanol-Volumenanteil hat die Lösung? Dichten bei 20 °C: $\varrho(H_2O)$ = 0,9982 g/cm³, $\varrho(CH_3OH)$ = 0,7917 g/cm³, ϱ(Lsg) = 0,9790 g/cm³.
5. Eine wässrige Lösung von 2-Propanol mit der Dichte 0,945 g/cm³ hat den Volumenanteil φ(2-Propanol) = 40,0 %. Wie groß ist der Propanol-Massenanteil, wenn die Dichte des reinen Alkohols zu 0,784 g/cm³ beträgt?
6. Ein Gasgemisch hat bei Normbedingungen die Volumenanteile $\varphi(CO_2)$ = 40,0 % und $\varphi(N_2)$ = 60,0 %. Wie groß ist der Massenanteil $w(CO_2)$? Dichten bei NB: $\varrho(CO_2)$ = 1,977 g/L, ϱ(Gemisch) = 1,541 g/L.

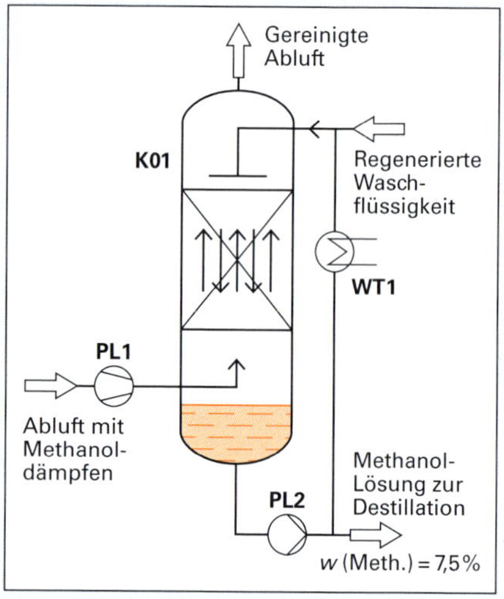

Bild 1: Rückgewinnung von Methanol aus Abluft durch Absorption (Aufgabe 4)

7. Ein Gemisch Ethanol/Glycerin hat den Volumenanteil φ(Ethanol) = 48,4 %. Welcher Stoffmengenanteil χ(Ethanol) liegt vor? $\varrho(C_2H_5OH)$ = 0,789 g/cm³, $\varrho(C_3H_8(OH)_3)$ = 1,260 g/cm³.

Gemischte Aufgaben zum Rechnen mit Anteilen

1. In 58,0 g wässriger Schwefelsäure-Lösung sind 280 mg Schwefelsäure gelöst. Berechnen Sie den Massenanteil w(Säure) der Lösung.
2. Eine Calciumchlorid-Lösung hat den Massenanteil $w(CaCl_2)$ = 8,00 %. Welche Masse an Salz ist in 280 g dieser Lösung enthalten?
3. Welche Massen an Wasser und an Natriumsulfat mit 2,50 % Feuchtigkeit benötigt man zur Herstellung von 1250 kg Natriumsulfat-Lösung mit dem Massenanteil $w(Na_2SO_4)$ = 18,2 %?
4. In 560 g Soda-Lösung sind 81,0 g Natriumcarbonat-Decahydrat $Na_2CO_3 \cdot 10\,H_2O$ gelöst. Wie groß ist der Massenanteil $w(Na_2CO_3)$?
5. Es sollen 2,84 m³ Waschlösung, Massenanteil $w(KOH)$ = 10,5 %, Dichte 1,095 g/cm³, hergestellt werden. Welche Masse an KOH mit 3,50 % Feuchtigkeit ist einzuwiegen?
6. Das Synthesegas einer Ammoniakanlage enthält 2,60 m³ N_2, 7,80 m³ H_2 und 0,58 m³ NH_3. Berechnen Sie die Volumenanteile der drei Gemisch-Bestandteile.
7. Ein Lösemittel-Gemisch enthält 75,0 L Methanol CH_3OH der Dichte 0,791 g/cm³ und 450 L Butanol C_4H_9OH der Dichte 0,810 g/cm³. Berechnen Sie den Stoffmengenanteil $\chi(CH_3OH)$.
8. In einem zuvor entleerten Lösemitteltank mit einem Volumen von 12,5 m³ liegen noch 384 L Methanol im Gasgemisch Luft/Methanol vor. Untersuchen Sie, ob dieses Gasgemisch zündfähig ist. Die Explosionsgrenzen von Methanol betragen φ_{min}(Methanol) = 6,0 % und φ_{max}(Methanol) = 36,5 %.
9. In der Absorptionskolonne einer Chlortrocknungsanlage fällt Schwefelsäure-Lösung mit dem Massenanteil $w(H_2SO_4)$ = 76,5 % an. Welchen Volumenanteil $\varphi(H_2SO_4)$ hat die Säure-Lösung? Dichten bei 20°C: $\varrho(H_2SO_4\text{-Lsg.})$ = 1,675 g/cm³, $\varrho(H_2SO_4)$ = 1,831 g/cm³.

5.1.5 Massenkonzentration β

Konzentrationen sind die Quotienten aus einer der Größen Masse *m*, Volumen *V* oder Stoffmenge *n* einer Komponente und dem **Volumen** der Lösung.

Die **Massenkonzentration β(X)** (mass concentration) einer Komponente X ist der Quotient aus der Masse *m*(X) dieser Komponente und dem Volumen der Lösung *V*(Lsg).

Einheitenzeichen der Massenkonzentration sind z. B.: kg/m³, g/L, mg/L.

Massenkonzentration

$$\beta(X) = \frac{m(X)}{V(Lsg)}$$

Beispiel 1: 15,0 g Eisen(II)-sulfat werden in einen Messkolben eingewogen und mit demineralisiertem Wasser zu 500 mL Lösung aufgefüllt **(Bild 1)**.

Wie groß ist die Massenkonzentration $\beta(FeSO_4)$ der hergestellten Lösung?

Lösung: $\beta(FeSO_4) = \frac{m(FeSO_4)}{V(Lsg)} = \frac{15{,}0\ g}{0{,}500\ L} = \mathbf{30{,}0\ g/L}$

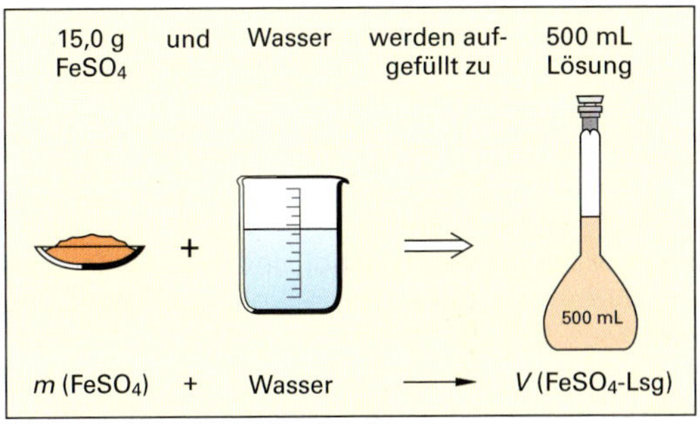

Bild 1: Größenangaben zu Beispiel 1

Beispiel 2: 150 mg Natriumnitrat $NaNO_3$ werden im Messkolben mit Wasser gelöst und zu 2000 mL Lösung aufgefüllt. Welche Massenkonzentration an Nitrat-Ionen $\beta(NO_3^-)$ weist die Lösung auf?

$M(NaNO_3) = 84{,}99$ g/mol, $M(NO_3^-) = 62{,}00$ g/mol

Lösung $m(NO_3^-) = \frac{M(NO_3^-) \cdot m(NaNO_3)}{M(NaNO_3)} = \frac{62{,}00\ g/mol \cdot 150\ mg}{84{,}99\ g/mol} = 109{,}42\ mg$

$\beta(NO_3^-) = \frac{m(NO_3^-)}{V(Lsg)} = \frac{109{,}42\ mg}{2000\ mL} = 0{,}054712\ mg/mL \approx \mathbf{54{,}7\ mg/L}$

Beispiel 3: Welches Volumen an Salzsäure mit $w(HCl) = 13{,}5\ \%$ und der Dichte $\varrho = 1{,}065$ g/mL wird zur Herstellung von 5,000 L Salzsäure-Lösung mit der Massenkonzentration $\beta(HCl) = 45{,}5$ g/L benötigt?

Lösung: $\beta(HCl) = \frac{m(HCl)}{V(Lsg)} \Rightarrow m(HCl) = \beta/(HCl) \cdot V(Lsg) = 45{,}5\ g/L \cdot 5{,}000\ L = 227{,}5\ g$

$w(HCl) = \frac{m(HCl)}{m(Lsg)} \Rightarrow m(Lsg) = \frac{m(HCl)}{w(HCl)} = \frac{227{,}5\ g}{0{,}135} = 1685{,}185\ g$

$\varrho(Lsg) = \frac{m(Lsg)}{V(Lsg)} \Rightarrow \mathbf{V(HCl\text{-}Lsg)} = \frac{m(Lsg)}{\varrho(Lsg)} = \frac{1685{,}185\ g}{1{,}065\ g/mL} = 1582{,}33\ mL \approx \mathbf{1{,}582\ L}$

Aufgaben zur Massenkonzentration β

1. In 500 mL wässriger Fructose-Lösung sind 125 mg Fructose gelöst. Berechnen Sie die Massenkonzentration β(Fructose).
2. Die Massenkonzentration an Chlorgas in einer Abluft beträgt $\beta(Cl_2) = 0{,}25$ mg/L. Welche Masse an Chlorgas ist in 50,0 m³ der Abluft enthalten?
3. Berechnen Sie die Massenkonzentration $\beta(Cu^{2+})$ einer Lösung, die durch Lösen von 12,5 g Kupfersulfat $CuSO_4$ im Messkolben und anschließendes Auffüllen auf 2000 mL erhalten wird.
4. Aus Eisen(III)-chlorid $FeCl_3$ sollen 850 L einer Flockungslösung mit der Massenkonzentration $\beta(Fe^{3+}) = 6{,}9$ g/L hergestellt werden. Welche Masse an Eisen(III)-chlorid mit 2,5 % Feuchtigkeit ist einzuwiegen?
5. Welche Massenkonzentration $\beta(KOH)$ hat eine Kalilauge, wenn 25,5 kg Kaliumhydroxid mit 3,7 % Feuchtigkeit in 250 L Wasser gelöst werden?

5.1.6 Volumenkonzentration σ

Die **Volumenkonzentration σ(X)** (volume concentration) einer Komponente X ist der Quotient aus dem Volumen V(X) dieser Komponente und dem Volumen der Lösung V(Lsg).

Die Volumenkonzentration kann mit folgenden Einheitenzeichen angegeben werden: L/L; L/100 L = mL/100 mL = Prozent %

mL/L = 10^{-3} = Promille; mL/m^3 = mL/1000 L = 10^{-6} = ppm

Volumenkonzentration

$$\sigma(X) = \frac{V(X)}{V(Lsg)}$$

Beispiel 1: 480 mL Ethanol werden mit demineralisiertem Wasser im Messzylinder zu 500 mL aufgefüllt **(Bild 1).** Welche Volumenkonzentration σ(Ethanol) hat die Lösung?

Lösung: $\boldsymbol{\sigma}$**(Ethanol)** $= \frac{V(\text{Ethanol})}{V(\text{Lsg})} = \frac{480\text{ mL}}{500\text{ mL}} \approx$ **96,0 %**

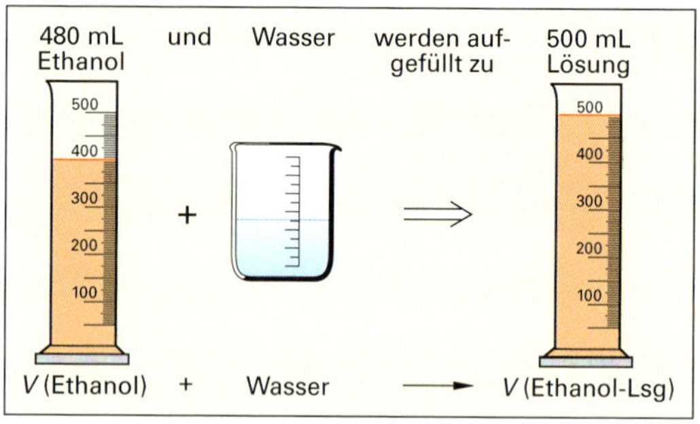

Bild 1: Größenangaben zu Beispiel 1

Beim Mischen von Ethanol und Wasser ist das tatsächlich erhaltene Gesamtvolumen kleiner als das rechnerische Gesamtvolumen der beiden Einzelflüssigkeiten. Wie das Beispiel (Tabelle 1, Seite 150) zeigt, beträgt die Volumenkonzentration σ an Ethanol 46,0 % und der Volumenanteil φ an Ethanol 44,4 %. Es tritt beim Mischen eine **Volumenverminderung** (Volumenkontraktion) ein. Sie ist durch die starken Wasserstoffbrückenbindungen zu erklären. Bei Lösungen sollte deshalb bevorzugt die Volumenkonzentration σ(X) als Gehaltsangabe verwendet werden. Da beim Mischen von Gasen keine Volumenänderung eintritt, kann man zur Gehaltsangabe eines Gasgemisches wahlweise den Volumenanteil φ oder die Volumenkonzentration σ verwenden.

Beispiel 2: Welche Volumina an Methanol (ϱ = 0,7958 g/mL) und an Wasser (ϱ = 0,9991 g/mL) werden zur Herstellung von 800 L Lösung (ϱ = 0,9389 g/mL) der Volumenkonzentration ϱ(Methanol) = 46,0 % benötigt?

Lösung: $\varrho = m/V \Rightarrow m(\text{Lsg}) = \varrho(\text{Lsg}) \cdot V(\text{Lsg}) = 0{,}9389\text{ kg/L} \cdot 800\text{ L} = 751{,}12\text{ kg}$

$\sigma(\text{Methanol}) = \frac{V(\text{Methanol})}{V(\text{Lsg})} \Rightarrow \mathbf{V(Methanol)} = \sigma(\text{Methanol}) \cdot V(\text{Lsg}) = 0{,}460 \cdot 800\text{ L} = \mathbf{368\ L}$

$\varrho(\text{Methanol}) = \frac{m(\text{Methanol})}{V(\text{Methanol})} \Rightarrow m(\text{Methanol}) = \varrho(\text{Meth.}) \cdot V(\text{Meth.}) = 0{,}7958\text{ kg/L} \cdot 368\text{ L} = 292{,}85\text{ kg}$

$m(\text{Wasser}) = m(\text{Lsg}) - m(\text{Methanol}) = 751{,}12\text{ kg} - 292{,}85\text{ kg} = 458{,}27\text{ kg}$

$\varrho(\text{Wasser}) = \frac{m(\text{Wasser})}{V(\text{Wasser})} \Rightarrow \mathbf{V(Wasser)} = \frac{m(\text{Wasser})}{\varrho(\text{Wasser})} = \frac{458{,}27\text{ kg}}{0{,}9991\text{ kg/L}} = 458{,}68\text{ L} = \mathbf{459\ L}$

Aufgaben zur Volumenkonzentration σ

1. In 2,50 m^3 wässriger Propanol-Lösung sind 200 L Propanol enthalten. Wie groß ist die Volumenkonzentration σ(Propanol)?
2. 350 L Ameisensäure-Lösung haben die Volumenkonzentration σ(HCOOH) = 24,3 %. Welches Volumen an Ameisensäure HCOOH enthält die Lösung?
3. Eine Lösung von 1-Butanol in Ethanol hat die Volumenkonzentration σ(Butanol) = 25,2 %, die Lösung enthält 240 L Butanol. Berechnen Sie das Gesamtvolumen der Lösung.
4. Aus 212 L eines Aceton/Ester-Gemisches werden 110 L Aceton abdestilliert. Der Sumpf weist die Volumenkonzentration σ(Aceton) = 6,4 % auf. Wie groß war die Volumenkonzentration σ(Aceton) im Ausgangsgemisch?
5. 500 L einer Lösung von Ethanol in Wasser enthalten 125 L Ethanol. Berechnen Sie die Volumenkonzentration σ(Ethanol) sowie das Volumen des Lösemittels Wasser.
   Dichten bei 20 °C: ϱ(Lsg) = 0,9670 g/mL, ϱ(Ethanol) = 0,7892 g/mL, ϱ(Wasser) = 0,9982 g/mL

5.1.7 Stoffmengenkonzentration *c* und Äquivalentkonzentration *c*(1/z*X)

Die **Stoffmengenkonzentration *c*(X)** (molar concentration) einer Komponente X ist der Quotient aus der Stoffmenge *n*(X) dieser Komponente und dem Volumen der Lösung *V*(Lsg).

Im Zusammenhang mit dem Größenzeichen ***c*** ist auch die vereinfachte Bezeichnung **Konzentration** zulässig.

Stoffmengenkonzentration

$$c(\text{X}) = \frac{n(\text{X})}{V(\text{Lsg})}$$

Als Einheitenzeichen der Stoffmengenkonzentration *c* werden verwendet: mol/m³, mol/L, mmol/L u. a.

Beispiel 1: 20,0 g Natriumhydroxid NaOH p.a. werden im Messkolben mit demin. Wasser zu 500 mL Natronlauge aufgefüllt **(Bild 1).** Wie groß ist die Stoffmengenkonzentration *c*(NaOH) der Lauge?

Lösung: $n(\text{NaOH}) = \frac{m(\text{NaOH})}{M(\text{NaOH})} = \frac{20{,}0\ \text{g}}{40{,}00\ \text{g/mol}}$

$n(\text{NaOH}) = 0{,}500\ \text{mol}$

$c(\text{NaOH}) = \frac{n(\text{NaOH})}{V(\text{Lsg})} = \frac{0{,}500\ \text{mol}}{500\ \text{mL}}$

$\mathbf{c(NaOH) = 1{,}00\ mol/L}$

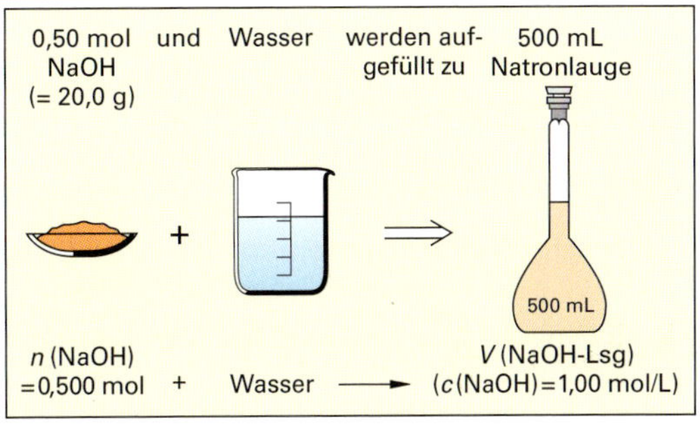

Bild 1: Größenangaben zu Beispiel 1

Beispiel 2: Es sollen 5,000 L Silbernitrat-Lösung der Stoffmengenkonzentration $c(AgNO_3) = 0{,}10$ mol/L hergestellt werden. Wie viel Silbernitrat $AgNO_3$ ist einzuwiegen und mit Wasser aufzufüllen?

Lösung: $c(AgNO_3) = \frac{n(AgNO_3)}{V(\text{Lsg})} \Rightarrow n(AgNO_3) = c(AgNO_3) \cdot V(\text{Lsg})$; mit $n(AgNO_3) = \frac{m(AgNO_3)}{M(AgNO_3)}$ folgt:

$m(AgNO_3) = c(AgNO_3) \cdot V(\text{Lsg}) \cdot M(AgNO_3)$; mit $M(AgNO_3) = 169{,}873$ g/mol folgt:

$\mathbf{m(AgNO_3)} = 0{,}10\ \text{mol/L} \cdot 5{,}000\ \text{L} \cdot 169{,}873\ \text{g/mol} = 84{,}9365\ \text{g} \approx \mathbf{84{,}9\ g}$

Äquivalentkonzentration (equivalent concentration)

Legt man bei der Berechnung der Stoffmenge das **Äquivalentteilchen** zugrunde, erhält man die **Äquivalentkonzentration *c*(1/z*X).**

Das Äquivalentteilchen ist der *z**-te Bruchteil des Teilchens (Atom, Ion, Molekül, Atomgruppe), wobei *z* eine ganze Zahl ist und die stöchiometrische Wertigkeit bzw. die Veränderung der Oxidationszahl bei Redox-Reaktionen darstellt.

Für die symbolische Darstellung von Äquivalentteilchen wird der Bruch $\frac{1}{z^*}$ dem Symbol des Teilchens X vorangestellt, z.B. bei Schwefelsäure $c(\frac{1}{2}H_2SO_4)$. Die Stoffmengenangabe bezieht sich dann auf die vorhandenen wirksamen Teilchen der Lösung (z.B. H^+-Ionen, OH^--Ionen, Elektronen und andere).

Bei der Berechnung der Äquivalentkonzentration von Schwefelsäure z.B. sind die Äquivalentteilchen die H^+-Ionen: Ein Mol Schwefelsäure enthält zwei Mol H^+-Ionen.

Äquivalentkonzentration

$$c\left(\frac{1}{z^*}\text{X}\right) = \frac{n\left(\frac{1}{z^*}\text{X}\right)}{V(\text{Lsg})}$$

Umrechnung Äquivalentkonzentration – Stoffmengenkonzentration

$$n\left(\frac{1}{z^*}\text{X}\right) = z^* \cdot n(\text{X})$$

$$c(\text{X}) = \frac{1}{z^*} \cdot c\left(\frac{1}{z^*}\text{X}\right)$$

$$c\left(\frac{1}{z^*}\text{X}\right) = z^* \cdot c(\text{X})$$

Zwischen der Stoffmengenkonzentration *c*(X) und der Äquivalentkonzentration *c*(1/*z**X) bestehen nebenstehende Zusammenhänge. Dies soll an einigen **Beispielen** erläutert werden.

Äquivalentkonzentration $c\left(\frac{1}{z^*}\text{X}\right)$				**Stoffmengenkonzentration** ***c*(X)**		
a) $c(\frac{1}{1}HCl)$	= 0,1 mol/L	bedeutet:	$\mathbf{c(H^+) = 0{,}1\ mol/L}$	entspricht:	$c(HCl)$	$= \frac{1}{1} \cdot 0{,}1$ mol/L = **0,1 mol/L**
b) $c(\frac{1}{2}H_2SO_4)$	= 0,1 mol/L	bedeutet:	$\mathbf{c(H^+) = 0{,}1\ mol/L}$	entspricht:	$c(H_2SO_4)$	$= \frac{1}{2} \cdot 0{,}1$ mol/L = **0,05 mol/L**
c) $c(\frac{1}{2}Ba(OH)_2$	= 0,1 mol/L	bedeutet:	$\mathbf{c(OH^-) = 0{,}1\ mol/L}$	entspricht:	$c(Ba(OH)_2)$	$= \frac{1}{2} \cdot 0{,}1$ mol/L = **0,05 mol/L**
d) $c(\frac{1}{5}KMnO_4)$	= 0,1 mol/L	bedeutet:	$\mathbf{c(e^-) = 0{,}1\ mol/L}$	entspricht:	$c(KMnO_4)$	$= \frac{1}{5} \cdot 0{,}1$ mol/L = **0,02 mol/L**

Beispiel 3: Wie groß ist die Äquivalentkonzentration $c(\frac{1}{2}H_2SO_4)$ einer Schwefelsäure-Lösung mit dem Massenanteil $w(H_2SO_4) = 20{,}73\,\%$ und der Dichte $\varrho = 1{,}145\ g/cm^3$? $M(H_2SO_4) = 98{,}079\ g/mol$.

Lösung: Ein Liter Lösung hat die Masse: $\varrho = m/V \Rightarrow m(Lsg) = V(Lsg) \cdot \varrho(Lsg) = 1000\ mL \cdot 1{,}145\ g/cm^3 = 1145\ g$

$$w(X) = \frac{m(X)}{m(Lsg)} \Rightarrow m(H_2SO_4) = w(H_2SO_4) \cdot m(H_2SO_4\text{-}Lsg) = 0{,}2073 \cdot 1145\ g = 237{,}3585\ g$$

$$c(\tfrac{1}{2}H_2SO_4) = \frac{n(\frac{1}{2}H_2SO_4)}{V(H_2SO_4\text{-}Lsg)};\quad n(\tfrac{1}{2}H_2SO_4) = z^* \cdot n(H_2SO_4);\quad \text{mit}\quad z^* = 2 \quad \text{und}\quad n = \frac{m}{M}\quad \text{folgt:}$$

$$\mathbf{c(\tfrac{1}{2}H_2SO_4)} = \frac{2 \cdot m(H_2SO_4)}{M(H_2SO_4) \cdot V(H_2SO_4\text{-}Lsg)} = \frac{2 \cdot 237{,}3585\ g}{98{,}079\ g/mol \cdot 1{,}000\ L} = 4{,}8401\ mol/L \approx \mathbf{4{,}84\ mol/L}$$

Aufgaben zu Stoffmengenkonzentration *c* und Äquivalentkonzentration *c*(1/*z)**

1. Welche Stoffmengenkonzentration $c(NaCl)$ hat eine Natriumchlorid-Lösung, die durch Lösen von 15,00 g NaCl und anschließendes Auffüllen im Messkolben auf 500 mL erhalten wird?
2. 250 mL Salzsäure mit $w(HCl) = 32{,}14\,\%$ und der Dichte $\varrho(20\ °C) = 1{,}160\ g/cm^3$ werden im Messkolben auf 5,00 L aufgefüllt. Welche Stoffmengenkonzentration $c(HCl)$ hat die Lösung?
3. Es sind 800 mL Natriumcarbonat-Lösung der Konzentration $c(Na_2CO_3) = 0{,}20\ mol/L$ herzustellen. Welche Einwaage an Natriumcarbonat-Decahydrat $Na_2CO_3 \cdot 10\ H_2O$ ist erforderlich?
4. Es sollen 5,0 L Schwefelsäure, $c(\frac{1}{2}H_2SO_4) = 0{,}20\ mol/L$, hergestellt werden. Zur Verfügung steht eine Schwefelsäure mit $w(H_2SO_4) = 96{,}0\,\%$. Welche Masse dieser Säure ist einzuwiegen?
5. 6,2040 g Kaliumbromat $KBrO_3$ werden in Wasser gelöst und zu 250 mL Lösung aufgefüllt. Wie groß ist die Äquivalentkonzentration $c(\frac{1}{6}KBrO_3)$?
6. Wie viel Kaliumpermanganat wird zur Herstellung von 2000 mL Maßlösung mit der Äquivalentkonzentration $c(\frac{1}{5}KMnO_4) = 0{,}1\ mol/L$ benötigt?

5.1.8 Umrechnen der verschiedenen Konzentrationen

Das Umrechnen der unterschiedlichen Konzentrationsangaben kann z.B. bei der Auswertung maßanalytischer Bestimmungen oder bei Stoffumsetzungen, beispielsweise Fällungsreaktionen, erforderlich sein.

Beispiel 1: Welche Stoffmengenkonzentration $c(NaOH)$ hat eine Natronlauge mit der Massenkonzentration $\beta(NaOH) = 22{,}5\ g/L$?

Lösung: Mit $M(NaOH) = 40{,}00\ g/mol$ und mit $n(X) = \frac{m(X)}{M(X)}$ folgt durch Einsetzen:

$$\mathbf{c(NaOH)} = \frac{n(NaOH)}{V(Lauge)} = \frac{m(NaOH)}{M(NaOH) \cdot V(Lauge)} = \frac{22{,}5\ g}{40{,}00\ g/mol \cdot 1\ L} \approx \mathbf{0{,}563\ mol/L}$$

Beispiel 2: Eine wässrige Methanol-Lösung hat die Volumenkonzentration $\sigma(CH_3OH) = 22{,}5\,\%$. Wie groß ist die Stoffmengenkonzentration $c(CH_3OH)$ der Methanol-Lösung?

Die Dichte des reinen Methanols beträgt $0{,}7915\ g/cm^3$, die molare Masse ist $M(CH_3OH) = 32{,}042\ g/mol$.

Lösung: Vorüberlegung: In 100 mL Lösung sind 22,5 mL Methanol und 100 mL – 22,5 mL = 77,5 mL Wasser enthalten. Die Masse von 22,5 mL Methanol beträgt:

$$\varrho = m/V \Rightarrow m(Methanol) = V(Methanol) \cdot \varrho(Methanol) = 22{,}5\ mL \cdot 0{,}7915\ g/cm^3 = 17{,}80875\ g$$

$c(Methanol) = \frac{n(Methanol)}{V(Lsg)}$; mit $n = \frac{m}{M}$ folgt für das Volumen von 100 mL = 0,100 L wässrige Lösung:

$$\mathbf{c(Methanol)} = \frac{m(Methanol)}{M(Methanol) \cdot V(Lsg)} = \frac{17{,}80875\ g}{32{,}042\ g/mol \cdot 0{,}100\ L} = 5{,}5579\ mol/L \approx \mathbf{5{,}56\ mol/L}$$

Aufgaben zu Umrechnungen der verschiedenen Konzentrationen

1. Berechnen Sie die Massenkonzentration einer Natriumthiosulfat-Lösung der Stoffmengenkonzentration $c(Na_2S_2O_3) = 0{,}20$ mol/L.
2. Welche Stoffmengenkonzentration c(NaCl) hat eine Kochsalzlösung der Massenkonzentration β(NaCl) = 0,25 g/L?
3. Welche Massenkonzentration hat eine Salzsäure der Konzentration c(HCl) = 0,50 mol/L?
4. Eine Kalilauge hat die Massenkonzentration $\beta(\frac{1}{1}KOH) = 30{,}2$ g/L. Berechnen Sie die Äquivalentkonzentration c(KOH) der Lauge.
5. Eine Wasserprobe hat eine Stoffmengenkonzentration $c(Ca^{2+}) = 1{,}01$ mmol/L. Berechnen Sie die Massenkonzentration $\beta(Ca^{2+})$.
6. Wie groß ist die Stoffmengenkonzentration einer wässrigen Aceton-Lösung mit der Volumenkonzentration $\sigma(CH_3\text{-}CO\text{-}CH_3) = 30{,}4\,\%$? ϱ(Aceton) = 0,786 g/mL, M(Aceton) = 58,1 g/mol.

5.1.9 Löslichkeit *L**

Die **Löslichkeit *L**(X, *ϑ*)** (solubility) eines Stoffes gibt an, wie viel Gramm des reinen, wasserfreien Stoffes X maximal bei der angegebenen Temperatur *ϑ* im Lösemittel Lm gelöst werden kann.

Löslichkeit

$$L^*(X,\vartheta) = \frac{m_{max}(X)}{m(Lm)}$$

Die Löslichkeit ist ein **Massenverhältnis** (mass ratio), sie wird in der Regel auf 100 g Lösemittel bezogen und in der **Einheit g/100 g Lm** angegeben (Tabelle, Seite 162).

Hinweis: Es ist besonders der Unterschied zwischen der **Löslichkeit *L**(X)** (= Masse maximal lösbarer Substanz in 100 g **Lösemittel**) und dem **Massenanteil *w*(X)** (= Masse gelöste Substanz in 100 g **Lösung**) zu beachten.

Die Temperaturabhängigkeit der Löslichkeit *L** von Stoffen wird in Löslichkeits-Temperatur-Diagrammen dargestellt **(Bild 1).**

Die **Sättigungs-Lösekurve** gibt die Löslichkeit *L**(X, *ϑ*) des Stoffes bei den entsprechenden Temperaturen an: Hier ist die Lösung gesättigt. Oberhalb bzw. unterhalb der Sättigungs-Lösekurve sind die Bereiche der übersättigten und der ungesättigten Lösung.

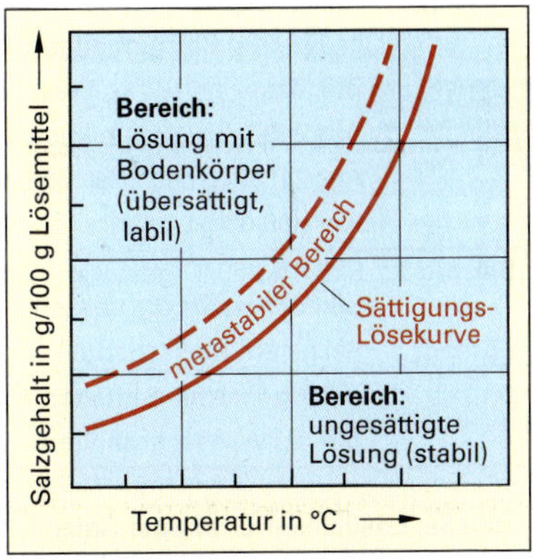

Bild 1: Löslichkeits-Temperatur-Diagramm

Im Bereich der **übersättigten** Lösung kommt es zur spontanen Kristallbildung, d.h. zur Bildung eines Bodenkörpers.

Der Bereich unmittelbar oberhalb der Sättigungs-Lösekurve wird als **metastabiler Bereich** bezeichnet. In diesem Bereich erfolgt keine spontane Kristallbildung. Erst nach Zusatz von Impfkristallen oder durch Kratzen an der Gefäßinnenwand bilden sich dort bei langsamer Kristallisationsgeschwindigkeit relativ große Kristalle. Sie können leicht von der übrigen Mutterlauge abgetrennt werden.

Im übersättigten Bereich (oberhalb des metastabilen Bereichs) bilden sich spontan Kristallisationskeime, die zu rascher Kristallbildung mit kleinen Kristallen führen.

Bild 2 zeigt in Abhängigkeit vom Grad der Übersättigung:

- die *Keimbildungsgeschwindigkeit* (— - —)
- die *Wachstumsgeschwindigkeit der Kristalle* (———)
- die entstehende *Kristallgröße* (———)

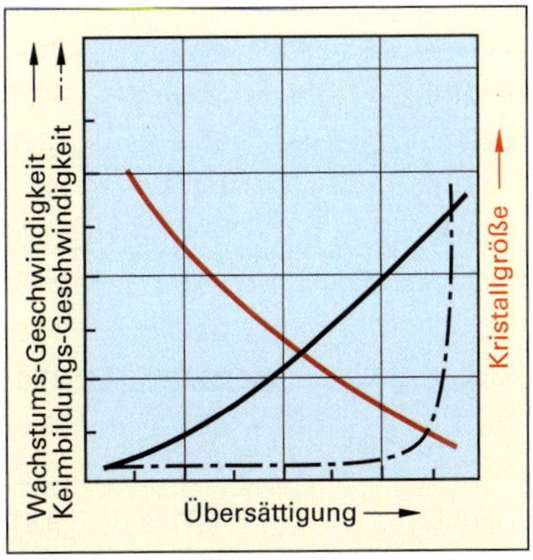

Bild 2: Kristallbildung und Kristallgröße

Die Abhängigkeit der Löslichkeit *L** von Salzen mit der Temperatur ist sehr unterschiedlich (Bild 1, Seite 162).

Beispiel:

Bei Ammoniumsulfat $(NH_4)_2SO_4$ und Kaliumchlorid KCl sowie vor allem bei Kaliumnitrat KNO_3 nimmt die Löslichkeit mit zunehmender Temperatur sehr stark zu. Diese Salze können aus einer heißgesättigten Lösung durch **Abkühlung** und dadurch bedingte Auskristallisation mit hoher Ausbeute gewonnen werden **(Kühl-Kristallisation,** Pfeil ⇐ in **Bild 1).**

Bei Natriumchlorid NaCl ändert sich die Löslichkeit kaum mit veränderter Temperatur. Aus einer gesättigten Lösung kann NaCl praktisch nicht durch Kühlkristallisation, sondern nur durch Abdampfen des Lösemittels gewonnen werden **(Verdampfungs-Kristallisation;** Pfeil ⇑ in **Bild 1).**

Bei Natriumsulfit Na_2SO_3 nimmt die Löslichkeit mit steigender Temperatur ab: Es ist durch Erhitzen zur Kristallisation zu bringen **(Erhitzungs-Kristallisation,** Pfeil ⇒ in **Bild 1).**

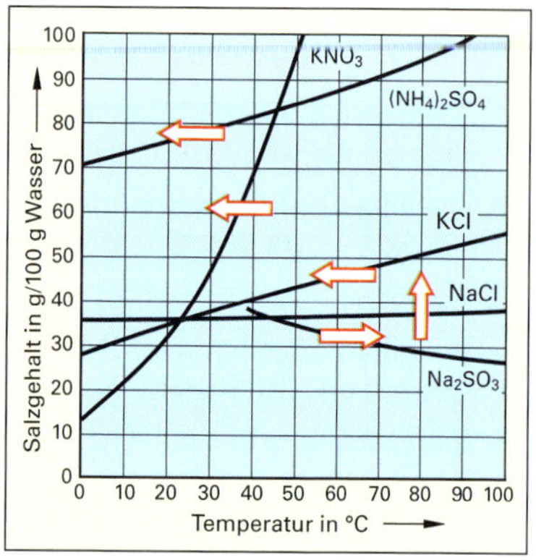

Bild 1: Sättigungs-Lösekurven und Möglichkeiten zur Kristallisation

Exakte Werte für die Löslichkeit L^* von Salzen werden aus Tabellenwerken entnommen (Tabelle unten).

Beispiel 1: Die Löslichkeit von Natriumchlorid NaCl beträgt $L^*(NaCl, 20\,°C) = 35{,}8$ g/100 g Wasser. Wie viel Kilogramm Natriumchlorid sind in 2,00 t Wasser von 20 °C löslich?

Lösung: $L^*(NaCl, 20\,°C) = \frac{m(NaCl)}{m(Lm)} \Rightarrow \mathbf{m(NaCl)} = L^*(NaCl) \cdot m(Lm) = \frac{35{,}8\text{ g} \cdot 2000\text{ kg}}{100\text{ g}} = \mathbf{716\ kg}$

Beispiel 2: 500,00 kg einer bei 80 °C gesättigten Lösung von Calciumchlorid $CaCl_2$ werden auf 20 °C abgekühlt. Wie viel Kilogramm $CaCl_2$ kristallisieren als Bodenkörper aus?

Löslichkeiten gemäß **Tabelle 1:** $L^*(CaCl_2, 80\,°C) = 149{,}4$ g/100 g, $L^*(CaCl_2, 20\,°C) = 73{,}9$ g/100 g

Lösung: In 249,4 kg Calciumchlorid-Lösung sind bei 80 °C 149,4 kg $CaCl_2$ in 100 kg Wasser gelöst.

In 173,9 kg Calciumchlorid-Lösung sind bei 20 °C 73,9 kg $CaCl_2$ in 100 kg Wasser gelöst.

Die Masse an 100 kg Wasser bleibt beim Abkühlen unverändert:

Aus 249,4 kg Lösung kristallisieren 149,4 kg – 73,9 kg = 75,5 kg $CaCl_2$ aus.

Aus 249,4 kg Lsg krist. 75,5 kg $CaCl_2$ aus
Aus 500,0 kg Lsg krist. x $CaCl_2$ aus

$\Rightarrow \mathbf{x = m(CaCl_2)} = \frac{500{,}0\text{ kg} \cdot 75{,}5\text{ kg}}{249{,}4\text{ kg}} = 151{,}363\text{ kg} \approx \mathbf{151\ kg}$

Beispiel 3: Eine bei 20 °C gesättigte Lösung von Kaliumchlorat $KClO_3$ hat einen Massenanteil $w(KClO_3) = 6{,}8\,\%$. Berechnen Sie die Löslichkeit von Kaliumchlorat bei dieser Temperatur.

Lösung: Bei einem Massenanteil von 6,8 % enthalten 100 g Lösung 6,8 g Kaliumchlorat und 93,2 g Wasser.

93,2 g Wasser enthalten 6,8 g $KClO_3$
100 g Wasser enthalten x $KClO_3$

$\Rightarrow \mathbf{x = L^*(KClO_3, 20\,°C)} = \frac{6{,}8\text{ g} \cdot 100\text{ g}}{93{,}2\text{ g}} \approx \mathbf{7{,}3\ g/100\ g\ H_2O}$

Tabelle: Löslichkeit L^* einiger Salze in Wasser bei verschiedenen Temperaturen

ϑ	10 °C	20 °C	30 °C	40 °C	50 °C	60 °C	80 °C	100 °C
Gelöster Stoff X	**$L^*(X)$ in g/100 g Wasser**							
$AgNO_3$	159,4	219,2	281,7	334,8	400	471,1	661,9	1023,6
$BaCl_2$	33,3	35,1	38,2	40,8	43,6	46,2	52	58,7
$Ba(OH)_2$	2,56	4,10	6,05	8,58	13,2	21,2	115	171
$CaCl_2$	65,3	73,9	102	127,2	135	138,1	149,4	157,7
$Ca(OH)_2$	0,125	0,17	0,109	0,13	0,092	0,11	0,09	0,07
$CuSO_4$	17,6	20,8	24,0	29,0	33,3	39,1	56	73,6
$FeSO_4 \cdot 7H_2O$	20,5	26,6	33,0	40,3	47,6	55,0	43,8	31,6
KCl	31,2	34,2	37,3	40,3	43,1	45,6	51,0	56,2
KNO_3	21,5	31,6	45,6	64,0	85,7	110	169	245,2
NaCl	35,7	35,8	36,1	36,4	36,7	37,0	38,0	39,2
Na_2CO_3	12,4	21,8	39,7	48,8	47,4	46,0	44,1	44,1
$NaHCO_3$	8,11	9,41	11,1	12,6	14,4	15,9	19,7	23,7
NH_4Cl	33,3	37,2	41,4	45,8	50,4	55,3	65,6	77,3

Aufgaben zur Löslichkeit *L**

1. Welche Massen an Reinsubstanz können in folgenden Wasserportionen von 20°C gerade gelöst werden, ohne dass ein Bodenkörper auskristallisiert?
   a) Na_2CO_3 in 200 g Wasser b) NH_4Cl in 5,0 kg Wasser c) $Ca(OH)_2$ in 5,50 t Wasser
2. Welche Massen an gelöster Substanz enthalten folgende gesättigte Lösungen?
   a) 800 g $Ca(OH)_2$-Lösung bei 40°C b) 2,00 kg KCl-Lösung bei 60°C
   c) 5,00 t $NaHCO_3$-Lösung bei 80°C d) 200 g $AgNO_3$-Lösung bei 20°C
3. 200 kg einer bei 20°C über dem Bodenkörper stehenden Natriumchlorid-Lösung werden auf 60°C erwärmt. Welche Masse an Natriumchlorid geht zusätzlich in Lösung?
4. In 500 kg Wasser von 50°C werden 600 kg Kaliumnitrat KNO_3 eingetragen. Berechnen Sie, wie viel Kaliumnitrat nicht gelöst wird.
5. 2,00 t einer bei 100°C gesättigten Lösung von Natriumcarbonat Na_2CO_3 werden auf 10°C abgekühlt. Wie viel Natriumcarbonat kristallisiert aus?

Gemischte Aufgaben zu Gehaltsgrößen

1. 7,00 L Salzlösung enthalten 616,5 g KCl. Berechnen Sie die Massenkonzentration β(KCl).
2. Die Massenkonzentration von Schwefeldioxidgas in Luft beträgt $\beta(SO_2) = 5{,}0$ µg/L. Welche Masse an Schwefeldioxidgas ist in $1{,}05 \cdot 10^5$ m^3 Luft enthalten?
3. In 480 L Calciumchlorid-Lösung sind 32,5 kg Calciumchlorid $CaCl_2$ gelöst. Wie groß sind die Massenkonzentrationen $\beta(CaCl_2)$ und $\beta(Cl^-)$?
4. 350 kg Natronlauge der Dichte $\varrho = 1{,}370$ g/cm³ enthalten 119 kg Natriumhydroxid. Wie groß sind die Massenkonzentration β(NaOH) und die Stoffmengenkonzentration $c(OH^-)$?
5. Das Rauchgas eines Kraftwerks darf nach Großfeuerungsanlagenverordnung (GFAVO) 400 mg/m³ Schwefeldioxid nicht überschreiten. Welche Masse an Schwefeldioxid SO_2 wird maximal pro Stunde emittiert, wenn bei der Verfeuerung von Steinkohle $2{,}5 \cdot 10^6$ m³/h Rauchgas entsteht?
6. In 250 m³ Abgas sind 7,0 L Kohlenstoffmonoxid CO enthalten. Berechnen Sie, ob der für Kohlenstoffmonoxid geltende Arbeitsplatzgrenzwert von 30 ppm überschritten wird.
7. Benzin darf maximal eine Volumenkonzentration σ(Benzol) = 5,0 % ($\varrho = 0{,}879$ g/cm³) enthalten. Welche Masse des klopffesten, cancerogenen Benzols ist maximal in 50 L Tankfüllung enthalten?
8. Welches Volumen eines Benzol/Toluol-Gemisches mit einer Benzol-Massenkonzentration $\beta(C_6H_6) = 250$ g/L kann man aus 500 L Benzol der Dichte $\varrho = 0{,}879$ g/cm³ herstellen?
9. Ein Aceton/Wasser-Gemisch hat die Massenkonzentration β(Aceton) = 385 g/L. Wie groß sind die Volumenkonzentration σ(Aceton) und die Konzentration c(Aceton)? ϱ(Aceton) = 0,791 g/cm³.
10. Ein Alkoholgemisch der Dichte $\varrho = 0{,}791$ g/cm³ hat eine Volumenkonzentration $\sigma(C_2H_2OH) = 400$ mL/L. Welches Volumen an Ethanol ist in 175 kg dieses Gemisches enthalten?
11. 27,5 L wässrige Ethanol-Lösung enthalten 691 g Ethanol. Welche Ethanol-Stoffmengenkonzentration $c(C_2H_5OH)$ hat die Ethanol-Lösung?
12. 350 kg Natronlauge der Dichte $\varrho = 1{,}370$ g/cm³ enthalten 11,2 kg Natriumhydroxid. Wie groß sind die Stoffmengenkonzentration c(NaOH) und die Äquivalentkonzentration $c(OH^-)$?
13. In einer Wasserprobe wird eine Gesamthärte von 2,34 mmol/L Calcium-Ionen Ca^{2+} ermittelt. Welche Massenkonzentration $\beta(Ca^{2+})$ hat die untersuchte Wasserprobe? Welche Masse an gelösten Calcium-Ionen liegt in 2,50 m³ des untersuchten Wassers vor?
14. 180 L Calciumchlorid-Lösung enthalten 126 g Calciumchlorid. Welche Konzentrationen $c(CaCl_2)$ und $c(Ca^{2+})$ hat die Lösung? Welche Gesamthärte in mmol/L Ca^{2+}/L hat die Lösung?
15. Eine Phosphorsäure-Lösung hat die Massenkonzentration $\beta(H_3PO_4) = 29{,}25$ g/L. Welche Stoffmengenkonzentration $c(H_3PO_4)$ und welche Äquivalentkonzentration $c(\frac{1}{3}H_3PO_4)$ liegt vor?
16. Eine Kaliumpermanganat-Maßlösung ist auf dem Flaschenetikett mit $c(\frac{1}{5}KMnO_4) = 0{,}1$ mol/L gekennzeichnet. Wie groß ist die Stoffmengenkonzentration $c(KMnO_4)$ dieser Lösung?

5.2 Umrechnen von Anteilen in Konzentrationen und Löslichkeiten

Genauso wie es möglich ist, die verschiedenen Anteile oder Konzentrationen ineinander umzurechnen, kann man auch Anteile in Konzentrationen und umgekehrt oder die Löslichkeit in Anteile und Konzentrationen umrechnen.

Eine Umrechnungstabelle der verschiedenen Gehaltsgrößen befindet sich auf Seite 168.

5.2.1 Umrechnung von Massenanteil *w*(X) und Stoffmengenkonzentration *c*(X)

Voraussetzung für Umrechnungen zwischen Anteilen und Konzentrationen ist die Kenntnis der Dichte der Lösungen. Am zweckmäßigsten ist es, von einem Liter Lösung auszugehen. Mithilfe der bekannten molaren Masse $M(X)$ der gelösten Substanz kann die gelöste Stoffportion berechnet werden.

Beispiel 1: Berechnen Sie die Stoffmengenkonzentration $c(H_2SO_4)$ einer Schwefelsäure-Lösung mit dem Massenanteil $w(H_2SO_4) = 10{,}56\,\%$ und der Dichte $\varrho(20\,°C) = 1{,}070\ g/cm^3$. $M(H_2SO_4) = 98{,}079\ g/mol$

Lösung: Ein Liter Schwefelsäure-Lösung hat die Masse $m(Lsg) = \varrho \cdot V = 1{,}070\ g/cm^3 \cdot 1000\ cm^3 = 1070\ g$

Die Masse an Schwefelsäure in der Schwefelsäure-Lösung beträgt:

$$w(H_2SO_4) = \frac{m(H_2SO_4)}{m(H_2SO_4\text{-Lsg})} \Rightarrow m(H_2SO_4) = w(H_2SO_4) \cdot (mH_2SO_4\text{-Lsg}) = 0{,}1056 \cdot 1070\ g = 112{,}992\ g$$

$$c(H_2SO_4) = \frac{n(H_2SO_4)}{V(H_2SO_4\text{-Lsg})};$$ ausgehend von einem Liter Lösung folgt mit $n = \frac{m}{M}$ durch Einsetzen:

$$\mathbf{c(H_2SO_4)} = \frac{m(H_2SO_4)}{M(H_2SO_4) \cdot V(H_2SO_4\text{-Lsg})} = \frac{112{,}992\ g}{98{,}079\ g/mol \cdot 1{,}000\ L} = 1{,}15205\ mol/L \approx \mathbf{1{,}152\ mol/L}$$

Beispiel 2: Welchen Massenanteil $w(HNO_3)$ hat eine Salpetersäure der Stoffmengenkonzentration $c(HNO_3) = 0{,}945\ mol/L$ und der Dichte $\varrho = 1{,}030\ g/cm^3$? $M(HNO_3) = 63{,}01\ g/mol$

Lösung: $$w(HNO_3) = \frac{m(HNO_3)}{m(HNO_3\text{-Lsg})}$$

Mit $m(HNO_3) = n(HNO_3) \cdot M(HNO_3) = c(HNO_3) \cdot V(HNO_3\text{-Lsg}) \cdot M(HNO_3)$ und $m(HNO_3\text{-Lsg}) = \varrho(HNO_3\text{-Lsg}) \cdot V(HNO_3\text{-Lsg})$ folgt durch Einsetzen und Kürzen von $V(HNO_3\text{-Lsg})$:

$$\mathbf{w(HNO_3)} = \frac{c(HNO_3) \cdot M(HNO_3)}{\varrho(HNO_3\text{-Lsg})} = \frac{0{,}945\ mol/L \cdot 63{,}01\ g/mol}{1{,}030\ g/cm^3} = 0{,}05781 \approx \mathbf{5{,}781\ \%}$$

Aufgaben zur Umrechnung von Massenanteil *w*(X) und Stoffmengenkonzentration *c*(X)

1. Berechnen Sie die Stoffmengenkonzentration einer Kalilauge mit dem Massenanteil $w(KOH) = 12{,}08\,\%$ und der Dichte $\varrho(20\,°C) = 1{,}110\ g/cm^3$.
2. Welchen Massenanteil in Prozent hat Salzsäure der Stoffmengenkonzentration $c(HCl) = 3{,}03\ mol/L$ mit der Dichte $\varrho(20\,°C) = 1{,}050\ g/cm^3$?
3. Welche Stoffmengenkonzentration $c(K_2SO_4)$ hat eine Kaliumsulfat-Lösung mit dem Massenanteil $w(K_2SO_4) = 10{,}0\,\%$ und der Dichte $\varrho(20\,°C) = 1{,}0807\ g/cm^3$?
4. Eine Ammoniak-Lösung mit der Dichte $\varrho(20\,°C) = 0{,}965\ g/cm^3$ hat die Stoffmengenkonzentration $c(NH_3) = 4{,}55\ mol/L$. Ermitteln Sie den Massenanteil $w(NH_3)$ der Lösung.
5. Welchen Massenanteil $w(H_2SO_4)$ hat eine Schwefelsäure mit der Äquivalentkonzentration $c(\frac{1}{2}H_2SO_4) = 2{,}0\ mol/L$ und der Dichte $\varrho = 1{,}062\ g/mL$?
6. Für eine Neutralisation werden 180,5 kg Natriumcarbonat Na_2CO_3 benötigt. In welchem Volumen an Soda-Lösung der Konzentration $c(Na_2CO_3) = 0{,}60\ mol/L$ und der Dichte $\varrho = 1{,}061\ g/cm^3$ ist diese Stoffportion enthalten? Wie groß sind die Konzentration $c(CO_3^{2-})$, die Äquivalentkonzentration $c(\frac{1}{2}Na_2CO_3)$ sowie der Massenanteil $w(Na_2CO_3)$?

5.2.2 Umrechnung von Massenanteil $w(X)$ und Massenkonzentration $\beta(X)$

Für die Umrechnung eines Massenanteils $w(X)$ in eine Massenkonzentration $\beta(X)$ ist die Kenntnis der Dichte der Lösung erforderlich.

Es ist zweckmäßig, die Quantitäten für 1 Kilogramm bzw. 1 Liter Lösung umzurechnen.

Beispiel 1: Wie groß ist die Massenkonzentration $\beta(H_2SO_4)$ einer Schwefelsäure mit dem Massenanteil $w(H_2SO_4)$ = 20,08 % und der Dichte $\varrho(20°C) = 1{,}140\ g/cm^3$?

Lösung: Das Volumen von 1 Kilogramm Schwefelsäure beträgt:

$$\varrho(Lsg) = \frac{m(Lsg)}{V(Lsg)} \Rightarrow V(Lsg) = \frac{m(Lsg)}{\varrho(Lsg)} = \frac{1000\ g}{1{,}140\ g/cm^3} = 877{,}2\ cm^3 = 0{,}8772\ L$$

$w(H_2SO_4) = 20{,}8\ \%$ ⇒ 100 g Säure enthalten 20,08 g H_2SO_4 ⇒ 1000 g Säure enthalten 200,8 g H_2SO_4

$$\boldsymbol{\beta(H_2SO_4)} = \frac{m(H_2SO_4)}{V(Lsg)} = \frac{200{,}8\ g}{0{,}8772\ L} = 228{,}91\ g/L \approx \mathbf{228{,}9\ g/L}$$

Beispiel 2: Welchen Massenanteil $w(KOH)$ in Prozent hat eine Kalilauge der Dichte $\varrho(20°C) = 1{,}095\ g/cm^3$ mit der Massenkonzentration $\beta(KOH) = 115\ g/L$?

Lösung: $\varrho(Lauge) = 1{,}095\ g/cm^3$ ⇒ Ein Liter Kalilauge hat die Masse 1095 g.

$\beta(KOH) = 115\ g/L$ ⇒ Ein Liter Kalilauge enthält 115 g KOH.

$$\boldsymbol{w(KOH)} = \frac{m(KOH)}{m(Lsg)} = \frac{115\ g}{1095\ g} = 0{,}1050 \approx \mathbf{10{,}5\ \%}$$

Aufgaben zur Umrechnung von Massenanteil $w(X)$ und Massenkonzentration $\beta(X)$

1. Ermitteln Sie die Massenkonzentration $\beta(X)$ folgender Lösungen:
   a) $w(NaCl) = 6{,}0\ \%$, $\varrho(20\ °C) = 1{,}041\ g/cm^3$
   b) $w(KNO_3) = 10{,}0\ \%$, $\varrho(20\ °C) = 1{,}063\ g/cm^3$
   c) $w(KBr) = 12{,}0\ \%$, $\varrho(20\ °C) = 1{,}090\ g/cm^3$
   d) $w(NaOH) = 13{,}73\ \%$, $\varrho(20\ °C) = 1{,}150\ g/cm^3$
2. Welchen Massenanteil $w(X)$ in Prozent haben die folgenden Lösungen?
   a) $\beta(HNO_3) = 800\ g/L$, $\varrho(20\ °C) = 1{,}360 g/cm^3$
   b) $\beta(NH_3) = 145{,}1\ g/L$, $\varrho(20\ °C) = 0{,}938\ g/cm^3$
   c) $\beta(HCl) = 55{,}5\ g/L$, $\varrho(20\ °C) = 1{,}025\ g/cm^3$
   d) $\beta(NH_4Cl) = 200\ g/L$, $\varrho(20\ °C) = 1{,}053\ g/cm^3$
3. Eine Lösung der Dichte $\varrho(20\ °C) = 1{,}054\ g/cm^3$ hat einen Massenanteil $w(Ca(OH)_2) = 8{,}80\ \%$. Wie groß ist die Massenkonzentration $\beta(OH^-)$ dieser Lösung?
4. Zur Herstellung von Natronlauge ($\beta(NaOH) = 180\ g/L$, $\varrho(20\ °C) = 1{,}171\ g/cm^3$) stehen 2,25 kg Natriumhydroxid mit einem Massenanteil von $w(NaOH) = 98{,}7\ \%$ zur Verfügung.
   a) Wie viel Liter Lauge können damit angesetzt werden?
   b) Welche Masse hat die hergestellte Lösung?

5.2.3 Umrechnung von Massenanteil $w(X)$ und Volumenkonzentration $\sigma(X)$

Für die Umrechnung eines Massenanteils $w(X)$ in eine Volumenkonzentration $\sigma(X)$ müssen die Dichten des gelösten Stoffes und der Lösung bekannt sein.

Zu beachten ist die häufig auftretende **Volumenkontraktion.** Die Summe der Einzelvolumina $V(Lm) + V(X)$ entspricht dann **nicht** dem tatsächlichen Gesamtvolumen der Lösung $V(Lsg)$.

Beispiel 1: Welche Volumenkonzentration σ(Methanol) hat eine wässrige Lösung von Methanol mit einem Massenanteil w(Methanol) = 50,0 %?

Dichten bei 20°C: $\varrho(Methanol) = 0{,}792\ g/cm^3$, $\varrho(Methanol\text{-}Lösung) = 0{,}915\ g/cm^3$

Lösung: w(Methanol) = 50,0 % ⇒ 100 g Methanol-Lösung enthalten 50,0 g Methanol

Das Volumen von 100 g Methanol-Lösung beträgt:

$$V(Lsg) = \frac{m(Lsg)}{\varrho(Lsg)} = \frac{100\ g}{0{,}915\ g/cm^3} = 109{,}2896\ cm^3$$

Das Volumen von 50,0 g Methanol (M) beträgt:

$$V(M) = \frac{m(M)}{\varrho(M)} = \frac{50{,}0\ g}{0{,}792\ g/cm^3} = 63{,}1313\ cm^3$$

$$\boldsymbol{\sigma(Methanol)} = \frac{V(Methanol)}{V(Lsg)} = \frac{63{,}1313\ cm^3}{109{,}2896\ cm^3} = 0{,}57765 \approx \mathbf{57{,}8\ \%}$$

Beispiel 2: Berechnen Sie den Massenanteil w(HCOOH) einer Lösung von Ameisensäure (Methansäure) HCOOH in Wasser mit einer Volumenkonzentration σ(HCOOH) = 12,00 %.

Dichten bei 20 °C: ϱ(HCOOH) = 1,2213 g/cm³, ϱ(HCOOH-Lösung) = 1,0297 g/cm³

Lösung: ϱ(HCOOH) = 12,00 % ⇒ 100 mL Ameisensäure-Lösung enthalten 12,00 mL Ameisensäure

Masse von 100 mL Ameisensäure-Lösung: $m(\text{Lsg}) = \varrho(\text{Lsg}) \cdot V(\text{Lsg}) = 1{,}0297\ \text{g/cm}^3 \cdot 100\ \text{mL} = 102{,}97\ \text{g}$

Masse von 12,00 mL Säure: $m(\text{HCOOH}) = \varrho(\text{HCOOH}) \cdot V(\text{HCOOH}) = 1{,}2213\ \text{g/cm}^3 \cdot 12{,}00\ \text{mL} = 14{,}6556\ \text{g}$

$$\boldsymbol{w}\textbf{(Ameisensäure)} = \frac{m(\text{Ameisensäure})}{m(\text{HCOOH-Lsg})} = \frac{14{,}6556\ \text{g}}{102{,}97\ \text{g}} = 0{,}14233 \approx \mathbf{14{,}23\ \%}$$

Aufgaben zur Umrechnung von Massenanteil *w*(X) und Volumenkonzentration σ(X)

1. Welche Volumenkonzentration σ(HCOOH) hat eine wässrige Ameisensäure mit einem Massenanteil w(HCOOH) = 30,0 %? (Dichten bei 20 °C: ϱ(HCOOH) = 1,221 g/cm³, ϱ(Lösung) = 1,073 g/cm³)
2. Berechnen Sie den Massenanteil w(Ethanol) einer wässrigen Ethanol-Lösung mit einer Volumenkonzentration σ(Ethanol) = 94,0 %. (Dichten bei 20 °C: ϱ(Ethanol) = 0,792 g/cm³, ϱ(Lösung) = 0,809 g/cm³)
3. Eine Schwefelsäure-Lösung hat die Volumenkonzentration $\sigma(H_2SO_4)$ = 31,2 % (ϱ = 1,335 g/mL). Wie groß ist der Massenanteil $w(H_2SO_4)$, wenn die reine Säure eine Dichte von 1,850 g/mL aufweist?
4. Wie groß ist die Volumenkonzentration einer Essigsäure-Lösung der Dichte 1,056 g/mL, wenn das Gebinde mit dem Massenanteil w(Essigsäure) = 48,0 % beschriftet ist? Die Dichte der konzentrierten Essigsäure wurde zu 1,050 g/mL bestimmt.

5.2.4 Umrechnung von Massenanteil *w*(X) und Löslichkeit *L**(X)

Der Massenanteil $w(\text{X}) = \frac{m(\text{X})}{m(\text{Lsg})}$ und auch die Löslichkeit $L^*(\text{X}) = \frac{m_{\text{max}}(\text{X})}{m(\text{Lm})}$ sind Massenverhältnisse.

Der Massenanteil ***w*** gibt die Masse des **gelösten Stoffes in 100 g *Lösung*** an.

Die Löslichkeit ***L**** nennt die **maximal lösbare Masse des Stoffes in 100 g *Lösemittel*.**

Beispiel 1: Welchen Massenanteil $w(K_2CO_3)$ in Prozent hat eine bei 20 °C gesättigte Kaliumcarbonat-Lösung?

$L^*(K_2CO_3, 20\,°\text{C})$ = 110,5 g/100 g Wasser.

Lösung: $m(K_2CO_3\text{-Lsg}) = m(H_2O) + m(K_2CO_3) = 100\ \text{g} + 110{,}5\ \text{g} = 210{,}5\ \text{g}$

$$\boldsymbol{w}(\mathbf{K_2CO_3}) = \frac{m(K_2CO_3)}{m(K_2CO_3\text{-Lsg})} = \frac{110{,}5\ \text{g}}{210{,}5\ \text{g}} = 0{,}52494 \approx \mathbf{52{,}49\ \%}$$

Beispiel 2: Welche Löslichkeit hat Kaliumnitrat KNO_3 in Wasser von 50 °C, wenn der Massenanteil einer gesättigten Lösung $w(KNO_3)$ = 46,15 % beträgt?

Lösung: 100 g Lösung enthalten 46,15 g KNO_3 und 100 g – 46,15 g = 53,85 g Wasser

$$\boldsymbol{L^*}(\mathbf{KNO_3, 50\,°C}) = \frac{m(KNO_3) \cdot 100\ \text{g}}{m(H_2O)} = \frac{46{,}15\ \text{g} \cdot 100\ \text{g}}{53{,}85\ \text{g}} \approx \mathbf{87{,}70\ g/100\ g\ Wasser}$$

Aufgaben zur Umrechnung von Massenanteil *w*(X) und Löslichkeit *L(X)**

1. Welchen Massenanteil w(X) in Prozent haben folgende bei 40 °C gesättigte Lösungen? (Löslichkeiten siehe Tabelle 1, Seite 159)
   a) $AgNO_3$ b) $Ba(OH)_2$ c) NaCl d) KCl e) $NaHCO_3$ f) $CuSO_4$
2. Ermitteln Sie die Löslichkeit $L^*(\text{X}, \vartheta)$ in g/100 g Wasser der gesättigten Lösungen mit den folgenden Massenanteilen:
   a) w(NaCl) = 27,0 %, ϑ = 50 °C
   b) $w(NaHCO_3)$ = 8,60 %, ϑ = 20 °C
   c) $w(NaHCO_3)$ = 13,80 %, ϑ = 60 °C
   d) $w(KNO_3)$ = 39,3 %, ϑ = 40 °C
3. Um eine bei 20 °C gesättigte Lösung von Kaliumchlorat herzustellen, müssen 7,3 g $KClO_3$ in 100 g Wasser gelöst werden. Die Dichte der Lösung bei dieser Temperatur beträgt 1,042 g/cm³. Welchen Massenanteil $w(KClO_3)$ und welche Stoffmengenkonzentration $c(KClO_3)$ hat diese Lösung?

Gemischte Aufgaben zum Umrechnen von Anteilen, Konzentrationen und Löslichkeit

1. Wie viel technisches Kaliumhydroxid mit dem Massenanteil $w(KOH) = 95{,}4\,\%$ ist einzuwiegen, wenn 800 kg Kalilauge mit $w(KOH) = 20{,}0\,\%$ ($\varrho = 1{,}188$ g/cm³) entstehen sollen? Wie groß sind die Konzentrationen $c(KOH)$ und $\beta(KOH)$?

2. Für die Rauchgasentschwefelung nach dem Wellmann-Lord-(WL)-Verfahren werden zur Absorption des SO_2 75,0 m³ gesättigte Natriumsulfit-Lösung, $w(Na_2SO_3) = 21{,}2\,\%$ (Dichte ϱ = 1,20 g/cm³), benötigt **(Bild 1)**. Wie viel technisches Natriumsulfit, $w(Na_2SO_3 \cdot 7\,H_2O) = 85{,}2\,\%$, muss gelöst werden?

3. Wie groß ist der Volumenanteil $\varphi(CO_2)$ in der Luft in Prozent, wenn bei Normbedingungen in 75,0 L Luft 2,88 g CO_2 nachgewiesen werden? $\varrho(CO_2) = 1{,}977$ g/L.

4. In 500 L Salzsäure ($\varrho = 1{,}125$ g/cm³) sind 142,0 kg Chlorwasserstoff HCl gelöst. Berechnen Sie den Massenanteil $w(HCl)$ und die Konzentrationen $\beta(HCl)$ und $c(HCl)$ der Salzsäure-Lösung.

5. Welche Massen an technischem Natriumchlorid, $w(NaCl)$ = 96,5 %, und an Wasser sind erforderlich, um 50 L Kühlsole mit dem Massenanteil $w(NaCl) = 26{,}0\,\%$ ($\varrho = 1{,}197$ g/cm³) herzustellen? Welche Massenkonzentration $\beta(Cl^-)$ hat die Kühlsole?

6. Welchen Volumenanteil φ(Benzol) und welche Konzentration $c(C_6H_6)$ hat ein Aromatengemisch, das in 1500 L Gemisch 600 dm³ Benzol C_6H_6, $\varrho = 0{,}879$ g/cm³, enthält?

7. Ein Synthesegas für die Oxosynthese hat die Massenanteile $w(H_2) = 63{,}5\,\%$ und $w(CO) = 36{,}5\,\%$. Welcher Volumenanteil $\varphi(CO)$ liegt im Ausgangsgasgemisch vor?
   $\varrho(CO) = 1{,}250$ g/L, $\varrho(H_2) = 0{,}0899$ g/L bei Normbedingungen.

8. Eine Ammoniak-Lösung der Dichte 0,908 g/cm³ weist eine Konzentration $c(NH_3) = 13{,}67$ mol/L auf. Wie groß sind der Massenanteil $w(NH_3)$ und die Massenkonzentration $\beta(NH_3)$?

9. 7,50 m³ HCl-Gas wurden aus einem Abgasstrom bei 1,20 bar und 15 °C in einer Absorptionskolonne in 540 kg Wasser absorbiert **(Bild 2)**. Welchen Massenanteil $w(HCl)$ und welche Konzentrationen $\beta(HCl)$ und $c(HCl)$ hat die entstehende Salzsäure der Dichte $\varrho = 1{,}011$ g/cm³?

10. Welche Äquivalentkonzentration $c(\frac{1}{2}\,H_2SO_4)$ hat eine Maßlösung, die man durch Vorlegen von 38,0 g Schwefelsäure mit $w(H_2SO_4) = 65{,}0\,\%$ und Auffüllen zu 250 mL erhält?

11. Beim Solvay-Verfahren wird durch Einleiten von CO_2 in eine NaCl-Sole Natriumhydrogencarbonat $NaHCO_3$ ausgefällt. Wie viel $NaHCO_3$ bleibt nach der Fällung und Filtration in 1000 kg Lösung von 20 °C noch gelöst? Wie groß ist der Massenanteil $w(NaHCO_3)$ der Lösung?

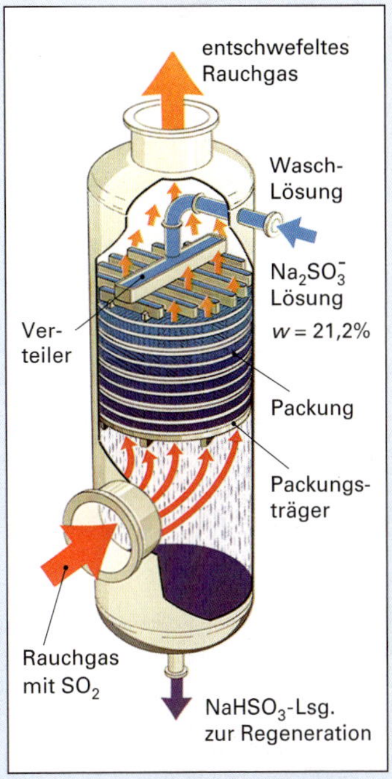

Bild 1: Absorptionskolonne zur Rauchgasentschwefelung (Aufgabe 2)

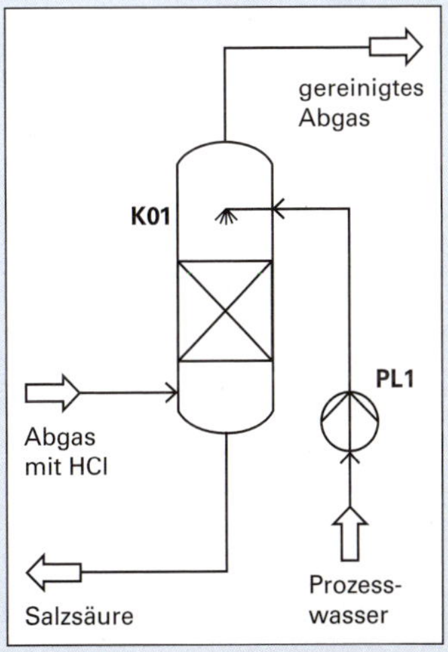

Bild 2: Absorption von HCl-Gas (Aufgabe 9)

12. Eine bei 20 °C gesättigte $KHCO_3$-Lösung hat den Massenanteil $w(KHCO_3) = 24{,}9\,\%$, $\varrho = 1{,}180$ g/cm³. Berechnen Sie: a) die Löslichkeit $L^*(KHCO_3)$, b) die Massenkonzentration $\beta(KHCO_3)$ und das Löslichkeitsprodukt $K_L(KHCO_3)$ und c) die Masse an Salz in 500 L gesättigter Lösung?

13. Berechnen Sie nach dem Muster von Tabelle, Seite 150 die neun Gehaltsgrößen für eine wässrige Essigsäure-Lösung, die man nach Lösen von 10,0 g Säure in 90,0 g Wasser von 20 °C erhält. Dichten: ϱ(Lösung) = 1,0195 g/cm³, ϱ(Wasser) = 0,9982 g/cm³, ϱ(Säure) = 1,0497 g/cm³

Umrechnungsformeln für Gehaltsgrößen

von ↓ / zu →	Massenanteil w(X)	Massenkonzentration β(X)	Stoffmengenanteil χ(X)	Stoffmengenkonzentration c(X)	Volumenkonzentration σ(X)
	$w(\text{X}) = \frac{m(\text{X})}{m(\text{Lsg})}$	$\beta(\text{X}) = \frac{m(\text{X})}{V(\text{Lsg})}$	$\chi(\text{X}) = \frac{n(\text{X})}{n(\text{X}) + n(\text{Lm})}$	$c(\text{X}) = \frac{n(\text{X})}{V(\text{Lsg})}$	$\sigma(\text{X}) = \frac{V(\text{X})}{V(\text{Lsg})}$
Massenanteil w(X) z.B. in g/100 g Lsg = %, g/1000 g Lsg = ‰		$\beta(\text{X}) = \frac{m(\text{X}) \cdot \varrho(\text{Lsg})}{m(\text{Lsg})}$ $\beta(\text{X}) = w(\text{X}) \cdot \varrho(\text{Lsg})$	$\chi(\text{X}) = \frac{w(\text{X})}{M(\text{X}) \cdot \frac{1}{M(\text{Lsg})}}$ $\frac{1}{M(\text{Lsg})} = \frac{w(\text{X})}{M(\text{X})} + \frac{w(\text{Lm})}{M(\text{Lm})}$	$c(\text{X}) = \frac{m(\text{X}) \cdot \varrho(\text{Lsg})}{M(\text{X}) \cdot m(\text{Lsg})}$ $c(\text{X}) = \frac{w(\text{X}) \cdot \varrho(\text{Lsg})}{M(\text{X})}$	$\sigma(\text{X}) = \frac{m(\text{X}) \cdot \varrho(\text{Lsg})}{m(\text{Lsg}) \cdot \varrho(\text{X})}$ $\sigma(\text{X}) = \frac{w(\text{X}) \cdot \varrho(\text{Lsg})}{\varrho(\text{X})}$
Massenkonzentration β(X) z.B. in g/L, mg/m³	$w(\text{X}) = \frac{\beta(\text{X})}{\varrho(\text{Lsg})}$		$\chi(\text{X}) = \frac{\beta(\text{X}) \cdot M(\text{Lsg})}{M(\text{X}) \cdot \varrho(\text{Lsg})}$ $M(\text{Lsg}) = \frac{m(\text{X}) + m(\text{Lm})}{\frac{m(\text{X})}{M(\text{X})} + \frac{m(\text{Lm})}{M(\text{Lm})}}$	$c(\text{X}) = \frac{\beta(\text{X})}{M(\text{X})}$	$\sigma(\text{X}) = \frac{\beta(\text{X})}{\varrho(\text{X})}$
Stoffmengenanteil χ(X) z.B. in mol/100 mol Lsg = %	$w(\text{X}) = \frac{\chi(\text{X}) \cdot M(\text{X})}{M(\text{Lsg})}$ $M(\text{Lsg}) = \chi(\text{X}) \cdot M(\text{X}) + \chi(\text{Lm}) \cdot M(\text{Lm})$	$\beta(\text{X}) = \frac{\chi(\text{X}) \cdot M(\text{X}) \cdot \varrho(\text{Lsg})}{M(\text{Lsg})}$		$c(\text{X}) = \frac{\chi(\text{X}) \cdot \varrho(\text{Lsg})}{M(\text{Lsg})}$	$\sigma(\text{X}) = \frac{\chi(\text{X}) \cdot M(\text{X}) \cdot \varrho(\text{Lsg})}{M(\text{Lsg}) \cdot \varrho(\text{X})}$
Stoffmengen-konzentration c(X) z.B. in mol/L, mmol/L	$w(\text{X}) = \frac{c(\text{X}) \cdot M(\text{X})}{\varrho(\text{Lsg})}$	$\beta(\text{X}) = c(\text{X}) \cdot M(\text{X})$	$\chi(\text{X}) = \frac{c(\text{X}) \cdot M(\text{Lsg})}{\varrho(\text{Lsg})}$ $M(\text{Lsg}) = \frac{M(\text{X}) + m(\text{Lm})}{n(\text{X}) + n(\text{Lm})}$		$\sigma(\text{X}) = \frac{c(\text{X}) \cdot M(\text{X})}{\varrho(\text{X})}$
Volumenkonzentration σ(X) z.B. in L/100 L Lsg = %, ppm	$w(\text{X}) = \frac{V(\text{X}) \cdot \varrho(\text{X})}{V(\text{Lsg}) \cdot \varrho(\text{Lsg})}$ $w(\text{X}) = \frac{\varrho(\text{X}) \cdot \varrho(\text{X})}{\varrho(\text{Lsg})}$	$\beta(\text{X}) = \sigma(\text{X}) \cdot \varrho(\text{X})$	$\chi(\text{X}) = \frac{\sigma(\text{X}) \cdot \varrho(\text{X}) \cdot M(\text{Lsg})}{M(\text{X}) \cdot \varrho(\text{Lsg})}$ $M(\text{Lsg}) = \frac{V(\text{X}) \cdot \varrho(\text{X}) + V(\text{Lm}) + \varrho(\text{Lm})}{\frac{V(\text{X}) \cdot \varrho(\text{X})}{M(\text{X})} + \frac{V(\text{Lm}) + \varrho(\text{Lm})}{M(\text{Lm})}}$	$c(\text{X}) = \frac{\sigma(\text{X}) \cdot \varrho(\text{X})}{M(\text{X})}$	

5.3 Gehaltsgrößen beim Mischen, Verdünnen und Konzentrieren von Lösungen

Sowohl in der Produktion als auch im Labor werden häufig Lösungen benötigt, die mit dem geforderten Gehalt nicht zur Verfügung stehen und deshalb hergestellt werden müssen.

Der Gehalt vorhandener Lösungen lässt sich auf verschiedene Weise verändern:

Verdünnen der Lösung durch: (to dilute)
- Zusatz gleichartiger Lösung mit geringerem Gehalt (Mischen)
- Zusatz von reinem Lösemittel (Verdünnen)

Konzentrieren der Lösung durch: (to concentrate)
- Zusatz gleichartiger Lösung mit höherem Gehalt (Mischen)
- Zusatz von Reinsubstanz (Konzentrieren)
- Abdampfen von reinem Lösemittel (Konzentrieren)

Im Folgenden wird die Berechnung der verschiedenen Verfahren behandelt.

5.3.1 Mischen von Lösungen

Das Mischen kann sowohl zum Verdünnen als auch zum Konzentrieren einer Lösung durchgeführt werden.

Beispiel: Die Lösungen 1 und 2 enthalten beide die Komponente X mit unterschiedlichem Gehalt und werden gemischt **(Bild 1)**. Es sind m_1 und m_2 die Massen der Lösungen 1 und 2, m_M die Masse der Mischung, w_1 und w_2 die Massenanteile der Komponente X in Lösung 1 und 2, w_M der Massenanteil der Komponente X in der Mischung.

Nach dem Mischen der Einzel-Lösungen ist die Gesamtmasse der Mischung m_M gleich der Summe der Einzelmassen $m_M = m_1 + m_2$.

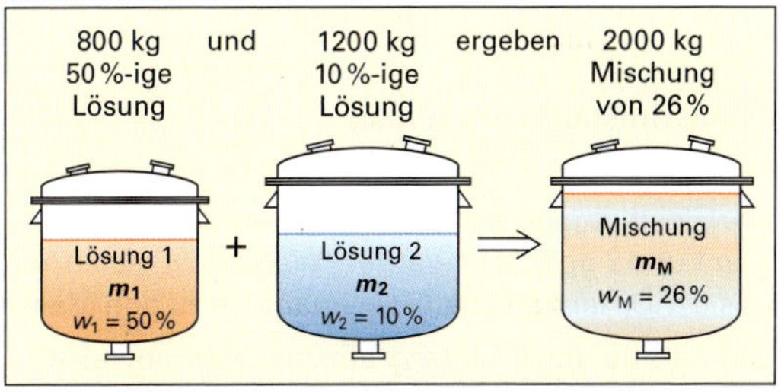

Bild 1: Mischen von zwei Lösungen (Beispiel)

Die Masse an gelöster Substanz X in einer Mischung ist gleich der Summe der Einzelmassen an gelöster Substanz in den Ausgangslösungen: $m(X)_M = m(X)_1 + m(X)_2$.

Alle mit dem Verdünnen und Konzentrieren von Lösungen zusammenhängenden Gehaltsgrößen lassen sich durch Schlussrechnung oder mit der **Mischungsgleichung** (equation of mixtures) lösen.

Grundlage der Mischungsgleichung ist die Definitionsgleichung für den Massenanteil $w(X)$:

$$w(X) = \frac{m(X)}{m(M)} \Rightarrow m(X) = w(X) \cdot m(M)$$

Die Massen der Komponenten X in den Lösungen 1 und 2 sowie in der Mischung berechnen sich

in Lösung 1: $m(X)_1 = m_1 \cdot w_1$

in Lösung 2: $m(X)_2 = m_2 \cdot w_2$

in der Mischung $m(X)_M = m_M \cdot w_M$

Mit $m(X)_M = m(X)_1 + m(X)_2$ ergibt sich die **Mischungsgleichung** für zwei Lösungen.

Sollen n Komponenten gemischt werden, wird die Mischungsgleichung entsprechend erweitert.

Mischungsgleichung für 2 Lösungen

$$m_1 \cdot w_1 + m_2 \cdot w_2 = m_M \cdot w_M$$

Mischungsgleichung für *n* Lösungen

$$m_1 \cdot w_1 + m_2 \cdot w_2 + \ldots + m_n \cdot w_n = m_M \cdot w_M$$

Beispiel: 800 kg Natronlauge, $w(NaOH) = 50\,\%$, und 1200 kg Natronlauge, $w(NaOH) = 10\,\%$, werden gemischt **(Bild 1)**.

a) Welche Masse an Mischung entsteht? b) Welchen Massenanteil $w(NaOH)$ hat die Mischung?

Lösung: $m_1 = 800$ kg, $w_1 = 50\,\% = 0{,}50$, $m_2 = 1200$ kg, $w_2 = 10\,\% = 0{,}10$

a) $\boldsymbol{m_M} = m_1 + m_2 = 800\text{ kg} + 1200\text{ kg} = 2000\text{ kg} \approx \mathbf{2{,}00\ t}$

b) Berechnung mit der Mischungsgleichung: $m_1 \cdot w_1 + m_2 \cdot w_2 = m_M \cdot w_M \Rightarrow$

$$\boldsymbol{w_M} = \frac{m_1 \cdot w_1 + m_2 \cdot w_2}{w_M} = \frac{800\text{ kg} \cdot 0{,}50 + 1200\text{ kg} \cdot 0{,}10}{2000\text{ kg}} = 0{,}260 \approx \mathbf{26\,\%}$$

Berechnung durch Schlussrechnung:

Lauge 1: 100 kg Lauge enthalten 50 kg NaOH
800 kg Lauge enthalten 400 kg NaOH

Lauge 2: 100 kg Lauge enthalten 10 kg NaOH
1200 kg Lauge enthalten 120 kg NaOH

Lauge 1:	800 kg Lauge enthalten 400 kg NaOH
+ Lauge 2:	1200 kg Lauge enthalten 120 kg NaOH
Mischung:	2000 kg Lauge enthalten 520 kg NaOH
Gehalt:	100 kg Lauge enthalten 26 kg NaOH

$\Rightarrow$ ***w*(NaOH)** = 0,26 ≈ **26 %**

Mischungskreuz (distributive law)

In der Praxis sind meistens jeweils nur zwei Lösungen zu mischen. Sind deren Massenanteile w_1 und w_2 und der Massenanteil w_M der Mischung bekannt, können die Massen der zu mischenden Teillösungen m_1 und m_2 mit dem **Mischungskreuz** berechnet werden.

Das Mischungskreuz ist eine aus der Mischungsgleichung (Seite 169) abgeleitete Rechenhilfe. Dazu formt man die Mischungsgleichung nach dem Massenverhältnis m_1/m_2 um:

$$m_1 \cdot w_1 + m_2 \cdot w_2 = (m_1 + m_2) \cdot w_M = m_1 \cdot w_M + m_2 \cdot w_M$$

$$m_1 \cdot w_1 - m_1 \cdot w_M = m_2 \cdot w_M - m_2 \cdot w_2$$

$$m_1 \cdot (w_1 - w_M) = m_2 \cdot (w_M - w_2)$$

Durch Umstellen erhält man: $$\frac{m_1}{m_2} = \frac{w_M - w_2}{w_1 - w_M}$$

Die Gleichung besagt: Das Massenverhältnis $m_1 : m_2$, in welchem zwei Lösungen 1 und 2 gemischt werden müssen, ist gleich dem umgekehrten Verhältnis aus der Differenz ihrer Massenanteile zu den Massenanteilen der Mischung.

Die daraus abgeleitete grafische Schreibweise (siehe rechts) wird als **Mischungskreuz** oder als **Andreaskreuz** bezeichnet.

Die Berechnung einer Mischungsaufgabe mit dem Mischungskreuz zeigt das folgende Beispiel.

Mischungskreuz

w_1 ↘ ↗ $w_M - w_2 \Rightarrow m_1$
w_M
w_2 ↗ ↘ $w_1 - w_M \Rightarrow m_2$

Summe: $m_1 + m_2 \Rightarrow m_M$

Beispiel: Es sollen 150 kg Salpetersäure mit einem Massenanteil $w(HNO_3)$ = 15,0 % hergestellt werden. Zur Verfügung stehen eine 10,0 %ige und eine 65,0 %ige Salpetersäure. Welche Massen der Ausgangslösungen sind zu mischen?

Lösung: **Berechnung mit dem Mischungskreuz**

Michungskreuz

w_1 ↘ ↗ m_1
w_M
w_2 ↗ ↘ m_2

Summe: m_M

1. **Einsetzen** der gegebenen Größen:
   w_1 = 65,0 %; w_2 = 10,0 %
   w_M = 15,0 %

   65,0 % ↘ ↗ **5,0 (kg) ≙ m_1**
   15,0 %
   10,0 % ↗ ↘ **50,0 (kg) ≙ m_2**

   Summe: **55,0 (kg) ≙ 150 kg**

2. **Ermitteln** der zu mischenden Verhältnismassen m_1 und m_2 durch diagonale Differenzbildung der Zahlen im Mischungskreuz:
   65,0 – 15,0 = 50,0 ⇒ m_2 = **50,0 kg**
   15,0 – 10,0 = 5,0 ⇒ m_1 = **5,0 kg**

   Verhältnis aus dem Mischungskreuz:
   Es müssen 5,0 kg der 65,0 %igen und 50,0 kg der 10,0 %igen HNO_3 gemischt werden, um 55,0 kg der 15,0 % Säure zu erhalten.

3. **Berechnen der erforderlichen Massen durch Schlussrechnung:**
   Zur Herstellung von 150 kg 15,0 %iger Salpetersäure ergeben sich folgende Ansätze:

   55,0 kg 15,0 %ige HNO_3 erfordern 5,0 kg 65,0 %ige Säure
   150 kg 15,0 %ige HNO_3 erfordern x 65,0 %ige Säure

   $x = \frac{5{,}0 \text{ kg} \cdot 150 \text{ kg}}{55{,}0 \text{ kg}} \approx$ **13,6 kg 65 %ige Säure**

   55,0 kg 15,0 %ige HNO_3 erfordern 50,0 kg 10,0 %ige Säure
   150 kg 15,0 %ige HNO_3 erfordern y 10,0 %ige Säure

   $y = \frac{50{,}0 \text{ kg} \cdot 150 \text{ kg}}{55{,}0 \text{ kg}} \approx$ **136,4 kg 10 %ige Säure**

Speziell für Aufgabenstellungen, bei denen die Massen von zwei zu mischenden Lösungen berechnet werden sollen, ist das Mischungskreuz eine einfache Rechenhilfe. Es kann nicht zur Anwendung kommen, wenn die Massenanteile der Mischung oder der zu mischenden Lösungen zu ermitteln sind.

5.3.2 Verdünnen von Lösungen

Wird eine Lösung mit reinem Lösemittel, z.B. mit Wasser verdünnt, dann ist der Massenanteil der Komponente X für das Lösemittel $w(X) = 0$.

In der Mischungsgleichung

$m_1 \cdot w_1 + m_2 \cdot w_2 = m_M \cdot w_M$

wird der Term $m_2 \cdot w_2 = 0$, da $w_2 = 0$.

Damit vereinfacht sich die Mischungsgleichung zu der nebenstehenden Form.

Mischungsgleichung zum Verdünnen

$$m_1 \cdot w_1 = m_M \cdot w_M = (m_1 + m_2) \cdot w_M$$

Beispiel 1: 400 kg Kalilauge mit einem Massenanteil $w(KOH) = 35{,}0\,\%$ werden mit 160 kg Wasser verdünnt **(Bild 1)**. Wie groß ist der Massenanteil $w(KOH)$ der entstehenden Kalilauge?

Lösung: $m_1 \cdot w_1 = m_M \cdot w_M \;\Rightarrow\; w_M = \dfrac{m_1 \cdot w_1}{m_M}$

$$\mathbf{w_M} = \frac{400\text{ kg} \cdot 0{,}350}{560\text{ kg}} = 0{,}250 = \mathbf{25{,}0\,\%}$$

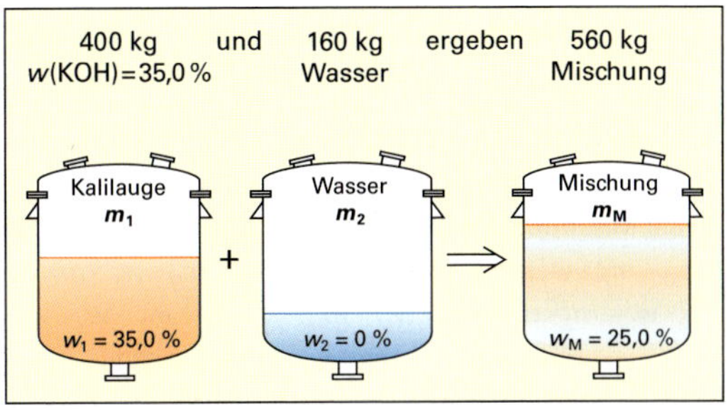

Bild 1: Verdünnen einer Lösung (Beispiel 1)

Beispiel 2: 18,0 kg Alkydharz-Lösung in Xylol mit $w(\text{Alkydharz}) = 75{,}0\,\%$ sollen mit Xylol auf einen Alkydharz-Massenanteil von 45,0 % verdünnt werden. Welche Masse an Lösemittel (Lm) ist zuzusetzen, wie viel verdünnte Alkydharz-Lösung wird erhalten?

Lösung: a) Berechnung der Masse an Alkydharz-Lösung:

$$m_1 \cdot w_1 = m_M \cdot w_M \;\Rightarrow\; \mathbf{m_M} = \frac{m_1 \cdot w_1}{w_M} = \frac{18{,}0\text{ kg} \cdot 75{,}0\,\%}{45{,}0\,\%} = \mathbf{30{,}0\text{ kg}}$$

b) Berechnung der Masse an Xylol:

$$m_M = m_{Lm} + m_1 \;\Rightarrow\; \mathbf{m_{Lm}} = m_M - m_1 = 30{,}0\text{ kg} - 18{,}0\text{ kg} = \mathbf{12{,}0\text{ kg}}$$

Aufgaben zum Mischen und Verdünnen von Lösungen

1. 1,40 t Lacklösung mit einem Massenanteil $w(\text{Lack}) = 70{,}0\,\%$ und 325 kg einer Lacklösung mit $w(\text{Lack}) = 16{,}5\,\%$ werden gemischt. Welchen Massenanteil $w(\text{Lack})$ hat die Mischung?
2. Es sind 580 kg einer Salzlösung mit einem Salz-Massenanteil von 28,7 % herzustellen. Zur Verfügung stehen Lösungen mit den Massenanteilen $w(\text{Salz}) = 14{,}5\,\%$ und $w(\text{Salz}) = 32{,}3\,\%$. Welche Massen der Salzlösungen sind zu mischen?
3. Welche Masse an Salzsäure mit dem Massenanteil $w(HCl) = 30{,}0\,\%$ lässt sich durch Mischen von 800 kg Säure mit $w(HCl) = 7{,}50\,\%$ und einer zweiten Säure mit $w(HCl) = 36{,}0\,\%$ herstellen?
4. 185,5 kg Schwefelsäure ($w(H_2SO_4) = 80{,}0\,\%$) werden mit 150 kg einer zweiten Schwefelsäure-Lösung gemischt. Die entstehende Lösung hat einen Massenanteil $w(H_2SO_4) = 62{,}5\,\%$. Wie groß war der Massenanteil $w(H_2SO_4)$ der zweiten Säure?
5. 85,0 kg Salpetersäure-Lösung ($w(HNO_3) = 50{,}8\,\%$) werden mit zwei weiteren Salpetersäure-Lösungen aus Produktionsrückständen gemischt: Zugefügt werden 250 kg mit $w(HNO_3) = 12{,}5\,\%$ und 110 kg mit $w(HNO_3) = 22{,}5\,\%$. Welchen Massenanteil $w(HNO_3)$ hat die Mischung?
6. 2,50 t Natronlauge ($w(NaOH) = 35{,}0\,\%$) sollen aus einer 50,0 %igen Natronlauge und Wasser hergestellt werden. Welche Massen der Ausgangsstoffe müssen gemischt werden?
7. 250 kg Salzlösung ($w(KCl) = 32{,}5\,\%$) werden mit Wasser zu 650 kg Kaliumchlorid-Lösung verdünnt. Welchen Massenanteil $w(KCl)$ hat die Mischung?
8. Wie viel Phosphorsäure ($w(H_3PO_4) = 55{,}0\,\%$) ist mit Wasser zu verdünnen, damit 3,05 t Säure mit einem Massenanteil von $w(H_3PO_4) = 12{,}5\,\%$ entstehen?
9. Welche Masse an Wasser muss 450 L Kalilauge ($w(KOH) = 45{,}2\,\%$, $\varrho = 1{,}455\text{ g/cm}^3$) zugesetzt werden, damit eine Lauge mit dem Massenanteil $w(KOH) = 32{,}5\,\%$ entsteht?

5.3.3 Volumenberechnung beim Mischen von Lösungen

Mit der Mischungsgleichung und dem Mischungskreuz können die zu mischenden **Massen** und Massenanteile der beteiligten Lösungen berechnet werden (siehe Seite 169 f.).

Die zugehörigen **Volumina** sind aus den bekannten Dichten der Lösungen mit der Gleichung $V = m/\varrho$ zu bestimmen. Dabei ist die häufig auftretende **Volumenkontraktion** (Volumenverminderung) beim Mischen zu berücksichtigen (Seite 158).

Beispiel: Es sollen 150 L Salpetersäure ($w(HNO_3) = 15{,}0\,\%$, $\varrho = 1{,}084\ g/cm^3$) hergestellt werden. Als Ausgangslösungen stehen Säuren mit $w(HNO_3) = 68{,}0\,\%$, $\varrho = 1{,}405\ g/cm^3$, und $w(HNO_3) = 10{,}0\,\%$, $\varrho = 1{,}054\ g/cm^3$, zur Verfügung. Welche Volumina der beiden Säuren sind zu mischen?

$w_1 = 68{,}0\,\%$, $\varrho_1 = 1{,}405\ g/cm^3$, $w_2 = 10{,}0\,\%$, $\varrho_2 = 1{,}054\ g/cm^3$, $V_M = 150\ L$, $w_M = 15{,}0\,\%$,
$\varrho_M = 1{,}084\ g/cm^3 = 1{,}084\ kg/L$, $V_1 = ?$, $V_2 = ?$

*Lösung mit der **Mischungsgleichung:*** Hier ist es zweckmäßig, zunächst die Masse der Mischung zu berechnen.

$m_M = V_M \cdot \varrho_M = 150\ L \cdot 1{,}084\ kg/L = 162{,}6\ kg$

In der Mischungsgleichung wird die Masse m_1 ersetzt durch: $m_1 = m_M - m_2$

$(m_M - m_2) \cdot w_1 + m_2 \cdot w_2 = m_M \cdot w_M \quad \Rightarrow \quad m_M \cdot w_1 - m_2 \cdot w_1 + m_2 \cdot w_2 = m_M \cdot w_M \quad \Rightarrow$

$m_2 \cdot w_2 - m_2 \cdot w_1 = m_M \cdot w_M - m_M \cdot w_1 \quad \Rightarrow \quad m_2 \cdot (w_2 - w_1) = m_M \cdot (w_M - w_1) \quad \Rightarrow$

$$m_2 = \frac{m_M \cdot (w_M - w_1)}{w_2 - w_1} = \frac{162{,}6\ kg \cdot (0{,}150 - 0{,}680)}{0{,}100 - 0{,}680} = 148{,}583\ kg\ \text{10 \%ige Säure}$$

$$\mathbf{V_2} = \frac{m_2}{\varrho_2} = \frac{148{,}583\ kg}{1{,}054\ kg/L} = 140{,}970\ L \approx \mathbf{141\ L\ 10\ \%ige\ Säure}$$

$$m_1 = m_M - m_2 = 162{,}6\ kg - 148{,}583\ kg = 14{,}017\ kg\ \text{68 \%ige Säure}$$

$$\mathbf{V_1} = \frac{m_1}{\varrho_1} = \frac{14{,}017\ kg}{1{,}405\ kg/L} = 9{,}977\ L \approx \mathbf{9{,}98\ L\ 68\ \%ige\ Säure}$$

*Lösung mit dem **Mischungskreuz:***

		m	⇒	m_n	:	ϱ_n	=	V_n		
68,0 %	↘ ↗	5,0 (g)		5,0 g	:	$1{,}405\ g/cm^3$	=	3,559 mL	⇒	V_1
	15,0 %									
10,0 %	↗ ↘	53,0 (g)		53,0 g	:	$1{,}054\ g/cm^3$	=	50,285 mL	⇒	V_2
Summe:		m_M		58,0 g	:	$1{,}084\ g/cm^3$	=	53,506 mL	⇒	V_M

Es müssen 3,559 mL 68 %ige Säure mit 50,285 mL 10 %iger Säure gemischt werden, damit 53,506 mL 15 %ige Säure entstehen (Summe der Einzelvolumina: 3,559 mL + 50,285 mL = 53,844 mL).

Mit $V_M = 150\ L$ ergibt sich:

53,506 mL	Mischung erfordern	3,559 mL	68 %ige Säure
150 L	Mischung erfordern	x	68 %ige Säure

$$x = \frac{3{,}559\ mL \cdot 150\ L}{53{,}506\ mL} \approx \mathbf{9{,}98\ L\ 68\ \%ige\ Säure}$$

53,506 mL	Mischung erfordern	50,285 mL	10 %ige Säure
150 L	Mischung erfordern	y	10 %ige Säure

$$y = \frac{50{,}258\ mL \cdot 150\ L}{53{,}506\ mL} \approx \mathbf{141\ L\ 10\ \%ige\ Säure}$$

Aufgaben zur Volumenberechnung beim Mischen von Lösungen

1. 250 mL Schwefelsäure-Lösung mit dem Massenanteil $w(H_2SO_4) = 22{,}0\,\%$ ($\varrho = 1{,}155\ g/mL$) sind anzusetzen. Welche Volumina der Ausgangslösungen mit den Massenanteilen $w(H_2SO_4) = 60{,}6\,\%$ ($\varrho = 1{,}505\ g/mL$) und $w(H_2SO_4) = 14{,}0\,\%$ ($\varrho = 1{,}095\ g/mL$) sind erforderlich?

2. 500 mL Salpetersäure-Lösung mit dem Massenanteil $w(HNO_3) = 59{,}7\,\%$ (Dichte $\varrho = 1{,}365\ g/mL$) werden mit Wasser zu einer Lösung mit $w(HNO_3) = 50{,}0\,\%$ der Dichte $\varrho = 1{,}310\ g/mL$ verdünnt. Welches Volumen der neuen Lösung entsteht, welches Volumen an Wasser ist einzusetzen?

3. Aus einer Natronlauge mit $w(NaOH) = 50{,}0\,\%$ mit der Dichte $\varrho = 1{,}526\ g/mL$ sollen durch Verdünnen mit Wasser $5{,}00\ m^3$ Natronlauge mit $w(NaOH) = 35{,}0\,\%$ ($\varrho = 1{,}380\ g/mL$) hergestellt werden. Welche Volumina der Ausgangslösung und an Wasser sind erforderlich?

5.3.4 Konzentrieren von Lösungen

Konzentrieren durch Zugabe von Feststoff

Beim Erhöhen des Massenanteils durch Zusatz von Reinstoff in festem, flüssigem oder gasförmigem Zustand gilt für diese Komponente $w(X) = 100\,\% = 1$. Beim Zusatz von verunreinigten oder kristallwasserhaltigen Stoffen ist der definierte Massenanteil an Reinsubstanz einzusetzen.

Beispiel 1: In 300 kg KCl-Lösung mit dem Massenanteil $w(KCl) = 15{,}0\,\%$ werden 20,0 kg Kaliumchlorid gelöst **(Bild 1)**. Welchen Massenanteil $w(KCl)$ hat die neue Lösung?

Lösung: Mit der Mischungsgleichung:

$m_1 \cdot w_1 + m_2 \cdot w_2 = m_M \cdot w_M$ folgt:

$$w_M = \frac{m_1 \cdot w_1 + m_2 \cdot w_2}{m_M}$$

$$\mathbf{w_M} = \frac{300\text{ kg} \cdot 0{,}150 + 20{,}0\text{ kg} \cdot 1}{320\text{ kg}} \approx 0{,}203 \approx \mathbf{20{,}3\,\%}$$

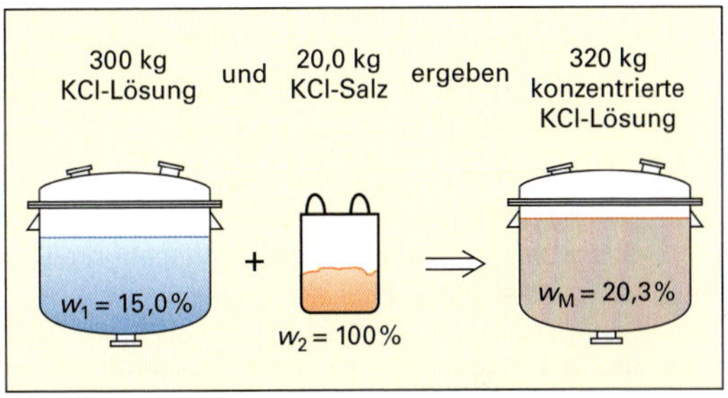

Bild 1: Konzentrieren durch Reinstoffzusatz (Beispiel 1l)

Konzentrieren durch Abdampfen von Lösemittel

In der chemischen Produktion wird das Abdampfen von Lösemittel (Einengen der Lösung) zum Erhöhen des Massenanteils z.B. in Röhren- oder Plattenverdampfern durchgeführt **(Bild 2)**.

Die Masse der verbleibenden konzentrierten Lösung ist: $m_M = m_1 - m_{Lm}$. Der Massenanteil $w(X)$ im abgedampften, reinen Lösemittel ist 0.

In der Mischungsgleichung ist somit der Term $m_{Lm} \cdot w_{Lm} = 0$. Damit vereinfachen sich die Mischungsgleichung und das Mischungskreuz (siehe rechts).

Mischungsgleichung	$m_1 \cdot w_1 = m_M \cdot w_M = (m_1 - m_{Lm}) \cdot w_M$
Mischungskreuz zum Konzentrieren durch Abdampfen	w_1 ↘ w_M ↗ w_M ⇒ m_1 0 ↗ w_M ↘ $w_M - w_1$ ⇒ m_{Lm} Differenz: $m_1 - m_{Lm}$ ⇒ m_M

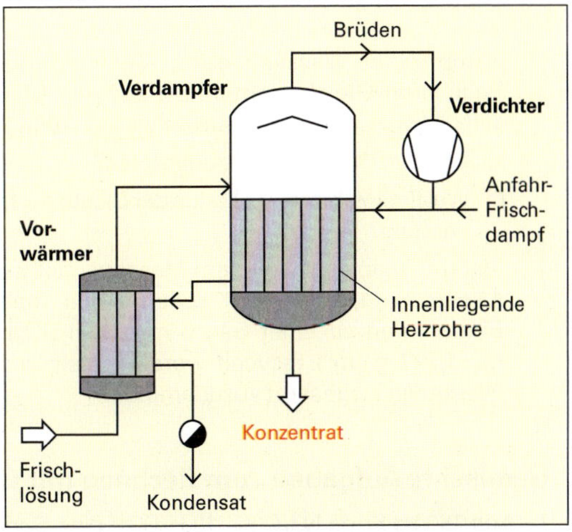

Bild 2: Konzentrieren durch Abdampfen von Lösemittel im Verdampfer mit Brüdenkompression

Beispiel 2: Aus 540 kg einer wässrigen Farbstoff-Lösung mit $w(\text{Farbstoff}) = 8{,}50\,\%$ werden in einem Röhrenverdampfer mit mechanischer Brüdenkompression 460 kg Lösemittel abgedampft (Bild 2). Wie groß ist der Massenanteil $w(\text{Farbstoff})$ im Konzentrat?

Lösung: $m_M = m_1 - m_{Lm} = 540\text{ kg} - 460\text{ kg} = 80\text{ kg}$

Aus der Mischungsgleichung folgt:

$$\mathbf{w_M} = \frac{m_1 \cdot w_1}{m_M} = \frac{540\text{ kg} \cdot 0{,}0850}{80\text{ kg}} \approx \mathbf{0{,}57}$$

Beispiel 3: Ein Bandtrockner wurde mit 450 kg Farbstoffpaste mit dem Feuchteanteil $w(H_2O) = 18{,}5\,\%$ befüllt. Welche Masse an Wasser muss der Paste entzogen werden, wenn im Farbstoff ein Restfeuchte-Massenanteil von $w(H_2O) = 2{,}80\,\%$ verbleiben soll?

Lösung:

81,5 % ↘ 97,2 % ↗ 97,2 (g) ⇒ 450 kg

0 % ↗ 97,2 % ↘ 15,7 (g) ⇒ m_{Lm}

Differenz: 85,5 (g) ⇒ m_M

Aus 97,2 kg Paste werden 15,7 kg Wasser abgedampft.
Aus 450 kg Paste werden x kg Wasser abgedampft.

$$\Rightarrow x = \mathbf{m(H_2O)} = \frac{450\text{ kg} \cdot 15{,}7\text{ kg}}{97{,}2\text{ kg}} \approx \mathbf{72{,}7\text{ kg}}$$

Aufgaben zum Konzentrieren von Lösungen

1. In einen Rührbehälter mit 2000 kg Salzlösung (w(Salz) = 12,5 %) werden über einen Förderer 8 Säcke mit je 25,0 kg Salz eingetragen und unter Erwärmen gelöst **(Bild 1)**. Welchen Massenanteil w(Salz) hat die entstehende Lösung?
2. In 500 kg Ammoniakwasser werden 136 kg Ammoniakgas NH_3 gelöst, der Massenanteil $w(NH_3)$ steigt dabei auf 25,0 %. Welchen Massenanteil $w(NH_3)$ hatte die Ausgangslösung?
3. Welche Masse an Chlorwasserstoffgas HCl muss in 800 kg Salzsäure mit dem Massenanteil w(HCl) = 10,5 % absorbiert werden, wenn der Massenanteil auf w(HCl) = 36,5 % steigen soll?

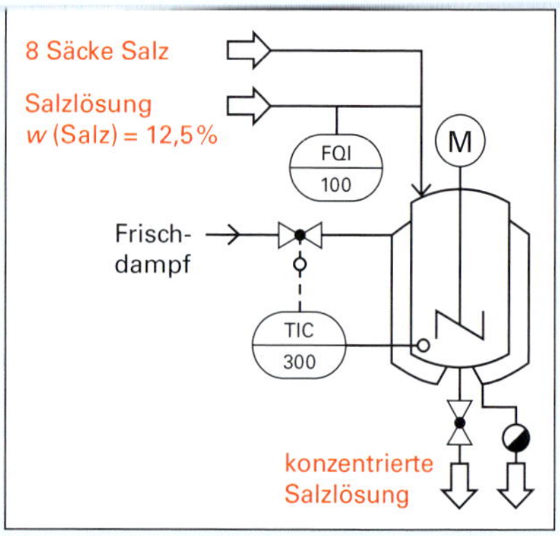

Bild 1: Konzentrieren einer Lösung durch Salzzugabe (Aufgabe 1)

4. In 250 mL Kalilauge mit dem Massenanteil w(KOH) = 10,5 % (ϱ = 1,095 g/cm^3) werden 40,0 g festes Kaliumhydroxid (w(KOH) = 98,0 %) gelöst. Welchen Massenanteil w(KOH) hat die neue Lösung?
5. 550 kg Soda-Lösung ($w(Na_2CO_3)$ = 6,90 %) sollen durch Zusatz von Soda $Na_2CO_3 \cdot 10\ H_2O$ auf den Massenanteil $w(Na_2CO_3)$ = 12,0 % konzentriert werden. Wie viel Lösung entsteht?
6. Bei der Alkalichlorid-Elektrolyse verlässt Dünnsole die Membranzellen mit dem Massenanteil w(NaCl) = 19,5 %. In welcher Masse an Dünnsole müssen 150 kg Steinsalz (w(NaCl) = 98,2 %) gelöst werden, um sie auf den Anteil w(NaCl) = 26,5 % zu konzentrieren? Wie viel Sole entsteht?
7. Aus 650 kg Farbpaste mit einem Feuchtegehalt von $w(H_2O)$ = 22,5 % werden in einem Vakuumtrockner 145 kg Wasser abgedampft. Welche Restfeuchte hat der Farbstoff nach dem Trocknen?
8. Welche Masse an Lösemittel muss aus 25,0 kg Farbstoff-Lösung mit w(Farbstoff) = 8,50 % abgedampft werden, damit eine Paste mit einem Massenanteil w(Lösemittel) = 15,0 % entsteht?
9. Ein pastenartiges Zwischenprodukt mit dem Massenanteil w(Feststoff) = 75,5 % soll auf einen Massenanteil von 92,0 % konzentriert werden. Welche Masse an Wasser muss aus 365 kg Paste abgedampft werden? Wie viel Produkt entsteht?
10. 5500 kg Lauge aus Membran-Elektrolyse-Zellen mit einem Massenanteil w(NaOH) = 32,2 % sollen durch Abdampfen von Wasser in einem Mehrkörperverdampfer nach dem Gleichstromprinzip auf den Massenanteil w(NaOH) = 50,0 % konzentriert werden **(Bild 2)**.
    a) Wie viel Wasser ist abzudampfen?
    b) Welches Volumen an Lauge der Dichte ϱ = 1,525 g/cm^3 entsteht?
11. 150 m^3 Dünnsäure mit dem Massenanteil $w_1(H_2SO_4)$ = 12,5 % (ϱ = 1,000 g/cm^3) sollen durch mehrstufiges Eindampfen zu einer Säure mit $w_2(H_2SO_4)$ = 80,0 % (ϱ = 1,727 g/cm^3) recycelt werden. Welche Masse an Wasser ist insgesamt abzudampfen?

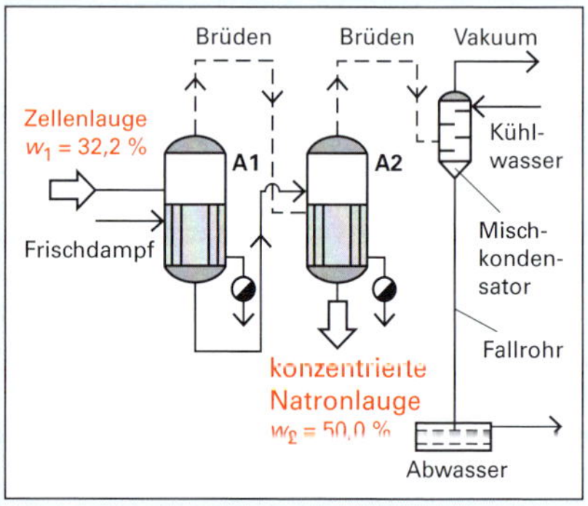

Bild 2: Konzentrieren einer Lauge durch Abdampfen (Aufgabe 10)

Gemischte Aufgaben zum Rechnen mit Gehaltsgrößen von Mischungen

1. Aus 750 kg Soda $Na_2CO_3 \cdot 10\ H_2O$ ist eine Soda-Lösung mit dem Massenanteil $w(Na_2CO_3)$ = 12,5 % anzusetzen. Welche Masse an Wasser ist vorzulegen, wie viel Soda-Lösung entsteht?
2. Welche Masse technisches Natriumhydroxid mit dem Massenanteil w(NaOH) = 92,5 % muss in 1,25 t Wasser gelöst werden, damit eine Natronlauge mit w(NaOH) = 32,5 % entsteht?
3. Durch Lösen von Eisen(II)-sulfat-Heptahydrat $FeSO_4 \cdot 7\ H_2O$ in Wasser sind 500 L Lösung mit einem Massenanteil von $w(FeSO_4)$ = 2,0 % und der Dichte ϱ = 1,018 g/cm^3 herzustellen. Welche Massen an Wasser und Eisen(II)-sulfat-Heptahydrat sind einzuwiegen?

4. Salpetersäure kann nach der Erzeugung im Ostwald-Verfahren durch Extraktiv-Rektifikation mit konzentrierter Schwefelsäure als Hilfsstoff konzentriert werden **(Bild 1)**. Welche Masse an konzentrierter Schwefelsäure muss bei der rektifikativen Aufkonzentrierung von 25,5 t Salpetersäure in den Kopf der Rektifikationskolonne aufgegeben werden?

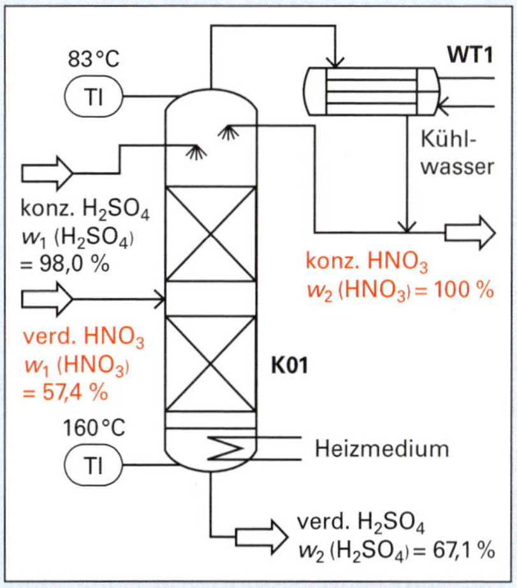

Bild 1: Konzentrieren von Salpetersäure durch Extraktiv-Rektifikation (Aufg. 4)

5. 400 kg Salpetersäure-Lösung ($\varrho = 1{,}234$ g/cm^3) enthalten 152 kg Salpetersäure HNO_3. Wie groß ist die Massenkonzentration $\beta(HNO_3)$?

6. Berechnen Sie den Massenanteil w(HCl) und die Konzentration c(HCl) einer Salzsäure-Lösung mit der Massenkonzentration β(HCl) = 248 g/L und der Dichte $\varrho = 1{,}110$ g/cm^3.

7. Welchen Massenanteil w(KOH) und welche Massenkonzentration β(KOH) hat Kaliauge der Stoffmengenkonzentration c(KOH) = 4,20 mol/L mit der Dichte $\varrho = 1{,}185$ g/cm^3?

8. 750 L Farbstoff-Suspension werden durch Abdampfen von Wasser auf ein Volumen von 400 L eingeengt. Die entstehende Suspension enthält 70,3 g Farbstoff je Liter. Welche Massenkonzentration β(Farbstoff) lag in der Ausgangs-Suspension vor?

9. Welche Volumenkonzentration σ(Glycerin) hat eine wässrige Lösung von Glycerin mit einem Massenanteil w(Glycerin) = 28,0 % und der Dichte $\varrho = 1{,}120$ g/cm^3? ϱ(Glycerin) = 1,260 g/cm^3

10. 800 kg einer bei 10 °C gesättigten Kaliumchlorid-Lösung mit Bodenkörper werden auf 50 °C erwärmt. Welche Masse an KCl geht zusätzlich in Lösung?

11. Die gesättigte Lösung von Kaliumbromat in Wasser von 40 °C hat die Stoffmengenkonzentration $c(KBrO_3)$ = 0,75 mol/L (Dichte $\varrho = 1{,}083$ g/cm^3). Berechnen Sie die Löslichkeit $L^*(KBrO_3)$.

12. 10,5 m^3 Ammoniak-Lösung mit dem Massenanteil $w(NH_3)$ = 24,0 % ($\varrho = 0{,}910$ g/cm^3) werden mit 6,50 m^3 Wasser versetzt. Welchen Massenanteil $w(NH_3)$ hat die Mischung?

13. Welches Volumen an Kalilauge mit dem Massenanteil w(KOH) = 36,0 % ($\varrho = 1{,}355$ g/mL) wird durch Mischen von 510 mL Lauge mit dem Massenanteil w(KOH) = 50,0 %, ($\varrho = 1{,}511$ g/mL) und Kalilauge mit dem Massenanteil w(KOH) = 14,5 %, ($\varrho = 1{,}133$ g/mL) erhalten?

14. 12,5 t Essigsäure, Massenanteil w(Säure) = 4,0 %, sollen durch Zusatz reiner Essigsäure auf den Massenanteil w(Säure) = 6,0 % aufkonzentriert werden. Wie viel reine Säure muss zugesetzt werden?

15. Ein pastenartiges Zwischenprodukt mit dem Massenanteil w(Feststoff) = 75,5 % soll auf einen Massenanteil von 93,5 % konzentriert werden. Welche Masse an Wasser muss aus 465 kg Paste abgedampft werden? Wie viel Produkt entsteht?

16. Wie viel Wasser ist aus zwei in Reihe geschalteten Vakuum-Eindampfstufen aus 2,50 t Dünnsäure abzudampfen, um sie auf den erforderlichen Massenanteil für den Aufschluss von Ilmenit, einem titanhaltigen Erz zur Herstellung von Titandioxid, aufzukonzentrieren **(Bild 2)**?

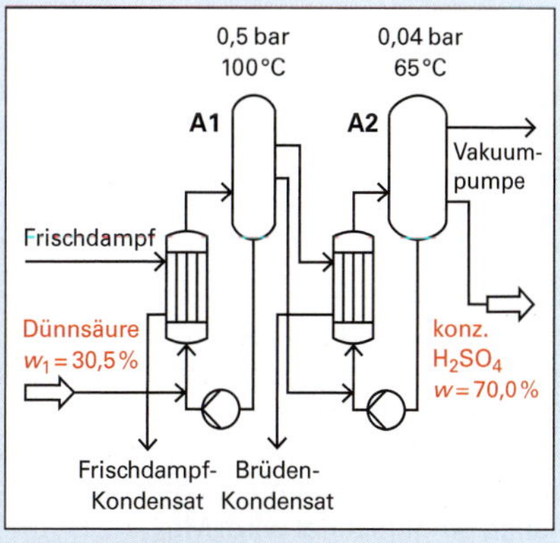

Bild 2: Vakuum-Eindampfung von Dünnsäure (Aufgabe 16)

17. Berechnen Sie die neun Gehaltsgrößen (Tabelle 1, Seite 150) folgender wässriger Lösungen:
   a) 21,951 g H_2SO_4 ($\varrho = 1{,}8305$ g/cm^3) in 100 g H_2O ($\varrho = 0{,}9982$ g/cm^3), ϱ(Lsg) = 1,1243 g/cm^3
   b) 66,67 Methanol ($\varrho = 0{,}7917$ g/cm^3) in 100 g H_2O ($\varrho = 0{,}9982$ g/cm^3), ϱ(Lsg) = 0,9345 g/cm^3.

6 Berechnungen zum Verlauf chemischer Reaktionen

Bei chemischen Reaktionen sind neben dem stofflichen Umsatz (Stöchiometrie, Seite 137) und dem energetischen Umsatz (Thermodynamik, Seite 300) zusätzlich zwei Fragen von Bedeutung:

1. Mit welcher Geschwindigkeit läuft eine Reaktion ab?
2. Verläuft die Reaktion vollständig gemäß der stöchiometrischen Reaktionsgleichung oder kommt sie bei einem teilweisen Umsatz zum Stillstand?

Mit diesen Aspekten bei chemischen Reaktionen befasst sich die Reaktionskinetik.

6.1 Reaktionsgeschwindigkeit

Chemische Reaktionen verlaufen je nach der Art der Reaktionspartner und den Reaktionsbedingungen mit unterschiedlicher Geschwindigkeit ab **(Bild 1)**:

- Die natürliche Bildung von Kohle und Erdöl aus organischer Substanz benötigte viele Millionen Jahre, verläuft also mit äußerst geringer Geschwindigkeit.
- Das Verrotten organischer Stoffe wie Holz oder Fäkalien dauert Monate bis Jahre.
- Das Rosten von Eisen (Korrosion) verläuft mäßig schnell und im Zeitraum von Tagen bis Jahren.
- Die Neutralisation von Säuren und Basen oder die Fällung von Salzen aus Lösungen erfolgt in Sekundenbruchteilen.

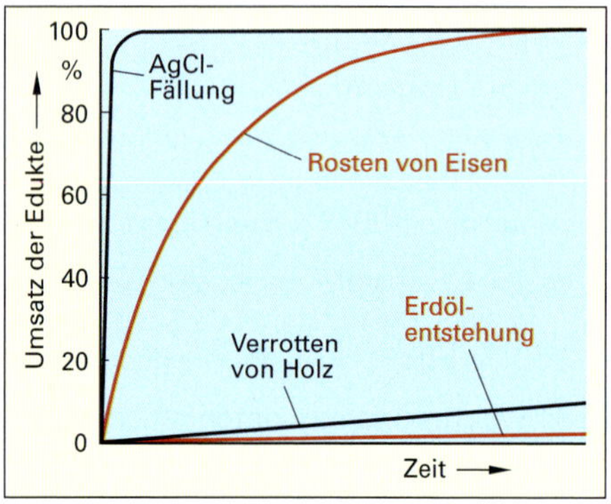

Bild 1: Reaktionsverlauf unterschiedlicher chemischer Reaktionen

Bei den genannten Beispielen ist die Umwandlung der Ausgangsstoffe (Edukte) in die Endstoffe (Produkte), also die Konzentrationsänderung Δc, im gleichen Zeitintervall Δt von sehr unterschiedlicher Größe. Sie wird als **Reaktionsgeschwindigkeit *r*** bezeichnet (reaction rate).

> Die **Reaktionsgeschwindigkeit *r*** ist definiert als die Änderung der Stoffmengenkonzentration Δc eines Reaktionsteilnehmers pro Zeiteinheit Δt.

Reaktionsgeschwindigkeiten

$$r(\text{Produkt}) = \frac{\Delta c(\text{Produkt})}{\Delta t}$$

$$r(\text{Edukt}) = -\frac{\Delta c(\text{Edukt})}{\Delta t}$$

Zur grafischen **Bestimmung der Reaktionsgeschwindigkeit *r*** werden die Konzentrationen der Reaktionspartner in einem Diagramm gegen die Reaktionszeit *t* aufgetragen **(Bild 2)**. Aus dem Steigungsdreieck $\Delta c/\Delta t$ im Konzentrations-Zeit-Diagramm kann die durchschnittliche Reaktionsgeschwindigkeit *r* im Zeitraum Δt ermittelt werden.

Am leichtesten ist die Reaktionsgeschwindigkeit mäßig schnell ablaufender Reaktionen zu messen, bei denen Gase entstehen. Dies soll am Beispiel der Reaktion zwischen Magnesium und Salzsäure untersucht werden, bei der das entstehende Wasserstoffvolumen im Kolbenprober in Zeitintervallen ermittelt und mit den Gasgesetzen auf die Stoffmenge umgerechnet wird: $Mg_{(s)} + 2\,H^+_{(aq)} \rightarrow Mg^{2+}_{(aq)} + H_{2(g)}$

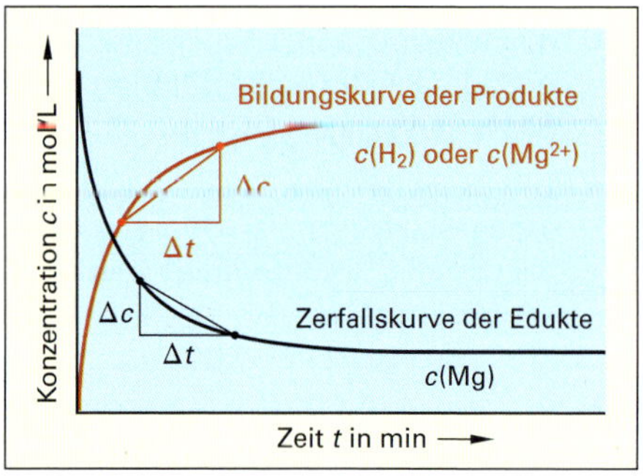

Bild 2: Konzentrationsänderung in Abhängigkeit von der Zeit

Die Elemente Wasserstoff (H_2) und Magnesium (Mg) liegen nicht in gelöster Form vor. Zur Vereinfachung wird hier dennoch von Konzentrationen gesprochen.

Die Geschwindigkeit dieser Reaktion ist gekennzeichnet (Bild 2) durch:

a) die **Konzentrationsabnahme** von Magnesiumatomen und Wasserstoffionen (schwarze Kurve) und
b) die **Konzentrationszunahme** von Magnesiumionen und Wasserstoffmolekülen (rote Kurve).

Berechnung der Reaktionsgeschwindigkeiten (Bild 1, Seite 176):

a) Die Konzentrationen $c(Mg^{2+})$ und $c(H_2)$ nehmen zu, die Konzentrationsänderung Δc ist positiv, die Kurve hat eine positive Steigung. Man spricht bei den Produkten von der **Bildungsgeschwindigkeit**.

Pro ein Mol Magnesium-Ionen entsteht ein Mol Wasserstoff. Daraus folgt die nebenstehende Beziehung zwischen den beiden Reaktionsgeschwindigkeiten:

$$r(Mg^{2+}) = r(H_2) = \frac{\Delta c(Mg^{2+})}{\Delta t} = \frac{\Delta c(H_2)}{\Delta t}$$

b) Die Konzentrationen an Magnesium $c(Mg)$ und an Wasserstoff-Ionen $c(H^+)$ aus der Salzsäure nehmen ab. Δc ist negativ, die Kurve hat eine negative Steigung (Bild 2, Seite 176). Man spricht bei den Edukten von der **Zerfallsgeschwindigkeit** und versieht den Term $\Delta c/\Delta t$ mit einem Minuszeichen, da die Reaktionsgeschwindigkeit keine negativen Werte annehmen kann.

Es werden pro ein Mol Magnesium zwei Mol Wasserstoff-Ionen umgesetzt. Deshalb erfolgt die Abnahme der Wasserstoff-Ionen mit doppelt so großer Geschwindigkeit wie die Abnahme des Magnesiums.

Aus diesem Grund gilt: $r(H^+) = 2 \cdot r(Mg)$, oder: $\frac{1}{2} r(H^+) = r(Mg) = -\frac{\Delta c(Mg)}{\Delta t} = -\frac{1}{2} \cdot \frac{\Delta c(H^+)}{\Delta t}$

Ist die Konzentrationsänderung eines Produkts oder eines Edukts bekannt, kann die Reaktionsgeschwindigkeit mithilfe der Koeffizienten aus der Reaktionsgleichung auf die übrigen Reaktionsteilnehmer umgerechnet werden.

Für die Reaktion Magnesium mit Salzsäure gilt: $r = \frac{\Delta c(Mg^{2+})}{\Delta t} = \frac{\Delta c(H_2)}{\Delta t} = -\frac{\Delta c(Mg)}{\Delta t} = -\frac{1}{2} \cdot \frac{\Delta c(H^+)}{\Delta t}$

Durchschnittsgeschwindigkeit (average velocity)

Die Reaktionsgeschwindigkeit ändert sich fortlaufend, da sich die Konzentration der Reaktionspartner ändert. Bei den für ein bestimmtes Zeitintervall Δt betrachteten Reaktionsgeschwindigkeiten handelt es sich demnach um **Durchschnitts-Reaktionsgeschwindigkeiten r_D**.

Zeichnerisch erhält man die Durchschnittsgeschwindigkeit im *c*-*t*-Diagramm als Steigung einer Sekante an die Bildungskurve **(Bild 1)**. Je größer die Steigung der Sekante ist, umso größer ist die Reaktionsgeschwindigkeit. Die Werte für den Quotienten $\Delta c/\Delta t$ sind aus dem Steigungsdreieck im Diagramm abzulesen.

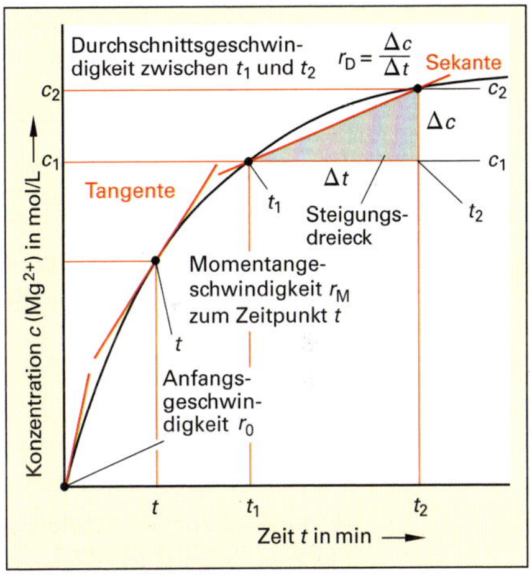

Bild 1: Reaktionsgeschwindigkeit

Momentangeschwindigkeit (instantaneous velocity)

Wählt man das Zeitintervall unendlich klein, so wird aus der Sekante eine Tangente. Die Steigung der Tangente entspricht der **Momentan-Reaktionsgeschwindigkeit r_M** der Reaktion zu einem Zeitpunkt *t* (Bild 1).

Die **Anfangs-Reaktionsgeschwindigkeit** (initial reaction rate) **r_0** ist die Momentangeschwindigkeit zum Zeitpunkt $t = 0$.

Kapillarrohrmethode

Eine einfache und recht genaue Methode zur Ermittlung der Momentangeschwindigkeit aus einer Konzentrationskurve ist die Kapillarrohrmethode **(Bild 2)**.

Ein Glaskapillarröhrchen wird auf die Kurve gelegt (a). Man dreht das Röhrchen. Wenn das Glaskapillarröhrchen die Kurve in der gewünschten Stelle senkrecht schneidet, verläuft die Kurve ohne Lichtbrechung durch die Kapillare. In dieser Position werden an seinen beiden Enden mittige Markierungspunkte eingezeichnet (b) und miteinander zu einer Geraden verbunden. Rechtwinklig zu dieser Geraden erhält man eine Tangente (c). Ihre Steigung entspricht der Momentangeschwindigkeit im Kurvenschnittpunkt. Die Werte für Δc und Δt ergeben sich aus einem beliebig eingezeichneten Steigungsdreieck an der Tangente (d).

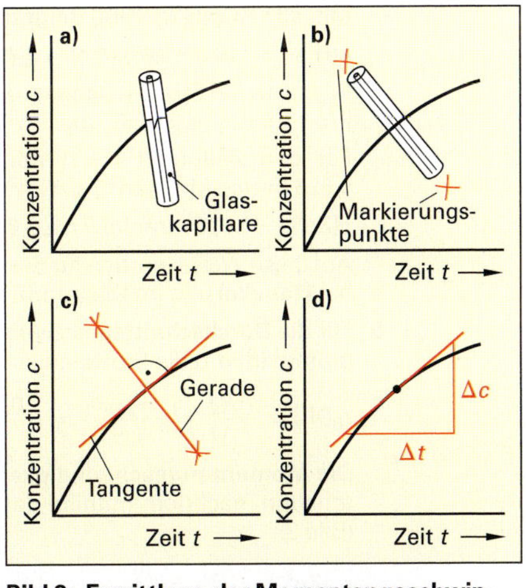

Bild 2: Ermittlung der Momentangeschwindigkeit mit der Kapillarmethode

Beispiel: Zink setzt sich mit Salzsäure unter Bildung von Wasserstoff um: $Zn_{(s)} + 2HCl_{(aq)} \longrightarrow ZnCl_{2(aq)} + H_{2(g)}$

Die angegebenen Messwerte der Wasserstoffvolumina $V(H_2)$ in der **Tabelle** wurden mit 5,0 mL Salzsäure der Konzentration $c(HCl) = 1{,}0$ mol/L und überschüssigen Zinkgranalien bei 22,0 °C und 1,023 bar erhalten.

Tabelle: Reaktionsverlauf von Zink und Salzsäure (ϑ = 22,0 °C, p = 1,023 bar)

durch Messung erhaltene Messwerte	t in min	0	1	2	3	4	6	8	10	12	15
	$V(H_2)$ in mL	0,0	15,0	21,5	26,5	30,5	35,8	39,2	41,5	42,9	43,5
berechnete Lösungswerte	$n(H_2)$ in mmol	0	0,626	0,897	1,105	1,272	1,493	1,635	1,731	1,789	1,814
	$c(H^+)$ in mol/L	1,000	0,750	0,641	0,558	0,491	0,404	0,346	0,308	0,284	0,274
	$c(Zn^{2+})$ mol/L	0	0,125	0,179	0,221	0,254	0,299	0,327	0,346	0,357	0,362

a) Berechnen Sie aus den Wasserstoffvolumina $V(H_2)$ die Stoffmengenkonzentrationen $c(H^+)$ und $c(Zn^{2+})$ und tragen Sie diese jeweils in einem Diagramm in Abhängigkeit von der Zeit auf.

b) Ermitteln Sie in den Diagrammen die Durchschnittsgeschwindigkeit $r_D(H^+)$ für den Zeitraum 5 bis 9 Minuten und die Momentangeschwindigkeit $r_M(Zn^{2+})$ nach 5 Minuten Reaktionszeit.

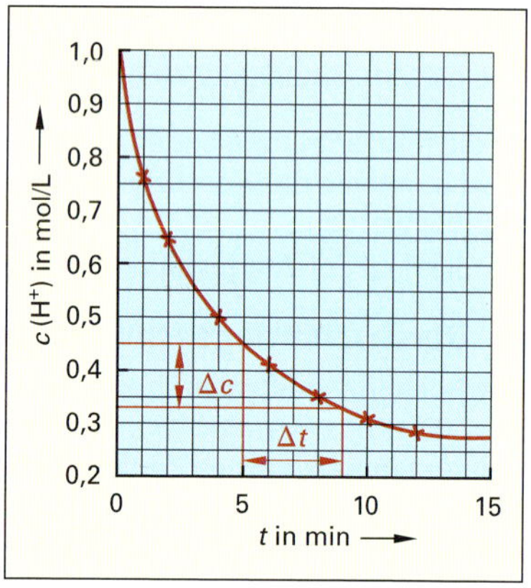

Bild 1: Reaktionsgeschwindigkeit $r(H^+)$

Lösung: a) Berechnung der **Stoffmengen:** Aus den gemessenen Wasserstoffvolumina können die Stoffmengen $n(H_2)$ mithilfe der allgemeinen Gasgleichung (Seite 142) ermittelt werden:

$$p \cdot V = n \cdot R \cdot T \quad \Rightarrow \quad n(H_2) = \frac{p \cdot V(H_2)}{R \cdot T}$$

Für $t = 1$ min: $n(H_2) = \dfrac{1{,}023 \text{ bar} \cdot 15{,}0 \text{ mL}}{83{,}14 \dfrac{\text{mL} \cdot \text{mbar}}{\text{K} \cdot \text{mmol}} \cdot 295 \text{ K}} = 0{,}626$ mmol

Bilanz für die **Stoffmengenkonzentration $c(H^+)$:**

Das Stoffmengenverhältnis $n(H^+)/n(H_2)$ beträgt:

$$\frac{n(H^+)}{n(H_2)} = \frac{2 \text{ mol}}{1 \text{ mol}} \quad \Rightarrow \quad n(H^+) = 2 \cdot n(H_2)$$

Das heißt: 1 mol gebildetes H_2 verbraucht 2 mol H^+-Ionen. Umgesetzte Stoffmenge $n(H^+)$ zum Zeitpunkt $t = 1$ min:

$n(H^+) = 2 \cdot n(H_2) = 2 \cdot 0{,}626$ mmol $= 1{,}252$ mmol.

Mit der Anfangskonzentration $c_0(H^+) = 1{,}0$ mol/L und $n_0(H^+) = c(HCl) \cdot V(HCl) = 1{,}0$ mol/L $\cdot$ 5,0 mL = 5,0 mmol folgt für die zum Zeitpunkt $t = 1$ min noch verbliebene Stoffmenge $n(H^+)$: $n(H^+) = 5{,}0$ mmol $- 1{,}252$ mmol $= 3{,}748$ mmol.

Mit $c(H^+) = n(H^+)/V(HCl)$ folgt zum Zeitpunkt $t = 1$ min:

$c(H^+)$ = 3,748 mmol/5,0 mL ≈ **0,750 mol/L**

Bilanz für die **Stoffmengenkonzentration $c(Zn^{2+})$:**

Pro 1 mol H_2 entsteht 1 mol Zn^{2+}.

Für den Zeitpunkt $t = 1$ min gilt: $n(Zn^{2+}) = n(H_2) = 0{,}626$ mmol. Mit $c(Zn^{2+}) = n(Zn^{2+})/V(HCl)$ folgt:

$c(Zn^{2+})$ = 0,626 mmol/5,0 mL ≈ **0,125 mol/L (Bild 1)**

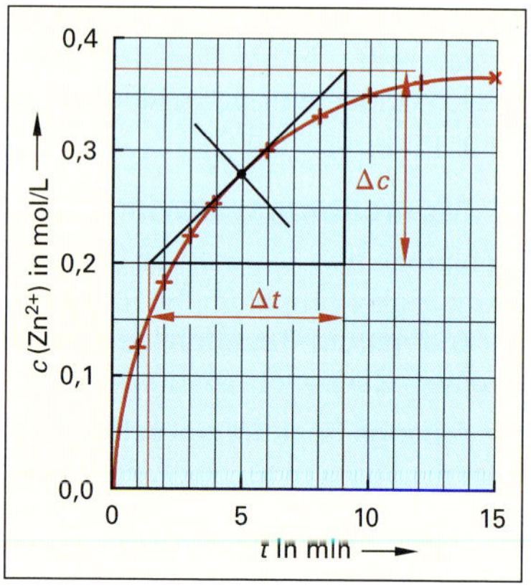

Bild 2: Reaktionsgeschwindigkeit $r(Zn^{2+})$

Auf diese Weise werden für die weiteren genannten Zeiten die $c(H^+)$-Werte und $c(Zn^{2+})$-Werte berechnet **(Tabelle)** und im Diagramm aufgetragen (Bild 1 und **Bild 2).**

b) Für die **Durchschnittsgeschwindigkeit $r_D(H^+)$** werden aus dem Steigungsdreieck der Sekante im Diagramm (Bild 1) die Stoffmengen für die Zeitpunkte 5 min und 9 min abgelesen und eingesetzt:

$$r_D(H^+) = -\frac{\Delta c}{\Delta t} = -\frac{c_2 - c_1}{t_2 - t_2} = -\frac{0{,}325 \text{ mol/L} - 0{,}450 \text{ mol/L}}{9 \text{ min} - 5 \text{ min}} = -\frac{-0{,}125 \text{ mol/L}}{4 \text{ min}} \approx \mathbf{31\ mmol/L \cdot min^{-1}}$$

Die **Momentangeschwindigkeit $r_M(Zn^{2+})$** für den Zeitpunkt 5 min wird aus dem Steigungsdreieck erhalten, nachdem mithilfe der Kapillarrohrmethode eine Tangente an den Graphen gelegt wurde (Bild 2):

$$r_M(Zn^{2+}) = \frac{\Delta c}{\Delta t} = \frac{c_2 - c_1}{t_2 - t_2} = \frac{0{,}37 \text{ mol/L} - 0{,}20 \text{ mol/L}}{9 \text{ min} - 1{,}6 \text{ min}} \approx \mathbf{23\ mmol/L \cdot min^{-1}}$$

Aufgaben zur Reaktionsgeschwindigkeit

1. Ameisensäure (Methansäure) wird durch Brom nach folgender Reaktionsgleichung zu Kohlenstoffdioxid oxidiert: $HCOOH_{(aq)} + Br_{2(aq)} \longrightarrow CO_{2(g)} + 2\,HBr_{(aq)}$

   Die Anfangskonzentration an Brom beträgt 20,0 mmol/L. Nach Zugeben einer Ameisensäure-Lösung beträgt sie nach 30 s Reaktionszeit 8,0 mmol/L, nach 60 s 2,0 mmol/L. Berechnen Sie die Durchschnittsgeschwindigkeiten für den Abbau von Br_2 und die Bildung von HBr für den Zeitraum 30 s bis 60 s.

2. Im Überschuss vorliegende Marmorbruchstücke (überwiegend $CaCO_3$) werden mit 50 mL Salzsäure der Konzentration c(HCl) = 2,0 mol/L zur Reaktion gebracht. Das Calciumcarbonat aus dem Marmor setzt sich mit der Säure zu Kohlenstoffdioxid und Calciumchlorid um:

   $CaCO_{3(s)} + 2\,HCl_{(aq)} \longrightarrow CaCl_{2(aq)} + CO_{2(g)} + H_2O_{(l)}$

   Die **Tabelle** zeigt den Massenverlust durch das entweichende CO_2 in Abhängigkeit von der Zeit.

Tabelle: Reaktionsverlauf zwischen Marmor und Salzsäure

t in s	0	20	40	60	80	100	120	140	160	180	200	240	280	320	360	400	500
$m(CO_2)$ in g	0,00	0,23	0,42	0,58	0,70	0,79	0,86	0,93	0,97	1,01	1,03	1,06	1,09	1,12	1,13	1,14	1,15

   a) Berechnen Sie jeweils aus der Masse des Kohlenstoffdioxids die entsprechende Stoffmenge an CO_2 sowie die Stoffmengenkonzentration der gebildeten Calcium-Ionen. Tragen Sie in einem Diagramm jeweils die Stoffmenge $n(CO_2)$ und die Konzentration $c(Ca^{2+})$ gegen die Zeit auf.

   b) Berechnen Sie mithilfe der Werte der Tabelle die Durchschnittsgeschwindigkeit $r_0(CO_2)$ für den Zeitraum 80 s bis 100 s.

   c) Ermitteln Sie aus dem Diagramm die durchschnittlichen Reaktionsgeschwindigkeiten $r(Ca^{2+})$ und $r(CO_2)$ im Zeitraum 90 s bis 150 s.

   d) Bestimmen Sie mithilfe der Kapillarmethode die Momentangeschwindigkeit $r_M(Ca^{2+})$ nach 200 s sowie die Anfangsgeschwindigkeit $r_0(H^+)$.

6.2 Beeinflussung der Reaktionsgeschwindigkeit

Die Reaktionsgeschwindigkeit wird in erster Linie durch die Reaktivität der an der Reaktion beteiligten Stoffe bestimmt. So verlaufen beispielsweise Ionenreaktionen wie die Neutralisationsreaktion mit sehr hoher Reaktionsgeschwindigkeit; organisch-chemische Reaktionen wie die Veresterung dagegen sehr viel langsamer ab.

Zu den Faktoren, mit denen man die Reaktionsgeschwindigkeit beeinflussen kann, zählen neben dem Zerteilungsgrad der Ausgangsstoffe vor allem die Stoffkonzentration, die Temperatur, der Druck und der Einsatz von Katalysatoren bzw. Inhibitoren.

6.2.1 Einfluss der Konzentration

Führt man die Reaktion zwischen Marmor und Salzsäure aus Aufgabe 2 oben bei sonst gleichen Bedingungen mit mehreren Salzsäure-Lösungen unterschiedlicher Konzentrationen durch, so stellt man fest:

Höhere Ausgangskonzentrationen der Säure führen in gleicher Zeit auch zu größeren Volumina an gebildetem Kohlenstoffdioxid **(Bild 1)**. Eine Verdopplung der Ausgangs-Säurekonzentration ergibt beispielsweise im gleichen Zeitraum das doppelte Volumen an Kohlenstoffdioxid (vergleiche Kurve 1 und 2). Die Bestimmung der Reaktionsgeschwindigkeit $r = \Delta c/\Delta t$ aus dem Steigungsdreieck zwischen 50 und 100 s ergibt ebenso bei doppelt so großer Ausgangs-Säurekonzentration eine doppelt so große Reaktionsgeschwindigkeit.

Daraus folgt: Die Reaktionsgeschwindigkeit r ist proportional zur Ausgangs-Konzentration an Salzsäure c_0(HCl): $r \sim c_0$(HCl).

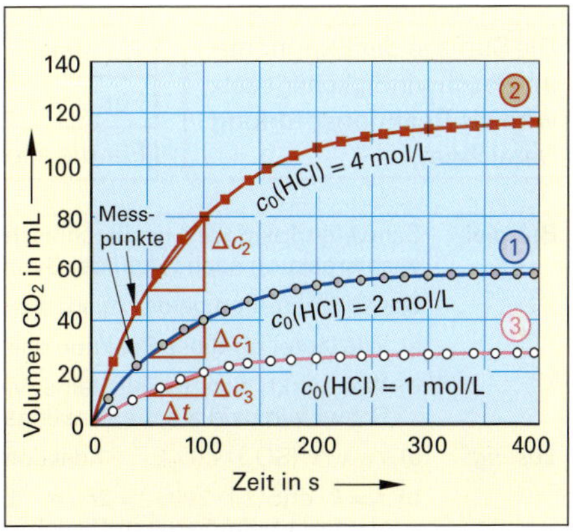

Bild 1: CO_2-Bildung bei der Reaktion von Marmor mit Salzsäure bei unterschiedlichen Ausgangskonzentrationen c_0(HCl)

Der gesamte Ablauf der Reaktion zwischen Salzsäure und Marmor lässt die Abhängigkeit zwischen der Konzentration und der Reaktionsgeschwindigkeit erkennen: Da die Salzsäure-Konzentration im Verlauf der Reaktion abnimmt, wird die Momentan-Reaktionsgeschwindigkeit, die jeweils an der Steigung der Kurve ablesbar ist, immer geringer (Bild 1, Seite 179).

Die Abhängigkeit der Momentangeschwindigkeit r_M von der momentanen Stoffmengenkonzentration *c* der Reaktionspartner kann mit der Stoßtheorie erklärt werden.

Stoßtheorie (collision theory)

Die Stoßtheorie geht davon aus, dass die Reaktionspartner „wirksam" aufeinandertreffen müssen, damit es zu einer Reaktion kommt. Ein Zusammenstoß ist nur dann wirksam, wenn die Teilchen:

- mit einer genügend großen kinetischen Energie, der **Aktivierungsenergie**, aufeinandertreffen,
- mit der **richtigen räumlichen Orientierung,** d.h., mit ihren funktionellen Gruppen, aufeinandertreffen.

Wenn beide Voraussetzungen bei einem Teilchenzusammenstoß erfüllt sind, kommt es zur Bildung eines Produktteilchens. Ist eine der beiden Bedingungen nicht erfüllt, trennen sich die Teilchen nach dem Zusammenstoß wieder, ohne zu reagieren – wie bei einem elastischen Stoß.

Die Abhängigkeit der Reaktionsgeschwindigkeit von der Teilchenkonzentration kann man mit einem **Gedankenexperiment** erkennen **(Bild 1).**

Zwei Stoffe A und B reagieren zu einem Produkt C: $\mathbf{A + B \rightarrow C}$

Bild 1a: Die Anzahl *z* der möglichen wirksamen Zusammenstöße, Stoßzahl *z* genannt, beträgt bei jeweils einem Teilchen A und B: $z = 1 \cdot 1 = 1$

Bild 1b: Die Verdoppelung der Anzahl (Konzentration) der Teilchen A bewirkt, dass sich die Reaktionsgeschwindigkeit ebenfalls um den Faktor zwei erhöht: $z = 2 \cdot 1 = 2$ $\boldsymbol{r \sim c(\mathrm{A})}$

Bild 1c: Eine Verdoppelung der Anzahl (Teilchenkonzentration) B ergibt das gleiche Resultat. Die Stoßzahl wird verdoppelt: $z = 1 \cdot 2 = 2.$ $\boldsymbol{r \sim c(\mathrm{B})}$

Bild 1d: Bei einer Erhöhung beider Teilchenkonzentrationen auf das Zweifache des ursprünglichen Wertes steigt die Stoßzahl auf das Vierfache und damit die Reaktionsgeschwindigkeit auf das Vierfache des Ausgangswertes: $z = 2 \cdot 2 = 4$. Die Reaktionsgeschwindigkeit ist somit dem Produkt der beiden Teilchenkonzentrationen proportional: $\boldsymbol{r \sim c(\mathrm{A}) \cdot c(\mathrm{B})}$

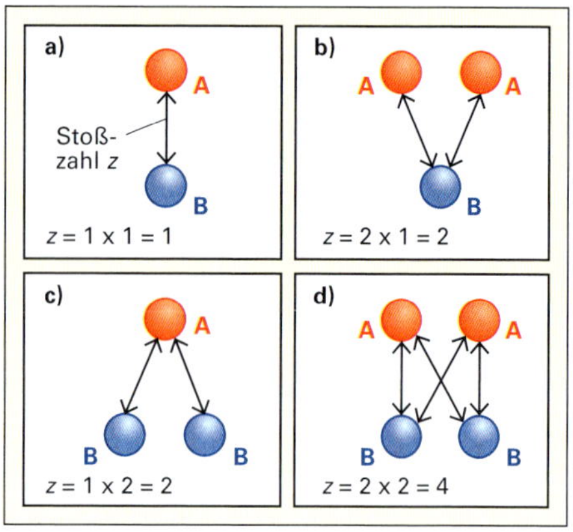

Bild 1: Teilchenzahl und Stoßzahl

Reaktionsordnung (reaction order)

Für jede Reaktion wird experimentell der Proportionalitätsfaktor bestimmt. Dieser erscheint als Geschwindigkeitskonstante *k* in der Gleichung.

Daraus ergeben sich folgende Reaktionsgeschwindigkeitsgesetze:

Die Summe der Exponenten im Geschwindigkeitsgesetz wird als **Reaktionsordnung** bezeichnet.

		Geschwindigkeitsgesetze
Für eine Reaktion der Form:	$A \rightarrow C + D$	$\boldsymbol{r = k \cdot c(\mathrm{A})}$
Für eine Reaktion der Form:	$A + B \rightarrow C$	$\boldsymbol{r = k \cdot c(\mathrm{A}) \cdot c(\mathrm{B})}$
Für die allgemeine Reaktion:	$nA + mB \rightarrow C$	$\boldsymbol{r = k \cdot c^n(\mathrm{A}) \cdot c^m(\mathrm{B})}$

Beispiel: Schwefeltrioxid wird großtechnisch nach dem Doppelkontaktverfahren in einer katalysierten Gleichgewichtsreaktion nach folgender Synthesegleichung hergestellt: $2\,SO_2 + O_2 \rightleftharpoons 2\,SO_3$

Die Konzentration beider Ausgangsstoffe (Edukte) beeinflussen die Reaktionsgeschwindigkeit.

a) Wie lautet für diese Reaktion das Geschwindigkeitsgesetz und die Reaktionsordnung.

b) Wie wirkt sich jeweils eine Verdoppelung der Ausgangskonzentration an Sauerstoff und an Schwefeldioxid auf die Reaktionsgeschwindigkeit aus?

Lösung: a) $r = k \cdot c^2(SO_2) \cdot c(O_2)$ Reaktionsordnung: $2 + 1 = 3$

b) $r_1 = k \cdot c^2(SO_2) \cdot 2c(O_2) = 2r$ $\Rightarrow$ Die Verdoppelung der Konzentration $c(O_2)$ bewirkt wegen des Koeffizienten 1 beim Sauerstoff auch eine Verdoppelung der Reaktionsgeschwindigkeit.

$r_2 = k \cdot (2c(SO_2))^2 \cdot c(O_2) = 4r$ $\Rightarrow$ Die Verdoppelung der Konzentration $c(SO_2)$ mit dem Koeffizienten 2 beim Schwefeldioxid bewirkt eine Vervierfachung der Reaktionsgeschwindigkeit.

Aufgaben zum Einfluss der Konzentration auf die Reaktionsgeschwindigkeit

1. Zwei Ausgangsstoffe CO und H_2O reagieren zu den Produkten CO_2 und H_2:
   $CO + H_2O \longrightarrow CO_2 + H_2$
   a) Wie groß ist die Stoßzahl *z* (Anzahl möglicher wirksamer Zusammenstöße), wenn im Reaktionsraum 3 Teilchen CO und 4 Teilchen H_2O vorliegen?
   b) Wie verändert sich die Stoßzahl, wenn die Konzentration von CO auf 6 Teilchen erhöht wird?
2. Geben Sie das Geschwindigkeitsgesetz für die Verbrennung von Wasserstoff in Chloratmosphäre an: $H_2 + Cl_2 \longrightarrow 2\,HCl$
3. Eine Reaktion $C_2H_4 + HCl \longrightarrow C_2H_5Cl$ wird unter gleichen Reaktionsbedingungen (Druck und Temperatur), aber mit zwei verschiedenen Konzentrationsansätzen durchgeführt:
   Ansatz I: $c(C_2H_4) = 2$ mol/L, $c(HCl) = 4$ mol/L, **Ansatz II:** $c(C_2H_4) = 0{,}1$ mol/L, $c(HCl) = 10$ mol/L
   Untersuchen Sie, welcher der beiden Ansätze mit der höheren Reaktionsgeschwindigkeit abläuft.

6.2.2 Einfluss der Temperatur auf die Reaktionsgeschwindigkeit

Die Temperatur ist neben der Konzentration eine weitere wichtige Einflussgröße auf die Reaktionsgeschwindigkeit. Im Allgemeinen nimmt die Geschwindigkeit einer Reaktion mit steigender Temperatur zu, weil die Stoffteilchen häufiger und heftiger aufeinanderprallen. Dies gilt sowohl für endotherme als auch für exotherme Reaktionen. Aus diesem Grund werden viele chemische Synthesen bei erhöhter Temperatur durchgeführt. Leicht verderbliche Stoffe wie Lebensmittel und Pharmazeutika, bei denen eine Reaktion vermieden werden soll, werden dagegen kühl gelagert.

Reaktionsgeschwindigkeits-Temperatur-Regel (van't Hoff's law)

Als **Faustregel** gilt für zahlreiche chemische Reaktionen: Die Reaktionsgeschwindigkeit nimmt bei einer Temperaturerhöhung um 10 °C etwa um den Faktor 2 zu.

Diese Gesetzmäßigkeit wird als **R**eaktions**g**eschwindigkeits-**T**emperatur-Regel, kurz **RGT-Regel** bezeichnet.

RGT-Regel: Eine Temperaturerhöhung um 10 °C hat bei vielen Reaktionen annähernd eine Verdoppelung der Reaktionsgeschwindigkeit zur Folge.

Um eine Gleichung für die RGT-Regel zu erhalten, ermittelt man mit der Temperaturerhöhung $\vartheta_2 - \vartheta_1$ geteilt durch die 10°-Spanne den Faktor *n*. Er gibt das Vielfache einer 10 °C-Temperaturerhöhung an.

Damit berechnet man die Reaktionsgeschwindigkeit r_2 nach einer Temperaturerhöhung um $\vartheta_2 - \vartheta_1$ aus der Reaktionsgeschwindigkeit r_1 (bei ϑ_1) gemäß der nebenstehenden Gleichung.

Auch für die verkürzte Reaktionszeit t_2, bei einer von ϑ_1 auf ϑ_2 erhöhten Temperatur, erhält man eine Gleichung (siehe rechts).

Temperaturabhängigkeit der Reaktionsgeschwindigkeit nach der RGT-Regel

$$r_2 \approx 2^n \cdot r_1 \qquad \text{mit } n = \frac{\vartheta_2 - \vartheta_1}{10\,°C}$$

Temperaturabhängigkeit der Reaktionszeit nach der RGT-Regel

$$t_2 \approx \frac{t_1}{2^n} \qquad \text{mit } n = \frac{\vartheta_2 - \vartheta_1}{10\,°C}$$

Beispiel 1: Eine Reaktion verläuft bei 20 °C mit einer Reaktionsgeschwindigkeit von $0{,}5\,\frac{\text{mmol}}{\text{L} \cdot \text{s}}$. Welchen Wert hat die Reaktionsgeschwindigkeit bei 60 °C mit den gleichen Ausgangskonzentrationen?

Lösung: $n = \frac{\vartheta_2 - \vartheta_1}{10\,°C} = \frac{60\,°C - 20\,°C}{10\,°C} = \frac{40\,°C}{10\,°C} = 4;\quad r_2 \approx 2^n \cdot r_1 \approx 2^4 \cdot 0{,}5\,\frac{\text{mmol}}{\text{L} \cdot \text{s}} \approx \mathbf{8\,\frac{mmol}{L \cdot s}}$

Beispiel 2: Eine Reaktion dauert bei 80°C 5,0 min. Welche Zeit benötigt die gleiche Reaktion bei 15°C?

Lösung: $n = \frac{\vartheta_2 - \vartheta_1}{10\,°C} = \frac{15\,°C - 80\,°C}{10\,°C} = \frac{-65\,°C}{10\,°C} = -6{,}5;\quad t_2 \approx \frac{t_1}{2^n} \approx \frac{5{,}0\,\text{min}}{2^{-6{,}5}} \approx 5{,}0\,\text{min} \cdot 2^{6{,}5} \approx 453\,\text{min} \approx \mathbf{7{,}5\,h}$

Um die Auswirkung der Temperatur auf die Reaktionsgeschwindigkeit zu ermitteln, wird eine Reaktion bei unterschiedlichen Temperaturen durchgeführt. Es wird die Zeit gemessen, die kurz nach Reaktionsbeginn bis zum Erreichen einer bestimmten Farbe, eines bestimmten Trübungsgrades oder bis zum Farbumschlag eines Indikators benötigt wird. Die Kehrwerte $1/t_R$ (= t_R^{-1}) der gemessenen Reaktionszeiten sind ein Maß für die mittlere Reaktionsgeschwindigkeit r in diesem Zeitraum.
In einem Diagramm werden dann die ermittelten Reaktionsgeschwindigkeiten (als Kehrwerte der Reaktionszeiten t_R^{-1}) gegen die Temperatur aufgetragen **(Bild 1)**. Daraus kann durch Interpolation die Auswirkung einer Temperaturerhöhung von 10 °C auf die Reaktionsgeschwindigkeit für beliebige Intervalle ermittelt werden.

Beispiel: In einer Versuchsreihe soll überprüft werden, ob die RGT-Regel auf die Reaktion zwischen Iodid-Ionen $I^-_{(aq)}$ und Peroxidisulfat-Ionen $S_2O^{2-}_{8(aq)}$ zutrifft. Folgende Messwerte wurden erhalten:

Tabelle: Temperatur und Reaktionsgeschwindigkeit

ϑ in °C	1	9	20	25	36	47
t_R in s	260	120	53	37	18	9

a) Bestimmen Sie den Kehrwert $1/t_R$.

b) Tragen Sie in einem Diagramm die Kehrwerte der Reaktionszeit t_R^{-1} gegen die Reaktionstemperatur ϑ auf.

c) Überprüfen Sie im Diagramm anhand einiger Intervalle von 10 °C, ob diese Temperaturerhöhung die Reaktionsgeschwindigkeit verdoppelt.

Lösung: a)

ϑ in °C	1	9	20	25	36	47
$1/t_R$ in s^{-1}	0,0038	0,0083	0,0189	0,0270	0,0556	0,111

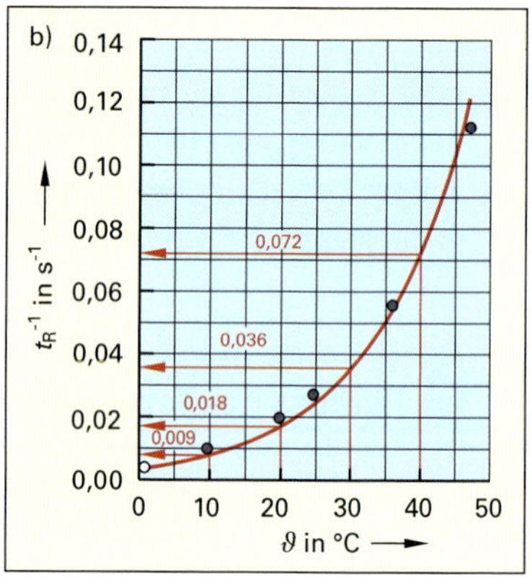

Bild 1: Überprüfung der Gültigkeit der RGT-Regel

c) t_R^{-1} bei 10 °C: 0,009 s^{-1}; bei 20 °C: 0,018 s^{-1}: bei 30 °C: 0,036 s^{-1}; bei 40 °C: 0,072 s^{-1};
Ergebnis: t_R^{-1} und damit die Reaktionsgeschwindigkeit r nimmt jeweils bei Temperaturerhöhung um 10 °C um den Faktor 2 zu. ⇒ Die RGT-Regel ist bei dieser Reaktion erfüllt.

Boltzmann-Energieverteilung (Boltzmann-distribution)

Bei gleicher Temperatur haben nicht alle Teilchen eines Stoffes die gleiche Bewegungsenergie. Ihre Geschwindigkeit und damit ihre kinetische Energie zeigen eine typische Verteilung der Häufigkeit.
Der Physiker Boltzmann[1] hat die Energieverteilung von Gasteilchen für verschiedene Temperaturen berechnet. Trägt man die kinetische Energie E_{kin} der Teilchen einer Gasportion für unterschiedliche Temperaturen T_1 und T_2 gegen die Anzahl der Teilchen N mit diesem Energieinhalt in einem Diagramm auf, so erhält man die **Energieverteilungskurve** für die jeweilige Temperatur **(Bild 2)**. Die Energieverteilungskurve ist für die höhere Temperatur T_2 im Diagramm gegenüber T_1 nach rechts verschoben. Demzufolge hat bei T_2 ein größerer Anteil der Teilchen die zur Reaktion erforderliche Aktivierungsenergie E_a überschritten.

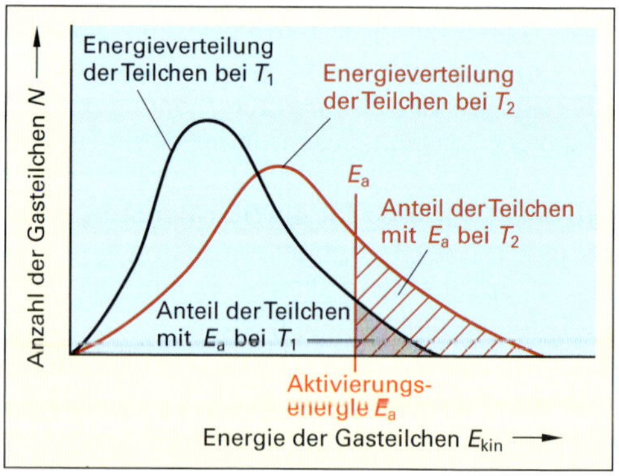

Bild 2: Energieverteilung (nach Boltzmann) von Gasteilchen für zwei Temperaturen

Aktivierungsenergie (activation energy)

Bei vielen chemischen Reaktionen reagieren die Teilchen nur dann miteinander, wenn sie:

a) mit der richtigen räumlichen Orientierung, d.h., mit ihren funktionellen Gruppen, zusammenstoßen

b) und wenn der Zusammenstoß mit einer für die Reaktion charakteristischen Mindestenergie, der **Aktivierungsenergie E_a**, erfolgt.

Die **Aktivierungsenergie** ist die Mindestenergie, welche die Teilchen eines Stoffes aufweisen müssen, um eine chemische Reaktion zu ermöglichen.

[1] Ludwig Boltzmann (1844 bis 1906), österreichischer Physiker

Nur die Teilchen einer Stoffportion, deren Energiegehalt die Aktivierungsenergie übertrifft, können an einer chemischen Reaktion teilnehmen. Aus Bild 2, Seite 182, ist ersichtlich, dass bei der Temperatur T_1 nur wenige Teilchen diese Mindestenergie für einen wirksamen Zusammenstoß aufweisen (grau unterlegte Fläche). Bei der höheren Temperatur T_2 haben dagegen erheblich mehr Teilchen diese Mindestenergie (rot schraffierte Fläche). Dies führt zu einer starken Zunahme der Reaktionsgeschwindigkeit und erklärt den großen Einfluss der Temperatur auf die Reaktionsgeschwindigkeit und damit die RGT-Regel.

Aufgaben zum Einfluss der Temperatur auf die Reaktionsgeschwindigkeit

1. Die Umsetzung von Ammoniumperoxodisulfat mit Kaliumiodid verläuft nach folgender Brutto-Ionengleichung: $S_2O^{2-}_{8(aq)} + 2\,I^-_{(aq)} \longrightarrow I_{2(aq)} + 2\,SO^{2-}_{4(aq)}$
   Die Reaktion ist bei 19,5 °C nach 53 s beendet. Berechnen Sie die ungefähre Reaktionszeit mit den gleichen Ausgangskonzentrationen für eine Temperatur von 75 °C.
2. Die Verseifung von Iodmethan mit Natronlauge $CH_3I_{(aq)} + OH^-_{(aq)} \longrightarrow CH_3OH_{(aq)} + I^-_{(aq)}$ verläuft bei 60 °C mit einer Reaktionsgeschwindigkeit von 8,0 mmol/min. Berechnen Sie die Reaktionsgeschwindigkeit bei 22 °C.
3. Bei der Zersetzung von Thiosulfat-Ionen durch Wasserstoff-Ionen disproportioniert das Thiosulfat-Ion in Schwefel und Schwefeldioxid: $S_2O^{2-}_{3(aq)} + 2\,H^+_{(aq)} \longrightarrow H_2O_{(l)} + SO_{2(g)} + S_{(s)}$

Tabelle: Zersetzung von Natriumthiosulfat-Lösung durch Salzsäure

ϑ in °C	14,5	19,5	25,0	31,5	50,5
t_R in s	90	63	47	29	10

Prüfen Sie mithilfe eines geeigneten Diagramms, ob die Reaktion nach der RGT-Regel verläuft.

6.2.3 Einfluss von Katalysatoren auf die Reaktionsgeschwindigkeit

Katalysatoren (catalyst) senken die Aktivierungsenergie einer Reaktion. Dadurch weisen mehr Teilchen die erforderliche Mindestenergie für einen wirksamen Zusammenstoß auf. Dies erkennt man in **Bild 1** an der größeren rot schraffierten Fläche gegenüber der grauen Fläche ohne Katalysator.

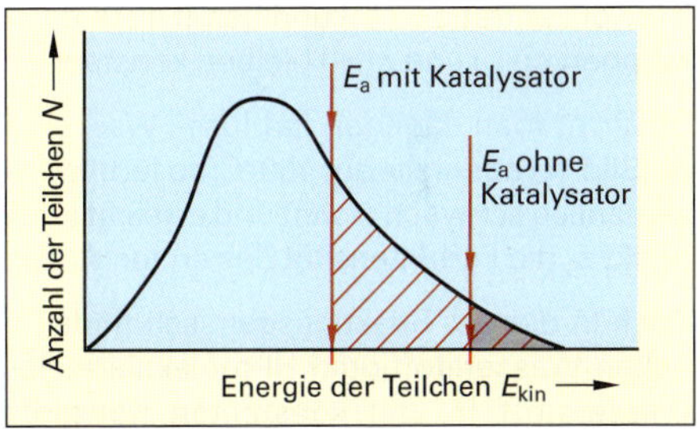

Bild 1: Aktivierungsenergie mit und ohne Katalysator

Bei zahlreichen großtechnischen Synthesen, wie z. B. der Herstellung von Ammoniak, Schwefelsäure oder Methanol, werden Katalysatoren eingesetzt, um die Produktion effektiver und damit wirtschaftlicher zu fahren. Erst durch den Einfluss des Katalysators laufen viele Synthesen mit akzeptabler Geschwindigkeit ab.

Bild 2 zeigt den Ablauf einer exothermen Reaktion im Enthalpiediagramm. Dabei ist E_{frei} die während der katalysierten Reaktion freiwerdende Energie. Der Enthalpieinhalt der Edukte liegt über dem der Produkte. Die Differenz entspricht der Reaktionsenthalpie $\Delta_r H$. Sie ist bei exothermen Reaktionen negativ (vgl. Seite 300).

Durch den Einsatz des Katalysators wird die Energieschwelle der Eduktteilchen für einen wirksamen Zusammenstoß, die Aktivierungsenergie E_a, deutlich herabgesetzt. Als Folge verläuft eine katalysierte Reaktion im Vergleich zur Reaktion ohne Katalysator schon bei einer deutlich geringeren Temperatur.

Die Rückreaktion einer exothermen Reaktion ist endotherm. Deshalb ist bei einer endothermen Reaktion das Enthalpieniveau der Edukte niedriger als das der Produkte. Damit ist die Aktivierungsenergie E_a größer als die während der Reaktion frei gesetzte Energie E_{frei} und die Reaktionsenthalpie $\Delta_r H$ positiv.

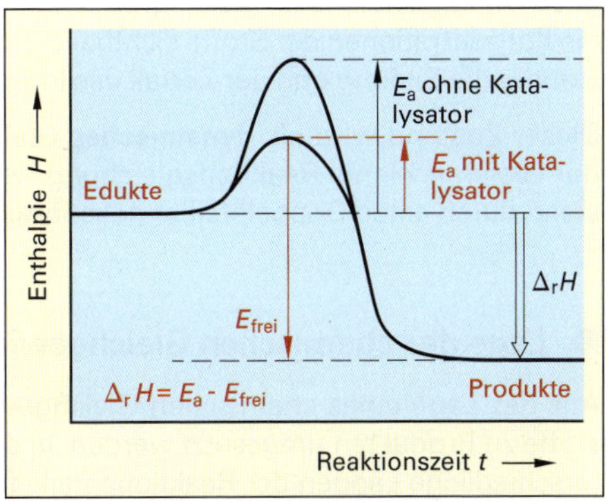

Bild 2: Enthalpiediagramm einer exothermen Reaktion mit und ohne Katalysator

6.3 Chemisches Gleichgewicht

Zahlreiche chemische Reaktionen erreichen in einem abgeschlossenen Reaktionssystem, bei dem weder Energie- noch Stoffaustausch mit der Umgebung erfolgt, nach einer bestimmten Zeit einen nach außen stabil wirkenden Endzustand. Ab diesem Zeitpunkt ist im Reaktionsraum keine stoffliche Veränderung mehr festzustellen: Ausgangs- und Endstoffe liegen in konstantem Verhältnis nebeneinander vor.

Ursache der scheinbaren Stabilität des Systems ist das Erreichen eines **Gleichgewichtszustandes**, in dem pro Zeiteinheit genauso viele Produktteilchen gebildet werden wie auch wieder zerfallen.

Dynamisches Gleichgewicht (dynamic equilibrium)

Erwärmt man beispielsweise Wasserstoff und Iod **(Bild 1a)** auf 450 °C, so verursacht zunächst das sublimierende elementare Iod eine stark violette Färbung des Reaktionsgemisches. Nach einiger Zeit bei dieser Temperatur nimmt die Farbintensität des Reaktionsgemisches ab. Ursache für die Aufhellung ist die Umsetzung des elementaren Iods mit dem Wasserstoff zu farblosem Wasserstoffiodid HI **(Bild 1b)**. Sie verläuft nach folgender Bildungs-Reaktionsgleichung: $H_{2(g)} + I_{2(g)} \longrightarrow 2\,HI_{(g)}$

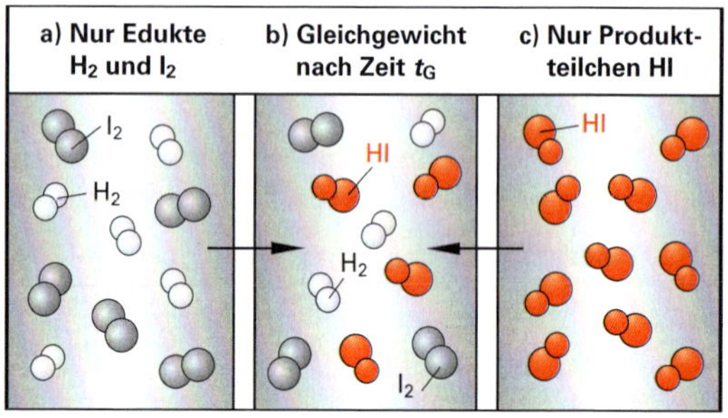

Bild 1: **Einstellung eines dynamischen Gleichgewichts von der Eduktseite und der Produktseite**

Überprüft man in bestimmten Zeitabständen die Konzentration an I_2, H_2 und HI und trägt sie in einem Diagramm auf, so stellt man ab dem Zeitpunkt t_G keine Konzentrationsänderung mehr fest **(Bild 2a)**. Die Konzentration $c(I_2)$ und damit auch die Konzentrationen $c(H_2)$ und $c(HI)$ bleiben konstant.

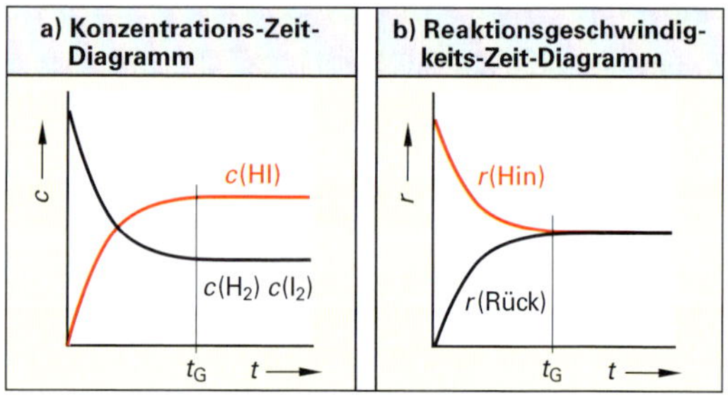

Bild 2: **Zeitlicher Verlauf der Gleichgewichtseinstellung bei der Reaktion $H_2 + I_2 \rightleftharpoons 2\,HI$**

Erwärmt man dagegen farbloses Wasserstoffiodid HI **(Bild 1c)** ebenfalls auf 450 °C, so färbt sich das Gas allmählich schwach violett und erreicht ab dem Zeitpunkt t_G die Farbintensität des ersten Ansatzes.

Auch in diesem Reaktionsgemisch finden sich nun neben Wasserstoffiodid HI molekulares Iod I_2 und Wasserstoff H_2 mit konstanten Konzentrationen **(Bild 1b)**. Wasserstoffiodid zerfällt nach folgender Zerfalls-Reaktionsgleichung: $2\,HI_{(g)} \longrightarrow H_{2(g)} + I_{2(g)}$

Ausgehend zum einen von $H_{2(g)}$ und $I_{2(g)}$ **(Bild 1a)** und zum anderen von $HI_{(g)}$ **(Bild 1c)** hat sich in beiden Reaktionsräumen ein Gleichgewicht eingestellt, in dem die *Bildungsgeschwindigkeit* r(Hin) und die *Zerfallsgeschwindigkeit* r(Rück) gleich groß sind **(Bild 2b)**. Die Reaktion kommt scheinbar zum Stillstand, da sich die Konzentrationen der Stoffe sichtbar nicht mehr ändern. Tatsächlich findet aber im molekularen Bereich ständig die Bildung und der Zerfall des Iodwasserstoffs statt.

Dieser Zustand wird als **dynamisches Gleichgewicht** bezeichnet. In der Gleichgewichts-Reaktionsgleichung wird der Gleichgewichtszustand durch einen Doppelpfeil $\rightleftharpoons$ gekennzeichnet.

Gleichgewichtsreaktion
$H_{2(g)} + I_{2(g)} \rightleftharpoons 2\,HI_{(g)}$

Lage des chemischen Gleichgewichts (equilibrium position)

Aus der Lage eines chemischen Gleichgewichts ist zu erkennen, mit welcher Ausbeute die Ausgangsstoffe zu Produkten umgesetzt werden. In der Reaktionsgleichung wird die Gleichgewichtslage durch unterschiedliche Längen der Reaktionspfeile für die Hin- und Rückreaktion verdeutlicht (Seite 186). Sie kann durch Änderung der Reaktionsbedingungen wie z. B. Konzentrationen, Temperatur sowie bei zahlreichen Gasreaktionen durch den Druck verändert werden (Seite 188).

6.4 Massenwirkungsgesetz

Der Gleichgewichtszustand einer chemischen Reaktion ist gekennzeichnet durch konstante Konzentrationen der an der Reaktion beteiligten Stoffe.

Die Naturwissenschaftler Guldberg[1)] und Waage[1)] fanden, dass sich die Gleichgewichtszusammensetzung einer Reaktion durch ein Gesetz mit einer Gleichgewichtskonstanten K_c beschreiben lässt. Ihre Ergebnisse fassten sie in dem sogenannten **Massenwirkungsgesetz**, kurz **MWG** (law of mass action) zusammen.

Für eine Reaktionsgleichung der allgemeinen Form: $A + B \rightleftharpoons C + D$ ergibt sich:

mit der Geschwindigkeitskonstanten *k*(Hin) die Reaktionsgeschwindigkeit für die **Hinreaktion**:

$$r(\text{Hin}) = k(\text{Hin}) \cdot c(\text{A}) \cdot c(\text{B})$$

mit der Geschwindigkeitskonstanten *k*(Rück) die Reaktionsgeschwindigkeit für die **Rückreaktion**:

$$r(\text{Rück}) = k(\text{Rück}) \cdot c(\text{C}) \cdot c(\text{D})$$

Im Gleichgewichtszustand sind zum Zeitpunkt t_G beide Reaktionsgeschwindigkeiten gleich und man erhält durch Gleichsetzen: $r(\text{Hin}) = r(\text{Rück})$

$$\Rightarrow \quad k(\text{Hin}) \cdot c(\text{A}) \cdot c(\text{B}) = k(\text{Rück}) \cdot c(\text{C}) \cdot c(\text{D}).$$

Durch Umformung ergibt sich daraus: $\frac{k(\text{hin})}{k(\text{Rück})} = \frac{c(\text{C}) \cdot c(\text{D})}{c(\text{A}) \cdot c(\text{B})}$

Der Quotient aus den beiden Geschwindigkeitskonstanten *k*(Hin) und *k*(Rück) wird zu einer neuen Konstanten, der **Gleichgewichtskonstanten** $K_c = \frac{k(\text{hin})}{k(\text{Rück})}$ zusammengefasst.

Durch Einsetzen von *k*(hin) und *k*(Rück) erhält man die folgende Gleichung: $K_c = \frac{c(\text{C}) \cdot c(\text{D})}{c(\text{A}) \cdot c(\text{B})}$

Dies ist das **Massenwirkungsgesetz** für die chemische Reaktion mit der Reaktionsgleichung: $A + B \rightleftharpoons C + D$.

Die Gleichgewichtskonstante K_c ist eine temperaturabhängige Größe. Der Index *c* weist darauf hin, dass die Konzentrationen der Reaktionspartner in Mol durch Liter ($\text{mol} \cdot \text{L}^{-1}$) angegeben werden.

Die Einheit von K_c hängt von der Reaktionsgleichung ab und kann $(\text{mol} \cdot \text{L}^{-1})^x$ mit z. B. x = –2, –1, 0, 1, 2 etc. annehmen.

Eine chemische Reaktion der allgemeinen Form $a\,A + b\,B \rightleftharpoons c\,C + d\,D$

hat die stöchiometrischen Faktoren a, b, c und d sowie die Konzentrationen der Reaktanden *c*(A), *c*(B), *c*(C) und *c*(D).

Im Gleichgewichtszustand gilt analog zur obigen Gleichung die nebenstehende allgemeine Form des **Massenwirkungsgesetzes**.

Massenwirkungsgesetz

$$K_c = \frac{c^c(\text{C}) \cdot c^d(\text{D})}{c^a(\text{A}) \cdot c^b(\text{B})}$$

Beispiel 1: Bei der Reaktion $H_{2(g)} + I_{2(g)} \rightleftharpoons 2\,HI_{(g)}$ liegen im Gleichgewicht bei 450 °C folgende Stoffmengenkonzentrationen vor: $c(H_2) = 1{,}68$ mol/L, $c(I_2) = 0{,}021$ mol/L, $c(\text{HI}) = 1{,}33$ mol/L.

Berechnen Sie die Gleichgewichtskonstante K_c des Massenwirkungsgesetzes für diese Temperatur.

Lösung: $\boldsymbol{K_c} = \frac{c^2(\text{HI})}{c(H_2) \cdot c(I_2)} = \frac{(1{,}33\ \text{mol/L})^2}{1{,}68\ \text{mol/L} \cdot 0{,}021\ \text{mol/L}} = 50{,}1389 \approx \mathbf{50}$

Beispiel 2: Das Reaktionsgleichgewicht zur Ammoniaksynthese nach dem Haber-Bosch-Verfahren mit der Reaktionsgleichung: $N_{2(g)} + 3\,H_{2(g)} \rightleftharpoons 2\,NH_{3(g)}$

hat bei 400 °C die Gleichgewichtskonstante $K_c = 2{,}04\ \text{L}^2 \cdot \text{mol}^{-2}$. Im Gleichgewichtsgemisch wurden 0,30 mol/L Stickstoff und 0,20 mol/L Wasserstoff nachgewiesen.

Welche Ammoniak-Konzentration $c(NH_3)$ liegt im Gleichgewicht vor?

Lösung: $K_c = \frac{c^2(NH_3)}{c^3(H_2) \cdot c(N_2)} \quad \Rightarrow \quad c(NH_3) = \sqrt{K_c \cdot c^3(H_2) \cdot c(N_2)}$

$\boldsymbol{c(NH_3)} = \sqrt{2{,}04\ \text{L}^2/\text{mol}^2 \cdot (0{,}20\ \text{mol/L})^3 \cdot 0{,}30\ \text{mol/L}} = \sqrt{4{,}896 \cdot 10^{-3}\ \text{mol}^2/\text{L}^2} = 0{,}0699714\ \text{mol/L} \approx \mathbf{70{,}0\ mmol/L}$

---

1) Cato Maximilian Guldberg (1836–1902) und Peter Waage (1833–1900), norwegische Naturforscher

Überprüfung des Gleichgewichtszustands einer Reaktion

Um zu beurteilen, ob sich ein System im Gleichgewicht befindet, ermittelt man aus den aktuellen Konzentrationen eines Reaktionsgemisches den **Massenwirkungskoeffizienten *Q*** (siehe rechts). Seine Bestimmungsgleichung ist identisch der Bestimmungsgleichung der Gleichgewichtskonstanten.

Massenwirkungskoeffizient

$$Q = \frac{c^c(C) \cdot c^d(D)}{c^a(A) \cdot c^b(B)}$$

Beispiel: Das Ausgangsgemisch der Ammoniak-Synthese wird aus Erdgas und Wasserdampf gewonnen. Im Prozess anfallendes Kohlenstoffmonoxid CO (Katalysatorgift im Ammoniak-Reaktor) wird durch Konvertierung zu Kohlenstoffdioxid CO_2 oxidiert und wird in dieser Form ausgewaschen.

Bei 720 °C hat die Konvertierungs-Reaktion: $H_2O_{(g)} + CO_{(g)} \rightleftharpoons H_{2(g)} + CO_{2(g)}$ gemäß Tabellenbuch die Gleichgewichtskonstante K_c = 0,625. Die Analyse eines vorliegenden Reaktionsgemisches bei dieser Temperatur ergibt folgende Stoffmengenkonzentrationen: $c(H_2)$ = 0,51 mol/L, $c(CO_2)$ = 1,05 mol/L, $c(H_2O)$ = 1,5 mol/L und $c(CO)$ = 2,05 mol/L.

Berechnen Sie den Massenwirkungskoeffizienten *Q* und prüfen Sie durch Vergleich mit K_c, ob sich das System im Gleichgewicht befindet.

Lösung:

$$\boldsymbol{Q} = \frac{c(H_2) \cdot c(CO_2)}{c(H_2O) \cdot c(CO)} = \frac{0{,}51\ \text{mol/L} \cdot 1{,}05\ \text{mol/L}}{1{,}5\ \text{mol/L} \cdot 2{,}05\ \text{mol/L}} \approx \mathbf{0{,}17.}$$

Der Quotient *Q* ist ungleich K_c, **das Gleichgewicht hat sich noch nicht eingestellt.**

Lage des Gleichgewichts

Bei gleicher Gesamtanzahl von Edukteilchen und Produktteilchen ist die Lage eines chemischen Gleichgewichts direkt an der Gleichgewichtskonstanten K_c erkennbar:

- $K_c > 1 \Rightarrow$ Das Gleichgewicht liegt auf der Produktseite (rechts), Reaktions-Doppelpfeil: $\rightleftharpoons$ (Pfeil nach rechts länger)
- $K_c = 1 \Rightarrow$ Produkte und Edukte liegen in gleicher Konzentration vor, Reaktions-Doppelpfeil: $\rightleftharpoons$
- $K_c < 1 \Rightarrow$ Das Gleichgewicht liegt auf der Eduktseite (links), Reaktions-Doppelpfeil: $\rightleftharpoons$ (Pfeil nach links länger)

Formulierung des Massenwirkungsgesetzes MWG für reine Gasreaktionen

Sind an einer Gleichgewichtsreaktion nur Gase beteiligt, so können in das Massenwirkungsgesetz MWG anstelle der Stoffmengenkonzentrationen auch die Partialdrücke der einzelnen Komponenten eingesetzt werden (siehe Gleichung rechts). Dies ist möglich, da eine Volumenportion eines Gases sowohl zur darin enthaltenen Stoffmenge und zum herrschenden Partialdruck *p* der Gasportion proportional ist.

Für eine chemische Reaktion: $a\,A_{(g)} + b\,B_{(g)} \rightleftharpoons c\,C_{(g)} + d\,D_{(g)}$ gilt für ein Gasreaktions-Gleichgewicht nebenstehendes MWG.

Die Zahlenwerte der Gleichgewichtskonstanten K_p und K_c weichen häufig voneinander ab.

Die Gleichgewichtskonstanten K_p und K_c beschreiben die Zusammensetzung von Gasreaktions-Gleichgewichten. Den Zusammenhang zwischen beiden Gleichgewichtskonstanten stellt die nebenstehende Gleichung her. Darin ist der Exponent Δn die Differenz der Reaktionskoeffizienten in der Reaktionsgleichung.

Ist $\Delta n = 0$, so verläuft die Reaktion ohne Änderung der Reaktionskoeffizienten. Für diesen Fall gilt: $K_p = K_c$

Massenwirkungsgesetz für Gasreaktionen mit Partialdrücken

$$K_p = \frac{p^c(C) \cdot p^d(D)}{p^a(A) \cdot p^b(B)}$$

Beziehung der Gleichgewichtskonstanten von Gasreaktionen

$$K_p = K_c \cdot (R \cdot T)^{\Delta n}$$
$$\text{mit } \Delta n = (c + d) - (a + b)$$

Beispiel: Bei der Bildung von Schwefeltrioxid im Doppelkontakt-Verfahren mit der Gleichgewichtsreaktion:
$2\,SO_{2(g)} + O_{2(g)} \rightleftharpoons 2\,SO_{3(g)}$ wurden bei 600 °C folgende Partialdrücke gemessen:
$p(SO_2)$ = 10,0 mbar, $p(O_2)$ = 900 mbar, $p(SO_3)$ = 95,0 mbar.
Berechnen Sie die Gleichgewichtskonstanten K_p und K_c.

Lösung: Das Massenwirkungsgesetz lautet:

$$\boldsymbol{K_p} = \frac{p^2(SO_3)}{p^2(SO_2) \cdot p(O_2)} = \frac{(95{,}0\ \text{mbar})^2}{(10{,}0\ \text{mbar})^2 \cdot 900\ \text{mbar}} \approx 0{,}100 \cdot \frac{1}{\text{mbar}} \approx 0{,}100 \cdot \frac{1}{10^{-3}\ \text{bar}} \approx 0{,}100 \cdot 10^3\ \text{bar}^{-1} \approx \mathbf{100\ bar^{-1}}$$

Die Differenz der Reaktionskoeffizienten ist: $\Delta n = (c + d) - (a + b) = (2) - (2 + 1) = 2 - 3 = -1$

$$K_p = K_c \cdot (R \cdot T)^{\Delta n} \Rightarrow \boldsymbol{K_c} = \frac{K_p}{(R \cdot T)^{\Delta n}} = \frac{K_p}{(R \cdot T)^{-1}} = K_p \cdot R \cdot T \approx 100\ \text{bar}^{-1} \cdot 0{,}08314\ \frac{\text{L} \cdot \text{bar}}{\text{K} \cdot \text{mol}} \cdot 873\ \text{K} \approx \mathbf{7{,}26 \cdot 10^3\ \frac{L}{mol}}$$

Aufgaben zum Massenwirkungsgesetz

1. Berewchnen Sie die Gleichgewichtskonstante K_c für das Gleichgewicht $N_{2(g)} + O_{2(g)} \rightleftharpoons 2\,NO_{(g)}$, wenn folgende Gleichgewichtskonzentrationen vorliegen:
   $c(N_2) = 0{,}52$ mol/L, $c(O_2) = 0{,}52$ mol/L und $c(NO) = 0{,}052$ mol/L.
2. Methanol CH_3OH wird großtechnisch in einer katalysierten Gleichgewichtsreaktion aus Synthesegas, einem Gemisch aus Kohlenstoffmonoxid CO und Wasserstoff H_2 hergestellt.
   a) Geben Sie die Reaktionsgleichung für das Synthesegleichgewicht an.
   b) Im Gemisch werden 0,86 mol/L CO, 0,72 mol/L H_2 und 0,26 mol/L CH_3OH gaschromatografisch festgestellt. Berechnen Sie die Gleichgewichtskonstante K_c
3. In einem Versuchsreaktor von 5,0 L liegt das Gleichgewicht $2\,SO_{2(g)} + O_{2(g)} \rightleftharpoons 2\,SO_{3(g)}$ vor. Das Reaktionsgemisch enthält 3,5 mol SO_3 und 0,84 mol O_2. Die Gleichgewichtskonstante beträgt für die vorliegende Temperatur $K_c = 32\ L \cdot mol^{-1}$. Welche Stoffmengenkonzentration $c(SO_2)$ liegt im Reaktor vor?
4. Für das Veresterungs-Gleichgewicht: $CH_3COOH + C_2H_5OH \rightleftharpoons CH_3COOC_2H_5 + H_2O$ beträgt bei 40 °C die Gleichgewichtskonstante $K_c = 4{,}0$. Der Inhalt eines Reaktionsansatzes hat folgende Zusammensetzung: c(Säure) = 1,2 mol/L, c(Alkohol) = 2,2 mol/L, c(Ester) = 0,50 mol/L und c(Wasser) = 5,1 mol/L.
   a) Hat die Reaktion mit dieser Zusammensetzung den Gleichgewichtszustand erreicht?
   b) In welche Richtung muss die Reaktion gegebenenfalls bis zum Gleichgewicht ablaufen?
5. Bei einer bestimmten Temperatur und einem Gesamtdruck von 1,0 bar liegt ein Gleichgewichtsgemisch aus farblosem Distickstofftetroxid N_2O_4 und braunem Stickstoffdioxid NO_2 vor:
   $N_2O_{4(g)} \rightleftharpoons 2\,NO_{2(g)}$. Berechnen Sie die Gleichgewichtskonstanten K_p und K_c dieser Reaktion, wenn die Partialdrücke $p(N_2O_4) = 600$ mbar und $p(NO_2) = 400$ mbar betragen.

6.5 Verschiebung der Gleichgewichtslage

Die Lage eines chemischen Gleichgewichts und somit der Stoffumsatz kann durch Änderung der Reaktionsbedingungen beeinflusst werden: Die Veränderung von **Konzentrationen** und der **Temperatur** führen zu einer Verschiebung der Gleichgewichtslage, bis sich ein neuer Gleichgewichtszustand eingestellt hat.

Im neuen Gleichgewicht hat das Reaktionsgemisch eine andere Zusammensetzung. Sind an Reaktionen Gase beteiligt, so kann die Gleichgewichtslage zusätzlich durch **Druckänderung** beeinflusst werden.

Für alle von außen herbeigeführten Änderungen der Gleichgewichtslage gilt das **Prinzip von Le Châtelier**[1] (principle of Le Chatelier). Es wird auch das **Prinzip des kleinsten Zwanges** genannt und lautet:

> Verändert man bei einem System, das sich im chemischen Gleichgewicht befindet, die Reaktionsbedingungen (äußerer Zwang), so passt sich das System an die neuen Bedingungen an, in dem ein neues chemisches Gleichgewicht gebildet wird (Gleichgewichtsverschiebung).

Verschiebung der Gleichgewichtslage durch Konzentrationsänderung

Die Veränderung der Gleichgewichtslage durch Konzentrationsänderung (change of concentration) mit dem Ziel einer größeren Produktausbeute kann prinzipiell durch zwei Maßnahmen erfolgen:

- Einer der Ausgangsstoffe (Edukte) wird im Überschuss zugesetzt.
- Ein Produkt wird aus dem Gleichgewichtsgemisch abgezogen.

Für die Verschiebung der Gleichgewichtslage bei Änderung der Konzentration gilt:

> Durch **Erhöhen** der Konzentration eines Reaktanden verschiebt sich das Gleichgewicht von der Zugabeseite weg, weil der zugegebene Reaktand abreagiert. Das **Entfernen** eines Reaktanden führt zu einer Gleichgewichtsverschiebung zur Entnahmeseite hin, weil der entfernte Reaktand nachgebildet wird. In beiden Fällen ändert sich die Gleichgewichtskonstante K_c nicht, wenn die anderen Bedingungen (ϑ, p) gleich bleiben.

[1] Henry Louis Le Châtelier (1850–1936), französischer Chemiker

Beispiel: Essigsäure setzt sich mit Ethanol in einer Gleichgewichtsreaktion zu Essigsäureethylester (Ethylacetat) und Wasser um:

$$CH_3COOH + CH_3CH_2OH \rightleftharpoons CH_3COOCH_2CH_3 + H_2O$$

Die Gleichgewichtskonstante beträgt $K_c = 4{,}0$ bei 40 °C. Bei Einsatz von je 1,0 mol/L an Ethanol und Ethansäure wird eine Ester-Ausbeute von 67 % erzielt.

Wie verändert sich diese Ausbeute bezogen auf Essigsäure, wenn statt 1,0 mol der beiden Edukte 10,0 mol Ethanol und 1,0 mol Essigsäure eingesetzt werden?

Lösung:

Gleichgewichtsreaktion:	CH_3COOH	+	CH_3CH_2OH	$\rightleftharpoons$	$CH_3COOCH_2CH_3$	+	H_2O
Bei Reaktionsbeginn:	1,0 mol/L		10,0 mol/L		0,0 mol/L		0,0 mol/L
Im Gleichgewicht:	$(1{,}0 - x)$ mol/L		$(10{,}0 - x)$ mol/L		x mol/L		x mol/L

Überlegung: Die unbekannte Stoffmenge an gebildetem Ester und Wasser im Gleichgewicht ist wegen des Koeffizienten 1 gleich groß, sie wird als Variable x eingesetzt. Da sich pro 1 mol gebildeter Ester 1 mol Essigsäure umsetzen muss, beträgt die Gleichgewichts-Konzentration $c(\text{Säure}) = (1{,}0 - x)$ mol/L.

Pro 1 mol gebildetem Ester muss 1 mol Ethanol umgesetzt werden, daher ist die Gleichgewichts-Konzentration $c(\text{Ethanol}) = (10{,}0 - x)$ mol/L. Diese Konzentrationswerte werden in den Massenwirkungsquotienten eingesetzt:

$$K_c = \frac{c(\text{Ester}) \cdot c(\text{Wasser})}{c(\text{Säure}) \cdot c(\text{Alkohol})} = \frac{x \text{ mol/L} \cdot x \text{ mol/L}}{(1{,}0 - x) \text{ mol/L} \cdot (10{,}0 - x) \text{ mol/L}} = 4{,}0$$

Nach Ausmultiplizieren und Umformen in die Normalform der quadratischen Gleichung wird als Lösung erhalten: $x = c(\text{Wasser}) = c(\text{Ester})$ **= 0,973739 mol/L ≈ 0,974 mol/L.**

Bezogen auf 1 mol eingesetzte Essigsäure entspricht 0,974 mol Ester einer Ausbeute von **97,4 %**.

Nach dem Prinzip von Le Châtelier führt die Erhöhung einer Eduktkonzentration zu einer höheren Ausbeute an Produkt. Die Lage des Gleichgewichts verschiebt sich nach rechts.

Die Aussage wird durch die Rechnung bestätigt:

Der Einsatz von 10,0 mol Ethanol erhöht die Ester-Ausbeute von 67 % auf 97 %.

Veränderung der Gleichgewichtslage durch Druckänderung

Sind an Gleichgewichtsreaktionen Gase beteiligt, kann die Lage des Gleichgewichts durch Änderung des Drucks (pressure variation) beeinflusst werden. Dies ist allerdings nur der Fall, wenn sich die Summe der Reaktionskoeffizienten der gasförmigen Komponenten auf der Produkt- und Eduktseite unterscheiden.

So verringern sich z.B. bei der Ammoniaksynthese $3\,H_{2(g)} + N_{2(g)} \rightleftharpoons 2\,NH_{3(g)}$ die Stoffmengen bei vollständigem Umsatz wie folgt: Aus 3 mol H_2 und 1 mol N_2 bilden sich 2 mol NH_3.

Da bei gleichem Druck und gleicher Temperatur gleiche Stoffmengen von Gasen das gleiche Volumen haben, nimmt das gebildete Ammoniak ein geringeres Volumen ein als die Ausgangsgase:
Aus 4 L Synthesegasgemisch, das aus 3 L Wasserstoff und 1 L Stickstoff besteht, werden bei vollständigem Stoffumsatz 2 L Ammoniak gebildet.

Bei einer Druckerhöhung von außen wird sich daher das Ammoniak-Gleichgewicht in Richtung der (des) geringeren Stoffmenge (Volumens) verschieben, also auf die Seite des Produkts Ammoniak. Dieser Vorgang ist schematisch in Bild 1, Seite 189, dargestellt.

Allgemein gilt für den Einfluss des Druckes auf die Lage von Gleichgewichten bei Gasreaktionen:

Erhöht man bei einer Gasreaktion den **Druck,** so verschiebt sich das Gleichgewicht auf die Seite der Stoffe, die das **kleinere Volumen** einnehmen, d.h., auf die Seite mit der kleineren Gasstoffmenge.

Bei einer **Verminderung des Drucks** verschiebt sich bei Gasreaktionen das Gleichgewicht auf die Seite der Stoffe, die das **größere Volumen** einnehmen, d.h., auf die Seite mit der größeren Gasstoffmenge.

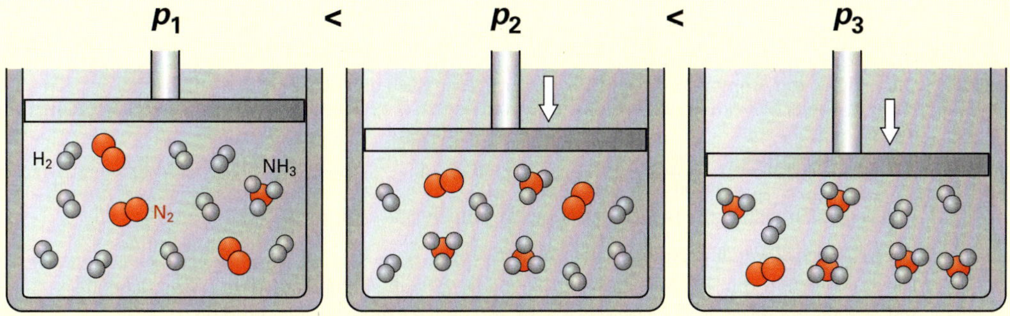

a) Gleichgewicht bei Druck p_1

12 Moleküle H_2 und N_2 stehen bei einem Druck p_1 im Gleichgewicht mit 1 Molekül NH_3: 13 Teilchen
⇒ 13 Volumeneinheiten

b) Druckerhöhung auf Druck p_2

8 Moleküle H_2 und N_2 stehen bei einem Druck p_2 im Gleichgewicht mit 3 Molekülen NH_3: 11 Teilchen
⇒ 11 Volumeneinheiten

c) Druckerhöhung auf Druck p_3

4 Moleküle H_2 und N_2 stehen bei einem Druck p_3 im Gleichgewicht mit 5 Molekülen NH_3: 9 Teilchen
⇒ 9 Volumeneinheiten

Bild 1: Verschiebung der Gleichgewichtslage bei der Ammoniaksynthese durch Druckerhöhung

Auf den äußeren Zwang (höherer Druck) wird mit einer Volumenverkleinerung der Reaktanden reagiert.

Beispiele: Im Folgenden sind chemische Reaktionen mit Gasen aufgeführt. Wie verschiebt sich hierbei die Lage des Gleichgewichts durch eine Druckerhöhung?

1. Synthesegaserzeugung: $CH_{4(g)} + H_2O_{(g)} \rightleftharpoons CO_{(g)} + 3\,H_{2(g)}$

Lösung: Summe der Stoffmengen der Gaskomponenten auf der Eduktseite: 1 mol + 1 mol = 2 mol

Summe der Stoffmengen der Gaskomponenten auf der Produktseite: 1 mol + 3 mol = 4 mol

Die Reaktion verläuft mit Volumen**zunahme**. Das Gleichgewicht wird bei Druckerhöhung nach **links** verschoben.

2. Schwefeltrioxid-Synthese: $2\,SO_{2(g)} + O_{2(g)} \rightleftharpoons 2\,SO_{3(g)}$

Lösung: Bilanz der Stoffmengen: Aus 3 mol Edukten im Gaszustand entstehen 2 mol Schwefeltrioxid. Die Reaktion verläuft mit **geringer** Volumen**abnahme**. Das Gleichgewicht wird bei Druckerhöhung nur **wenig** nach **rechts** verschoben. Großtechnisch wird die Synthese bei atmosphärischem Druck durchgeführt.

3. Boudouard-Gleichgewicht: $C_{(s)} + CO_{2(g)} \rightleftharpoons 2\,CO_{(g)}$

Lösung: Bilanz der Stoffmengen: Aus 1 mol Edukt im Gaszustand entstehen 2 mol gasförmiges Produkt. Der Kohlenstoff liegt als Feststoff vor und beeinflusst das Reaktionsvolumen nicht.

Es ist eine Reaktion mit Volumen**zunahme**. Das Gleichgewicht wird bei Druckerhöhung nach **links** verschoben.

Verschiebung der Gleichgewichtslage durch Temperaturänderung

Eine wichtige Maßnahme zur Verschiebung der Lage eines Gleichgewichts ist die Änderung der Temperatur (temperature range). Im Gegensatz zur Änderung von Konzentration und Druck hat eine Temperaturänderung andere Gleichgewichtskonstanten K_c bzw. K_p zur Folge, da diese temperaturabhängig sind. Bei exothermen Reaktionen, wie der Bildung von Ammoniak NH_3 aus H_2 und N_2, wird K_c bzw. K_p mit steigender Temperatur kleiner, bei abnehmender Temperatur größer **(Tabelle)**.

Unter energetischem Aspekt lassen sich **exotherme** (wärmeliefernde) und **endotherme** (wärmeverbrauchende) Reaktionen unterscheiden (Seite 300). In der Reaktionsgleichung kann die Enthalpieänderung einer Reaktion durch die Angabe der Reaktionsenthalpie $\Delta_r H$ auf der Produktseite der Gleichung kenntlich gemacht werden.

Tabelle: Temperaturabhängigkeit der Gleichgewichtskonstanten für das Ammoniak-Gleichgewicht

ϑ in °C	K_c in $(mol/L)^{-2}$
25	$4{,}1 \cdot 10^5$
200	$6{,}6 \cdot 10^{-1}$
300	$7{,}0 \cdot 10^{-2}$
400	$1{,}6 \cdot 10^{-2}$
500	$4{,}0 \cdot 10^{-3}$
600	$1{,}5 \cdot 10^{-3}$

Bei einer exothermen Reaktion hat $\Delta_r H$ ein negatives Vorzeichen ($\Delta_r H < 0$).

Bei einer endothermen Reaktion hat $\Delta_r H$ ein positives Vorzeichen ($\Delta_r H > 0$).

Beispiel 1: Die Bildung von Ammoniak aus den Elementen Wasserstoff und Stickstoff verläuft exotherm; bei der Bildung von zwei Mol Ammoniak werden 92 kJ freigesetzt. Die Reaktionsgleichung mit Enthalpieänderung lautet:

$$3\,H_{2(g)} + N_{2(g)} \underset{\text{endotherm}}{\overset{\text{exotherm}}{\rightleftharpoons}} 2\,NH_{3(g)} \mid \Delta_r H = 92\text{ kJ}$$

Wie verschiebt sich die Lage des Gleichgewichts durch eine Temperaturänderung?

Lösung: Die NH_3-Bildung verläuft exotherm (wärmeliefernd).

Die Rückreaktion, d.h., der NH_3-Zerfall zu H_2 und N_2 verläuft endotherm (wärmeverbrauchend).

Bei Temperaturerhöhung wird Wärme für die endotherme Reaktion bereitgestellt.
⇒ Das Gleichgewicht verschiebt sich zur wärmeverbrauchenden Zerfallsreaktion zu H_2 und N_2.

Bei Temperaturabsenkung wird die wärmeliefernde (exotherme) Reaktion gefördert.
⇒ Das Gleichgewicht verschiebt sich zur exothermen Bildungsreaktion des NH_3.

Beispiel 2: Die Zerfallreaktion von N_2O_4 zu NO_2 verläuft nach $N_2O_{4(g)} \rightleftharpoons 2\,NO_{2(g)} \mid \Delta_r H = 57$ kJ/mol
Wie verschiebt sich die Lage des Gleichgewichts bei Temperaturänderung?

Lösung: Die Reaktionsenthalpie hat ein positives Vorzeichen, die Hinreaktion (der Zerfall von N_2O_4) verläuft somit endotherm (wärmeverbrauchend). Durch Temperaturerhöhung wird die Hinreaktion begünstigt:
⇒ Die Lage des Gleichgewichts verschiebt sich nach **rechts**.

Durch Temperaturabsenkung wird die exotherme N_2O_4-Bildung (Rückreaktion) begünstigt.
⇒ Die Lage des Gleichgwichts verschiebt sich nach **links**.

Allgemein gilt für den Temperatureinfluss auf ein chemisches Gleichgewicht nach Le Châtelier[1]:

Eine **Erhöhung der Temperatur** begünstigt die endotherme (wärmeverbrauchende) Reaktion.
Das Gleichgewicht verschiebt sich zur endothermen Reaktion.
Eine **Absenkung der Temperatur** begünstigt die exotherme (wärmeliefernde) Reaktion.
Das Gleichgewicht verschiebt sich zur exothermen Reaktion.

Aufgaben zur Verschiebung der Gleichgewichtslage

1. Essigsäure setzt sich mit Ethanol in einer Gleichgewichtsreaktion zu Essigsäureethylester (Ethylacetat) und Wasser um: $CH_3COOH + CH_3CH_2OH \rightleftharpoons CH_3COOCH_2CH_3 + H_2O$

   Die Gleichgewichtskonstante beträgt bei 40 °C $K_c = 4{,}0$. Bei Einsatz von je 1,0 mol/L an Ethanol und Ethansäure wird eine Ester-Ausbeute von 67 % erzielt. Wie verändert sich diese Ausbeute bezogen auf Essigsäure, wenn statt 1,0 mol der Edukte 5,0 mol Ethanol und 1,0 mol Essigsäure eingesetzt werden?

2. Die Ammoniaksynthese nach der Reaktion:

   $3\,H_{2(g)} + N_{2(g)} \rightleftharpoons 2\,NH_{3(g)} \mid \Delta_r H = -92$ kJ

   verläuft bei veränderten Reaktionsbedingungen mit sehr unterschiedlicher Ausbeute an Ammoniak ab.

   Erläutern Sie die Temperatur- und Druck-Abhängigkeit der Ammoniakausbeute anhand des Diagramms in **Bild 1**.

3. Kesselspeisewasser kann durch verfahrenstechnische Maßnahmen entgast werden. Erklären Sie an Hand von gelöstem O_2 den Einfluss der Temperatur und des Druckes auf das Entgasen und dem Prinzip von Le Châtelier. Geben Sie dabei die Gleichgewichte an.

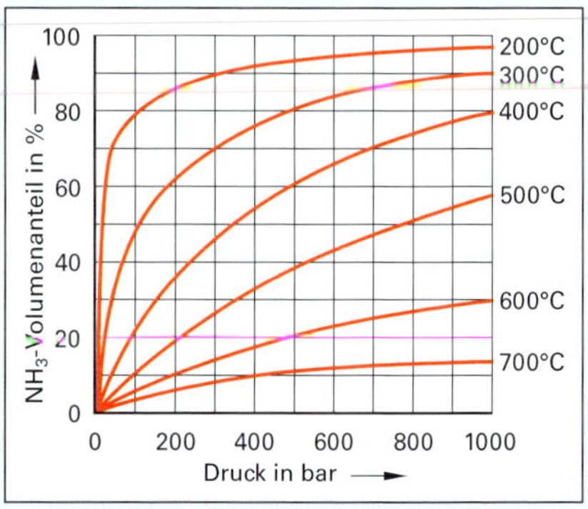

Bild 1: Druck- und Temperaturabhängigkeit des Ammoniak-Gleichgewichts (Aufgabe 2)

1) Henry Louis Le Châtelier (1850–1936), französischer Chemiker

4. Schwefeldioxid SO_2 wird beim Doppelkontaktverfahren in einem Hordenreaktor **(Bild 1)** in der folgenden katalysierten Gleichgewichtsreaktion mit Luftsauerstoff zu Schwefeltrioxid SO_3 umgesetzt:
   $2\,SO_{2(g)} + O_{2(g)} \xrightleftharpoons{V_2O_5} 2\,SO_{3(g)} \mid \Delta_r H = -197\ kJ$
   Die Prozentangaben geben die Umsätze zu SO_3 bezogen auf die Edukte an.
   a) Geben Sie die Bedeutung der Zwischenkühlung in W1 und W2 für den Prozess an.
   b) Was bewirkt die Zwischenabsorption des Reaktionsgemisches nach Verlassen der dritten Horde?
   Begründen Sie die Wirkung der Zwischenkühlung und der Zwischenabsorption auf das Reaktionsgleichgewicht mit dem Prinzip von Le Châtelier.

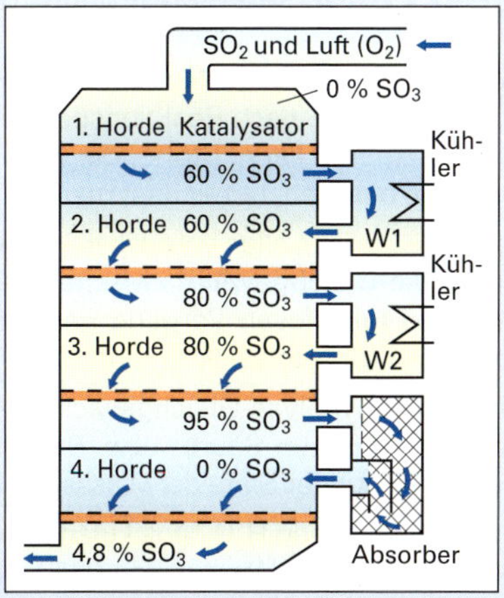

Bild 1: Doppelkontaktverfahren im Hordenofen (Aufgabe 4)

5. Das Diagramm in **Bild 2** zeigt den Verlauf der Gleichgewichts-Reaktion des Doppelkontaktverfahrens (siehe Aufgabe 4) bei unterschiedlichen Reaktionsbedingungen unter einem Druck von 1 bar. Erläutern Sie, wie sich
   a) der Einsatz eines Katalysators und
   b) die Reaktionstemperatur auf das Gleichgewicht auswirken.

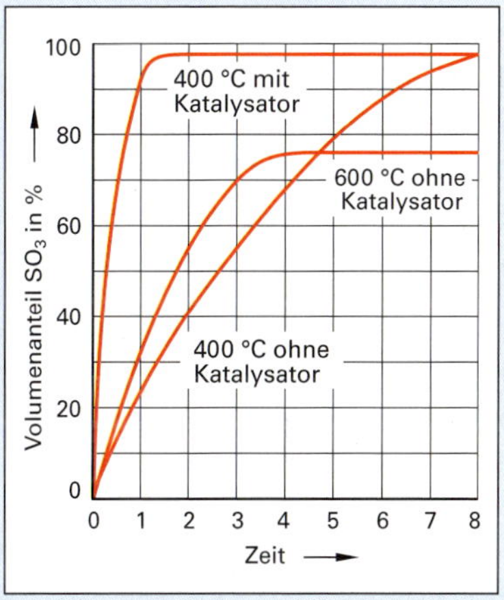

Bild 2: Gleichgewichtseinstellung beim Doppelkontaktverfahren (Aufgabe 5)

6. Durch welche zwei Maßnahmen können Gase verflüssigt werden? Begründen Sie dies mit der Angabe des Gleichgewichts am Beispiel der Chlor-Verflüssigung Cl_2 und dem Prinzip von Le Châtelier.
7. Wie verschiebt sich die Lage des Gleichgewichts der nachfolgenden Reaktionen bei:
   1) Erhöhen der Temperatur? 2) Erhöhen des Druckes?
   a) $Ca(OH)_{2(s)} \rightleftharpoons CaO_{(s)} + H_2O_{(g)} \mid \Delta_r H = 109\ kJ$
   b) $CO_{(g)} + 2\,H_{2(g)} \rightleftharpoons CH_3OH_{(g)} \mid \Delta_r H = -92\ kJ$
   c) $CO_{2(g)} + H_{2(g)} \rightleftharpoons CO_{(g)} + H_2O_{(g)} \mid \Delta_r H = 41\ kJ$
   d) $N_2O_{4(g)} \rightleftharpoons 2\,NO_{2(g)} \mid \Delta_r H = 59\ kJ$
8. Wie verschiebt sich die Lage des Gleichgewichts der nachfolgenden Reaktionen jeweils bei den genannten Veränderungen der Zusammensetzung bzw. der Reaktionsbedingungen?
   a) $2\,SO_{2(g)} + O_{2(g)} \rightleftharpoons 2\,SO_{3(g)}$ Erhöhung der Konzentration an Sauerstoff O_2
   b) $CO_{(g)} + 2\,H_{2(g)} \rightleftharpoons CH_3OH_{(g)}$ Entfernung von Methanol CH_3OH durch Kondensation
   c) $CO_{(g)} + Cl_{2(g)} \rightleftharpoons COCl_{2(g)}$ Erhöhung des Druckes
   d) $PCl_{5(g)} \rightleftharpoons PCl_{3(g)} + Cl_{2(g)}$ Senkung des Druckes

6.6 Protolysegleichgewichte

Säuren und Basen reagieren durch Wasserstoff-Ionen-Austausch (Protonenaustausch) miteinander. Dieses Reaktionsprinzip wird als **Protolysereaktion** (protolysis) bezeichnet. Dabei entsteht aus einer Säure durch **Protonenabgabe** die *korrespondierende* (zugehörige) *Base*, aus einer Base durch **Protonenaufnahme** die *korrespondierende Säure* **(Bild 3)**.

Viele Säure-Base-Reaktionen finden in wässrigen Lösungen statt. Es stellen sich **Protolysegleichgewichte** (protolysis equilibrium) ein, deren Lage je nach Stärke der Säuren oder Basen sehr unterschiedlich sein kann.

$HA + H_2O \rightleftharpoons H_3O^+ + A^-$

Säure 1 *Base 2* — *korrespondierende:* *Säure 2* *Base 1*

$B + H_2O \rightleftharpoons BH^+ + OH^-$

Base 1 *Säure 2* — *korrespondierende:* *Säure 1* *Base 2*

Bild 3: Protolyse einer Säure in Wasser und einer Base in Wasser

6.6.1 Protolysegleichgewicht des Wassers

Aus den beiden Beispielen in Bild 3, Seite 191, ist ersichtlich, dass Wasser, je nach Reaktionspartner, als Säure oder als Base reagieren kann. Stoffe, die wie Wasser, diese Eigenschaften besitzen, bezeichnet man als **Ampholyte**.

In Wasser und in allen wässrigen Lösungen liegt ein **Eigenprotolyse-Gleichgewicht** zwischen den Wassermolekülen vor **(Bild 1a)**. Diesen Vorgang nennt man auch **Autoprotolyse** (auto-protolysis).

Das Eigenprotolyse-Gleichgewicht des Wassers liegt wegen der geringen Säure- bzw. Basenstärke des Wassers sehr stark auf der Seite der Wassermoleküle H_2O:

Von 555 Millionen H_2O-Molekülen protolysiert nur ein Molekül. In 10^7 Liter Wasser von 22 °C sind z. B. nur je 1 mol H_3O^+-Ionen und OH^--Ionen enthalten.

a) Protolyse-Gleichgewicht von Wasser:

$$\underset{\text{Säure}}{H_2O} + \underset{\text{Base}}{H_2O} \rightleftharpoons \underset{\text{Oxonium Ion}}{H_3O^+} + \underset{\text{Hydroxid Ion}}{OH^-}$$

b) Vereinfachte Darstellung als Dissoziationsgleichgewicht:

$$H_2O \rightleftharpoons H^+ + OH^-$$

Bild 1: Eigenprotolyse des Wassers

Vereinfacht ist dieses Gleichgewicht auch als **Dissoziationsgleichgewicht** darstellbar **(Bild 1b)**. Allerdings kommen Wasserstoff-Ionen H^+ in wässrigen Lösungen wegen ihrer extrem hohen Ladungsdichte nicht frei vor, sondern sind immer an Wassermoleküle, z. B. als **Oxonium-Ionen H_3O^+**, gebunden.

Oxonium-Ionen wurden früher als Hydronium-Ionen bezeichnet.

Das Massenwirkungsgesetz (Seite 185) lautet für das Protolysegleichgewicht des Wassers:

$$K_c = \frac{c(H_3O^+) \cdot c(OH^-)}{c^2(H_2O)}$$

Die Konzentration der nicht protolysierten Wassermoleküle wird gegenüber den extrem geringen Ionen-Konzentrationen $c(H_3O^+)$ und $c(OH^-)$ als praktisch konstant angesehen. Sie kann mit der Gleichgewichtskonstanten K_c rechnerisch zu einer neuen Konstanten K_W zusammengefasst werden.

$$K_c \cdot c^2(H_2O) = c(H_3O^+) \cdot c(OH^-) = K_W$$

Die Konstante $\boldsymbol{K_W}$ wird als **Ionenprodukt des Wassers** bezeichnet (ionic product of water).

Ionenprodukt des Wassers

$$K_W = c(H_3O^+) \cdot c(OH^-) = 10^{-14} \left(\frac{\text{mol}}{\text{L}}\right)^2$$

Die Konzentrationen der Oxonium-Ionen und der Hydroxid-Ionen in reinem Wasser sind stets gleich. Sie betragen z. B. bei 22 °C: $c(H_3O^+) = c(OH^-) = 10^{-7}$ mol/L. Mit diesen Konzentrationen ergibt sich für 22 °C das Ionenprodukt des Wassers zu $K_W = c(H_3O^+) \cdot c(OH^-) = 10^{-7}\ \text{mol/L} \cdot 10^{-7}\ \text{mol/L} = 10^{-14}\ (\text{mol/L})^2$.

Temperaturabhängigkeit des Ionenprodukts des Wassers

Das Ionenprodukt des Wassers ist temperaturabhängig. Bei höheren Temperaturen verschiebt sich die Gleichgewichtslage zur Seite der Ionen, da die Bildung der Ionen aus ungeladenen Wassermolekülen endotherm ist: K_W wird größer als $1{,}000 \cdot 10^{-14}\ (\text{mol/L})^2$ **(Tabelle)**. Bei tieferen Temperaturen verschiebt sich die Gleichgewichtslage zur Seite der undissoziierten Wassermoleküle: K_W wird kleiner als $1{,}000 \cdot 10^{-14}\ (\text{mol/L})^2$.

Tabelle: Ionenprodukt des Wassers in Abhängigkeit von der Temperatur

ϑ in °C	K_W in $(\text{mol/L})^2$
0	$0{,}114 \cdot 10^{-14}$
10	$0{,}292 \cdot 10^{-14}$
22	$1{,}000 \cdot 10^{-14}$
30	$1{,}469 \cdot 10^{-14}$
40	$2{,}919 \cdot 10^{-14}$
60	$9{,}614 \cdot 10^{-14}$
100	$7{,}4 \cdot 10^{-13}$

Das Protolysegleichgewicht des Wassers reagiert auch auf die Zugabe von **Säuren** oder **Basen**. Wird **Säure** zugesetzt, z. B. HCl oder HNO_3, erhöht sich die Konzentration $c(H_3O^+)$; die Konzentration $c(OH^-)$ muss dann so stark abnehmen, bis das Produkt beider Konzentrationen, z. B. bei 22 °C, wieder den Wert $1{,}000 \cdot 10^{-14}\ (\text{mol/L})^2$ annimmt.

Wird eine **Base** zugesetzt, z. B. NaOH oder NH_3, erhöht sich die Konzentration $c(OH^-)$. Die Konzentration $c(H_3O^+)$ muss so stark abnehmen, dass das Produkt beider Ionensorten, z. B. bei 22 °C, den Wert $1{,}000 \cdot 10^{-14}\ (\text{mol/L})^2$ annimmt. In beiden Fällen bleibt das Ionenprodukt des Wassers also erhalten.

In allen verdünnten Lösungen, egal ob neutral, sauer oder alkalisch, gilt bei 22 °C:

$$K_W = c(H_3O^+) \cdot c(OH^-) = 1{,}000 \cdot 10^{-14} \left(\frac{\text{mol}}{\text{L}}\right)^2$$

Beispiel 1: Welche Konzentration $c(OH^-)$ hat eine Lösung der Konzentration $c(H_3O^+) = 10^{-4}$ mol/L bei 22°C?

Lösung: $K_W = c(H_3O^+) \cdot c(OH^-) = 10^{-14}\ (mol/L)^2, \Rightarrow \mathbf{c(OH^-)} = \frac{K_W}{c(H_3O^+)} = \frac{10^{-14}\ (mol/L)^2}{10^{-4}\ mol/L} = \mathbf{10^{-10}\ mol/L}$

Beispiel 2: Wie groß ist das Ionenprodukt von Wasser bei 80°C, wenn die Oxonium-Ionenkonzentration mit $5{,}0 \cdot 10^{-7}$ mol/L ermittelt wurde?

Lösung: $K_W = c(H_3O^+) \cdot c(OH^-)$ mit $c(H_3O^+) = c(OH^-) = 5{,}0 \cdot 10^{-7}$ mol/L folgt durch Einsetzen:

$\mathbf{K_W} = c(H_3O^+)^2 = (5{,}0 \cdot 10^{-7}\ mol/L)^2 = \mathbf{2{,}5 \cdot 10^{-13}\ (mol/L)^2}$

Aufgaben zum Protolysegleichgewicht des Wassers

1. Berechnen Sie die Konzentrationen $c(H_3O^+)$ wässriger Lösung mit folgenden Konzentrationen:
   a) $c(OH^-) = 2{,}5 \cdot 10^{-4}$ mol/L bei 22 °C b) $c(OH^-) = 1{,}0 \cdot 10^{-11}$ mol/L bei 10 °C
   c) $c(OH^-) = 1{,}8 \cdot 10^{-8}$ mol/L bei 30 °C d) $c(OH^-) = 5{,}0 \cdot 10^{-2}$ mol/L bei 60 °C
2. Wie groß sind die Konzentrationen $c(OH^-)$ folgender wässriger Lösung:
   a) $c(H_3O^+) = 1{,}5 \cdot 10^{-4}$ mol/L bei 40 °C b) $c(H_3O^+) = 1{,}0 \cdot 10^{-1}$ mol/L bei 22 °C
   c) $c(H_3O^+) = 1{,}8 \cdot 10^{-14}$ mol/L bei 60 °C d) $c(H_3O^+) = 7{,}44 \cdot 10^{-2}$ mol/L bei 10 °C
3. Bei einer Temperatur von 5 °C wurde bei Wasser eine Oxonium-Ionenkonzentration von $c(H_3O^+) = 4{,}30 \cdot 10^{-8}$ mol/L ermittelt. Berechnen Sie das Ionenprodukt von Wasser bei dieser Temperatur.

6.6.2 Der pH-Wert

Der pH-Wert[1] (pH-value) ist ein Maß für die Oxonium-Ionenkonzentration $c(H_3O^+)$ einer Lösung. Er kennzeichnet den sauren, alkalischen (basischen) oder neutralen Charakter einer Lösung.

Der **pH-Wert** ist der negative dekadische Logarithmus des Zahlenwertes[2] der in mol/L angegebenen Oxonium-Ionenkonzentration $c(H_3O^+)$, vereinfacht auch $c(H^+)$.

Bei bekanntem pH-Wert wird durch Potenzieren des negativen pH-Wertes zur Basis 10 die Konzentration der Oxonium-Ionen in mol/L erhalten (vergl. Seite 22).

Der negative dekadische Logarithmus des Zahlenwertes der Hydroxid-Ionenkonzentration ist der **pOH-Wert**. Bei bekanntem pOH-Wert einer Lösung wird durch Potenzieren des negativen Zahlenwertes des pOH-Wertes zur Basis 10 die Hydroxid-Ionenkonzentration in mol/L erhalten.

Da für verdünnte wässrige Lösungen das Ionenprodukt des Wassers $K_W = 10^{-14}\ (mol/L)^2$ beträgt, ergibt sich durch Logarithmieren beider Seiten der Gleichung nebenstehender gesetzmäßiger Zusammenhang zwischen dem pH-Wert und dem pOH-Wert.

pH-Wert
$pH = -\lg c(H_3O^+)$
$c(H_3O^+) = 10^{-pH}$ mol/L

pOH-Wert
$pOH = -\lg c(OH^-)$
$c(OH^-) = 10^{-pOH}$ mol/L

Ionenprodukt des Wassers bei 22 °C
$c(H_3O^+) \cdot c(OH^-) = 10^{-14}\ (mol/L)^2$
$pH + pOH = 14$

Bei seiner Anwendung ist die Temperaturabhängigkeit des Ionenprodukts und des pH-Wertes zu beachten.

Die **pH-Skale** (Bild 1, Seite 194) ist keine lineare, sondern eine logarithmische Skale: Pro pH-Einheit ändern sich die Konzentrationen $c(H_3O^+)$ und $c(OH^-)$ um den Faktor 10. Saurer Regen beispielsweise mit pH = 3,6 ist um den Faktor 100 saurer, als unbelastetes Regenwasser mit pH = 5,6. Die Konzentration an Oxonium-Ionen $c(H_3O^+)$ dieser Lösung ist um den Faktor 100 höher, die Konzentration an Hydroxid-Ionen $c(OH^-)$ um den Faktor 100 niedriger. Die pH-Skale (Bild 1, Seite 194) verdeutlicht dies.

[1] pH = lateinisch **p**otentia **h**ydrogenii = Kraft des Wasserstoffs oder **p**ondus **h**ydrogenii = Gewicht des Wasserstoffs

[2] Das Logarithmieren einer Konzentration ist nicht möglich. Die exakte Schreibweise müsste lauten: $pH = -\lg |c(H_3O^+)|$. Die Schreibweise $|c(H_3O^+)|$ bedeutet: Zahlenwert der $c(H_3O^+)$ oder Betrag der $c(H_3O^+)$.

Konzentrationen bei 22 °C ← zunehmend sauer — neutral — zunehmend alkalisch/basisch →

pH-Wert	0	1	2	3	4	5	6	7	8	9	10	11	12	13	14
$c(H_3O^+)$:	10^0	10^{-1}	10^{-2}	10^{-3}	10^{-4}	10^{-5}	10^{-6}	10^{-7}	10^{-8}	10^{-9}	10^{-10}	10^{-11}	10^{-12}	10^{-13}	10^{-14} mol/L
$c(OH^-)$:	10^{-14}	10^{-13}	10^{-12}	10^{-11}	10^{-10}	10^{-9}	10^{-8}	10^{-7}	10^{-6}	10^{-5}	10^{-4}	10^{-3}	10^{-2}	10^{-1}	10^0 mol/L
pOH-Wert	14	13	12	11	10	9	8	7	6	5	4	3	2	1	0

Bild 1: pH- und pOH-Skale bei 22°C mit den Konzentrationen $c(H_3O^+)$ und $c(OH^-)$

Der pH-Wert oder der pOH-Wert ist ein Maß für die Stoffmengenkonzentrationen der Oxonium-Ionen oder der Hydroxid-Ionen. Sie sind jedoch kein Maß für die Stärke einer Säure oder einer Base.

Das Ionenprodukt in der auf Seite 193 angegebenen Form ist nur in stark verdünnten wässrigen Lösungen exakt konstant. Die pH-Skale sollte daher nur für Lösungen mit Konzentrationen bis 1 mol/L angewendet werden, d.h. im Bereich von pH = 0 bis pH = 14.

Beispiel 1: Welchen pH-Wert hat Wasser von 22°C?

Lösung: In reinem Wasser gilt: $c(H_3O^+) = c(OH^-)$

Mit $K_w = c(H_3O^+) \cdot c(OH^-) = 10^{-14} \left(\frac{mol}{L}\right)^2$ gilt: $c(H_3O^+) = \sqrt{K_w} = 10^{-7} \frac{mol}{L}$

$c(H_3O^+) = 10^{-7}$ mol/L $\Rightarrow$ pH = $-\lg c(H_3O^+) = -\lg 10^{-7} = -(-7) = 7$ Wasser hat **pH = 7**

Beispiel 2: Welchen pH-Wert hat eine Lösung mit der Oxonium-Ionenkonzentration $c(H_3O^+) = 0{,}055$ mol/L? Wie groß sind der pOH-Wert und die Konzentration $c(OH^-)$?

Lösung: **pH** = $-\lg c(H_3O^+) = -\lg 0{,}055 = -(-1{,}2596) \approx$ **1,3**

pOH = 14 − pH = 14 − 1,2596 % = 12,7404 ≈ **12,7**

$c(OH^-)$ = 10^{-pOH} mol/L = $10^{-12{,}7}$ mol/L ≈ **$2{,}0 \cdot 10^{-13}$ mol/L**

Aufgaben zum pH-Wert

1. Berechnen Sie den pH-Wert eines Abwassers mit der Hydroxid-Ionenkonzentration $2{,}5 \cdot 10^{-5}$ mol/L.
2. Berechnen Sie die Konzentrationen $c(H_3O^+)$ und $c(OH^-)$ eines Waschfiltrats mit pH = 4,5.
3. Bei welchem pH-Wert ist Wasser von 60 °C chemisch neutral?
4. In einem Puffertank befinden sich 10 m^3 Abwasser von pH = 2,4. Berechnen Sie die Stoffmenge $n(H_3O^+)$ in dem Abwasser und das benötigte Volumen an Natronlauge $c(NaOH) = 2{,}0$ mol/L um die H_3O^+-Ionen zu neutralisieren.

6.6.3 pH-Wert starker Säuren und Basen

Starke Säuren und Basen liegen in wässriger Lösung mit Konzentrationen $c \leq 1$ mol/L praktisch vollständig dissoziiert (protolysiert) vor. Deshalb besitzen alle starken einprotonigen Säuren wie HCl und HNO_3 bzw. Basen wie NaOH und KOH bei gleicher Stoffmengenkonzentration gleiche pH-Werte.

Für verdünnte wässrige Lösungen **starker Säuren** HA kann die Konzentration $c(H_3O^+)$ mit der Ausgangskonzentration an Säure $c_0(HA)$ gleichgesetzt werden, es gilt: $c(H_3O^+) = c_0(HA)$.

Bei wässrigen Lösungen **starker Basen** entspricht die Konzentration $c(OH^-)$ der Ausgangskonzentration an Base $c_0(B)$, es gilt: $c(OH^-) = c_0(B)$.

Für den pH-Wert starker Säuren und Basen gelten somit nebenstehende Größengleichungen. Dabei ist zu berücksichtigen, dass diese Annahmen nur für verdünnte Lösungen mit Säure- bzw. Basenkonzentrationen kleiner als 1 mol/L Gültigkeit haben.

pH-Wert einer starken Säure
pH = $-\log c(H_3O^+) = -\lg c_0(HA)$

pOH-Wert einer starken Base
pOH = $-\log c(OH^-) = -\lg c_0(B)$

Beispiel 1: Welchen pH-Wert hat eine Salzsäure der Stoffmengenkonzentration $c(HCl) = 0{,}020$ mol/L?

Lösung: Salzsäure ist eine sehr starke Säure, bei der vollständige Protolyse angenommen werden kann, somit gilt: $c(H_3O^+) = c(HA) = 0{,}020$ mol/L

$\mathbf{pH} = -\lg c(H_3O^+) = -\lg 0{,}020 = -(-1{,}690) \approx \mathbf{1{,}7}$

Beispiel 2: Berechnen Sie den pH-Wert von Natronlauge der Konzentration $c(NaOH) = 0{,}500$ mol/L.

Lösung: Da eine starke Base vorliegt, kann von vollständiger Protolyse bzw. Dissoziation ausgegangen werden, somit gilt: $c(OH^-) = c(B) = 0{,}500$ mol/L; daraus wird der pOH-Wert berechnet:

$pOH = -\lg c(OH^-) = -\lg 0{,}500 = -(-0{,}301) = 0{,}301 \Rightarrow \mathbf{pH} = 14 - pOH = 14 - 0{,}301 = 13{,}699 \approx \mathbf{13{,}7}$

Aufgaben zum pH-Wert starker Säuren und Basen

1. Berechnen Sie die pH-Werte folgender starker einprotoniger Säuren und Basen:
   a) Salzsäure, $c(HCl) = 0{,}025$ mol/L
   b) Kalilauge, $c(KOH) = 1{,}2 \cdot 10^{-3}$ mol/L
   c) Salpetersäure, $c(HNO_3) = 2{,}8 \cdot 10^{-4}$ mol/L
   d) Natronlauge, $c(NaOH) = 0{,}0045$ mol/L
2. Welche Konzentration $c(HCl)$ hat eine Salzsäure, deren pH-Wert mit 5,62 gemessen wurde?
3. Welche Masse an Natriumhydroxid NaOH ist in 2000 mL Natronlauge mit pH = 10,5 enthalten?
4. Berechnen Sie den pH-Wert einer Kalilauge mit der Massenkonzentration $\beta(KOH) = 0{,}540$ g/L.
5. Welchen pH-Wert hat Natronlauge mit dem Massenanteil $w(NaOH) = 1{,}49$ % ($\varrho = 1{,}015$ g/mL)?

6.6.4 pH-Wert schwacher Säuren und Basen

Bei den bisher betrachteten Protolysereaktionen wurde ein vollständiger Reaktionsablauf angenommen, bei dem das Gleichgewicht vollständig auf der Seite der Ionen liegt. Bei vielen Reaktionen verläuft die Protolyse aber nur unvollständig. Dann liegen protolysierte (dissoziierte) Ionen und nicht protolysierte (undissoziierte) Teilchen im Gleichgewicht nebeneinander vor.

Unvollständig protolysierende Säuren und Basen bezeichnet man als **schwache Säuren und Basen.**

Berechnung des pH-Wertes aus dem Protolysegrad α

Die Stärke eines Elektrolyten lässt sich mit dem **Protolysegrad α** (degree of protolysis) ausdrücken, dem Verhältnis der Konzentration $c(A^-)$ protolysierter Teilchen zur Ausgangskonzentration $c_0(HA)$.

$$\text{Protolysegrad} = \frac{\text{Stoffmengenkonzentration protolysierter Ionen}}{\text{Ausgangsstoffmengenkonz. des Ausgangsstoffes}}$$

Der Protolysegrad α, bei Salzen *Dissoziationsgrad* genannt, kann Werte zwischen 0 und 1 bzw. 0 % und 100 % annehmen.

Protolysegrad α einer Säure

$$\alpha = \frac{c(\text{protolysierte Ionen})}{c_0(HA)}$$

Der Protolysegrad α ist ein Maß für die Stärke einer Säure: Für $\alpha = 0 = 0$ % liegt ein Stoff völlig unprotolysiert vor, $\alpha = 1 = 100$ % bedeutet vollständige Protolyse der Ausgangsverbindung, wie z. B. bei Salzsäure. Der Protolysegrad α ist auch auf die Protolyse von Basen anwendbar.

Bei der *starken* Säure Chlorwasserstoff HCl kann in Wasser von einer *vollständigen* Protolyse ausgegangen werden (**Bild 1**). Die Konzentration der Oxonium-Ionen ist praktisch gleich der Konzentration der Säure HCl: $c(H_3O^+) \approx c_0(HCl)$.

Der pH-Wert der *schwachen* Essigsäure ist dagegen höher als bei Salzsäure gleicher Konzentration. Zwischen Essigsäure und Wasser findet offensichtlich nur eine *teilweise* Protolyse statt. Das Gleichgewicht liegt weit auf der Seite der *nicht protolysierten* Säuremoleküle.

Protolyse von Chlorwasserstoff in Wasser: pH = 1,0

$$HCl + H_2O \rightleftharpoons H_3O^+ + Cl^-$$

$c_0(HCl) = 0{,}10$ mol/L — $c(H_3O^+) \approx 0{,}10$ mol/L

Protolyse von Essigsäure in Wasser: pH = 2,9

$$CH_3COOH + H_2O \rightleftharpoons H_3O^+ + CH_3COO^-$$

$c_0(CH_3COOH) = 0{,}10$ mol/L, zu 98,7 % undissoziiert — Acetat-Ion, 1,3 % dissoziiert

Bild 1: Protolyse von Chlorwasserstoff und Essigsäure mit jeweils $c_0(HA) = 0{,}1$ mol/L in Wasser

Der Protolysegrad ist von der Verdünnung der Säure bzw. Base abhängig.
Bei Essigsäure z. B. der Konzentration $c(\text{Säure}) = 0{,}10\ \text{mol/L} = 1{,}0 \cdot 10^{-1}\ \text{mol/L}$ beträgt $\alpha = 0{,}0131 \approx 1{,}3\ \%$.
Bei der Konzentration $c(\text{Säure}) = 1{,}0 \cdot 10^{-5}\ \text{mol/L}$ dagegen ist $\alpha = 0{,}7099 \approx 71\ \%$.

Mit zunehmender Verdünnung nimmt der Protolysegrad α einer schwachen Säure (Base) zu.

Die Konzentration $c(H_3O^+)$ einer schwachen Säure kann aus dem Protolysegrad α und der Ausgangskonzentration der Säure $c_0(HA)$ errechnet werden. Entsprechend erhält man die Konzentration $c(OH^-)$ der wässrigen Lösung einer schwachen Base aus der Ausgangskonzentration $c_0(\text{Base})$.

Protolyse schwacher Säuren und schwacher Basen
Säure: $c(H_3O^+) = \alpha \cdot c_0(HA)$
Base: $c(OH^-) = \alpha \cdot c_0(B)$

Beispiel 1: Berechnen Sie den pH-Wert einer Essigsäure-Lösung der Konzentration $c(CH_3COOH) = 0{,}025\ \text{mol/L}$ und dem Protolysegrad $\alpha = 0{,}026$.

Lösung: $c(H_3O^+) = \alpha \cdot c_0(CH_3COOH) = 0{,}026 \cdot 0{,}025\ \text{mol/L} = 0{,}00065\ \text{mol/L}$

$\mathbf{pH} = -\lg c(H_3O^+) = -\lg 0{,}00065 = -(-3{,}187) \approx \mathbf{3{,}2}$

Beispiel 2: Welchen pH-Wert hat Ammoniak-Lösung der Konzentration $c(NH_3) = 2{,}50\ \text{mol/L}$ ($\alpha = 0{,}265\ \%$)?

Lösung: $c(OH^-) = \alpha \cdot c_0(NH_3) = 0{,}00265 \cdot 2{,}50\ \text{mol/L} = 6{,}625 \cdot 10^{-3}\ \text{mol/L}$

$\text{pOH} = -\lg c(OH^-) = -\lg(6{,}625 \cdot 10^{-3}) = 2{,}1788 \Rightarrow \mathbf{pH} = 14 - \text{pOH} = 14 - 2{,}1788 \approx \mathbf{11{,}8}$

Berechnung des pH-Werts aus der Säure- und Basenkonstante

Eine weitere Möglichkeit zur Beurteilung der Lage von Protolysegleichgewichten ist neben dem Protolysegrad α die Anwendung des Massenwirkungsgesetzes. Dies soll am Beispiel des Protolysegleichgewichts einer Säure HA und einer Base B erläutert werden.

Gleichgewicht einer **Säure HA** in Wasser:

$$HA + H_2O \rightleftharpoons H_3O^+ + A^-$$

Säure 1 — Base 2 — Säure 2 — Base 1

Gleichgewicht einer **Base B** in Wasser:

$$B + H_2O \rightleftharpoons BH^+ + OH^-$$

Base 1 — Säure 2 — Säure 1 — Base 2

Wird auf die beiden Protolysegleichgewichte das Massenwirkungsgesetz angewendet, so ergeben sich mit den Gleichgewichtskonzentrationen die nachfolgenden Gesetzmäßigkeiten.

Für die **Säure** gilt: $K_c = \dfrac{c(H_3O^+) \cdot c(A^-)}{c(HA) \cdot c(H_2O)}$

Für die **Base** gilt: $K_c = \dfrac{c(OH^-) \cdot c(BH^+)}{c(B) \cdot c(H_2O)}$

In beiden Gleichgewichten ist die Konzentration des Lösemittels Wasser $c(H_2O)$ gegenüber den Ionen-Konzentrationen sehr groß. Sie kann, wie beim Ionenprodukt des Wassers K_W, auch nach Zugabe von Säure oder Base, als annähernd unverändert und somit als konstant angenommen werden. Die Konzentration des Wassers wird mit der Konstanten K_c zu einer jeweils neuen Konstanten, der **Säurekonstanten K_S** (acidity constant) bzw. der **Basenkonstanten K_B** (basicity constant) zusammengefasst.

Mit $K_S = c(H_2O) \cdot K_c$ gilt für die **Säurekonstante:** $K_S = \dfrac{c(H_3O^+) \cdot c(A^-)}{c(HA)}$

Mit $K_B = c(H_2O) \cdot K_c$ gilt für die **Basenkonstante:** $K_B = \dfrac{c(OH^-) \cdot c(BH^+)}{c(B)}$

Eine Säure oder eine Base ist umso stärker, je größer die Zahlenwerte von K_S bzw. K_B sind. Werden die beiden Seiten der Massenwirkungsquotienten logarithmiert, so erhält man den pK_S- und pK_B-Wert der Säure und Base. Sie werden als **Säure-** bzw. **Basenexponent** bezeichnet. Für die Exponenten gilt: Je kleiner der pK_S-Wert bzw. der pK_B-Wert, umso größer ist die Stärke der Säure bzw. der Base (Tabelle, Seite 197).

Korrespondierende Säure-Base-Paare sind auf der Mitte der Seite durch Klammern verbunden. Für den pK_S-Wert und den pK_B-Wert dieser Paare gilt die nebenstehende Beziehung.

Säureexponent	Basenexponent
$pK_S = -\lg K_S$	$pK_B = -\lg K_B$
$K_S = 10^{-pK_S}$	$K_B = 10^{-pK_B}$

Für korrespondierende Säure-Base-Paare gilt bei 22 °C
$pK_S + pK_B = 14$

Setzt man im Massenwirkungsquotienten die im Gleichgewicht vorliegende Konzentration c(HA) bzw. c(B) näherungsweise gleich der Ausgangskonzentration c_0(HA) bzw. c_0(B), so erhält man die nebenstehenden Näherungsgleichungen zur Berechnung des pH-Wertes schwacher Säuren bzw. des pOH-Wertes schwacher Basen.

Diese Gleichungen können mit hinreichender Genauigkeit für schwache Säuren bzw. schwache Basen mit pK_S- und pK_B-Werten > 3 angewendet werden.

Da pK_S- und pK_B-Werte, im Gegensatz zum Protolysegrad, unabhängig von der Konzentration sind, vereinfacht dies die pH-Berechnungen.

Beispiel 1: Welchen pH-Wert hat eine Essigsäure-Lösung der Konzentration $c(CH_3COOH) = 0{,}050$ mol/L?

Lösung: Mit pK_S = 4,76 (**Tabelle**) folgt:

$$\textbf{pH} = \frac{pK_S - \lg c_0(\text{Säure})}{2} = \frac{4{,}76 - \lg 0{,}050}{2} \approx \textbf{3,0}$$

Beispiel 2: Berechnen Sie den pH-Wert einer Ammoniak-Lösung der Konzentration $c(NH_3) = 0{,}025$ mol/L.

Lösung: Ammoniak ist eine schwache Base, mit pK_B = 4,75 (**Tabelle**) folgt:

$$\text{pOH} = \frac{pK_B - \lg c_0(\text{Base})}{2} = \frac{4{,}75 - \lg 0{,}025}{2} = 3{,}1760$$

$$\textbf{pH} = 14 - \text{pOH} = 14 - 3{,}1760 \approx \textbf{10,8}$$

Für schwache Säuren und Basen lässt sich bei bekannten pK_S- und pK_B-Werten außer den pH-Werten auch der Protolysegrad α der gelösten Säure oder Base mit nebenstehender Größengleichung näherungsweise berechnen.

pH-Wert schwacher Säuren

$$\text{pH} = \frac{pK_S - \lg c_0(\text{Säure})}{2}$$

pOH-Wert schwacher Basen

$$\text{pOH} = \frac{pK_B - \lg c_0(\text{Base})}{2}$$

Tabelle: pK_S-/pK_B-Werte einprotoniger Säuren/Basen (22°C)

Säure	Formel	pK_S
Salpetrige Säure	HNO_2	3,34
Ameisensäure	HCOOH	3,74
Essigsäure	CH_3COOH	4,76
Propansäure	C_2H_5COOH	4,87
Kohlensäure	H_2CO_3	6,52
Hydrogensulfid	H_2S	6,95
Base	**Formel**	**pK_B**
Phosphat-Ion	PO_4^{3-}	1,68
Carbonat-Ion	CO_3^{2-}	3,6
Ammoniak	NH_3	4,75
Acetat-Ion	CH_3COO^-	9,24

Protolysegrad schwacher

Säuren	Basen
$\alpha = \sqrt{\frac{K_S}{c_0(\text{Säure})}}$	$\alpha = \sqrt{\frac{K_B}{c_0(\text{Base})}}$

Aufgaben zum pH-Wert schwacher Säuren und Basen

1. Berechnen Sie die pH-Werte folgender wässriger Lösungen:
   a) Ameisensäure-Lösung der Konzentration $c(HCOOH) = 0{,}25$ mol/L, $\alpha = 0{,}0270$
   b) Ammoniak-Lösung der Konzentration $c(NH_3) = 0{,}50$ mol/L, $\alpha = 0{,}0059$
   c) Salpetrige Säure der Konzentration $c(HNO_2) = 0{,}12$ mol/L, $\alpha = 6{,}12\,\%$
2. Eine wässrige Essigsäure-Lösung mit $c(CH_3COOH) = 0{,}050$ mol/L hat den pH-Wert pH = 3,03. Wie groß ist der Protolysegrad der Essigsäure?
3. Welchen pH-Wert und welchen Protolysegrad hat eine Milchsäure-Lösung der Konzentration c(Milchsäure) = 0,10 mol/L? pK_S(Milchsäure) = 3,9
4. Berechnen Sie aus den pK_S- und pK_B-Werten den pH-Wert folgender wässriger Lösungen:
   a) Salpetrige Säure, $c(HNO_2) = 0{,}20$ mol/L
   b) Ammoniakwasser, $c(NH_3) = 0{,}50$ mol/L
   c) Essigsäure, $c(CH_3COOH) = 0{,}015$ mol/L
   d) Natriumacetat, $c(CH_3COONa) = 0{,}15$ mol/L
5. 12,30 g Natriumacetat CH_3COONa werden im Messkolben mit demin. Wasser zu 1000 mL aufgefüllt. Welchen pH-Wert hat die Lösung?
6. Berechnen Sie den Protolysegrad einer Propansäure-Lösung, $c(C_2H_5COOH) = 2{,}5 \cdot 10^{-4}$ mol/L.
7. Wie groß sind
   a) der pK_B-Wert des Propionat-Ions $C_2H_5COO^-$, der korrespondierenden Base der Propansäure sowie
   b) der pK_S-Wert des Ammonium-Ions NH_4^+?

6.7 pH-Wert von Pufferlösungen

Als **Pufferlösungen** (buffer system) werden Lösungen bezeichnet, deren pH-Wert sich trotz Zugabe von Säuren oder Basen kaum verändert. Puffer dienen somit zur Stabilisierung des pH-Wertes und bestehen in der Regel aus einer Säure und ihrer korrespondierenden Base. Die Wirkungsweise soll am Beispiel eines Essigsäure-Acetat-Puffers erläutert werden. Dort liegt folgendes Gleichgewicht vor:

$CH_3COOH_{(aq)}$	+	$H_2O_{(l)}$	$\rightleftharpoons$	$CH_3COO^-_{(aq)}$	+	$H_3O^+_{(aq)}$
Säure 1		*Base 2*		***Base 1***		*Säure 2*
$pK_S = 4{,}76$		$pK_B = 15{,}74$		$pK_B = 9{,}24$		$pK_S = -1{,}74$

Das Gleichgewicht liegt stark auf der linken Seite, da auf der rechten Seite jeweils die stärkere Säure bzw. Base als reaktivere Reaktionspartner vorliegen. Wird der Puffer mit einer starken Säure versetzt, so reagieren die zugesetzten Oxonium-Ionen mit den Acetat-Ionen (= stärkere Base) des Puffers. Durch die Bildung von weiterer Essigsäure und Wasser, ändert sich kaum die Konzentration der Oxonium-Ionen und der pH-Wert bleibt annähernd konstant. Wird eine starke Base zugesetzt, so reagieren die Hydroxid-Ionen der zugesetzten Base mit den Oxonium-Ionen (= stärkere Säure) des Puffergleichgewichts. Die Oxonium-Ionen sind schnell verbraucht, sodass dann aus der Essigsäure weitere Oxonium-Ionen nachgebildet werden. So wird indirekt, die Essigsäure durch die Hydroxid-Ionen verbraucht. Da die Hydroxid-Ionen zu der wesentlich schwächeren Base Acetat abreagieren, bleibt am Ende der pH-Wert annähernd konstant.

Der pH-Wert einer Pufferlösung ergibt sich aus dem Term der Säurekonstante K_S der Puffer-Säure HA und anschließender Umformung.

$$K_S = c(H_3O^+) \cdot \frac{c(\text{Salz})}{c(\text{Säure})} \quad \Rightarrow \quad c(H_3O^+) = K_S \cdot \frac{c(\text{Säure})}{c(\text{Salz})}$$

Durch Logarithmieren beider Seiten der Gleichung erhält man die als **Puffergleichung** bezeichnete Henderson-Hasselbalch-Gleichung für einen Puffer aus einer schwachen Säure und dem Säurerest-Anion in einem Salz. Analog dazu lässt sich die Größengleichung für ein Puffersystem aus einer schwachen Base und ihrer korrespondierenden Säure ableiten. Diese ist die protonierte Base als Bestandteil des Salzes (z. B. NH_4^+). Gute Pufferwirkung wird bei Konzentrationsverhältnissen Säure : Base zwischen 1 : 10 und 10 : 1 erreicht. Das Pufferoptimum ergibt sich bei pH = pK_S, wenn c(Säure) = c(Base). Die Pufferkapazität steigt mit zunehmender Konzentration der Pufferlösung.

Puffergleichung für schwache Säuren

$$\text{pH} = pK_S + \lg \frac{c(\text{Salz})}{c(\text{Säure})}$$

Puffergleichung für schwache Basen

$$\text{pOH} = pK_B + \lg \frac{c(\text{Salz})}{c(\text{Base})}$$

Beispiel 1: Welchen pH-Wert hat eine Pufferlösung aus Essigsäure mit $c(CH_3COOH)$ = 0,100 mol/L, in der 0,09634 mol wasserfreies Natriumacetat CH_3COONa bei konstantem Volumen von 1,00 L gelöst sind?

Lösung: $$\textbf{pH} = pK_S + \lg \frac{c(\text{Salz})}{c(\text{Säure})} = 4{,}76 + \lg \frac{0{,}09634 \text{ mol/L}}{0{,}100 \text{ mol/L}} = 4{,}76 - 0{,}0162 \approx \mathbf{4{,}74}$$

Beispiel 2: Wie ändert sich der pH-Wert der Pufferlösung aus Beispiel 1, wenn 990 mL Pufferlösung mit 10 mL Salzsäure der Konzentration c(HCl) = 1,0 mol/L versetzt werden?

Lösung: Zugesetzte Stoffmenge an HCl: $n(HCl) = c(HCl) \cdot V(\text{Lsg}) = 1{,}0 \text{ mol/L} \cdot 0{,}010 \text{ L} = 0{,}010$ mol

Puffer-Gleichgewicht:	HCl	+	CH_3COO^-	$\longrightarrow$	CH_3COOH	+	Cl^-
vor der GG-Einstellung:	0,010 mol/L		0,09634 mol/L		0,100 mol/L		0 mol/L
nach der GG-Einstellung:	0 mol/L		0,08634 mol/L		0,110 mol/L		0,010 mol/L

$$\textbf{pH} = pK_S + \lg \frac{c(\text{Salz})}{c(\text{Säure})} = 4{,}76 + \lg \frac{0{,}08634 \text{ mol/L}}{0{,}110 \text{ mol/L}} = 4{,}76 - 0{,}1052 \approx \mathbf{4{,}65}$$

Aufgaben zum pH-Wert von Pufferlösungen

1. Berechnen Sie den pH-Wert
   a) eines Puffers aus 0,32 mol/L Essigsäure und 0,12 mol/L Natriumacetat.
   b) eines Phosphatpuffers aus 0,55 mol/L Natriumdihydrogenphosphat ($pK_S(NaH_2PO_4) = 7{,}21$) und 0,155 mol/L Dinatriumhydrogenphosphat $pK_B(Na_2HPO_4) = 6{,}79$.
2. Zu jeweils 1000 mL eines Puffers aus 0,20 mol/L CH_3COOH und 0,25 mol/L CH_3COONa werden a) 0,55 g NaOH und b) 2,55 g H_2SO_4 gegeben. Wie ändert sich jeweils der pH-Wert des Puffers?

6.8 Löslichkeitsgleichgewichte

Feste Stoffe lösen sich nicht unbegrenzt in Flüssigkeiten. Bei gut löslichen Salzen arbeitet man bevorzugt mit der Löslichkeit L^* (Seite 161). Bei schwer löslichen Salzen hat das Löslichkeitsprodukt eine größere Bedeutung. Wird bei Zugabe des zu lösenden Stoffes eine bestimmte Sättigungsgrenze überschritten, bildet sich ein Bodenkörper aus ungelöster Substanz. In der **gesättigten Lösung** bleibt bei weiterer Zugabe die Konzentration der dissoziierten Ionen konstant. Zwischen Bodenkörper und den gelösten Teilchen findet ein stetiger Stoffaustausch statt. Es liegt ein von der Menge des Bodenkörpers unabhängiges **Löslichkeitsgleichgewicht** (solubility equilibrium) vor **(Bild 1)**.

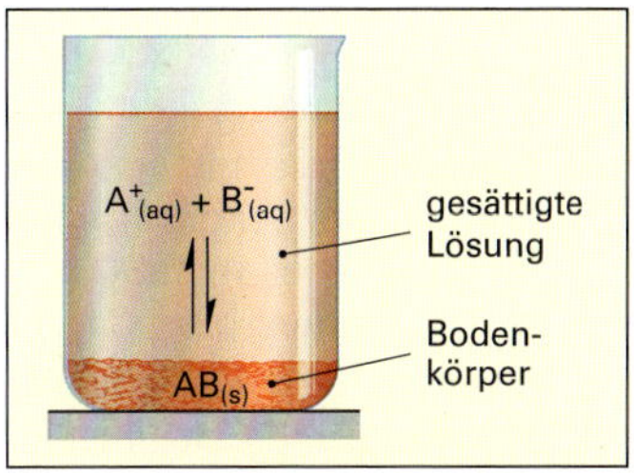

Bild 1: Löslichkeitsgleichgewicht eines Salzes

Für ein Salz der allgemeinen Zusammensetzung A_mB_n lautet das Löslichkeitsgleichgewicht:

$$A_m^{n+}B_{n(s)}^{m-} \rightleftharpoons m\,A_{(aq)}^{n+} + n\,B_{(aq)}^{m-}$$

fester Bodenkörper — gelöste (dissoziierte) Ionen

Das Produkt der gelösten Ionen-Konzentrationen ergibt für die gesättigte Lösung eines Salzes eine temperaturabhängige Gleichgewichtskonstante. Sie wird als **Löslichkeitsprodukt** K_L (solubility product) bezeichnet.

Löslichkeitsprodukt
Für ein Salz AB: $K_L(AB) = c(A^+) \cdot c(B^-)$
Für ein Salz A_mB_n: $K_L(A_mB_n) = c^m(A^{n+}) \cdot c^n(B^{m-})$

> Je *größer* der Wert des Löslichkeitsprodukts K_L, desto *besser* löst sich ein Salz.

In der **Tabelle** sind die Löslichkeitsprodukte ausgewählter Salze aufgeführt. Wird dieser Wert in einer Lösung durch Zugabe gelöster Ionen der einen oder anderen oder beider Sorten überschritten, so fällt so lange Salz aus, bis das Produkt der Konzentrationen gelöster Ionen wieder den angegebenen Wert erreicht.

Diese Technologie wird bei Fällungsreaktionen angewendet, beispielsweise der Reinigung von NaCl-Sole: Die unerwünschten Calcium-Ionen bilden nach Zugabe von Soda-Lösung mit den CO_3^{2-}-Ionen schwer lösliches Calciumcarbonat $CaCO_3$, das bis auf eine geringe Restkonzentration an Ca^{2+} ausfällt. Diese kann mithilfe des Löslichkeitsprodukts berechnet werden.

Tabelle: K_L-Werte schwer löslicher Salze bei 25 °C

Salz	K_L in $(mol/L)^{m+n}$
AgCl	$1{,}6 \cdot 10^{-10}$
$BaSO_4$	$1{,}0 \cdot 10^{-10}$
$CaCO_3$	$8{,}7 \cdot 10^{-9}$
$Ca(OH)_2$	$4{,}3 \cdot 10^{-6}$
$CaSO_4$	$6{,}1 \cdot 10^{-5}$
$Fe(OH)_3$	$3{,}8 \cdot 10^{-38}$
$Mg(OH)_2$	$2{,}6 \cdot 10^{-12}$
$PbSO_4$	$1{,}5 \cdot 10^{-8}$

Beispiel 1: Die Löslichkeit von Silberchlorid AgCl in Wasser von 25 °C beträgt $1{,}26 \cdot 10^{-5}$ mol/L. Berechnen Sie daraus das Löslichkeitsprodukt $K_L(AgCl)$ bei 25 °C.

Lösung: Löslichkeitsgleichgewicht: $AgCl_{(s)} \rightleftharpoons Ag^+_{(aq)} + Cl^-_{(aq)}$

Eine Formeleinheit AgCl dissoziiert in ein Ag^+-Ion und ein Cl^--Ion $\Rightarrow$ $c(Ag^+) = c(Cl^-) = c(AgCl)$

Das Löslichkeitsprodukt lautet: $K_L(AgCl) = c(Ag^+) \cdot c(Cl^-) = c^2(Ag^+)$

Durch Einsetzen folgt: $\mathbf{K_L(AgCl)} = (1{,}26 \cdot 10^{-5}\ mol/L)^2 \approx 1{,}5876 \cdot 10^{-10}\ (mol/L)^2 \approx \mathbf{1{,}60 \cdot 10^{-10}\ (mol/L)^2}$

Beispiel 2: Berechnen Sie aus dem Löslichkeitsprodukt, welche Masse an Calciumcarbonat $CaCO_3$ maximal in einem Liter Wasser von 25 °C löslich ist. $K_L(CaCO_3) = 8{,}7 \cdot 10^{-9}\ (mol/L)^2$ **(Tabelle)**.

Lösung: Löslichkeitsgleichgewicht: $CaCO_{3(s)} \rightleftharpoons Ca^{2+}_{(aq)} + CO^{2-}_{3(aq)}$; darin gilt: $c(Ca^{2+}) = c(CO_3^{2-})$

Das Löslichkeitsprodukt lautet: $K_L(CaCO_3) = c(Ca^{2+}) \cdot c(CO_3^{2-}) = c(Ca^{2+}) \cdot c(Ca^{2+}) = c^2(Ca^{2+})$

Mit $K_L = 8{,}7 \cdot 10^{-9}\ (mol/L)^2$ folgt nach Umformen: $c(Ca^{2+}) = \sqrt{8{,}7 \cdot 10^{-9}\ (mol/L)^2} = 9{,}327 \cdot 10^{-5}$ mol/L

Da sich pro 1 mol Ca^{2+}-Ionen 1 mol $CaCO_3$ löst, gilt: $c(CaCO_3) = c(Ca^{2+}) = 9{,}327 \cdot 10^{-5}$ mol/L

Mit $c = n/V$ und $n = m/M$ folgt durch Einsetzen: $\mathbf{m(CaCO_3)} = c(CaCO_3) \cdot M(CaCO_3) \cdot V(Lsg)$

$\mathbf{m(CaCO_3)} = 9{,}372 \cdot 10^{-5}\ mol/L \cdot 100{,}087\ g/mol \cdot 1{,}00\ L = 0{,}009380\ g \approx \mathbf{9{,}4\ mg}$

Aufgaben zu Löslichkeitsgleichgewichten

1. Berechnen Sie für die bei 25 °C gesättigten Lösungen der Salze ihre Löslichkeitsprodukte.
   a) Kupfercarbonat, $c(CuCO_3) = 1{,}18 \cdot 10^{-5}$ mol/L
   b) Cadmiumsulfid, $c(CdS) = 3{,}16 \cdot 10^{-12}$ mmol/L
   c) Blei(II)-fluorid, $\beta(PbF_2) = 296$ mg/L
   d) 107 mg $MgCO_3$ in 250 mL Wasser
2. Berechnen Sie mithilfe der Löslichkeitsprodukte aus der Tabelle von Seite 199 die Stoffmengenkonzentrationen der gesättigten Lösungen nachfolgender Salze bei 25 °C.
   a) Calciumsulfat, $CaSO_4$
   b) Bariumsulfat, $BaSO_4$
   c) Calciumhydroxid, $Ca(OH)_2$
   d) Eisenhydroxid, $Fe(OH)_3$
3. Bildet sich ein Niederschlag, wenn bei 25 °C je 1000 mL Natriumsulfat-Lösung, $c(Na_2SO_4) = 1{,}0 \cdot 10^{-3}$ mol/L und Calciumchlorid-Lösung, $c(CaCl_2) = 1{,}0 \cdot 10^{-3}$ mol/L, zusammengegeben werden?
4. Welche Masse an Eisencarbonat $FeCO_3$ ist in 5,0 m³ Wasser von 25 °C löslich?
   $K_L(FeCO_3) = 2{,}5 \cdot 10^{-11}\ (mol/L)^2$

Gemischte Aufgaben zu Berechnungen zum Verlauf chemischer Reaktionen

1. Bei der Zersetzung von Natriumthiosulfat-Ionen durch Salzsäure gemäß der Reaktion
   $S_2O^{2-}_{3(aq)} + 2\,H^+_{(aq)} \longrightarrow S_{(s)} + SO_{2(g)} + H_2O_{(l)}$ ist bei 44 °C die Reaktion nach 6,5 s beendet.
   Welche Reaktionsdauer ist mit den gleichen Konzentrationen bei einer Reaktionstemperatur von 15 °C zu erwarten?
2. Das Gleichgewichtsgemisch eines Ammoniak-Reaktors: $N_{2(g)} + 3\,H_{2(g)} \rightleftharpoons 2\,NH_{3(g)}$ enthält bei 500 °C folgende Stoffmengenkonzentrationen: $c(NH_3) = 3{,}6$ mol/L, $c(H_2) = 1{,}8$ mol/L, $c(N_2) = 2{,}5$ mol/L.
   Berechnen Sie die Gleichgewichtskonstanten K_c und K_p.
3. Synthesegas, ein Gemisch aus Kohlenstoffmonoxid und Wasserstoff, entsteht durch Reaktion von Wasserdampf, der über glühenden Koks geleitet wird:
   $C_{(s)} + H_2O_{(g)} \rightleftharpoons CO_{(g)} + H_{2(g)} \quad | \ \Delta_r H = 130$ kJ/mol
   Wie wirken sich a) eine Temperaturerhöhung und b) eine Druckerhöhung auf die Lage eines im Gleichgewicht befindlichen Systems aus? Erläutern Sie dies mit dem Prinzip von Le Châtelier.
4. Der pH-Wert von Abwasser beträgt 3,7. Wie groß sind die Konzentrationen $c(H_3O^+)$ und $c(OH^-)$?
5. Ein Waschfiltrat enthält $6{,}7 \cdot 10^{-3}$ mol/L Hydroxid-Ionen. Berechnen Sie den pH-Wert des Filtrats.
6. Berechnen Sie den pH-Wert folgender Säuren und Basen (vollständige Protolyse angenommen):
   a) Salzsäure, $c(HCl) = 0{,}015$ mol/L
   b) Salpetersäure, $c(HNO_3) = 0{,}55$ mol/L
   c) Natronlauge, $c(NaOH) = 0{,}17$ mol/L
   d) Kalilauge, $c(KOH) = 2{,}5 \cdot 10^{-3}$ mol/L
7. Welche Masse an Essigsäure ist in 5,0 m³ Essigsäure-Lösung mit pH 3,39 enthalten?
   Der Protolysegrad beträgt 0,0173.
8. Berechnen Sie die pH-Werte folgender Lösungen:
   a) Ammoniak-Lösung: $c(NH_3) = 0{,}058$ mol/L
   b) Essigsäure-Lösung: $c(CH_3COOH) = 0{,}125$ mol/L
   c) Natriumcarbonat-Lösung: $c(Na_2CO_3) = 0{,}25$ mol/L
   d) Propansäure-Lösung: $c(C_2H_5COOH) = 0{,}55$ mol/L
9. Eine wässrige Lösung enthält 0,812 mol/L Natriumacetat und 0,034 mol/L Essigsäure.
   Berechnen Sie den pH-Wert dieser Pufferlösung.
10. Welche Masse an Ammoniumchlorid NH_4Cl muss in 2000 mL einer wässrigen Ammoniak-Lösung mit $c(NH_3) = 0{,}120$ mol/L gelöst werden, damit eine Pufferlösung mit pH = 9,40 entsteht?
11. Zu 5,0 m³ Abwasser von pH 7,0 werden 250 L verunreinigte Natronlauge mit $w(NaOH) = 25{,}1$ % und der Dichte 1,275 g/cm³ gepumpt. Berechnen Sie den neuen pH-Wert.
12. In einer gesättigten Bleisulfat-Lösung wurde eine Massenkonzentration $\beta(PbSO_4) = 4{,}3 \cdot 10^{-2}$ g/L ermittelt. Berechnen Sie das Löslichkeitsprodukt $K_L(PbSO_4)$ bei dieser Temperatur.
13. Eine gesättigte Lösung von Zinksulfat mit dem Massenanteil $w(ZnSO_4) = 35{,}3$ % hat bei 20 °C eine Dichte von $\varrho = 1{,}47$ g/cm³. Berechnen Sie das Löslichkeitsprodukt $K_L(ZnSO_4)$ bei 20 °C.
14. Welche Masse an Manganhydroxid $Mn(OH)_2$ ist in 850 L Wasser von 25 °C löslich?
    $K_L(Mn(OH)_2) = 4{,}0 \cdot 10^{-14}\ (mol/L)^3$
15. Eine Magnesiumchlorid-Lösung der Konzentration $c(MgCl_2) = 1{,}25 \cdot 10^{-3}$ mol/L wird auf pH = 9,2 eingestellt. Zeigen Sie durch eine Rechnung, ob sich dabei ein Niederschlag bildet.

7 Analytische Bestimmungen

Das Ziel **quantitativer Analysen** (quantitative analysis) ist die Ermittlung der Mengen an Bestandteilen in einer Substanz. Dies können Elemente, Ionen, Verbindungen, Radikale oder funktionelle Gruppen sein.

Die Bestimmungen werden vor allem durchgeführt zur Auswahl und Überwachung industrieller Rohstoffe sowie zur Beurteilung der Qualität von Zwischenprodukten, Fertigerzeugnissen und Abfallstoffen.

Ferner dienen sie zur Kontrolle von Luftverunreinigungen, von Abwasser, von Arbeitsplatz-Grenzwerten in Arbeitsräumen sowie zur Untersuchung von Böden, Lebensmitteln und Trinkwasser auf unzulässigerweise eingesetzte Chemikalien.
Ein weiteres breites Anwendungsgebiet sind biochemische und medizinische Untersuchungen in der Diagnostik und Forschung.

Übersicht analytischer Bestimmungsmethoden

Die Art, Beschaffenheit und Menge des zu untersuchenden Stoffes bestimmen in erster Linie die Wahl der Analysenmethode. Dabei kommen chemische, biochemische, physikalisch-chemische oder rein physikalische Methoden zum Einsatz.

Die folgende Übersicht zeigt die nachfolgend behandelten analytischen Verfahren.

Übersicht: Analytische Bestimmungsmethoden

Analytische Methode	Zugrundeliegendes physikalisches Phänomen		Name der analytischen Verfahren
Gravimetrie	**Thermogravimetrie:** Bestimmung der Masseänderung durch Wägung nach Wärmebehandlung	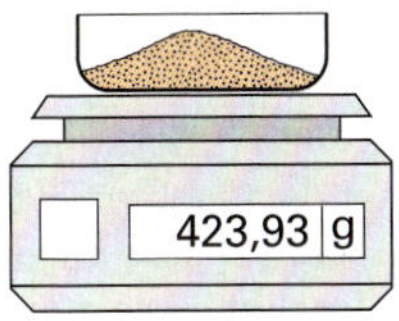	Thermogravimetrische Bestimmungen: Feuchtigkeitsgehaltsbestimmung Trockengehaltsbestimmung Glührückstandsbestimmung Bestimmung des Wassergehalts in Mineralölen
Volumetrie/ Maßanalyse	Bestimmung des Äquivalenzpunktes über die Farbänderung von Indikatoren durch Titration		Neutralisationstitration Redoxtitration Komplexbildungstitration
Maßanalysen mit elektrochemischen Methoden	Messung der – Potenzialänderung oder – Leitfähigkeits-änderung in leitfähigen Lösungen	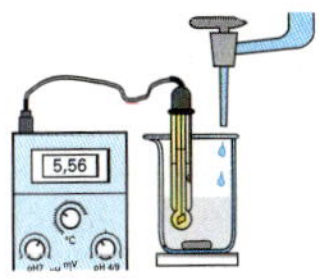	Potenziometrie Konduktometrie
Optische Analyse-methoden	Brechung von Licht Drehung der Schwingungsebene des Lichts Absorption von Lichtstrahlen	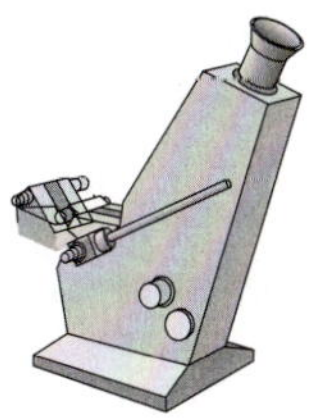	Refraktometrie Polarimetrie Fotometrie UV/VIS-Spektroskopie
Chromatografische Analysemethoden	Verteilungs-gleichgewichte und Adsorptions-gleichgewichte an aktiven Oberflächen	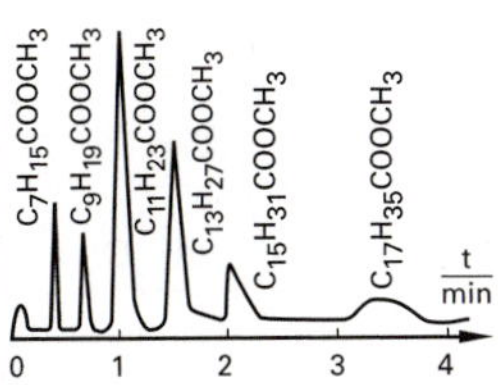	Papierchromatografie PC Dünnschichtchromatografie DC Säulenchromatografie SC Gaschromatografie GC Hochdruck-Flüssigkeits-chromatografie HPLC

7.1 Thermogravimetrische Analysen

Quantitative Untersuchungsergebnisse vieler Stoffe sind nur vergleichbar, wenn sie auf die Trockensubstanz bezogen werden. Man erhält somit Werte, die vom Feuchtigkeitsgehalt einer Analysenprobe unabhängig sind. Dies ist besonders bei schwankenden Feuchtigkeitsgehalten während der Lagerung, z. B. in einem Freilager, von Bedeutung.

Die Trockensubstanz lässt sich mithilfe **t**hermo**g**ravimetrischer **A**nalysen (TGA) bestimmen.

Mit der **T**hermo**g**ravimetrie (TG) werden temperatur- und zeitabhängige Massenänderungen einer Probe erfasst. Dabei wird zuerst die Masse der Ausgangsstoffe und nach einer thermischen Behandlung die Masse der untersuchten Stoffportion durch wiegen bestimmt. Anschließend berechnet man den Gehalt der Stoffe.

Im Folgenden werden die genannten Einzelverfahren näher vorgestellt:

- **Feuchtigkeitsgehaltsbestimmungen** (moisture content determination) und **Trockengehaltsbestimmungen** (dry solids content determination)
- **Glührückstandsbestimmungen** (ignition residue determination)
- **Bestimmung des Wassergehalts in Mineralölen** (Determination of water content in mineral oils)

7.1.1 Feuchtigkeits- und Trockengehaltsbestimmungen von Feststoffen

Bestandteil vieler chemisch-technischer Untersuchungen von Rohstoffen und Produkten ist die Prüfung von Substanzen auf ihren Feuchtigkeitsgehalt und ihren Trockengehalt.

Bei der Bestimmung des Feuchtigkeits- und Trockengehalts von Feststoff-Analysenproben wird zunächst die feuchte Probe eingewogen. Die Feuchtigkeit der Stoffportion lässt sich anschließend im Trockenschrank bei 105 °C durch Trocknen bis zur Massenkonstanz entfernen **(Bild 1)**.

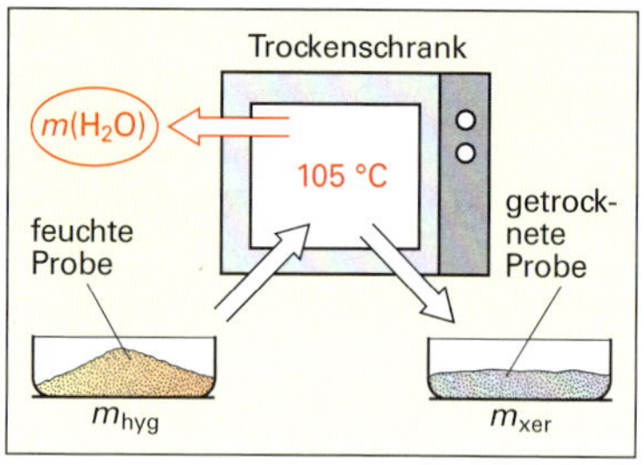

Bild 1: Feuchtigkeitsgehalts- und Trockengehaltsbestimmung

Aus der Differenz der Masse an feuchter Probe m_{hyg}[1] und trockener Probe m_{xer}[1] wird die Masse an Feuchtigkeit $m(H_2O)$ der Probe erhalten: $m(H_2O) = m_{hyg} - m_{xer}$

Der **Feuchtigkeitsgehalt** $w(H_2O)$ einer Probe ist der Quotient aus der Masse an Wasser in der Probe $m(H_2O)$ und der feuchten Probenmasse m_{hyg}(Probe).

Der **Trockengehalt** w_{xer} einer Probe ist der Quotient aus der Masse an trockener Probe m_{xer} und der Masse an feuchter Probe m_{hyg}(Probe).

Der Feuchtigkeitsgehalt $w(H_2O)$ und der Trockengehalt w_{xer} sind Massenanteile. Bei ein und derselben Probe addieren sie sich zu 1 bzw. 100 %. $w(H_2O) + w_{xer} = 100\ \%$.

Feuchtigkeitsgehalt

$$w(H_2O) = \frac{m(H_2O)}{m_{hyg}(\text{Probe})}$$

Trockengehalt

$$w_{xer} = \frac{m_{xer}}{m_{hyg}(\text{Probe})}$$

Beispiel: 10,842 g Koksprobe werden bei 105 °C im Trockenschrank bis zur Massenkonstanz getrocknet. Für die getrocknete Koksprobe wird eine Wägedifferenz von 0,682 g ermittelt. Wie groß ist der Feuchtigkeits- und Trockengehalt des Kokses?

Lösung:

1. Berechnung des Feuchtigkeitsgehalts: $\mathbf{w(H_2O)} = \frac{m(H_2O)}{m_{hyg}(\text{Koks})} = \frac{0{,}682\ g}{10{,}824\ g} = 0{,}06301 \approx \mathbf{6{,}30\ \%}$

2. Berechnung des Trockengehalts: $\mathbf{w_{xer}} = \frac{m_{xer}}{m_{hyg}(\text{Koks})} = \frac{10{,}824\ g - 0{,}682\ g}{10{,}824\ g} = 0{,}93699 \approx \mathbf{93{,}70\ \%}$

3. Prüfung auf 100 %: $w(H_2O) = w_{xer} = 6{,}30\ \% + 93{,}70\ \% = 100\ \%$

[1] **hyg,** Abkürzung für feucht, hygroskopisch; **xer,** Abkürzung für xeros, trocken

Aufgaben zu Feuchtigkeits- und Trockengehaltsbestimmungen von Feststoffen

1. 8,374 g Zinkoxidpaste (ZnO) werden bei 105 °C bis zur Massenkonstanz getrocknet. Die Auswaage beträgt 1,523 g. Wie groß ist der Massenanteil an Trockensubstanz in der Paste?
2. Eine Kohleprobe hat einen Massenanteil an Feuchtigkeit von 7,35 %. 8,254 g Kohle werden bei 105 °C bis zur Massenkonstanz getrocknet. Wie viel trockener Rückstand verbleibt?
3. 5,4563 g eines temperaturempfindlichen feuchten Pigments werden im Exsikkator über Calciumchlorid getrocknet **(Bild 1)**. Wie groß ist der Massenanteil an Feuchtigkeit in der Probe, wenn nach dem Trocknen 5,4123 g Trockensubstanz ausgewogen werden?
4. Zur Bestimmung der flüchtigen Anteile des Pigments Zirkondioxid (ZrO_2) werden 4,308 g bei 250 °C bis zur Massenkonstanz erhitzt. Nach dem Abkühlen verbleibt ein Rückstand von 2,835 g. Wie groß ist der Massenanteil *w*(flüchtige Anteile) des Pigments?
5. 10,4561 g Farbstoffteig ergeben beim Trocknen 1,7542 g Rückstand. Welcher Massenanteil an Trockensubstanz liegt vor?

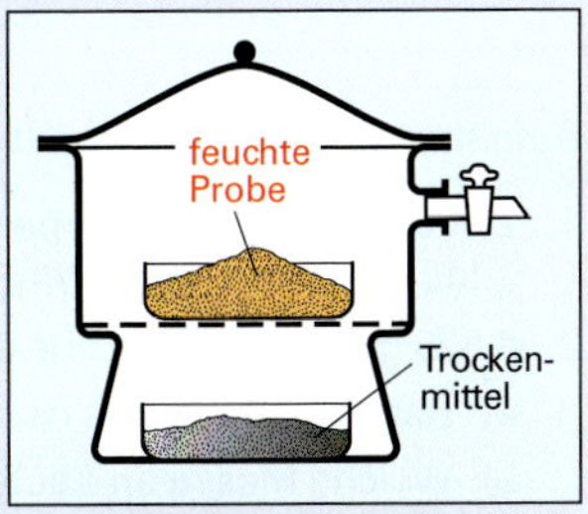

Bild 1: Trocknen im Exsikkator (Aufgabe 3)

6. Welchen Massenanteil $w(MnO_2)$, bezogen auf die Trockensubstanz, hat Braunstein, dessen Analyse folgende Massenanteile ergab: $w(H_2O) = 0{,}33\,\%$, $w(MnO_2) = 54{,}72\,\%$?
7. Bei der Bestimmung des Feuchtigkeitsgehalts einer Paste wurden folgende Massen ermittelt:
   Masse des Trockenbleches: 2,15 kg | Masse Trockenblech mit Feuchtgut: 9,95 kg
   Masse Trockenblech mit Trockengut: 7,12 kg
   Welchen Feuchtigkeitsgehalt hat die untersuchte Probe?

7.1.2 Glührückstandsbestimmungen

Bei der Glührückstandsbestimmung wird die in einem Porzellantiegel eingewogene Analysenprobe in einem Muffelofen bei Temperaturen zwischen 600 °C und 1100 °C geglüht **(Bild 2)**.

Die Probesubstanz zerfällt beim Glühen in einen Glührückstand w_{rsd}[1] und einem Glühverlust w_v. Sowohl der Glührückstand w_{rsd} als auch der Glühverlust w_v sind Massenanteile.

Bei anorganischen Verbindungen z. B. besteht der Glührückstand w_{rsd} aus Metalloxiden. Der Glühverlust w_v setzt sich bei organischen Stoffen aus Kohlenstoffdioxid, Wasser und anderen niedermolekularen Verbindungen zusammen.

Der Masseverlust beim Glühen m_v ist die Differenz aus der Masse der Probe *m*(Probe) vor dem Glühen und dem Rückstand m_{rsd} nach dem Glühen: $m_v = m(\text{Probe}) - m_{rsd}$

Der **Glührückstand w_{rsd}** ist das Verhältnis der Masse des Rückstands nach dem Glühen m_{rsd} zur Masse der Ausgangsprobe *m*(Probe).

Der **Glühverlust w_v** ist das Verhältnis des Masseverlustes nach dem Glühen m_v zur Masse der Ausgangsprobe.

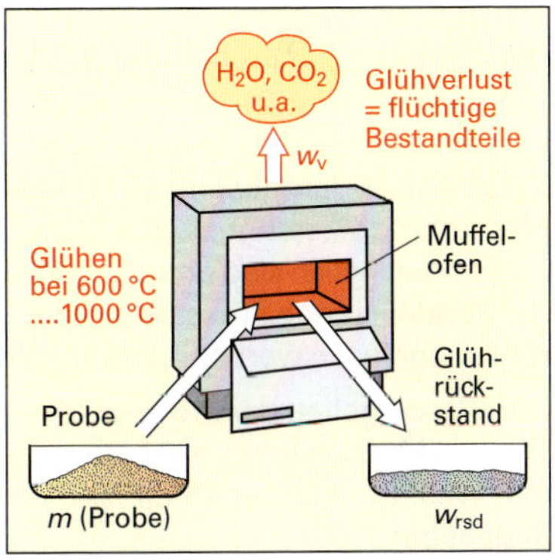

Bild 2: Glührückstandsbestimmung

Glührückstand

$$w_{rsd} = \frac{m_{rsd}}{m(\text{Probe})}$$

Glühverlust

$$w_v = \frac{m_v}{m(\text{Probe})}$$

Beispiel 1: Beim Glühen von 0,2500 g Kalkstein wird ein Rückstand von 0,1708 g erhalten. Wie groß ist der Glührückstand in Prozent?

Lösung: $\mathbf{w_{rsd}} = \frac{m_{rsd}}{m(\text{Probe})} = \frac{0{,}1708\ \text{g}}{0{,}2500\ \text{g}} = 0{,}683200 \approx \mathbf{68{,}32\,\%}$

[1] **rsd**, Abkürzung für residuns, Rest

Beispiel 2: Die Glührückstandsbestimmung einer Elastomerprobe ergab folgende Wägewerte:
m(Tiegel, leer) = 27,183 g, *m*(Tiegel mit Probe) = 30,751 g, *m*(Tiegel mit Glührückstand) = 28,432 g
Wie groß ist der Glühverlust der Probe in Prozent?

Lösung: *m*(Probe) = *m*(Tiegel mit Probe) – *m*(Tiegel, leer) = 30,751 g – 27,183 g = 3,568 g

m_v = *m*(Tiegel mit Probe) – *m*(Tiegel mit Glührückstand) = 30,751 g – 28,432 g = 2,319 g

$$w_v = \frac{m_v}{m(\text{Probe})} = \frac{2{,}319\text{ g}}{3{,}568\text{ g}} = 0{,}64994 \approx \mathbf{64{,}99\,\%}$$

Aufgaben zu Glührückstandsbestimmungen

1. 2,000 g einer Kohleprobe werden langsam erhitzt und bei 900 °C geglüht. Der Rückstand wird zu 0,140 g ausgewogen. Wie groß ist der Aschegehalt der Probe in Prozent?
2. 4,825 g Braunkohleprobe ergeben nach dem Glühen einen Ascherückstand von 0,315 g.
   a) Berechnen Sie den Asche-Massenanteil der Braunkohle.
   b) Welche Masse an Asche entsteht bei der Verfeuerung von $250 \cdot 10^3$ t der untersuchten Kohle?
3. Bei der Veraschung einer Gummiprobe wurden folgende Wägeergebnisse ermittelt:
   m(Tiegel, leer) = 32,18 g, *m*(Tiegel + Probe) = 36,75 g, *m*(Tiegel + Glührückstand) = 33,42 g.
   Wie groß ist der Glühverlust der Probe in Prozent?
4. 1,523 g einer Bauxit-Probe wurden geglüht und ein Rückstand von 1,283 g erhalten.
   a) Wie groß ist der Glühverlust in Prozent?
   b) Welche Massenabnahme wäre bei einem Glühverlust von 17,1 % festgestellt worden?

7.1.3 Bestimmung des Wassergehalts in Mineralölen

Die Bestimmung des Wassergehalts in Rohöl und Mineralölerzeugnissen erfolgt mit einem Destillationsverfahren nach DIN ISO 3733 in einer speziellen Apparatur **(Bild 1)**.

Die eingewogene Probe wird mit einem geeigneten Lösemittel, wie z.B. Xylol, versetzt und im Kolben zum Sieden erhitzt. Das in der Probe enthaltene Wasser verdampft zusammen mit dem Lösemittel (z.B. Xylol). Das Xylol-Wasserdampf-Gemisch kondensiert im Kühler und tropft in das Messrohr. Dort trennt es sich in zwei Phasen, da Xylol und Wasser nicht ineinander löslich sind und unterschiedliche Dichten haben. Das Volumen des kondensierten Wassers (untere Phase) kann auf der Skale des Messrohrs abgelesen werden.

Der Wassergehalt der Probe wird als Wasser-Massenanteil $w(H_2O)$ oder als Wasser-Volumenanteil $\varphi(H_2O)$ angegeben.

Wassergehalt des Mineralöls

$$w(H_2O) = \frac{m(H_2O)}{m(\text{Probe})}$$

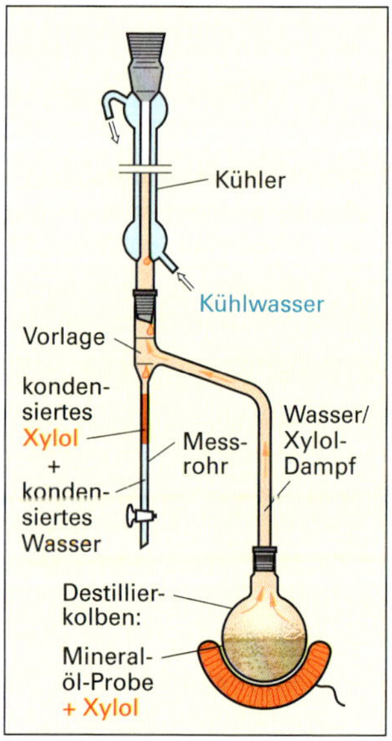

Bild 1: Wassergehaltsbestimmung von Mineralölen nach DIN ISO 3733

Beispiel: 50,62 g Verdichteröl werden gemäß DIN ISO 3733 auf ihren Wassergehalt untersucht (Bild 1). Am Messrohr werden 0,28 mL Wasser abgelesen. Welchen Wasser-Massenanteil hat die Probe?

Lösung:
$$w(H_2O) = \frac{m(H_2O)}{m(\text{Probe})} = \frac{0{,}28\text{ g}}{50{,}62\text{ g}} = 0{,}005531 \approx \mathbf{0{,}55\,\%}$$

Aufgaben zur Bestimmung des Wassergehalts in Mineralölen

1. 120,2 g Schmieröl werden mit Xylol versetzt und in der Apparatur nach DIN ISO 3733 destilliert. In der Vorlage werden 0,203 mL Wasser aufgefangen. Welchen Wasser-Massenanteil hat das Schmieröl?
2. Bei der Bestimmung des Wassergehalts in einem Heizöl nach DIN ISO 3733 wurden mit Xylol aus 27,25 g Probe 0,10 mL Wasser überdestilliert. Wie groß ist der Wasser-Massenanteil des Heizöls?

Gemischte Aufgaben zu 7.1 Thermogravimetrischen Analysen

1. Wie groß ist der Feuchtigkeitsgehalt einer Kohleprobe in Prozent, wenn die Masse beim Trocknen von 2,1187 g Probe bei 105°C um 0,4563 g abnimmt?

2. 2,3415 g Kiesabbrand aus einer Kupferhütte werden bei 105 °C bis zur Massenkonstanz getrocknet. Es verbleiben 2,2584 g trockene Substanz.
   a) Wie groß ist der Trockengehalt der Probe in Prozent?
   b) Welchen Feuchtigkeitsgehalt hat die Probe?

3. 1,7650 g Bauxit aus einer Aluminiumhütte werden bei 105 °C getrocknet, der Feuchtigkeitsgehalt beträgt 7,45 %. Welche Auswaage ist nach dem Trocknen zu erwarten?

4. 10,6532 g Eisenoxidgelb-Farbstoff-Teig ergeben beim Trocknen einen Trocken-Rückstand von 1,8432 g. Wie viel Prozent Feuchte enthält die Probe?

5. 20,543 g technisches Ammoniumsulfat ergeben getrocknet eine Auswaage von 20,241 g.
   a) Wie groß ist der Feuchtigkeitsgehalt in Prozent?
   b) Welche Masse an Wasser muss noch aus 5,0 t Ammoniumsulfat verdunsten, damit der zulässige Wasseranteil von 1,0 % erreicht wird?

6. 8,857 g Rohkohle werden nach dem Trocknen mit 5,896 g ausgewogen.
   a) Wie groß ist der Feuchtigkeitsgehalt der Rohkohle in Prozent?
   b) Welche Masse an Wasser ist in einer Lieferung von 758 t Rohkohle enthalten?

7. In einer Probe von feuchtem, gebranntem Kalk wurden folgende Massenanteile analysiert: 6,1 % Feuchtigkeit, 82,1 % Calciumoxid CaO, 3,9 % Siliciumdioxid SiO_2 und andere Verunreinigungen. Rechnen Sie die Anteile auf die Trockensubstanz um.

8. 5,812 g eines feuchten Kalksteins $CaCO_3$ werden bei 1000 °C bis zur Massenkonstanz geglüht. Anschließend wurde ein Glührückstand von 2,834 g Calciumoxid CaO ausgewogen. Welchen Feuchte-Massenanteil $w(H_2O)$ hat der eingesetzte Kalkstein?

9. Beim Verbrennen von 8,267 g eines wasserhaltigen Kokosfettes mit $w(H_2O) = 19{,}3\,\%$ wird ein Ascherückstand von 0,163 g ermittelt. Wie groß ist der Massenanteil *w*(Asche) in Prozent, bezogen auf das trockene Kokosfett?

10. Aluminiumhydroxid wird auf einem Planzellenfilter von der Aluminatlauge abgetrennt. Das feuchte Hydroxid soll nach Spezifikation einen maximalen Feuchtegehalt von 7,00 % haben. 5,5342 g des feuchten Hydroxids werden bei 105 °C bis zur Massenkonstanz getrocknet. Welche Auswaage muss erhalten werden, damit das Produkt die Qualitätsanforderungen gerade noch erfüllt?

11. 3,2056 g Elektrodenkoks aus der Phosphorproduktion werden bei 800 °C verascht. Die Auswaage ergibt 0,0234 g Asche. Welchen Aschegehalt in Promille hat der Koks?

12. 30,534 g Quarzsand zur Glasproduktion ergeben nach dem Glühen und Abkühlen eine Auswaage von 28,439 g. Wie groß ist der Glühverlust in Prozent?

13. 1,461 g einer Torfprobe werden geglüht. Es verbleiben 32,5 mg Asche. Berechnen Sie den Glührückstand der Probe in Prozent.

14. Bei der Aschegehaltsbestimmung von Steinkohle aus einem Kraftwerk werden folgende Wägeergebnisse erhalten: *m*(Tiegel, leer) = 28,285 g, *m*(Tiegel + Probe) = 42,739 g, *m*(Tiegel + Rückstand) = 28,901 g. Welchen Massenanteil an Schlacke enthält die Kohle?

15. Retorten-Grafit zur Elektrodenproduktion enthält 91,25 % Kohlenstoff C. Die Bestimmung des Aschegehalts ergibt *w*(Asche) = 3,12 %. Welchen Massenanteil *w*(C) hat der aschefreie Grafit?

16. Der zulässige Wassergehalt in Dieselkraftstoff darf 0,3 % nicht überschreiten. Bei der Wassergehaltsbestimmung nach der Xylol-Methode ergeben 20,00 g Dieselkraftstoff ein überdestilliertes Wasservolumen von 0,050 mL ($\varrho = 0{,}9982\ g/cm^3$). Erfüllt die untersuchte Probe die Anforderungen?

7.2 Volumetrische Bestimmungen (Maßanalyse)

Volumetrischen Bestimmungen, auch maßanalytische Bestimmungen oder kurz Maßanalysen genannt, liegen chemische Umsetzungen zugrunde. Damit eine **Maßanalyse** (titrimetry) verwertbare Ergebnisse liefert, müssen die ablaufenden Reaktionen ausreichend rasch, quantitativ (ohne Ausbeuteverluste) und stöchiometrisch (in konstanten Stoffmengenverhältnissen) ablaufen.

7.2.1 Durchführung einer Maßanalyse

Bei einer maßanalytischen Bestimmung **(Bild 1)** wird eine Portion der zu untersuchenden Substanz genau eingemessen (pipettiert) oder eingewogen, gelöst und ein geeigneter **Indikator** zugesetzt.

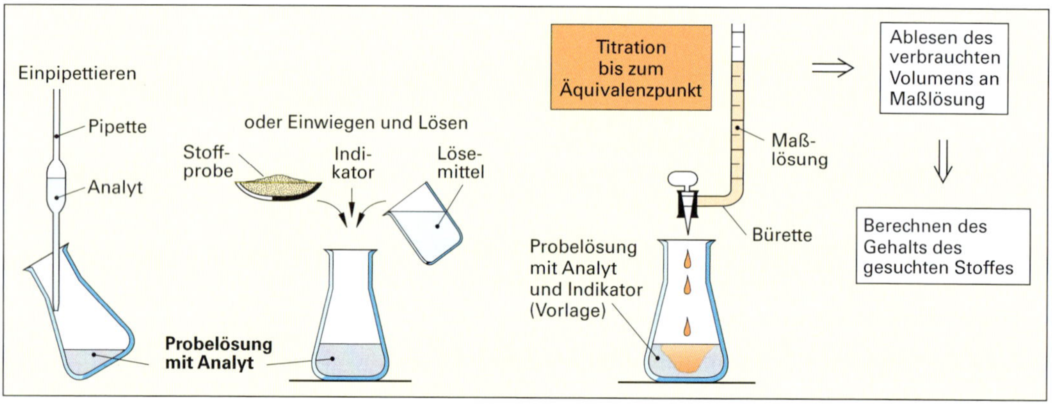

Bild 1: Durchführung einer maßanalytischen Bestimmung

Anschließend wird die **Maßlösung** (standard solution), es ist eine Lösung mit genau definiertem Gehalt, mit einer kalibrierten Handbürette oder einer Motorkolbenbürette tropfenweise zudosiert (Näheres zu Maßlösungen siehe Seite 207 ff.).

Der Vorgang der tropfenweisen Zugabe wird als **Titration** (titration) bezeichnet.

Der Endpunkt der Reaktion zeigt sich durch einen Farbumschlag des Indikators. Er wird **Äquivalenzpunkt** (equivalent point) genannt. Das Ende der Reaktion kann auch durch geeignete physikalische Messmethoden (vgl. Seite 228) angezeigt werden.

Die verbrauchte Maßlösung wird an der Bürette abgelesen und dann die Quantität (Masse) des gesuchten Bestandteils der Probe (**Analyt**) ermittelt.

Bei der Titration können unterschiedliche Reaktionen ablaufen. Daher unterscheidet man:

- **Neutralisationstitrationen** (neutralizing titration)
- **Fällungstitrationen** (precipitation titration)
- **Redoxtitrationen** (oxidimetry/redox titration)
- **Komplexbildungstitrationen** (compleximetric titration)

7.2.2 Maßanalyse mit aliquoten Teilen

Häufig werden bei maßanalytischen Bestimmungen die zu untersuchenden Substanzen (Feststoffe oder Lösungen) zunächst in einem Messkolben mit demineralisiertem Wasser zu einer Stammlösung *V*(Stamm) verdünnt (**Bild 1,** Seite 207). Von dieser **Stammlösung** (stock solution) werden gleiche Volumenportionen abpipettiert, diese werden **aliquote**[1] **Teile *V*** genannt. Nach Verdünnen mit demineralisiertem Wasser wird mit der Maßlösung titriert.

Bei der Auswertung der Titration ist zu berücksichtigen, dass sich das Ergebnis zunächst nur auf einen *Teil,* den abpipettierten *aliquoten Teil,* der Stammlösung bezieht. Das Ergebnis der Titration ist anschließend mit dem Verdünnungsfaktor f_a (aliquoter Faktor) zu multiplizieren.

Verdünnungsfaktor

$$f_a = \frac{V(\text{Stamm})}{V(\text{aliquot})}$$

[1] aliquot heißt: in mehrere Teilmengen ohne Rest geteilt.

Beispiel: Wie groß ist der Verdünnungsfaktor der aliquotierten Probe in **Bild 1**?

Lösung: $f_a = \frac{V(\text{Stamm})}{V(\text{aliquot})} = \frac{500\ \text{mL}}{25\ \text{mL}} = \mathbf{20}$

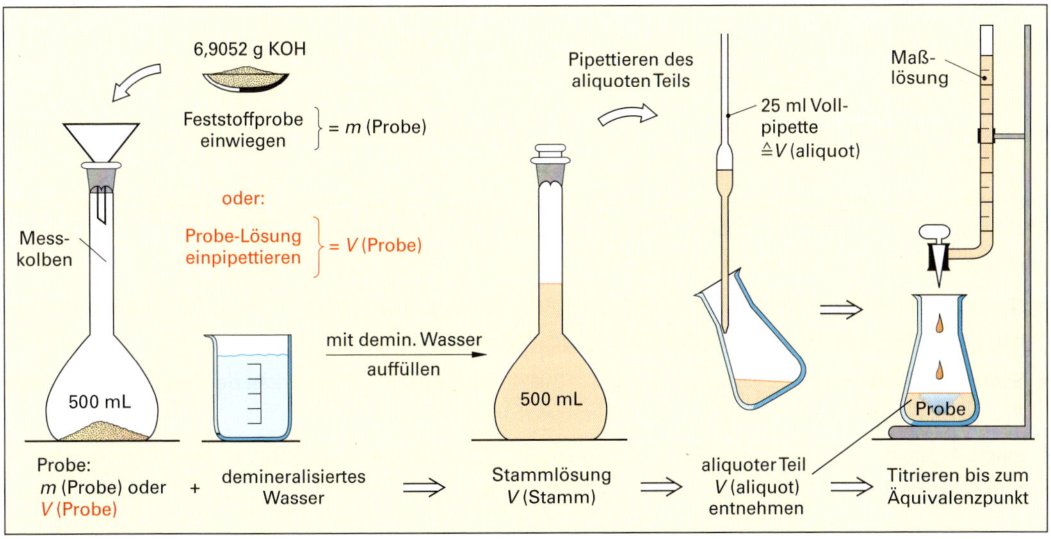

Bild 1: Herstellen einer Stammlösung der zu untersuchenden Substanz (Analyt), Aliquotieren und Titrieren

Die Vorteile der Maßanalyse mit aliquoten Teilen sind unter anderem:

- Verringerung von Wägefehlern und Pipettierfehlern, da für die Herstellung der Stammlösung *größere* Stoffportionen gelöst werden können.
- Geringere Fehlerquote durch Maßlösungen mit *kleinerer* Stoffmengenkonzentration.
- *Mehrere* Titrationen gleicher Volumenportionen der Stammlösung (in der Regel mindestens 3 Titrationen), können durchgeführt werden. Daraus wird ein Mittelwert gebildet.

7.2.3 Gehaltsangaben von Maßlösungen

Als **Maßlösungen** (standard solutions) werden die bei der Maßanalyse verwendeten Lösungen mit exakt bekanntem Gehalt bezeichnet. Die Herstellung, Verwendung und Überwachung des exakten Gehalts von Maßlösungen zählt zu den routinemäßigen Labortätigkeiten.

Grundlage der Auswertung einer Maßanalyse sind die gemäß Reaktionsgleichung umgesetzten Stoffmengen der reagierenden Teilchen der Maßlösung (Titrator genannt) und der gesuchten Komponente in der Probelösung (Titrand oder Analyt genannt).

Daher wird der Gehalt von Maßlösungen durch die **Stoffmengenkonzentration *c*(X)** angegeben, z. B. $c(\text{NaOH}) = 0{,}\underline{1}$ mol/L.

Dabei ist der exakte Gehalt der Maßlösung durch einen Unterstrich gekennzeichnet.

Stoffmengenkonzentration
$c(\text{X}) = \frac{n(\text{X})}{V(\text{Lsg})}$

Auch die **Äquivalentkonzentration $c(\frac{1}{z^*}\text{X})$**, ist zur Gehaltsangabe bei der Maßanalyse gebräuchlich.

Im Formelzeichen $c(\frac{1}{z^*}\text{X})$ wird der Bruch $\frac{1}{z^*}$ dem Stoff vorangestellt. Dabei ist z^* die **Äquivalentzahl.** Es ist eine ganze Zahl und gibt die Wertigkeit bzw. die Veränderung der Oxidationszahl bei Redoxreaktion oder der Ionenladung bei Ionen an. Näheres dazu auf Seite 159 und 208.

Andere Schreibweisen der Äquivalentkonzentration sind c_{eq} oder $c(\text{eqX})$.

Die Äquivalentkonzentration $c(\frac{1}{z^*}\text{X})$ kann aus der Stoffmengenkonzentration $c(\text{X})$ und der Äquivalentzahl z^* berechnet werden (siehe rechts).

Äquivalentkonzentration
$c\left(\frac{1}{z^*}\text{X}\right) = z^* \cdot c(\text{X})$

Beispiele:			
	Stoffmengenkonzentration c(X)	$\rightarrow$	**Äquivalentkonzentration $c(\frac{1}{z^*}\text{X})$**
	$c(\text{HCl}) = 0{,}\underline{1}$ mol/L	$z^* = 1$	$c(\frac{1}{1}\text{HCl}) = 1 \cdot 0{,}\underline{1}$ mol/L $= 0{,}\underline{1}$ mol/L
	$c(\text{H}_2\text{SO}_4) = 0{,}0\underline{5}$ mol/L	$z^* = 2$	$c(\frac{1}{2}\text{H}_2\text{SO}_4) = 2 \cdot 0{,}0\underline{5}$ mol/L $= 0{,}\underline{1}$ mol/L
	Äquivalentkonzentration $c(\frac{1}{z^*}\text{X})$	$\Rightarrow$	**Stoffmengenkonzentration c(X)**
	$c(\frac{1}{1}\text{NaOH}) = 0{,}\underline{1}$ mol/L	$z^* = 1$	$c(\text{NaOH}) = 1 \cdot 0{,}\underline{1}$ mol/L $= 0{,}\underline{1}$ mol/L
	$c(\frac{1}{5}\text{KMnO}_4) = 0{,}\underline{1}$ mol/L	$z^* = 5$	$c(\text{KMnO}_4) = \frac{1}{5} \cdot 0{,}\underline{1}$ mol/L $= 0{,}0\underline{2}$ mol/L

Die Verwendung der Äquivalentkonzentration hat den Vorteil, dass die gelöste Äquivalent-Stoffmenge der Maßlösung gleichwertig (äquivalent) mit der Äquivalent-Stoffmenge des Analyten ist.

Man unterscheidet je nach ablaufender Reaktion folgende Arten von Äquivalenten:

- **Neutralisations-Äquivalente** (z.B. $\frac{1}{2}\,H_2SO_4$, $\frac{1}{3}\,H_3PO_4$): Die Äquivalentzahl z^* entspricht der Anzahl Protonen H^+, die bei einer Säure-Base-Reaktion umgesetzt werden.
- **Redox-Äquivalente** (z.B. $\frac{1}{5}\,KMnO_4$, $\frac{1}{6}\,K_2Cr_2O_7$): Die Äquivalentzahl z^* entspricht der Anzahl der bei einer Redox-Reaktion pro Teilchen ausgetauschten Elektronen.
- **Ionen-Äquivalente** (z.B. $\frac{1}{2}\,Zn^{2+}$, $\frac{1}{3}\,Fe^{3+}$): Die Äquivalentzahl z^* ist gleich dem Betrag der Ionenladung.

7.2.4 Titer von Maßlösungen

Maßlösungen mit genauen Konzentrationen sind gebrauchsfertig im Handel erhältlich **(Bild 1).**

Sie können aber auch durch Verdünnen konzentrierter Lösungen oder durch Einwiegen von Reinsubstanzen und anschließendes Auffüllen im Messkolben mit demineralisiertem, CO_2-freiem Wasser erhalten werden.

Selbst angesetzte Maßlösungen haben in der Regel nicht den exakten, angestrebten Gehalt. Außerdem kann sich der exakte Gehalt einiger Maßlösungen nach längerem Stehen durch äußere Einflüsse verändern.

Die genaue Konzentration einer Maßlösung kann man durch eine maßanalytische Gehaltsbestimmung, **Titerbestimmung** genannt, ermitteln (Seite 209).

Der **Titer *t*** einer Maßlösung ist ein Korrekturfaktor, der die Abweichung der tatsächlichen Stoffmengenkonzentration c(X) oder der Äquivalentkonzentration c(eq) vom angestrebten, genauen Nennwert, z.B. $\tilde{c}(\text{X}) = 0{,}\underline{1}$ mol/L, einer Maßlösung angibt.

Der Titer t ist der Quotient aus der *tatsächlichen* Stoffmengenkonzentration c(X) und der Nenn-Stoffmengenkonzentration $\tilde{c}$(X) der Maßlösung.

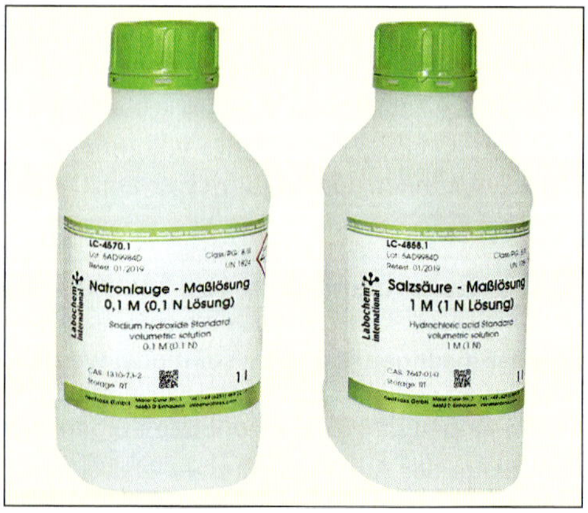

Bild 1: Maßlösungen mit Etikett

Titer von Maßlösungen

$$\text{Titer} = \frac{\text{tatsächliche Stoffmengenkonzentration}}{\text{Nenn-Stoffmengenkonzentration}}$$

$$t = \frac{c(\text{X})}{\tilde{c}(\text{X})}$$

Im Laboralltag wird der Titer von Maßlösungen täglich, teilweise auch mehrfach überprüft.

Beispiel: Eine Salzsäure-Maßlösung hat die Nenn-Stoffmengenkonzentration $\tilde{c}(\text{X}) = 1$ mol/L, der Titer beträgt $t = 0{,}998$. Wie groß ist die tatsächliche Stoffmengenkonzentration c(HCl)?

Lösung: $t = c(\text{X})/\tilde{c}(\text{X}) \Rightarrow$ **c(HCl)** $= \tilde{c}(\text{HCl}) \cdot t = 1$ mol/L $\cdot\, 0{,}998 =$ **0,998 mol/L**

Da der Titer < 1 ist, ist die *tatsächliche* Stoffmengenkonzentration **kleiner** als die Nenn-Stoffmengenkonzentration.

Bei Titrationen steht die Stoffmengenkonzentration der verwendeten Maßlösung in direktem Zusammenhang mit ihrem verbrauchten Volumen im Äquivalenzpunkt.

Daher kann das Verbrauchs-Volumen $\widetilde{V}$(ML) der Maßlösung mit Nenn-Konzentration mithilfe des Titers *t* in das Verbrauchs-Volumen *V*(ML) der Maßlösung *tatsächlicher* Konzentration mit nebenstehender Größengleichung umgerechnet werden.

Korrigierter Verbrauchswert

$$V(\text{ML}) = \widetilde{V}(\text{ML}) \cdot t$$

Beispiel: Bei einer Titration wurden bis zum Äquivalenzpunkt 28,5 mL Natronlauge-Maßlösung der Nenn-Stoffmengenkonzentration $\tilde{c}$(NaOH) = 0,1 mol/L (*t* = 1,0154) verbraucht. Welchem Volumen an Maßlösung der tatsächlichen Konzentration *c*(NaOH) = 0,1̲ mol/L entspricht das?

Lösung: $\mathbf{V(ML)} = \widetilde{V}(\text{ML}) \cdot t = 28{,}5\ \text{mL} \cdot 1{,}0154 = 28{,}939\ \text{mL} \approx \mathbf{28{,}9\ mL}$

Aufgaben zum Titer von Maßlösungen

1. Welche tatsächliche Stoffmengenkonzentration *c*(NaOH) hat eine Natronlauge-Maßlösung mit der Nenn-Stoffmengenkonzentration $\tilde{c}$(NaOH) = 0,5 mol/L bei einem Titer *t* = 1,017?
2. Berechnen Sie die Äquivalentkonzentration $\tilde{c}(\frac{1}{5}KMnO_4)$ einer Kaliumpermanganat-Maßlösung der Nenn-Stoffmengenkonzentration $\tilde{c}(KMnO_4)$ = 0,02 mol/L mit Titer *t* = 0,988.
3. Bei einer Titration wurden bis zum Äquivalenzpunkt 24,7 mL Salzsäure-Maßlösung der Nenn-Stoffmengenkonzentration $\tilde{c}$(HCl) = 0,1 mol/L (*t* = 0,975) verbraucht. Welchem Volumen an Maßlösung der tatsächlichen Konzentration *c*(HCl) = 0,1̲ mol/L entspricht das?

Bestimmung des Titers von Maßlösungen

Die **Bestimmung des Titers *t*** einer Maßlösung mit der Nenn-Konzentration $\tilde{c}$(eq) kann durch direkte Titration mit einer anderen titerbekannten Maßlösung oder mit **Urtitersubstanzen** (analysenreine, chemisch beständige Substanzen) erfolgen.

Die Bestimmung wird auch **Titerstellung** (determination of titer) genannt.

Die Titerbestimmung gegen eine Bezugsmaßlösung ist rascher durchzuführen, da das Einpipettieren einer genau bemessenen Volumenportion an Bezugsmaßlösung weniger zeitaufwendig ist als das genaue Einwägen der Urtitersubstanz. Im Folgenden wird nur die Titerstellung gegen eine Bezugsmaßlösung beschrieben **(Bild 1)**.

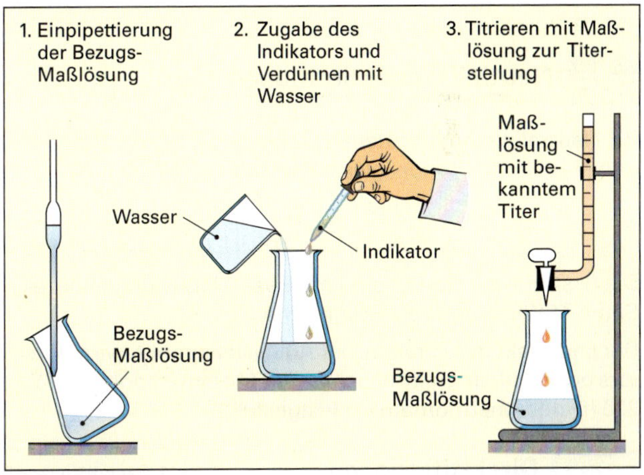

Bild 1: Schema der Titerbestimmung einer Maßlösung gegen eine Bezugs-Maßlösung

Basis für die Berechnung ist das Stoffmengenverhältnis, in dem die Bestandteile der zu bestimmenden Maßlösung (Index ML) mit den Bestandteilen der Bezugsmaßlösung (Index 0) reagieren. Für die Umsetzung der Bestandteile gilt:

$$n(\text{eq}_0) = n(\text{eq-ML})$$

Mit $n(\text{eq}_0) = c(\text{eq}_0) \cdot V_0$ und $n(\text{eq-ML}) = c(\text{eq-ML}) \cdot V(\text{ML})$

sowie $c(\text{eq}_0) = \tilde{c}(\text{eq}_0) \cdot t_0$ und $c(\text{eq-ML}) = \tilde{c}(\text{eq-ML}) \cdot t(\text{ML})$

gilt nach dem Gleichsetzen der Stoffmengen *n*, Einsetzen der Stoffmengenkonzentration *c* und Umstellen nach dem Titer der Maßlösung *t*(ML) die nebenstehende Größengleichung zur Berechnung der Titerstellung gegen eine Bezugsmaßlösung.

Titerbestimmung gegen Bezugsmaßlösung

$$t(\text{ML}) = \frac{\tilde{c}(\text{eq}_0) \cdot V_0 \cdot t_0}{\tilde{c}(\text{eq-ML}) \cdot V(\text{ML})}$$

Beispiel: 25,00 mL Salzsäure der Konzentration $\tilde{c}(\text{HCl}) = 0{,}1$ mol/L ($t = 0{,}968$) verbrauchen bei der Titerbestimmung 24,30 mL einer Natronlauge der Konzentration $\tilde{c}(\text{NaOH}) = 0{,}1$ mol/L.

a) Welchen Titer hat die Natronlauge-Maßlösung?

b) Welche Angabe ist auf dem Etikett der Vorratsflasche zu machen?

Lösung: a) $$t(\text{NaOH}) = \frac{\tilde{c}(\text{HCl}) \cdot V(\text{HCl}) \cdot t(\text{HCl})}{\tilde{c}(\text{NaOH}) \cdot V(\text{NaOH})}$$

$$\mathbf{t(NaOH)} = \frac{0{,}1\ \text{mol/L} \cdot 25{,}00\ \text{mL} \cdot 0{,}968}{0{,}1\ \text{mol/L} \cdot 24{,}30\ \text{mL}} \approx \mathbf{0{,}996}$$

Die Maßlösung ist etwas **schwächer** konzentriert als angegeben und hat den Titer $t(\text{NaOH}) = 0{,}996$.

b) Die Etikettierung der Flasche ist in **Bild 1** wiedergegeben.

Betriebslabor X33
Natronlauge-Maßlösung $\tilde{c}(\text{NaOH}) = 0{,}1$ mol/L $t = 0{,}996$ Datum: 15.04.18 Unterschrift:

Bild 1: Beispiel der Etikettierung einer Maßlösung

Aufgaben zur Bestimmung des Titers von Maßlösungen

1. Welchen Titer hat eine Natronlauge-Maßlösung, $\tilde{c}(\text{NaOH}) = 0{,}1$ mol/L, wenn zur Neutralisation von 25,0 mL Salzsäure der Stoffmengenkonzentration $c(\text{HCl}) = 0{,}\underline{1}$ mol/L von der Natronlauge 25,25 mL verbraucht werden?
2. 25,0 mL Natronlauge-Maßlösung, $\tilde{c}(\text{NaOH}) = 0{,}1$ mol/L ($t = 0{,}992$), werden zur Titerbestimmung einer Schwefelsäure-Maßlösung, $\tilde{c}(\frac{1}{2}\ H_2SO_4) = 0{,}1$ mol/L, einpipettiert und verdünnt. Der Verbrauch an Schwefelsäure-Maßlösung beträgt 24,35 mL. Welchen Titer hat die Schwefelsäure?
3. 25,0 mL Schwefelsäure der Konzentration $\tilde{c}(H_2SO_4) = 0{,}5$ mol/L ($t = 1{,}024$) neutralisieren 50,0 mL einer Kalilauge. Wie groß ist die Äquivalentkonzentration $c(\frac{1}{1}\ \text{KOH})$ der Kalilauge in mol/L?

7.2.5 Neutralisationstitrationen

Bei **Neutralisationstitrationen** reagieren Säuren und Basen unter Bildung von Salzen und Wasser. Die allgemeine Neutralisationsgleichung lautet

$$\text{Säure} + \text{Base} \longrightarrow \text{Salz} + \text{Wasser}$$

$$H^+A^-_{(aq)} + B^+OH^-_{(aq)} \longrightarrow B^+A^-_{(aq)} + H_2O_{(l)}$$

Die Bestimmung von Säuren mit Base-Maßlösungen bezeichnet man als **Alkalimetrie,** die von Basen mit Säure-Maßlösungen als **Acidimetrie.**

Der Endpunkt der Titration, der **Äquivalenzpunkt,** wird durch den Farbumschlag eines zugesetzten Indikators oder mithilfe elektrochemischer Messmethoden (pH-Wert, Leitfähigkeit, Potenzialdifferenz, vgl. Seite 228 ff.) oder thermometrisch festgestellt.

7.2.5.1 Direkttitrationen

Bei **Direkttitrationen** (direct acidimetric titration) wird der Gehalt der gesuchten Stoffportion X *unmittelbar* durch Titration bestimmt und aus dem Verbrauchsvolumen V(ML) der Maßlösung berechnet.

Die einzelnen Arbeitsschritte bei einer Direkttitration zeigt **Bild 1.**

Die Auswertung einer Direkttitration ist auf der Basis der stöchiometrischen Bilanz in der Reaktionsgleichung mit Größengleichungen oder mit Schlussrechnung möglich.

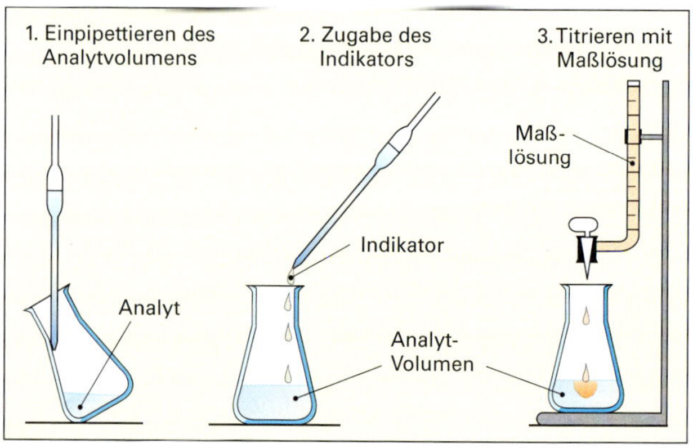

Bild 1: Durchführung einer Direkttitration

Berechnung auf Basis der stöchiometrischen Bilanz in der Reaktionsgleichung

Der Auswertung einer maßanalytischen Bestimmung liegen folgende Daten zugrunde:

- die Einwaage $m(X)$ oder das Probevolumen $V(X)$ des zu bestimmenden Analyten X
- der Verdünnungsfaktor f_a bei Verdünnung und Aliquotierung der Probe
- die molare Masse $M(X)$ des Analyten
- die Äquivalentzahl $z^*(X)$ des Analyten
- die Äquivalentkonzentration $c(1/z^*\,ML)$ der Maßlösung ML, vereinfacht $c(eq\text{-}ML)$
- die Stoffmengenkonzentration $c(ML)$ der Maßlösung mit dem Titer t.

Für die umgesetzte Stoffmenge bei einer Direkttitration

gilt: $n(eq\,X) = n(eq\,ML)$.

Mit $n(eq\,X) = n(X) \cdot z^*(X)$ und $n(eq\,ML) = c(eq\,ML) \cdot V(ML)$ folgt nach dem Gleichsetzen

$$n(X) \cdot z^*(X) = c(eq\,ML) \cdot V(ML)$$

Mit $c(eq\,ML) = \tilde{c}(eq\,ML) \cdot t$ und $n(X) = m(X)/M(X)$

folgt durch Einsetzen : $\frac{m(X)}{M(X)} \cdot z^* = \tilde{c}(eq\,ML) \cdot t \cdot V(ML)$

Durch Auflösen nach $m(X)$ erhält man die nebenstehende Grundgleichung für maßanalytische Bestimmungen:

Grundgleichung maßanalytischer Bestimmungen

$$m(X) = \frac{M(X) \cdot \tilde{c}(eq\,ML) \cdot t \cdot V(ML)}{z^*(X)}$$

Mit der Masse $m(X)$ des gesuchten Analyten X können auch der Massenanteil $w(X)$, die Massenkonzentration $\beta(X)$, die Stoffmenge $n(X)$, die Stoffmengenkonzentration $c(X)$, die Äquivalentkonzentration $c(eq\text{-}X)$ oder andere Größen wie technische Kennzahlen eines Produkts berechnet werden.

Beispiel: 25,0 mL einer Salzsäure-Probe verbrauchen bei der maßanalytischen Bestimmung 20,05 mL Natronlauge-Maßlösung der Konzentration $\tilde{c}(NaOH) = 0{,}\underline{1}$ mol/L, $t = 0{,}995$. Welche Massenkonzentration $\beta(HCl)$ hat die Säure?

Lösung: Molare Masse $M(HCl) = 36{,}461$ g/mol (aus Tabellenbuch), $z^* = 1$ (da HCl eine einprotonige Säure ist)

$$\boldsymbol{m(HCl)} = \frac{M(HCl) \cdot \tilde{c}(NaOH) \cdot t \cdot V(NaOH)}{z^*(HCl)} = \frac{36{,}461\,\frac{g}{mol} \cdot 0{,}1\,\frac{mol}{L} \cdot 0{,}995 \cdot 20{,}05\text{ mL}}{1} = \mathbf{72{,}739\ mg}$$

$$\boldsymbol{\beta(HCl)} = \frac{m(HCl)}{V(Lsg)} = \frac{72{,}739\text{ mg}}{25{,}0\text{ mL}} \approx \mathbf{2{,}91\ g/L}$$

Berechnung mit maßanalytischen Äquivalentmassen

Die maßanalytische Äquivalentmasse $\ddot{A}(X)$ gibt an, wie viel Milligramm des gesuchten Analyten X mit einem Milliliter der verwendeten Maßlösung umgesetzt werden kann.

Mit der maßanalytischen Äquivalentmasse $\ddot{A}(X)$ in g/L oder mg/mL vereinfacht sich die Auswertung maßanalytischer Bestimmungen unter Berücksichtigung des Verdünnungsfaktors f_a zu nebenstehender Größengleichung.

Maßanalytische Äquivalentmasse

$$\ddot{A}(X) = \frac{c(eq\,ML) \cdot M(X)}{z^*(X)}$$

Da die verwendeten Maßlösungen stets in stöchiometrischen Massenverhältnissen mit den gesuchten Analyten reagieren, sind für viele Bestimmungen **maßanalytische Äquivalentmassen $\ddot{A}(X)$** (titrimetric equivalent mass) in Experimenten ermittelt und in Tabellen zusammengestellt worden (**Tabelle 1** und **Tabelle 2,** Seite 212).

Umgesetzte Stoffmasse bei der Maßanalyse

$$m(X) = \ddot{A}(X) \cdot V(ML) \cdot t \cdot f_a$$

Bei mehrstufigen Titrationen (z.B. mit zweiprotonigen Säuren oder Basen) ist zu beachten, dass bei der Auswertung die maßanalytische Äquivalentmasse dem verwendeten Indikator entspricht.

Durch die Verwendung der maßanalytischen Äquivalentmasse $\ddot{A}(X)$ vereinfacht sich die Berechnung der Titration.

Beispiel 1: Lösung des Beispiels von Seite 211 mit maßanalytischer Äquivalentmasse

Mit $\ddot{A}$(HCl) = **3,6461 mg/mL** (aus **Tabelle 1**) vereinfacht sich die Berechnung:

$$\boldsymbol{m(\mathrm{HCl}) = \ddot{A}(\mathrm{HCl}) \cdot V(\mathrm{ML}) \cdot t}$$

$$= 3{,}6461 \text{ mg/mL} \cdot 20{,}05 \text{ mL} \cdot 0{,}995 \approx \mathbf{72{,}739 \text{ mg}}$$

$$\boldsymbol{\beta(\mathrm{HCl})} = \frac{m(\mathrm{HCl})}{V(\mathrm{Lsg})} = \frac{72{,}739 \text{ mg}}{25{,}0 \text{ mL}} \approx \mathbf{2{,}91 \text{ g/L}}$$

Beispiel 2: 3,2025 g technisches Kaliumhydroxid werden gelöst und mit demin. Wasser auf 500 mL aufgefüllt. 25,0 mL dieser Lösung (= aliquoter Teil) werden abpipettiert und verbrauchen bei der Titration 28,15 mL Salzsäure, $\tilde{c}$(HCl) = 0,1 mol/L (t = 0,994). Welchen Massenanteil w(KOH) hat das Hydroxid?

Die Neutralisation verläuft nach der Reaktionsgleichung:

$$HCl_{(aq)} + KOH_{(aq)} \longrightarrow KCl_{(aq)} + H_2O_{(l)}$$

Berechnung mit maßanalytischer Äquivalentmasse:

$\ddot{A}$(KOH) = 5,6106 mg/mL **(Tabelle 2)**,
m(KOH) = 56,106 g/mol;

$$\boldsymbol{m(\mathrm{KOH})} = \ddot{A}(\mathrm{KOH}) \cdot V(\mathrm{ML}) \cdot t \cdot \frac{V(\mathrm{Stamm})}{V(\mathrm{aliquot})}$$

$$= 5{,}6106 \text{ mg/mL} \cdot 28{,}15 \text{ mL} \cdot 0{,}994 \cdot \frac{500 \text{ mL}}{25{,}0 \text{ mL}}$$

$$= \mathbf{3139{,}82 \text{ mg}}$$

Massenanteil aus Größengleichung:

$$\boldsymbol{w(\mathrm{KOH})} = \frac{m(\mathrm{KOH})}{m(\mathrm{Probe})} = \frac{3{,}13982 \text{ g}}{3{,}2025 \text{ g}} = 0{,}980426 \approx \mathbf{98{,}0\,\%}$$

Tabelle 1: Äquivalentmassen $\ddot{A}$ bei Neutralisationstitrationen mit Base-Maßlösungen

Maßlösung: c(NaOH) = 0,1 mol/L oder c(KOH) = 0,1 mol/L

Zu bestimmen	$\ddot{A}$ in mg/mL
HCl	3,6461
HF	2,0006
HCOOH	4,6026
CH_3COOH	6,0053
$(COOH)_2$	4,5018
$(COOH)_2 \cdot 2H_2O$	6,3033
HNO_3	6,3013
H_3PO_4*	4,8998
H_2SO_3	4,1040
H_2SO_4	4,9040

* gilt für die 2. Dissoziationsstufe mit dem Indikator Thymolphthalein

Tabelle 2: Äquivalentmassen $\ddot{A}$ bei Neutralisationstitrationen mit Säure-Maßlösungen

Maßlösung: c(HCl) = 0,1 mol/L oder $c(\frac{1}{2} H_2SO_4)$ = 0,1 mol/L

Zu bestimmen	$\ddot{A}$ in mg/mL
$CaCO_3$	5,0045
CaO	2,8033
$Ca(OH)_2$	3,7047
K_2CO_3*	6,9103
$KHCO_3$	10,0115
KOH	5,6106
MgO	2,0152
NH_3	1,7031
Na_2CO_3*	5,29945
$NaHCO_3$	8,4007
NaOH	3,9997

* mit Indikator Methylrot

Berechnung mit Schlussrechnung

Die Berechnung der Maßanalyse mit Schlussrechnung wird an zwei Beispielen gezeigt.

Beispiel 1: Eine Salzsäure-Probe wird vorgelegt und mit Kalilauge-Maßlösung, c(KOH) = 0,5 mol/L, titriert.

Welche maßanalytische Äquivalentmasse $\ddot{A}$(HCl) ist für die Auswertung einer Bestimmung mit Maßlösung, c(KOH) = 0,5 mol/L, einzusetzen?

Lösung mit Schlussrechnung:

Die Neutralisationsgleichung lautet:

$$HCl_{(aq)} + KOH_{(aq)} \longrightarrow KCl_{(aq)} + H_2O_{(l)}$$

Die molare Masse beträgt M(HCl) = 36,461 g/mol

1 mol KOH reagiert mit 1 mol HCl, das sind 36,461 g HCl

0,5 mmol KOH reagiert mit 0,5 mmol HCl, das sind 36,461 mg · 0,5 = 18,2305 mg HCl

1 mL KOH-Maßlösung der Konzentration 0,5 mol/L enthält 0,5 mmol KOH

1 mL KOH-Maßlösung, c(KOH) = 0,5 mol/L, reagiert mit 18,2305 mg HCl

Die maßanalytische Äquivalentmasse beträgt:

$\ddot{A}$(HCl) = 18,2305 mg/mL

Beispiel 2: Berechnung von Beispiel 2, Seite 212 mit Schlussrechnung

Tatsächlicher Verbrauch: $V(\text{HCl}) = 28{,}15\text{ mL} \cdot 0{,}994 = 27{,}9811\text{ mL}$

1 mol HCl reagiert mit 1 mol KOH, das sind 56,106 g KOH

0,1 mmol HCl reagiert mit 0,1 mmol KOH, das sind 5,6106 mg KOH

1 mL HCl-Maßlsg. der Konzentration $0{,}\underline{1}$ mol/L enthält 0,1 mmol HCl

1 mL HCl-Maßlsg. $0{,}\underline{1}$ mol/L reagiert mit 5,6106 mg KOH

27,9811 mL HCl-Maßlsg. $0{,}\underline{1}$ mol/L reagiert mit x KOH

$$x = m_1(\text{KOH}) = \frac{5{,}6106\text{ mg} \cdot 27{,}9811\text{ 1mL}}{1\text{ mL}} = 156{,}991\text{ mg}$$

Berücksichtigung der Verdünnung:

In 25,0 mL Verdünnung sind 156,991 mg KOH enthalten

In 500 mL Verdünnung sind y KOH enthalten

$$y = m_2(\text{KOH}) = \frac{156{,}991\text{ mg} \cdot 500\text{ mL}}{25{,}0\text{ mL}} = 3139{,}82\text{ mg} = 3{,}13982\text{ g}$$

Berechnung des Massenanteils:

In 3,2025 g Probe sind 3,13982 g KOH enthalten

In 100 g Probe sind z KOH enthalten

$$z = \frac{3{,}13982\text{ g} \cdot 100\text{ g}}{3{,}2025\text{ g}} = 98{,}0428\text{ g} \Rightarrow \boldsymbol{w(\text{KOH}) \approx 98{,}0\,\%}$$

Aufgaben zur Berechnung von Direkttitrationen

1. 25,0 mL Natronlauge-Probe verbrauchen zur Neutralisation 30,7 mL Schwefelsäure-Maßlösung, $\tilde{c}(H_2SO_4) = 0{,}05$ mol/L ($t = 1{,}012$). Wie groß ist die Massenkonzentration der Natronlauge?
2. 0,2659 g Natronlauge werden mit demin. Wasser verdünnt und mit 20,2 mL Salzsäure-Maßlösung, $c(\text{HCl}) = 0{,}\underline{1}$ mol/L, titriert. Berechnen Sie den Massenanteil $w(\text{NaOH})$ der Lauge.
3. 1,973 g technisches Kaliumhydroxid werden gelöst und zu 500 mL verdünnt. 50,0 mL der Verdünnung verbrauchen bei 3 Bestimmungen 16,45 mL, 16,50 mL und 16,35 mL Schwefelsäure-Maßlösung, $\tilde{c}(\frac{1}{2}\,H_2SO_4) = 0{,}1$ mol/L ($t = 1{,}021$). Berechnen Sie den Massenanteil $w(\text{KOH})$.
4. Die Massenkonzentration $\beta(H_3PO_4)$ einer technischen Phosphorsäure ist zu bestimmen. 25,0 mL der Säure werden auf 1000 mL verdünnt. 50,0 mL der Verdünnung verbrauchen gegen Thymolphthalein als Indikator 29,10 mL Natronlauge, $\tilde{c}(\text{NaOH}) = 0{,}5$ mol/L ($t = 1{,}025$).

7.2.5.2 Rücktitrationen

Rücktitrationen (back titrations) werden angewendet, wenn eine direkte Titration der gesuchten Substanz nicht möglich ist, z.B. wegen schlechter Löslichkeit in Wasser.

Bei der Rücktitration wird der Probe ein *Überschuss* an Maßlösung zugesetzt. Ein äquivalenter Teil hiervon reagiert mit dem zu bestimmenden Stoff.

Die *nicht umgesetzte, freie* Maßlösung wird durch Titration mit einer anderen Maßlösung bestimmt.

Im **Bild 1** und im folgenden Beispiel auf der nächsten Seite sind die Vorgänge bei einer Neutralisations-Rücktitration beschrieben.

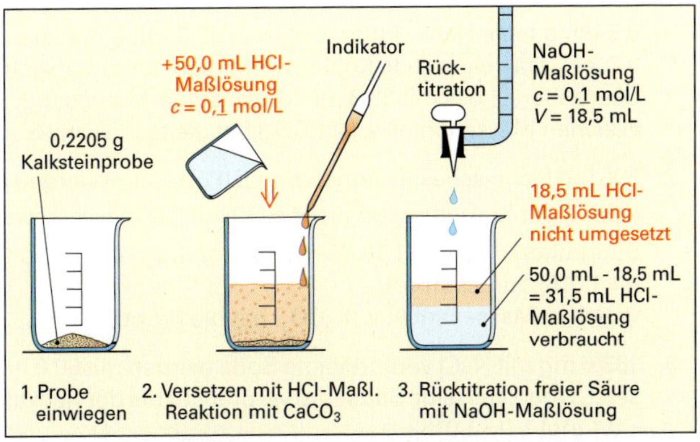

Bild 1: Gehaltsbestimmung des Calciumcarbonats in Kalkstein durch Rücktitration (mit Zahlen des Beispiels von Seite 214)

Beispiel zur Rücktitration (Bild 1, Seite 213 unten):

0,2205 g Kalksteinprobe werden zur Bestimmung des Calciumcarbonat-Gehalts mit 50,0 mL Salzsäure-Maßlösung, $c(HCl) = 0,\underline{1}$ mol/L, versetzt. Das entstehende Kohlenstoffdioxid wird nach Beendigung der Reaktion durch Aufkochen (eine Minute) ausgetrieben.

Dann wird das überschüssige **(= nicht verbrauchte)** Säurevolumen mit 18,5 mL NaOH-Maßlösung, $c(NaOH) = 0,\underline{1}$ mol/L, zurücktitriert.

Welchen Massenanteil $w(CaCO_3)$ hat der untersuchte Kalkstein?

Lösung: Reaktionen:

$$CaCO_{3(s)} + 2\,HCl_{(aq)} \longrightarrow CaCl_{2(aq)} + CO_{2(g)} + H_2O_{(l)}$$
$$HCl_{(aq)} + NaOH_{(aq)} \longrightarrow NaCl_{(aq)} + H_2O_{(l)}$$

Die Kalksteinprobe benötigt zur vollständigen Umsetzung des Calciumcarbonats:

$\boldsymbol{V(HCl)}$ = 50,0 mL – 18,5 mL **= 31,5 mL Salzsäure** (**= verbrauchtes** Volumen an Salzsäure-Maßlösung)

Lösung mit Äquivalentmasse und Größengleichung:

Mit der maßanalytischen Äquivalentmasse $\ddot{A}(CaCO_3) = 5{,}0045$ mg/mL (Tabelle 1, Seite 211) folgt:

$m(CaCO_3) = \ddot{A}(CaCO_3) \cdot V(HCl) \cdot t = 5{,}0045\ \text{mg/mL} \cdot 31{,}5\ \text{mL} \cdot 1 = 157{,}642\ \text{mg}$

$$\boldsymbol{w(CaCO_3)} = \frac{m(CaCO_3)}{m(\text{Kalkstein})} = \frac{0{,}157642\ \text{g}}{0{,}2205\ \text{g}} = 0{,}71493 \approx \mathbf{71{,}5\,\%}$$

Lösung mit Stoffmengenbilanz und Schlussrechnung:

Reaktionen:

$$CaCO_{3(s)} + 2\,HCl_{(aq)} \longrightarrow CaCl_{2(aq)} + CO_{2(g)} + H_2O_{(l)}$$
$$HCl_{(aq)} + NaOH_{(aq)} \longrightarrow NaCl_{(aq)} + H_2O_{(l)}$$

2 mol Hydrogenchlorid HCl reagieren mit 1 mol $CaCO_3$, das sind 100,089 g $CaCO_3$

0,1 mol Hydrogenchlorid HCl reagieren mit 0,05 mol $CaCO_3$, das sind 5,0045 g $CaCO_3$

1 mL Salzsäure-Maßlösung, $c(HCl) = 0,\underline{1}$ mol/L, reagiert mit 5,0045 mg $CaCO_3$

31,5 mL Salzsäure-Maßlösung, $c(HCl) = 0,\underline{1}$ mol/L, reagiert mit x $CaCO_3$

$$x = m_1(CaCO_3) = \frac{5{,}0045\ \text{mg} \cdot 31{,}5\ \text{mL}}{1\ \text{mL}} = 157{,}642\ \text{mg}$$

Berechnung des Massenanteils:

In 0,2205 g Kalkstein sind 0,157642 g $CaCO_3$ enthalten

In 100 g Kalkstein sind y $CaCO_3$ enthalten

$$y = m_2(CaCO_3) = \frac{0{,}157642\ \text{g} \cdot 100\ \text{g}}{0{,}2205\ \text{g}} = 71{,}4929\ \text{g} \Rightarrow \boldsymbol{w(CaCO_3)} \approx \mathbf{71{,}5\,\%}$$

Aufgaben zu Rücktitrationen

1. 0,5486 g technische Soda werden in 50,0 mL Salzsäure der Konzentration $c(HCl) = 0,\underline{5}$ mol/L eingetragen, das freigesetzte Kohlenstoffdioxid durch Aufkochen ausgetrieben. Nach Abkühlung wird der Säureüberschuss mit 30,3 mL Natronlauge-Maßlösung, $c(NaOH) = 0,\underline{5}$ mol/L, zurücktitriert.
   Welchen Massenanteil $w(Na_2CO_3)$ hat die technische Soda?

2. 598 mg technisches Kaliumcarbonat (Pottasche) werden gelöst und mit 100 mL Schwefelsäure-Maßlösung der Konzentration $c(\frac{1}{2}\,H_2SO_4) = 0,\underline{1}$ mol/L versetzt. Nach Aufkochen und Abkühlung wird der Säureüberschuss mit 16,36 mL Natronlauge-Maßlösung der Konzentration $\tilde{c}(NaOH) = 0{,}1$ mol/L ($t = 1{,}015$), zurücktitriert.
   Welchen Massenanteil $w(K_2CO_3)$ hat die Probe?

3. 183,6 mg mit NaCl verunreinigte Soda werden mit 50,0 mL Salzsäure-Lösung, $c(HCl) = 0,\underline{1}$ mol/L, versetzt. Überschüssige Salzsäure verbraucht bei der Rücktitration 15,9 mL NaOH-Maßlösung, $\tilde{c}(NaOH) = 0{,}1$ mol/L ($t = 1{,}015$).
   Wie groß ist der Massenanteil $w(Na_2CO_3)$ der Probe?

7.3 Bestimmung von Abwasserkennwerten

Die Belastung natürlicher Gewässer erfolgt durch häusliche, industrielle und landwirtschaftliche Abwässer **(Bild 1).**

Häusliche Abwässer enthalten im Wesentlichen organische Stoffe, die durch Mikroorganismen unter Verbrauch von Sauerstoff (aerob) weitgehend abbaubar sind.

Abwässer aus Gewerbe, Industrie und Landwirtschaft enthalten zusätzlich Verschmutzungen und Schadstoffe, die teilweise nicht oder nur in beschränktem Umfang durch Mikroorganismen abbaubar sind.

Bild 1: Einleitung von verschmutztem Abwasser in einen Fluss

Zudem enthalten sie häufig toxische Stoffe, die das biologische Leben in einem Gewässer schädigen oder sogar vernichten können.

Wichtige Parameter zur Beurteilung des Verschmutzungsgrads eines Abwassers oder Gewässers sind der **biochemische Sauerstoffbedarf BSB** und der **chemische Sauerstoffbedarf CSB.**

7.3.1 Biochemischer Sauerstoffbedarf BSB

Der biochemische Sauerstoffbedarf ist eine Kennzahl zur Beschreibung der Verschmutzung eines Wassers mit organischen Stoffen.

Biochemische Grundlagen: Befinden sich organische Stoffe im Wasser, so werden sie bei Vorhandensein geeigneter Mikroorganismen in deren Körpersubstanz aufgenommen, d.h. abgebaut **(Bild 2).**

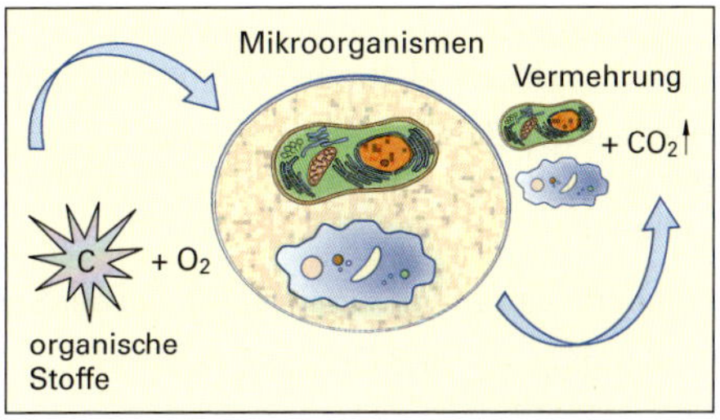

Bild 2: Vorgänge beim Abbau organischer Schadstoffe im Abwasser

Dabei wird Sauerstoff (O_2) verbraucht, man nennt es einen *aeroben Abbau.* Der Sauerstoff wird aus dem Wasser entnommen, in dem er gelöst vorliegt. Bei der Reaktion entstehen weitere Mikroorganismen und Kohlenstoffdioxid (CO_2). Die Mikroorganismen vermehren sich so lange, bis alle organischen Stoffe im Wasser abgebaut sind. Dieser Vorgang läuft auch in einer Kläranlage ab.

Der beim Abbau der organischen Verunreinigung verbrauchte, aus dem Wasser entnommene Sauerstoff steht den anderen Lebewesen im Wasser nicht mehr zur Verfügung. Das kann zum biologischen Absterben bzw. zum „Umkippen" eines Gewässers führen.

Der Verbrauch an Sauerstoff zum Abbau der organischen Stoffe im Wasser dient als Kennzahl.

Der biochemische Sauerstoffbedarf **BSBn** ist definiert als Massenkonzentration $\beta(O_2)$ an gelöstem Sauerstoff im Abwasser (in mg/L), die unter festgelegten Bedingungen durch die biochemische Oxidation von organischen und anorganischen Stoffen verbraucht wird.
Der Index n ist die Anzahl der Tage der Reaktionszeit (Inkubationszeit)
Die englische Bezeichnung lautet: biochemical oxygen demand after n days BODn.

Die biologisch abbaubaren Substanzen im Wasser sind nach 5 Tagen zu etwa zu 70% von Mikroorganismen abgebaut; ein annähernd vollständiger aerober Abbau dauert rund 20 Tage. Man ermittelt den BSBn meist nach 5 oder 7 Tagen und bezeichnet ihn als BSB_5 bzw. BSB_7.

Der BSB-Wert ist ein Summenparameter, d.h., er beschreibt nicht den Sauerstoffverbrauch von einzelnen Stoffen, sondern den Verbrauch sämtlicher, durch Mikroorganismen oxidierbaren Stoffe.

Der biochemische Sauerstoffbedarf **BSBn** wird als Parameter genutzt:

- zur Kennzeichnung der Belastung von Abwässern mit organischen Verunreinigungen
- zur Beschreibung der Gewässergüte von natürlichen Gewässern bezüglich organischer Inhaltsstoffe.

Verschmutztes Abwasser hat einen hohen BSBn-Wert, z.B. 524 mg/L; ein wenig belastetes natürliches Gewässer hat einen niedrigen BSBn-Wert, z.B. 42 mg/L.

Zur Bestimmung des biochemischen Sauerstoffbedarfs BSBn gibt es mehrere Verfahren.

BSBn – Bestimmung nach Winkler

Zur Bestimmung des BSBn nach Winkler wird die Probe eines Abwassers um den Faktor 2 verdünnt. Dann werden drei Probeflaschen nach Winkler mit F_1, F_2 und F_3 gekennzeichnet. Die Flaschen F_2 und F_3 werden luftblasenfrei randvoll mit der verdünnten Wasserprobe gefüllt; Flasche F_1 wird nahezu randvoll gefüllt. Die Flaschen F_2 und F_3 werden sofort mit einem unten abgeschrägten Glasstopfen verschlossen und bei 20 °C im Dunkeln 5 Tage (Inkubationszeit) aufbewahrt.

Probe 1 wird mit 0,5 mL Mangan(II)-sulfat-Lösung und 0,5 mL Kaliumiodid-haltiger Natronlauge versetzt. Nach Aufsetzen des unten abgeschrägten Stopfens wird luftfrei verschlossen und kräftig geschüttelt. Nach Absetzen des Niederschlags lässt man aus einer in die Flasche eingetauchten Pipette 0,5 mL konz. Schwefelsäure einfließen und schüttelt nach dem Verschließen kräftig durch.

Von der Probe F_1 werden 25,0 mL abpipettiert und nach Zugabe von 3 Tropfen Stärkelösung bis zum Verschwinden der blauen Farbe Natriumthiosulfat-Maßlösung titriert. Man erhält den Thiosulfat-Verbrauch V_1(ML). ML = Maßlösung.

Nach 5 Tagen Inkubationszeit werden die Proben 2 und 3 in gleicher Weise behandelt und titriert. Man erhält die Thiosulfat-Verbräuche V_2(ML) und V_3(ML). Die Thiosulfat-Verbräuche V_1(ML), V_2(ML) und V_3(ML) dienen zur Berechnung des verbrauchten Sauerstoffs $\beta(O_2)$ und damit des BSBn-Wertes (siehe unten).

Bei der **Sauerstoffbestimmung nach Winkler** oxidiert im Wasser gelöster Sauerstoff mit den zugefügten Mn^{2+}-Ionen in basischer Lösung zu Mangan(III)-hydroxid (a). Beim Ansäuern entstehen freie Mn^{3+}-Ionen (b), die bei Zugabe von überschüssigem Kaliumiodid eine äquivalente Menge an Iod freisetzen (c). Das ausgeschiedene Iod wird durch Titration mit Natriumthiosulfat-Maßlösung quantitativ bestimmt (d).

Die Reaktion dieser iodometrischen Titration verläuft als Redox-Reaktion, d. h., durch Elektronenaustausch der reagierenden Stoffe. Bei der Titrationsreaktion (d) wird das Iod I_2 durch die Thiosulfat-Ionen $S_2O_3^{2-}$ zu Iodid-Ionen I^- reduziert.

Folgende Einzelreaktionen laufen bei der Sauerstoffbestimmung nach Winkler ab:

a) $4\,Mn^{2+}_{(aq)} + 8\,OH^-_{(aq)} + 2\,H_2O_{(l)} + O_{2(aq)} \longrightarrow 4\,Mn(OH)_{3(s)}$

b) $4\,Mn(OH)_{3(s)} + 12\,H^+_{(aq)} \longrightarrow 4\,Mn^{3+}_{(aq)} + 12\,H_2O_{(l)}$

c) $4\,Mn^{3+}_{(aq)} + 4\,I^-_{(aq)} \longrightarrow 4\,Mn^{2+}_{(aq)} + 2\,I_{2(aq)}$

d) $4\,S_2O^{2-}_{3(aq)} + 2\,I_{2(aq)} \longrightarrow 2\,S_4O^{2-}_{6(aq)} + 4\,I^-_{(aq)}$

Die Stoffmengenbilanz lautet: 4 mol $S_2O_3^{2-}$ $\Leftrightarrow$ 2 mol I_2 $\Leftrightarrow$ 1 mol O_2 $\Rightarrow$ **1 mol $S_2O_3^{2-}$ $\Leftrightarrow$ 0,25 mol O_2**

Aus den Verbrauchswerten an Thiosulfat-Maßlösung V_1(ML) unmittelbar nach Probenahme sowie V_2(ML) und V_3(ML) nach 5 Tagen bei 20 °C lässt sich der BSB_5-Wert ($\hat{=}\,\beta(O_2)$) nach nebenstehender Größengleichung berechnen.

Diese Gleichung ergibt sich aus der Grundgleichung maßanalytischer Bestimmungen (Seite 211). f_a – Verdünnungsfaktor.

Biochemischer Sauerstoffbedarf nach Winkler

$$BSB_5 = \beta(O_2) = \frac{M(O_2) \cdot c(S_2O_3^{2-}) \cdot \Delta V(S_2O_3^{2-}) \cdot f_a}{z^*(O_2) \cdot V(\text{Probe})}$$

$$\text{Mit } \Delta V(S_2O_3^{2-}) = \Delta V(\text{ML}) = V_1(\text{ML}) - \frac{V_2(\text{ML}) + V_3(\text{ML})}{2}$$

Für eine Thiosulfat-Maßlösung mit $c(S_2O_3^{2-})$ = 10,0 mmol/L vereinfacht sich mit $M(O_2)$ = 32,00 g/mol und $z^*(O_2)$ = 4 die Größengleichung wie folgt:

$$BSB_5 = \beta(O_2) = \frac{80{,}00\ \text{mg} \cdot \Delta V(S_2O_3^{2-}) \cdot f_a}{\text{L} \quad V(\text{Probe})}$$

Beispiel: Eine BSBn-Bestimmung nach Winkler eines biologisch geklärten Abwassers ergibt bei der Titration mit Natriumthiosulfat-Maßlösung zur Sauerstoffbestimmung folgende Werte:

V_1(ML) = 10,55 mL Natriumthiosulfat-Maßlösung, $c(Na_2S_2O_3)$ = 0,01 mol/L = 10,0 mmol/L,
V_2(ML) = 8,55 mL; V_3(ML) = 8,75 mL Thiosulfat-Maßlösung.

Wie groß ist der BSB_5 des Abwassers?

$\Delta V(S_2O_3^{2-}) = V_1(\text{ML}) - ((V_2(\text{ML}) + V_3(\text{ML})) / 2 = 10{,}55\ \text{mL} - (8{,}85\ \text{mL} + 8{,}75\ \text{mL}) / 2 = 1{,}75\ \text{mL}$

Lösung: $$\mathbf{BSB_5} = \beta(O_2) = \frac{80{,}00\ \text{mg} \cdot \Delta V(S_2O_3^{2-}) \cdot f_a}{\text{L} \quad V(\text{Probe})} = \frac{80{,}00\ \text{mg} \cdot 1{,}75\ \text{mL} \cdot 2}{\text{L} \quad 25{,}0\ \text{mL}} = \mathbf{11{,}2\ mg/L}$$

BSBn-Bestimmung nach DIN EN 1899-2 bzw. DIN EN ISO 5815

Für **schwach verschmutzte Abwässer** mit einem BSBn von 0,5 mg/L bis 6,0 mg/L wird die BSBn-Bestimmung mit unverdünntem Abwasser durchgeführt.

Das Schema der Bestimmung zeigt **Bild 1.** Die Abwasserprobe wird auf 20°C thermostatiert und die Sauerstoff-Massenkonzentration $\beta_1(O_2)$ gemessen. Die Messung erfolgt meist mit einer Sauerstoffsonde gemäß DIN EN 25813. Die Probe wird mit einer kleinen Menge an Mikroorganismen (Kläranlagen-Ablauf) geimpft.

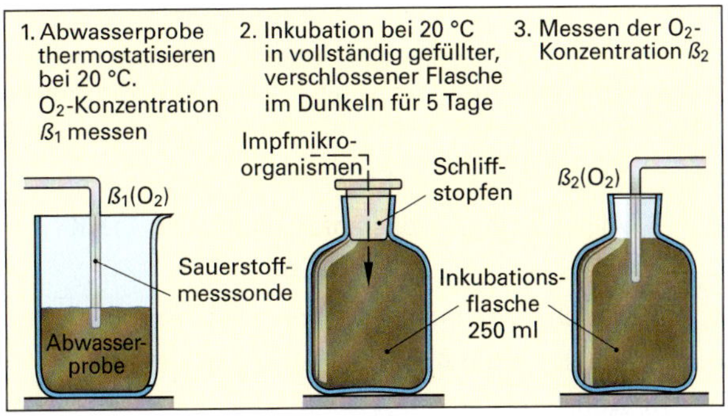

Bild 1: Schema der BSBn-Bestimmung nach DIN EN 1899-2

Nach Einfüllen und luftdichtem Verschließen der Reaktionsflasche wird sie für 5 Tage (Inkubationszeit) in einen Thermostat mit 20°C gestellt. In dieser Zeit reagieren die Mikroorganismen mit den organischen Stoffen in der Abwasserprobe. Anschließend wird die Sauerstoff-Konzentration $\beta_2(O_2)$ bestimmt.

Die **Berechnung** des biochemischen Sauerstoffbedarfs BSBn erfolgt als Differenz der gemessenen Sauerstoff-Massenkonzentrationen $\beta_1(O_2)$ vor und $\beta_2(O_2)$ nach der Reaktion.

Biochemischer Sauerstoffbedarf

$$BSB_n = \beta_1(O_2) - \beta_2(O_2)$$

Beispiel: Bei einer BSBn-Bestimmung nach DIN EN 1899-2 werden in der Abwasserprobe die O_2-Massenkonzentration $\beta_1(O_2) = 8{,}7$ mg/L und nach der Reaktion $\beta_2(O_2) = 3{,}9$ mg/L gemessen. Welchen BSBn-Wert hat die Abwasserprobe?

Lösung: **BSBn** = $\beta_1(O_2) - \beta_2(O_2)$ = 8,7 mg/L − 3,9 mg/L = **3,8 mg/L**

Für **stark verschmutzte Abwässer** mit einem BSBn-Wert von 3 mg/L bis 6000 mg/L wird eine BSBn-Bestimmung mit Verdünnung der Abwasserprobe durchgeführt. Der Ablauf der Bestimmung ist ähnlich wie in Bild 1 gezeigt, wobei die Abwasserprobe mit an Sauerstoff angereichertem Verdünnungswasser verdünnt und mit Impfmikroorganismen (Kläranlagen-Ablauf) sowie Allylthioharnstoff (als Nitrifikationshemmer) versetzt wird. Die Durchführung ist in DIN EN 1890-1 festgelegt. Die Berechnung des BSBn-Werts erfolgt mit nebenstehender Gleichung. Es sind:

β_1, β_2 O_2-Massenkonzentration in der Probe
β_3, β_4 O_2-Massenkonzentration im Verdünnungswasser
V_{Pr} Volumen der Abwasserprobe
V_t Gesamtvolumen = V_{Pr} + Verd.wasser

Biochemischer Sauerstoffbedarf mit Verdünnung

$$BSB_n = \left[(\beta_1 - \beta_2) - \frac{V_t - V_{Pr}}{V_t} \cdot (\beta_3 - \beta_4)\right] \cdot \frac{V_t}{V_{Pr}}$$

Respirometrische BSBn-Bestimmung nach DIN EN 10707

Die respirometrische BSBn-Bestimmung in der Flasche wird überwiegend in der Abwasseranalytik in Kläranlagen eingesetzt. Der BSBn-Wert wird dabei indirekt über eine Unterdruckmessung ermittelt.

Die Messung wird in einer Braunglasflasche mit Druckmesskopf und CO_2-Absorber durchgeführt **(Bild 2).** Zur BSBn-Bestimmung wird die Messflasche (ca. 500 ml) zur Hälfte bis 2/3 mit dem zu bestimmenden Abwasser gefüllt. Nach Zugabe von Impf-Mikroorganismen und Nitrifikationshemmer wird ein Magnetrührstäbchen zugegeben und die Flasche mit dem schraubbaren Druckmesskopf luftdicht verschlossen. Dann wird die Flasche auf einer Magnetrührerplatte für 5 Tage zur Reaktion im Thermostat (20°C) gerührt.

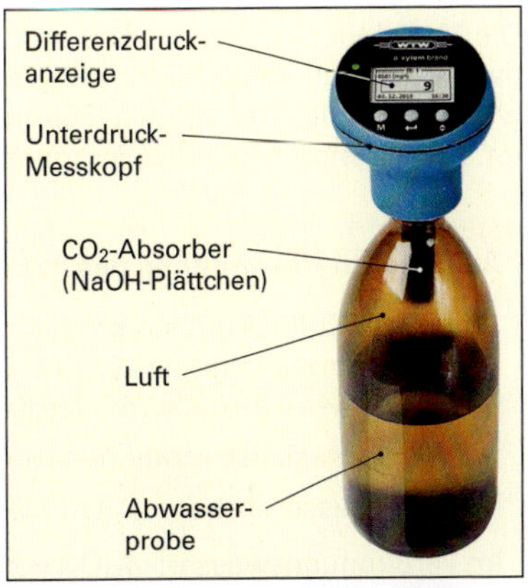

Bild 2: Braunglasflasche mit Druckmesskopf zur BSBn-Bestimmung

In der Flasche reagieren die Mikroorganismen und verbrauchen dabei Sauerstoff (siehe Bild 2, Seite 215). Aus 1 mol Sauerstoff O_2 wird 1 mol Kohlenstoffdioxid CO_2. Sie nehmen dasselbe Volumen ein. Der im Flaschenhals eingebaute CO_2-Absorber (NaOH-Plättchen) absorbiert das entstandene CO_2:

$$2\,NaOH_{(f)} + CO_{2(g)} \longrightarrow Na_2CO_{3(f)} + H_2O_{(fl)}$$

Der in der Flasche entstehende Unterdruck ist dem Verbrauch an Sauerstoff zuzuordnen; er entspricht dem Sauerstoff-Partialdruck. Er ist ein Maß für den verbrauchten Sauerstoff im Abwasser und damit für den BSBn-Wert. Er wird mit der rechts stehenden Formel berechnet. Darin sind:

$M(O_2)$ Molare Masse des Sauerstoffs = 31,999 g/mol

R Allgemeine Gaskonstante 0,08314 (bar · L) / (K · mol)

T_o = 275,15 K; T_m = 293,15 K (≙ 20 °C)

V_{Fl} Flaschenvolumen, V_{Pr} Probenvolumen

α Bunsen'scher Absorptionskoeffizient (0,03103)

$\Delta p(O_2)$ Abnahme des O_2-Partialdrucks

Respirometrischer BSBn-Wert

$$BSBn = \frac{M(O_2)}{R \cdot T_m} \cdot \left(\frac{V_{Fl} - V_{Pr}}{V_{Fl}} + \alpha \frac{T_m}{T_0}\right) \cdot \Delta p(O_2)$$

Beispiel: Bei einer BSBn-Bestimmung mit der respirometrischen Methode nach DIN EN 10707 wird ein Sauerstoff-Druckabfall von 219 mbar gemessen.
Das Probenvolumen beträgt 200,0 mL, das Flaschenvolumen 500,0 mL.
Welcher BSBn-Wert kann daraus berechnet werden?

Lösung: $$\mathbf{BSBn} = \frac{31{,}999 \text{ g/mol}}{0{,}08314 \text{ (bar} \cdot \text{L)/K} \cdot \text{mol} \cdot 293{,}19 \text{ K}} \cdot \left(\frac{500 \text{ mL} - 200 \text{ mL}}{500 \text{ mL}} + 0{,}03103 \cdot \frac{293{,}15 \text{ K}}{275{,}15 \text{ K}}\right) \cdot 0{,}219 \text{ bar}$$

$$\approx 115 \cdot 10^3 \frac{\text{g}}{\text{bar} \cdot \text{L}} (0{,}600 + 0{,}033) \cdot 0{,}219 \text{ bar} \approx 15{,}9 \cdot 10^3 \text{ g/L} \approx \mathbf{15{,}9 \text{ g/mL}}$$

Es gibt auch **BSBn-Bestimmungsflaschen mit automatischem Auswertekopf** (Bild 2, Seite 217). Er misst die Druckabnahme $\Delta p(O_2)$ und berechnet mit standardisiertem Flaschen- und Probenvolumen den BSBn-Wert. Der BSBn-Wert wird auf einem Display angezeigt.

BSBn – Bestimmung mit dem Fotometer

Die Durchführung erfolgt in Anlehnung an DIN EN 1899-2 mit Verdünnung der Abwasserprobe (Seite 217, Mitte). Die Bestimmung der Sauerstoff-Massenkonzentration in der Ausgangsprobe sowie in der Probe nach der Inkubationszeit erfolgt indirekt mit einem Fotometer **(Bild 1)**.

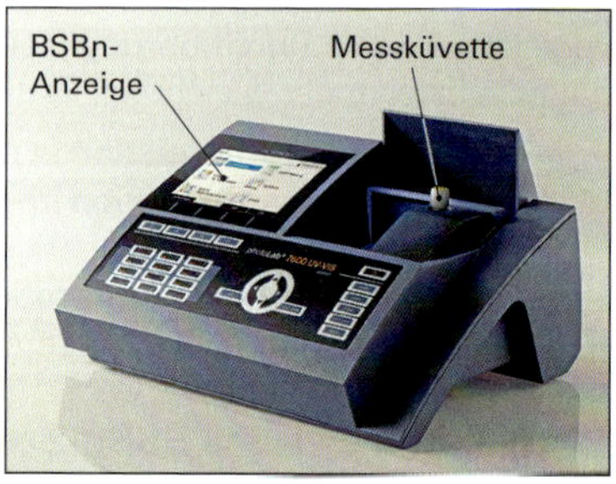

Bild 1: Fotometer zur BSBn-Bestimmung

Dazu werden der Abwasserprobe Farbreagenzien zugegeben. Sie enthalten Mn^{2+}-Ionen und Triplex II als Farbbildner.

Der in der Abwasserprobe vorhandene Sauerstoff (O_2) oxidiert die Mn^{2+}-Ionen: $4\,Mn^{2+} + O_2 + 4\,H^+ \longrightarrow 4\,Mn^{3+} + 2\,H_2O$.

Die Mn^{3+}-Ionen bilden mit Triplex II einen roten Farbkomplex: Je nach O_2-Gehalt ist die Rotfärbung schwach oder intensiver. Dies wird fotometrisch gemessen (Fotometrie siehe Seite 236) und in eine O_2-Massenkonzentration umgewertet. Daraus wird der BSBn-Wert geräteintern berechnet und auf dem Display angezeigt.

Aufgabe zur Bestimmung des BSBn-Werts nach DIN EN 1899-2

Aus einem Zufluss mit stark verschmutztem Abwasser in ein natürliches Gewässer wird eine Probe genommen (Probevolumen 20,0 mL). Es soll der BSBn-Wert nach DIN EN 1899-2 bestimmt werden. Dazu wird die Abwasserprobe mit Verdünnungswasser auf 200,0 mL aufgefüllt.

Die O_2-Massenkonzentrationen werden mit einer Sauerstoffsonde gemessen. Man erhält:

In der Abwasserprobe: $\beta_1(O_2)$ = 211,3 mg/L; Nach der Inkubation: $\beta_2(O_2)$ = 8,4 mg/L

Im Verdünnungswasser: $\beta_3(O_2)$ = 2,7 mg/L; Nach der Inkubation: $\beta_4(O_2)$ = 1,2 mg/L

Wie groß ist der BSBn-Wert?

7.3.2 Chemischer Sauerstoffbedarf CSB

Der chemische Sauerstoffbedarf CSB (englisch: chemical oxygen demand COD) ist eine summarische Kenngröße für den Gehalt an organischen und von einigen oxidierbaren anorganischen Verschmutzungen in Abwässern. Er erfasst sowohl biologisch abbaubare organische Stoffe, wie Fäkalien und Haushaltsabwässer, sowie auch chemisch abbaubare organische Stoffe, wie Mineralöle oder Halogenwasserstoffe, als auch einige oxidierbare anorganische Stoffe.

Chemische Vorgänge beim Abbau von Kohlenwasserstoffen

Im Folgenden wird zur Erläuterung der chemischen Vorgänge beispielhaft der Abbau des Kohlenwasserstoffs Cyclohexan als organischer Verschmutzung dargestellt.

Der Chemische Sauerstoffbedarf zur Oxidation von 1 mol Cyclohexan ist verbunden mit einem Verbrauch von neun Mol Sauerstoff. Dabei werden insgesamt 36 Elektronen übertragen:

Reduktion: $2 \cdot 2 \cdot 9 = +36\,e^-$

$$\text{a)}\quad \overset{-II}{C_6H_{12}} + \overset{\pm 0}{9\,O_2} \longrightarrow \overset{+IV-II}{6\,CO_2} + \overset{-II}{6\,H_2O}$$

Oxidation: $-6 \cdot 6 = -36\,e^-$

Bei der Bestimmung des Chemischen Sauerstoffbedarfs nach DIN 38409-41 wird das starke Oxidationsvermögen von Dichromat-Ionen $Cr_2O_7^{2-}$ in saurem Medium genutzt, um Cyclohexan zu oxidieren. Bei der Redoxreaktion werden 36 Elektronen übertragen.

Reduktion: $3 \cdot 2 \cdot 6 = +36\,e^-$

$$\text{b)}\quad \overset{-II}{C_6H_{12}} + \overset{+VI}{6\,Cr_2O_7^{2-}} + 48\,H^+ \longrightarrow \overset{+IV}{6\,CO_2} + \overset{+III}{12\,Cr^{3+}} + 30\,H_2O$$

Oxidation: $-6 \cdot 6 = -36\,e^-$

Der Vergleich der Gleichungen a) und b) zeigt, dass bei der Oxidation mit Sauerstoff und mit Dichromat-Ionen gleich viele Elektronen übertragen werden. Daher sind die Redox-Äquivalente von Sauerstoff und Dichromat-Ionen immer gleich: **$6\,mol\,Cr_2O_7^{2-} \Leftrightarrow 9\,mol\,O_2$** oder: **$1\,mol\,K_2Cr_2O_7 \Leftrightarrow 1{,}5\,mol\,O_2$**

Die chemische Definition des CBS-Wertes lautet:

> Der Chemische Sauerstoffbedarf CSB eines Abwassers gibt die Massenkonzentration an Sauerstoff im Abwasser an, die erforderlich ist, um alle organischen Inhaltsstoffe chemisch zu oxidieren.
> Der CSB-Wert wird in mg/L oder g/L angegeben.

Der CSB ist ein wichtiger Abwasser-Kennwert für verschmutzte Abwässer. Mit ihm werden die Kosten berechnet, die ein Einleiter von Abwässern in natürliche Gewässer, z.B. ein Chemiebetrieb, nach dem Abwasserabgabengesetz leisten muss.

Bestimmung des CSB nach DIN 38409-41 (Deutsches Einheitsverfahren DEV H41)

Die CSB-Bestimmung nach DIN 38409-41 erfolgt in drei Schritten **(Bild 1)**:

1. 20,0 mL der Abwasserprobe werden in einen 100 mL-Rundkolben vorgelegt. Dann werden Siedesteinchen und 10,0 mL Quecksilbersulfat-haltige Kaliumdichromat-Lösung ($K_2Cr_2O_7$) als starkes Oxidationsmittel zupipetiert. Dann werden 30,0 mL Silbersulfathaltige Schwefelsäure ($AgSO_4$) als Katalysator vorsichtig zugegeben.

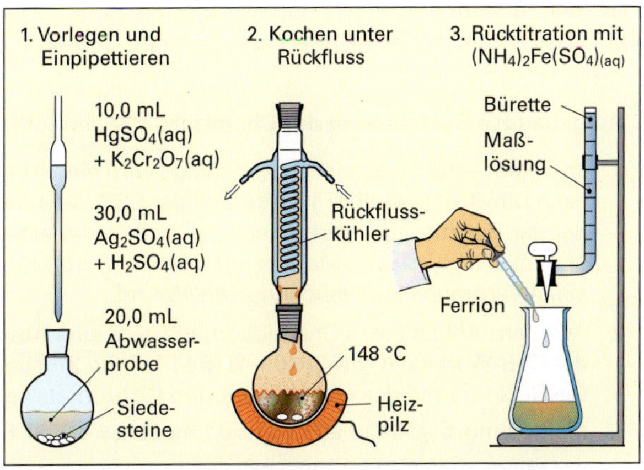

Bild 1: Ablauf der CSB-Bestimmung nach DIN 38409-41

2. Zur Oxidation der organischen Schmutzstoffe in der Probe wird 2 Stunden bei 148°C (Siedetemperatur) unter Rückfluss gekocht (Bild 1, Seite 219). Dabei erfolgt die Oxidation der organischen Schmutzstoffe durch die Chromat-Ionen $Cr_2O_7^{2-}$: Organische Stoffe + $Cr_2O_7^{2-} \longrightarrow Cr^{3+}, CO^2, H_2O$
3. Nach dem Abkühlen des Reaktionsgemisches wird der Rückflusskühler gespült, der Gefäßinhalt mit Wasser auf 100 mL verdünnt und mit 2 Tropfen Ferroin-Indikatorlösung versetzt. Dann erfolgt die Rücktitration des im Überschuss zugegebenen Kaliumdichromat mit Ammoniumeisen(II)-sulfat-Maßlösung $(NH_4)_2Fe(SO_4)_{(aq)}$ bis zum Farbumschlag von blaugrün nach rotbraun. Man erhält den Kaliumdichromat-Verbrauch V_{Pr}.
4. Mit den gleichen Reagenzien wird eine Blindwertbestimmung durchgeführt. Die Abwasserprobe wird dabei durch 20,0 mL Wasser ersetzt. Man erhält den Kaliumdichromat-Verbrauch V_b.

Berechnung des CSB-Werts

Die Volumendifferenz an Kaliumdichromat-Verbrauch $\Delta V = (V_b - V_{Pr})$ zwischen verschmutztem Abwasser und der unbelasteten Blindprobe entspricht der verbrauchten Dichromat-Maßlösung zur Oxidation der organischen Verschmutzungsstoffe. Damit lässt sich die dazu äquivalente Massenkonzentration an Sauerstoff $\beta(O_2)$, sie entspricht dem CSB-Wert, berechnen (siehe rechts).

Chemischer Sauerstoffbedarf

$$\text{CSB} = \beta(O_2) = \frac{M(O_2) \cdot c(\tfrac{1}{6}K_2Cr_2O_7) \cdot \Delta V(K_2Cr_2O_7)}{z^*(O_2) \cdot V(\text{Probe})}$$

$$\text{CSB} = \beta(O_2) = \frac{M(O_2) \cdot c(\tfrac{1}{1}Fe^{2+}) \cdot t \cdot (V_b - V_{Pr})}{z^*(O_2) \cdot V(\text{Probe})}$$

Beispiel: Bei einer CSB-Bestimmung nach DIN 38409-41 mit 20,0 mL Abwasser werden 10,0 mL $HgSO_4$-haltige Kaliumdichromat-Lösung sowie 30 mL $AgSO_4$-haltige Schwefelsäure zur Abwasserprobe zugegeben und dann die Probe gekocht (Bild 1, Seite 219).
Bei der Rücktitration verbraucht das nicht reduzierte Dichromat 10,5 mL Ammoniumeisen(II)-sulfat-Maßlösung, $c(Fe^{2+}) = 0{,}1$ mol/L ($t = 1$).
Bei der Blindwertbestimmung verbrauchen 10,0 mL der $K_2Cr_2O_7$-Lösung $V_b = 16{,}3$ mL der Ammoniumeisen(II)-sulfat-Maßlösung.
Welchen CSB-Wert hat das Abwasser? Stoffwerte: $M(O_2) = 32{,}00$ g/mol und $z^*(O_2) = 4$

Lösung: $$\textbf{CSB} = \boldsymbol{\beta(O_2)} = \frac{M(O_2) \cdot c(Fe^{2+}) \cdot (V_b - V_{Pr})}{z^*(O_2) \cdot V(\text{Probe})} = \frac{32{,}00\ \text{g/mol} \cdot 0{,}\underline{1}\ \text{mol/L} \cdot (16{,}3\ \text{mL} - 10{,}5\ \text{mL})}{4 \cdot 20{,}0\ \text{mL}} \approx \mathbf{232\ \frac{mg}{L}}$$

CSB-Bestimmung mit Küvetten-Schnelltest im Fotometer (DIN ISO 15705)

Zur routinemäßigen Überwachung des CSB-Werts in Kläranlagen erfolgt die CSB-Bestimmung mit sogenannten Küvetten-Schnelltests im Fotometer. Das Vorlegen, Einpipettieren und Kochen ist identisch wie bei der CSB-Bestimmung nach DIN 38409-41 **(Bild 1, Seite 219)**. Der 3. Schritt, die Bestimmung des Kaliumdichromats erfolgt im Fotometer **(Bild 1, Seite 218)** nach Anleitung des Testherstellers.

Das Test-Zubehör enthält alle notwendigen Reagenzien zur Farbkomplexbildung sowie die Fotometer-Küvette. Das Fotometer ist kalibriert und zeigt den CSB-Wert direkt an.

Aufgaben zur Bestimmung des Chemischen Sauerstoffbedarfs CSB

1. Im Zulauf einer industriellen Kläranlage wird eine Abwasserprobe (20,0 mL) genommen. Davon soll nach DIN 38409-41 (Bild 1, Seite 219) der CSB-Wert bestimmt werden.
Bei der Rücktitration verbraucht das nicht reduzierte Dichromat in der gekochten Abwasserprobe 11,4 mL $(NH_4)_2Fe(SO_4)$-Maßlösung mit $c(Fe^{2+}) = 0{,}1$ mol/L, $t = 1{,}017$. Die Blindwertbestimmung ergab einen Verbrauch an Maßlösung von 15,4 mL.
2. Aus dem Ablauf eines Chemiebetriebs wird eine Abwasserprobe (20,0 mL) genommen. Damit soll der CSB-Wert nach DIN 38409-41 (Bild 1, Seite 219) bestimmt werden.
Die Rücktitration des nicht reduzierten Dichromats verbrauchte 12,5 mL Ammoniumeisen(II)-sulfat-Maßlösung, $\tilde{c}(\tfrac{1}{1}NH_4)_2Fe(SO_4)_2) = 0{,}1$ mol/L ($t = 1{,}008$). Bei der Blindwertbestimmung wurden 19,2 mL der Maßlösung verbraucht. Welchen CSB-Wert hat das Abwasser?

7.4 Bestimmung der Wasserhärte

7.4.1 Definition und Berechnung der Wasserhärte

In Chemieanlagen werden natürliche Wässer (Brunnenwasser, Flusswasser u.a.) für unterschiedliche Zwecke eingesetzt: In aufbereiteter Form als Kühlwasser, als Prozesswasser oder als Kesselspeisewasser. Natürliche Wässer **(Bild 1)** enthalten gelöste Inhaltsstoffe, die durch die Passage des Niederschlagswassers durch den Erdboden in das Wasser gelangen. Deren Gehalt wird mit dem Begriff der **Wasserhärte** (water hardness) beschrieben. Besonders störend beim Einsatz natürlicher Wässer in der Chemieanlage sind die Ionen des Calciums und des Magnesiums, vor allem im Zusammenwirken mit vorhandenen Hydrogencarbonat-Ionen (HCO_3^-). Sie führen zu Kalkablagerungen.

Bild 1: Natürliches Wasser

Die Härte eines Wassers (Wasserhärte) ist nach DIN 38409-6 definiert als Summe der Stoffmengenkonzentrationen der gelösten Calcium-Ionen Ca^{2+} und Magnesium-Ionen Mg^{2+}. Ihre Einheit ist mmol/L.

Beispiel einer Wasserhärteangabe: $c(Ca^{2+} + Mg^{2+}) = 2{,}1$ mmol/L

Man unterscheidet folgende Wasserhärten-Arten:

- Die **Gesamthärte GH:** Sie ist die Gesamtkonzentration $c(Ca^{2+} + Mg^{2+})$
- Die **Carbonathärte CH:** Sie erfasst nur den Anteil an Ca^{2+} und Mg^{2+}, der durch die HCO_3^--Ionen ausgeglichen wird (dazu äquivalent ist).
- Die **Nichtcarbonathärte NCH:** Das ist der über die Carbonathärte hinausgehende Anteil der Konzentration $c(Ca^{2+} + Mg^{2+})$: NCH = GH – CH

Gesamthärte

$$GH = c(Ca^{2+}) + c(Mg^{2+}) = c(Ca^{2+} + Mg^{2+})$$

Carbonathärte

$$CH = \frac{c(HCO_3^-)}{2}$$

Nichtcarbonathärte

$$NCH = GH - CH$$

Der zur **Carbonathärte CH** gehörende Anteil an Ca^{2+}- und Mg^{2+}-Ionen fällt mit den HCO_3^--Ionen beim Erhitzen über 60 °C als schwerlösliche Carbonate aus und bildet Ablagerungen aus $CaCO_3$ und $MgCO_3$ (Kesselstein) auf den Anlagenteilen: $Ca^{2+}_{(aq)} + Mg^{2+}_{(aq)} + 2\,HCO^-_{3\,(aq)} \xrightarrow{\vartheta > 60\,°C} CaCO_{3(s)} + MgCO_{3(s)} + 2\,H_2O_{(l)} + 2\,CO_{2(g)}$

Man nennt die Carbonathärte daher auch vorübergehende oder temporäre Härte.

Da zwei (HCO_3^-)-Ionen die Ladung von einem Ca^{2+}-Ion bzw. Mg^{2+}-Ion ausgleichen, wird für die Berechnung der Carbonathärte die Konzentration $c(HCO_3^-)$ durch zwei dividiert.

Der darüber hinaus vorliegende Rest-Anteil an Ca^{2+}- und Mg^{2+}-Ionen bleibt beim Erhitzen gelöst, er bildet die **Nichtcarbonathärte NCH** und wird auch bleibende oder permanente Härte genannt.

Beispiel: Eine Kühlwasserprobe enthält 3,5 mmol/L Ca^{2+}-Ionen, 0,30 mmol/L Mg^{2+}-Ionen, 4,0 mmol/L HCO_3^--Ionen. Wie groß sind die Gesamthärte GH, die Carbonathärte CH und die Nichtcarbonathärte NCH?

Lösung: $\mathbf{GH = c(Ca^{2+} + Mg^{2+})} = 3{,}5\ \text{mmol/L} + 0{,}30\ \text{mmol/L} = \mathbf{3{,}8\ mmol/L}$

$$CH = \frac{c(HCO_3^-)}{2} = \frac{4{,}0\ \text{mmol/L}}{2} = \mathbf{2{,}0\ mmol/L}; \quad \mathbf{NCH} = GH - CH = (3{,}8 - 2{,}0)\ \text{mmol/L} = \mathbf{1{,}8\ mmol/L}$$

Härtebereiche

Das Trinkwasser wird nach dem deutschen Wasch- und Reinigungsmittelgesetz, wie international üblich, vereinfacht in drei Härtebereiche eingeteilt: weich, mittel, hart (**Tabelle**).

Diese Einteilung in drei Härtebereiche erleichtert den Anwendern die Dosierung von Wasch- und Reinigungsmitteln sowie von Regeneriersalz in Wasch- und Spülmaschinen. Die empfohlene Dosierungsmenge der Reinigungsmittel für die drei Härtebereiche wird von den Herstellern auf den Waschmittel-Gebinden angegeben.

Tabelle: Bereiche der Gesamthärte von Trinkwasser

Härtebereich	$c(Ca^{2+} + Mg^{2+})$ mmol/L	°dH
1 weich	< 1,5	< 8,4
2 mittel	1,5 bis 2,5	8,4 bis 14
3 hart	> 2,5	> 14

Die Angabe der Wasserhärte in Grad deutscher Härte (°dH) ist nach DIN 38409-6 nicht mehr vorgesehen. Sie ist aber noch weit verbreitet.

Härteangaben in °dH können in die international einheitliche Härteangabe in mmol/L umgerechnet werden.

Umrechnung von Härteangaben
1 °dH = 0,179 mmol/L (Ca^{2+} + Mg^{2+})-Ionen

Beispiel: Die Analyse eines Trinkwassers ergab folgende gelöste Inhaltsstoffe:

Kationen: $\beta(Ca^{2+}) = 104{,}2$ mg/L, $\beta(Mg^{2+}) = 5{,}1$ mg/L, $\beta(Na^{+}) = 14{,}9$ mg/L, $\beta(K^{+}) = 2{,}2$ mg/L

Anionen: $\beta(Cl^{-}) = 30{,}4$ mg/L, $\beta(SO_4^{2-}) = 85{,}1$ mg/L, $\beta(HCO_3^{-}) = 222{,}8$ mg/L, $\beta(NO_3^{-}) = 1{,}4$ mg/L

a) Berechnen Sie die Gesamthärte GH, die Carbonathärte CH und die Nichtcarbonathärte NCH.

b) Ordnen Sie das Wasser einem der Härtebereiche nach der Tabelle auf Seite 221 zu.

Stoffwerte: $M(Ca) = 40{,}08$ g/mol, $M(Mg) = 24{,}305$ g/mol, $M(HCO_3^{-}) = 61{,}02$ g/mol

Lösung: a) Mit $c(X) = n(X)/V(Lsg)$, $n(X) = m(X)/M(X)$ und $\beta(X) = m(X)/V(Lsg)$ folgt durch Einsetzen:

$$c(Ca^{2+}) = \frac{\beta(Ca^{2+})}{M(Ca^{2+})} = \frac{104{,}2\ \text{mg/L}}{40{,}08\ \text{mg/mmol}} = 2{,}5998\ \text{mmol/L};$$

$$c(Mg^{2+}) = \frac{\beta(Mg^{2+})}{M(Mg^{2+})} = \frac{5{,}1\ \text{mg/L}}{24{,}305\ \text{mg/mmol}} = 0{,}2098\ \text{mmol/L}$$

$$\textbf{GH} = \boldsymbol{c(Ca^{2+} + Mg^{2+})} = 2{,}5998\ \text{mmol/L} + 0{,}2098\ \text{mmol/L} = 2{,}8096\ \text{mmol/L} \approx \mathbf{2{,}8\ mmol/L}$$

$$\textbf{CH} = \frac{\beta(HCO_3^{-})}{2 \cdot M(HCO_3^{-})} = \frac{222{,}8\ \text{mg/L}}{2 \cdot 61{,}02\ \text{mg/mmol}} = 1{,}8256\ \text{mmol/L} \approx \mathbf{1{,}8\ mmol/L}$$

$$\textbf{NCH} = \text{GH} - \text{CH} = 2{,}8096\ \text{mmol/L} - 1{,}8256\ \text{mmol/L} = 0{,}984\ \text{mmol/L} \approx \mathbf{0{,}98\ mmol/L}$$

b) Das Wasser zählt mit einer Gesamthärte von GH = 2,8 mmol/L zum **Härtebereich 3, hart** (Tabelle, Seite 221)

7.4.2 Bestimmung der Wasserhärte durch komplexometrische Titration

Bei der **komplexometrischen Titration** (compleximetry) werden die zu bestimmenden Metallionen mit einem organischen Komplexbildner in einen stabilen Komplex überführt.

Nach DIN 38406-3 wird bei der komplexometrischen Titration zur Wasserhärte-Bestimmung das Dinatriumsalz der **E**thylen**d**iamin**t**etra**a**cetat, abgekürzt **EDTA**, in Form seines Dihydrats als Komplexbildner eingesetzt **(Bild 1).**

Der sechszähnige Ligand EDTA bildet mit den Erdalkalimetall-Ionen im Wasser bei pH = 10 einen Ca(II)-EDTA-Komplex **(Bild 2).**

Das EDTA umgibt das Calcium-Ion scherenförmig mit seinen 6 aktiven O- und N-Atomen.

EDTA bindet Metall-Kationen stets im Stoffmengenverhältnis 1 : 1, unabhängig von deren Ionenladung.

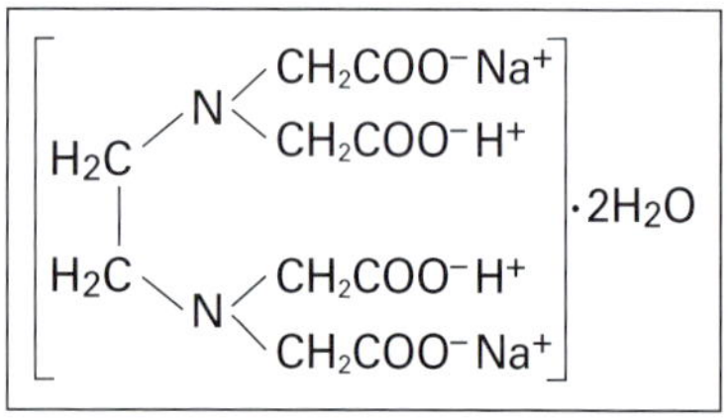

Bild 1: Strukturformel von Dinatrium-Ethylendiamintetraacetat Dihydrat (EDTA-Dihydrat)

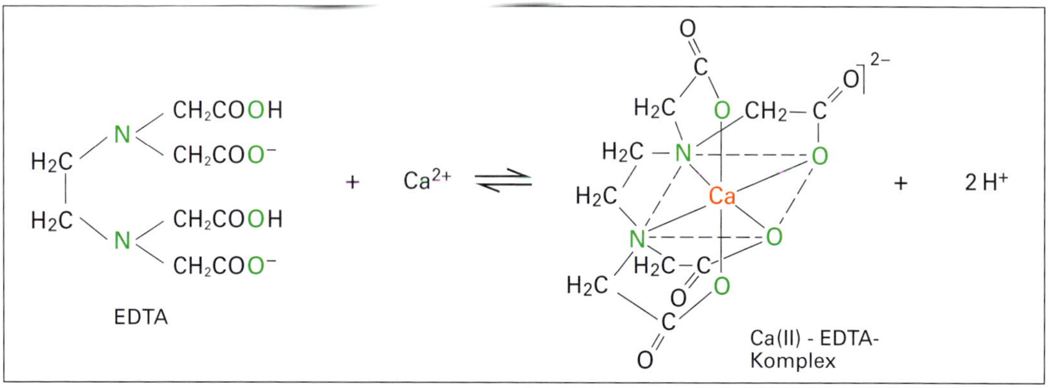

Bild 2: Reaktion des EDTA mit Ca^{2+} zum Ca(II)-EDTA-Komplex

Die Durchführung der komplexometrischen Bestimmung der Gesamt-Wasserhärte GH ist nach DIN 38406-3 genormt **(Bild 1)**:

1. Einpipettieren von 50,0 mL Wasserprobe und Auffüllen mit 50 mL destilliertem Wasser auf 100,0 mL.
2. Zugabe von 4 mL konzentrierter Ammoniak-Pufferlösung und 3 Tropfen Eriochromschwarz T-Indikatorlösung.
3. Titrieren mit EDTA-Maßlösung bis zum Farbumschlag.

1 mL 0,01 M EDTA-Lösung $\triangleq$ 0,01 mmol Ca^{2+}

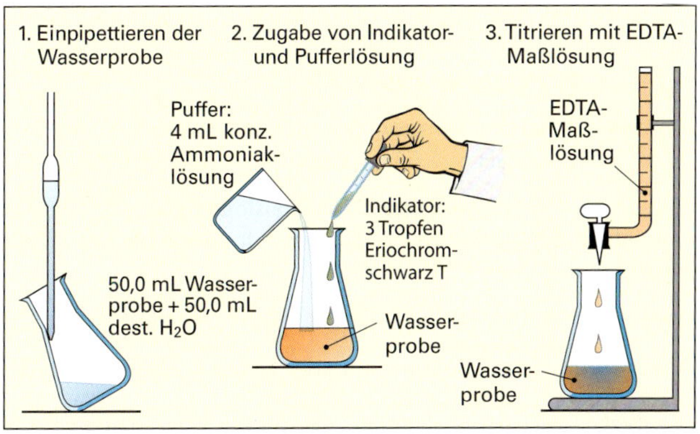

Bild 1: Bestimmung der Wasserhärte nach DIN 38406-3

Als Indikator bei der komplexometrischen Titration zur Bestimmung der Wasserhärte $c(Ca^{2+} + Mg^{2+})$ wird der Indikator Eriochromschwarz T eingesetzt.

Der Indikator (Ind) bildet bei der Zugabe zum Wasser mit den Ca^{2+}- und Mg^{2+}-Ionen einen instabilen rotvioletten Indikator-Komplex $(Ca^{2+} \cdot Ind)^{2+}$.

Während der Titration mit EDTA-Maßlösung reagieren zunächst die freien Ca^{2+}- und Mg^{2+}-Ionen zum stabileren EDTA-Komplex $[Ca^{2+} \cdot EDTA]$. Anschließend reagieren die an den Indikator (Ind) gebundenen Ca^{2+}- und Mg^{2+}-Ionen $[Ca^{2+} \cdot Ind]^{2+}$. Dabei schlägt die Farbe des Indikators von rotviolett in die blaue Farbe des freien Indikators (Ind) um:

$$\underbrace{[Ca^{2+} \cdot Ind]^{2+}}_{\text{rotvioletter Komplex}} + EDTA^{2-} \longrightarrow [Ca^{2+} \cdot EDTA]^{2-} + \underbrace{Ind}_{\text{blau}} + 2\,H^+$$

Die Stabilität der Metallionen-Indikator-Komplexe nimmt mit sinkendem pH-Wert ab. Da bei der Titration zwei H^+-Ionen abgespalten werden, würde der pH-Wert sinken. Daher wird vor der komplexometrischen Wasserhärtebestimmung neben der Indikator-Lösung etwas Ammoniak-Lösung als Puffer zugesetzt. So findet die gesamte Titration im gepufferten, alkalischen Milieu bei pH 10 statt.

Die **Gesamthärte GH** berechnet man als Stoffmengenkonzentration $c(Ca^{2+} + Mg^{2+})$ nach nebenstehender Gleichung.

Es sind:
- $\tilde{c}$(EDTA) Nenn-Konzentration der EDTA-Maßlösung
- t Titer der Maßlösung
- V(EDTA) verbrauchtes Volumen der Maßlösung
- V(Probe) Volumen der Wasserprobe

Gesamthärte GH

$$c(Ca^{2+} + Mg^{2+}) = \tilde{c}(\text{EDTA}) \cdot t \cdot \frac{V(\text{EDTA})}{V(\text{Probe})}$$

Beispiel: Zur Bestimmung der Gesamthärte einer Wasserprobe durch direkte Titration werden 50,0 mL Wasser einpipettiert und mit 50 mL dest. Wasser auf 100 mL aufgefüllt. Mit EDTA-Maßlösung, $\tilde{c}$(EDTA) = 10,0 mmol/L (t = 1,057) wird gegen Eriochromschwarz T als Indikator bis zum Farbumschlag von rotviolett nach blau titriert. Es werden 16,3 mL EDTA-Maßlösung verbraucht.

Berechnen Sie die Gesamthärte der Wasserprobe.

Lösung: Mit n(EDTA) = n(Metall-Ion) und $c(Ca^{2+} + Mg^{2+}) = n(Ca^{2+} + Mg^{2+}) / V(\text{Probe})$ folgt:

$$\text{GH} = c(Ca^{2+} + Mg^{2+}) = \tilde{c}(\text{EDTA}) \cdot t \cdot \frac{V(\text{EDTA})}{V(\text{Probe})} = 10{,}0\ \text{mmol/L} \cdot 1{,}057 \cdot \frac{16{,}3\ \text{mL}}{50{,}0\ \text{mL}}$$

GH ≈ 3,45 mmol/L

Titration mit voreingestellten EDTA-Maßlösungen

In der beruflichen Praxis kommt es bei der Bestimmung der Wasserhärte häufig nicht auf höchste Genauigkeit an, sondern es steht die schnelle Bestimmung der Wasserhärte im Vordergund.

In diesen Fällen wird das Volumen der Wasserprobe auf 100 mL festgelegt und bei der Titration wird eine EDTA-Maßlösung mit voreingestellter Konzentration verwendet. Dann kann aus dem Maßlösungs-Verbrauch die Wasserhärte durch eine einfache Proportionalität berechnet werden.

Bei der **Voreinstellung** der **EDTA-Maßlösung** auf **c(EDTA) = 10,0 mmol/L** und einer Wasserprobe von 100 mL entsprechen: 1 mL EDTA-Maßlösungs-Verbrauch einer Stoffmengenkonzentration von $c(Ca^{2+} + Mg^{2+}) = 0{,}100$ mmol im Wasser.

Werden z. B. bei der Titration 22,5 mL Maßlösung verbraucht, so beträgt die Härte
$c(Ca^{2+} + Mg^{2+}) = GH = 22{,}5 \cdot 0{,}100$ mmol/L = **2,25 mmol/L**

Eine weitere **voreingestellte EDTA-Maßlösung** ist unter dem Handelsnamen **Titriplex B** bekannt. Sie ist so eingestellt, dass 1 mL Verbrauch von Titriplex B bei der Titration genau 1 °dH entspricht, wenn eine Wasserprobe von 100 mL titriert wird.

Dabei ist 1 °dH der Stoffmengenkonzentration $c(Ca^{2+} + Mg^{2+}) = 0{,}179$ mmol/L äqivalent.

Ansonsten wird die Bestimmung der Gesamt-Wasserhärte GH wie üblich durchgeführt (Seite 223).

Beispiel: Bei einer Bestimmung der Gesamt-Wasserhärte GH einer Wasserprobe mit Titriplex B als Titrierlösung werden 10,39 mL Titriplex B verbraucht.
Wie groß ist die Gesamt-Wasserhärte in °dH und in $c(Ca^{2+} + Mg^{2+})$?

Lösung: 10,39 mL Titriplex B-Verbrauch entsprechen einer Gesamt-Wasserhärte **GH = 10,39 °dH**
Mit 1 °dH = 0,179 mmol/L erhält man **$c(Ca^{2+} + Mg^{2+})$** = 10,39 · 0,179 mmol/L ≈ **1,86 mmol/L**

7.4.3 Bestimmung der Härtebereiche mit Teststreifen

Zur einfachen Bestimmung der Härtebereiche eines Wassers verwendet man Teststreifen **(Bild 1)**. Sie sind luftdicht in Folie eingeschweißt.

Zur Bestimmung des Härtebereichs werden sie rund 1 Sekunde in das zu prüfende Wasser getaucht, leicht abgeschüttelt und nach 1 Minute Einwirkzeit die sich ausbildende Farbe auf dem Teststreifen mit der Vergleichs-Farbtabelle verglichen.

Daraus kann der Härtebereich bestimmt werden.

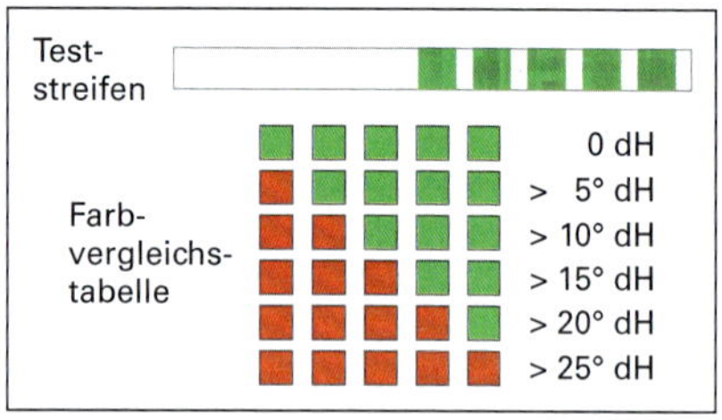

Bild 1: Teststreifen nach Merck zur Härtebereichs-Bestimmung von Wasser

Beispiel: Ein Teststreifen nach Merck zeigt nach der Härtebestimmung die nebenstehende Färbung.
Welchen Härtebereich hat das Wasser?

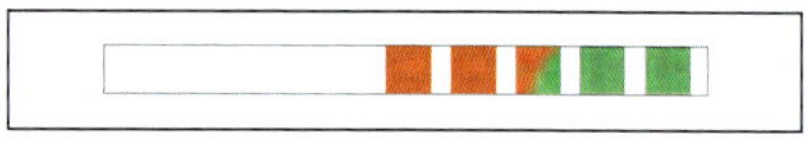

Lösung: Durch Abgleich mit der Vergleichstabelle in Bild 1 stellt man fest: Der Härtebereich liegt zwischen 10 °dH und 15 °dH.

Aufgaben zur Bestimmung der Wasserhärte

1. Die Analyse eines Grundwassers ergab folgende Stoffmengenkonzentrationen an Kationen:
   $c(Ca^{2+}) = 0{,}454$ mmol/L, $c(Mg^{2+}) = 0{,}152$ mmol/L, $c(Na^{+}) = 0{,}463$ mmol/L, $c(K^{+}) = 0{,}063$ mmol/L und Anionen: $c(Cl^{-}) = 0{,}150$ mmol/L, $c(SO_4^{2-}) = 0{,}233$ mmol/L, $c(HCO_3^{-}) = 0{,}749$ mmol/L
   Berechnen Sie die Gesamt-Wasserhärte GH und die Carbonathärte CH.
2. Die Analyse von Brauchwasser ergab neben Stoffen im Spurenbereich folgende Angaben über die ermittelten Massenkonzentrationen:
   Kationen: $\beta(Ca^{2+}) = 100$ mg/L, $\beta(Mg^{2+}) = 12{,}0$ mg/L, $\beta(Na^{+}) = 8{,}0$ mg/L, $\beta(K^{+}) = 2{,}0$ mg/L
   Anionen : $\beta(Cl^{-}) = 16{,}0$ mg/L, $\beta(SO_4^{2-}) = 60{,}2$ mg/L, $\beta(HCO_3^{-}) = 280$ mg/L, $\beta(NO_3^{-}) = 6{,}0$ mg/L
   Wie groß sind die Wasserhärten GH, CH und NCH?
3. Zur Bestimmung der Härte von Leitungswasser werden 100 mL Probe eingemessen. Der Verbrauch an EDTA-Maßlösung, $\tilde{c}$(EDTA) = 10,0 mmol/L (t = 1,004), beträgt 10,2 mL. Welche Gesamthärte hat die Wasserprobe? Zu welchem der drei Härtebereiche gehört das Wasser?

4. Zur Bestimmung der Härte einer Wasserprobe nach DIN 38406-3 werden 50,0 mL Wasser einpipettiert und mit EDTA-Maßlösung, $\tilde{c}$(EDTA) = 0,1 mol/L (t = 1,017) bis zum Farbumschlag von rot-violett nach blau titriert. Der Maßlösungs-Verbrauch beträgt 22,3 mL. Berechnen Sie die Gesamthärte der Wasserprobe.
5. Die Wasserhärte eines Leitungswassers soll mit einer voreingestellten EDTA-Maßlösung Titriplex B bestimmt werden. Der Verbrauch an voreingestellter EDTA-Maßlösung Titriplex B beträgt bei der Titration 11,24 mL. Welche Gesamthärte hat das Leitungswasser?
   a) in °dH   b) in mmol/L (Ca^{2+} + MG^{2+})
6. Bei einer Härtebereichs-Bestimmung eines Leitungswassers mit Teststreifen nach Merck erhält man nebenstehende Färbung.
   a) Welche Härte hat das geprüfte Leitungswasser in °dH sowie in mmol/L (Ca^{2+} + Mg^{2+})

   b) Welchem Härtebereich kann das Leitungswasser zugeordnet werden?

7.5 Bestimmung maßanalytischer Kennzahlen von Fetten

Maßanalytische Kennzahlen dienen zur Beschreibung der Qualität, der Zusammensetzung und der Struktur der Bestandteile von Stoffen oder Stoffgemischen. Man verwendet sie z. B. bei Fetten und Speiseölen.

7.5.1 Säurezahl SZ

Die **Säurezahl SZ** (acid value) dient zur Bestimmung des Gehalts an freien organischen Säuren und Säureanhydriden in Fetten und fetten Ölen **(Bild 1)** sowie in Lösemitteln, Bindemitteln (Harze) oder Weichmachern.

Bild 1: Pommes frites–Fett

> Die Säurezahl SZ gibt an, wie viel Milligramm Kaliumhydroxid KOH bei der Titration zur Neutralisation der freien organischen Säuren in einem Gramm der untersuchten Substanz verbraucht wird.

Die Säurezahl SZ berechnet man aus dem bei der Titration verbrauchten Kaliumhydroxid m(KOH) dividiert durch die Masse der m(Probe), siehe rechts.

Säurezahl

$$SZ = \frac{m(KOH)}{m(Probe)}$$

$$m(KOH) \quad V(KOH) \cdot \tilde{c} \cdot t \cdot M(KOH)$$

m(KOH) wird gemäß der Grundgleichung der analytischen Bestimmungen berechnet (Seite 211).

Die Säurezahl SZ ist eine wichtige Kennzahl für die Frische bzw. den Alterszustand von Fetten und Fettölen.

Tierische und pflanzliche Fette und Fettöle enthalten im frischen Zustand in der Regel keine freien, unveresterten Säuren.

Ältere Fette sind durch Feuchtigkeit unter Einwirkung von Licht und Mikroorganismen teilweise gespalten. Dabei werden Fettsäuren (z. B. Palmitinsäure) freigesetzt. Die Fette werden ranzig. Diese Reaktion bezeichnet man als Verseifung oder Hydrolyse.

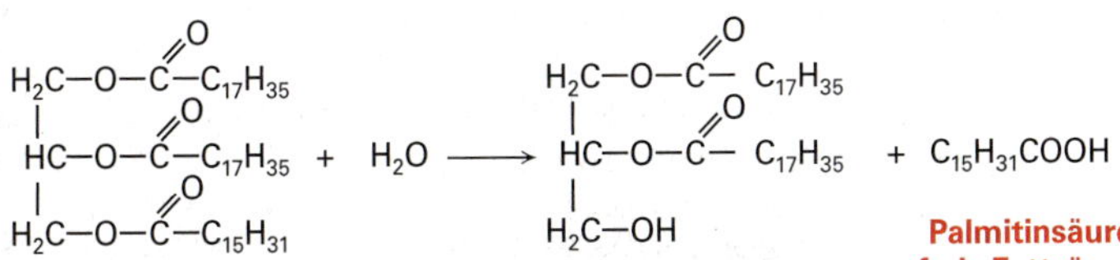

Fett (Triglycerid) **Spaltprodukt** (Diglycerid) **Palmitinsäure = freie Fettsäure**

Zur **Bestimmung der Säurezahl** nach DIN EN ISO 660 wird die eingewogene Fettprobe in Ethanol, bei schwer löslichen Substanzen unter Zugabe von Toluol bzw. Aceton, gelöst. Die freien Fettsäuren (und Säureanhydride) werden bei der Titration mit ethanolischer Kalilauge-Maßlösung der Konzentration c(KOH) = 0,1 mol/L oder c(KOH) = 0,5 mol/L neutralisiert. Der Endpunkt ist am Farbumschlag des Phenolphthaleins erkennbar.

Die Reaktionsgleichung lautet:

$$\underset{\text{Palmitinsäure}}{C_{15}H_{31}COOH} + \underset{\text{Kalilauge}}{KOH} \xrightarrow[\text{farblos} \longrightarrow \text{rot}]{\text{Phenolphthalein}} \underset{\text{Kaliumpalmitat}}{C_{15}H_{31}COOK} + \underset{\text{Wasser}}{H_2O}$$

Beispiel: 6,157 g Olivenöl werden in 100 g neutralisiertem Ethanol gelöst und mit ethanolischer Kalilauge, $\tilde{c}(KOH) = 0{,}1$ mol/L ($t = 1{,}011$), gegen Phenolphthalein titriert. Der Verbrauch an Kalilauge beträgt 18,25 mL. Welche Säurezahl hat das Öl?

Lösung: Mit $M(KOH) = 56{,}1056$ mg/mL folgt:

$$SZ = \frac{m(KOH)}{m(Probe)} = \frac{V(KOH) \cdot \tilde{c} \cdot t \cdot M(KOH)}{m(Probe)} = \frac{18{,}25\ mL \cdot 0{,}1\ mol/L \cdot 10^{-3} \cdot 1{,}011 \cdot 56{,}1056\ g/mol}{6{,}157\ g} \approx 16{,}8\ \frac{mg\ KOH}{g\ Öl}$$

Aufgaben zur Säurezahl SZ

1. 4,859 g Palmkernöl werden in Ethanol gelöst und mit 3,45 mL ethanolischer Kalilauge-Maßlösung, $c(KOH) = 0{,}1$ mol/L, gegen Phenolphthalein titriert. Wie groß ist die Säurezahl des Öls?
2. 6,805 g einer Fett-Probe werden in Ethanol gelöst und mit 4,25 mL ethanolischer Kalilauge-Maßlösung, $\tilde{c}(KOH) = 0{,}5$ mol/L ($t = 1{,}017$), neutralisiert. Welche Säurezahl hat das Fett?

7.5.2 Verseifungszahl VZ

Die **Verseifungszahl VZ** (saponification value) ist ein Maß für die Summe der veresterten, freien oder als Anhydrid vorliegenden Fettsäuren in Fetten und Speiseölen.

Die Verseifungszahl VZ gibt an, wieviel Milligramm Kaliumhydroxid KOH zur vollständigen Verseifung der Ester bzw. Hydrolyse der Anhydride und zur Neutralisation freier Fettsäuren in einem Gramm Probesubstanz erforderlich sind.

Verseifungszahl

$$VZ = \frac{m(KOH)}{m(Probe)}$$

Zur **Bestimmung der Verseifungszahl** nach DIN EN ISO 3657 wird die zu untersuchende Probe mit einem Überschuss an ethanolischer Kalilauge unter Rückfluss zum Sieden erhitzt **(Bild 1)**. Dabei werden alle Esterbindungen im Fett gespalten, d.h., verseift (Reaktion 1) und freie Fettsäuren neutralisiert (Reaktion 2).

Die *nicht* verbrauchte Kalilauge wird mit Salzsäure-Maßlösung zurücktitriert (Reaktion 3). Die Probe muss dabei frei von anderen Stoffen sein, die Kalilauge verbrauchen könnten.

1. *Hydrolyse* (vollständige Verseifung):

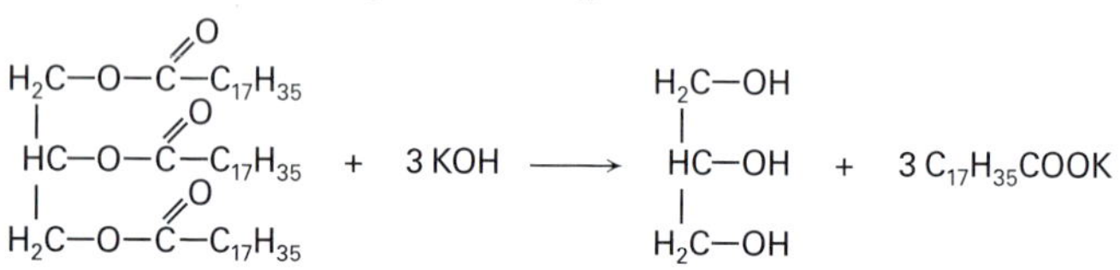

Fett (Triglycerid) **Kalilauge (Überschuss)** **Glycerin** **Kaliumstearat (Seife)**

2. *Neutralisation freier Säuren*:

$$C_{17}H_{33}COOH + KOH \longrightarrow C_{17}H_{33}COOK + H_2O$$

freie Ölsäure **Kaliumoleat**

3. *Rücktitration überschüssiger Kalilauge mit Salzsäure-Maßlösung*:

$$KOH + HCl \longrightarrow KCl + H_2O$$

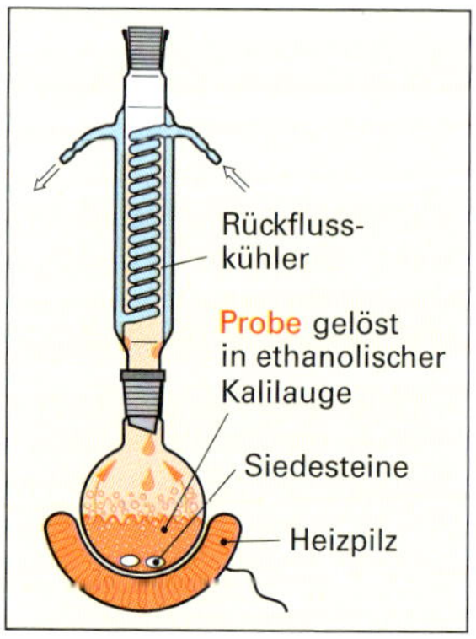

Bild 1: Verseifungsapparatur

Da pro Mol Esterbindung ein Mol KOH zur Verseifung benötigt wird (Reaktion 1), lässt die Verseifungszahl Rückschlüsse auf die Struktur der in der Probesubstanz veresterten Fettsäuren zu:

Eine *geringe* Kettenlänge der Fettsäuren in einem Fett hat wegen der größeren Zahl der Fett-Moleküle und dadurch zahlreichen Esterbindungen pro Gramm Fett eine *hohe* Verseifungszahl zur Folge (**Bild 2,** Becherglas A).

Fette mit Fettsäuren *großer* Kettenlängen in der *gleichen* Probeportion haben wegen der geringeren Anzahl der Fett-Moleküle und dadurch geringeren Anzahl an Esterbindungen eine *kleinere* Verseifungszahl (Becherglas B).

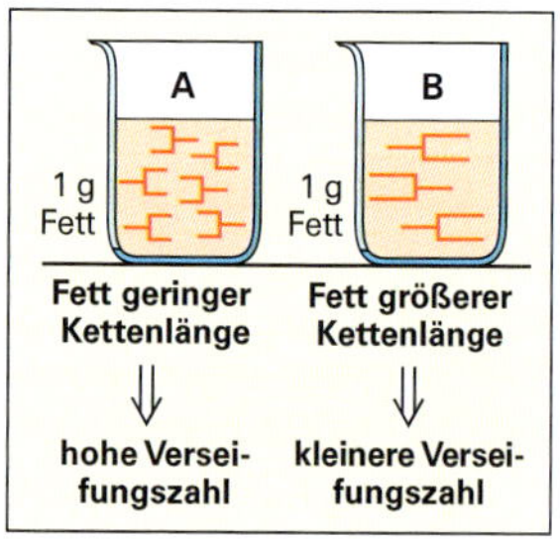

Bild 2: Fette mit Fettsäuren unterschiedlicher Kettenlänge

Zur genauen Ermittlung der Verseifungszahl muss eine *Blindwert*-Bestimmung ohne Substanz durchgeführt werden. Der Blindwert gibt das erforderliche Volumen V_b an Salzsäure-Maßlösung an, um die zur Verseifung eingesetzte Gesamtportion an ethanolischer Kalilauge vollständig zu neutralisieren.

Der Endpunkt der Titration ist am Farbumschlag von Phenolphthalein oder potentiometrisch erkennbar. Die Differenz aus dem Verbrauch V_b bei der Blindwertbestimmung und aus dem Verbrauch V_p für die überschüssige Kalilauge aus der Rücktitration ergibt das zur *Verseifung* verbrauchte Volumen an Kalilauge.

Beispiel: 2,205 g Olivenöl werden mit 30,0 mL ethanolischer Kalilauge, $c(\text{KOH}) = 0{,}\underline{5}$ mol/L, versetzt und verseift. Die überschüssige Kalilauge wird mit 14,5 mL Salzsäure-Maßlösung, $\tilde{c}(\text{HCl}) = 0{,}5$ mol/L ($t = 1{,}025$), zurücktitriert. Wie groß ist die Verseifungszahl des Olivenöls? $M(\text{KOH}) = 56{,}106$ g/mol

Lösung: $\text{VZ} = \frac{m(\text{KOH})}{m(\text{Probe})}$; Mit $m(\text{KOH}) = (V_b - V_{pr}) \cdot \tilde{c} \cdot t \cdot M(\text{KOH})$ folgt:

$$\text{VZ} = \frac{(V_b - V_{pr}) \cdot \tilde{c} \cdot t \cdot M(\text{KOH})}{m(\text{Probe})} = \frac{(30{,}0\ \text{mL} - 14{,}5\ \text{mL}) \cdot 0{,}5\ \text{mol/L} \cdot 1{,}025 \cdot 56{,}106\ \text{g/moL}}{2{,}205\ \text{g}} \approx \mathbf{202\ \frac{mg\ KOH}{g\ Probe}}$$

Aufgaben zur Verseifungszahl VZ

1. 1,8759 g einer Leinöl-Probe werden mit 20,0 mL ethanolischer Kalilauge, $c(\text{KOH}) = 0{,}\underline{5}$ mol/L, verseift. Überschüssige Kalilauge wird mit 8,55 mL Salzsäure-Maßlösung, $c(\text{HCl}) = 0{,}\underline{5}$ mol/L, zurücktitriert. Berechnen Sie die Verseifungszahl des Leinöls.
2. 2,163 g Kokosfett werden mit 40,0 mL ethanolischer Kalilauge, $c(\text{KOH}) = 0{,}\underline{5}$ mol/L, verseift. Die überschüssige Kalilauge wird mit 20,05 mL Salzsäure-Maßlösung, $\tilde{c}(\text{HCl}) = 0{,}5$ mol/L ($t = 0{,}981$), gegen Phenolphthalein zurücktitriert. Welche Verseifungszahl hat das Kokosfett?
3. 1,317 g Rapsöl werden mit 50,0 mL ethanolischer Kalilauge, $c(\text{KOH}) = 0{,}\underline{1}$ mol/L, verseift. Überschüssige Kalilauge wird mit 28,5 mL Schwefelsäure-Maßlösung, $\tilde{c}(\frac{1}{2}\text{H}_2\text{SO}_4) = 0{,}1$ mol/L ($t = 1{,}012$) zurücktitriert. Berechnen Sie die Verseifungszahl des Rapsöls.

7.5.3 Esterzahl EZ

Die Differenz aus Verseifungszahl VZ und Säurezahl SZ einer Fett- oder Ölprobe ergibt die **Esterzahl EZ** (ester value).

Die Esterzahl wird in Milligramm KOH pro Gramm Substanz angegeben.

Esterzahl
$\text{EZ} = \text{VZ} - \text{SZ}$

Die Esterzahl ist ein Maß für die *mittlere molare Masse* der vorhandenen Fettsäuren. Bei einer hohen Esterzahl ist die Anzahl der zu veresternden Carboxylgruppen in der Probe hoch, die Fettmoleküle enthalten Fettsäuren mit kürzerer Kettenlänge und somit geringerer molarer Masse.

Beispiel: In den Beispielaufgaben auf den Seiten 226 und 227 wurden von einer untersuchten Olivenölprobe folgende Kennzahlen berechnet: SZ = 16,8 mg KOH/g Olivenöl, VZ = 202 mg KOH/g Olivenöl. Wie groß ist die Esterzahl EZ des Olivenöls?

Lösung: **EZ** = VZ – SZ = 202 mg KOH/g – 16,8 mg KOH/g ≈ **185 mg KOH/g Olivenöl**

Aufgaben zur Esterzahl EZ

1. Die Bestimmung der Esterzahl einer Probe ergab folgende Titrationsergebnisse: 4,013 g Probe verbrauchten zur vollständigen Neutralisation der freien Säuren 21,5 mL Kalilauge-Maßlösung, $c(\text{KOH}) = 0{,}\underline{5}$ mol/L. Weitere 2,104 g der Probe wurden mit 50,0 mL der gleichen Kalilauge verseift und der Laugeüberschuss mit 31,1 mL Salzsäure-Maßlösung, $\tilde{c}(\text{HCl}) = 0{,}5$ mol/L ($t = 1{,}018$), zurücktitriert. Welche Esterzahl EZ hat die Probe?
2. 5,257 g Leinöl verbrauchen zur Neutralisation 11,5 mL Kalilauge-Maßlösung, $c(\text{KOH}) = 0{,}\underline{1}$ mol/L. Weitere 1,018 g des Leinöls werden mit 50,0 mL ethanolischer Kalilauge, $c(\text{KOH}) = 0{,}\underline{1}$ mol/L verseift. Der Kalilauge-Überschuss verbraucht zur Neutralisation 14,1 mL Salzsäure-Maßlösung, $\tilde{c}(\text{HCl}) = 0{,}5$ mol/L ($t = 0{,}986$). Berechnen Sie die Verseifungszahl VZ, die Säurezahl SZ und die Esterzahl EZ der Leinölprobe.

7.6 Maßanalytische Bestimmungen mit elektrochemischen Methoden

Der Endpunkt einer Titration, der Äquivalenzpunkt, kann durch den Farbumschlag von Indikatoren oder durch Messung geeigneter elektrischer Größen ermittelt werden. Dies können unter anderem die Änderung der Potenzialdifferenz zwischen zwei Halbelementen (Potenziometrie) oder die Änderung der elektrischen Leitfähigkeit (Konduktometrie) sein. Diese Methoden werden eingesetzt, wenn der Farbumschlag von Indikatoren nicht erkennbar oder die Äquivalenzpunkterkennung erschwert ist.

Da bei der Potenziometrie und der Konduktometrie kontinuierliche Messwerte des Titrationsverlaufes anfallen, sind beide Methoden insbesondere zur Automatisierung von Titrationsverfahren und dadurch für den Einsatz zur Überwachung und Steuerung chemischer Prozesse geeignet.

7.6.1 Potenziometrische Neutralisationstitrationen

Die potenziometrische Neutralisationstitration, kurz **Potenziometrie** (potentiometry) genannt, wird häufig in der Analytik angewandt; vor allem für die Messung des pH-Wertes.

Bei der Potenziometrie wird in der Messelektrode eine von der Konzentration $c(H_3O^+)$ abhängige Potenzialdifferenz gemessen.

Die pH-Wert-Messungen werden in der Regel mit Einstab-Elektroden durchgeführt, in der Messelektrode und Bezugselektrode vereinigt sind **(Bild 1)**. Pro eine pH-Einheit wird in der Messelektrode eine Spannung von 59 mV erzeugt, die im Anzeigegerät in einen pH-Wert umgerechnet wird.

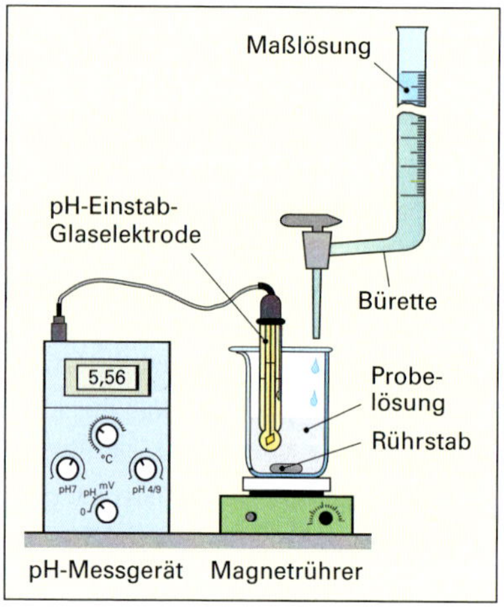

Bild 1: pH-Messung bei der Neutralisationstitration

Titration starker und schwacher Säuren und Basen

Wird bei einer Säure-Base-Titration der Verbrauch an Maßlösung gegen den pH-Wert der Probe in ein Koordinatensystem eingetragen, so erhält man eine Titrationskurve **(Bild 2)**. Der **Äquivalenzpunkt** (equivalent point) liegt im Wendepunkt der Titrationskurve, dem Punkt maximaler Steigung. Den Verbrauchswert an Maßlösung erhält man durch Fällen des Lots im Äquivalenzpunkt auf die Verbrauchsachse.

Beispiel 1: Titration einer starken Säure mit einer starken Base

10 mL Salzsäure der Konzentration, $c(HCl) = 0{,}1$ mol/L werden mit Natronlauge-Maßlösung, $c(NaOH) = 0{,}1$ mol/L, titriert.

Reaktion: $HCl_{(aq)} + NaOH_{(aq)} \longrightarrow NaCl_{(aq)} + H_2O_{(l)}$

Man erhält die nebenstehende Titrationskurve **(Bild 2)**.
Die Kurve beginnt im stark sauren Bereich, da Salzsäure als starke Säure vollständig dissoziiert vorliegt. Der pH-Wert steigt zunächst nur sehr geringfügig, ab pH 3 stärker und in der Nähe des Äquivalenzpunktes sprunghaft an.
Nach dem Äquivalenzpunkt ist der pH-Anstieg wieder gering, um schließlich einem Grenzwert entgegenzustreben.
Bei der Titration starker einprotoniger Säuren wie HCl und HNO_3 mit starken Basen wie NaOH und KOH hat die Lösung im Äquivalenzpunkt den Wert pH = 7, er wird deshalb auch *Neutralpunkt* genannt.

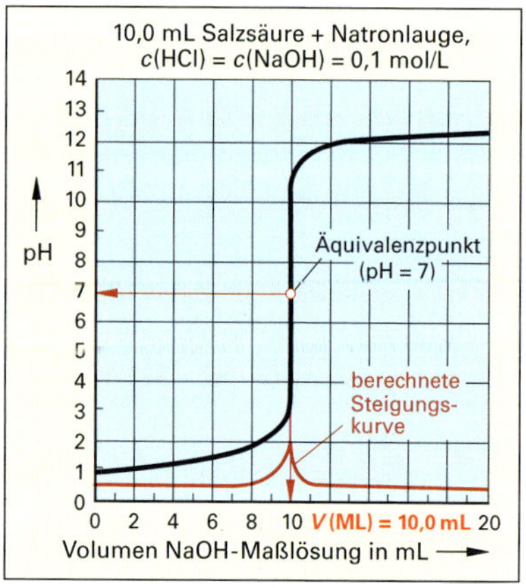

Bild 2: Titrationskurve für eine starke Säure und eine starke Base

Die geringe Anfangssteigung der Titrationskurve erklärt sich aus der logarithmischen Skale des pH-Wertes: Die Konzentration $c(H_3O^+)$ muss auf 1/10 der Anfangskonzentration verringert werden, damit der pH-Wert vom Anfangswert pH 1 auf pH 2 steigt.
Dazu ist ein Zusatz von 9 mL Maßlösung erforderlich (90 % der H_3O^+-Ionen sind neutralisiert). Für einen Anstieg auf pH 3 muss die Konzentration $c(H_3O^+)$ wiederum auf 1/10 verringert werden: das bewirkt eine Zugabe von 0,9 mL Maßlösung (99 % der H_3O^+-Ionen sind neutralisiert). Bis pH 4 sind mit weiteren 0,09 mL 99,9 % der H_3O^+-Ionen neutralisiert. Bei pH 7 liegen nur noch die H_3O^+-Ionen aus der Eigenprotolyse des Wassers vor. Bis pH 7 verringert sich das Volumen an Maßlösung für den Anstieg einer pH-Einheit jeweils um den Faktor 1/10. Deshalb bewirkt nahe am Äquivalenzpunkt schon der Zusatz von wenig Maßlösung eine starke pH-Änderung. Der Verbrauch im Äquivalenzpunkt beträgt $V(ML) = 10{,}0$ mL.

Ermittlung des Äquivalenzpunktes

Der Äquivalenzpunkt befindet sich im Steigungsmaximum der Titrationskurve. **Bild 1** zeigt die zeichnerische Lösung für die Ermittlung. Dazu werden zwei parallele Tangenten an den Kurvenradius gelegt. Der Äquivalenzpunkt ist im Schnittpunkt der zugehörigen Mittelparallelen mit der Titrationskurve.

Beispiel 2: Titration einer schwachen Säure mit starker Base

10,0 mL Essigsäure, $c(CH_3COOH) = 0,\underline{1}$ mol/L, werden mit Natronlauge-Maßlösung, $c(NaOH) = 0,\underline{1}$ mol/L, titriert **(Bild 1)**.

Reaktion: $CH_3COOH_{(aq)} + NaOH_{(aq)} \longrightarrow CH_3COONa_{(aq)} + H_2O_{(l)}$

Die Titrationskurve der Essigsäure beginnt im Vergleich zur Kurve der Salzsäure bei einem höheren pH-Wert: Essigsäure ist als schwache Säure nur teilweise protolysiert, die Anfangskonzentration $c(H_3O^+)$ ist geringer. Der pH-Wert steigt auch hier zunächst nur relativ langsam, im Bereich des Äquivalenzpunktes dagegen sprunghaft an. Im Äquivalenzpunkt sind alle abdissoziierten Protonen der Essigsäuremoleküle durch Hydroxid-Ionen der Natronlauge neutralisiert.

Der Äquivalenzpunkt ist, wie bei allen Titrationen *schwacher Säuren* mit *starken Basen*, in den *basischen* Bereich verschoben. Ursache ist der basische Charakter der Acetat-Ionen CH_3COO^- ($pK_B = 9{,}24$). Der Verbrauch beträgt $V(ML) = 10{,}0$ mL. Ein geeigneter Indikator muss seinen Umschlagbereich zwischen pH 7,5 und pH 10 haben, hier hat die Kurve ihren Potenzialsprung. Im Bereich nach dem Äquivalenzpunkt ist der Kurvenverlauf deckungsgleich mit der HCl-Bestimmung, da die gleiche Maßlösung verwendet wurde.

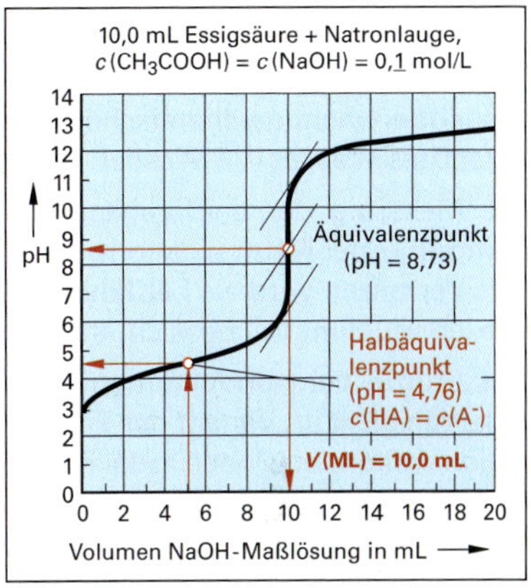

Bild 1: Titrationskurve einer schwachen Säure mit starker Base

Aus der Titrationskurve einer schwachen Säure (Base) kann im Halbäquivalenzpunkt (dem halbierten Verbrauchswert vom Äquivalenzpunkt) der pK_S-Wert (pK_B-Wert) der Säure (Base) abgelesen werden.

Aufgaben zu Potenziometrischen Neutralisationstitrationen

1. **Bild 2** zeigt den Verlauf der potenziometrischen Bestimmung von 10,0 mL Ammoniak-Lösung mit Salzsäure-Maßlösung, $c(HCl) = 0,\underline{1}$ mol/L.
   a) Beschreiben Sie den Titrationsverlauf, begründen Sie den Unterschied zu den Kurven in Bild 2, Seite 228, und Bild 1, diese Seite. Begründen Sie den pH-Wert im Äquivalenzpunkt, geben Sie einen geeigneten Indikator an.
   b) Formulieren Sie die Reaktionsgleichung der Titration und berechnen Sie die Massenkonzentration $\beta(NH_3)$.
   c) Ermitteln Sie aus der Titrationskurve den pK_S-Wert des Ammonium-Ions N.

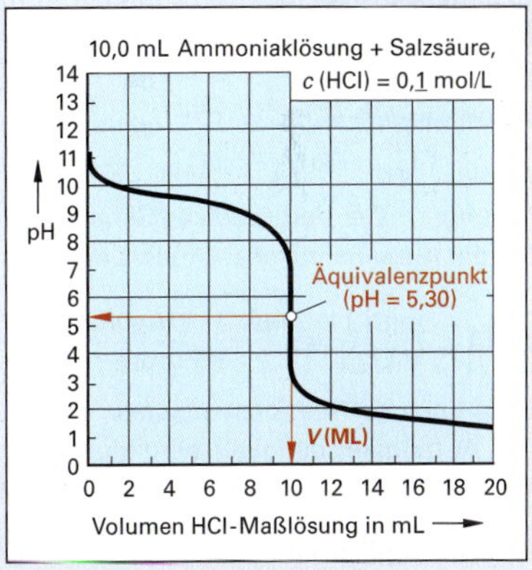

Bild 2: Titrationskurve einer schwachen Base mit starker Säure

2. 10,0 mL Propansäure C_2H_5COOH wurden mit Natronlauge-Maßlösung, $c(NaOH) = 0,\underline{1}$ mol/L, titriert. Dabei wurden folgende Messwerte erhalten:

mL NaOH	0	1	2	3	4	5	6	7	8	9	10	11	12	13	14	15	16	17
pH-Wert	2,9	3,8	4,2	4,4	4,6	4,7	4,9	5,0	5,2	5,3	5,6	5,9	8,8	11,6	11,9	12,1	12,2	12,3

   a) Zeichnen Sie eine Titrationskurve und bestimmen Sie den Äquivalenzpunkt.
   b) Geben Sie die Reaktionsgleichung an, ermitteln Sie die Massenkonzentration $\beta(C_2H_5COOH)$.
   c) Bestimmen Sie den pK_S-Wert der Propansäure. Vergleichen Sie diesen mit dem Tabellenwert.

3. 10,0 mL Soda-Lösung Na_2CO_3 werden mit Salzsäure-Maßlösung, $c(HCl) = 0,\underline{1}$ mol/L, titriert. Die aufgenommenen Messwerte zeigt die Tabelle. Werten Sie die Bestimmung wie in Aufgabe 2 aus.

mL NaOH	0	1	2	3	4	5	6	7	8	9	10	11	12	13
pH-Wert	11,68	11,26	10,97	10,75	10,56	10,39	10,21	10,02	9,79	9,44	8,45	7,46	7,12	6,88
mL NaOH	14	15	16	17	18	19	20	21	22	23	24	25	26	27
pH-Wert	6,69	6,51	6,34	6,15	5,91	5,56	3,99	2,49	2,20	2,04	1,92	1,84	1,77	1,72

7.6.2 Leitfähigkeitstitrationen (Konduktometrie)

Die Messung der elektrischen Leitfähigkeit von Elektrolytlösungen beruht auf der Messung der Stromstärke I zwischen zwei Elektroden mit der Oberfläche A in einer Elektrolytlösung **(Bild 1)**.

Für Elektrolyte besteht ein charakteristischer Zusammenhang zwischen spezifischer Leitfähigkeit und Konzentration. Somit können Konzentrationen direkt über die elektrolytische Leitfähigkeit bestimmt werden. Diese Art der Messung wird vor allem zur Betriebsüberwachung chemischer Anlagen angewandt, z.B. für vollentsalztes Wasser (VE-Wasser) und Kesselspeisewasser.

Die Messung der Leitfähigkeit ist aber auch zur Endpunktbestimmung bei Neutralisations- und Fällungstitrationen geeignet. Das Verfahren wird als **Leitfähigkeitstitration** oder **Konduktometrie** (conductimetry) bezeichnet.

Das Prinzip der Konduktometrie beruht darauf, dass die Elektrolytleitfähigkeit im Verlauf der Titration sinkt, weil durch Fällungsreaktion vorhandene Ionen in der Probelösung durch trägere Ionen der Maßlösung ersetzt werden oder weil infolge Fällung die Konzentration der Ionen in der Probelösung abnimmt. Zur Auswertung einer Konduktometrie wird die Änderung der spezifischen elektrischen Leitfähigkeit (oder der Stromstärke) in einem Diagramm gegen das zugefügte Volumen der Maßlösung aufgetragen **(Bild 2)**. Der Titrationsendpunkt (Äquivalenzpunkt) liegt im Leitfähigkeitsminimum.

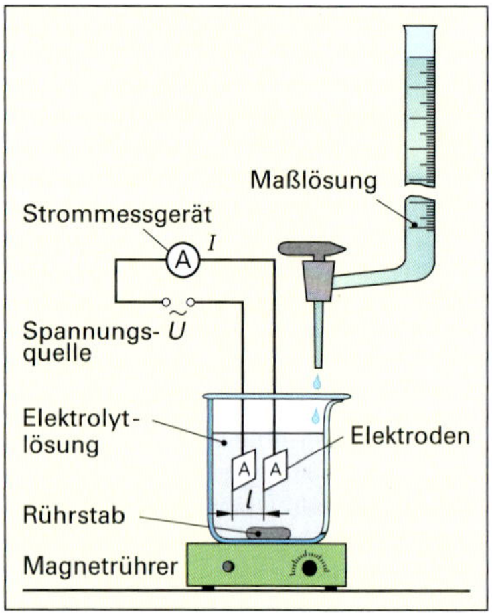

Bild 1: Aufbau zur Durchführung der Konduktometrie

Beispiel: Leitfähigkeitstitration einer Natriumchlorid-Lösung mit Silbernitrat-Maßlösung (Bild 1)

10,0 mL Natriumchlorid-Lösung der Konzentration $\tilde{c}$(NaCl) = 0,1 mol/L werden mit Silbernitrat-Maßlösung, $c(AgNO_3)$ = 0,1 mol/L, titriert. Wie groß ist die Massenkonzentration $\beta(Cl^-)$ der untersuchten Probe in g/L?

Reaktionsgleichung der Fällungsreaktion in Ionenform:

$$Na^+_{(aq)} + Cl^-_{(aq)} + Ag^+_{(aq)} + NO^-_{3(aq)} \longrightarrow AgCl_{(s)} + Na^+_{(aq)} + NO^-_{3(aq)}$$

Lösung: Der Verbrauch an Silbernitrat-Maßlösung beträgt 10,0 mL

Mit der maßanalytischen Äquivalentmasse $\ddot{A}(Cl^-)$ = 3,5453 mg/mL folgt:

$$\beta(\mathbf{Cl^-}) = \frac{m(Cl^-)}{V(Lsg)} = \frac{\ddot{A}(Cl^-) \cdot V(AgNO_3)}{V(Probe)} = \frac{3{,}5453\,\frac{mg}{mL} \cdot 10{,}0\,mL}{10{,}0\,mL} \approx \mathbf{3{,}55\,\frac{g}{L}}$$

Erklärung des Titrationsverlaufes:

Die Anfangsleitfähigkeit wird durch dissoziierte Na^+- und Cl^--Ionen verursacht. Die Ag^+-Ionen der zugefügten Maßlösung bilden mit den Cl^--Ionen der Probe-Lösung einen Silberchlorid-Niederschlag, der die Ionenbeweglichkeit behindert. Die Cl^--Ionen werden durch die trägeren NO_3^--Ionen der Maßlösung ersetzt. Als Folge sinkt die Leitfähigkeit.

Im Äquivalenzpunkt liegt ein Leitfähigkeitsminimum vor, da alle Cl^--Ionen durch Ag^+-Ionen gebunden sind. Die Konzentration freier Ionen ändert sich bis hier nicht. Wird weiter Maßlösung zugegeben, bleiben die Ag^+-Ionen und NO_3^--Ionen der Maßlösung dissoziiert: Die Leitfähigkeit steigt, da die Konzentration freier Ionen zunimmt.

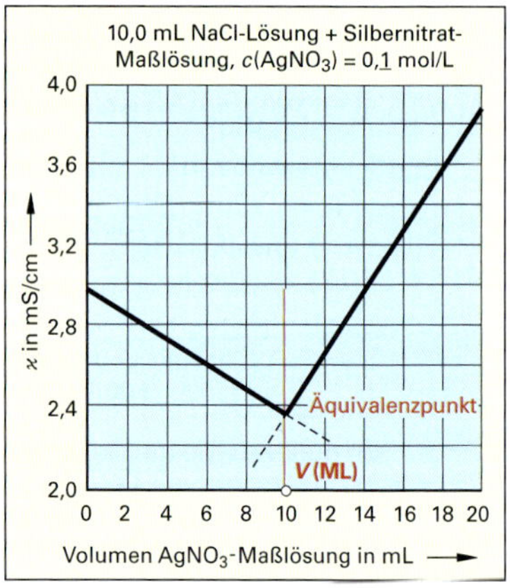

Bild 2: Leitfähigkeitstitration bei einer Fällungstitration

Aufgabe zu Leitfähigkeitstitrationen (Konduktometrie)

1. 10,0 mL Natriumsulfat-Lösung, $\tilde{c}(Na_2SO_4) \approx$ 0,1 mol/L, werden verdünnt und mit Bariumchlorid-Maßlösung, $c(BaCl_2)$ = 0,10 mol/L, titriert, es fällt schwerlösliches Bariumsulfat aus. Messwerte:

mL Maßlsg.	0	1	2	3	4	5	6	7	8	9	10	11	12	13	14	15	16	17
Leitfähigkeit in mS/cm	5,77	5,47	5,40	5,29	5,20	5,13	5,06	5,00	4,94	4,88	4,83	5,07	5,36	5,64	5,89	6,19	6,43	6,70

Geben Sie die Reaktionsgleichung in Ionenschreibweise an. Zeichnen Sie das Titrationsdiagramm und ermitteln Sie den Äquivalenzpunkt. Berechnen Sie die Massenkonzentration $\beta(SO_4^{2-})$.

Gemischte Aufgaben zu 7.2 bis 7.6 Maßanalytische Bestimmungen

1. 25,0 mL Salzsäure der Konzentration $c(HCl) = 0{,}\underline{1}$ mol/L, verbrauchen bei einer Dreifach-Titerbestimmung 24,8 mL, 24,75 mL und 24,75 mL Natronlauge-Maßlösung, $\tilde{c}(NaOH) = 0{,}1$ mol/L.
   Welchen Titer hat die Natronlauge?

2. 20,0 mL Natronlauge der Konzentration $c(NaOH) = 0{,}\underline{5}$ mol/L verbrauchen bei einer Dreifach-Titerbestimmung 20,8 mL, 20,65 mL und 20,70 mL Salzsäure-Maßlösung der Stoffmengen-Konzentration $\tilde{c}(HCl) = 0{,}5$ mol/L. Wie groß ist der Titer der Salzsäure?

3. 25,0 mL einer Schwefelsäure-Maßlösung, $\tilde{c}(\frac{1}{2} H_2SO_4) = 0{,}1$ mol/L ($t = 1{,}015$), werden zur Titerbestimmung mit 24,8 mL Natronlauge-Maßlösung der Konzentration $\tilde{c}(NaOH) = 0{,}1$ mol/L neutralisiert. Welchen Titer hat die Natronlauge?

4. Berechnen Sie das Volumen einer Natronlauge-Maßlösung der Konzentration $c(NaOH) = 0{,}\underline{1}$ mol/L, das 20,38 mL einer Natronlauge-Maßlösung der Konzentration $\tilde{c}(NaOH) = 0{,}1$ mol/L ($t = 1{,}052$) entspricht.

5. Bei einer Titration wurden 27,15 mL einer Salzsäure-Maßlösung der Stoffmengen-Konzentration $c(HCl) = 0{,}\underline{2}$ mol/L verbraucht. Zu berechnen ist das entsprechende Volumen einer Salzsäure-Maßlösung der Konzentration $\tilde{c}(HCl) = 0{,}1$ mol/L ($t = 1{,}008$).

6. Ein Rührkessel wird zur Bestimmung des Fassungsvermögens mit Wasser gefüllt und darin 15,00 kg reines $Na_2CO_3 \cdot 10\, H_2O$ gelöst. 50,0 mL dieser Sodalösung verbrauchen zur Neutralisation 29,5 mL Salzsäure-Maßlösung, $\tilde{c}(HCl) = 0{,}1$ mol/L ($t = 1{,}008$). Welches Fassungsvermögen hat der Kessel?

7. 25,0 m^3 saures Abwasser sollen vor dem Eintreten in ein Klärbecken neutralisiert werden. Wie viel Löschkalk mit $w(CaOH_2) = 88{,}5\,\%$ ist zur Neutralisation erforderlich, wenn 100 mL Abwasser 25,7 mL Natronlauge-Maßlösung mit $\underline{c}(NaOH) = 0{,}1$ mol/L ($t = 1{,}105$) verbrauchen?

8. 1,725 g technisches Kaliumcarbonat werden mit 20,35 mL Schwefelsäure-Maßlösung der Konzentration $\tilde{c}(H_2SO_4) = 50$ mmol/L ($t = 0{,}998$) neutralisiert. Welchen Massenanteil $w(K_2CO_3)$ hat die Probe?

9. 241,5 mg einer verunreinigten Natriumhydrogencarbonat-Probe verbrauchen bei der Titration gegen Methylorange als Indikator 27,15 mL Salzsäure-Maßlösung, $c(HCl) = 0{,}\underline{1}$ mol/L. Berechnen Sie den Massenanteil $w(NaHCO_3)$ im untersuchten Salz.

10. 4,753 g technisches Kaliumhydroxid werden gelöst und auf 500 mL verdünnt. 50 mL davon verbrauchen bei einer Dreifachbestimmung 16,35 mL, 16,40 mL und 16,40 mL Schwefelsäure-Maßlösung, $\tilde{c}(H_2SO_4) = 0{,}25$ mol/L ($t = 1{,}021$). Welchen Massenanteil $w(KOH)$ hat die Probe?

11. Von einer Dünnsäure soll vor Eintritt in die Eindampfanlage durch Titration der Gehalt an Schwefelsäure bestimmt werden. Dabei verbrauchen 0,4213 g Probe 24,35 mL einer Natronlauge-Maßlösung, $\tilde{c}(NaOH) = 0{,}1$ mol/L ($t = 1{,}014$). Berechnen Sie den Massenanteil der Schwefelsäure.

12. Die Massenkonzentration $\beta(CH_3COOH)$ einer angelieferten Essigsäure wird zur Eingangskontrolle volumetrisch geprüft. Die Massenkonzentration soll mindestens $\beta(CH_3COOH) = 140$ g/L betragen. 50,0 mL der gezogenen Probe werden im Messkolben zu 250 mL verdünnt, davon jeweils 25,0 mL abpipettiert und mit Natronlauge-Maßlösung, $\tilde{c}(NaOH) = 0{,}5$ mol/L ($t = 1{,}009$), titriert. Die Verbrauchswerte betragen $V_1 = 24{,}45$ mL, $V_2 = 24{,}54$ mL und $V_3 = 24{,}77$ mL. Entspricht die angelieferte Essigsäure der Spezifikation?

13. 0,9132 g Kalksteinprobe werden mit 50,0 mL Salzsäure-Maßlösung, $c(HCl) = 0{,}\underline{5}$ mol/L, versetzt. Das entstehende CO_2 entweicht beim anschließenden Aufkochen. Die nicht verbrauchte Säureportion wird mit 18,9 mL Natronlauge-Maßlösung, $\tilde{c}(NaOH) = 0{,}5$ mol/L ($t = 0{,}9985$) zurücktitriert. Welchen Massenanteil $w(CaCO_3)$ hat der untersuchte Kalkstein?

14. 3,428 g Oleum werden mit Wasser auf 100 mL verdünnt. 25,0 mL der verdünnten Lösung verbrauchen zur vollständigen Neutralisation im Mittel 18,8 mL Natronlauge-Maßlösung der Konzentration $\tilde{c}(NaOH) = 0{,}1$ mol/L ($t = 0{,}998$). Wie groß ist der Oleum-Massenanteil $w(SO_3)$?

15. Die Reinheit einer Benzoesäure wird durch eine Titration mit Natronlauge-Maßlösung überprüft:

$C_6H_5COOH + NaOH \longrightarrow C_6H_5COONa + H_2O$

Zur Bestimmung werden 2,918 g der Säure ($M(C_6H_5COOH)$ = 112,12 g/mol) eingewogen und im Messkolben zu 250 mL mit demin. Wasser aufgefüllt.

Je 25,0 mL der Verdünnung verbrauchen 22,50 mL, 22,55 mL und 22,38 mL Natronlauge-Maßlösung der Konzentration $\tilde{c}(NaOH)$ = 0,1 mol/L (t = 1,011).

Welchen Massenanteil $w(C_6H_5COOH)$ hat die untersuchte Benzoesäure?

16. Flusswasser wird zur Bestimmung des BSB_5 um den Faktor 5 verdünnt. 25,0 mL der verdünnten Probe verbrauchen bei der Bestimmung unmittelbar nach Probenentnahme 16,5 mL Natriumthiosulfat-Maßlösung, $c(Na_2S_2O_3)$ = 10,0 mmol/L. Zwei weitere der verdünnten Proben verbrauchen nach 5 Tagen Aufbewahrung bei 20 °C im Dunkeln 10,25 mL und 10,40 mL der Maßlösung. Wie groß ist der BSB_5 des Flusswassers?

17. 50,0 mL Abwasserprobe werden mit 20,0 mL Kaliumdichromat-Lösung versetzt. Nicht reduziertes Dichromat verbraucht bei der anschließenden Titration 17,5 mL Ammoniumeisen(II)-sulfat-Maßlösung, $\tilde{c}(\frac{1}{1}(NH_4)_2Fe(SO_4)_2)$ = 0,1 mol/L (t = 0,989). Bei der Blindwertbestimmung wurden 19,6 mL der Maßlösung verbraucht. Welchen CSB-Wert hat das Abwasser?

18. Zur Bestimmung der Gesamthärte von Leitungswasser werden 100 mL Probe eingemessen. Der Verbrauch an EDTA-Maßlösung, $\tilde{c}(EDTA)$ = 10 mmol/L (t = 0,986), beträgt 24,25 mL. Zu welchem der drei Härtebereiche gehört das Wasser?

19. Bei der Analyse von Oberflächenwasser wurden folgende gelöste Inhaltsstoffe gefunden:

Kationen: $\beta(Ca^{2+})$ = 9,05 mg/L, $\beta(Mg^{2+})$ = 2,05 mg/L, $\beta(Na^+)$ = 49,4 mg/L, $\beta(K^+)$ = 13,4 mg/L

Anionen : $\beta(Cl^-)$ = 21,3 mg/L, $\beta(SO_4^{2-})$ = 22,0 mg/L, $\beta(HCO_3^-)$ = 34,2 mg/L

Berechnen Sie die Gesamthärte $c(Ca^{2+} + Mg^{2+})$, die Carbonathärte CH und die Nichtcarbonathärte NCH des Wassers.

20. 6,508 g Fett werden in Ethanol gelöst und mit 4,25 mL ethanolischer Kalilauge-Maßlösung der Konzentration $\tilde{c}(KOH)$ = 0,5 mol/L (t = 0,978) neutralisiert. Wie groß ist die Säurezahl des Fettes?

21. 5,134 g Leinöl verbrauchen zur Neutralisation 2,45 mL Kalilauge-Maßlösung, $c(KOH)$ = 0,5 mol/L. 1,620 g des Leinöls werden mit 25,0 mL ethanolischer Kalilauge-Maßlösung der gleichen Konzentration verseift. Überschüssige Lauge wird mit 12,9 mL Salzsäure-Maßlösung, $c(HCl)$ = 0,5 mol/L, zurücktitriert. Bei der Blindwert-Bestimmung verbrauchen 25,0 mL Kalilauge 24,2 mL der Salzsäure-Maßlösung. Welche Säure-, Verseifungs- und Esterzahl hat das Leinöl?

22. 10,0 mL Phosphorsäure-Lösung H_3PO_4 werden mit Natronlauge-Maßlösung $c(NaOH)$ = 0,1 mol/L titriert. Aufgenommene Messwerte:

mL NaOH	0	1	2	3	4	5	6	7	8	9	10	11	12	13
pH-Wert	1,55	1,67	1,79	1,90	2,03	2,16	2,30	2,48	2,70	3,07	5,32	6,32	6,65	6,87
mL NaOH	14	15	16	17	18	19	20	21	22	23	24	25	26	27
pH-Wert	7,06	7,24	7,42	7,62	7,87	8,29	10,5	11,2	11,5	11,7	11,8	11,9	12,0	12,0

a) Formulieren Sie die Reaktionsgleichungen für die drei Neutralisationsstufen.

b) Zeichnen Sie ein Titrationsdiagramm und ermitteln Sie die Massenkonzentration $\beta(H_3PO_4)$.

c) Geben Sie mithilfe eines Tabellenbuches einen geeigneten Indikator für die Bestimmung an.

23. 2,734 g Bariumhydroxid-Lösung $Ba(OH)_2$ werden verdünnt und mit Schwefelsäure-Maßlösung, $c(\frac{1}{2}H_2SO_4)$ = 0,1 mol/L, titriert, wobei schwerlösliches Bariumsulfat ausfällt. Messwerte:

mL Maßlsg.	0	1	2	3	4	5	6	7	8	9	10	11	12	13	14	15	16	17
Leitfähigkeit in mS/cm	2,75	2,47	2,06	1,70	1,40	1,08	0,76	0,48	0,17	0,21	0,58	0,99	1,40	1,78	2,16	2,46	2,80	3,11

a) Formulieren Sie die Reaktionsgleichung in Ionenschreibweise.

b) Tragen Sie die Messwertpaare in ein Koordinatensystem ein.

c) Ermitteln Sie den Äquivalenzpunkt und berechnen Sie den Massenanteil $w(Ba(OH)_2)$.

7.7 Optische Analyseverfahren

Die optischen Analyseverfahren beruhen auf den physikalischen Eigenschaften des Lichts, die sich zur Identifizierung oder zur Gehaltsbestimmung von Substanzen (Analyten) eignen.

Dazu sendet man Licht einer bestimmten Wellenlänge (elektromagnetische Strahlung) *durch* oder *auf* eine Substanz oder eine Lösung der Substanz (Analytlösung) und misst die Veränderungen, die das Licht bei der Wechselwirkung mit der Substanz erfährt.

Wichtige optische Analyseverfahren sind die **Fotometrie** und die **Spektroskopie** sowie die **Refraktometrie** und die **Polarimetrie. Bild 1** zeigt das Wirkungsschema des jeweiligen optischen Analyseverfahrens.

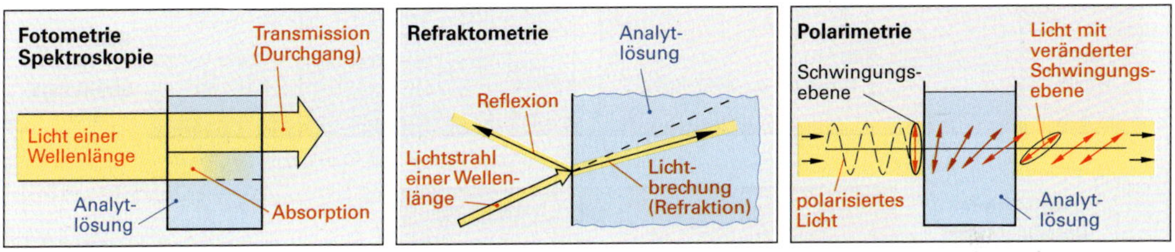

Bild 1: Wirkungsschemata der optischen Analyseverfahren

7.7.1 Fotometrie, Spektroskopie

7.7.1.1 Physikalische Grundlagen

Licht ist ein Teilbereich der elektromagnetischen Strahlung (Bild 1, nächste Seite). Sie breitet sich wellenförmig mit Lichtgeschwindigkeit aus **(Bild 2)**. Die **Lichtgeschwindigkeit *c*** (velocity of light) beträgt 299792 km/s oder 2,99792 · 10^8 m/s.

Als **Wellenlänge λ** (wavelength, λ griechischer Kleinbuchstabe Lambda) des Lichts bezeichnet man den Abstand zwischen zwei Wellenbergen der sinusförmigen Lichtstrahlungswelle. Die Wellenlänge wird meist in mm, µm oder nm angegeben.

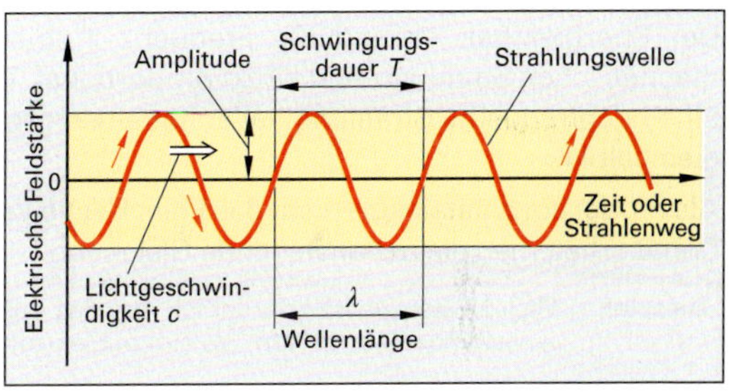

Bild 2: Licht als elektromagnetische Welle (schematisch)

Die Zeit für eine volle Schwingung der Welle wird als **Schwingungsdauer** oder **Periode *T*** bezeichnet.

Die Anzahl der Schwingungen einer Welle pro Sekunde bezeichnet man als **Frequenz *f*** (frequency). Die Einheit der Frequenz ist 1/s, auch **Hertz** genannt, mit dem Einheitenzeichen Hz.

Die Frequenz f ist der Kehrwert der Schwingungsdauer T : $T = 1/f$.

Die Frequenz f und die Wellenlänge λ einer elektromagnetischen Welle sind über die Grundgleichung der Wellen mit der Ausbreitungsgeschwindigkeit c der Welle verknüpft.

$$c = f \cdot \lambda$$

Eine weitere Größe zur Beschreibung einer elektromagnetischen Strahlung ist die **Wellenzahl $\tilde{\nu}$** (wave number, ν griechischer Kleinbuchstabe Ny). Sie gibt die Anzahl der Wellenzyklen (ein Wellenberg und ein Wellental) pro Zentimeter an.

Gleichungen für elektromagnetische Wellen		
Schwingungsdauer	Frequenz	Wellenzahl
$T = \frac{1}{f}$	$f = \frac{c}{\lambda}$	$\tilde{\nu} = \frac{1}{\lambda}$

Beispiel: Wie groß sind die Frequenz und die Wellenzahl einer elektromagnetischen Strahlung, deren Wellenlänge 650 nm beträgt? Als Ausbreitungsgeschwindigkeit soll $c \approx 3{,}00 \cdot 10^8$ m/s verwendet werden.

Lösung:

$$\mathbf{f} = \frac{c}{\lambda} = \frac{3{,}00 \cdot 10^8\,\text{m/s}}{650 \cdot 10^{-9}\,\text{m}} = 0{,}00461538 \cdot 10^{17}\,\text{1/s} \approx 4{,}62 \cdot 10^{14}\,\text{Hz} \approx \mathbf{4{,}62 \cdot 10^6\,GHz}$$

$$\tilde{\nu} = \frac{1}{\lambda} = \frac{1}{640 \cdot 10^{-9}\,\text{m}} \approx 1{,}53846 \cdot 10^6\,\text{1/m} \approx \mathbf{1{,}54 \cdot 10^6\,cm^{-1}}$$

Elektromagnetische Wellen schwingen mit einem Ausschlag, **Amplitude** genannt, um die Null-Achse (Bild 2). Die Größe dieser Amplitude ist ein Maß für die Intensität (Stärke) der Strahlung.

Das sichtbare Licht, die sogenannte **VIS-Strahlung** (von englisch **vis**ible = sichtbar), ist nur eine von vielen elektromagnetischen Strahlungsarten. **Bild 1** zeigt das Spektrum (Bandbreite) der elektromagnetischen Strahlung.

Im vergrößerten Bereich um die VIS-Strahlung sind die von der Fotometrie und der Spektroskopie genutzten Wellenlängenbereiche gezeigt.

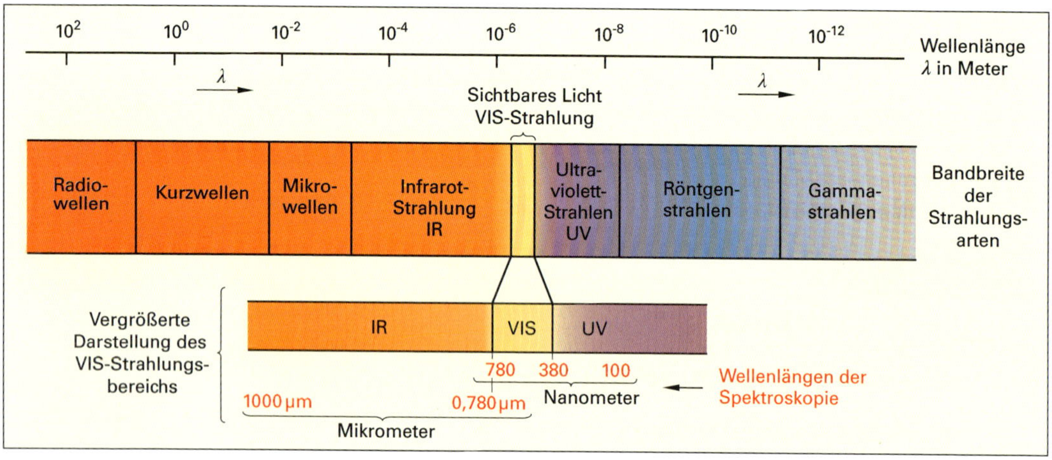

Bild 1: Elektromagnetisches Spektrum und Wellenlängenbereiche der IR-, VIS- und UV-Strahlung

Der Energieinhalt W und die Frequenz f einer elektromagnetischen Strahlung sind direkt proportional: $W \sim f$.

Eine hochfrequente Strahlung hat somit einen großen Energieinhalt W.

Energie elektromagnetischer Strahlung
$W = h \cdot f = h \cdot \frac{c}{\lambda}$

Als Proportionalitätsfaktor dient das Planck'sche Wirkungsquantum h. Es beträgt $h = 6{,}6256 \cdot 10^{-34}$ J · s. Damit erhält man die nebenstehende Gleichung.

Beispiel: Welche Energie ist erforderlich, um das π-Elektronensystem im Acrolein CH_3=CH–CH=O bei einer Wellenzahl $\tilde{\nu} = 49{,}0 \cdot 10^3\ cm^{-1}$ zu einem Elektronenübergang anzuregen?

Lösung: $W = h \cdot c/\lambda = h \cdot c \cdot \tilde{\nu} = 6{,}6256 \cdot 10^{-34}\ J \cdot s \cdot 3{,}00 \cdot 10^{6}\ cm/s \cdot 49{,}0 \cdot 10^{3}\ cm^{-1} \approx \mathbf{9{,}74 \cdot 10^{-23}\ J}$

Die **Energie** einer elektromagnetischen Strahlung, die eine bestimmte Fläche pro Zeit erreicht, bezeichnet man als **Strahlungsleistung Φ** oder Lichtstrom Φ (Φ griechischer Großbuchstabe Phi) Sie hat die Einheit Watt (W).

Beim Durchstrahlen einer Analytlösung mit Licht einer bestimmten Wellenlänge **(Bild 2)** wird ein Teil der Lichtstrahlung in der Lösung absorbiert, der Rest durchdringt sie. Die Strahlungsleistung sinkt dabei von Φ_e auf Φ_a.

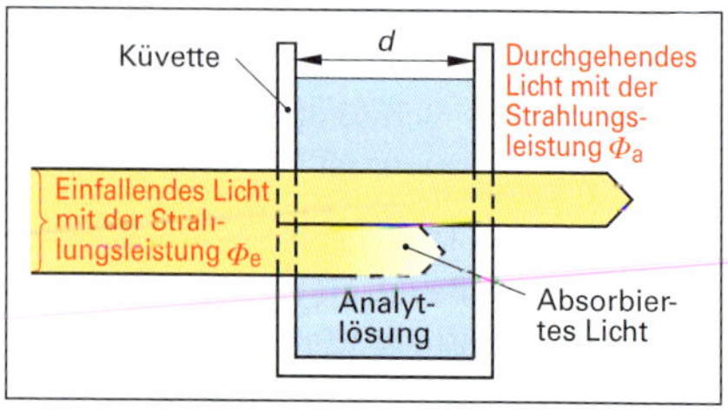

Bild 2: Absorption in einer Analytlösung

7.7.1.2 Optische Größen der Fotometrie/Spektroskopie

Der **spektrale Transmissionsgrad τ_i** (spectral internal transmittance) ist das Verhältnis der aus der Lösung austretenden Strahlungsleistung Φ_a zur eingefallenen Strahlungsleistung Φ_e.

Als **spektraler Absorptionsgrad α_i** (spectral internal absorbance) wird das Verhältnis der in der Lösung absorbierten Strahlungsleistung $\Phi_e - \Phi_a$ zur eingedrungenen Strahlungsleistung Φ_e bezeichnet.

Die Summe aus den beiden Größen Transmissionsgrad τ_i und Absorptionsgrad α_i ergibt 100 % bzw. 1.

Transmissionsgrad
$\tau_i = \frac{\Phi_a}{\Phi_e}$

Absorptionsgrad
$\alpha_i = \frac{\Phi_e - \Phi_a}{\Phi_e} = 1 - \tau_i$

Summengleichung
$\tau_i + \alpha_i = 100\,\% = 1$

Trägt man den Transmissionsgrad τ_i gegen die Konzentration $c(X)$ oder $\beta(X)$ der untersuchten Lösung auf, so wird in einem Diagramm eine exponentiell abnehmende Funktion erhalten (e-Funktion, schwarze Kurve in **Bild 1**). Sie entspricht der Funktionsgleichung $\tau_i \sim e^{-c}$.

Logarithmiert erhält man $-\log \tau_i \sim c$.

Der Ausdruck $-\log \tau_i$ wird als **Extinktion *E*** bezeichnet (extinction). Mit den Logarithmengesetzen und der Strahlungsleistung Φ erhält man weitere Formeln.

Extinktion

$$E = -\log \tau_i$$

$$E = \log \frac{1}{\tau_i} = \log \frac{\Phi_e}{\Phi_a}$$

Trägt man die Extinktion E gegen die Konzentration c auf (Bild 1), so erhält man eine Ursprungsgerade (rote Gerade in Bild 1). Sie dient zur Auswertung.

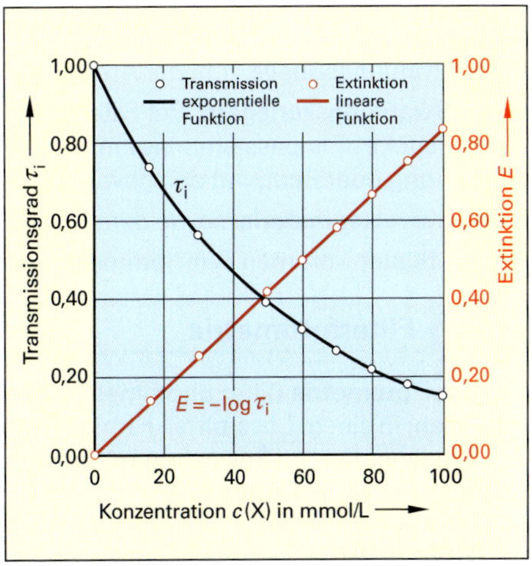

Bild 1: Transmissionsgrad τ_i und Extinktion *E* in Abhängigkeit von der Analytkonzentration *c*

Beispiel: Der Absorptionsgrad α_i einer Analytlösung wird zu 0,32 ermittelt. Wie groß ist die Extinktion?

Lösung: $\tau_i + \alpha_i = 1 \Rightarrow \tau_i = 1 - \alpha_i = 1 - 0{,}32 = 0{,}68$

$E = -\log \tau_i = -\log 0{,}68 = -(-0{,}1675) \approx \mathbf{0{,}17}$

7.7.1.3 Gesetz von Bouguer, Lambert und Beer

Die Extinktion E ist ein Maß für die Absorption eines Lichtstrahls. Sie ist proportional der Schichtdicke d der durchstrahlten Analytlösung (≙ Küvettenbreite in Bild 2, Seite 234) und der Konzentration des gelösten Analyten (Bild 1, diese Seite): $E \sim d \cdot c(X)$. Mit dem stoffspezifischen Proportionalitätsfaktor ε erhält man das nebenstehende **Gesetz von Bouguer, Lambert und Beer.**

Gesetz von Bouguer, Lambert und Beer

$$E = \varepsilon \cdot d \cdot c(X) \qquad E = \varepsilon' \cdot d \cdot \beta(X)$$

Der Proportionalitätsfaktor wird als **molarer Extinktionskoeffizient ε** bezeichnet, wenn die Stoffmengenkonzentration $c(X)$ eingesetzt wird. Seine Einheit ist $L \cdot mol^{-1} \cdot cm^{-1}$.

Bei Verwendung der Massenkonzentration $\beta(X)$ heißt der Koeffizient **spezifischer Extinktionskoeffizient** mit dem Formelzeichen ε' und der Einheit $cm^2 \cdot mg^{-1}$.

Gehaltsberechnung aus der Extinktion

Stoffmengenkonzentration	Massenkonzentration
$c(X) = \frac{E}{\varepsilon \cdot d}$	$\beta(X) = \frac{E}{\varepsilon' \cdot d}$

Durch Umstellen nach der Stoffmengenkonzentration $c(X)$ bzw. der Massenkonzentration $\beta(X)$ kann aus der gemessenen Extinktion E der Gehalt des Analyten X berechnet werden. Siehe Formel oben.

Der molare und der spezifische Extinktionskoeffizient sind abhängig von dem Stoffpaar aus gelöstem Analyt X und dem Lösemittel sowie von eventuellen Zusatzreagenzien. Sie werden zusammen Matrix genannt.

Die beiden Extinktionskoeffizienten werden bei der Wellenlänge λ_{max} mit maximaler Extinktion ermittelt. Sie sind ein Maß für das Absorptionsvermögen der Analytlösung. Bei dieser Wellenlänge λ_{max} wird auch die fotometrische Analyse durchgeführt. Dadurch wird die größte Messempfindlichkeit erreicht.

Beispiel: Welche Butadien-Konzentration hat eine 1,3-Butadien/Hexan-Lösung, deren Extinktion bei 217 nm zu E = 0,870 gemessen wurde? d = 1,00 cm, molarer Extinktionskoeffizient ε = 20 900 L/(mol · cm)

Lösung: $\textbf{c(Butadien)} = \frac{E}{\varepsilon \cdot d} = \frac{0{,}870 \text{ mol} \cdot \text{cm}}{20\,900 \text{ L} \cdot 1{,}00 \text{ cm}} = 4{,}1627 \cdot 10^{-5} \approx \mathbf{4{,}16 \cdot 10^{-3}}$ **mmol/L**

Sind weder der molare noch der spezifische Extinktionskoeffizient ε bzw. ε' bekannt, so kann aus der gemessenen Extinktion von Kalibrierlösungen bekannter Konzentration bei der Wellenlänge λ_{max} der molare oder der spezifische Extinktionskoeffizient ε bzw. ε' errechnet werden.

Es gibt eine Vielfalt von spektroskopischen Analysemethoden und Geräten. Sie unterscheiden sich in

- der **Strahlungsquelle,** d.h. der Art der verwendeten Strahlung (Wellenlängenbereiche: UV, VIS, IR).
- den **Strahlungszerlegern**: Bei Filterfotometern sind es Filter, die nur den gewünschten Teil des Strahlungsspektrums passieren lassen. Bei Spektralfotometern benutzt man Monochromatoren, die durch Brechung oder Beugung den gewünschten Wellenlängenbereich der Strahlung erzeugen.
- dem **Küvettenmaterial** sowie dem **Strahlungsempfänger** (Detektor).

Am häufigsten kommen Filterfotometer und Spektralfotometer zum Einsatz.

7.7.1.4 Filterfotometrie

Die **Filterfotometrie** (filter photometry) ist eine Analysemethode zur Gehaltsbestimmung gelöster Stoffe (Analyten) in einem Lösemittel. Farbige Stoffe können direkt gemessen werden. Farblose Substanzen werden zunächst durch Umsetzung mit geeigneten Reagenzien in eine farbige Verbindung mit spezifischer Lichtabsorption überführt.

Messprinzip

Im Filterfotometer wird die Analytlösung in einer Küvette mit Licht der Wellenlänge maximaler Absorption durchstrahlt **(Bild 1)**. Die Wellenlänge entspricht der komplementären Farbe zum Farbkomplex der Analytlösung.

Beim Strahlendurchgang wird ein Teil der Lichtstrahlung in der Lösung absorbiert, der Rest durchdringt sie. Die Strahlungsleistung nimmt von Φ_e vor der Küvette auf Φ_a nach der Küvette ab.

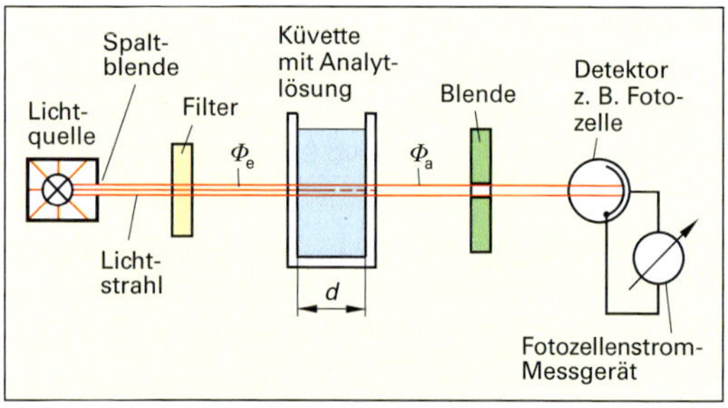

Bild 1: Messprinzip eines Filterfotometers (schematisch)

Bei der Durchführung der Messung wird bei Einkanalgeräten zuerst eine Küvette mit reinem Lösemittel in den Strahlengang gebracht und das Fotostrom-Messgerät auf 100 % Lichtdurchgang (Transmission) abgeglichen. Nach Einsetzen einer gleichartigen Küvette mit der Analytlösung in die Messanordnung wird dann die abgeschwächte Strahlungsleistung gemessen.

Rechnerische Auswertung mit 1-Punkt-Kalibrierung

Bei fotometrischen Bestimmungen wird die Wellenlänge des Lichts entweder am Gerät eingestellt oder bei Filterfotometern durch Auswahl eines geeigneten Filters vorgegeben.

Die anschließenden Messungen werden mit gleicher Wellenlänge (ε_{max} = konst.) und mit identischen Küvetten (d = konst.) durchgeführt. Dadurch vereinfacht sich die Gleichung für die Gehaltsberechnung (Seite 235, Mitte). Die Konzentrationen c der Probelösungen verhalten sich proportional zu den gemessenen Extinktionen E: $\frac{c_1(X)}{c_0(X)} = \frac{E_1}{E_0}$

Nach einer Vergleichsmessung **(1-Punkt-Kalibrierung)** einer Lösung bekannter Konzentration ($c_0(X)$, E_0) kann die Konzentration $c_1(X)$ einer Probe berechnet werden. Dazu löst man die Proportionsgleichung nach $c_1(X)$ auf und erhält die nebenstehende Größengleichung.

Konzentration einer Probe

$$c_1(X) = \frac{c_0(X) \cdot E_1}{E_0}$$

Beispiel: Mit einem Filterfotometer wird mit Licht der Wellenlänge 520 nm die Extinktion einer Cobaltnitrat-Kalibrierlösung der Konzentration $c = 0{,}200$ mol/L zu $E_0 = 0{,}521$ ermittelt. Eine Cobaltnitrat-Lösung unbekannter Konzentration hat bei gleichem Fotometerlicht die Extinktion $E_1 = 0{,}657$.

Welche Konzentration $c(Co^{2+})$ hat diese Lösung?

Lösung: $$c_1(Co^{2+}) = \frac{E_1 \cdot c_0(Co^{2+})}{E_0} = \frac{0{,}657 \cdot 0{,}200 \text{ mol/L}}{0{,}521} \approx \mathbf{0{,}252 \text{ mol/L}}$$

Die 1-Punkt-Kalibrierung kann nur durchgeführt werden, wenn im Arbeitsbereich eine lineare Abhängigkeit zwischen Extinktion E und Analytkonzentration c besteht und dass es keinen Blindwert (Leerwert) gibt. Die Extinktionsgerade verläuft dann durch den Nullpunkt des Konzentrations-Extinktions-Diagramms als Ursprungsgerade (Bild 1, Seite 235).

Auswertung durch Mehrpunktkalibrierung

Bei einer **5-Punkt-Kalibrierung** wird z.B. aus 5 Kalibriermessungen ein Extinktions-Diagramm gezeichnet **(Bild 1)**. Die Konzentrationsunterschiede der Kalibrierlösungen sollten etwa gleich groß sein, damit die Punkte auf der Kalibriergeraden einen möglichst gleichen Abstand haben.

Das Diagramm kann grafisch auf Millimeterpapier von Hand oder mithilfe eines Tabellenkalkulationsprogramms angefertigt und mit der Analysenfunktion ausgewertet werden. An nachfolgendem Beispiel wird die Auswertung erläutert.

Beispiel: Ein Brüdenkondensat soll fotometrisch auf seine Eignung als Waschwasser untersucht werden. Die zulässige Massenkonzentration an Eisen(III)-Ionen im Waschwasser darf maximal 5,5 mg/L betragen.

Der Nachweis der Fe^{3+}-Ionen erfolgt mit einer schwefelsauren Kaliumthiocyanat-Lösung (KSCN-Lsg), die mit den Fe^{3+}-Ionen einen intensiven blutroten Komplex bildet:

$$[Fe(H_2O)_6]^{3+} + 3\,SCN^- \rightleftharpoons [Fe(SCN)_3(H_2O)_3] + 3\,H_2O$$

schwachgelb — farblos — blutrot

Aus der fotometrisch gemessenen Farbintensität lässt sich die Konzentration an Fe^{3+}-Ionen bestimmen.

Auswertung:

1. **Herstellung der fünf Kalibrierlösungen:** In fünf 25-mL-Messkolben werden jeweils 5 mL KSCN-Lsg und 2 mL Schwefelsäure vorgelegt. Anschließend wird jeweils 0,10 mL, 0,30 mL, 0,50 mL, 0,80 mL und 1,00 mL Fe(III)sulfat-Stammlösung der Massenkonzentration $\beta(Fe^{3+})$ = 100 mg/L zugegeben und mit demin. Wasser zu 25 mL aufgefüllt.

2. **Berechnung der Massenkonzentrationen $\beta(Fe^{3+})$ der Kalibrierlösungen**

   Kal 1: 1000 mL Stammlsg. enthalten 100 mg Fe
   0,10 mL Stammlsg. enthalten *x* mg Fe $x = m_1(Fe^{3+}) = 100\text{ mg} \cdot 0{,}10\text{ mL}/1000\text{ mL} = 0{,}010\text{ mg}$

   Massenkonzentration in Kal 1: $\beta(Fe^{3+}) = m_1(Fe^{3+})/V(\text{Lsg}) = 0{,}010\text{ mg}/25\text{ mL} = 0{,}40\text{ mg/L}$

   Entsprechend berechnet man die Konzentrationen der anderen 4 Kalibrierlösungen (**Tabelle,** Zeile 3). Dann misst man die Extinktionen der Kalibrierlösungen (Tabelle 1, Zeile 4).

Tabelle: Fotometrische Bestimmung der Extinktionen von Eisen(III)-Ionen-Kalibrierlösungen

Kalibrierlösungen	Kal 1	Kal 2	Kal 3	Kal 4	Kal 5	Probe
Volumen an Stammlösung in mL	0,10	0,30	0,50	0,80	1,00	10
Massenkonzentration $\beta(Fe^{3+})$ in mg/L	0,40	1,20	2,00	3,20	4,00	–
Gemessene Extinktion *E* (bei λ = 470 nm)	0,067	0,198	0,355	0,551	0,702	0,412

Die ermittelten Werte der Konzentrationen β und Extinktionen *E* werden als Messpunkte in ein Kalibrierdiagramm eingetragen **(Bild 1)** und damit eine Ausgleichsgerade gezeichnet (⇒ Kalibriergerade).

3. **Herstellung der Brüdenkondensat-Analysenlösung**

   10 mL der Brüdenkondensat-Probe werden in einem 25-mL-Messkolben ebenfalls mit 5 mL KSCN-Lösung und 2 mL Schwefelsäure versetzt und mit demin. Wasser aufgefüllt. Dann wird die Extinktion gemessen.

   Man erhält: ***E*(Brüdenkondensat) = 0,42**

4. **Zeichnerische Ermittlung** der Eisen(III)-Ionen-Konzentration im Brüdenkondensat aus dem Kalibrierdiagramm.

   Mit *E* = 0,42 erhält man $\boldsymbol{\beta_{Probe}(Fe^{3+}) \approx 2{,}4}$ **mg/L**

5. **Berechnung der Brüdenkondensat-Konzentration:**

   10 mL des Brüdenkondensats wurden zu 25 mL verdünnt: ⇒ Verdünnungsfaktor 2,5. Daraus folgt:

   $\boldsymbol{\beta(Fe^{3+})} \approx 2{,}4\text{ mg/L} \cdot 2{,}5 \approx$ **6,0 mg/L**

   Die maximal zulässige Konzentration an Eisen (III)-Ionen im Brüdenkondensat war mit **5,5 mg/L** festgelegt (siehe Aufgabenstellung oben).

   Das Brüdenkondensat hat eine Fe(III)-Konzentration von **6,0 mg/L.**

   ⇒ Es ist nicht als Waschwasser geeignet.

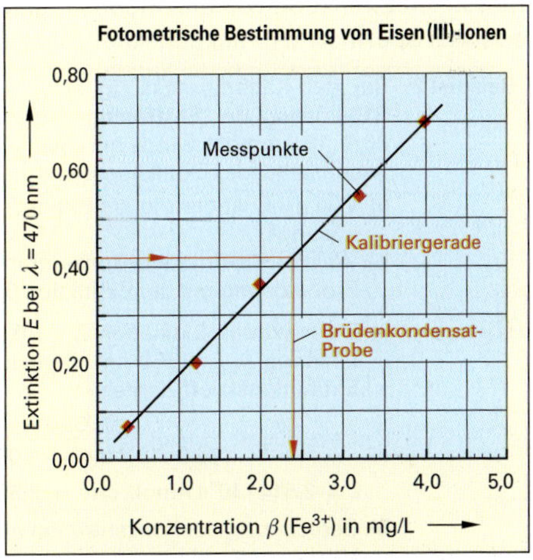

Bild 1: Kalibrierdiagramm zur fotometrischen Bestimmung von Eisen(III)-Ionen

7.7.1.5 UV-VIS-Spektroskopie

Die **UV-VIS-Spektroskopie** (Abkürzung von engl. **u**ltra**v**iolet und **vis**ible spectroscopy), auch **UV-VIS-Spektralfotometrie** genannt, beruht wie die Filterfotometrie (Seite 236) auf der Absorption der Lichtstrahlung beim Durchgang durch eine Lösung des Analyten.

Im Unterschied zur Filterfotometrie wird hierbei mit einem Spektral-Monochromator schrittweise Licht unterschiedlicher Wellenlängen erzeugt und dessen jeweilige Extinktion in der zu analysierenden Lösung gemessen **(Bild 1).**

Aus den dabei gewonnenen Daten erhält man auf dem Monitor eines Auswerte-Computers ein Spektrum der Extinktion E über der Wellenlänge λ.

Dieses Extinktionsspektrum ist charakteristisch für jedes Stoffpaar aus einem gelösten Stoff und seinem Lösemittel und wird zur qualitativen oder quantitativen Bestimmung des Analyten herangezogen.

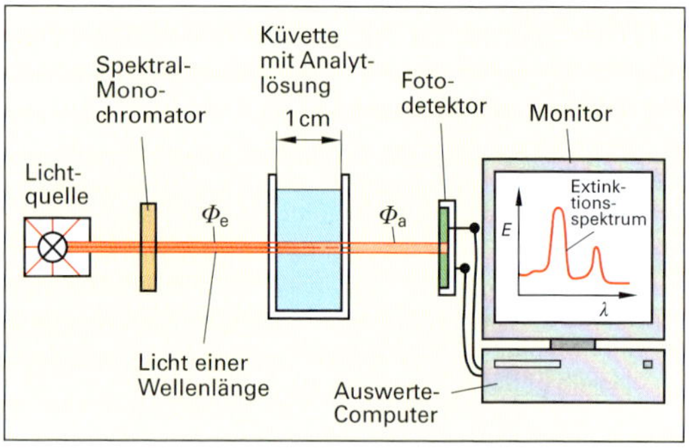

Bild 1: Messprinzip des UV-VIS–Spektrometers

1. **Bestimmung des Analyten:**
   Der Vergleich des gemessenen Spektrums einer unbekannten Analytlösung mit den Spektren bekannter Lösungen ermöglicht die Identifizierung des unbekannten Analyten.

2. **Bestimmung der Konzentration des Analyten:**
   a) Aus dem Extinktionsspektrum einer Kalibrierlösung mit bekannter Konzentration wird zuerst der maximale molare Extinktionskoeffizient $\boldsymbol{\varepsilon}$ bestimmt.
   b) Der Gehalt von Probelösungen wird dann durch Messung der maximalen Extinktion E_{max}(Probe-Lsg) und Berechnung mit dem umgestellten Gesetz von Bouguer, Lambert und Beer ermittelt (siehe rechts).

Gehaltsbestimmung

$$\varepsilon = \frac{E_{max}(\text{Kal.Lsg})}{c(\text{Kal.Lsg}) \cdot d}$$

$$c(\text{Pr.Lsg}) = \frac{E_{max}(\text{Pr.Lsg})}{\varepsilon \cdot d}$$

Ist der molare oder der spezifische Extinktionskoeffizient ε bzw. ε' bekannt, kann aus der gemessenen Extinktion der Probe E_{max}(Probe-Lsg) mit dem umgestellten Gesetz von Bouguer, Lambert und Beer die Analytkonzentration $c(X)$ oder $\beta(X)$ berechnet werden.

Beispiel 1: Welche Butadien-Konzentration hat eine 1,3-Butadien/Hexan-Lösung, deren Extinktion bei λ = 217 nm zu 0,870 gemessen wurde? d = 1,00 cm, molarer Extinktionskoeffizient ε = 20 900 L/(mol · cm)

Lösung: $\boldsymbol{c}\textbf{(Butadien)} = \frac{E}{\varepsilon \cdot d} = \frac{0{,}870}{20900 \cdot \text{mol} \cdot \text{cm} \cdot 1{,}00\ \text{cm}} = 4{,}1627 \cdot 10^{-5}\ \text{mol/L} \approx \mathbf{4{,}16 \cdot 10^{-2}\ mmol/L}$

Sind weder der molare noch der spezifische Extinktionskoeffizient ε bzw. ε' bekannt, so kann aus der gemessenen Extinktion von Kalibrierlösungen bekannter Konzentration bei der Wellenlänge λ_{max} der molare oder der spezifische Extinktionskoeffizient ε bzw. ε' errechnet werden.

Beispiel 2: Bei der Kalibriermessung einer wässrigen Vitamin-B12-Lösung der Stoffmengenkonzentration c_0(B12) = 36,9 · 10^{-3} mmol/L wurde mit einer Küvette mit d = 1,0 cm nebenstehendes Extinktionsspektrum gemessen **(Bild 2).**

a) Wie groß ist der molare Extinktionskoeffizient ε der Lösung?

b) Welche Stoffmengenkonzentration c(B12) hat eine Probelösung mit der Extinktion 0,73?

Lösung: a) Die maximale Extinktion E_{max} = 0,93 liegt bei der Wellenlänge λ_{max} = 360 nm. Berechnung des molaren Extinktionskoeffizienten ε:

$$\varepsilon = \frac{E_0}{c_0 \cdot d} = \frac{0{,}093}{36{,}9 \cdot 10^{-3}\ \text{mol/L} \cdot 1{,}00\ \text{cm}}$$

$$\boldsymbol{\varepsilon} = 2{,}514 \cdot 10^4\ \text{L/(mol} \cdot \text{cm)} \approx \mathbf{2{,}5 \cdot 10^4\ L/(mol \cdot cm)}$$

b) Berechnung der Konzentration c(B12) der Probe:

$$\boldsymbol{c}\textbf{(B12)} = \frac{E_1}{\varepsilon \cdot d} = \frac{0{,}73}{2{,}514 \cdot 10^4\ \text{L/(mol} \cdot \text{cm)} \cdot 1{,}0\ \text{cm}}$$

$$= 2{,}904 \cdot 10^{-5}\ \text{mol/L} \approx \mathbf{0{,}029\ mmol/L}$$

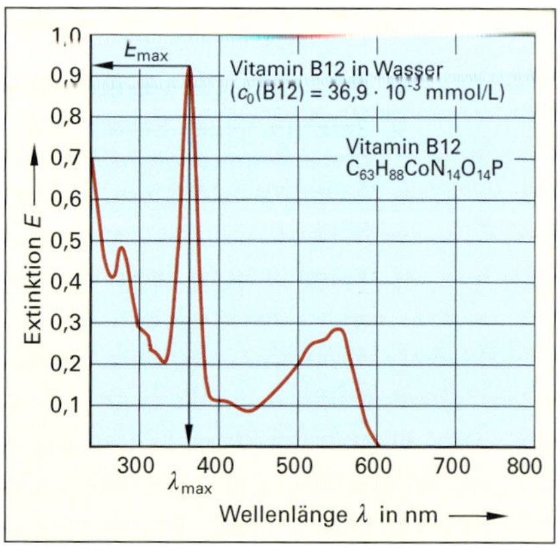

Bild 2: Extinktionsspektrum einer Vitamin-B12-Lösung

Aufgaben zur Fotometrie und Spektroskopie

1. Welche Wellenzahl hat eine VIS-Strahlung mit einer Frequenz von $6{,}6 \cdot 10^{14}$ Hz?
2. Carbonylverbindungen zeigen im IR-Spektrum eine starke Absorptionsbande bei der Wellenzahl $1800\ cm^{-1}$. Bei welcher Wellenlänge wird die Carbonylgruppe zum Schwingen angeregt?
3. Ein Spektrometer zur Strukturaufklärung chemischer Verbindungen verwendet als Schwingungsgeber einen supraleitenden Magneten mit einer Frequenz von 300 MHz. Mit welcher Wellenlänge schwingt das Magnetfeld des Magnets?
4. Bei einer Kalibriermessung mit einem Filterfotometer beträgt der spektrale Reintransmissionsgrad der VIS-Strahlung durch eine Kalibrierprobe 93 %. Welcher spektrale Reinabsorptionsgrad und welche Extinktion liegen dann vor?
5. Kupfer(II)-Ionen bilden mit Ammoniak einen tiefblauen Tetraammin-Komplex $[Cu(NH_3)_4]^{2+}$. Bei der fotometrischen Bestimmung der Stoffmengenkonzentration $c(Cu^{2+})$ wird mit Licht der Wellenlänge 580 nm die Extinktion von zwei Probelösungen zu $E_1 = 0{,}020$ und $E_2 = 0{,}035$, die Extinktion einer Vergleichslösung mit $c(Cu^{2+}) = 0{,}80$ mmol/L zu $E = 0{,}030$ bestimmt. Welche Stoffmengenkonzentration $c(Cu^{2+})$ haben die untersuchten Probelösungen?
6. Bei der fotometrischen Konzentrationsbestimmung einer Eiweißlösung mit UV-Strahlung der Wellenlänge 320 nm erhält man den spektralen Reintransmissionsgrad $\tau_i = 0{,}394$. Die Küvette hat die Durchstrahlungslänge 2,00 cm, der Extinktionskoeffizient des Eiweißes beträgt $\varepsilon_{max} = 182$ L/(mol · cm). Welche Stoffmengenkonzentration c(Eiweiß) hat die Lösung?
7. Mit einem Filterfotometer soll der Gehalt einer Lösung von Hexadien $CH_2{=}CH{-}CH_2{-}CH_2{-}CH{=}CH_2$ in Ethanol bestimmt werden. Der molare Extinktionskoeffizient beträgt $\varepsilon_{max} = 20 \cdot 10^3$ L/(mol · cm), die Extinktion der Probelösung ist 3,27, die Küvette hat eine Messstrecke von $d = 1{,}00$ cm.
   a) Wie groß ist die Stoffmengenkonzentration c(Hexadien) der Lösung?
   b) Welche Massenkonzentration β(Hexadien) hat die Lösung?
8. Bei der fotometrischen Bestimmung eines Proteins wurden bei 625 nm die Extinktionen von zwei Protein-Kalibrierlösungen und einer Probelösung in 1,00-cm-Küvetten gemessen (Zweipunktkalibrierung): 1) 10 µg in 20 mL, $E_{Kal1} = 0{,}191$ 2) 50 µg in 20 mL, $E_{Kal2} = 0{,}431$ 3) Probe: $E_3 = 0{,}352$
   Berechnen Sie den Blindwert (Leerwert) und die Massenkonzentration β(Protein) in mg/L.
9. Bei der fotometrischen Bestimmung von Nitrit-Ionen wurden bei $\lambda = 520$ nm die Extinktionen von 5 Kalibrierlösungen und von zwei Probelösungen unbekannter Nitrit-Konzentration gemessen.

Tabelle: Extinktionen nitrithaltiger Lösungen (als Azofarbstoff)

Konzentration in µg/100 mL	10	20	30	40	50	Probe 1	Probe 2
Extinktion E (bei $\lambda = 520$ nm)	0,102	0,171	0,248	0,336	0,417	0,215	0,318

   a) Erstellen Sie mithilfe der Messwertpaare aus obiger **Tabelle** ein Kalibrierdiagramm und bestimmen Sie zeichnerisch die Massenkonzentration $\beta(NO_2^-)$ der untersuchten Proben.
   b) Alternativ: Nutzen Sie zur Auswertung ein Tabellenkalkulationsprogramm.
10. Prozesswasser wird fotometrisch auf seinen Gehalt an Eisen-Ionen überprüft (Grenzwert für die Prozessqualität $\beta(Fe^{3+}) < 2{,}0$ mg/L). Als Standard dient eine Lösung mit $\beta(Fe^{3+}) = 100$ mg/L. Zur Herstellung der Kalibrierlösungen gibt man in 25 mL-Messkolben jeweils 0,1 mL, 0,3 mL, 0,5 mL, 0,8 mL und 1,0 mL der Eisen(III)-Stammlösung. Dann werden jeweils 2 mL KSCN-Lösung (200 g/L) und 2 mL Schwefelsäure (5,0 mol/L) zugefügt und die Kolben mit demin. Wasser aufgefüllt. 10,0 mL der Probe werden ebenfalls mit den Reagenzien versetzt und aufgefüllt.
    Die Extinktionen der Kalibrierlösungen und der Probe wurden bei 470 nm mit 1,00-cm-Küvetten ermittelt zu: $E_1 = 0{,}067$, $E_2 = 0{,}198$, $E_3 = 0{,}329$, $E_4 = 0{,}551$, $E_5 = 0{,}702$; $E_{Probe} = 0{,}224$
    Berechnen Sie die Massenkonzentration β(Fe) der Kalibrierlösungen. Ermitteln Sie aus den Kalibrierdaten die Massenkonzentration β(Fe), beurteilen Sie die Eignung des Wassers.

7.7.2 Refraktometrie

Die **Refraktometrie** (refractometry) dient zur Messung der Brechzahl von durchscheinenden Flüssigkeiten und Feststoffen. Damit kann man Stoffe identifizieren und die Gehalte von Lösungen und Flüssigkeitsgemischen bestimmen.

Optische Grundlagen der Lichtbrechung

Lichtstrahlen verändern beim Übertritt von einem durchsichtigen Stoff (Medium 1) in einen anderen durchsichtigen Stoff (Medium 2) ihre Richtung; man sagt, sie werden gebrochen **(Bild 1)**. Der Fachausdruck für Lichtbrechung ist **Refraktion** (refraction), die Messung der Lichtbrechung heißt **Refraktometrie,** die Messgeräte **Refraktometer** (refractometer).

Die Lichtbrechung wird mit dem **nebenstehenden Brechungsgesetz von Snellius** beschrieben.

Im Brechungsgesetz sind n_1 und n_2 die Brechzahlen (refraction index) von Medium 1 und Medium 2 gegenüber dem Vakuum.

In der betrieblichen Praxis werden die Messungen nicht im Vakuum, sondern mit Lichteinfall aus dem Medium Luft durchgeführt (Brechzahl ungefähr 1). Auch die Brechzahlen in Tabellen sind meist gegen Luft gemessen.

Dadurch vereinfacht sich das Gesetz von Snellius, wie rechts stehend. Dabei ist n die Brechzahl eines Mediums gegen Luft.

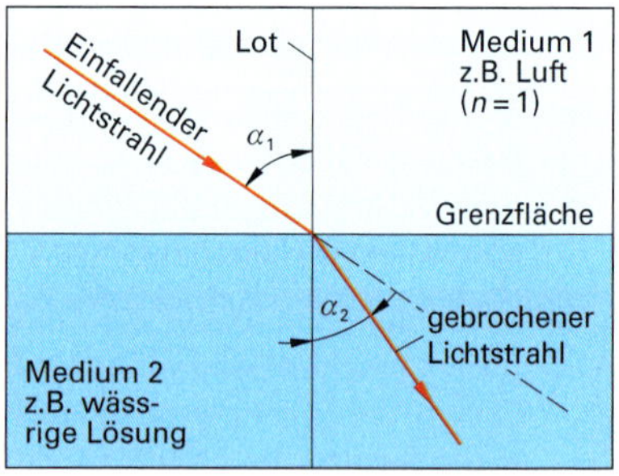

Bild 1: Brechung eines Lichtstrahls

Brechungsgesetz von Snellius	**Vereinfachtes Brechungsgesetz**
$\frac{\sin \alpha_1}{\sin \alpha_2} = \frac{n_2}{n_1}$	$n = \frac{\sin \alpha_1}{\sin \alpha_2}$

Beispiel 1: Ein Lichtstrahl fällt unter einem Winkel von 55,0° zum Lot aus Luft auf Wasser und läuft nach der Brechung im Wasser unter 37,9° weiter. Wie groß ist die Brechzahl von Wasser?

Lösung: $\boldsymbol{n} = \frac{\sin \alpha_1}{\sin \alpha_2} = \frac{\sin 55{,}0°}{\sin 37{,}9°} = \frac{0{,}8192}{0{,}6143} \approx \mathbf{1{,}33}$

Die Lichtbrechung ist nicht konstant, sondern stark abhängig

- von der Wellenlänge des verwendeten Lichts sowie
- von der Temperatur des Stoffs bei der Messung.

Für genaue Messungen, wie bei der Refraktometrie, müssen die Wellenlänge des Lichts und die Temperatur angegeben werden.

Man verwendet häufig das Licht der Natrium-D-Linie einer Natriumdampflampe mit der Wellenlänge $\lambda = 589$ nm. Die Messtemperatur ist meist 20 °C.

Die Angabe einer Brechzahl erfolgt unter Nennung der Messbedingungen. Eine sachgemäße Brechzahl-Angabe z. B. von Chloroform, gemessen mit Na-D-Licht bei 20 °C, lautet:

n_D^{20}(Chloroform) = 1,4486 oder n_{589}^{20}(Chloroform) = 1,4486

Fehlt die Temperaturangabe, so gilt der Wert bei 20 °C.

Die Brechzahlen der gebräuchlichen, durchscheinenden Substanzen wurden gemessen und können Tabellen entnommen werden **(Tabelle)**.

Tabelle: Brechzahlen verschiedener Stoffe
Lichtquelle: Na-D-Licht ($\lambda = 589$ nm)
Messtemperatur $\vartheta = 20$ °C

Substanz	n_D^{20}
Wasser	1,33300
Ethanol	1,36048
Methanol	1,33057
Toluol	1,49985
Benzol	1,50100
Nitrobenzol	1,62546
Quarzglas	1,54422
Fensterglas	1,51
Kalkspat	1,65835
Diamant	2,4173

Beispiel 2: Licht der Na-D-Linie einer Natriumdampflampe fällt unter einem Winkel von 39,6° zum Lot auf eine Nitrobenzol-Oberfläche. Welchen Winkel zum Lot hat der gebrochene Lichtstrahl im Nitrobenzol?

Lösung: Brechzahl von Nitrobenzol aus Tabelle 1: $n_D^{20} = 1{,}62546$

$\frac{\sin \alpha_1}{\sin \alpha_2} = n_D^{20} \Rightarrow \sin \alpha_1 = \frac{\sin \alpha_1}{n_D^{20}} = \frac{\sin 39{,}6°}{1{,}62546} = 0{,}3921 \Rightarrow \boldsymbol{\alpha_2} \approx \mathbf{23{,}1°}$

Totalreflexion (total reflection)

In Refraktometern (refractometer) wird die Brechzahl von Flüssigkeiten durch Messung des **Grenzwinkels der Totalreflexion** (angle of total reflection) bestimmt.

Unter Totalreflexion versteht man die vollständige Reflexion eines Lichtstrahls an einer Grenzfläche zwischen einem optisch dichteren Medium (z.B. Glas) und einem optisch dünneren Medium (z.B. einer Flüssigkeit oder einer Lösung).

Tritt umgekehrt Licht aus dem optisch dünneren Medium (z.B. einer Flüssigkeit) in ein optisch dichteres Medium (z.B. Glas), so kann kein Licht in den Bereich eines Winkels gelangen, der **kleiner als der Grenzwinkel der Totalreflexion $\alpha_{2,T}$** ist. Dies ist der dunkle Bereich über dem Lichtstrahl ④ in **Bild 1**.

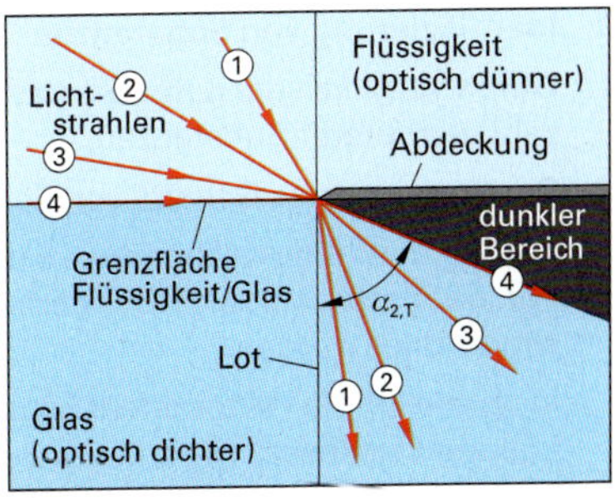

Bild 1: Abgedunkelter Bereich durch Totalreflexion

Die Brechzahl n beim Grenzwinkel ergibt sich aus dem vereinfachten Brechungsgesetz (Seite 236) mit $\sin \alpha_1 = \sin 90° = 1$ zu nebenstehender Größengleichung.

Brechzahl beim Grenzwinkel der Totalreflexion

$$n = \frac{1}{\sin \alpha_{2,T}}$$

Beispiel: Für einen Lichtstrahl, der von Luft in Acrylglas fällt, wird ein Grenzwinkel der Totalreflexion von 42,2° gemessen. Welche Brechzahl hat Acrylglas?

Lösung: $n = \frac{1}{\sin \alpha_{2,T}} = \frac{1}{\sin 42{,}2°} \approx \mathbf{1{,}49}$

Refraktometer

Das **Abbé-Refraktometer** (Abbé refractometer) enthält als optisches Hauptbauteil ein aufklappbares Prismenpaar mit einem dazwischen liegenden Spalt für die zu messende Flüssigkeit **(Bild 2)**.

Das Licht fällt von oben durch das Beleuchtungsprisma in die dünne Messflüssigkeitsschicht und von dort in das Messprisma. Es ist zur Hälfte mit einer schwarzen Abdeckschicht belegt. Das Licht kann, unterhalb der Abdeckung, nur bis zu einem Einfallswinkel des Lichts von $\alpha_{2,T}$ in das Messprisma eintreten. Im Bereich größerer Einfallswinkel ist das Bildfeld dunkel. Der Drehspiegel wird so gedreht, dass beim Beobachten durch das Okular im Okular-Sehfeld die Grenzlinie zwischen hellem und dunklem Bereich in der Mitte des Fadenkreuzes liegt.

Die Brechzahl n der Messflüssigkeit kann dann auf einer eingeblendeten Skale abgelesen werden. In Bild 2 beträgt die Brechzahl z.B. $n = 1{,}390$.

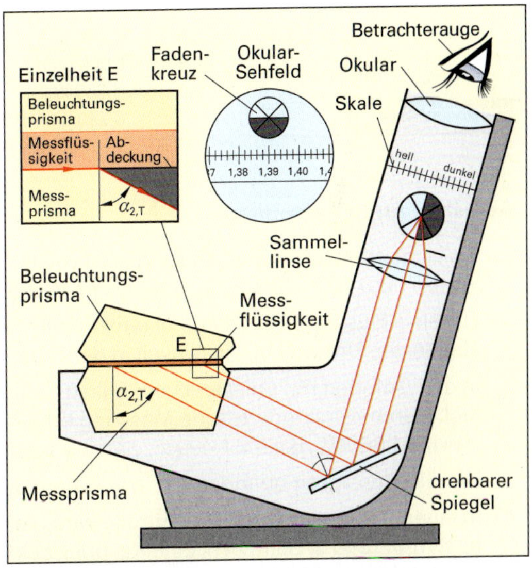

Bild 2: Messprinzip des Abbé-Refraktometers

Die technische Ausführung eines Abbé-Refraktometers zeigt **(Bild 3,** links). In der Darstellung ist das Beleuchtungsprisma zum Aufgeben der Messflüssigkeit aufgeklappt dargestellt.

Der Messbereich des Abbé-Refraktometers reicht von $n = 1{,}300$ bis 1,700. Die Ablesegenauigkeit beträgt $n = \pm 0{,}0002$, entsprechend ± 0,2% Massenanteile.

Automatische **Digitalrefraktometer** (digital refractometer) beruhen auf dem gleichen Messprinzip **(Bild 3,** rechts). Die Messsignalerfassung erfolgt optoelektronisch, die Brechzahl wird geräteintern errechnet und digital angezeigt.

Die Messgenauigkeit beträgt $n = \pm 0{,}00001$ bzw. ± 0,01% Massenanteil.

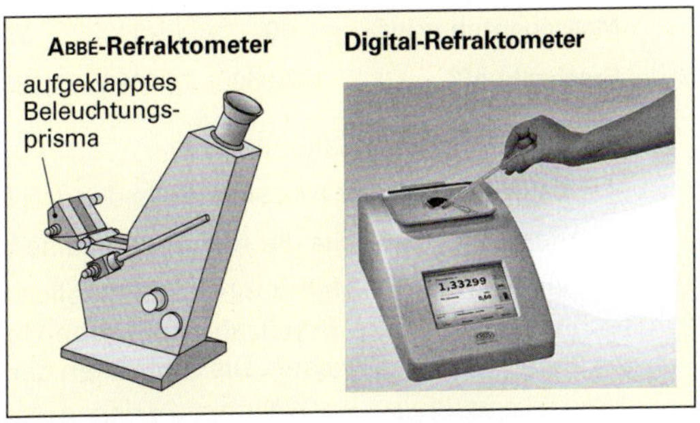

Bild 3: Labor-Refraktometer

Analytische Anwendungen der Refraktometrie

1. Identifizierung von Substanzen

Durch Vergleich der gemessenen Brechzahl einer unbekannten Substanz mit Tabellenwerten der Brechzahl vermuteter Substanzen.

2. Bestimmung des Gehalts von Lösungen

Hierzu muss eine Kalibrierkurve der Lösung erstellt werden, die den Gehalt der Lösung in Abhängigkeit von der Brechzahl zeigt. Der gemessenen Brechzahl kann anhand der Kalibrierkurve ein Lösungsgehalt zugeordnet werden.

In speziellen Refraktometern ist auf der Skale anstatt der Brechzahl direkt der Gehalt der untersuchten Lösung abzulesen, wie z.B. der Zuckergehalt im Traubensaft in Oechsle-Graden.

3. Bestimmung der Zusammensetzung von flüssigen Zweistoffgemischen

Hierzu benötigt man entweder eine Kalibrierkurve (wie unter 2. beschrieben), oder der Massenanteil w_1 einer Komponente kann mit nebenstehender Bestimmungsgleichung berechnet werden.

Es sind: ϱ = Dichte, n = Brechzahl

Indices: 1 und 2 ⇒ Komponenten, M ⇒ Mischung

Berechnung des Massenanteils von Zweistoffgemischen zur refraktometrischen Bestimmung

$$w_1 = \frac{\dfrac{n_M - 1}{\varrho_M} - \dfrac{n_2 - 1}{\varrho_2}}{\dfrac{n_1 - 1}{\varrho_1} - \dfrac{n_2 - 1}{\varrho_2}}$$

Beispiel: Ein Ethanol-Wasser-Gemisch hat eine Brechzahl von n_D^{20} = 1,34685 und eine Dichte von ϱ(M) = 0,969 g/cm³. Welchen Massenanteil w(Ethanol) hat das Gemisch?

Stoffdaten: ϱ(Ethanol) = 0,789 g/cm³, n_D^{20}(Ethanol) = 1,36048; ϱ(Wasser) = 0,998 g/cm³, n_D^{20}(Wasser) = 1,33300

Lösung:
$$\boldsymbol{w_1} = \frac{\dfrac{n_M - 1}{\varrho_M} - \dfrac{n_2 - 1}{\varrho_2}}{\dfrac{n_1 - 1}{\varrho_1} - \dfrac{n_2 - 1}{\varrho_2}} = \frac{\dfrac{1{,}34685 - 1}{0{,}969\ \text{g/cm}^3} - \dfrac{1{,}33300 - 1}{0{,}998\ \text{g/cm}^3}}{\dfrac{1{,}36048 - 1}{0{,}789\ \text{g/cm}^3} - \dfrac{1{,}33300 - 1}{0{,}998\ \text{g/cm}^3}} = \frac{0{,}35795 - 0{,}33367}{0{,}45688 - 0{,}33367} = 0{,}19706 \approx \mathbf{19{,}7\,\%}$$

Aufgaben zur Refraktometrie

1. Ein Lichtstrahl trifft unter einem Winkel von 60° zum Lot auf eine Wasseroberfläche. Wie groß ist der Winkel des gebrochenen Lichtstrahls im Wasser?
2. Für eine Flüssigkeit wird aus einem Tabellenwerk ein Grenzwinkel der Totalreflexion von 48,725° abgelesen. Um welche Flüssigkeit in der Tabelle, Seite 240, könnte es sich handeln?
3. In drei Gefäßen mit unleserlichem Etikett befinden sich die Flüssigkeiten Methanol, Ethanol und Toluol. Durch refraktometrische Messung erhält man folgende Brechzahlen für die drei Flüssigkeiten: n_D^{20}(1) = 1,36047, n_D^{20}(2) = 1,49985, n_D^{20}(3) = 1,33057

   Welche Flüssigkeit befindet sich in welchem der drei Gefäße?
4. In einem Labor zur Qualitätskontrolle wird der Gehalt einer Lösung mit einem Abbé-Refraktometer bestimmt (Bild 2, Seite 241). Eine Kalibriermessreihe von Lösungen unterschiedlicher Konzentration ergab folgende Messwertepaare:

Massenanteil w in %	10	20	30	40	50	Probe 1	Probe 2	Probe 3
Brechzahl n_D^{20}	1,33960	1,34685	1,35347	1,35797	1,36120	1,34550	1,35285	1,36170

   a) Zeichnen Sie die Kalibrierkurve.

   b) Bestimmen Sie die Massenanteile der drei Proben.

   c) Alternativ: Lösen Sie die Aufgabe mit einem Tabellenkalkulationsprogramm (siehe Seite 55).
5. Von einem Ethanol-Methanol-Destillat sollen die Massenanteile w(Methanol) und w(Ethanol) berechnet werden. Die Brechzahl des Probe-Gemisches wurde zu n_D^{20} = 1,33416 und die Dichte zu ϱ = 0,7918 g/cm³ gemessen. Die Stoffdaten der reinen Substanzen sind:

   ϱ(Eth.) = 0,7893 g/cm³; n_D^{20}(Eth.) = 1,36048; ϱ(Meth.) = 0,7923 g/cm³; n_D^{20}(Meth.) = 1,33057

7.7.3 Polarimetrie

Unter Polarimetrie (polarimetry) versteht man die Messung des Drehwinkels der Schwingungsrichtung von polarisiertem Licht beim Passieren durch eine optisch aktive Substanz oder Lösung.

Optische Grundlagen

Licht ist eine elektromagnetische Querwelle (Bild 1, Seite 229). Charakteristische Merkmale sind die Wellenlänge λ und die Schwingungsrichtung. In natürlichem Licht kommen verschiedene Wellenlängen (Farben) und alle Schwingungsrichtungen vor **(Bild 1)**. Durch einen Monochromator (Farbfilter) kann Licht einer Wellenlänge erzeugt werden; es heißt **monochromatisches** Licht. Durch einen **Polarisator** ist es möglich, nur die Lichtwellen durchtreten zu lassen, die in einer Richtung schwingen. Dieses Licht nennt man **linear polarisiertes Licht.**

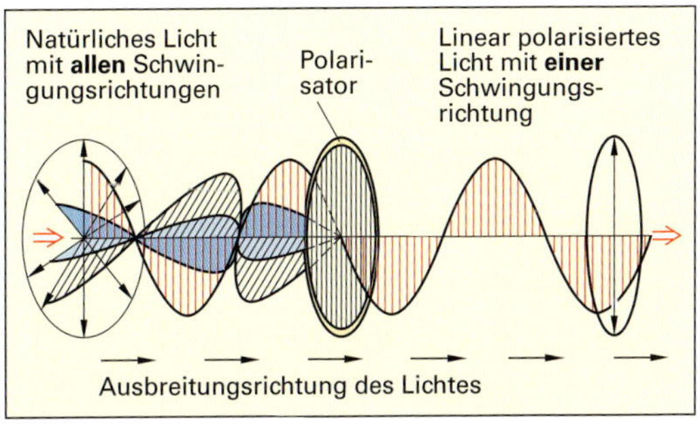

Bild 1: Erzeugung von polarisiertem Licht

Beim Durchgang von linear polarisiertem Licht durch bestimmte durchscheinende Stoffe oder Lösungen wird die Schwingungsrichtung des Lichts um einen Drehwinkel α gedreht **(Bild 2)**. Diese Stoffe nennt man **optisch aktive Medien**.

Es gibt rechtsdrehende (+) und linksdrehende (–) Substanzen. Der Drehwinkel α ist abhängig:

- von der gelösten optisch aktiven Substanz,
- von der Konzentration β der gelösten Substanz,
- von der Durchstrahlungslänge l der Substanz.

Diese Abhängigkeiten des Drehwinkels α sind im **Biot'schen Gesetz** zusammengefasst.

Biot'sches Gesetz

$$\alpha = [\alpha]_{\lambda}^{\vartheta} \cdot l \cdot \beta$$

Der Faktor $[\alpha]_{\lambda}^{\vartheta}$ ist die **spezifische Drehung** (specific rotation) einer Substanz. Das ist der Drehwinkel in Grad, den 1 g der Substanz pro 1 mL Lösung auf einer Durchstrahlungstrecke von 1 dm bewirkt.

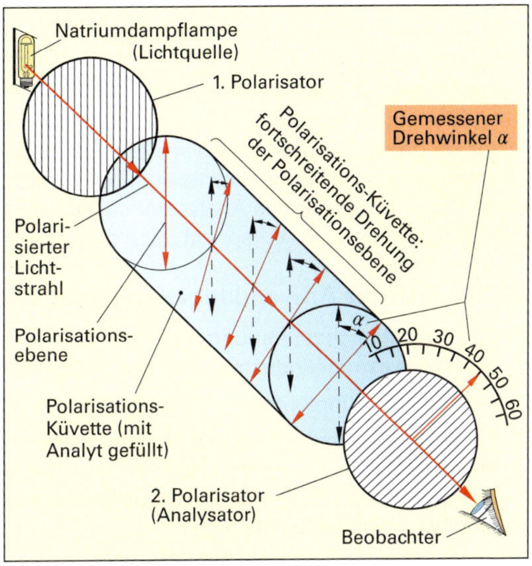

Bild 2: Drehung der Polarisationsrichtung im Polarisations-Messrohr

Da die spezifische Drehung zudem von der Temperatur, von der Wellenlänge des Lichts λ, vom Lösemittel und der Konzentration abhängig ist, müssen diese Bedingungen angegeben werden.

Meistens beträgt die Messtemperatur 20 °C und als Licht wird Natrium-D-Licht mit einer Wellenlänge von λ = 589 nm verwendet. Die spezifische Drehung wird dann durch das Zeichen $[\alpha]_{D}^{20}$ angegeben.

Bezeichnungsbeispiel:

$$[\alpha]_{D}^{20}(\text{D-Glucose, 5 bis 25 g/L}) = 52{,}5 \frac{\text{grad}}{\text{dm} \cdot \text{g/mL}}$$

Die spezifische Drehung $[\alpha]_{D}^{20}$ der gebräuchlichsten, optisch aktiven Substanzen wurde bestimmt. Die **Tabelle** zeigt eine Auswahl.

Spezifische Drehung $[\alpha]_{D}^{20}$

Daneben wird auch die **molare Drehung $[\alpha_m]_{D}^{20}$** verwendet. Sie kann mit der molaren Masse M aus $[\alpha]_{D}^{20}$ berechnet werden.

Molare Drehung

$$[\alpha_m]_{D}^{20} = [\alpha]_{D}^{20} \cdot M$$

Tabelle: Spezifische Drehung $[\alpha]_{D}^{20}$ in $\frac{\text{grad}}{\text{dm} \cdot \text{g/mL}}$
(Na-D-Licht, λ = 589 nm, Messtemperatur ϑ = 20 °C)

Optisch aktive Substanzen	Lösemittel	$[\alpha]_{D}^{20}$
L-Axcorbinsäure	Wasser	24,0
D(-)-Fructose		–89,1
D-Glucose		52,5
Rohrzucker		66,45
D-Galactose		79,7
Xylose		17,6

Beispiel 1: Bei einer wässrigen Lösung von Rohrzucker wurde im Polarimeter mit einer Küvette von $d = 20{,}0$ cm, Messlänge bei 20°C mit einer Natrium-D-Lampe ($\lambda = 589$ nm) ein Drehwinkel von $\alpha = 17{,}2$ ° gemessen. Welche Massenkonzentration β(Rohrzucker) hat die untersuchte Lösung?

Lösung: Mit $[\alpha]_D^{20}(\text{Rohrzucker}) = 66{,}45\ \frac{\text{grad}}{\text{dm} \cdot \text{g/mL}}$ aus Tabelle 1, Seite 239, folgt:

$$\alpha = [\alpha]_D^{20} \cdot l \cdot \beta \quad \Rightarrow \quad \boldsymbol{\beta}\textbf{(Rohrzucker)} = \frac{\alpha}{[\alpha]_D^{20} \cdot l} = \frac{17{,}2°}{66{,}45\ \frac{\text{grad}}{\text{dm} \cdot \text{g/mL}} \cdot 2{,}00\ \text{dm}} \approx \mathbf{0{,}129\ g/mL}$$

Beispiel 2: Welche molare spezifische Drehung α_m hat Xylose $C_5H_{10}O_5$?

Lösung: Mit $[\alpha]_D^{20}(\text{Xylose}) = 17{,}6\ \frac{\text{grad}}{\text{dm} \cdot \text{g/mL}}$ aus Tabelle 1, Seite 239, und M(Xylose) = 150,13 g/mol folgt:

$$\mathbf{[\alpha_m]_D^{20}} = [\alpha]_D^{20} \cdot M(\text{Xylose}) = 17{,}6\ \frac{\text{grad}}{\text{dm} \cdot \text{g/mL}} \cdot 150{,}13\ \text{g/mol} = 2642{,}28\ \frac{\text{grad} \cdot \text{mL}}{\text{dm} \cdot \text{mol}} \approx \mathbf{2{,}64\ \frac{grad}{dm \cdot mol/L}}$$

Polarimeter

Das Messgerät zur Messung des Drehwinkels optisch aktiver Lösungen ist das Polarimeter (polarimeter). Im Polarimeter befindet sich die Probelösung in einer Polarisations-Messküvette **(Bild 1)**. Sie wird von monochromatischem, linear polarisiertem Licht durchstrahlt. Ein zweiter Polarisator (Analysator) ist in Abgleichstellung um 90° gegen den 1. Polarisator verdreht. In dieser Stellung fällt kein Licht auf den Detektor, da der Analysator das polarisierte Licht vollständig absorbiert. Bringt man die Probelösung in den Strahlengang, so wird die Polarisationsebene des Lichts gedreht. Der Detektor empfängt Licht. Er steuert einen Servomotor, der den Analysator so lange dreht, bis kein Licht mehr auf den Detektor fällt. Der Drehwinkel des Analysators entspricht dann dem von der Probelösung hervorgerufenen Drehwinkel.

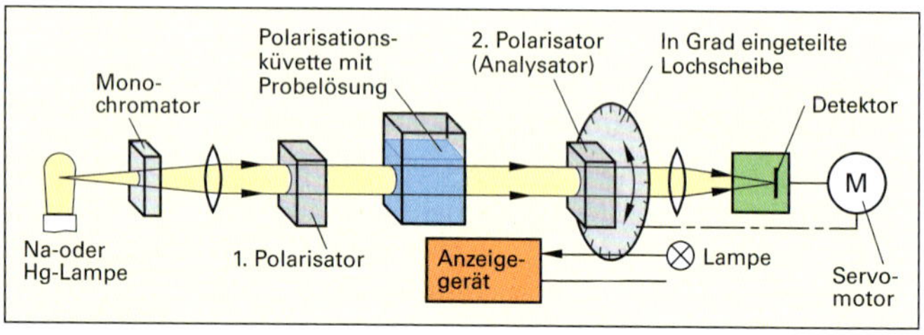

Bild 1: Messprinzip eines Polarimeters

Analytische Anwendungen der Polarimetrie

1. Konzentrationsbestimmungen optisch aktiver Substanzen, z.B. des Zuckergehalts in wässrigen Lösungen (Lebensmittelindustrie) oder des Restzuckergehalts im Urin (Medizintechnik).
2. Reinheitsprüfung optisch aktiver Substanzen, z.B. in der pharmazeutischen Industrie.
3. Strukturbestimmung zur Untersuchung des sterischen Aufbaus von asymmetrischen Molekülen. Hierzu muss das optische Rotationsdispersions-Spektrum (ORD-Spektrum) gemessen werden. Dies ist ein Diagramm, das die Änderung des Drehwinkels einer Substanz in Abhängigkeit von der Wellenlänge des durchstrahlenden Lichts zeigt.

Aufgaben zur Polarimetrie

1. Die Messung des Drehwinkels in einem Polarimeter mit 10,0 cm Messlänge ergab bei einer Rohrzuckerlösung einen Drehwinkel von 16,810°. Verwendetes Licht: Natrium-D-Licht; $\vartheta = 20$°C. Welche Massenkonzentration hat die Rohrzuckerlösung?
2. Der Glucosegehalt im Urin kann polarimetrisch bestimmt werden. (Vor der Messung werden die störenden Anteile aus dem Urin abgetrennt.) Wie groß ist die Massenkonzentration in einer Urinprobe, wenn ein Drehwinkel von 0,722° gemessen wurde? (Natrium-D-Licht, $\vartheta = 20$°C)
3. Ein Polarimeter soll für die Serienmessung von Rohrzuckerlösungen so ausgestattet werden, dass eine Zuckerkonzentration von 10,000 g/L gerade einen Drehwinkel von 1,000° bewirkt.
   a) Welche Messlänge muss die Polarisations-Messküvette besitzen? ($\lambda = 589$ nm; $\vartheta = 20$°C)
   b) Welche Konzentration hat eine Rohrzuckerlösung, deren Drehwinkel in dieser Polarisations-Messküvette zu 3,726° gemessen wird?
4. Berechnen Sie aus der spezifischen Drehung $[\alpha_m]_D^{20}$ (Tabelle 1, Seite 243) die molare spezifische Drehung $[\alpha_m]_D^{20}$
   a) von Ascorbinsäure $C_6H_8O_6$ b) von Fructose $C_6H_{12}O_6$ c) von Rohrzucker $C_{12}H_{24}O_{12}$

7.8 Chromatografie

Die Chromatografie (chromatography) ist eines der am häufigsten eingesetzten Analyseverfahren in der modernen Labortechnik. Hierbei wird eine Gemischprobe (z.B. aus den Komponenten A und B) in einer mobilen Phase (Gas oder Flüssigkeit) gelöst und über eine stationäre Phase bewegt, die sich entweder in einer Säule oder auf einem Flachbett befindet **(Bild 1).** Durch die unterschiedlich starke Wechselwirkung (Anhaftung, Abstoßung) der Komponenten A und B an der stationären Phase kommt es nach hinreichend langer Laufzeit (von ① nach ④) zu einer Trennung der Komponenten.

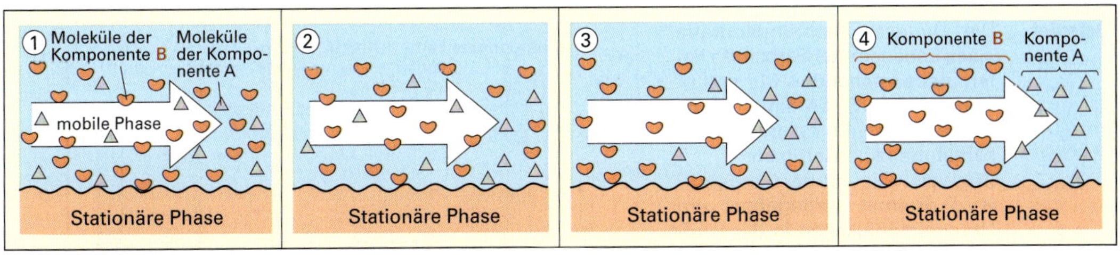

Bild 1: Wirkungsprinzip der Chromatografie (zeitlicher Vorgang in 4 Stufen dargestellt)

Die Ursache der Trennung können unterschiedlich starke Adsorptionskräfte, Ionenaustauschgeschwindigkeiten oder Verteilungsgleichgewichte der Komponenten A bzw. B zur stationären Phase sein. Sie führen dazu, dass z.B. die Komponente A von der mobilen Phase schneller entlang der stationären Phase mitgeführt wird als die Komponente B. Dadurch trennt sich der Gemischstrom nach einer bestimmten Zeit in zwei hintereinander strömende Komponenten auf.

7.8.1 Dünnschichtchromatografie und Papierchromatografie

Bei der **Dünnschichtchromatografie,** kurz **DC** (thin-layer chromatography, TLC) ist die stationäre Phase eine dünne, poröse, kreideartige Schicht (Dicke ca. 0,25 mm) aus feinkörnigem Kieselgel oder Aluminiumoxid, die auf dünnen Glas-, Aluminium- oder Kunststoffplatten als Träger aufgebracht sind **(Bild 2).**

Auf der Platte wird auf einer Startlinie mit einer Dosier-Mikropipette ein Tropfen (z.B. 0,2 µL) der zu analysierenden Mischsubstanz aufgegeben. Daneben wird je ein Tropfen der reinen, in der Substanz vermuteten Stoffe aufgetropft. Die getrocknete DC-Platte wird in einer Trennkammer in ein Laufmittel (mobile Phase) gestellt. Durch die Kapillarwirkung steigt das Laufmittel in der zuvor getrockneten, porösen Dünnschicht langsam nach oben. Es nimmt auf seinem Steigweg die einzelnen Bestandteile des Analysegemisches unterschiedlich schnell mit. Erreicht das Laufmittel eine zuvor markierte Endlinie, wird die Platte aus der Trennkammer genommen und im Trockenschrank getrocknet.

Nach Sichtbarmachen der Flecken (z.B. mit UV-Licht oder einem Farbstoff) wird das erhaltene Chromatogramm ausgewertet.

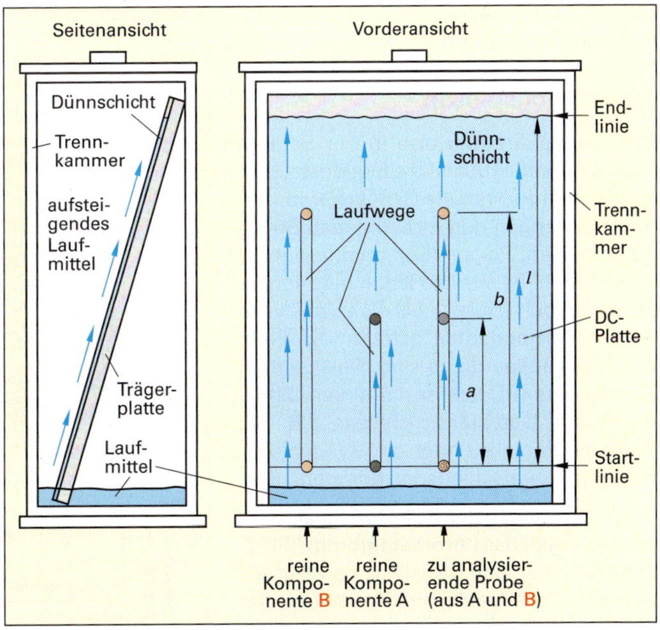

Bild 2: Dünnschicht-Chromatografie

Ein ähnliches Verfahren, die **Papierchromatografie** (kurz **PC**), wird analog wie die DC-Chromatografie durchgeführt. Bei der PC dient ein saugfähiges, steifes Papierblatt als stationäre Phase.

1. **Qualitative Auswertung:** Durch Abgleich mit den Flecken der Reinsubstanzen können die Flecken der Probesubstanz den einzelnen Substanzen zugeordnet werden.

   Als Kenngröße der einzelnen Substanzflecken dient der Retentionsfaktor, kurz R_f**-Wert** genannt.

Retentionsfaktor

$$R_f = \frac{\text{Flecken-Laufstrecke}}{\text{Laufmittel-Laufstrecke}} = \frac{a}{l}$$

2. **Quantitative Auswertung:** Sie erfolgt z.B. durch fotometrische Bestimmung der Substanzmengen in den jeweiligen Flecken (Seite 236) und Abgleich mit den Flecken von Kalibriersubstanzen. Die Genauigkeit beträgt rund 10 %.

Beispiel: Die Dünnschichtchromatografie eines Lebensmittel-Farbstoffs liefert nebenstehendes Chromatogramm **(Bild 1).** Es sind die R_f-Werte der drei Komponenten des Farbstoffes zu bestimmen.
(Hinweis: Die Probe (Farbstoff) wird dreimal aufgegeben, um Unregelmäßigkeiten in der Laufschicht auszugleichen.)

Lösung: Die Laufstrecken werden aus dem Chromatogramm abgelesen und daraus die R_f-Werte berechnet.

$\boldsymbol{R_{f1}} = a_1 : l = 1{,}90 : 3{,}25 \approx \mathbf{0{,}58}$

$\boldsymbol{R_{f2}} = a_2 : l = 1{,}30 : 3{,}25 \approx \mathbf{0{,}40}$

$\boldsymbol{R_{f3}} = a_3 : l = 3{,}25 : 3{,}25 \approx \mathbf{1{,}00}$

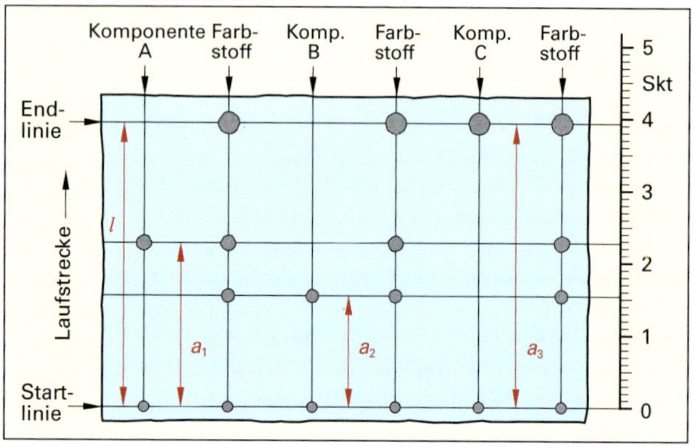

Bild 1: DC-Chromatogramm eines Lebensmittel-Farbstoffs

7.8.2 Säulenchromatografie

Darunter versteht man die chromatografischen Verfahren, die in einer Trennsäule (Trennrohr) ablaufen. Es sind die chromatografischen Verfahren mit der breitesten Anwendung. Je nach Aggregatzustand der mobilen Phase unterscheidet man die **Gas-Chromatografie** (kurz **GC**) oder die **Flüssig-Chromatografie** (kurz **LC**, liquid chromatography). Als stationäre Säulenfüllungen werden Pulver aus Kieselgel, Aluminiumoxid und Agarose eingesetzt.

Wirkungsprinzip

Die übliche Arbeitsweise in der Säulenchromatografie (SC) ist die Elutionstechnik **(Bild 2).** Hierbei wird die Gemischprobe am Säulenanfang in den fortlaufenden Strom der mobilen Phase (Elutionsflüssigkeit) aufgegeben. Es wird so lange mit mobiler Phase gespült (eluiert), bis die zu analysierenden Komponenten getrennt am Ende der Säule ausgetragen sind. Dort werden sie von einem Detektor mit einem Signal registriert. Detektoren messen z.B. die Wärmeleitfähigkeit oder die UV-Licht-Absorption der verschiedenen Komponenten.

Die Aufzeichnung des Detektorsignals über der Zeit ergibt das **Chromatogramm** (Bild 2, unten). Es hat eine Basislinie, von der aus sich die Peaks (peak, Gipfel) erheben. Jeder Peak steht für eine der Gemisch-Komponenten. Das Chromatogramm ist die Grundlage für die Auswertung chromatografischer Analysen.

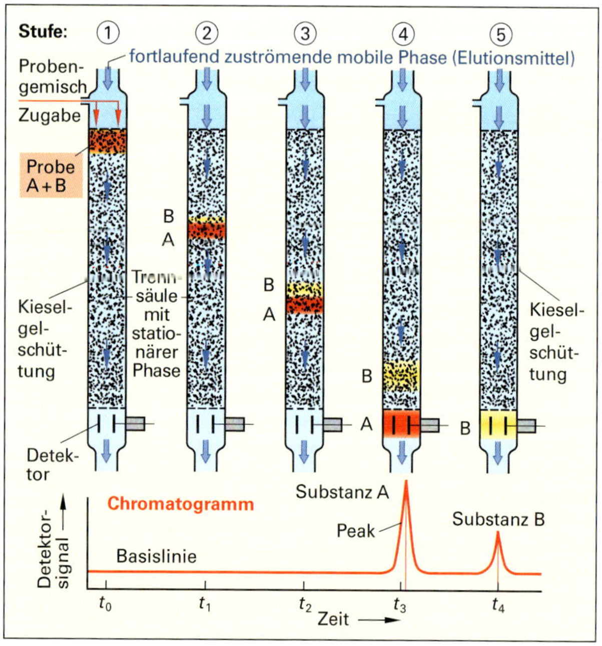

Bild 2: Entstehung eines Chromatogramms bei der Säulenchromatografie (Vorgänge in der Säule in 5 Stufen dargestellt)

Gaschromatografie GC (gas-chromatography)

Bei der Gaschromatografie ist die mobile Phase gasförmig. Die stationäre Phase in der Trennsäule ist meist fest, sie kann aber auch flüssig sein (Gas-Flüssig-Chromatografie GLC).

Die GC wird für die Analytik von Gasgemischen und leicht flüchtigen Flüssigkeitsgemischen eingesetzt.

Bild 1 zeigt den schematischen Aufbau eines Gaschromatografen. Aus einer Druckflasche wird ein kontinuierlicher Trägergasstrom (z. B. Stickstoff, Helium, Wasserstoff u. a.) in die spiralförmige Trennsäule gespeist. Das Trägergas durchströmt mit konstanter Strömungsgeschwindigkeit die Trennsäule im beheizten Ofenraum des Gaschromatografen. Die Probe wird über den Einspritzblock in die Trennsäule gespritzt. Flüssige Proben werden im beheizten Einspritzblock verdampft.

Die mobile Phase (Trägergasstrom) transportiert die Probe durch die beheizte Trennsäule.

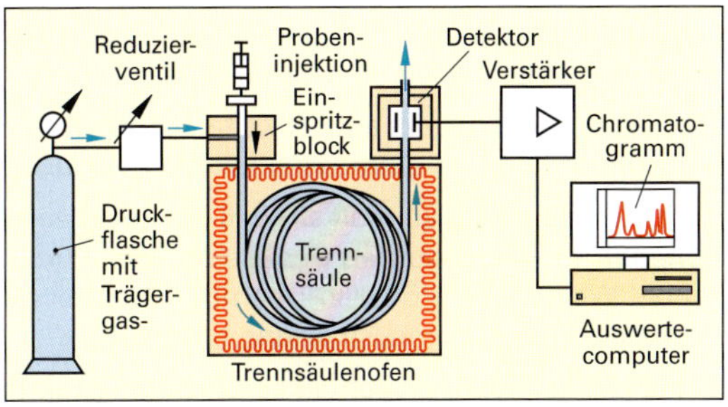

Bild 1: Prinzip eines Gaschromatografen

Der Innenraum der Trennsäule (Trennrohr) ist mit einem feinkörnigen, porigen Material (stationäre Phase) gefüllt. Die Probenkomponenten in der mobilen Phase wandern aufgrund ihrer Wechselwirkungen (polar/unpolar) mit der stationären Phase unterschiedlich schnell: Sie erreichen getrennt nacheinander den Detektor. Er erzeugt von jeder Komponente ein elektrisches Signal, das proportional zur jeweiligen Substanzmenge ist.

Das Detektorsignal wird nach Verstärkung einem Auswertecomputer zugeführt. Als Ergebnis erhält man das Chromatogramm. Als Detektor kommen bei der Gaschromatografie z. B. Wärmeleitfähigkeits-Detektoren (**WLD**) oder Flammenionisations-Detektoren (**FID**) zum Einsatz[1].

Hochleistungs-Flüssigkeits-Chromatografie HPLC

Die Flüssigkeits-Chromatografie wird heute überwiegend mit sehr dicht gepackten Trennsäulen bei sehr hohen Drücken in der Trennsäule durchgeführt. Man nennt sie deshalb abgekürzt **HPLC** (**h**igh-**p**erformance **l**iquid **c**hromatography) oder **Hochleistungs-Flüssigkeits-Chromatografie.**

Bei der **HPLC** wird ein Elutionsmittel mit hohem Druck (bis 500 bar) durch eine Trennsäule mit sehr feinkörniger Säulenfüllung (Korngröße ca. 10 µm) und dichter Packung gepresst **(Bild 2)**. Die Probe wird eingespritzt und trennt sich in der Trennsäule. Der Detektor erzeugt von den Komponenten das Chromatogramm. Die einzelnen Fraktionen der Probe können in einem Sammler getrennt aufgefangen werden.

Die HPLC ist gekennzeichnet durch:

- Hohe Auflösung für Vielstoffgemische
- Geringe Analysendauer von wenigen Minuten
- Hohe Nachweisempfindlichkeit bis zu kleinsten Stoffportionen von 10^{-10} g.

Die HPLC eignet sich deshalb zur schnellen Analyse von Gemischen (Dauer ca. 5 min). Sie besitzt eine hohe Nachweisempfindlichkeit (auch Spurenanalyse) und eine gute Reproduzierbarkeit verbunden mit automatisierbarer Probenaufgabe. Sie wird in der chemischen, pharmazeutischen, medizinischen und Umwelt-Analytik eingesetzt.

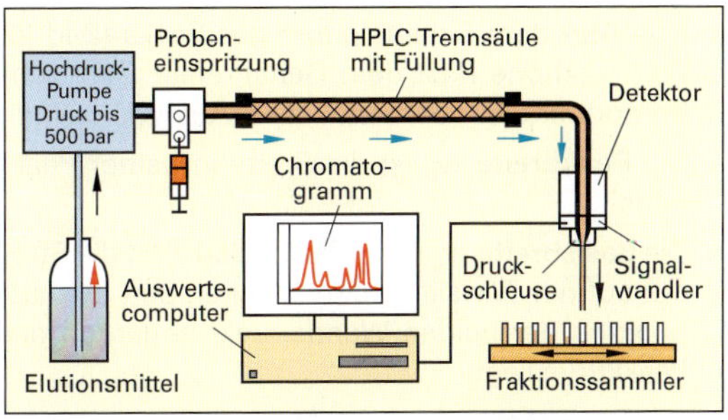

Bild 2: Prinzip eines HPLC-Chromatografen

Als Detektoren kommen bei der HPLC unter anderem UV-VIS-Detektoren, Brechungsindex-Detektoren (RI), Leitfähigkeits-Detektoren und Fluoreszenz-Detektoren zum Einsatz.

Eine Weiterentwicklung der HPLC ist die **UHPLC** (**u**ltra-**h**igh-**p**erformance **l**iquid **c**hromatography), die mit noch feinkörnigeren Säulenfüllungen und noch höheren Arbeitsdrücken bis zu 1200 bar eine noch höhere Empfindlichkeit aufweist und die Analysenzeit weiter verkürzt.

[1] Ausführliche Informationen zu Aufbau, Funktion und Einsatzmöglichkeiten von Detektoren finden sich unter *www.chemgapedia.de*

7.8.3 Kenngrößen der Chromatografie

Wird das Detektorsignal einer GC- bzw. HPLC-Analyse von einem Schreiber oder Computer über der Zeit aufgetragen, so erhält man ein Diagramm aus einer Basislinie mit einer Reihe von Peaks: das **Chromatogramm (Bild 1).**

Ein Chromatogramm liefert **qualitative** und **quantitative** Informationen über die im Chromatografen getrennten Komponenten eines Gemisches.

Die Position eines Peaks auf der Zeitachse, als Retentionszeit t_R bezeichnet, kann dazu dienen, die Substanz aufgrund von Vergleichsmessungen mit Reinsubstanzen zu identifizieren.

Zur Quantifizierung können sowohl die Peakflächen A_i als auch im begrenzten Gehaltsbereich die Peakhöhen h_i herangezogen werden. Beide Parameter sind proportional zur Konzentration der Analyten in der Probe. Wegen der größeren Unempfindlichkeit gegen schwankende Analysenbedingungen wird in der Praxis die Peakflächenauswertung bevorzugt.

Die wichtigen Kenngrößen eines Chromatogramms sind in der Norm ASTM E 682 definiert. Sie sind in **Bild 1** und **Bild 2** grafisch dargestellt und werden im Folgenden erläutert:

- Die **Totzeit t_M** ist die **Durchflusszeit,** die das Elutionsmittel zum Durchfließen der Säule benötigt (Bild 1). Da die mobile Phase in der Regel kein Detektorsignal erzeugt, wird zur Bestimmung der Totzeit t_M eine inerte Substanz als Totzeitmarker injiziert. Mit ihrem Peak kann mittels der Säulenlänge L und der Totzeit t_M die **mittlere Lineargeschwindigkeit $\bar{u}$** der mobilen Phase berechnet werden: $\bar{u} = \frac{L}{t_M}$
- Die **Retentionszeit t_R** ist charakteristisch für jeden einzelnen Analyten und kennzeichnet die Zeit, die der Analyt von der Injektion bis zum Peakmaximum benötigt.
- Wird von der Retentionszeit t_R die Totzeit t_M subtrahiert, wird die **Nettoretentionszeit** erhalten: $t'_R = t_R - t_M$. Sie wird auch **reduzierte Retentionszeit** genannt und ist ein Maß für die Wechselwirkung Analyt/stationäre Phase.
- Die **Peakhöhe h** ist die Strecke zwischen der Basislinie und dem Scheitelpunkt des Peaks (Bild 2). Die Peakhöhe h ist dem Gehalt einer Gemisch-Komponente proportional: $h \sim c$**(Analyt)**
- Die **Peakbreite w_h** ist die Breite in halber Peakhöhe.
- Die **Basisbreite w_b** eines Peaks **(Bild 2)** ist die Strecke auf der Basislinie, die zwischen den Schnittpunkten der beiden Wendepunkttangenten der Peakkurve liegt.

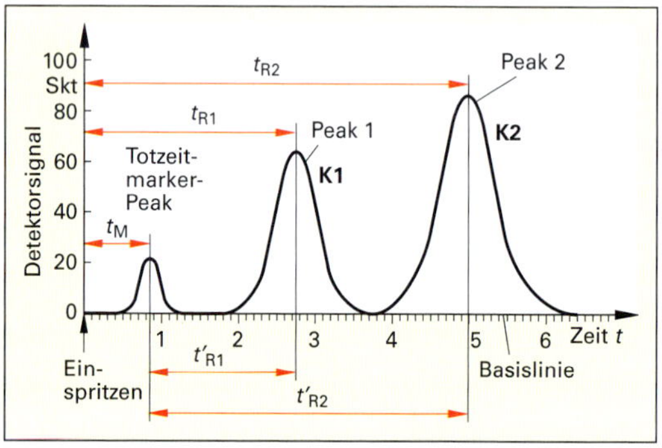

Bild 1: Kenngrößen eines Chromatogramms

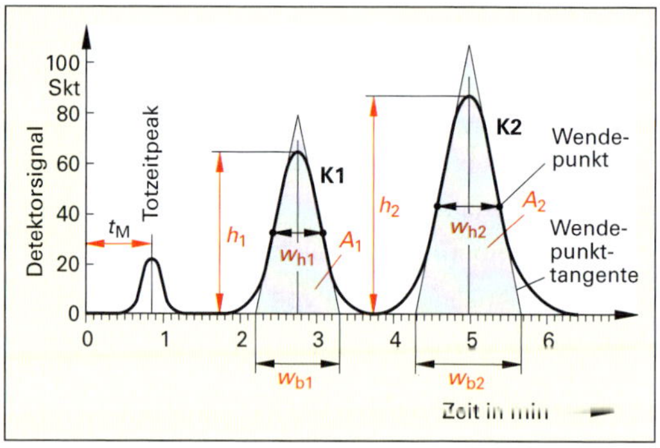

Bild 2: Bestimmung der Peakhöhen und Peakflächen eines Chromatogramms

- Die **Peakfläche A** ist die Fläche, die zwischen der Peakkurve und der Basislinie eingeschlossen wird. Die Peakfläche kann angegeben werden in Peakflächeneinheiten, sogenannten *counts,* mit dem Zeichen C. Die Peakfläche ist dem Gehalt einer Gemisch-Komponente proportional: $A \sim c$**(Analyt)**

  Bei manueller Auswertung eines Chromatogramms erhält man die Peakfläche durch Multiplikation der Peakhöhe h mit der Peakbreite in halber Höhe w_h: $A = h \cdot w_h$

  Moderne Chromatografen besitzen einen Auswertecomputer mit spezieller Integratoren-Software, die die Peakflächen präzise bestimmt.

Wichtige Kenngrößen der Chromatografie	
Mittlere Lineargeschwindigkeit:	$\bar{u} = \frac{L}{t_M}$
Nettorententionszeit:	$t'_R = t_R - t_M$
Peakfläche:	$A = h \cdot w_h$

Damit Chromatogramme reproduzierbar sind, müssen die chromatografischen Bedingungen bei den Messungen gleich sein. Im Messergebnis sind anzugeben: die Säulenabmessungen, die Art der mobilen Phase, die Fließgeschwindigkeit bzw. der Volumenstrom, die Art der stationären Phase, der Druck, die Temperatur, der Detektor u. a.

Die Bedingungen bei der Chromatografie müssen zudem so gewählt sein, dass sich ein Chromatogramm mit eindeutig ermittelbaren Retentionszeiten, Peakflächen usw. ergibt.

Aus den abgelesenen Chromatogrammdaten kann eine zusätzliche Kenngröße gebildet werden: Der **Retentionsfaktor *k*,** auch als **Kapazitätsfaktor *k*** bezeichnet. Er ist der Quotient aus der Nettoretentionszeit t'_R und der Totzeit t_M und gibt an, um wie viel länger sich die Analytmoleküle an oder in der stationären Phase aufhalten als in der mobilen Phase. Der Retentionsfaktor k ist abhängig von der Säulenlänge und der Fließgeschwindigkeit der mobilen Phase.

Retentionsfaktor (Kapazitätsfaktor)

$$k = \frac{t_R - t_M}{t_M} = \frac{t'_R}{t_M}$$

Beispiel 1: Bestimmen Sie die Kenngrößen für die Komponente K2 aus dem Chromatogramm Bild 2, Seite 248.

Lösung: $\boldsymbol{t_M} \approx 0{,}85$ min; $\boldsymbol{t_{R2}} \approx 5{,}0$ min; $\boldsymbol{t'_{R2}} = t_{R2} - t_M \approx (5{,}0 - 0{,}85)$ min $\approx$ **4,2 min;** $\boldsymbol{h_2} \approx 25$ mm $\approx$ **87 Skt**
$\boldsymbol{w_{b2}} \approx 12{,}5$ mm; $\boldsymbol{w_{h2}} \approx 7{,}5$ mm; $\boldsymbol{A_2} = h_2 \cdot w_{h2} = 25\text{ mm} \cdot 7{,}5\text{ mm} = 187{,}5\text{ mm}^2 \approx$ **1,9 cm²**

Beispiel 2: Ermitteln Sie aus dem Chromatogramm Bild 2, Seite 248, die Retentionsfaktoren k.

Lösung: $$\boldsymbol{k_1} = \frac{t_{R1} - t_M}{t_M} = \frac{(2{,}75 - 0{,}85)\text{ min}}{0{,}85\text{ min}} \approx \mathbf{2{,}2};\quad \boldsymbol{k_2} = \frac{t_{R1} - t_M}{t_M} = \frac{(5{,}0 - 0{,}85)\text{ min}}{0{,}85\text{ min}} = 4{,}882 \approx \mathbf{4{,}9}$$

Beispiel 3: Das Chromatogramm Bild 2, Seite 248, wurde mit einer 30 m langen GC-Säule aufgenommen. Wie groß ist die mittlere, lineare Strömungsgeschwindigkeit $\overline{u}$ in cm/s?

Lösung: $$\boldsymbol{\overline{u}} = \frac{L}{t_M} = \frac{30\text{ m}}{0{,}85\text{ min}} = \frac{30 \cdot 10^2\text{ cm}}{0{,}85 \cdot 60\text{ s}} = 58{,}82\text{ cm/s} \approx \mathbf{59\text{ cm/s}}$$

7.8.4 Trennwirkung einer chromatografischen Säule

Eine besonders wichtige Eigenschaft einer GC- bzw. HPLC-Säule ist ihre Fähigkeit, ein Analytgemisch effektiv aufzutrennen, d. h., ein eindeutig auswertbares Chromatogramm zu liefern. Man nennt dies die **Trennwirkung** einer Säule. Als Maß für die Effizienz einer Trennsäule gibt es mehrere Kenngrößen: den Trennfaktor $\boldsymbol{\alpha}$, die Auflösung $\boldsymbol{R_s}$, die Trennbodenhöhe $\boldsymbol{H}$, die Trennbodenzahl $\boldsymbol{N}$.

Der **Trennfaktor $\boldsymbol{\alpha}$** ist der Quotient der Retentionsfaktoren zweier benachbarter Peaks. Definitionsgemäß wird die stärker retardierte Komponente mit dem Index 2 versehen: Damit ist α größer oder gleich 1. Bei $\alpha = 1$ überlagern sich die Peaks zweier Analyten.

Die **Auflösung $\boldsymbol{R_S}$** berechnet man für zwei benachbarte Analyten 1 und 2 aus dem Abstand der Peakmaxima $t_{R1} - t_{R2}$ sowie dem Mittelwert der Peakbreiten $(w_{b2} + w_{b1})/2$ nach nebenstehender Größengleichung.

Alternativ kann die Auflösung R_S auch aus den Peakbreiten auf halber Peakhöhe w_h berechnet werden.

Für viele Anwendungen genügt eine Auflösung von $R_S = 1$. Aber erst mit der Auflösung 1,5 sind zwei Peaks basisliniengetrennt (Bild 1, Seite 248).

Trennfaktor (Selektivitätsfaktor)

$$\alpha = \frac{k_2}{k_1} = \frac{t'_{R2}}{t'_{R1}} = \frac{t_{R2} - t_M}{t_{R1} - t_M}$$

Auflösung

$$R_S = 2 \cdot \frac{(t_{R2} - t_{R1})}{w_{b2} + w_{b1}}$$

$$R_S = 1{,}177 \cdot \frac{(t_{R2} - t_{R1})}{w_{h2} + w_{h1}}$$

Beispiel 1: Ermitteln Sie aus dem Chromatogramm in Bild 2, Seite 248, die Auflösung R_S der beiden Peaks und den Trennfaktor $\boldsymbol{\alpha}$.

Lösung: $$\boldsymbol{R_S} = \frac{2 \cdot (t_{R2} - t_{R1})}{w_{b2} + w_{b1}} = \frac{2 \cdot (5{,}0 - 2{,}75)\text{ min}}{(1{,}35 + 1{,}1)\text{ min}} \approx \mathbf{1{,}8};\quad \boldsymbol{\alpha} = \frac{k_2}{k_1} = \frac{4{,}88}{2{,}24} \approx \mathbf{2{,}2}$$

Die **Trennbodenhöhe *H*** einer chromatografischen Trennsäule, auch **HETP** genannt (**h**eight **e**quivalent to a **t**heoretical **p**late), bezeichnet die Höhe einer Trennsäulenfüllung, die einem theoretischen Trennboden entspricht. Die Berechnung mit Trennböden geht von der theoretischen Annahme aus, als sei eine chromatografische Säule aus vielen eng aneinander liegenden schmalen Trennschichten aufgebaut, die man **theoretische Trennböden** nennt.

Auf diesen Trennböden finden, vergleichbar den Böden einer Rektifikationskolonne, ständig Austauschvorgänge zwischen der mobilen Phase mit der Probe und der stationären Phase statt. Sie führen zu einer Art dynamischen „Gleichgewichtszustand".

Die **Trennbodenzahl *N*** (auch Trennstufenzahl genannt) gibt die Anzahl der theoretischen Trennböden einer Chromatografiesäule an. Sie kann mit einer empirischen Gleichung aus den Retentionszeiten t_R und den Basisbreiten w_b ermittelt werden (siehe rechts). Auch aus den Retentionszeiten t_R und den Peakbreiten auf halber Höhe w_h kann eine empirische Gleichung der Trennbodenzahl N aufgestellt werden.

Trennbodenzahl (Trennstufenzahl)

$$N = 16 \cdot \left(\frac{t_R}{w_b}\right)^2$$

oder

$$N = 5{,}545 \cdot \left(\frac{t_R}{w_h}\right)^2$$

Die **Trennbodenhöhe *H*** und die **Trennbodenzahl *N*** sind über die Länge der Trennsäule L nach nebenstehender Gleichung miteinander verknüpft (siehe rechts).

Trennbodenhöhe

$$H = \text{HETP} = \frac{L}{N}$$

Eine Trennsäule mit einer großen Zahl theoretischer Trennböden hat eine niedrige Trennbodenhöhe H.

Das Trennvermögen einer Säule nimmt mit steigender Trennbodenzahl N zu:

Je größer die Zahl der theoretischen Trennböden N, desto mehr Gleichgewichtseinstellungen sind während der Wanderung entlang der Trennstrecke möglich und desto größer ist die Trennleistung.

GC-Säulen von 1 m bis 3 m Länge haben 500 bis 2000 Trennstufen (Trennböden). Ihre Trennbodenhöhe HETP beträgt 1 bis 6 mm. Kapillarsäulen von 0,1 mm Innendurchmesser und 25 m Länge haben 30000 bis 100000 Trennböden. Die Trennbodenhöhe HETP beträgt 0,2 bis 0,6 mm.

HPLC-Säulen übertreffen in ihrer Leistungsfähigkeit die GC-Säulen deutlich: Eine dicht gepackte HPLC-Kieselgel-Säule mit 10 µm-Partikeln und 25 cm Länge hat eine Trennbodenzahl von 2500 bis 5000. Die Trennbodenhöhe HETP beträgt ca. 0,05 bis 0,1 mm.

Beispiel 2: Das Gaschromatogramm eines Zweistoffgemisches (**Bild 1**) wurde mit einer GC-Säule von 25 m Länge und einem Totzeitmarker aufgenommen. Wie groß sind folgende Kenngrößen:

a) die mittlere Strömungsgeschwindigkeit des Trägergases;

b) die Auflösung zwischen den beiden Komponentenpeaks;

c) der Trennfaktor zwischen den beiden Analyten;

d) die Trennstufenzahl, bezogen auf den Peak von Komponente B;

e) die Bodenhöhe bezogen auf den Peak der Komponente B?

Lösung: Mit t_M = 1,8 min und L = 25 m folgt:

a) $\bar{u} = \frac{L}{t_M} = \frac{25\ \text{m}}{1{,}8\ \text{min}} = \frac{25 \cdot 10^2\ \text{cm}}{1{,}8 \cdot 60\ \text{s}} \approx \mathbf{23\ cm/s}$

b) $R_S = \frac{2 \cdot (t_{RB} - t_{RA})}{w_{bB} + w_{bA}} = \frac{2 \cdot (4{,}3 - 3{,}4) \cdot 60\ \text{s}}{(7{,}92 + 4{,}82)\ \text{s}} \approx \mathbf{8{,}5}$

c) $\alpha = \frac{t_{RB} - t_M}{t_{RA} - t_M} = \frac{(4{,}3 - 1{,}8)\ \text{min}}{(3{,}4 - 1{,}8)\ \text{min}} \approx \mathbf{1{,}6}$

d) $N = 16 \cdot \left(\frac{t_{RB}}{w_{bB}}\right)^2 = 16 \cdot \left(\frac{4{,}3 \cdot 60\ \text{s}}{7{,}92\ \text{s}}\right)^2 = 16978{,}8 \approx \mathbf{17 \cdot 10^3}$

e) $H = \frac{L}{N} = \frac{25\ \text{m}}{16978{,}8} = 0{,}0014724\ \text{m} \approx \mathbf{1{,}47\ mm}$

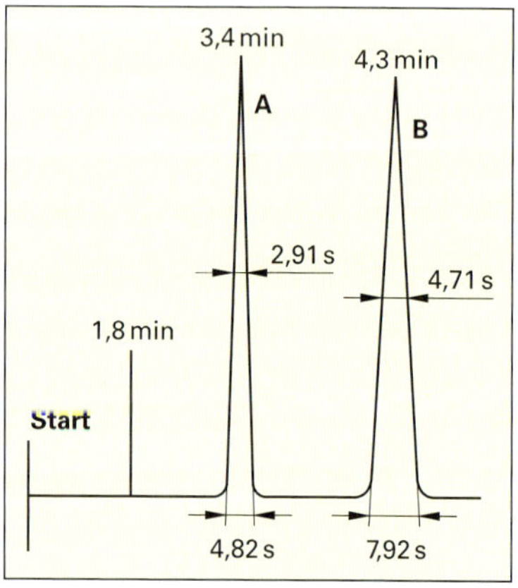

Bild 1: Chromatogramm (Beispiel)

7.8.5 Auswertung säulenchromatografischer Analysen

Chromatografische Analysegeräte liefern ein elektrisches Detektorsignal, das mit dem Analytgehalt verknüpft ist. Den exakten Zusammenhang zwischen beiden Größen liefert die **Kalibrierung**.

Je nach Anforderungen an die Richtigkeit, die Präzision und die Effektivität chromatografischer Messungen sind zur **quantitativen** Auswertung von Chromatogrammen mehrere Kalibriermethoden gebräuchlich.

Im Folgenden werden die 100-%-Methode und die Methode des externen Standards beschrieben.

7.8.5.1 Auswertung eines Chromatogramms mit der 100% – Methode

Sind bei einer chromatografischen Analyse alle Komponenten einer injizierten Probe erfasst, so kann der Anteil einer Komponenten-Peakfläche an der Gesamtfläche aller Peaks mit dem Anteil dieser Komponente in der Probe gleichgesetzt und mit nebenstehender Größengleichung berechnet werden.

Voraussetzung dafür ist, dass die Detektorempfindlichkeit aller Komponenten gleich ist. Dies ist beispielsweise der Fall bei Mischungen von Isomeren oder Kohlenwasserstoffen (z.B. Pentan und Hexan) und der Verwendung eines Flammenionisationsdetektors FID.

Analyt-Massenanteil ähnlicher Substanzen nach der 100%–Methode

$$w(X) = \frac{A(X)}{A_{ges}} = \frac{A(X)}{A(X) + A(Y) + \ldots}$$

Beispiel: In einem Gemisch aus Stickstoff und Kohlenstoffmonoxid soll der Massenanteil $w(CO)$ durch eine gaschromatografische Analyse bestimmt werden. Im Chromatogramm wurden folgende Peakflächen ermittelt: Stickstoff: 251459 counts, Kohlenstoffmonoxid: 16486 counts.

Berechnen Sie die Massenanteile der beiden Proben-Komponenten nach der 100-%-Methode.

Lösung: Gesamtfläche: $A_{ges} = A(N_2) + A(CO) = 251459\ C + 16486\ C = 267945\ C = 100\ \%$

$$\mathbf{w(N_2)} = \frac{A(N_2)}{A_{ges}} = \frac{251459\ C}{267945\ C} = 0{,}9385 \approx \mathbf{93{,}8\ \%};\quad \mathbf{w(CO)} = \frac{A(CO)}{A_{ges}} = \frac{16486\ C}{267945\ C} = 0{,}0615 \approx \mathbf{6{,}2\ \%}$$

Für quantitative chromatografische Analysen chemisch sehr unterschiedlicher Analyten sind in der Regel Kalibrierfaktoren, auch **Responsefaktoren *f*** genannt, zu verwenden. Sie berücksichtigen die unterschiedliche Empfindlichkeit des Detektors auf die Analyten. Auf ihre Berechnung wird hier nicht eingegangen.

7.8.5.2 Auswertung eines Chromatogramms mit externem Standard

Bei der Methode des externen Standards werden durch Einwiegen der Analyt-Reinsubstanz und Auffüllen im Messkolben Standardlösungen (Kalibrierlösungen) unterschiedlicher Massenkonzentration β(Analyt) oder Massenanteile w(Analyt) angesetzt. Diese Kalibrierlösungen sollten möglichst alle Begleitsubstanzen des Analyten enthalten, die in der Probelösung zu erwarten sind. Diese Begleitkomponenten, als *Probenmatrix* bezeichnet, können das Analysenergebnis beeinflussen.

Dann werden die Kalibrierlösungen **(Bild 1a)** und die Probelösung **(Bild 1b)** bei gleichen Analysenbedingungen chromatografiert. Im Chromatogramm können im Gegensatz zur 100-%-Methode zusätzliche Peaks auftreten (Bild 1b), ohne das Ergebnis zu beeinflussen.

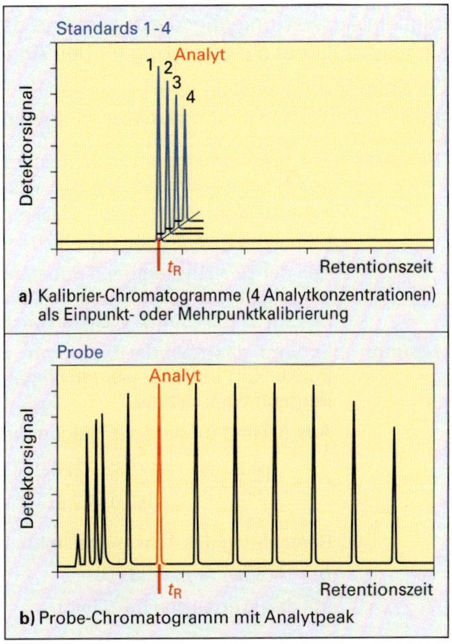

a) Kalibrier-Chromatogramme (4 Analytkonzentrationen) als Einpunkt- oder Mehrpunktkalibrierung

b) Probe-Chromatogramm mit Analytpeak

Bild 1: Prinzip der Auswertung eines Chromatogramms mit externem Standard

Auswertung mit Einpunktkalibrierung

Wenn die lineare Abhängigkeit von Peakfläche A bzw. Peakhöhe h und Massenanteil w bzw. Massenkonzentration β durch Kalibrierung *gesichert ist* und die Kalibriergerade durch den Ursprung verläuft, ergibt sich der Analyt-Gehalt durch **Einpunktkalibrierung** mit dem Analyt-Standard β(STD).

Für den Standard STD und den Analyten X gilt:

$\beta(STD) \sim A(STD)$, $\beta(X) \sim A(X)$.

Werden beide Proportionen gleichgesetzt, folgt:

$$\frac{\beta(X)}{A(X)} = \frac{\beta(STD)}{A(STD)} \quad \left(\text{entsprechend gilt: } \frac{\beta(X)}{h(X)} = \frac{\beta(STD)}{h(STD)}\right)$$

Man erhält die nebenstehende Größengleichung zur Berechnung der Analytkonzentration aus der Einpunktkalibrierung mit externem Standard.

Massenkonzentration aus Peakflächen/ Peakhöhen (Ursprungs-Kalibriergerade)

$$\beta(X) = \frac{A(X) \cdot \beta(STD)}{A(STD)};\quad \beta(X) = \frac{h(X) \cdot \beta(STD)}{h(STD)}$$

Die Massenkonzentration einer Probe $\beta(X)$ kann auch aus einem Kalibrier-Diagramm ermittelt werden. Dazu zeichnet man ein Diagramm mit den Peakflächen A als Ordinate und den Analyt-Massenkonzentrationen $\beta(\text{Analyt})$ als Abszisse **(Bild 1)**. Darin trägt man den Kalibrier-Messpunkt ein und zeichnet mit dem Nullpunkt die Kalibriergerade. Mit der Analyt-Peakfläche und der Kalibriergeraden kann auf der Abszisse die Analyt-Massenkonzentration $\beta(\text{Analyt})$ abgelesen werden.

Beispiel: Zur gaschromatografischen Bestimmung eines Amins wurden nacheinander 5,0 µL Probe und 5,0 µL Kalibrierlösung der Konzentration $\beta(\text{Amin}) = 7{,}50$ mg/L in die Trennsäule injiziert. Es wurden gemessen:
Proben-Peakfläche $A(X) = 2300$ counts, Kalibrier-Peakfläche $A(\text{STD}) = 2850$ counts (count = Zähleinheit).

Welche Massenkonzentration $\beta(\text{Amin})$ hat die Probe?

Lösung: a) Berechnung der Massenkonzentration der Probe mit der Größengleichung (Seite 251, unten):

$$\boldsymbol{\beta(X)} = \frac{A(X) \cdot \beta(\text{STD})}{A(\text{STD})} = \frac{2300\ \text{C} \cdot 7{,}50\ \text{mg/L}}{2850\ \text{C}} \approx \mathbf{6{,}05\ \frac{mg}{L}}$$

b) Es wird das Kalibrier-Diagramm erstellt (Bild 1). Die Kalibriergerade erhält man aus dem Kalibrier-Messpunkt und dem Nullpunkt.

c) $\beta(X)$ kann mit der Analyt-Peakfläche und der Kalibriergeraden abgelesen werden: $\boldsymbol{\beta(X) = 6{,}0}$ **mg/L**

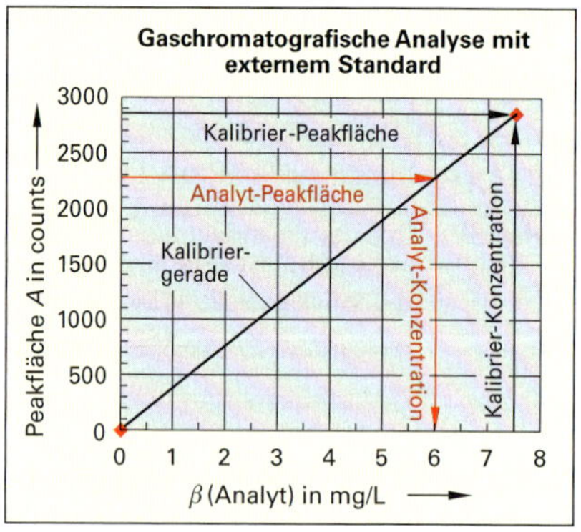

Bild 1: Diagramm einer Einpunktkalibrierung (Beispiel)

Auswertung mit Mehrpunktkalibrierung

Wenn bei einer chromatografischen Analyse von Linearität zwischen Peakfläche und Massenanteil bzw. Massenkonzentration auszugehen ist, die Kalibriergerade aber nicht als Ursprungsgerade verläuft, so erfolgt die Auswertung über die allgemeine Geradengleichung $y = m \cdot x + b$. Mit den entsprechenden Größen eingesetzt, lautet die Gleichung für den Analyt X: $A(X) = m \cdot \beta(X) + b$.

Zur Kalibrierung werden zwei bis sieben Kalibrierlösungen angesetzt und gleiche Volumina analysiert. Eine größere Zahl von Kalibrierpunkten bietet eine höhere Genauigkeit bei der Regressionsanalyse.

Beispiel: Zur gaschromatografischen Bestimmung einer Probe wurden zwei Kalibrierlösungen Kal1 und Kal2 hergestellt und analysiert. Mit zwei exakt gleichen Einspritzvolumina erhielt man folgende Daten:

- Analyt-Konzentration $\beta_{K1} = 17{,}5$ mg/L, Peakfläche $A_{K1} = 22486$ counts
- Analyt-Konzentration $\beta_{K2} = 65{,}0$ mg/L, Peakfläche $A_{K2} = 47932$ counts

Von der zu analysierenden Substanz wurden 150 mg gelöst, zu 1000 mL aufgefüllt und bei gleichen Bedingungen das gleiche Volumen dieser Lösung wie beim Kalibrierlauf injiziert. Die erhaltene Peakfläche beträgt 37105 counts. Welchen Massenanteil $w(\text{Analyt})$ hat die Probe?

Lösung: Es wird das Kalibrier-Diagramm erstellt **(Bild 2)**. Die Punkte Kal1 und Kal2 werden eingetragen und die Kalibriergerade gezeichnet.

Aus ΔA und $\Delta\beta$ wird die Steigung m ermittelt:

$$m = \frac{\Delta A(\text{STD})}{\Delta\beta(\text{STD})} = \frac{(47932 - 22486)\ \text{C}}{(65{,}0 - 17{,}5)\ \frac{\text{mg}}{\text{L}}} = 535{,}705\ \text{C}\ \frac{\text{L}}{\text{mg}}$$

Berechnung des Achsenabschnitts b aus:

$b = A(\text{STD}) - m \cdot \beta(\text{STD})$

Mit den Werten von Kal2 folgt:

$$b = 47932\ \text{C} - 535{,}705\ \text{C}\ \frac{\text{L}}{\text{mg}} \cdot 65{,}0\ \frac{\text{mg}}{\text{L}} = 13111\ \text{C}$$

Berechnung der Massenkonzentration $\beta(X)$ an Analyt X:

$$\boldsymbol{\beta(X)} = \frac{A(X) - b}{m} = \frac{(37105 - 13111)\ \text{C}}{535{,}705\ \text{C} \cdot \frac{\text{L}}{\text{mg}}} = \mathbf{44{,}79\ \frac{mg}{L}}$$

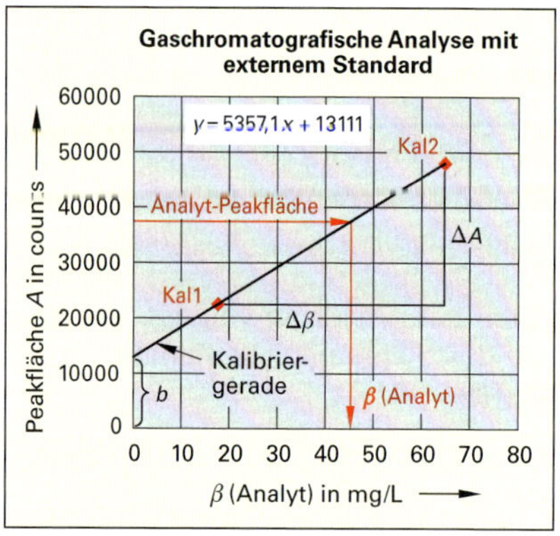

Bild 2: Diagramm einer Zweipunktkalibrierung (Beispiel)

$\beta(X)$ kann auch aus dem Kalibrier-Diagramm (Bild 2) abgelesen werden: $\boldsymbol{\beta(X) \approx 45}$ **mg/L**

Berechnung des Massenanteils $w(\text{Analyt})$:

Probenmasse (Einwaage): 150 mg/1000 mL = 150 mg/L ⇒ $\boldsymbol{w(\text{Analyt})} = \frac{\beta(\text{Analyt})}{\beta(\text{Probe})} = \frac{44{,}79\ \text{mg/L}}{150\ \text{mg/L}} \approx \mathbf{29{,}9\ \%}$

Bei mehr als zwei Kalibriermessungen kann eine chromatografische Bestimmung grafisch durch ein Kalibrierdiagramm oder mithilfe der Ausgleichsgeraden ausgewertet werden. Die rechnerische Auswertung erfolgt über die Regressionsanalyse und die Funktionsgleichung der Ausgleichsgeraden.

Die Lösung ist analog wie beim Beispiel zur fotometrischen Eisenbestimmung im Beispiel auf Seite 237.

Gemischte Aufgaben zu 7.8 Chromatografie

1. Ein Reaktionsgemisch aus 2 Edukten A und B wird nach Reaktionsende mittels Dünnschichtchromatografie DC auf die Zusammensetzung untersucht. Die Substanzaufgabe der reinen Edukte A und B sowie des Gemischs am Reaktionsende erfolgte zweifach.

   Es wurde nebenstehendes Chromatogramm erhalten **(Bild 1)**.

   a) Wie ist das Gemisch nach Reaktionsende zusammengesetzt? Aus wie vielen Komponenten besteht das Produkt?

   b) Bestimmen Sie die Retentionsfaktoren der Stoffe.

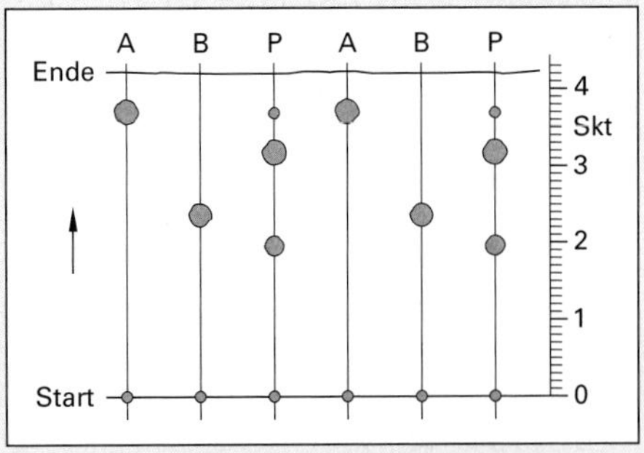

Bild 1: DC-Chromatogramm zu Aufgabe 1

2. In einer 30,0 cm langen HPLC-Säule ergaben sich für die zwei Lebensmittelfarbstoffe Patentblau (E131) und Indigotin (E132) die Retentionszeiten 16,40 min und 17,63 min. Eine nicht retardierte Substanz durchströmte die Säule in 1,30 min. Die Basispeakbreiten der Analyten betrugen w_{bA} = 1,11 min und w_{bB} = 1,21 min. Berechnen Sie:

   a) die Auflösung der Säule, b) die durchschnittliche Bodenzahl c) die Bodenhöhe.

3. Das Chromatogramm eines Zweikomponentengemisches in **Bild 2** wurde mit einer HPLC-Säule von 14,5 cm Länge aufgenommen.

   Die Zuleitung vom Injektor zur Säule beträgt 32 mm, die Ableitung von der Säule zum Detektor 27 mm. Der Probe aus zwei Analyten A und B wurde ein Totzeitmarker zugemischt. Wie groß sind:

   a) die Nettoretentionszeit der Komponente 1 (A);

   b) der Retentionsfaktor für Komponente 2 (B);

   c) die Auflösung zwischen den Peaks 2 und 3;

   d) der Trennfaktor (Selektivitätskoeffizient α) zwischen den Peaks 2 und 3;

   e) die Trennstufenzahl bezogen auf Komponente B;

   f) die Bodenhöhe bezogen auf die Komponente B;

   g) die mittlere lineare Strömungsgeschwindigkeit der mobilen Phase;

   h) die Peakflächen der Komponenten A und B?

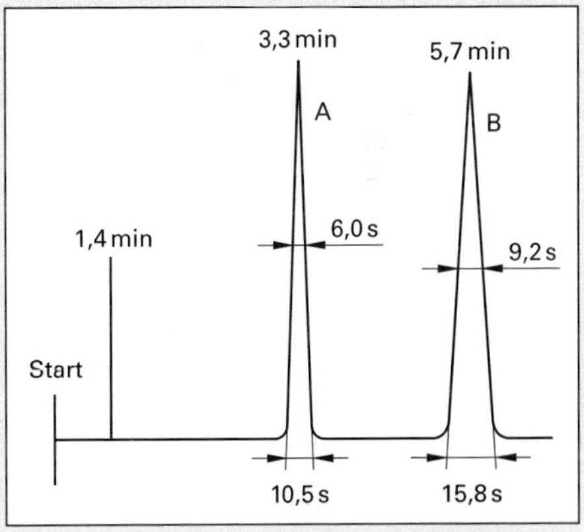

Bild 2: HPLC-Chromatogramm zu Aufgabe 3

4. In einem Gemisch aus Sauerstoff und Kohlenstoffdioxid soll der Massenanteil $w(CO_2)$ durch eine gaschromatografische Analyse bestimmt werden. Im Chromatogramm wurden folgende Peakflächen ermittelt: Sauerstoff: 363 489 counts, Kohlenstoffdioxid: 22598 counts.

   Berechnen Sie die Massenanteile der beiden Proben-Komponenten nach der 100-%-Methode.

5. Zur gaschromatografischen Bestimmung von Thiophenol in einer Probe wurden zwei Kalibrierlösungen Kal1 und Kal2 hergestellt und unter definierten, konstanten Bedingungen analysiert. Zwei exakt gleich große Einspritzvolumina lieferten folgende Daten:

   - Analyt-Konzentration β_{Kal1} = 1,25 mg/100 mL, Peakfläche A_{Kal1} = 12 487 counts
   - Analyt-Konzentration β_{Kal2} = 5,05 mg/100 mL, Peakfläche A_{Kal2} = 37 334 counts

   100 mg der Probesubstanz wurden gelöst und zu 1000 mL aufgefüllt. Von dieser Probelösung wurde bei gleichen Bedingungen das gleiche Volumen wie beim Kalibrierlauf injiziert. Die erhaltene Peakfläche beträgt 27 153 counts. Wie groß ist der Massenanteil w(Thiophenol) in der Probe?

6. Zur gaschromatografischen Bestimmung von Xylol in einem Losemittelgemisch wurden nacheinander 5,00 μL Probe und 5,00 μL Kalibrierlösung der Konzentration β(Xylol) = 4,50 μg/mL in den Gaschromatografen injiziert. Linearität der Werte im Arbeitsbereich kann vorausgesetzt werden.

   Für die Probe wurde eine Peakfläche von 3540 counts, für die Kalibrierlösung eine Peakfläche von 3870 counts ermittelt. Welche Massenkonzentration β(Xylol) hat die untersuchte Probe?

7. In **Bild 1** ist das Gaschromatogramm eines Kohlenwasserstoff-Gemisches aus Propan, n-Butan, n-Pentan und n-Hexan dargestellt.
   a) Bestimmen Sie die Retentionszeiten für die vier Komponenten und ordnen Sie die Peaks den Komponenten zu.
   b) Bestimmen Sie manuell die Peakflächen der vier Analyten.
   c) Ermitteln Sie die Massenanteile der vier Analyten nach der 100-%-Methode.
   d) Berechnen Sie den Trennfaktor α für die beiden ersten Peaks und die beiden letzten Peaks.

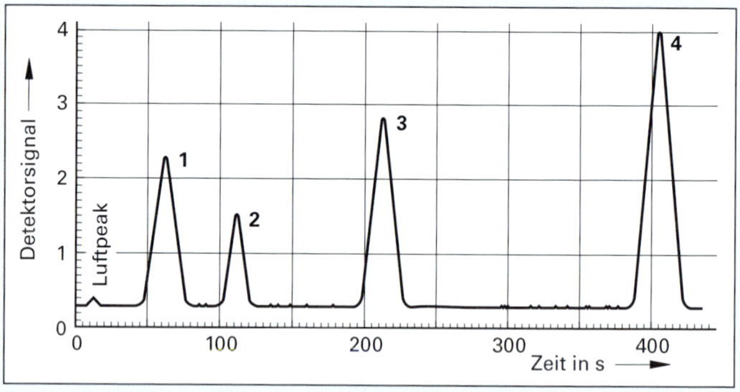

Bild 1: Gaschromatografische Analyse von vier Alkanen (Aufgabe 7)

8. Die gaschromatografische Untersuchung eines Obstbranntweins mit einem Volumenanteil an Nichtwasser-Komponenten von φ = 42,00 % ergibt nebenstehendes Chromatogramm **(Bild 2)**. Es liegt eine Komponententafel mit Kalibrierdaten vor **(Tabelle 1)**.

Tabelle 1: Komponententafel mit Kalibrierdaten für den Obstbranntwein von Bild 2

t_R min	h_K Skt	φ_K mL/L	Komponente	Nr.
2,2	4,73	0,841	Acetaldehyd	1
3,2	0,82	1,274	Isobutyraldehyd	2
4,0	5,20	0,692	Ethylacetat	3
4,3	3,86	2,018	Methanol	4
5,2			Ethanol	5
8,1	3,27	1,347	2-Butanol	6
8,8	4,69	1,513	n-Propanol	7

   a) Bezeichnen Sie die Peaks mit den entsprechenden Substanznamen.
   b) Ermitteln Sie die Komponenten-Volumenanteile.

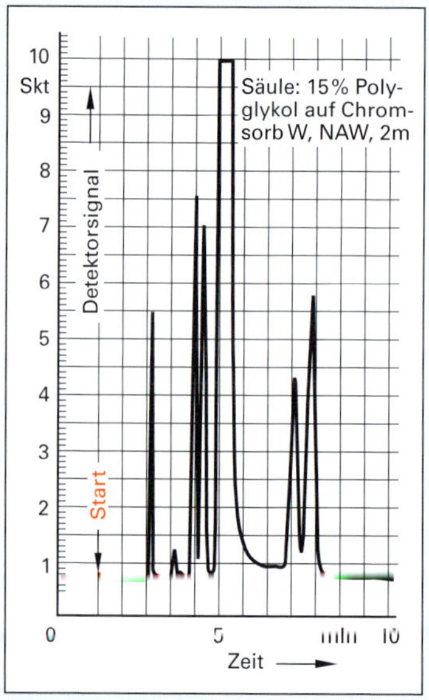

Bild 2: Chromatogramm eines Obstbranntweins (Aufgabe 8)

9. Zur quantitativen gaschromatografischen Bestimmung von Glyoxal (Ethandial) nach der Methode des externen Standards wurden 5 Kalibrierlösungen (K1 bis K5) unterschiedlicher Analyt-Konzentration hergestellt. Die Kalibrierlösungen lieferten in den Kalibrierläufen folgende Peakflächen:

Massenanteil	**Peakfläche**	**Massenanteil**	**Peakfläche**
w_{K1} = 0,10	A_{K1} = 25315 counts	w_{K4} = 0,25	A_{K4} = 63139 counts
w_{K2} = 0,15	A_{K2} = 37823 counts	w_{K5} = 0,30	A_{K5} = 75027 counts
w_{K3} = 0,20	A_{K3} = 51034 counts		

   Die Probelösung ergab bei gleichen Analysebedingungen eine Peakfläche von 58432 counts. Erstellen Sie ein Kalibrierdiagramm und werten Sie die Bestimmung aus. Alternativ: Verwenden Sie ein Tabellenkalkulationsprogramm. Berechnen Sie den Massenanteil w(Glyoxal) der Probe.

8 Berechnungen zur Elektrotechnik

8.1 Grundbegriffe der Elektrotechnik

Elektrische Ladung (charge)

Als Ladung bezeichnet man eine Anzahl von positiven oder negativen Elementarladungen. Die kleinste elektrische Ladung, die sogenannte **Elementarladung** ist *e*.

Das Formelzeichen der elektrischen Ladung ist *Q*, ihre SI-Einheit ist ein Coulomb (1 C). Die Ladung von einem Coulomb[1] entspricht der Ladungsmenge von $6{,}242 \cdot 10^{18}$ Elementarladungen *e*.

Weitere Einheiten der Ladung sind die Amperestunde A · h sowie die Amperesekunde A · s.

Elektrische Ladung
$1\ \text{C} = 6{,}242 \cdot 10^{18} \cdot e$
Einheitenzeichen der Ladung $1\ \text{C} = 1\ \text{A} \cdot \text{s} = 2{,}7 \cdot 10^{-4}\ \text{A} \cdot \text{h}$

Elektrische Spannung (electric voltage)

Bei allen Arten der Spannungserzeugung wird Trennarbeit *W* ($W = F \cdot s$) gegen die Anziehungskräfte zwischen den positiven und negativen Ladungen verrichtet **(Bild 1)**.

Je weiter die Ladungen voneinander getrennt werden, desto größer ist ihr Ausgleichsbestreben. Demzufolge steigt mit zunehmender Entfernung der Ladungsträger die Spannung.

Die pro Ladungsmenge *Q* aufgebrachte Trennarbeit *W* heißt elektrische Spannung *U*. Die daraus abgeleitete SI-Einheit der elektrischen Spannung ist Joule durch Coulomb[1], Einheitenzeichen J/C.

Die Einheit der elektrischen Spannung wird in der Elektrotechnik **Volt**[2] genannt. Einheitenzeichen **V**.

Das Messgerät zum Messen der Spannung ist der Spannungsmesser, **Voltmeter** genannt. Es hat das Schaltzeichen Ⓥ.

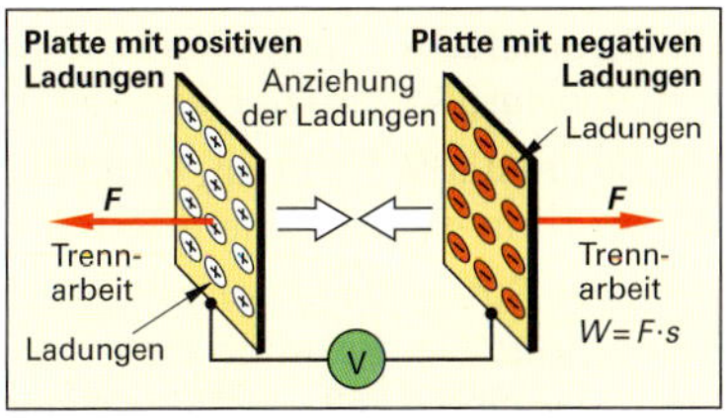

Bild 1: Spannungserzeugung

elektrische Spannung
$\text{elektrische Spannung} = \dfrac{\text{Arbeit}}{\text{Ladung}}; \quad U = \dfrac{W}{Q}$

Beispiel: In einem elektrischen Feld zwischen zwei Elektroden wird eine Kugel mit der Ladung zwei Coulomb um 20 cm gegen die Anziehungskraft der Ladungen verschoben **(Bild 2)**. Hierzu ist eine Kraft *F* von zwei Newton erforderlich. Wie groß ist die dadurch erzeugte Spannung?

Lösung: $U = \dfrac{W}{Q} = \dfrac{F \cdot s}{Q} = \dfrac{2\ \text{N} \cdot 0{,}20\ \text{m}}{2\ \text{C}} = 0{,}2\ \dfrac{\text{N} \cdot \text{m}}{\text{C}} = \mathbf{0{,}2\ V}$

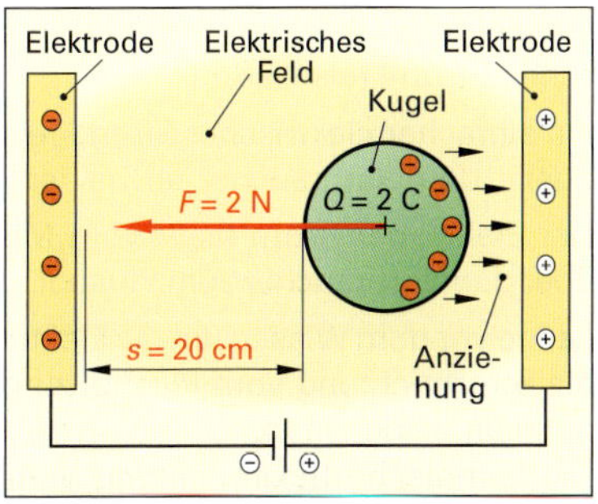

Bild 2: Verschiebung von Ladungen in einem elektrischen Feld

Zur technischen Spannungserzeugung stehen folgende Möglichkeiten zur Verfügung:

- Induktion (Generator),
- Druck (Piezoelement),
- Licht (Fotoelement),
- Reibung (Bandgenerator),
- Wärme (Thermoelement),
- chemische Wirkung (Akkumulator)

Elektrischer Strom (electric current)

Unter elektrischem Strom wird die gerichtete Bewegung von Ladungen verstanden **(Bild 3)**. Die Ladungsträger können sowohl Elektronen (e) als auch Ionen (Kationen ⊕ oder Anionen ⊖) sein. Man unterscheidet daher einen Elektronenstrom (Leiter 1. Ordnung) sowie einen Ionenstrom (Leiter 2. Ordnung).

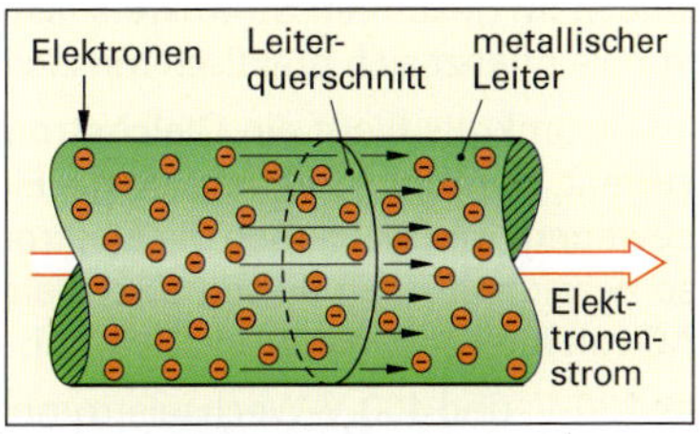

Bild 3: Elektronenstrom in einem metallischen Leiter

[1] Charles Augustin de Coulomb, franz. Physiker, 1736 bis 1806
[2] Alessandro Volta, ital. Physiker, 1745 bis 1827

Fließen Elektronen in einem metallischen Leiter, z.B. aus Aluminium oder Kupfer, so liegt ein Elektronenstrom vor (Bild 3, Seite 255). Durch den Ladungstransport tritt keine stoffliche Veränderung des Leiterwerkstoffes ein.

Der Ionenstrom in einem Elektrolyten, z.B. einer Salzlösung, besteht in der gerichteten Bewegung der Ionen in der leitenden Flüssigkeit **(Bild 1).** Hierbei ist der Ladungstransport an einen Stofftransport gebunden. Der Elektrolyt verändert dabei seine Zusammensetzung.

In Nichtleitern (z.B. Glas, Keramik, Kunststoffe) kann kein Strom fließen, da keine frei beweglichen Elektronen vorhanden sind. Nichtleiter werden auch als Isolatoren verwendet, z.B. zur Ummantelung elektrischer Leiter.

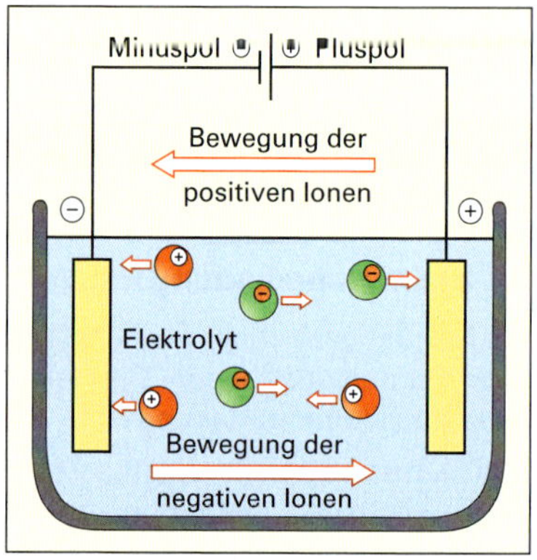

Bild 1: Ionenstrom im Elektrolyten einer Elektrolysezelle

Stromstärke (current rate)

Die Stromstärke I ist ein Maß für die Größe eines Stroms. Sie ist eine Basisgröße, ihre SI-Einheit ist Ampere (A).

Die Stromstärke I gibt an, welche Ladungsmenge Q pro Zeitabschnitt t durch einen Leiterquerschnitt fließt (Bild 3, Seite 255).

Bei einer Stromstärke von einem Ampere fließt durch den Leiterquerschnitt pro Sekunde eine Ladungsmenge von einem Coulomb, das sind $6{,}242 \cdot 10^{18}$ Elektronen.

Das Messgerät zum Messen der Stromstärke ist der Strommesser, **Amperemeter** genannt. Schaltzeichen Ⓐ.

Stromstärke

$$\text{Stromstärke} = \frac{\text{Ladungsmenge}}{\text{Zeitabschnitt}}$$

$$I = \frac{Q}{t}$$

Beispiel: Bei der Alkali-Chlorid-Elektrolyse nach dem Membranverfahren (Bild 3, Seite 259) beträgt die Stromstärke in den Kupferzuleitungen 20 kA. Welche Ladungsmenge fließt pro Minute?

Lösung: $I = \frac{Q}{t} \Rightarrow Q = I \cdot t = 20\,\text{kA} \cdot 1\,\text{min} = 20 \cdot 10^3\,\text{A} \cdot 60\,\text{s}$

$Q = 1{,}2 \cdot 10^6\,\text{A} \cdot \text{s}$ mit $1\,\text{A} \cdot \text{s} = 1\,\text{C} \Rightarrow \mathbf{Q = 1{,}2 \cdot 10^6\,C}$

Elektrischer Stromkreis (electric circuit)

Ein elektrischer Strom kann nur in einem geschlossenen elektrischen Stromkreis fließen.

Ein einfacher elektrischer Stromkreis besteht aus der Spannungsquelle, dem Verbraucher, sowie der Hin- und Rückleitung **(Bild 2).**

Der Elektronenstrom fließt vom Minuspol der Spannungsquelle über den Verbraucher zum Pluspol.

Lange vor dem Wissen um die Elektronenstromrichtung hatte man die Stromrichtung vom Pluspol zum Minuspol festgelegt. Dieses hat man beibehalten.
Die technische Stromrichtung verläuft aus diesen historischen Gründen entgegengesetzt zur Elektronenstromrichtung.

In einem metallischen Leiter erfolgt der Strom der Elektronen nur mit ca. einem Millimeter in der Sekunde. Die Elektronen setzen sich jedoch im gesamten Stromkreis fast gleichzeitig in Bewegung. Ihr Impuls pflanzt sich praktisch mit Lichtgeschwindigkeit fort.

Im Stromkreis fließt ein **Gleichstrom** (Kurzzeichen **DC** von **d**irect **c**urrent, Symbol: –), wenn sich die Elektronen in gleicher Richtung bewegen **(Bild 3).** Fließen die Elektronen hingegen hin und zurück, so bezeichnet man diesen Strom als **Wechselstrom** (Kurzzeichen **AC** von **a**lternating **c**urrent, Symbol: ~).

Im 230-V- und 400-V-Wechselstromnetz in Deutschland beträgt die Frequenz 50 Hertz. Die Elektronen wechseln demzufolge in einer Sekunde 50-mal ihre Fließrichtung.

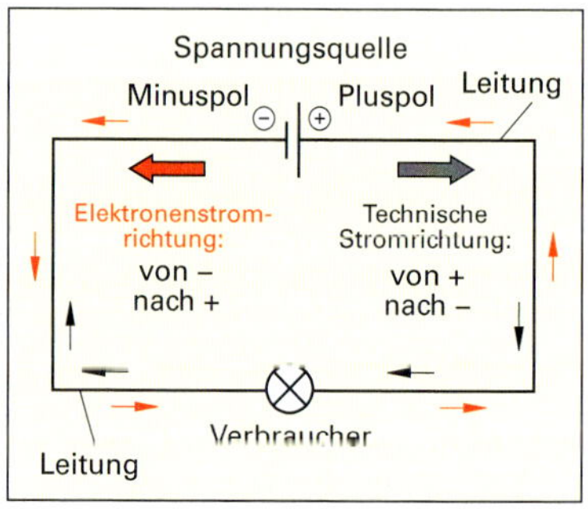

Bild 2: Einfacher elektrischer Stromkreis

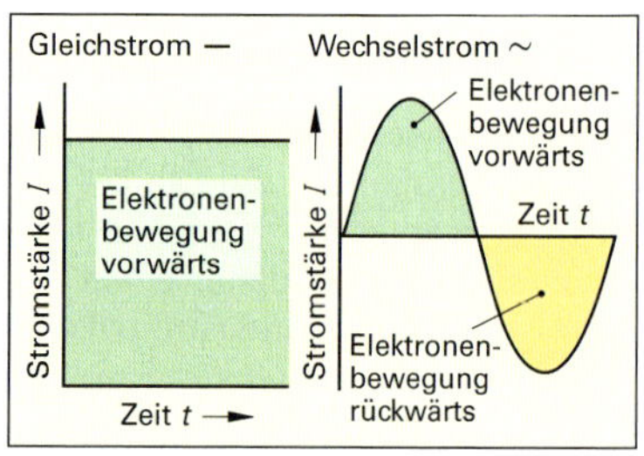

Bild 3: Stromarten

Aufgaben zu Grundbegriffen der Elektrotechnik

1. Beim Füllen eines Rührkessels mit Toluol aus einem Fass **(Bild 1)** wird der Rührkessel elektrostatisch aufgeladen. Über das Erdungskabel fließen $3{,}5 \cdot 10^{13}$ Elektronen pro Minute ab. Wie groß ist die Stromstärke im Erdungskabel?
2. Durch eine Kontroll-Lampe am Steuerpult einer Zentrifuge fließt während des fünfzehn Minuten dauernden Zentrifugierens ein Strom von 0,20 A. Welche Ladungsmenge wird in dieser Zeit durch die Kontroll-Lampe transportiert?
3. Wie viele Elektronen treffen pro Sekunde den Leuchtschirm einer Elektronenstrahlröhre, wenn die Stromstärke des Elektronenstrahls 3,0 mA beträgt?
4. Beim Laden eines Lithium-Ionen-Akkumulator eines Gabelstaplers wird bei einem mittleren Ladestrom von 1,85 A eine elektrische Ladung von 88 Ah zugeführt. Wie lange dauert der Ladevorgang?
5. Zur Herstellung von Elektrolyt-Kupfer **(Bild 2)** wird über Stromschienen eine Ladungsmenge von $2{,}7 \cdot 10^6$ C pro Quadratmeter Elektrodenfläche in 2,5 Stunden einer Elektrolysezelle zugeführt. Wie groß ist die Stromstärke?
6. Bei der Schmelzflusselektrolyse von Magnesiumchlorid beträgt die Stromstärke in der Zuführungsleitung 350 A. Nach welcher Zeit ist die Elektrizitätsmenge von 12 kC durch die Kupferzuleitungen geflossen?
7. In einem Kunststoff-verarbeitenden Betrieb läuft eine Polyethylen-Folie von einem Meter Breite mit einer Geschwindigkeit von 360 m/min durch eine Maschine. Die Folie lädt sich dabei pro Quadratzentimeter um 10^{-7} C auf. Welcher Strom muss von der Folie abgenommen werden, um die Folie ladungsfrei zu machen?

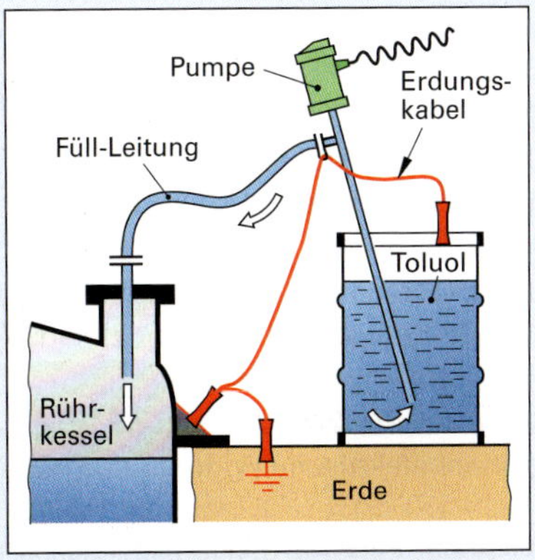

Bild 1: Erdung beim Umfüllen einer Flüssigkeit (Aufgabe 1)

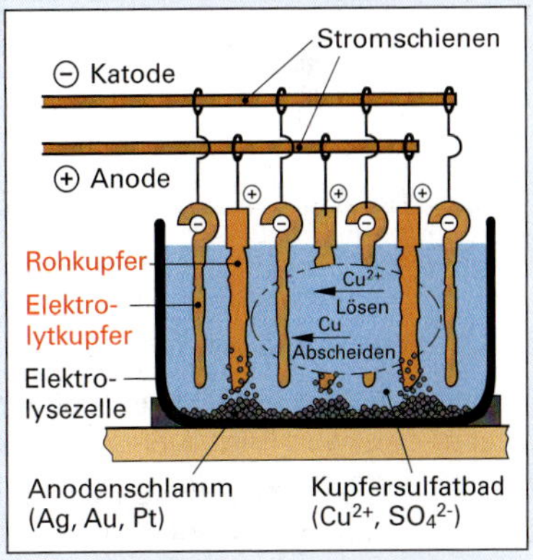

Bild 2: Herstellung von Elektrolytkupfer (Aufgabe 5)

8.2 Elektrischer Widerstand und Leitwert eines Leiters

Der Strom der Elektronen in einem Leiter (Bild 3, Seite 255) wird durch die ständigen Zusammenstöße der Elektronen mit den positiv geladenen Atomen des Leiterwerkstoffs gehemmt **(Bild 3).**

Jeder Leiter setzt dem elektrischen Strom demzufolge einen elektrischen **Widerstand *R*** (resistance) entgegen. Er muss durch eine angelegte Spannung überwunden werden. Der elektrische Widerstand hat den Einheitennamen **Ohm**[1] mit dem Einheitenzeichen Ω.

Der elektrische Widerstand *R* eines elektrischen Leiters ist umso größer,

- je größer die Leiterlänge *l* ist: $R \sim l$,
- je kleiner der Leiterquerschnitt *A* ist: $R \sim 1/A$,
- je größer der spezifische elektrische Widerstand ϱ des Leiterwerkstoffs ist: $R \sim \varrho$

Diese Abhängigkeiten lassen sich in der nebenstehenden Größengleichung für den **elektrischen Widerstand *R*** eines Leiterstücks zusammenfassen.

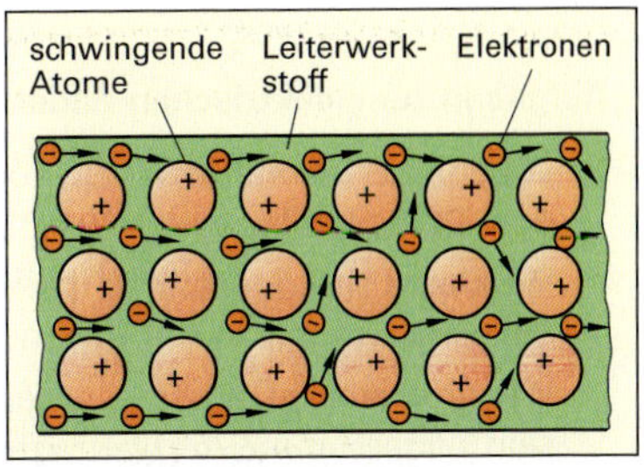

Bild 3: Verdeutlichung des Leiterwiderstands durch den behinderten Elektronenstrom

Elektrischer Widerstand eines Leiters

$$R = \frac{\varrho \cdot l}{A}$$

[1] Georg Simon Ohm, deutscher Physiker, 1778 bis 1854

Der Widerstand *R* eines Leiters ist ein Maß dafür, wie stark ein elektrischer Strom in einem Leiter in seinem Fluss gehemmt wird. Ein Leiter mit einem kleinen Widerstand leitet den elektrischen Strom gut, ein Leiter mit großem Widerstand leitet ihn schlecht.

Der Kennwert für den elektrischen Widerstand eines Werkstoffs ist der **spezifische elektrische Widerstand** ϱ. Sein Einheitenzeichen ergibt sich aus der Definitionsgleichung $\varrho = R \cdot A / l$ zu $(\Omega \cdot \text{mm}^2)/\text{m}$.

Der spezifische Widerstand gibt an, welchen Widerstand (in Ohm) ein 1 Meter langer Leiter mit einer Querschnittsfläche von 1 mm^2 dem Strom entgegensetzt.

Silber, Kupfer und Aluminium sind gute elektrische Leiter. Deutlich größere elektrische Widerstände haben Eisenwerkstoffe **(Tabelle)**.

Tabelle: Spezifischer Widerstand ϱ in $\frac{\Omega \cdot \text{mm}^2}{\text{m}}$ bei 20°C

Leiterwerkstoff	ϱ	Leiterwerkstoff	ϱ
Silber	0,016	Platin	0,108
Kupfer	0,0178	Eisen	0,13
Aluminium	0,0278	Quecksilber	0,95
Wolfram	0,055	Konstantan	0,49

Beispiel: In einem Platin-Widerstandsthermometer (Pt 100) dient eine in Glas eingeschmolzene Platin-Wicklung als Messfühler (Bild 2, Seite 267). Der Platindraht des Messwiderstands ist 7,27 cm lang und hat einen Durchmesser von 0,01 mm. Wie groß ist der elektrische Widerstand des Platindrahtes?

Lösung: $R = \frac{\varrho \cdot l}{A}$ mit $A = \frac{\pi}{4} \cdot d^2$ und $\varrho_{\text{pt}} = 0{,}108 \frac{\Omega \cdot \text{mm}^2}{\text{m}}$

$$\boldsymbol{R} = \frac{\varrho \cdot l \cdot 4}{\pi \cdot d^2} = \frac{0{,}108 \frac{\Omega \cdot \text{mm}^2}{\text{m}} \cdot 0{,}0727\ \text{m} \cdot 4}{\pi \cdot 0{,}0001\ \text{mm}^2} = 99{,}97\ \Omega \approx \mathbf{0{,}1\ k\Omega}$$

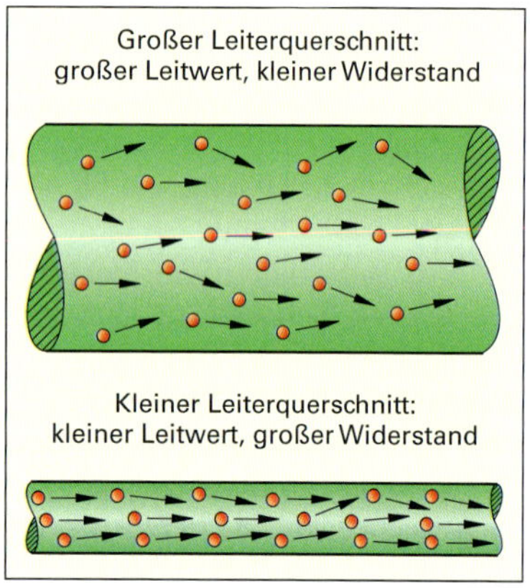

Bild 1: Zusammenhang zwischen Leiterquerschnitt sowie Widerstand und Leitwert

Leitwert (conductivity)

Der **Leitwert *G*** ist ein Maß wie gut der elektrische Strom in einem Leiter geleitet wird **(Bild 1).** Er ist definiert als der Kehrwert des elektrischen Widerstands *R* (siehe rechts).

Der Einheitenname für den Leitwert *G* ist 1/Ω, **Siemens**[1)] genannt. Das Einheitenzeichen ist S.

Beispiel: Wie groß ist der Leitwert eines Datenbusses in einer Prozessleitwarte, dessen Widerstand 550 mΩ beträgt?

Lösung: $\boldsymbol{G} = \frac{1}{R} = \frac{1}{550\ \text{m}\Omega} = \frac{1}{0{,}550\ \Omega} \approx \mathbf{1{,}82\ S}$

Leitwert eines Leiters

$$G = \frac{1}{R} = \frac{A}{\varrho \cdot l}$$

$$[G] = \frac{1}{[R]} = \frac{1}{\Omega} = 1\ \text{S}$$

Aufgaben zum elektrischen Widerstand und zum Leitwert eines Leiters

1. Welchen Widerstand hat ein auf eine Rolle gewickelter 100 m langer isolierter Konstantandraht mit dem Drahtdurchmesser $d = 0{,}35$ mm?
2. Welchen Leiterquerschnitt muss ein Sicherheits-Experimentierkabel mit Kupferleiter aufweisen, das bei einer Länge von 100 cm einen Widerstand von 7,12 mΩ haben darf?
3. Wie groß ist der Durchmesser eines 20 cm langen Platindrahtes in einem Kontaktthermometer, wenn sein Widerstand 2,75 Ω beträgt?
4. Bei der Alkalichlorid-Elektrolyse (Bild 3, Seite 141) wird der Strom über eine Stromsammelschiene aus Kupfer (14,0 m lang, 20,0 cm breit und 20,0 mm dick) zugeführt. Berechnen Sie den elektrischen Widerstand und den Leitwert der Stromsammelschiene.
5. Eine Aluminiumleitung mit einem Durchmesser von 2,0 mm soll durch eine Kupferleitung gleicher Länge ersetzt werden. Wie groß muss der Durchmesser der Kupferleitung sein, wenn der Widerstand gleich groß bleiben soll?

[1)] Werner von Siemens, deutscher Ingenieur, 1816 bis 1892

8.3 Ohm'sches Gesetz

Wird an einen Widerstand in einem geschlossenen Stromkreis eine Spannung angelegt, so fließt durch den Widerstand ein Strom **(Bild 1)**. Variiert man den elektrischen Widerstand *R* und die angelegte Spannung *U*, so erhält man Abhängigkeiten.

Die Stromstärke I ist umso größer,

- je größer die Spannung *U* ist: $I \sim U$
- je kleiner der Widerstand *R* ist: $I \sim 1/R$

Diese Abhängigkeiten ergeben das **Ohm'sche Gesetz** (Ohm's law):

> In einem Stromkreis ist bei konstanter Temperatur die Stromstärke der Spannung direkt und zum Widerstand umgekehrt proportional.

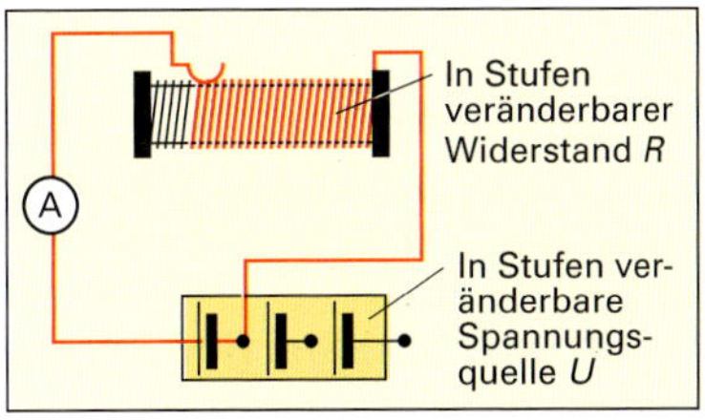

Bild 1: Versuchsanordnung zur Ermittlung des Ohm'schen Gesetzes

Ohm'sches Gesetz

$$\text{Stromstärke} = \frac{\text{Spannung}}{\text{Widerstand}}; \quad I = \frac{U}{R}$$

Einheit des elektrischen Widerstands $[R] = \frac{[U]}{[I]} = \frac{\text{V}}{\text{A}} = \Omega$

Das Ohm'sche Gesetz besagt: Die Spannung ein Volt treibt durch den Widerstand von einem Ohm den Strom von einem Ampere.

Umgeformt nach dem Widerstand *R* liefert es eine Definition für die Einheit des elektrischen Widerstands.

Die abgeleitete SI-Einheit des elektrischen Widerstands ist V/A. Sie wird **Ohm** (Einheitenzeichen **Ω**) genannt.

Beispiel: Wie groß muss die an einem Widerstandsthermometer Pt 100 angelegte Spannung sein, wenn der Messwiderstand 100 Ω beträgt und ein Strom von 3,0 mA fließt **(Bild 2)**?

Lösung: $U = R \cdot I = 100\,\Omega \cdot 3{,}0 \cdot 10^{-3}\,\text{A} = 100\,\frac{\text{V}}{\text{A}} \cdot 3{,}0 \cdot 10^{-3}\,\text{A} = \mathbf{0{,}30\,V}$

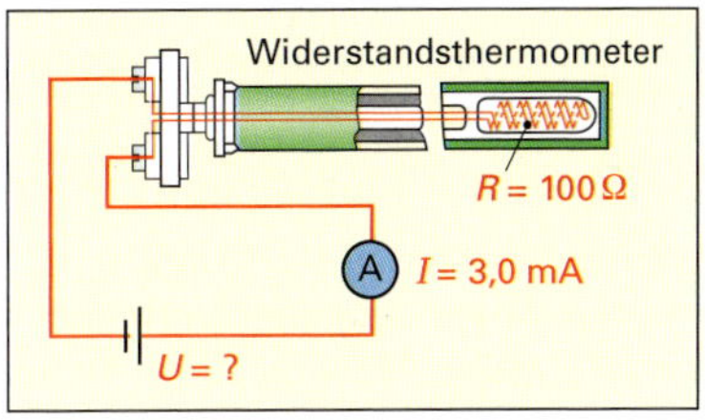

Bild 2: Widerstandsthermometer Pt 100 (Beispiel)

Aufgaben zum Ohm'schen Gesetz

1. Wie groß ist der elektrische Widerstand einer Alkalichlorid-Elektrolysezelle **(Bild 3)**, wenn bei einer angelegten Spannung von 3,3 V ein Strom von 11,7 kA fließt?
2. Ein Lastwiderstand von 200 Ω ist in einem Stromkreis an eine Spannung von 230 V angeschlossen. Wie groß ist der im Stromkreis fließende Strom?
3. Der Messwiderstand eines Widerstandsthermometers vergrößert seinen Widerstandswert beim Erwärmen um 50 °C um 19 Ω. Wie ändert sich die Spannung, wenn ein konstanter Messstrom von 3,0 mA fließt?
4. Wie groß ist die Betriebsstromstärke einer Rohrbegleitheizung mit einem Widerstand von 8,0 Ω? Die angelegte Spannung beträgt 400 V.
5. Die Betriebsstromstärke einer Beleuchtungsanlage in einer Lagerhalle für organische Zwischenprodukte beträgt 8,0 A. An welche Betriebsspannung muss sie angeschlossen werden, wenn ihr Gesamtwiderstand 28 Ω beträgt?
6. Wie groß ist der elektrische Widerstand der Heizwicklung eines Trockenschranks **(Bild 4)**, wenn bei einer Betriebsspannung von 230 V ein Strom von 6,0 A fließt?

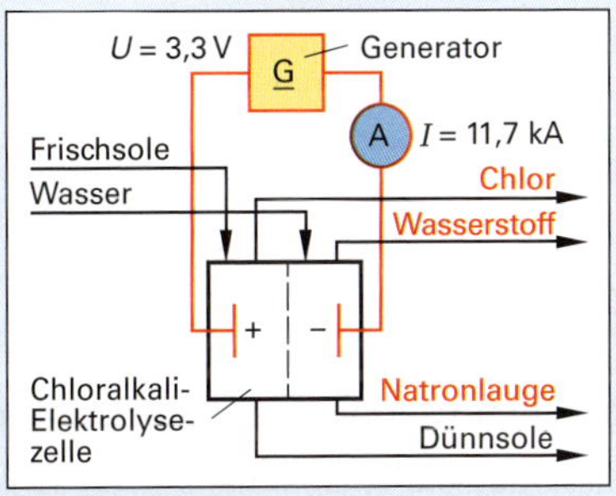

Bild 3: Chloralkali-Elektrolysezelle (Aufgabe 1)

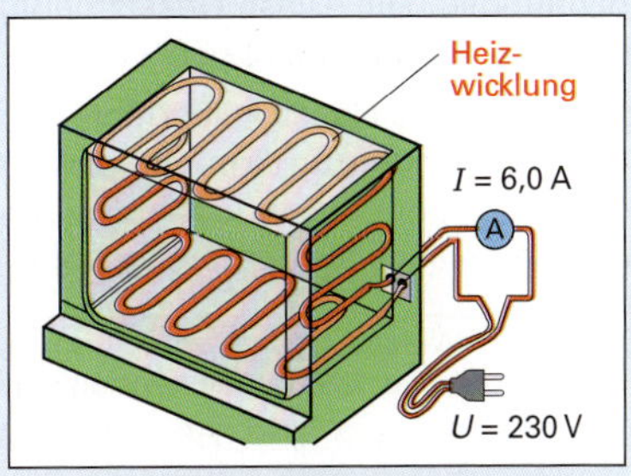

Bild 4: Trockenschrank (Aufgabe 6)

8.4 Reihenschaltung von Widerständen

Eine Reihenschaltung (series connection) von Widerständen liegt vor, wenn der Strom die einzelnen Widerstände nacheinander durchströmt **(Bild 1).** Durch die parallel geschalteten Spannungsmesser in Bild 1 fließt wegen ihrer hohen Innenwiderstände nur ein kleiner Strom, der vernachlässigt werden kann.

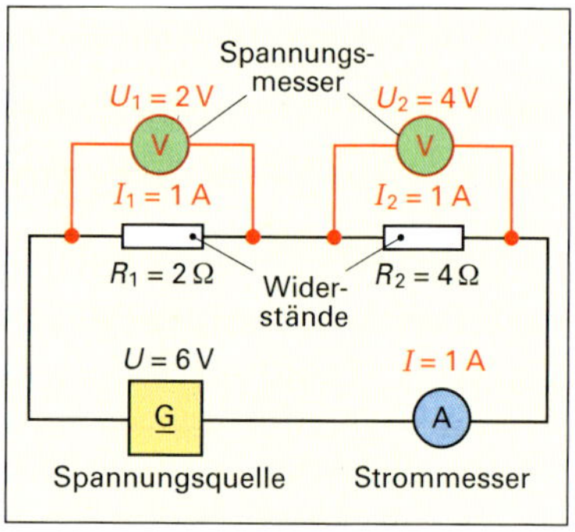

Bild 1: Reihenschaltung von Widerständen

Stromstärke bei Reihenschaltung

Da die Elektronen an keiner Stelle aus dem Stromkreis entweichen können und sich der Stromkreis nicht verzweigt, ist die Stromstärke in allen Widerständen und an jeder Stelle in den Leitern gleich (I = konst., siehe Formel rechts).

Dies gilt analog auch für galvanische Elemente, die zur Spannungserhöhung in Reihe geschaltet sind.

Beispiel:	Bei einer Alkalichlorid-Elektrolyse sind in einem Stromkreis 156 Zellen in Reihe geschaltet. Die Stromstärke wird am Anfang des Stromkreises zu 120 kA gemessen. Wie groß ist die Stromstärke zwischen den Zellen 86 und 87?
Lösung:	Da hier eine Reihenschaltung vorliegt, ist die Stromstärke an jeder Stelle des Stromkreises **120 kA.**

Stromstärke

$$I_{ges} = I_1 = I_2 = I_3 = \ldots = \text{konst.}$$

Gesamtwiderstand bei Reihenschaltung

Der Widerstand eines Drahtes ist von seiner Länge abhängig (Seite 257). Ein längeres Drahtstück kann man sich aus mehreren kurzen Drahtstücken zusammengesetzt denken. Jedes Teilstück hat einen Teilwiderstand, der seiner Teillänge entspricht. Der Gesamtwiderstand R_{ges} des ganzen Drahtes – er wird auch als Ersatzwiderstand bezeichnet – setzt sich aus der Summe dieser Teilwiderstände zusammen.

Diese Überlegungen gelten auch für *n* gleiche Widerstände, die in Reihe in einem Stromkreis angeordnet sind.

Gesamtwiderstand

$$R_{ges} = R_1 + R_2 + R_3 + \ldots$$

Für *n* gleiche Widerstände gilt:

$$R_{ges} = n \cdot R$$

Beispiel:	Wie groß ist der Widerstand von 156 reihengeschalteten Alkalichlorid-Elektrolysezellen, wenn der Widerstand einer Zelle 50 µΩ beträgt?
Lösung:	$\boldsymbol{R_{ges}} = n \cdot R = 156 \cdot 50 \cdot 10^{-6}\,\Omega = 7800 \cdot 10^{-6}\,\Omega \approx \mathbf{7{,}8 \cdot 10^{-3}\,m\Omega}$

Gesamtspannung bei Reihenschaltung

Misst man die Teilspannungen an den einzelnen Widerständen einer Reihenschaltung (Bild 1), so stellt man fest, dass die Summe der Teilspannungen so groß ist, wie die Gesamtspannung U_{ges} der Spannungsquelle. Diese Gesetzmäßigkeit wird auch als **2. Kirchhoff'sche[1] Regel** bezeichnet.

Eine strömende Flüssigkeit erfährt an Hindernissen in einem Rohrnetz, insbesondere an Armaturen, einen Druckabfall. Analog hierzu wird der Spannungsverlust eines elektrischen Stroms an einem Widerstand auch als Spannungsabfall bezeichnet.

Gesamtspannung
2. Kirchhoff'sche Regel

$$U_{ges} = U_1 + U_2 + U_3 + \ldots$$

Für *n* gleich große Spannungsabfälle gilt:

$$U_{ges} = n \cdot U$$

Beispiel:	Welche Gesamtspannung muss an 156 in Reihe geschalteten Alkalichlorid-Elektrolysezellen (Bild 3, Seite 259) mindestens anliegen, wenn der Spannungsabfall pro Zelle 4 V beträgt?
Lösung:	$\boldsymbol{U_{ges}} = n \cdot U = 156 \cdot 4\,\text{V} = 624\,\text{V} \approx \mathbf{0{,}6\,kV}$

[1] Robert Gustav Kirchhoff, deutscher Physiker, 1824 bis 1888

Teilspannungen und Teilwiderstände bei Reihenschaltung von zwei Widerständen

Der Strom ist bei der Reihenschaltung von zwei Widerständen in den beiden Widerständen gleich groß (Bild 1, Seite 260): $I_1 = I_2$. Für die Ströme gilt nach dem Ohm'schen Gesetz:

$$I_1 = \frac{U_1}{R_1} \quad \text{und} \quad I_2 = \frac{U_2}{R_2}; \quad \text{da} \quad I_1 = I_2 \quad \text{folgt} \quad \frac{U_1}{R_1} = \frac{U_2}{R_2}$$

Die nach Umformen erhaltene Gleichung besagt: Bei der Reihenschaltung von zwei Widerständen verhalten sich die Teilspannungen wie die dazugehörigen Teilwiderstände.

Spannungsteilerregel

$$\frac{U_1}{U_2} = \frac{R_1}{R_2}$$

Beispiel: Zwei Widerstände, $R_1 = 5{,}0\ \Omega$ und $R_2 = 8{,}0\ \Omega$, sind in Reihe geschaltet **(Bild 1)**.

a) Wie groß ist der Spannungsabfall am Widerstand R_1, wenn er am Widerstand R_2 1,2 V beträgt?

b) Welchen Größenwert hat der Ersatzwiderstand?

c) Welche Stromstärke wird im Stromkreis gemessen?

d) Wie groß ist die Gesamtspannung?

Lösung:

a) $\frac{U_1}{U_2} = \frac{R_1}{R_2} \Rightarrow \boldsymbol{U_1} = \frac{R_1 \cdot U_1}{R_2} = \frac{5{,}0\ \Omega \cdot 1{,}2\ \text{V}}{8{,}0\ \Omega} = \mathbf{0{,}75\ V}$

b) $\boldsymbol{R_{ges}} = R_1 + R_2 = 5{,}0\ \Omega + 8{,}0\ \Omega = \mathbf{13{,}0\ \Omega}$

c) $\boldsymbol{I_1} = \frac{U_1}{R_1} = \frac{0{,}75\ \text{V}}{5{,}0\ \Omega} = \mathbf{0{,}15\ A}$; $\quad I_1 = I_{ges} = 0{,}15\ \text{A}$

d) $\boldsymbol{U_{ges}} = U_1 + U_2 = 1{,}2\ \text{V} + 0{,}75\ \text{V} = 1{,}95\ \text{V} \approx \mathbf{2{,}0\ V}$

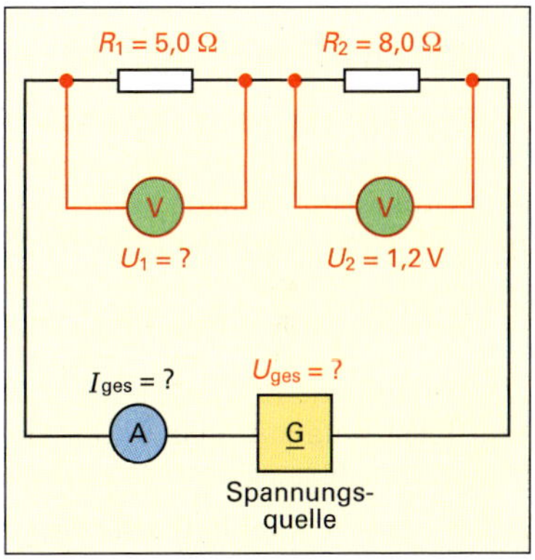

Bild 1: Beispiel einer Reihenschaltung

Aufgaben zur Reihenschaltung von Widerständen

1. Drei Widerstände liegen an 230 V und werden von einem Strom von 5,0 mA durchflossen **(Bild 2)**. Wie groß ist der Widerstand R_1, wenn die Widerstände $R_2 = 2{,}0\ \text{k}\Omega$ und $R_3 = 4{,}0\ \text{k}\Omega$ betragen?
2. Eine Rohrbegleitheizung ($I = 40$ A) ist mit einem 10 m langen, zweiadrigen Kupferkabel mit jeweils 6,0 mm² Querschnitt an 230 V angeschlossen. Berechnen Sie den Spannungsfall in der Leitung in Volt und in Prozent der Netzspannung. Wie groß sind die Klemmenspannung am Verbraucher und der Gesamtwiderstand?
3. Drei Widerstände $R_1 = 30\ \Omega$, $R_2 = 125\ \Omega$ und $R_3 = 80\ \Omega$ sind in Reihe geschaltet **(Bild 3)**. Am Widerstand R_2 wird eine Spannung von 120 V gemessen. Berechnen Sie den Ersatzwiderstand, die Stromstärke, die Klemmenspannung sowie die Teilspannungen an den Widerständen R_1 und R_3.
4. Drei in Reihe geschaltete Widerstände liegen bei einer Stromstärke von 1,6 A an 230 V. Der Widerstand R_3 beträgt 40 Ω. Am Widerstand R_2 wird ein Spannungsabfall von 70 V gemessen. Berechnen Sie:
   a) den Gesamtwiderstand,
   b) die Widerstände R_1 und R_2 und
   c) den Spannungsabfall von R_1 und R_3.
5. Welcher Vorwiderstand ist erforderlich, um eine 12-V-Halogenlampe mit einem Nennstrom von 0,81 A versuchsweise an die Netzspannung 230 V anzuschließen **(Bild 4)**?

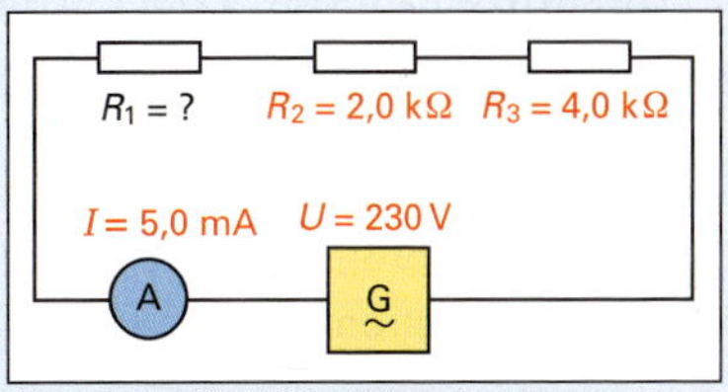

Bild 2: Schaltskizze zu Aufgabe 1

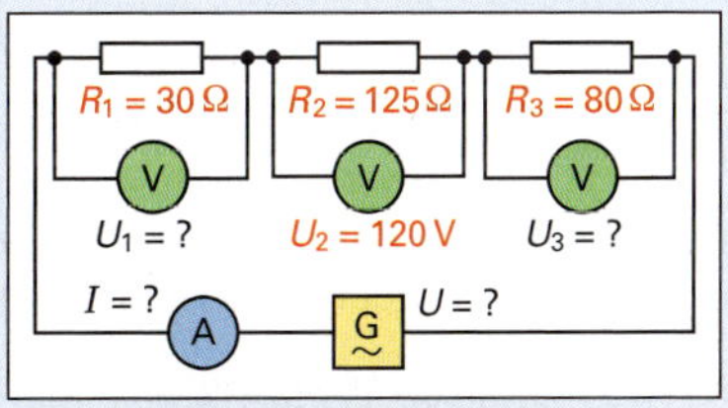

Bild 3: Schaltskizze zu Aufgabe 3

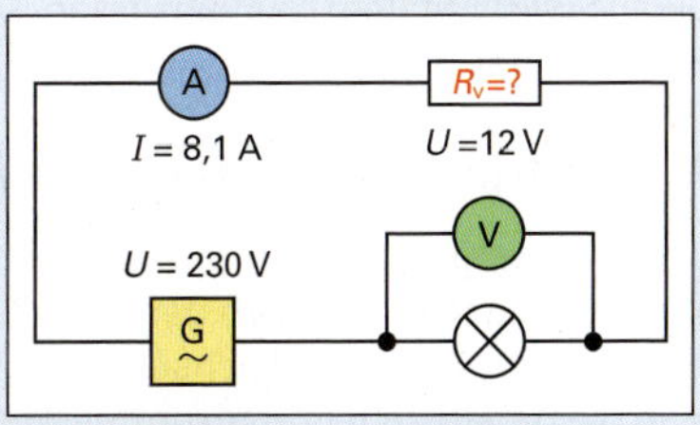

Bild 4: Schaltskizze zu Aufgabe 5

8.5 Parallelschaltung von Widerständen

Eine Parallelschaltung (parallel circuit) von Widerständen liegt vor, wenn sich der Strom in Teilströme aufteilt und die Widerstände durchströmt. An jedem Widerstand liegt die gleiche Spannung an **(Bild 1)**. Alle Stromeintrittsklemmen und alle Stromaustrittsklemmen sind mit jeweils einem Pol der Spannungsquelle verbunden.

Wie sich bei der Parallelschaltung die Spannungen, Stromstärken und Widerstände verhalten, lässt sich durch die nachfolgenden Überlegungen erkennen.

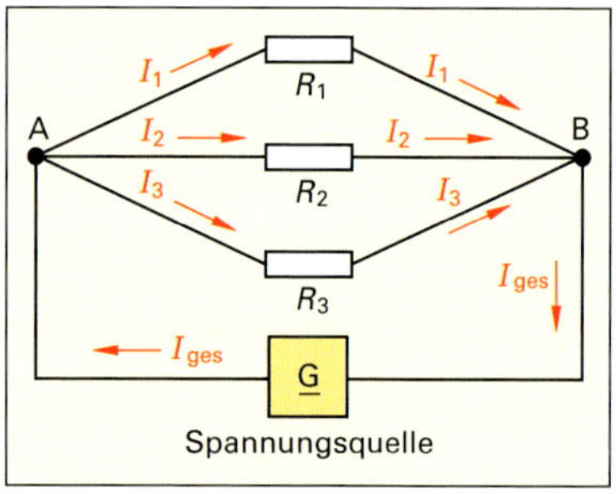

Bild 1: Parallelschaltung von Widerständen

Spannungen bei Parallelschaltung

Alle drei Teilwiderstände sind über die Stromverzweigungspunkte A und B gleichzeitig mit der Spannungsquelle verbunden. Aus diesem Grund liegt an allen Widerständen die gleiche Gesamtspannung (Ausgangsspannung) an. Es gilt: $U_{ges} = U_1 = U_2 = U_3 = \ldots$

Spannungen

$$U_{ges} = U_1 = U_2 = U_3 = \ldots$$

Stromstärken bei Parallelschaltung

Der Elektronenstrom teilt sich im Stromverzweigungspunkt A in drei Teilströme auf (Bild 1). Der Gesamtstrom I_{ges} ist gleich der Summe der Teilströme in den parallel geschalteten Widerständen.

Dies wird als **1. Kirchhoff'sche Regel** bezeichnet.

Die Aufteilung der Teilströme erfolgt dabei so, dass in einem großen Widerstand ein kleiner Strom fließt, während in einem kleinen Widerstand ein großer Strom fließt.

Stromstärken
1. Kirchhoff'sche Regel

$$I_{ges} = I_1 + I_2 + I_3 + \ldots$$

Gesamtwiderstand bei Parallelschaltung

Bei der Parallelschaltung hat der Strom Durchflussmöglichkeiten durch mehrere Widerstände (Bild 1). Der Gesamtwiderstand der Schaltung, auch Ersatzwiderstand genannt, ist deshalb kleiner als der kleinste Einzelwiderstand. Die Größe des Ersatzwiderstands lässt sich durch Anwendung des Ohm'schen Gesetzes aus der Spannung U und der Gesamtstromstärke I_{ges} berechnen.

Für den Gesamtstrom gilt $I_{ges} = I_1 + I_2 + I_3 + \ldots$

Setzt man für $I_{ges} = \frac{U}{R_{ges}}$; $I_1 = \frac{U}{R_1}$; $I_2 = \frac{U}{R_2}$ usw. ein,

so erhält man $\frac{U}{R_{ges}} = \frac{U}{R_1} + \frac{U}{R_2} + \frac{U}{R_3} + \ldots$

Durch Division mit der gemeinsamen Spannung U folgt eine Größengleichung für den Kehrwert des **Ersatzwiderstands R_{ges}** mehrerer paralleler Widerstände (siehe Formel rechts).

Ersatzwiderstand

$$\frac{1}{R_{ges}} = \frac{1}{R_1} + \frac{1}{R_2} + \frac{1}{R_3} + \ldots$$

Bei zwei parallelen Widerständen gilt: $\frac{1}{R_{ges}} = \frac{1}{R_1} + \frac{1}{R_2}$

Daraus wird mit dem gemeinsamen Hauptnenner $R_1 \cdot R_2$: $\frac{1}{R_{ges}} = \frac{R_1 + R_2}{R_1 \cdot R_2}$

Ersatzwiderstand von zwei parallelen Widerständen

$$R_{ges} = \frac{R_1 \cdot R_2}{R_1 + R_2}$$

Teilströme bei zwei parallelen Widerständen

Die Spannung ist bei der Parallelschaltung an allen Widerständen gleich groß ($U_1 = U_2$). Nach dem Ohm'schen Gesetz gilt: $U_1 = R_1 \cdot I_1$ und $U_2 = R_2 \cdot I_2$. Nach Gleichsetzen ($U_1 = U_2$) und Umformen erhält man die nebenstehende **Stromteilerregel.** Sie besagt:

Die Teilströme verhalten sich umgekehrt wie die Widerstände.

Stromteilerregel

$$\frac{I_1}{I_2} = \frac{R_2}{R_1}$$

Beispiel: Folgende Verbraucher sind in einem Stromkreis mit 230-V-Netzanschluss parallel geschaltet **(Bild 1)**:

- ein Rührermotor, Stromaufnahme $I_R = 2{,}0$ A,
- eine Pilzheizhaube, Stromaufnahme $I_P = 4{,}0$ A und
- eine Arbeitsplatzleuchte, Widerstand $R_A = 484\ \Omega$.

Wie groß sind:

a) die Widerstände des Rührermotors R_R und der Pilzheizhaube R_P

b) die Stromstärke I_A der Arbeitsplatzleuchte,

c) der Ersatzwiderstand R_{ges} und die Gesamtstromstärke I_{ges},

d) die Spannungen U_R, U_P und U_A an den einzelnen Geräten?

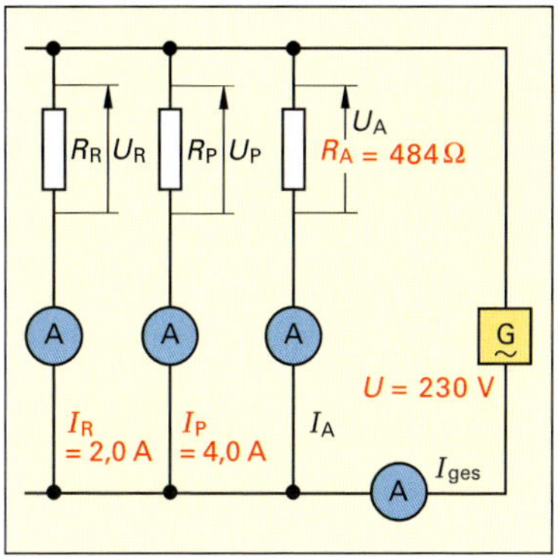

Bild 1: Schaltskizze zum Beispiel

Lösung:

a) $\boldsymbol{R_R} = \frac{U}{I_R} = \frac{230\ \text{V}}{2{,}0\ \text{A}} = \mathbf{115\ \Omega}$; $\boldsymbol{R_P} = \frac{U}{I_P} = \frac{230\ \text{V}}{4{,}0\ \text{A}} = \mathbf{58\ \Omega}$

b) $\boldsymbol{I_A} = \frac{U}{R_A} = \frac{230\ \text{V}}{484\ \Omega} = 0{,}4752\ \text{A} \approx \mathbf{0{,}475\ A}$

c) $\frac{1}{R_{ges}} = \frac{1}{R_R} + \frac{1}{R_P} + \frac{1}{R_A} = \frac{1}{115\ \Omega} + \frac{1}{57{,}5\ \Omega} + \frac{1}{484\ \Omega} = 0{,}0282\ \frac{1}{\Omega} \Rightarrow \boldsymbol{R_{ges}} = \frac{1}{0{,}0282}\ \Omega \approx \mathbf{35{,}5\ \Omega}$

$\boldsymbol{I_{ges}} = I_R + I_P + I_A = 2{,}0\ \text{A} + 4{,}0\ \text{A} + 0{,}475\ \text{A} = 6{,}475\ \text{A} \approx \mathbf{6{,}5\ A}$

d) $\boldsymbol{U_{ges}} = U_R = U_P = U_A = \mathbf{230\ V}$

Aufgaben zur Parallelschaltung von Widerständen

1. Drei Widerstände, $R_1 = 10\ \Omega$, $R_2 = 17\ \Omega$ und $R_3 = 24\ \Omega$, sind parallel in einem Stromkreis geschaltet **(Bild 2)**. Die Gesamtstromstärke beträgt 12 A. Berechnen Sie den Gesamtwiderstand, die Klemmenspannung und die Einzelstromstärken.

2. Zwei Kontroll-Lampen am Steuerpult einer Rührwerksdrucknutsche liegen parallel an der Betriebsspannung 12 V an. Die Stromstärken in den Kontroll-Lampen werden zu 0,30 A und 0,50 A gemessen. Berechnen Sie den Gesamtwiderstand und die Einzelwiderstände.

3. Zwei Heizwiderstände, $R_1 = 97\ \Omega$, $R_2 = 146\ \Omega$, sind parallel geschaltet. Wie groß ist der Ersatzwiderstand?

4. Ist der Schalter der Versuchsschaltung **(Bild 3)** geöffnet, so wird zwischen den Klemmen 1 und 2 ein Widerstand von 5,0 Ω gemessen. Bei geschlossenem Schalter beträgt der Widerstand 2,0 Ω. Wie groß ist der Widerstand R_2?

5. Zwei Widerstände, $R_1 = 20\ \Omega$ und $R_2 = 30\ \Omega$, liegen einmal in Reihe und einmal parallel an 110 V. Berechnen Sie jeweils den Gesamtstrom und den Gesamtwiderstand.

6. In einem Thermostaten sind zwei Heizwiderstände, $R_1 = 95\ \Omega$ und $R_2 = 45\ \Omega$, parallel geschaltet. Im Widerstand R_2 fließt ein Strom von 5,0 A. Wie groß ist die Stromstärke im Heizwiderstand R_1?

7. Drei parallel geschaltete Elektromotoren liegen an 440 V und treiben die Kreiselradpumpen in einer Mehrkörper-Verdampferanlage an **(Bild 4)**. Ihre Widerstände betragen: $R_2 = 19\ \Omega$ und $R_3 = 24\ \Omega$. Der Gesamtstrom wurde zu $I_{ges} = 80$ A bestimmt.

   Berechnen Sie den Widerstand R_1 und die Teilströme.

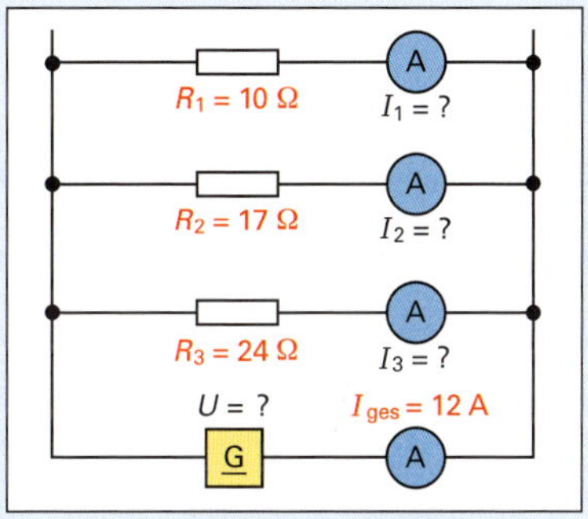

Bild 2: Schaltskizze zu Aufgabe 1

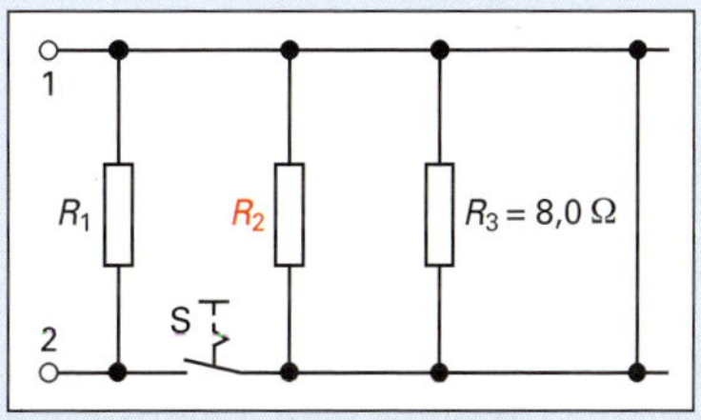

Bild 3: Schaltskizze zu Aufgabe 4

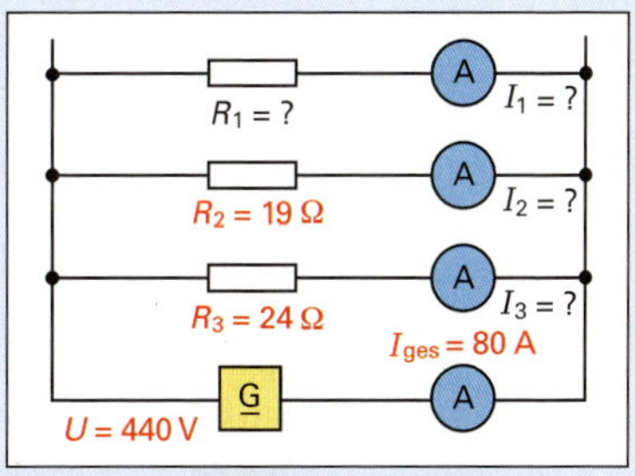

Bild 4: Schaltskizze zu Aufgabe 7

8.6 Gruppenschaltungen, Netzwerk-Schaltungen

In der Elektrotechnik und Elektronik sind die unterschiedlichsten Bauteile sowohl in Reihe als auch parallel zueinander geschaltet **(Bild 1)**. Man bezeichnet solche Schaltungen als gemischte Schaltungen oder als Gruppenschaltungen.

Gruppenschaltungen werden in erweiterte Reihen- und Parallelschaltungen sowie Netzwerke unterteilt.

Die Berechnung des Gesamtwiderstands (Ersatzwiderstand) einer gemischten Schaltung verläuft schrittweise über Ersatzschaltungen, wie im Folgenden gezeigt wird. Dabei wird die Gruppenschaltung unter Beachtung der nachfolgenden Regeln schrittweise auf die beiden Grundschaltungen (Reihen- und Parallelschaltung) zurückgeführt.

Bild 1: Gruppenschaltung elektronischer Bauteile auf einer Leiterplatte

Erweiterte Reihenschaltung

Als solche wird eine Reihenschaltung bezeichnet, in die eine Parallelschaltung eingefügt ist **(Bild 2)**.

Man berechnet sie, indem man zuerst den Ersatzwiderstand der Parallelschaltung ermittelt. Damit wird dann die resultierende Reihenschaltung berechnet.

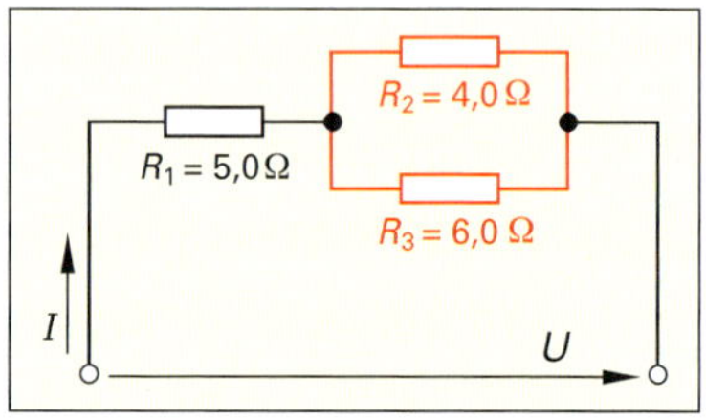

Bild 2: Erweiterte Reihenschaltung (Beispiel)

Beispiel: Welchen Ersatzwiderstand hat die in Bild 2 gezeigte Schaltung?

Lösung:

1. Berechnung des Ersatzwiderstands $R_{2,3}$ der parallel geschalteten Widerstände R_2 und R_3:

$$\boldsymbol{R_{2,3}} = \frac{R_2 \cdot R_3}{R_2 + R_3} = \frac{4{,}0\,\Omega \cdot 6{,}0\,\Omega}{4{,}0\,\Omega + 6{,}0\,\Omega} = \frac{24\,\Omega}{10{,}0\,\Omega} = \mathbf{2{,}4\,\Omega}$$

Die resultierende Ersatzschaltung ist in **Bild 3** gezeigt.

2. Berechnung der in Reihe geschalteten Widerstände R_1 und $R_{2,3}$ zum Ersatzwiderstand $R_{ers} = R_{1,2,3}$:

$$\boldsymbol{R_{ers}} = R_1 + R_{2,3} = 5{,}0\,\Omega + 2{,}4\,\Omega = \mathbf{7{,}4\,\Omega}$$

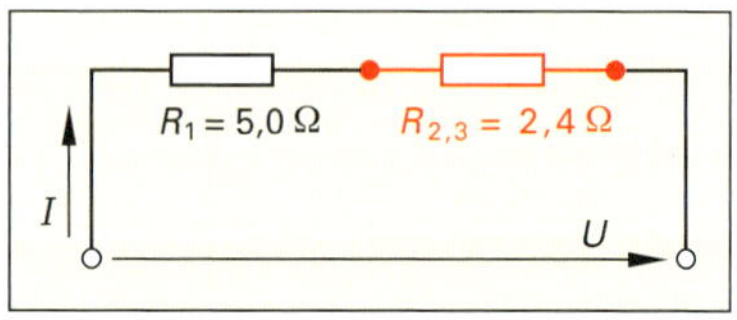

Bild 3: Ersatzschaltung einer erweiterten Reihenschaltung

Erweiterte Parallelschaltung

So wird eine Parallelschaltung bezeichnet, bei der in einem Strang eine Reihenschaltung eingefügt ist **(Bild 4)**.

Man berechnet sie, indem zuerst der Ersatzwiderstand der Reihenschaltung ermittelt wird. Damit wird dann die resultierende Parallelschaltung berechnet.

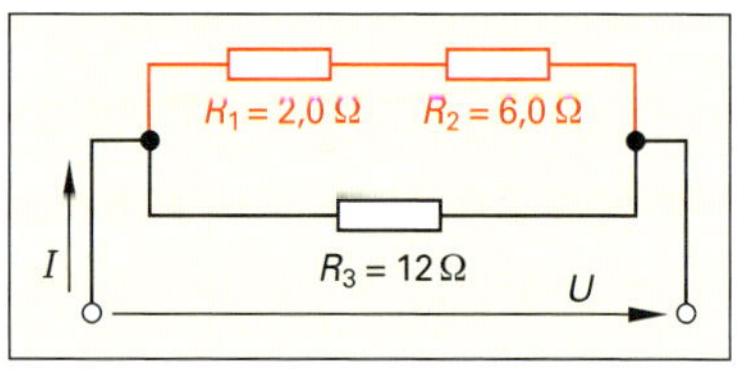

Bild 4: Erweiterte Parallelschaltung (Beispiel)

Beispiel: Welchen Ersatzwiderstand hat die in Bild 4 wiedergegebene Schaltung?

Lösung:

1. Berechnung des Ersatzwiderstands $R_{1,2}$ der in Reihe geschalteten Widerstände R_1 und R_2:

$$\boldsymbol{R_{1,2}} = R_1 + R_2 = 2{,}0\,\Omega + 6{,}0\,\Omega = \mathbf{8{,}0\,\Omega}$$

Die resultierende Ersatzschaltung ist in **Bild 5** gezeigt.

2. Berechnung der parallel geschalteten Widerstände $R_{1,2}$ und R_3 zum Ersatzwiderstand $R_{ers} = R_{1,2,3}$:

$$\boldsymbol{R_{ers}} = \frac{R_{1,2} \cdot R_3}{R_{1,2} + R_3} = \frac{8{,}0\,\Omega \cdot 12\,\Omega}{80{,}0\,\Omega + 12\,\Omega} = \frac{96\,\Omega}{20\,\Omega} = \mathbf{4{,}8\,\Omega}$$

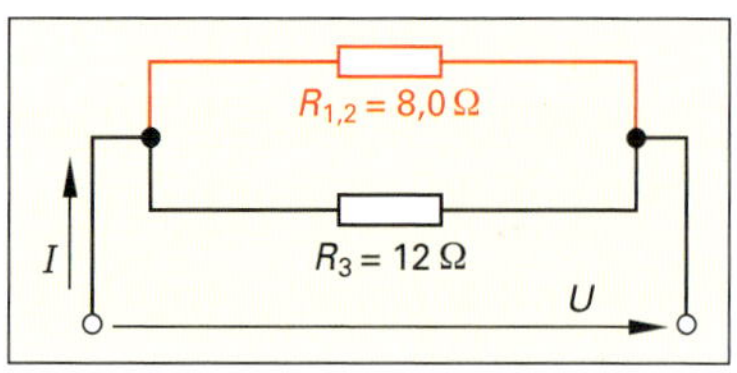

Bild 5: Ersatzschaltung einer erweiterten Parallelschaltung

Netzwerk-Schaltung

Eine Netzwerk-Schaltung ist ein verzweigter elektrischer Stromkreis, der aus mehreren Gruppenschaltungen besteht. Die Widerstandsberechnung eines Netzwerks erfolgt, wie im nachfolgenden Beispiel gezeigt wird, schrittweise durch Rückführung auf die Reihen- oder Parallelschaltung.

Beispiel: Wie groß ist der Ersatzwiderstand der in **Bild 1a** dargestellten Netzwerk-Schaltung?

Lösung: Zuerst wird der Teil der Schaltung gesucht, der auf eine Grundschaltung zurückzuführen ist. Dies ist die Reihenschaltung der Widerstände R_2, R_3 und R_4. Ihr Gesamtwiderstand berechnet sich zu:

$$R_{2,3,4} = R_1 + R_3 + R_4 = 9\,\Omega + 7\,\Omega + 4\,\Omega = 20\,\Omega.$$

Der Gesamtwiderstand $R_{2,3,4}$ wird für die Widerstände R_2, R_3, R_4 eingesetzt. Die Schaltung lässt sich hiermit, wie in **Bild 1b** dargestellt, vereinfachen.

Die Widerstände $R_{2,3,4}$ und R_5 sind parallel geschaltet. Ihr Gesamtwiderstand berechnet sich zu:

$$R_{2,3,4,5} = \frac{R_{2,3,4} \cdot R_5}{R_{2,3,4} + R_5} = \frac{20\,\Omega \cdot 5\,\Omega}{20\,\Omega + 5\,\Omega} = \frac{100\,\Omega}{25\,\Omega} = 4\,\Omega$$

Der hieraus resultierende Ersatzschaltplan ist in **Bild 1c** dargestellt. Es ist eine Reihenschaltung.

Der Ersatzwiderstand des Netzwerks berechnet sich somit zu:

$$R_{1,2,3,4,5,6} = R_1 + R_{2,3,4,5} + R_6 = 4\,\Omega + 4\,\Omega + 2\,\Omega$$

$$\mathbf{R_{1,2,3,4,5,6} = R_{ers} = 10\,\Omega}$$

Der Ersatzwiderstand ist in **Bild 1d** dargestellt.

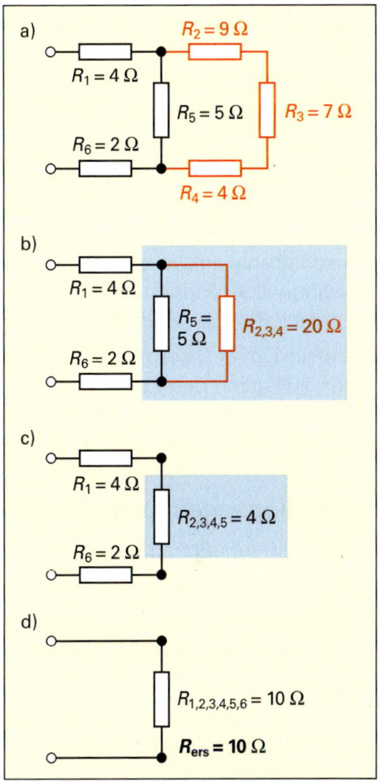

Bild 1: Schrittweise Vereinfachung zur Berechnung einer Netzwerk-Schaltung (Beispiel)

Aufgaben zu Gruppenschaltungen und Netzwerk-Schaltungen

1. Berechnen Sie die Ersatzwiderstände der in den Abbildungen 2 und 4, Seite 264, dargestellten Gruppenschaltungen, wenn alle Widerstände gleich sind und 10 Ω betragen.

2. Berechnen Sie den Ersatzwiderstand der nachfolgend dargestellten Netzwerk-Schaltungen.

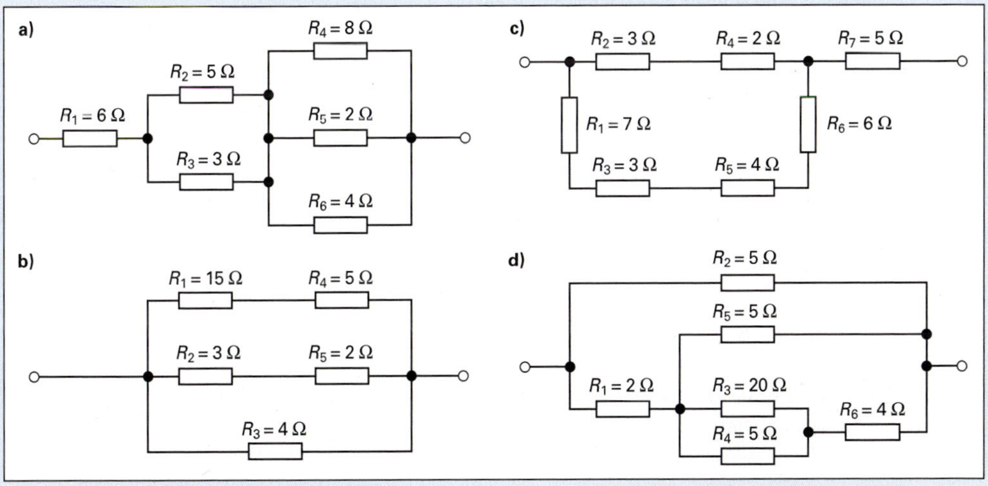

Bild 2: Netzwerk-Schaltungen (Aufgabe 2)

8.7 Wheatstone'sche Brückenschaltung

Wheatstone'sche Brückenschaltungen[1] (Wheatstone bridge) werden zur exakten Messung von Widerständen benutzt, z. B. im Wärmeleitfähigkeitsdetektor (WLD) von Gaschromatografen zur Messung der Elektrolytleitfähigkeit.

In **Bild 1** ist die Prinzipschaltung der Wheatstone'schen Brückenschaltung wiedergegeben. Sie weist zwar Kennzeichen einer Gruppenschaltung auf, lässt sich aber wegen der Strombrücke C–D zwischen den Widerständen R_1, R_2 und R_3, R_4 nicht auf eine der Grundschaltungen (Reihen- und Parallelschaltung) zurückführen.

Ein elektrischer Strom fließt über die Strombrücke C–D nur dann, wenn zwischen den Punkten C und D eine elektrische Spannung herrscht. Liegt zwischen den Punkten C–D keine Spannung an, so fließt kein Strom und die Brücke ist abgeglichen.

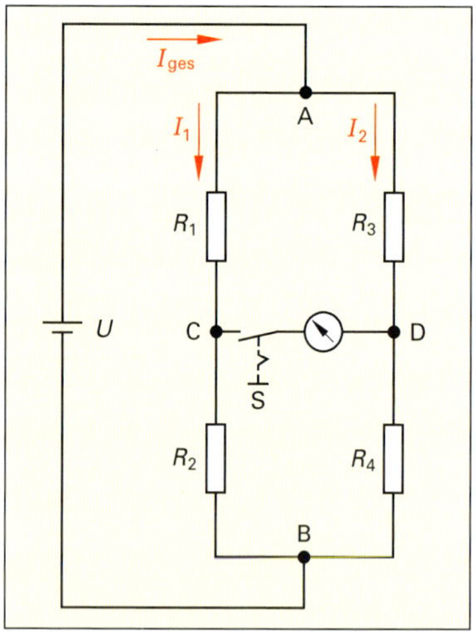

Bild 1: Wheatstone'sche Brückenschaltung

Bedingungen für den Brückenabgleich

Für den Spannungsabfall an den vier Widerständen gilt:

$U_{AC} = I_1 \cdot R_1$; $U_{AD} = I_2 \cdot R_3$; $U_{CB} = I_1 \cdot R_2$; $U_{DB} = I_2 \cdot R_4$

Die Brückenschaltung ist abgeglichen, wenn die Spannung $U_{CD} = 0$ V beträgt. Dies ist dann erreicht, wenn $U_{AC} = U_{AD}$ und $U_{CB} = U_{DB}$ ist.

Durch Gleichsetzen der Spannungsabfälle und Umstellen nach I_1 erhält man die folgenden Größengleichungen:

$$I_1 \cdot R_1 = I_2 \cdot R_3 \Rightarrow I_1 = \frac{I_2 \cdot R_3}{R_1} \quad \text{und} \quad I_1 \cdot R_2 = I_2 \cdot R_4 \Rightarrow I_1 = \frac{I_2 \cdot R_4}{R_2}$$

Nach dem Gleichsetzen in I_1 und Kürzen von I_2 erhält man die Bedingung für den Brückenabgleich:

$$\frac{I_2 \cdot R_3}{R_1} = \frac{I_2 \cdot R_4}{R_2} \Rightarrow \frac{R_2}{R_1} = \frac{R_4}{R_3}$$

Das Widerstandsverhältnis R_1/R_2 ist bei Schleifdrahtwiderständen mit dem Schleifdrahtlängenverhältnis l_1/l_2 identisch.

Bedingung für den Brückenabgleich

$$\frac{R_1}{R_2} = \frac{l_1}{l_2} = \frac{R_3}{R_4}$$

Beispiel: Welchen Widerstand hat der Sensor des Widerstandsthermometers R_3 **(Bild 2)**, wenn die Widerstände $R_1 = 90\,\Omega$, $R_2 = 110\,\Omega$ und $R_4 = 43\,\Omega$ betragen?

Lösung: $\frac{R_1}{R_2} = \frac{R_3}{R_4} \Rightarrow \boldsymbol{R_3} = \frac{R_1 \cdot R_4}{R_2} = \frac{90\,\Omega \cdot 43\,\Omega}{110\,\Omega} \approx \mathbf{35\,\Omega}$

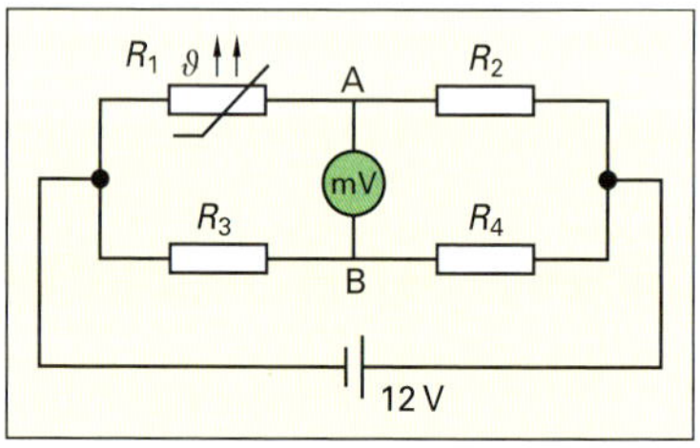

Bild 2: Widerstandsthermometer in Brückenschaltung (Beispiel)

Aufgaben zur Wheatstone'schen Brückenschaltung

1. Wie groß ist in Bild 1 der Widerstand R_4, wenn die Widerstände $R_1 = 1{,}2$ kΩ, $R_2 = 1{,}5$ kΩ und $R_3 = 6{,}4$ kΩ betragen?
2. Im Wärmeleitfähigkeitsdetektor (WLD) eines Gaschromatografen bilden vier Widerstände eine Wheatstone'sche Brückenschaltung. Der Heizdraht im Referenzkanal hat einen Widerstand von $R_2 = 82{,}5\,\Omega$. Wie groß ist der Widerstand R_1 des Heizdrahts im Probenkanal, wenn die Widerstände $R_3 = 127{,}5\,\Omega$ und $R_4 = 123{,}6\,\Omega$ betragen?
3. Wie groß muss der Widerstand R_4 einer Wheatstone'schen Brückenschaltung sein, damit ein Spiegelgalvanometer keinen Brückenstrom anzeigt?
   Die anderen Widerstände betragen: $R_1 = 86{,}6\,\Omega$, $R_2 = 82{,}6\,\Omega$, $R_3 = 84{,}3\,\Omega$.

[1] Charles Wheatstone, englischer Physiker, 1802 bis 1875

8.8 Thermische Widerstandsänderung, Widerstandsthermometer

Die Atome in einem Leiter schwingen mit steigender Temperatur stärker um ihre Ruhelage und behindern dadurch die fließenden Elektronen (Bild 3, Seite 257).

Der elektrische Widerstand ist somit in metallischen Leitern im warmen Zustand R_w um die Widerstandsänderung ΔR größer als im kalten Zustand R_k: $R_w = R_k + \Delta R$.

Die Größe der Widerstandsänderung pro Grad wird **Temperaturbeiwert** $\boldsymbol{\alpha}$ genannt, seine Einheit ist 1/K (K^{-1}). Der Temperaturbeiwert $\boldsymbol{\alpha}$ ist eine werkstoffspezifische Größe **(Tabelle)**.

Die Widerstandsänderung ΔR metallischer Leiter vergrößert sich beim Erwärmen proportional

- mit dem Kaltwiderstand R_k: $\Delta R \sim R_k$
- mit dem Temperaturbeiwert α: $\Delta R \sim \alpha$
- mit der Temperaturänderung $\Delta\vartheta$: $\Delta R \sim \Delta\vartheta$

Zusammen ergeben die Proportionalitäten die nebenstehende Gleichung.

Setzt man in die Gleichung zur Berechnung des Warmwiderstands $R_w = R_k + \Delta R$ die Gleichung $\Delta R = R_k \cdot \alpha \cdot \Delta\vartheta$ ein, so ergibt sich nach dem Ausklammern für den Warmwiderstand: $R_w = R_k \cdot (1 + \alpha \cdot \Delta\vartheta)$.

Tabelle: Mittlere Temperaturbeiwerte $\boldsymbol{\alpha}$ in K^{-1} zwischen 0 °C und 100 °C

Leiterwerkstoff	α	Leiterwerkstoff	α
Silber	0,0041	Platin	0,00385
Kupfer	0,0043	Eisen	0,0066
Aluminium	0,0047	Quecksilber	0,00092
Wolfram	0,0048	Konstantan	0,00003

Thermische Widerstandsänderung

$$\Delta R = R_k \cdot \alpha \cdot \Delta\vartheta$$

Warmwiderstand

$$R_w = R_k + \Delta R$$

$$R_w = R_k \cdot (1 + \alpha \cdot \Delta\vartheta)$$

Widerstandsthermometer (resistance thermometer)

Eine technische Anwendung der thermischen Widerstandsänderung ist das Platin-Widerstandsthermometer **(Bild 2)**.

Beim Platin steigt der Widerstand R_w reproduzierbar über einen weiten Temperaturbereich von −200 °C bis +850 °C annähernd linear mit der Temperatur an **(Bild 1)**. Aus diesem Grund werden Platin-Widerstandsthermometer in diesem Messbereich auch als internationale Temperaturstandards verwendet.

In der industriellen Temperaturmesstechnik ist das Platin-Widerstandsthermometer Pt 100 (Bild 2) weit verbreitet. Es dient als Temperaturmessgerät in der Prozessleittechnik, als Temperatursensor zur Realisierung anspruchsvoller Mess- und Regelaufgaben.

Das Pt 100 nach DIN EN 60751 hat bei der Temperatur 0,0 °C einen Nennwiderstand von 100,00 Ω. Als Faustregel beträgt die Empfindlichkeit des Pt 100 knapp 4 Ω pro ca. 10 °C Temperaturänderung. Aus der Widerstandsänderung ΔR kann somit die Temperaturänderung $\Delta\vartheta$ berechnet werden.

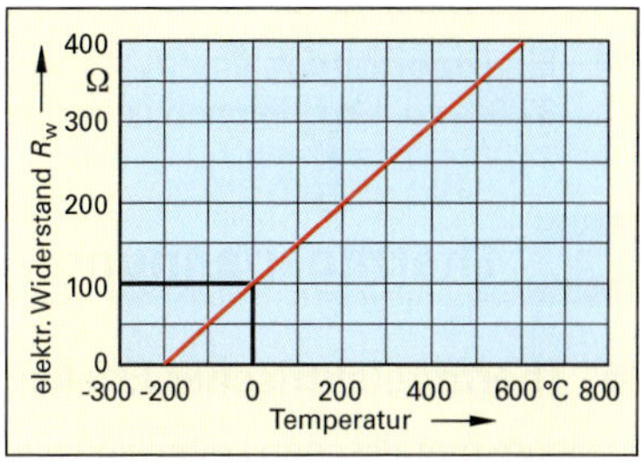

Bild 1: Kennlinie eines Platin-Widerstandsthermometers Pt 100

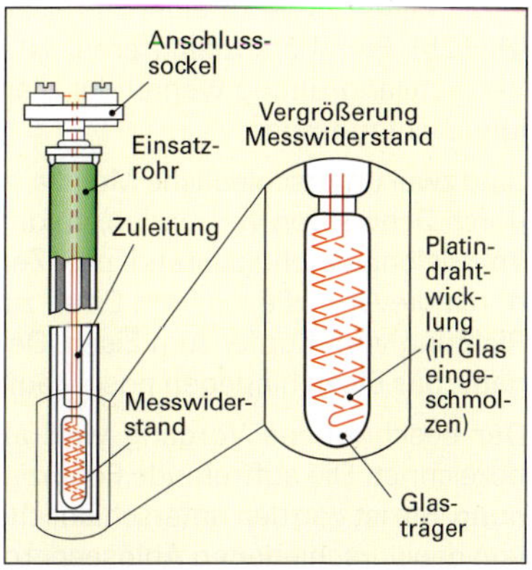

Bild 2: Widerstandsthermometer Pt 100

Beispiel: Im Ablaufflansch eines Durchflussverdampfers beträgt der Warmwiderstand des Sensors eines Pt 100 $R_w = 150\ \Omega$. Wie hoch ist die Temperatur an der Messstelle ϑ_M?

Lösung: $\Delta R = R_k \cdot \alpha \cdot \Delta\vartheta \Rightarrow \Delta\vartheta = \dfrac{\Delta R}{R_k \cdot \alpha} = \dfrac{R_w - R_w}{R_k \cdot \alpha}$

Mit $\alpha(Pt) = 0{,}00385\ K^{-1}$, $R_k = 100\ \Omega$, $R_w = 150\ \Omega$ und $\vartheta_k = 0\ °C$ folgt:

$$\Delta\vartheta = \frac{150\ \Omega - 100\ \Omega}{100\ \Omega \cdot 0{,}00385\ K^{-1}} = \frac{1}{2 \cdot 0{,}00385\ K^{-1}} \approx 130\ K = 130\ °C$$

$$\vartheta_M = \Delta\vartheta - \vartheta_k = 130\ °C - 0\ °C = \mathbf{130\ °C}$$

Nach DIN EN 60751 werden Platin-Widerstandsthermometer nach ihren Grenzabweichungen in die nebenstehenden Toleranzklassen A und B eingeteilt. Daraus kann man die Grenzabweichungen berechnen.

Toleranzklassen von Platin-Widerstandsthermometern
A : $\Delta\vartheta = \pm\,(0{,}15\ °C + 0{,}002 \cdot |\vartheta|)$
B : $\Delta\vartheta = \pm\,(0{,}30\ °C + 0{,}005 \cdot |\vartheta|)$

Beispiel: Die Temperatur einer Kühlsole mit einem Massenanteil an Calciumchlorid $CaCl_2$ von 30% wurde in einem Spiralwärmetauscher **(Bild 1)** mit einem Platin-Widerstandsthermometer Pt 100 der Toleranzklasse A zu $\vartheta = -28{,}0\,°C$ gemessen.
Wie lautet der Messwert mit Grenzabweichung?

Lösung:

$$\Delta\vartheta = \pm\,(0{,}15\,°C + 0{,}002 \cdot |\vartheta|)$$
$$= \pm\,(0{,}15\,°C + 0{,}002 \cdot |-28{,}0\,°C|)$$
$$= \pm\,(0{,}15\,°C + 0{,}002 \cdot 28{,}0\,°C) = 0{,}206\,°C$$
$$\Rightarrow \boldsymbol{\vartheta = -28{,}0\,°C \pm 0{,}2\,°C}$$

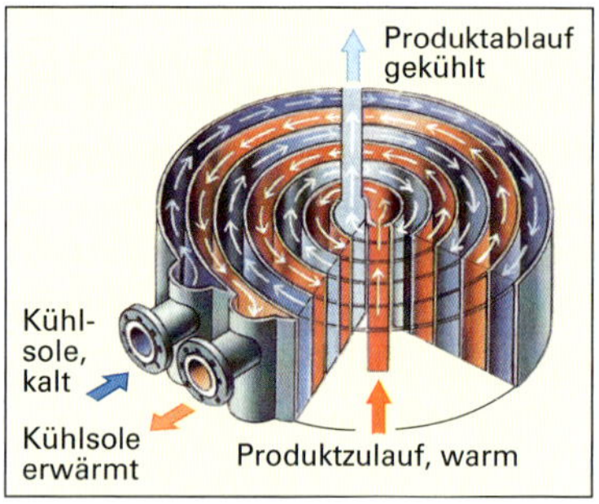

Bild 1: Spiralwärmetauscher (Beispiel)

Bei Platin und anderen unlegierten Metallen steigt der Widerstand mit wachsender Temperatur an. Diese sogenannten **Kaltleiter** nennt man auch **PTC-Widerstände** (**p**ositive **t**emperature **c**oefficient).

Aufgaben zur Thermischen Widerstandsänderung und zum Widerstandsthermometer

1. Der Wolframdraht einer 60-Watt-Glühlampe erhitzt sich nach dem Einschalten auf eine Temperatur von ca. 2500 °C. Wie groß ist der Betriebswiderstand der Lampe, wenn ihr Kaltwiderstand bei 20 °C 65 Ω beträgt? Der Temperaturbeiwert α von Wolfram mit 0,0048 1/K ist annähernd konstant.
2. Die Messwicklung eines Widerstandsthermometers Pt 100 der Toleranzklasse B hat einen Widerstand von 186 Ω. Geben Sie die Temperatur an der Messstelle mit Messabweichung an.
3. Der Warmwiderstand eines Elektromotors mit Kupferwicklung beträgt nach mehrstündigem Betrieb 1,85 Ω bei 40 °C. Wie groß ist der Kaltwiderstand bei 25 °C?
4. Ein Draht wird in einem Wasserbad von 20 °C auf 100 °C erhitzt. Dabei nimmt sein Widerstand um 37,6% zu. Um welchen Leiterwerkstoff handelt es sich?

8.9 Thermospannung, Thermoelement

Thermoelektrischer Effekt (thermoelectric effect)

In einem metallischen Leiter sind die Elektronen dann gleichmäßig verteilt, wenn an jeder Stelle des Leiters die gleiche Temperatur herrscht **(Bild 2a)**.

Beim örtlichen Erhitzen eines elektrischen Leiters verteilen sich die Elektronen so, dass es in der heißen Zone zu einer Verarmung, in der kalten Zone zu einer Anreicherung von Elektronen kommt **(Bild 2b)**. Eine Potenzialdifferenz ist an den Leiterenden in dieser Versuchsanordnung wegen der gleichmäßigen Elektronenverteilung nicht messbar.

Sind zwei unterschiedliche Metalle, z.B. Kupfer und Eisen **(Bild 2c)**, durch Schweißen verbunden, so diffundieren an der Grenzfläche im Gleichgewichtszustand pro Zeitabschnitt mehr Elektronen durch die Grenzfläche vom Eisen zum Kupfer als in umgekehrter Richtung vom Kupfer zum Eisen. Demzufolge lädt sich Kupfer negativ, das Eisen hingegen positiv auf.

Der beschriebene Vorgang wird als **thermoelektrischer Effekt** bezeichnet. Die auftretende Potenzialdifferenz heißt **Thermospannung.** Sie ist von den unterschiedlichen Dichten der Elektronen und von den verschiedenen Ablöseenergien der Elektronen in den verschiedenen Metallen abhängig.

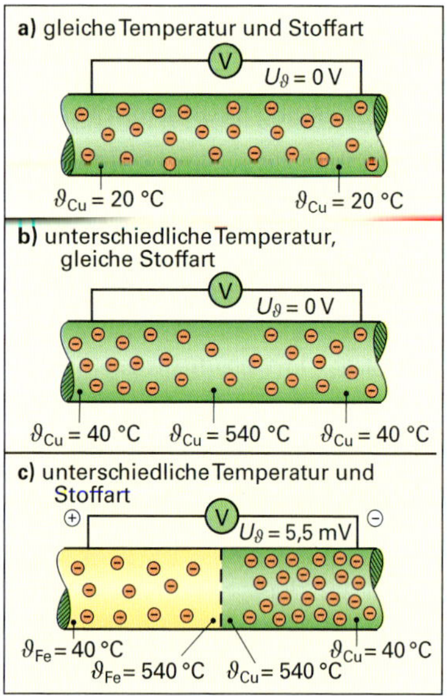

Bild 2: Thermoelektrischer Effekt

Thermoelement (thermocouple)

Lötet man zwei Drähte aus unterschiedlichen Metallen, z. B. Kupfer und Eisen, an den Enden zusammen und schaltet zwischen die Enden der Thermoschenkel ein hochohmiges Spannungsmessgerät **(Bild 1),** so lässt sich bei einer Temperaturdifferenz zwischen der Mess- und Vergleichsstelle eine kleine Spannung messen. Diese Spannung wird als **Thermospannung** U_ϑ bezeichnet. Die Anordnung heißt **Thermoelement.**

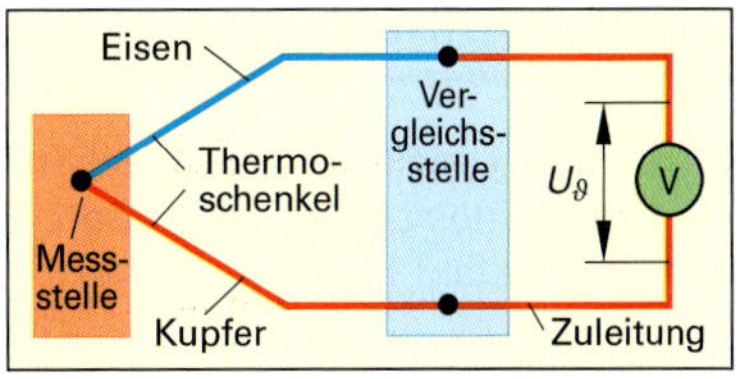

Bild 1: Thermoelement (Prinzip)

Die gemessene Thermospannung ist von der Metallpaarung sowie von der Temperaturdifferenz zwischen der Messstelle und der Vergleichsstelle abhängig. In **Bild 2** ist die Temperaturabhängigkeit messtechnisch interessanter Thermopaare dargestellt.

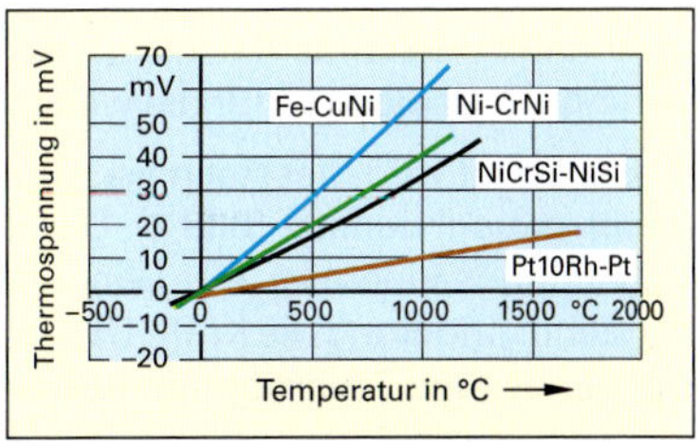

Bild 2: Temperaturabhängigkeit der Thermospannung

Thermoelemente werden als Temperaturmessgeräte eingesetzt und sind in DIN EN 60584-1 genormt.

Der Vorteil der Thermoelemente liegt in der Einfachheit des Aufbaus und der Herstellung **(Bild 3)**. Ihre aktiven Sensoren können als feines Röhrchen von 2 mm Dicke hergestellt werden. Dadurch haben sie kurze Ansprechzeiten. Thermoelemente sind für die Messung hoher Temperaturen sowie zur Messung von Temperaturdifferenzen besonders gut geeignet. Ihr Nachteil ist im Vergleich zu Widerstandsthermometern (Seite 267) die größere Messunsicherheit.

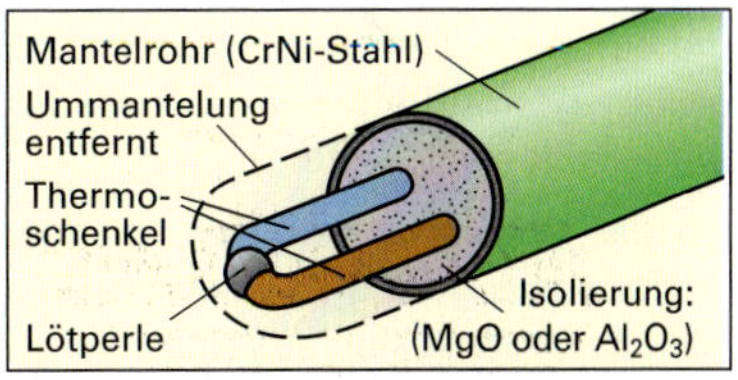

Bild 3: Thermoelementsensor

Die Thermospannung berechnet man mit der nebenstehenden Größengleichung. Der als **Thermokraft** (thermovoltage) bezeichnete Proportionalitätsfaktor κ (griechischer Kleinbuchstabe kappa) ist eine von den miteinander kombinierten Metallen abhängige Größe **(Tabelle)**. Sie werden als Typ bezeichnet, z. B. Typ J.

Thermospannung

$$U_\vartheta = \kappa \cdot (T_{mes} - T_{ver})$$

Beispiel: Wie groß ist die Eintrittstemperatur der Abgase eines Erdgasbrenners zur Erzeugung von Wasserdampf in einem Haarnadel-Wärmeaustauscher?
Die gemessene Thermospannung eines Thermosensors beträgt dort 49,0 mV.
Die Vergleichsstellentemperatur im Thermoelement (Typ K) ist 20,0 °C. Die Thermokraft im Messbereich des Thermoelements beträgt $\kappa = 57{,}6\ \mu V/K$.

Lösung: $U_\vartheta = \kappa \cdot (T_{mes} - T_{ver}) \Rightarrow T_{mes} = \frac{U_\vartheta}{\kappa} + T_{ver} = \frac{49{,}0\ mV}{57{,}6\ \mu V/K} + 293\ K$

$T_{mes} = 1144\ K \Rightarrow \frac{\vartheta_{mes}}{°C} = \frac{T_{mes}}{K} - 273 = 1144 - 273 = 871; \Rightarrow \boldsymbol{\vartheta_{mes} = 871\ °C}$

Tabelle: Thermokräfte κ ausgewählter Thermopaare bei 100 °C ($\vartheta_{ver} = 0\ °C$) nach DIN EN 60584-1

Typ	Thermopaar	κ in $\mu V/K$
J	Fe - CuNi	52,69
N	NiCrSi - NiSi	27,74
K	NiCr - Ni	40,96
S	PtRh - Pt	6,46

Aufgaben zur Thermospannung, Thermoelement

1. Welche Thermospannung liefert ein Eisen-Kupfer/Nickel-Thermoelement des Typs J bei einer Fixpunkt-Temperatur von 100 °C, wenn als Vergleichstemperatur die Fixpunkttemperatur 0 °C herangezogen wird?
2. Der Sensor eines Thermoelements (Typ J) in einem Siloschneckenmischer liefert eine Thermospannung von 0,155 mV bei einer Vergleichsstellentemperatur von 20,0 °C. Welche Temperatur hat das Schüttgut, wenn die Thermokraft des Thermoelements 51,7 µV/K beträgt?
3. Beim Aufheizen von Naphthalin in einem Rohrreaktor wird am Kompaktregler als Führungsgröße *w* die Solltemperatur 180 °C eingestellt. Die Regelgröße *x* (Istwert) beträgt 120 °C. Zur Messung der Betriebszustandsgröße dient ein Thermoelement Typ J. Die Vergleichsstellentemperatur im Thermoelement beträgt 20,0 °C, die Thermokraft $\kappa = 55{,}15\ \mu V/K$.
Berechnen Sie die Regelabweichung *e* a) in Grad Celsius b) in Millivolt.

8.10 Widerstandsänderung eines Leiters durch Dehnung

Bei der Dehnung eines metallischen Leiters durch eine Kraft F wird die Länge l des Leiters vergrößert **(Bild 1)**. Da das Volumen V des Leiters konstant bleibt, verringert sich somit seine Querschnittsfläche A.

Die bei der Dehnung eines Leiters gleichzeitig auftretende Verringerung der Querschnittsfläche A hat eine Vergrößerung des elektrischen Widerstands R des Leiters zur Folge. Die Widerstandsänderung ΔR ist ein Maß für die wirkende Kraft F.

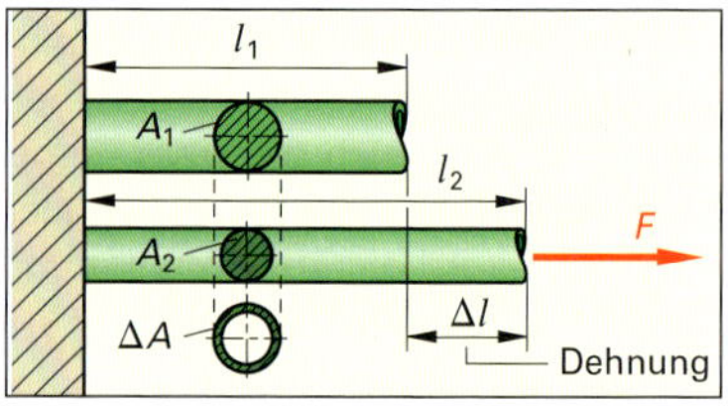

Bild 1: Dehnung eines Leiters

Dieser Effekt wird messtechnisch im **Dehnungsmessstreifen DMS** (strain gauge) genutzt **(Bild 2)**. Die Mäanderform vervielfältigt die Widerstandsänderung. Der Dehnmessstreifen misst über die Widerstandsänderung die Kraft. Darauf basierend dient er zur Druck-, Dehnungs- und Drehmomentmessung.

Der Dehnungsmessstreifen ist ein fingernagel-großes Bauteil. Er wird zur Messung mit der Bauteiloberfläche fest verklebt. Die im Bauteil durch die Kraftwirkungen auftretenden Verformungen werden auch dem Dehnungsmessstreifen aufgezwungen. Er verändert geringfügig seine Querschnittsfläche und damit seinen elektrischen Widerstand.

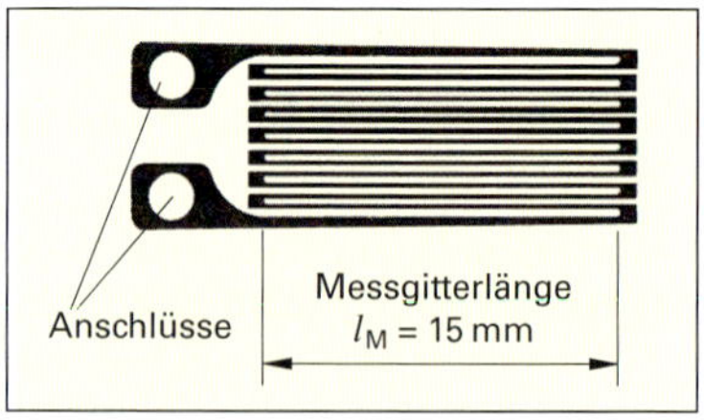

Bild 2: Aufbau eines Dehnungsmessstreifens DMS

Da die Widerstandsänderung des Leiters durch mechanische Verformung gering ist, gestaltet man den Leiter mäanderförmig (Bild 2). So lässt sich auf einer kleinen Fläche ein ausreichend großer Widerstand und bei Verformung eine entsprechend hohe Widerstandsänderung erzielen.

Die Widerstandsänderung ΔR, die ein Dehnungsmessstreifen durch Krafteinwirkung erfährt, lässt sich mit der nebenstehenden Bestimmungsgleichung berechnen. R_0 ist der Ausgangswiderstand, $\Delta l/l_0$ die Dehnung ε.

Widerstandsänderung eines DMS

$$\Delta R = R_0 \cdot k \cdot \varepsilon = R_0 \cdot k \cdot \frac{\Delta l}{l_0}$$

Die Dehnungsempfindlichkeit (gauge factor) des Materials wird durch den k-Faktor berücksichtigt **(Tabelle)**. Ein k-Faktor von z.B. zwei bedeutet: Die Widerstandsänderung ist doppelt so groß wie die relative Längenänderung ($\Delta R \approx 2 \cdot \Delta l/l_0$).

Tabelle: Mittlere k-Faktoren von Metall-Dehnungsmessstreifen

Name der Legierung	Legierungsbestandteile	k-Faktor
Konstantan	Cu, Ni	2,05
Karma	Ni, Cr, Fe, Al	2,1
Nichrome V	Ni, Cr	2,2
Platin-Wolfram	Pt, W	4,0

Beispiel: Wie groß ist die Widerstandsänderung eines Folien-DMS (Bild 2) aus Karma (Legierung aus Cr, Ni, Fe, Al) mit einem Nennwiderstand von 120 Ω? Die relative Längenänderung des DMS-Messgitters beträgt $\Delta l/l_0$ = 1,5 mm/m.

Lösung: $\boldsymbol{\Delta R} = R_0 \cdot k \cdot \varepsilon = 120\,\Omega \cdot 2{,}1 \cdot 1{,}5\,\text{mm/m} = 378\,\text{m}\Omega \approx \mathbf{0{,}38\,\Omega}$

Aufgaben zur Widerstandsänderung durch Dehnung

1. Welche Widerstandsänderung erfährt der Platin-Wolfram-Dehnungsmessstreifen zur mechanischen Spannungsmessung am Rotorblatt eines Verdichters, wenn sein Nennwiderstand 175 Ω und die relative Längenänderung des DMS-Messgitters unter Volllast 1,4 mm/m betragen?
2. Zur Drehmomentmessung an der Antriebswelle eines axialen Turboverdichters wurde auf der Antriebswelle ein Dehnungsmessstreifen aus Nichrom V in Brückenschaltung verklebt. Der Gesamtwiderstand der Brückenschaltung beträgt R_{ges} = 300 Ω. Bei Volllast beträgt die Widerstandsänderung der Brückenschaltung ΔR = 41,2 mΩ. Wie groß ist die Torsion der Antriebswelle?
3. Ein federelastischer Messkörper für auf Biegung belastete DMS-Wägezellen soll unter Volllast bei einer Dehnung von 20 µm/m eine relative Widerstandsänderung von 80 µΩ/Ω liefern. Mit welchen in Tabelle 1 genannten Leiterwerkstoffen wird dies am besten erreicht?

8.11 Elektrische Arbeit, Leistung, Wirkungsgrad

Elektrische Arbeit (electrical work)

Stellt man die Definitionsgleichungen für die elektrische Spannung (Seite 255) $U = W/Q$ und für die Stromstärke $I = Q/t$ (Seite 256) jeweils nach Q um und setzt sie gleich: $W/U = I \cdot t$, so erhält man die nebenstehende Größengleichung für die **elektrische Arbeit *W*.** Wird in diese Größengleichung das Ohm'sche Gesetz $U = I \cdot R$ eingeführt, werden zwei weitere Gesetzmäßigkeiten zur Berechnung der elektrischen Arbeit erhalten.

Elektrische Arbeit

$$W = U \cdot I \cdot t$$

mit $U = R \cdot I$: $W = I^2 \cdot R \cdot t$

mit $I = \frac{U}{R}$: $W = \frac{U^2 \cdot t}{R}$

Die SI-Einheit der elektrischen Arbeit ist die **Wattsekunde Ws.** Eine Wattsekunde ist gleich der mechanischen Arbeit von 1 N · m oder 1 J. Größere Arbeitseinheiten sind eine Wattstunde Wh und eine Kilowattstunde kWh.

Umrechnungen

1 Ws = 1 V · A · s = 1 N · m = 1 J

1 Wh = 3600 Ws

1 kWh = $3{,}6 \cdot 10^6$ Ws

Die elektrische Arbeit wird mit dem elektrischen Zähler gemessen. Die Größengleichungen zur Berechnung der elektrischen Arbeit haben nur für Gleichstrom Gültigkeit. Annähernd können sie auch für elektrische Heizgeräte verwendet werden, die mit Wechselstrom betrieben werden.

Die **Stromkosten** werden auf der Basis der umgewandelten elektrischen Arbeit berechnet. Dazu multipliziert man die umgewandelte elektrische Arbeit mit dem Stromtarif (siehe rechts).

Stromkosten

Stromkosten = elektrische Arbeit · Stromtarif

Beispiel 1: Ein elektrischer Glühofen hat einen elektrischen Widerstand von 40 Ω. Er wird mit 230 V betrieben. Nach welcher Zeit hat er die elektrische Arbeit von 1,0 kWh in Wärmeenergie umgewandelt?

Lösung: $W = \frac{U^2 \cdot t}{R} \Rightarrow t = \frac{W \cdot R}{U^2} = \frac{1{,}0 \cdot 10^3\,\text{Wh} \cdot 40\,\Omega}{(230\,\text{V})^2} = \frac{1{,}0 \cdot 10^3 \cdot 40}{230^2} \cdot \frac{\text{Wh} \cdot \Omega}{\text{V}^2} = 0{,}7561\,\frac{\text{W} \cdot \Omega}{\text{V}^2}$

mit $\text{W} = \text{V} \cdot \text{A}$ und $\Omega = \frac{\text{V}}{\text{A}}$ folgt $\boldsymbol{t} = 0{,}7561\,\frac{\text{V} \cdot \text{A} \cdot \text{h} \cdot \text{V}}{\text{V}^2 \cdot \text{A}} = 0{,}7561\,\text{h} = 45{,}37\,\text{min} \approx \mathbf{45\,min}$

Beispiel 2: Die Zuleitung eines Rührwerkmotors hat einen Widerstand von 0,10 Ω und wird 8,0 h lang von einem Strom der Stärke 15 A durchflossen.

a) Wie groß ist der Verlust an elektrischer Arbeit in der Zuleitung des Motors?

b) Wie groß sind die Stromkosten für diesen Verlust, wenn 1 kWh 0,15 € kostet?

Lösung: a) $\boldsymbol{W} = I^2 \cdot R \cdot t = (15\,\text{A})^2 \cdot 0{,}10\,\Omega \cdot 8{,}0\,\text{h} = \mathbf{0{,}18\,kWh}$

b) **Stromkosten** = $W \cdot$ Stromtarif = 0,18 kWh · 0,15 €/kWh = 0,027 € ≈ **0,03 €**

Elektrische Leistung (electrical power)

Die innerhalb einer bestimmten Zeit t verrichtete elektrische Arbeit W wird als **elektrische Leistung *P*** bezeichnet.

Die SI-Einheit der elektrischen Leistung ist das **Watt W.**

Wird in der Gleichung $P = W/t$ die Arbeit W durch $U \cdot I \cdot t$ ersetzt, so ergibt sich eine weitere Beziehung für die Leistung: $P = U \cdot I$

Durch Einführen des Ohm'schen Gesetzes ($U = R \cdot I$ oder $I = U/R$) in die Größengleichung $P = U \cdot I$ ergeben sich weitere Formeln für die elektrische Leistung. Sie eignen sich insbesondere für die Leistungsberechnung von Widerständen.

Elektrische Leistung	
$P = \frac{W}{t}$	$P = U \cdot I$
$P = R \cdot I^2$	$P = \frac{U^2}{R}$

Beispiel: Eine 60-W-LED-Lampe ist an eine Netzspannung von 230 V angeschlossen.

a) Wie groß ist die Stromstärke in der Zuleitung?

b) Bei einem Kurzschluss in der Lampe beträgt der Leitungswiderstand für den gesamten Stromkreis 0,75 Ω. Auf welchen Wert würde die Stromstärke bei einem Kurzschluss ansteigen, wenn der Stromkreis nicht durch eine Sicherung geschützt ist?

Lösung: a) $P = U \cdot I \Rightarrow \boldsymbol{I} = \frac{P}{U} = \frac{60\,\text{V} \cdot \text{A}}{230\,\text{V}} = 0{,}2608\,\text{A} \approx \mathbf{0{,}26\,A}$ b) $\boldsymbol{I} = \frac{U}{R} = \frac{230\,\text{V}}{0{,}75\,\Omega} = 306\,\text{A} \approx \mathbf{0{,}31\,kA}$

Wirkungsgrad (efficieny)

Bei der Energieumwandlung entstehen Energieverluste W_V, z.B. durch die Reibung in den Motorlagern, durch den Antrieb der Motorlüftung, durch Erwärmung der Motorwicklungen usw.

Somit geht ein Teil der zugeführten elektrischen Energie W_{zu} als Verlustenergie W_V verloren. Dadurch verringert sich die von der Maschine abgegebene Energie W_{ab}.

Analoge Betrachtungen gelten auch für die elektrische Leistung.

Das Verhältnis von abgegebener Energie oder Leistung (W_{ab}, P_{ab}) zur zugeführten Energie oder Leistung (W_{zu}, P_{zu}) bezeichnet man als **Wirkungsgrad** η (eta). Er ist eine dimensionslose Dezimalzahl, die auch in Prozent angegeben werden kann. Der Wirkungsgrad ist stets kleiner als 1 bzw. kleiner als 100%.

Sind in einer Anlage mehrere Maschinen hintereinander geschaltet an der Energieumwandlung beteiligt, so errechnet sich der **Gesamtwirkungsgrad** η_{ges} der Anlage durch Multiplikation der Einzelwirkungsgrade.

elektrische Energieverluste	elektrische Leistungsverluste
$W_V = W_{zu} - W_{ab}$	$P_V = P_{zu} - P_{ab}$

elektrischer Wirkungsgrad

$$\eta = \frac{W_{ab}}{W_{zu}}; \qquad \eta = \frac{P_{ab}}{P_{zu}}$$

Gesamtwirkungsgrad

$$\eta_{ges} = \eta_1 \cdot \eta_2 \cdot \eta_3 \cdot \ldots$$

Beispiel: Der Startermotor eines Hubstaplers nimmt bei einer Klemmenspannung von 10,2 V einen Strom von 30 A auf. Wie groß ist sein elektrischer Wirkungsgrad, wenn er in 3,0 s eine Arbeit von 400 Ws verrichtet?

Lösung: $W_{zu} = U \cdot I \cdot t = 10{,}2\,\text{V} \cdot 30\,\text{A} \cdot 3{,}0\,\text{s} = 918\,\text{Ws}$; $\eta = \frac{W_{ab}}{W_{zu}} = \frac{400\,\text{Ws}}{918\,\text{Ws}} = 0{,}4357 \approx \mathbf{44\%}$

Aufgaben zur elektrischen Arbeit, Leistung, Wirkungsgrad

1. Der Drehstrommotor einer Kolbenpumpe gibt eine Leistung von 2,5 kW ab. Welche Hubarbeit verrichtet die Pumpe, wenn sie 2,0 Stunden und 45 Minuten in Betrieb ist und ihr Wirkungsgrad 0,90 beträgt?
2. Wie groß ist der Heizwiderstand in einem Glühofen zur Emaillierung von Ventilkegeln, wenn er pro Stunde 4,0 kWh elektrische Energie bei einer Stromstärke von 10,5 A in Wärmeenergie umwandelt?
3. Ein Muffelofen **(Bild 1)** nimmt bei einer Spannung von 230 V einen Strom von 9,1 A auf und ist 5,0 h in Betrieb.
   a) Welche elektrische Energie wurde umgewandelt?
   b) Welche Stromkosten entstehen, wenn eine Kilowattstunde 0,24 € kostet?
4. Die Heizwendel eines 2,0-kW-Thermostaten für 230 V Netzspannung (Bild 2, Seite 280) ist mit einer 16-A-Sicherung abgesichert.
   a) Wie groß ist die Stromstärke in der Heizwendel?
   b) Spricht die Sicherung an, wenn in diesem Stromkreis noch ein Magnetrührer mit einer Heizleistung von 1000 W parallel angeschlossen wird?
5. Bei einer Kanalradpumpe in Blockbauweise **(Bild 2)** mit einem Gesamtwirkungsgrad von 62% sind ein Einphasenwechselstrommotor und eine Kanalradpumpe (η = 0,69) hintereinander geschaltet. Wie groß ist der elektrische Wirkungsgrad des Elektromotors?

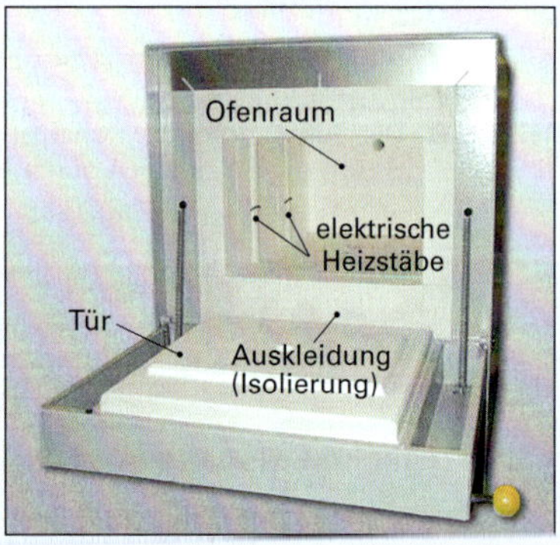

Bild 1: Aufklappbarer Muffelofen (geöffnet) (Aufgabe 3)

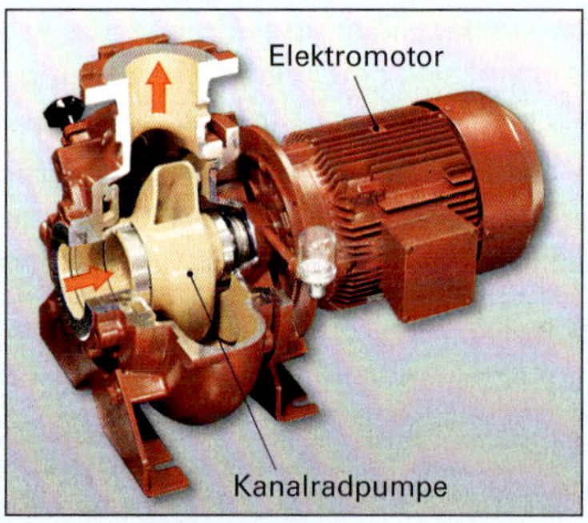

Bild 2: Kanalradpumpe in Blockbauweise (Aufgabe 6)

8.12 Berechnungen zum Drehstrom

Drehstrom (three-phase current)

Die Generatoren in den Kraftwerken der Energieversorgungsunternehmen (EVU) erzeugen nicht nur einen, sondern drei Wechselströme, weil sich der Elektromagnet des Generators bei jeder vollen Umdrehung an drei Spulen vorbeidreht **(Bild 1).** Da die drei Spulen um 120° versetzt angeordnet werden, sind die Phasen der drei im Generator erzeugten Wechselströme auch um 120° gegeneinander verschoben. Dieser dreiphasige Wechselstrom wird auch **Drehstrom** genannt. Er ist mit dem Symbol **3 ~** gekennzeichnet. Jeder der drei Wechselströme hat eine Frequenz von 50 Hz.

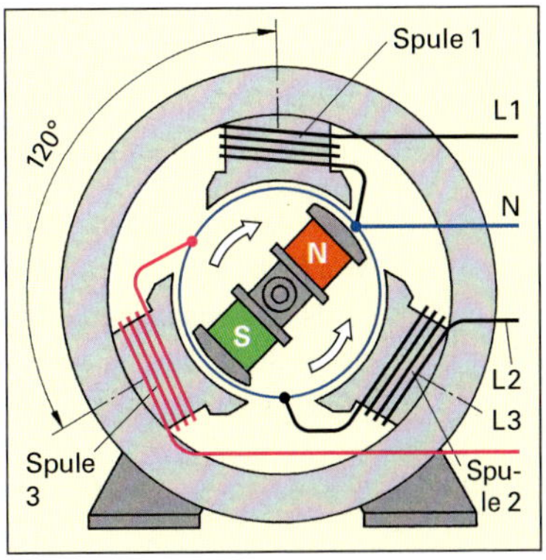

Bild 1: Drehstromgenerator

Drehstromnetz (three-phase system)

Von den Energieversorgungsunternehmen wird ein Drehstromnetz mit fünf Leitern zur Verfügung gestellt **(Bild 2).**

- Die drei stromführenden Leiter (L1, L2, L3) in den Farben schwarz oder braun übertragen die Spannungen und Ströme.
- Der Neutralleiter (N), auch Nullleiter genannt, dient als gemeinsamer Rückleiter des elektrischen Stroms. Er besitzt eine hellblaue Isolation.
- Der Schutzleiter (PE) in der Farbe gelbgrün dient zur Erdung der Gehäuse von elektrischen Maschinen. Er verhindert das Auftreten einer gefährlichen Berührungsspannung.

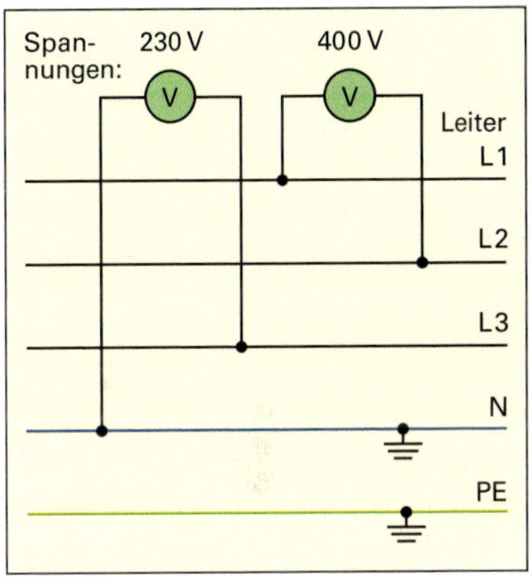

Bild 2: Drehstromnetz (schematisch)

Zwischen zwei stromführenden Leitern liegt eine Spannung von 400 V an. Die Spannung zwischen einem stromführenden Leiter und dem Neutralleiter beträgt 230 V. Somit liefert das Drehstromnetz zwei unterschiedlich große Spannungen, die Einphasenwechselspannung und Dreiphasenwechselspannung.

Dies ermöglicht den Betrieb von Kleinverbrauchern wie Lampen und Kleingeräten an Einphasenwechselspannung von 230 V.

Leistungsstarke Großverbraucher wie Elektromotoren und Elektroöfen werden hingegen an der Dreiphasenwechselspannung mit jeweils 400 V angeschlossen. Jeder Großverbraucher ist dabei so aufgebaut, dass er über drei getrennte Teilverbraucher verfügt, beispielsweise über drei Heizspiralen bei einem Elektroofen oder drei Feldspulen bei einem Drehstrommotor.

Beim Anschluss an das Drehstromnetz unterscheidet man zwei Schaltungen: die Sternschaltung und die Dreieckschaltung.

8.12.1 Stern- und Dreieckschaltung

Sternschaltung (star circuit)

Bei der Sternschaltung (Symbol Y) werden die Eingangsklemmen der drei Teilverbraucherstränge an die drei stromführenden Leiter L1, L2 und L3 angeschlossen (verkettet). Die Ausgangsklemmen der Teilverbraucherstränge sind miteinander in einem Sternpunkt verbunden **(Bild 3).** Er ist an den Neutralleiter angeschlossen.

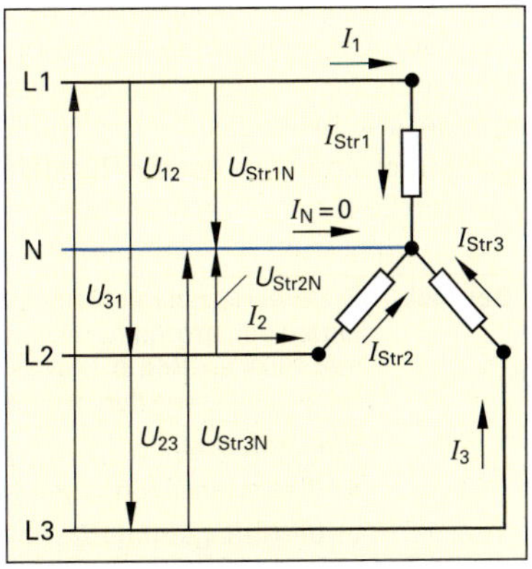

Bild 3: Sternschaltung (schematisch)

Bei der Sternschaltung sind die Strangströme $I_{Str} = I_{Str1} = I_{Str2} = I_{Str3}$ genau so groß wie die Leiterströme $I = I_1 = I_2 = I_3$, wenn die Widerstände der einzelnen Teilverbraucherstränge gleich groß sind.

Die Leiterspannungen $U = U_{12} = U_{23} = U_{31}$ sind hingegen um den Faktor $1{,}73 = \sqrt{3}$ größer als die Strangspannungen $U_{Str} = U_{Str1N} = U_{Str2N} = U_{Str3N}$.

Sternschaltung
$I = I_{Str} \qquad U = \sqrt{3} \cdot U_{Str}$

Der Faktor $\sqrt{3}$ wird auch als Verkettungsfaktor bezeichnet.

Wenn die Widerstände der drei Teilverbraucherstränge gleich groß sind, führt der Nullleiter N keinen Strom ($I_N = 0$).

Die Stromstärken in den Strängen werden mit dem Ohm'schen Gesetz $U = I \cdot R \Rightarrow I = U/R$ berechnet.

Strangströme

$$I_{Str} = \frac{U}{R} = \frac{\sqrt{3} \cdot U_{Str}}{R}$$

Beispiel: Drei Heizwiderstände eines Induktionsofens mit einem Widerstand von je 50 Ω sind in Sternschaltung an das 400-V-Drehstromnetz angeschlossen **(Bild 1)**.

Wie groß sind:

a) die Strangspannungen U_{Str}

b) die Strangströme I_{Str}

c) die Leiterströme I.

Lösung: a) $U = \sqrt{3} \cdot U_{Str} \Rightarrow \mathbf{U_{Str}} = \frac{U}{\sqrt{3}} = \frac{400\ \text{V}}{\sqrt{3}} = 230{,}94\ \text{V} \approx \mathbf{231\ V}$

b) $\mathbf{I_{Str}} = \frac{U_{Str}}{R} = \frac{231\ \text{V}}{50\ \Omega} = \frac{231\ \text{V}}{50\ \text{V} \cdot \text{A}^{-1}} \approx \mathbf{4{,}6\ A}$

c) $\mathbf{I} = \mathbf{I_{Str}} = \mathbf{4{,}6\ A}$

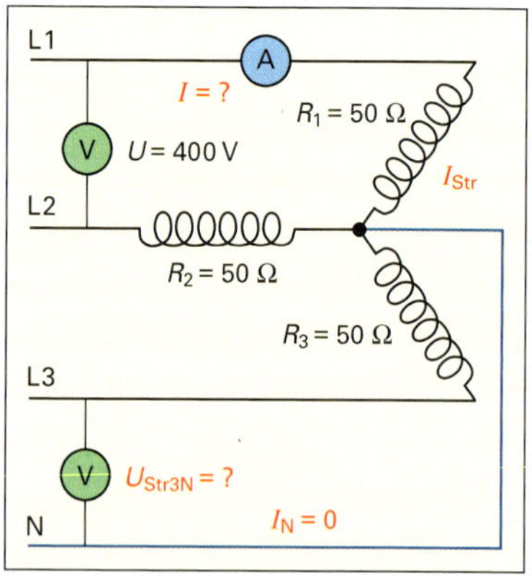

Bild 1: Heizwiderstände in Sternschaltung

Dreieckschaltung (delta connection)

Bei der Dreieckschaltung (Symbol Δ) wird das Ende des ersten Strangs mit dem Anfang des zweiten Strangs verbunden. Verbindet man anschließend das Ende des zweiten Strangs mit dem Anfang des dritten Strangs und das Ende des dritten Strangs mit dem Anfang des ersten Strangs, so entsteht ein geschlossener Stromkreis **(Bild 2)**. An den Verbindungsstellen der Stränge werden die drei Außenleiter L1, L2 und L3 angeschlossen.

Bei der Dreieckschaltung, die einer Parallelschaltung ähnelt, tritt nur eine Spannung auf, da die Leiterspannung $U = U_{12} = U_{23} = U_{31}$ mit der Strangspannung $U_{Str} = U_{Str12} = U_{Str23} = U_{Str31}$ identisch ist. Der Leiterstrom $I = I_1 = I_2 = I_3$ ist jedoch um den Verkettungsfaktor $\sqrt{3}$ größer als der Strangstrom $I_{Str} = I_{Str12} = I_{Str23} = I_{Str31}$.

Auch bei der Dreieckschaltung ist die Summe der Leiterströme unter Berücksichtigung der Stromrichtung stets Null, wenn die Widerstände der einzelnen Teilverbraucherstränge gleich sind. Demzufolge ist kein ausgleichender Nullleiter notwendig. Einer der drei Leiter übernimmt immer die Rückleitung für die Ströme der beiden anderen Leiter.

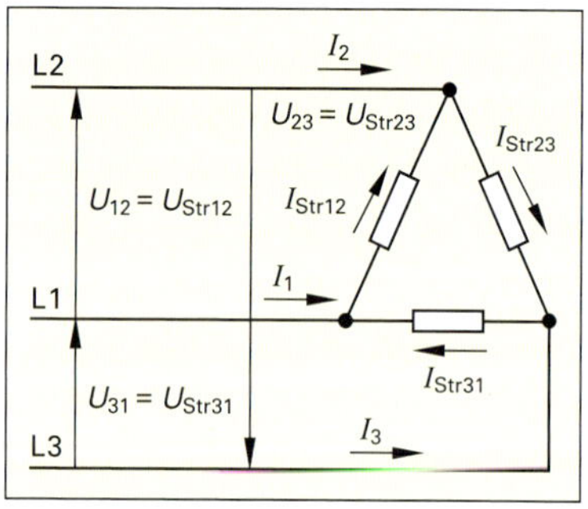

Bild 2: Dreieckschaltung

Dreieckschaltung

$$U = U_{Str} \qquad I = \sqrt{3} \cdot I_{Str}$$

Beispiel: Die drei Heizspiralen eines Glühofens liegen an einem Dreileiter-Drehstromnetz mit einer Dreiphasenwechselspannung von 400 V an **(Bild 3)**. Die drei Chrom-Nickel-Heizwiderstände mit je 18,4 Ω werden in einer Dreieckschaltung angeordnet.

Wie groß sind:

a) die Strangspannungen U_{Str}

b) die Strangströme I_{Str}

c) die Leiterströme I.

Lösung: a) $\mathbf{U_{Str}} = U = \mathbf{400\ V}$

b) $\mathbf{I_{Str}} = \frac{U_{Str}}{R_{Str}} = \frac{400\ \text{V}}{18{,}4\ \Omega} = \frac{400\ \text{V}}{18{,}4\ \text{V} \cdot \text{A}^{-1}} \approx \mathbf{21{,}7\ A}$

c) $\mathbf{I} = \sqrt{3} \cdot I_{Str} = \sqrt{3} \cdot 21{,}7\ \text{A} = 37{,}65\ \text{A} \approx \mathbf{37{,}7\ A}$

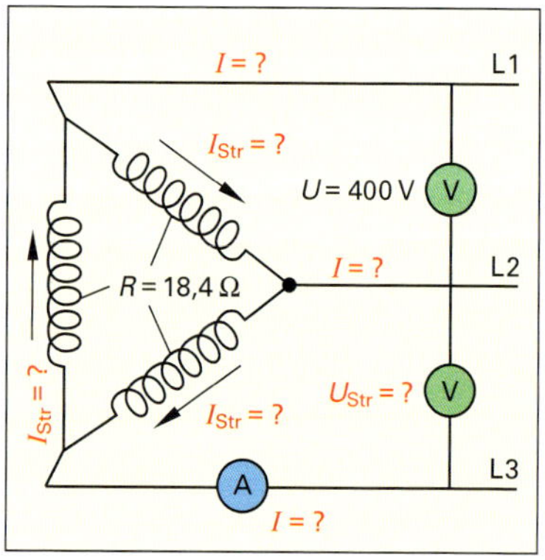

Bild 3: Heizspiralen in Dreieckschaltung

8.12.2 Leistungsschilder elektrischer Geräte (rating plates)

Leistungsschilder enthalten die wichtigsten Daten des elektrischen Geräts: Betriebsspannung, höchstzulässige Stromstärke, elektrische Leistung usw.

Bei elektrischen Geräten (z. B. Heizkorb, Trockenschrank) ist auf dem Leistungsschild die **aufgenommene Nennleistung** in Watt W oder Kilowatt kW angegeben **(Bild 1)**.

Bei Elektromotoren hingegen wird die **abgegebene mechanische Leistung** auf dem Leistungsschild genannt **(Bild 2)**.

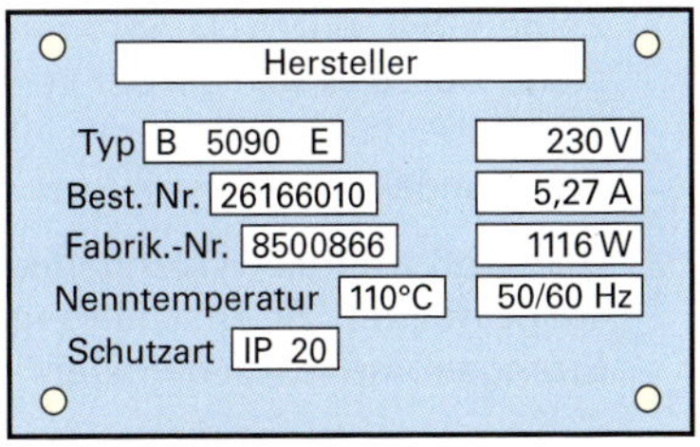

Bild 1: Leistungsschild eines Trockenschranks

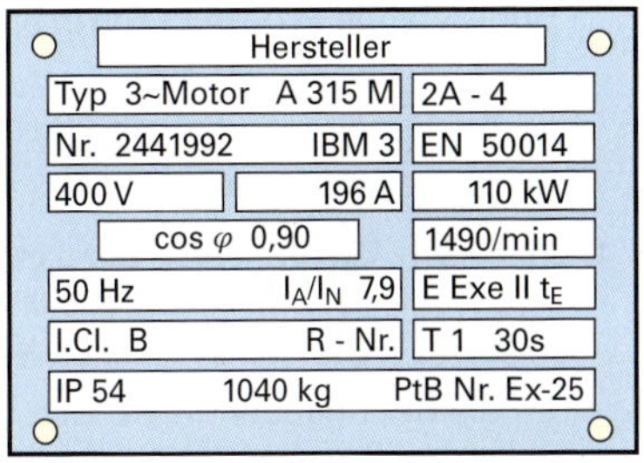

Bild 2: Leistungsschild eines Dreiphasenwechselstrommotors

Beispiel: Welche Leistungen können aus den Leistungsschildern in Bild 1 und 2 abgelesen werden?

Lösung: Bild 1: Aus dem Netz aufgenommene Nennleistung des Trockenschranks: **1116 W.**

Bild 2: An die angetriebene Maschine abgegebene mechanische Nennleistung des E-Motors: **110 kW.**

8.12.3 Elektrische Leistung bei verschiedenen Stromarten

Die Größengleichungen zur Berechnung der elektrischen Leistung von Seite 271 gelten insbesondere für Geräte, die mit **Gleichstrom** betrieben werden (z. B. Elektrolysezellen). Hier gilt: $P = U \cdot I$

Bei **Wechselstrom** hat diese Leistungsformel nur für Geräte mit annähernd reinem Ohm'schem Widerstand Gültigkeit: z. B. bei Glühlampen, Heizöfen und anderen Wärmegeräten.

Leistung bei Gleichstrom-Geräten

$$P = U \cdot I$$

Leistungsfaktor φ (power factor)

Es gibt Verbraucher, bei denen der Wechselstrom in den Wicklungen eine starke magnetische Wirkung hervorruft. Dies ist z. B. in Wechselstrommotoren und Induktionsöfen der Fall. In diesen Maschinen kann die elektrische Leistung gemäß der Beziehung $P = U \cdot I$ nicht vollständig genutzt werden.

Für Geräte, die mit Einphasenwechselstrom betrieben werden, errechnet sich die nutzbare Leistung, indem die Leistung $P = U \cdot I$ mit dem **Leistungsfaktor cos φ** multipliziert wird (siehe rechts).
Man bezeichnet die nutzbare Leistung auch als **Wirkleistung P_W**.
Der Leistungsfaktor cos φ hat Werte zwischen 0 und 1.

Wirkleistung bei Einphasenwechselstrom-Geräten

$$P_W = U \cdot I \cdot \cos\varphi$$

Bei Drehstrom (Bild 2, Seite 273, Dreiphasenwechselstrom) fließt in jedem der Leiter ein Einphasenwechselstrom. Die **Gesamtwirkleistung** $P_{W,\,ges}$ einer an Dreiphasenwechselstrom angeschlossenen Maschine mit drei Wicklungen ergibt sich durch Multiplikation der Einzelwirkleistung P_W mit dem **Verkettungsfaktor $\sqrt{3}$.**

Gesamtwirkleistung bei Dreiphasenwechselstrom-Geräten

$$P_{W,ges} = \sqrt{3} \cdot U \cdot I \cdot \cos\varphi$$

Beispiel 1: Ein Einphasen-Wechselstrommotor einer Schlauchpumpe nimmt bei 230 V und einer Stromstärke von 1,4 A eine Leistung von 240 W auf. Welchen Leistungsfaktor hat der Motor?

Lösung: $P_W = U \cdot I \cdot \cos\varphi \;\Rightarrow\; \mathbf{\cos\varphi} = \frac{P_W}{U \cdot I} = \frac{240\ \text{V} \cdot \text{A}}{230\ \text{V} \cdot 1{,}4\ \text{A}} = 0{,}7453 \approx \mathbf{0{,}75}$

Beispiel 2: Die Heizung eines induktiv beheizten Hochdruckautoklaven hat eine Heizleistung von 78 kW an 400-V-Dreiphasenwechselstrom. Der Leistungsfaktor beträgt 0,80.
Wie groß ist die Stromstärke in der Induktionsspule?

Lösung: $P_{W,ges} = \sqrt{3} \cdot U \cdot I \cdot \cos\varphi \;\Rightarrow\; \mathbf{I} = \frac{P_{W,ges}}{\sqrt{3} \cdot U \cdot \cos\varphi} = \frac{78 \cdot 10^3\ \text{V} \cdot \text{A}}{\sqrt{3} \cdot 400\ \text{V} \cdot 0{,}80} = 140{,}72\ \text{A} \approx \mathbf{141\ A}$

Aufgaben zu Berechnungen zum Drehstromkreis

1. Zeigen Sie durch Umordnen der Widerstände, dass es sich bei der Verschaltung der Widerstände in **Bild 1** um eine Sternschaltung handelt.
2. Wie groß sind die Widerstände der in **Bild 1** dargestellten Sternschaltung, wenn die Strangströme 15,4 A betragen?
3. Die Stromstärke in den stromführenden Leitern eines Drehstromnetzes wurde zu 9,80 A gemessen. Das Netz ist mit drei gleich großen Widerständen von je 13,5 Ω in Sternschaltung belastet. Berechnen Sie:
   a) die Strangspannungen U_{Str} und
   b) die Leiterspannungen U.
4. In einem Verbraucher, der am 400-V-Drehstromnetz anliegt, sind drei Widerstände von je 35,1 Ω in Dreieck geschaltet. Berechnen Sie:
   a) die Strangspannungen U_{Str},
   b) die Strangströme I_{Str} und
   c) die Leiterströme I.
5. Ein 5,0-kW-Drehstrommotor einer Tellerzentrifuge **(Bild 2)** ist an das 400-V-Drehstromnetz angeschlossen. Der Leistungsfaktor des Motors ist $\cos \varphi = 0{,}80$, sein mechanischer Wirkungsgrad beträgt $\eta = 0{,}85$. Wie groß ist der vom Motor aufgenommene Strom?
6. Berechnen Sie den mechanischen Wirkungsgrad des Drehstrommotors, dessen Leistungsschild in Bild 2, Seite 275, wiedergegeben ist.
7. Ein Induktionsofen mit drei Wicklungen ($\cos \varphi = 0{,}92$) ist an das 400-V-Drehstromnetz angeschlossen. Jeder Wicklungsstrang hat einen Widerstand von $R = 60\ \Omega$. Berechnen Sie die Strom- und Leistungsaufnahme, wenn der Ofen in:
   a) Sternschaltung
   b) Dreieckschaltung
   betrieben wird.
8. In der in **Bild 3** dargestellten Regeleinrichtung nimmt der Einphasenwechselstrommotor des elektrischen Stellantriebs eine Leistung 40 W an 230 V auf. Welcher Strom fließt im Stellmotor, wenn sein Leistungsfaktor $\cos \varphi$ 0,70 beträgt?
9. Dem Leistungsschild eines Motors zum Antrieb eines Gurtbandförderers wurden folgende technische Daten entnommen: U = 400 V, I = 30,5 A, P = 15 kW, $\cos \varphi = 0{,}85$. Wie hoch ist der Wirkungsgrad des Motors?

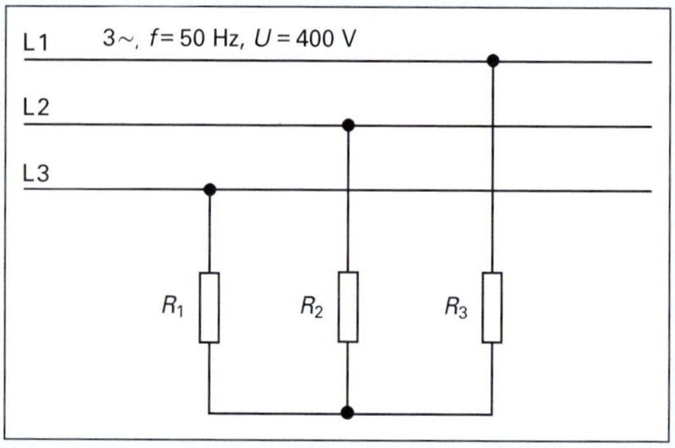

Bild 1: Widerstände in Sternschaltung (Aufgabe 1 und 2)

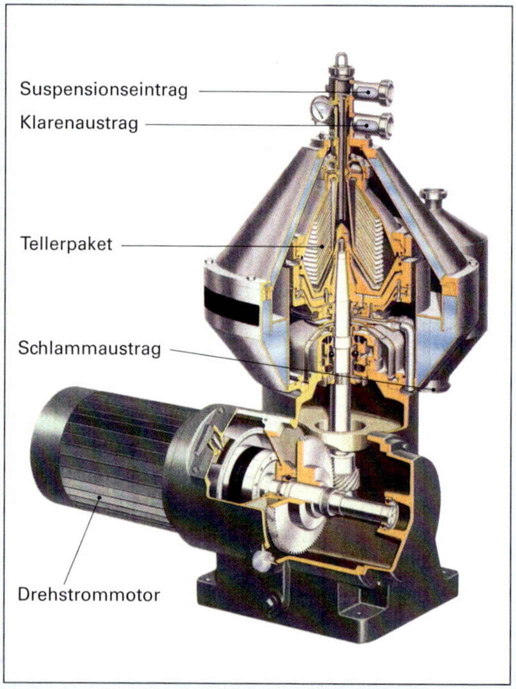

Bild 2: Tellerzentrifuge mit Drehstrommotor (Aufgabe 5)

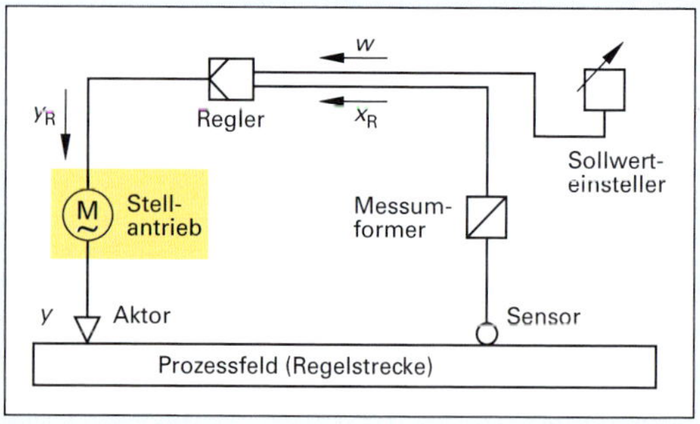

Bild 3: Stellantrieb in einer Regeleinrichtung (Aufgabe 8)

8.13 Elektrolytische Stoffabscheidung

Fließt ein Gleichstrom durch einen Elektrolyten, z.B. durch eine Kupfer(II)-chlorid-Lösung, so werden Kupfer-Ionen an der Katode reduziert und Chlorid-Ionen an der Anode oxidiert **(Bild 1).**

Katodenvorgang (Reduktion): $Cu^{2+} + 2\,e^- \longrightarrow Cu$

Anodenvorgang (Oxidation): $2\,Cl^- \longrightarrow Cl_2 + 2\,e^-$

Die Reaktionsgleichungen zeigen:

Zwei Elektronen ($2\,e^-$) führen zur Abscheidung von einem Kupfer-Atom Cu und einem Chlor-Molekül Cl_2.

Ein Elektron mit der Elementarladung $e^- = 1{,}6022\ 10^{-19}$ A · s kann ein einwertiges Ion abscheiden. Die Ladungsmenge *Q* für ein Mol dieser Ionen, das sind $6{,}02204 \cdot 10^{23}$ Teilchen, beträgt:

$$Q = N_A \cdot e^- = 6{,}02204 \cdot 10^{23} \frac{1}{\text{mol}} \cdot 1{,}6022 \cdot 10^{-19}\ \text{A} \cdot \text{s}$$

$$= 96485 \frac{\text{A} \cdot \text{s}}{\text{mol}} = \mathbf{96485\ C/mol.}$$

Diese Ladungsmenge *Q* wird **Faraday[1]-Konstante *F*** genannt: ***F* = 96485 C/mol**

Ionen mit der Wertigkeit *z* erfordern $z \cdot F$ Elektronen pro Mol elektrolytisch abgeschiedener Ionen.

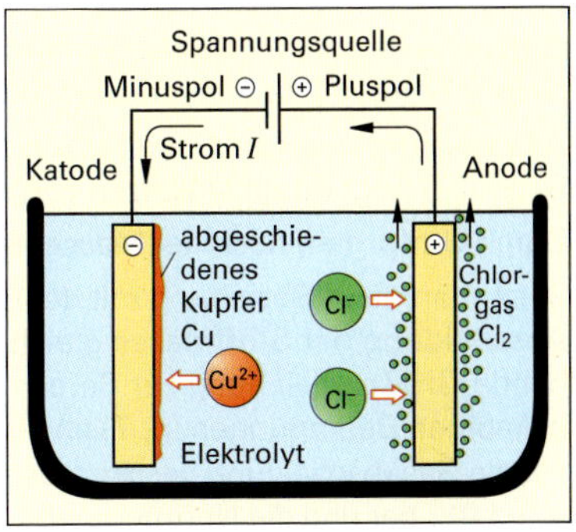

Bild 1: Elektrolyse einer Kupfer(II)-chlorid-Lösung (schematisch)

Faraday-Konstante

$$F = 96485 \frac{\text{A} \cdot \text{s}}{\text{mol}} \approx 26{,}8 \frac{\text{A} \cdot \text{h}}{\text{mol}}$$

8.13.1 Elektrolytisch abgeschiedene Stoffmasse

Für die Abscheidung der Stoffmenge *n* des Ions X mit der Ladungszahl *z* wird die Ladungsmenge $Q = n(\text{X}) \cdot z(\text{X}) \cdot F$ benötigt.

Mit $n(\text{X}) = m(\text{X})/M(\text{X})$ (Seite 112) und $Q = I \cdot t$ (Seite 256) folgt durch Einsetzen und Umstellen die nebenstehende Größengleichung zur Berechnung der Masse *m* eines elektrolytisch abgeschiedenen Stoffes X mit der Wertigkeit *z*.

Der Wirkungsgrad η berücksichtigt die Stromausbeute, d.h., die bei Elektrolysen stets auftretenden Verluste an zugeführter elektrischer Energie. Sie wird durch den Elektrolytwiderstand und durch Streuströme verursacht.

Teilt man die molare Masse *M* des abgeschiedenen Stoffes durch die pro ein Mol erforderliche Ladungsmenge $Q = z \cdot F$, so erhält man die **elektrochemische Äquivalentmasse $m_ä$** des Stoffes. Sie gibt an, welche Masse eines Stoffes bei einer Stromstärke von einem Ampere in einer Sekunde abgeschieden wird. Damit vereinfacht sich die Berechnungsgleichung der abgeschiedenen Stoffmasse zu den rechts unten angegebenen Größengleichungen.

Durch Elektrolyse abgeschiedene Stoffmasse

$$m(\text{X}) = \frac{M(\text{X}) \cdot I \cdot t}{z(\text{X}) \cdot F} \cdot \eta$$

Elektrochemische Äquivalentmasse

$$m_ä(\text{X}) = \frac{M(\text{X})}{z(\text{X}) \cdot F}$$

Beispiel: Eine Kuper(II)chlorid-Lösung wird mit der Stromstärke $I = 2{,}5$ A und einem Wirkungsgrad von 92,5 % 30 Minuten lang elektrolysiert (Bild 1). Welche Masse an Elektrolytkupfer wird in der Elektrolysezelle abgeschieden?

Lösung:

$$m(\text{Cu}) = I \cdot t \cdot m_ä(\text{Cu}) \cdot \eta = I \cdot t \cdot \frac{M(\text{Cu})}{z(\text{X}) \cdot \text{F}} \cdot \eta$$

$$\mathbf{m(Cu)} = 2{,}5\ \text{A} \cdot 30 \cdot 60\ \text{s} \cdot \frac{63{,}55\ \text{g/mol}}{2 \cdot 96485\ \text{As/mol}} \cdot 0{,}925 \approx \mathbf{1{,}4\ g}$$

Stoffabscheidung mit elektrochemischer Äquivalentmasse

$$m(\text{X}) = Q \cdot m_ä(\text{X}) \cdot \eta$$

$$m(\text{X}) = I \cdot t \cdot m_ä(\text{X}) \cdot \eta$$

[1] Michael Faraday, englischer Physiker, 1791–1867

8.13.2 Elektrolytische Abscheidung von Gasen

Bei der Elektrolyse werden häufig an den Elektroden auch Gase abgeschieden (Bild 1, Seite 277). Ihre Masse $m(X)$ lässt sich mithilfe der auf Seite 277 abgeleiteten Formel berechnen.

$$m(X) = \frac{M(X) \cdot I \cdot t}{z(X) \cdot F} \cdot \eta$$

Aus der allgemeinen Gasgleichung $p \cdot V(X) = n(X) \cdot R \cdot T$ (vgl. Seite 122) folgt durch Einsetzen von $n(X) = m(X)/M(X)$:

$$p \cdot V(X) = \frac{m(X) \cdot R \cdot T}{M(X)}$$

Durch Umformen nach der Masse $m(X)$ wird daraus erhalten:

$$m(X) = \frac{M(X) \cdot p \cdot V(X)}{R \cdot T}$$

Setzt man diese Beziehung mit der Gleichung zur elektrolytischen Abscheidung der Stoffmasse gleich, so erhält man die nebenstehende Größengleichung zur Berechnung des Volumens einer bei beliebigen Bedingungen (p, T) abgeschiedenen Gasportion.

Für die Gasabscheidung bei Normbedingungen sind der Normdruck $p_n = 1{,}013$ bar und die Normtemperatur $T_n = 273$ K einzusetzen.

Elektrolytisch abgeschiedenes Gasvolumen

$$V(X) = \frac{I \cdot t \cdot R \cdot T}{z(X) \cdot F \cdot p} \cdot \eta$$

Entsteht das elektrolytisch gebildete Gas aus Wasser, so ist das Gas mit Wasserdampf gesättigt (feucht). Der Partialdruck des feuchten Gases $p_{G,feucht}$ setzt sich aus dem Druck des trockenen Gases $p_{G,tr}$ und dem Wasserdampfpartialdruck p_{H_2O} zusammen: $p_{G,f} = p_{G,tr} + p_{H_2O}$. Der Partialdruck des trockenen Gases ist $p_{G,tr} = p_{G,f} - p_{H_2O}$.

Partialdruck des trockenen Gases

$$p = p_{G,tr} = p_{G,f} - p_{H_2O}$$

Beispiel: Ein Hofmann'scher Wasserzersetzer **(Bild 1)** wird über einen Zeitraum von 15,0 Minuten mit einem Strom der Stärke 800 mA betrieben. Die Temperatur beträgt 22,0 °C, der Luftdruck 1025 mbar. Der Wirkungsgrad der Elektrolyse ist 97,0 %.

a) Wie groß ist das gebildete trockene Gasvolumen an Sauerstoff und Wasserstoff?

b) Wie groß ist das gebildete feuchte Gasvolumen am Sauerstoff und Wasserstoff? (Der Sättigungs-Wasserdampfdruck beträgt $p(H_2O) \approx 25$ mbar bei 22,0°C)

Lösung: Die Reaktionsgleichung lautet: $2\,H_2O_{(l)} \longrightarrow 2\,H_{2(g)} + O_{2(g)}$

Die Oxidationszahl des Sauerstoffs im Wassermolekül ändert sich von –II nach ±0. Demzufolge werden 2 · 2 = 4 Elektronen übertragen $\Rightarrow$ $z(O_2) = 4$

a) $$\mathbf{V(O_2)} = \frac{I \cdot t \cdot R \cdot T}{z(O_2) \cdot F \cdot p} \cdot \eta$$

$$= \frac{0{,}800\,\text{A} \cdot 15{,}0 \cdot 60\,\text{s} \cdot 0{,}08314\,\frac{\text{bar} \cdot \text{L}}{\text{K} \cdot \text{mol}} \cdot 295\,\text{K}}{4 \cdot 96\,485\,\text{A} \cdot \text{s} \cdot \text{mol}^{-1} \cdot 1{,}025\,\text{bar}} \cdot 0{,}970$$

$$= 0{,}04330\,\text{L} \approx \mathbf{43{,}3\,mL}$$

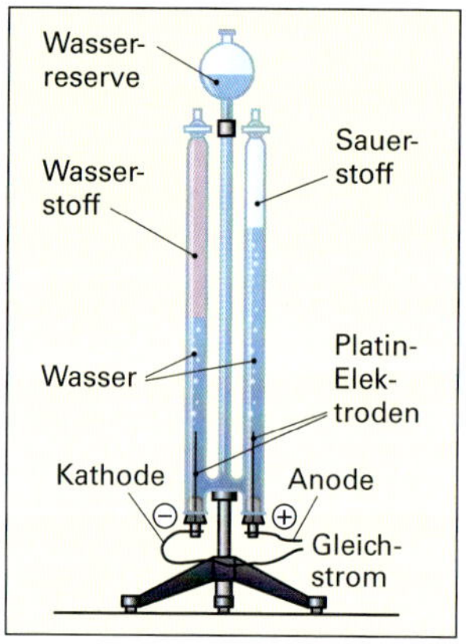

Bild 1: Hofmann'scher Wasserzersetzer

Wie die Reaktionsgleichung zeigt, werden pro Raumteil Sauerstoff (O_2) zwei Raumteile Wasserstoff (H_2) gebildet. Damit beträgt das abgeschiedene Wasserstoffvolumen:

$\mathbf{V(H_2)} = 2 \cdot V(O_2) = 2 \cdot 43{,}3\,\text{mL} = \mathbf{86{,}6\,mL}$

b) $\mathbf{p_{G,tr}} = p_{G,f} - p_{H_2O} = 1025\,\text{mbar} - 25\,\text{mbar} = \mathbf{1000\,mbar}$

$\mathbf{V(O_2)} = 43{,}3\,\text{mL} \cdot \frac{1025\,\text{bar}}{1000\,\text{bar}} \approx \mathbf{44{,}4\,mL}$; $\mathbf{V(H_2)} = 2 \cdot V(O_2) = 2 \cdot 44{,}4\,\text{mL} \approx \mathbf{88{,}8\,mL}$

Aufgaben zur elektrolytischen Stoffabscheidung

1. Bei der Elektrolyse einer wässrigen Natriumchlorid-Lösung **(Bild 2)** nach der Reaktionsgleichung $2\,NaCl_{(aq)} + 2\,H_2O_{(l)} \longrightarrow 2\,NaOH_{(aq)} + H_{2(g)} + Cl_{2(g)}$ wird Chlorgas und Wasserstoffgas abgeschieden. Die Badspannung beträgt 7,35 V, die Stromausbeute 88,2 %.

   Welches Chlorgas-Volumen wird durch die Strommenge 5,20 kWh bei 23 °C und 1045 mbar abgeschieden?

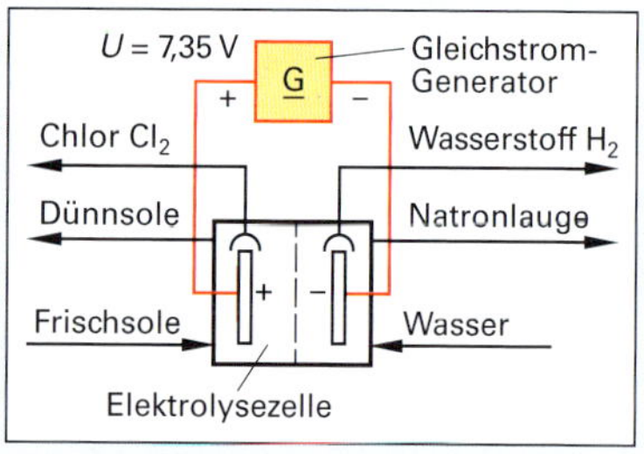

Bild 2: NaCl-Elektrolyse (Aufgabe 1)

2. In einem Hofmann'schen Wasserzersetzer (Bild 1, Seite 278) wird verdünnte Schwefelsäure 25 Minuten lang mit einer Stromstärke von 12 A elektrolysiert. Die Reaktionsgleichung ist $2\,H_2O_{(l)} \xrightarrow{H_2SO_{4(aq)}} 2\,H_{2(g)} + O_{2(g)}$. Die Stromausbeute beträgt 87,5%.

   Welches Volumen hat der abgeschiedene trockene Wasserstoff bei Normbedingungen?

3. In einem Knallgas-Coulometer **(Bild 1)** wurden in einer Abscheidezeit von 3 Minuten, 16 Sekunden 24,3 mL feuchtes Knallgas abgeschieden. Die Temperatur betrug 20°C und der Luftdruck 1020 mbar. (Der Sättigungsdampfdruck $p(H_2O)$ = 23,4 mbar bei 20,0°C.)

   Wie groß muss die Stromstärke I in der elektrischen Leitung sein, um diese Knallgasmenge abzuscheiden? (Die elektrischen Verluste sollen unberücksichtigt bleiben.)

4. In der elektrischen Zuleitung einer Anlage zur Alkalichlorid-Elektrolyse nach dem Membranverfahren **(Bild 2)** herrscht eine Stromstärke von 11,7 kA. In der Anlage sind 160 Zellen hintereinander geschaltet. Die Stromausbeute beträgt 96%.

   Welche Masse an Chlor wird bei kontinuierlichem Betrieb pro Tag (24 Stunden) abgeschieden?

5. Anilin wird technisch durch elektrolytische Reduktion von Nitrobenzol gewonnen:

   $$C_6H_5NO_2 + 6\,H^+ + 6\,e^- \longrightarrow C_6H_5NH_2 + 2\,H_2O$$

   Wie viel Kilogramm Nitrobenzol müssen eingesetzt werden, wenn bei einer Zellenspannung von 1,6 V und einer Stromausbeute von 92% eine elektrische Energie von 20 kWh aufgewendet werden?

6. Durch Schmelzflusselektrolyse von Aluminiumoxid **(Bild 3)** werden bei einer durchschnittlichen Stromstärke von 33 kA aus 196 hintereinander geschalteten Zellen täglich 50,0 Tonnen Aluminium gewonnen. Wie hoch ist die Stromausbeute in der Schmelzflusselektrolyse-Anlage?

7. Magnesium gewinnt man durch Schmelzflusselektrolyse von Magnesiumchlorid nach der Reaktionsgleichung

   $$MgCl_{2(l)} \longrightarrow Mg_{(l)} + Cl_{2(g)}.$$

   Welche elektrische Energie ist zur Gewinnung von 100 Tonnen Magnesium erforderlich, wenn die Zellenspannung 5,5 V und die Stromausbeute 92% betragen?

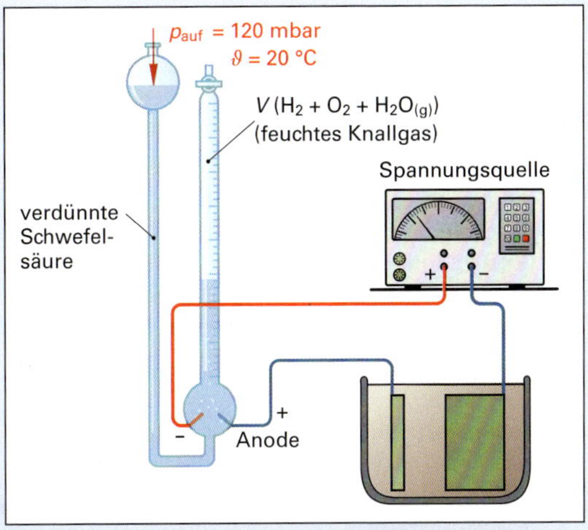

Bild 1: Knallgas-Coulometer (Aufgabe 3)

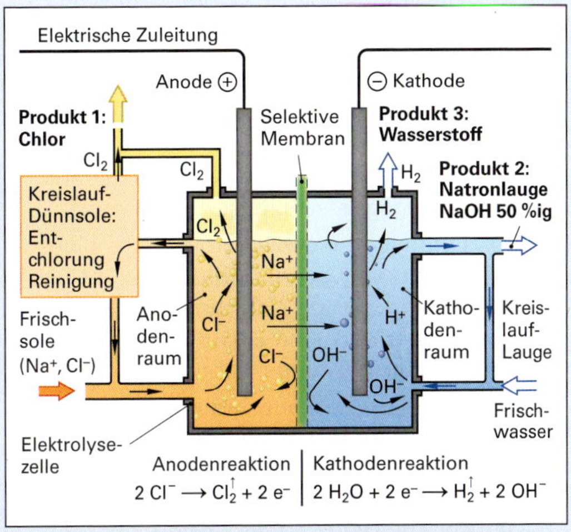

Bild 2: Alkalichlorid-Elektrolyse nach dem Membranverfahren (schematisch, Aufgabe 4)

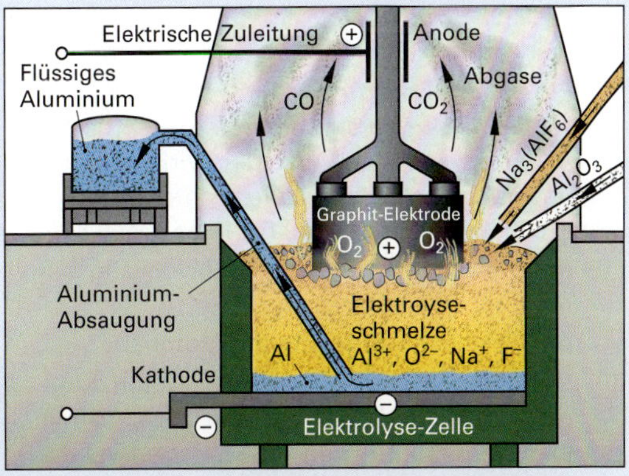

Bild 3: Schmelzflusselektrolyse zur Al-Herstellung (Aufgabe 6)

Gemischte Aufgaben zu Berechnungen zu 8 Elektrotechnik

1. In der Zuleitung einer Alkalichlorid-Elektrolysebatterie (Bild 2, Seite 279) fließt ein Strom der Stärke I = 100 kA. Wie groß ist die pro Minute aufgenommene Ladungsmenge?
2. Ein Kondensator ist ein elektrisches Bauteil zur Speicherung von elektrischen Ladungen **(Bild 1)**. Einem Kondensator wird in 4,0 Sekunden eine Ladung von Q = 5,0 mA · s zugeführt. Wie groß ist der Ladestrom?
3. In einem Lufterhitzer sind zwei Heizwiderstände R_1 = 97 Ω und R_2 = 47 Ω parallel geschaltet. Durch den Widerstand R_1 fließt ein Strom von 2,3 A. Wie groß ist die Stromstärke im Heizwiderstand R_2?
4. Der Heizwiderstand in einem Thermostaten **(Bild 2)** mit einer Netzspannung von 230 V beträgt R = 56 Ω. Welche elektrische Energie wird pro Minute in Wärme umgewandelt?
5. Welcher Spannungsabfall tritt in der Kupferleitung eines Widerstandsthermometers auf **(Bild 3)**, wenn die Stromstärke 3,0 mA und die Entfernung zwischen Messort und Anzeige in der Prozessleitwarte 250 m beträgt? Der Leitungsquerschnitt ist A = 0,75 mm^2.
6. Der Einphasen-Wechselstrommotor eines Siloschneckenmischers **(Bild 4)** nimmt bei einer Spannung von 230 V und einer Stromstärke von 5,3 A eine Leistung von 950 W auf. Welchen Leistungsfaktor hat der Motor?
7. Ein Vakuum-Trockenschrank mit einem Ohm'schen Widerstand von R_V = 24 Ω und ein Heizkorb mit R_H = 97 Ω sind parallel geschaltet. Wie groß sind der Ersatzwiderstand und der Ersatzleitwert der beiden Geräte?
8. Der 5,5-kW-Motor einer ständig angetriebenen Dickstoffpumpe an einem Rundeindicker hat einen Wirkungsgrad von 80%. Welche Stromkosten entstehen monatlich, wenn eine Kilowattstunde 0,18 € kostet?
9. Ein 400-V-Drehstrommotor einer Kugelmühle **(Bild 5)** verrichtet eine elektrische Arbeit von W = 22 kWh. Der Wirkungsgrad des in Dreieck geschalteten Motors beträgt η = 90%, sein Leistungsfaktor cos φ ist 0,85.
   a) Wie lange dauert der Mahlvorgang bei einer Stromstärke von 25 A?
   b) Welche Leistung gibt der Motor ab?
10. Die Messwicklung eines Widerstandsthermometers Pt 100 der Toleranzklasse A hat einen Widerstand von 156 Ω. Geben Sie die Temperatur an der Messstelle mit Messabweichung an.

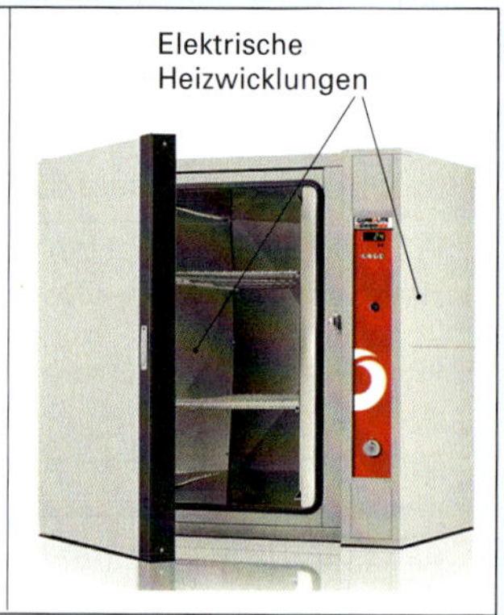

Bild 1: Kondensator (Aufgabe 2)

Bild 2: Thermostat (Aufgabe 4)

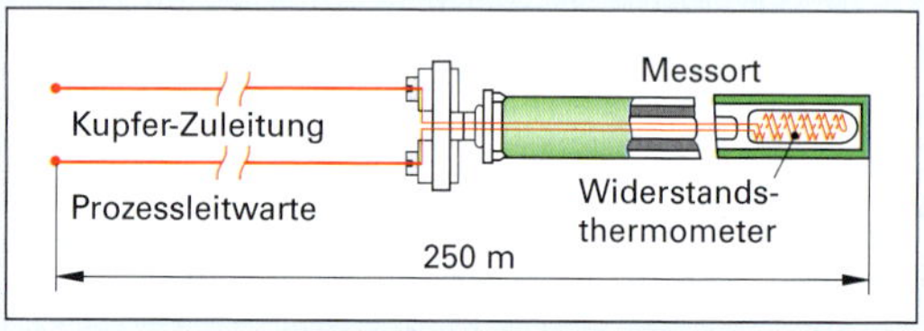

Bild 3: Spannungsabfall in der Zuleitung eines Widerstandsthermometers (Aufgabe 5)

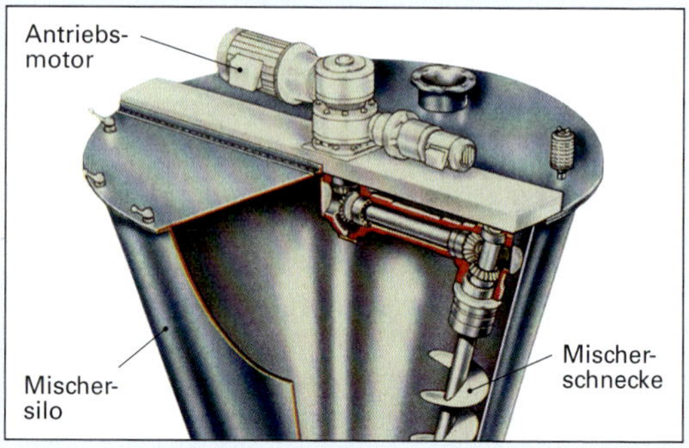

Bild 4: Antriebsmotor eines Siloschneckenmischers (Aufgabe 6)

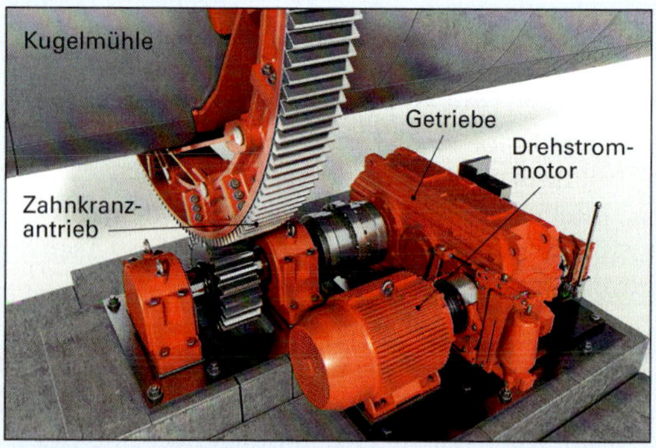

Bild 5: Drehstrommotor einer Kugelmühle (Aufgabe 9)

11. In einer Rohbenzin-Rektifikationsanlage **(Bild 1)** speist eine E-Motor-angetriebene Kreiselpumpe pro Stunde 30,0 m^3 Rohbenzin in 18,0 m Höhe in eine Siebbodenkolonne ein. Der Wirkungsgrad der Pumpe beträgt 78 %, der des Motors 0,90. Die Dichte des Rohbenzins ist 0,80 g/cm^3. Berechnen Sie
    a) die von der Pumpe und vom Motor abgegebene Leistung
    b) die vom Motor aufgenommene Leistung bei einem Wirkungsgrad von $\eta_M = 0{,}90$
    c) den Gesamtwirkungsgrad der Kreiselradpumpe und des Elektromotors?
12. Ein zweiadriger Kupferleiter (d = 0,50 mm) hat einen Kurzschluss. Bei einer Spannung von 6,0 V wird ein Strom von 2,0 A gemessen. Wie weit ist die Kurzschlussstelle von der Messstelle entfernt?
13. Wie groß sind die einzelnen Heizleistungen eines Thermostaten mit den Heizwiderständen R_1 = 54 Ω und R_2 = 146 Ω? Der Thermostat wird mit folgenden Schaltstufen an der Netzspannung 230 V betrieben:
    a) beide Heizwiderstände in Reihe
    b) Heizwiderstand R_1 allein und
    c) beide Heizwiderstände parallel.
14. Die Kupferwicklung einer Statorspule in einem Drehstrom-Kurzschlussläufermotor hat bei 20 °C einen Widerstand von 13,5 Ω. Wie groß ist die Widerstandszunahme, wenn die Temperatur der Wicklung beim Betrieb 60 °C beträgt?
15. Vier Schichtwiderstände sind auf einer Leiterplatte parallel geschaltet **(Bild 2)**. Ihre Widerstände betragen:
    $R_1 = 1{,}8\,k\Omega$, $R_2 = 2{,}2\,k\Omega$, $R_3 = 5{,}7\,k\Omega$, $R_4 = 4{,}5\,k\Omega$.
    Durch den Widerstand R_4 fließt ein Strom von 2,0 mA. Berechnen Sie:
    a) die Gesamtspannung
    b) die restlichen Teilströme
    c) den Gesamtstrom
    d) den Ersatzwiderstand.
16. Der Rotor einer Exzenterschneckenpumpe **(Bild 3)** mit einer Oberfläche von 1320 cm^2 erhält einen Chromüberzug mit einer Schichtdicke von d = 10 µm. Als Elektrolyt dient Chrom(VI)-oxid in schwach schwefelsaurer Lösung. Die Stromstärke bei der Elektrolyse beträgt 9,0 A, die Stromausbeute η = 18 %.
    a) Wie viel Chrom (ϱ_{Cr} = 7,0 g/cm^3) wird für die Beschichtung benötigt?
    b) Wie lange dauert die Verchromung?

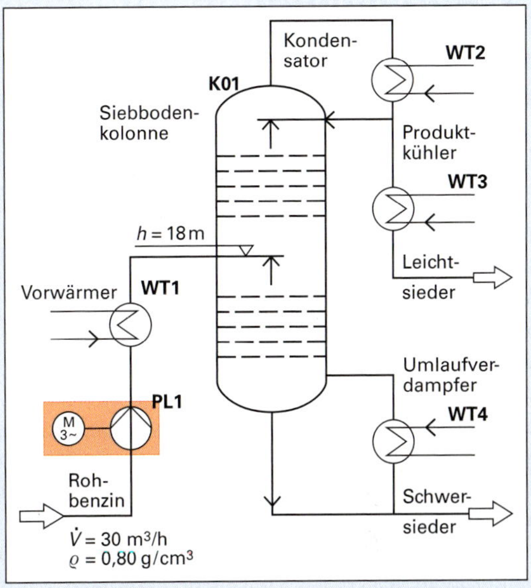

Bild 1: Verfahrensfließschema der Rektifikation von Rohbenzin mit Motor-getriebener Förderpumpe (Aufgabe 11)

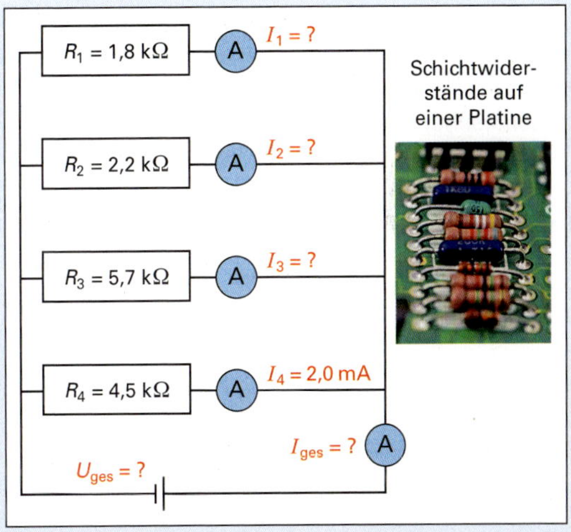

Bild 2: Parallel verschaltete Widerstände (Aufgabe 15)

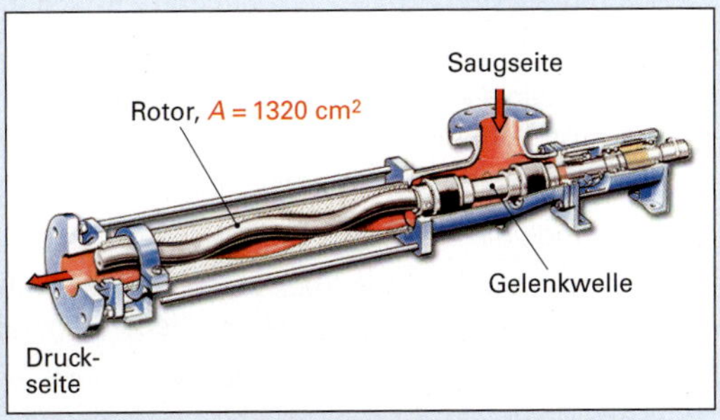

Bild 3: Chrombeschichtung des Rotors einer Exzenterschneckenpumpe (Aufgabe 16)

9 Berechnungen zur Wärmelehre

9.1 Temperaturskalen

Es gibt verschiedene Temperaturskalen (temperature scale). Die in Deutschland gebräuchlichsten sind die Celsius- und die Kelvin-Skale **(Bild 1)**.

Bei der Celsius- und der Kelvin-Skale dienen die Schmelztemperatur und die Siedetemperatur des Wassers als Fixpunkte der Temperatur-Skalen.

Der untere Endpunkt der Skalen ist der absolute Nullpunkt. Zu hohen Temperaturen sind beide Skalen unbegrenzt.

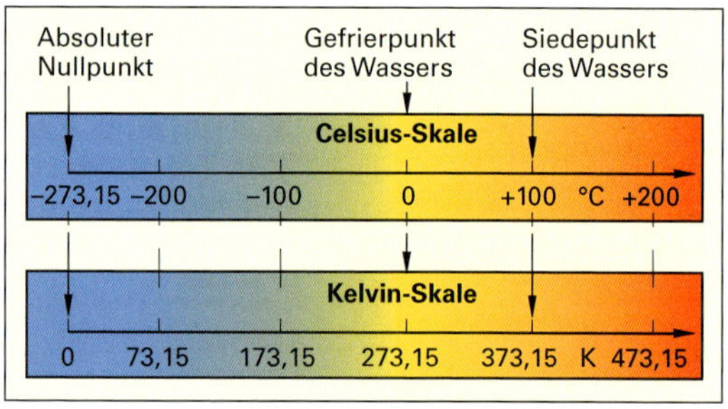

Bild 1: Temperaturskalen Celsius und Kelvin

Bei der **Celsius-Temperaturskale** liegt der absolute Nullpunkt bei –273,15 °C, die Schmelztemperatur des Wassers bei 0 °C und die Siedetemperatur des Wassers bei 100 °C. Das Größenzeichen der Celsius-Temperatur ist der griechische Kleinbuchstabe ϑ (theta). Ihr Einheitenname ist Grad Celsius (°C).

Die **thermodynamische Temperatur** ist eine SI-Basisgröße und wird mit dem Großbuchstaben T abgekürzt. Ihr Einheitenname ist das Kelvin (K). Die Kelvin-Skale beginnt beim absoluten Nullpunkt mit 0 Kelvin. Beim Gefrierpunkt des Wassers hat sie den Wert 273,15 K und beim Siedepunkt 373,15 K.

Der Abstand zwischen den Fixpunkten des Wassers wird bei der Kelvin- und der Celsius-Temperaturskale in 100 gleiche Teile aufgeteilt und heißt ein Kelvin (1 K) bzw. ein Grad Celsius (1 °C). Temperaturdifferenzen in Kelvin und in Grad Celsius haben deshalb den gleichen Zahlenwert.

Zur Umrechnung von Kelvin-Temperaturen in Celsius-Temperaturen dient die nebenstehende mit Einheiten versehene Größengleichung.

In technischen Berechnungen wird für den Zahlenwert 273,15 der Näherungswert 273 verwendet.

Umrechnung: Kelvin-Temperaturen in Grad-Celsius-Temperaturen

$$\frac{T}{\text{K}} = \frac{\vartheta}{°\text{C}} + 273{,}15$$

Beispiel: In einer Anlage zur Lösemittelrückgewinnung wird Ethylmethylketon $CH_3CH_2—CO—CH_3$ von $\vartheta = 80\,°\text{C}$ auf $T = 293$ K abgekühlt.

a) Wie hoch ist die Temperatur des Ketons nach dem Abkühlen in Grad Celsius?

b) Wie groß sind die Temperaturdifferenzen in Grad Celsius und Kelvin?

Lösung: a) $\frac{T}{\text{K}} = \frac{\vartheta}{°\text{C}} + 273 \Rightarrow \frac{\vartheta}{°\text{C}} = \frac{T}{\text{K}} - 273 = \frac{293\text{ K}}{\text{K}} - 273 = 20 \Rightarrow \boldsymbol{\vartheta = 20\,°\text{C}}$

b) $\Delta\vartheta = 80\,°\text{C} - 20\,°\text{C} = \mathbf{60\,°C}$; $\Delta T = 353\text{ K} - 293\text{ K} = \mathbf{60\,K}$

Aufgaben zu Temperaturskalen

1. Bei der Ammoniaksynthese wird die Temperatur des aus Stickstoff und Wasserstoff bestehenden Synthesegases von $T = 293$ K auf den 2,5-fachen Kelvin-Temperaturwert erhöht.
   Wie groß ist dann die Temperatur a) in Kelvin? b) in Grad Celsius?
2. Eine Kühlsole wird beim Durchgang durch einen Wärmeaustauscher von $\vartheta_1 = -35\,°\text{C}$ auf $T_2 = 268$ K erwärmt. Berechnen Sie die Temperaturen T_1, ϑ_2 und die Temperaturdifferenzen $\Delta\vartheta$ und ΔT.
3. Beim Mischen von Eis mit Calciumchlorid $CaCl_2$ fiel die Temperatur von $\vartheta_1 = -3\,°\text{C}$ um $\Delta T = 40$ K.
   Berechnen Sie die Temperaturen T_1, ϑ_2, T_2 und die Temperaturdifferenz $\Delta\vartheta$.
4. Bei einem Umgebungsdruck von $p_{amb} = 1013$ mbar siedet Stickstoff bei 77 K, Sauerstoff bei –183 °C. Welche Flüssigkeit hat die höhere Siedetemperatur?
5. Mit welcher Kältemischung kann die größere Temperaturdifferenz erreicht werden?
   a) Wasser/Kaliumchlorid: Absinken der Temperatur von 10 °C auf 261 K.
   b) Wasser/Ammoniumchlorid: Absinken der Temperatur von 283 K auf –15 °C.

9.2 Verhalten der Stoffe bei Erwärmung

Wird einem Körper Wärmeenergie zugeführt, bewirkt dies eine Temperaturerhöhung oder eine Aggregatzustandsänderung. Ursache ist die bei steigender Temperatur zunehmende atomistische Bewegungsenergie der Stoffteilchen. In Feststoffen schwingen die Teilchen (Moleküle, Ionen, Atome) stärker um ihre Gitterplätze. In Flüssigkeiten und Gasen bewegen sich die Teilchen frei, wobei ihre Geschwindigkeit mit der Temperatur zunimmt. In allen Aggregatzuständen ist die Zunahme an Bewegungsenergie in der Regel mit einer Volumenvergrößerung verbunden. Falls dies nicht möglich ist, steigt der Druck.

9.2.1 Thermische Längenänderung von Feststoffen

In der Technik kommen Bauteile zum Einsatz, deren Längenabmessung von Bedeutung ist. Dies ist z.B. bei Rohrleitungen oder Metallkonstruktionen der Fall. Beim Erwärmen dehnen sich die Stoffe aus, beim Abkühlen schrumpfen sie **(Bild 1)**.

Die thermische Längenänderung Δl (thermal expansion), die Feststoffe beim Erwärmen erfahren, steigt mit:

- der Ausgangslänge l_0: $\longrightarrow \Delta l \sim l_0$
- dem Längenausdehnungskoeffizienten α: $\longrightarrow \Delta l \sim \alpha$
- der Temperaturänderung $\Delta\vartheta$: $\longrightarrow \Delta l \sim \Delta\vartheta$

Daraus folgt die nebenstehende Größengleichung für Δl.

Die Endlänge l_ϑ berechnet sich durch Addieren der Längenänderung Δl zur Ausgangslänge l_0. Die Temperaturänderung $\Delta\vartheta$ ist die Differenz zwischen der Endtemperatur ϑ_2 und der Anfangstemperatur ϑ_1.

Der thermische **Längenausdehnungskoeffizient** $\boldsymbol{\alpha}$ ist von der Stoffart und der Temperatur abhängig. Er beschreibt die thermische Ausdehnung eines 1 m langen Stabes bei einer Temperaturerhöhung von 1 K bzw. 1 °C. Er hat das Einheitenzeichen 1/K oder K^{-1}.

In nebenstehender **Tabelle** sind die Längenausdehnungskoeffizienten einiger Stoffe angegeben. Aluminium hat z.B. den Längenausdehnungskoeffizienten $\alpha(\text{Al}) = 24 \cdot 10^{-6}$ 1/K.

Beispiel: Das Rohr eines Doppelrohrwärmetauschers aus Stahl erwärmt sich von 15°C auf 65°C. Um wie viel Millimeter verlängert sich ein 2,0 m langes Teilstück des Rohres bei dieser Temperaturerhöhung?

Lösung: $\Delta l = l_0 \cdot \alpha \cdot \Delta\vartheta = 2{,}0\,\text{m} \cdot 12 \cdot 10^{-6} \cdot 1/\text{K} \cdot 50\,\text{K}$

$\Delta l = 1200 \cdot 10^{-6}\,\text{m} = 1{,}2 \cdot 10^{-3}\,\text{m} = \mathbf{1{,}2\,mm}$

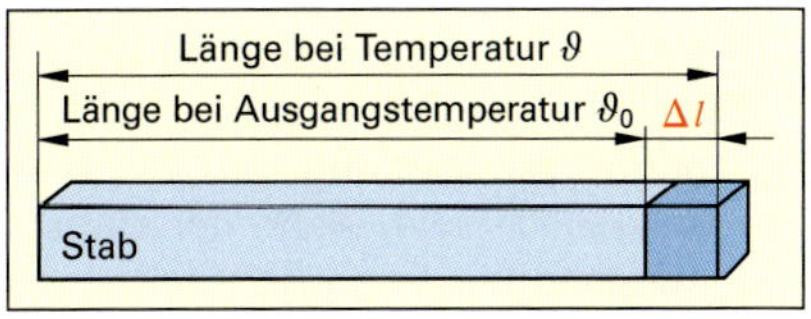

Bild 1: Thermische Längenausdehnung eines Stabs

Thermische Längenänderung	$\Delta l = l_0 \cdot \alpha \cdot \Delta\vartheta$
Länge bei der Temperatur ϑ	$l_\vartheta = l_0 + \Delta l$ $l_\vartheta = l_0 \cdot (1 + \alpha \cdot \Delta\vartheta)$
Temperaturänderung	$\Delta\vartheta = \vartheta_2 - \vartheta_1$

Tabelle: Längenausdehnungskoeffizient $\boldsymbol{\alpha}$ (bei 20°C)

Werkstoffe	Längenausdehnungskoeffizient α in K^{-1}
Aluminium	$24 \cdot 10^{-6}$
Kupfer	$17 \cdot 10^{-6}$
Messing	$18 \cdot 10^{-6}$
Platin	$9 \cdot 10^{-6}$
Unlegierter Stahl	$12 \cdot 10^{-6}$
Nicht rostender Stahl X5CrNi18-10	$16 \cdot 10^{-6}$
Invar-Stahl Fe65Ni35	$2{,}0 \cdot 10^{-6}$
Quarz	$0{,}5 \cdot 10^{-6}$
Jenaer Glas	$8{,}1 \cdot 10^{-6}$
Polyethylen (PE)	$200 \cdot 10^{-6}$

Aufgaben zur thermischen Längenänderung von Feststoffen

1. Ein Rohrbündel-Wärmetauscher enthält Kupferrohre **(Bild 2)**. Sie haben bei 20 °C eine Länge von 6214 mm. Im Betrieb werden die Kupferrohre von einer Kühlsohle durchflossen und kühlen sie auf –15 °C ab. Wie groß ist die Längenschrumpfung der Rohre, die durch die Abkühlung bewirkt wird?

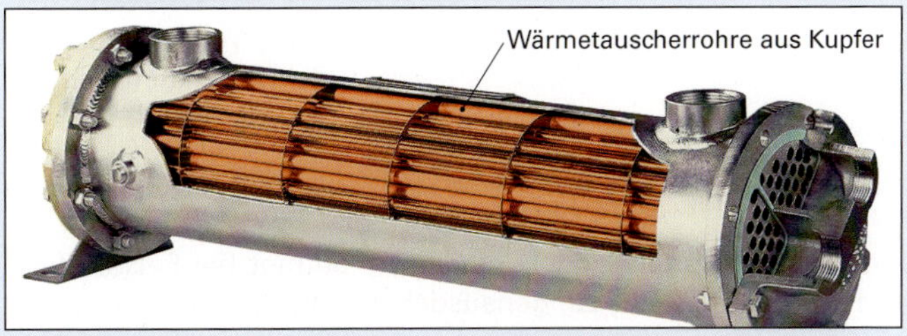

Bild 2: Rohrbündelwärmetauscher mit Kupferrohren (Aufgabe 1)

2. Ein 60 mm langer Glasstab wird in einem Dilatometer **(Bild 1)** von 20,18 °C auf 45,86 °C erwärmt. Dabei dehnt sich der Glasstab um 12,5 µm aus. Welchen thermischen Längenausdehnungskoeffizienten hat das untersuchte Glas?

3. Eine Hochdruck-Dampfleitung **(Bild 2)** aus nichtrostendem Stahl X5CrNi18-10 ist 82,42 m lang. Sie enthält einen in die Leitung eingebauten Dehnungsbogen. Welcher Temperaturschwankung darf die Dampfleitung ausgesetzt sein, wenn der eingebaute Dehnungsbogen einen Rohrdehnungsausgleich von 15,0 cm zulässt?

4. Ein hartspröder Gusseisenbolzen soll in einem Bolzenbrechapparat **(Bild 3)** von einem heiß eingespannten und dann schrumpfenden Messingstab zerbrochen werden. Um wie viel Grad muss der Messingstab (Schrumpflänge 24,28 cm) vor der Einspannung mindestens erhitzt werden, damit er um die zum Zerbrechen erforderliche Länge von 1,50 mm schrumpft?

5. In einer Großchemieanlage hat ein Rohrstrang aus nicht rostendem Stahl bei 22,0 °C eine Länge von 382,70 m. Welche Längenänderung müssen die Dehnungsbögen aufnehmen, wenn im Betrieb Heißdampf von 185,0 °C die Rohrleitung durchströmt?

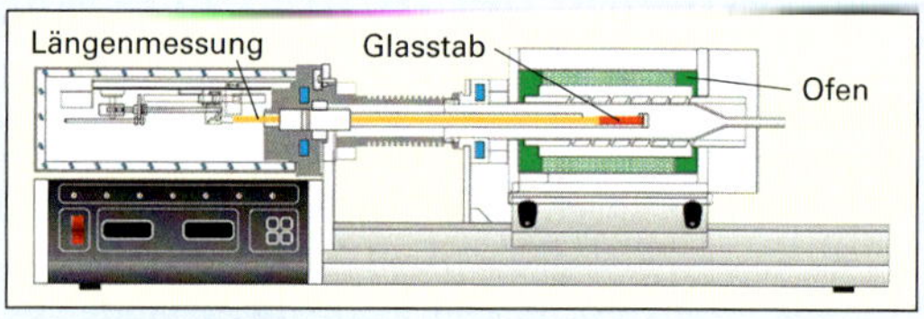

Bild 1: Glasstab im Dilatometer (Aufgabe 2)

Bild 2: Hochdruck-Dampfleitung (Aufgabe 3)

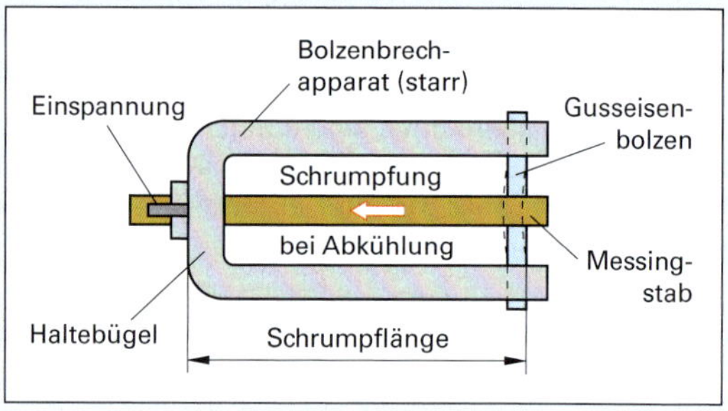

Bild 3: Bolzenbrechapparat (Aufgabe 4)

9.2.2 Thermische Volumenänderung von Feststoffen

Alle festen Körper dehnen sich beim Erwärmen gleichmäßig in Länge, Breite und Höhe aus **(Bild 4).**

Wenn sich die Kantenlänge eines Würfels von der Anfangslänge l_0 auf die Endlänge l_ϑ ändert, wächst sein Volumen vom Anfangsvolumen V_0 auf das Endvolumen V_ϑ.

Durch Einsetzen in $\Delta V = V_\vartheta - V_0 = l_\vartheta^3 - l_0^3$ und Vernachlässigen der 2- und 3-Glieder erhält man die Größengleichungen:

Volumenänderung	$\Delta V \approx V_0 \cdot \gamma \cdot \Delta\vartheta$	mit γ Volumenausdehnungskoeffizient
Volumen bei der Temperatur ϑ	$V_\vartheta \approx V_0 + \Delta V$ $\approx V_0 \cdot (1 + \gamma \cdot \Delta\vartheta)$	und $\Delta\vartheta = \vartheta_2 - \vartheta_1$

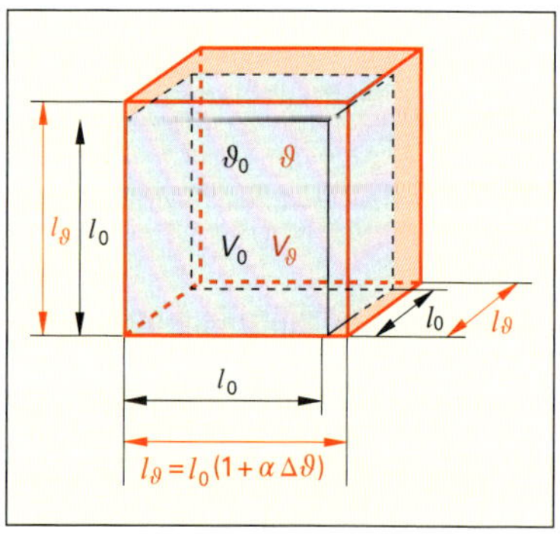

Bild 4: Volumenausdehnung eines Würfels beim Erwärmen

Der **Volumenausdehnungskoeffizient** γ beträgt bei Feststoffen rund das Dreifache des Längenausdehnungskoeffizienten α.

Hohlkörper dehnen sich genauso aus wie Vollkörper gleichen Materials und gleicher Größe.

Volumenausdehnung von Feststoffen
$\Delta V = V_0 \cdot \gamma \cdot \Delta\vartheta;\ \gamma \approx 3 \cdot \alpha$

Beispiel: Eine Hohlkugel aus Edelstahl in einem Schwimmer-Kondensatableiter (Bild 2, Seite 100) hat einen Außendurchmesser von $d = 10{,}0$ cm. Um wie viel Prozent vergrößert sich das Volumen der Schwimmerkugel, wenn sie einer Temperaturschwankung von $\Delta\vartheta = 160\,°C$ ausgesetzt ist?

Lösung: $V_\vartheta \approx V_0\,(1 + \gamma \cdot \Delta\vartheta)$ mit $V_0 = \frac{4}{3} \cdot \pi \cdot r^3$ und $\gamma \approx 3 \cdot \alpha$ folgt: $V_\vartheta \approx \frac{4}{3} \cdot \pi \cdot r^3 \cdot (1 + 3 \cdot \alpha \cdot \Delta\vartheta)$

$$V_\vartheta \approx \frac{4}{3} \cdot \pi \cdot (5{,}0\,\text{cm})^3 \cdot (1 + 3 \cdot 16 \cdot 10^{-6}\,\frac{1}{\text{K}} \cdot 160\,\text{K}) \approx 523{,}6\,\text{cm}^3 \cdot 1{,}00768 \approx 527{,}6\,\text{cm}^3$$

$$\Delta V = V_\vartheta - V_0 = 527{,}6\,\text{cm}^3 - 523{,}6\,\text{cm}^3 = 4{,}0\,\text{cm}^3$$

523,6 cm^3 entsprechen einem Volumen von 100%
4,0 cm^3 entsprechen einem Volumen von x

$$\Rightarrow x = \Delta V = \frac{4{,}0\,\text{cm}^3 \cdot 100\,\%}{523{,}6\,\text{cm}^3} = 0{,}764\,\% \approx \mathbf{0{,}76\,\%}$$

Aufgaben zur thermischen Volumenänderung von Feststoffen

1. Wie ändert sich das Innenvolumen eines 200-L-Fasses aus Stahlblech **(Bild 1)**, wenn es einer Erwärmung um 20 °C ausgesetzt ist? ($\alpha_{\text{Stahlblech}} = 12 \cdot 10^{-6} \cdot \text{K}^{-1}$)
2. Ein Hochdruck-Kugelgasbehälter aus Feinkornbaustahl für Erdgas **(Bild 2)** hat einen Außendurchmesser von 26,86 m. Wie groß ist die Volumenänderung des Behälters, wenn als höchste Sommertemperatur bei Sonneneinstrahlung 45,0 °C und als tiefste Wintertemperatur –30,0 °C angenommen wird? ($\alpha_{\text{Stahl}} = 11{,}5 \cdot 10^{-6} \cdot 1/\text{K}$)
3. Welcher Temperaturänderung darf eine 40-mL-Vollpipette **(Bild 3)** aus Jenaer Glas maximal ausgesetzt sein, wenn sich ihr Rauminhalt um nicht mehr als 1 μL ändern darf?
4. Ein Lkw-Kraftstoffbehälter aus nichtrostendem Stahl **(Bild 4)** hat bei 20 °C ein Nennvolumen von 160 L. Um welches Volumen nimmt sein Innenvolumen bei Erwärmung auf 60 °C zu?
5. Eine massive Messingkugel hat bei 0,03 °C einen Durchmesser von 33,15 mm und bei 99,95 °C den Durchmesser $d = 33{,}21$ mm. Wie groß ist der Volumenausdehnungskoeffizient des Messings?

Bild 1: Stahlblechfass
(Aufgabe 1)

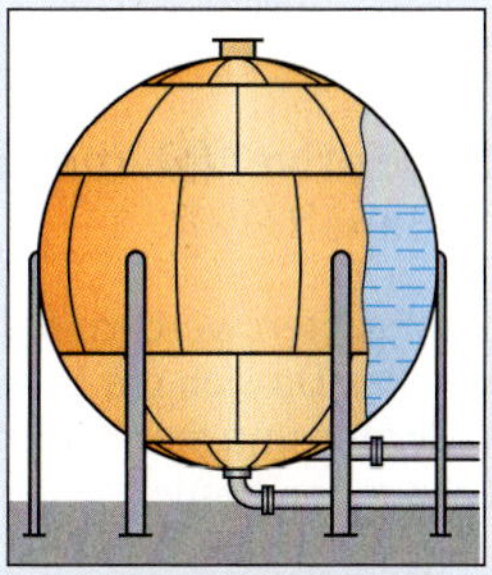

Bild 2: Kugelgasbehälter
(Aufgabe 2)

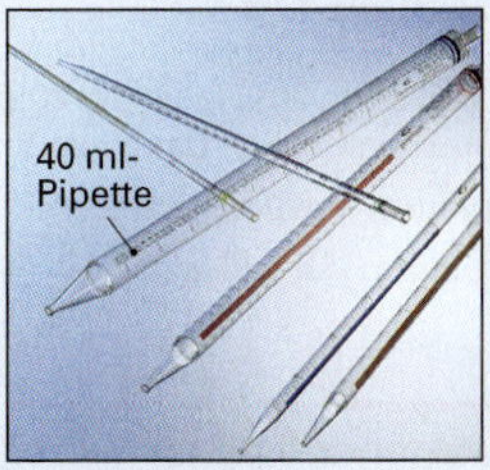

Bild 3: Pipetten
(Aufgabe 3)

Bild 4: Kraftstofftank
(Aufgabe 4)

9.2.3 Thermische Volumenänderung von Flüssigkeiten

Auch Flüssigkeiten dehnen sich bei Erwärmung aus **(Bild 5)**. Wegen der geringen Kohäsionskräfte zwischen den Teilchen dehnen sich Flüssigkeiten bei gleicher Temperaturerhöhung viel stärker aus als Feststoffe. Die Volumenausdehnung ist von der Stoffart, der Temperatur und einem Ausdehnungskoeffizienten abhängig.

Ein Vergleich der Volumenausdehnungskoeffizienten γ_{Fl} für Flüssigkeiten (Tabelle 1, Seite 286) mit denen von Feststoffen ($\gamma \approx 3 \cdot \alpha$, Tabelle, Seite 283) zeigt, dass die Koeffizienten für Flüssigkeiten in der Regel um den Faktor 10 größer sind.

Die Eigenschaft der Volumenvergrößerung mit steigender Temperatur zeigen fast alle Flüssigkeiten. Eine Ausnahme bildet das Wasser zwischen 0 °C und +4 °C. Von 0 °C bis +4 °C verringert Wasser sein Volumen. Dieses Verhalten mit einem Dichtemaximum bei 4°C wird als **Anomalie des Wassers** bezeichnet.

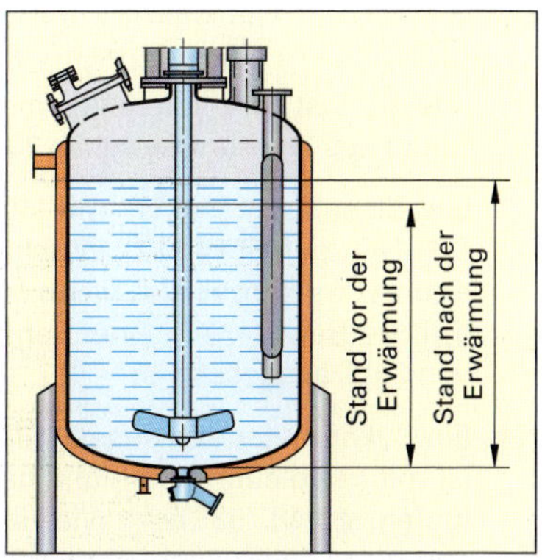

Bild 5: Flüssigkeit im Rührbehälter

In Analogie zur Volumenänderung von Feststoffen berechnet sich die Volumenänderung ΔV von Flüssigkeiten mit den folgenden Größengleichungen.

Volumenänderung	$\Delta V = V_0 \cdot \gamma_{Fl} \cdot \Delta\vartheta$ mit $\Delta\vartheta = \vartheta_2 - \vartheta_1$
Volumen bei der Temperatur ϑ	$V_\vartheta = V_0 + \Delta V$ $= V_0 \cdot (1 + \gamma_{Fl} \cdot \Delta\vartheta)$

Beispiel: Eine Acetonportion von $V = 100$ mL bei $\vartheta = 40{,}0$ °C wird auf 20,0 °C abgekühlt. Welches Volumen hat das Aceton nach der Abkühlung?

Lösung:
$V_\vartheta = V_0 \cdot (1 + \gamma \cdot \Delta\vartheta)$
$V_\vartheta = 100\ \text{mL} \cdot [1 + 1{,}43 \cdot 10^{-3}\ \text{K}^{-1} \cdot (20{,}0\ °\text{C} - 40{,}0\ °\text{C})]$
$\boldsymbol{V_\vartheta} = 100\ \text{mL} \cdot (1 - 0{,}02861) = 100\ \text{mL} \cdot 0{,}9714 \approx \mathbf{97{,}1\ mL}$

Tabelle: Volumenausdehnungskoeffizienten γ_{Fl} von Flüssigkeiten (20 °C)

Flüssigkeit	**Volumenausdehnungskoeffizient γ in K^{-1}**
Aceton	$1{,}43 \cdot 10^{-3}$
Glycerin	$0{,}59 \cdot 10^{-3}$
Methanol	$1{,}19 \cdot 10^{-3}$
Nitrobenzol	$0{,}83 \cdot 10^{-3}$
Petroleum	$0{,}96 \cdot 10^{-3}$
Toluol	$1{,}08 \cdot 10^{-3}$
Wasser	$0{,}20 \cdot 10^{-3}$

Relative Volumenänderung von Flüssigkeiten in Behältern

Flüssigkeiten werden in der Regel in Gefäßen und Behältern aufbewahrt. Da sich die Behälter beim Erwärmen der Flüssigkeit mit erwärmen und damit auch ausdehnen, muss dies bei genauen Berechnungen berücksichtigt werden.

Zur Berechnung der **relativen Volumenänderung ΔV_{rel}** von Flüssigkeiten unter Berücksichtigung der Gefäßausdehnung gelten die nebenstehenden Größengleichungen.

Relative Volumenänderung

$\Delta V_{rel} = \Delta V_{Fl} - \Delta V_B$
$\Delta V_{rel} = V_0 \cdot (\gamma_{Fl} - \gamma_B) \cdot \Delta\vartheta$
$V_\vartheta = V_0 + \Delta V_{rel}$
$V_\vartheta = V_0 \cdot [1 + (\gamma_{Fl} - \gamma_B) \cdot \Delta\vartheta]$
mit $\Delta\vartheta = \vartheta_2 - \vartheta_1$

Beispiel: Ein Pyknometer (Bild 1, Seite 309) fasst bei 20,0 °C exakt ein Volumen von 24,870 cm^3 Petroleum. Wie viel Petroleum fließen über, wenn sich das Pyknometer auf 25,0°C erwärmt?

Lösung:
$\Delta V_{rel} = V_0 \cdot [\gamma(\text{Petroleum}) - \gamma(\text{Glas})] \cdot \Delta\vartheta$; mit $\gamma(\text{Glas}) \approx 3 \cdot \alpha(\text{Glas})$ folgt:
$\Delta V_{rel} = V_0 \cdot [\gamma\ (\text{Petroleum}) - 3 \cdot \alpha(\text{Glas})] \cdot \Delta\vartheta$
$\boldsymbol{\Delta V_{rel}} = 24{,}870\ \text{cm}^3 \cdot (960 \cdot 10^{-6} \frac{1}{\text{K}} - 3 \cdot 8{,}1 \cdot 10^{-6} \frac{1}{\text{K}}) \cdot 5{,}0\ \text{K} \approx \mathbf{0{,}12\ cm^3} \approx \mathbf{120\ mm^3}$

Aufgaben zur thermischen Volumenänderung von Flüssigkeiten

1. Im Vorratstank eines Lösemittellagers befinden sich bei 9,5°C 1250 L Methanol CH_3OH **(Bild 1)**.
   Welches Volumen hat das Methanol bei 28,0 °C?
2. Die Dichte des Wassers beträgt bei 20,0°C $\varrho_1 = 0{,}99821$ g/cm^3 und bei 100,0°C $\varrho_2 = 0{,}95835$ g/cm^3.
   Wie groß ist der mittlere Volumenausdehnungskoeffizient des Wassers zwischen 20 °C und 100 °C?
3. Ein Eisenbahntank ist mit 40500 L Nitrobenzol $C_6H_5NO_2$ gefüllt **(Bild 2)**. Welche Volumenänderung erfährt das Nitrobenzol, wenn der Tank durch die natürliche Bewitterung einer Temperaturschwankung von 25°C ausgesetzt ist?
4. Ein Pyknometer aus Jenaer Glas (Bild 1, Seite 309) ist mit Petroleum gefüllt und hat bei 20,0 °C ein Volumen von 48,7586 cm^3. Wie viel µL Petroleum fließt aus, wenn das Pyknometer auf 30,0 °C erwärmt wird?

Bild 1: Lösemittel-Vorratstanks (Aufgabe 1)

Bild 2: Eisenbahntank (Aufgabe 3)

5. Ein Vorratstank wurde bei 15,2 °C mit 6000 kg Glycerin der Dichte ϱ = 1,261 kg/dm³ gefüllt. Welches Volumen nimmt die Tankfüllung nach Erwärmung auf 62,5 °C ein?
6. Wie groß ist die Dichte von Toluol bei 80 °C, wenn es bei 20 °C eine Dichte von 0,867 g/cm³ hat?
7. Wie groß ist die Volumenverminderung des Acetons in Prozent, wenn es in einem Produktkühler von Siedetemperatur (56 °C) auf 15 °C gekühlt wird?
8. Auf welche Temperatur kann Glycerin von 20 °C höchstens erwärmt werden, wenn die Volumenänderung 1,0 % betragen darf?
9. Der Messfühler eines Flüssigkeits-Federthermometers besteht aus Messing **(Bild 1)**. Er enthält 1,70 cm³ Dehnflüssigkeit (γ = 1,25 · 10^{-3} · 1/K). Wie groß ist die relative Volumenänderung der Dehnflüssigkeit, wenn die Temperaturänderung 150 °C beträgt?

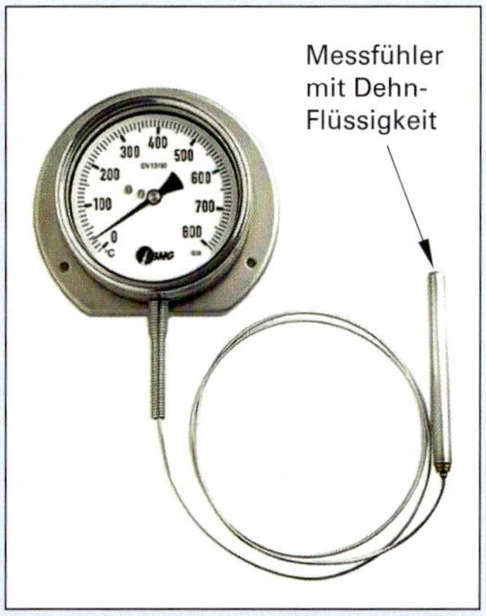

Bild 1: Flüssigkeit-Federmanometer (Aufgabe 9)

9.2.4 Thermische Volumenänderung von Gasen

Gase dehnen sich bei Erwärmung besonders stark aus **(Bild 2)**.

Wegen der großen Beweglichkeit der Teilchen füllen Gase jeden ihnen zur Verfügung stehenden Raum aus. Beim Erwärmen einer Gasportion steigt die durchschnittliche Teilchengeschwindigkeit an. Die Teilchen prallen häufiger und heftiger gegen die Gefäßwand, wodurch der Druck steigt. Soll der Druck konstant bleiben (isobare Zustandsänderung), muss sich das Volumen vergrößern.

In einem Gasgemisch haben Gasteilchen geringer Masse eine große und Gasteilchen großer Masse eine geringe Durchschnittsgeschwindigkeit. Beide Teilchensorten leisten bei Temperaturerhöhung den gleichen Beitrag zur Volumenvergrößerung (Gesetz von Avogadro, Seite 120). Aus diesem Grund haben alle Gase einen näherungsweise gleich großen Volumenausdehnungskoeffizienten. Er beträgt 1/273 des Volumens, welches das Gas bei einer Temperatur von 0°C besitzt.

Dieser Sachverhalt wird als **isobares Gasgesetz** bezeichnet.

In Formeln ausgedrückt, erhält man die nebenstehenden Größengleichungen.

Schreibt man den Volumenausdehnungskoeffizient der Gase 1/273 als Dezimalzahl, so erhält man den Wert 0,0037 oder 3,7 · 10^{-3}. Vergleicht man diesen Zahlenwert mit den Volumenausdehnungskoeffizienten der Flüssigkeiten (Tabelle 1, Seite 281), so erkennt man, dass Gase sich deutlich stärker ausdehnen als Flüssigkeiten.

Bild 2: Erwärmte und ausgedehnte Luft im Heißluftballon

Volumenänderung von Gasen bei Erwärmung und konstant gehaltenem Druck (*p* = konstant)
Isobares Gasgesetz

$$\Delta V = V_0 \cdot \frac{1}{273\,\text{K}} \cdot \Delta\vartheta \quad \text{mit} \quad \Delta\vartheta = \vartheta_2 - \vartheta_1$$

$$V_\vartheta = V_0 + \Delta V$$

$$V_\vartheta = V_0 \cdot \left(1 + \frac{1}{273\,\text{K}} \cdot \Delta\vartheta\right)$$

Beispiel: Auf wie viel Grad Celsius muss die Temperatur einer Gasportion von ϑ = 0°C erhöht werden, damit sich ihr Volumen verdoppelt?

Lösung: $\Delta V = V_0 \cdot \frac{1}{273\,\text{K}} \cdot \Delta\vartheta \Rightarrow \Delta\vartheta = \frac{\Delta V \cdot 273\,\text{K}}{V_0}$

mit $\Delta V = V_0$ folgt: $\Delta\vartheta = 273\,\text{K} = 273°\text{C} \Rightarrow$ $\boldsymbol{\vartheta = 273°C}$

Aufgaben zur thermischen Volumenänderung von Gasen

1. Ein Glockengasbehälter **(Bild 1)** enthält 2000 m^3 Erdgas bei 0 °C. Um wie viel Kubikmeter vergrößert sich das Volumen der Erdgasportion, wenn die Temperatur auf 20 °C ansteigt?
2. Eine 250-mL-Gasmaus (Bild 1, Seite 124) wird von 0 °C auf 25 °C erwärmt. Wie viel Kubikzentimeter Luft strömen nach dem Öffnen des Kükenhahns aus?
3. Luft hat bei 0 °C und p_{amb} = 1013 mbar eine Dichte von 1,2929 g/dm^3. Wie groß ist die Dichte der Luft bei 20 °C, wenn der Druck konstant bleibt?
4. Ein Scheibengasbehälter **(Bild 2)** hat bei einem Inhalt von 150 · 10^3 m^3 zwischen den Endlagen der Scheibe einen Gesamthub von 67 m. Um wie viel Meter wird die Scheibe abgesenkt, wenn die Gastemperatur bei 50 %iger Füllung von 10 °C auf 0 °C sinkt?
5. Ein Heißluftballon (Bild 2, Seite 287) hat vor dem Start bei 15,0 °C Außentemperatur ein Luftvolumen von 905,0 m^3. Wie groß ist das Luftvolumen im Ballon durch die Erwärmung des Gases auf 42,0 °C?

Hinweis: Weitere Aufgaben zur Volumenänderung von Gasen befinden sich auf der Seite 122 ff.

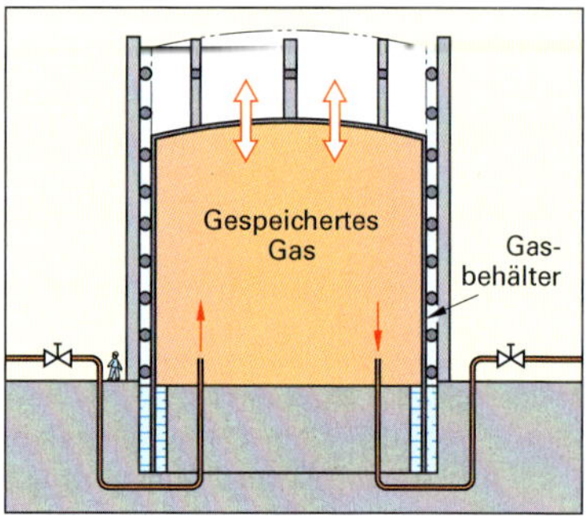

Bild 1: Glockengasbehälter (Aufgabe 1)

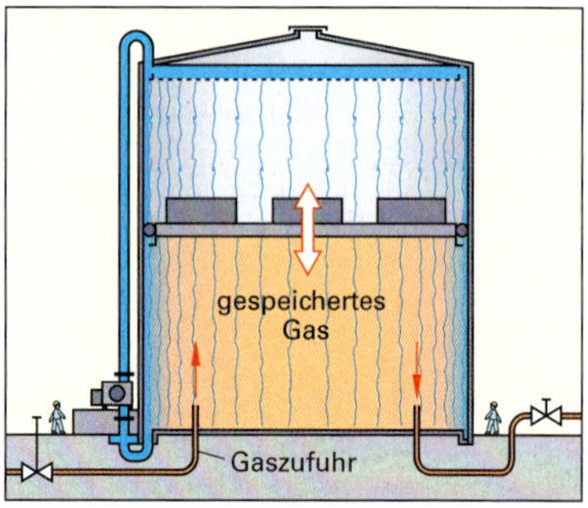

Bild 2: Scheibengasbehälter (Aufgabe 4)

9.3 Wärmeinhalt von Stoffportionen

Die Temperatur ϑ einer Stoffportion kann durch Zufuhr von Wärmeenergie erhöht werden. Die zugeführte Wärmemenge Q ist in der Stoffportion als Wärmeinhalt gespeichert **(Bild 3)**.

Zugeführte Wärmemenge = Zusätzlicher Wärmeinhalt des Körpers

Der Wärmeinhalt Q (heat capacity) einer Stoffportion ist direkt proportional

- der Masse m der Stoffportion: $Q \sim m$
- der stoffspezifischen Wärmekapazität c: $Q \sim c$
- der Temperaturänderung $\Delta\vartheta$: $Q \sim \Delta\vartheta$

Daraus ergibt sich für den Wärmeinhalt Q einer Stoffportion die nebenstehende Gleichung.

Die Wärmemenge Q hat die Einheit Joule. Sie kann auch in Wattsekunden (Ws) oder Kilowattstunden (kWh) angegeben werden.

Umrechnung von Energieeinheiten: 1 J = 1 Ws = 2,78 ·10^{-7} kWh

Das Wärmeaufnahmevermögen eines Stoffes wird durch die **spezifische Wärmekapazität *c*** charakterisiert. Sie ist von der Stoffart, der Temperatur und bei Gasen vom Druck abhängig **(Tabelle)**. Ihr Einheitenzeichen ist kJ/(kg · K).

Wasser hat z.B. eine spezifische Wärmekapazität von $c(H_2O_{(l)})$ = 4,187 kJ/(kg · K). Um ein Kilogramm Wasser um ein Grad zu erwärmen, ist eine Wärmemenge von 4,187 kJ erforderlich.

Wasser hat von allen Flüssigkeiten die größte spezifische Wärmekapazität. Ihr Zahlenwert wird meistens zu 4,19 gerundet.

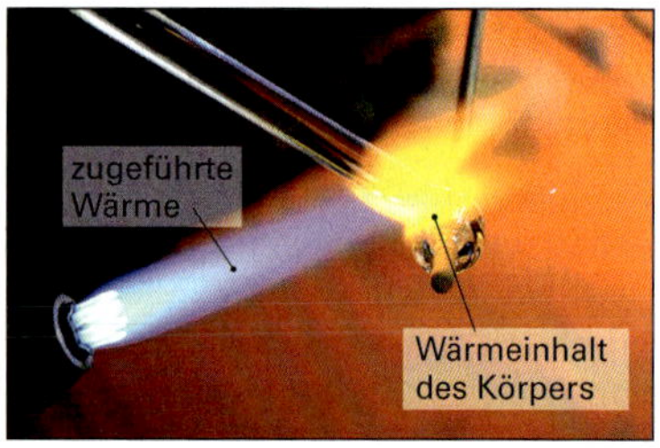

Bild 3: Erwärmen eines Körpers

Wärmeinhalt einer Stoffportion

$$Q = c \cdot m \cdot \Delta\vartheta$$

Tabelle: Spezifische Wärmekapazität *c* (ϑ = 20 °C, p = 1013 mbar)

Stoffe	*c* kJ/(kg · K)
Wasser	4,187
Eis (0 °C)	2,1
Ethanol	2,42
Glas (Jena 16 III)	0,78
Kupfer	0,38
Nicht rostender Stahl	0,482

Beispiel: Das Wasserbad eines Labor-Rotationsverdampfers soll von 25 °C auf 55 °C erhitzt werden. Welche Wärmeenergie ist dem Wasser durch Umwandlung von elektrischer Energie zuzuführen, wenn die Masse des Wassers 500 g beträgt?

Lösung: $\boldsymbol{Q} = c \cdot m \cdot \Delta\vartheta = 4{,}19\ \text{kJ/(kg} \cdot \text{K)} \cdot 0{,}500\ \text{kg} \cdot 30\ \text{K} = 62{,}85\ \text{kJ} \approx \mathbf{63\ kJ}$

Aufgaben zum Wärmeinhalt von Stoffportionen

1. Im Wärmetauscher **(Bild 1)** einer Absorptionskälteanlage werden pro Stunde 7,5 Tonnen Calciumchlorid-Lösung von 5 °C auf –35 °C gekühlt. Welche Wärmemenge muss der $CaCl_2$-Lösung entzogen werden?
   $c(CaCl_{2(aq)}) = 2{,}74$ kJ/(kg · K)
2. Zum Erhitzen von einem Liter Wasser von 20,6 °C bis zur Siedetemperatur gibt ein Tauchsieder eine Wärmemenge von 0,10 kWh ab. Wie groß sind die Wärmeverluste?
3. Beim Hochofenprozess sind pro Tonne reduziertes Eisen durchschnittlich 4200 m^3 Verbrennungsluft („Wind") mit einer Temperatur von 750 °C erforderlich. Sie wird in Winderhitzern erzeugt **(Bild 2).** Welche Wärmemenge muss im Winderhitzer auf die angesaugte Frischluft von 20 °C übertragen werden, um eine Tonne Eisen zu erzeugen?
   ϱ(Luft) = 1,29 g/L, $c_{(Luft)} = 1{,}01$ kJ/(kg · K)
4. Welche Wärmemenge muss ein Spiralwärmetauscher (Bild 1, Seite 268) abführen, um 2,5 m^3 Ethanol $CH_3—CH_2—OH$ mit einer Dichte von 0,79 g/cm^3 von Siedetemperatur ($\vartheta_b = 78$ °C) auf 18 °C zu kühlen?
5. Beim Beaufschlagen einer Dampfleitung mit Heizdampf verlängert sich ein 10,0 m langes Rohr aus nicht rostendem Stahl X5CrNi18-10 mit einer Masse von 82,4 kg um 16,0 mm.
   a) Um wie viel Grad Celsius hat sich die Dampfleitung erwärmt?
   b) Welche Wärmemenge hat die Rohrleitung aufgenommen?
6. Bei der Rückgewinnung von Ethylmethylketon $CH_3—CH_2—CO—CH_3$ durch Destillation **(Bild 3)** werden zur Rücklaufkühlung stündlich 1,50 t Wasser mit einer Anfangstemperatur von 17,5 °C eingesetzt. Mit welcher Temperatur tritt das Wasser aus dem Kühler, wenn stündlich eine Wärmemenge von 167 MJ abgeführt wird?
7. In einer Anlage werden stündlich 200 L Toluol $C_6H_5CH_3$ (ϱ = 0,867 g/cm^3) von 28,7 °C in einem Kühler 3,500 MJ/h Wärme entzogen. Mit welcher Temperatur strömt das Toluol aus dem Kühler? c(Toluol) = 1,72 kJ/(kg · K)
8. In einem Rührkessel (Bild 5, Seite 285) befinden sich 1250 L Benzol ($\varrho(C_6H_6) = 0{,}879$ g/cm^3) von 13,0 °C. Mit einer Kühlsole soll das Benzol auf 7,0 °C heruntergekühlt werden. Welche Wärmemenge ist abzuführen? Die spezifische Wärmekapazität des Benzols beträgt $c = 1{,}70$ kJ/(kg · K)?
9. Ein Messingring ($m = 10{,}0$ g, $d = 18{,}0$ mm, $c = 0{,}39$ kJ/(kg · K)) soll mit 0,10 mm Spiel auf den Absatz einer Pumpenwelle aufgezogen werden **(Bild 4).**
   a) Um wie viel °C muss der Messingring dazu erhitzt werden?
   b) Welche Wärmemenge muss dem Messingring zu dieser Erwärmung zugeführt werden?

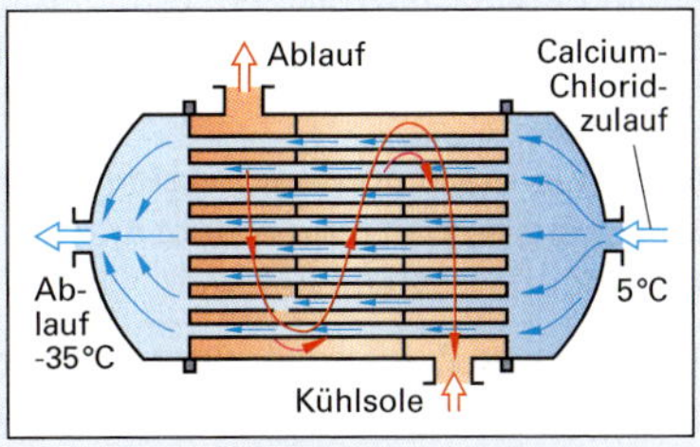

Bild 1: Kühlen im Wärmetauscher (Aufgabe 1)

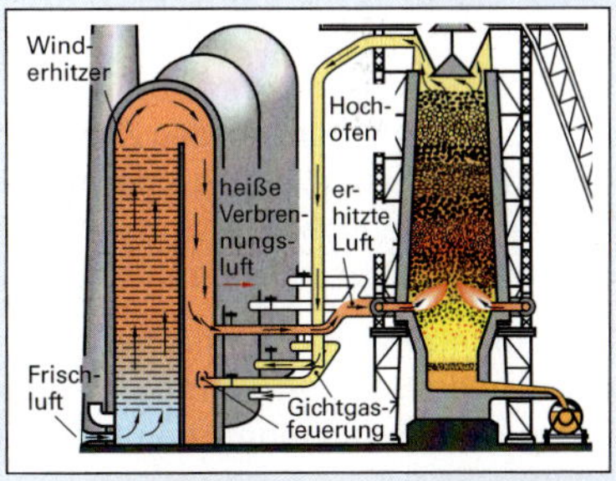

Bild 2: Erhitzen von Frischluft in Winderhitzern einer Hochofenanlage (Aufgabe 3)

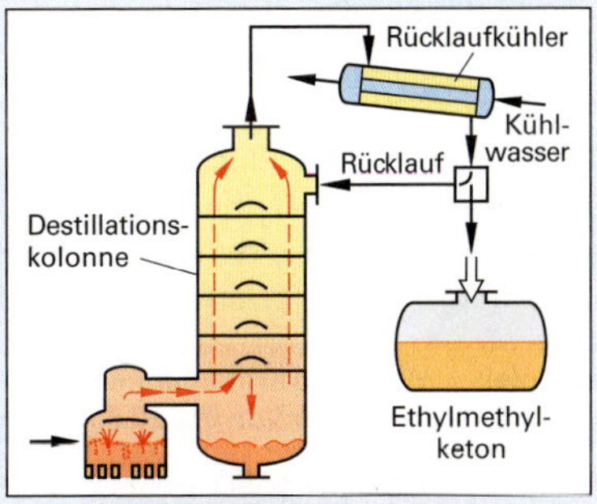

Bild 3: Kühlen des Rücklaufs bei der Rückgewinnung von Ethylmethylketon (Aufgabe 6)

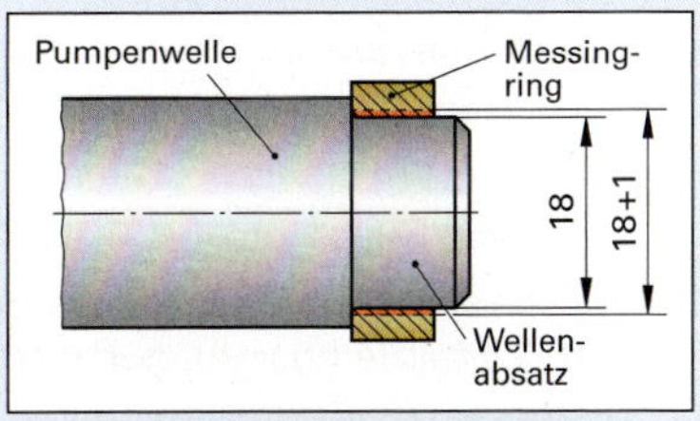

Bild 4: Aufziehen eines Messingrings auf eine Welle (Aufgabe 9)

9.4 Aggregatzustandsänderungen

Stoffe können in der Regel in den drei Aggregatzuständen fest, flüssig und gasig (gasförmig) vorliegen. Die Aggregatzustände unterscheiden sich im Aufbau der Stoffe, in der Stärke der Wärmebewegung der Teilchen, und damit in ihrem Energieinhalt. Die Folge sind unterschiedlich große Kohäsionskräfte zwischen den Teilchen.

In **Bild 1** sind die drei Aggregatzustände von Wasser nach steigendem Energieinhalt angeordnet und die Aggregatzustandsänderungen (change of state) benannt.

Die jeweilige Zustandsänderung findet bei jedem Stoff bei einer konstanten, stoffspezifischen Temperatur statt.

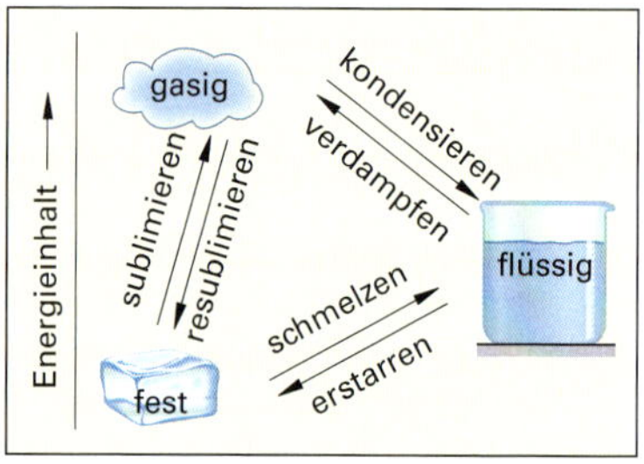

Bild 1: Aggregatzustände und Zustandsänderungen

9.4.1 Schmelzen und Erstarren

Zum Schmelzen eines Feststoffes müssen große Kohäsionskräfte überwunden werden, die den Zusammenhalt der Teilchen im Feststoffgitter bewirken. Die Teilchen sind im flüssigen Zustand gegeneinander beweglich. Hierzu muss der Stoffportion die Schmelzwärme Q_s zugeführt werden.

Die **Schmelzwärme Q_s** (melting heat) ist von der Masse und der **spezifischen Schmelzwärme q des zu schmelzenden Stoffes abhängig. Zur Berechnung dient die nebenstehende Größengleichung.**

Schmelzwärme, Erstarrungswärme

$$Q_s = Q_e = q \cdot m$$

Die **spezifische Schmelzwärme q** gibt an, welche Wärmemenge erforderlich ist, um ein Kilogramm eines Stoffes von Schmelztemperatur zu schmelzen.
Sie hat die abgeleitete Einheit kJ/kg **(Tabelle).**

Beim Erstarren einer Flüssigkeit von Schmelztemperatur muss die **Erstarrungswärme Q_e** (heat of solidification) entzogen werden. Sie ist genauso groß wie die zum Schmelzen derselben Stoffportion notwendige Schmelzwärme Q_s (siehe Formel rechts oben).

Beispiel: Welche Wärmemenge ist erforderlich, um 5,0 kg Eis von 0 °C in Wasser von 0 °C zu schmelzen?

Lösung: Mit q(Eis) = 335 kJ/kg aus der rechten Tabelle folgt:
$Q_s = q \cdot m = 335\ \text{kJ/kg} \cdot 5{,}0\ \text{kg} = 1675\ \text{kJ} \approx$ **1,7 MJ**

Tabelle: Spezifische Schmelzwärmen q und Schmelztemperaturen ϑ_m von Stoffen (p = 1013 mbar)

Stoffe	q in kJ/kg	ϑ_m in °C
Kupfer	213	1083
Blei	23	327,3
Eisen	270	1535
Quecksilber	11,8	– 38,87
Schwefel	50	112,8
Naphthalin	150	80,1
Benzol	126	5,53
Glycerin	200	18
Eis	335	0

Aufgaben zum Schmelzen, Erstarren

1. 250 kg einer Blei-Schmelze mit Schmelztemperatur sollen in den festen Zustand gebracht werden. Welche Erstarrungswärme Q_e ist abzuführen?
2. Welche Wärmemenge wird frei, wenn 750 mL Eisessig (Essigsäure) mit Schmelztemperatur erstarren? Daten von Essigsäure (CH_3COOH): ϑ_m = 16,6 °C, ϱ = 1,05 g/cm³, q = 192,2 kJ/kg.
3. Welche spezifische Schmelzwärme hat eine unbekannte organische Substanz, wenn 30,0 g Feststoff von Schmelztemperatur durch eine Wärmemenge von 4,64 kJ verflüssigt werden?
4. Welche spezifische Schmelzwärme hat Phenol, wenn die molare Schmelzwärme 11,26 kJ/mol beträgt?
5. 3,5 kg Wasser von 0 °C wird die Wärmemenge 600 kJ entzogen. Welche Masse an Eis entsteht?

9.4.2 Verdampfen, Kondensieren

Beim Verdampfen (evaporating) einer Flüssigkeit werden die Kohäsionskräfte, die den Zusammenhalt der Teilchen untereinander bewirken, durch Zufuhr der Verdampfungswärme Q_v völlig überwunden (Bild 1, Seite 120). Die Teilchen haben dann große Abstände voneinander. Deshalb ist die Verdampfungswärme Q_v stets größer als die Schmelzwärme Q_s des gleichen Stoffes.

Ist eine Flüssigkeitsportion in einem Behälter eingeschlossen (V = konst.), so kommt es beim Verdampfen zu einem starken Druckanstieg in der Gasphase über der Flüssigkeit.

Wird einer Flüssigkeit bei Siedetemperatur Wärmeenergie zugeführt, so verdampft die siedende Flüssigkeit. Die Temperatur bleibt während des gesamten Verdampfens konstant. Die zugeführte Wärmeenergie dient bei siedenden Flüssigkeiten nur zur Überwindung der Anziehungskräfte zwischen den Teilchen, nicht zur Erhöhung der Teilchengeschwindigkeit (Temperatur).

Die **Verdampfungswärme** Q_v (heat of evaporation) ist von der Masse und der spezifischen Verdampfungswärme r des zu verdampfenden Stoffes abhängig **(Tabelle)**. Die Verdampfungswärme wird mit nebenstehender Größengleichung berechnet.

Verdampfungswärme, Kondensationswärme

$$Q_v = Q_k = r \cdot m$$

Die **spezifische Verdampfungswärme *r*** gibt an, welche Wärmemenge erforderlich ist, um ein Kilogramm eines Stoffes von Siedetemperatur zu verdampfen. Sie hat die Einheit kJ/kg.

Beispiel: Für eine Wasserdampfdestillation werden 28,0 kg Wasserdampf von 100 °C benötigt. Welche Wärmemenge ist zur Erzeugung dieser Dampfportion aus siedendem Wasser erforderlich?

Lösung: Mit r(Wasser) = 2256 kJ/kg aus nebenstehender Tabelle folgt:

$$Q_v = r \cdot m = 2256\ \text{kJ/kg} \cdot 28{,}0\ \text{kg} = 63\,160\ \text{kJ} \approx \mathbf{63{,}2\ MJ}$$

Tabelle: Spezifische Verdampfungswärmen *r* und Siedetemperaturen ϑ_b (p = 1013 mbar)

Stoffe	r in kJ/kg	ϑ_b in °C
Aceton	525	56,2
Benzol	394	80,1
Brom	183	58,7
Chloroform	279	61,1
Diethylether	360	34,6
Ethanol	840	78,4
Quecksilber	285	356,6
Toluol	364	110,7
Wasser	2256	100,0

Bei der Umkehrung des Verdampfens, dem **Kondensieren eines Gases** von Siedetemperatur muss die **Kondensationswärme Q_k** (heat of condensation) entzogen werden. Sie ist genauso groß wie die zum Verdampfen derselben Stoffportion notwendige Verdampfungswärme Q_v. Man berechnet die Kondensationswärme mit derselben Formel wie die Verdampfungswärme (siehe rechts).

Aufgaben zum Verdampfen, Kondensieren

1. Aus einem abgepressten feuchten Filterkuchen ist zum Abdampfen des anhaftenden Lösemittels Ethanol CH_3CH_2OH die Wärmemenge 179 kJ erforderlich. Wie viel Lösemittel wurde abgedampft?
2. Welche spezifische Verdampfungswärme hat Methanol CH_3OH, wenn zum Verdampfen von 250 g Methanol bei Siedetemperatur die Wärmemenge 257 kJ erforderlich ist?
3. 150 g Aceton CH_3COCH_3 von 22,5 °C sollen vollständig verdampft werden. Welche Wärmemenge ist dazu erforderlich? (c(Aceton) = 2,16 kJ/(kg · K))

9.4.3 Zusammengesetzte thermische Vorgänge

Ein thermischer Vorgang kann insgesamt aus Abkühlungen/Erwärmungen und aus Aggregatzustandsänderungen bestehen.

So kann es z. B. erforderlich sein, eine kalte Stoffportion vor dem Schmelzen auf die Schmelztemperatur zu erwärmen. Hierzu ist die Wärmemenge $Q = m \cdot c \cdot \Delta\vartheta$ erforderlich (siehe Bild 1, Seite 292).

Gesamtwärmemenge zum Erwärmen und Schmelzen eines Feststoffes

$$Q_{ges} = m \cdot c \cdot \Delta\vartheta + q \cdot m$$

Die Gesamtwärmemenge zum Erwärmen und Schmelzen einer Feststoffportion berechnet sich aus den verschiedenen Wärmearten mit nebenstehender Größengleichung.

Beispiel: Welche Wärmemenge muss 430 g festem Naphthalin von 20,0 °C zugeführt werden, um es vollständig zu schmelzen? c(Naphthalin) = 1,20 kJ/(kg · K)

Lösung: q(Naphthalin) = 150 kJ/kg; ϑ_m = 80,1 °C (Tabelle, Seite 290)

Das Naphthalin muss von 20,0 °C auf 80,1 °C erwärmt und dann geschmolzen werden.

$Q_{ges} = m \cdot c \cdot \Delta\vartheta + q \cdot m$ = 0,430 kg · 1,26 kJ/(kg · K) · (80,1 °C – 20,0 °C) + 150 kJ/kg · 0,430 kg

$\boldsymbol{Q_{ges}}$ = 32,562 kJ + 64,5 kJ = 97,062 kJ ≈ **97,1 kJ**

Um eine Stoffportion zu verdampfen, muss sie zuvor auf die Siedetemperatur ϑ_b erwärmt werden (Index b für boiling). Hierzu ist die Wärmemenge $Q = m \cdot c \cdot \Delta\vartheta$ erforderlich. Die Gesamtwärmemenge zum Erwärmen und Verdampfen einer Stoffportion berechnet sich mit nebenstehender Formel aus den beiden Wärmemengen.

Ebenso gilt dies, wenn eine Stoffportion kondensiert werden soll und danach abgekühlt wird.

Gesamtwärmemenge zum Erwärmen und Verdampfen einer Flüssigkeit

$$Q_{ges} = m \cdot c \cdot \Delta\vartheta + r \cdot m$$

Beispiel: In einer Sorptionsanlage werden stündlich 6,80 kg Brom durch Desorption aus Aktivkohle zurückgewonnen. Welche Wärmemenge ist abzuführen, um das Brom zu kondensieren und anschließend auf 20,0 °C abzukühlen?
c(Brom) = 0,46 kJ/(kg · K)

Lösung: r(Brom) = 183 kJ/kg; ϑ_b = 58,7 °C (Tabelle 1)

$Q_{ges} = m \cdot c \cdot \Delta\vartheta + r \cdot m$

Q_{ges} = 6,80 kg · 0,46 kJ/(kg · K) · (58,7 °C – 20,0 °C) + 183 kJ/kg · 6,8 kg

$\boldsymbol{Q_{ges}}$ = 121,05 kJ + 1244,4 kJ = 1365,45 ≈ **1,36 MJ**

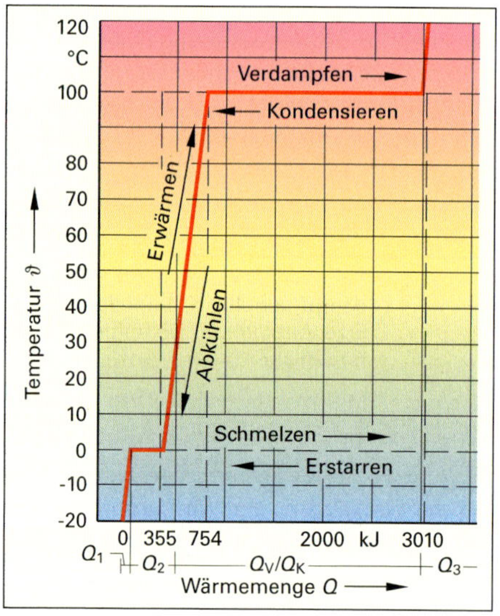

Bild 1: Temperatur-Wärmeenergie-Diagramm des Wassers (m = 1000 g)

Im **Temperatur-Wärmeenergie-Diagramm (Bild 1)** kann man den Ablauf zusammengesetzter thermischer Vorgänge nachvollziehen. Dort ist die erforderliche Gesamtenergie für die Überführung einer Eisportion mit der Masse m = 1000 g und der Temperatur ϑ = –20 °C über mehrere Zwischenschritte in überhitzten Dampf mit ϑ = 120 °C dargestellt. Die Gesamtwärmemenge besteht aus folgenden Teilwärmemengen:

- der Wärmemenge Q_1 = 21 kJ zur Erwärmung des Eises von –20 °C auf die Schmelztemperatur 0 °C
- der Schmelzwärme Q_s = 335 kJ zur Umwandlung des Eises von 0 °C in Wasser von 0 °C
- der Wärmemenge Q_2 = 419 kJ zur Erwärmung des Wasser von 0 °C auf die Siedetemperatur 100 °C
- der Verdampfungswärme Q_v = 2256 kJ zur Umwandlung des Wassers von 100 °C in Dampf von 100 °C
- der Überhitzungswärme Q_3 = 38 kJ zur Erwärmung des Dampfes von 100 °C auf 120 °C.

Aufgaben zu zusammengesetzte thermische Vorgänge

1. Eine Crusheis-Maschine produziert pro Stunde 120 kg Eis von –12,0 °C aus Wasser von 17,0 °C. Welche Gesamtwärmemenge muss dem Wasser entzogen werden?
2. Welche Masse an Eis von Schmelztemperatur kann durch Zufuhr der Wärmemenge 445 kJ geschmolzen und in Wasser von 45,0 °C überführt werden?
3. In einer Anlage zur Rückgewinnung von Lösemittel werden pro Stunde 2,50 m³ Toluol $C_6H_5CH_3$ der Dichte ϱ = 0,867 g/cm³ kondensiert und anschließend in einem Produktkühler auf 15,7 °C gekühlt. Welche Wärmemenge ist abzuführen?
4. In einem Kondensator wird 180 kg Chloroformdampf $CHCl_3$ von Siedetemperatur die Wärmemenge 50 MJ entzogen. Auf welche Temperatur kühlt sich das entstehende Kondensat ab?

9.5 Siedepunkterhöhung

Der Siedepunkt eines Lösemittels (z.B. Wasser) ist die Temperatur, bei welcher der Dampfdruck des Lösemittels die Höhe des umgebenden Druckes erreicht **(Bild 1a)**. Während der Siedepunkt eines Lösemittels nur von der Stoffart und dem Umgebungsdruck abhängt, wird der Siedepunkt einer Lösung darüber hinaus von der Anzahl der in der Lösung gelösten Teilchen bestimmt **(Bild 1b)**. Dies hat folgende Ursachen:

Durch Lösen eines Stoffes in einem Lösemittel wird der Gehalt an Lösemittelmolekülen verringert, da die Masse der Lösung zunimmt. Ferner werden beim Lösen eines nichtflüchtigen Stoffes die Teilchen des gelösten Stoffes von den Lösemittelmolekülen umhüllt (solvatisiert). Da die Lösemittelmoleküle in der Solvathülle gebunden sind, verringert sich demzufolge die durchschnittliche Teilchenbewegung der Lösemittelmoleküle.

Beide Faktoren haben in der Lösung einen geringeren Gehalt an freien Lösemittelmolekülen mit einer schwächeren durchschnittlichen Teilchenbewegung zur Folge. Aus diesem Grund kann das Sieden nur bei einer höheren Temperatur erfolgen, um in der Lösung den zum Sieden erforderlichen Umgebungsdampfdruck zu erreichen.

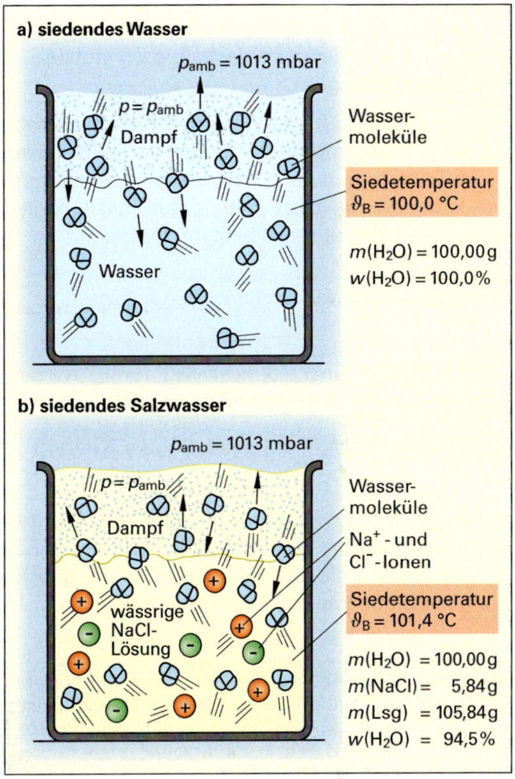

Bild 1: Siedepunkterhöhung des Wassers

> Der Siedepunkt einer Lösung liegt um die Temperaturdifferenz $\Delta\vartheta_b$ höher als der Siedepunkt des reinen Lösemittels.

Die Größe der **Siedepunkterhöhung** $\Delta\vartheta_b$ (boiling point increasement) ist nicht von der Art des gelösten Stoffes X abhängig, sondern nur von der **Anzahl der gelösten Stoffteilchen**.

Dieses als **kolligative Eigenschaft** (colligative property) bezeichnete Phänomen kommt nur durch das gemeinsame Zusammenwirken der Gesamtzahl an gelösten Teilchen zustande, unabhängig davon, um welche Art von Teilchen (Stoff) es sich handelt.

Beispiel 1: Ein Mol Natriumchlorid NaCl mit der Masse $m(NaCl)$ = 58,4 g verursacht gelöst in einem Kilogramm Wasser die gleiche Siedepunkterhöhung von 1,4°C wie zwei Mol Zucker $C_6H_{12}O_6$ mit einer Masse von $m(C_6H_{12}O_6)$ = 360,3 g. Ursache ist die doppelte Anzahl an Teilchen in der Natriumchlorid-Lösung, die infolge der Dissoziation des Natriumchlorids in Natrium-Ionen und Chlorid-Ionen in der Lösung vorliegen.

$C_6H_{12}O_{6(s)} \xrightarrow{H_2O} C_6H_{12}O_{6(aq)}$ $\qquad$ $NaCl_{(s)} \xrightarrow{H_2O} Na^+_{(aq)} + Cl^-_{(aq)}$

Die Siedepunkterhöhung $\Delta\vartheta_b$ einer Lösung steigt bei Stoffen, die nicht dissoziieren, mit der Stoffmenge des gelösten Stoffes $n(X)$ pro Masse Lösemittel $m(Lm)$ an: $\Delta\vartheta_b \sim n(X)/m(Lm)$.

Der Quotient aus der Stoffmenge $n(X)$ und der Masse an Lösemittel $m(Lm)$ wird **Molalität *b*** genannt: $b(X) = n(X)/m(Lm)$.

Daraus folgt: $\Delta\vartheta_b \sim b(X)$.

Aus der Proportionalität $\Delta\vartheta_b \sim b(X)$ erhält man mit der **ebullioskopischen Konstanten K_b(Lm)** (ebullioscopic constant) des Lösemittels als Proportionalitätsfaktor und der Anzahl der Ionen ν die nebenstehende Bestimmungsgleichung für $\Delta\vartheta_b$.

Molalität

$$b(X) = \frac{n(X)}{m(Lm)}$$

Siedepunkterhöhung

$$\Delta\vartheta_b = K_b(Lm) \cdot b(X) \cdot \nu$$

Die **ebullioskopische Konstante K_b(Lm) (Tabelle)** berücksichtigt die Art des Lösemittels. Sie entspricht der Siedepunkterhöhung, die in einem Kilogramm Lösemittel durch ein Mol gelöster Stoffe hervorgerufen wird. Man nennt sie deshalb auch **molale Siedepunkterhöhung.**

Das Größenzeichen ν (griechischer Kleinbuchstabe ny) in der Formel gibt die Anzahl der beim Lösen durch Dissoziation einer Formeleinheit entstehenden Ionen an. Sie muss anhand der Reaktionsgleichung des Lösevorgangs bestimmt werden.

Beispiel 2: Lösen von Natriumchlorid in Wasser

$$NaCl_{(s)} \xrightarrow{H_2O} Na^+_{(aq)} + Cl^-_{(aq)}$$

Aus einer Formeleinheit $NaCl_{(s)}$ werden beim Lösen zwei Ionen gebildet: $\longrightarrow \nu = 2$

Tabelle: Schmelztemperatur ϑ_m und Siedetemperatur ϑ_b sowie kryoskopische Konstante K_m und ebullioskopische Konstante K_b von Lösemitteln

Lösemittel	ϑ_b in °C	K_b in $\frac{K \cdot kg}{mol}$	ϑ_m in °C	K_m in $\frac{K \cdot kg}{mol}$
Anilin	184,3	3,69	–5,96	5,87
Benzol	80,15	2,64	5,495	5,065
Campher	204	6,09	179,5	40,0
1,4-Dioxan	100,8	3,13	11,3	4,70
Essigsäure	118,5	3,08	16,60	3,90
Ethanol	78,3	1,20	–114,6	1,99
Nitrobenzol	210,9	5,27	5,668	6,89
Wasser	100	0,521	0	1,858

Bei nicht dissoziierenden Stoffen, wie z.B. beim Lösen von Zucker in Wasser, ist $\nu = 1$.

Mit der Molalität $b(X) = n(X)/m(Lm)$ und der Stoffmenge an gelöstem Stoff $n(X) = m(X)/M(X)$ lässt sich durch Einsetzen in $\Delta\vartheta_b = K_b(Lm) \cdot b(X) \cdot \nu$ die nebenstehende Größengleichung zur Berechnung der Siedepunkterhöhung ableiten.

Siedepunkterhöhung

$$\Delta\vartheta_b = K_b(Lm) \cdot \frac{m(X)}{M(X) \cdot m(Lm)} \cdot \nu$$

Beispiel 3: Beim Solvay-Verfahren entsteht als Nebenprodukt eine Calciumchlorid-Lösung mit einem Massenanteil an Calciumchlorid von $w(CaCl_2) = 20{,}0\ \%$. Sie wird in einem Umlaufverdampfer aufkonzentriert **(Bild 1).** Bei welcher Temperatur siedet die eingespeiste Calciumchlorid-Lösung unter Normdruck?

Stoffdaten: $M(CaCl_2) = 110{,}99$ g/mol; $K_b(H_2O) = 0{,}521$ K · kg/mol;

Lösung: Vorüberlegungen:

1. Die elektrolytische Dissoziation des Calciumchlorids erfolgt nach der Reaktionsgleichung:

$$CaCl_{2(s)} \xrightarrow{H_2O} Ca^{2+}_{(aq)} + 2\ Cl^-_{(aq)}$$

Aus einer Formeleinheit Calciumchlorid werden in Wasser drei Ionen gebildet. $\Rightarrow \quad \nu = 3$

2. 100 kg Calciumchlorid-Lösung mit $w(CaCl_2) = 20{,}0\ \%$ enthalten 20,0 kg Calciumchlorid und 80,0 kg Wasser.

Berechnung der Siedepunkterhöhung und Siedetemperatur:

$$\boldsymbol{\Delta\vartheta_b} = \frac{K_b(H_2O) \cdot m(CaCl_2) \cdot \nu}{M(CaCl_2) \cdot m(H_2O)} = \frac{0{,}521\ \frac{K \cdot kg}{mol} \cdot 20{,}0\ kg \cdot 3}{110{,}99\ g/mol \cdot 80{,}0\ kg} = 3{,}52\ K \approx \mathbf{3{,}5\ °C}$$

Siedetemperatur $\vartheta_b(CaCl_2\text{-Lsg})$ = 100,0 °C + 3,5 °C **= 103,5 °C**

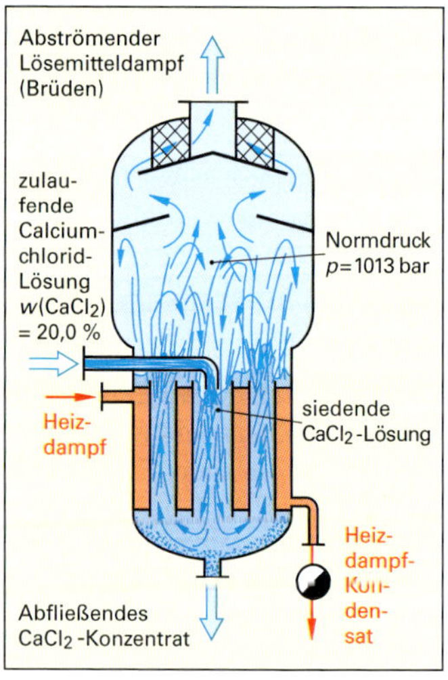

Bild 1: Aufkonzentrieren von $CaCl_2$-Lösung in einem Verdampfer

Aufgaben zur Siedepunkterhöhung

1. Welche Siedepunkterhöhung ist zu erwarten, wenn 890 mg des kondensierten Aromaten Naphthalin $C_{10}H_8$ in 50,0 g des cyclischen Ethers 1,4-Dioxan gelöst werden?
2. 1,188 g Schwefel werden in 50,5 g Schwefelkohlenstoff (Kohlenstoffdisulfid, CS_2) gelöst. Die Lösung siedet bei einer Temperatur von 46,66 °C. Welche molare Masse haben die Schwefelmoleküle? Aus wie vielen Schwefelatomen besteht ein Schwefelmolekül?

3. Um 100 kg Ethanol aus steuerlichen Gründen als Genussmittel unbrauchbar zu machen, werden ihm für pharmazeutische Zwecke zum Denaturieren beispielsweise 100 g des bicyclischen Ketons Campher ($C_{10}H_{16}O$) zugesetzt. Wird dadurch die Siedetemperatur des Ethanols nennenswert beeinflusst?
4. Beim Anfahren einer Alkalichlorid-Membranzelle (Bild 2, Seite 279) wurde eine Zellenlauge mit einem Massenanteil an Natriumhydroxid von $w(\text{NaOH}) = 20{,}3\ \%$ erhalten. Sie soll in einer Mehrkörperverdampferanlage auf einen Massenanteil von 50,0 % aufkonzentriert werden. Welche Siedetemperatur hat die Zellenlauge im ersten Verdampfer unter Normdruck?

9.6 Gefrierpunkterniedrigung

Der Gefrierpunkt ist die Temperatur, bei der sowohl feste als auch der flüssige Aggregatzustand eines Stoffes miteinander in einem dynamischen Schmelz- und Erstarrungsgleichgewicht stehen **(Bild 1a)**. In der gefrierenden Flüssigkeit liegt sowohl der feste als auch der flüssige Aggregatzustand nebeneinander vor.

Während der Gefrierpunkt eines Lösemittels im Wesentlichen nur von der Stoffart abhängt, wird der Gefrierpunkt einer Lösung zusätzlich von der Anzahl der in der Lösung gelösten Teilchen bestimmt. Die Ursachen sind ähnlich wie bei der Siedepunkterhöhung (Seite 293).

Durch Lösen eines Stoffes in einem Lösemittel wird der Gehalt an Lösemittelmolekülen verringert, da die Masse der Lösung zunimmt **(Bild 1b)**. Demzufolge ist auch die Anzahl der Lösemittelteilchen geringer, die in den Kristallverband eingebaut werden.

Ferner werden beim Lösen die Teilchen des gelösten Stoffes von den Lösemittelmolekülen umhüllt (solvatisiert). Da die Lösemittelmoleküle nun in der Solvathülle gebunden sind, stehen sie somit nicht mehr zur Bildung des Kristallverbands zur Verfügung. Darüber hinaus stören die Teilchen des gelösten Stoffes die Bildung des festen Aggregatzustands.

Die genannten Faktoren haben in der Lösung einen geringeren Gehalt an freien Lösemittelmolekülen mit einer gestörten Teilchenbewegung zur Folge. Aus diesem Grund kann das Gefrieren nur bei einer tieferen Temperatur erfolgen, um in der Lösung die zum Erstarren erforderliche geringere Teilchenbewegung zu erreichen.

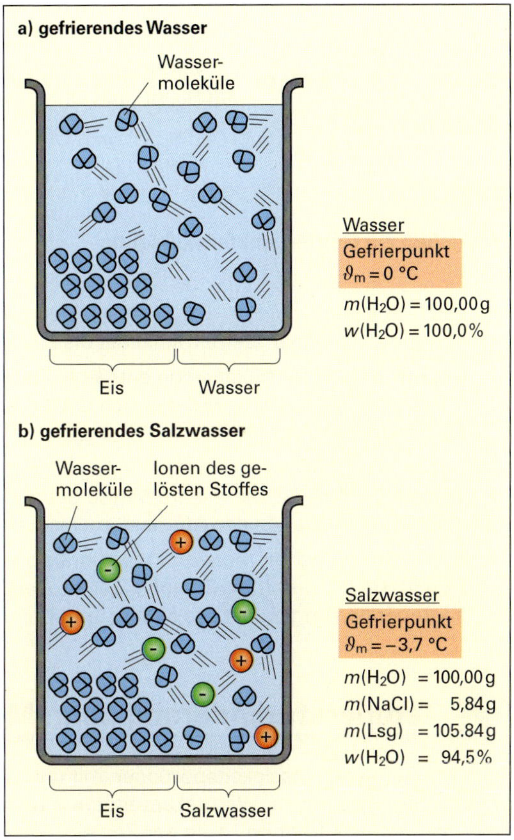

Bild 1: Gefrierpunkterniedrigung des Wassers

Der Umgebungsdruck hat auf den Gefrierpunkt keinen Einfluss.

Der Gefrierpunkt einer Lösung liegt um die Temperaturdifferenz $\Delta\vartheta_m$ niedriger als der Gefrierpunkt des reinen Lösemittels.

Die Größe der **Gefrierpunkterniedrigung** (freezing point depression) ist wie bei der Siedepunkterhöhung nur von der Anzahl der gelösten Stoffteilchen abhängig. Die Stoffart des gelösten Stoffes hat auf die Gefrierpunkterniedrigung keinen Einfluss (kolligative Eigenschaft, vgl. Seite 293).

Gefrierpunkterniedrigung

$$\Delta\vartheta_m = K_m(\text{Lm}) \cdot \frac{m(\text{X})}{M(\text{X}) \cdot m(\text{Lm})} \cdot \nu$$

Für die Gefrierpunkterniedrigung $\Delta\vartheta_m$ einer Lösung gibt es, ähnlich wie bei der Siedepunkterhöhung, eine direkt proportionale Abhängigkeit von der Molalität *b*: $\boldsymbol{\Delta\vartheta_m \sim b}$. Mit der lösemittelspezifischen **kryoskopischen Konstante K_m(Lm)** (cryoscopic constant), der Anzahl ν der bei der Dissoziation einer Formeleinheit entstehenden Ionen und den Gleichungen zur Berechnung der Molalität $b(\text{X}) = n(\text{X})/m(\text{Lm})$ und der Stoffmenge $n(\text{X}) = m(\text{X})/M(\text{X})$ lässt sich durch Einsetzen in die Beziehung $\Delta\vartheta_m = K_m(\text{Lm}) \cdot b(\text{X}) \cdot \nu$ die nebenstehende Formel zur Berechnung der Gefrierpunkterniedrigung ableiten.

Die kryoskopischen Konstanten K_m(Lm) sind für die gängigen Lösemittel bestimmt worden und können Tabellen entnommen werden (Tabelle, Seite 294).

Beispiel: Zur Chemisorption von Abluft in einem Waschturm wird kalte Natronlauge mit einem Massenanteil von $w(\text{NaOH}) = 25\,\%$ und einer Temperatur von $\vartheta = 0\,°\text{C}$ benötigt. Die Lauge soll in einem mit Methanolsole betriebenen Wärmeaustauscher gekühlt werden. Welche Masse an Methanol ist mit 500 kg Wasser zu mischen, wenn die Sole eine Gefrierpunkterniedrigung von 10 °C haben soll?

Lösung:

$$\Delta\vartheta_m = K_m(H_2O) \cdot \frac{m(CH_3OH)}{M(CH_3OH) \cdot m(H_2O)} \cdot \nu \quad \Rightarrow$$

$$\boldsymbol{m(CH_3OH)} = \frac{\Delta\vartheta_m \cdot M(CH_3OH) \cdot m(H_2O)}{K_m(H_2O) \cdot \nu} = \frac{10\,\text{K} \cdot 32{,}04\,\text{g} \cdot \text{mol}^{-1} \cdot 500\,\text{kg}}{1{,}858\,\text{K} \cdot \text{mol}^{-1} \cdot 1} \approx \mathbf{86\,kg}$$

Aufgaben zur Gefrierpunkterniedrigung

1. Einer Wasserportion von 100 kg wurden zur Gefrierpunkterniedrigung 11,1 kg des Frostschutzmittels Diethylenglycol $HO{-}CH_2{-}CH_2{-}OH$ zugesetzt. Die molare Masse des Diethylenglycols beträgt 62,1 g/mol. Welchen Gefrierpunkt hat die Lösung?
2. Die Kühlsole einer Kälteanlage enthält in 100 kg Wasser 17,2 kg Calciumchlorid $CaCl_2$. Welche Gefrierpunkterniedrigung wird dadurch erzielt, wenn von einer vollständigen Dissoziation des Salzes ausgegangen wird? ($M(CaCl_2) = 111{,}0$ g/mol)
3. Bei welcher Temperatur erstarrt eine wässrige Ammoniumchlorid-Lösung mit dem Massenanteil $w(NH_4Cl) = 10{,}0\,\%$? Die molare Masse des Salzes beträgt $M(NH_4Cl) = 53{,}5$ g/mol. Es wird eine vollständige Dissoziation des Ammoniumchlorids angenommen?
4. Zur Bestimmung der molaren Masse eines organischen Feststoffes werden 1,034 g der Substanz in 53,458 g des Lösemittels Campher gelöst. Der Erstarrungspunkt der Lösung liegt um 4,23 K niedriger als der Erstarrungspunkt des reinen Camphers. Welche molare Masse hat die untersuchte Substanz?

9.7 Temperaturänderung beim Mischen von Flüssigkeiten

Beim Mischen von Flüssigkeitsportionen mit unterschiedlichen Massen *m*, Wärmekapazitäten *c* und Temperaturen ϑ erfolgt im Laufe der Zeit ein Temperaturausgleich, bis die Stoffe eine gemeinsame **Mischungstemperatur ϑ_M** (mixing temperature) erreicht haben **(Bild 1).**

Beim Mischen von Flüssigkeiten wird die Mischungstemperatur aufgrund der guten Mischbarkeit schon nach kurzer Zeit erreicht.

Die wärmeren Teilchen des Stoffes geben so lange Wärmeenergie ab, bis ihre Anfangstemperatur auf die Mischungstemperatur gefallen ist.

Die kälteren Teilchen des Stoffes nehmen die abgegebene Wärmemenge auf und erwärmen sich dabei auf die Mischungstemperatur.

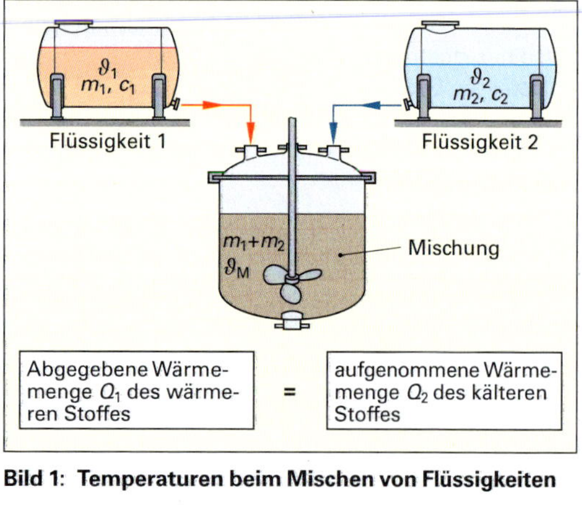

Bild 1: Temperaturen beim Mischen von Flüssigkeiten

Temperaturänderung beim Mischen ohne Wärmeverluste

Wenn bei einem Mischvorgang durch vollständige Isolation keine Wärmeverluste auftreten, sind die zwischen dem wärmeren und kälteren Stoff ausgetauschten Wärmemengen gleich groß: $Q_1 = Q_2$.

Mit $Q = c \cdot m \cdot \Delta\vartheta$ wird nach dem Gleichsetzen, Ausmultiplizieren und Umstellen eine Größengleichung für die **Mischungstemperatur ϑ_M** erhalten (siehe rechts).

Diese sogenannte **Mischungsgleichung** gilt für Mischungen aus Flüssigkeiten sowie Flüssigkeiten und Feststoffen, wenn keine Änderung des Aggregatzustands der Stoffe und keine Lösungswärme beim Mischen auftritt.

Wärmemischungsgleichung

$$Q_1 = Q_2$$

$$c_1 \cdot m_1 \cdot (\vartheta_1 - \vartheta_M) = c_2 \cdot m_2 \cdot (\vartheta_M - \vartheta_2)$$

Wärme abgebender Stoff: Index 1 — Wärme aufnehmender Stoff: Index 2

Mischungstemperatur ohne Wärmeverluste

$$\vartheta_M = \frac{c_1 \cdot m_1 \cdot \vartheta_1 + c_2 \cdot m_2 \cdot \vartheta_2}{c_1 \cdot m_1 + c_2 \cdot m_2}$$

Beispiel 1: Welche Mischungstemperatur ergibt sich, wenn 40,0 kg Ethanol CH_3CH_2OH von 20 °C mit 60,0 kg Wasser von 10 °C gemischt werden? (Wärmeverluste sollen nicht berücksichtigt werden.)

Lösung:

$$\vartheta_M = \frac{c_1 \cdot m_1 \cdot \vartheta_1 + c_2 \cdot m_2 \cdot \vartheta_2}{c_1 \cdot m_1 + c_2 \cdot m_2} = \frac{2{,}42\ \text{kJ (kg} \cdot \text{K)} \cdot 40{,}0\ \text{kg} \cdot 20\ °\text{C} + 4{,}19\ \text{kJ (kg} \cdot \text{K)} \cdot 60{,}0\ \text{kg} \cdot 10\ °\text{C}}{2{,}42\ \text{kJ (kg} \cdot \text{K)} \cdot 40{,}0\ \text{kg} + 4{,}19\ \text{kJ (kg} \cdot \text{K)} \cdot 60{,}0\ \text{kg}}$$

$$\boldsymbol{\vartheta_M} = \frac{2{,}42 \cdot 40{,}0 \cdot 20\ °\text{C} + 4{,}19 \cdot 60{,}0 \cdot 10\ °\text{C}}{2{,}42 \cdot 40{,}0 + 4{,}19 \cdot 60{,}0} = \frac{1936\ °\text{C} + 2514\ °\text{C}}{96{,}8 + 251{,}4} = 12{,}78 °\text{C} \approx \mathbf{13 °C}$$

Beispiel 2: Welche Masse an Wasser von 45 °C muss mit 5,0 kg Wasser von 15 °C gemischt werden, damit eine Mischungstemperatur von 40 °C erreicht wird? (Wärmeverluste sollen nicht berücksichtigt werden.)

Lösung: Da Stoffe mit gleicher spezifischer Wärmekapazität $c = c_1 = c_2$ gemischt werden, vereinfacht sich die Wärmemischungsgleichung nach dem Ausklammern und Kürzen der spezifischen Wärmekapazitäten c zu:

$$m_1 \cdot (\vartheta_1 - \vartheta_M) = m_2 \cdot (\vartheta_M - \vartheta_2) \Rightarrow \boldsymbol{m_1} = \frac{m_2 \cdot (\vartheta_M - \vartheta_2)}{\vartheta_1 - \vartheta_M} = \frac{5{,}0\ \text{kg} \cdot (40\ °\text{C} - 15\ °\text{C})}{45\ °\text{C} - 40\ °\text{C}} = \mathbf{25{,}0\ kg}$$

Temperaturänderung beim Mischen mit Wärmeverlusten

In der betrieblichen Praxis geht während des Mischungsvorgangs Wärme an die Umgebung verloren. Diese Verlustwärme Q_{Verl} senkt die **Mischungstemperatur ϑ_{MV}** gegenüber der Mischungstemperatur ϑ_M ohne Wärmeverlust ab.

Die bei einem Mischvorgang an die Umgebung abgegebene **Verlustwärme Q_{Verl}** lässt sich durch Messen der Ausgangs- und der Mischungstemperatur für einen bestimmten Mischvorgang aus der Differenz der Wärmemengen der Mischungskomponenten berechnen.

Mischungstemperatur bei Wärmeverlust

$$\vartheta_{MV} = \frac{c_1 \cdot m_1 \cdot \vartheta_1 + c_2 \cdot m_2 \cdot \vartheta_2 - Q_{Verl}}{c_1 \cdot m_1 + c_2 \cdot m_2}$$

Verlustwärme

$$Q_{Verl} = c_1 \cdot m_1(\vartheta_1 - \vartheta_M) - c_2 \cdot m_2(\vartheta_M - \vartheta_2)$$

Beispiel: 150 kg Wasser von 75 °C werden in einem Rührkessel mit 220 kg Wasser von 13°C gemischt. Die Mischungstemperatur beträgt 35°C. Wie groß sind die Wärmeverluste während des Mischvorgangs?

Lösung: $Q_{Verl} = c_1 \cdot m_1 \cdot (\vartheta_1 - \vartheta_M) - c_2 \cdot m_2 \cdot (\vartheta_M - \vartheta_2)$ mit $c_1 = c_2 = c$ folgt: $Q_{Verl} = c[m_1 \cdot (\vartheta_1 - \vartheta_M) - m_2 \cdot (\vartheta_M - \vartheta_2)]$

$$\boldsymbol{Q_{Verl}} = 4{,}19\ \text{kJ/(kg} \cdot \text{K)} \cdot [150\ \text{kg} \cdot (75\ °\text{C} - 35\ °\text{C}) - 220\ \text{kg} \cdot (35\ °\text{C} - 13\ °\text{C})]$$

$$= 4{,}19\ \text{kJ/(kg} \cdot \text{K)} \cdot [6000\ \text{kg K} - 4840\ \text{kg k}] = 4860{,}4\ \text{kJ} \approx \mathbf{4{,}9\ MJ}$$

Aufgaben zur Temperaturänderung beim Mischen von Flüssigkeiten

1. Welche Mischungstemperatur stellt sich ein, wenn 85,0 g Wasser von 22,5 °C mit 45,5 g Wasser von 97,5 °C gemischt werden? Wärmeverluste bleiben unberücksichtigt.
2. In einem Doppelrohr-Wärmeaustauscher **(Bild 1)** sollen 250 kg Wasser von 86 °C durch Mantelkühlung auf 27 °C abgekühlt werden. Welche Masse an Kühlwasser von ϑ = 12,5 °C ist einzuleiten, wenn es mit 22,5 °C den Kühler verlässt?
3. Mit welchem Frischluft-Volumenstrom muss ein Abluft-Volumenstrom gemischt werden, um einen Mischluft-Volumenstrom von Raumtemperatur (20 °C) zu erhalten? Die Luftströme haben die in der **Tabelle** angegebenen Daten. Die spezifische Wärmekapazität der Luft ist in dem angegebenen Temperaturbereich näherungsweise konstant.
4. Mit wie viel Liter Wasser von 15 °C müssen 60 L Wasser von 50 °C gemischt werden, damit Wasser mit einer Mischungstemperatur von 40 °C entsteht?

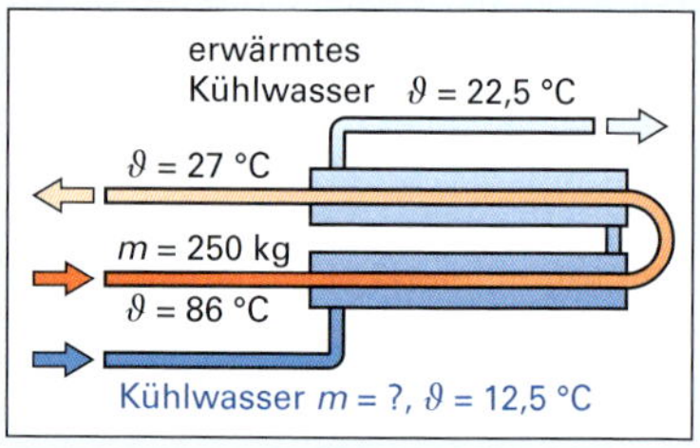

Bild 1: Kühlen in einem Doppelrohrwärmeaustauscher (Aufgabe 2)

Tabelle: Daten zur Aufgabe 3

Physikalische Größe	Frischluft	Abluft	Mischluft
Temperatur ϑ in °C	8,0	40,0	20,0
Volumenstrom $\dot{V}$ in m³/h	?	1250	?
Dichte ϱ in g/L	1,256	1,128	1,205

9.8 Temperaturänderung beim direkten Heizen und Kühlen

Direkte Dampfbeheizung (direct steam-heating)

Beim direkten Aufheizen einer Flüssigkeit durch Einleiten von Wasserdampf in die Flüssigkeit **(direkte Dampfbeheizung)** kondensiert der Wasserdampf **(Bild 2)**. Er gibt seine Kondensationswärme Q_K an die Flüssigkeit ab, wodurch die Temperatur der Flüssigkeit ansteigt. Das entstehende Kondensat mischt sich mit der Flüssigkeit. Es kühlt sich dabei von der Siedetemperatur ϑ_b = 100 °C auf die Mischungstemperatur ϑ_{MK} ab, wodurch die Temperatur der Flüssigkeit zusätzlich ansteigt.

Die **Mischungstemperatur ϑ_{MK}** lässt sich aus der Bilanz der abgegebenen und aufgenommenen Wärmemengen in der Flüssigkeit berechnen **(Bild 3)**.

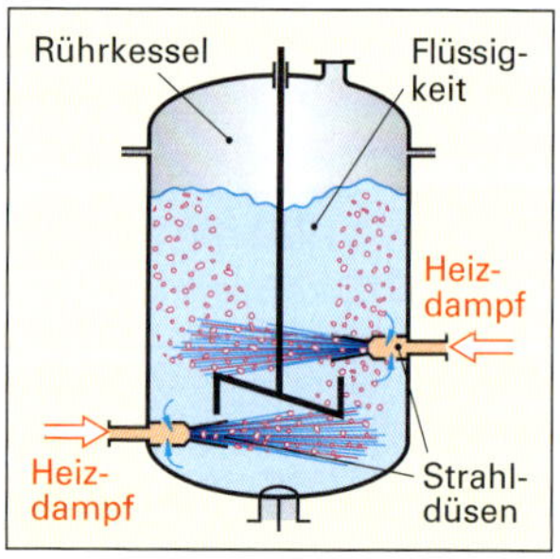

Bild 2: Direkte Dampfheizung

Mischungstemperatur beim Kondensieren einer Mischphase

$$\vartheta_{MK} = \frac{m_1 \cdot (c_1 \cdot \vartheta_b + r) + c_2 \cdot m_2 \cdot \vartheta_2}{c_1 \cdot m_1 + c_2 \cdot m_2}$$

Wärmemenge, die der Dampf durch Kondensieren abgibt Q_K	+	Wärmemenge, die das Kondensat durch Abkühlen abgibt Q_1	=	Wärmemenge, die die Flüssigkeit durch Erwärmen aufnimmt Q_2
$r \cdot m_1$	+	$c_1 \cdot m_1 \cdot (\vartheta_b - \vartheta_{MK})$	=	$c_2 \cdot m_2 \cdot (\vartheta_{MK} - \vartheta_2)$

Bild 3: Wärmebilanz beim direkten Dampfheizen

Da die Kondensationswärme von Wasserdampf ($r(H_2O)$ = 2256 kJ/kg) sehr groß ist, lässt sich mit relativ kleinen Dampfmengen eine große Erwärmung erzielen.

Beispiel: Wie viel Kilogramm Sattdampf von 1013 mbar werden zur direkten Dampfbeheizung benötigt, um 840 kg Calciumchlorid-Lösung von 12,0 °C auf 74,0 °C zu erwärmen? $c(CaCl_2\text{-Lsg})$ = 3,165 kJ/(kg · K)

Lösung: Durch Ausmultiplizieren der m_1-Therme aus der obigen Gleichung erhält man:

$r \cdot m_1 + c_1 \cdot m_1 \cdot (\vartheta_b - \vartheta_{MK}) = c_2 \cdot m_2 \cdot (\vartheta_{MK} - \vartheta_2)$. Nach dem Ausklammern und Umstellen folgt für m_1:

$$\boldsymbol{m_1} = \frac{c_2 \cdot m_2 \cdot (\vartheta_{MK} - \vartheta_2)}{c_1 \cdot (\vartheta_b - \vartheta_{MK}) + r} = \frac{3{,}165\ \text{kJ/(kg} \cdot \text{K)} \cdot 840\ \text{kg} \cdot (74{,}0 - 12{,}0°)\ \text{K}}{4{,}19\ \text{kJ} \cdot \text{(kg} \cdot \text{K)} \cdot (100 - 74{,}0)\ \text{K} + 2256\ \text{kJ/kg}} = \frac{164\,883{,}2\ \text{kJ}}{2364{,}94\ \text{kJ/kg}} \approx \mathbf{69{,}7\ kg}$$

Direkte Eiskühlung (direct ice-cooling)

Beim **direkten Kühlen** einer Flüssigkeit durch Zugabe von Eis in die Flüssigkeit **(direkte Eiskühlung)** schmilzt das Eis **(Bild 1)**. Es entzieht die Schmelzwärme Q_m der Flüssigkeit, wodurch die Temperatur der Flüssigkeit absinkt. Das entstehende Eis-Schmelzwasser mischt sich mit der Flüssigkeit. Es erwärmt sich dabei von der Schmelztemperatur $\vartheta_m = 0\,°C$ auf die Mischungstemperatur ϑ_{ME}, wodurch die Temperatur der Flüssigkeit zusätzlich abfällt.

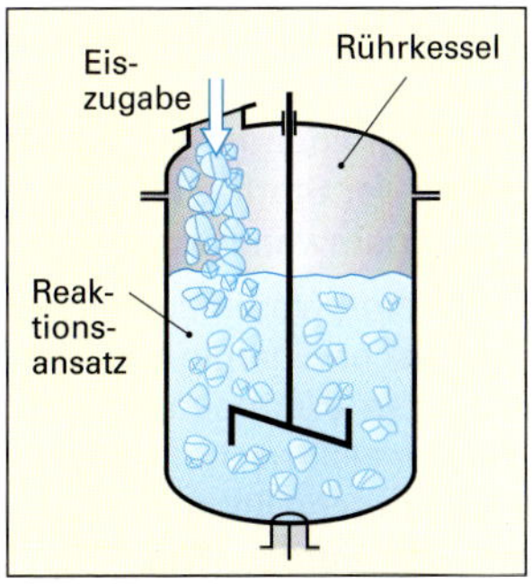

Bild 1: Direkte Eiskühlung

Die **Mischungstemperatur ϑ_{ME}** bei Eiskühlung lässt sich aus der Bilanz der aufgenommenen und abgegebenen Wärmemengen in der Flüssigkeit berechnen **(Bild 2)**.

Man erhält folgende Berechnungsgleichung:

Mischungstemperatur beim Schmelzen einer Mischphase

$$\vartheta_{ME} = \frac{m_1 \cdot (c_1 \cdot \vartheta_m - q) + c_2 \cdot m_2 \cdot \vartheta_2}{c_1 \cdot m_1 + c_2 \cdot m_2}$$

Wärmemenge, die das Eis durch Schmelzen aufnimmt Q_m	+	Wärmemenge, die das Schmelzwasser durch Erwärmen aufnimmt Q_1	=	Wärmemenge, die die Flüssigkeit durch Abkühlen abgibt Q_2

$$q \cdot m_1 + c_1 \cdot m_1 \cdot (\vartheta_{ME} - \vartheta_m) = c_2 \cdot m_2 \cdot (\vartheta_2 - \vartheta_{ME})$$

Bild 2: Wärmebilanz bei direkter Eiskühlung

Da die Schmelzwärme des Eises mit $q(H_2O) = 335$ kJ/kg groß ist, lässt sich mit relativ kleinen Eismengen eine gute Abkühlung erzielen.

Beispiel: Welche Masse an Eis von Schmelztemperatur wird zur direkten Eiskühlung benötigt, um 840 kg Calciumchlorid-Lösung von 74,0 °C auf 12,0 °C abzukühlen? $c(CaCl_2\text{-Lsg.}) = 3{,}165\ \text{kJ/(kg} \cdot \text{K)}$

Lösung: Durch Ausmultiplizieren der m_1-Ausdrücke aus der obigen ϑ_{ME}-Gleichung erhält man:

$q_1 \cdot m_1 + c_1 \cdot m_1 \cdot (\vartheta_{ME} - \vartheta_m) = c_2 \cdot m_2 \cdot (\vartheta_2 - \vartheta_{ME})$ Nach dem Ausklammern und Umstellen folgt für m_1:

$$\boldsymbol{m_1} = \frac{c_2 \cdot m_2 \cdot (\vartheta_2 - \vartheta_{ME})}{c_1 \cdot (\vartheta_{ME} - \vartheta_m) + q} = \frac{3{,}165\ \text{kJ/(kg}\cdot\text{K)} \cdot 840\ \text{kg} \cdot (74{,}0 - 12{,}0)\ \text{K}}{4{,}19\ \text{kJ} \cdot (\text{kg}\cdot\text{K}) \cdot (12{,}0 - 0)\ \text{K} + 335\ \text{kJ/kg}} = \frac{164\,883{,}2\ \text{kJ}}{385{,}28\ \text{kJ/kg}} \approx \mathbf{428\ kg}$$

Aufgaben zum direkten Heizen und Kühlen

1. In einem Reaktionsbehälter werden 1200 L Wasser von 22 °C mit 300 kg Crusheis von $\vartheta = -5{,}0$ °C gekühlt. Welche Mischungstemperatur herrscht, wenn der Wärmeaustausch abgeschlossen ist?
2. In einem Rührkessel **(Bild 3)** aus nichtrostendem Stahl ($c_{Stahl} = 0{,}482$ kJ/(kg · K)) mit einer Masse von 152 kg befinden sich 212 kg Sodalösung ($c_{Sodalösung} = 3{,}62$ kJ/(kg · K)). Kessel und Inhalt haben eine Temperatur von 23 °C. Welche Masse an Sattdampf ist einzuleiten, damit die Temperatur des Systems auf 63 °C ansteigt? (Wärmeverluste an die Umgebung sollen unberücksichtigt bleiben.)
3. 3,00 kg Eis von $\vartheta = -5{,}0$ °C werden mit 1,80 L Wasser von 65,0 °C gemischt. Welche Massen an Eis und Wasser liegen vor, wenn der Wärmeaustausch vollzogen ist? Daten: q (Eis) = 335 kJ/kg; c (Eis) = 2,1 kJ/(kg · K)

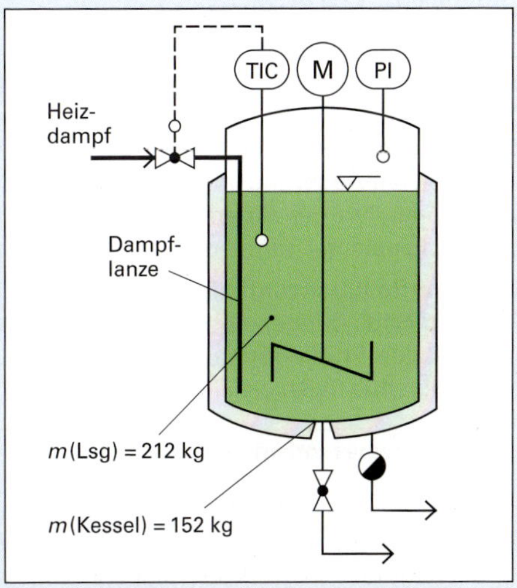

Bild 3: Direkte Dampfheizung eines Kesselinhalts (Aufgabe 2)

9.9 Reaktionswärmen bei chemischen Reaktionen

Bei einer chemischen Reaktion wird neben der Stoffumbildung auch eine Energieumwandlung beobachtet.

Die in einer Verbindung gespeicherte chemische Energie kann bei der Reaktion in Wärmeenergie, Lichtenergie, in elektrische Energie oder in mechanische Energie (Arbeit) umgewandelt werden **(Bild 1).**

Beispiel: Verbrennen von Magnesium. Hierbei entsteht Wärme, Licht und durch die Ausdehnung der heißen Reaktionsgase mechanische Arbeit.

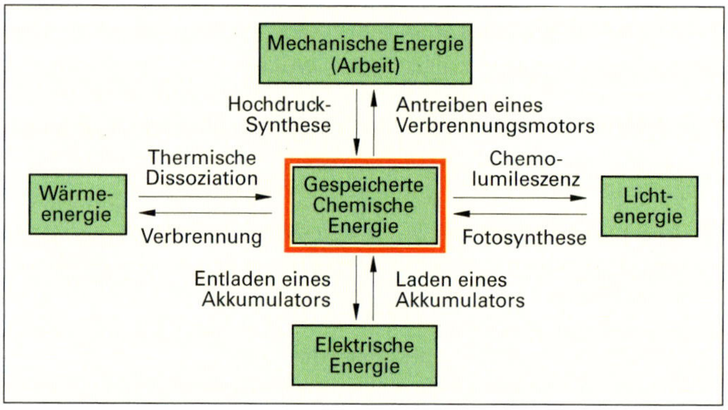

Bild 1: Umwandlungsmöglichkeiten von chemischer Energie in andere Energieformen bei einer chemischen Reaktion

Bei der Reaktion verändert sich die innere Energie U (internal energy) des reagierenden Systems. Die innere Energie U gibt den Gesamtenergieinhalt des reagierenden Systems an. Die Änderung der inneren Energie ΔU ist gleich der Summe der dem reagierenden System zu- oder abgeführten Energien. Sie wird berechnet, indem man von der inneren Energie der Endprodukte U_E die innere Energie der Ausgangsstoffe U_A der chemischen Reaktion abzieht.

Änderung der inneren Energie

$$\Delta U = U_E - U_A$$

Reaktionsenergie, Reaktionsenthalpie

Je nach den Bedingungen bei einer Reaktion unterscheidet man zwei Arten der Änderung der inneren Energie:

Die Änderung der inneren Energie ΔU bei einer chemischen Reaktion bei konstantem Volumen wird als **Reaktionswärme** oder als **Reaktionsenergie ΔU** (reaction energy) bezeichnet.

Die Reaktionswärme, die bei einer chemischen Reaktion unter konstantem Druck frei wird oder zugeführt werden muss, bezeichnet man als **Reaktionsenthalpie $\Delta_r H$** (reaction enthalpy).

Da die meisten chemischen Reaktionen bei konstantem Druck ablaufen, hat die Reaktionsenthalpie $\Delta_r H$ eine große Bedeutung. Sie wird in kJ pro Mol Stoffumsatz angegeben.

Reaktionswärme bei konstantem Volumen	=	Reaktionsenergie ΔU
Reaktionswärme bei konstantem Druck	=	Reaktionsenthalpie $\Delta_r H$

Die Reaktionsenthalpie $\Delta_r H$ unterscheidet sich von der Reaktionsenergie ΔU durch die Volumenarbeit $p \cdot \Delta V$. Diese muss bei Gasreaktionen verrichtet werden, um gegen den Umgebungsdruck Raum für die freigesetzte Gasportion zu schaffen. Der Wert $p \cdot \Delta V$ hängt von der Änderung der Stoffmenge Δn der Gase während der Reaktion ab. Mit der allgemeinen Gasgleichung $p \cdot \Delta V = n \cdot R \cdot T$ folgt bei konstanter Temperatur: $p \cdot \Delta V = \Delta n \cdot R \cdot T$

Reaktionsenthalpie bei Gasreaktionen

$$\Delta_r H = \Delta U + p \cdot \Delta V$$
$$\Delta_r H = \Delta U + R \cdot T \cdot \Delta n$$

Standard-Reaktionsenthalpien $\Delta_r H^\circ$ gelten für Reaktionen bei Standard-Bedingungen (T_0 = 298 K $\triangleq$ 25°C, p_0 = 1013 hPa). Sie werden auf die in der Reaktionsgleichung umgesetzten Stoffmengen n(X) der Edukte und der Produkte bezogen und in Kilojoule (kJ) angegeben (siehe folgende Beispiele).

Beispiel für eine exotherme Reaktion:	**Beispiel für eine endotherme Reaktion:**
$2\,H_2O_{2(l)} \longrightarrow 2\,H_2O_{(l)} + O_{2(g)}$ I $\Delta_r H^\circ = -196$ kJ	$CO_{2(g)} + H_{2(g)} \longrightarrow CO_{(g)} + H_2O_{(g)}$ I $\Delta_r H^\circ = 41{,}2$ kJ
Hat die Reaktionsenthalpie ein **negatives** Vorzeichen, liegt eine **exotherme** Reaktion vor, d.h., es wird Wärmeenergie an die Umgebung abgegeben.	Hat die Reaktionsenthalpie ein **positives** Vorzeichen, liegt eine **endotherme** Reaktion vor, d.h., das Reaktionssystem nimmt Wärmeenergie aus der Umgebung auf.

Die Reaktionsenthalpie $\Delta_r H^o$ einer chemischen Reaktion bei Standardbedingungen wird berechnet, indem von der Summe der Standard-Bildungsenthalpien $\Delta_f H^o$ der Endprodukte E die Summe der Standard-Bildungsenthalpien $\Delta_f H^o$ der Ausgangsstoffe A abgezogen wird (f für englisch formation = Bildung).

Berechnung der Reaktionsenthalpie $\Delta_r H^o$ aus den Standard-Bildungsenthalpien $\Delta_f H^o$

$$\Delta_r H^o = \sum_E n \cdot \Delta_f H^o - \sum_A n \cdot \Delta_f H^o$$

Die Standard-Bildungsenthalpie $\Delta_f H^o$ ist die Energie, die bei der Bildung von einem Mol einer Verbindung frei wird (negatives Vorzeichen) oder zur Bildung aufgewendet werden muss (positives Vorzeichen).

In der nebenstehenden **Tabelle** sind die Standard-Bildungsenthalpien (Hochgestellt: ^{o}) einiger Stoffe angegeben. Sie sind auf den Standard-Zustand $T = 298$ K ($\vartheta = 25\,°C$) und $p = 1013$ mbar bezogen.

Die Standard-Bildungsenthalpien von Elementen sind definitionsgemäß gleich null, z. B. $\Delta_f H^o(O_2) = 0$ kJ/mol.

Die Größe der Standard-Bildungsenthalpie eines Stoffes ist ein Maß für seine Stabilität. Verbindungen mit großen negativen Standard-Bildungsenthalpien sind am stabilsten.

Nach dem Gesetz von der Erhaltung der Energie ist die Bildungsenthalpie eines Stoffes gleich dessen Zersetzungsenthalpie mit umgekehrtem Vorzeichen.

Tabelle: Standard-Bildungsenthalpien $\Delta_f H^o$

Stoffart	$\Delta_f H^o$ kJ/mol
$SO_{2(g)}$	–296,9
$NH_{3(g)}$	–46,2
$HCl_{(g)}$	–92,3
$CO_{(g)}$	–110,5
$CO_{2(g)}$	–393,5
$H_2O_{(g)}$	–241,8
$H_2O_{(l)}$	–285,9
$CH_{4(g)}$	–74,9
$CH_3OH_{(l)}$	–238,6
$CH_3OH_{(g)}$	–201,3
$CH_3COOH_{(l)}$	–487,0
$C_2H_5OH_{(l)}$	–277,6
$NH_4Cl_{(s)}$	–315,4
$NaCl_{(s)}$	–411,0
$CaCl_{2(s)}$	–794,8
$OH^-_{(aq)}$	–230,0
$H^+_{(aq)}$, $H_3O^+_{(aq)}$	0
$Na^+_{(aq)}$	–239,7
$Ca^{2+}_{(aq)}$	–542,9
$Cl^-_{(aq)}$	–167,4
$NH^+_{4(aq)}$	–132,8

Beispiel 1:

In einem Experiment für die Oxidation von Schwefeldioxid im Bombenkalorimeter (p = konst.) **(Bild 1)** betrug die Änderung der inneren Energie bei $\vartheta = 25\,°C$ $\Delta U = -194{,}1$ kJ. Wie groß ist die Reaktionsenthalpie?

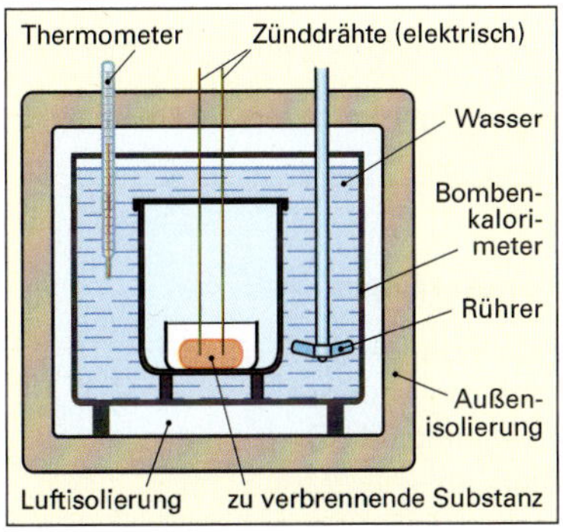

Bild 1: Verbrennen einer Probe im Bombenkalorimeter

Lösung:

Reaktionsgleichung:

$$2\,SO_2 + O_2 \longrightarrow 2\,SO_3$$

mit $\Delta n = n(SO_3) - (n(SO_2) + n(O_2)) = n(SO_3) - n(SO_2) - n(O_2)$

Δn = 2 mol – 2 mol – 1 mol = –1 mol

$R = 8{,}314$ J/(mol · K) sowie $T = 298$ K

folgt mit $\Delta_r H = \Delta U + R \cdot T \cdot \Delta n$

Für 1 Mol Stoffumsatz gilt:

$\boldsymbol{\Delta_r H^o} = -194{,}1\text{ kJ} + 8{,}314\text{ J/(mol}\cdot\text{K)} \cdot 298\text{ K} \cdot (-1\text{ mol}) \approx$ **–197 kJ**

Beispiel 2: Berechnung der Reaktionsenthalpie $\Delta_r H^o$ bei der vollständigen Verbrennung von 1 Mol Methan **(Bild 2)**.

Bild 2: Verbrennen von Methan

Lösung: Reaktionsgleichung: $CH_4 + 2\,O_2 \longrightarrow CO_2 + 2\,H_2O_{(l)}$

$$\Delta_r H^o = \sum_E n \cdot \Delta_f H^o - \sum_A n \cdot \Delta_f H^o$$

$$\Delta_r H^o = n(CO_2) \cdot \Delta_r H^o(CO_2) + n(H_2O_{(l)}) \cdot \Delta_r H^o(H_2O_{(l)}) - [n(CH_4) \cdot \Delta_r H^o(CH_4) + n(O_2) \cdot \Delta_r H^o(O_2)]$$

$$\Delta_r H^o = 1\text{ mol} \cdot \left(-393{,}5\,\frac{\text{kJ}}{\text{mol}}\right) + 2\text{ mol} \cdot \left(-285{,}9\,\frac{\text{kJ}}{\text{mol}}\right) - \left[1\text{ mol} \cdot \left(-74{,}9\,\frac{\text{kJ}}{\text{mol}}\right) + 2\text{ mol} \cdot \left(0\,\frac{\text{kJ}}{\text{mol}}\right)\right]$$

$\boldsymbol{\Delta_r H^o}$ = –393,5 kJ – 571,8 kJ + 74,9 kJ + 0 kJ = **–890,4 kJ**

Beispiel 3: Mithilfe der in der Tabelle, Seite 301, angegebenen Standard-Bildungsenthalpien $\Delta_f H°$ soll die Neutralisationsenthalpie bei der Neutralisation von Salpetersäure mit Kalilauge berechnet werden.

Lösung: Reaktionsgleichung als Ionengleichung: $K^+ + OH^- + H_3O^+ + NO_3^- \longrightarrow K^+ + NO_3^- + 2\,H_2O$

Wie die Reaktionsgleichung zeigt, beteiligen sich die Anionen starker Säuren und die Kationen starker Basen nicht an der Neutralisation. Aus diesem Grund ist die Neutralisationsenthalpie bei der Neutralisation von starken Säuren mit starken Basen, unabhängig von der Stoffart, immer gleich. Sie ist mit der Bildungsenthalpie des Wassers aus seinen Ionen identisch: $H_3O^+ + OH^- \longrightarrow 2\,H_2O$

Es gilt allgemein: $\Delta_r H° = \sum_E n \cdot \Delta_f H° - \sum_A n \cdot \Delta_f H°$

Mit den Standard-Bildungsenthalpien der Wasserbestandteile folgt:

$$\Delta_r H° = n(H_2O) \cdot \Delta_f H°(H_2O) - [n(H_3O^+) \cdot \Delta_f H°(H_3O^+) + n(OH^-) \cdot \Delta_f H°(OH^-)]$$

$$\mathbf{\Delta_r H°} = 2\,\text{mol} \cdot (-285{,}9\,\text{kJ/mol}) - [1\,\text{mol} \cdot (0\,\text{kJ/mol}) + 1\,\text{mol} \cdot (-230{,}0\,\text{kJ/mol})] = \mathbf{341{,}8\,kJ}$$

Beispiel 4: Mithilfe der in Tabelle, Seite 301, angegebenen Standard-Bildungsenthalpien $\Delta_f H°$ soll überprüft werden, ob beim Lösen von Ammoniumchlorid NH_4Cl in Wasser eine Abkühlung oder Erwärmung eintritt.

Lösung: Reaktionsgleichung: $NH_4Cl_{(s)} \xrightarrow{H_2O} NH^+_{4(aq)} + Cl^-_{(aq)}$

Es gilt allgemein: $\Delta_r H° = \sum_E n \cdot \Delta_f H° - \sum_A n \cdot \Delta_f H°$

Mit den Standard-Bildungsenthalpien der beim Lösen entstehenden Ionen folgt:

$$\Delta_r H° = n(NH^+_{4(aq)}) \cdot \Delta_f H°(NH^+_{4(aq)}) + n(Cl^-_{(aq)}) \cdot \Delta_f H°(Cl^-_{(aq)}) - n(NH_4Cl_{(s)}) \cdot \Delta_f H°(NH_4Cl_{(s)})$$

$$\mathbf{\Delta_r H°} = 1\,\text{mol} \cdot (-132{,}8\,\text{kJ/mol}) + 1\,\text{mol} \cdot (-167{,}4\,\text{kJ/mol}) - 1\,\text{mol} \cdot (-315{,}4\,\text{kJ/mol}) = \mathbf{15{,}2\,kJ}$$

Da die Lösungsenthalpie **positiv** ist, erfolgt beim Lösen von Ammoniumchlorid in Wasser eine **Abkühlung** (endotherme Reaktion).

Aufgaben zur Reaktionsenergie, Reaktionsenthalpie

1. In einer Schwefelsäure-Produktionsanlage werden im ersten Verfahrensschritt in einem Verbrennungsofen stündlich 8,5 t Schwefel zu Schwefeldioxid SO_2 verbrannt **(Bild 1)**. Reaktionsgleichung:

   $S_{(l)} + O_{2(g)} \longrightarrow SO_{2(g)} \mid \Delta_r H° = -296{,}9\,\text{kJ/mol}$

   Die dabei entstehende Wärmeenergie wird in einem Abhitzekessel zur Dampferzeugung genutzt.

   Welche Wärmemenge steht im Abhitzekessel zur Dampferzeugung zur Verfügung, wenn 90 % der Verbrennungswärme genutzt werden können?

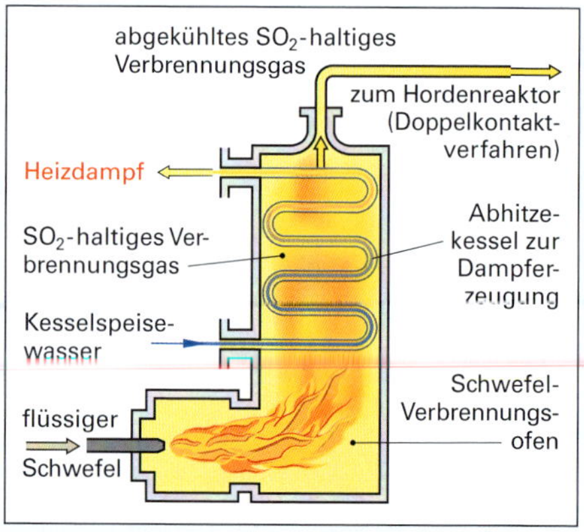

Bild 1: Wärmenutzung bei der Schwefelverbrennung zu Schwefeldioxid (Aufgabe 1)

2. Essigsäure wird großtechnisch durch CoI_2-katalysierte Flüssigphasen-Hochdruck-Carbonylierung von Methanol CH_3OH zu Kohlenmonoxid CO nach folgender Reaktionsgleichung hergestellt:

   $CH_3OH_{(l)} + CO_{(g)} \xrightarrow[CoI_2]{250\,°C,\ 680\,bar} CH_3COOH_{(l)}$

   Berechnen Sie die Reaktionsenthalpie der Reaktion aus den Standard-Bildungsenthalpien.

3. Berechnen Sie mit den in Tabelle, Seite 301, angegebenen Werten der Standard-Bildungsenthalpien:

   a) Die Verdampfungsenthalpie des Wassers in kJ/mol und kJ/kg

   b) Die Verbrennungsenthalpie der vollständigen Verbrennung von Ethanol gemäß der Reaktionsgleichung: $C_2H_5OH_{(l)} + 3\,O_{2(g)} \longrightarrow 2\,CO_{2(g)} + 3\,H_2O_{(l)}$

4. Bei der Reaktion von 0,2256 g Zink mit Salzsäure im Kippschen Apparat **(Bild 1)** wurden 80,0 mL trockener Wasserstoff bei einem Druck von 1025 mbar entwickelt.

$$Zn_{(s)} + 2\,HCl_{(aq)} \longrightarrow ZnCl_{2(aq)} + H_{2(g)} \mid \Delta_r H^\circ = -152{,}53\ \text{kJ/mol}$$

Berechnen Sie die Änderung der Reaktionsenergie der Reaktion.

5. Die Neutralisationsreaktion von Salzsäure mit Natronlauge erfolgt nach der Ionen-Reaktionsgleichung:

$$H_3O^+_{(aq)} + Cl^-_{(aq)} + Na^+_{(aq)} + OH^-_{(aq)} \longrightarrow 2\,H_2O_{(l)} + Na^+_{(aq)} + Cl^-_{(aq)}$$

Berechnen Sie mithilfe der in der Tabelle, Seite 301, angegebenen Standard-Bildungsenthalpien $\Delta_f H^\circ$ die Neutralisationsenthalpie von Salzsäure mit Natronlauge.

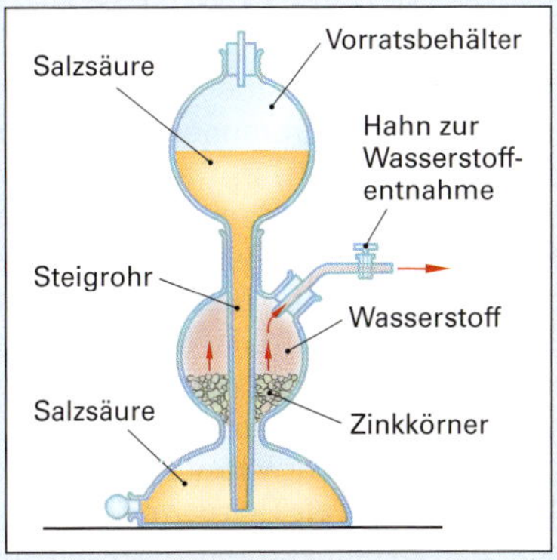

Bild 1: Wasserstofferzeugung im Kippschen Apparat (Aufgabe 4)

6. Bei der großtechnischen Herstellung von Ammoniak werden im ersten Verfahrensschritt in einem Primärreformer pro Sekunde 2,4 m^3 Methan mit Wasserdampf zu Kohlenmonoxid und Wasserstoff umgesetzt **(Bild 2):**

$$CH_{4(g)} + H_2O_{(g)} \longrightarrow CO_{(g)} + 3\,H_{2(g)} \mid \Delta_r H^\circ = 206{,}2\ \text{kJ/mol}$$

Welche Verbrennungswärme muss dem Primärreformer pro Sekunde zugeführt werden?

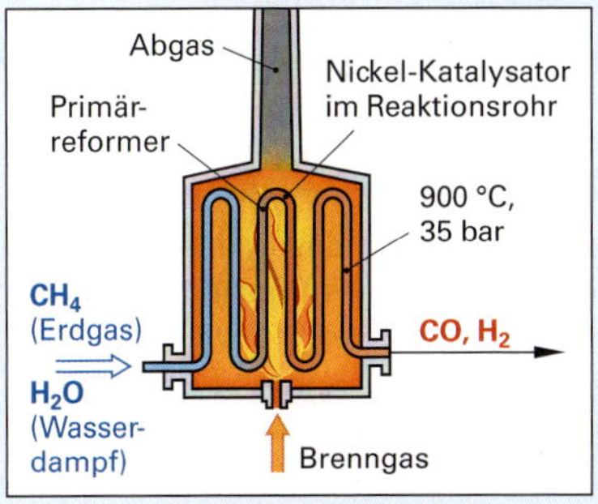

Bild 2: Reaktion im Primärreformer einer Ammoniakfabrik (Aufgabe 6)

7. Die Neutralisationswärme der Reaktion von Ammoniak-Lösung mit Salzsäure beträgt: $\Delta_r H^\circ = -51{,}4$ kJ/mol.
Mit welcher Temperaturänderung ist bei der Neutralisation ungefähr zu rechnen, wenn jeweils 100 mL der Lösungen mit Stoffmengenkonzentrationen von $c = 200$ mmol/L neutralisiert werden?

8. Berechnen Sie die Lösungsenthalpien folgender Salze in Wasser:

a) Natriumnitrat $NaNO_3$: $\Delta_f H^\circ(NaNO_{3(s)}) = -467$ kJ/mol, $\Delta_f H^\circ(NO^-_{3(aq)}) = -207$ kJ/mol

b) Calciumchlorid $CaCl_2$: $\Delta_f H^\circ(CaCl_{2(s)}) = -795$ kJ/mol, $\Delta_f H^\circ(Ca^{2+}_{(aq)}) = -543$ kJ/mol

9. Zur Herstellung einer Natriumnitrat-Lösung mit dem Massenanteil $w(NaNO_3) = 16{,}0\,\%$ werden 160 g Natriumnitrat in 840 g Wasser gelöst. Dabei kühlt sich die Lösung ab.
Die Stoffdaten sind:
$\Delta_r H^\circ(NaNO_{3(aq)}) = 20{,}8$ kJ/mol, $c(NaNO_3\text{-Lsg}) = 3{,}64$ kJ/(kg · K), $M(NaNO_3) = 84{,}995$ g/mol
Um wie viel Grad kühlt sich die Lösung ab?

10. Bei einem Unterrichtsversuch werden in einem Polystyrolbecher mit 150 mL Wasser 3,0 g Natriumhydroxid NaOH gelöst. Die Temperatur steigt dabei von 18,0 °C auf 23,0 °C an. Wie groß ist die Lösungsenthalpie des Natriumhydroxids? (Wärmeverluste bleiben unberücksichtigt.)

11. In einer Kolonne zur Herstellung von Salzsäure **(Bild 3)** werden stündlich 3500 kg HCl-Gas in Wasser absorbiert:

$$HCl_{(g)} + H_2O_{(l)} \longrightarrow H_3O^+_{(aq)} + Cl^-_{(aq)}$$

Welche Wärmemenge wird dabei stündlich freigesetzt?
Die Standardbildungsenthalpien sind:
$\Delta_f H^\circ(HCl_{(g)}) = -92{,}3$ kJ/mol; $\Delta_f H^\circ(H_2O_{(l)}) = -285{,}9$ kJ/mol;
$\Delta_f H^\circ(H_3O^+_{(aq)}) = 0$ kJ/mol; $\Delta_f H^\circ(Cl^-_{(aq)}) = -167{,}4$ kJ/mol;

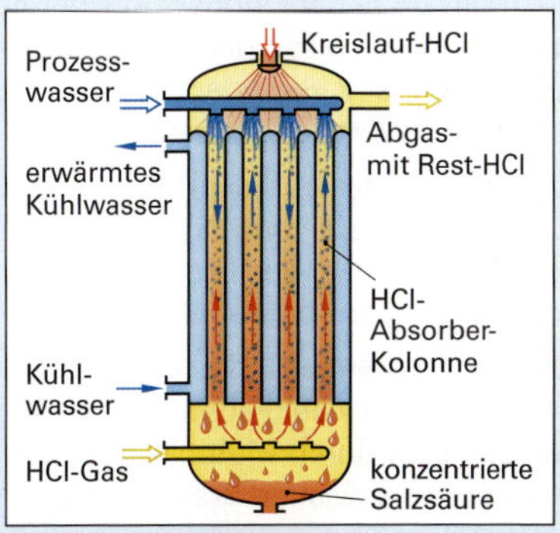

Bild 3: Salzsäure-Herstellung (Aufgabe 11)

9.10 Heizwert und Brennwert von Brennstoffen

In der Chemieindustrie wird in vielen Betrieben Wärmeenergie durch Verbrennen fossiler Brennstoffe bereitgestellt. So wird z.B. in **Dampferzeugern** Sattdampf oder überhitzter Wasserdampf erzeugt **(Bild 1)**. Der Dampferzeuger besitzt einen Flammenraum, der von einem Wassertopf mit Verdampfungsraum umgeben ist. Das Heizmittel (Erdgas oder Heizöl) wird in den Flammenraum eingespeist und verbrennt. Dabei gibt es die Verbrennungswärme ab. In den Wassertopf strömt von unten vorgewärmtes Kesselspeisewasser. Es erwärmt sich, verdampft und verlässt den Dampferzeuger als Heizdampf. Er wird in isolierten Dampfleitungen zu den Verbrauchsstellen im Betrieb geleitet.

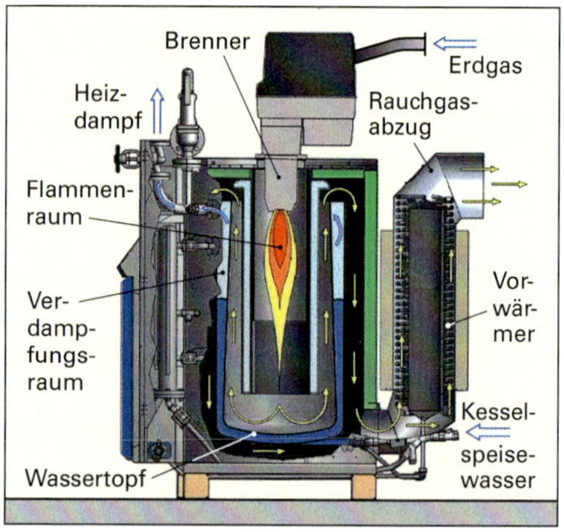

Bild 1: Verbrennung von Erdgas im Dampferzeuger

Das wesentliche Merkmal für die Ergiebigkeit eines Brennstoffes ist die bei seiner Verbrennung maximal nutzbare Verbrennungswärme.

Bei der Verbrennung reagiert der Brennstoff mit dem Sauerstoff der Luft. Bei Erdgas z.B. nach der Reaktionsgleichung:

$$CH_4 + 2\,O_2 \longrightarrow CO_2 + 2\,H_2O$$

Je nachdem, ob das in den Verbrennungsabgasen enthaltene Reaktionswasser als Wasserdampf oder flüssig als Kondensat vorliegt, werden zwei Kennwerte unterschieden.

Der **spezifische Heizwert H_i** (i von lateinisch inferior = unterer) gibt die pro Kilogramm bzw. Kubikmeter maximal nutzbare Wärmeenergie eines Brennstoffs an, wenn entstandenes Reaktionswasser mit den Verbrennungsabgasen als Wasserdampf entweicht.

Der **spezifische Brennwert H_s** (s von lateinisch superior = oberer) ist die pro Kilogramm bzw. Kubikmeter maximal nutzbare Wärmeenergie, wenn das entstandene Reaktionswasser in den auf 25 °C abgekühlten Verbrennungsgasen als Kondenswasser niedergeschlagen und die Kondensationswärme genutzt wird.

Der spezifische Brennwert H_s ist die Summe aus dem spezifischen Heizwert H_i und der Kondensationswärme des Reaktionswassers.

Die spezifischen Heiz- und Brennwerte sind bei festen und flüssigen Brennstoffen auf 1 kg bei 25 °C und bei gasförmigen Brennstoffen auf 1 m³ bei (Normbedingungen (0 °C, 1013 mbar) bezogen **(Tabelle)**.

Tabelle: Spezifische Heizwerte H_i und spezifische Brennwerte H_s verschiedener Brennstoffe (Bezugstemperatur 25 °C)

Feste und flüssige Brennstoffe	**H_i MJ/kg**	**H_s MJ/kg**
Holz	15	
Braunkohle	20	
Koks	29,3	
Steinkohle	31,8	
Anthrazitkohle	33,5	
Heizöl EL	42,7	45,4
Benzin	42,5	46,7
Ethanol	26,8	29,9
Petroleum	40,8	42,9
Gasförmige Brennstoffe	**$H_{i,n}$ MJ/m³**	**$H_{s,n}$ MJ/m³**
Erdgas Typ H	37,3	41,3
Methan	35,8	39,9
Propan	92,9	100,9

Der spezifische Brennwert für feste und flüssige Brennstoffe H_s ist nach DIN 5499 der Quotient aus der negativen Reaktionsenthalpie $\Delta_r H°$ und der Masse des Brennstoffes (siehe rechts). Sein Einheitenzeichen ist kJ/kg oder kWh/kg. (Für Holz und Kohle kann kein exakter H_s-Wert angegeben werden.)

Der spezifische Brennwert für gasförmige Brennstoffe $H_{s,n}$ ist der Quotient aus der negativen Reaktionsenthalpie $\Delta_r H^0$ und dem Normvolumen V_n des Brennstoffes (siehe rechts). Sein Einheitenzeichen ist kJ/m³ oder kWh/m³.

Spezifischer Brennwert H_s

für Flüssigkeiten und Feststoffe

$$H_s = \frac{-\Delta_r H^0}{m}$$

für gasförmige Brennstoffe

$$H_{s,n} = \frac{-\Delta_r H^0}{V_n}$$

Die **Wärmemenge Q**, die technisch beim Verbrennen einer Brennstoffportion in einer Feuerungsanlage gewonnen werden kann, berechnet sich durch Multiplikation des spezifischen Heizwertes H_i bzw. des spezifischen Brennwertes H_s mit der Masse m der Brennstoffportion und dem Wirkungsgrad η der Anlage (siehe rechts). Entsprechend ist bei Einsatz gasförmiger Brennstoffe mit dem Volumen V_n der Brennstoffportion zu multiplizieren.

Technisch nutzbare Wärmemenge flüssiger und gasiger Brennstoffe

$$Q = m \cdot H_s \cdot \eta \qquad Q = V_n \cdot H_{s,n} \cdot \eta$$

Beispiel 1: Die molare Reaktionsenthalpie bei der Verbrennung von Ethan C_2H_6 beträgt $\Delta_r H^\circ = -1427{,}4$ kJ/mol. Welchen Heizwert $H_{i,n}$ hat Ethan?

Lösung: $$H_{s,n} = \frac{-\Delta_r H^\circ}{V_{m,n}} = \frac{-(-1427{,}4)\ \text{kJ/mol}}{22{,}41\ \text{L/mol}} = +63{,}6947\ \text{kJ/L} \approx \mathbf{+63{,}69\ MJ/m^3}$$

Beispiel 2: In einem 770 MW-Steinkohlekraftwerk werden pro Stunde 160 t Anthrazitkohle verbrannt. Der spezifische Heizwert der Steinkohle ist 31,8 MJ/kg, der thermische Wirkungsgrad des Steinkohlekraftwerks beträgt 90 %. Welche Wärmemenge steht im Kesselhaus zur Dampferzeugung zur Verfügung?

Lösung: $$Q = m \cdot H_i \cdot \eta = 160 \cdot 10^3\ \text{kg} \cdot 4{,}58\ \text{MJ/kg} \cdot 0{,}90 = 4579{,}2 \cdot 10^3\ \text{MJ} \approx \mathbf{4{,}58\ GJ}$$

Aufgaben zum Heizwert und Brennwert von Brennstoffen

1. Acetylen wird zur Verbrennung in Autogen-Schweißbrennern eingesetzt **(Bild 1).** Es verbrennt mit der Reaktionsenthalpie $\Delta_r H^\circ = -1300$ kJ/mol.
   Welcher auf das Normvolumen bezogene Brennwert $H_{s,n}$ ergibt sich aus dieser Angabe?
2. Bei der Verbrennung von 5,0 mL Heizöl der Dichte 0,845 g/cm³ in einem Kalorimeter (Bild 1, Seite 301) wurde die Wärmemenge 1,81 kJ erzeugt. Wie groß ist der spezifische Heizwert H_i des Heizöls?
3. In einem Heizkessel werden pro Minute 250 L Wasser von 15,5 °C auf eine Brauchwassertemperatur von 65,0 °C erwärmt. Wie viel Liter Heizöl mit einem spezifischen Heizwert $H_i = 40{,}2$ MJ/kg müssen dafür pro Minute im Heizkesselbrenner verbrannt werden? Der Wirkungsgrad beträgt 87 %.
4. Ein Kohlekraftwerkskessel wird mit Kohlestaubverbrennung betrieben **(Bild 2).** Pro Stunde werden 220 t Kohlestaub verbrannt. Der Wirkungsgrad der Anlage beträgt 87,4 %.
   Welche Wärmemenge wird stündlich im Kraftwerk erzeugt?
5. In einem Bombenkalorimeter (Bild 1, Seite 301) werden 1,50 g Kohlestaub verbrannt. Die Verbrennungswärme erwärmt 280 g Kühlwasser von 18,3 °C auf 45,5 °C. Der Wirkungsgrad der Verbrennung ist 94,5 %. Wie groß ist der spezifische Heizwert der Kohle?
6. In einem Drehrohrtrockner **(Bild 3)** werden durch Verbrennen von Erdgas-Typ H 180 m³ Trocknungsluft pro Stunde erzeugt. Die Luft wird dabei von 20,0 °C auf 60,0 °C erhitzt; ihre spezifische Wärmekapazität beträgt 1,01 kJ/(kg · K). Der Heizwert des Erdgases beträgt $H_{i,n} = 37{,}3$ MJ/m³. Der Wirkungsgrad der Anlage ist 84 %.
   Wie viel Kubikmeter Erdgas werden stündlich verbraucht?
7. In einem Dampfkessel werden stündlich 1500 kg Braunkohle mit dem spezifischen Heizwert $H_i = 23{,}5$ MJ/kg verbrannt. Der Wirkungsgrad der Anlage beträgt 81 %.
   Welche Masse an Wasser von 12 °C kann die freigesetzte Wärmemenge zum Sieden erhitzen und bei 1013 bar Umgebungsdruck verdampfen?

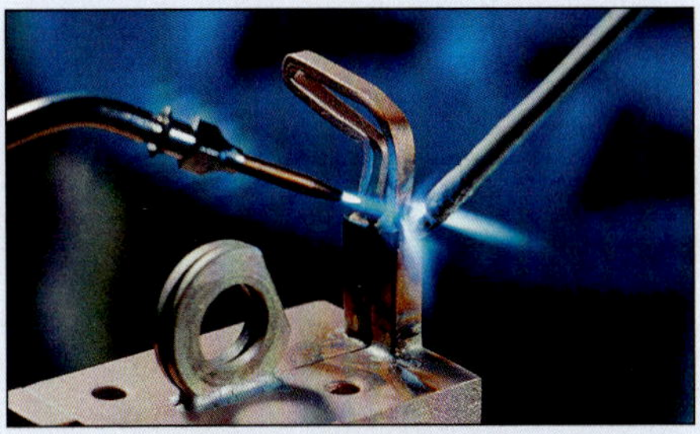

Bild 1: Verbrennen von Acetylen im Schweißbrenner (Aufgabe 1)

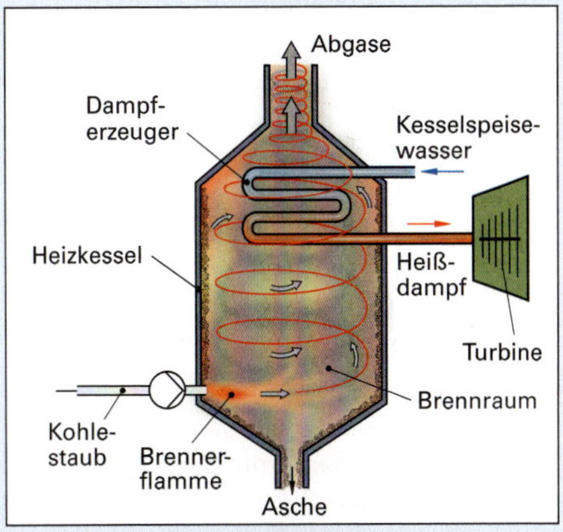

Bild 2: Kohlestaubverbrennung im Kraftwerkskessel, schematisch (Aufgabe 4)

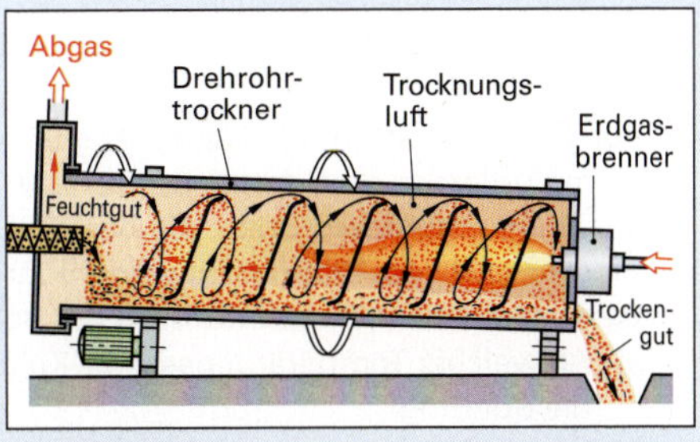

Bild 3: Erdgasverbrennung im Drehrohrtrockner (Aufgabe 6)

Gemischte Aufgaben zu 9 Berechnungen zur Wärmelehre

1. Rechnen Sie um:
   a) 367,4 K in °C b) −72°C in K
   c) 788,5°C in K d) 182,5 K in °C

2. Der Innenlaufring eines Wälzlagers mit einem Innendurchmesser bei 20 °C von d = 49,9 mm soll auf einen Wellenabsatz mit einem Außendurchmesser von 50,0 mm (bei 20 °C) aufgeschrumpft werden **(Bild 1)**.
   Auf welche Temperatur muss das Wälzlager auf einer Heizplatte erhitzt werden, damit der Innenlaufring des Wälzlagers mit 0,5 mm Spiel auf die Welle geschoben werden kann?

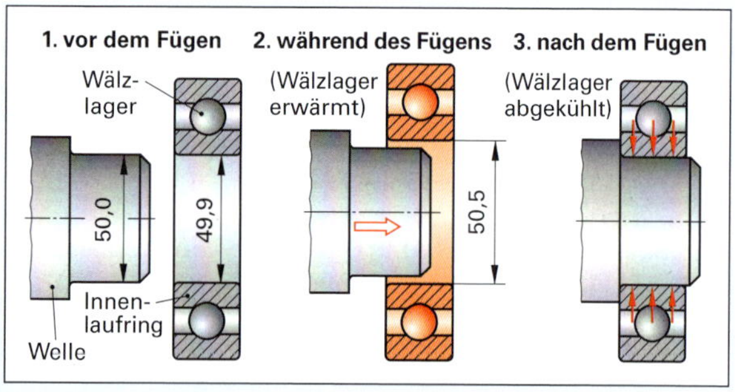

Bild 1: Aufschrumpfen eines Wälzlagers (Aufgabe 2)

3. Beim Stabausdehnungsschalter **(Bild 2)** wird die unterschiedliche Längenänderung der unterschiedlichen Werkstoffe des Ausdehnungsstabs und des Außenrohrs zum Öffnen oder Schließen des Kontaktschalters genutzt. Die wirksame Länge des Ausdehnungsstab beträgt 55,000 mm.
   a) Erläutern Sie die Funktion des Schalters.
   b) Um wie viel Mikrometer (µm) wird der Ausdehnungsstab bei einer Erwärmung um 60,0°C nach unten gezogen? Längenausdehnungskoeffizienten siehe Seite 283.

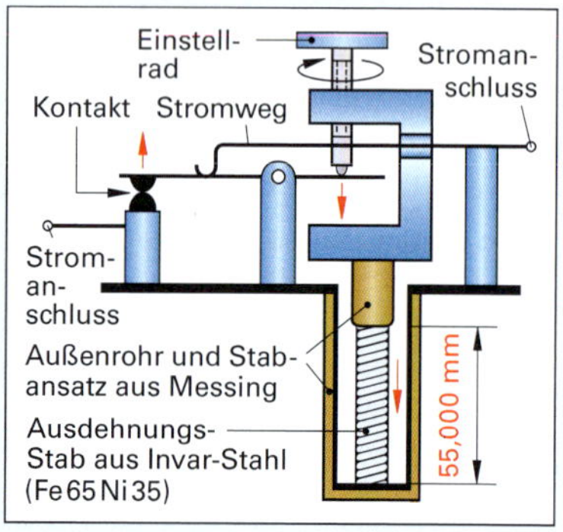

Bild 2: Stabausdehnungsschalter (Aufgabe 3)

4. Bei der experimentellen Bestimmung des Längenausdehnungskoeffizienten wurden in einem Demonstrations-Dilatometer **(Bild 3)** an einem 600 mm langem Aluminiumstab die Messwerte der **Tabelle** erhalten.

Tabelle: Längenänderung des Aluminium-Messstabs

$\Delta\vartheta$ °C	10,0	20,0	30,0	40,0	50,0
Δl mm	0,14	0,29	0,43	0,58	0,72

   a) Stellen Sie die Messwerte grafisch in einem Diagramm dar: $\Delta l = f(\Delta\vartheta)$
   b) Bestimmen Sie aus der Steigung des Grafen den Längenausdehnungskoeffizienten α(Al).
   c) Zeichnen Sie den Graf für den Längenausdehnungskoeffizienten von Polyethylen und Invarstahl in das Diagramm ein.

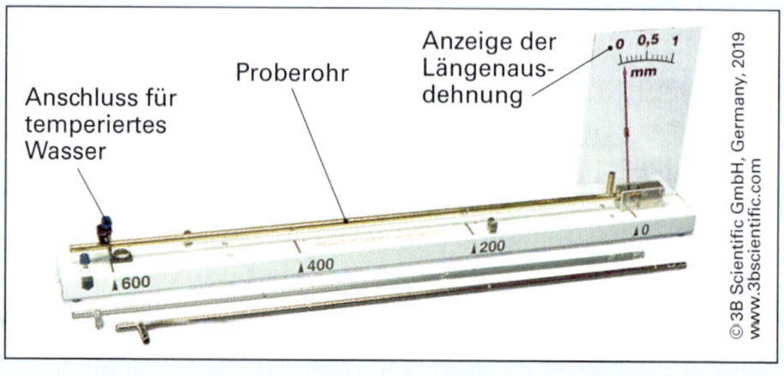

Bild 3: Messung der Längenausdehnungskoeffizienten mit dem Demonstrations-Dilatometer (Aufgabe 4)

5. Zur Demonstration der Längenausdehnung von Metallen beim Erwärmen dient folgender Versuch **(Bild 4)**: Eine Kugel aus nicht rostendem Stahl, die bei 20 °C mit einem Durchmesserspiel von 10 µm durch eine Bohrung von 25,00 mm passt, bleibt nach dem Erhitzen in der Bohrung stecken.
   a) Ab welcher Temperatur passt die Kugel nicht mehr durch die Bohrung?
   b) Welche Wärmemenge ist der Kugel dann zugeführt worden? (ϱ(Stahl) = 7,9 g/cm^3)

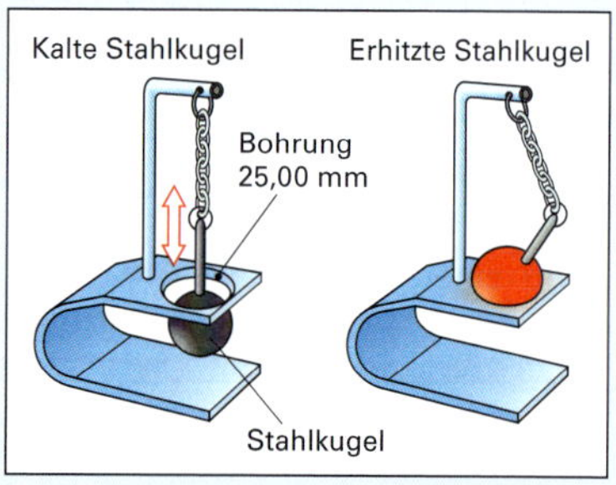

Bild 4: Demonstrationsversuch zur Längenausdehnung (Aufgabe 5)

6. Ein Messkolben aus Jenaer Glas fasst bei 20 °C exakt ein Volumen von 1000 mL. Er wird zur Bereitung einer Schwefelsäure-Maßlösung mit voll entsalztem Wasser bis zur Marke aufgefüllt. Wie groß ist der Messfehler in Milliliter, wenn die Temperatur der Säurelösung aufgrund der entstandenen Lösungswärme um 6,5 °C von der angegebenen Temperatur abweicht?

7. In einer Luftverflüssigungsanlage werden stündlich 75 m^3 Luft komprimiert, wobei die Temperatur der Luft von 20 °C auf 417 °C ansteigt. In einem Doppelrohr-Wärmeaustauscher (Bild 1, Seite 294) wird die Luft anschließend mit Wasser auf 18 °C abgekühlt.
   a) Welche Wärmemenge gibt die Luft an das Kühlwasser ab, wenn bei 20°C die Dichte der Luft ϱ = 1,2047 g/L beträgt?
   b) Wie viel Kühlwasser von 10 °C ist erforderlich, wenn die Kühlwasser-Austrittstemperatur 16 °C beträgt?

8. In einem Spiralwärmetauscher (Bild 1, Seite 268) werden pro Stunde 10,5 m^3 Essigsäuremethylester (ϱ = 0,933 g/mL, c = 2,14 kJ/(kg · K)) von der Kondensationstemperatur 57 °C im Gegenstrom auf 25 °C abgekühlt. Wie viel Kubikmeter Kühlwasser von 25 °C sind erforderlich, wenn es sich um 9 °C erwärmt?

9. 1,00 L tertiäres Butanol $(H_3C)_3C{-}OH$ in einem Rundkolben mit einer Temperatur von 20,0 °C soll in einem Wasserbad verflüssigt werden. Welche Wärmemenge ist dazu erforderlich? Die Stoffdaten des tertiären Butanols betragen: ϑ_m = 25,4 °C, ϱ = 0,79 g/cm^3, q = 91,61 kJ/kg, c = 3,01 kJ/(kg · K).

10. Zum indirekten Aufheizen eines mit einer Ammoniumchlorid-Lösung gefüllten Rührwerksbehälters (Bild 5, Seite 280) wird eine Wärmemenge von 1800 MJ benötigt. Wie viel Kilogramm Sattdampf (r = 2200 kJ/kg) sind zu kondensieren, um diese Wärmemenge bereitzustellen?

11. In einem Rohrschlangen-Wärmeaustauscher **(Bild 1)** wird bei Atmosphärendruck (p_{amb} = 1013 mbar) Wasserdampf kondensiert. Durch das Kühlwasser wird stündlich eine Wärmemenge von 1500 MJ abgeführt.
    Welche Masse an Wasserdampf von 100 °C kann pro Stunde kondensiert und auf 35 °C gekühlt werden?

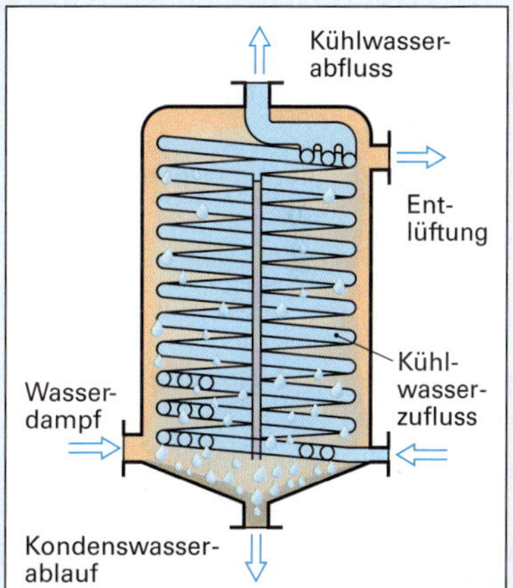

Bild 1: Rohrschlangen-Wärmetauscher (Aufgabe 11)

12. Eine Eisportion (m = 1,00 kg, ϑ = 0 °C) soll bei p_{amb} = 1013 mbar zuerst geschmolzen und dann in eine Wasserdampfportion gleicher Masse überführt werden.
    Stellen Sie die dafür benötigten Wärmemengen in einem Kreisdiagramm dar.

13. Ein Rohrbündelwärmetauscher (Bild 1, Seite 283) kondensiert pro Stunde 1,8 m^3 Aceton ($\varrho(CH_3COCH_3)$ = 0,791 g/cm^3) im Gegenstrom mit 17,8 m^3 Kühlwasser von 14 °C. Mit welcher Temperatur fließt das Kühlwasser ab?

14. Welche Mischungstemperatur stellt sich ein, wenn eine Wasserportion von 15 °C mit der gleichen Masse an Ethanol von 45 °C gemischt wird? (Keine Wärmeverluste)

15. Bei der Reaktion von 0,2256 g Zink mit Salzsäure wurden bei einem Druck von 1025 mbar 80,0 mL trockener Wasserstoff entwickelt. Berechnen Sie die Änderung der Reaktionsenergie der Reaktion.

    $$Zn_{(s)} + 2\,HCl_{(aq)} \longrightarrow ZnCl_{2(aq)} + H_{2(g)} \quad | \quad \Delta_r H = -152{,}53\ \text{kJ/mol}$$

16. Berechnen Sie mithilfe der Werte in Tabelle 1, Seite 301, die Reaktionsenthalpie der Reaktion von Ammoniak mit Hydrogenchlorid: $NH_{3(g)} + HCl_{(g)} \longrightarrow NH_4Cl_{(s)}$

17. Berechnen Sie den spezifischen Heizwert sowie den spezifischen Brennwert von Propan bei 25 °C und p_{amb} = 1013 mbar mittels folgender Angaben:

    $$C_3H_{8(g)} + 5\,O_{2(g)} \longrightarrow 3\,CO_{2(g)} + 4\,H_2O_{(l)} \quad | \quad \Delta_r H = -2221{,}2\ \text{kJ/mol}$$

    $V_m(CH_3{-}CH_2{-}CH_3)$ = 22,0 L/mol, $r(H_2O$, 25 °C) = 44,17 kJ/mol

10 Bestimmung von Produkteigenschaften

Die Eigenschaften der in der betrieblichen Praxis verwendeten Stoffe und Stoffgemische sind häufig nicht bekannt. Neue Produkte, veränderte Rezepturen oder nachfolgende Chargen haben andere bzw. veränderte Stoffeigenschaften wie z.B. Dichte, Viskosität, Oberflächenspannung oder eine andere Partikelgrößenverteilung zur Folge.

Da von diesen Stoffeigenschaften die Art der Verwendung und Weiterverarbeitung entscheidend abhängt, ist überall dort, wo Stoffe produziert werden, eine laufende Überwachung der Produkteigenschaften zur Einhaltung einer konstanten Produktqualität auf hohem Qualitätsniveau erforderlich.

Im Folgenden werden die physikalischen Bestimmungen vorgestellt, die zur Ermittlung dieser Stoffeigenschaften dienen. Ferner werden die zur Prozessdatenauswertung erforderlichen Größengleichungen abgeleitet.

10.1 Bestimmung der Dichte

Die Dichte ϱ einer Stoffportion ist der Quotient aus der Masse m und dem Volumen V: $\varrho = m/V$. Sie ist eine temperaturabhängige Stoffeigenschaft, die zur Berechnung der Masse oder des Volumens von Stoffportionen erforderlich ist. In einfachen Fällen dient die Dichte zur Identifizierung von Reinstoffen. Auch zur Gehaltsbestimmung und Qualitätskontrolle kann die Dichte herangezogen werden, da sich beim Lösen eines Stoffes die Dichte der Lösung im Vergleich zum reinen Lösemittel ändert.

In der folgenden Übersicht sind die einzelnen Methoden zur Dichtebestimmung von Feststoffen, Flüssigkeiten, Gasen und Feststoffschüttungen zusammengestellt.

Übersicht: Methoden zur Dichtebestimmung von Feststoffen, Flüssigkeiten, Gasen und Feststoffschüttungen					
Dichtebestimmungsmethode	**Pyknometerverfahren (pycnometer method)**		**Hydrostatische Waage (hydrostatic balance)**	**Tauchkörper-Verfahren (immersed body method)**	**Aräometer-Verfahren (hydrometer method)**
Messprinzip	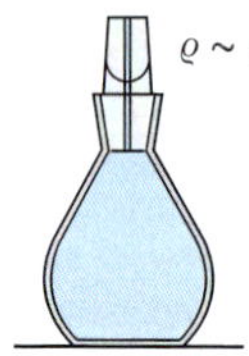			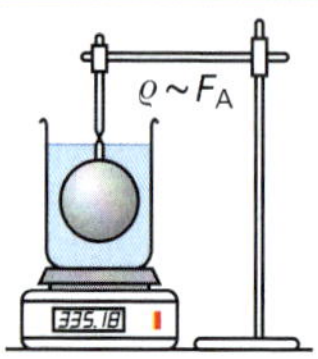	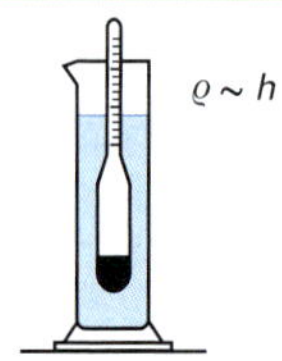
Anwendung	Flüssigkeiten	Feststoffe	Flüssigkeiten, Feststoffe	Flüssigkeiten	Flüssigkeiten
Norm	DIN EN ISO 2811-1	DIN EN ISO 787-10	DIN 51757	DIN EN ISO 2811-2	DIN 12790
Dichtebestimmungsmethode	**Westphal'sche Waage (Westphal balance)**	**Schwingungsmethode (oscillation method)**	**Schüttdichte (bulk density, loose)**	**Rütteldichte (bulk density, tapped)**	**Pressdichte (green density)**
Messprinzip	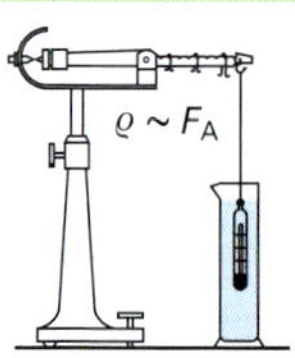	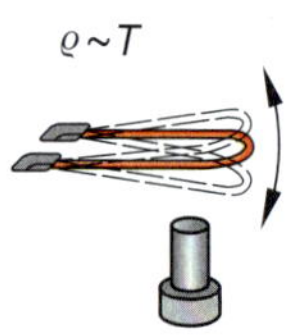	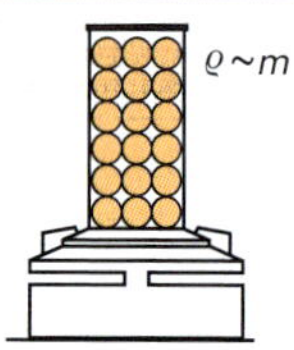	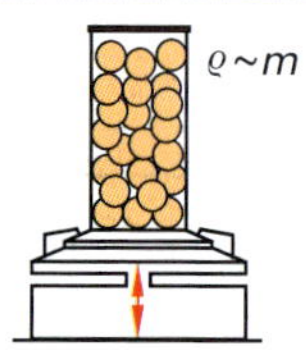	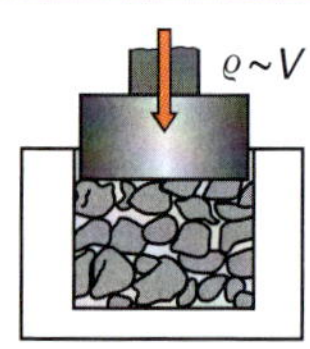
Anwendung	Flüssigkeiten	Flüssigkeiten, Gase	Feststoffschüttung	Feststoffschüttung	Feststoffschüttung
Norm	nicht genormt	DIN EN ISO 2811-3	DIN EN 1236	DIN EN 1237	

10.1.1 Dichtebestimmung mit dem Pyknometer

Das Pyknometer (von griech. pyknós: dicht, fest) ist ein kleiner Kolben aus Borosilikatglas mit einem Schliffstopfen, der eine feine Kapillare besitzt **(Bild 1).**

Pyknometer (pycnometer) sind nach DIN EN ISO 3507 genormt. Es gibt sie in unterschiedlichen Formen und Größen mit gestuften Nennvolumina von 1 mL bis 100 mL, siehe Bild 1 und Seite 311 Bild 1 und 2.

Es sind auf Einfüllen kalibrierte oder geeichte Volumenmessgefäße.

Nach Aufsetzen des Stopfens auf das gefüllte Pyknometer tritt die überschüssige Flüssigkeit durch die Kapillare aus. Dadurch nehmen Pyknometer ein sehr exaktes Volumen auf.

Im Pyknometer dürfen keine Luftbläschen verbleiben. Die Messtemperatur von 20 °C ist auf 0,05 °C konstant zu halten.

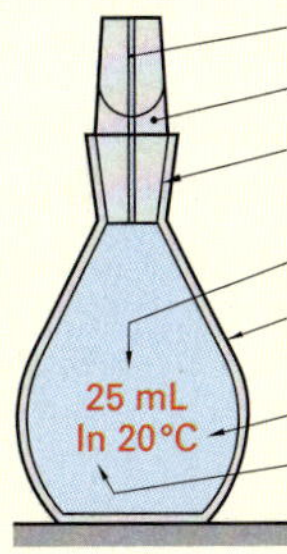

Bild 1: Pyknometer nach Gay-Lussac[1)]

Bestimmung des Pyknometervolumens (DIN EN ISO 2811-1)

Wenn das exakte Volumen des Pyknometers auf der Pyknometerflasche nicht angegeben ist, wird das Volumen eines Pyknometers $V(\text{Pyk})$ durch Wiegen des leeren Pyknometers m_A und des mit Wasser gefüllten Pyknometers m_D bestimmt. Man berechnet es mit der nebenstehenden Größengleichung. Da das Pyknometer beim Wiegen mit Luft gefüllt war, muss für sehr genaue Messungen die Dichte der Luft mitberücksichtigt werden, $\varrho(\text{Luft, } 20{,}0\,°\text{C}) = 1{,}21\ \text{g/L}$.

Pyknometervolumen

$$V(\text{Pyk}) = \frac{m_D - m_A}{\varrho_W - \varrho_L}$$

Beispiel: Ein Pyknometer mit einem Nennvolumen von 50 mL hat eine Masse von $m_A = 39{,}8765\ \text{g}$. Mit Wasser bei 20,50 °C gefüllt, wiegt es 89,8115 g. Welches Volumen hat das Pyknometer, wenn die Dichte des Wassers bei dieser Temperatur 0,9981 g/cm³ beträgt?

Lösung: $$\mathbf{V(Pyk)} = \frac{m_D - m_A}{\varrho_W - \varrho_L} = \frac{89{,}8115\ \text{g} - 39{,}8765\ \text{g}}{0{,}9981\ \text{g/cm}^3 - 0{,}00121\ \text{g/cm}^3} = \frac{49{,}9350\ \text{g}}{0{,}99689\ \text{g/cm}^3} = 50{,}0907\ \text{cm}^3 \approx \mathbf{50{,}09\ cm^3}$$

Bestimmung der Dichte einer Flüssigkeitsportion mit dem Pyknometer (DIN EN ISO 2811-1)

Zur Bestimmung der Dichte einer Flüssigkeitsportion $\varrho(\text{Flü})$ mit dem Pyknometer wird die Masse des leeren Pyknometers m_A von der Masse des mit Flüssigkeit gefüllten Pyknometers m_D subtrahiert und durch das bei Prüftemperatur bestimmte Volumen des Pyknometers $V(\text{Pyk})$ dividiert.

Da nach EN ISO 2811-1 die Wiederholbarkeit beim Bestimmen der Dichte mit dem Pyknometer $10^{-3}\ \text{g/cm}^3$ beträgt, macht es keinen Sinn, die Dichte mit mehr als drei Nachkommastellen anzugeben.

Dichte einer Flüssigkeitsportion mit dem Pyknometer

$$\varrho(\text{Flü}) = \frac{m_D - m_A}{V(\text{Pyk})}$$

Beispiel: Die Dichte eines Netzmittels wurde von einem Hersteller mit $\varrho = 1{,}05\ \text{g/cm}^3$ angegeben. Bei der Überprüfung der Dichte mit einem Pyknometer wurden folgende Messwerte erhalten:

$m(\text{Pyk}) = 43{,}1243\ \text{g}$, $m(\text{Pyk mit Netzmittel}) = 95{,}0070\ \text{g}$, $V(\text{Pyk}) = 48{,}9365\ \text{cm}^3$

Stimmt die angegebene Dichte des Herstellers mit der zu ermittelnden Dichte überein?

Lösung: $$\boldsymbol{\varrho}\mathbf{(Probe)} = \frac{m_D - m_A}{V(\text{Pyk})} = \frac{95{,}0070\ \text{g} - 43{,}1243\ \text{g}}{48{,}9365\ \text{cm}^3} = 1{,}0602\ \text{g/cm}^3 \approx \mathbf{1{,}06\ g/cm^3}$$

Die Dichte des Netzmittels stimmt im Rahmen der Messgenauigkeit mit den Herstellerangaben überein.

Bestimmung der Dichte einer Feststoffportion mit dem Pyknometer (DIN EN ISO 787-10)

Mit dem Pyknometer lässt sich ebenfalls die Dichte von körnigen Feststoffportionen ermitteln. Dazu benötigt man eine Verdrängungsflüssigkeit, die mit der Probe nicht reagiert, aber die Feststoffpartikel benetzt. Ein Lösen oder Quellen der Probe muss ausgeschlossen sein. Weiterhin ist darauf zu achten, dass in der Probe durch die Verdrängungsflüssigkeit keine Luftbläschen eingeschlossen werden.

---

1) Louis-Joseph Gay-Lussac, französischer Physiker und Chemiker, 1778 bis 1850

Als Verdrängungsflüssigkeiten kommen in Abhängigkeit von der untersuchten Probe gut benetzende und schwer verdampfbare Flüssigkeiten zum Einsatz. Dies sind z.B. Wasser mit einem Benetzungsmittelzusatz oder n-Decan ($C_{10}H_{22}$).

Zur Bestimmung der Dichte einer Feststoffportion mit dem Pyknometer unter Verwendung einer Verdrängungsflüssigkeit sind nach DIN EN ISO 787-10 folgende Wägungen durchzuführen **(Bild 1):**

1. Wägung	**2. Wägung**	**3. Wägung**	**4. Wägung**
A) Pyknometer leer	**B) Pyknometer teilweise mit Probesubstanz gefüllt**	**C) Pyknometer mit Substanz und Flüssigkeit gefüllt**	**D) Pyknometer vollständig mit Flüssigkeit gefüllt**
m_A	m_B	m_C	m_D

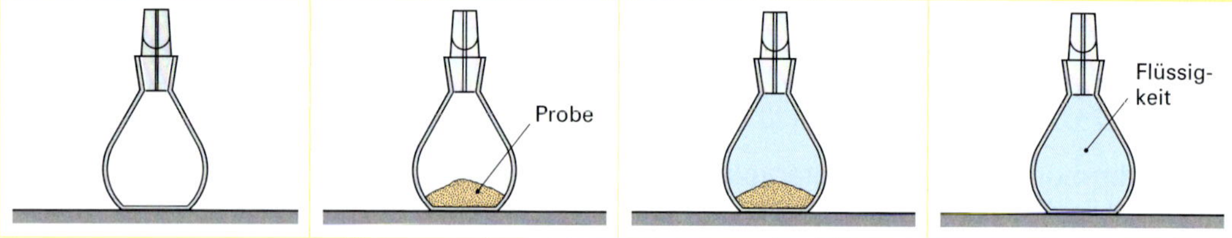

Bild 1: Wägungen zur Dichtebestimmung einer Feststoffportion mit dem Pyknometer

Eine Gleichung zur Berechnung der Dichte der Feststoffportion ϱ(Probe) lässt sich wie folgt ableiten:

1. Berechnung des Pyknometervolumens V(Pyk): $V(\text{Pyk}) = \dfrac{m_D - m_A}{\varrho_{\text{Flü}}}$
2. Berechnung der Masse der Feststoffportion m(Probe): $m(\text{Probe}) = m_B - m_A$
3. Berechnung des Volumens der Feststoffportion V(Probe):

$$V(\text{Probe}) = V(\text{Pyk}) - \frac{m_C - m_B}{\varrho_{\text{Flü}}} = \frac{m_D - m_A}{\varrho_{\text{Flü}}} - \frac{m_C - m_B}{\varrho_{\text{Flü}}} = \frac{m_D - m_A - m_C + m_B}{\varrho_{\text{Flü}}}$$

4. Berechnung der Dichte der Feststoffportion ϱ(Probe):

$$\varrho(\text{Probe}) = \frac{m(\text{Probe})}{V(\text{Probe})} = \frac{m_B - m_A}{\dfrac{m_D - m_A - m_C + m_B}{\varrho_{\text{Flü}}}}$$

Daraus folgt:

Dichte einer Feststoffportion
(mit dem Pyknometer gemessen)

$$\varrho(\text{Probe}) = \frac{m_B - m_A}{m_D - m_A - m_C + m_B} \cdot \varrho_{\text{Flü}}$$

Beispiel: Wie groß ist die Dichte von Drehspänen eines Kupferwerkstoffes, wenn die Dichtebestimmung mit dem Pyknometer unter Verwendung von Wasser der Dichte $\varrho(H_2O) = 0{,}9982\ \text{g/cm}^3$ als Verdrängungsflüssigkeit folgende Wägewerte ergibt:

Pyknometer, leer:	$m_A = 22{,}175$ g
Pyknometer mit Kupferdrehspänen:	$m_B = 37{,}673$ g
Pyknometer mit Drehspänen und Wasser:	$m_C = 60{,}597$ g
Pyknometer mit Wasser:	$m_D = 46{,}835$ g

Lösung:

$$\varrho_{\text{Cu}} = \frac{m_B - m_A}{m_D - m_A - m_C + m_B} \cdot \varrho(H_2O) = \frac{37{,}673\ \text{g} - 22{,}175\ \text{g}}{46{,}835\ \text{g} - 22{,}175\ \text{g} - 60{,}597\ \text{g} + 37{,}673\ \text{g}} \cdot 0{,}9982\ \text{g/cm}^3$$

$$\varrho_{\text{Cu}} = \frac{15{,}498\ \text{g}}{1{,}736\ \text{g}} \cdot 0{,}9982\ \text{g/cm}^3 \approx \mathbf{8{,}906\ g/cm^3}$$

Aufgaben zur Dichtebestimmung mit dem Pyknometer

1. Ein 50-mL-Pyknometer hat eine Tara von 22,5543 g. Bei 20,0 °C mit Wasser $\varrho = 0{,}9982\ \text{g/cm}^3$ gefüllt, wiegt es 74,0416 g. Um wie viel Prozent weicht das Pyknometervolumen vom Nennvolumen ab?
2. Bei der Dichtebestimmung eines Hydrauliköls mithilfe eines Pyknometers wurden bei einer Temperatur von $\vartheta = 20{,}0$ °C folgende Messwerte erhalten: Pyknometer leer: $m = 26{,}7349$ g, Pyknometer mit Wasser: $m = 52{,}5334$ g, Pyknometer mit Hydrauliköl: $m = 54{,}5649$ g. Welche Dichte hat das Hydrauliköl? Die Dichte des Wassers bei der Prüftemperatur beträgt $\varrho(H_2O) = 0{,}9982\ \text{g/cm}^3$.

3. Ein 25-mL-Pyknometer nach Gay-Lussac (Bild 1, Seite 309) hat eine Tara von 21,0348 g. Mit entmineralisiertem Wasser bei 20,0 °C gefüllt, wiegt es 46,0437 g.
   a) Wie groß ist das exakte Volumen des Pyknometers? ($\varrho(H_2O$, 20,0 °C)= 0,9982 g/cm^3)
   b) Nach DIN ISO 3507 darf die Volumenabweichung des Pyknometers vom Nennvolumen ± 2 mL betragen. Wird dieser Wert unterschritten?
4. Das Volumen eines Pyknometers mit eingeschliffenem Thermometer und Seitenkapillare nach DIN ISO 3507 **(Bild 1)** beträgt 50,0765 mL bei 20,0 °C. Die Masse des leeren Pyknometers wurde zu 30,8601 g, die des mit Weichmacher gefüllten Pyknometers zu 92,5851 g bestimmt. Welche Dichte hat der Weichmacher? ($\varrho(H_2O$, 20,0 °C) = 0,9982 g/cm^3)
5. Ein Pyknometer mit einer Masse von 21,0316 g wiegt mit Wasserfüllung 45,9324 g. Mit Entschäumer gefüllt, beträgt die Masse des Pyknometers 44,2325 g. Welche Dichte hat der Entschäumer ($\varrho(H_2O$, 20,0 °C) = 0,9982 g/cm^3)
6. Pyknometer nach Hubbard **(Bild 2)** dienen zur Dichtebestimmung hochviskoser Flüssigkeiten. Die Tara eines solchen Pyknometers beträgt 31,3685 g. Mit Wasser bei ϑ = 20,0 °C gefüllt, wiegt das Pyknometer 56,5127 g, mit Mineralöl gefüllt 51,0954 g. Welche Dichte hat das Mineralöl? ($\varrho(H_2O$, 20,0 °C) = 0,9982 g/cm^3)
7. Berechnen Sie die Dichte eines Lacklösemittels mithilfe folgender Messwerte ($\varrho(H_2O$, 20,0 °C) = 0,9982 g/cm^3):
   Pyknometer, leer: m_p = 23,4689 g
   Pyknometer mit Wasserfüllung: m_{pw} = 74,1243 g
   Pyknometer mit Lacklösemittel: m_{pL} = 63,9567 g.
8. Bei der Dichtebestimmung einer Emulgatorlösung wurden mit einem 50-mL-Pyknometer bei ϑ = 21,50 °C folgende Messwerte erhalten: *m*(Pyk, leer) = 35,3798 g, *m*(Pyk, mit H_2O) = 85,7654 g, *m*(Pyk, mit Emulgatorlösung) = 87,7368 g. Welche Dichte hat die Emulgatorlösung, wenn die Dichte des Wassers bei der Prüftemperatur 0,9979 g/cm^3 beträgt?

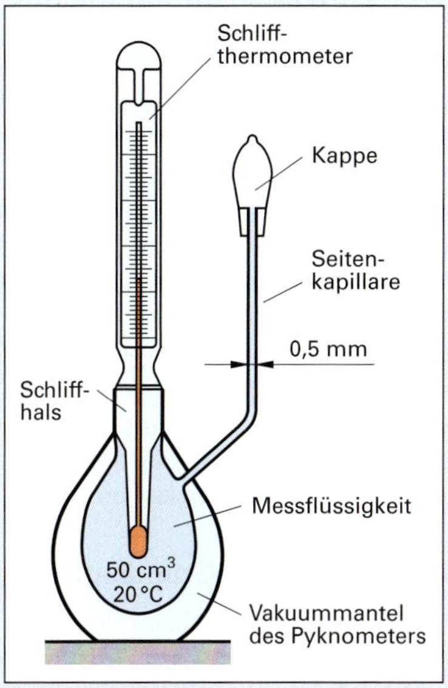

Bild 1: Pyknometer mit Seitenkapillare (Aufgabe 4)

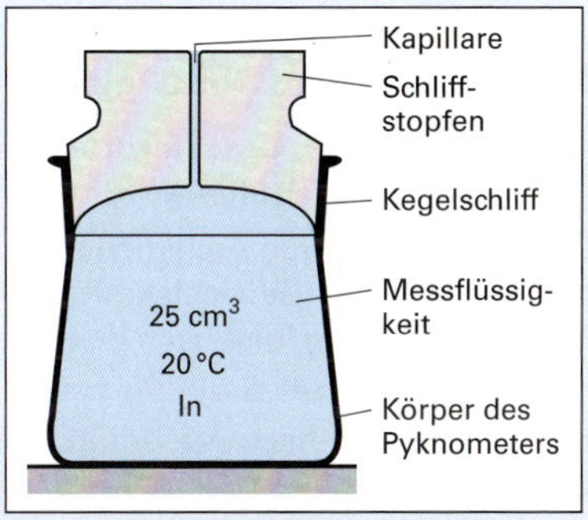

Bild 2: Pyknometer nach Hubbard DIN EN ISO 3507 (Aufgabe 6)

9. Welche Dichte hat Rohrzucker, wenn die Bestimmung mit dem Pyknometer unter Verwendung von Cyclohexan als Verdrängungsflüssigkeit ($\varrho(C_6H_{12})$ = 0,7791 g/cm^3) folgende Wägewerte ergibt:
   Pyknometer leer: m_A = 13,8792 g
   Pyknometer mit Rohrzucker: m_B = 16,4470 g
   Pyknometer mit Rohrzucker u. Cyclohexan: m_C = 65,2112 g
   Pyknometer mit Cyclohexan: m_D = 63,9531 g
10. Die Dichtebestimmung von Kunststoff-Recyclaten unterschiedlicher Herkunft mittels eines Pyknometers mit einer Masse von *m* = 20,7316 g und einem Volumen von *V* = 25,2116 cm^3 unter Verwendung von Wasser ($\varrho(H_2O$, 20,0 °C) = 0,9982 g/cm^3) ergab folgende Messwerte:

Kunststoff-Recyclat:	**I**	**II**	**III**	**IV**
Pyknometer mit Recyclat:	30,6531 g	31,1735 g	29,6375 g	31,4567 g
Pyknometer mit Wasser und Recyclat:	48,8973 g	49,2366 g	47,6539 g	49,8923 g

Welche Dichte haben die Kunststoffrecyclate?

10.1.2 Dichtebestimmung mit der hydrostatischen Waage

Die hydrostatische Waage (hydrostatic balance) ist eine oberschalige Analysenwaage mit einem speziellen Aufbau **(Bild 1)**. Sie dient zur Dichtebestimmung von Feststoffen und Flüssigkeiten und ist nach DIN 51757 genormt.

Die Wägevorrichtung besteht aus einem Bügel, der sich auf die Waage abstützt. Der Prüfkörper hängt am Bügel und dient zur Übertragung der Gewichtskraft F_G oder der Restgewichtskraft F_R auf die Waage. Die über der Waage stehende Brücke dient zur Aufnahme des Becherglases. Die Brücke hat keinen Kontakt mit der Waage.

Mit dieser speziellen Wägevorrichtung bestimmt man die Masse des Prüfkörpers in der Luft m_K auf der Oberschalenwaage. Anschließend wird, wie in Bild 1 gezeigt, seine scheinbare Masse m_S in einer Auftriebsflüssigkeit bestimmt.

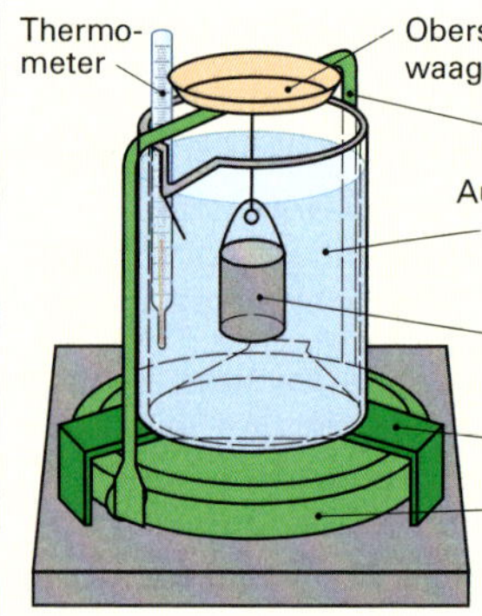

Bild 1: Hydrostatische Waage

Physikalische Grundlagen

Die bei der hydrostatischen Waage durch die Auftriebskraft der Verdrängungsflüssigkeit verursachte Gewichtskraftminderung des Prüfkörpers entspricht der Gewichtskraft und damit der Masse an verdrängter Flüssigkeit. Da die Dichte der verdrängten Flüssigkeit (meist Wasser) bekannt ist, lässt sich das Volumen des Prüfkörpers und bei bekannter Masse seine Dichte berechnen.

Umgekehrt lässt sich bei bekannter Masse und Volumen des Prüfkörpers, er wird dann als Senk- oder Tauchkörper bezeichnet, die Dichte der Auftriebsflüssigkeit bestimmen.

Ableitung der Größengleichungen zur Berechnung der Dichte

Die Auftriebskraft F_A des Prüfkörpers in der Auftriebsflüssigkeit ist die Differenz zwischen seiner Gewichtskraft F_G und seiner Restgewichtskraft F_R: $F_A = F_G - F_R = m_K \cdot g - m_S \cdot g = (m_K - m_S) \cdot g$.

Nach dem Gesetz von Archimedes (vgl. Seite 99) ist die Auftriebskraft F_A gleich der Gewichtskraft F_G der verdrängten Flüssigkeit. Mit $F_A = \varrho_{Flü} \cdot V_K \cdot g$ folgt nach dem Gleichsetzen in F_A und Kürzen der Erdbeschleunigung g: $m_K - m_S = \varrho_{Flü} \cdot V_K$.

Durch Umstellen nach $\varrho_{Flü}$ erhält man die nebenstehende Gleichung zur Berechnung der Dichte der Auftriebsflüssigkeit.

Durch Umstellen nach dem Volumen des Prüfkörpers V_K: $V_K = (m_K - m_S)/\varrho_{Flü}$ und Einsetzen dieses Terms in die Definitionsgleichung der Dichte $\varrho_K = m_K/V_K$ ergibt sich nebenstehende Gleichung zur Berechnung der Dichte des Prüfkörpers ϱ_K.

Dichte der Auftriebsflüssigkeit

$$\varrho_{Flü} = \frac{m_K - m_S}{V_K} = \varrho_K - \frac{m_S}{V_K}$$

Dichte des Prüfkörpers

$$\varrho_K = \frac{m_K}{V_K} = \frac{m_K \cdot \varrho_{Flü}}{m_K - m_S}$$

Beispiel 1: Ein unregelmäßig geformter Kunststoffschmelzkörper aus Polymethylmethacrylat mit der Masse $m(PMMA) = 22{,}38$ g hat in Wasser ($\varrho = 1{,}00\ g/cm^3$) eine scheinbare Masse von 3,41 g. Welche Dichte hat der Kunststoffschmelzkörper?

Lösung: $\varrho_K = \frac{m_K \cdot \varrho_{Flü}}{m_K - m_S} = \frac{22{,}38\ g \cdot 1{,}00\ g/cm^3}{22{,}38\ g - 3{,}41\ g} = 1{,}179\ g/cm^3 \approx \mathbf{1{,}18\ g/cm^3}$

Beispiel 2: Ein Senkkörper mit einer Masse von 12,1345 g verdrängt laut Herstellerangabe 4,991 g Wasser ($\varrho(H_2O, 20{,}0\,°C) = 0{,}9982\ g/cm^3$). In eine ölmodifizierte Polyesterharz-Lösung getaucht, beträgt seine scheinbare Masse 7,5361 g. Welche Dichte hat die Polyesterharz-Lösung?

Lösung: $\varrho_{PH} = \frac{m_K - m_S}{V_K}$; mit $V_K = V_{H_2O} = \frac{m_{H_2O}}{\varrho_{H_2O}}$ folgt: $\varrho_{PH} = \frac{m_K - m_S}{m_{H_2O}} \cdot \varrho_{H_2O}$

$$\varrho_{PH} = \frac{12{,}1345\ g - 7{,}5361\ g}{4{,}991\ g} \cdot 0{,}9982\ \frac{g}{cm^3} \approx \mathbf{0{,}9197\ g/cm^3}$$

Die hydrostatische Waage wird nicht mehr im modernen Laborbetrieb zur Dichtebestimmung eingesetzt. Sie dient nur noch zu Schulungszwecken.

10.1.3 Dichtemessung mit der Westphal'schen Waage

Die Westphal'sche Waage (Westphal' balance) ist eine spezielle Balkenwaage zur Bestimmung der Dichte von Flüssigkeiten. Sie hat einen ungleicharmigen Waagebalken mit Kerben zum Anhängen von Reitergewichten **(Bild 1)**. Zu Messbeginn wird die Waage mit dem frei hängenden Senkkörper mithilfe der Justierschraube am Fuß ins Gleichgewicht gebracht. Anschließend schiebt man einen Messzylinder unter den Senkkörper und lässt ihn in die zu untersuchende Flüssigkeit eintauchen.

Der durch den Auftrieb verursachte scheinbare Gewichtsverlust des Senkkörpers wird durch Auflegen von Reitergewichten in die Kerben des Waagebalkens ausgeglichen. Die Massen der Reiter A, B, C, D verhalten sich wie 1 : 0,1 : 0,01 : 0,001.

Aus der Größe der Reitergewichte und ihrer Position an der Teilung des Waagebalkens kann die Dichte der Flüssigkeit abgelesen werden. Dabei ist Folgendes zu beachten:

- Wenn einer der Reiter zur Gleichgewichtseinstellung nicht benötigt wird, so tritt an seine Stelle in der Ablesung eine Null.
- Ist die Dichte einer Flüssigkeit größer als ein Gramm durch Kubikzentimeter, so wird der Reiter mit der größten Masse im Endhaken aufgehängt.
- Falls zur Gleichgewichtseinstellung mehrere Reiter in dieselbe Kerbe eingesetzt werden müssen, so wird der kleinere Reiter in den größeren Reiter eingehängt.

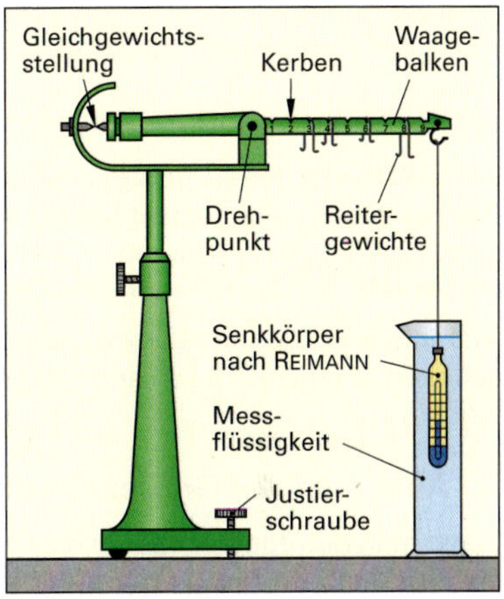

Bild 1: Westphal'sche Waage

Beispiel: Welche Dichte hat ein Testbenzin, wenn die Dichtebestimmung mit der Westphal'schen Waage die in **Bild 2** dargestellten Reiterpositionen ergibt?

Lösung:

5000 mg Reiter in Kerbe 8:	⇒	0,8000
500 mg Reiter in Kerbe 2:	⇒	0,0200
50 mg Reiter in Kerbe 4:	⇒	0,0040
5 mg Reiter in Kerbe 6:	⇒	0,0006
Durch Addition erhält man:	=	0,8246 ⇒
Dichte des Testbenzins:	ϱ =	**0,8246 g/cm³**

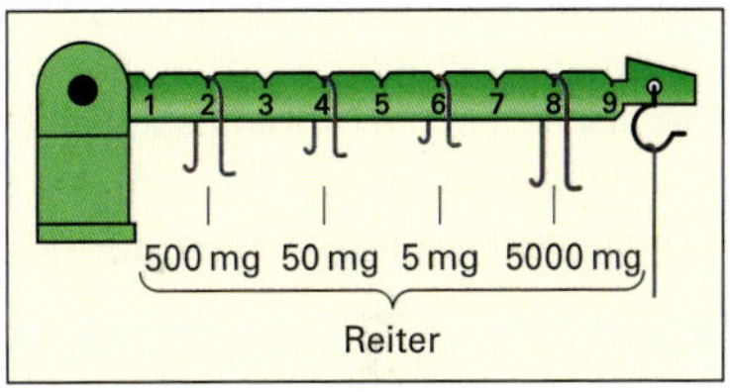

Bild 2: Beispiel einer Dichtebestimmung mit der Westphal'schen Waage

Die Westphal'sche Waage wird nur noch zu Schulungszwecken eingesetzt.

Aufgaben zur hydrostatischen und zur Westphal'schen Waage

1. Ein Tauchkörper aus Borosilikatglas (m = 4,8760 g, ϱ = 2,25 g/cm^3) wird vollständig in eine Soda-Lösung getaucht. Sein scheinbarer Masseverlust beträgt 2,653 g. Welche Dichte hat die Lösung?
2. Ein Tauchkörper aus Messing (m(Ms) = 14,5062 g) hat unter Wasser (ϱ(H_2O, 20,0 °C) = 0,9982 g/cm^3) eine scheinbare Masse von 12,785 g. Wie groß ist die Dichte des Messings?
3. Welche scheinbare Masse hat ein Senkkörper aus Aluminium (ϱ(Al) = 2,70 g/cm^3, m = 7,4225 g) in Wasser (ϱ(H_2O, 20,0 °C) = 0,9982 g/cm^3)?
4. Ein Senkkörper nach Reimann (Bild 1) mit der Masse 12,1345 g verdrängt laut Herstellerangabe 4,991 g Wasser (ϱ(H_2O, 20,0 °C) = 0,9982 g/cm^3). In eine Antihautmittel-Lösung getaucht, beträgt seine scheinbare Masse 7,4950 g. Welche Dichte hat die Antihautmittel-Lösung?
5. Bei der Dichtebestimmung eines Testbenzins führen die Reiter einer Westphal'schen Waage (Bild 1) in folgenden Positionen zur Gleichgewichtsstellung: 100 mg Reiter in Kerbe 8 des Balkens, 10 mg Reiter und 1 mg Reiter in Kerbe 1 des Balkens. Welche Dichte hat das Testbenzin?
6. Ein Ethanol/Wasser-Gemisch mit einem Ethanol-Massenanteil von w(CH_3 CH_2OH) = 80,0% ergibt bei der Dichtebestimmung mit der Westphal'schen Waage bei 20,0 °C folgende Reiterpositionen
   5000 mg Reiter in Kerbe 8, 500 mg Reiter in Kerbe 4,
   50 mg Reiter im 500 mg Reiter der Kerbe 4, 5 mg Reiter in Kerbe 9.
   Welche Dichte hat das Gemisch?

10.1.4 Dichtebestimmung mit dem Tauchkörper-Verfahren

Die Dichtebestimmung nach dem Tauchkörper-Verfahren (immersed body method) nach DIN EN ISO 2811-2 wird zur Bestimmung der Dichte bei niedrig- und mittelviskosen Beschichtungsstoffen und ähnlichen Flüssigkeiten angewandt. Das Verfahren ist besonders als Betriebsprüfverfahren von Stoffen dieser Art geeignet. Heute dient es nur noch zu Schulungszwecken.

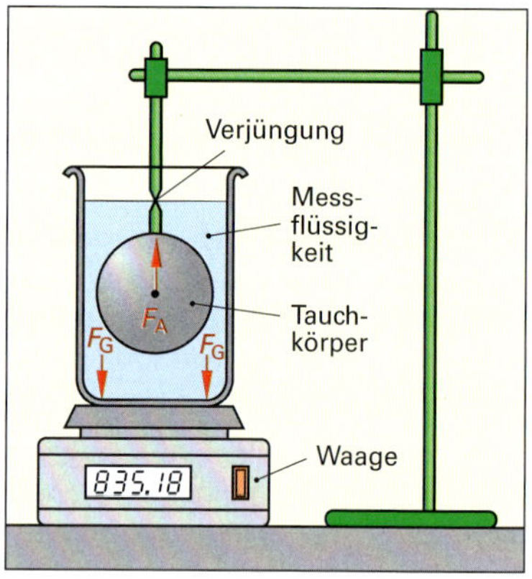

Bild 1: Tauchkörper-Verfahren

Kurzbeschreibung des Verfahrens

Ein Gefäß mit der zu untersuchenden Flüssigkeit wird auf eine Oberschalenwaage gestellt **(Bild 1)**. Anschließend senkt man den an einem Stativ befestigten genormten Tauchkörper vollständig bis zur Mitte der Verjüngung in die zu prüfende Flüssigkeit.

Aus den Wägewerten W_1 vor dem Absenken und W_2 nach dem Absenken des Tauchkörpers kann die Dichte der Flüssigkeit berechnet werden.

Ableitung der Größengleichung zur Berechnung der Dichte

Senkt man den Tauchkörper in die Probeflüssigkeit, so versucht die Auftriebskraft F_A den Tauchkörper aus der Flüssigkeit herauszudrücken. Die Auftriebskraft ist nach dem Gesetz von Archimedes (vgl. Seite 99) gleich der Gewichtskraft F_G der vom Tauchkörper verdrängten Probeflüssigkeit: $F_A = F_G$. Die Auftriebskraft, die den Tauchkörper herauszudrücken versucht, wirkt in Form der Gewichtskraft der verdrängten Probeflüssigkeit auf die Waagschale. Sie entspricht, auf einer Oberschalenwaage gemessen, der Masse $m_{Flü}$ der verdrängten Probeflüssigkeit. Sie wird durch eine Wägung vor (W_1) und nach dem Absenken des Tauchkörpers (W_2) in die Probeflüssigkeit bestimmt. Die Differenz $W_2 - W_1$ entspricht der Masse der verdrängten Probeflüssigkeit: $m_{Flü} = W_2 - W_1$.

Mit der Definitionsgleichung für die Dichte $\varrho_{Flü} = m_{Flü}/V_{Flü}$ erhält man nach dem Einsetzen und Umstellen eine Bestimmungsgleichung zur Berechnung der Dichte der Probeflüssigkeit $\varrho_{Flü}$. Bei sehr genauen Messungen ist zur Korrektur des Luftauftriebs die Dichte der Luft ϱ(Luft, 20,0 °C) = 1,205 g/L zu addieren.

Dichte der Auftriebsflüssigkeit

$$\varrho_{Flü} = \frac{m_{Flü}}{V_{Flü}} + \varrho_{Luft} = \frac{W_2 - W_1}{V_{Flü}} + \varrho_{Luft}$$

Beispiel: Ein geöffnetes 750-mL-Gebinde mit Polyesterlack hat eine Bruttomasse von 1275,5 g. Mit einem Tauchkörper (V = 100,1347 mL) wurde bei ϑ = 20,0 °C ein Wägewert von 1424,5 g ermittelt. Welche Dichte hat der Polyesterlack?

Lösung: $$\varrho_{Flü} = \frac{W_2 - W_1}{V_{Flü}} = \frac{1424{,}5\ g - 1275{,}5\ g}{100{,}1347\ cm^3} = 1{,}48799\ g/cm^3 \approx \mathbf{1{,}488\ g/cm^3}$$

Aufgaben zur Dichtebestimmung nach dem Tauchkörper-Verfahren

1. Beim Eintauchen eines Tauchkörpers in eine Leinölprobe wurde auf einer zuvor auf Null tarierten Analysenwaage bei ϑ = 21,3 °C ein Wägewert von 9,2120 g gemessen. Berechnen Sie die Dichte des Leinöls, wenn das Tauchkörpervolumen 9,8734 cm³ beträgt.
2. Berechnen Sie die Dichte eines Lackbenzins, wenn die Dichtebestimmung nach dem Tauchkörper-Verfahren bei 20,7 °C folgende Messwerte ergibt:
   W_1 = 57,137 g, W_2 = 64,635 g, V(Tauchkörper) = 9,8734 cm³
3. Eine geöffnete Weißblechdose mit 375 mL eines pigmentierten Nitrolacks hat eine Bruttomasse von m(Lack) = 350,12 g. Mit einem Tauchkörper (V = 9,8179 cm³) wurde bei ϑ = 20,3 °C ein Wägewert von 360,96 g abgelesen. Welche Dichte hat der Nitrolack?
4. Beim Absenken eines Tauchkörpers in eine Siliconharzlösung wurde auf einer zuvor auf Null tarierten Makrowaage bei ϑ = 19,8 °C ein Wägewert von 97,67 g ermittelt. Das Tauchkörpervolumen beträgt V = 99,7865 cm³. Berechnen Sie die Dichte der Siliconharzlösung.

10.1.5 Dichtemessung mit dem Aräometer

Aräometer (hydrometer) nach DIN 12790 sind geschlossene zylindrische Schwimmkörper aus Glas **(Bild 1)**. Sie haben am unteren Ende eine Beschwerung, damit sie in der Messflüssigkeit lotrecht schwimmen. Der stabförmig verjüngte Stengel enthält eine Strichskale der Dichte. Sie ist nicht linear geteilt, weil die Auftriebskraft mit steigender Eintauchtiefe des Aräometers nicht proportional zunimmt. Da ein Aräometer umso tiefer in die Prüfflüssigkeit eintaucht, je kleiner ihre Dichte ist, befindet sich der Skalenendwert am unteren Ende des Stengels.

Die Eintauchtiefe in der Messflüssigkeit wird auf einem Skalenträger im Stengel abgelesen. Er ist z.B. in Gramm durch Kubikzentimeter (g/cm^3) kalibriert. Die Ablesung erfolgt bei durchsichtigen Flüssigkeiten auf der Schnittlinie zwischen Flüssigkeitsspiegel und Stengel **(Bild 2)**.

Die Schnittlinie zwischen Flüssigkeitsspiegel und Stengel ist deutlicher zu erkennen, wenn man bei der Ablesung wie folgt vorgeht: Man positioniert das Auge dicht unter die Ebene des Flüssigkeitsspiegels. An der Stelle, wo die Flüssigkeitsoberfläche den Stengel schneidet, ist dann eine elliptisch erscheinende Fläche zu sehen. Nun wird das Auge langsam gehoben, wobei die Fläche zu einer Linie zusammenschrumpft. Dies ist die gesuchte Schnittlinie zwischen Flüssigkeitsspiegel und Stengel.

Die Dichtemessung mit dem Aräometer wird auch **Spindeln** genannt, das Aräometer selbst als Spindel bezeichnet.

Bei der Dichtemessung mit dem Aräometer ist Folgendes zu beachten:

- Da unterschiedliche Flüssigkeiten unterschiedliche Oberflächenspannungen aufweisen, ist ein Aräometer nur für die Flüssigkeiten zu benutzen, für die es justiert wurde.
- Da sowohl die Dichte der Messflüssigkeit als auch das Volumen des Aräometers temperaturabhängig sind, ist das Aräometer nur bei der angegebenen Bezugstemperatur (meist 20 °C) zu benutzen.
- Da oberhalb des Meniskus anhaftende Flüssigkeit den Messwert stark verfälschen kann, darf das Aräometer nur bis etwa zur Gleichgewichtslage in die Messflüssigkeit eingesetzt werden.

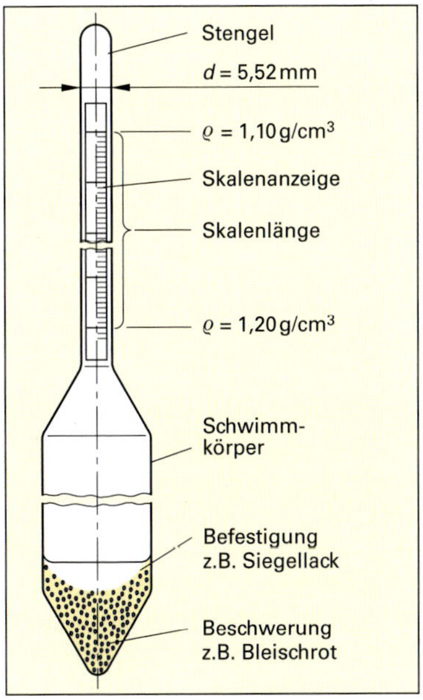

Bild 1: Aräometer nach DIN 12790

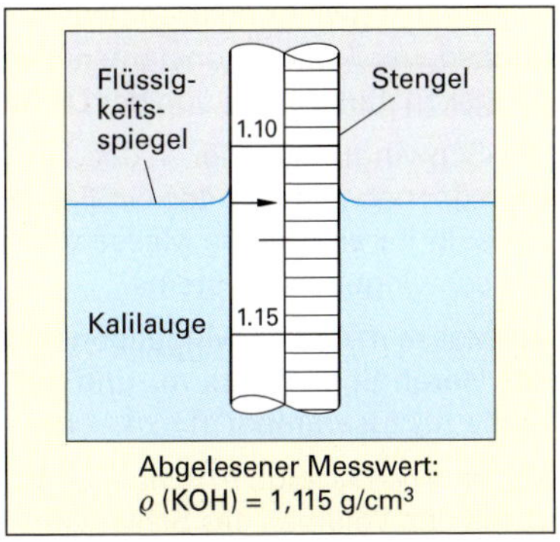

Bild 2: Beispiel einer Dichteablesung am Aräometer

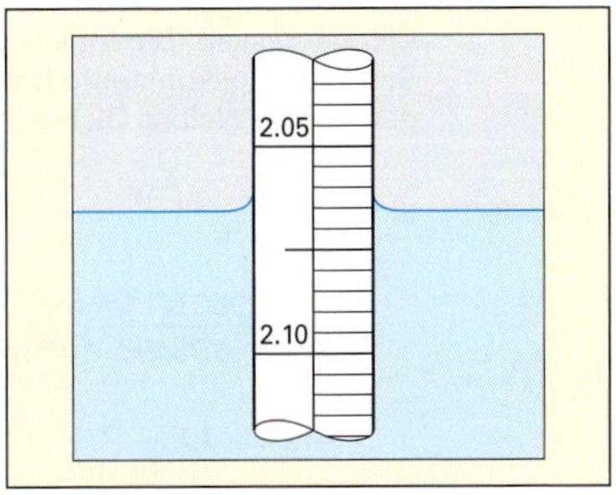

Bild 3: Ableseübung zur Dichtemessung mit dem Aräometer (Aufgabe 1)

Aufgaben zur Dichtemessung mit dem Aräometer

1. Eine Zinkchlorid-Lösung $ZnCl_{2(aq)}$ wurde gespindelt. Die Stellung des Aräometerstengels zum Flüssigkeitsspiegel der Zinkchlorid-Lösung ist in **Bild 3** wiedergegeben. Welche Dichte hat die untersuchte Zinkchlorid-Lösung?
2. Welche Dichten hätten die gespindelten Probeflüssigkeiten, wenn die Aräometerstengel im Bild 2 und Bild 3 jeweils 10 mm weiter aus der Probe herausragten oder 5 mm tiefer in Messflüssigkeiten eintauchten?

10.1.6 Dichtebestimmung mit Biegeschwinger-Messgeräten

Die modernen Geräte zur Dichtebestimmung im Labor sowie in der Produktionsanlage sind heutzutage **Biegeschwinger-Messgeräte** (pulsed excitation sensor) nach DIN EN ISO 15212-1 .

Herzstück der Messgeräte ist ein U-förmiger Biegeschwinger-Sensor aus Borsilikatglas **(Bild 1).**

Zur Messung wird der Biegeschwinger mit der zu messenden Flüssigkeit gefüllt. Durch eine Erreger-Magnetspule wird der gefüllte Biegeschwinger zum Schwingen mit seiner Eigenfrequenz angeregt. Die Schwingungsdauer des mit Messflüssigkeit gefüllten Biegeschwingers ist ein Maß für die Dichte der Substanz im Biegeschwinger.

Die Schwingungsdauer T wird mit einer Empfänger-Messspule gemessen und der Auswerteeinheit zugeführt. Sie berechnet die Dichte der untersuchten Flüssigkeit (oder des Gases) unter Verwendung der Geräteparameter und zeigt sie digital an.

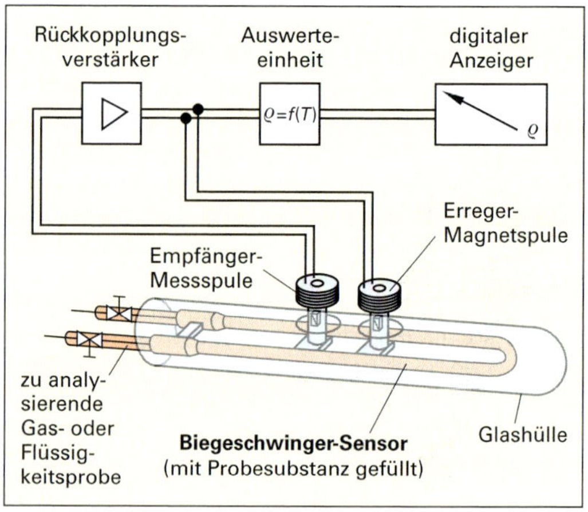

Bild 1: Schema des Messprinzips der Dichtebestimmung mit dem Biegeschwinger-Sensor

Es kann auch die Dichte eines Stoffstromes in einer Rohrleitung gemessen werden. Dazu wird im Minutentakt ein kleiner Teilstrom aus der Rohrleitung abgenommen und in das Biegeschwinger-Messgerät zum Messen geleitet.

Berechnung der Dichte in Biegeschwingern

Die Eigenschwingungsfrequenz des mit Substanz gefüllten Biegeschwingers und damit seine Schwingungsdauer T ist bei konstanten Biegeschwingerparametern wie Innenvolumen V, Masse m sowie Schwingungskonstante D nur von der Dichte ϱ_P der untersuchten Probe abhängig.

Die Schwingungsdauer T des Biegeschwingers berechnet sich nach der nebenstehenden Größengleichung für Schwingungssysteme. In ihr sind m die Masse und D die Schwingungskonstante des schwingenden Systems.

Schwingungsdauer

$$T = 2 \cdot \pi \cdot \sqrt{\frac{m}{D}}$$

Die Masse m des schwingenden Systems setzt sich aus der Masse des leeren Schwingers m_S und der Masse der darin enthaltenen Probe m_P zusammen: $m = m_S + m_P$.

Mit $m_P = \varrho_P \cdot V_P$ folgt: $m = m_S + \varrho_P \cdot V_P$, wobei das Volumen der Probe V_P mit den Volumen des Schwingers V_S identisch ist: $V_P = V_S = V$.

Nach dem Einsetzen und Umstellen nach der Dichte ϱ_P erhält man nebenstehende Formel zur Berechnung der Dichte der Probe.

Dichteberechnung mit dem Biegeschwinger-Sensor

$$\varrho_P = \frac{D}{4 \cdot \pi^2 \cdot V} \cdot \left(T^2 - \frac{4 \cdot \pi^2 \cdot m_S}{D} \right)$$

Beispiel: In einem Biegeschwinger-Dichtemessgerät wird die Dichte eines technischen 2-Propanols $CH_3–CH_2(OH)–CH_3$ gemessen. Die Masse des Biegeschwingers ist m_S = 10,2732 g, sein Volumen V = 0,73496 mL, die Schwingungskonstante beträgt D = 11,966 N/mm. Es wird eine Schwingungsdauer von T = 5,9837 ms gemessen. Welche Dichte hat das Propanol.

Lösung:

$$\varrho_P = \frac{D}{4 \cdot \pi^2 \cdot V} \cdot \left(T^2 - \frac{4 \cdot \pi^2 \cdot m_S}{D} \right) = \frac{11{,}966\ \text{N/mm}}{4 \cdot \pi^2 \cdot 0{,}73496\ \text{mL}} \cdot \left[(5{,}9837\ \text{ms})^2 - \frac{4 \cdot \pi^2 \cdot 10{,}2732\ \text{g}}{11{,}966\ \text{N/mm}} \right]$$

$$= \frac{11{,}966\ \text{N} \cdot 10^3\ \text{m}^{-1}}{4 \cdot \pi^2 \cdot 0{,}73496 \cdot 10^{-6}\ \text{m}^3} \cdot \left[(5{,}9837 \cdot 10^{-3}\ \text{s})^2 - \frac{4 \cdot \pi^2 \cdot 10{,}2732 \cdot 10^{-3}\ \text{kg}}{11{,}966\ \text{N} \cdot 10^3\ \text{m}^{-1}} \right]$$

$$= 412{,}41 \cdot 10^6\ \frac{\text{N}}{\text{m} \cdot \text{m}^3} \cdot \left(35{,}8047 \cdot 10^{-6}\ \text{s}^2 - 33{,}8935 \cdot 10^{-6}\ \frac{\text{kg} \cdot \text{m} \cdot \text{s}^2}{\text{kg} \cdot \text{m}} \right) = 788{,}17\ \frac{\text{N} \cdot \text{s}^2}{\text{m} \cdot \text{m}^3}$$

$$\varrho_P = 788{,}17\ \frac{\text{kg} \cdot \text{m} \cdot \text{s}^2}{\text{s}^2 \cdot \text{m} \cdot \text{m}^3} = 788{,}17\ \text{kg/m}^3 \approx \mathbf{0{,}7882\ g/cm^3}$$

Die Größengleichung zur Berechnung der Dichte nach der Schwingungsmethode lässt sich durch Einführung der Apparatekonstanten *A* und *B* weiter vereinfachen. Die Größengleichung zur Berechnung der Dichte lautet dann: $\varrho_P = 1/A \cdot (T^2 - B)$.

Die Konstanten *A* und *B* sind Apparatekonstanten eines bestimmten Biegeschwingers. Sie enthalten das Volumen *V* der Probe sowie die Leermasse m_S und die Federkonstante *D* des Schwingers.

Die Apparatekonstanten können außerdem durch Kalibriermessungen mit Stoffen bekannter Dichte, in der Regel Luft ϱ_L und Wasser ϱ_W bestimmt werden. Dazu misst man die Schwingungsdauern des Schwingers mit Luft T_L und mit Wasser T_W. Mit den nebenstehenden Gleichungen können daraus die Apparatekonstanten *A* und *B* berechnet werden.

Vereinfachte Gleichung zur Dichteberechnung mit dem Biegeschwinger-Sensor

$$\varrho_P = \frac{1}{A} \cdot (T^2 - B)$$

$$\text{mit} \quad A = \frac{4 \cdot \pi^2 \cdot V}{D}; \quad B = \frac{4 \cdot \pi^2 \cdot m_S}{D}$$

Apparatekonstanten zur Kalibrierung des Biegeschwingers

$$A = \frac{T_W^2 - T_L^2}{\varrho_W - \varrho_L}; \quad B = T_L^2 - A \cdot \varrho_L$$

Beispiel: Ein Gerät zur Dichtebestimmung hat die Apparatekonstanten $A = 5{,}3809 \cdot 10^{-6}\ s^2/(g/mL)$ und $B = 6{,}4331 \cdot 10^{-6}\ s^2$. Mit dem Gerät wird die Dichte eines Testbenzins bestimmt.

Welche Dichte hat das Testbenzin, wenn die Messung eine Schwingungsdauer $T = 3{,}2538$ ms ergibt?

Lösung: $$\varrho_P = \frac{1}{A} \cdot (T^2 - B) = \frac{1}{5{,}3809 \cdot 10^{-6} \frac{s^2}{(g/mL)}} \cdot [(3{,}2538\ ms)^2 - 6{,}4331 \cdot 10^{-6}\ s^2] \approx \mathbf{0{,}7721\ g/mL}$$

Moderne Geräte zur Dichtebestimmung mit Biegeschwinger-Sensor

Die modernen Geräte zur Dichtebestimmung beruhen auf dem Biegeschwinger-Sensor. Das Messgerät enthält die Messeinheit mit dem Biegeschwinger (Bild 1, Seite 316). Sie ist in einem kastenartigen Gehäuse mit Display untergebracht **(Bild 1)**. Über eine Tastatur werden die Probendaten eingegeben, das Messergebnis wird auf dem Display angezeigt.

Einzelne Flüssigkeitsproben werden rechts am Gehäuse in eine Eingabestation mit einer Spritze eingegeben.

Mit einem Zusatz-Beladegerät können dutzende Proberöhrchen in einem Magazin vorgehalten werden. Die Proben werden automatisch aus dem Proberöhrchen entnommen, in das Messgerät eingespritzt und die Dichte bestimmt.

Die Messungen erfolgen im Minutentakt, die Messgenauigkeit beträgt ± 0,0001 g/cm³.

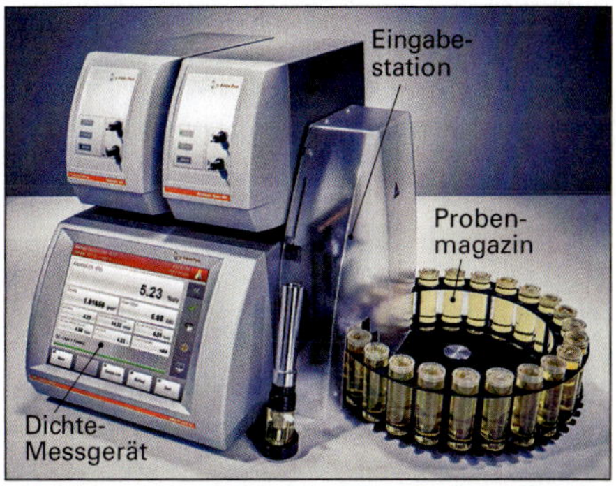

Bild 1: Modernes Messgerät zur Dichtebestimmung mit dem Biegeschwinger-Sensor

Aufgaben zur Dichtebestimmung mit Biegeschwinger-Messgeräten

1. Welche Dichte hat ein technisches Kohlenstoffdisulfid CS_2 bei 20,00 °C, wenn in einem Biegeschwinger der Masse m_S = 10,3158 g und mit einem Volumen V_S = 0,74022 cm³ die Schwingungsdauer *T* = 6,3158 ms beträgt? Die Federkonstante des Biegeschwingers konnte über die Apparatekonstanten zu *D* = 11,1325 N/mm bestimmt werden.
2. Beim Kalibrieren des Biegeschwingers eines Dichtemessgeräts mit reinem, luftfreiem Wasser und reiner Luft wurden bei 20,00 °C folgende Schwingungsdauern gemessen: T_W = 3,43575 ms, T_L = 2,53761 ms. Die Dichtewerte der Luft und des Wassers betragen bei 20,00 °C und p_{amb} = 1000 mbar: $\varrho(H_2O)$ = 0,99820 g/mL, ϱ(Luft) = 1,1780 kg/m³.

   Welchen Größenwert haben die Apparatekonstanten des Biegeschwingers?
3. Die Kalibrierung eines Biegeschwingers ($A = 6{,}0858 \cdot 10^{-6}\ s^2/(g/mL)$, $B = 6{,}3661 \cdot 10^{-6}\ s^2$) wird mit n-Heptan mit einer Dichte ϱ_0 $(CH_3(CH_2)_5CH_3)$ = 0,68376 g/cm³ überprüft. Die Schwingungsdauer beträgt bei der Messung 3,2446 ms. a) Wie groß ist die gemessene Dichte ϱ_{BS}? b) Wie groß ist die absolute und die prozentuale Abweichung vom wahren Wert ϱ_0?

10.2 Bestimmung technischer Dichten von Schüttgütern

Technische Produkte liegen häufig als Schüttungen in körniger oder pulveriger Form vor. Für diese Schüttgüter, auch Haufwerke genannt, hat man technische Dichten ϱ(techn) eingeführt, z.B. die Schüttdichte oder die Rütteldichte. Sie sind definiert als Quotient aus der Masse m und dem nach einem genormten Verfahren gemessenen Volumen V(norm) der Schüttgutportion (vgl. Seite 79).

Als **Schüttdichte** ϱ(Schütt) bezeichnet man die Dichte einer Schüttung, die lose in einen Messzylinder eingeschüttet wird.

Die **Rütteldichte** ϱ(Rütt) oder Stampfdichte ist die Dichte einer Schüttung nach einem festgelegten Vibrationsvorgang.

Technische Dichte

$$\varrho(\text{techn}) = \frac{m}{V(\text{norm})}$$

Schüttdichte

$$\varrho(\text{Schütt}) = \frac{m_1 - m_Z}{V_Z}$$

Rütteldichte, Stampfdichte

$$\varrho(\text{Rütt}) = \frac{m_2 - m_Z}{V_Z}$$

10.2.1 Bestimmung der Schütt- und Rütteldichte

Schüttdichte (nach DIN EN ISO 1236)

In einem 1-L-Messzylinder aus Polypropylen (PP) mit der Masse m_Z wird eine Probe des Schüttguts lose aufgeschüttet, sodass sie über den Rand des Messzylinders hinaus einen Kegel bildet. Nach dem Abstreichen des überschüssigen Schüttguts bestimmt man die Masse des gefüllten Zylinders m_1 und berechnet daraus die Schüttdichte. Siehe Formel rechts oben.

Rütteldichte (nach DIN EN ISO 1237)

Nach dem Bestimmen der Schüttdichte wird auf den Messzylinder eine Kunststoffmanschette gesteckt und mit Schüttgut gefüllt **(Bild 1)**. Nach 2500 Rüttelbewegungen mit 250 min^{-1} wird die Manschette abgenommen, das überschüssige Schüttgut abgestrichen und die Masse des gefüllten Messzylinders m_2 bestimmt. Daraus wird mit der oben rechts stehenden Formel die Rütteldichte berechnet.

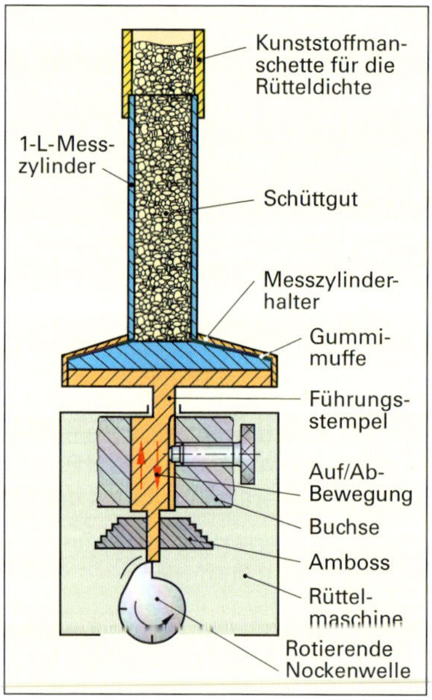

Bild 1: Vorrichtung zur Bestimmung der Schütt- und Rütteldichte nach DIN EN 1237

Beispiel: Die Bestimmung der Schütt- und Rütteldichte eines Polyethylengranulats in einem 1-Liter-Messzylinder ergab folgende Wägewerte:

$m_1 = 1{,}0128$ kg, $m_2 = 1{,}0962$ kg, $m_z = 0{,}2234$ kg.

Welche Schütt- und Rütteldichte hat das PE-Granulat?

Lösung:

$$\boldsymbol{\varrho}(\textbf{Schütt}) = \frac{m_1 - m_Z}{V_Z} = \frac{1{,}0128\text{ kg} - 0{,}2234\text{ kg}}{1{,}000\text{ L}} \approx \mathbf{0{,}7894\ kg/L}$$

$$\boldsymbol{\varrho}(\textbf{Rütt}) = \frac{m_2 - m_Z}{V_Z} = \frac{1{,}0962\text{ kg} - 0{,}2234\text{ kg}}{1{,}000\text{ L}} \approx \mathbf{0{,}8728\ kg/L}$$

10.2.2 Bestimmung der Pressdichte

Beim Formpressen werden pulverförmige Schüttgüter auf Pressmaschinen unter Druck zu Presslingen geformt **(Bild 2)**. Dabei werden zu Beginn des Pressvorgangs die großen Hohlräume des Schüttguts bei geringem Pressdruck reduziert. Bei steigendem Pressdruck füllen sich die Partikelzwischenräume durch Partikelbruchstücke. Die Porosität nimmt ab. Die weitere Zunahme des Pressdrucks bewirkt eine Verformung der Partikel. Sie führt zur Ausbildung von Kontaktflächen. Das hat das Entstehen von Feststoffbrücken zur Folge. Die Grenzverdichtung ist erreicht, wenn der Pressling annähernd die gleiche Dichte hat wie der homogene Feststoff.

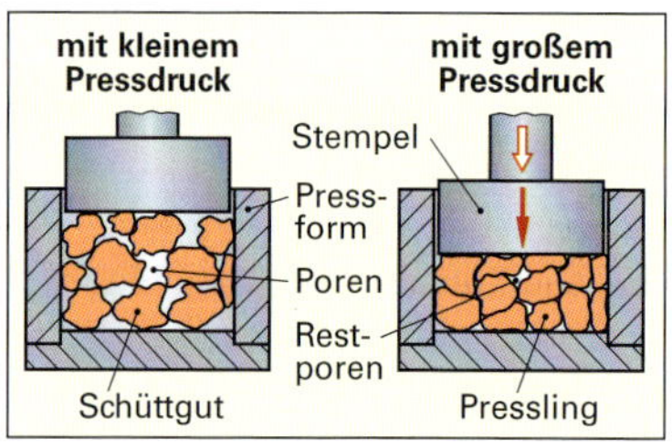

Bild 2: Formpressen einer Schüttung

Zur Bestimmung der Pressdichte (green density) müssen Masse *m*(Press) und Volumen *V*(Press) des Presslings bestimmt werden. Der Quotient aus beiden Größen ist die Pressdichte.
Da bislang keine gültige Norm zur Bestimmung der Pressdichte vorliegt, müssen die Pressbedingungen wie Pressdruck, Größe des Presslings mit der Pressdichte angegeben werden.

Die relative Volumenverminderung ΔV_{rel} beim Formpressen ist der Quotient aus der Dichte des Stoffes vor und nach dem Pressen.

Pressdichte
$\varrho(\text{Press}) = \frac{m(\text{Press})}{V(\text{Press})}$

Relative Volumenverminderung	Grenzverdichtung
$\Delta V_{rel} = \frac{\varrho(\text{Schütt})}{\varrho(\text{Press})}$	$G_V = 1 - \Delta V_{rel}$

Beispiel: REA-Gips, $CaSO_4 \cdot 2\,H_2O$, aus einer **R**auchgas-**E**ntschwefelungs-**A**nlage wurde auf einer Walzenpresse zu Pellets mit einer mittleren Masse von 25,443 g verpresst **(Bild 1).** Die Pellets werden zur Dichtebestimmung mit Silikonharz beschichtet. Bei Eintauchen in Wasser verdrängen sie im Mittel 12,0 cm³ Wasser. Die stoffspezifische Dichte des Calciumsulfat-Dihydrats beträgt 2,32 g/cm³.

a) Welche mittlere Pressdichte haben die Presslinge?

b) Welcher Prozentwert der Grenzverdichtung wurde beim Pelletieren erreicht?

Lösung: a) $\varrho(\text{Press}) = \frac{m(\text{Press})}{V(\text{Press})} = \frac{25{,}443\text{ g}}{12{,}0\text{ cm}^3} \approx \mathbf{2{,}12\ g/cm^3}$

b) $\Delta V_{rel} = \frac{\varrho(\text{Press})}{\varrho(\text{Stoff})} = \frac{\varrho(\text{Press})}{\varrho(CaSO_4 \cdot 2\,H_2O)} = \frac{2{,}12\text{ g/cm}^3}{2{,}32\text{ g/cm}^3} \approx 0{,}914$

Grenzverdichtung: $\boldsymbol{G_V} = 1 - \Delta V_{rel} = 1 - 0{,}914 = 0{,}086 = \mathbf{8{,}6\,\%}$

Bild 1: Walzenpresse zur Herstellung von Gips-Pellets

Aufgaben zur Bestimmung technischer Dichten

1. Ein zur Aluminiumherstellung eingesetzter Bauxit hat die Schüttdichte 1,05 t/m³. Welche Rütteldichte hat der Bauxit, wenn der Massenunterschied einer Probe mit dem Volumen 1,00 L vor und nach dem Rütteln 296 g beträgt?
2. Polystyrol (PS) hat eine Stoffdichte von $\varrho(\text{PS}) = 1{,}06$ g/cm³. Die Bruttomasse einer 1-L-Polystyrol-Granulatprobe beträgt nach dem Rütteln 0,801 kg. Wie groß ist die Raumerfüllung des Granulats, wenn die Masse des leeren Messzylinders 220,0 g beträgt?
3. Berechnen Sie die Schütt- und Rütteldichte des Pigments Zinkweiß ZnO mithilfe folgender Wägewerte: $m_Z = 230{,}0$ g, $m_1 = 5284$ g, $m_2 = 5756$ g, $V_Z = 1{,}000$ L.
4. Pressfertiges Aluminiumoxid Al_2O_3 hat eine Schüttdichte von $\varrho(\text{Schütt}) = 1{,}17$ g/cm³. Die mittlere Masse eines zylinderförmigen 100-MPa-Presslings mit den Maßen $d = h = 5{,}0$ mm wurde zu $m(Al_2O_3) = 223{,}8$ mg bestimmt.
   a) Welche mittlere Pressdichte haben die Presslinge?
   b) Welche Volumenverminderung wird durch das Pressen erzielt?
5. Ein Arzneimittelgranulat mit der Schüttdichte $\varrho(\text{Schütt}) = 0{,}6430$ g/cm³ soll zu $5{,}0 \cdot 10^3$ Tabletten mit einer mittleren Masse von je 1250 mg verpresst werden. Welches Schüttvolumen an Granulat ist dazu erforderlich?
6. 227,69 mg Kaliumbromid KBr werden in einer hydraulischen Presse bei einem Druck von 10^4 bar zu einem zylinderförmigen Pressling von 0,624 mm Höhe und 13,0 mm Durchmesser verpresst.
   a) Welche Pressdichte hat der Pressling?
   b) Welche Grenzverdichtung wurde erreicht, wenn die Stoffdichte des Kaliumbromids $\varrho(\text{KBr}) = 2{,}75$ g/cm³ beträgt?
7. Monoethylanilin $C_6H_5\text{-}NH\text{-}CH_2CH_3$ wird in einem Rohrbündelreaktor durch Monoethylierung von Anilin $C_6H_5\text{-}NH_2$ mit Ethanol $CH_3\text{-}CH_2\text{-}OH$ synthetisiert. Die exotherme Reaktion verläuft bei 200 °C und Atmosphärendruck in der Gasphase. Zur heterogenen Katalyse werden zylinderförmige Pellets mit den Maßen $h = d = 5{,}0$ mm aus einem Gemenge von Niobsäure (Feststoff) und Grafit eingesetzt. Die mittlere Masse der Pellets beträgt 245,4 mg. Welche Pressdichte hat der Katalysator?

10.3 Bestimmung der Viskosität

Die **Viskosität** (viscosity), auch Zähflüssigkeit genannt, beschreibt das Fließverhalten einer Flüssigkeit oder eines Gases. Zähfließende Flüssigkeiten, wie z.B. Maschinenöl oder Glycerol (1,2,3-Propantriol) werden als hochviskos bezeichnet. Dünnflüssige Flüssigkeiten, wie z.B. Wasser oder Aceton (Propanon) sind niederviskos. Gase haben eine besonders niedrige Viskosität.

10.3.1 Dynamische und kinematische Viskosität

Die Viskosität wird durch die innere Reibung der Teilchen im Fließmedium (Fluid) verursacht. Flüssigkeiten mit hohen Kohäsionskräften haben eine große innere Reibung, sie sind zähflüssig.

Die gebräuchlichste Größe zur Beschreibung des Fließverhaltens eines Fluids ist die **dynamische Viskosität** η (dynamic viscosity; η griechischer Kleinbuchstabe eta). Sie ist theoretisch, wie folgt definiert:

Eine **dynamische Viskosität η von 1 Pa·s** hat ein Fluid, wenn zwischen zwei ebenen parallelen Schichten im Fluid mit einer Fläche von 1 m^2 und einem Abstand von 1 m zur Erzeugung eines Geschwindigkeitsunterschieds der Schichten von v = 1 m/s eine Kraft von 1 N aufgebracht werden muss **(Bild 1)**.

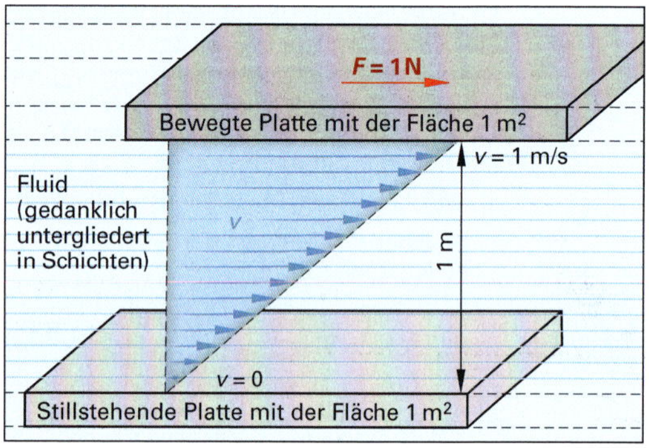

Bild 1: Schema zur Definition der dynamischen Viskosität

Die Einheit der dynamischen Viskosität η ist Pascalsekunde, Einheitenzeichen Pa · s.

Die **dynamische Viskosität von Flüssigkeiten** bewegt sich in weiten Grenzen zwischen weniger als 1 · 10^{-3} Pa · s und mehreren Tausend 10^{-3} Pa · s **(Tabelle)**.

Sie nimmt bei Flüssigkeiten mit steigender Temperatur stark ab, weil die Teilchenbeweglichkeit in der Flüssigkeit zunimmt. Eine Temperaturerhöhung um 10°C vermindert die Viskosität um rund 20%. Die Messtemperatur muss deshalb bei der Angabe eines Viskositätswertes angegeben werden.

Die **dynamische Viskosität von Gasen** ist wegen der größeren Teilchenabstände etwa um den Faktor 100 bis 1000 kleiner als die von Flüssigkeiten. Sie nimmt bei Gasen mit der Temperatur leicht zu, weil sich die Gasteilchen durch die zunehmende Wärmebewegung stärker durchdringen und dadurch behindern.

Tabelle: Dynamische Viskosität von Fluiden

Flüssigkeiten (bei 20°C)	η in 10^{-3} Pa·s
Aceton (Propanon)	0,30
Wasser	1,002
Ethanol	1,19
Glycol	20,41
Glycerin	1412
Gase (bei 25°C)	η in 10^{-6} Pa·s
Propan	8,2
Luft	18,2
Argon	22,6

In vielen Industriebereichen wird als Größe für die Zähflüssigkeit eines Fluids die **kinematische Viskosität** ν verwendet (kinematic viscosity; ν griechischer Kleinbuchstabe ny). Sie berechnet sich als Quotient aus der dynamischen Viskosität η und der Dichte ϱ_{Fl} des Fluids nach nebenstehender Gleichung.

Die **kinematische Viskosität** ν berücksichtigt den Einfluss der Dichte des Fluids ϱ_{Fl} auf das Fließverhalten.
Die Einheit der kinematischen Viskosität ν ist Quadratmeter durch Sekunde, Einheitenzeichen m^2/s.

Größen der Viskosität	
Dynamische Viskosität	**Kinematische Viskosität**
η	$\nu = \frac{\eta}{\varrho_{Fl}}$

Beispiel: In einem Tabellenbuch wird die dynamische Viskosität von n-Butanol mit $\eta = 2{,}95 \cdot 10^{-3}$ Pa·s angegeben, die Dichte beträgt ϱ = 810 kg/m^3. Welche kinematische Viskosität hat die Flüssigkeit?

Lösung: $\nu = \frac{\eta}{\varrho_{Fl}} = \frac{2{,}95 \cdot 10^{-3}\ \text{Pa} \cdot \text{s}}{810\ \text{kg/m}^3}$; Mit $1\ \text{Pa} = 1\ \frac{\text{N}}{\text{m}^2} = 1\ \frac{\text{kg}}{\text{m} \cdot \text{s}^2} \Rightarrow \nu = \frac{2{,}95 \cdot 10^{-3}\ \text{kg} \cdot \text{s} \cdot \text{m}^3}{810\ \text{kg} \cdot \text{m} \cdot \text{s}^2} \approx \mathbf{3{,}64 \cdot 10^{-6}\ \frac{m^2}{s}}$

10.3.2 Kugelfall-Viskosimeter nach Höppler

Zur Messung der Viskosität dienen Viskosimeter (viscosimeter). Sie arbeiten nach unterschiedlichen physikalischen Prinzipien.

Das **Höppler-Kugelfall-Viskosimeter** (falling-ball viscosimeter) nach DIN 53015 besteht aus einem unter 10° geneigten Glas-Fallrohr von 15,94 mm Innendurchmesser, in dem eine Kugel eine markierte Laufstrecke (M_1 bis M_2) in der zu messenden Flüssigkeit durchrollt **(Bild 1)**.

Das Fallrohr befindet sich in einem durchsichtigen Temperiermantel aus Glas. Für die verschiedenen Viskositätsbereiche stehen Kugeln mit unterschiedlichen Durchmessern und Dichten zur Verfügung (Kugel Nr. 1–6).

Zur Messung wird die Flüssigkeit und die passende Kugel in das Messrohr gefüllt und 15 Minuten temperiert. Dann wird das Messrohr um 180° gedreht, worauf die Kugel im Rohr herunterrollt. Mit einer Stoppuhr wird die Zeit zum Durchlaufen der Rollstrecke von 100 mm zwischen den beiden Messmarken M_1 und M_2 gemessen.

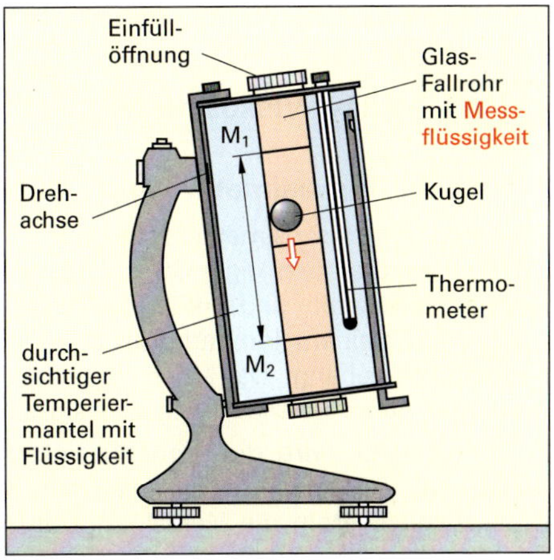

Bild 1: Höppler-Kugelfall-Viskosimeter

Aus der Fallzeit wird die dynamische Viskosität mit nebenstehender Größengleichung berechnet.

Es sind: K_H Kugelkonstante in mPa · cm³/g
ϱ_K Dichte der Kugel in g/cm³
ϱ_{Fl} Dichte der Messflüssigkeit in g/cm³
t Fallzeit der Kugel in Sekunden

Dynamische Viskosität mit dem Höppler-Kugelfall-Viskosimeter

$$\eta = K_H \cdot (\varrho_K - \varrho_{Fl}) \cdot t$$

Es können durchsichtige Flüssigkeiten mit dynamischen Viskositäten von 0,6 mPa·s bis 250 Pa·s gemessen werden.

Beispiel: In einem Höppler-Viskosimeter wurde die Viskosität eines Glycerin/Wasser-Gemischs der Dichte ϱ_{Fl} = 1,2322 g/cm³ bei 25,0 °C gemessen. Die Dichte der Fallkugel beträgt ϱ_K = 8,142 g/cm³, die Kugelkonstante ist mit K_H = 9,19 · 10⁻² mPa · cm³/g am Gerät angegeben. Die mittlere Fallzeit wurde in 3 Messungen zu 258 s bestimmt. Welche dynamische Viskosität hat das Glycerin/Wasser-Gemisch?

Lösung: $\eta = K_H \cdot (\varrho_K - \varrho_{Fl}) \cdot t = 9{,}19 \cdot 10^{-2}\,\frac{\text{mPa} \cdot \text{cm}^3}{\text{g}} \cdot (8{,}142\ \text{g/cm}^3 - 1{,}2322\ \text{g/cm}^3) \cdot 258\ \text{s} \approx \mathbf{164 \cdot 10^{-3}\ Pa \cdot s}$

Aufgaben zum Kugelfall-Viskosimeter nach Höppler

1. In einem Höppler-Kugelfall-Viskosimeter wurde die Viskosität eines Maschinenöls bei verschiedenen Temperaturen bestimmt. Die Dichte der Fallkugel war ϱ_K = 8,188 g/cm³, die Kugelkonstante des Viskosimeters betrug K_H = 0,131 mPa·cm³/g. Es wurden folgende Messwerte erhalten:

Messtemperatur in °C	Dichte ϱ_{Fl} bei Messtemperatur in g/cm³	Laufzeit der Kugel in s				
		Messwert 1	Messwert 2	Messwert 3	Messwert 4	Mittelwert
30,2	0,861	86,5	85,7	86,2	86,0	
37,9	0,858	54,6	54,8	54,5	54,5	
49,7	0,855	31,5	32,2	32,0	31,5	
68,3	0,847	15,8	15,6	15,2	15,4	

a) Berechnen Sie mit dem Laufzeitmittelwert die dynamische Viskosität bei den Temperaturen.

b) Erstellen Sie ein Diagramm mit der dynamischen Viskosität als Ordinate und der Temperatur als Abszisse.

c) Erstellen Sie ein Diagramm mit der dynamischen Viskosität als doppeltlogarithmisch geteilter Ordinate und der Temperatur als linear geteilter Abszisse. Zeichnen Sie eine Ausgleichsgerade.

d) Ermitteln Sie die Viskosität des Maschinenöls bei 35 °C, 45 °C und 60 °C.

2. Mit einem Kugelfall-Viskosimeter nach Höppler wird die Viskosität einer 40 %igen Glucose-Lösung bei 20 °C ermittelt. Die Dichte der Fallkugel beträgt 2,40 g/cm³, die Dichte der Lösung 1,18 g/cm³; die Kugelkonstante ist $K = 0{,}0749$ mPa · cm³/g. Die mittlere Fallzeit aus drei Messungen beträgt 67,9 s. Wie groß ist die dynamische Viskosität der Glucoselösung?

10.3.3 Auslauf-Viskosimeter

Kapillar-Viskosimeter Bauart Ubbelohde

Das Ubbelohde-Viskosimeter (Ubbelohde viscosimeter) gemäß DIN 51562 ist ein dreischenkliger Glaskörper, bestehend aus Messrohr, Druckausgleichsrohr und Einfüllrohr **(Bild 1).** Zur Messung wird das Glasgerät mit einem Temperiermantel umgeben oder in ein Temperierbad eingehängt. Das Messrohr enthält eine verengte Strecke (Kapillare), durch welche die Messflüssigkeit ausfließt.

Zu Messbeginn wird die Probeflüssigkeit in das Vorratsgefäß gefüllt und 15 Minuten temperiert. Dann wird bei zugehaltenem Druckausgleichsrohr die Messflüssigkeit mit einem Saugbalg in das Messrohr gesaugt, bis der obere Kugelraum etwa halb gefüllt ist. Nach Entfernen des Saugballs fließt die Flüssigkeit langsam durch die Kapillare ab. Es wird die Zeit gemessen, welche die Probeflüssigkeit zum Absinken von Messmarke M_1 bis Messmarke M_2 benötigt. Die Berechnung der kinematischen Viskosität erfolgt mit dem Mittelwert der Ausflusszeit t aus drei Messungen.

Die kinematische Viskosität ν wird mit nebenstehender Größengleichung berechnet. Darin ist K eine auf dem Vorratsgefäß des Viskosimeters aufgeprägte Gerätekonstante.

Es gibt Ubbelohde-Viskosimeter mit unterschiedlichen Kapillardurchmessern für verschiedene Viskositätsbereiche. Damit können Viskositäten größer als $0{,}35 \cdot 10^{-6}$ m²/s gemessen werden. Die Genauigkeit der Messung beträgt 0,1 %.

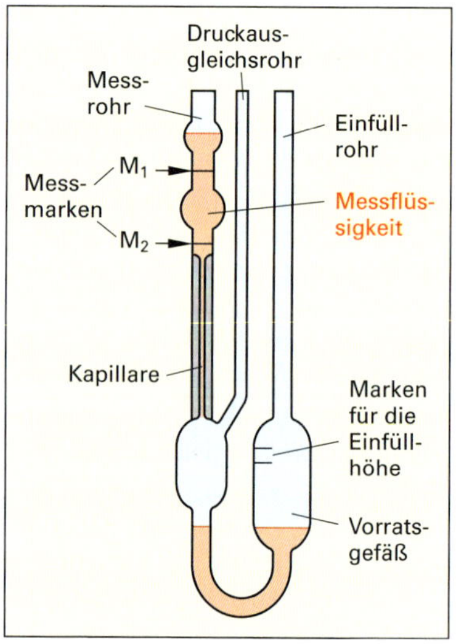

Bild 1: Ubbelohde-Viskosimeter (dargestellt bei Messbeginn)

Kinematische Viskosität mit dem Ubbelohde-Viskosimeter

$$\nu = K \cdot t$$

Beispiel: Mit einem Ubbelohde-Viskosimeter (Gerätekonstante K = 1,003 mm²/s²) wird für einen Lackrohstoff eine mittlere Auslaufzeit t = 195,5 s gemessen. Welche kinematische Viskosität hat der Lackrohstoff?

Lösung: $\nu = K \cdot t = 1{,}003\ \text{mm}^2/\text{s}^2 \cdot 195{,}5\ \text{s} \approx \mathbf{196 \cdot 10^{-6}\ m^2/s}$

Auslaufbecher

Auslaufbecher (viscosity cup) benutzt man zur schnellen Ermittlung der Fließfähigkeit z. B. von Lacken. Die Auslaufbecher sind in Form und Größe genormt, z. B. nach DIN EN ISO 2431 **(Bild 2).** Sie haben ein Messflüssigkeitsvolumen von 100 mL und Auslaufdüsen mit 3, 4, 5 und 6 mm Durchmesser. Vor der Messung müssen der Auslaufbecher und die Messflüssigkeit sorgfältig temperiert werden bzw. die Umgebungstemperatur gemessen werden. Nach Freigabe der Auslauföffnung wird die Zeit bis zum erstmaligen Abreißen des auslaufenden Flüssigkeitsstrahls gemessen. Sie sollte zwischen 30 s und 100 s liegen. Es sind kinematische Viskositäten zwischen $25 \cdot 10^{-6}$ m²/s und $150 \cdot 10^{-6}$ m²/s messbar.

Die kinematische Viskosität, gemessen mit dem Auslaufbecher, kann aus einer Kalibrierkurve oder einer Größengleichung ermittelt werden. Für den Auslaufbecher mit einer 4-mm-Düse nach DIN EN ISO 2431 gilt die auf Seite 323, oben stehende Auswertegleichung. Die Auslaufzeit ist in Sekunden einzusetzen.

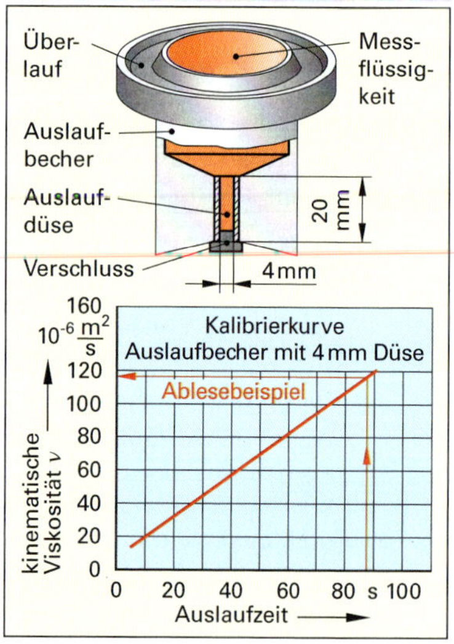

Bild 2: Auslaufbecher nach DIN EN ISO 2431 mit Kalibrierkurve

Beispiel: Eine Messung mit einem genormten Auslaufbecher (Auslaufdüse 4 mm) ergibt eine Auslaufzeit von $t = 87{,}5$ s. Wie groß ist die kinematische Viskosität des untersuchten Klarlackes?

Lösung: $\nu = \left(1{,}37 \cdot 87{,}5 - \frac{200}{87{,}5}\right) \cdot 10^{-6}\,\frac{m^2}{s} \approx \mathbf{118 \cdot 10^{-6}\,m^2/s}$

Kinematische Viskosität mit einem 4-mm-Auslaufbecher

$$\nu = \left(1{,}37 \cdot t - \frac{200}{t}\right) \cdot 10^{-6}\,\frac{m^2}{s}$$

10.3.4 Rotations-Viskosimeter

Rotations-Viskosimeter (rotary viscometer) nach DIN 53018-1 bestehen aus einer temperierbaren Messzelle, in der ein runder Drehkörper in einem Messbecher rotiert **(Bild 1).** Im Messbecher befindet sich die Messflüssigkeit. Der Drehkörper wird von einem kleinen Elektromotor angetrieben. Das auf den Drehkörper übertragene Drehmoment *M* wird an der Antriebswelle gemessen. Mit nebenstehender Größengleichung kann daraus die Viskosität berechnet werden (K_R ist eine Gerätekonstante). Durch Verwendung verschiedener Messbecher und Drehkörper können Viskositäten über einen sehr weiten Messbereich von dünnflüssig bis extrem zähflüssig gemessen werden. Für hochviskose Flüssigkeiten verwendet man als Messzelle z. B. eine ebene oder eine leicht kegelige Platte, zwischen die eine dünne Schicht der zu messenden Flüssigkeit eingebracht wird.

Moderne Rotations-Viskosimeter besitzen eine computergestützte Auswerteeinheit, die die Viskosität intern errechnet und auf einem Display anzeigt.

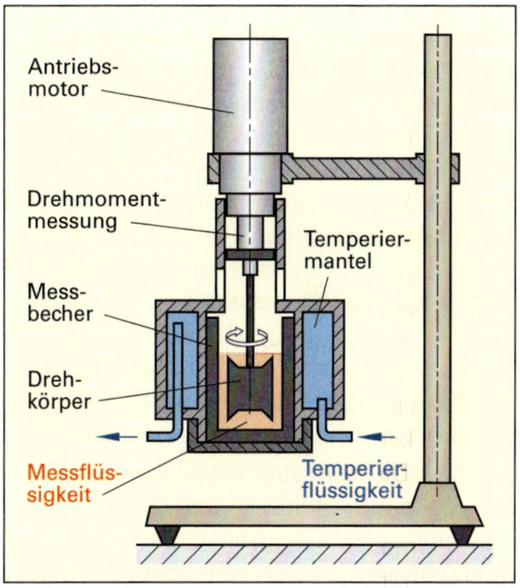

Bild 1: Rotations-Viskosimeter nach DIN 53018-1 (in Schnittdarstellung)

Beispiel: Bei der Bestimmung der Viskosität eines Maschinenöls mit einem Rotations-Viskosimeter wurde das Drehmoment mit 235 µNm gemessen, die Gerätekonstante betrug $K_R = 3{,}49 \cdot 10^6$ Pa · s/Nm. Wie groß ist die dynamische Viskositat?

Lösung: $\eta = K_R \cdot M = 3{,}49 \cdot 10^6\,\text{Pa} \cdot \text{s/Nm} \cdot 235\,\mu\text{Nm}$

$\eta = 820 \cdot 10^6\,\text{Pa} \cdot \text{s/Nm} \cdot 10^{-6}\,\text{Nm} \approx \mathbf{820\,Pa \cdot s}$

Dynamische Viskosität mit dem Rotations-Viskosimeter

$$\eta = K_R \cdot M$$

Aufgaben zur Bestimmung der Viskosität mit Auslauf- und Rotationsviskosimetern

1. In einem Herstellerprospekt sind für ein Motorenöl nebenstehende Angaben gemacht.

Temperatur in °C	21	35	50	70
Kinematische Viskosität ν in mPa·s	116	52	27	13
Dichte in g/cm³	0,877	0,869	0,861	0,848

   a) Erstellen Sie eine dynamische Viskosität-/Temperatur-Kurve in einem Diagramm mit doppeltlogarithmisch geteilter Ordinate (η) und linear geteilter Abszisse (ϑ).

   b) Ermitteln Sie die dynamische Viskosität aus dem Diagramm bei 30 °C, 45 °C und 60 °C.

2. Mit einem Ubbelohde-Viskosimeter (Gerätekonstante $K = 1{,}674 \cdot 10^{-4}\,m^2/s^2$) wird die Viskosität einer Allylalkohol-Lösung bei 20 °C bestimmt. Es wurden 3 Messungen der Auslaufzeit durchgeführt: $t_1 = 91{,}9$ s, $t_2 = 93{,}5$ s, $t_3 = 94{,}2$ s. Die Dichte der Lösung wurde zu $\varrho(20\,°C) = 870\,kg/m^3$ ermittelt. Wie groß ist a) die kinematische Viskosität b) die dynamische Viskosität der Lösung?

3. Die Prüfung eines Lackes mit einem Auslaufbecher nach DIN EN ISO 2431 (4-mm-Auslaufdüse) ergibt bei 20 °C eine Auslaufzeit von 49,5 s. Welche kinematische Viskosität hat der Lack?

4. Mit einem Rotations-Viskosimeter wird die Viskosität eines Glycerin-Wasser-Gemischs bestimmt. Es wird ein mittleres Widerstands-Drehmoment von 0,0365 Nm an der Antriebswelle gemessen; die Gerätekonstante beträgt $K_R = 6{,}274$ Pa · s/Nm. Welche dynamische Viskosität hat die Lösung?

10.4 Bestimmung der Oberflächenspannung

Flüssigkeitsoberflächen scheinen eine unsichtbar dünne Oberflächenhaut zu besitzen. Aus diesem Grund zerfließen Wassertropfen nicht auf einer leicht geölten Glasplatte oder Wasser steht leicht über den Rand eines Reagenzglases, ohne abzulaufen **(Bild 1).**

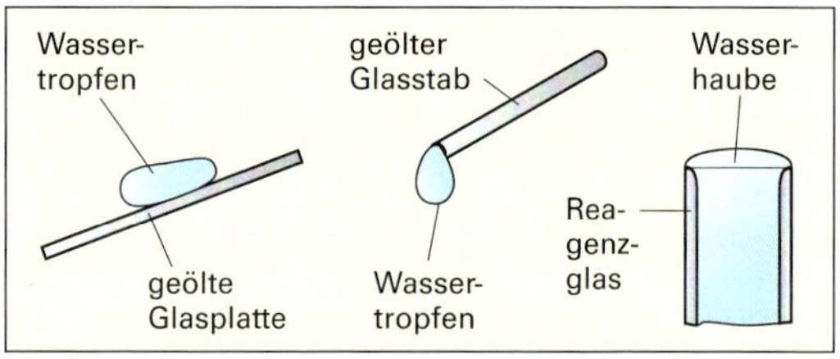

Bild 1: Das Phänomen Oberflächenspannung

Dieser „Hauteffekt" einer Flüssigkeitsoberfläche wird **Oberflächenspannung** (surface tension) genannt. Sie wird durch Kohäsionskräfte bewirkt. Zwischen den Teilchen im Innern einer Flüssigkeit herrschen in alle Raumrichtungen wirkende Anziehungskräfte, da dort ein Teilchen allseitig von anderen Teilchen umgeben ist **(Bild 2).** Die Kräfte heben sich im Innern insgesamt auf. An der Flüssigkeitsoberfläche fehlen die Teilchen zum Gasraum hin und damit ihre anziehenden Kräfte. Die Teilchen an der Oberfläche werden von den angrenzenden Teilchen zum Flüssigkeitsinnern hingezogen. Dadurch entstehen an der Flüssigkeitsoberfläche resultierende Kräfte in die Flüssigkeit; sie bewirken den Hauteffekt (die Oberflächenspannung).

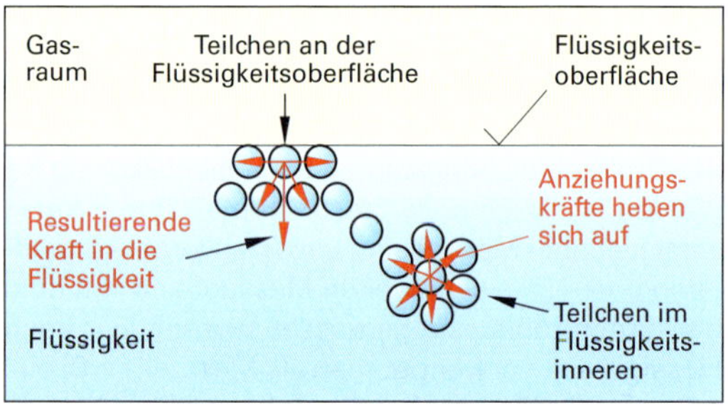

Bild 2: Molekulare Ursache der Oberflächenspannung

Zur Bildung von neuer Flüssigkeitsoberfläche müssen gegen die resultierenden Oberflächenkräfte Teilchen aus dem Flüssigkeitsinnern an die Oberfläche gebracht werden. Die dazu erforderliche Arbeit W pro gebildeter Oberfläche A ist die **Oberflächenspannung σ.**

Ihre Einheit ist:

$$[\sigma] = \frac{[W]}{[A]} = \frac{J}{m^2} = \frac{Nm}{m^2} = \frac{N}{m}$$

Oberflächenspannung

$$\sigma = \frac{W}{A}$$

Tabelle: Oberflächenspannungen (bei 20 °C)	
Flüssigkeiten	**Oberflächenspannung σ in N/m**
Diethylether	$17{,}0 \cdot 10^{-3}$
Ethanol	$22{,}3 \cdot 10^{-3}$
Aceton (Propanon)	$23{,}7 \cdot 10^{-3}$
Wasser	$72{,}8 \cdot 10^{-3}$
Quecksilber	$500 \cdot 10^{-3}$

Flüssige Metalle, wie z. B. Quecksilber, und polare Flüssigkeiten, wie z. B. Wasser, haben eine große Oberflächenspannung. Andere Flüssigkeiten, wie z. B. Aceton oder Ethanol, haben eine geringe Oberflächenspannung (**Tabelle**).

Die Oberflächenspannung nimmt mit steigender Temperatur ab, weil die Kohäsionskräfte durch die stärkere Teilchenbewegung geschwächt werden.

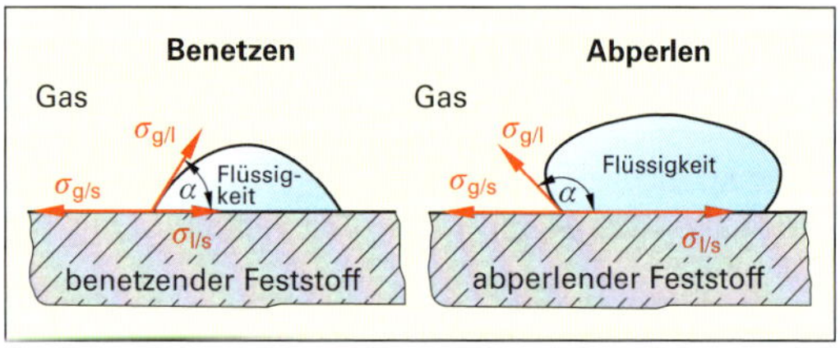

Bild 3: Benetzen und Abperlen auf Oberflächen

Die Oberflächenspannung σ ist der spezielle Fall der **Grenzflächenspannung** zwischen einer Flüssigkeit und der Luft. Wechselwirkungskräfte gibt es an allen Grenzflächen, z. B. auch zwischen Flüssigkeiten und Feststoffen. Veranschaulichen kann man dies an einem Tropfen auf einer Unterlage (**Bild 3**).

An der Berührungsstelle der drei Phasen fest/flüssig/gasförmig (am Tropfenrand) wirken drei Grenzflächenspannungen: $\sigma_{g/s}$, $\sigma_{g/l}$ und $\sigma_{l/s}$. Sie überlagern sich wie Kräfte.

Benetzen: Ist $\sigma_{g/s}$ groß, so wird der Tropfen auseinander gezogen: Der Randwinkel α ist kleiner als 90°, die Flüssigkeit benetzt den Feststoff. Dies kennt man z. B. von Wasser auf sauberer oder leicht geölter Glasfläche.

Abperlen: Ist $\sigma_{l/s}$ groß, so wird der Tropfen zusammengehalten. Der Randwinkel α ist größer 90°, die Flüssigkeit benetzt den Feststoff nicht. Sie liegt als Tropfen auf dem Feststoff und perlt ab, wie z. B. Wasser auf Autolack.

Durch Zugabe von oberflächenaktiven Stoffen, z. B. von Tensiden zu Wasser, kann die Grenzflächenspannung $\sigma_{l/s}$ stark herabgesetzt werden. Dadurch wird z. B. eine bessere Benetzung von Textilien durch Wasser erreicht und eine gründlichere Reinigung beim Waschen erzielt.

Das Benetzungsverhalten von Flüssigkeiten ist in vielen Bereichen von Bedeutung: bei Beschichtungen mit Anstrichstoffen, beim Reinigen von Metalloberflächen und bei der Flotation von Erzpulvern.

10.4.1 Bügelverfahren oder Ringverfahren

Das Messgerät für die Bestimmung der Oberflächenspannung mit dem Bügel- oder Ringverfahren nach DIN EN 14210 (stirrup or ring method) wird **Tensiometer** (tensometer) genannt. Es besteht aus einem Bügel oder Ring, der an einem Kraftmesser aufgehängt ist **(Bild 1)**.

Die Messflüssigkeit befindet sich in einer Schale auf einer Platte, die auf und ab gefahren werden kann. Zu Beginn der Messung ist die Platte hochgefahren, sodass der Messdraht in die Flüssigkeit eintaucht. Der Kraftmesser wird hier auf Null gestellt. Beim langsamen Absenken der Flüssigkeitsschale taucht der Messdraht aus der Flüssigkeit auf. Sie bleibt an ihm hängen und er zieht unter Aufwendung einer Kraft eine dünne Flüssigkeitshaut heraus. Sie reißt bei einer Höhe h ab. Die maximal gemessene Zugkraft F_z steht im Gleichgewicht mit der Kraft F_A, mit der die Oberflächenspannung auf beiden Seiten der Haut versucht den Messdraht in die Flüssigkeit zu ziehen.

Die Berechnungsformel für die **Oberflächenspannung** $\boldsymbol{\sigma}$ erhält man aus der Arbeit W, um die Flüssigkeitshaut herauszuziehen und der Hautoberfläche A: $\sigma = \frac{W}{A} = \frac{F_z \cdot h}{2\,(l \cdot h)}$

Für einen Drahtring mit dem Kreisumfang $U = \pi \cdot d$ berechnet sich die Oberflächenspannung nach der Beziehung: $\sigma = \frac{W}{A} = \frac{F_z \cdot h}{2\,(\pi \cdot d \cdot h)}$

Der Faktor 2 in den Gleichungen berücksichtigt die auf beiden Seiten der hochgezogenen Flüssigkeitshaut entstandenen Oberflächen.

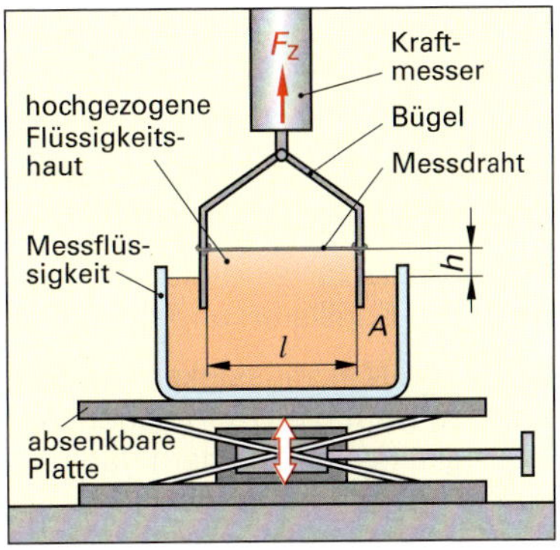

Bild 1: Tensiometer (Bügelverfahren)

Oberflächenspannung nach dem Bügel- oder Ringverfahren	
mit Messdraht:	$\sigma = \frac{F_z}{2 \cdot l}$
mit Drahtring:	$\sigma = \frac{F_z}{2 \cdot \pi \cdot d}$

Beispiel: Eine wässrige Ethanol-Lösung ergibt bei der Messung mit einem Tensiometer am Messdraht mit 40 mm Länge eine Abreißkraft von 4,56 mN. Welche Oberflächenspannung hat die Lösung?

Lösung: $\sigma = \frac{F_z}{2 \cdot l} = \frac{4{,}56\ \text{mN}}{2 \cdot 4{,}0 \cdot 10^{-2}\ \text{m}} \approx \mathbf{57\ mN/m}$

10.4.2 Tropfenmethode

Das Messgerät zur Messung der Oberflächenspannung nach der **Tropfenmethode** (drop method) wird **Stalagmometer** genannt. Es ist ein spezielles Glasrohr mit einem Messvolumen in einem Vorratsgefäß zwischen zwei Marken (M_1, M_2). Das untere Glasrohrende ist eine Kapillare mit einem Tropfenabreißende **(Bild 2)**. Die Messflüssigkeit fließt aus dem Vorratsgefäß durch die Kapillare zum Abreißende und bildet dort Tropfen. Je nach Oberflächenspannung der Messflüssigkeit fallen die Tropfen bei Erreichen einer charakteristischen Tropfengröße ab. Eine große Oberflächenspannung hält den Tropfen lange zusammen, sodass wenige große Tropfen aus dem Messvolumen entstehen, während eine geringe Oberflächenspannung viele kleine Tropfen abfallen lässt. Die Anzahl der Topfen z wird gezählt.

Das Stalagmometer wird mit einer Flüssigkeit bekannter Oberflächenspannung kalibriert (z.B. mit Wasser) und die Bestimmung mit nebenstehender Größengleichung ausgewertet.

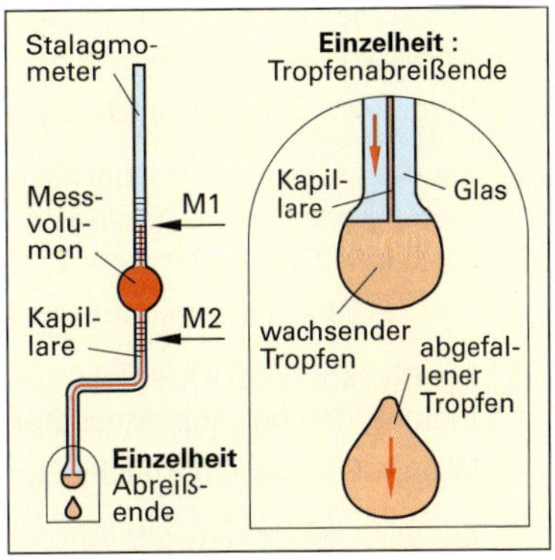

Bild 2: Stalagmometer

Oberflächenspannung nach der Tropfenmethode
$\sigma = \frac{\sigma(H_2O) \cdot z(H_2O)}{\varrho(H_2O)} \cdot \frac{\sigma(\text{Probe})}{z(\text{Probe})}$

Beispiel: Bei der Messung der Oberflächenspannung eines Netzmittels mit der Dichte $\varrho = 0{,}925\ \text{g/cm}^3$ in einem Stalagmometer werden $z = 193$ Tropfen gezählt. Die Kalibriermessung mit Wasser ($\varrho(H_2O) = 0{,}998\ \text{g/cm}^3$, $\sigma(H_2O) = 72{,}8\ \text{mN/m}$) hatte als Ergebnis $z(H_2O) = 88$ Tropfen. Wie groß ist die Oberflächenspannung des Netzmittels?

Lösung: $\sigma(\text{Netzmittel}) = \frac{\sigma(H_2O) \cdot z(H_2O)}{\varrho(H_2O)} \cdot \frac{\sigma(\text{Netzmittel})}{z(\text{Netzmittel})}$

$\boldsymbol{\sigma}(\textbf{Netzmittel}) = \frac{72{,}8\ \text{mN/m} \cdot 88}{0{,}998\ \text{g/cm}^3} \cdot \frac{0{,}925\ \text{g/cm}^3}{193} \approx \mathbf{31\ mN/m}$

10.4.3 Kapillarmethode

Taucht man eine Glaskapillare (Innendurchmesser weniger als 1 mm) in eine Flüssigkeit, so steigt die Flüssigkeit in der Kapillare hoch, bis sie eine Endsteighöhe h erreicht hat **(Bild 1)**.

Auf diesem Effekt beruht die **Kapillarmethode** (capillarry method) zur Bestimmung der Oberflächenspannung.

Ursache hierfür sind die Adhäsionskräfte zwischen der Glaswand der Kapillaren und der Messflüssigkeit.

Wenn die Messflüssigkeit die Glaskapillarenwand vollständig benetzt, zieht die Oberflächenspannung σ die zylinderförmige Flüssigkeitssäule mit dem Radius r_K mit der Kraft $F_K = U_{Rohr} \cdot \sigma = \pi \cdot 2\, r_K \cdot \sigma$ nach oben.

Entgegengesetzt nach unten wirkt die Gewichtskraft der Flüssigkeitssäule in der Kapillare: $F_G = V_{Fl} \cdot \varrho_{Fl} \cdot g = \pi \cdot r_K^2 \cdot h \cdot \varrho_{Fl} \cdot g$

Bei Erreichen der Endsteighöhe sind beide Kräfte gleich groß:

$$F_K = F_G$$

$$\pi \cdot 2 \cdot r_K \cdot \sigma = \pi \cdot r_K^2 \cdot h \cdot \varrho_{Fl} \cdot g$$

Durch Umstellen und Kürzen erhält man nebenstehende Bestimmungsgleichung für die Oberflächenspannung.

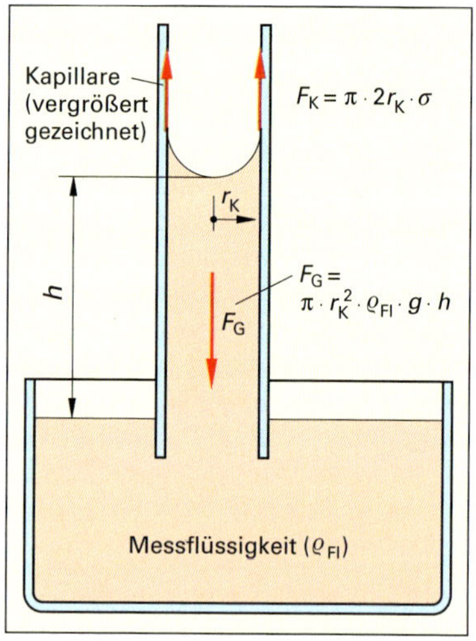

Bild 1: Kapillarmethode zur Bestimmung der Oberflächenspannung (Kapillare vergrößert dargestellt)

Oberflächenspannung nach der Kapillarmethode

$$\sigma = \frac{r_K \cdot h \cdot \varrho_{Fl} \cdot g}{2}$$

Beispiel: Eine Glaskapillare mit 0,23 mm Innendurchmesser taucht in Diethylether ein und zieht die Flüssigkeit 42,2 mm in der Kapillare hoch. Die Dichte von Diethylether ist $\varrho = 0{,}714\ g/cm^3$. Wie groß ist die Oberflächenspannung des Diethylethers?

Lösung:

$$r_K = \frac{d_K}{2} = \frac{0{,}23\ mm}{2} = 0{,}115\ mm; \quad \sigma = \frac{r_K \cdot h \cdot \varrho_{Fl} \cdot g}{2}$$

$$\sigma = \frac{0{,}115\ mm \cdot 42{,}2 \cdot 10^{-3}\ m \cdot 714\ kg/m^3 \cdot 9{,}81\ N/kg}{2}$$

σ(Diethylether) $\approx$ 17 mN/m

Aufgaben zur Bestimmung der Oberflächenspannung

1. In einer Messreihe wird mit einem Drahtring-Tensiometer die Oberflächenspannung eines Lösemittels gemessen. Der Drahtring-Durchmesser nach DIN beträgt 19,5 mm. Drei Messungen ergeben die Abreißkräfte: $F_1 = 3{,}25$ mN; $F_2 = 3{,}16$ mN; $F_3 = 3{,}31$ mN.
   Berechnen Sie die Oberflächenspannung des Lösemittels.
2. Bei der Messung der Oberflächenspannung von 1-Butanol ($\varrho = 0{,}8096\ g/cm^3$) mit einem Stalagmometer wurde bei 20 °C eine Tropfenzahl von $z = 216$ gezählt. Die Kalibriermessung mit Wasser von 20 °C ($\varrho = 0{,}9982\ g/cm^3$; $\sigma = 72{,}8$ mN/m) ergab eine Tropfenzahl von $z(H_2O) = 92$.
   Welche Oberflächenspannung hat 1-Butanol?
3. Die Messung der Oberflächenspannung eines Lösemittelgemisches mit einem Drahtbügel-Tensiometer ergab bei einer Messdrahtlänge von 3,9 cm eine mittlere Abreißkraft von 3,92 mN.
   Wie groß ist die Oberflächenspannung des Lösemittelgemisches?
4. Mit der Kapillarmethode wird die Oberflächenspannung einer Nährlösung der Dichte $\varrho = 1{,}027\ g/cm^3$ bestimmt. Der innere Kapillardurchmesser beträgt 0,21 mm. In einer Versuchsreihe werden folgende Steighöhen gemessen: 84,8 mm, 86,2 mm und 87,9 mm.
   Berechnen Sie die Oberflächenspannung der Nährlösung.
5. In einem Gefriertrockenturm werden stündlich 2,358 m^3 eines Kaffee-Extrakts zu Tropfen mit 60 µm Durchmesser versprüht (σ(Kaffee-Extrakt) = $82{,}5 \cdot 10^{-3}$ N/m). Der Wirkungsgrad der Sprühdüse beträgt 12,5 %. Welche Energie ist stündlich für das Versprühen aufzubringen?

10.5 Bestimmung der Partikelgrößenverteilung von Schüttgütern

In der chemischen Grundstoffindustrie sind die festen Ausgangsstoffe oder Produkte sogenannte Haufwerke oder Schüttungen: Erz- und Gesteinsmehle, Sande, Dünger usw. Sie bestehen aus Partikeln (Teilchen, Körner) unterschiedlicher Größe, die in verschiedenen Mengenanteilen vorhanden sind.

Häufig ist es erforderlich, die Partikelgröße (Korngröße) und deren Mengenanteil im Schüttgut zu kennen, um das günstigste Verfahren für die Weiterverarbeitung des Schüttguts ermitteln zu können.

Dann muss eine **Messung der Partikelgrößenverteilung,** auch **Partikelgrößenanalyse** genannt (particle size analysis), durchgeführt werden.

Erfolgt die Partikelgrößenanalyse mit Sieben, so nennt man sie **Siebanalyse** (sieve analysis).

Die Siebanalyse wird mit einer Prüfmaschine durchgeführt, in der sich ein genormter Prüfsiebsatz (DIN ISO 3310-1) mit nach unten kleiner werdender Siebmaschenweite befindet **(Bild 1).**

Die Prüfsiebe (test sieves) stellt man so zusammen, dass der gesamte Partikelgrößenbereich des zu prüfenden Schüttguts erfasst ist. In der Regel bilden 5 bis 10 Siebe einen Siebsatz.

Die Durchführung einer Siebanalyse ist in DIN 66165-2 genormt: Bei der Siebanalyse wird eine Probe des zu analysierenden Schüttguts oben auf einen Prüfsiebsatz gegeben und in der Siebmaschine eine bestimmte Zeit gerüttelt. Auf jedem Sieb findet eine Trennung des Schüttguts statt **(Bild 2).** Die Teilchen des Siebguts, die größer als die Maschenweite des Siebs sind, bleiben als **Rückstand *R*** auf dem Sieb liegen.

Sie bilden eine **Kornklasse Δd** mit Korngrößen zwischen der Maschenweite des oberen Siebes und der Maschenweite des Siebes, auf dem sie liegen.

Die Teilchen, die durch das Sieb auf das nächste tiefere fallen, werden als **Durchgang *D*** bezeichnet.

Für die Auswertung einer Siebanalyse müssen die Gesamtmasse der Probe des Schüttguts R_{ges} und die Massen der einzelnen Rückstände (R_1, R_2, R_3, ...) auf den Sieben gewogen werden.

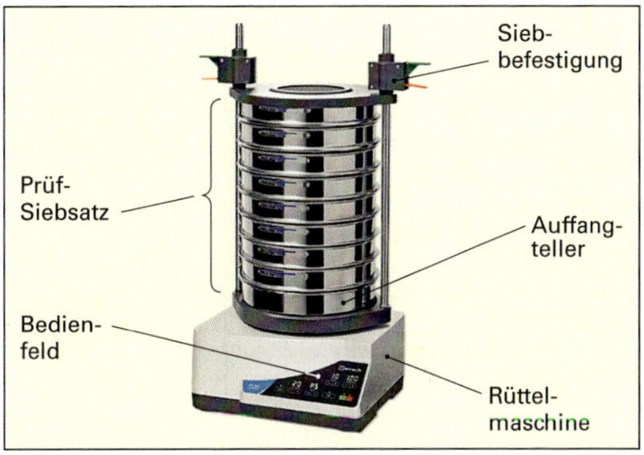

Bild 1: Prüfsiebmaschine

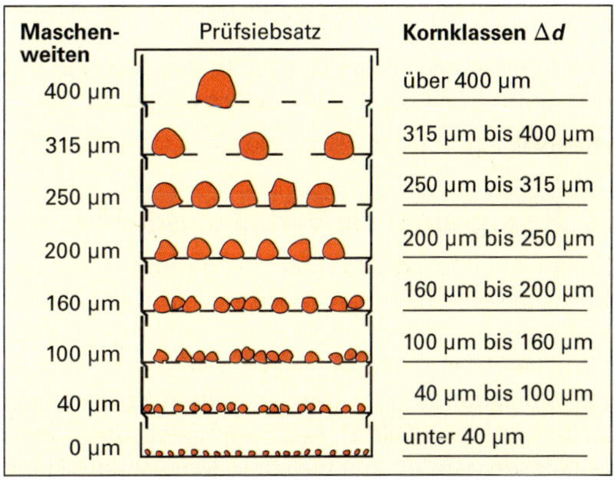

Bild 2: Prüfsiebsatz mit den Siebrückständen nach einer Siebung

10.5.1 Auswertung einer Siebanalyse

Die Auswertung von Siebanalysen ist nach DIN ISO 9276-1 genormt. Im folgenden wird an einem Beispiel die Auswertung erläutert. Dazu verwendet man einen Vordruck (Bild 1, Seite 328). Er besitzt einen Tabellenkopf mit Angaben zur Probe sowie die Maschenweiten des Prüfsiebsatzes.

In Spalte 1 werden die Kornklassen des Siebsatzes eingetragen. Die Nummer der Rückstände *R* wird vom Auffangteller (unten) nach oben durchgezählt (Spalte 2). Die Massen der einzelnen Rückstände stehen in Spalte 3. Daraus berechnet man mit der nebenstehenden Gleichung die Massenanteile w_R der einzelnen Rückstände. Sie werden in Spalte 4 eingetragen.

Beispiel: $w_{R7} = \frac{R_7}{R_{ges}} \cdot 100\,\% = \frac{7{,}6\text{ g}}{103{,}7\text{ g}} \cdot 100\,\% \approx \mathbf{7{,}3\,\%}$

Massenanteil

$$w_R = \frac{R}{R_{ges}} \cdot 100\,\%$$

Die Massenanteile der Rückstände werden vom gröbsten Sieb (R_8) ausgehend fortlaufend aufaddiert und in Spalte 5 als Rückstandssumme R_S eingetragen. Die Rückstandssumme R_S und die Durchgangssumme D_S (jeweils in %) auf einem Sieb ergeben zusammen jeweils 100 %.

Summe auf dem Sieb

$$R_S + D_S = 100\,\%$$

Analysenproben Nr.: 93 Material: Kalksteinmehl Probenmasse: 103,7 g Datum:
Maschinelle Siebung mit Metalldrahtsieben gemäß ISO 3310-1; Siebdauer: 15 min

		1	2	3	4	5	6
Maschenweite in µm	Prüfsiebsatz gemäß ISO 3310 (mit Haufwerk nach der Siebung)	Kornklasse Δd in µm	Rückstand Nr.	Masse Rückstand R in g	Massenanteil Rückstand w_R in %	Rückstandssumme R_s in %	Durchgangssumme D_s in %
400	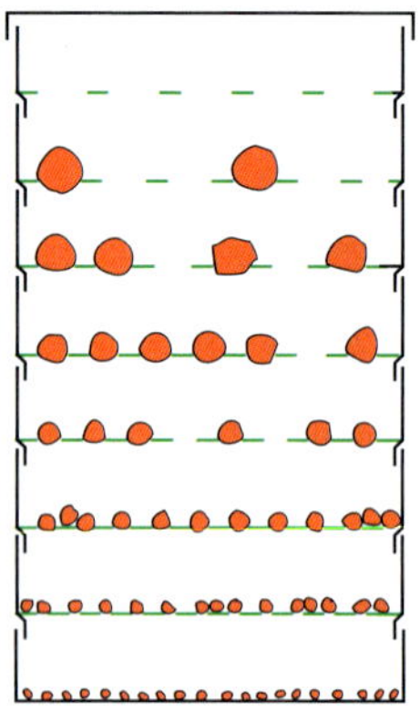	> 400	R_8	0	0	0	
315		315...400	R_7	7,6	7,3	7,3	100
250		250...315	R_6	14,3	13,8	21,1	92,7
200		200...250	R_5	16,2	15,6	36,7	78,9
160		160...200	R_4	18,9	18,2	54,9	63,3
100		100...160	R_3	22,4	21,6	76,5	45,1
40		40...100	R_2	20,2	19,5	96,0	23,5
0		0...40	R_1	4,1	4,0	100	4,0
			R_{ges} =	103,7	100,0		

Bild 1: Vordruck mit einem Beispiel einer Siebanalyse und deren Auswertung

Die **Durchgangssumme D_S** wird für das jeweilige Sieb über die Beziehung $D_S = 100\% - R_S$ des darüber stehenden Siebs errechnet und in Spalte 6 eingetragen.

Beispiel: $D_{S7} = 100\% - R_{S6} = 100\% - 21{,}1\% = 78{,}9\%$

Histogramm der Verteilungsdichte

Ein anschauliches Bild über die Massenanteile der Kornklassen erhält man im Histogramm der Verteilungsdichte (histogram of mass density distribution). Hierin sind die Massenanteile w_R der einzelnen Rückstände über den jeweiligen Kornklassen Δd aufgetragen **(Bild 2)**. Aus dem Histogramm kann abgelesen werden, mit welchem Massenanteil eine Kornklasse im Schüttgut vorliegt.

Beispiele: Für das Kalksteinmehl mit dem Histogramm der Verteilungsdichte von Bild 2 kann abgelesen werden:

- Am häufigsten ist die Kornklasse 100 µm bis 160 µm mit einem Massenanteil von 21,6% vorhanden.
- Das Kalksteinmehl besteht zu 19,5% + 21,6% + 18,2% = 59,3% aus der Kornklasse 40 µm bis 200 µm.

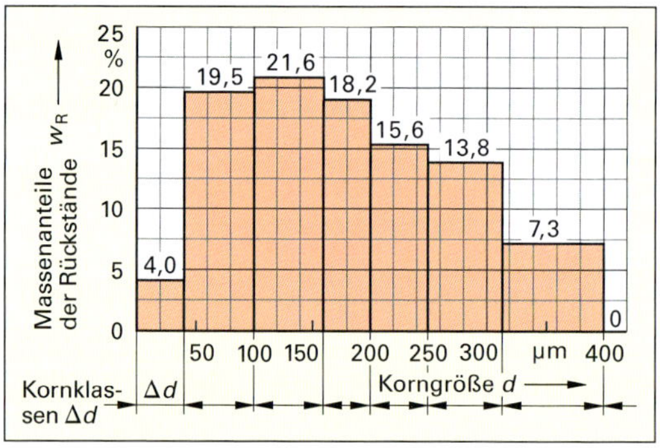

Bild 2: Histogramm der Verteilungsdichte

Histogramm der Rückstandssummen

Wird die Rückstandssumme R_S (Spalte 5 von **Bild 1**) über den jeweiligen Kornklassen Δd aufgetragen, so erhält man das Histogramm der **Rückstandssummen (Bild 3)**. Aus ihm kann abgelesen werden, welcher Massenanteil des Kalksteinmehls größer als eine bestimmte Korngröße ist.

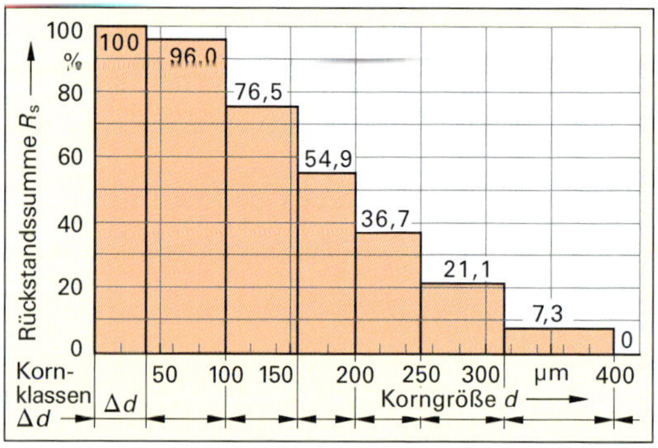

Bild 3: Histogramm der Rückstandssummen

Beispiel: Für das Kalksteinmehl mit dem Histogramm der Rückstandssummen von Bild 3 kann abgelesen werden: 36,7% der Masse des vorliegenden Kalksteinmehls haben eine Korngröße größer als 200 µm.

Histogramm der Durchgangssummen

Die Durchgangssumme D_S auf einem Sieb erhält man mit der Beziehung $D_{Sn} = 100\% - R_{Sn+1}$.

Beispiel: $R_{S4} = 54{,}9\% \Rightarrow D_{S3} = 100\% - R_{S4}$
$D_{S3} = 100\% - 54{,}9\% = 45{,}1\%$

Das Histogramm der Durchgangssummen wird erhalten, wenn die jeweilige Durchgangssumme über der Kornklasse aufgetragen wird **(Bild 1).**

Aus dem Histogramm der Durchgangssummen kann abgelesen werden, welcher Massenanteil des Schüttguts kleiner als eine bestimmte Korngröße ist.

Beispiel: 63,3% des Kalksteinmehls von Bild 1 haben eine Korngröße von weniger als 200 µm.

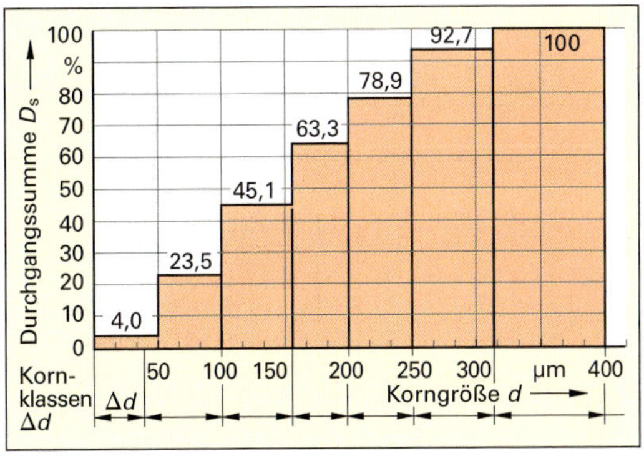

Bild 1: Histogramm der Durchgangssummen

10.5.2 Darstellung und Auswertung einer Siebanalyse im RRSB-Netz

Je nach Entstehung weisen Schüttgüter fester Stoffe charakteristische Arten der Kornverteilung auf. Diese Kornverteilung kann nach den Wissenschaftlern **R**osin, **R**ammler, **S**perling und **B**ennett durch eine mathematische Verteilungsfunktion beschrieben und grafisch in einem Koordinatenpapier, dem **RRSB-Netz** (RRSB-grid), dargestellt werden (Bild 1, Seite 330). In diesem genormten RRSB-Netz (DIN 66145) ist die Abszissenachse nach lg*d* und die Ordinatenachse doppelt logarithmisch nach lg [lg 1/(1 – D_S)] geteilt.

Trägt man die Durchgangssummen D_S (Spalte 6 von Bild 1, Seite 328) eines Schüttguts über dem Teilchendurchmesser *d* in ein RRSB-Netz ein, so erhält man eine das Schüttgut charakterisierende Kurve. Bei Schüttgütern, die aus Zerkleinerungsprozessen entstehen, sind die Kurven der Durchgangssumme im RRSB-Netz meist Geraden (siehe Bild 1, Seite 330).

Beispiel: Aus Spalte 6 der Tabelle in Bild 1, Seite 328, wird für die Korngröße größer 160 µm eine Durchgangssumme von 45,1% (= 0,451) abgelesen. Dieses Wertepaar wird im RRSB-Netz als Punkt eingetragen. Ebenso werden die anderen Wertepaare eingezeichnet. Die Punkte lassen sich annähernd zu einer Geraden verbinden, der sogenannten **RRSB-Geraden.** Die Lage und Neigung der RRSB-Geraden kennzeichnen die Kornverteilung des Schüttguts.

Aus der Geraden eines Schüttguts im RRSB-Netz können charakteristische Kennwerte des Schüttguts, die sogenannten **Feinheitsparameter,** bestimmt werden. Dazu enthält das RRSB-Netz in der linken unteren Ecke einen **Pol** sowie am oberen rechten Rand den **Randmaßstab *n*.**

Feinheitsparameter: Korngrößenmittelwert *d'* und d_{50}-Wert

Der Korngrößenmittelwert *d'*, auch $d_{63,2}$ genannt, ist ein Maß für die Feinheit des Haufwerks. Man erhält ihn, indem für eine Durchgangssumme von $D_s = 0{,}632$ (≙ 63,2 %) mit der RRSB-Geraden des Schüttguts der zugehörige Teilchendurchmesser bestimmt wird. Dazu liest man am Schnittpunkt der RRSB-Geraden mit der $D_S = 0{,}632$-Linie am Abszissenmaßstab den Teilchendurchmesser ab.

Als Korngrößenmittelwert kann auch der **d_{50}-Wert** angegeben sein. Er entspricht der Korngröße des Haufwerks bei einer Durchgangssumme von $D_S = 0{,}50$ (≙ 50 %).

Beispiel: Für das Schüttgut mit der RRSB-Geraden Nr. 6 (Seite 330) liest man ab: $d' \approx 200$ µm, $d_{50} \approx 170$ µm.

Feinheitsparameter: Gleichmäßigkeitszahl *n*

Die Gleichmäßigkeitszahl *n* ist ein Maß für die Gleichkörnigkeit eines Schüttguts.

Ein Schüttgut ist umso gleichkörniger, je steiler seine Gerade im RRSB-Netz verläuft. Ein Maß für die Gleichkörnigkeit ist die Steigung der Geraden im RRSB-Netz. Man drückt sie durch die Gleichmäßigkeitszahl *n* aus.

Die Gleichmäßigkeitszahl eines Schüttguts erhält man durch Zeichnen einer Parallelen zur Schüttgut-Geraden durch den Pol. Am Schnittpunkt der verlängerten Parallele mit dem *n*-Randmaßstab liest man *n* ab.

Beispiel: Für das Schüttgut Nr. 6 in Bild 1, Seite 330, beträgt die Gleichmäßigkeitszahl $n = 2{,}0$.

Mit den beiden Feinheitsparametern *d'* und *n* ist ein Schüttgut bezüglich seiner Korngrößen und ihrer Verteilung charakterisiert. Sind *d'* und *n* eines Schüttguts bekannt, so kann mit ihrer Hilfe im RRSB-Netz die RRSB-Gerade gezeichnet werden. Daraus können ohne Kenntnis der übrigen Daten der Siebanalyse die D_S-*d*-Wertepaare abgelesen werden. Daraus lassen sich das Histogramm der Durchgangssummen, das Histogramm der Rückstandssummen sowie das Histogramm der Verteilungsdichte zeichnen.

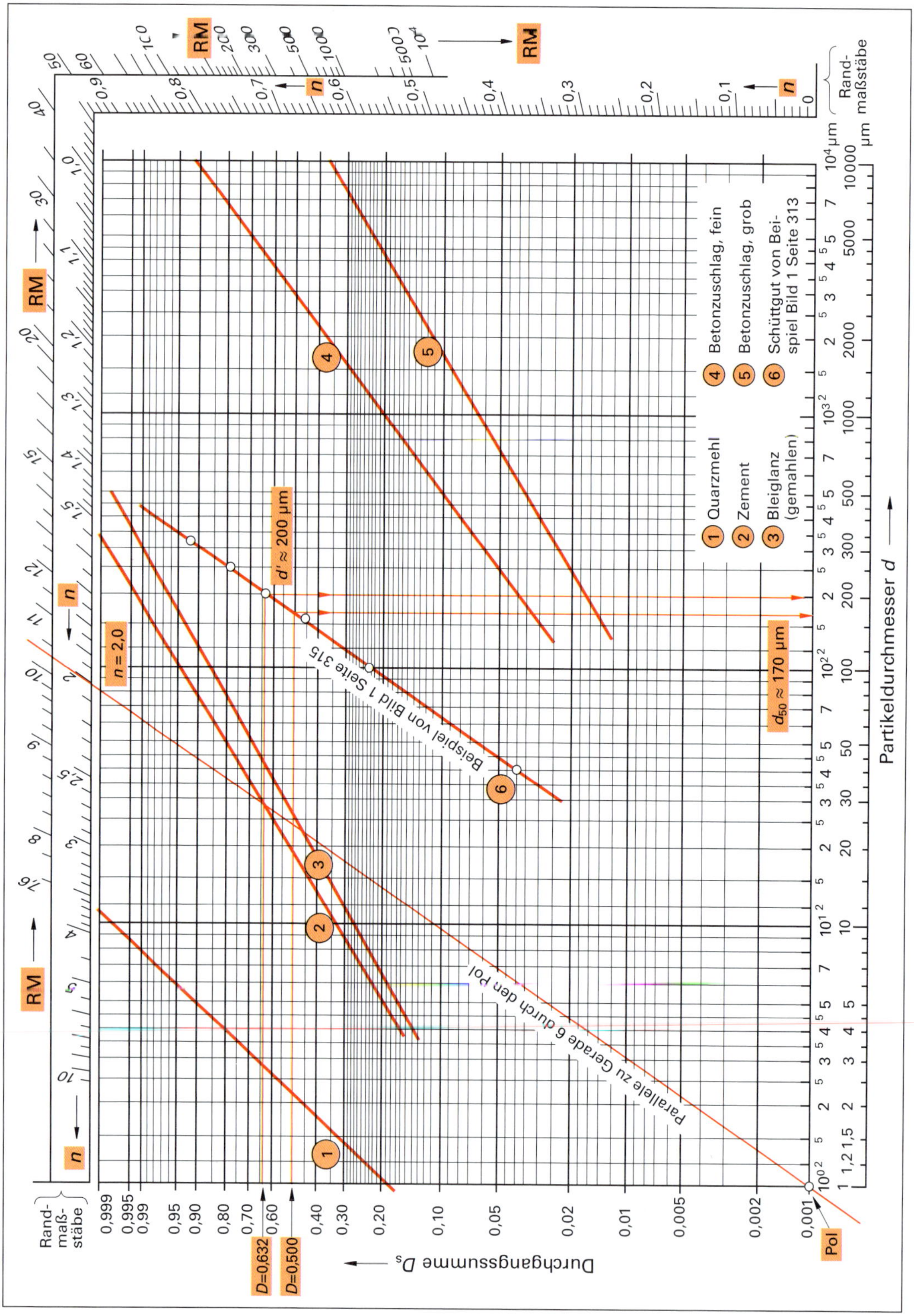

Bild 1: RRSB-Netz (gemäß DIN 66145) mit RRSB-Geraden verschiedener Schüttgüter

Hinweis: Eine Kopiervorlage für ein RRSB-Netz befindet sich auf Seite 350.

10.5.3 Bestimmung der spezifischen Oberfläche von Schüttgütern

Mit dem RRSB-Netz kann die spezifische Oberfläche eines Schüttguts einfach bestimmt werden. Dazu besitzt das RRSB-Netz am oberen und rechten Diagrammrand einen weiteren Randmaßstab (RM in Bild 1, Seite 330). Er verläuft in entgegengesetzter Richtung wie der Randmaßstab n.

Mit dem **Randmaßstab RM** kann die **volumenbezogene Oberfläche S_v** eines analysierten und durch eine RRSB-Gerade charakterisierten Schüttguts mit nebenstehender Gleichung bestimmt werden.

- S_v ist die volumenbezogene Oberfläche des Schüttguts. Darunter versteht man die Summe der Oberflächen aller Partikel pro Volumeneinheit des Haufwerks. Die Einheit von S_v ist cm^2/cm^3 oder m^2/cm^3.
- d' ist der Korngrößenmittelwert des Schüttguts (vgl. Seite 329). Er wird aus dem RRSB-Netz mit der $D_S = 0{,}632$-Linie bestimmt.
- φ ist ein stoffspezifischer Formfaktor. Für kugelförmige Teilchen ist $\varphi = 1$, für andere Teilchenformen ist $\varphi > 1$.
- Der RM-Wert eines Schüttguts wird beim Schnittpunkt der Parallelen der Haufwerksgeraden mit dem RM-Maßstab abgelesen (Bild 1, Seite 330).

Volumenbezogene Oberfläche eines Schüttguts

$$S_v = \frac{RM \cdot \varphi}{d'}$$

Die **massenbezogene Oberfläche S_m** erhält man durch Dividieren der volumenbezogenen Oberfläche S_v durch die Dichte ϱ des Schüttguts nach nebenstehender Größengleichung. Die Einheit von S_m ist cm^2/g.

Massenbezogene Oberfläche eines Schüttguts

$$S_m = \frac{S_v}{\varrho}$$

Beispiel: Wie groß ist die volumenbezogene und die massenbezogene Oberfläche des Schüttguts Nr. 6 in Bild 1, Seite 330? (Die Partikel sollen annähernd kugelförmig sein: $\varphi = 1$, ihre Dichte ist $\varrho = 2{,}34\ g/cm^3$)

Lösung: Aus dem RRSB-Netz (Bild 1, Seite 330) liest man für das Schüttgut Nr. 6 ab: Den Korngrößenmittelwert $d' \approx 200\ \mu m = 0{,}0200\ cm$ und den Randmaßstab RM $\approx 10{,}3$. Damit berechnet man:

$$\boldsymbol{S_v} = \frac{RM \cdot \varphi}{d'} \approx \frac{10{,}3 \cdot 1}{0{,}0200\ cm} \approx 515\ \frac{1}{cm} \approx 515\ \frac{1}{cm} \cdot \frac{cm^2}{cm^2} \approx \mathbf{515\ \frac{cm^2}{cm^3}}; \quad \boldsymbol{S_m} = \frac{S_v}{\varrho} \approx \frac{515\ cm^2/cm^3}{2{,}34\ g/cm^3} \approx \mathbf{220\ \frac{cm^2}{g}}$$

Aufgaben zur Siebanalyse

(Verwenden Sie die Kopiervorlagen der Seiten 349 und 350).

1. Bei einer Siebanalyse werden die in **Tabelle 1** aufgetragenen Rückstände gemessen.
   a) Berechnen Sie den Rückstand, die Rückstandssumme und die Durchgangssumme, jeweils in Prozent.
   b) Zeichnen Sie die Histogramme der Verteilungsdichte, der Rückstandssummen und der Durchgangssummen.
   c) Zeichnen Sie im RRSB-Netz die RRSB-Gerade ein.
   d) Bestimmen Sie die Feinheitsparameter d', d_{50} und n sowie die volumenbezogene Oberfläche des Schüttguts aus dem RRSB-Netz. ($\varphi = 1{,}24$)
2. Bei der Siebanalyse eines Schüttgutes werden auf den Sieben die nebenstehenden Rückstände gemessen **(Tabelle 2)**.
   a) Ermitteln Sie das Histogramm der Verteilungsdichte und das Histogramm der Rückstandssummen.
   b) Bestimmen Sie die Feinheitsparameter d', d_{50} und n im RRSB-Netz sowie die volumenbezogene und die massenbezogene Oberfläche des Schüttguts. ($\varphi = 1{,}4$; $\varrho = 2{,}129\ g/cm^3$)
3. Führen Sie die Auswertung der Siebanalysen von a) Aufgabe 1 und b) Aufgabe 2 mit einem Tabellenkalkulationsprogramm aus.
4. Bestimmen Sie für den Zement (Schüttgut Nr. ② in Bild 1, Seite 330) aus der RRSB-Geraden die Durchgangssumme und die Rückstandssumme für die Partikeldurchmesser: 5,6 µm, 8 µm, 16 µm, 31,5 µm, 45 µm, 90 µm, 125 µm. Zeichnen Sie ein Histogramm der Verteilungsdichte dieses Schüttguts.

Tabelle 1: Messwerte einer Siebanalyse (Aufgabe 1)
Einwaage: 75,7 g

Kornklassen in µm	Rückstand in g
> 500	0,0
400 bis 500	8,5
315 bis 400	12,2
200 bis 315	16,5
160 bis 200	18,4
100 bis 160	9,0
63 bis 100	8,5
0 bis 63	2,6

Tabelle 2: Messwerte einer Siebanalyse (Aufgabe 2)

Siebmaschenweite in mm	Rückstand in g
16,0	0
10,0	1,25
5,0	15,25
2,0	22,0
1,0	7,0
0,5	2,5
Siebteller	2,0

10.6 Auswertung einer Siebanalyse mit dem Tabellenkalkulationsprogramm Excel

Die Grundlagen der Auswertung von Messdaten und dem Zeichnen von Diagrammen mit dem Tabellenkalkulationsprogramm (TKP) Excel wurden in Kapitel 2.5 beschrieben (Seite 55 bis 65).

Im Folgenden wird die Nutzung des TKP Excel bei der Auswertung einer Siebanalyse erläutert.

Als Datenbasis dienen die in der Siebanalyse von Bild 1, Seite 323, ermittelten Werte der Rückstände bei den entsprechenden Kornklassen.

10.6.1 Rechnerische Auswertung der Siebanalyse mit Excel

Zunächst wird eine Eingabemaske erstellt **(Bild 1)**. Sie orientiert sich an der Tabelle der Siebanalyse in Bild 1, Seite 328.

In den Zeilen 1 und 2 werden die Bezeichnung der Aufgabe, die Probennummer und die Einwaage geschrieben. Die Zeilen 3 und 4 werden als Spaltenüberschriften gestaltet.

In die Zellen A5 bis A12 werden die Korngrößen Δd eingetragen. In die Zellen B5 bis B12 werden die Rückstande R der Siebanalyse eingeschrieben (von Seite 328).

Die Berechnungen zur Siebanalyse erfolgen mit Formeleinträgen in Excel-Schreibweise in die entsprechenden Zellen. Sie werden nacheinander in das Excel-Arbeitsblatt eingetragen. Durch Drücken der Enter-Taste oder Anklicken der nächsten Zelle erscheint der berechnete Zahlenwert in der Zelle.

	A	B	C	D
1	Siebanalyse			
2	Probe:	No. 99	Einwaage in g:	103,7
3	Kornklasse	Masse	Massenanteil	Rückstände
4	Δd in mm	Rückstand R in g	Rückstand w_R in %	Summe R_S in %
5	>400	0,0		
6	315...400	7,6		
7	250...315	14,3		
8	200...250	16,2		
9	160...200	18,9		
10	100...160	22,4		
11	40...100	20,2		
12	0...40	4,1		
13	R_{ges}	103,7		

Bild 1: Excel-Arbeitsblatt zur Siebanalyse mit Eingabemaske, Kornklassen und gewogenen Rückständen

Zuerst wird die Summe aller Rückstande R_{ges} ermittelt. Sie ist die Summe der Einzel-Rückstände und wird mit der Excel-Formel =SUMME(B5:B12) in Zelle B13 berechnet. Die Excel-Formel wird in die Zelle B13 eingeschrieben; sie erscheint gleichzeitig im Formelfeld f_x.

Der Betrag von R_{ges} wird mit dem Befehl Format/Zellen/Zahlen/Zahl und „linker Mausklick" LMK auf das Symbol 0,0 in der Menüleiste auf eine Dezimalstelle festgelegt. (Weitere Formatierungen auf Seite 328 in der Menüleiste Tabelle 1).

Als nächstes werden in der Spalte C (Zellen C5 bis C12) aus den Rückständen R der einzelnen Siebe die Massenanteile-Rückstände w_R nach der Formel $w_R = R/R_{ges}$ berechnet.

Die Berechnungsformel in Excel-Schreibweise lautet =(B5/$B$13)*100

Die Zellenadresse B13 ist für die ganze Aufgabe konstant und wird deshalb mit $-Zeichen eingerahmt.

Die Excel-Formel wird zuerst in die Zelle C5 geschrieben. Dann wird sie in die Zellen C6 bis C12 kopiert. Dazu wird die Zelle C5 mit LMK markiert. Nach Verschieben des Cursors auf die rechte untere Zellenecke, Anklicken und Ziehen mit gehaltener Maustaste nach unten bis C12, wird die Formel in die Zellen C6 bis C12 kopiert.

Um w_R in % zu erhalten, klickt man im Register Start im Menüfeld Zahl auf das %-Zeichen.

Um eine Genauigkeit mit **einer** Nachkommastelle zu erhalten, wird im Menüfeld Zahl das Symbol ←,0 ,00 angeklickt. Es erscheint Bild 2, ohne Spalte D.

	A	B	C	D
1	Siebanalyse			
2	Probe:	No. 99	Einwaage in g:	103,7
3	Kornklasse	Masse	Massenanteil	Rückstände
4	Δd in mm	Rückstand R in g	Rückstand w_R in %	Summe R_S in %
5	>400	0,0	0,0%	
6	315...400	7,6	7,3%	7,3%
7	250...315	14,3	13,8%	21,1%
8	200...250	16,2	15,6%	36,7%
9	160...200	18,9	18,2%	55,0%
10	100...160	22,4	21,6%	76,6%
11	40...100	20,2	19,5%	96,0%
12	0...40	4,1	4,0%	100,0%
13	R_{ges}	103,7		

Bild 2: Excel-Arbeitsblatt mit Berechnung des Massenanteil-Rückstands w_R und der Rückstandssumme R_S

Als letztes werden in Spalte D die Summen der Rückstände (Rückstandssummen) R_S berechnet. Die Rückstandssumme einer Zelle ist jeweils die Summe des Massenanteil-Rückstands w_R der Zelle plus der Summe R_S in der vorhergehenden Zelle.

Der Formeleintrag in Excel-Schreibweise in der als erstes zu berechnenden Zelle D6 lautet =SUMME(C6+D5).

Das Prozentformat von R_S wird durch Anklicken von % in der Symbolleiste festgelegt und die Anzahl der Dezimalstellen wird mit dem Symbol 0,0 auf eine Dezimalstelle bestimmt. In Bild 2, Seite 332, wird die Spalte D angezeigt. Damit ist die Auswertung der Siebanalyse abgeschlossen.

Angabe von Werten mit Einheiten in Excel

Bei der Angabe von Werten mit Einheiten müssen die Einheiten vorher festgelegt werden. **Tabelle 1** zeigt einige Beispiele zur Festlegung der Einheit.

Tabelle 1: Hinweise zur Formatierung von Zelleninhalten mit Excel

Formatierung	RMK/Zellen formatieren/Zahlen/Benutzerdefiniert	Ausgabe-Beispiel
Ziffer 23,23 mit dem Einheitenzeichen mL ausgeben	*Benutzerdefiniert/Eingabe: 0,00 „mL"*	23,23 mL
Ziffer 2,34 mit dem Einheitenzeichen g/cm³ ausgeben	*Benutzerdefiniert*/Eingabe 0,00 „g/cm³" (Eingabe der Ziffer 3 mit den Tasten AltGr + 3)	2,34 g/cm³
Dezimalzahlen nach dem Komma ausrichten (die Zellen rechtsbündig formatieren)	*Benutzerdefiniert*/Eingabe: 0,0??? (0??? für Ziffern mit maximal 4 Dezimalstellen)	23,4423 1845,98 2,3

Aufgabe zur rechnerischen Auswertung einer Siebanalyse mit Excel

1. Bei einer Siebanalyse erhält man die nebenstehend gezeigten Daten. Führen Sie mit Excel eine Siebanalyse-Auswertung durch:
   a) Erstellen Sie die Eingabemaske
   b) Tragen Sie die gegebenen Daten der Siebanalyse ein
   c) Berechnen Sie die Massenanteil-Rückstände w_R in %
   d) Berechnen Sie die Rückstandssummen R_S in %.

Kornklassen Δd in mm	Rückstand R in g
> 16	1,4
> 10	4,6
> 5	19,5
> 2	21,7
> 1	9,3
> 0,5	3,8
< 0,5	2,6

10.6.2 Erstellen von Diagrammen zur Siebanalyse mit Excel

Die Diagrammarten zur grafischen Darstellung der Ergebnisse einer Siebanalyse wurden auf den Seiten 328, 329 eingeführt und erläutert. Dies sind vor allem das **Histogramm der Verteilungsdichte** und das **Histogramm der Rückstandssummen.** Sie erlauben einen raschen Überblick über die Rückstände und deren Verteilung über den Korngrößen.

Im vorliegenden Kapitel wird die Erstellung dieser Diagramme mit dem TKP Excel beschrieben. Die nachfolgend gezeigten Diagramme sind mit den Messwerten der Siebanalyse von Seite 328 erstellt.

Im **Histogramm der Verteilungsdichte** (Bild 1, Seite 328) sind die Masseanteil-Rückstände w_R über der Kornklasse Δd aufgetragen. Im erstellten Excel-Arbeitsblatt (Bild 2, Seite 332) ist die Kornklasse Δd in Spalte A und die Masseanteil-Rückstände w_R in Spalte C gelistet.

Zum Erstellen der Histogramme muss das Excel-Berechnungsblatt der Siebanalyse aufgerufen sein (Bild 2, Seite 332).

Zur **Erstellung des Histogramms der Verteilungsdichte** werden mit der linken Maustaste bei gedrückter Strg-Taste die Datenbereiche in der Tabelle für das Diagramm markiert: Dies sind die Zellen A5:A12 und Zellen C5:C12.

Das Histogramm wird über die Befehle Einfügen/Diagramme/Säule/2D-Säule/Gruppierte Säule eingefügt.

Um die Kornklassen in der gewünschten, aufsteigenden Reihenfolge zu formatieren, markiert man das Histogramm durch LMK auf die Diagrammfläche. Dazu gibt man den Befehl Layout/Achsen/Horizontale Primärachse/Achse von rechts nach links zeigen ein.

Damit die Beschriftung der y-Achse auf der linken Diagrammseite angezeigt wird, führt man einen RMK auf die x-Achse aus, und gibt dann den Befehl Achse formatieren/Achsenoptionen/Vertikale Achse schneidet: Bei größter Rubrik ein.

Es erscheint auf dem Excel-Arbeitsblatt das nebenstehende **Bild 1**.

Die Diagrammposition und die Diagrammgröße können durch LMK auf die Diagrammfläche und Verziehen verändert werden.

Die Schrägstellung der Achsenbeschriftung wird erreicht durch einen RMK auf die Optionen Achse/Achse formatieren/Textoptionen/Testfeld/Benutzerdefinierter Winkel und Auswählen des gewünschten Neigungswinkels, z. B. 45°.

Die Überschrift, die Achsenbeschriftung, die Formatierung der Achsen sowie die farbliche Gestaltung der Diagrammflächen können durch Anklicken des +-Zeichens am rechten oberen Diagrammeck und Auswählen der Optionen festgelegt werden. Damit ist das Histogramm der Verteilungsdichte fertig.

Bei der Erstellung des **Histogramms der Rückstandssummen** wird entsprechend der beschriebenen Reihenfolge bei der Erstellung des Histogramms der Verteilungsdichte vorgegangen. Als Datenbasis sind die Zellen A5:A12 und D5:D12 von Bild 2, Seite 332, zu verwenden. Man erhält das in **Bild 2** gezeigte Diagramm.

Die Diagramme bleiben bei der Erstellung und Bearbeitung jeweils mit den Daten in der Tabelle des Siebanalyse-Arbeitsblatts verknüpft. Änderungen von Siebmaschenweiten oder Rückstands-Messwerten in der Arbeitsblatt-Tabelle (Bild 2, Seite 332) führen automatisch zur Änderung der berechneten Werte sowie der Diagramme (Bild 1 und Bild 2).

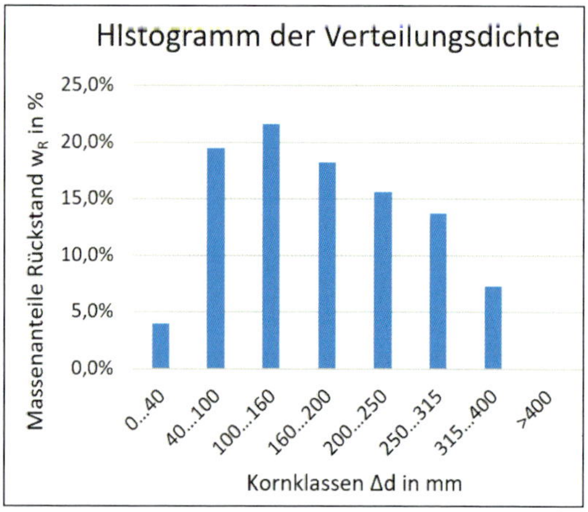

Bild 1: Histogramm der Verteilungsdichte (mit Excel) (Daten des Beispiels von Seite 328)

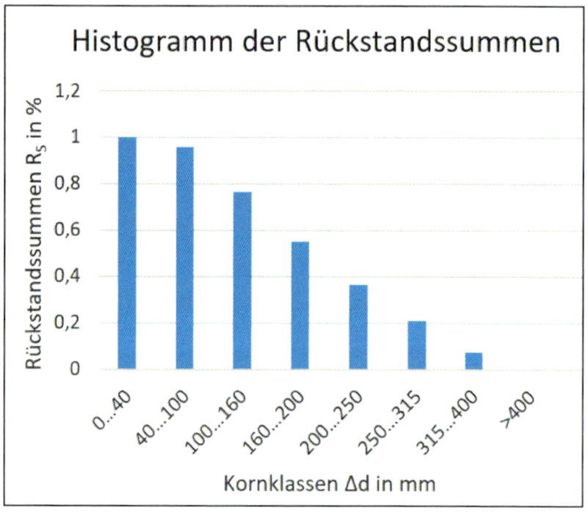

Bild 2: Histogramm der Rückstandssummen (mit Excel) (Daten des Beispiels von Seite 328)

Aufgaben zum Erstellen von Diagrammen zur Siebanalyse mit Excel

1. Übernehmen Sie von der Aufgabe von Seite 333 Mitte das erstellte Excel-Arbeitsblatt mit den Spalten Kornklassen Δd, Massenanteil-Rückstände w_R in % und Rückstandssummen R_S in %. Erstellen Sie mit diesen Daten mit Excel die Diagramme
   a) Histogramm der Verteilungsdichte
   b) Histogramm der Rückstandssummen.

2. Bei der Siebanalyse eines Schüttgutes werden auf den Sieben die nebenstehenden Rückstände ausgewogen **(Tabelle)**.
   a) Erstellen Sie mit Excel eine Eingabemaske zur Auswertung der Siebanalyse.
   b) Ermitteln Sie die Massenanteil-Rückstände w_R und die Rückstandssummen R_S in Prozent.
   c) Erstellen Sie mit dem TKP Excel das Histogramm der Verteilungsdichte und das Histogramm der Rückstandssummen.

Tabelle: Siebanalyse (Aufgabe 2)

Kornklassen Δd in µm	Rückstand R in g
>400	0
>315	6,6
>250	11,5
>200	16,7
>160	18,2
>100	26,5
>40	14,8
<40	3,6

11 Qualitätssicherung

Maßnahmen zur **Qualitätssicherung** (quality control) haben in der chemischen Produktion, bei der Konditionierung (Aufbereitung) und Abfüllung der Produkte eine immer größere Bedeutung erlangt. Garantierte Qualität ist für die Wettbewerbsfähigkeit der Chemie- und Pharmaunternehmen heute unverzichtbar.

Qualität kann man allgemein als Übereinstimmung zwischen den Anforderungen des Kunden an ein Produkt und den tatsächlichen Eigenschaften des Produkts definieren. Voraussetzung der Qualitätssicherung ist die Bestimmung der Prozessbedingungen und der Produkteigenschaften (Messdaten).

Aufgrund der Vielzahl der Messdaten produktionsbegleitender Qualitätsüberwachung hat die Anwendung statistischer Methoden bei der Prozesssteuerung (Statistical Process Control, SPC) große Bedeutung.

Die Prozesslenkung und die Aufrechterhaltung der Qualität erfolgen auf der Basis regelmäßig erfasster Messwerte bzw. entnommener Stichproben, meist ohne eine 100-%-Kontrolle.

11.1 Erfassung der Verteilung von Messwerten

Ein Messvorgang, z. B. das Wiegen abgefüllter Gebinde, unterliegt vielen Fehlereinflüssen.

Es gibt **systematische Fehlereinflüsse**, wie z. B. einen falsch eingestellten Nullpunkt bei einer Waage. Dies bewirkt eine Verschiebung der Messwerte in eine Richtung.

Daneben gibt es zahlreiche **unsystematische Fehlereinflüsse**, wie z. B. bei einer Waage die im Tagesverlauf sich ändernde Temperatur, anhaftendes Schüttgut an der Aufhängung des Gebindes, Schmutzablagerungen usw. Diese unsystematischen Fehlereinflüsse führen zur Streuung der Messwerte um den Sollwert.

Eine Methode zur Erfassung der Streuung der Messwerte ist das Führen einer **Datensammelkarte.**
Eine relativ einfache, aber effektive Form der Datenerfassung in einer Sammelkarte ist die **Strichliste (Bild 1).**

In ein vorbereitetes Formular oder ein Datenblatt werden die Messergebnisse in einer Zeile, die einer Messwert-Klassenbreite entspricht, mit einem Strich markiert. Fünf Striche werden zu einem 5er-Päckchen zusammengefasst.

Zum **Erstellen einer Datensammelkarte** (Strichliste) muss die **Klassenbreite *b*** ermittelt werden. Die Ermittlung erfolgt mit den nebenstehenden Formeln. Sie sind aus der Statistik hergeleitet.

Die Spannweite R aller Messwerte ist $x_{max} - x_{min}$.

Die Anzahl der Klassen ist $k = \sqrt{n}$. Mit diesen Größen kann die Klassenbreite b berechnet werden. Damit wird die Spannweite der Messwerte in Klassen unterteilt (Bild 1). Sie soll 5 bis 10 betragen.

Dann werden die Messwerte in die jeweilige Zeile der Strichliste als Strich eingetragen. Anschließend zählt man die Anzahl der Messwerte jeder Klasse und trägt sie in das Formular ein (Bild 1). Messwerte, die mit einer oberen Klassengrenze übereinstimmen (z. B. m = 80,0 kg), werden jeweils der nächsthöheren Klasse zugeordnet.

Zum Schluss wird der Anteil x_W der einzelnen Klassen mit nebenstehender Gleichung berechnet.

	A	B	C	D	E	F	G	H
1	**Tabelle: Datensammelkarte der Einwie-**							
2	**gemassen der Abfüllanlage K72**							
3	Klasse	**Sollwert: 80,0 kg;**			**Toleranz: + 2,4 kg**			
4		Masse in kg		Anzahl Wägungen			An-	Anteil
5	Nr.	von	bis	pro Klassenbreite			zahl	in %
6	0	79,7	80,0				0	0,0
7	1	80,0	80,3	|			1	2,0
8	2	80,3	80,6	|||			3	6,0
9	3	80,6	80,9	卌 |||			8	16,0
10	4	80,9	81,2	卌卌卌 ||			17	34,0
11	5	81,2	81,5	卌卌 ||			12	24,0
12	6	81,5	81,8	卌 |			6	12,0
13	7	81,8	82,1	|||			3	6,0
14	8	82,1	82,4				0	0,0
15					Summen:		50	100,0

Bild 1: Datensammelkarte in Form einer Strichliste in einem Excel-Blatt

Berechnungen zur Datensammelkarte

Spannweite

$$R = x_{max} - x_{min}$$

Klassenbreite

$$b = \frac{R}{k}$$

Anzahl der Klassen

$$k = \sqrt{n}$$

mit n = Anzahl der Messwerte

Anteil einer Klasse an der Gesamtzahl

$$x_W = \frac{\text{Anzahl der Striche einer Klasse}}{\text{Gesamtzahl aller Striche}}$$

Beispiel 1: Von den Gebinden der Abfüllanlage K 72 wurden 50 Stichproben ausgewogen und dabei folgende Messwerte (in kg) erhalten. Die Mindest-Einwiegemasse beträgt 80,0 kg, die Toleranz +2,4 kg:

80,0	81,4	81,2	80,9	81,6	81,4	82,0	81,2	80,6	81,0	80,8	81,3	82,0	80,5	81,0	81,5	80,8	81,1	81,2	80,3	81,1	81,0	80,7	81,3	81,6
81,0	81,4	81,3	81,1	80,8	80,9	81,3	81,1	80,6	81,7	81,1	80,4	81,4	81,8	81,3	80,7	81,1	81,1	81,0	80,6	81,0	80,9	81,6	81,6	80,9

a) Berechnen Sie die Spannweite R sowie die Anzahl k der Klassen und die Klassenbreite b.

b) Erstellen Sie eine Datensammelkarte mit Strichliste. c) Berechnen Sie die Anteile der Einzel-Klassen.

Lösung: a) mit x_{max} = 82,0 kg und x_{min} = 80,0 kg folgt: Spannweite $\boldsymbol{R} = x_{max} - x_{min}$ = 82,0 kg – 80,0 kg = **2,0 kg**

mit n = 50 folgt die Anzahl der Klassen $\boldsymbol{k} = \sqrt{50} = 7{,}07$ ⇒ Es wird gewählt $\boldsymbol{k}$ **= 8 Klassen**

Damit berechnet man die Klassenbreite $\boldsymbol{b} = \frac{R}{k} = \frac{2{,}0\ \text{kg}}{8} = 0{,}25\ \text{kg} \approx$ **0,3 kg**

b) Die Strichliste ist in der **Tabelle** auf Seite 335 abgebildet.
Die Klasse Nr. 1 ist eine Klassenbreite (0,3 kg) unterhalb der Mindest-Einwaage von 79,7 kg bis 80,0 kg.
Die Klasse Nr. 2 ist: 80,0 kg bis 80,3 kg, die Klasse Nr. 2 ist 80,3 kg bis 80,6 kg usw.
Die letzte Klasse Nr. 8 ist eine Klassenbreite über der letzten Klasse mit Messwerten: 82,1 kg bis 82,4 kg.

c) Der Anteil einer Klasse, z. B. für die Klasse 5 (81,2 bis 81,5 kg), berechnet sich zu: $x_{w5} = \frac{\text{Anzahl der Striche}}{\text{Summer aller Striche}} = \frac{12}{50} = 0{,}240 = \mathbf{24{,}0\ \%}$

Die Anteile aller Klassen sind in der letzten Spalte in Bild 1, Seite 335, eingetragen.

Die Streuung innerhalb einer Datenreihe kann auch anschaulich in einem **Histogramm** (ein spezielles Säulendiagramm) grafisch dargestellt werden **(Bild 1)**. Dort werden die Häufigkeitsanteile jeder Klassenbreite über der Klasse (Messwertspanne) aufgetragen.

Im nebenstehenden Histogramm sind die Werte der Datensammelkarte von Bild 1, Seite 335, verwendet.

Das Histogramm ermöglicht Rückschlüsse auf die Genauigkeit des Prozesses, die Zentrierung auf den Toleranzmittelwert, die Normalverteilung einer Stichprobe u. a.

Über die Form der Verteilung der Messwerte kann man auf Fehler im Prozess schließen.

Beispiel 2: Beurteilen Sie anhand des Histogramms von Bild 1 die Qualität der Abfüllanlage K 72.

Lösung:
1. Alle Stichprobenwerte liegen oberhalb der Mindest-Einwaage. ⇒ Gut
2. Alle Werte liegen innerhalb der Toleranzgrenzen zwischen 80,0 kg und 82,4 kg. ⇒ Gut
3. Die Messwerte sind annähernd normalverteilt, da die größte Häufigkeit etwa mittig zwischen den Toleranzgrenzen liegt. ⇒ Gut

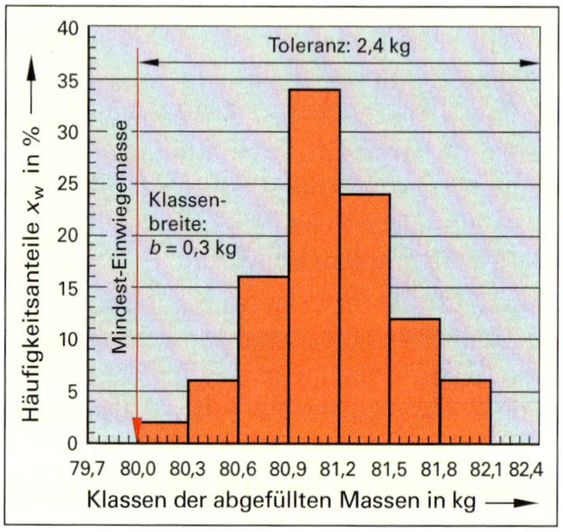

Bild 1: Histogramm der abgefüllten Massen der Abfüllanlage K 72

Aufgaben zur Erfassung der Verteilung von Messwerten

1. Eine Abfüllanlage für ein flüssiges Waschmittel soll Flaschen mit je 2000 mL Inhalt füllen. Die Spezifikationsgrenze ist mit 2000 mL + 80 mL angegeben. Die Stichprobenergebnisse sind in folgender Urwertliste festgehalten:

Abweichung des Volumens von Waschmittel-Flaschen in mL												
+14	+55	+38	+48	+45	+16	+30	+40	+53	+40	+24	+50	+38
+35	+38	+24	+60	+62	+65	+35	+25	+40	+44	+55	+30	+52

a) Berechnen Sie die Spannweite R, die Anzahl der Klassen k und die Klassenbreite b.
b) Erstellen Sie eine Datensammelkarte mit Strichliste.
c) Berechnen Sie die Anteile der Klassen.
d) Stellen Sie die Messwerte in einem Histogramm dar.
e) Beurteilen Sie die Verteilung der Werte.

2. Der Gehalt an Fällungsmittel in einer Lösung soll zwischen 325 mg/L und 350 mg/L liegen. Folgende Messwerte in mg/L wurden bei Stichproben erhalten:

336	330	343	332	339	337	339	335	328	346	337	340	343	331	335	336	340	333	333	338	342	339	337	336
340	341	337	327	337	334	336	335	333	333	340	337	347	339	344	339	335	338	332	332	334	327	341	343

Untersuchen und bewerten Sie die Messwertreihe nach dem Schema a) bis e) von Aufgabe 1.

3. In einer petrochemischen Anlage wird ein Hydrauliköl der Viskositätsklasse ISO VG 46 hergestellt (Sollwert der kinematischen Viskosität bei 40 °C: ν = 46,0 mm²/s). Nach Stichprobenplan wird alle 45 min eine Probe gezogen, die Viskosität ν mit einem Rotationsviskosimeter bei 40 °C gemessen. Die zulässige Toleranz ist mit ± 5 % angegeben. Die **Tabelle** zeigt die Messwerte der letzten 26 Proben:

Messprotokoll vom 19.03.2017, ISO VG 46, Viskosität in mm²/s												
46,2	46,3	46,0	45,1	47,1	45,7	44,9	47,3	46,2	46,3	45,9	46,1	47,5
46,0	46,4	46,8	46,9	45,3	46,6	45,9	46,1	46,1	45,5	46,7	45,6	43,9

a) Berechnen Sie aus den Angaben den oberen und den unteren Grenzwert.

b) Untersuchen und bewerten Sie die Messwertreihe nach dem Schema a) bis e) von Aufgabe 1.

11.2 Qualitätssicherung mit Qualitätsregelkarten

Die **Qualitätsregelkarte** (kurz **QRK,** control chart) ist ein wichtiges Werkzeug zur Qualitätssicherung, das im Rahmen der statistischen Prozesslenkung (kurz SPC) eingesetzt wird. Man unterscheidet QRK für **qualitative** (attributive) Qualitätsmerkmale, wie z. B. in Ordnung/nicht in Ordnung oder Fehler je Prüfeinheit, sowie QRK für **quantitative** (variable) Merkmale, wie z. B. Messwerte oder Zählwerte.

Im Folgenden sollen Regelkarten für Messwerte erläutert werden.

11.2.1 Aufbau und Funktion von Qualitätsregelkarten

In einer Qualitätsregelkarte (QRK) werden die aus dem Prozess gewonnenen Messwerte eines Qualitätsmerkmals in ein Diagramm eingetragen **(Bild 1)**. Die Abszisse (x-Achse) stellt die Probennummer oder den zeitlichen Ablauf dar (z. B. Uhrzeit, Prüfperiode, Schicht), während auf der Ordinate (y-Achse) die Kenngröße des Qualitätsmerkmals (z. B. die Masse, eine Gehaltsgröße, die Dichte) aufgetragen ist.

In die QRK wird der Sollwert M als horizontale Linie eingetragen. Dadurch kann man die Lage der Messwerte zum Sollwert gut erkennen.

Man unterscheidet folgende Qualitätsregelkarten:

Als **Urwertkarte**, auch x-Karte genannt, bezeichnet man die QRK, wenn die Einzel-Messwerte x eingetragen werden (Bild 1).

Außerdem gibt es QRK mit statistischen Größen der Messwerte, wie z. B. dem Mittelwert (Seite 338).

Wird in eine QRK nur eine Messgröße aufgetragen, nennt man die QRK **einspurig** (**Bild 1** und **Bild 2**), bei zwei aufgetragenen Messgrößen **zweispurig** (Bild 1, Seite 338).

In die QRK sind Regelgrenzen eingezeichnet. Sie geben die Grenzen an, in denen der Prozess geführt werden soll. Dies können sein: **Toleranzgrenzen TG, Eingriffsgrenzen EG** und **Warngrenzen WG**.

Sollen in einer QRK bei einem Qualitätsmerkmal Abweichungen in nur eine Richtung überwacht werden (Über- oder Unterschreiten eines Grenzwertes), so spricht man von einer **einseitigen Regelkarte** (Bild 1). Sie hat nur eine obere Toleranzgrenze OTG und entsprechend nur eine obere Eingriffsgrenze OEG und eine obere Warngrenze OWG.

Beispiele für einseitige Regelgrenzen:
- Im Trinkwasser dürfen laut TVO maximal 25 mg/L Nitrat-Ionen enthalten sein.
- VE-Wasser aus einer Ionenaustauscheranlage darf eine Grenzleitfähigkeit von z. B. 0,2 µS/cm nicht überschreiten.

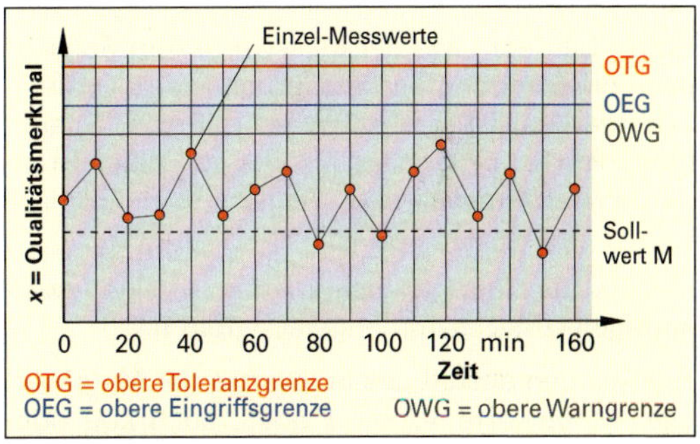

Bild 1: Aufbau einer einspurigen, einseitigen Urwert-Qualitätsregelkarte

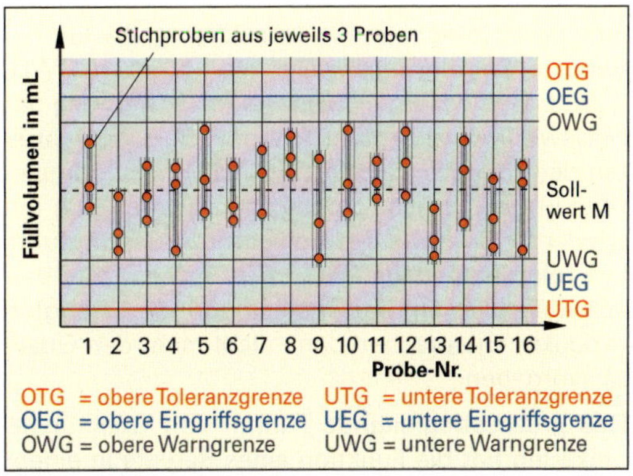

Bild 2: Aufbau einer einspurigen, zweiseitigen Urwert-Qualitätsregelkarte mit 3er-Stichproben

Wird das Über- und Unterschreiten von Grenzwerten mit QRK überwacht, trägt man obere und untere Toleranz- und Eingriffsgrenzen ein: OTG, UTG; OEG, UEG. Die QRK ist dann **zweiseitig** (Bild 2, Seite 337).

Beispiel: Die Füllmengen bei maschinell abgefüllten Lackdosen haben ein Mindest- und ein Höchstvolumen.

Anstatt der Einzelmesswerte (Bild 1, Seite 337) können auch **Stichproben mit mehreren Einzelwerten** in die QRK eingetragen sein. Bild 2, Seite 337, zeigt beispielsweise eine QRK, in der Stichproben aus jeweils drei Einzelproben eingetragen sind. Die Stichproben-Einzelwerte geben nicht nur die Lage der Messwerte zum Sollwert M wieder, sondern auch die **Streuung** der Messwerte innerhalb einer Stichprobe. Allerdings ist diese manuelle Methode der QRK sehr zeitaufwendig und unübersichtlich.

Um den Prozessverlauf besser beurteilen zu können, werden anstatt der Urwerte **statistisch aufbereitete Messwerte** wie z.B. der arithmetische Mittelwert $\bar{x}$, die Spannweite R, der Medianwert $\tilde{x}$ oder die Standardabweichung s in die Qualitätsregelkarte QRK eingetragen. Man erhält so umfassendere Informationen über den Prozess. Die statistischen Kennwerte berechnet man nach nebenstehenden Größengleichungen. Näheres dazu auf Seite 41.

Berechnung statistischer Größen	
Arithmetischer Mittelwert: $\bar{x} = \frac{x_1 + x_2 \ldots x_n}{n}$	**Medianwert:** ***bei n* ungerade:** $\tilde{x} = x_{(n+1)2}$ ***bei n* gerade:** $x = \frac{1}{2} \cdot (x_{n/2} + x_{(n/2)+1})$
Standardabweichung: $s = \pm\sqrt{\frac{\Sigma(x_i - \bar{x})^2}{n-1}}$	**Spannweite (Range):** $R = x_{max} - x_{min}$

Die daraus resultierenden Qualitätsregelkarten werden als Mittelwert-QRK ($\bar{x}$ - QRK), Median-QRK ($\tilde{x}$ - QRK), Spannweiten-QRK (R - QRK) oder Standardabweichungs-QRK (s - QRK) bezeichnet.

Die $\tilde{x}$ - QRK ist rasch von Hand zu erstellen. Die $\bar{x}$-QRK, R - QRK und s - QRK werden wegen des Rechenaufwands meist rechnerunterstützt angefertigt.

Soll neben der **Lage** der Messwerte zum Sollwert auch die **Streuung** der Stichprobenwerte verdeutlicht werden, ist dies entweder mit einer **Spannweitenkarte** (R-Regelkarte) oder mit einer **Standardabweichungskarte** (s - Regelkarte) möglich.

Häufig wird die $\bar{x}$ - QRK bzw. die $\tilde{x}$ - QRK mit einer s - QRK über der gleichen x-Achse zu einer **zweispurigen QRK** zusammengefasst (**Bild 1**).

Hier werden anstatt des Sollwertes der Mittelwert aller Mittelwerte $\bar{\bar{x}}$ (Bild 1 oben, auch xqq oder x-quer-quer genannt) und der Mittelwert aller Standardabweichungen $\bar{s}$ (auch sq bzw. s-quer genannt) eingezeichnet (Bild 1 unten).

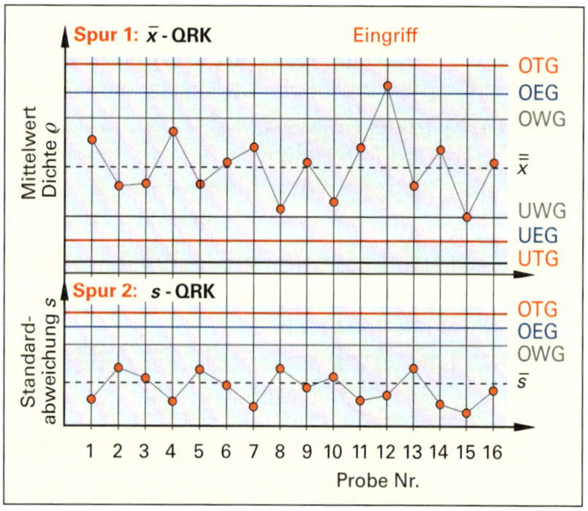

Bild 1: Zweispurige $\bar{x}$-s–Qualitätsregelkarte
Spur 1: zweiseitige Mittelwertkarte $\bar{x}$,
Spur 2: einseitige Standardabweichungskarte s

Eine zentrale Funktion in Qualitätsregelkarten haben die **Regelgrenzen**: Die **Warngrenzen** OWG, UWG sollen vor einer einsetzenden Entfernung der Messwerte vom Sollwert warnen. Bei Überschreiten der **Eingriffsgrenzen** OEG, UEG muss regulierend in den Prozess eingegriffen werden, um ihn wieder in die Nähe des Sollwerts zurückzuführen. Die **Toleranzgrenzen** OTG, UTG dürfen nicht überschritten werden; der Prozess und die erzeugten Produkte entsprechen dann nicht mehr den Qualitätsvorgaben.

Das prozessbegleitende Führen von Qualitätsregelkarten hat die Funktion eines Reglers in einem Regelkreis **(Bild 2)**: Es bewirkt, dass Ausschuss gar nicht erst entsteht.

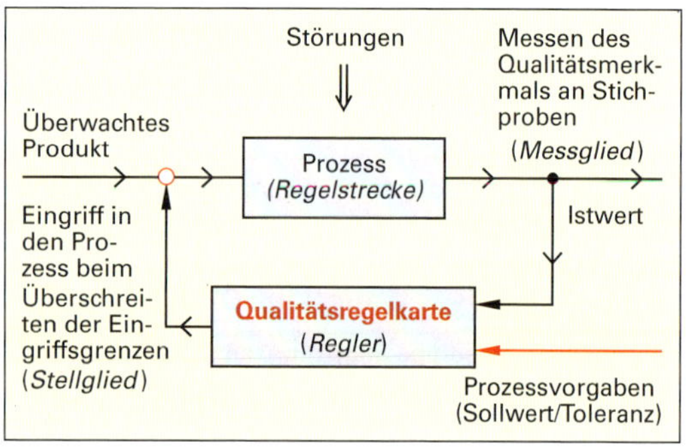

Bild 2: Schema der Reglerfunktion einer Qualitätsregelkarte (Qualitätsregelkreis)

11.2.2 Berechnen der Regelgrenzen bei Qualitätsregelkarten

Eine wichtige Voraussetzung für das Führen von Qualitätsregelkarten sind normal oder annähernd normal verteilte Messreihen. Die Lage dieser Messwerte ist durch die Gauß'sche Normalverteilungskurve (Seite 43) gekennzeichnet. Sie gibt die Häufigkeit der Messwerte einer Stichprobe in Abhängigkeit der Standardabweichung *s* zum Mittelwert an.

In **Bild 1** ist links neben der Regelkartenspur die Verteilungskurve normal verteilter Messwertreihen (Normalverteilungskurve) eingezeichnet.

Qualitätsregelkarten lassen sich zusätzlich nach der Festlegung (Berechnung) der Regelgrenzen unterscheiden.

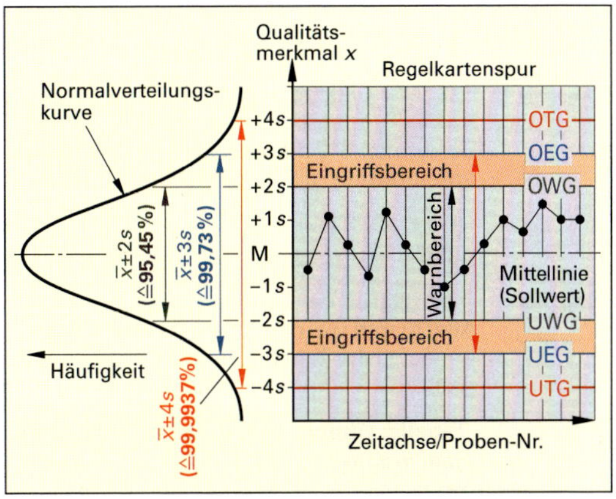

Bild 1: Zweiseitige Regelkarte mit Regelgrenzen auf Basis der Standardabweichung *s*

Bei der **Annahme-QRK** werden die zu Beginn des Prozesses festzulegenden Toleranzgrenzen OTG und UTG in der Regel als Spezifikationsgrenzen (≙ Toleranzgrenzen) durch die Kundenforderungen vorgegeben. Die Eingriffsgrenzen OEG und UEG werden häufig bei 80% der Toleranzgrenzen festgelegt. Die Annahme-QRK ist vorwiegend in der Fertigung des Maschinenbaus verbreitet.

Im Folgenden soll nur die in der chemischen Industrie verbreitete Prozess-QRK vertieft behandelt werden.

Die **Prozess-QRK** (auch **Shewhart-QRK** genannt) geht von einem vorgegebenen Sollwert aus. Sie wird eingesetzt, wenn der statistisch kontrollierte Zustand z.B. eines Prozesses oder einer Analyse (Sollzustand) beibehalten werden soll. Veränderungen an diesem Zustand soll die QRK anzeigen, um durch Verändern der Prozessparameter die Prozesswerte wieder in die Nähe des vorgegebenen Sollwertes zurückzuführen.

Die **Regelgrenzen von Prozess-QRK** können nach verschiedenen Bestimmungsgleichungen festgelegt werden. Eine Festlegung beruht auf Gleichungen mit $\bar{\bar{x}}$ (xqq), dem Mittelwert aller Stichproben-Mittelwerte $\bar{x}$ (xq), und $\bar{s}$ (sq), dem Mittelwert aller Standardabweichungen *s*.

Der Mittelwert aller Standardabweichungen $\bar{s}$ und der Mittelwert aller Mittelwerte $\bar{\bar{x}}$ werden durch einen Prozess-Vorlauf mit einer größeren Anzahl von Stichproben, in der Regel mindestens 25 zu je 5 Einzelproben, ermittelt.

Die **Bestimmungsgleichungen der Regelgrenzen** sind nebenstehend aufgeführt.

Bestimmungsgleichungen der Regelgrenzen von Prozess-QRL auf Basis $\bar{\bar{x}}$ und $\bar{s}$		
Warngrenzen	$WG = \bar{\bar{x}} \pm 2 \cdot \bar{s}$	Einer von 22 Werten liegt außerhalb der WG
Eingriffsgrenzen	$EG = \bar{\bar{x}} \pm 3 \cdot \bar{s}$	Einer von 370 Werten liegt außerhalb der EG
Toleranzgrenzen	$TG = \bar{\bar{x}} \pm 4 \cdot \bar{s}$	Einer von 16667 Werten liegt außerhalb der TG

Die **Warngrenzen WG** werden als zweifache Standardabweichung **± 2 *s*** um den Mittelwert der Mittelwerte $\bar{\bar{x}}$ definiert. In Bild 1 sind dies die Linien mit Abstand ± 2 *s* um die Mittellinie. Hierbei liegen die Messwerte mit 95,45 % Wahrscheinlichkeit innerhalb der Warngrenzen. 4,56 % der Messwerte, also ein Messwert von 22 Werten, überschreitet die Warngrenzen (Zur Erläuterung: 1:4,56 % ≈ 22).

Als **Eingriffsgrenzen EG** sind die dreifache Standardabweichung **± 3 *s*** um $\bar{\bar{x}}$ festgelegt (siehe Formelkästchen und Bild 1). Hierbei befinden sich 99,73 % der Messwerte innerhalb der Eingriffsgrenzen, 0,27 % darüber oder darunter. Das bedeutet: bei einem von 370 Messwerten ist ein Eingreifen in den Prozess erforderlich. (Zur Erläuterung: 1:0,27 % ≈ 370)

Die **Toleranzgrenzen TG** werden durch die vierfache Standardabweichung **± 4 *s*** um $\bar{\bar{x}}$ definiert (siehe Formelkästchen und Bild 1). Dann sind 99,9937 % aller Messwerte innerhalb der Toleranzgrenzen zu erwarten, 0,0063 % außerhalb. Das bedeutet: einer von 16 667 Werten liegt außerhalb der Toleranzgrenzen.

In der Produktion dürfen die Toleranzgrenzen nicht überschritten werden. Bei Toleranzgrenzen von ± 4 *s* erfüllt beispielsweise eines von 16 667 Produkten nicht die Qualitätsanforderungen. Dies ist bei Konsum- und Industriegütern tolerabel.

Bei Produkten mit großem Risikopotenzial, wie z.B. bei der Herstellung von Medikamenten in der Pharmaindustrie, wird als Toleranzgrenze ±5 *s* festgelegt. Dann liegen 99,999943 % der Messwerte innerhalb der Toleranzgrenzen, 0,000057 % außerhalb. In diesem Fall hält ein Produkt von 1754386 Produkten nicht das geforderte Qualitätsmerkmal ein. Es muss sofort aussortiert werden.

Beispiel 1: Bei der Produktion von Aerosil (pyrogene Kieselsäure) wurde der Mittelwert der mittleren Korngröße zu $\overline{\overline{x}}$ = 0,50 µm bestimmt, die mittlere Standardabweichung zu $\overline{s}$ = ±0,03 µm ermittelt.
Berechnen Sie die Warngrenzen mit der zweifachen mittleren Standardabweichung (±2 $\overline{s}$) und die Eingriffsgrenzen mit der dreifachen Standardabweichung (±3 $\overline{s}$).

Lösung: **OEG** = $\overline{\overline{x}} + 3\overline{s}$ = 0,50 µm + 3 · 0,03 µm = **0,59 µm**; **UEG** = $\overline{\overline{x}} - 3\overline{s}$ = 0,50 µm − 3 · 0,03 µm = **0,41 µm**

OWG = $\overline{\overline{x}} + 2\overline{s}$ = 0,50 µm + 2 · 0,03 µm = **0,56 µm**; **UWG** = $\overline{\overline{x}} - 2\overline{s}$ = 0,50 µm − 2 · 0,03 µm = **0,44 µm**

Beispiel 2: Der Füllgrad der PE-Flaschen einer Abfüllanlage wird mit einer Prozess-Qualitätsregelkarte überwacht. Alle 20 min werden 5 befüllte PE-Flaschen entnommen und einzeln ausgewogen (Wägewerte aus dem Vorlauf siehe **Tabelle**). Berechnen Sie mit dem Mittelwert $\overline{\overline{x}}$ und der Standardabweichung $\overline{s}$ die Eingriffsgrenzen und die Warngrenzen für eine zweiseitige Mittelwert-Qualitätsregelkarte ($\overline{x}$ - QRK).

Tabelle: Überwachung der Abfüllmaschine Z-73

Teil: Befüllte PE-Flasche			**Merkmal: Masse in g**			**Spezifikation: 267 g ± 5 g**			**Stichprobengröße/-Frequenz: 5 Stück alle 20 min**						
	Stichprobe		Datum: 18.03.2017						**Grenzwerte**: OTG = 272 g		UTG = 262 g				
Zeit	**10:00**	**10:20**	**10:40**	**11:00**	**11:20**	**11:40**	**12:00**	**12:20**	**12:40**	**13:00**	**13:20**	**13:40**	**14:00**	**14:20**	**Regelgrenzen:**
Messwerte in g	269	265	267	270	265	266	266	265	270	269	270	264	268	267	OEG = **270,9 g**
	268	266	269	268	269	264	269	269	268	265	268	266	266	269	UEG = **263,7 g**
	267	266	270	269	267	265	268	267	269	269	269	264	266	267	OWG = **269,7 g**
	267	265	266	269	266	264	269	266	269	265	269	265	264	266	UWG = **264,9 g**
	268	266	268	270	268	266	268	268	270	268	270	266	269	268	
$\overline{x}$	267,8	265,6	268,0	269,2	267,0	265,0	268,0	267,0	269,2	267,2	269,2	265,0	266,6	267,4	$\overline{\overline{x}}$ = **267,3 g**
s	0,837	0,584	1,581	0,837	1,581	1,000	1,225	1,581	0,837	2,094	0,837	1,000	1,949	1,140	$\overline{s}$ = **±1,214 g**

Lösung: Die obige Tabelle zeigt die Ergebnisse der Berechnungen in roter Schrift.

Berechnung der **Einzel-Mittelwerte**, exemplarisch die 10:00-Uhr-Stichprobe:

$\overline{x}_1$ = (269 + 268 + 267 + 267 + 268) g / 5 = 267,8 g

Berechnung des **Mittelwerts aller Einzel-Mittelwerte**:

$\overline{\overline{x}}$ = (267,8 + 265,6 + … + 266,6 + 267,4) g / 14 ≈ 267,3 g

Berechnung der **Standardabweichung** der 10:00-Uhr-Stichprobe:

$$s = \pm\sqrt{\frac{(267{,}3 - 269)^2 + (267{,}3 - 268)^2 \ldots\ g^2}{5 - 1}} = \sqrt{\frac{2{,}8\ g^2}{4}} \approx \pm 0{,}837\ g$$

Berechnung des **Mittelwerts der Standardabweichungen**:

$\overline{s}$ = (0,837 + 0,584 + … + 1,949 + 1,140) g/14 ≈ ±1,21 g

Berechnung der **Eingriffsgrenzen**: **OEG** = $\overline{\overline{x}} + 3 \cdot \overline{s}$ = 267,3 g + 3 · 1,214 g ≈ **270,9 g**
UEG = $\overline{\overline{x}} - 3 \cdot \overline{s}$ = 267,3 g − 3 · 1,214 g ≈ **263,7 g**

Berechnung der **Warngrenzen**: **OWG** = $\overline{\overline{x}} + 2 \cdot \overline{s}$ = 267,3 g + 2 · 1,214 g ≈ **269,7 g**
UWG = $\overline{\overline{x}} - 2 \cdot \overline{s}$ = 267,3 g − 2 · 1,214 g ≈ **264,9 g**

Aufgabe zum Berechnen der Regelgrenzen bei Qualitätsregelkarten

1. In einem Brüdenkondensat wird die Chlorid-Massenkonzentration volumetrisch überwacht. Sie soll $\beta(Cl^-)$ = 50 mg/L ± 4 mg/L betragen. Die Tabelle zeigt je 5 Stichproben-Messwerte eines Vorlaufs. Berechnen Sie die Eingriffsgrenzen (±3 · *s*) und Warngrenzen (±2 · *s*) für eine zweiseitige Mittelwert-QRK.

Probe Nr.		1	2	3	4	5	6	7	8	9	10	11	12	13	14	15
Messwerte in mg/L	x_1	51,3	50,0	52,1	47,4	50,1	47,6	49,9	52,3	49,0	50,1	49,4	47,1	50,4	48,7	48,1
	x_2	48,8	48,9	53,1	49,4	49,3	48,3	50,5	53,6	49,7	50,1	47,1	47,6	48,4	49,6	50,0
	x_3	49,8	51,5	51,0	47,4	50,0	49,7	48,4	52,1	50,7	50,3	49,4	49,7	51,7	49,0	50,2
	x_4	49,6	52,0	52,4	49,8	50,3	47,8	49,8	50,8	49,1	50,4	52,0	47,2	50,9	48,0	50,4
	x_5	47,6	49,1	52,4	47,6	49,2	49,7	52,3	51,0	49,7	50,2	48,6	47,2	49,5	47,6	50,0

11.2.3 Erstellen und Führen von Qualitätsregelkarten

Medianwert-Qualitätsregelkarten ($\tilde{x}$ - QRK) und Spannweiten-Qualitätsregelkarten (R-QRK) erfordern nur wenig Rechenaufwand und sind deshalb auch unmittelbar am Arbeitsplatz vom Mitarbeiter durch Eintrag in einen QRK-Vordruck (Bild 1, Seite 338) zu führen.

Dagegen ist der Rechenaufwand bei Mittelwert-QRK ($\bar{x}$ - QRK) und Standardabweichungs-QRK (s - QRK) sehr hoch. Das gilt vor allem für große Stichproben, für welche die $\bar{x}$-s - QRK besonders gut geeignet ist. $\bar{x}$-s - QRK werden deshalb bevorzugt mithilfe wissenschaftlicher Taschenrechner oder rechnergestützt geführt.

Die nachfolgende Übersicht **(Bild 1)** zeigt an einem Beispiel das Ablaufschema zur Erstellung einer Prozessregelkarte mit festgelegten Regelgrenzen. Dabei wird in folgenden Schritten vorgegangen:

① Berechnen der Stichproben-Mittelwerte $\bar{x}$ (zu je 5 Einzelwerten) aus den Messwerten des Vorlaufs, berechnen des Mittelwerts der Mittelwerte $\bar{\bar{x}}$ und eintragen der $\bar{\bar{x}}$ - Mittellinie in die QRK.

② Berechnen der Standardabweichungen s innerhalb der Einzel-Stichproben, berechnen des Mittelwerts der Standardabweichungen $\bar{s}$.

③ Berechnen der oberen und unteren Warngrenze OWG/UWG, eintragen der Linien in die QRK.

④ Berechnen der oberen und unteren Eingriffsgrenze OEG/UEG, eintragen der Linien in die QRK.

⑤ Eintragen der Mittelwerte der Messwerte ($\bar{x}$ - Werte) der laufenden Produktion in die QRK.

⑥ Verbinden der Punkte.

Messwerte des Vorlaufs, β(Analyt) in mg/L							
Nr.	1	2	3	4	5	...	20
x_1	59,6	59,1	59,6	60,2	59,9	...	59,6
x_2	60,3	60,1	60,3	59,4	59,5	...	59,8
x_3	60,1	60,3	60,1	59,9	60,4	...	59,9
x_4	60,4	59,7	60,5	59,5	60,2	...	59,6
x_5	59,7	59,9	59,7	60,1	59,5	...	60,1
$\bar{x}$	60,0	59,8	60,0	59,8	59,8	...	59,9
s	0,356	0,460	0,385	0,56	0,427		0,208
①	Mittelwert der Mittelwerte $\bar{\bar{x}}$:						60,0
②	Mittelwert Standardabweichungen $\bar{s}$:						±0,366
③	Warngrenzen $60{,}0 \pm 2\bar{s}$: 60,0 ± 0,731 = **60,731** = **59,269**						
④	Eingriffsgrenzen $60{,}0 \pm 3\bar{s}$: 60,0 ± 1,097 = **61,097** = **58,903**						

$\bar{x}$ - Werte der laufenden Produktion in mg/L:			
Proben Nr. 1:	60,6	Proben Nr. 5:	59,7
Proben Nr. 2:	60,2	Proben Nr. 6:	60,1
Proben Nr. 3:	60,8	Proben Nr. 7:	60,4
Proben Nr. 4:	59,8	Proben Nr. 8:	60,6

⑤ Eintragen der $\bar{x}$ - Messwerte

⑥ Verbinden der Punkte

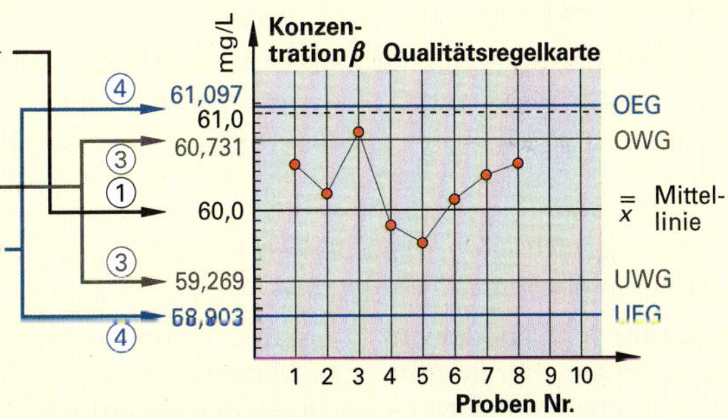

Bild 1: Ablaufschema zur Erstellung einer zweiseitigen Mittelwert-Qualitätsregelkarte ($\bar{x}$ - QRK)

Aufgaben zum Erstellen und Führen von Qualitätsregelkarten

1. Eine petrochemische Anlage produziert Hydrauliköl der Viskositätsklasse ISO VG 46 mit einer Viskosität (Sollwert) von 46 mm²/s (bei 40 °C). Die zulässige Toleranz ist mit ± 5 % angegeben. Die letzten 26 Stichproben-Messwerte des Rotationsviskosimeters dokumentiert nachfolgende Tabelle:

Messprotokoll vom 19.03.2018, ISO VG 46, kinematische Viskosität in mm²/s (Messung alle 45 min)												
46,2	46,3	46,0	45,1	47,1	45,7	44,9	46,7	46,2	46,3	45,9	46,1	47,0
46,0	46,4	45,1	46,9	46,0	45,3	46,6	45,9	46,1	45,5	46,7	45,6	47,1

   a) Berechnen Sie aus den Angaben den oberen und den unteren Grenzwert.
   b) Berechnen Sie den Mittelwert, die Standardabweichung und die Warn- und Eingriffsgrenzen.
   c) Stellen Sie die Messwerte in einer Urwert-Regelkarte dar.

2. Stellen Sie die in Aufgabe 1, Seite 340, angegebenen Prozessdaten (Überwachung der $\beta(Cl^-)$ in einem Brüdenkondensat) in einer Mittelwert-QRK mit Eingriffsgrenzen und Warngrenzen dar.

11.3 Interpretation von Qualitätsregelkarten

Aus dem Kurvenverlauf der Messwerte in Qualitätsregelkarten (QRK) können Rückschlüsse auf den Prozessverlauf gezogen werden. Dadurch ist es möglich, einen Prozess in den Toleranzgrenzen zu führen.

Unauffälliger Verlauf der Werte in einer Qualitätsregelkarte

In der nebenstehenden QRK **(Bild 1)** liegen die eingetragenen Mittelwerte zufällig verteilt oberhalb und unterhalb des Sollwertes M und aufgrund der geringen Streuung innerhalb der oberen und unteren Warngrenzen OWG und UWG.

Das bedeutet: der Prozess kann ohne Eingriff weiterlaufen.

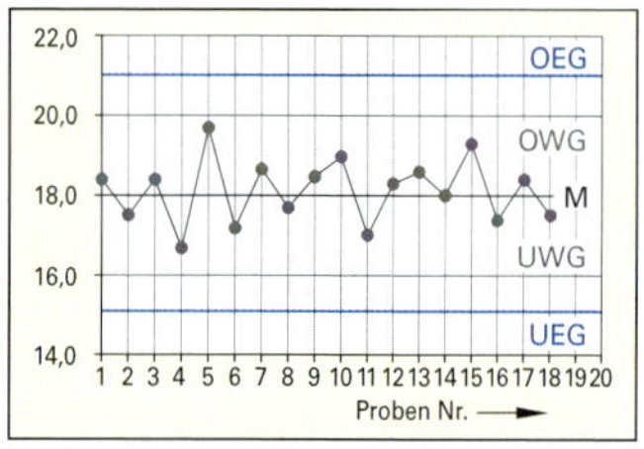

Bild 1: Unauffälliger Prozessverlauf

Auffällige Werte und erforderliche Maßnahmen

Messwerte außerhalb der Warngrenzen (Bild 2, Proben Nr. 7 und 8): Liegen zwei von drei Messwerten oberhalb oder unterhalb der Warngrenzen, so nähern sich die Werte den Eingriffsgrenzen und der Prozess droht außer Kontrolle zu geraten. **Maßnahmen:** Durch zusätzliche Stichproben ist eine verschärfte Überwachung des Prozesses einzuleiten, die Ursachen sind zu analysieren und abzustellen.

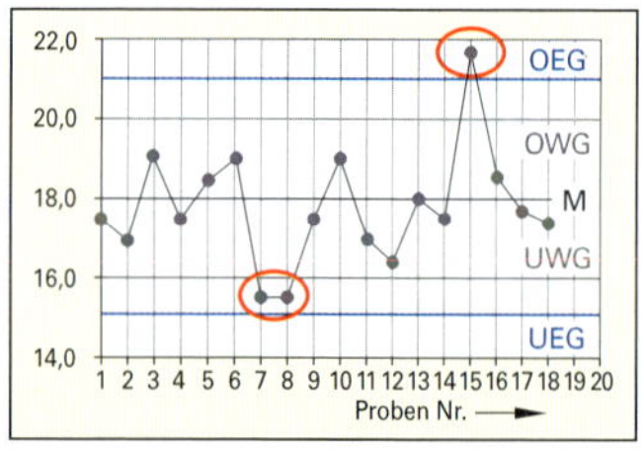

Bild 2: Messwerte außerhalb der Warn- bzw. Eingriffsgrenzen

Überschreiten der Eingriffsgrenzen (Bild 2, Probe Nr. 15): Liegt ein Wert in der QRK oberhalb oder unterhalb einer Eingriffsgrenze EG, besteht der erste Schritt zur Prozessverbesserung darin, durch zusätzliche Stichproben festzustellen, ob der Prozess systematisch oder zufallsbedingt streut. Befinden sich weitere aufeinander folgende Werte ausschließlich z.B. oberhalb der Eingriffsgrenzen, so liegt eine systematische Streuung vor. Der Prozess ist dann außer Kontrolle. **Maßnahmen:** Es sind Prozess-Veränderungen zwingend erforderlich.

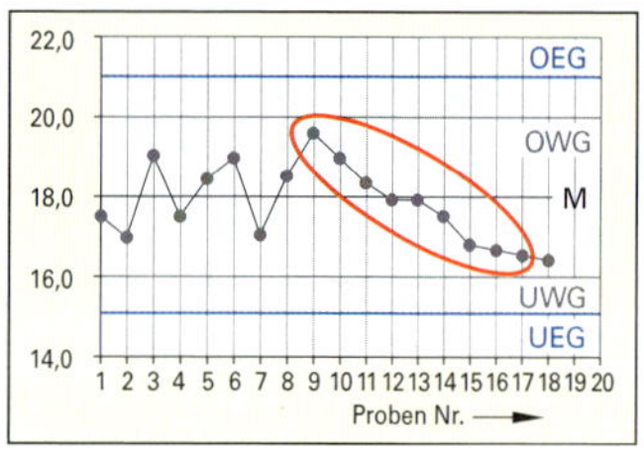

Bild 3: Messwertreihe mit Trend

Trend (Bild 3): So bezeichnet man eine Wertereihe, wenn mehr als 7 Werte in Folge steigen oder fallen. Der Prozess scheint sich z.B. in Folge von Temperatureinflüssen, Ablagerungen, Verschleißerscheinungen, Einsatz neuer Rohstoffe oder durch Alterung von Reagenzien in der Analytik zu den Eingriffsgrenzen hin zu verschieben und diese demnächst zu überschreiten. **Maßnahmen:** Es ist die Ursache der Veränderung zu untersuchen und abzustellen.

Run (Bild 4): Man spricht von einem Run, wenn mindestens 7 Werte in Folge oberhalb oder unterhalb der Mittellinie M liegen. Ursache ist ein systematischer Einfluss. Er kann durch den Einsatz anderer Rohstoffe, den Wechsel einer Messelektrode, Neukalibrierung eines Messgerätes oder auch durch Wechsel des Bedienungspersonals hervorgerufen werden. **Maßnahmen:** Der Prozess wird mit weiteren Stichproben verschärft überwacht und bei erkannter Ursache wird eingegriffen.

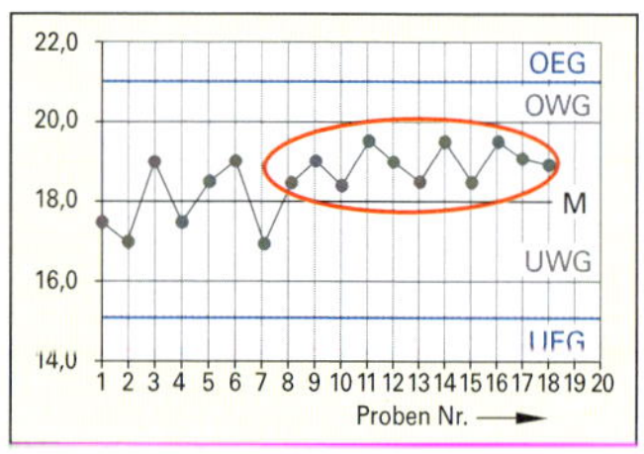

Bild 4: Messwertreihe mit Run

Aufgabe zur Interpretation von Regelkarten

Die nebenstehend abgebildete Mittelwert-Regelkarte zeigt den Messwertverlauf einer Viskositätsmessung bei einer laufenden Produktion.

Beschreiben Sie die Auffälligkeiten im Werteverlauf und zu ergreifende Maßnahmen zu ihrer Beseitigung.

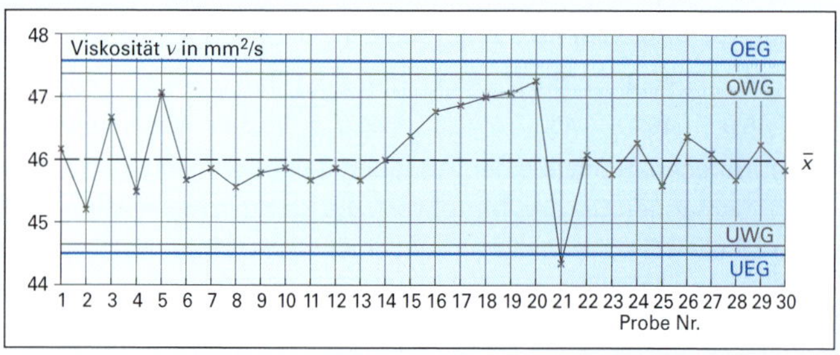

12 Anhang

Griechische Buchstaben							
$A\ \alpha$ Alpha	$B\ \beta$ Beta	$\Gamma\ \gamma$ Gamma	$\Delta\ \delta$ Delta	$E\ \varepsilon$ Epsilon	$Z\ \zeta$ Zeta	$H\ \eta$ Eta	$\Theta\ \vartheta$ Theta
$I\ \iota$ Iota	$K\ \varkappa$ Kappa	$\Lambda\ \lambda$ Lambda	$M\ \mu$ My	$N\ \nu$ Ny	$\Xi\ \xi$ Xi	$O\ o$ Omikron	$\Pi\ \pi$ Pi
$P\ \varrho$ Rho	$\Sigma\ \sigma$ Sigma	$T\ \tau$ Tau	$\Upsilon\ \upsilon$ Ypsilon	$\Phi\ \varphi$ Phi	$X\ \chi$ Chi	$\Psi\ \psi$ Psi	$\Omega\ \omega$ Omega

Physikalische Konstanten (nach DIN 1304-1 und DIN 1301-1)		
Größe	**Formelzeichen, Zahlenwert, Einheit**	**gerundeter Größenwert**
Avogadro-Konstante	$N_A = 6{,}0224199 \cdot 10^{23}$ 1/mol	$\approx 6{,}022 \cdot 10^{23}$ 1/mol
Molares Volumen idealer Gase	$V_{m,0} = 22{,}413994$ L/mol	$\approx 22{,}41$ L/mol
Universelle Gaskonstante	$R = 8{,}314472$ J/(mol · K)	$\approx 0{,}08314$ bar · L/(K · mol)
Normdruck	$p_n = 1{,}01325$ bar	$\approx 1{,}013$ bar
Normtemperatur	$T_n = 273{,}15$ K	≈ 273 K
Atomare Masseneinheit	$1\ u = 1{,}66053873 \cdot 10^{-24}$ g	$\approx 1{,}66 \cdot 10^{-24}$ g
Faraday-Konstante	$F = 96\,485{,}3415$ C/mol	$\approx 96\,485$ A · s/mol
Boltzmann-Konstante	$k = 1{,}3806503 \cdot 10^{-23}$ J/K	$\approx 1{,}38 \cdot 10^{-23}$ J/K
Elementarladung	$e = 1{,}602176462 \cdot 10^{-19}$ C	$\approx 1{,}60 \cdot 10^{-19}$ C
Fallbeschleunigung	$g = 9{,}80665$ m/s^2	$\approx 9{,}81$ m/s^2 = 9,81 N/kg
Lichtgeschwindigkeit	$c_0 = 2{,}99792458 \cdot 10^8$ m/s	$\approx 3{,}00 \cdot 10^8$ m/s $\approx$ 300 000 km/s

Vorsätze und Vorsatzzeichen für dezimale Teile und Vielfache von Einheiten						
Vorsatz	**Vorsatzzeichen**	**Faktor**	**Potenzschreibweise**	**Beispiele**		
Tera	T	1 000 000 000 000	10^{12}	1 Tt	= 1 Teratonne	= 10^{12} Tonnen
Giga	G	1 000 000 000	10^9	1 GW	= 1 Gigawatt	= 10^9 Watt
Mega	M	1 000 000	10^6	1 MN	= 1 Meganewton	= 10^6 Newton
Kilo	k	1000	10^3	1 kg	= 1 Kilogramm	= 10^3 Gramm
Hekto	h	100	10^2	1 hL	= 1 Hektoliter	= 10^2 Liter
Deka	da	10	10^1	1 dam	= 1 Dekameter	= 10^1 Meter
Dezi	d	0,1	10^{-1}	1 dm	= 1 Dezimeter	= 10^{-1} Meter
Zenti	c	0,01	10^{-2}	1 cN	= 1 Zentinewton	= 10^{-2} Newton
Milli	m	0,001	10^{-3}	1 mmol	= 1 Millimol	= 10^{-3} Mol
Mikro	µ	0,000001	10^{-6}	1 µL	= 1 Mikroliter	= 10^{-6} Liter
Nano	n	0,000000001	10^{-9}	1 nm	= 1 Nanometer	= 10^{-9} Meter
Pico	p	0,000000000001	10^{-12}	1 pF	= 1 Picofarad	= 10^{-12} Farad

Symbole und molare Massen der Elemente

Element	Symbol	Molare Masse g/mol
Aluminium	Al	26,981539
Antimon	Sb	121,75
Argon	Ar	39,948
Arsen	As	74,92159
Astat	At	209,9871
Barium	Ba	137,327
Beryllium	Be	9,012182
Bismut (früher Wismut)	Bi	208,98037
Blei	Pb	207,2
Bor	B	10,811
Brom	Br	79,904
Cadmium	Cd	112,411
Caesium	Cs	132,90543
Calcium	Ca	40,078
Cer	Ce	140,115
Chlor	Cl	35,4527
Chrom	Cr	51,9961
Cobalt	Co	58,93320
Eisen	Fe	55,847
Erbium	Er	167,26
Europium	Eu	151,965
Fluor	F	18,9984032
Gadolinium	Gd	157,25
Gallium	Ga	69,723
Germanium	Ge	72,61
Gold	Au	196,96654
Hafnium	Hf	178,49
Helium	He	4,002602

Element	Symbol	Molare Masse g/mol
Holmium	Ho	164,93032
Indium	In	114,82
Iod	I	126,90447
Iridium	Ir	192,22
Kalium	K	39,0983
Kohlenstoff	C	12,011
Krypton	Kr	83,80
Kupfer	Cu	63,546
Lanthan	La	138,9055
Lithium	Li	6,941
Lutetium	Lu	174,967
Magnesium	Mg	24,3050
Mangan	Mn	54,93805
Molybdän	Mo	95,94
Natrium	Na	22,989768
Neodym	Nd	144,24
Neon	Ne	20,1797
Neptunium	Np	237,0482
Nickel	Ni	58,69
Niob	Nb	92,90638
Osmium	Os	190,2
Palladium	Pd	106,42
Phosphor	P	30,973762
Platin	Pt	195,08
Praseodyn	Pr	140,90765
Protactinium	Pa	231,0359
Quecksilber	Hg	200,59
Radium	Ra	226,0254
Rhenium	Re	186,207

Element	Symbol	Molare Masse g/mol
Rhodium	Rh	102,90550
Rubidium	Rb	85,4678
Ruthenium	Ru	101,07
Sauerstoff	O	15,9994
Scandium	Sc	44,955910
Schwefel	S	32,066
Selen	Se	78,96
Silber	Ag	107,8682
Silicium	Si	28,0855
Stickstoff	N	14,00674
Strontium	Sr	87,62
Tantal	Ta	180,9479
Tellur	Te	127,60
Terbium	Tb	158,92534
Thallium	Tl	204,3833
Thorium	Th	232,0381
Thulium	Tm	168,93421
Titan	Ti	47,88
Uran	U	238,0289
Vanadium	V	50,9415
Wasserstoff	H	1,00794
Wolfram	W	183,85
Xenon	Xe	131,29
Ytterbium	Yb	173,04
Yttrium	Y	88,90585
Zink	Zn	65,39
Zinn	Sn	118,710
Zirkonium	Zr	91,24

Hinweis zu den Normen

Bei der Erstellung dieses Lehrbuchs wurden die aktuell gültigen Normen berücksichtigt (Stand: Juli 2018).

Es würde den Rahmen dieses Lehrbuchs sprengen, wollte man alle Normen nennen, die Ausbildungs- und Unterrichtsinhalte der Chemieberufe berühren könnten. Aus diesem Grund sind nicht alle, die Sachgebiete tangierenden Normen im Lehrbuch genannt und behandelt. Die Autoren empfehlen jedoch den Lehrern, Ausbildern und Lernenden, bei Bedarf diese Normen sich zu beschaffen und einzusehen.

Maßgebend für das Anwenden der Normen ist die jeweils gültige Norm. Ihre Gültigkeit und der Titel können auf der Internetadresse **www.mybeuth.de** eingesehen werden. Der Bezug der Normen ist kostenpflichtig.

Die Bestellung kann postalisch beim Beuth Verlag GmbH, Burggrafenstraße 6, D-10787 Berlin, oder online bei dessen Internetadresse www.mybeuth.de erfolgen.

Hinweis: Das Deutsche Institut für Normung (DIN) und der Beuth Verlag bieten eine Vielzahl an Informationen, jedoch keine Volltext-Einsicht über das Internet an.

www.beuth.de Recherche- und Bestelladresse, in der das gesamte Publikations- und Vertriebsprogramm des Beuth Verlags recherchiert und online bestellt werden kann.

www.din-katalog.de: Kostenpflichtige bibliographische Datenbank, in der alle in Deutschland gültigen technischen Regeln sowie Rechts- und Verwaltungsvorschriften mit technischem Bezug recherchiert werden können.

Kopiervorlage: **Millimeterpapier**

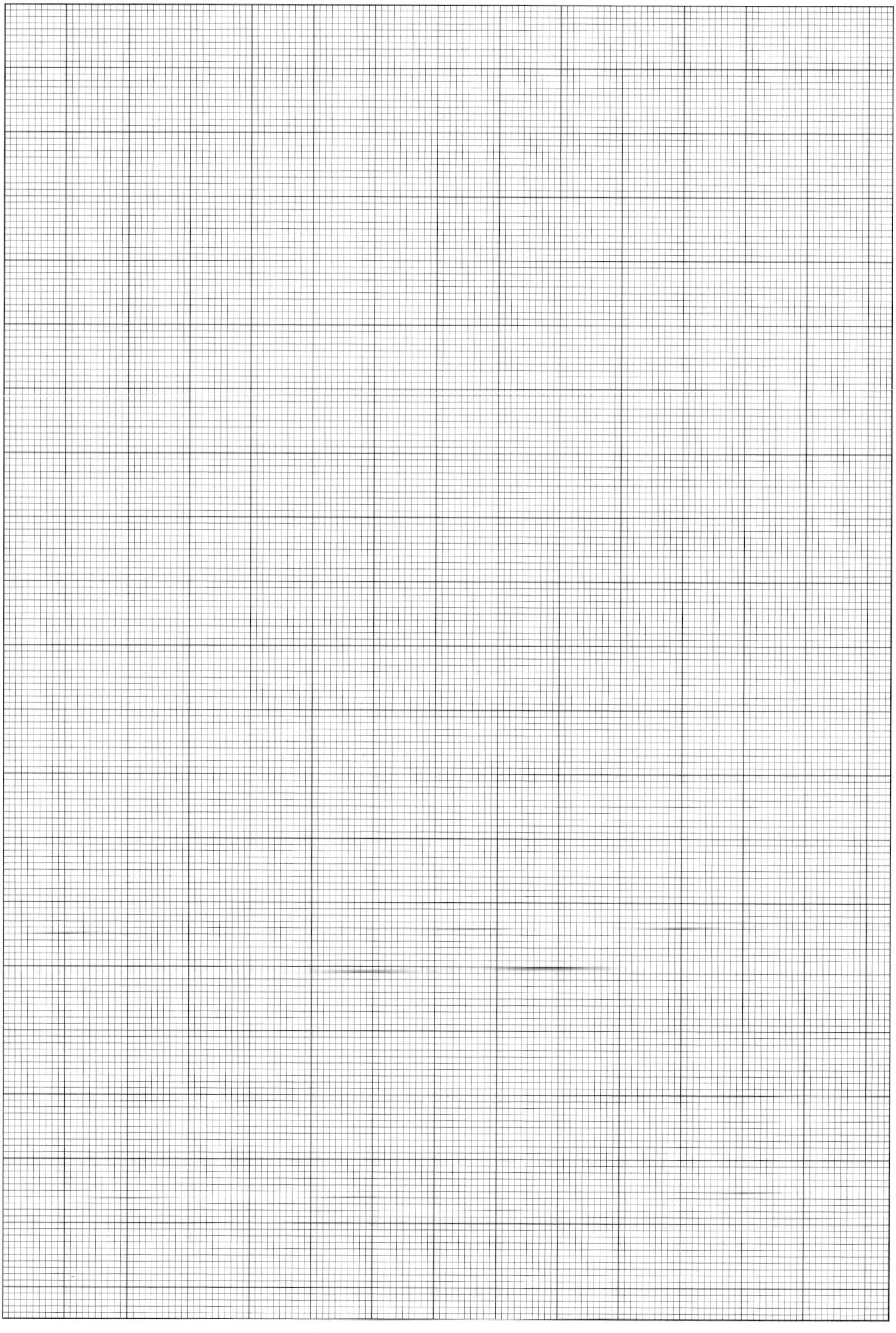

Kopiervorlage: **Einfach-Logarithmen-Papier**

Kopiervorlage: **Doppelt-Logarithmen-Papier**

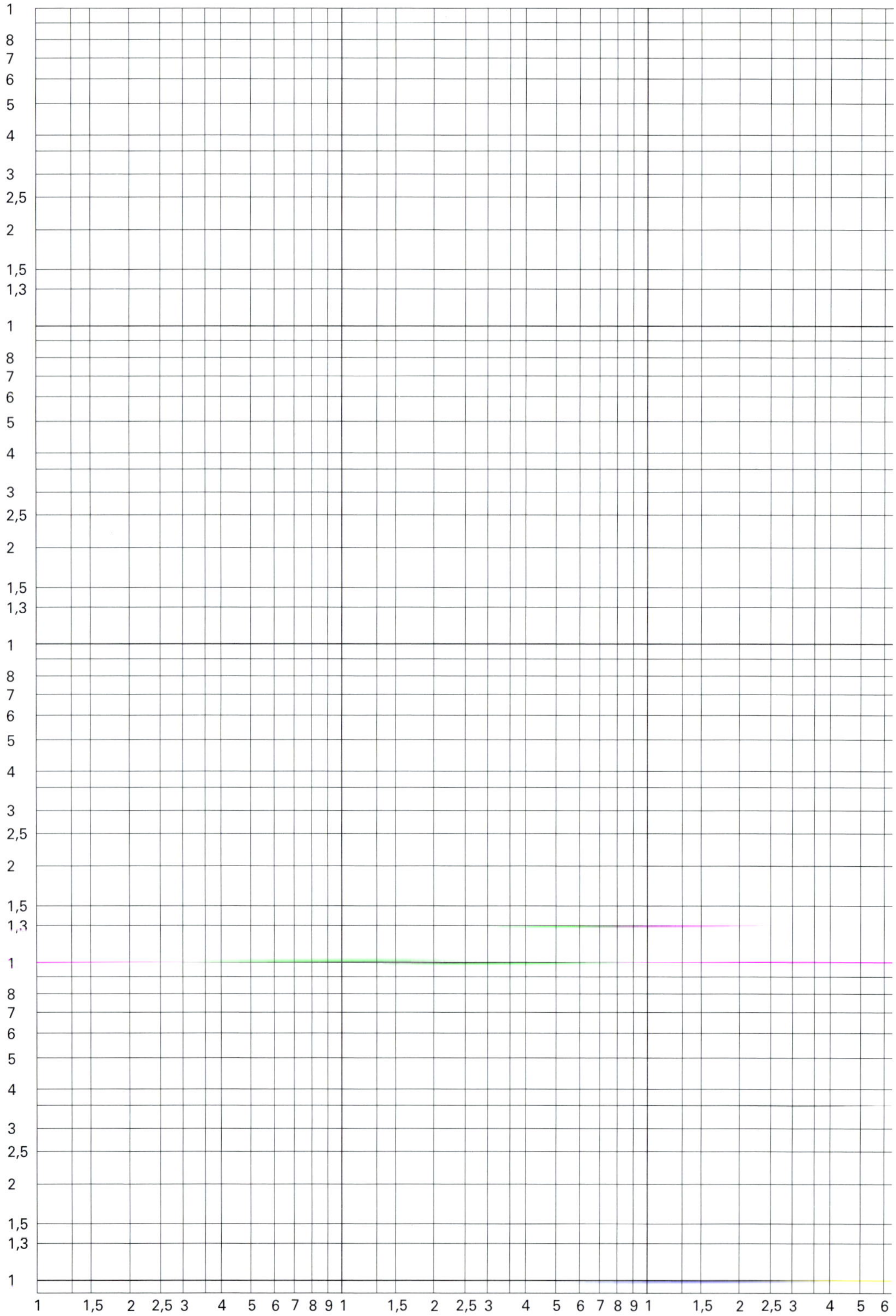

Kopiervorlage: **Vordruck zur Datenerfassung einer Siebanalyse**

Analysenproben Nr.: ________ Material: ______________ Probenmasse: ________ Datum: ______

Maschinelle Siebung mit Metalldrahtsieben gemäß ISO 3310 Siebdauer: ________ Bearbeiter: ________________

1	2	3	4	5	6	7
Maschenweite Prüfsiebsatz in µm	Kornklassenbreite in µm	Rückstand Nr.	Masse Rückstand R in g	Massenanteil Rückstand w_R in %	Rückstandssumme R_S in %	Durchgangssumme D_S in %
		R_9				
		R_8				
		R_7				
		R_6				
		R_5				
		R_4				
		R_3				
		R_2				
		R_1				
		R_0				
		R_{ges} =				

Kopiervorlage: **Histogramm**

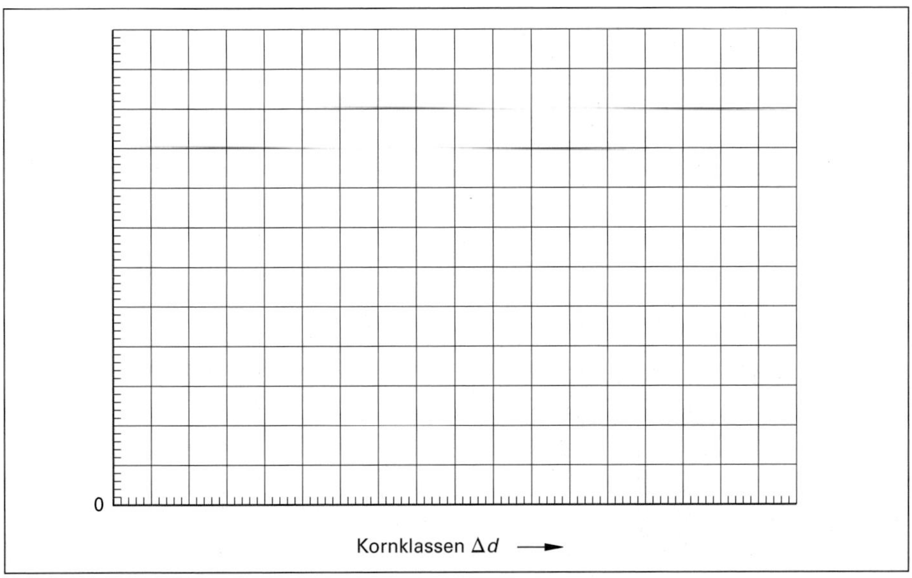

Kopiervorlage: **RRSB-Netz für die Siebanalyse**

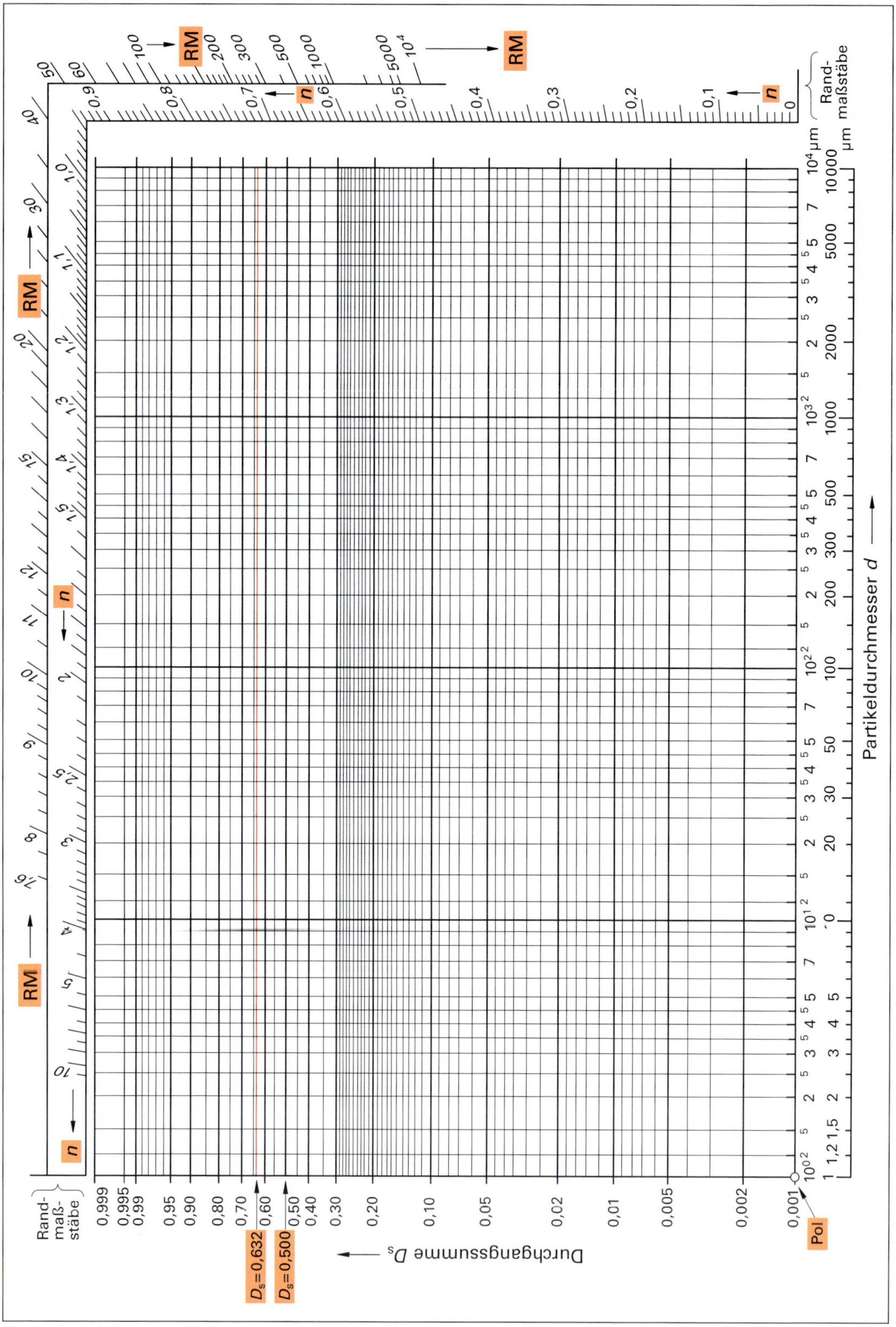

Kopiervorlage: **Qualitätsregelkarte**

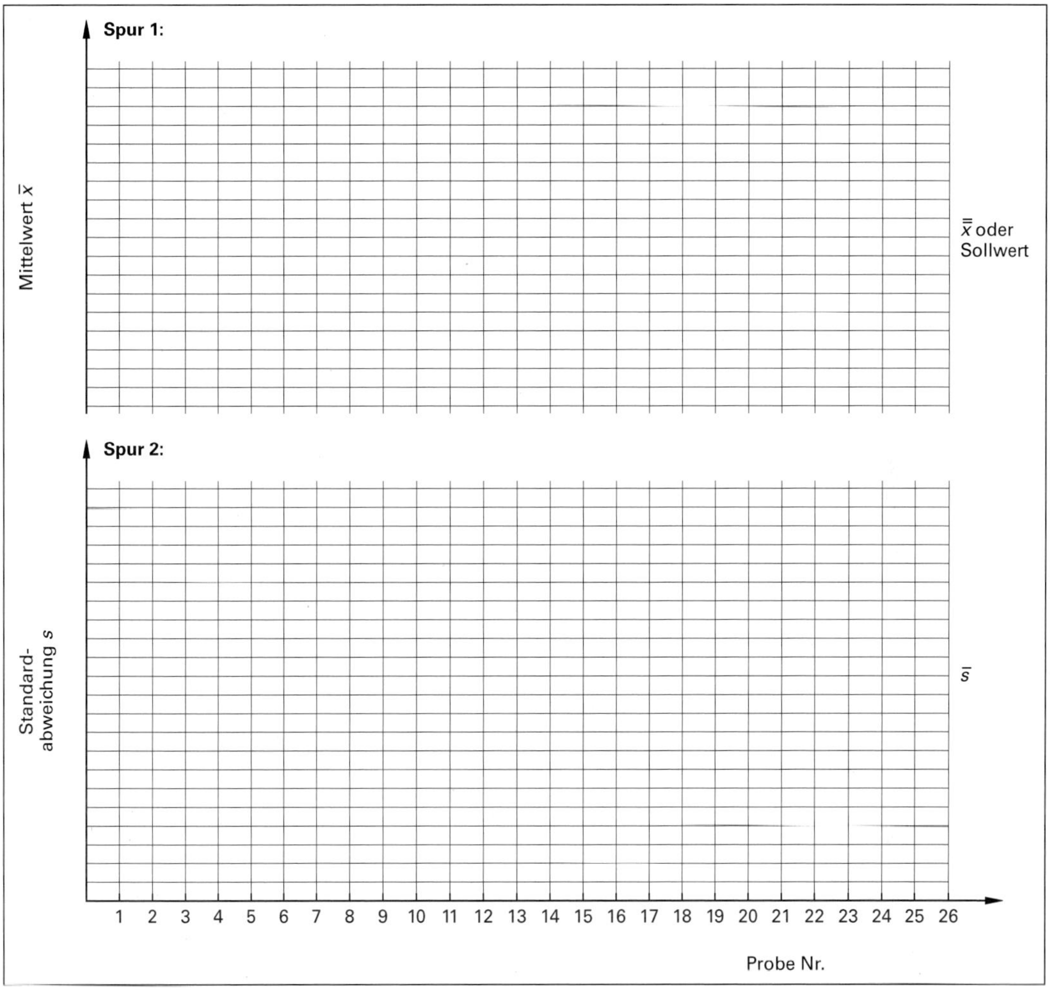

Sachwortverzeichnis

mit englischen Sachwörtern

N

O

P

T

U

V

Danksagung und Bildquellenverzeichnis

Die Autoren und der Verlag Europa-Lehrmittel bedanken sich bei den nachfolgend aufgeführten Firmen und Institutionen für die Überlassung von Prospekten und Druckschriften, für wertvolle persönliche Beratungen und Auskünfte sowie für die Erlaubnis zum Abdruck von Bildmaterial.

Firma	Bild-Nr.
3B Scientific GmbH/Dresden	306/3
Adobe Stock, Adobe Systems Software Irland Limited/Dublin Irland	80/1, 85/1, 88/3, 92/1,3, 123/1,2,3,4, 285/1, 215/1, 221/1, 225/1, 280/1, 284/2, 285/1,4, 286/1,2, 286/2, 287/2, 288/3, 301/2, 305/1, 319/1
Aerzener Maschinenfabrik/Aerzen	74/1, 106/1
Agilent Technologies/Waldbronn	247/1,2, 251/1
A. Krüss Optronik/Hamburg	241/3
Alfa Laval Mid Europe GmbH/Glinde	276/2
API Schmidt-Bretten GmbH & Co. KG/Bretten	283/2
Aqualytic/Dortmund	218/1
Autorenfotos	264/1, 281/2
atp-Messtechnik/Eppenheim	36/2
Bayer AG/Leverkusen	
Beumer Maschinenfabrik/Beckum	84/3, 91/3
Bornemann GmbH/Obernkirchen	280/3
Bruker Analytik GmbH/Reinstetten	
carbolite Gero GmbH & Co. KG/Neuhausen	280/2
Contatex-Didactic Lehrmittel GmbH/Kirkel	285/3
Dipl.-Ing. Wolfgang Ross/Stuttgart	272/1
Dorr-Oliver Eimco GmbH/Walluf	82/3
Dr. Kernchen GmbH/Seelze-Letter	35/2
Eaton Filtration GmbH/Nettersheim	75/1
Emile EGGER & Co. GmbH/Mannheim	106/3
GEA Westfalia GmbH/Oelde	84/3
Gebrüder Haake GmbH/Karlsruhe	321/1, 323/1
Hosokawa Micron GmbH/Köln	317/1
Johnson Engineering GmbH/Neuss	106/2
Jumo GmbH/Fulda	36/3
Krohne GmbH/Duisburg	36/4, 37/2, 37/3
Leybold Didaktik GmbH/Hürth	35
Linseis Messgeräte/Selb	284/1
Linde AG/Pullach	121/2
Maschinenfabrik Köppern/Hattingen	319/1
Merck AG/Darmstadt	224/1
Oxitop, Xylem Analytics, Weilheim	217/2
Pallmann Maschinenfabrik/Zweibrücken	84/2, 280/4
Polytec GmbH/Waldbronn	238
Profiness/Bremerhafen	287/1
Retsch GmbH/Haan	327/1
Ritz-Atro GmbH/Roding	91/2
Ritz Pumpenfabrik/Schwäbisch Gmünd	272/2
Sartorius AG/Göppingen	35/2, 35/3
SEW Eurodrive/Bruchsal	272
Sulzer-Escher/Wyss	167/1
Texas Instruments GmbH/Freising	
Thyssen Krupp AG/Düsseldorf	84/1, 107/1

Die Autoren bedanken sich auch bei den Benutzern des Buches, die durch Hinweise zur Behebung von Fehlern und durch konstruktive Sachkritik zur Verbesserung des Buches beigetragen haben.

Falls Sie auch bei dieser neuen Auflage zur Optimierung des Buches beitragen wollen, so senden Sie Ihre Vorschläge an die E-Mail-Adresse des Verlags: lektorat@europa-lehrmittel.de.